中国花谱 卷一

刘青林 张永春 总编

# 中国球根花卉

# Flower Bulbs in China

中国园艺学会球宿根花卉分会
义鸣放 张永春 屈连伟 ◎主编

中国林业出版社
China Forestry Publishing House

**图书在版编目（CIP）数据**

中国球根花卉 / 中国园艺学会球宿根花卉分会等主编 . -- 北京：中国林业出版社，2024.7
ISBN 978-7-5219-2662-0

Ⅰ . ①中… Ⅱ . ①中… Ⅲ . ①球根花卉－观赏园艺－中国 Ⅳ . ① S682.2

中国国家版本馆 CIP 数据核字（2024）第 066768 号

书名题字：包满珠
责任编辑：贾麦娥
封面设计：朱麒霖

出版发行：中国林业出版社
（100009，北京市西城区刘海胡同 7 号，电话 83143562）
网址：https://www.cfph.net
印刷：河北京平诚乾印刷有限公司
版次：2024 年 7 月第 1 版
印次：2024 年 7 月第 1 次印刷
开本：889mm×1194mm 1/16
印张：39
字数：969 千字
定价：598.00 元

# 《中国球根花卉》编委会

# 《中国球根花卉》作者

主　编　义鸣放　张永春　屈连伟

副主编　王文和　杨柳燕　孙红梅

编著者（姓氏音序，共37单位62位）

| 姓名 | 单位 | 职务 | 撰写内容 |
|---|---|---|---|
| 陈朋丛 | 玉溪明珠花卉有限公司 | 董事长 | 百合 |
| 崔光芬 | 云南省农业科学院花卉研究所 | 研究员 | 豹子花 |
| 杜方 | 山西农业大学园艺学院 | 教授 | 秋水仙 |
| 杜文文 | 云南省农业科学院花卉研究所 | 助理研究员 | 球根秋海棠 |
| 杜运鹏 | 北京市农林科学院草业花卉与景观生态研究所 | 副研究员 | 独尾草 |
| 樊金萍 | 东北农业大学园艺学院 | 教授 | 延龄草 |
| 高亦珂 | 北京林业大学园林学院 | 教授 | 大百合 |
| 姜福星 | 四川农业大学园林学院 | 副教授 | 虎眼万年青 |
| 康黎芳 | 山西省农业科学院园艺研究所 | 研究员 | 仙客来 |
| 柯卫东 | 武汉市蔬菜科学研究所 | 研究员 | 芋 |
| 李宏宇 | 沈阳农业大学园艺学院 | 副教授 | 百合 |
| 李淑娟 | 陕西省西安植物园 | 研究员 | 蛇鞭菊、雪片莲 |
| 李心 | 上海市农业科学院林木果树研究所 | 助理研究员 | 朱顶红 |
| 刘东燕 | 北京市植物园（国家植物园北园） | 高级工程师 | 茅膏菜 |
| 刘慧芹 | 天津农学院园艺系 | 教授 | 晚香玉 |
| 刘建新 | 浙江省农业科学院园林植物与花卉研究所 | 研究员 | 姜荷花 |
| 刘青林 | 中国农业大学园艺学院 | 教授 | 菟葵、酢浆草 |
| 刘与明 | 福建厦门园林植物园 | 研究员 | 水仙 |
| 刘悦 | 浙江大学农业与生物技术学院 |  | 纳丽花 |
| 娄晓鸣 | 苏州农业职业技术学院 | 教授 | 贝母、孤挺花 |
| 潘勃 | 中国科学院西双版纳热带植物园 | 高级实验师 | 雪光花 |
| 屈连伟 | 辽宁省农业科学院花卉研究所 | 研究员 | 郁金香 |
| 任梓铭 | 浙江理工大学风景园林系 | 副教授 | 石蒜、纳丽花 |
| 孙红梅 | 沈阳农业大学园艺学院 | 教授 | 百合、紫娇花 |
| 孙亚林 | 武汉市蔬菜科学研究所 | 研究员 | 芋 |
| 孙翊 | 上海市农业科学院林木果树研究所 | 副研究员 | 南美水仙 |

续表

| 姓名 | 单位 | 职务 | 撰写内容 |
| --- | --- | --- | --- |
| 唐道成 | 青海大学高原花卉研究所 | 教授 | 假百合 |
| 唐东芹 | 上海交通大学农业与生物技术学院 | 教授 | 香雪兰 |
| 唐楠 | 青海大学高原花卉研究所 | 教授 | 假百合 |
| 王春彦 | 金陵科技学院 | 教授 | 风信子 |
| 王凤兰 | 广东仲恺农业技术学院花卉研究中心 | 教授 | 嘉兰、网球花 |
| 王雷 | 沈阳市东陵区森鑫园艺中心 | | 郁金香 |
| 王丽花 | 云南省农业科学院花卉研究所 | 研究员 | 文殊兰 |
| 王玲 | 东北林业大学园林学院 | 教授 | 百子莲 |
| 王其刚 | 云南省农业科学院花卉研究所 | 研究员 | 花毛茛 |
| 王瑞云 | 山西农业大学农学院 | 教授 | 观赏葱 |
| 王文和 | 北京农学院园林学院 | 教授 | 百合、克美莲、提灯花 |
| 王云山 | 山西省农业科学院园艺研究所 | 研究员 | 仙客来 |
| 魏钰 | 北京市植物园（国家植物园北园） | 正高工 | 大百合 |
| 吴健 | 中国农业大学园艺学院 | 教授 | 银莲花、疆南星、斑龙芋、狒狒花、雄黄兰、漏斗花、唐菖蒲 |
| 吴学尉 | 云南大学农学院 | 教授 | 魔芋、蛇鞭菊 |
| 夏宜平 | 浙江大学农业与生物技术学院 | 教授 | 石蒜、纳丽花 |
| 肖月娥 | 上海植物园 | 正高工 | 荷兰鸢尾 |
| 熊友华 | 广东仲恺农业工程学院 | 副教授 | 姜花 |
| 徐蕴晨 | 浙江大学农业与生物技术学院 | | 纳丽花 |
| 许俊旭 | 上海市农业科学院林木果树研究所 | 副研究员 | 龙头花 |
| 许玉凤 | 沈阳农业大学生物科学技术学院 | 副教授 | 铃兰 |
| 杨柳燕 | 上海市农业科学院林木果树研究所 | 研究员 | 番红花 |
| 杨群力 | 陕西省西安植物园 | 副研究员 | 大丽花 |
| 杨贞 | 上海市农业科学院林木果树研究所 | 助理研究员 | 雪滴花 |
| 义鸣放 | 中国农业大学园艺学院 | 教授 | 夏风信子、顶冰花、蓝瑰花、银莲花、唐菖蒲、肖鸢尾、魔杖花、虎皮花、观音兰 |
| 张栋 | 浙江省平阳中学 | | 石蒜 |
| 张宏伟 | 上海鲜花港 | | 花叶芋 |
| 张静 | 天津农学院 | 讲师 | 紫娇花 |
| 张文娥 | 贵州大学农学院 | 教授 | 美人蕉 |
| 张彦妮 | 东北林业大学园林学院 | 教授 | 凤梨百合 |
| 张永春 | 上海市农业科学院林木果树研究所 | 研究员 | 马蹄莲、圆盘花、大岩桐、朱顶红、花叶芋 |
| 赵祥云 | 北京农学院园林学院 | 教授 | 百合 |
| 周树军 | 江西农业大学园艺学院 | 教授 | 猪牙花 |
| 周翔宇 | 上海辰山植物园 | 高级工程师 | 葱莲、葡萄风信子 |
| 朱娇 | 上海市农业科学院林木果树研究所 | 研究实习员 | 水鬼蕉、圆盘花、大岩桐 |
| 卓丽环 | 东北林业大学园林学院 | 教授 | 百子莲 |

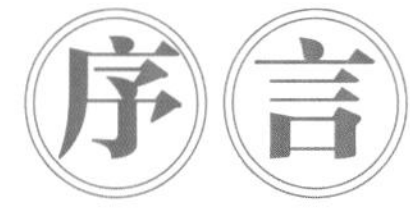

# 序言

我国被誉为“世界园林之母”，但我国的商品花卉生产起始于20世纪80年代。经过近40年的发展，我国花卉产业从无到有，从小到大，目前我国已成为世界上生产面积最大的国家。花卉产业已成为我国农业产业结构调整、农民增收致富的有效途径，也为绿化美化城镇环境提供了重要的植物材料，在生态文明建设、美丽中国、乡村振兴等国家战略中都起到重要作用。

到2020年，我国花卉生产面积达到163.14万 $hm^2$，销售额1693.5亿元，其中球根花卉生产和销售占到我国花卉产业的1/4，种球用花卉种植面积达3627.4$hm^2$，生产种球19.9亿粒，销售额达到5.8亿元，还包括在切花、盆花生产和园林绿化大量应用的球根花卉。球根花卉的大面积生产也起始于20世纪80年代，最早引入我国的郁金香花田曾经引起国人的轰动与惊叹，如今郁金香花海已成为我国大中型城市春季不可缺少的园林景观。除郁金香外，在我国应用最多的球根花卉种类还包括百合、唐菖蒲、水仙、风信子等。虽然球根花卉产业在我国发展迅速，但到目前为止，我国球根花卉生产和园林应用中所需要的种球仍需大量进口，球根花卉育种和种球国产化仍然是长期困扰我国球根花卉产业的重要问题。之前，我国虽然已出版了一些球根花卉的书，但均涉及种类较少，信息量小，无法满足我国球根花卉产业的持续发展，亟须一部具有前瞻性、综合性的球根花卉专著。

为了解决我国球根花卉产业的卡脖子问题，推动我国向球根花卉生产强国发展，中国园艺学会于2005年成立了球根花卉分会，2013年改为球宿根花卉分会。在穆鼎、赵祥云、刘青林历届会长的带领下，球根花卉产业取得了长足的发展，球根花卉在我国园林绿化建设和切花、盆花生产中应用越来越广泛，其科学研究也与日俱进，尤其在百合、郁金香、水仙等传统球根花卉研究方面。在此背景下，球宿根花卉分会会长刘青林教授组织全国的球根花卉专家编著了《中国球根花卉》一书，全面、系统地总结了我国在球根花卉引种、育种、栽培、应用等方面的研究进展，介绍了具有开发前景的新兴球根花卉，为我国球根花卉产业的发展提供了支撑。

学术交流、论文集和专著的出版是学会的初心和主业，在任何情况下都不能忘记或忽视。浏览过《中国球根花卉》的初稿，我们感到很欣慰！这是我国球根花卉科研工作者不忘初心、砥砺前行的成果。该书与国内外球根花卉同类图书相比，具有以下4个显著的特点。

一是种类丰富。描述了70个属508种球根花卉，对9个属的重要球根花卉做了全面、系统的总结和描述，对34个属的常见球根花卉做了详细描述，对27个属的新兴球根花卉做了尽可能详细的描述，同时提供了全世界138个属的球根花卉重要性状一览表，列举了科属、种植期、观赏期、花色等重要性状。本书种类齐全、层次分明、重点突出。

二是内容全面。从植物释名和花文化、栽培历史、形态特征、生长发育规律与生态习性、种质资源与育种、园艺品种分类与主栽品种、繁殖与种球生产、栽培管理技术、病虫害防治，到园林应用等十六个方面，对各种球根花卉进行了全面系统的论述。一些种类在国内尚无研究，可用资料有限，属本书首次引荐，引领了这些球根花卉在我国的发展和应用。

三是作者覆盖面广。球宿根花卉分会组织了全国 37 家教学、科研和生产单位的 62 位专家撰写了本书，覆盖了我国球根花卉研究单位的 90% 以上，反映了我国球根花卉最新的研究进展和产业现状。

四是编排新颖。正文按照植物学名进行排列，目录按照重要性和种植期（与观赏期相关）排列，附录提供了根据最新的 APG IV 分类系统编排的 22 个科的简介和 138 个属的名录，适合于不同检索习惯的读者。

最后，为刘青林教授的策划和统筹，为编写本书的球根花卉专家们表示感谢。

相信该书的出版将为我国球根花卉的研究和产业化发展注入新的动力，为我国从世界资源大国向世界花卉强国发展奠定基础。

是为序！

国家花卉工程技术中心主任
中国园艺学会观赏园艺专业委员会主任委员
中国风景园林学会园林植物专业委员会主任委员
北京林业大学教授

中国园艺学会副理事长
北京林业大学教授

2022 年 6 月 27 日

# 前言

球根花卉（flower bulbs or bulbous plants）是地下生长的茎和叶或根等器官发生变态，膨大形成球状、块状贮藏器官的多年生草本花卉的统称。植物生态学从生活型上将其称为地下芽植物，故有观赏地下芽植物（ornamental geophytes）之称。

球根花卉在地球上分布广泛，种类繁多，涉及800多个属3000余种，品种更是极为丰富。其形态各异，色彩艳丽，适应性强，栽培容易，管理简便，种球流通便利，在全球花卉产业中占有重要地位，被用作商品切花、盆花和食用、药用花卉，并被广泛应用于室外环境的绿化、美化以及园林景观的营造。

我国球根花卉的资源丰富，栽培历史悠久，但其商品化生产和应用是改革开放后随着国外球根花卉的引进才发展起来的。20世纪80年代初，西安植物园、北京市植物园等单位刚从荷兰引进并展示郁金香时，曾引起国人的轰动与惊叹！如今这种传奇的球根花卉早已家喻户晓，郁金香花海更是成为我国大中型城市春季不可缺少的园林景观。中国是百合种质资源大国，食用、药用已有2000多年历史，改革开放后国外观赏百合品种的引进、改良、栽培和应用，使我国这一传统名花重新绽放异彩。总之，经过近40年的努力，我国球根花卉的引种、选育、生产、应用及其科研已经取得了长足的进展。据农业农村部统计数据，2020年全国主要花卉（六大切花：现代月季、香石竹、百合、唐菖蒲、菊花、非洲菊）的销售额约为214.05亿元，其中球根花卉百合与唐菖蒲的销售额达29.4亿元，约占比14%；作为繁殖材料的种球销售了约19.9亿粒，销售额超过5.86亿元；种球还有少量出口，出口额约为447.9万美元。

为了全面、系统总结几十年来我国球根花卉引种、育种、栽培、应用及其研究进展，并介绍国外已经观赏应用或极具开发前景的新兴球根花卉，以满足我国花卉产业和园林景观营造的需要，促进美丽中国和生态文明建设，中国园艺学会球宿根花卉分会组织全国37家科研、教学和生产单位的62位专家编著了《中国球根花卉》一书。

本书收入的球根花卉涉及70属约508种。从引言（含释名和花文化）、栽培简史、形态特征、生长发育与生态习性、种质资源与育种概况、园艺分类与主栽品种、繁殖与种球生产、栽培技术、病虫害防治，到价值与应用等各个方面，对具有重要价值的或高度商业化的9种（属）球根花卉——百合、郁金香、水仙花、唐菖蒲、大丽花、朱顶红、仙客来、马蹄莲、石蒜进行了系统论述，全面总结了我国花卉科研工作者与花卉企业合作，在这些球根花卉引种、育种、栽培和应用等方面研发的大量创新技术和取得的众多科研成果，对 34 种（属）常见球根花卉做了比较全面的总结和详细论述，对 27 种（属）新兴球根花卉进行了尽可能详细的介绍，其中约 15 种（属）在我国是首次被展示。之所以不够全面、不够详尽，主要是受研究、生产和应用的现状和文献资料所限。从这一点来说，本书也可以作为我国球根花卉的“里程碑”。

全书正文按照属的学名字母排序。为了查阅方便，目录按照重要球根花卉、春植球根花卉、秋植球根花卉分类；其下再按重要性或学名排序。球根花卉的种植季节往往与开花季节关联，如春植夏秋开花，秋植春季开花。需要说明的是，同种球根花卉在不同气候带的种植季节可能不同。如日本只分春植、秋植，而我国台湾就分为春植、夏植、秋冬植。

为了尽可能收录更多的球根花卉种类，我们列出了 138 个属的（含本书描述的 70 个属）球根花卉一览表，包括名称、科属、株型、种植期、观赏期、花色等重要性状。另外还给出了球根花卉所属科的简介和属的名录，便于读者按科检索。

还有一点需要说明的是科属归类的问题。植物分类系统原本就有恩格勒系统、哈钦松系统、克朗奎斯特系统，对科属的划分各有千秋；近年又出现被子植物系统发生组（APG）先后推出的 4 版分类系统，让分类问题更加纷杂，好在中国科学院昆明植物研究所李德铢先生领衔编著了《中国维管植物科属词典》（科学出版社，2018）和《中国维管植物科属志》（科学出版社，2020）。该书主要依据 APG IV 分类系统，但加入了中国学者的研究和理解，这是我们《中国球根花卉》科属归类的主要依据。对于该书未收录的国外的科属，我们主要参考了多识植物百科的 APG IV 分类系统（http://duocet.ibiodiversity.net/index.php?title=APG_IV%E7%B3%BB%E7%BB%9F）、Christenhusz Fay 和 Chase 2017 年编著的 *Plants of the World* 及国外植物分类学网站。球根花卉种名的规范，在尊重习惯用法的前提下，主要参考了中国科学院植物研究所的植物智网站（www.iPlant.cn）。对某些同时具有外文音译和中文意译名称的花卉，我们则尽可能地选用后者。对于没有中文名称的，我们依据英文名称或学名的意译，新拟了中文种名，并注明“（新拟）”。

《中国球根花卉》是我们球宿根花卉分会对国内外球根花卉产业发展状况的全面总结与介绍，必将为我国球根花卉产业的进一步崛起和可持续发展起到重要指导作用。全书由义鸣放、张永春、屈连伟统稿、审定。由于参编人员较多，写作风格各异，工作量很大，书中若有疏漏、错误和不妥之处，敬请广大读者批评指正。

《中国球根花卉》编委会

2022 年 6 月 18 日

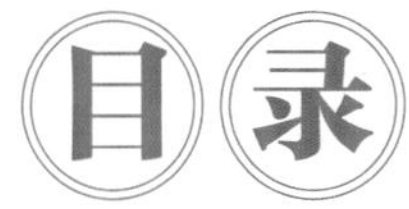

**秋植球根花卉**

# 球根花卉　大美华夏

刘青林

“美丽中国”让给宿根花卉了。那球根花卉用什么标题呢？我在 *Bulbs* 一书中看到描述球根花卉时用到了 great beauty（大美）、fantastic color（异彩）、eye stopper（吸睛）等词汇，认为还是大美最确切；而华夏与中国是近义词。这就是题目的由来。

## 一、球根花卉种类的多样性

美国 John E. Bryan 编著的 *Bulbs*（revised. Portland，Oregon: Timber Press，2002，图 1 左）收录了 230 多个属。中国农业大学义鸣放教授编写的《球根花卉》（北京：中国农业大学出版社，2000，图 1 中）收录了 40 多种。广东仲恺农业技术学院周厚高教授编著的《花木种养宝典：球根花卉》（广州：世界图书出版社，2003，图 1 右）收录 50 多种。可见，世界上球根花卉的资源不少，但国内栽培利用的不多。事实上，球根花卉是植物对逆境的适应，不同地区球根花卉的比例不同，如秦巴山区的球根花卉只有 15 种，仅占 3.4%（刘青林 等，2019）。

球根花卉不仅物种多样性丰富，而且原产地的气候型也非常多样，在中国（大陆东岸）气候型、欧洲（大陆西岸）气候型、地中海气候型、墨西哥气候型、热带气候型、沙漠气候型、寒带气候型等 7 个气候带中，除沙漠气候型外都有球根花卉的分布。

图 1　球根花卉图书

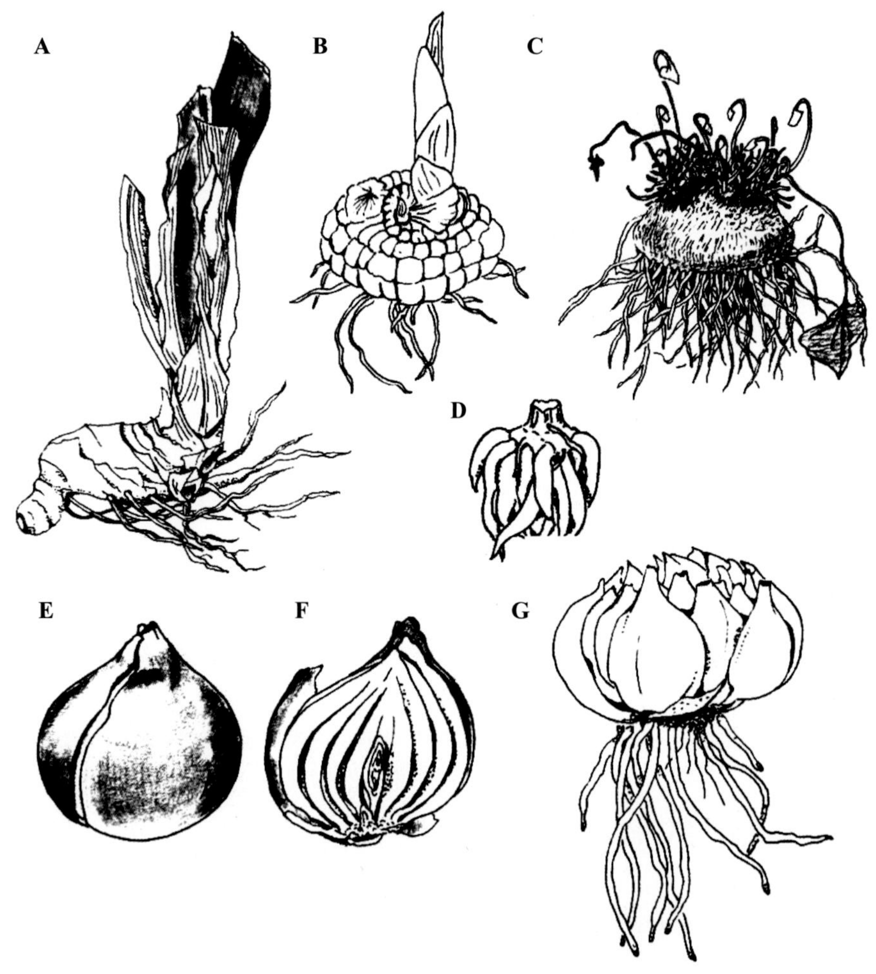


图 2　球根的类型（引自 *Ornamental Geophytes*）

A. 鸢尾根茎（rhizome）；B. 唐菖蒲球茎（corm）；C. 仙客来块茎（tuber）；D. 花毛茛块根（tuberous root）；E、F. 郁金香一年生鳞茎（bulb）；G. 百合多年生未分离鳞茎（bulb）

## 二、花卉球根类型的复杂性

球根花卉与宿根花卉均属于多年生花卉，或者说，球根花卉是一类特殊的多年生花卉。从生活型来看，宿根花卉多属于地面芽植物，而球根花卉多属于地下芽植物（隐芽植物，geophytes），就是地下的根或茎膨大、变态为贮藏和繁殖器官。

按照地下变态器官的起源分类为鳞茎（有皮鳞茎和无皮鳞茎）、球茎、块茎、根茎和块根五大类（图 2）。先要分清茎与根。茎上有叶（鳞）片、有芽点；根上没有。说是球根花卉，其实根的变态很少，只有大丽花、花毛茛等少数属于块根（tuberous root）；更多的是茎的变态。按照从小到大的变态程度，可以分为鸢尾的根茎（rhizome），马蹄莲的块茎（tuber），唐菖蒲的球茎（corm），百合、郁金香的鳞茎（bulbs，图 3），其中鳞茎才是典型（狭义）的球根花卉。

按照生长周期或种植期分，球根花卉为春植球根花卉、秋植球根花卉和常绿球根花卉。从生长周期上看，球根花卉与宿根花卉均属于多年生草本植物；但从种球生产、栽培管理和花卉应用上看，球根花卉更像一二年生花卉。可以将其简单地对应为春植球根相当于一年生（春播）花卉，秋植球根相当于二年生（秋播）花卉（图 4）。

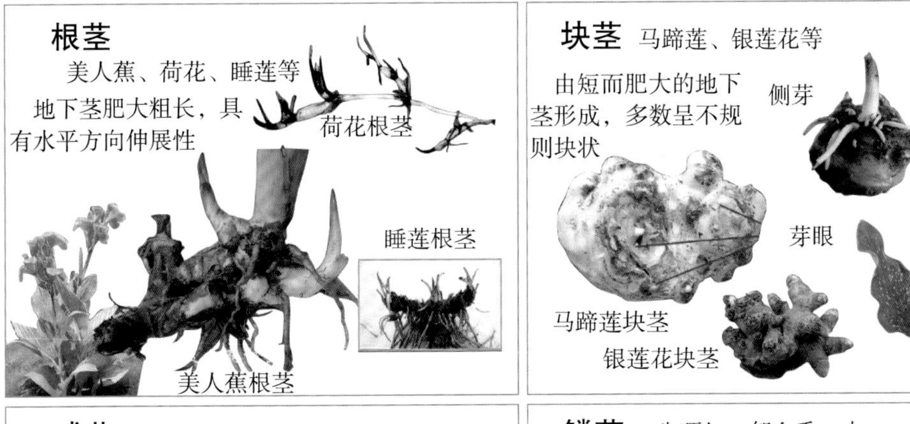

图 3　球根的类型

图 4　春植与秋植球根

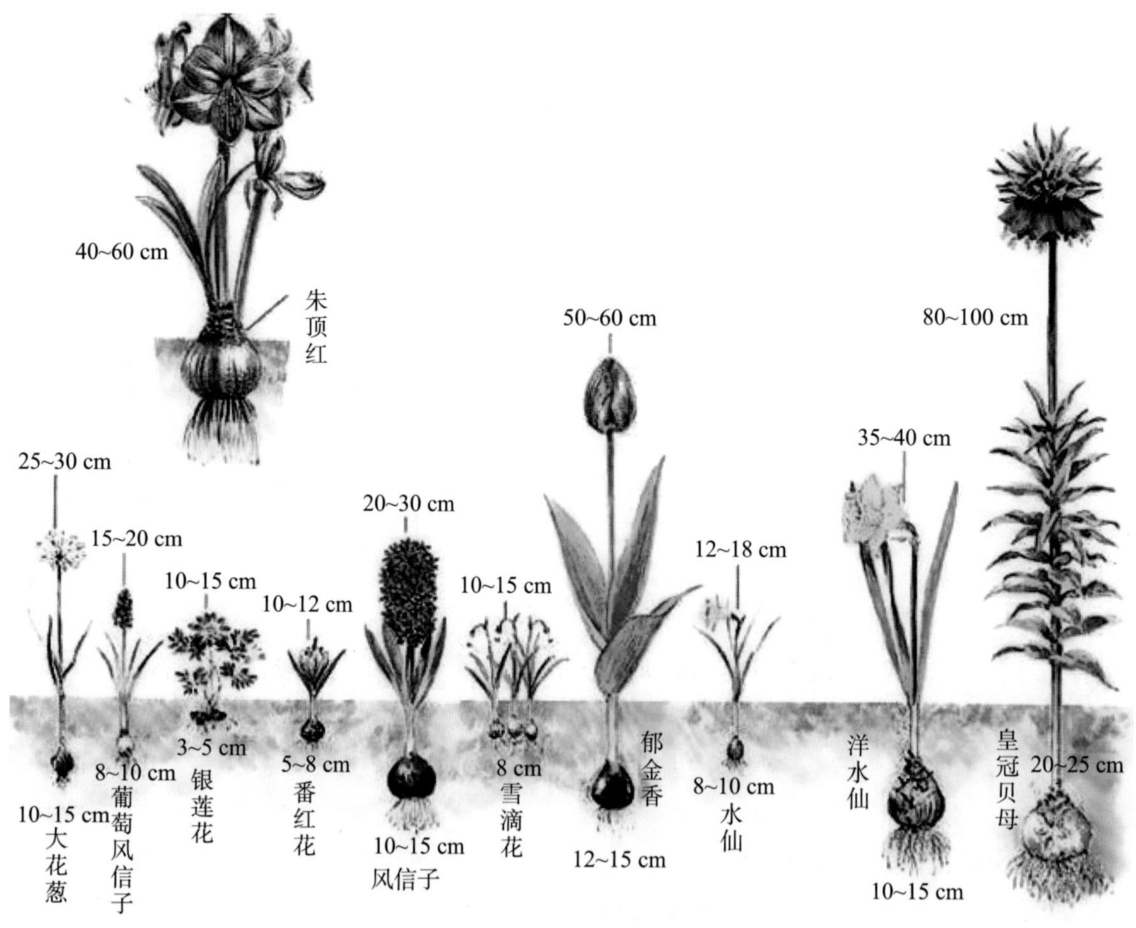


图 5　不同球根的种植深度

## 三、球根花卉园艺的特殊性

为什么将球根花卉与一二年生花卉放在一起呢？因为它们有三点很相似。第一点，球根花卉的种球生产，与一二年生花卉的种子生产一样，商品化程度很高。只要花钱，什么种类、品种、花色都能买到。不同的是，球根花卉的种球都是无性系；而一二年生花卉的种子多为 $F_1$。第二点，种植方式相似，都为春植（播）或秋植（播）。不同的是球根直接种在地里，种植深度很有讲究（图 5）；种子多穴盘育苗。第三点，球根花卉与一二年生花卉都是花坛花卉的主体。不同的是，球根花卉一开始就种在花坛里；一二年生花卉是含苞待放时才移植到花坛，比球根花卉多几道手续。

与其他花卉相比，球根花卉最大的特点是花大色艳、开花整齐。花大色艳的大，要么是花大，如百合、郁金香；要么是花序大，如风信子、贝母等，都很醒目。开花整齐也有两层含义，一是说花期很整齐，说开的时候一两天全开；二是说开花时的株高、花型、花色整齐划一。因此，目前的球根花卉，除了在荷兰库肯霍夫，中国大连英歌石植物园、上海鲜花港、北京国际鲜花港、江苏大丰荷兰花海等春季花园广泛应用之外，更多的、更重要的是应用在各种花卉（园艺、园林）博览会上，用来烘托气氛、营造气势，这是与球根花卉的两大属性分不开的。

第一大属性是无性系，也就是我们熟知的克隆（clone）。绝大多数球根花卉都是球根繁殖的。同一个品种的所有球根都来自当初的优良单

图 6　球根的发育

株（杂种苗），都具有相同的基因型；这与一二年生花卉的 $F_1$ 不同。前者的基因型、表现型都一致；后者的表现型一致，但基因型不同。尤其是在种球生产过程中，一般都要在花期剔除杂株，保证所有商品种球名副其实。

第二大属性就是球根。球根里面根、茎、叶、花，什么器官都有了，器官的发生、发育已经完成，栽培过程只是从小到大的生长过程（图 6）。而植物的种子里面只有胚，所有的器官都要从生长点发生、发育。如此，球根花卉的生长受栽培和环境的影响就小得多。

## 四、球根花卉应用的广泛性

球根花卉的商品性，不仅体现在种球生产上，还体现在栽培、应用上。细想一下，球根花卉在花艺、园林中几乎无处不在。

### （一）花坛

花坛是花卉在园林中应用的主要方式。花坛的主角无疑是一二年生花卉。但一二年生花卉必须先经过育苗、栽培，在花蕾露色期前后，移栽到花坛（花后及时更换）。球根花卉则可以（或者必须，因为球根花卉一般不能移植）直接栽植在花坛中。不仅省工，而且能保证准时、整齐开花。

### （二）花境

在欧洲早春花境，都是秋植的球根花卉，也称球根花卉花境。大家熟知的荷兰库肯霍夫花园就是球根花卉花境的大舞台。我们中国春天有梅花、樱花等花木，欧洲只有郁金香、风信子等球根花卉；之后才有夏秋季的、常见的宿根花卉的花境。球根花卉因为花大色艳，不是花境的主体，就是花园（或园林）的焦点；还因为植株整齐，花期一致，是各类花卉、园艺、园林博览会烘托氛围的吸睛之作。上海鲜花港还发明了分层种植法，可以极大地延长郁金香的花期。即使是自生的球根花卉，也能在园林中营造出非常自然的、多姿多彩的植物景观。

### （三）切花与花艺

百合、唐菖蒲、郁金香、马蹄莲、小苍兰等都是主要切花，前三者能进“六大切花”吧！为什么切花生产者喜欢种植球根花卉？还是因为小小的球根里面，植物的茎、叶、花原基一应俱全，栽培过程比较简单。更有甚者，我国凌源的百合切花生产者，还发明了一次种植、多次收获（切花）的生产模式，极大地降低了生产成本。毫无疑问，百合、郁金香也是花艺作品的焦点，甚至是花艺价值的标杆。

### （四）盆栽

基质栽培是盆栽的首选，也是我们的习惯；养好了，翌年还能再次开花，这是养花的乐趣。水培也是重要方式，我国十大传统名花之一的水仙花就是商品化程度最高的水培名花。每年元旦、春节期间，爱花之家、爱美之人都会养几盆水仙花。除了水仙可以水培之外，还有风信子、郁金香等也可以水培。近些年来又发展起来了朱顶红蜡球，放在室内直接开花（图 7），称其为“干培”。是不是所有的球根花卉都能水培或干培？这是还需要我们探讨的问题。

图 7　朱顶红蜡球和郁金香水培

# *Achimenes* 圆盘花

圆盘花是苦苣苔科（Gesneriaceae）圆盘花属或长筒花属（*Achimenes*）多年生根茎类球根花卉。其属名的来源不详，可能来自希腊语 *cheimano*（“to go into winter quarters”进入冬季住房），意指这些植物需要温暖环境。该属约有 30 种，均为原产于中美洲和南美洲的多年生草本植物，但是仅有少数种被引种栽培。英文名称有 Magic flower（神奇的花），Hot water plant（热水植物）等。

## 一、形态特征

地下部为根茎，浅棕色，细长，5 ～ 8cm，表面具有三角形鳞片似松果。株高 10 ～ 60cm，茎稍肉质。叶对生或 3 叶轮生，长椭圆形，有毛，翠绿色，锯齿缘。枝条有光泽。花单生于叶腋；花冠管细长，裂片 5 枚；花色有白、黄、紫、红、粉红色（图 1）。花期为夏季。

图 1　圆盘花主要器官的形态

A. 花形态；B. 根状茎形态；C. 植株（图 A、C 引自中国植物自然标本馆网站）

## 二、生长发育与生态习性

### （一）生长发育

圆盘花在 4 月天气转暖后，种球开始发芽、长叶；5 月开花，在此期间新的花芽逐渐分化形成。开花期植株需要大量的光照、充足的水分以及合适的养护。夏末短日照下形成新的根茎，9 月花期结束，有些品种的花期可以持续到 10 月，叶子变黄、凋落，根茎进入休眠。

### （二）生态习性

其生长发育对环境条件的要求：

#### 1. 温度

喜温暖、湿润，不耐寒。此属所有的种和杂交种都必须在无霜条件下栽培，尤其从春季到夏末的生长期要保证较高的温度。圆盘花生长发育最适昼夜温度为 21 ～ 32℃ /18 ～ 21℃，若夜温低于 16℃停止生长。

#### 2. 光照

喜光，忌强光直射。夏季的强光会造成叶灼，应适当遮阴，光照强度的上限为 1000μmol/（$m^2$ · s）。冬季要在全光照下养护。此属所有的种在人造光下都能生长良好（每天 14 ～ 16 小时）。

3. 土壤

喜疏松肥沃、富含腐殖质、排水良好的土壤。生长季节不耐干旱。

## 三、种质资源

### （一）原种

圆盘花属约有30种（25种），主要原产美洲热带地区，常见栽培的种有：

1. 白圆盘花（新拟）*A. candida*

株高40cm。枝条红色。花乳白色，花漏斗形，咽部黄色。花期秋季。原产危地马拉。

2. 直立圆盘花（新拟）*A. erecta*（*A. coccinea*）

株高30～40cm。地下根茎松果状细长，鲜红色。叶卵形至椭圆形，长3～5cm，深绿色，背面带红色。花单生叶腋，花冠漏斗形，长2cm，鲜红色，花筒在萼上呈直角着生，花萼及花冠均5裂，花筒无距，柱头2裂，花期夏秋。原产墨西哥至巴拿马。

3. 齿瓣圆盘花（新拟）*A. fimbriata*

株高30cm。枝条直立或匍匐状。花白色带紫斑。花期晚夏。原产墨西哥西部。

4. 大花圆盘花 *A. grandiflora*

地下具有松果状根状茎。株高40～60cm，全株被刚毛。叶对生，卵形，长5～10cm，端尖，叶缘有不整齐的锯齿，叶背稍带红色。单花腋生，花冠漏斗形，基部有距，萼及花冠均5裂，花径5cm，花冠有红、蓝紫、白、桃红等色，喉部黄色，柱头2裂，花期夏秋。原产墨西哥。

5. 喇叭圆盘花 *A. longiflora*

具根茎，梨形，白色。株高30～50cm。茎绿色或带红色。叶卵形至长椭圆状卵形，具齿牙，有刚毛，长3～8cm，端尖。花单生叶腋，花筒细长，5～6cm，在萼上直立着生，无距；花冠漏斗形，花径4.5cm，花有紫、堇或白色；柱头2裂。有大花变种，花径达6～7cm，亮蓝堇色。花期夏末。原产巴拿马和墨西哥。培育的品种有纯白色花'Alba'、深红色花'Grandiflora'、经典品种'Paul Arnold'、红紫色花'Rosea'。

6. 墨西哥圆盘花 *A. mexicana*

株高50cm。花大，直径达5cm，花色有白色、紫色、粉红色。花期仲夏。原产墨西哥西部。

### （二）园艺品种

圆盘花的杂交育种始于19世纪初，至今已培育出众多花色各异的园艺品种，育种亲本主要是 *A. grandiflora*（大花圆盘花），*A. longiflora*（喇叭圆盘花），*A. candida* 和 *A. erecta* 等。培育的品种主要来自丹麦、荷兰和德国等国家。常见品种及其特征见表1。

表1 圆盘花主要园艺品种及其特征

| 序号 | 品种名称 | 植株性状 | 花型、花色 |
|---|---|---|---|
| 1 | Queen of Lace | 株型紧凑 | 花大，花朵颜色粉红色中带紫色 |
| 2 | Made in Heaven | 株型紧凑 | 花大，花淡紫色，叶片细长、窄小 |
| 3 | Aurora Charm | 直立型多分枝 | 波浪形花型，花粉红色，中间有暗色的星星 |
| 4 | Najuu | 多分枝，枝条直立 | 中等花型，花白色，黄色咽部带棕色斑点 |
| 5 | Bianco Natale | 大型植株 | 花双色，白色和丁香色 |
| 6 | Anastasia | 小型多分枝 | 花粉红色 |
| 7 | Abendrot | 枝条下垂、攀缘植株 | 花黄色 |
| 8 | Painted Lady | 藤蔓型植株 | 花朵粉红色，中心黄色带紫色圆点 |

续表

| 序号 | 品种名称 | 植株性状 | 花型、花色 |
|---|---|---|---|
| 9 | Sagittarius | 枝条直立 | 小型花，花粉红色 |
| 10 | Amie Saliba Improved | | 室内花卉，中等大小花型，花橙色 |
| 11 | Lena Vera | 株型紧凑 | 开花紧凑的杂交品种，花米色 |
| 12 | Genesis | | 盛花期不完全开放，直至花期结束，中心的花瓣保持闭合，花朵亮紫色 |
| 13 | Venice | 小型多分枝 | 花型中等大小，花朵紫色 |
| 14 | Saint Malo | 株型紧凑 | 淡蓝紫色杂交品种，花型紧凑、花多 |
| 15 | Alter Ego | 株型高大，分枝好 | 花大，蓝紫色 |
| 16 | Himalayan Sunrise | 直立型多分枝 | 花白色，咽部黄色、柠檬色 |
| 17 | Red Elfe | 小型植株，直立型 | 花红色 |
| 18 | Summer Festival | 直立型多分枝 | 大花型杂交品种，花粉红色 |
| 19 | Rosy Frost | 中型多分枝 | 花粉红色，中间一点白色 |
| 20 | Blueberry Ripple | | 花大，边缘粉紫色，波浪状，咽部黄色 |
| 21 | Tetra Verschaffelt | 枝条下垂 | 花大，白色花上有紫色的网点缀，咽部有黄色斑点 |
| 22 | Peach Blossom | 枝条藤蔓状 | 花朵粉红色 |
| 23 | Lavender Fancy | 多分枝，株型紧凑 | 花淡紫色 |
| 24 | Yellow Beauty | 枝条硬实 | 花黄色，咽部带有一抹棕色斑点 |
| 25 | Rainbow Warrior | 多分枝 | 花量大，花紫色 |
| 26 | Sabrina | 株型紧凑 | 中等花型，花珊瑚粉色 |
| 27 | Purple Triumph | 多分枝 | 花紫色中带有略微淡紫色，花瓣表面有纹理 |
| 28 | Glory | 株型紧凑 | 开花多，花珊瑚色 |
| 29 | Ambroise Verschaffelt | 藤蔓植物 | 花白色，带有紫色网状图案 |

注：引自互联网上圆盘花的商品名录。

## 四、繁殖和栽培管理

### （一）繁殖

#### 1. 营养繁殖

根茎切段扦插繁殖：是目前欧洲繁殖圆盘花的主要方式。1～3月均可进行，选用疏松、透气的泥炭土作为栽培基质。将切割的根茎小段间隔5cm平铺在基质上，覆土厚度1.3cm。在分割的根茎新芽萌发前，栽培基质需保持温暖湿润。待根茎萌芽长出2枚成熟叶片，去除顶芽，促进分枝。

茎段扦插繁殖：剪取带有2～3个茎节的茎段作插穗，3～5个插穗扦插在口径为10cm的花盆中，置于温暖湿润的环境下生根，期间扦插基质应加温至23～24℃，14～18天插穗快速生根。

2. 种子繁殖

圆盘花种子非常细小，约 106000 粒 /g。种子撒播在湿润的栽培基质上，播种后无须覆土。种子萌芽温度为 24 ～ 27℃，保持湿润 14 ～ 21 天后发芽。实生苗成苗后，将其移栽定植到花盆或吊篮中。若在 12 月至翌年 3 月间播种繁殖，可在 5 ～ 6 个月内开花。

### （二）栽培

1. 盆花栽培

（1）**基质：**土壤或栽培基质要求疏松肥沃且排水良好，可以使用壤土、沙和草炭等体积混合的栽培基质。

种植：一般在春季种植，以盆栽为主。于 4 ～ 5 月天气转暖，根状茎开始发芽后将根茎直立或者平行于土面种下，覆土约 1.5cm 厚。花盆的间距 10cm。

（2）**水肥管理：**生长期应勤浇水，水温最好是 21 ～ 24℃，勿让植株缺水，否则植株将提早休眠，但也不能过湿以免根茎腐烂。施加氮磷钾配比 20-20-20 的复合肥料，其中氮含量低于 200mg/L。

（3）**环境调控：**促进根茎萌芽和生长的昼夜温度为 24 ～ 27℃ /16℃；植株的早期营养生长，白天温度应降至 20 ～ 21℃，营养生长完成后 20℃的夜温能够加速花芽分化和发育。夏季应注意遮阴，光照强度不高于 1000μmol/（$m^2$ · s），否则会灼伤叶片。冬季需要全光照。

（4）**株高控制：**可使用植物生长调节剂控制株高，$B_9$ 和矮壮素都有效。但是 $B_9$ 有推迟花期、缩小花径的副作用，矮壮素也会引起叶片褪绿。因此，应该通过品种试验方可使用。

（5）**采后处理：**盆花应在始花期出圃、运输。圆盘花是热带植物，盆花运输和贮藏温度不能低于 5℃，否则会造成冷害。圆盘花对乙烯高度敏感，置于含有 1 ～ 3mg/L 乙烯的环境中 24 小时就会造成花朵和花芽脱落。可喷施 0.3 ～ 0.5mM 的硫代硫酸银（silver thiosulfate，STS）减少乙烯的伤害，延长盆花观赏寿命。

2. 种球越冬与贮藏

夏末，短日照环境条件下，圆盘花地上部位枯萎，地下根茎形成并进入休眠。将根茎挖出，在干燥的环境中贮藏，打破休眠的温度因品种而异。可将刚采收的根茎放在湿基质中于 29℃贮藏；或者将根茎先在 10 ～ 16℃贮藏 40 天，然后转至 22℃继续贮藏。若直接在 20 ～ 25℃温度条件下贮藏，将发生“化蛹”（pupation）现象，即在老根茎顶芽的位置形成一个同样处于休眠的新根茎。当根茎贮藏在 10℃，其休眠期可持续 2 ～ 5 个月。打破休眠的圆盘花根茎再种植后，需要生长 2 ～ 4 个月才能开花。

### （三）病虫害防治

1. 根腐病

环境温度低、浇水过多时会造成根腐病。如果病情不严重，可以将受损部位去除，并在伤口上撒上碎木屑或者杀菌剂处理，例如芬达唑。随后将植株移植到新的土壤中。

2. 蚜虫

可喷洒肥皂水消灭蚜虫。感染严重时，可以喷洒杀虫剂防治。

3. 红蜘蛛

当环境过于干燥或炎热时，容易诱发红蜘蛛等害虫滋生，可喷洒化学药剂防治。

4. 粉蚧

可通过喷洒肥皂水，或者喷洒化学药剂防治。

## 五、价值与应用

圆盘花株型矮小，枝叶繁茂，花朵色彩缤纷，是优良的室内盆花。适宜中小型盆栽来装饰美化室内环境，也可经整形制成吊篮式盆花，图 2。

图 2　圆盘花盆花的观赏应用

（朱娇　张永春）

# *Agapanthus* 百子莲

百子莲是石蒜科（Amaryllidaceae）百子莲属（*Agapanthus*）多年生根茎类球根花卉。APG IV单列百子莲科（Agapanthaceae），中国学者仍归入石蒜科。它的属名*Agapanthus*源自希腊语*agape*（"love"爱）和*anthos*（"flower"花），意为爱情花，直到现在欧美仍然沿用此名。英文名称是African blue lily（非洲蓝百合）。百子莲原产南非南部的开普省（Cape）沿印度洋沿岸至北部的林波波（Limpopo）河流域，分布在从海平面至海拔2100m的范围内。百子莲属的10个种是第一批从非洲传入西方花园的植物之一。1687年它已经被记录在荷兰莱顿植物园的名录里。1692年从好望角传入英国，并在英格兰的汉普顿宫开花。1679年在欧洲第一次发布的百子莲的名字叫非洲水仙，之后瑞典植物学家林奈提出非洲百合的叫法，而浪漫的欧美人则仍将其称为"爱情花"。

百子莲种类丰富、花叶优美、花期较长且抗性较强，目前广泛应用于切花生产、园林观赏、室内装饰等方面，其花朵还可加工为干燥花，也可用作庭院美化、花境、花坛用花。

我国引入百子莲的时间较短，花卉市场的植物资源稀少，而且生产使用的种苗完全由国外进口。百子莲属植物在我国部分地区有栽培，但对其研究甚少，仅在应用环节对其研究过。1997年上海市园林科学规划研究院从南非引进百子莲种子，经过多年的驯化，在上海周边及江苏、浙江、四川等地推广，生长与开花表现良好，并于2014年又从荷兰、英国通过种苗引进方式引种百子莲品种近50个，初步建立了我国百子莲种质资源圃，为今后百子莲开发、园林应用奠定了基础。国内正尝试调控百子莲在情人节开花，为情人节的鲜花市场增加1个新品种。除此之外，我国还在浙江建立了生产基地，引种了百子莲的特色品种。目前在上海、南宁、广州、南京等地也有栽培。

## 一、形态特征

地下具粗壮的根茎，绳索状。叶二列状基生，叶线状披针形至带状，近革质，叶色浓绿，先端钝圆，上部下弯成拱形，质地较软，光滑。花莛自叶丛中抽生，挺拔直立，高出叶丛，可达60cm，总苞片2，大型，花开时苞片脱落。花多数；排列成顶生伞形花序，每个花序着生小花10～50朵，花漏斗状，每朵直径2.5～5cm，花瓣6，花瓣前端钝圆，深蓝色或白色；花被管长1.5～2cm，裂片长椭圆形，约与花被管等长或较长；雄蕊6枚，着生于花被管喉部，花丝丝状，花药丁字状着生，花药最初为黄色，后变成黑色；子房上位，3室，每室胚珠多数，花柱丝状。蒴果胞背开裂；种子多数，具翅。花可开放30～40天，花期7～8月（图1）。

图 1　百子莲形态特征

A ~ F. 花序和花色；G. 小花结构；H. 植株形态；I ~ L. 蒴果和种子

## 二、生长发育与生态习性

### （一）生长发育规律

适宜条件下，百子莲的种子在 5 天左右可开始萌发。为子叶出土幼苗。首先是胚根伸出，萌发 4 ~ 5 天后距根尖 10 ~ 15mm，距发芽孔 2 ~ 5mm 处凸起子叶鞘，在其基础上又形成舌叶鞘，初为白色，见光后颜色渐变成浅绿色。萌发 1 周后子叶鞘、子叶连结分化明显，子叶鞘长 3 ~ 5mm，子叶连结长为 5 ~ 7mm。同时子叶突破舌叶鞘开始生长。所有发育正常的萌发种子都具有根毛。种子萌发后，胚根在土中形成主根，下胚轴伸长，将子叶和胚芽推出土面，子叶出土后变成绿色，可以进行光合作用。2 周左右陆续长出第 1 枚真叶，20 天左右出现不定根。

百子莲从茎尖生长点形态转变至花序芽分化完成需要 50 天左右，随后进入花器官的分化及发育过程。

### （二）生态习性

#### 1. 光照

百子莲喜光照充足，稍耐阴，在 6 ～ 9 月要注意避免烈日直射，以免灼伤叶片。而在气候炎热的地区，半阴条件下百子莲生长更好。

#### 2. 温度

百子莲喜温暖湿润、夏季凉爽的气候环境，冬季需 5℃以上越冬，稍耐寒；在一天大部分时间内，需要保持温暖的环境条件，低于 0℃将严重影响百子莲的生长。有些落叶种能抵抗轻微的霜冻。

#### 3. 水分

百子莲具有很好的抗旱性，但是不能忍受极干的条件，生长季节需水分充足。落叶种在休眠期耐旱性较好，常绿种在冬季具有一定的抗旱性。

#### 4. 土壤

百子莲喜肥沃的、排水良好的中性至偏碱性土壤，透性好、中等肥力的沙壤土是首选，过度肥沃的土壤会促进营养生长，导致植株在冬季容易死亡。但是也有一些品种要求生长在酸性土壤中，需要根据种的差异调控园土的酸碱度。

## 三、种质资源与园艺品种

### （一）种质资源

具勒（1920）曾认为百子莲属只有百子莲 1 种，其他皆为变种。但是根据调查，在植株和花的形态上存在很大的差异，可分为许多种。雷顿（1965）将百子莲属明确分了 10 个种：百子莲（*A. africanus*）、铃花百子莲（*A. campanulatus*）、具茎百子莲（*A. caulescens*）、蔻第百子莲（*A. coddii*）、德拉肯斯堡百子莲（*A. inapertus*）、早花百子莲（*A. praecox*）、康普顿百子莲（*A. comptonii*）、戴尔百子莲（*A. dyeri*）、垂花百子莲（*A. nutans*）、瓦许百子莲（*A. walshii*）。但是，此属最新的种划分是宗纳维尔与邓肯（2003）发表的研究报告，将前 6 个种保留，其余 4 个种改为亚种或同种异名，并把 6 个种归为落叶型和常绿型 2 大类。

#### I. 落叶类型

特征是落叶，耐霜冻，冬季地上叶片虽枯死，但地下的根茎仍能存活。叶片通常具紫色基部，花粉紫色，核糖核酸含量为 22.3 ～ 24.0pg。有 4 个种：

##### 1. 铃花百子莲 *A. campanulatus*

原产南非（西开普省、东开普省、夸祖鲁 – 纳塔尔省高地）和莱索托的冬雨地区。株高 45 ～ 100cm，披针形叶基生，6 ～ 12 枚，长 45 ～ 60cm，宽 2.5 ～ 4cm，深绿或灰绿色，落叶。伞形花序，小花钟状，着花 10 ～ 30 朵，花蓝色，花瓣中间有深蓝色纹理。花期仲夏至夏末（原产地 10 月至翌年 3 月）。

##### 2. 具茎百子莲 *A. caulescens*

原产南非（夸祖鲁 – 纳塔尔省和普马兰加省）的夏雨地区，1901 年引种。株高约 90cm。每株仅 1 枚叶片，长 25 ～ 60cm，深绿色，全缘，落叶。花深蓝色，花期春季至仲夏（原产地 9 月至翌年 1 月）。

##### 3. 蔻第百子莲 *A. coddii*

原产南非（西北省和普马兰加省）。株高约 100cm。落叶。花淡蓝色，花期夏季（原产地 11 月至翌年 1 月）。

##### 4. 德拉肯斯堡百子莲 *A. inapertus*

又称垂花百子莲。原产南非（北部省、普马兰加省、豪登省）和斯威士兰的夏雨地区，于 1893 年引种。是本属中最高的植物，株高 1.2m 以上。叶片 6 ～ 8 枚，落叶，长 45 ～ 60cm，宽约 4cm。小花管状、细长下垂，淡蓝色至深蓝色，花期 7 ～ 9 月（原产地 11 月至翌年 2 月）。

#### II. 常绿类型

植株和叶片常绿，不耐霜冻，叶通常具绿色或紫色基部，花粉黄色，核糖核酸含量为 25.2 ～ 31.6pg。有 2 个种：

##### 5. 百子莲 *A. africanus*

又称非洲百合、非洲蓝百合、开普敦百合。原产南非（西南开普省）冬雨地区，1629 年引种。株高约60cm。叶线状披针形或带形，长45～90cm，生于短根状茎上，左右排列，叶色浓绿。伞形花序，每花莛可着花20～50朵，花蓝紫色。花期夏末至初秋（原产地12月至翌年3月）。

#### 6. 早花百子莲 *A. praecox*

原产南非南部和东部的冬雨地区，1630年引种。非常流行的花园植物。株高约1.5m。叶基生，二列，叶长约90cm，宽约8cm，常绿。花序顶生，大，着花多达100朵，花被片长5～9cm，小花密集宛如1个大球。花期晚夏至初秋。本种含亚种东方百子莲 subsp. *orientalis*（*A. orientalis*）。

### （二）园艺分类

百子莲属植物品种资源极为丰富，通过自然选择及杂交等方法，迄今世界范围内培育的品种已近600个之多（Wim Snoeijer，2004）。Hanneke Van Dijk 记录描述了80个百子莲栽培变种。园艺品种按照花形、生态习性、株高有不同的分类方法。

#### 1. 按花形分类

荷兰人 Wim Snoeijer 经过8年对欧洲市场以及世界各地栽培的百子莲品种的考察，整理出364个百子莲品种。按花形不同分为漏斗形、喇叭形、托盘形和管状花形。其中，收录漏斗形品种153个、喇叭形90个、托盘形82个、管状花形17个以及花叶品种22个，每1花形各有紫、蓝、白以及各种中间色等不同花色品种。

#### 2. 按生态习性分类

有常绿品种和落叶品种两类。

#### 3. 按株高分类

分为高生种、中生种和矮生种。矮生品种的株高20～50cm；高生品种的株高在1m以上，最高可达1.8～2m。它们的带状叶片通常是绿色或蓝绿色蜡质（白色）表面，有时基部是紫色。有些品种的绿叶具白色或黄色杂色。花色有紫、蓝、白等不同品种。常见品种有：

**（1）矮生品种**

'Agapetite'：株高10～20cm，白色花，株型小巧紧凑。

'Blue Baby'：株高35～50cm，蓝色花。

'Blue Dot'：株高约40cm，耐寒，深蓝色花。

'Dwarf White'：株高35～50cm，白色花。

'Finn'：株高40～50cm，整齐绿叶，白色花，花期持续数月。

'Sarah'：淡紫色花，上翘的伞形花序突出。

'Sea Foam'：株高35～50cm，宽叶，白色花。

'Silver Baby'：株高30～40cm，叶片狭窄，银白色花，有蓝色边缘。

'Snowball'：株高40～50cm，白色花。

'Streamline'：株高35～50cm，半常绿种，蓝色花。

'Variegatus'：株高约30cm，灰绿色叶有条纹，蓝色花。

'Tinkerbell'：株高30～40cm，叶片边缘白色，蓝色花。

**（2）中生品种**

'Albus Roseus'：常绿种，株高70～80cm，带状叶片有光泽，白色花。

'Blue Boy'：株高约80cm，阔叶紧凑，淡蓝色花。

'Blue Isle'：株高80～100cm，淡蓝色花。

'Blue Skies'：株高约60cm，天蓝色花。

'Crystal Drop'：株高约60cm，白花呈粉红色。

'Gayle's Lilac'：株高约60cm，淡紫色花。

'Peter Pan'：株高约80cm，阔叶整齐紧凑，较短，蓝色花，初夏开花。

'Platinum Pearl'：株高85～90cm，每花序着花多达170朵。

'Platinum Pink'：株高70～90cm，每花序着花90～120朵。

'Senna'：株高约70cm，黑紫色花。

'Snow Cloud'：株高90～100cm，着花300～400朵，有香味。

'Snowstorm'：株高 80 ～ 100cm，白色花。

（3）**高生品种**

'Blue Nile'：株高约 180cm，有宽阔的叶片，团簇状花序紫红色。

'Natalensis'：落叶种，株高约 100cm，紫色花。

'Purple Cloud'：株高约 180cm，深蓝色花，花朵下垂。

'Stormcloud'：株高约 180cm，深紫色花。

'Timaru'：株高约 120cm，花序直径可达 20cm，深蓝色花。

'White Christmas'：株高约 100cm，白色花。

'White Ice'：株高约 120cm，纯白色花。

## 四、繁殖技术

### （一）种子繁殖

百子莲的有性繁育系统为异交，部分自交亲和，且需要传粉者。百子莲需人工授粉，种子成熟即播。播种时一般多用秋播，采用新鲜种子播种，也有先把种子贮藏，到翌年早春再播，覆浅土，发芽适温为 18 ～ 21℃，播后 5 ～ 8 周发芽。百子莲种子萌发首先是胚根伸出，萌发 4 ～ 5 天后距根尖 10 ～ 15mm，距发芽孔 2 ～ 5mm 处凸起子叶鞘，在其基础上又形成舌叶鞘，初为白色，见光后渐为浅绿色。萌发 1 周后子叶鞘、子叶联结分化明显，同时子叶突破舌叶鞘开始生长。2 周左右出苗陆续长出第 1 枚真叶，20 天左右出现不定根。从播种至开花需 3 ～ 4 年。

但是，因种子萌芽和幼苗生长都极为缓慢，而且实生苗花色比较杂，故很少采用播种繁殖。

### （二）营养繁殖

百子莲的营养繁殖主要有分株繁殖和组织培养等方法。

#### 1. 分株繁殖

百子莲主要的营养繁殖方式是分株繁殖。百子莲的分蘖苗是由横生的地下茎上各分枝顶芽萌发长出的，分蘖苗与母株的叶丛分离后即可独立生长，因而分株容易，只要将各分蘖苗地下相连的根茎割开，每个分株苗都能带有完好的根系，一年四季均可分栽。

分株多在春秋进行，结合翻盆换土时分栽即可。一般以秋季为好，因春季分株，当年多不能开花。栽培 3 年左右分 1 次，若久不分株，会影响生长开花。每个新株应带 2 ～ 3 个芽，分株后先放在庇荫处过渡 1 周后再移至阳光下。

#### 2. 组织培养

（1）**无菌种子的制备与接种：**将百子莲种子从成熟果实中剥出，自然风干。将种子浸入 70% 酒精消毒 1 分钟，然后用无菌水冲洗 3 ～ 4 次，随后用 1% NaClO 溶液处理 30 分钟，无菌水冲洗 5 ～ 6 次，将种子接种在 MS 培养基上。在不含任何激素的 MS 培养基上，百子莲的发芽率比较高，但发芽不整齐，接种后第 7 天，只有少量的种子萌发，随着发芽时间的延长，发芽率逐渐提高，接种 3 周左右，其发芽率达到最高，为 88%。

（2）**试管苗的增殖培养：**将无菌苗去除根部，接种在无菌培养基上，培养基为 MS + 4.0mg/L 6-BA + 0.1mg/L NAA。

（3）**不定芽的再生：**将切除根系的小苗及叶段（长 1cm）接种到培养基上进行不定芽的诱导，培养基同增殖培养基。

（4）**生根培养：**当不定芽长到 3cm 左右时，从基部切割下来，转接到 1/2 MS + 0.1mg/L AC + 0.1mg/L NAA 的培养基里进行生根培养，生根率可达 100%。

（5）**组培苗的驯化与移栽：**当组培苗形成完整根系后，先敞口晾瓶 7 天，向培养瓶中倒入自来水。之后用镊子轻夹小植株，涮洗苗根部残留的琼脂，再移栽到泥炭与蛭石等量混合的营养土中缓苗 7 天，然后移入温室中锻炼。控制空气相对湿度从 85% 左右逐渐降低；开始时注意遮阴，移栽后 2 ～ 3 天不见光，以后逐渐增加光照强度和时间；温度控制在 24℃左右。15 天后移栽于土壤中，进行正常管理。

组织培养繁殖的优点是生根率高、炼苗成活率高。

## 五、栽培技术

### （一）园林露地栽培

百子莲在温暖地区很容易生长，常作露地园林应用。植株种植间距为 45 ～ 60cm，较小的种和品种间距缩小为 12cm；种植深度以根颈完全埋入土中，根颈以上的绿色茎秆露出土面为宜。种植后百子莲可以承受长期的干旱，但是为了使其花序和叶子生长俱佳，应保持类似于其原产地的水分状态，浇水原则是间干间湿。此属绝大多数种喜光照充足，有些种如东方百子莲、德拉肯斯堡百子莲等耐半阴。在园林绿地栽培时，特别应注意控制肥水，否则百子莲常因施肥过多和夏季多雨造成叶片徒长，花序松散，影响其观赏价值。百子莲对土壤要求不严，但种植在腐叶多、排水良好的土壤生长更佳。百子莲还可在小溪旁或池塘边作水景布置，但植株必须种植在水面以上。

百子莲喜肥，待叶片长至 5 ～ 6cm 长时开始追肥，一般每隔半个月施 1 次腐熟的饼肥水，花后改为每 20 天左右施 1 次。施肥可以粪肥、饼肥和复合化肥交替使用。适度施用过磷酸石灰及草木灰，可使开花繁茂，花色鲜艳。生长期每隔 10 ～ 15 天追肥 1 次。对于分株苗更应给予充足的水肥，才能使其尽早开花。施肥后要用清水喷淋叶片。花后要摘去花梗及时追施肥料，10 月以后停止施肥。

### （二）盆花栽培

#### 1. 种球的选择

选择芽眼较多、肥厚结实、按压时较坚硬且外观饱满不干瘪的根茎为佳。

#### 2. 土壤和种植

百子莲盆栽土壤要求疏松、肥沃、排水好的沙质壤土，pH5.5 ～ 6.5，可用腐熟肥土 2 份、腐叶土 6 份、沙土 2 份混匀配制，并适量增加磷、钾肥。

分株苗上盆后 1 ～ 2 年，即可分生几个新的株丛陆续开花，因此用盆不宜太小，应用内径 23cm、添加营养土的盆养护，第 2 年花后换入内径 30cm 盆内。第 3 年再分株另栽，以后每 2 年翻盆换土 1 次，这样每盆内可保持有 4 ～ 5 个株丛，开花 3 ～ 4 枝。上盆时要保留 3cm 以上的沿口。如果装土太多，半年以后因地下根茎的快速生长将把盆土挤满盆沿而浇不进水。

#### 3. 水分管理

百子莲是喜湿植物，养植的时候需要保持植株湿润，浇水要透彻，但忌水分过多、排水不良，一般室内空气湿度即可。但盆内不能积水，否则易烂根，以湿润为度，间干间湿。施肥前 1 天暂停浇水，使盆土收水。冬季移入室内注意控制浇水，使盆土稍湿润即可，不可多浇水。

#### 4. 光照管理

百子莲是喜光植物，可接受适量的阳光直射，但不可太久。适宜放置在光线明亮、通风好且无强光直射的窗前。6 ～ 9 月要创造阴凉和通风的环境，盆栽应置于半阴、湿润处，尤其在夏天炎热时应予遮阴防止烈日直晒，以免灼伤叶片。冬季栽培需阳光充足，冬季土壤湿度大，温度超过 25℃，茎叶生长旺盛，妨碍休眠，会直接影响翌年正常开花。

#### 5. 温度管理

百子莲性喜温暖，不耐寒。夏季宜凉爽，温度以 18 ～ 22℃为宜，它耐高温，在 35℃的环境长势依然很好，但是夏季切忌高温潮湿，易导致腐烂。常绿型百子莲一般 5℃以上可室外过冬；落叶型百子莲在室外 1 ～ 2℃时地上部分会冻死，根部可安全越冬，通常入秋后，当温度降至 4℃左右时，移入室内湿润处，在 4 ～ 10℃的环境中越冬。

### （三）切花生产

#### 1. 采切时期

在温暖地区，百子莲可在露地大田进行切花

生产。其切花最适的采切期为大田初花期。批量生产、近距离运输、短期贮藏的切花，需要在花梗由短变长、花瓣仍紧抱的发育时期采切（图2）。当地或就近批发销售的切花，适合在花序上部分小花花瓣松散，但未完全展开的时期采切。

2. 保鲜处理

百子莲切花采切后，花枝可插入 B5 保鲜剂（5% S + 0.2g/L CPB + 0.001g/L 6-BA + 0.05g/L $GA_3$ + 0.1g/L $CoCl_2$ + 0.15g/L CA）中进行保鲜处理。低温贮藏是其切花保鲜最基本、最有效的方法之一，其目的就是延缓切花的衰老，满足生产和消费的需求。百子莲在 2℃低温下贮藏的最大期限为 6 天，是商业和观赏价值上最合适的贮藏条件。

## 六、病虫害防治

（1）**叶斑病**：百子莲常见叶斑病危害，可用 70% 甲基托布津可湿性粉剂 1000 倍液喷洒防治。

（2）**红斑病**：百子莲发生此病后，叶、花梗、花瓣及根茎都可受害。叶和花梗感病后，弯曲或畸形，出现红色隆起的斑点；花瓣和根茎感病后也有棕色斑点，后期病部变软并下陷。受害重的花梗则影响开花。病原菌是 1 种真菌。防治方法：浇水时防止水珠滴在叶面；发病时喷 1 次 600 倍的百菌清药液，效果最佳。

（3）**蚜虫**：用 2.5% 鱼藤精乳油 1000 倍液喷杀。

## 七、价值与应用

百子莲花形别致，花色高雅，花期长，在英国、荷兰、比利时、德国、日本以及新西兰等国家，已经越来越成为消费的主流，特别是作为鲜切花，因其“爱情花”的花语含义，在花卉市场上备受消费者的青睐；在欧洲，百子莲是除了月季以外最能表达爱意的切花。百子莲切花用于宴会与花艺装饰布置，高贵淡雅，深得欧洲社会的认可；而在私家庭院里丛植或群植百子莲，清秀高雅的球状花序特别凸显主人的品位。无论是家庭盆栽种植（图 3），或是花坛、花境等的应用（图 4），甚至是大规模的鲜切花生产，都展现了

图 2　百子莲切花

A. 切花采收标准；B. 切花包装；C. 待销售的切花

图 3　百子莲盆花栽培与应用

图 4　百子莲园林景观应用
A ～ B. 花境；C ～ D. 道路绿化应用；E. 林下栽植

百子莲作为新生代花卉材料的巨大潜力。

荷兰、英国、南非等国家的百子莲种植正逐步走向专业化、规模化，是目前世界上百子莲切花的主要生产国，拥有众多专业的百子莲种植苗圃，在品种选育、繁殖栽培、花期调控以及切花采收保鲜技术等领域走在世界前列，由此也带动了百子莲市场的繁荣。在英国、荷兰等地，多数百子莲新品种已经实现组培苗规模化生产，以 9cm 规格盆苗出售。荷兰是目前世界范围内百子莲鲜切花的主要生产国，现已基本可以实现周年供应，并且其生产的百子莲切花品质优良，在国际花卉市场的份额也稳居世界第一。而在百子莲的原产地南非，切花主要销往欧美。日本生产的百子莲切花主要供应本国夏秋至初冬的家庭园艺超市，而冬春市场的百子莲则由国外进口。澳大利亚西部种植的百子莲鲜切花，在每年的 9 月初后供应国际市场。

（王玲　卓丽环）

# *Allium* 观赏葱

观赏葱（ornamental alliums）是百合科（Lilliaceae）葱属（*Allium*）具有观赏价值、多年生球根花卉的统称。其属名 *Allium* 是大蒜的古老拉丁文名称，因为此属中有许多重要的食用作物，如细香葱（*A. choenoprasum*）、大蒜（*A. sativuni*）、韭菜（*A. porrum*）、洋葱（*A. cepa*）和葱（*A. fistulosum*）等，故英文名有 Flowering garlic（开花的蒜），Onion（洋葱）。葱属约有 700 种，均原产于北半球，分布广泛。此属中具有观赏价值的有数十种，在世界各地园林中多有种植，是有趣的花园植物，其大花种和杂种在一年生或多年生草花花境中尤为引人注目。观赏葱可丛植于林缘、草地或园路边观赏，也常用于花园美化、花境配植、岩石园点缀或草坪旁装饰，还可作切花（*A. giganteum* 大花葱）、切叶（*A. karataviense* 宽叶葱）。荷兰为观赏葱的主要生产和出口国。

## 一、形态特征

多年生草本，绝大部分的种具特殊的葱蒜气味；具根状茎或根状茎不甚明显；地下部分的肥厚叶鞘形成鳞茎，鳞茎形态多样，从圆柱状直到球形，最外面的为鳞茎外皮，质地多样，膜质、革质或纤维质；须根从鳞茎基部或根状茎上长出，通常细长，有的种则增粗，肉质化，甚至呈块根状。叶形多样，从扁平的狭条形到卵圆形，从实心到空心的圆柱状，基部直接与闭合的叶鞘相连，

图 1　大花葱（*A. giganteum*）的形态（引自谢依庭著《球根花卉超好种》）
A. 鳞茎；B. 未开放的花序；C～E. 伞形花序；F. 蒴果；G. 种子

无叶柄或少数种类叶片基部收狭为叶柄，进而与闭合叶鞘相连。花莛从鳞茎基部长出，有的生于中央（由顶芽形成），有的侧生（由侧芽形成），露出地面的部分被叶鞘或裸露；伞形花序生于花茎顶端，开放前被1闭合总苞包裹，开放时总苞单侧开裂或2至数裂，早落或宿存；小花梗无节，基部有或无小苞片；花两性，极少退化为单性（但仍可见到退化的雌、雄蕊）；花被片6，排成两轮，分离或基部靠合成管状；雄蕊6枚，排成两轮，花丝全缘或基部扩大而每侧具齿，通常基部彼此合生并与花被片贴生，有时合生部位较高而成筒状；子房3室，每室1至数胚珠，沿腹缝线的部位具蜜腺，蜜腺的形状多样（平坦、凹陷、具帘和隆起等），花柱单一；柱头全缘或3裂。蒴果室背开裂。种子黑色，多棱形或近球状（图1）。

## 二、生长发育与生态习性

### （一）生长发育规律

以大花葱 *A. giganteum* 为例。

#### 1. 开花习性

大花葱开花可分为3个时期。花莛伸长和现蕾期：在山西太谷，早春叶片出土35～45天，4月2日至5月18日为花莛伸长期，此时花莛生长迅速，可长到120cm，平均每天长3～4cm，4月15～20日出现花蕾；开花期：是5月18日至6月15日，其中5月18～25日为初花期，5月26日至6月2日为盛花期，花色鲜艳，每朵小花开放2.5天，花序剪下后可插瓶10天以上。花凋谢期：6月10日后花朵逐渐枯萎。

#### 2. 鳞茎的生长

9月上中旬种植鳞茎，长出须根后在地下越冬。翌年3月初至6月上旬长叶开花，历时约100天。同时在原（母）鳞茎侧方产生新鳞茎。1个母鳞茎一般形成1～2个子鳞茎，最多达4个。

#### 3. 鳞茎的休眠与贮藏

大花葱鳞茎夏季进入休眠，解除休眠和适宜的贮藏温度为25～28℃（其他观赏葱的贮藏温度是20℃）。

### （二）生态习性

大花葱喜凉爽与阳光充足环境，忌湿热多雨，要求疏松、肥沃、排水良好的沙质壤土，忌积水，忌连作。可在半阴环境下生长开花，生长适温15～25℃。适合我国北方地区栽培。花期5～6月。

## 三、种质资源

葱属有920种，其中具有观赏价值的种和品种如下。

#### 1. 尖瓣葱 *A. acuminatum*

原产北美洲西部。具鳞茎，多年生。叶片线形，具槽，基生，抱茎；中绿色。花朵小型，敞口钟状，浅粉紫色，着生在稀疏的半球形小花枝上，初夏开放。适合种植在温暖向阳的草花花境或岩石园中。当种子成熟时立即播种，或秋季分栽籽球。

#### 2. 莲座韭 *A. akaka*

原产高加索山脉、土耳其和伊朗的高山卵石坡地与岩石坡地。具鳞茎，多年生。叶片基生，阔卵形；灰绿色。花朵小型，星状，着生在球形花序的小花枝上，花梗近无叶，春季开放。花白色或具粉晕，心部红色。适合栽种于向阳地岩石园或种植槽中。在冬季休眠期应防潮。实生繁殖可在种子成熟时立即播种，或在秋季分栽籽球。

#### 3. 紫花葱 *A. atropurpureum*

原产保加利亚、罗马尼亚和土耳其西部，1800年引种。鳞茎球形，花莛高50cm以上，花序直径3～5cm，深紫色，花期7月。

#### 4. 天蓝花葱 *A. caeruleum*

又称棱叶韭。原产于亚洲的北部与中部，西伯利亚及土耳其，中国新疆亦有分布。生长势弱，具鳞茎，多年生。叶狭线形，具3棱；在开花前枯萎；中绿色。花莛高70～80cm，花朵小型，星状，成簇密生，花序直径2.5～5cm，着生在挺直的花梗上，小花天蓝色或淡冰蓝色，花被片中部具鲜明条纹。初夏开放，花期5～6月（图3A）。在日光充足的条件下，可以生长得十分繁茂。需排水良好、肥力适中的土壤，在沙质土壤里生长更佳。秋季用籽球进行繁殖，也可春季或当种子成熟时播种繁殖。

**5. 垂花葱 *A. cernuum***

原产北美洲的山石地。生长旺盛，多分枝，具鳞茎，多年生。叶片基生，狭带状，深绿色；半直立。花朵小型，杯形，中粉色至深粉色，25～40朵稀疏下垂簇生，夏季开放。喜肥力适中、排水良好的土壤。栽培于有充足阳光的花境效果颇佳。繁殖可在种子成熟后或春季播种，也可秋季分栽籽球。

**6. 波斯葱 *A. christophii***

原产土耳其和亚洲中部山脉丘陵地带的岩石坡地。分布于土库曼斯坦、伊朗和土耳其中部。生长强健，具鳞基，多年生。生于较低的山地。常用作观赏植物种植。叶片带状，基生，黄绿色，边缘具毛，在开花前枯萎。株高30～40cm；花朵小型，星状，金属粉紫色，多达50朵，着生在敞开的呈球形排列的小花枝上，花序直径约25cm，初夏开放，花期6月（图3B）。栽培需肥力适中、排水良好的土壤，宜选温暖背风、全日照之地。种植在草花或混栽花境中皆宜。本种与其他色彩鲜明、大花的葱属植物，与矮生的灰色、银色或淡黄绿色叶片的多年生植物共用时效果颇佳。切花适合脱水作干花，以供冬季插花使用。繁殖可在春季或当种子成熟时立即播种，也可秋季用籽球进行。

**7. 杯花韭 *A. cyathophorum***

原产中国的高山多草坡地，在云南（西北部）、西藏（东部）、四川（西南部）和青海（玉树地区）都有分布。生于海拔3000～4600m的山坡或草地。鳞茎单生或数个聚生，圆柱状或近圆柱状，具较粗的根；鳞茎外皮灰褐色，常呈近平行的纤维状，有时呈网状。叶条形，背面呈龙骨状隆起，通常比花莛短，宽2～5mm。花莛圆柱状，常具2纵棱，高13～35cm，下部被叶鞘；总苞单侧开裂，稀2～3裂，宿存；伞形花序近扇状，多花，松散；小花梗不等长，与花被片近等长甚至比其长3倍，基部无小苞片；花紫红色至深紫色；花被片椭圆状矩圆形，先端钝圆或微凹，长7～9mm，宽3～4mm，内轮的稍长；花丝比花被片短，长4.5～8mm，2/3～3/4合生成管状，内轮花丝分离部分的基部常呈肩状扩大，外轮呈狭三角形；子房卵球状，外壁具细的疣状突起；花柱不伸出花被；柱头3浅裂。花、果期6～8月。

**8. 川甘韭 *A. cyathophorum* var. *farreri***

杯花韭的变种。产甘肃（东南部）和四川（西北部），生于海拔2700～3600m的山坡或草地。与杯花韭的区别在于本变种的花被片渐尖；内轮花丝分离部分的基部不呈肩状扩大。花、果期6～8月。生长旺盛，具鳞茎，多年生。叶片基生，直立，中绿色，狭带状。花朵小型，深紫罗兰色，下垂，钟状，稀疏地着生在小花枝上，夏季开放。用于岩石园，或为花境镶边，或在砾石间种植效果很好。需湿润但排水良好、含丰富有机质的土壤。繁殖在种子成熟后或春季播种，或秋季分栽籽球。能自播。

**9. 香黄葱 *A. flavum***

原产地中海、里海和黑海沿岸等地。株高40cm，花亮黄色，散发令人愉悦的香味（图3C）。

**10. 大花葱 *A. giganteum***

又称绣球葱、吉安花、巨葱、高葱、硕葱。原产亚洲中部山脉的丘陵地带。根具鳞茎，鳞茎呈球形或半球形，肉质，稍硬，具葱味，表皮膜质，直径7～10cm，须根80～90条。叶丛生或近基生，倒披针形或半直立，带状，灰绿色，全缘，长76cm，宽5cm，7～12枚，3～4轮排列。花莛自叶基部抽出，高达120～125cm，2000～3000朵小花密生成球状伞形花序，花序直径10～20cm。小花星状，具长柄，丁香蓝色、白色或紫红色，花瓣6枚，呈两轮排列。蒴果。种子圆形，黑色，单个花序可产生800多粒成熟种子（图 1）。常用于草花花境。要求肥沃、排水良好的土壤。作切花和干花十分理想。繁殖可在种子成熟时播种，能自播繁殖；或夏末休眠期间分栽籽球。

由大花葱育成的品种众多，有‘相册’（‘Album’）；‘大使’（‘Ambassador’），株高 1.2m，花序稠密，花期长；‘博爱’（‘Beau Regard’），1971 年培育的杂交种，株高 0.7 ～ 1m，伞形花序巨大，直径可达 25cm，淡紫色，花期可持续 3 周；‘角斗士’（‘Gladiator’），株高 0.9 ～ 1m，叶片可食用，花序直径 15cm；‘环球霸王’（‘Globe Master’），株高 70 ～ 90cm，花序直径 25cm，花期春末夏初，花期长；‘阁下’（‘Ilis Excellency’）；‘火星’（‘Mars’）；‘勃朗峰’（‘Mont Blanc’）；‘珠穆朗玛峰’（‘Mount Everest’）；‘紫雨’（‘Purple Rain’）；‘紫日’（‘Round in Purple’），株高 90cm，花序直径 15cm，花期春末夏初，花期长；‘蜘蛛’（‘Spider’）；‘夏日鼓手’（‘Summer Drummer’）等（图 2）。

### 11. 荷兰葱 *A. hollandicum*

原产亚洲中部山脉的丘陵地带。生长强健，具鳞茎，多年生。叶片基生，半直立，带状，开花时枯萎，灰绿色。花朵小型，星状，紫罗兰紫色，紧密地着生在球形花序上，花序直径 10cm，夏季开放。常栽培用于草花花境。要求肥沃、排水良好的土壤。作干花十分理想。繁殖可在种子成熟时播种，能自播；或暮夏休眠期间分栽籽球。

### 12. 宽叶葱 *A. karataviense*

又叫土耳其斯坦葱。分布于土耳其斯坦及中亚等地山区，哈萨克斯坦东部的阿拉套山和楚伊犁山分布较多。生长势强，具鳞茎，多年生。鳞茎扁球形。叶片基生，椭圆形，成对水平生长，灰绿色，着以紫色，具红色边缘。株高 10 ～ 25cm，花朵小型，星状，肉色、淡红色，

图 2　大花葱（*A. giganteum*）部分品种

A.‘大使’（‘Ambassador’）；B.‘角斗士’（‘Gladiator’）；C.‘博爱’（‘BeauRegard’）；D.‘紫日’（‘Round in Purple’）；E.‘环球霸王’（‘Globemaster’）（引自 https://www.sohu.com/a/369946077_120006509 和 http://blog.sina.com.cn/s/blog_）

白色至淡粉色，中部具紫红色条纹，呈球形簇生于无叶的花梗上，花序圆球状，花序直径 7.5cm。花暮春开放，花期 4 ～ 6 月（图 3D）。在温暖、背风、全日照之地容易栽培，但土壤必须排水力强。混栽或种植在草花花境中皆宜。繁殖可在种子成熟时立即播种，或在秋季里分栽籽球。全株有毒，含较多的皂苷。

**13. 黄花茖葱 *A. moly***

又称黄花葱。分布于欧洲西南部、南部山区的荫蔽多石地与卵石地和北非，作为观赏和药用植物栽培。生长势强，多分枝，具鳞茎，多年生。鳞茎圆形，簇生。叶片基生，灰绿色，披针形。花莛高 40cm，花朵星状，鲜黄色或亮金黄色，多达 30 朵，密集簇生，花序直径 7cm，夏季开放，花期 5 ～ 6 月。培育品种有‘珍妮’（‘Jeannine’），获英国皇家园艺学会的花园功绩奖（图 3E）。种植于灌木丛下，给树木园增添自然景观的效果颇佳。在明亮或间有日光之地均可生长。繁殖可通过刚成熟的种子播种，或秋季分栽籽球。能自播，繁衍迅速。

**14. 沙葱 *A. mongolicum***

又称蒙古韭。常生于海拔较高的沙壤戈壁中，形似幼葱，故称沙葱。是沙漠草甸植物的伴生植物。多年生草本。鳞茎密集丛生，圆柱状；鳞茎外皮褐黄色，破裂呈松散的纤维状。基生叶细线形，半圆柱状至圆柱状，比花莛短，粗 0.5 ～ 1.5mm。花莛圆柱状，高 10 ～ 30cm，下部被叶鞘；总苞单侧开裂，宿存；伞形花序半球状至球状，具多而密集的花；小花梗从与花被片近等长直到比其长 1 倍，基部无小苞片；花淡红色、淡紫色至紫红色，大；花被片卵状矩圆形，长 6 ～ 9mm，宽 3 ～ 5mm，先端钝圆，内轮的常比外轮的长；花丝近等长，为花被片长度的 1/2 ～ 2/3，基部合生并与花被片贴生，内轮的基部约 1/2 扩大成卵形，外轮的锥形；子房倒卵状球形；花柱略比子房长，不伸出花被外。花期 6 ～ 8 月。种子寿命长，埋于沙土中几年仍可发芽。

**15. 水仙状韭 *A. narcissiflorum***

原产葡萄牙、法国和意大利北部。多分枝，多年生，具根茎。叶片狭带状，灰绿色，具鞘。花朵钟状，稀疏地着生在下垂的小花枝上，粉紫色；夏季开放（图 3F）。栽培于向阳干燥的岩石园、混栽花境前缘或草花花境。需肥沃、排水良好的土壤。繁殖可在春季或种子成熟时立即播种，也可春季分株。

**16. 那不勒斯葱 *A. neapolitanum***

又称纸花葱。原产欧洲南部和南非。生长势弱，具鳞茎，多年生。叶片狭锥形，半直立，中绿色，在开花前枯萎。花朵小型，星状，白色，约 40 朵着生在散开的小花枝上，花梗纤细，夏季开放。需排水良好、肥力适中的土壤，使用沙质土壤更好，宜选全日照之地。容易栽种，繁衍迅速。秋季用籽球进行繁殖，也可在种子刚成熟时或春季播种繁殖。

**17. 红花葱 *A. nutans***

又称齿丝山韭。原产西伯利亚。花莛高 70cm，叶宽约 1.3cm，叶长稍短于花莛，花白色或粉红色。

**18. 山地葱 *A. oreophilum***

分布于高加索和中亚的高山多石坡地。植株矮小，具卵状鳞茎，多年生。花莛高 5 ～ 20cm；叶片 2 枚，线形，长超过花莛高度，自茎抽生处具鞘，中绿色。花朵小型，钟状，亮浅粉紫色，稀疏地呈半球面形簇生，花序松散。早夏开放，花期 7 ～ 8 月（图 3G）。栽种于肥力适中、排水良好的土壤中，可用于草花花境或岩石园。当种子成熟时立即播种，或秋季分栽籽球。

**19. 北葱 *A. schoenoprasum***

又称香葱。原产欧亚和北美温带地区，分布于欧洲、亚洲及北美洲。多分枝，具鳞茎，多年生。作为观赏植物和食用植物种植。鳞茎外皮灰褐色或带黄色，密生成块。叶片直立，深绿色，狭圆柱形。花朵细小，钟状，粉紫色或红紫色；密生在小花枝上，花梗无叶，花莛高 50cm，叶与花莛等长或稍长。夏季开放（图 3H）。栽种于植物园或为花境镶边。需湿润但排水良好的肥沃土壤，叶与花可食用。作为食材，可经常剪切叶片，以保证叶片的持续供应。繁殖可在春季分栽植株，或播种成熟种子。

**20. 舒伯特葱 *A. schubertii***

又称斯氏葱。分布于地中海东岸地区，常作为观赏植物种植。株高 30 ～ 50cm，花序直径最大达 30cm，灰粉色，花期 6 月（图 3I）。

**21. 圆头大花葱 *A. sphaerocephalon***

分布于欧洲和高加索的草原和山地丘陵。可食用亦可观赏，株高 60cm，花期 7 月（图 3J）。

**22. 长柄葱 *A. stipitatum***

原产亚洲中部。生长势强，具鳞茎，多年生。叶片基生，半直立，带状，中空，绿色。花

图 3 观赏葱部分原种的种质资源

A. 天蓝花葱 *A. caeruleum*；B. 波斯葱 *A. christophii*；C. 香黄葱 *A. flavum*；D. 宽叶葱 *A.karataviense*；E. 黄花茖葱 *A. moly*cv.‘珍妮’（‘Jeannine’）；F. 水仙状韭 *A. narcissiflorum*；G. 山地葱 *A. oreophilum*；H. 北葱 *A.schoenoprasum*；I. 舒伯特葱 *A. schubertii*；G. 圆头大花葱 *A. sphaerocephalon*；K. 茖葱 *A.victorialis*（引自 https://www.sohu.com/a/369946077 和 http://blog.sina.com.cn/s/blog_5b9a3d810100ifm0.html）

朵细小，星状，几无葱香气，浅紫粉色，多达 50 朵，着生在球形花序上，花梗无叶，初夏开放。栽种于土壤肥沃、排水良好的混栽或草花花境中。作切花或干花皆宜。叶片在开花后枯萎。繁殖可在种子成熟时播种，或春季分割成丛植株。

23. 单叶葱 *A. unifolium*

原产美国俄勒冈和加利福尼亚沿岸山地的常绿林。具鳞茎，多年生。叶片基生，线形，灰绿色，每球仅生 1 枚，在开花后枯萎。花朵小型，敞口钟状，紫粉色，近 20 朵着生在呈半球形面的花序上，暮春开放。栽培需在含丰富有机质、排水良好的土壤，宜选温暖背风之地。繁殖可在种子成熟时或春季播种，也可秋季分栽籽球。

24. 茖葱 *A. victorialis*

欧亚广布种，中国分布于黑龙江、吉林、辽宁、河北、山西、内蒙古、陕西、甘肃（东部）、四川（北部）、湖北、河南和浙江（天目山）。生于海拔 1000 ～ 2500m 的阴湿山坡、林下、草地或沟边。广泛分布于北温带。嫩叶可食用。鳞茎单生或 2 ～ 3 个聚生，近圆柱状；鳞茎外皮灰褐色至黑褐色，破裂成纤维状，呈明显的网状。叶 2 ～ 3 枚，倒披针状椭圆形至椭圆形，长 8 ～ 20cm，宽 3 ～ 9.5cm，基部楔形，沿叶柄稍下延，先端渐尖或短尖，叶柄长为叶片的 1/5 ～ 1/2。花莛圆柱状，高 25 ～ 80cm，1/4 ～ 1/2 被叶鞘；总苞 2 裂，宿存；伞形花序球状，具多而密集的小花；小花梗近等长，比花被片长 2 ～ 4 倍，果期伸长，基部无小苞片；花白色或带绿色，极稀带红色；内轮花被片椭圆状卵形，长 4.5 ～ 6mm，宽 2 ～ 3mm，先端钝圆，常具小齿；外轮的狭而短，舟状，长 4 ～ 5mm，宽 1.5 ～ 2mm，先端钝圆；花丝比花被片长 0.25 ～ 1 倍，基部合生并与花被片贴生，内轮的狭长三角形，基部宽 1 ～ 1.5mm，外轮的锥形，基部比内轮的窄；子房具 3 圆棱，基部收狭成短柄，柄长约 1mm，每室具 1 胚珠。花、果期 6 ～ 8 月（图 3K）。

## 四、繁殖技术（大花葱）

### （一）种子繁殖

1. 种子处理

7 月上旬种子成熟，将种子已成熟的花序采下阴干，去掉花柄，搓碎果皮并簸净，装入袋内贮存于冰箱。

2. 整地播种

于 9 ～ 10 月播种。做宽 1m 的播种畦，亩[*]施有机肥 500kg，深翻耙平缓慢灌水，灌透水后播种。播种密度为 2.8 ～ 1g/m$^2$，覆土厚 1cm，镇压后盖塑料薄膜，保湿。在 5 ～ 7℃下，种子发芽较好。发芽率随温度升高而降低，超过 12℃发芽率低于 1%。

3. 幼苗管理

翌年 3 月下旬幼苗出土后去掉覆盖物，视土壤墒情及时喷水。第 1 年小苗只生长 1 枚对折的针状子叶，并将种子带出土面，子叶长 10cm。第 2 年幼苗叶片（真叶）为针状，长达 10 ～ 16cm，生长期间除浇水外，每月可施肥水 1 次，促进小鳞茎生长，6 月待真叶枯萎时挖起小鳞茎，9 月按 10cm × 15cm 株行距种植。第 3 年春季，幼苗出土时长出 2 ～ 3 枚叶片，长达 20cm，宽 2cm。就播种苗而言，鳞茎直径要达到 3cm 才能开花，大约需栽培 5 年时间。

### （二）鳞茎繁殖

1. 种植

9 月上中旬，选排水良好、适当荫蔽地块（土质最好是沙质壤土）做畦，按 20cm × 30cm 株行距种植，深度为球体高的 2 倍，覆土压平后浇水。

2. 生长期管理

3 月，叶片出土后及时松土、浇水，每 2 ～ 3 周施肥水 1 次。阳光强烈时需要搭设阴棚，提高空气湿度，保持叶片不枯。在全阴条件下，地表温度、地表下 5cm 处温度及光照强度等均明显下降，叶片枯萎较少。

* 1 亩 ≈ 667 m$^2$，下同。

大花葱的鳞茎自然增殖率极低，若在花莛出现后及早去除，使养分集中于更新球与子鳞茎的发育，可适当增加小鳞茎数目。为促使中小鳞茎尽快长成开花鳞茎，可在现蕾时摘蕾，使营养集中供于新鳞茎，且需与施肥等管理措施相结合。

3. 起球和贮藏

大花葱为多年生球根花卉，可在原地栽植2～3年后再倒茬，也可每年开花后掘出鳞茎。雨季，排水不良，鳞茎易烂，故每年雨季前地上部分变枯后，7月上旬挖起鳞茎，收获前1周要停止浇水，保持土壤干燥，便于收获及贮藏。采收的鳞茎分级后，置通风处晾干，剥去带土外皮保存于室内通风处，待9月再种植。若烈日下暴晒，鳞茎会脱水变黑，最后腐烂。

## 五、栽培管理

### （一）露地景观栽培

大花葱露地栽培应选择地下水位低、排水良好、疏松肥沃的沙壤土质，种球时间宜9月中下旬至10月上旬，株行距20cm×30cm，种植深度为鳞茎上覆土厚达鳞茎高的2～3倍。大花葱栽后稍压平穴面，浇透水，冬季不必覆盖防寒，翌年春季3月叶片出土时，及时松土、浇水，配合液态追肥每10～15天浇1次水，注意中耕、松土、除草，空气干燥的地方适量增加少量人工喷雾或遮阴，可以缓解初夏时叶片变黄的速度。大花葱花后茎叶枯萎，雨季来临前及早挖取鳞茎，以免腐烂，置于通风干燥处晾干后收起，分摊在室内通风处存放，待9～10月栽种。栽种地不宜连作，注意施用腐熟有机肥。夏季多雨，需及时排水。

### （二）露地切花栽培

观赏葱极少在温室进行切花促成栽培。露地切花栽培时需要使用大规格、周长18～20cm的种球。若春植，种球必须经过冷藏处理，即在14℃冷藏8～10周；若秋植，种球无须冷藏，接受自然低温即可。栽培土壤需肥沃、排水良好。种球种植后覆土10cm，种植密度约为64粒/m$^2$。依各地气候条件不同，开花时间从5月中旬至7月初，切花采收持续的时间也不一致，较冷地区采收可持续3～4周，温暖地区仅有1～2周。通常1个鳞茎只能产1枝切花。切花采收后可以不起球，留在露地继续生长和越冬，第2年可以再次采收切花。切花适宜的采收期是在伞形花序上有1/3的小花开放时。切花的自然瓶插期约为2周，也可进行采后处理，即插在pH 4.0、加氯的消毒液中，但是经采后处理的切花会缩短瓶插寿命，所以最好是采切后立即出售。到零售商手里或花店中，切花应放在5～7℃的冰箱贮藏。

### （三）病虫害防治

大花葱鳞茎在贮藏过程中，高温、高湿易引发腐烂病，需要保持通风、干燥，种植前可用60%代森锌可湿性粉剂600倍液浸泡种球灭菌。忌连作。

## 七、价值与应用

### （一）观赏价值

观赏葱种类多，植株高矮不一，花序大小各异，花色丰富多样，耐寒或较耐寒、抗性强，栽培管理简便，是极佳的园林绿化美化植物，有些种还是良好的切花、切叶（宽叶葱）材料。其中大花葱是同属植物中观赏价值最高的，因其花序硕大而得名。其花梗自叶丛中抽出，球状花序由上千朵小花组成，紫红色的小花呈星状展开，花球随小花开放而逐渐增大，美丽异常；花序大而新奇，色彩明丽，深得人们喜爱。观赏葱是园林中花境、岩石园或草坪旁装饰和美化的常用植物，也是世界著名的切花、干花和花卉装饰材料。

### （二）药用和食用

黄花茖葱品种‘珍妮’（*A. moly*‘Jeannine’）可药用；大花葱品种‘角斗士’（*A. giganteum*‘Gladiator’）的叶片可食用。

（王瑞云）

# *Amaryllis* 孤挺花

孤挺花为石蒜科（Amaryllidaceae）孤挺花属（*Amaryllis*）多年生鳞茎类球根花卉。它的属名是希腊神话中的牧羊女的意思。可能因其花朵像百合，生长方式像石蒜，故英文名称有Augustlily（八月百合），Marchlily（三月百合），Belladonnalily（贝拉唐娜百合），Meadowlily（草地百合），Nakedladies（裸女）等，在意大利一般称作Donna bella（唐娜贝拉）。孤挺花是石蒜科中最壮观的植物。原产于南非，17世纪在南非好望角被发现。18世纪瑞典植物学家林奈（Carl von Linne，1707—1778）对植物分类建立双名法，将朱顶红与孤挺花都归于孤挺花属（*Amaryllis*），因而习惯上也将朱顶红统称为孤挺花。1839年，英国植物学家赫伯特（Hon Williams Herbert）根据朱顶红与孤挺花在原产地、形态、性状等多方面的不同特点，将朱顶红另列为朱顶红属（*Hippeastrum*），由此孤挺花与朱顶红分开（Veronica M. Read，2004；蔡曾煜，2013）。主要区别：孤挺花属，2种，原产南非；花莛实心；种子肉质，半透明，不规则圆球形。朱顶红属，91种，原产中南美洲；花莛中空；种子黑色、纸质、扁平。

孤挺花自1633年传入欧洲，18世纪初至中叶相继在意大利和英国进行园艺栽培，在那里成为一种很受欢迎的花园植物。亚洲，日本在明治初年（19世纪60年代）引入，我国在20世纪才开始引入栽培，因种球比较昂贵，目前属于球根花卉中的珍品，还不为大众所熟悉。孤挺花生命力极强，管理粗放，特别耐旱，为旱地园林植物设计和应用提供了重要的材料。另外，孤挺花花大色艳、香气浓郁、花期长，夏、秋间开花，在长江以南可以露地越冬，冬季常绿，可谓江南园林绿地不可多得的大型球根花卉。

## 一、形态特征

孤挺花鳞茎呈纺锤状（图1A），开花球直径一般在10cm以上，外部干枯鳞片拉开具丝状物（图1B）。叶片20～30枚，花后10月抽出，亮绿色、丛生、狭窄，长约60cm，基部宽约4cm（图1C），初夏6月逐渐枯萎。花茎实心，红紫色或紫绿色为主，高40～80cm；佛焰苞状总苞片披针形；伞形花序着花6～24朵，小花直径约12cm，花芳香，花梗长约3cm，花被片长6～10cm，通常底色白色，带紫粉色到粉色的晕，也有底色白色、喉部黄色的，花形长筒喇叭状，稍微两侧对称，裂片6（图1D、图1E）；雄蕊6，柱头呈头状，粉色。蒴果9～11月成熟，长卵圆形（图1F）；种子半透明，白色或粉红色、肉质。

## 二、生长发育与生态习性

### （一）生长发育规律

孤挺花生长周期为39～40周，然后有一段时间的夏季休眠。夏季高温休眠期间完成花芽分化。近2个月的夏季休眠后进入开花期，先花后叶，秋季出叶后一直生长到第2年初夏地上部分逐渐枯萎。

### （二）生态习性

孤挺花为喜光植物，但夏季过强的阳光也需

图1 孤挺花形态特征

A. 鳞茎；B. 外部鳞片；C. 植株和叶片；D. 伞形花序；E. 花被片和雌雄蕊；F. 果实

适度遮阴，极耐旱。性喜冬季温暖湿润，夏季干燥炎热的环境。最适生长温度为15～30℃，鳞茎能耐 -5℃的低温。喜肥沃、排水良好的沙质土壤。

## 三、种质资源

孤挺花属只有2个种：一种是孤挺花（*A. belladonna*），另一种是多花孤挺花（*A. paradisicola*）及其7个变种（Veronica，2004；蔡曾煜，2013）。现在世界各地栽培的多是孤挺花的品种'爱神'（'Hathor'），其他目前应用的主要是孤挺花与石蒜科的其他成员进行杂交产生的属间杂种。主要有孤挺花和文殊兰的杂交后代，孤挺花与尼润石蒜（矮石蒜）的杂交后代等。花色以粉色为主，其他颜色相对较少。在20世纪70年代期间，各种色调的粉色品种的杂交育种是由荷兰球根公司的领导人Tubergen开展的。后来这些杂种多以南非城镇命名，包括'Bloemfintein''Jagerfontein''Johannesburg'和'Windhoek'。目前，应用比较多的园艺杂种和品种及其特征如下：

**1. '爱神' *A. belladonna* 'Hathor'**

花朵具芳香，漏斗状，长10cm，6朵或更多着生在小花枝上，花白色，喉部黄色，花梗粗壮，紫色，秋季开放。叶片带状，肉质，在开花后长出。鲜绿色。株高50～80cm，冠径30～45cm（图2A）。

**2. 孤君兰 ×*Amarcrinum memoria-corsii*（×*Amarcrinum howarrdii*）**

是孤挺花和穆氏文殊兰（*Crinum moorei*）的杂交种。花朵具香气，漏斗状，长10cm，5～12朵小花稀疏地着生在粗壮的花梗上，玫瑰粉色，夏末和秋季开放。叶片常绿（在寒冷地区脱落）、带状，半直立，深绿色。株高和冠径约1m（图2B）。

**3. ×*Amarine tubergenii***

孤挺花与尼润石蒜（*Nerine bowdenii*）的杂交种。花期非常长，在7～11月开花，跨夏、秋两季，花型密集，花色介于粉色与紫色之间，具有浓郁的芳香（图2C）。

**4. 孤盏花 ×*Amarygia parkeri*（×*Brunsdonna parkeri*）**

孤挺花与*Brunsvigia*属（同花盏属*Brunsdonna*）的杂交种。花朵具皱边，长10cm，着生

图 2 孤挺花属部分种质资源

A. *A. belladonna*'Hathor'；B. ×*Amarcrinum memoria-corsii*；C. ×*Amarine tubergenii*

在粗壮的花梗上，淡粉色，具黄白相间的喉部，初秋开放。叶基生，半直立，带状，在开花后长出，中绿色。株高 1m，冠径 60 ～ 100cm（英国皇家园艺学会，2000；布里克尔，2005）。

## 四、繁殖技术

### （一）种子繁殖

孤挺花可自花授粉或人工授粉结实，常用播种繁殖。9 ～ 10 月种子成熟后及时采收，剥去果壳即可播种。温度控制在 20 ～ 25℃，3 ～ 4 周后幼苗出土。但种子繁殖生长缓慢，从播种到开花往往需要 4 ～ 5 年的时间。

### （二）营养繁殖

营养繁殖主要为分球，分球繁殖是孤挺花常用的繁殖方法。在早春气候凉爽时，或夏末种球休眠期，花苞还未从土中出现时，将植株从土中挖出，掰取母球周围的小球，立即将分下的球重新植入新鲜的土壤，浇足水分，并供给充足的营养，植株就能很快恢复生长。

## 五、栽培技术

### （一）园林露地栽培

#### 1. 土壤准备

孤挺花适应性强，对土壤要求不高，但以选择地下水位低、排水良好、疏松、肥沃的沙壤土为宜。结合翻地施入充足的、腐熟的有机肥作基肥，1000 ～ 1500kg/ 亩，与土混合均匀。整地作畦，畦高 5 ～ 10cm，宽 1m。

#### 2. 种球选择、消毒与定植

种球选择健壮无病虫害、色泽光亮，周长 30 ～ 40cm 的为宜。种植时间：无霜地区可秋植（10 月下旬至 11 月），有霜地区多春植（3 ～ 4 月）。种植前将种球用 200 ～ 500 倍液的多菌灵等杀菌剂浸泡 30 分钟，然后按 30cm×40cm 的株行距种下。覆土厚度为鳞茎直径的 1 倍。栽后将土压实，浇透水。花期在 9 ～ 10 月。

#### 3. 肥水管理

孤挺花耐旱，耐瘠薄，适合旱地园林应用。露地园林应用定植时施足基肥后，后期可不追肥。但充足的肥水有利于孤挺花的生长。生长期保持充足的浇水量，休眠期停止供水，8 月花抽生前恢复浇水；花后叶片开始抽生和春季叶片旺盛生长期可追施 1 次复合肥。

### （二）盆花栽培

#### 1. 花盆和种球选择

孤挺花盆栽应视种球大小选择花盆。商品开花球，种球较大，一般周长 20cm 以上，需选择直径 30cm 以上的花盆。选择健康种球栽植。

#### 2. 种植

基质可选用草炭和珍珠岩按一定比例混合。种球宜在休眠期开花前种下，种植深度为鳞茎直径的 1 倍，栽后浇透水。

#### 3. 肥水管理

生长期间保持肥水充足，具体肥水管理措施

同露地园林栽培管理。

## 六、病虫害防治

### （一）病害及其防治

孤挺花适应性强，很少有病害发生。

### （二）虫害及其防治

#### 1. 夜蛾

孤挺花易受葱兰夜蛾和斜纹夜蛾的危害。夜蛾幼虫一般喜欢群集于孤挺花植株丛上取食，危害叶片和茎，严重时也危害种球，暴食期经常一夜间将植株吃光。夏季炎热时，幼虫早晚取食，白天隐藏；在比较阴湿的林下，则幼虫整天取食。该虫1年发生4～8代，以蛹越冬，世代重叠明显，长三角地区一般在7月下旬至9月为盛发期。防治方法：①诱杀成虫。利用性诱剂和杀虫灯诱杀成虫。②农业防治。冬季或早春翻地，挖除越冬虫蛹，减少虫口基数；根据初孵幼虫群集危害的特性，结合农事操作，及时摘除初孵虫卵叶、捏杀卵块和虫窝，降低田间害虫发生数量。③药剂防治。幼虫发生时，用金美泰（核型多角体病毒）或辛硫磷乳油800倍，选择在早晨或傍晚幼虫出来活动（取食）时喷雾，防治效果比较好。

#### 2. 蜗牛

于设施内全年危害，舔食嫩叶、花蕾、花瓣，造成残缺穿孔，降低观赏质量。防治方法：①农业防治。白天多藏于杂草、烂叶下，花盆盆沿、盆下，底孔或附近杂物下潮湿的地方，可人工寻找捕杀。②药剂防治。在蜗牛盛发期，用6%蜗牛净（聚醛·甲萘威）颗粒剂，于傍晚时均匀撒施在畦面上或拌细土撒施在田间，或将颗粒剂施在植株下部地面。

## 七、价值与应用

孤挺花花大色艳、香气浓郁、花期长、管理粗放、特别耐旱，可作为园林景观或庭院绿化应用，特别是旱地园林应用。其植株高大，也可作花境的背景植物或自然丛植。另外，孤挺花叶片丛生状、长条形，飘逸自然，耐寒，长江以南地区冬季一般常绿，可作为冬季园林观叶植物，或室内盆栽观叶（图3）。

图3 孤挺花的园林丛植

（娄晓鸣）

# *Amorphophallus* 魔芋

魔芋是天南星科（Araceae）魔芋属（*Amorphophallus*）多年生球茎类球根花卉。其属名由 amorphos（“shapeless” 无形）和 phallos（“penis” 阴茎）两个字组成，特指肉穗花序顶端附属器的形状。英文名称有 Devil’s tongue（魔鬼舌头），Snake palm（蛇掌），Voodoo plant（巫毒植物）。热带雨林气候地带为魔芋属植物主要原产地，在东南亚及非洲等多国分布较广，全属大约记载 100 种（近年来又报道了许多新种）。我国为魔芋属植物的起源地之一，现已发现并命名 21 种，约占世界魔芋总数的 1/5，其中我国特有 10 余种，如白魔芋（*A. albus*）、疏毛魔芋（*A. sinensis*）等。我国早在 2000 多年前就已经开始种植魔芋，食用和药用的历史悠久，《尔雅》《本草纲目》《嘉祐本草》及《开宝本草》等均有记载。中文别称是蒟蒻、鬼头等。目前魔芋在我国大多数省份都有所种植，包括云南、贵州、四川、湖南、陕西和湖北等多地。我国在魔芋原料生产和出口方面均处于世界领先地位，占世界总产量的一半以上，魔芋种植产业正朝着规模化的方向发展。

魔芋球茎内含有淀粉型和葡甘聚糖型 2 种营养成分，其中葡甘聚糖（Konjac Glucomannan，KGM）的经济价值最高。KGM 具有一定的医学价值和生理特性，对肥胖、高血压、高血脂、癌症等均具有预防和调节作用。此外，作为一种天然化合物，KGM 具备优良的吸水性、增稠性、成膜性和稳定性等特性，使其广泛应用于纺织业、食品及食品添加、化学工业等多个领域。

魔芋属植物的花和叶片极具观赏性，可用于庭院和盆栽种植。魔芋种球培育产业潜力巨大，魔芋种植业在我国精准扶贫和大健康产业发挥了支撑作用，具有极其广阔的发展前景。

## 一、形态特征

魔芋属植物地下部由变态缩短的球茎以及从其上端发出的根状茎、弦状根、须根构成；地上部由球茎顶端发出的 1 个叶柄粗壮、多次分裂的复叶构成；3 ～ 4 龄以上的球茎可从其顶芽抽出花茎及佛焰苞。

### 1. 根

魔芋的根由球茎顶端分化形成的肉质弦状不定根，以及其上发生的须根和根毛不定根组成。魔芋球茎顶芽萌发时，其基部开始形成新球茎，弦状根集中在新球茎的颈部以及肩部，从而形成浅根系。

图 1　根系示意图

### 2. 球茎

魔芋的球茎呈圆球形或扁圆形、长圆形；外表皮黄色、褐色；球内肉质白色、浅黄色。顶端微凹，有肥大顶芽。球茎顶端外围有一轮叶痕迹圈，是上个生长周期叶柄从离层脱落的痕迹，在球茎上端也有较多根状茎和不定根的脱落痕迹，底部有残留的脐痕，不同年龄的球茎慢慢从长圆形变成扁圆形。春末夏初之际球茎发芽形成新的植株，在新植株的基部形成新球茎。球茎上部是 5 ～ 6 节的短缩节，每节有肥大突起的侧芽，形成籽球茎或根状茎（又称芋鞭），作繁殖材料。

### 3. 叶

魔芋的叶为一大型复叶，通常每株 1 年只长出 1 枚营养叶，有的种类 1 个生长季可长出 2 ～ 8 枚营养叶。叶深绿色、绿色，3 裂。一般叶柄长 30 ～ 80cm，叶片通过圆柱状叶柄支撑，与球茎相连，圆柱状叶柄上有不同颜色和不同形状的斑纹，光滑或具疣粒，底色呈淡黄至黄绿色。

### 4. 花

魔芋属植物的花为肉穗花序，由附属器、佛焰苞、花莛和雄蕊在上、雌蕊在下的圆柱状肉穗花序组成。一般 2 ～ 3 年以上的植株才可开花，植株开花后有的种类会再次抽生叶片。魔芋属植物肉穗花序形态的多样性见图 2。

图 2　魔芋属部分种的肉穗花序形态

A. *A. palawanensis*；B. *A. plicatus*；C. *A. tonkinensis*；D. *A. manta*；E. *A. mossambicensis*；F. *A. preussii*

### 5. 果实和种子

魔芋果实为浆果，球形或扁球形，一般 7 ～ 11 月为果熟期。由单个的雌花发育而成浆果，2 ～ 3 室，初期通常为绿色，成熟时转为红色或橘红色，东亚魔芋常为蓝紫色，也有少数种的浆果为蓝色、紫色或黄白色（图 3）。魔芋果实内含种子数粒，种子长圆形，表面黑色，粗糙，种皮薄。果实里的种子并非植物学上的种子，其形成的过程非常特殊，“种子”是一个典型的营养繁殖器官——小球茎。雄配子体和雌配子体的发育和双受精过程均正常，但在合子发育不久后转入单极发育，不形成子叶、胚根和胚芽，而是分化发育成球茎原始体，并且在珠孔端形成生长点，表面细胞分化后形成叠生木栓取代珠被，胚乳因养分被消耗逐渐消失，子房壁内形成完整的小球茎，每株形成 1 个花序，每花序有成熟“种子”（小球茎）约 200 粒，每粒种子平均鲜重约 0.25g，传播方式为鸟类啄食果实时自然传播。珠芽魔芋的花粉量很少而且极黏，雄花带有单个雄蕊，花柱不明显，有孤雌生殖现象，属于魔芋属中进化较高类型，可能与其适应热带雨林气候有关，其抗性基因常规杂交利用困难。

图 3　魔芋属部分种的果穗和浆果颜色

A. *A. kiusianus*；B. *A. coaetaneus*

### 6. 染色体

魔芋属植物染色体数目有 2n = 24、2n = 26、2n = 28 和 2n = 3x = 39 等，滇魔芋、花魔芋、攸落魔芋、西盟魔芋、勐海魔芋、白魔芋、结节魔芋、矮魔芋、桂平魔芋、谢君魔芋都是二倍体。80% 的二倍体魔芋染色体为 2n = 26，染色体类型有 2A、1B、2B 和 3B。疣柄魔芋染色体数为 2n = 28。珠芽魔芋（*A. bulbifer*）、弥勒魔芋（*A. muelleri*）为三倍体植株，其染色体数目为 2n = 3x = 39。

## 二、生长发育与生态习性

### （一）生长发育规律

魔芋播种后先长出鳞片叶，继续长出叶片，叶柄不断伸长的同时，不断展开形成小裂叶，叶片完全展开后开始进行光合作用（图 3）。母芋鳞片叶基部产生须根，生长初期主要依靠母芋供给营养，至 7 月前后，随着母芋的营养传输到新子芋后，母芋逐渐干缩，与新子芋脱离，新子芋基部也产生须根吸收营养，这种生长现象称为“魔芋换头生长”。魔芋生长发育的过程，可分为以下 5 个时期：

#### 1. 幼苗期

幼苗期包括发芽、发根、展叶及球茎初期生长等过程。此时期约需 2 个月，种芋越小，幼苗期越短，反之，幼苗期较长。魔芋发叶状况对植株生长及产量等有直接的影响，一龄芋和二龄芋在生长期间会长出 2 枚以上叶片。魔芋叶片发生展开有 3 种类型：高“T”字形、漏斗形、叶伞状（图 4）。

#### 2. 换头期

魔芋换头期持续 3 ～ 4 个月。换头期一般在 6 ～ 7 月，换头后植株进入独立的旺盛生长期。

#### 3. 球茎膨大期

魔芋换头后，新球茎迅速膨大，连续膨大可达一个半月，80% 以上的产量在这一时段形成。因此，球茎膨大期是魔芋等形成产量的最主要时期，此期需要提供充足的营养和水分。

#### 4. 球茎成熟期

从 9 月底到 10 月底，气温下降到 15℃时，植株地上部分生长逐渐停止，叶片枯萎、倒伏，球茎成熟，可以采挖商品芋。

#### 5. 球茎休眠期

球茎收获后开始进入休眠期。魔芋球茎在 5 ～ 10℃的低温条件下，休眠期可达 4 ～ 5 个月。

### （二）生态习性

魔芋属的大部分种都是植被遭破坏地区的先锋植物，在森林的边缘，开阔的热带草原树林中，陡峭的斜坡上和原始森林被破坏的地区，有时甚至在石灰岩喀斯特地区的无遮蔽地方都有魔芋的大量分布。一般说来，生长在季节性气候明显的地方的野生魔芋和生长在较湿润的地方的野生魔芋之间生长习性存在差别，前者如生长在非洲、印度、泰国、印度尼西亚爪哇岛的大部分种，后者如生长在苏门答腊和婆罗洲的种。魔芋属植株通常在雨前开花。在亚洲，若植株开花后授粉完全，则在同一个生长季该植株一般不会再

图 4　魔芋叶片生长发育过程

A. 叶片萌发第 7 天；B. 叶片萌发第 10 天；C. 叶片萌发第 12 天；D. 叶片萌发第 14 天（高“T”字形）；E. 叶片萌发第 18 天（漏斗形）；F. 叶片萌发第 22 天；G. 叶片萌发第 30 天（伞形）

抽生叶片；但非洲种不管是否开花，在每个生长季都会抽生叶片。

魔芋产量的高低及其整株植株的生长发育，都直接受生长环境条件的影响（张楠 等，2018）。

### 1. 温度

魔芋对温度的变化较为敏感，温度直接影响其生长发育和产量。魔芋喜温、畏寒，但忌高温。在年平均温度 14 ～ 20℃的地区都能种植。魔芋生长最适宜温度为 20 ～ 25℃，温度低于 15℃或超过 35℃，都不适宜魔芋生长。魔芋苗期 15 ～ 20℃有利于生长。球茎膨大期（7 ～ 8 月）适宜温度则为 20 ～ 30℃。一年中适宜的生长期，最少应达 5 个月以上。花魔芋适宜在海拔 800 ～ 2500m 的山地生长，需活动积温 4279.8℃，有效积温 1089.3℃。

### 2. 光照

魔芋是一种半阴性植物，光饱和点相对较低，喜散射光和弱光，忌强光。魔芋周边的植被、树林、地形和地貌等环境条件间接影响着魔芋的生长。植被茂盛的环境条件能够营造良好的自然荫蔽环境和潮湿凉爽的小气候，能够促进魔芋的生长发育。在适当荫蔽的条件下，叶生长旺盛，叶绿素较多，病害少，产量高。一般在低海拔地区荫蔽度 50% ～ 60%，较高海拔地区荫蔽度 40% ～ 50%，阴坡可少遮阴或不遮阴。可与玉米、向日葵、银杏等套种、间种来满足魔芋的遮阴条件，有利于魔芋的大规模开发。

### 3. 水分

魔芋喜湿润空气和保持适当湿度的土壤。年降水量 800mm 以上时，魔芋生长良好。魔芋出苗后，7 ～ 9 月每月降水量以 150 ～ 200mm 为最适宜。魔芋在出苗前期有一定的抗旱能力，在生长前期及球茎膨大期（7 ～ 8 月）以 75% 的土壤含水量为最佳。生长后期（9 ～ 10 月）适当控制水分，以 60% 的土壤含水量为宜。

### 4. 养分

魔芋根系多位于地下球茎之肩部，在土壤中分布浅，不便施肥。魔芋栽培应以底肥为主，追肥为辅；有机肥为主，化肥为辅。生长前期以氮肥为主，生长中后期应以钾肥为主，磷肥次之。魔芋施肥每亩用量：底肥用农家肥 3000kg 以上，三元复合肥 50kg；培土追肥，钾肥 20kg，也可用微肥进行叶面喷肥。

### 5. 土壤

魔芋生长要求土层深厚、质地疏松、排水透气良好、富含有机质的中性偏酸的轻质沙壤土。

## 三、种质资源

根据全球魔芋属植物的分布，将魔芋分成 12 个类型和 29 个亚型。大部分魔芋的地理分布为热带和亚热带。以西非为西界；日本 – 菲律宾 – 中国台湾 – 新几内亚 – 澳大利亚 – 波利尼西亚中太平洋群岛一线为东界；南起赤道线上热带雨林气候的印度尼西亚至加里曼丹一带；北界至北纬 35° 的中国陕西、宁夏和甘肃南部的季风影响区。

国外最早对魔芋属植物有所描述的是荷兰人 Van Rheede，于 1692 年记录了魔芋的 2 个种。1834 年，荷兰 Blume 给魔芋属定名 *Amorphophallus*，并于 1837 年对魔芋属植物做了系统分类。

我国学者李恒研究整理了中国魔芋属植物 19 种，包括白魔芋（*A. albus*）、南蛇棒（*A. dunnii*）、蛇枪头（*A. mellii*）、桂平魔芋（*A. coaetaneus*）、攸乐魔芋（*A. yuloensis*）、矮魔芋（*A. nanus*）、密毛魔芋（*A. hirtus*）、台湾魔芋（*A. henryi*）、梗序魔芋（*A. stipitatus*）共 9 种为中国特有种。这些种的分类鉴别主要基于对魔芋球茎、叶柄、复叶，尤其是对花器官的佛焰苞、附属器以及雌花、雄花及花序等的大小、形状、色泽气味的观察研究。

### （一）主栽种

我国目前观赏栽培的魔芋属主要有白魔芋、

珠芽魔芋、花魔芋，这3种在我国田间生产、房舍绿篱、盆栽养植及庭院绿化等方面均已大量应用（图5）。

图5　魔芋种植与观赏应用
A. 盆栽；B. 花境

### 1. 白魔芋 *A. albus*

球茎近球形，直径7～10cm，肉质纯白色，顶部中央稍下陷，具根状茎。叶柄长10～40cm，基部粗0.3～2cm，淡绿色，光滑，有微小白色或草绿色斑块；基部有膜质白色鳞片4～7枚，披针形。佛焰苞船形。

白魔芋分布于海拔800m以下地区，耐旱，一年生球茎单个重0.5kg以下，二年生以上达1.5～2.5kg。在四川省大凉山、小凉山地区最多，湖南省种植面积也较大，属小型种。白魔芋比较适宜低海拔地区种植。

全年生长期为230天。白魔芋营养植株的发育可分为幼苗期、换头期、球茎膨大期和球茎成熟期4个阶段。幼苗期包括发根、发芽、叶片抽展及球茎的初期生长，发生在3～5月，6月前后是换头期，此时种芋养分消耗殆尽而干缩，新旧球茎更替。7～8月进入球茎膨大期，9月以后球茎膨大速度减慢，10月之后球茎完全成熟，同时会在球茎上长出多个大小不等的芋鞭，植株枯倒，球茎成熟期结束并转入休眠。白魔芋植株需经过3～4年栽培才能开花。待开花植株的球茎在秋季进行花芽分化，翌年春夏抽莛，只长出1个肉穗花序而不形成叶子，属先花后叶类型。花莛出土到开花约需30天时间，花期通常7～10天，花后多数不能结实（图6）。

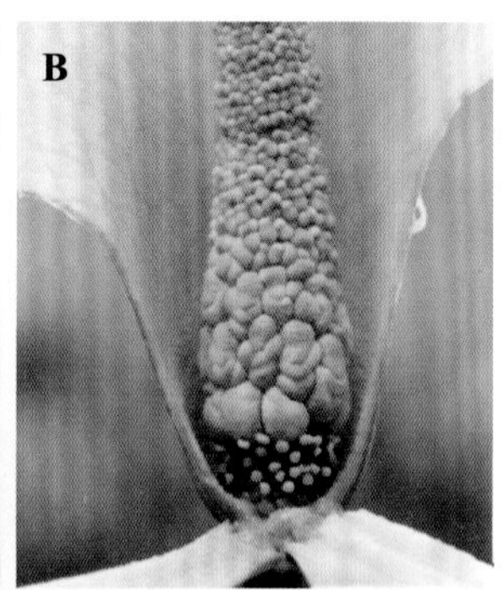
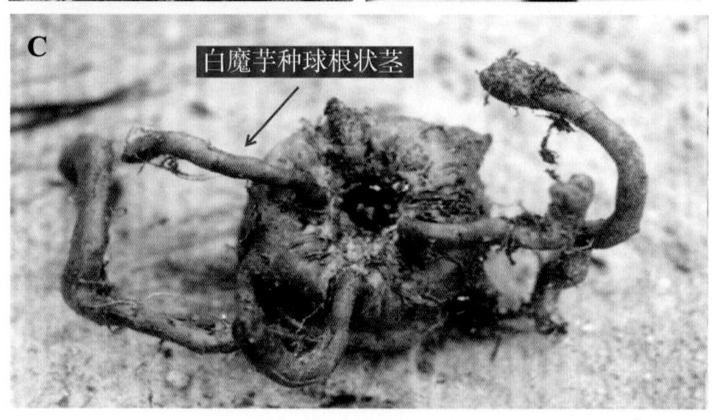


图6　白魔芋开花及种球
A. 白魔芋开花；B. 白魔芋花序；C. 白魔芋种球

### 2. 珠芽魔芋 *A. bulbifer*

珠芽魔芋是叶面着生珠芽的一类魔芋的代表种。球茎近球形，直径5～8cm，密生肉质根及纤维状分枝须根。叶柄长可达1m，粗1.5～3cm，光滑，黄色或橄榄绿色，饰以不规则的、有时汇合的苍白色、绿色、褐色斑块或线纹。叶片绿色，背面淡绿色，3裂，在叶柄的顶端和裂叶叶腋处着生珠芽；珠芽球形，灰白色，直径0.5～1cm；一次裂片具长2～3cm的柄，长20～30cm，分叉；二次裂片羽状分裂，稀2次羽裂；下部的小裂片长4～6cm，宽3～4cm，卵形，上部的小裂片长10～12cm，宽6～7cm，长圆披针形，渐尖，基部宽楔形，外侧下延；幼株一次裂片1～2次分叉，小裂片长圆形，长10～13cm，宽3～5cm，骤狭具尾尖；各小裂片Ⅰ、Ⅱ级侧脉干时表面下凹，背面稍隆起，弧曲，近边缘连接为集合脉；Ⅲ级侧脉纤细，其间布以极细微的网脉。

花序柄长25～30cm，粗0.5～1.5cm，绿色、黄绿色、褐色，具灰色斑块。佛焰苞倒钟状，干时膜质，长 12.5 ～ 15cm，展开宽 10cm，外面粉红带绿色；内面基部红色，先端黄绿色；缘部卵形，锐尖，具极多数纵脉。肉穗花序略长于佛焰苞：雌花序长 1.5 ～ 2cm，粗 1.25cm，淡白绿色；雄花序长 2.5cm，粗 1.5cm，苍白色至黄色；附属器长 5 ～ 8cm，粗 2 ～ 2.5cm，圆锥形，绿色。雄蕊倒卵圆形，药室顶孔开裂。子房扁球形，柱头无柄，宽盘状。花期 5 月（图 7）。

图 7　珠芽魔芋开花及种球
A. 叶面种球；B. 花序；C. 开花；D. 种球

分布于中国、孟加拉国、印度和缅甸；在中国分布于云南西双版纳、江城、绿春。生长于海拔 300 ～ 850（1500）m 的沟谷雨林中。珠芽魔芋生长在温暖湿润的森林环境中，热带雨林气候是珠芽魔芋最适宜的生长环境，因此其对软腐病的抗性优于花魔芋和白魔芋，但珠芽魔芋不耐强光，叶片怕高温烈日暴晒，多生长在森林林冠覆盖下适度遮阴的环境中。

全年生长期为 280 天。珠芽魔芋营养植株的发育分为幼苗期、换头期、球茎膨大期和球茎成熟期 4 个阶段。幼苗期包括发根、发芽、叶片抽展及球茎的初期生长，发生在 5 ～ 6 月，7 月前后是换头期，此时种芋养分消耗殆尽而干缩，新旧球茎更替。7 ～ 10 月进入球茎膨大期，叶柄分叉处，叶腋处会长出大小不等的珠芽，11 月以后球茎膨大速度减慢，12 月之后球茎完全成熟，植株枯倒，球茎成熟期结束并转入休眠。珠芽魔芋植株需经过 2 ～ 3 年栽培才能开花。待开花植株的球茎在秋季进行花芽分化，翌年春夏抽莛，只长出 1 个肉穗花序而不形成叶子，先花后叶类型。花莛出土到开花约需 30 天时间，花期通常 7 ～ 9 天，花后多数能结实。

### 3. 花魔芋 *A. konjac*

花魔芋球茎扁球形，直径 7.5 ～ 25cm，顶部中央下凹，暗红褐色；颈部周围生多数肉质根及纤维状须根。叶柄长 45 ～ 150cm，基部粗 3 ～ 5cm，黄绿色，光滑，有绿褐色或白色斑块；基部具膜质鳞片叶 2 ～ 3 枚，披针形，长 7.5 ～ 20cm。叶片绿色，3 裂，一次裂片具长 50cm 的柄，二歧分裂，二次裂片二回羽状分裂或二回二歧分裂，小裂片互生，大小不等，基部的较小，向上渐大，长 2 ～ 8cm，长圆状椭圆形，骤狭渐尖，基部宽楔形，外侧下延成翅状；侧脉多数，纤细，平行，近边缘连结为集合脉。

花序柄长 50 ～ 70cm，粗 1.5 ～ 2cm，色泽同叶柄。佛焰苞漏斗形，长 20 ～ 30cm，基部席卷，管部长 6 ～ 8cm，宽 3 ～ 4cm，绿色，杂以暗绿色斑块，边缘紫红色；檐部长 15 ～ 20cm，宽约 15cm，心状圆形，锐尖，边缘褶皱状，外面变绿色，内面深紫色。肉穗花序比佛焰苞长 1 倍，雌花序圆柱形，长约 6cm，粗 3cm，紫色；雄花序紧接（有时杂以少数两性花），长 8cm，粗 2 ～ 2.3cm；附属器伸长呈圆锥形，长 20 ～ 25cm，中空，明显具小薄片或具棱状长圆形的不育花，深紫色。花丝长 1mm，宽 2mm，花药长 2mm。子房长约 2mm，绿色或紫红色，2 室，胚珠极短，无柄，花柱与子房近等长，柱头边缘 3 裂。浆果球形或扁球形，成熟时黄绿色。花期 4 ～ 6 月，果 8 ～ 9 月成熟（图 8）。

图 8 花魔芋开花及种球
A. 花魔芋种球；B. 花魔芋开花；C. 花魔芋花序

分布于东喜马拉雅山区至泰国、越南、菲律宾、日本和中国；在中国分布于陕西、甘肃、宁夏至江南各地。生于疏林下、林缘或溪谷两旁湿润地，或栽培于房前屋后、田边地角，有的地方与玉米混种。花魔芋为半阴性植物，喜温暖，忌高温；喜肥怕旱、忌大风，在水源良好和富含有机质的砂质壤土中生长良好，故宜生长于溪谷、山沟、林下或林缘等湿润环境。生长适温为 20 ～ 30℃，超过 35℃时地上部分生长即受抑制甚至倒苗，从而影响球茎的生长。入秋，气温低于 12℃时，地上部分停止生长、枯萎。球茎在 0 ～ 3℃低温下可安全越冬。

全年生长期为 200 天。花魔芋营养植株的发育可分为幼苗期、换头期、球茎膨大期和球茎成熟期 4 个阶段。幼苗期包括发根、发芽、叶片抽展及块茎的初期生长，发生在 4 ～ 6 月。7 月前后是换头期，此时种芋养分消耗殆尽而干缩，新旧球茎更替，植株生长由异养转为自养。7 ～ 8 月进入球茎膨大期。9 月以后球茎膨大速度减慢，10 月之后球茎完全成熟，植株枯倒，会在球茎附近形成芋鞭。球茎成熟期结束并转入休眠。花魔芋植株需经过 4 ～ 5 年栽培才能开花。待花植株的球茎在秋季进行花芽分化，翌年春夏抽莛，只长出 1 个肉穗花序而不形成叶子，先花后叶类型。花莛出土到开花约需 35 天，花期通常 7 ～ 10 天，花后多数能结实。花魔芋种球培育期间，每年会从球茎芽窝或芽窝周围抽生出 1 ～ 3 枚单生或重生叶片，叶片刚露出土面时由鳞片叶包被，不同类型的花魔芋鳞片叶呈现不同颜色、斑点（纹）和光泽。随着叶片生长，鳞片叶逐渐打开，露出包裹的羽状复叶，叶柄逐渐伸长，同时包裹的羽状复叶逐渐展开呈伞状，小裂叶逐渐生长。同时叶柄颜色、斑点（纹）在发育的不同时期呈现出不同变化，带来不同的观赏效果。花魔芋开花种球种植期间，1 个花芽从开花球茎芽窝抽出，花柄刚露出地面时由鳞片叶包被，随着花柄的生长，鳞片叶逐渐打开并露出圆锥状附属器，花柄逐渐伸长，同时佛焰苞逐渐展开，露出雄蕊和雌蕊。花魔芋营养植株发育期和种球培育期可以用于盆栽、箱栽和庭院花境栽培，栽培期间需要避免强光照射造成叶片灼伤，并控制杂草和病虫害。

### （二）品种资源

1921 年日本在群马县农业试验场魔芋分场设立了魔芋专门研究机构，进行有关魔芋栽培及品种改良等试验研究，迄今为止已在魔芋品种改良上做了大量具有实用价值的工作。该试验场将中国花魔芋作母本与作父本的日本花魔芋地方品种进行人工杂交，从其后代中选出 2 个种内杂交新品种。1966 年进行‘农林 1 号’品种登记，到 1983 年开始普及，并推广到其他适宜产区。1970 年进行‘农林 2 号’品种登记。1997 年注册‘农林 3 号’新品种，2002 年注册‘农林 4 号’。

我国魔芋的栽培历史悠久，但由于长期农民自行留种，导致种芋大小、生长增重倍数低，病毒严重积累，植株的抗性下降、种性严重退化。加之当初对遗传资源研究、野生种驯化、品种定向培育并未真正的重视，因而目前的栽培品种仍旧比较原始（杨英，2008）。直到20世纪70～80年代，西南农业大学的刘佩瑛教授认为魔芋产业对振兴农业经济、帮助贫困山区人民致富意义重大，因此组建了一支致力于魔芋研究的团队，该团队从魔芋生物学特性、资源分布、新品种选育及加工利用等方面进行了一系列基础研究，使我国魔芋栽培及品种选育工作慢慢走向正轨。但由于基础研究较为薄弱，加之魔芋育种具特殊性，如生活周期长、营养繁殖、自交花期不遇、地区之间遗传资源无法充分交流等，品种选育的效果没有其他栽培作物理想，除了培育出的极少数花魔芋品种（包括湖北清江花魔芋以及四川万源花魔芋）外，其余栽培类型仍是原始的野生种或是农家种（张盛林，2006）。常规有性杂交的育种周期长，难以突破基因远缘的障碍，从日本杂交选育的品种‘赤城大芋’‘榛名黑’‘妙义丰’来看，平均耗时一般在15年以上（杨英，2008）。

近年来，经过我国魔芋育种专家不断地探索研究，在良种选育上取得了一定的成绩，选育出了一批性状优良、适合某一地域栽培的地方品种。西南大学的牛义等从云南花魔芋群体中优选出了花魔芋的新品种‘渝魔1号’；云南省农业科学院在云南省丽江市花魔芋群体中选育出优良变异株‘云芋1号’；湖南农业大学选育出一种适合低海拔地区栽培的魔芋新品种‘湘芋1号’；恩施土家族苗族自治州农业科学院选育出了国内首个魔芋的杂交品种‘远杂1号’；云南大学吴学尉从珠芽黄魔芋中选育出‘耿芋2号’‘临芋1号’。虽然国内魔芋的研究团队经过多年的努力，利用各种育种方法，包括杂交育种、诱变育种和生物技术育种等，使魔芋育种工作取得了不错的成绩，积累了丰富的育种材料和工作经验，不过与生产要求相比尚有较大的差距，我国魔芋种植仍然存在着巨大的风险，尤其是魔芋软腐病害问题极其严重，导致整个魔芋产业的发展受到严重影响。

## 四、繁殖技术

魔芋的繁殖方式主要分为营养繁殖和种子繁殖两大类。魔芋生产以营养繁殖为主，主要繁殖方式有切块繁殖、小球茎繁殖、去顶芽繁殖、根状茎（芋鞭）繁殖等。魔芋的种子繁殖方式是魔芋开花后通过自然授粉或人工授粉结果，进而获得魔芋种子的方式，杂交育种时采用。

### （一）营养繁殖

#### 1. 切块繁殖

切块繁殖是将球茎切为数块，适当地进行包衣处理，然后种植于田间，翌年重新形成魔芋球茎，能有效提高繁殖系数。选择1000g左右的球茎在阳光下暴晒2天，于晴天的上午、中午进行切割，分割后的每块以200～300g为宜。切块时以顶芽为中心，纵向等分切下，破坏顶芽，使得每切块上的侧芽都能萌发。切块时下刀要果断，使切面平整，以此减少对球茎的伤害，尽量不沾水，以免葡甘露聚糖溶出且沾染大量细菌，切后要进行消毒和催芽处理。

#### 2. 分球繁殖

分球繁殖为传统的繁殖方式。当年采收的魔芋以挖大留小的原则，较小的魔芋留下作为种芋适时进行播种，这样的种芋为二龄芋或多龄芋。小球茎由于球身完整，播种后不易烂种，萌芽率较高。选取100g以下的小球茎在阳光下暴晒2天，随后进行消毒和催芽处理，种植密度以球茎直径的4倍为株距，以球茎直径的6倍为行距。种植出的魔芋球茎大，增重率高，同时获得商品芋的周期也较短。

#### 3. 去顶芽繁殖

魔芋顶端优势强，会抑制侧芽萌发。去除顶端优势后，球茎周围的侧芽能大量萌发，长成小球茎。在栽种时有意去除顶芽而不切块，这样在魔芋生长过程中每个球茎顶芽附近能长出 3 ～ 6 个侧芽，并相继成苗，采挖时地下球茎可从同一个母体上长出 3 ～ 6 个新球茎。

#### 4. 根状茎繁殖

根状茎也是魔芋生产上重要的繁殖材料，尤其是在白魔芋繁殖中最为常见。这种繁殖方式材料非常容易获得，且膨大率高，种源充足。但其自身重量小，容易失水，不便于保存。采取根状茎繁殖时应选择带芽、无病、无伤、茎粗大节段繁殖。一般根状茎培育 1 年后就可以形成球茎，再培育 1 年便能作为商品芋销售。

#### 5. 组织培养繁殖

取魔芋球茎、芽鳞片或叶柄组织为外植体，经表面消毒后切成 0.5 ～ 1cm$^2$ 的小块，接种到附加 0.5 ～ 3mg/L BA、0.1 ～ 2mg/L KT、0 ～ 1mg/L IAA、2% ～ 4% 蔗糖和 0.7% 琼脂的 MS 培养基上，诱导愈伤组织的产生。诱导出的愈伤组织接种于 MS（或 1/2MS）+ 1.5 ～ 3mg/L 6-BA + 0.1 ～ 0.5mg/L NAA + 0.5 ～ 1mg/L IBA + 1 ～ 5mg/L KT + 30% 蔗糖（pH5.8）的培养基上，在 26 ± 1 ℃进行 14 天左右的暗培养，诱导形成大量不定芽，不定芽长至 1cm 时，调整培养温度为 16 ～ 18℃，不定芽基部膨大，形成多个小球茎时，转入 1/2 MS + 2mg/L IBA + 0.2mg/L NAA 生根培养基诱导生根。当生根组培苗的根长至 0.5 ～ 2cm 时，即可出瓶，洗净根部培养基，移栽至温室内。组培苗收获时可得到平均重量为 50 ～ 60g 的种芋，最大的可达到 200g 左右。在同一种培养基中，一般在 6 月以前生产试管苗，出瓶移栽，其他时间试管苗可直接在瓶内形成试管小球茎。

### （二）种子繁殖

魔芋“种子”（小球茎）成熟后经过约 2 个月的休眠，休眠解除后在 20℃条件下 15 天左右萌发出苗，黑暗条件有利于魔芋种子萌发，先长出胚芽，后长出胚根，芽生长的同时形成小球茎。种子繁殖采用直接点播的方式，株行距 5cm × 5cm，播种后覆盖 1 ～ 2cm 厚的细土。利用魔芋种子繁殖，可以发挥杂种优势，提高其抗病性，并提高繁殖系数，还可以防止种芋的退化，是解决魔芋种芋无病毒繁殖以及防止种性退化的有效繁殖途径。魔芋球茎在经过 3 ～ 4 个生长周期会在叶柄基部形成花芽，花芽形成的种球种植后可以开花结果，每 1 个果穗上可以结 100 ～ 800 粒种子，待其全部变红之后可以收获，作为下一代的种植材料，该繁殖方式可以有效提高魔芋的繁殖系数，亦可降低育苗成本，有利于魔芋产业的快速发展（杨凤珍，2015）。

## 五、栽培技术

### （一）设施盆花栽培

#### 1. 种球的选择

用于生产盆花的魔芋，要选择健壮无病、色泽光亮、芽眼饱满的种球。观叶栽培时球茎大小以直径 3 ～ 5cm 为宜，选用直径 20cm 花盆栽培，每盆种植 2 ～ 3 个种球；观花栽培时球茎大小以直径 8cm 为宜，选用直径 30cm 的花盆栽培，每盆种植 1 ～ 2 个种球。

#### 2. 栽培环境的要求

魔芋喜温暖、湿润、荫蔽的环境，不耐寒。生长期适温白天为 15 ～ 24℃，夜温不低于 12℃，栽培环境应保持通风良好，并安装透光率为 60% 的遮阳网遮阴。

#### 3. 盆栽技术

魔芋的根系健壮发达，且植株高大，所以在盆花栽培时应选用至少 20cm 高的花盆。盆栽用土宜选用排水良好、富含腐殖质的沙壤土，可用园土 4 份、堆肥土 2 份、泥炭土 3 份、沙土 1 份配制，并加入适量的复合肥和农家肥。注意肥水不要浇进叶柄内，以免腐烂。魔芋对湿度条件要求严格，生长期间应保持充足的水分，但不宜过湿。高温、高湿的环境下容易引起细菌性软腐病。

当魔芋叶片逐渐枯黄，应减少浇水量，促其休眠。待叶片全部枯黄后，取出球茎，放通风阴凉处贮藏，待打破休眠后，将大小球茎分级、分别栽植，大球开花，小球养苗。也可以在开花后移入较凉爽通风的地方栽植，继续生长，秋季换盆或分球繁殖。

### （二）露地花境栽培

#### 1. 种球的选择与处理

选择球茎呈椭圆形，芽体完整粗壮，芽尖呈粉红色，有光泽，并略高出凹窝边缘的种球。要求球茎颜色鲜亮，上半部呈灰暗色，下半部与底部呈灰白色，表皮光滑，无皱裂、疤痕、伤烂和霉变现象。

种球选好后，应在播种前晒种 2 ～ 3 天。对挖伤或霉烂的种芋，应切去受伤部位或腐烂部分，伤口用干草木灰或杀菌剂如 70% 甲基托布津粉剂涂抹，然后晒种 3 ～ 4 天，促进伤口愈合。

种芋消毒：为减少种芋带菌，可用 50% 多菌灵可湿性粉剂 1000 倍液或 70% 甲基托布津可湿性粉剂 1500 倍液喷雾球茎表面，晒干后种植。也可在种芋晒种后，用 72% 农用链霉素 1000 倍液或 53.8% 可杀得 800 倍液均匀喷雾种芋 2 次，晒干备种。

#### 2. 定植

魔芋的生长起始温度为 12℃，一般在 3 月上旬开始栽种。种芋在 50g 以下的，行距 40cm，株距 25cm 左右；种芋在 50 ～ 100g 的，行距 45cm，株距 30cm 左右；种芋在 100 ～ 200g 的，行距 55cm，株距 35cm；种芋 200 ～ 400g 的，行距 55 ～ 60cm，株距 40 ～ 45cm。

#### 3. 田间管理

魔芋球茎不耐涝，魔芋种球栽培地块要做好排水，避免积水造成种球腐烂。魔芋生长期间保持土壤湿润。魔芋花境栽培要将魔芋种球种植于林下或灌木丛间，为魔芋生长提供遮阴环境。及时防治病虫害。

### （三）种芋采后处理

魔芋的球茎（种芋）是其最重要的栽培材料，因此采挖后必须进行及时的采后处理。

#### 1. 采收、挑选与干燥处理

种芋挖收时应小心仔细，以防挖伤，要选芽口平、芽窝小的魔芋作种芋，将带伤、带病疤、扁形老化芋剔除掉。

一般采用自然风干或晒干，促进种芋表皮木栓化和伤口愈合。一般让种芋重量减少 15% 左右即可。二年生球茎须风干 15 ～ 20 天，三年生种芋须风干 18 ～ 23 天，芋鞭和珠芽球茎风干 5 ～ 10 天即可。

#### 2. 贮藏

种芋的贮藏方法有露地越冬保种贮藏、埋藏、室内保温贮藏等。魔芋的最佳贮藏条件为温度 8 ～ 10℃，空气相对湿度 80% 左右。

（1）**露地越冬保种贮藏：**指当年不挖收魔芋球茎而在地里自然越冬，此法只适宜在海拔 800m 以下地区的阳坡采用。植株自然倒苗后，用干净的地上茎叶，填埋叶柄空洞，用稻草、玉米秆覆盖 15cm 以上，并用石块、木棒压好秸秆，防止大风吹走；园中开好围沟和畦沟，使之沟沟相通，以利排水防渍；翌年开春后，于种植前选晴天小心挖出，晒干水汽即可栽种。

（2）**埋藏：**在地势较高、排水方便、背风向阳的地方，挖一条深、宽各 1m 左右，长随贮藏量而定的地下坑，在坑底层及四周铺一层稻草或玉米秆，然后放入魔芋球茎。每隔 1m 左右放 1 个去隔中通的竹筒作为通气筒，以便通风透气。通气筒高出地面 50cm。坑口用一层干草封闭，干草上面再覆盖厚约 30cm 的土层，将顶部封成半圆形。坑四周开好排水沟，严冬季节将通气筒用稻草等堵塞。

（3）**室内保温贮藏：**通常有 3 种方式：①沙埋保温贮种。在室内干燥的地面上，铺一层河沙，放一层种芋，以 3 ～ 4 层为宜，四周用干草覆盖。②谷壳保温贮种。选火炕上面的楼板，铺一层谷壳，放一层魔芋，堆放 3 ～ 4 层。③用箩筐装种芋后悬挂在烟囱旁或放在火炕上面的楼板上，此法应注意不能太接近火源，以免灼伤种芋。室内保温贮藏应注意保持室内温度，花魔芋 8 ～ 10℃，珠芽魔芋 10 ～ 12℃，空气相对湿度 70% ～ 80%，并尽量恒定，立春后温度可保持在 12 ～ 20℃。

## 六、病虫害防治

### （一）病害及其防治

魔芋的病害主要有软腐病、白绢病、叶枯病、黑腐病、病毒病、缺素性病症和日灼病（强日照所致的生理性病害）等。其中危害最大的是软腐病和白绢病。

#### 1. 软腐病

软腐病发生时魔芋组织腐烂，有恶臭味，初发时植株地上部分小叶黄化，以后整个复叶枯萎，并引起倒苗，叶柄组织呈条状腐烂，球茎初为孔洞，最后全部烂掉。软腐病的病原菌为胡萝卜软腐欧文氏细菌，病原菌最适生长温度 25 ～ 30℃，7 ～ 9 月为其发病流行盛期。病原菌常在球茎、土壤、病残体越冬，成为翌年初次侵染的病原。

防治方法：对付该病主要在于预防。①选用无病种芋。②播种前进行严格种芋消毒。③加强田间预防，齐苗时亩用 72% 农用链霉素 3000 倍液或 53.8% 可杀得 2000 倍液 50 ～ 100kg 喷施或灌施 1 ～ 2 次；进入 7 月，每隔 7 ～ 10 天同药喷雾或灌窝 5 ～ 7 次。④发现病株，立即挖走深埋，并将开挖点用生石灰封行，防止大规模暴发。⑤改进耕作制度，避免连作，实施间套和轮作。

#### 2. 白绢病

白绢病发生时首先出现在叶柄基部与地面接触处，最初呈淡红湿腐软化状，随后从基部折断倒伏，发病部位外缠绕丝绢（辐射状的白色菌丝束）及褐色球状菌核，形如黑色的油菜籽粒，病菌随后危害地下球茎，并引起腐烂。白绢病的病原菌为真菌齐整小核菌，生长最适温度 25 ～ 28℃，以 8 ～ 9 月为其盛发流行期，病菌以菌丝和菌核形式在土壤、球茎、病残体越冬，成为翌年的初次侵染病原。

防治方法：①选用无病种芋和种芋消毒；②药剂防治，7 月下旬可在植株根部撒施生石灰，一般亩施 20 ～ 30kg，同时用 1000 倍 70% 代森锰锌可湿性粉剂或 64% 杀毒矾 500 倍液喷雾植株基部和叶片，每隔 7 ～ 10 天 1 次，连续喷施 3 ～ 5 次；③对已发现的病株，立即挖掉运出地外深埋，在病株窝穴处撒上石灰，并在外围再撒一圈石灰；④避免连作，采取轮作和间作套种。

### （二）虫害及其防治

魔芋害虫主要有甘薯天蛾、豆天蛾、蛴螬等。甘薯天蛾、豆天蛾主要啃食魔芋叶片，可用高效低残留杀虫剂叶面喷雾杀灭。蛴螬可结合整地用杀灭地下害虫的药剂防除。

## 七、价值与应用

### （一）观赏价值

魔芋各个生长时期具有不同的观赏特性。魔芋芽从球茎萌发时叶鞘包被叶片，形似象鼻，随着生长的继续，羽状复叶逐步展开呈伞状（图 3），叶柄上呈现不同斑纹，具观赏性状的叶片可以持续生长 6 ～ 8 个月。魔芋的花莛长 50 ～ 70cm，相当于花柄；肉穗花序长 20 ～ 130cm，佛焰苞卵形或长圆形，下部呈漏斗状筒形，外面颜色呈白色、绿色、红色或者紫色，具暗绿色斑点，内部深紫色，边缘紫红色；肉穗花序圆柱形，淡黄白色，通常伸出佛焰苞外。花序由 3 部分组成，从下到上包括雌花序、雄花序、附属器，有的种还有一段不育花序，分布在雌雄花序之间。雌花序圆柱形，红紫色，有柱头、花柱和子房。雄花序褐色，只有花药。

雌雄花序以螺旋状排列在花序轴上；附属器长20～25cm，呈圆锥形、卵形、纺锤形或其他不规则形，颜色一般为黄白色、暗紫色。开花植株肉穗花序逐渐生长并展开，肉穗花序因种类在形态和颜色上差异巨大，有的魔芋种类的花序附属器会释放臭味。如泰坦魔芋（*A. titanum*）巨大的花序直接由球茎生出，在短粗的花序柄上舒展着1枚外绿内紫的宽大佛焰苞，佛焰苞侧面合抱而呈喇叭状，颜色艳丽，高1m有余，上口直径常达到1.5m；巨大的佛焰苞中央矗立着空心的肉质花序轴，就像1支巨大的蜡烛插在烛台上。花序生长迅速，1天可以生长10cm左右，快速的生长过程中会发出一些"咔咔"的响动。花序高近3m，雄花和雌花生长在同一花序上，雌花会先开花，经过1～2天后，雄花才会开花。同一植株的雌花和雄花不会一起开花，是为了防止自花授粉。因为花朵巨大无比，泰坦魔芋是很多国家植物园的当家花魁（图8）。

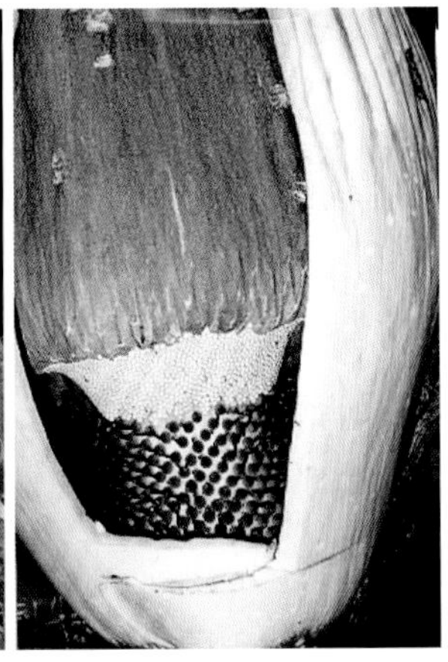

图8　泰坦魔芋（*A. titanum*）

## （二）食药用价值

魔芋球茎含有淀粉35%，蛋白质3%，还含有多种维生素和钾、硒、磷等矿质元素，以及大量魔芋葡甘露聚糖（KGM），白魔芋、花魔芋KGM含量高达50%～65%。魔芋球茎烘干制作为魔芋精粉后可以用来制作魔芋豆腐、魔芋素食、魔芋零食、魔芋面条、魔芋丝结、魔芋大米和各种魔芋保健食品。魔芋食品具有以下特点：

### 1. 吸附味道能力较强

人们选择一种食物，最先感受到的一般是味道，魔芋豆腐本身没有什么味道，但是作为一种食材，魔芋豆腐又有各种味道，因为在烹饪的过程中，很容易吸附沾染上调味品的味道，无论是咸香还是麻辣，魔芋都可以吸附住，加上魔芋豆腐虽然有豆腐二字，但也仅是形似豆腐，口感可一点也不"豆腐"，反而筋道爽滑，让人欲罢不能。

### 2. 能帮助控制血糖与减肥

魔芋中含有的葡甘露聚糖在溶解后形成的胶凝体，将人体内的营养物质，如多糖和淀粉包裹在胶体内，被包裹起来的营养物质因接触不到消化酶无法被小肠所吸收，从而减缓糖分的吸收，有利于血糖的稳定。而且魔芋本身是不含有热量的，在进入肠道以后还能帮助肠道蠕动，增强饱腹感，降低进食的欲望，从而帮助人们减肥。

### 3. 能帮助保护肠道

魔芋中的葡甘露聚糖的发酵产物主要是乳酸和短链脂肪酸，还有常见的乙酸、丁酸和丙酸。短链脂肪酸可协助黏膜细胞的繁殖，这种细胞能产生像润滑油一样的黏液。在肠道中这些黏液能够增加水分和钠盐的吸收，使排泄物水分充足，使得小肠的内表得到滋养和保护。

### 4. 能帮助降低胆固醇

魔芋中的葡甘露聚糖能够像捕捉糖类物质一样，捕捉进入到消化道中的胆汁酸，胆汁酸是来源于肝脏的胆固醇，清理掉胆汁酸后，会促使血液中更多的胆固醇转化成胆汁酸，从而降低血液中的胆固醇。此外，魔芋中的可溶性纤维还会把剩余的胆汁酸转化成另一种可以限制消化脂肪和胆固醇类物质的消化酶，从而帮助降低胆固醇的产生，起到保健作用。

（吴学尉）

# *Anemone* 银莲花

银莲花是毛茛科（Ranunculaceae）银莲花属（*Anemone*）多年生块茎类和根茎类球根花卉，其属名 *Anemone* 来源于希腊语“anemoi”，意为“风（wind）”，它的英文名就叫 Windflower，即风花。在希腊神话中，女神阿佛洛狄忒爱上了美少年阿多尼斯，少年狩猎时被一头野猪咬伤后死去，女神阿佛洛狄忒异常悲痛，流下的眼泪与他的血液混合在一起，化成了猩红色的银莲花。另一种传说是，由于花神芙洛拉（Flora）的嫉妒变来的。嫉妒山林水泽的仙女阿莲莫莲（Anemone）和西风之神（Zephyr）恋情的芙洛拉，把阿莲莫莲变成了银莲花，故其属名为“*Anemone*”。因此，银莲花是一种凄凉而寂寞的花。银莲花属约有 150 种，它们广泛分布在北半球和南半球的寒冷与温带地区。

## 一、形态特征

银莲花属具有肉质根状茎、块状茎或须根，分基生叶和茎生叶，基生叶近卵形，直立或匍匐，常 3 ～ 7 裂，极少数全缘，叶两面疏生柔毛或无毛，叶柄长；茎生叶轮生，短柄或无柄，单叶或复叶，全缘或有锯齿。顶生花由 4 ～ 27 个颜色鲜艳的瓣化萼片组成，花冠呈盘状至浅杯状，中央部分为雄蕊群，花瓣缺失，花单生或聚合成伞形花序或聚伞花序，雌蕊 1 胚珠，花具蜜腺。花期长，春、夏、秋季都有开花者。果实为卵球形至倒卵形瘦果（图 1）。

**图 1　银莲花主要器官形态**（源自 Pacific Bulb Society）

A. 希腊银莲花（*A. blanda*）的裂叶及花；B. 希腊银莲花种子；C. 希腊银莲花块茎，方格为 1cm；D. 银莲花（*A. ranunculoides*）根茎

## 二、生长发育与生态习性

### （一）生长发育规律

银莲花属植物中，原产于地中海沿岸的种，可以通过块茎休眠度过不良环境，因此能够适应夏季高温干旱并生存下来。其种子也是在温度降低时才会萌发。根据其自然习性，欧洲银莲花的实生苗需要两个生长季才能开花，花芽分化是在冬季进行，植物存活可长达 10 年之久。开花期取决于气候因素，在夏季湿冷的地区，一些品种的实生苗，如‘Mona Lisa’，可直接用来做冬季和早春的商品切花生产。但是位于地中海区域的国家，若要在初秋至冬季生产切花，则必须使用块茎，欧洲银莲花最小规格的开花种球周长 3cm。

影响银莲花生长发育的内因有童期长短、块茎大小（球龄）和倍性。欧洲银莲花在实生苗生长初期就已形成块茎，数百年的人工栽培和对晚春至夏季开花性状的选择，导致其童期缩短，抗寒性下降，但是耐热性提高。同源四倍体通常比二倍体的银莲花开花晚。另外，块茎的大小不影响开花期，只影响花的产量和质量。荷兰生产的最佳质量的种球是周长 3 ～ 5cm、二年生的块茎，而法国南部生产的最佳质量的种球则是一年生的块茎。

### （二）生态习性

该属主要分布在北半球温带地区，南半球温带地区亦有分布。主要分为 3 个类群。春季开花类群，常见于林地和高寒牧区，具块茎或根茎，如丛林银莲花（*A. nemorosa*），希腊银莲花（*A. blanda*）；春夏开花类群：主要分布于地中海气候区，夏季炎热干燥，具块茎，如欧洲银莲花（*A. coronaria*）；夏秋季开花类群：常见于潮湿阴暗的林地或草地，植株比前两者更高，有须根，如打破碗花花（*A. hupehensis*）。

#### 1. 温度

是影响银莲花生长发育的主要环境因子。无论春季开花类群还是春夏开花类群的银莲花，均喜温暖，耐寒，最适宜的生长温度是 16 ～ 22℃，气温低于 0℃停止生长，忌炎热和干燥，每年夏季和冬季处于休眠和强迫休眠阶段。但是低温有利于花芽分化以及块茎和种子的萌发。浸过水的银莲花块茎（品种‘Wicabri’）在 2℃保存 0 ～ 7 周的试验表明，低温抑制根的生长和叶片的伸长，但能加速茎生长点的转化，促进开花，最有效的低温处理是 2℃持续 4 ～ 6 周。四倍体品种具有同样的效果，温度越高，欧洲银莲花“De Caen”系列芽萌发和生长越快，但是低夜温 5 ～ 10℃能获得最佳的花产量与质量。若土温超过 25℃，生长和开花均被延迟，尤其是使用冷处理的种球。种子的萌发也对温度有响应。欧洲银莲花“De Caen”系列发芽最适温度为 15 ～ 20℃。在冬季和春季形成的种子需要于室温干燥贮藏，或者用 12℃预处理 10 天才能在 23℃下发芽；相反，秋季形成的种子采收后无须预处理，播种在 23℃即可发芽。

#### 2. 光照

比较喜欢潮润凉爽、阳光充足的环境，但遮光率在 50% 左右有利开花。银莲花块茎大小和休眠还与光周期有关。有试验表明，长日照（LD）处理加深了银莲花 3 个种群的块茎休眠。其中以色列野生种最敏感，欧洲银莲花“De Caen”系列（品种‘Fokker’）最不敏感，“De Caen”系列与野生种的杂交种居中。另有试验证明了 LD 和（或者）高温促进休眠，干旱胁迫也是诱导休眠的重要因素。实生苗形成的块茎大小也取决于日照长度和温度，LD 处理和低温条件下形成的块茎最大。

#### 3. 土壤

夏秋季开花类群的银莲花生长于海拔 1000 ～ 2600m 的山坡草地、山谷沟边或多石砾坡地。要求排水良好、肥沃、中性或偏碱的沙壤土，喜湿，怕涝。

## 三、种质资源

银莲花属约有 150 种，但是许多种不是块茎或根茎的类型。中国原产 52 种，在我国主要分布于山西、河北和河南等地。重要的球根类银莲花属种质资源如下：

#### 1. 阿尔泰银莲花 *A. altaica*

多年生匍匐性草本，块茎黄色、细长。叶片长 2 ～ 3cm，宽卵形，3 裂，边缘有锯齿，两面近无毛。花被片 8 ～ 10，白色，且有紫色浅脉，春季开花，主要分布在俄罗斯和日本。

#### 2. 亚平宁银莲花 *A. apennina*

多年生草本，根状茎横生。叶片宽卵形，3 裂，基生叶和茎生叶长 3 ～ 8cm，叶边缘有锯齿，叶背面有毛，茎上无毛。花白色至浅蓝色，单生，花被片 8 ～ 14，冬末至早春开花。分布于欧洲南部，适合林下或草地种植，不耐移栽。选育的品种有‘Albifiora’，花白色，背面为浅蓝色；‘Petrovac’，花深蓝色；‘Purpurea’，花为柔和的玫瑰紫色；还育出了重瓣品种，但是性状不够稳定。

### 3. 希腊银莲花 *A. blanda*

多年生草本，块茎圆形至块状。叶 3 裂，长 3 ～ 10cm，边缘有不规则锯齿。花深蓝色，也有白色和粉色，花被片 10 ～ 15 枚，早春开花。分布于欧洲东南部、土耳其、哈萨克斯坦、吉尔吉斯斯坦、塔吉克斯坦、乌兹别克斯坦等地，热带地区种植时注意夏季遮阴。主要商用品种有 'Atrocaerulea'，花深蓝色；'Blue star'，花浅蓝色；'Charmer'，花深粉色；'Ingramii'，花蓝色，背面紫色；'Pink Star'，花粉色，大花品种；'Radar'，花洋红色，中心白色，繁殖较困难，是相对名贵的品种；'Violet Star'，花紫红色，背面白色，大花品种；'White Splendor'，花白色，背部稍紫，花期较长。此种及其品种最适宜作盆栽和庭院装饰。

### 4. 银莲花 *A. cathayensis*

根状茎长 4 ～ 6cm。株高 15 ～ 40cm。基生叶 4 ～ 8 枚，有长柄；叶片圆肾形，长 2 ～ 5.5cm，宽 4 ～ 9cm，3 全裂，被长柔毛或无毛。花葶 2 ～ 6 个，每朵花瓣化萼片 5 ～ 6（8 ～ 10），花白色或带粉红色，倒卵形或狭倒卵形，长 1 ～ 1.8cm，宽 5 ～ 11mm，花期 4 ～ 7 月。分布于中国（山西、河北）和朝鲜。生长于海拔 1000 ～ 2600m 的山坡草地、山谷沟边或多石砾坡地。

### 5. 欧洲银莲花 *A. coronaria*

块茎多节，株高 20 ～ 30cm。花单生，变种具红、白、蓝、粉及复色等色。人工栽培条件下，花期根据种植时间而定，如果秋末种植，翌

**图 2　银莲花属部分种质资源**

A. 阿尔泰银莲花（*A. altaica*）；B. 亚平宁银莲花（*A. apennina*）；C. 希腊银莲花（*A. blanda*）；D. 银莲花（*A. cathayensis*）（源自《西勾植物志》）；E. 欧洲银莲花（*A. coronaria*）；F. *A.*× *fulgens*（源自 Jacques Amand International Ltd）；G. 丛林银莲花（*A. nemorosa*）；H. 孔雀状银莲花（*A. Pavonina*）；I. 野棉花（*A. vitifolia*）（图 B、C、E、G、H 源自 Pixabay）

年春季可以开花，早春种植当年夏季可以开花，晚春种植秋季开花。不耐低温，最低温度 -6℃时需要在温室越冬。除了园林应用外，也常用作切花。分布于欧洲南部和地中海区域。变种有 var. *coronaria*，花猩红色；var. *alba*，花白色；var. *cyanea*，花蓝色；var. *rosea*，花粉色；在野生环境下，还有一些中间颜色。此外，还有很多人工杂交培育的优良品种。商业上较常用的是“De Cean”和“Saaint Brigid”系列的品种，涵盖一系列色系。例如“De Cean”系列有‘His Excellency’，花猩红色；‘Mr. Fokker’，花蓝色；‘Sylphide’，花浅紫色；‘The Bride’，花白色。“Saaint Brigid”系列有‘Lord Lieutenant’，花蓝色；‘Mount Everest’，花白色；‘The Admiral’，花紫色。

#### 6. 火焰银莲花（新拟）*A.*×*fulgens*

孔雀状银莲花 *A. pavonina* 与园圃银莲花 *A. hortensis* 在自然条件下的杂交种，花从猩红色到紫红色均有，喜光照，喜温，种植时选择稍有遮阴，富含腐殖质的土壤，最低可耐 -6℃。主要分布于法国南部。品种有‘Annulata Grandiflora’，红色，内轮奶油色，大花品种；‘Multipetala’，花被片 2 轮。此外，由该种与欧洲银莲花 *A. coronaria* 杂交而来的“Saint Bavo”系列也深受欢迎。

#### 7. 孔雀状银莲花 *A. pavonina*

基生叶浅裂，株高 25 ～ 40cm，瓣化萼片 7 ～ 12，花白色、粉色、红色、蓝紫色，中间总是白色，花期长，从春季到初夏。耐最低温度 -6℃，喜肥、喜阳。分布于希腊和土耳其。变种有 var. *ocellata*，花猩红色；var. *purpureoviolacea*，花紫色到粉紫色。

#### 8. 丛林银莲花 *A. nemorosa*

植株低矮，高约 30cm。叶 3 ～ 5 裂，边缘有齿，茎细弱弯曲。前期花色纯白，但是到第 6 天左右，花朵浮现出少女腮红般的粉晕，而且会随时间加深，早春开花。耐寒性极佳，地下器官最低可耐 -30℃低温。分布于欧洲。大花品种有‘Alba Plena’；‘Allenii’（同‘Allen's Form’），花被外部浅紫色，内部浅蓝色；‘Leed's Variety’，花白色；‘Robinsoniana’，花蓝紫色，叶深绿色略带紫色，矮生品种；‘Royal Blue’，花蓝色，背面略带紫色，叶子深绿发紫。此种及其品种适宜作盆栽和园林应用。

#### 9. 野棉花 *A. vitifolia*

木质化纤维状根茎。深绿色基生叶和茎生叶，裂片明显有齿，叶表面疏被短糙毛，背面有稀疏的白色茸毛。松散聚伞花序，花紫红色，夏末秋初开放。生性强健，粗放管理。分布于中国西部及中部的四川、陕西、湖北等地，阿富汗、缅甸也有分布。

## 四、繁殖技术

### （一）种子繁殖

直到 20 世纪 90 年代，所有银莲花种和品种都是用营养繁殖，但是银莲花的繁球率很低，近些年随着 $F_1$ 代杂种‘Mona Lisa’的出现，播种已成为常用的繁殖方法。成熟的种子表皮覆盖绵毛，可以延长贮存时间，播种前用干沙轻轻搓揉去除即可。

播种繁殖（穴盘播种）分为 3 个阶段。阶段一播种和发芽期：3 月中旬至 4 月中旬将种子播种在排水良好、无病虫、pH 6.8 ～ 7.0 的土壤或基质中，播后种子覆盖薄层基质或粗蛭石，保持湿润环境和 15℃的适宜发芽温度，5 ～ 7 天发芽；阶段二子叶和茎生长期：继续保持 15℃，增加光照水平到 5400 ～ 11000lx，一旦子叶完全萌发，增施 50 ～ 75μg/g 氮磷钾比例为 14–0–14 的复合肥，浇水见干见湿，此期持续 7 ～ 14 天；阶段三真叶生长期：温度降至 10 ～ 13℃，光照强度增至 11000 ～ 22000lx，每周 1 或 2 次交替施用 100 ～ 150μg/g 氮磷钾比例为 20–10–20 和 14–0–14 的复合肥，此期 30 ～ 35 天。从播种到开花、形成商品开花种球（周长 3 ～ 5cm）的时间因种而异，一般需要 2 年。

### （二）分株（球）繁殖

生产上常用的营养繁殖方法。在夏季休眠期地上部分枯萎后，将整个植株挖出进行分球或分株，将大块的块茎或根茎分割成小块或单个根茎即可，要点是确保每1个小根（块）茎至少具有一个生长点。

分割的小块茎或根茎经过一个生长季的种植，在休眠期挖出，块茎贮藏前应于空气相对湿度15%，温度25～30℃条件下进行干燥处理。有研究表明，干燥后的欧洲银莲花块茎在15～25℃、无乙烯和萘的室内可以保存2～3年，乙烯和萘会造成块茎发芽力的显著下降。希腊银莲花和火焰银莲花，贮藏在通风、温度9～17℃的室内即可，但过度干燥的空气会降低发芽率。

在准备发芽期，块茎对较高的温度（如25～30℃）非常敏感，运输预发芽的块茎时可包埋在15℃的湿珍珠岩中。

## 五、栽培技术

### （一）露地栽培

银莲花喜湿怕涝，富含腐殖质的沙质土壤可满足需求，种植时保持土壤湿润且排水良好。喜温暖及冷凉气候，春季要求阳光充足，夏季部分遮阴，休眠期需保持土壤干燥。露地栽培时冬季需要做好防冻措施，可以用覆盖法或沙藏法越冬。南方地区可以在秋季栽种，翌年春季萌发，北方地区需在当年春季种植。干燥的块茎在种植前用温水浸泡过夜，块茎种植深度为3～4cm，球间距15～20cm。保持土壤湿润，以利于块茎萌芽生长。种植后100天左右开花。

### （二）设施切花栽培

常做切花栽培的是欧洲银莲花，主要使用的品种有单瓣花"De Caen"系列的'Hollandia''Mr.Fokker''Sylphide''Bride'等，以及重瓣花"Saaint Brigid"系列的'Governor''Admiral''Lord Lieutenant''Mount Everest'等。

欧洲银莲花有播种和栽植种球2个切花栽培体系。播种：若要在秋季开花，因童期长要在4月播种，生长期的温度必须控制在20℃以下，所以夏季实生苗需在通风、遮阴的温室内养护，入秋可逐步去除遮阴，10月进入花期。高质量的切花生产温室内的低温一直要保持到第2年的2月。栽植种球：与播种相比具有童期短、开花数量多的优点。种植前种球先在水中浸泡36小时，再用20℃的胺丙威或者代森锰锌+多菌灵杀菌剂药液浸泡12小时。然后将种球包埋在湿珍珠岩中装入塑料箱，在2℃低温、通风、湿润的条件下培养5～6周。8月种球生根、发芽即可种植。栽种后浇透水，保持湿润、通风、遮阴的环境，以降低温室内的温度。10月进入初花期，若光照适宜，夜温保持在8～10℃，可增加花的数量和质量。种植后种球脱水将引起生理病害，即根系突然停止生长，植株枯萎，死亡或者进入休眠长达数月。生长发育期间的最佳施肥比例为N：P：K=2：1：3，土壤和灌溉水中可溶性盐离子浓度不能超2g/L。不需要长日照处理。

切花促成栽培（荷兰）：必须使用经过10～13℃越冬，又经过17～20℃处理的种球。种球规格一般选用周长5～6cm或6～7cm。10月种植，若想极早开花也可提前到9月种植。种植密度50～60个块茎/$m^2$（周长5～6cm），覆土3～4cm。直到1月中旬温室内都要保持9℃低温，之后可逐渐升至13～15℃。花期2月中旬至4月。

'Mona Lisa'株高约43cm，花径可达10～13cm，生长强健，播种繁殖病虫害少，若种植密度是14～18株/$m^2$，则可生产切花150枝/$m^2$，切花瓶插寿命可长达10～14天。它是如今很重要、颇受欢迎的银莲花品种。'Mona Lisa'的花有夜间自然闭合的习性，切花要在温度升高和花朵开始开放前尽早采收。用消毒过的锋利的刀子从根颈部采切，花枝插入含有杀菌剂的水中，切花运输前可以贮存在1℃，但是不能超过14天。

到零售商（花店）可在4℃贮存。如果是近距离运输和出售，花枝不必插入水中，但是干藏运输时，平装着花枝的包装箱必须直立放置，以免造成银莲花切花花茎的弯曲。

### （三）设施盆花栽培

常做盆花栽培是希腊银莲花和丛林银莲花及其品种。选择周长≥5cm规格的种球。刚收获的种球需贮藏在9～17℃（最适为13℃）。于9月中旬至11月底栽植，口径9cm的花盆种5个块茎，覆土1～2cm，浇透水。种球后，将花盆放置5℃生根室15周，待生根后移至12～15℃温室正常栽培养护，若低温处理时间过短将导致花败育。也可用变温处理完成春化作用。先用9℃低温处理至根系从花盆底部长出后，将温度降至5℃待茎生长到2.5cm高，再将花盆放置0～2℃，最终使整个低温处理时间达到16周。由于冬季温室的光照强度较低，为防止植株徒长，可施用植物生长抑制剂嘧啶醇或多效唑，施用量为0.25～0.5mg/株，但丁酰肼和矮壮素是无效的。

## 六、病虫害防治

银莲花常见的病害有叶斑病、根茎腐烂病、冠腐病、斑点病、霜霉病、黑粉病。防治措施：

（1）摘除和销毁病叶、病株，清除病株周围的带菌土壤，更新无病土。

（2）精心管理，注意肥水管理，避免块茎或根茎受各种伤害（虫害、冻伤、机械伤等）。

（3）必要时进行化学药剂防治。例如，2～4月最易发生灰霉病、霜霉病，叶部感病由淡绿转为黄色至黄褐色，严重的叶柄坏死腐烂，感染地下块茎使种球腐烂。防治要在发病初期，喷施75%百菌清、64%杀毒矾，或65%的代森锰锌可湿性粉剂600～1000倍液，病情严重时可增加施药次数及药剂浓度，对发病严重的植株隔离清除。

## 七、价值与应用

银莲花属植物的花色极其丰富，花形美丽，是春、夏、秋季均可观赏的优良庭园花卉，常用作沿边花坛、花境和林下自然景观。其中原产地中海沿岸的欧洲银莲花、希腊银莲花，经过200多年的育种，培育出众多优良品种，还育出了重瓣和半重瓣品种，成为重要商品切花和盆花（图3）。银莲花是以色列的国花。

银莲花属植物富含五环三萜皂苷，具有很高的药用价值。有抑菌、抗炎、镇痛、解热等功效。

图3 银莲花的观赏应用——盆花、切花和婚礼捧花

（吴健 义鸣放）

# *Arum* 疆南星

疆南星是天南星科（Araceae）疆南星属（*Arum*）的多年生块茎类球根植物。其属名源自希腊文 *aron*，是希腊植物学家提奥夫拉斯图斯（Theophrastus，公元前 372—前 287 年）为 *A. dioscoridis* 命名。尽管以前归为该属的许多植物现在已被归到其他属，但是“arum”仍然是天南星科许多植物的通称。目前该属有 26 个种，分布于欧洲（尤其是地中海地区）、西亚、北非和喜马拉雅地区。植物学家彼得·博伊斯（Peter Boyce）于 1993 年为此属撰写了一部优秀的专著。疆南星属与天南星属的两个区分点：疆南星属的肉穗花序上雄花和雌花之间被不育的中性花隔开；疆南星属无裂叶。

## 一、形态特征

地下变态器官为块茎，呈球形。叶和花序从块茎中央长出。芽萌发后，长出几片鳞叶，后生长 2 枚叶片及 1 个花序柄，偶有 2 个花序柄。叶柄有鞘，叶片呈戟状箭形或箭形。花序柄长或短。具佛焰苞结构：佛焰苞管部长圆形或卵形，喉部略收缩；檐部卵状披针形或长圆状披针形，后期内弯或后仰。肉穗花序比佛焰苞短：雌花序无柄，圆柱形；雄花序较短，雌雄花序之间常生不育中性花，较少无花，雄花序上部有 1 ～ 6 轮中性花，然后过渡为圆锥形、圆柱形或棒状附属器，附属器暗紫色或黄色。花单性，无花被。雄花有雄蕊 3 ～ 4 枚，雄蕊短，钝四边形，药隔细，稍外突，花药倒卵形，长不及雄蕊基部，对生或近对生，顶孔开裂，卵形，花粉呈粉末状。中性花基部略微增粗，疣状、短钻形或线形。雌花心皮 1 枚，子房长圆形，1 室，侧膜胎座稍隆起；胚珠 6 枚，生于侧膜胎座上，或多枚胚珠，葫芦状。珠柄短，胚珠排成 2 列；雌蕊柱无柄，半头状。浆果倒卵圆形（图 1）。

## 二、生态习性

该属植物绝大部分生长于地中海气候型地区，属于夏季休眠类型植物。耐寒性较强，一般在秋季种植，植株在冬天和早春进行营养生长，早春时节开花，夏季地上部分逐渐枯萎，块茎进入休眠状态。

## 三、种质资源

疆南星属目前已发现有 26 个种。分布于欧洲（尤其是地中海地区）、西亚、北非和喜马拉雅地区。在我国新疆发现有 1 个种。重要的原种有：

**1. 黑斑疆南星（新拟）*A. dioscoridis***

分布于塞浦路斯、土耳其南部至以色列一带。块茎较大，圆形，通常直径超过 5cm。叶子较大，可达 30cm 或更长，在花开前的冬季出现。茎秆通常是叶片长的 2 倍以上。仲春和春末开花，花后，肉穗花序散发出难闻的味道，肉穗花序紫黑色至紫褐色，长约 30cm。佛焰苞片颜色奇特，在黄色或淡黄绿色的佛焰苞上带有近乎黑色的大斑块。该种衍生出许多变种。如变种 var. *cyprium*，佛焰苞片边缘为淡绿色，肉穗花序附属器乌紫色；var. *dioscoridis*，佛焰苞片边缘紫色，肉穗花序上部 1/3 淡绿色，无斑点，有一个 0.5cm 左右宽、短粗的附属器；var. *philistaeum*，佛焰苞片边缘紫色，肉穗花序附属器非常细；var. *syriacum*，佛焰苞片边缘淡绿色并有一些小斑点，肉穗花序附属器紫色至暗黄色（图 1B）。

### 2. 意大利南星 *A. italicum*

分布于摩洛哥、突尼斯、阿尔及利亚、土耳其西部与北部，欧洲大部分地区和伊拉克等地，主要生长于林地和灌木丛中。于 1693 年被引种。叶于秋天至初冬季节生长，叶片镞形或心形，叶脉银灰色、淡黄色或淡黄绿色且具有不规则紫黑色斑点；茎 15 ~ 40cm 长；佛焰苞高 10 ~ 25cm，内部为绿白色，外部为黄绿色，基部常为棕紫色；肉穗花序长 10 ~ 15cm，暗黄色；花期为晚春至初夏（图 1A，图 1E，图 1F，图 1G）。亚种 subsp. *albispathum*，产自高加索和克里米亚，佛焰苞片里外均为白色，肉穗花序为淡黄色，花期晚春。subsp. *canariense*，来自加那利群岛和亚速尔群岛，佛焰苞片边缘外侧为白色，内侧为紫色，叶柄和花梗暗紫色。subsp. *neglectum*，来自大不列颠南部、海峡群岛、法国西北部的布列塔尼和诺曼底以及大西洋海岸至西班牙北部一带，佛焰苞片绿白色，中脉和苞片外缘处有棕紫色斑点，叶片奇特，第 1 枚叶片在初冬季节生长，呈椭圆形并有 2 个三角形裂叶，后续长出的叶子更细小且弯曲。目前已有一些栽培品种，如‘Cyclops’叶片较大，暗绿色；‘Spotted Jack’叶片和叶脉有黑色斑点。

### 3. 疆南星 *A. korolkowii*

分布于伊朗北部、阿富汗、中亚地区，于 20 世纪 80 年代被引进。块茎扁球形；叶柄基部 1/3 鞘状，比叶片长；叶片心状戟形或三角形，锐尖。花序柄长于叶柄或近等长，长 50 ~ 60cm。佛焰苞绿色：管部狭；檐部长披针形，急尖，内面淡绿色；附属器圆柱形，红色，是雄花序长的一半或等长；基部中性花扁，3 轮。果红色。花期 4 ~ 5 月（图 1C）。在我国新疆地区有分布。

### 4. 斑点疆南星 *A. maculatum*

分布于欧洲西部、中部和南部，大不列颠群岛，常见于英国树篱和林地。叶片长 30 ~ 45cm，常带有紫色斑点；佛焰苞片内部淡黄绿色，外部颜色更深并带有紫色边缘。肉穗花序深

图 1　疆南星属植物部分种质资源及其形态特征（引自 Pacific bulb society）

A. *A. itallicum*；B. *A. dioscoridis* var. *syriacum*；C. *A. korolkowii*；D. *A. maculatum*；E. *A. itallicum* 肉穗花序；F. *A. itallicum* 果实；G. *A. itallicum* 种子；H. *A. dioscoridis* 块茎

黄色。春季开花，夏季结果（图 1D）。植株没有意大利南星迷人，但却是该属中抗性最好的种。

## 四、繁殖与栽培

### （一）繁殖

#### 1. 块茎切割繁殖

休眠期是块茎切割繁殖的最佳时期。将休眠期块茎挖出后，用锋利的小刀将块茎上腐烂的部分切除，再将块茎分割成若干小块。分割时，确保每个小块上带有芽点。分割后，将小块尽快种植并保持种植土壤湿润。

#### 2. 种子繁殖

由于疆南星属植物的果皮具有抑制种子萌发的物质，因而在播种前需要将种子外面的果皮去除。果皮中含有刺激皮肤的成分，在去除果皮时需要佩戴手套。将种子分别播种于盛有腐殖质含量高的土壤的穴盘中，保证土壤湿度，不需要覆盖薄膜保湿。种子萌发时间因种而异，一些正常生长的种将按时发芽，而原产自冬季寒冷地区的种需要经过低温春化后才萌发，这样的种子可能需要一年的时间才能发芽。一旦发芽，小实生苗就可形成 1 个小块茎。保持幼苗生长，定期喷施稀薄液体肥料，可以促进幼苗的生长。3 年生的实生苗就可以移栽到地里。一般通过种子繁殖到形成开花块茎需要 3 ～ 4 年时间。

### （二）栽培

疆南星属植物对土壤的要求不高，但是若要其生长良好需富含有机质的土壤；对强光照和稍遮阴（尤其是在炎热的气候中）均能适应。其中，来自地中海的原种更喜欢光照，在温暖适宜的气候条件下生长最佳。在植株生长过程中保持土壤湿润。

不能让块茎变干，购买种球时，要挑选饱满和充实的块茎，并淘汰干瘪的块茎。在种植前，必须清除种植地上的所有多年生杂草，因为一旦杂草与疆南星植株缠绕在一起，很难分离。种植时，种植深度为 7 ～ 10cm，球间距 20 ～ 30cm。长成的植株不畏惧夏末干旱环境，因为在美国西部的地中海气候型地区疆南星属植物常在仲夏时节进入休眠状态，秋季雨后再恢复生长。疆南星属植物对肥料的需求不高，每年秋季于土壤表层追施有机肥可以促进植株生长。种植后，无须太多养护。当植株叶片变小、花量减少时，表明地下块茎过于拥挤，需要进行分球。分球宜在块茎休眠期进行，若在生长季分球会导致植株花量下降。

## 五、价值与应用

疆南星属植物叶色、叶斑秀美，花形、花色特异，是花叶兼赏的球根花卉。适合作林地花园或野生花园装饰。有些种是良好的观叶植物，适宜与灌木配植。其中由意大利南星培育的品种‘Marmoratum’的叶片常被用来作插花。目前，园艺爱好者们对此属植物越来越感兴趣，尤其是源自土耳其的一些原种正在被繁殖和引种栽培。

疆南星属植物的块茎富含淀粉，同时含有辛辣成分。这些辛辣成分可以通过加热和用水或者酸性液体去除掉。古希腊人黑斑疆南星的叶和块茎在醋中浸泡后食用。巴利阿里群岛原住民将意大利南星煮熟的块茎与蜂蜜混匀后制作蛋糕。在英格兰南部，则种植具有粗大块茎的斑点疆南星来生产淀粉。此外，在阿尔巴尼亚、英国和希腊等地均有食用疆南星属植物块茎和叶片的习惯。

（吴健）

# *Babiana* 狒狒花

狒狒花是鸢尾科（Iridaceae）狒狒花属（*Babiana*）多年生球茎类花卉。其属名 *Babiana* 来源于南非荷兰语“baviaantje”，意为“小狒狒”。因为在南非野外环境中，狒狒常挖取狒狒花的球茎为食，当地土著人也常食用煮熟了的球茎。在 20 世纪 90 年代后期，该属确定的种有 92 个，全部原产于撒哈拉以南的非洲地区，特别是东部和南部。在我国长江流域可以露地栽培。

## 一、形态特征

株高 10 ～ 30cm，茎有分枝。叶剑形、坚硬、褶皱，排列成扇形，长 4 ～ 12cm，为线形叶脉，叶和茎部被少量短毛。冬末春初开花，具穗状花序，着生于茎顶，常有 6 朵以上小花，花紫色，或为粉色、淡黄色、黄色等，具有“令人陶醉”的柠檬香味。花漏斗状，向上开放，直径约为 5cm，具 6 枚花被片，长椭圆状披针形，长 1.8 ～ 2.5cm。具 3 枚雄蕊，长 0.9 ～ 1.3cm。子房为 3 室，花柱短，不分歧。蒴果近球形，种子黑色。染色体数 2n = 12。狒狒花地下部分具有变态的、短缩成扁圆形的球茎，是地下贮藏器官，可帮助其度过夏季炎热干燥的不良环境。球茎包被多层叶鞘枯死后在其基部形成的纤维状皮膜。在每年的生长过程中，母球茎在开花后逐渐萎缩硬化，顶部形成一个新球和一些籽球。狒狒花的根系有 2 种：一是初生根，即从种植的母球茎基部直接生长出的根系，呈细丝状，向下生长；另一种为牵引根，较粗大，着生于新球形成后的基部，横向生长，除支持地上部外，还能使新球不露出地面（图 1）。

图 1　狒狒花形态——植株、花序和球茎

## 二、生态习性

狒狒花原产于南非好望角一带，该地区属于地中海气候型。狒狒花母球茎于 9 ～ 10 月种植，在秋季第一场雨后开始萌发，秋冬季进行叶片的营养生长，并在冬季末期于丛生叶片中的茎生长点形成花芽。早春时节，花朵由下往上陆续开放，花期 3 ～ 4 周。初夏种子形成，随后天气变得炎热，地上部分叶片枯萎，地下球茎进入休眠。

性喜气候温和，阳光充足。耐寒性因种而异，原产南非北开普省和西开普省的狒狒花比原产津巴布韦的耐寒一些，但均不能忍受 –4℃以下的低温。要求疏松、富含腐殖质且排水良好的土壤。

## 三、种质资源

狒狒花属是鸢尾科中主要的属之一，目前已发现有 92 个种，这些原种多为二倍体（2n = 12）。其中大部分的种源自南非的开普省，特别是纳马夸兰地区。此外，在纳米比亚、博茨瓦纳、赞比亚和津巴布韦也有分布。在这个属中，一些重要的种有：

**1. 深窝狒狒花（新拟）*B. hypogaea***

分布于南非北部省夏季降雨地区以及津巴布韦、博茨瓦纳和纳米比亚的草原沙石地区。该种是此属中分布最广的一个种，但目前在南非已被列为濒危物种。该种球茎生长较深，带着长且呈纤维化的颈部，当地住民生食其球茎。叶片在生长过程中不断枯萎。花莛长可达 20cm，花朵带香味，花淡紫色，常在下部的花被片上带有黄色条纹和深蓝色条带，花期为冬末初春。变种 var. *longituba*，花瓣蓝紫色，花筒管较长。

**2. 红蓝狒狒花（酒杯狒狒花）*B. rubrocyanea***

分布于南非好望角西部至东部的伊丽莎白港之间。从 1795 年开始被引种。叶长 8cm，叶宽 1 ～ 2cm，被短柔毛。花莛长可达 15cm，花规整具芳香，花瓣双色，上部为深蓝色，基部为深红色，花期为早春至仲春（原产地 8 ～ 9 月）。这是此属植物中可在黏重土壤中生长良好的种，但是要求冬季湿润。

**3. 狒狒花 *B. stricta***

原产南非，1795 年引种。株高达到 45cm。叶长约 12cm，宽约 1cm。花规整，奶油色至深红色、淡紫色或蓝色。花期早春至晚春（原产地 8 ～ 9 月）。是本属中观赏应用最多的种。重要的变种：var. *erectifolia*，具有与模糊狒狒花 *B. ambigua* 相似的叶和花茎；var. *grandiflora*，1757 年引种，花亮蓝色带有粉色斑点，晚春开花；var. *sulphurea*，1795 年引种，花乳白色或淡黄色，带着蓝花药和黄色柱头，仲春开花。选育出的品种：'Blue Gem'，花紫色带紫色斑点，株高 20cm；'Purple Sensation'（紫色感觉），花亮紫色带有白色斑纹，株高 40cm；'Purple Star'（紫星），花深紫色，喉部带白条纹，株高 30 ～ 35cm；'Tubergen's Blue'，花薰衣草蓝紫色，带深色斑点，株高 30 ～ 40cm；'White King'（白色之王），花白色，花瓣背面带有淡蓝色条纹，花药蓝色，株高 30 ～ 40cm；'Zwanenburg Glory'，花径约 3cm，外花被片深薰衣草蓝紫色，内花被片颜色相同，但带有白色斑块（图 2）。

**4. 长筒狒狒花（新拟）*B. tubulosa***

原产于南非西开普地区。从 1774 年开始被引种。叶长 25 ～ 30cm，花莛较短，花左右对称，花为白色或奶油黄色，通常在外花被片的基部有 3 个红色斑点，花筒管的长度是该属植物中最长的。花期为春末夏初。变种 var. *tubiflora*，分布在沿海地区，花瓣为奶白色，在花瓣基部有红色的斑点，花期早春。

## 四、繁殖与栽培管理

### （一）繁殖

狒狒花的繁殖方式主要有分球繁殖和播种繁殖两类。

**1. 分球繁殖**

狒狒花新形成的籽球量少，繁殖率低。夏季种球采收后立即进行分球，经过夏季休眠解除后的籽球可进行种植，经过 1 年的生长后，在第 3 年的春天开花。

**2. 播种繁殖**

种子成熟后即可播种，或者春播。种子在

1.6℃以上的环境中可迅速萌发，在经过1个生长季后，将形成的小球茎移栽至大的容器中继续培养，或者移栽到苗圃地行栽，期间土壤要保持一定的湿度，但不可过湿。经过3个生长周期即可形成开花球茎。

### （二）栽培

#### 1. 露地栽培

狒狒花原产于南非，在我国长江流域可以露地栽培。喜好生长于通风良好、光照充足、排水良好且富含有机质的土壤之中。9～10月开始栽种，露地栽种的深度为10～15cm，而球茎间距根据种植地所处的地理位置而不同。在寒冷地区因冬季需要将球挖出置于室内越冬，春季再种植于室外，故种植的间隔可保持在5～10cm之间。在热带与亚热带地区，球茎种植距离可在15cm左右，可以让球茎有足够的空间生长与繁殖，为之后几年的生长预留空间。球茎露地越冬时，最低温度不得长期低于-4℃。在开花前施液肥有助于提早开花和球茎的生长。第2年春季开花后，减少浇水量。待夏季地上部分叶片完全枯死后，将球茎挖起并晾晒后，转移至通风良好、干燥凉爽之处待球茎休眠解除。球茎贮藏期间温度20℃左右，此温度条件下并不能抑制解除休眠后顶芽的萌发，所以在贮藏过程中应注意观察顶芽萌发情况。

#### 2. 盆栽

选用口径16～20cm花盆，每盆可栽植7～8粒球茎。盆栽可用2份沙质壤土与1份腐叶土的混合土。球茎的盆栽深度为15cm。待到11月，将花盆移至温室或温暖阳光充足之地。开花前一直需要充分浇水，开花后则逐渐减少浇水量，叶枯后则不再浇水。之后取出球茎，置于干燥凉爽的环境进行贮藏，待秋季再行栽植。狒狒花球茎具有耐干旱、不耐低温的特性，当室外越冬时，最低温度不得低于-4℃。

### （三）病虫害防治

狒狒花属植物少有病虫害问题。

## 五、价值与应用

狒狒花属植株低矮，花色美丽，香气宜人，目前已育有一些不同花色的栽培品种，如白色、紫罗兰色、粉红色、黄色等（图2）。可作切花、盆花以及花坛片植使用。

狒狒花的球茎可以食用。

图2　狒狒花 *B. stricta* 及其花色品种

（吴健）

# *Begonia* × *tuberhybrida* 球根秋海棠

球根秋海棠是秋海棠科（Begoniaceae）秋海棠属（*Begonia*）多年生块茎类球根花卉。它的属名*Begonia* 是为纪念法国植物赞助人 Michel Begon（1638—1710）而命名的。英文名称有 Tuberous begonia，Tuberous begonia hybrids。球根秋海棠大多数种类夏季开花，若温室栽培，四季可开花；花多为重瓣，有大、小之分，花色艳，兼具茶花、牡丹、月季等花的姿、色、香，观赏性居秋海棠属植物之冠，是世界重要的盆栽花卉之一。朝鲜将其中一个大花品种命名为‘金正日花’，足以说明此种的观赏价值之高。

## 一、形态特征

株高 20 ～ 30cm，地上茎肉质，直立或下垂，呈绿色或红色，被密毛或疏毛，托叶膜质，叶片较大，互生，呈不规则心形，基部偏斜，先端锐尖，叶缘具齿和缘毛，叶柄较长，有毛。花期夏秋，花莛生于叶腋间，苞片 2，卵圆形，花单性，雌雄同株异花，雌花较小、单瓣，雄花分大花类和小花类，有单瓣、半重瓣和重瓣 3 种，有的花具柠檬香气。花色丰富，白、红、粉、橙、黄、紫红及多种过渡色，花瓣边缘波皱、条纹或鸡冠状，品种繁多。果实为蒴果，果梗长，果实无毛，具不等 3 翅，大的呈斜长圆形或三角状长圆形，另 2 翅稍窄，呈矩圆形。种子极小，每克约 7 万粒，淡褐色，光滑。地下部顶端膨大形成块茎，块茎不规则，呈扁圆形，周围有网状须根，表面有几个芽点，可萌发长出芽（图 1 至图 3）。

图 1　球根秋海棠植株、茎、托叶、叶片和苞片形态
A. 植株盆栽；B. 植株地栽；C. 茎；D. 托叶；E. 叶片；F. 苞片

图 2 球根秋海棠雄花和雌花

A. 雌花和雄花；B. 雌花；C. 单瓣雄花；D. 半重瓣雄花；E. 重瓣雄花

图 3 球根秋海棠果实、种子和块茎

A. 果实；B. 种子；C. 块茎

## 二、生态习性

1. 光照

球根秋海棠对光照反应敏感，光照不足，叶片瘦弱纤细，甚至完全停止生长；光照过强，植株矮小，叶片增厚、卷缩，叶色变紫，花紧缩不能展开或呈半开状。因此，光照不可过强，也不能不足。冬春季节，理想的光照强度是 35000 ～ 50000lx，夏季光照强度为 25000 ～ 30000lx。另外，球根秋海棠对光周期反应也敏感，长日照条件下，促进开花；短日照条件下，提早休眠。

2. 温度

生长最适温度为 15 ～ 25℃，不耐高温，超过 30℃，茎叶枯萎、花蕾脱落，气温 35℃以上，地上部分和地下块茎出现腐烂甚至死亡。

3. 水分

水分要适宜。生长季盆土湿度在 80% 左右，水分过大，易造成块茎腐烂，夏季适当通风，花期少浇水，使盆土处于半干状态，否则花期缩短或花朵脱落；秋末冬初叶片枯黄时逐渐控制水分，使之进入休眠。

4. 土壤或栽培基质

要求疏松、富含有机质、透气性好、保水保肥能力强、pH 在 5.5 ～ 6.5 之间的微酸性土壤。家庭栽培时可用腐叶土、泥炭土配以腐熟的牛粪、鸡粪等作基肥，再加少量河沙制成盆栽用土。

## 三、种质资源与园艺分类

### （一）野生近缘种

秋海棠属原种多达 2000 种，有根茎、须根和块茎等类型，主要分布于非洲、中南美洲和亚洲的热带、亚热带地区。其中块茎类型的原种少，多原产于南美的玻利维亚和秘鲁海拔 3000 ～ 3800m 山地，我国也有一些块茎类的原种，海拔 720 ～ 3400m。

1847 年，美国人韦德尔（Weddell）在玻利维亚发现了朱红秋海棠（*B. cinnabarina*），1857 年又发现玻利维亚秋海棠（*B. boliviensis*）。1860 年英国人皮尔斯（Pearce）在玻利维亚发现了克氏秋海棠（*B. clarkei*），接着 1864 年发现了皮尔斯秋海棠（*B. pearcei*），1866 年他又在秘鲁找到了高山秋海棠（*B. veitchi*）和红花秋海棠（*B. rosaeflora*）。1876 年皮尔斯再次在秘鲁发现了戴氏秋海棠（*B. davisii*）。以上这些块茎秋海棠均原产南美的安第斯（Andes）地区，是球根秋海棠育种的重要亲本。1880 年法国人莱莫因（Lemoine）和弗罗皮尔（Froebel）以这些球根秋海棠为亲本，经相互杂交选育出美丽多姿的球根秋海棠，有的还具有芳香气味。其中玻利维亚秋海棠，块茎扁平形，茎分枝下垂，绿褐色，叶片长，卵状披针形，花橙红色，花期夏季，是垂枝类品种的主要亲本。1836 年，在南非开普敦省发现了小叶秋海棠（*B. dregei*），1880 年在非洲东北海岸的索科特拉岛（Socotra）（现属也门）发现了索科特拉秋海棠（*B. socotrana*）。这两种原产非洲的块茎类秋海棠，尤其是后者，为球根秋海棠的育种开创了新的里程碑，使观花类秋海棠的观赏性有了新的突破。

我国块茎类秋海棠有 30 多种，从西北、中部至南部均有分布，跨温带、寒温带，大多生于海拔较高、阴湿的林间、林缘或石灰岩上，较耐土壤贫瘠，湿度和温度要求稍低，适应性相对较强，花朵鲜艳、花红色或白色、着花数多，有的种类叶片具有很高的观赏价值，是秋海棠属植物有性杂交育种中抗性性状改良的好材料。一些种类如尖被秋海棠（*B. acutitepal*）、俅江秋海棠（*B. asperifolia* var. *tomentosa*）、糙叶秋海棠（*B. asperifolia* var. *asperifolia*）、腾冲秋海棠（*B. clavicaulis*）、齿苞秋海棠（*B. dentatobracteata*）、景洪秋海棠（*B. discreta*）、圭山秋海棠（*B. guishanensis*）、石生秋海棠（*B. lithophila*）、小花秋海棠（*B. peii*）、红叶秋海棠（*B. rhodophylla*）、红斑秋海棠（*B. rubropunctata*）、光叶秋海棠（*B. summoglabra*）、大理秋海棠（*B. taliensis*）、宿苞秋海棠（*B. yui*）、云南秋海棠（*B. lithophila*）等是云南特有种。

### （二）国外园艺品种分类方法

球根秋海棠的园艺品种众多，欧美人根据其花的特征和植物生长习性将品种分为 17 个类群，后简化为 13 个类群。

1. 单瓣群（Single Group）

花大，花被片 4 枚，通常扁平。

2. 波瓣群（Crispa Group）

花大，单瓣，花被片波皱。也称皱边群。

3. 鸡冠花群（Cristata Group）

花大，单瓣，在花被片中心具有冠状突起。也称冠羽（凤头）群。

4. 水仙花群（Narcissiflora Group）

花大，重瓣，中心的花被片直立展开，类似于喇叭水仙的副冠。也称喇叭水仙花群。

5. 山茶花群（Camellia Group）

花大，重瓣，花被片规则，类似于山茶花，花瓣原色，不褶皱或无流苏。也称茶花型类群。

6. 皱边山茶花群（Ruffled Camellia Group）

与山茶花群相同，但花被片褶皱。

7. 蔷薇花群（Rosiflora Group）

花大，具有似蔷薇花蕾的花心。也称蔷薇花蕾群。

8. 流苏斑丽重瓣群（Fimbriata Plena Group）

花大，重瓣，花被片具有流苏状的边缘。也称香石竹（康乃馨）。

9. 镶边群（Picotee Group）

花大，通常是重瓣，花形似茶花，花被片边缘带有不同的阴影或颜色，或与花被片主色相同。

10. 边缘型彩缘群（Marginata Group）

花形与镶边群的相同，但花被片边缘具有鲜明的色彩。

11. 大理石群（Marmorata Group）

花形与山茶花群的相同，花粉红色带有白色大理石花纹。

12. 蔓生群（Pendula Group）

茎蔓生或下垂，花多，花径由小到大，花单瓣或重瓣。也称吊篮群。

13. 多花群（Multiflora Group）

植株低矮，茂密，紧凑，花多，花小，单瓣到重瓣。

### （三）国内园艺品种分类方法

国内研究者根据茎的类型、花朵大小和数量，将球根秋海棠分为大花、多花和垂花 3 类 8 型。

1. 大花类

花径达 10 ～ 20cm，茎粗，直立，分枝少，最不耐高温，花梗从叶腋间抽出，花梗顶端着生 1 朵雄花，大而鲜美，一侧或两侧着生雌花，是球根秋海棠最主要的品种类型，有重瓣品种，包括以下花型：

（1）**山茶型（Double camellia）**：重瓣大花品种，花瓣圆形，像山茶花。

（2）**蔷薇型（Rose form）**：重瓣大花品种，花色丰富，花型似月季。

（3）**皱边山茶型（Ruffed camellia）**：美国人培育，大花重瓣，花瓣边缘为波状，形似香石竹，有的花瓣很大，边缘呈 2 ～ 3 次波皱，花色偏少。

（4）**镶边型（Picotee）**：主要在蔷薇型中，花瓣边缘有深色镶边，花型优美。

另外还有波瓣型（Crispa，花单瓣，边缘为波状）、水仙花型（Narcissiflora）和半开蔷薇型（Rose bud，花半开）等。

#### 2. 多花类

茎直立或悬垂，细而多分枝，叶小，花梗腋生，着花多，是优美的盆花和花坛材料。包括以下花型：

（5）**多花型**：为杂交种，花瓣数不太多，性强健，花小，直径 2 ～ 4cm。

（6）**大花多花型**：由多花类和大花类品种杂交培育而成，花稍大，直径 5 ～ 7cm，较喜光，可用于光线稍强的花坛。

#### 3. 垂枝类

此类球根秋海棠的枝条细长下垂，有的可长达 1m，花梗也呈下垂状，适宜作吊盆观赏。有以下花型：

（7）**小花垂枝型**：茎下垂，分枝性强，老块茎可抽出 10 多个枝条；叶片最小；花多细瓣，具多花性；耐热性较强，易于营养繁殖，是玻利维亚秋海棠和大花类品种间杂交选育而成。

（8）**中花垂枝型**：是小花垂枝型和大花类品种杂交而产生的。多年生，花瓣宽，发枝力强。

### （四）主栽品种

常见的园艺品种有大花类的永恒系列（Non Stop Series）、‘早佳’（‘Primary’）、‘永恒摩卡’（‘Nonstop Mocca’）、‘大花边石竹’（‘Giant Picotee’）；多花类的‘新星’（‘New Star’）、‘永恒欢乐’（‘Nonstop Joy’）、‘山茶花’（‘Camelia’）；垂枝类的彩饰系列（Illumination Series）、‘风趣’（‘Funky’）、‘瀑布火球’（‘Cascading Fireball’）等（图 4 至图 5）。

#### 1. 永恒系列（Non Stop Series）

为大花类品种，株型整齐、紧凑，似球形，分枝佳，株高 20cm，冠幅 30cm。茎直立，密集。叶心脏形，中绿色，长 10 ～ 15cm。花单生，重瓣，花径 8 ～ 11cm，花量大，花开不断。花色有橙红、粉红、改良白色、红色、黄色、黄色红底、金黄色、火焰色、深玫红、亮红、亮玫红、玫红花边、苹果花色、深鲑红、深红，混色适合花坛、容器栽培或装饰窗台。适应性广，在阴凉、半阴或全日照条件下均可栽培，由德国班纳利公司（Benary）育成，是目前世界上球根秋海棠的主流品种。代表品种有‘火焰’（‘Fire’）、‘日落’（‘Sunset’）、‘玫瑰色衬裙’（‘Rose Petticoat’）、‘苹果花’（‘Appleblossom’）等。

#### 2. ‘早佳’（‘Primary’）

为大花类品种，株高 25cm 左右，叶宽卵形，花大，重瓣，花色有深红色、猩红、橙红、白色、粉红渐变、黄色，花期早，开花整齐，发芽率高，是‘永恒’的早熟种，由德国班纳利公司（Benary）育成。

#### 3. ‘永恒摩卡’（‘Nonstop Mocca’）

为大花类品种，株高 25cm 左右，植株紧凑，株型饱满，分枝力强，叶子为铜色，是市场上唯一的“铜叶球根秋海棠”系列，种苗移栽成活率高，花期长，花色有白色、黄色、红色、粉红渐变、深红、深橘色、橙红色、猩红色、樱桃红色，从第一朵花开到盛花期，时间短，室外适应性强，栽种效果好。

#### 4. ‘大花边石竹’（‘Giant Picotee’）

为大花类品种，株高 30cm，冠幅 30cm，叶深绿，边缘锯齿状，花大，重瓣，直径可达 15cm 左右，花瓣有精致褶皱，似荷叶边，花色有橘黄、桃红、浅粉等，适合盆栽、箱栽等，为英国汤姆森·摩根种子公司（Thompson &

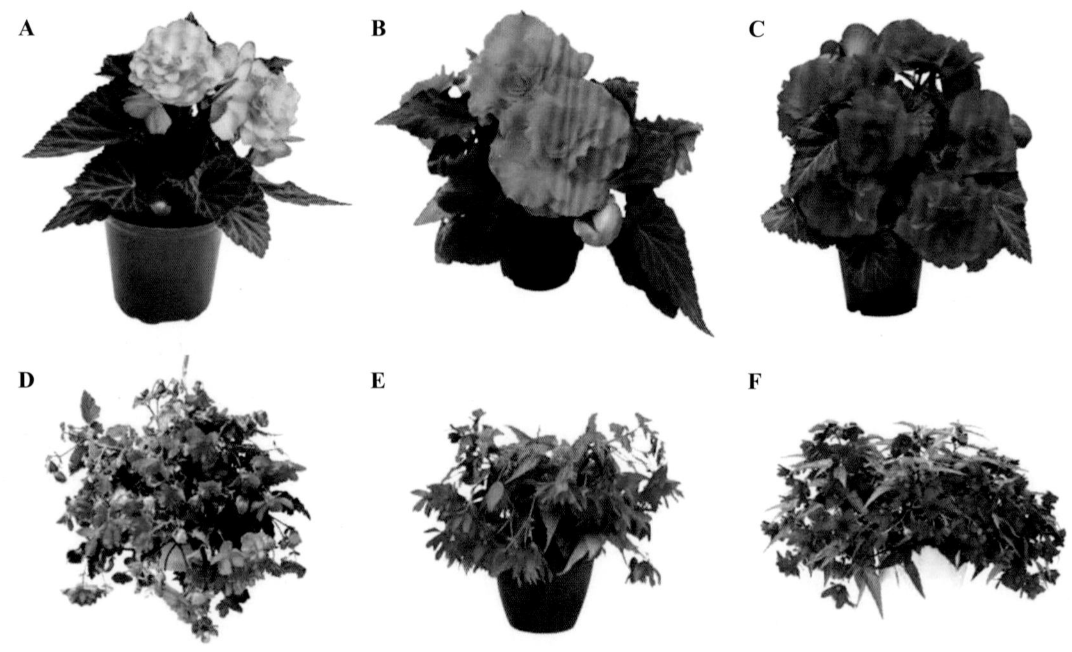


图 4 球根秋海棠主要园艺品种

A.'永恒'系列('火焰');B.'永恒'系列('日落');C.'永恒摩卡'(深红色);D.'彩饰'系列('金色花边石竹');E.'风趣'(橙色);F.'风趣'(红色)(图片引自 Benary 公司网站)

图 5 球根秋海棠主要园艺品种

A.'早佳';B.'永恒欢乐';C.'新星';D.'大边花石竹';E.'瀑布火球';F.'山茶花'(图片引自 Benary 和 Thompson & Morgan 公司网站)

Morgan）推出的品种。

**5. ‘新星’（‘New Star’）**

为多花类品种，株高 23cm 左右，植株紧凑，呈圆形，叶子较小，花朵重瓣，花量大，花期早，栽培时间短，花色有白色、黄色、桃红色、猩红色等，发芽率在所有球根海棠中最高，适合盆栽、露台、橱窗、花坛或地栽，由德国班纳利公司（Benary）育成。

**6. ‘永恒欢乐’（‘Nonstop Joy’）**

为多花类品种，株高 20 ～ 25cm，紧凑型，半垂吊，重瓣花，花量大，分枝好，花色主要有白色和黄色，可用于盆栽、吊篮、混合容器栽培，由德国班纳利公司（Benary）育成。

**7. ‘山茶花’（‘Camelia’）**

为多花类品种，株高和冠幅均在 30cm 左右，紧凑型，叶色浅绿，花重瓣，形似山茶花，花色为红色，花期 7 ～ 10 月，盛开期花量大，为英国汤姆森·摩根种子公司（Thompson & Morgan）推出的新品种。

**8. 彩饰系列（Illumination Series）**

为垂枝类品种，杂交一代种，萌发率高，发芽整齐，株高 25cm，冠幅 30cm，茎下垂，节间短，叶广椭圆形，中绿色至深绿色，花多，重瓣，花梗纤细柔软具悬垂性，花色明亮，有改良杏黄色、金色花边、橙红、乳黄、桃红、鲑粉红、猩红、白色、混色、柠檬黄等，每个节点长有重瓣花，宛如彩色瀑布，花期从早春至夏季，由德国班纳利公司（Benary）育成，是悬挂式球根秋海棠的主要品种。代表品种有‘杏黄花边’（‘Apricot Shades’）、‘金色花边石竹’（‘Golden Picotee’）、‘鲑鱼粉’（‘Salmon Pink’）等。

**9. ‘风趣’（‘Funky’）**

为垂枝类品种，半垂吊型，株型紧凑，分枝性好，花重瓣，花色有粉红、橙色、白色、浅粉色、猩红色，是球根秋海棠中比较耐全日照的品种，适当遮阴效果会更好，由德国班纳利公司（Benary）育成。

**10. ‘瀑布火球’（‘Cascading Fireball’）**

为垂枝类品种，株高 30cm，冠幅 30cm 左右，花色比‘杏黄花边’更丰富，有炽热红、金色、古铜色等，花期长，花量大，从夏季到初霜期，都会产生大量的花，非常适合在容器、橱窗和吊篮中精美展示，为英国汤姆森·摩根种子公司（Thompson & Morgan）推出的品种。

另外，还有‘全景’（‘Panorama’）、‘半夜美’（‘Midnight Beauty’）、‘炫耀天使’（‘Show Angels’）、‘挂觉’（‘Hanging Sensations’）、‘特内拉’（‘Tenella’）等品种，其中‘挂觉’为垂枝类品种，花柄长，下垂，花色有黄、白、深红、玫瑰红，适合盆吊观赏。‘特内拉’也为垂枝类品种，枝条半肉质，多分枝，叶长卵形，花重瓣，下垂，花色有红、橙红、玫红、白色等，可用于悬挂花篮、组合花球和盆栽观赏。

## 四、繁殖技术

### （一）种子繁殖

球根秋海棠种子极小，每克约 7 万粒。播种时，可采用细泥炭混合少量珍珠岩作为基质，常用 200 穴或 288 穴的穴盘，种子表面不覆土，温度 22 ～ 24℃，昼夜温差不宜太大，基质保持湿润，用塑料薄膜或柔软织品覆盖穴盘，空气相对湿度 100%，适度遮阴。另外，采用播种专用进口基质有利于发芽生根。发芽率和播种基质的温度有关，温度低，发芽率低，温度升高，则发芽率上升，并在某一温度达到最高，温度再升高，发芽率急剧下降。适宜条件下，4 周内种子萌发，有的品种萌芽需要 1 个月以上。球根秋海棠种子小，生长慢，第 1 枚绿叶出现时，每天进行喷雾，以后的 3 ～ 4 周生长稳定。由于球根秋海棠具有块茎，不宜进行过多移栽，以 1 ～ 2 次为宜，防止损伤根系和球根。当株高 3 ～ 4cm 时，可进行移栽，并定期使用平衡液体肥料，温度在 18 ～ 21℃为宜。1 月播种的种苗，9 月时能形成一个小球（小块茎）和小花。

### （二）扦插繁殖

以6～7月为宜，选健壮带顶芽的枝茎，长10cm左右，除去基部叶片，仅留顶端1～2枚叶，由于枝茎肉质，剪枝后，稍等切口干燥后再插。扦插时可速蘸100mg/L的NAA溶液，以提高扦插生根率。扦插后可用塑料薄膜覆盖以保持空气相对湿度70%～80%，温度20～22℃，约3周后愈合生根，插后2个月上盆，当年可开花。球根秋海棠为肉质茎，且扦插要求湿度较大，容易造成茎基部腐烂，使扦插成活率偏低。扦插繁殖一般只用于优良品种的繁殖，生产中大量繁殖时不宜采用此法。

### （三）块茎分割繁殖

春季，将沙藏刚萌芽的块茎取出，从块茎顶部纵切成几块，每块必须带1～2个健壮嫩芽，切口用0.1% $KMnO_4$溶液消毒，待切口稍晾干后即可上盆。分割后的块茎不宜栽植过深，以块茎顶端稍露出土面为宜，并严格控制盆土和空气湿度，以稍干燥为好，盆土过湿会引起块茎腐烂。块茎分割繁殖由于繁殖系数低且切口易腐烂，生产中应用不多。

### （四）组织培养

#### 1. 外植体与初代材料的获得（启动培养）

若外植体采用种子，因种子细小，为方便消毒，用软纸将种子包住，70%的酒精消毒30秒，1%的漂白剂消毒1分钟，无菌水冲洗3～4次，接种到MS+2%蔗糖的培养基上培养，5天后种子开始萌发。

若外植体采用展平的幼叶、叶柄，用流动洗衣粉水或肥皂水清洗外植体10分钟，70%的酒精消毒1分钟，1%的漂白剂间歇振荡漂洗8～10分钟，无菌水冲洗3～4次，每次间隔5分钟，无菌纱布或无菌滤纸吸干外植体表面的水分，将处理过的叶片或叶柄切成0.5～1cm的小方块或小段，接种到MS+1.5mg/L 6–BA + 0.1～0.2mg/L NAA + 20g/L蔗糖 + 7g/L琼脂的培养基上培养。培养6～8天后，叶片或叶柄膨大，将无污染的外植体接种到新的培养基中，再培养12天左右，便能诱导出愈伤组织，分化出较多的不定芽，不定芽生长健壮，有利于继代繁殖。一般叶片的诱导率为90%，产芽达200～250个，叶柄的诱导率为82%，产芽为75～100个。

#### 2. 增殖培养

20天后将无菌种苗切割成茎段，根据不同种类可以采用不同的培养基，文献报道的增殖培养基主要有MS+0.5～1mg/L 6–BA + 0.2mg/L IBA + 2.5%蔗糖，或MS+0.8～1.2mg/L 6–BA + 0.1mg/L NAA + 30g/L蔗糖 + 7g/L琼脂，或MS+0.5mg/L $GA_3$。在增殖培养基上，丛生芽继续生长，嫩叶扩展，颜色加深，茎秆伸长，基部长出不定根，形成完整植株。经25～30天，幼苗可以充满整个培养瓶，一般每瓶可繁殖30～40株试管苗。

#### 3. 生根培养

秋海棠生根培养比较容易，在培养基中不添加任何植物生长调节剂，无根小苗也能生根。而在培养基中加入少量的IBA或IAA，则能进一步促进茎、叶生长并且可以提高生根数量，使根更粗壮。继代培养到一定数量后，剪取1～1.5cm的单芽茎段，接种在1/2MS + 0.5mg/L IBA + 2%蔗糖 + 7g/L琼脂，或MS+0.5mg/L IAA的培养基上，20天后即可炼苗，出瓶移栽。

#### 4. 试管苗炼苗与移栽

当试管苗高约3cm，并生有3～4条1cm左右长的新根时，即可进行移栽。在温室内打开组培瓶盖，炼苗5～6天后，取出生根的试管苗，要小心洗净根际的培养基，然后移至用1/2MS大量元素营养液浸好的蛭石或已消毒的培养土中，并置于温室中，保持温度20～22℃，移栽初期要保持较高空气湿度，最好用青霉素等杀菌剂喷雾来保持空气湿度，经2～3周后，移至散射的自然光下炼苗1～2周，再移到花盆中进行正常管理，成活率可达86%以上。

组织培养法繁殖优良种苗快捷且能够保持品种的优良特性，大量生产种苗常用此方法。

## 五、盆花栽培技术

### （一）栽植材料的选择

#### 1. 种球

为保证品种质量，应遵循挑小不挑大，选择充分休眠、外观规则、饱满的种球，由专业花圃生产的，最好有完整的栽培管理资料。球根秋海棠从种球到开花，需要5个月。若8月开花，则3月中旬种植种球。如花期提前到“五一”，可使用荧光灯增加光照，提高温度，1月购买种球并种植。

#### 2. 种苗

选择时可遵循挑叶不挑花和挑土不挑盆的原则。市场上销售的种苗一般分为小苗（2个月后开花）、中苗（现蕾株）和成株（开花株）。挑选时选择中、小苗为好，这样从种植到开花会有一个适应和养护的全过程，价格也相对便宜。挑选种苗时，要观察叶片有无病斑（特别是叶背），叶片是否萎蔫，着重看茎基部有无水渍或溃烂，并托在手中试试植株的稳定性，尽量不能倒伏。由于球根秋海棠花色和花形丰富，挑选时可以不重点看花。种植种苗的基质以草炭土最好，其他基质次之。

### （二）栽植（以大花类品种为例）

种植时间确定后，提前14天把种球栽于盘中，栽培球根秋海棠种球的最佳容器是10cm深的育苗盘，基部有足够排水孔，栽培基质的孔隙度15%～20%，育苗盘中先放5cm厚的基质，种球放在表面，凹面朝上，上面再覆盖基质1.3cm厚即可，这样有利于根系萌发，防止水分积蓄在种球凹处，种球在穴盘中应有足够生长空间，之后保持7.5℃温度持续几周；若高于7.5℃，球根秋海棠休眠将被打破，过早出现粉色生长点。以后温度升高到10℃以上，湿度适宜，可以刺激种球打破休眠。

球根秋海棠属浅根性植物。盆栽需用疏松、透气（孔隙度在15%～20%）、排水、保水保肥能力强的泥炭土或腐叶土。

### （三）移栽

3～4周种球萌芽，每天喷洒基质，保证足够的湿度，促使种球尽可能产生根系。植株生长到4～5cm高时，从基质中轻轻拔出幼苗，检查根系生长状况，根系的发育是决定移栽成活的关键，根长5～7.5cm，几乎能够充满手掌时，可进行移栽，将植株移栽到大小适宜的花盆中。

球根秋海棠最常用的花盆规格为14cm×12cm或16cm×14cm的塑料盆。基质以草炭土为主，混合少量珍珠岩，孔隙度达15%～20%，不需要2次换盆，基质的理化结构能保持5～6个月。植株放在盆中央，种球距盆口5～6.5cm的距离，种球的顶部到盆底有9～10cm的空间，周围用基质填满，指头压紧，种球表面要完全覆盖。上盆后，温度维持16～21℃，不可低于16℃。防止直射光，但过度遮阴将导致花梗长，花量少。在此期间，栽培条件尽可能一致，栽培环境的剧烈变化会导致植物生长受阻，进一步影响到开花。

### （四）水分管理

浇水是非常重要的一个环节。植株生长不良，多是因为水分不足或浇水过多。判定植株是否需要浇水可以采用2种方法：一是看花盆的重量，花盆重，则水分足，可以不浇或少浇，若花盆过轻，则需要浇水。二是看基质的干湿程度，扒开基质2.5cm的深度，若基质湿润，则不用浇水，若干燥，则需要浇足水分。

球根秋海棠喜水喜肥，应保持盆土湿润，未及干透要立即补水。花期正值初夏，气温逐日升高，要求遮阴和喷雾，保持通风、凉爽的环境。如果浇水不当、光线太强或气温过高都会造成叶片边缘皱缩，花芽脱落，甚至块茎腐烂。

### （五）肥料管理

球根秋海棠适合的叶面肥料配方由0.2kg的尿素和0.2kg的硝酸钾组成，或者由0.2kg的硝酸铵和0.2kg的硝酸钾组成，把2种混合物溶解在9L的水中，溶解后，取母液30mL溶解于90L水中，形成叶面肥。球根秋海棠上盆后前几周，基质中氮、磷、钾的比例应当维持在 15 : 8 : 10。4 周后，氮、磷、钾的比例调整为 15 : 15 : 15。在开花前最后 6 周，比例可调为 15 : 15 : 20。保持高钾含量可促进茎硬度增加，而且钾的含量是一个缓慢增加的过程；若突然增加，则会导致植物木质化，影响根系正常发育；同时钾的利用和镁的水平密切相关。磷元素的存在和花的形成关系密切；但如过量，将引起镁的缺乏，也将减少植株对钾的吸收。建议每 2 周使用 1 次硫酸镁（在氮、磷、钾比例调整为 15 : 15 : 20 后），每 45L 的水中加入 50g 的镁。肥料的使用在开花前是必要的。整个生长季，必须保证氮的充足供应；如果过量，将导致细胞组织柔软，造成病菌入侵。在植物生长中，钙起着相当重要的作用，有利于植物茎尖的形成和发育，也利于植物体氮元素的吸收。在球根秋海棠开花时，应适当增加磷元素的含量，但要维持氮、钾元素平衡。在盆花销售前 2 周，使用磷酸一铵，每 4.5L 中加入 1/4 茶勺。虽然微量元素在植物体中的需要量仅为百万分之几，但其缺乏将造成严重后果。14g 的微量元素加入 35L 基质中，可确保微量元素的充足供应。另外，在蒸发和蒸腾速率小的季节，浇水的频率低，需要额外增加叶面追肥。

### （六）整形及花期管理

球根秋海棠是喜阴花卉，性喜遮阴和高湿环境。由于叶片比较柔软，易被直射光灼伤，3 月末至 10 月期间需要遮阴，避免暴露在强阳光下，可加盖 30% ～ 60% 透光率的遮阳网，透光率 50% 的遮阳网最常用。球根秋海棠喜欢凉爽，最佳生长温度是 16 ～ 18.5℃，温室栽培时，夜间最低温度应维持在 13℃以上。保证充分通风，基质透气性好，土壤孔隙度在 15% ～ 20% 之间。当株型足够大时，摘掉生长点。

上盆 2 周后，可在植株茎秆的背后立柱支撑主茎。支柱粗度 1.3cm 较为合适，需要支撑 60 天。主茎增粗很快，需经常松动绑绳，避免伤害主茎。绑绳时要绑到节间，不可绑到茎节上，以防茎节增粗后绳子勒进去。盆花进一步养大后，还需要使用小棍来支撑侧枝，支撑处理将持续到 6 月。

盆栽球根秋海棠的标准株型为 1 个主茎，带 2 个侧枝。这种株型易处理，不占用空间，花朝向一致。所有强壮的基部枝，在超过 5 ～ 7.5cm 高时去掉。总体上要求，花的朝向与茎上叶尖的朝向一致。当主茎多于 4 个时，每个茎上的花有 120° 的观赏角，这样，4 朵花可以从各个角度观赏。任何朝向相反的茎应当去掉。

球根秋海棠的茎多汁、脆弱，5 ～ 6 枚叶前，应当去掉所有的花芽；销售前的第 8 周，去掉直径大于 3cm 的所有花芽，在销售前第 4 周，检查并去掉直径超过 5cm 的所有花芽和侧枝在内的生长点。之后，所有主茎和侧枝上的芽都要留下，可发育成花，任何比这更小的花芽，将保留下来成花。花芽的大小与开花所需要的生长时间，因品种和环境条件而异，尤其是后 4 周的温度；天气变凉后，有利于成花。直径 3cm 的花芽，开花平均需要 42 天；5cm 的花芽可能在 4 周（28 天）内完全开放。开花前 2 周，去掉每个主茎和侧枝上的生长点，减少养分竞争利于花芽的生长。当温度适宜和光照充足时，大的花芽将提前开花，最多可提前 2 周。

雄花的两边侧生有两个花芽，常为雌花，这两个侧芽应当摘掉。侧芽去掉后，中间的雄花长得更大，需要用支柱把花头支撑起来。所有的侧枝，长到 7.5cm 时，去掉其茎尖。大部分大花类球根秋海棠在叶腋间形成花芽，花芽继续发育，最终形成花。总体上，前 4 枚叶片，将产生侧枝同时成花，4 枚叶片以上的叶腋也能成花，但是无侧枝形成；大多数品种花茎从第 4 到第 5 个叶腋长出，1 株 2 个侧枝的球根秋海棠是最规整和美观的标准盆花。事实上，开花前的花芽越大，则花可能越大；良好的光照，低温有助于延迟花的开放。

开花 2 周前时，停止所有叶面肥，以避免灼伤花，形成斑点。花瓣不喜高湿，空气相对湿度需降到 50%，所有花色的品种都不耐湿，且红色品种最敏感；湿度大，花的边缘将变为褐色。

## 六、病虫害防治

### （一）病害及其防治

生长期（6～8月）遇高温、多湿、通风不好的环境条件时，常发生茎腐病、根腐病、细菌性叶斑病、白粉病和灰霉病等。

#### 1. 茎腐病

病菌多从土壤侵入幼苗根茎基部，植株受害后病部腐烂，幼苗倒伏。若幼苗组织开始木质化后，感病后会表现立枯，受害部位下陷缢缩，呈黑褐色，潮湿时病部长出白色菌丝体。严重时可造成幼苗大量死亡。

防治方法：幼苗期间严格控制室温和浇水量，播种前进行土壤消毒，用70%土菌消可湿性粉剂500倍液处理土壤。幼苗发病初期用70%甲基托布津可湿性粉剂1000倍液或5%井冈霉素水剂1000倍液喷洒。

#### 2. 根腐病

为真菌性病害，该病主要通过土壤传播，受侵害的幼苗和幼株根部会变黑、腐烂，继而造成幼苗成片死亡和幼株萎蔫枯死。

防治方法：加强土壤消毒、通气，特别是播种苗床用土必须进行高温蒸汽消毒后才能使用。发病初期可用10%抗菌剂401乙酸溶液1000倍或70%甲基托布津可湿性粉剂1000倍液喷洒或灌注土中，防止病害蔓延。

#### 3. 细菌性叶斑病

是球根秋海棠普遍发生的一种叶部病害。夏季发病率高，初期病斑很小，呈小疱状的圆形或多角形透明斑，后期随着病害的发展，病斑逐渐扩大，互相连接形成大块病斑，边缘有浅黄色晕。有时病斑上可以溢出一种黏性物质，即细菌液，从破裂的伤口中渗出，变干成褐斑，最后导致叶片脱落，整株萎蔫。病菌在土壤及病残体上能长时间存活。

防治方法：栽培土壤充分晾晒或高温消毒灭菌，换土时旧盆弃之不用；按时遮阴，保持良好通风，防止发生日灼。日常养护尽可能减少对叶片剐蹭，减少机械损伤。气温高于27℃，不向叶片喷水，场地四周可喷水，保持小环境的空气湿度；合理施肥，使植株长势健壮，增强抗病能力；为防止发病，在有发病史的温室内，发病前每7～10天喷洒50%代森铵乳剂400～500倍液1次，发病初期喷洒0.5%波尔多液，或50%代森铵乳液400～500倍液，或喷洒农用链霉素100～200单位，7～10天1次，连续3～4次可抑制病情。

#### 4. 白粉病

秋海棠常见病害之一，主要发生在叶片，严重时波及全株。发病初期出现黄褐色斑点，而后扩大连片并有小块白色霉层，直至发展到全叶及叶柄、嫩茎，致使叶片皱缩变小，嫩茎扭曲变形，严重时全株死亡。空气干燥、通风不良易发病。

防治方法：盆花合理摆放；多施磷钾肥，使植株健壮，增强抗病能力；为防止发病，在有发病史的温室内，发病前提前喷洒乙嘧酚磺酸酯乳油剂1000倍液，每7～10天1次，连续3～4次即可预防发病；发病初期可喷洒乙嘧酚磺酸酯乳油，每5～7天1次，连续4～6次，可抑制病情发展。严重时，可将病害叶片剪除，等待萌发新的叶片。

#### 5. 灰霉病

常发生在秋海棠叶片、叶柄和花上。叶片受害后，叶缘先出现深绿色水浸状斑纹，逐渐蔓延到整个叶片，最后全叶褐色干枯。叶柄和花梗受害后，发生水浸状腐烂，并生有灰霉。花受害后，白色花瓣上的病斑呈淡褐色，红花瓣则褪色成水浸状斑点。在湿度大的条件下，所有发病部位都密生灰色霉层。病害严重时，叶片枯死，花朵腐烂，并迅速蔓延到其他植株。

防治方法：通风透光，降低湿度；严重发病株立即拔除、销毁。发病初期用1∶1∶200波尔多液，或65%代森铵可湿性粉剂500倍液喷洒。

### （二）虫害及其防治

在气温高的条件下，球根秋海棠易受蓟马、介壳虫和卷叶蛾幼虫等的危害。

1. 蓟马

大多发生在高温、干旱的夏秋季节，主要危害叶片，叶片正面出现不规则的淡红褐色线条，叶背面出现大小不等的锈褐色斑块，沿主脉处最明显。危害严重时，叶片畸形，叶背面呈银白色，有时叶柄和茎也遭受危害。

防治方法：清除周围杂草，消灭蓟马虫源。虫量不多时，可用肥皂水冲刷。在秋海棠始花期可喷洒4000倍高锰酸钾。

2. 介壳虫

群生于叶柄、花蕾和新芽处吸取养分，咬食花叶。

防治方法：虫害不严重时，可用软毛牙刷刷除；若虫量多且在若虫孵化期，可用40%氧化乐果乳油1000倍液喷杀。

3. 卷叶蛾

常发生在春夏季，幼虫咬食新芽和花蕾，啃食嫩叶和叶肉，在叶片上仅留表皮呈网孔状，叶丝缀连2～3片或纵卷为一叶，潜藏卷叶内，严重影响植株生长。

防治方法：卷叶蛾成虫对糖、醋有较强的趋性，成虫发生期，可以利用糖醋液进行诱杀。溶液按糖：酒：醋：水比1：1：4：16的比例配制，装入瓶内，放在秋海棠栽培室内；幼虫期，可用10%除虫菊酯乳油和鱼藤精2000倍液喷杀；发生少量时还可以人工摘除卷叶，将虫体连同叶子一起销毁。

## 七、价值与应用

### （一）园林应用

球根秋海棠作为重要的商品盆花，在世界上广泛栽培。矮生、多花的球根秋海棠，多用于布置夏秋天花坛、花境和草坪边缘，还常配置于阴湿的墙角、沿阶处，用于美化环境。垂枝类的可以作庭院中花架、墙壁等的垂直绿化，或制作成吊篮悬挂于厅堂、阳台或走廊。比利时布鲁塞尔每隔2年都会在约1hm$^2$的大广场上举办“鲜花地毯”（Brussels Flower Carpet）活动，以不同的国家或文化为主题，用球根秋海棠铺设巨型花毯

图6 球根秋海棠园林应用

A. 布置墙角；B. 垂枝类墙壁绿化；C. 比利时大广场2018年花毯；D. 比利时大广场2016年花毯（图片引自成都金品花卉种苗公司和FlowercCarpet网站）

（图6）。

### （二）盆花与室内装饰

大花类的品种开花时常用来美化客厅、卧室、会议室，还可以点缀橱窗、阳台、茶几等，室内观赏期约2周。

### （三）其他经济价值

球根秋海棠花可以提取花色素。该花色素稳定性较好，适合于酸奶、果冻、糖果、冷饮等食品着色，也可用于胶囊和药片糖衣的上色，由于原料较易获得，值得开发和利用。

球根秋海棠花瓣可以食用，具有明艳的色彩、柠檬味的香气和酥脆的质地。将球根秋海棠花瓣切碎用作沙拉和三明治的装饰物，或者将整片花瓣浸入调味的酸奶中，作为开胃菜。因花瓣中含有草酸，只能适量食用，对于患有痛风、肾结石或风湿病的人建议不食用或少食用。

球根秋海棠块茎和果实可以入药。夏秋采块茎，初冬采果，晒干或鲜用，具有清热消肿、活血散瘀、凉血止血、调经止痛的功效，常用于治疗跌打损伤、咽喉肿痛、痈疔肿毒、吐血、咳血、流鼻血、月经不调和胃溃疡等病症。

（杜文文）

# *Caladium* 花叶芋

花叶芋是天南星科（Araceae）花叶芋属（*Caladium*）多年生块茎类球根花卉。英文名称有Caladium（花叶芋），Fancy-leaved caladium（彩叶芋），Angel-wings（天使之翼）等。原产南美热带地区，在巴西和亚马孙河流域分布最广。花叶芋不仅叶片硕大，而且叶色鲜亮，叶面上有着各色不同的斑纹，包括常见的银白色、白色、粉色、橙色、碧绿色、黄色和红色等，观赏价值极高。在欧美很多国家用来取代传统草花，布置花坛、花境，营造出“无花胜有花”的独特景观效果。引进我国时间较早的是白色的花叶芋，近年来逐渐成为流行的室内观叶植物，中文别称彩叶芋。花叶芋属于有毒植物，它只能用来观赏，一定要避免误食。

## 一、形态特征

多年生草本植物，具块茎，扁球形（图1左）。株高15～40cm。叶基生，叶盾状箭形或心形，色泽美丽，变种极多；叶柄常饰以露珠般的彩斑；Ⅰ级侧脉斜伸，Ⅱ级脉在侧脉之间汇成集合脉，细脉密，网状。叶片表面满布各色透明或不透明斑点，背面粉绿色，戟状卵形至卵状三角形，先端骤狭具凸尖（图2）。花序柄通常单出，伸长，短于叶柄。佛焰苞管部卵圆形，果时宿存且常反折，喉部收缩；檐部舟状，白色。肉穗花序稍短于佛焰苞，最下部无花，梗状；雌花序圆锥形或椭圆形，花多密集；不育雄花序纺锤形或近圆锥形，比雌花序长，与之相接的能育雄花序近棒状，长为不育雄花序的2倍。花单性、无花被（图1右）。雄花为倒圆锥状的合生雄蕊柱，顶部平，近六角形，有小弯缺，雄蕊3～5，药隔厚，先端平坦，药室贴生于药隔上，伸长几达合生雄蕊柱的基部，长圆状披针形，外凸，顶裂，裂缝短，花粉粉末状。不育雄花：假雄蕊合生成倒金字塔形，扁、顶部平。雌花：子房近2室，稀近3室，无花柱，柱头压扁的半球形，3～4浅裂；每室胚珠多数，倒生，二列，上部的直立，下部的有时向下。浆果上举，白色，细小，有柱头的遗痕，种子多数。种子多少

图1　花叶芋块茎（左）和不同时期的肉穗花序

图2　花叶芋主要叶片形态和色斑

呈卵圆形，具极短的珠柄，珠柄伸长为隆起的种脐，珠被肉质，种皮厚，具纵肋；胚具轴，藏于丰富的胚乳中。

## 二、生长发育与生态习性

### （一）生长发育规律

花叶芋原产于热带地区，喜温暖湿润气候，极不耐寒，原产地自然条件与中国的温带和亚热带气候相差悬殊，因此在我国大部分地区无法自然越冬。其生长发育周期可分为萌芽期、生长盛期、叶枯期和休眠期 4 个阶段。

#### 1. 萌芽期

当土壤温度达到 18℃以上时，可以露地种植已解除休眠的花叶芋块茎，种植后 3 ～ 5 周即可萌芽。

#### 2. 生长盛期

随着气温升高，生长会加快，萌芽后 3 ～ 5 周大部分叶片会展开，进入生长盛期，根据种植时间不同，花叶芋花期一般为春季或夏初时分。

#### 3. 叶枯期

进入秋季后，当气温下降至 18℃以下，叶片即开始泛黄，并逐渐萎蔫下垂，营养开始回流至地下部块茎中并促使其膨大。

#### 4. 休眠期

一般 10 月下旬，彩叶芋叶片即完全枯萎，块茎开始进入休眠期。因我国冬季土壤温度较低，当叶片枯萎后，即可将块茎挖出，晾干后置于沙中，放置于 18 ～ 21℃贮藏以待来年种植。

### （二）生态习性

#### 1. 温度

花叶芋喜高温环境，不耐低温和霜雪，生长的昼夜适温为 21 ～ 30℃ /18 ～ 21℃，6 ～ 10 月生长期的适温为 21 ～ 27℃，入秋后至翌年休眠期结束的适温为 18 ～ 21℃，块茎在 10 ～ 16℃放置超过 10 天即会受害。

#### 2. 光照

花叶芋喜半阴环境，不耐强光，球根种植后浇足水置阴暗处，待出苗后移至半阴处养护，等长到成株后以遮光率 50% ～ 60% 的环境最为适宜。

#### 3. 水分

花叶芋喜高湿环境，忌干燥或排水不良，生长期保持土壤湿润，注意保持空气湿度，在 9 月以后叶片逐渐凋萎，应减少灌水。

#### 4. 基质和营养

花叶芋对土壤（基质）要求不严，可在基质中添加过磷酸钙，pH 5.5 ～ 6.5。4 ～ 8 月为花叶芋生育盛期，可用有机肥料或氮、磷、钾追肥，每月施用 1 次；9 月以后叶片逐渐凋萎，应停止施肥。将球根留置土中越冬或挖出在适宜的温湿度条件下贮藏越冬。

## 三、种质资源与园艺分类

### （一）种质资源

本属植物原产于拉丁美洲的热带雨林和赤道地区，大多数种分布于巴西亚马孙热带雨林，生长于雨林开阔地或溪流旁，干旱季节具有休眠特性。花叶芋原生种数量一直存在争议，变化于 7 ～ 17 个。2013 年英国邱园和美国密苏里植物园联合发布的植物名录中，花叶芋原生种共有 14 个（表 1）。

**表 1　花叶芋属主要种列表**

| 序号 | 种名 | 序号 | 种名 |
|---|---|---|---|
| 1 | *C. andreanum* | 8 | *C. picturatum* |
| 2 | *C. bicolor* | 9 | *C. praetermissum* |
| 3 | *C. clavatum* | 10 | *C. schomburgkii* |
| 4 | *C. coerulescens* | 11 | *C. smaragdinum* |
| 5 | *C. humboldtii* | 12 | *C. steyermarkii* |
| 6 | *C. lindenii* | 13 | *C. ternatum* |
| 7 | *C. macrotites* | 14 | *C. tuberosum* |

其中常见栽培的种：

### 1. 花叶芋（五彩芋）*C. bicolor*

原产巴西、玻利维亚、圭亚那，1864 年引种。多年生草本。具块茎，株高 15 ～ 40cm。叶卵状三角形至心状卵形，呈盾状着生，绿色叶具白色或红色斑点。佛焰苞白色，肉穗花序黄至橙黄色。此种因叶色和叶斑变异的多样性，成为花叶芋育种最常用的亲本。主要园艺品种：'白叶芋'（'Candidum'），叶片白色，叶脉绿色；'约翰·彼得'（'John Peed'），叶片白色，叶脉红色；'车灯'（'Stoplight'），叶绛红色，边缘绿色等。

### 2. 杂种花叶芋 *C.×hortulanum*

为此属多个种种间杂交而成，主要由荷兰和美国人培育。株高 30 ～ 60cm，叶片大、心形。园艺品种众多，如'白皇后花叶芋'（'White Qween'），叶肉白色，主侧脉深红色，中脉绿色；'花斑彩叶芋'（'Edes Maid'），主侧脉鲜红色，绿色叶片上布满大型、不规则粉色彩斑，叶缘绿色等。此种需要温暖、潮湿的土壤。土壤最低温度为 21℃。若在春季种植得太早，较低的土壤温度会导致块茎在发芽前腐烂。丰富的叶色适合在春季、夏季和秋季的园林景观中应用，部分品种在遮阴下生长最好。

### 3. 白彩叶芋（象耳彩叶芋）*C. humboldtii*

原产巴西，1858 年引种。此种为花叶芋属中最矮小的物种之一。通常长到 20 ～ 25cm 高，叶片盾形，浅绿色，中间和边缘为白色。适合作室内装饰。

## （二）品种分类

经过 150 多年不断选育，培育出 2000 多个品种，目前市场流通品种 90 多个，大面积生产应用的品种有 50 多个。栽培品种一般从叶形、叶脉和叶色等不同角度来进行分类。

### 1. 按叶形分类

从叶形上来分主要可分为两大类，即阔心形叶品种和披针形叶品种。

（1）**阔心形叶品种（大叶种）**：通常叶片宽大，呈阔心形，株型相对大一些。主要有'苹果花'（'Apple Blossom'）、'倾城'（'Allure'）、'卡洛琳·沃顿'（'Carolyn Whorton'）、'弗里达'（'Frieda Hemple'）、'粉色美人'（'Pink Beauty'）、'粉色飞溅'（'Pink Splash'）、'月光树莓'（'Raspberry Moon'）、'光辉'（'Radiance'）、'红色闪光'（'Red Flash'）、'白色皇后'（'White Queen'）、'月光'（'Moonlight'）等。

（2）**披针形叶品种（小叶种）**：叶片较小，叶片呈披针形或者带状，株型相对小一些，叶片较多，株型紧凑。主要有'娇羞新娘'（'Blushing Bride'）、'沙漠日落'（'Desert Sunset'）、'姜黄大地'（'Gingerland'）、'玛菲特小姐'（'Miss Muffet'）、'胡椒薄荷'（'Peppermint'）、'粉色宝石'（'Pink Gem'）、'甜心'（'Sweetheart'）、'触摸我的粉'（'Tickle Me Pink'）等。

### 2. 按叶脉的颜色分类

按叶脉颜色可分为绿脉类、白脉类、红脉类三大类。

（1）**绿脉类**：有'白鹭'（'White Candium'）、'白雪公主'（'White Princess'）、'洛德·德比'（'Lord Derby'）、'克里斯夫人'（'Lady Chris'）等。

（2）**白脉类**：有'穆非特小姐'（'Miss Muffet'）、'主体'（'The Thing'）、'乔戴'（'Jody'）。

（3）**红脉类**：有'雪后'（'White Queen'）、'冠石'（'Key Stone'）、'阿塔拉'（'Attala'）、'血心'（'Bleeding Heart'）、'红美'（'Scarlet Beauty'）、'红色火焰'（'Red Flare'）。

### 3. 按叶片色彩分类

叶片的综合感官色彩可分为红色系、白色系、粉色系及复色系。

（1）**红色系**：有'火红亨佩尔'（'Frieda Hemple'）、'辐射'（'Radiance'）、'红色闪光'（'Red Flash'）、'沙漠日落'（'Desert Sunset'）、'甜心'（'Sweetheart'）等。

（2）**白色系**：有'倾城'（'Allure'）、'月光'（'Moonlight'）、'白帽子'（'White Cap'）、'白色皇后'（'White Queen'）等。

（3）**粉色系**：有‘粉色飞溅’（‘Pink Splash’）、‘粉色美人’（‘Pink Beauty’）、‘粉云’（‘Pink Cloud’）、‘娇羞新娘’（‘Blushing Bride’）、‘卡洛琳·沃顿’（‘Carolyn Whorton’）、‘苹果花’（‘Apple Blossom’）等。

（4）**复色系**：有‘月光树莓’（‘Raspberry Moon’）、‘玛菲特小姐’（‘Miss Muffet’）、‘姜黄大地’（‘Gingerland’）等。

### （三）常见品种主要特性

**‘阿塔拉’**（‘Attala’）：大叶种，叶面具粉红和绿色斑纹，主脉红色。

**‘白鹭’**（‘White Candium’）：叶白色，主脉及边缘呈绿色。

**‘白色皇后’**（‘White Queen’）：叶片白色，叶脉血红色，全阴或半阴环境下，叶片颜色更漂亮。株高 45 ～ 60cm，适合用于花坛、花境。属白色系品种。

**‘白雪公主’**（‘White Princess’）：小叶种，叶纯白色，脉及边缘为深绿色。

**‘触摸我的粉’**（‘Tickle Me Pink’）：叶面玫红色，叶脉深玫红色，叶缘绿色，生长迅速。株高 30 ～ 35cm，非常适合作盆栽。

**‘粉色宝石’**（‘Pink Gem’）：粉色系品种，叶片亮橙红色，叶脉红色，叶缘呈绿色。植株紧凑，株高 25 ～ 30cm，适合作盆栽。

**‘粉色飞溅’**（‘Pink Splash’）：叶片边缘和叶脉绿色，叶片中央为淡雅的粉色，叶片多数情况下呈半透明状。株高 35 ～ 40cm。该品种非常受园艺爱好者的喜爱。

**‘粉色美人’**（‘Pink Beauty’）：粉色品种，绿色叶片上点缀着粉色斑点，株高 35 ～ 40cm。喜欢全阴和半阴环境，适合作为林下路边绿篱种植，也很受盆栽种植和园林应用的欢迎。

**‘弗里达’**（‘Frieda Hemple’）：红色系品种，叶片宽大，叶面呈暗红色，叶脉深红，叶缘绿色，叶面给人一种绒面的质感。株高 35 ～ 45cm。颇受盆栽种植者和园林设计者的喜爱，是受欢迎的红色品种之一。

**‘冠石’**（‘Key Stone’）：大叶种，叶深绿色，具白色斑点，主脉橙红色。

**‘光辉’**（‘Radiance’）：叶片中央呈亮玫红色，从中央到叶边逐渐过渡到淡玫红或白色，叶缘呈绿色，整个叶片颜色非常漂亮。株高 35 ～ 40cm，适合作盆栽和园林应用。

**‘红美’**（‘Scarlet Beauty’）：耐旱、耐寒性都很强。大叶种，叶玫瑰红色，主脉红色，叶缘绿色。

**‘红色火焰’**（‘Red Flare’）：最耐旱的一种。叶玫瑰红色，中心深紫红色，周围具白色斑纹，主脉红色。

**‘红色闪光’**（‘Red Flash’）：叶片呈鲜红色，其间点缀着粉色的斑点，叶缘绿色。株高可达 50cm 以上。成熟植株叶片较大，几乎是花叶芋里叶片最大的品种。光照充足或者全阴环境下都可种植，在园林应用中表现优秀。

**‘胡椒薄荷’**（‘Peppermint’）：复色系品种，叶面白色有紫色斑块，叶脉白色，叶缘深绿色，适合全阴或半阴环境。株高 30 ～ 35cm，适合作盆栽、吊盆种植，也常用于花坛、花境。较受欢迎的花叶芋品种。

**‘姜黄大地’**（‘Gingerland’）：叶片白色到浅黄色，有粉色斑块，叶缘绿色，株高 35 ～ 40cm，适合作盆栽和园林应用。

**‘娇羞新娘’**（‘Blushing Bride’）：复色系品种，叶面亮深粉色，叶缘绿色，叶脉会随着生长环境变得更白。株高 25 ～ 30cm，适合作盆栽。

**‘卡洛琳·沃顿’**（‘Carolyn Whorton’）：粉色系，株高 35 ～ 45cm。非常适合用于园林应用，在国外是粉色系花叶芋园林应用的主流品种之一。其在全阴和半阴环境下表现良好，可耐受一定阳光直射。也非常适合用作盆栽。

**‘克里斯夫人’**（‘Lady Chris’）：叶米白色，叶面具血红色斑纹。

**‘洛德·德比’**（‘Lord Derby’）：叶玫瑰红色，边缘皱褶，主脉及叶缘呈绿色。

**'玛菲特小姐'**（'Miss Muffet'）：非常受市场欢迎的品种。叶片浅绿色，带红色斑点，叶脉白色。全光照或者半阴环境下生长良好。株高30～45cm，适合作盆栽。

**'苹果花'**（'Apple Blossom'）：叶片边缘深绿色，叶中间呈粉色，有明显呈红色的叶脉，植株高35～40cm，可忍受4～6个小时的阳光直射，盆栽和地栽均可。

**'乔戴'**（'Jody'）：叶小，心脏形，叶脉白色，脉间具红色斑块，叶缘绿色。

**'倾城'**（'Allure'）：叶片呈白色，叶脉绿色，株高40～50cm。可耐早上的阳光直射，更喜欢全阴的环境，种植在树荫下的花坛、花境表现更好，也可作为盆栽种植。

**'沙漠日落'**（'Desert Sunset'）：叶片为完全单一的橙红色，叶脉古铜色。株高30～35cm，株型紧凑，非常适合作各种规格的盆栽，也可以作为花坛、花境植物应用。

**'甜心'**（'Sweetheart'）：叶片深玫红色，边缘淡金黄色到绿色，叶脉红色。与白色品种的花叶芋搭配种植效果极佳。株高30～45cm，适合作吊盆种植。

**'雪后'**（'White Queen'）：叶白色，略皱，主脉红色。

**'血心'**（'Bleeding Heart'）：适应性强的一种。叶片中心为玫瑰红色，外围白色，叶缘绿色，脉深红色。

**'月光'**（'Moonlight'）：叶面奶油色，叶脉淡雅，叶缘边上叶脉网状，叶片很薄，经常呈半透明。株高35～45cm，是受欢迎的白色系品种。

**'月光树莓'**（'Raspberry Moon'）：叶片淡绿色，其上点缀着暗绿色和红色的斑点或斑块。当光照充足时，叶片上的暗绿色斑块会减少。株高35～40cm。

**'主体'**（'The Thing'）：大叶种，叶中心为乳白色，叶缘绿色，主脉白色，叶面嵌有深红斑块。

## 四、繁殖技术

### （一）种子繁殖

花叶芋属植物是雌雄异花，一般经人工授粉才能得到较多的种子。因彩叶芋种子不耐贮藏，播种繁殖要在彩叶芋种子采收后立即进行，且发芽过程中每天需用白炽灯加光，否则会大大降低发芽率。

### （二）分球和切块繁殖

全年均能分球繁殖，但以冬季休眠后至春季叶片未萌发前分球为佳。将母球四周着生的小球，用刀片切离，阴干1天后栽植。

亦可在休眠期将母球切块，每块至少带有1个芽眼，阴干1天后栽植，切面要光滑，有利于伤口愈合发根成苗。

### （三）组织培养

#### 1. 外植体获得

选择健壮、无病虫、叶面色彩明艳雅致的花叶芋作为母本，剪取新抽出约10cm的叶柄及子叶作为外植体，用10%的新洁尔灭清洗20分钟（装在玻璃瓶中不停振荡），然后用自来水冲洗干净，在超净工作台上，采用次氯酸钠溶液消毒后，将外植体切成0.5～1cm的小段。

#### 2. 愈伤组织诱导和分化

将小段外植体接种于改良的MS+1.5mg/L 6-BA +0.1mg/L KT诱导培养基上，置于室温25～28℃，培养25～30天，子叶、叶柄形成愈伤组织，愈伤组织上不断萌发出不定芽，继续培养，不定芽数增多且随着培养时间的延长而长大。

#### 3. 增殖培养

将愈伤组织切成小块，分别接种在改良的增殖培养基MS+1.5mg/L 6-BA +l.5mg/L KT上，可形成大量健壮丛生芽，每2周分割转瓶1次。在26～28℃、光照强度1500～2000lx和光照8小时的条件下培养。增殖系数约5.0。

#### 4. 试管苗的移植

将根、茎长得比较粗壮的瓶苗，放置到栽植

处（大棚）3～5天，使瓶苗适应栽植地环境后将苗移出，洗净根部培养基，移植到富含有机质的沙质壤土或泥炭土中，放置在温室中，3～5天后可以筛苗出圃或上盆。

## 五、栽培技术

### （一）盆花栽培

#### 1. 种植时间安排

花叶芋主要进行盆栽（图4）。花叶芋商品种球供应期为1～6月，生长期受季节和温度的影响很大，特别是温度。在不同时间种植，培养到成品盆花所需时间：1～2月中旬种植，需10～12周；2月中旬到3月种植，需8～10周；4月以后种植，需6～8周。花叶芋成品盆花出货期可根据上述种植期以及生长时间进行调整，比如5月出货的成品，应在2月初到2月中旬种植。

图4 花叶芋温室盆花规模化生产

#### 2. 栽培基质

使用75%泥炭+25%珍珠岩混合基质种植，泥炭颗粒直径为20～40mm，这有利于保持足够的土壤湿度同时保证排水良好。基质pH为6.0～6.5。

#### 3. 种球催芽

冬天和春天，因气温较低，为促进种球萌发，保证种球生长的一致性，这段时间种植的种球需要进行催芽。晾干的种球密植在铺着湿润泥炭的塑料筐中，上面覆盖2cm厚泥炭，将塑料筐放置在21℃的环境下催芽。催芽期间注意控制水分，泥炭始终保持湿润，但不能过湿以防种球腐烂。

6月引进的种球，因气温已升高至21℃以上，这批种球可不催芽，直接上盆即可。

#### 4. 上盆

经过3～4周催芽，种球芽已长出即可上盆种植。种植密度根据容器大小和种球规格而定，见表2。

表2 花叶芋盆栽推荐种植密度

| 种球直径（cm） | 花盆直径（cm） | 种植数量（个） |
|---|---|---|
| 9.0～11.5 | 25 | 2 |
| | 20 | 1 |
| 6.5～9.0 | 25 | 4 |
| | 20 | 3 |
| | 15 | 1 |
| 4.5～9.0 | 25 | 6～7 |
| | 20 | 5 |
| | 15 | 3 |
| | 10 | 1 |
| 4.0～4.5 | 25 | 10～12 |
| | 20 | 8 |
| | 15 | 5 |
| | 10 | 1 |

#### 5. 栽种深度

种球覆土5～8cm，因为新根发生在块茎的上表面，这可以保证当芽从种球顶部长出来时，根系周围有足够的土壤湿度而不会提前干透。

#### 6. 温光控制

温度控制：上盆后花盆用塑料薄膜覆盖，保持高湿度（空气相对湿度90%），移入27～30℃温室培养，块茎发芽生长最好。为达到这些条件，也可采取底部加热，通常由加热电缆或其他方式提供，使土温或栽培基质的温度保持在24℃。每周要揭开塑料薄膜通风透气2～3次，培养10～20天，当第1枚叶片的叶鞘露出后即可解除覆盖。

花叶芋长出叶片后，温室的温度要进行相应调整，夜间温度为21℃，白天温度不超过32℃。确保夜间温度不低于18℃，否则会导致植株受伤或质量下降；白天温度若超过32℃容易造成叶片褪色。

光照控制：花叶芋生长期适宜的光照强度为27000～54000lx。低光强容易造成叶柄伸长、叶片过大、植株软弱；高光强则导致叶片褪色和叶烧，可采用60%～80%的遮阴。

#### 7. 水肥管理

从种球下种到发芽生长，花盆基质都要保持湿润。两次浇水间要干透，以使植株在上市前保持健壮。不要让基质太干，否则会出现叶片边缘烧伤和提早进入休眠。基质添加适量的N-P-K为14-14-14的缓释肥，生长过程中使用N-P-K为20-10-20和15-30-20的复合肥交替施用，EC值控制在1.5mS/cm左右。

#### 8. 生长调节剂的应用

适当使用生长调节剂可使株型更紧凑，更符合盆花质量需求。生长调节剂可采用灌根、种球浸泡和叶面喷洒等方式进行。

多效唑：有灌根和种球浸泡两种方法。灌根：当植株第一枚叶的叶尖出土，叶片还未展开时使用，此时根系已发育良好，可以很好地吸收多效唑，施用浓度为8mg/L。灌根时基质需要保持湿润。种球浸泡：将种球浸泡在30mg/L多效唑溶液中30分钟，可有效降低植株高度，如‘倾城’‘卡罗琳·沃尔顿’和‘白色圣诞’。

丁酰肼（$B_9$）：可用作叶面喷雾剂，浓度为2500mg/L，间隔5～7天，在叶片长出和间苗时喷2～3次。

#### 9. 种球挖芽眼处理

为了促使更多侧芽萌发，塑造更加饱满美观的株型，可对种球进行挖芽眼处理。挖芽眼主要是将主芽挖掉，即切掉主芽（打破种球上方1/4的优势芽），用小刀刺穿芽眼，将主芽挖出。挖芽眼的范围应保持在芽眼直径范围内，同时避免对主芽眼周围的小芽眼造成损害。从生型的品种其种球有4～5个主芽眼，这样的品种不需要挖芽眼。

挖芽眼后，将种球浸入克菌丹500倍+甲基托布津500倍的药液中消毒15分钟，消毒后的种球放置在通风阴凉的环境中晾24～48小时，再种植。

### （二）园林露地栽培

#### 1. 种球处理

已打破休眠的种球在种植前可挖去主芽芽眼以促使更多侧芽萌发，并减少开花量。暂时不种植的种球可放置于干燥、通风的地方，温度为21～27℃，空气相对湿度为40%～50%。随着贮藏时间的增加，种球活力会下降，叶片数量会减少。

#### 2. 种植时间

春季晚霜过后，土壤温度达到18～21℃即可进行种球种植。在我国根据各地气候条件一般于4～6月进行种植，也可根据景观造景需求于夏季种植。

#### 3. 栽培基质与种植方式

栽培基质最好选疏松、肥沃的沙壤土，也可根据不同区域的土壤性质，加入泥炭、河沙和少量有机肥来降低土壤pH，增加透气性和土壤有机物质含量。基质pH为5.5～6.5。种植深度为5～8cm，覆土约4cm，种植间距根据种球规格为20～30cm。

#### 4. 肥水管理

采用灌根方式进行施肥，肥料N-P-K比例为14-14-14，每月施肥1～2次即可。生长季节要求保持土壤湿润，周降水量小于25mm时，需补充灌溉。炎热季节每天需浇水1～2次，春、秋季节则每隔2～3天浇水1次。

5. 光照要求

应种植于遮阴处，遮阴度为40%～60%，如屋后、栅栏旁及乔木下等处。植株每天接受3～4小时散射光即可。白色品种遮阴度要求略高，粉色或红色品种则遮阴度要求略低。在全光照下，叶片易返绿，降低观赏性，严重时会产生“叶烧”现象。

6. 休眠期管理

可将花叶芋作为一年生植物进行管理，冬季不起球，使地上叶片自然死亡即可。也可在叶枯后，挖出种球，在温暖通风处晾干，置于18℃以上环境中贮藏至翌年种植。

### （三）种球采收和贮藏

花叶芋是热带植物，作为种球生产的块茎在秋末（10月下旬至11月初）采收。种球经含有杀菌剂的热水（＞25℃）清洗，分级，并在32℃条件下放置5～7天后入库贮藏。种球贮藏温度≥18℃，相对空气湿度＞75%。在长时间贮藏时，湿度要尽可能保持在60%以下，防止种球腐烂，且保持空气流通以防止乙烯等有害气体对种球的危害。收到购买的种球后立即打开包装，并把种球贮藏在适温、通风的地方。种球暴露在低温下会造成生长缓慢和发育不良。

## 六、病虫害防治

花叶芋在块茎贮藏期会发生干腐病，可用50%多菌灵可湿性粉剂500倍液浸泡或喷洒防治。由真菌引起的种球腐烂在催芽阶段较为常见，发现病害后，用1500倍的金雷灌根能有效防止病害的蔓延。

生长期易发生叶斑病等，可用80%代森锰锌500倍液，50%多菌灵可湿性粉剂1000倍液，或70%甲基托布津可湿性粉剂800～1000倍液防治。

花叶芋生长期内需注意防范蓟马危害。蓟马危害后会造成叶片出现褐色斑点。生长期内喷施2次70%的吡虫啉1200倍液，可预防蓟马危害。

## 七、价值与应用

### （一）观赏价值

花叶芋品种繁多，叶片硕大，叶色亮丽多彩，是重要的观叶植物之一。在我国北方，作室内盆栽观叶植物应用，置于檐廊、窗边和室内案头，富丽典雅，清新悦目，富有热带情趣，颇受欢迎。在南方，5～9月可在园林露地和庭院栽植，作花坛、花境、自然丛植等景观布置，其绚丽多彩的叶色和极长的观赏期，使花叶芋成为园林景观植物新宠（图5）。

### （二）药用价值

根入药，外用治骨折。但花叶芋是有毒的，误食后引起喉舌麻痹。

图5　花叶芋在庭院、花园景观的应用

（张宏伟　张永春）

# *Camassia* 克美莲

克美莲是天门冬科（Asparagaceae）克美莲属（糠米百合属）（*Camassia*）多年生鳞茎类球根花卉。其属名是太平洋西北部美洲土著语言中该植物名“quamash”的音译。英文名称有 Camass（卡玛斯），Indianlily（印度百合），Quamsh（夸玛什），Wild hyacinth（野生风信子）等。该属与绵枣儿属（*Scilla*）有着密切的联系，但绵枣儿属在美洲没有分布。该属植物尽管生境多样，但大多数种都生长在平原和山麓溪流附近和潮湿的草丛中。

## 一、形态特征

克美莲属植物为多年生草本，鳞茎大小不一。叶片长线状。总状花序着生多数松散的小花，其上小花梗直立或水平。花通常左右对称，有时辐射对称，花被6枚，雄蕊6，雌蕊1，子房上位，果实为蒴果。花期夏季。在某些种中，枯萎的花被片宿存在发育的蒴果外，加之花的颜色等是区分种的重要特征（图1）。

## 二、生态习性

克美莲属多数种喜温暖、湿润和阳光充足的环境。要求夏季凉爽、冬季温暖，5～10月温度在20～25℃，11月至翌年4月温度在5～12℃。若冬季土壤湿度大，温度超过20℃，叶生长阻碍休眠，会直接影响翌年正常开花。光照对其生长与开花也有一定影响，在全日照或者半日照的环境都可以种植。土壤要求疏松、肥沃的沙质壤土，pH 5.5～6.5，切忌积水，在我国华南、江南等地都可以露地栽种。

## 三、种质资源

该属共有6种，均分布于美洲。在南美分布得非常广泛，秘鲁、玻利维亚、智利和阿根廷均有分布。其中仅有熊百合（*C. scilloides*）原产于美国东部，其余的种均源自北美洲西北部。

### 1. 双花克美莲（沙漠克美莲，新拟）*C. biflora*

原产南美洲，生于干燥、多岩石的地方。因每苞片内着生2朵花（有时1或3朵花）的特性而得名。株高45～60cm。叶狭窄，基生，长60cm。花平盘状，花径很少超过1.3cm，白色或浅粉红色，总状花序上小花排列疏松。不耐寒。

### 2. 俄勒冈克美莲 *C. cusickii*

原产美国（俄勒冈州），1888年引种。鳞茎大，长达12cm。株高长至70cm以上。叶宽5cm，长50cm。花多数，通常浅蓝色；花梗水平，在末端上翘。枯萎的花被不覆盖正在发育的蒴果。初夏开花。品种有‘Nimmerdor’，是一个深蓝色花的优良切花品种（图2A）。

### 3. 球果克美莲 *C. howellii*

原产美国（俄勒冈州南部），1938年引种。鳞茎很小。株高60cm以上。花梗水平。花深蓝色或紫罗兰色，晚春开花。枯萎的花被片覆盖在正发育的蒴果上。

### 4. 大克美莲 *C. leichtlinii*

产美国和加拿大西部（不列颠哥伦比亚

**图 1 克美莲（糖百合）的形态特征**（图片来自维基百科）
A. 花序上的小花；B. 蒴果；C. 种子

省）低洼地和沟渠中。鳞茎直径 1.3 ～ 3.8cm。株高 90cm 或更高。叶 2.5cm 宽，长很少超过 60cm。花梗介于水平和直立之间。花从白色（var. *leichtlinii*）到深紫蓝色（var. *suksdorfii*）；枯萎的花被片附着在发育的蒴果周围。此种是优良的花园植物，品种繁多：'Alba' 最常见，花白色；'Alba Semiplena' 花绿白色，半重瓣；'Atroviolacea' 花深紫色，是最佳的品种之一；'Blue Danube' 花深蓝色；'Coerulea' 鲜艳的深蓝色花（图 2B）；'Electra' 花深蓝色，有时重瓣；'Plena' 花重瓣，乳白色到黄色。

### 5. 克美莲 *C. quamash*

生长于加拿大（不列颠哥伦比亚省）和美国（华盛顿南至加利福尼亚州，东至蒙大拿州和犹他州）季节性湿洼地，1837 年引种。美洲土著重要的食用植物。鳞茎在有充足水分的地区生长良好。鳞茎直径 1 ～ 5cm；茎高 30 ～ 60cm。叶通常长 10 ～ 60cm；株高 20 ～ 70cm；花的颜色多变，深蓝色到淡蓝色和白色均有（图 2C）。枯萎的花被片脱落或覆盖蒴果。花梗从水平到直立不等。花期从仲春到晚春。非常耐寒，容易生长。该种在其分布范围内具有高度的变异性，被分成不同的地理亚种。subsp. *azurea* 叶子浅灰色，花浅紫罗兰色；subsp. *breviflora* 叶子灰绿色，花深紫罗兰色；subsp. *intermedia* 叶子绿色，花淡蓝色；subsp. *linearis* 叶子绿色，花深蓝色；subsp. *maxima* 叶子浅灰色，花深紫罗兰色；subsp. *utahensis* 叶子灰色，花淡紫罗兰色；subsp. *walpolei* 叶子绿色，花淡蓝色或蓝紫色。品种有花深蓝色的 'Orion' 和花色更深的 'San Juan'。

### 6. 熊百合 *C. scilloides*

产美国（宾夕法尼亚州和密苏里州，南至佐治亚州和得克萨斯州）。茎高至 60cm。叶近等长，宽为 2.5cm。花色从薰衣草蓝色到白色均有；枯萎的花被片从蒴果上脱落。小花梗多直立。晚春开花。

## 四、繁殖与栽培

### （一）繁殖

克美莲常用种子繁殖。将成熟的种子播种在湿润、肥沃且排水良好的土壤，种子很容易发芽。幼苗生长迅速，一般第 3 年可以开花。优良品种需用分球繁殖。

### （二）栽培

克美莲属植物适应大多数花园土壤，性喜

春、夏季土壤湿润，也可在干旱地区生存，但生长不良。

种球（鳞茎）秋季种植，深度为10～13cm。如果种植在溪流或池塘边，鳞茎应该在水位线以上。喜充足的阳光，但能忍受适当遮阴。除了原产南美的双花克美莲需要防冻外，其他的种都很耐寒。北美种是生长在草坪或草坪边缘的优良观赏植物，花期可延长到初夏。群植效果好，单植需要多年后才能形成较多的开花个体。种植后确保植物多年不受干扰可获得最佳观赏效果。

## 五、价值与应用

克美莲花期春、夏季，其蓝紫色的特异花色使其成为非常吸引人的花园植物，尤其是春、夏在野外成片开花的时候。克美莲可作庭院栽培观赏，也可作盆栽和切花。

其鳞茎是美洲土著的主食，他们煮着或烤着吃，鳞茎煮久了会熬出一种糖蜜，这种糖蜜常在节日时享用，故克美莲又称糖百合。

图2 克美莲属部分种的植物形态（图片来自维基百科）
A. *C. cusickii*；B. *C. leichtlinii*‘Coerulea’；C. *C. quamash* subsp. *quamash*

（王文和）

# *Canna* 美人蕉

美人蕉为美人蕉科（Cannaceae）美人蕉属（*Canna*）多年生根茎类球根花卉。前寒武纪美人蕉叶片化石证据表明，美人蕉科植物起源于南美洲秘鲁、苏里南等地区。1492年哥伦布发现新大陆时首次从美洲传到欧洲，美人蕉最早的记载出现在1536—1566年的《维亚纳法典》中。1753年，瑞典植物学家林奈创立了美人蕉科（Cannaceae），仅美人蕉1属。其属名*Canna*源于希腊语“*Kanna*”和凯尔特语“Cana”，意思是地下根茎像芦苇一样的植物，英文名称Canna lily。美人蕉大约在8世纪经印度传入我国作观赏栽培。中文“美人蕉”一词中“蕉”字点明了所属种类，而“美人”2字并非一开始就被命名，在唐代以前，美人蕉因开花艳丽，且多为红色，而叶子又似芭蕉，被称作“红蕉”。自从唐朝晚期罗隐写下“芭蕉叶叶扬瑶空，丹萼高攀映日红。一似美人春睡起，绛唇翠袖舞东风。”的诗句后，“红蕉”便逐渐由“美人蕉”代替。而佛教中亦有美人蕉由佛祖脚趾流出的血幻化而成，鲜红如许，也被叫做“昙华”。阳光下，酷热天气里盛开的美人蕉，让人感受到它强烈的生存意志，因此，美人蕉花语有“坚实的未来”之意。美人蕉因其根茎富含淀粉，可用于食品和酒精原料；美人蕉种皮坚硬，印第安人常用作子弹，被称为‘Indian shot’，种子也用于制作项链、念珠、婴儿摇铃或乐器。

在中南美洲，美人蕉作为粮食作物有4000多年的栽培历史。到1576年，美人蕉作为观赏植物开始应用于欧洲园林中，直到19世纪末期（维多利亚时代）在欧洲园林中广泛栽培。美人蕉在美国园林中的应用始于19世纪40年代，盛行于19世纪90年代。在1860—1910年间，培育了数百种生长期较短、花形和花色新颖的美人蕉品种，在法国、匈牙利、英国、意大利、德国、美国和印度广为流传。但由于两次世界大战和园林设计风格的改变，这些美人蕉品种丢失殆尽，直到20世纪50年代，美人蕉又重新走进园林，再次达到了维多利亚时代的流行程度。

现美人蕉育种集中在日本、英国、美国、德国、澳大利亚和南非，已培育出了2000多个优良品种，广泛栽培于世界各地。美人蕉易于繁殖和管理，英国、美国是美人蕉种球和种子的销售大国。我国除在新品种引进外，种球生产和销售基本上自产自销。

除美人蕉之外，蕉芋被当做粮食作物在我国南方地区栽培。而其他美人蕉属植物，则直到近代才被引种到我国。据《中国植物志》记载，我国栽培的美人蕉属植物有5个种、1个变种和2个杂交种群，主要用于观赏。

## 一、形态特征

美人蕉具有肉质地下根茎，粗壮，直径1.8～5.1cm，表皮紫红色至白色。不同品种根状茎的直径、节间长度、表皮颜色存在差异。叶片紫红色的品种，根状茎粉红色至紫红色，叶片绿色的品种，根状茎白色至乳黄色；高生种品种根状茎较粗，矮生种的较细；陆生品种节间距离较小，水生品种节间距离较大。根状茎有分蘖，不同品种分蘖数不同，初花期分蘖数平均为5。美人蕉根系肉质、丛生、粗壮，聚生于根状茎的节上，极脆，易断。初生根乳白色，老根乳黄色。根状茎每个节上的主根平均6条，直径0.4cm，长16～42cm，平均长28cm。

美人蕉地上茎直立不分枝，由叶鞘包裹。叶片互生，卵状圆形、卵状长圆形、卵状椭圆形或卵状披针形；长20～60cm，宽10～30cm，呈绿色、蓝绿色、紫绿色或紫红色，有些品种被粉霜；短尖，有长柄，叶柄鞘状，多数品种基部下延，抱茎或不完全抱茎；全缘或叶缘波浪状，有的品种叶缘0.1cm为白色或紫红色透明膜质。花序自茎顶部叶腋内抽出，花两性，不对称，为顶生的穗状花序、总状花序或狭圆锥花序，有苞片；萼片3枚，绿色，宿存；花瓣3枚，萼状，通常披针形，绿色或其他颜色，下部合成一管，并与退化雄蕊连合；退化雄蕊瓣化，为花中最美丽、最显著的部分，颜色多种，3～4枚，外轮3枚（有时2枚或无）较大，内轮1枚较狭长，外翻，称为唇瓣；发育雄蕊花丝增大成花瓣状。果实为蒴果，3瓣裂，具3棱，有小瘤体或柔刺，种子球形至长圆形，直径4～6cm，具坚硬的种皮，黑褐色（图1）。

## 二、生长发育与生态习性

### （一）生长发育规律

美人蕉原产南美洲热带地区，属于春季栽植、夏秋开花、冬季根茎休眠的春植球根花卉类型。其生长发育周期主要包括萌芽期、幼苗生长期、花芽分化和开花期、新根茎形成期、根茎完熟期5个时期。

#### 1. 萌芽期

从根茎栽植之时至80%以上的植株萌芽为萌芽期。当地温稳定在10℃以上美人蕉根茎便开始萌动，我国温带地区，美人蕉一般3月下旬至4月中旬栽植，幼芽出土后第1片叶平展标志着发

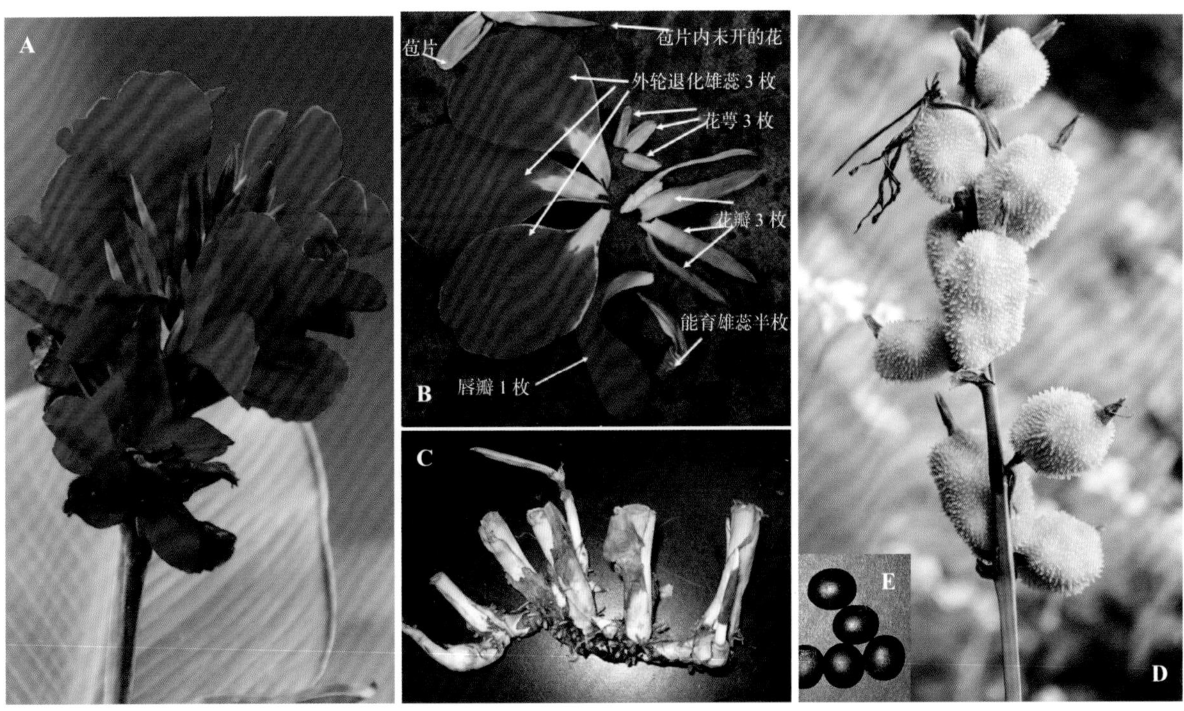


图1 美人蕉主要器官的形态
A. 花序；B. 单花结构；C. 根茎；D. 果实；E. 种子

芽期结束，历时 15 ～ 30 天。影响这一时期长短的关键因素是温度，温度过低，幼苗生长缓慢；温度过高，幼苗出现徒长，植株瘦弱。此期主要依靠母根茎自身营养分解供给植株长根发芽。

#### 2. 营养生长期

从第 1 片叶平展至第 5 叶龄为营养生长期，平均约需 85 天。这一时期以叶片和根系生长为主，栽培上应着重提高地温，促进根系发育。

#### 3. 花芽分化和开花期

美人蕉为日中性植物，萌芽至长出 6 ～ 9 枚叶时茎生长点形成花芽，早花品种约萌芽后 70 天现蕾，晚花品种约 130 天现蕾，现蕾后约 20 天（15 ～ 30 天）进入盛花期，小花自下而上开放，单花序花期持续 10 ～ 30 天。生长季内根茎上陆续萌发新芽形成新茎开花不断，总花期长。温带地区自初夏至霜降前开花不断，在日均温 10℃以上地区可终年开花。食用美人蕉现蕾开花期则在 9 ～ 10 月，为提高产量，一般剪除花序。

#### 4. 新根茎形成期

第 6 叶露尖开始，母根茎上长出轮环，在轮环上产生腋芽，逐步发育成子球，观赏美人蕉的新根茎形成期与花芽分化和开花期叠合，致使其开花不断；而食用美人蕉的新根茎形成期可分为发棵结芋期和子芋膨大充实期。在栽培上应结合除草、追肥、培土并保持土壤湿润等，为地下根茎的发育膨大创造适宜的生长条件。

#### 5. 根茎完熟期

受气温影响，此时叶片颜色由绿色开始变黄衰败，叶面积指数大幅度下降，花芽分化基本停止，子球膨大变慢直至停止，根茎内含物不断充实，水分含量有所降低，待叶片全部枯败，根系收缩退化后，子球逐渐进入休眠期，此期利于采收、贮藏、留种。

### （二）生态习性

#### 1. 光照

美人蕉生长期喜阳光充足的环境，全天光照或每天至少 4 ～ 5 小时直射阳光才生长旺盛，开花多，花期长，花色艳丽。光照不足，会使开花延迟，花期变短，株高增高，开花整齐度降低，花朵数量减少，花色变浅。冬季温室栽培，会因光照不足而开花不良。

#### 2. 温度

美人蕉喜温暖，忌严寒，生长适宜温度 25 ～ 30℃，5 ～ 10℃停止生长，低于 0℃时就会出现冻害。气温高达 40℃以上时，花期会缩短。

#### 3. 土壤

美人蕉生性强健，不择土壤，在 pH 4.5 ～ 8 的沙土、壤土和黏土中均能生长，但以疏松、肥沃、深厚且排水良好的沙壤土生长最佳，土壤瘠薄开花不良。

#### 4. 湿度

美人蕉喜湿润环境，忌干燥，具有一定的耐湿能力。栽植后根茎尚未长出新根前，要少浇水，以潮润为宜，土壤过湿易烂根。营养生长旺盛期和夏季炎热季节要勤浇水，现蕾后若缺水，易出现“夹箭”现象。休眠期土壤要偏干些。在炎热的夏季，如遭烈日直晒，或干热风吹袭，会出现叶缘焦枯，需每天向叶面喷水 1 ～ 2 次，保持空气相对湿度在 60% ～ 75%。

水生美人蕉则必须栽植在浅水中。

#### 5. 风力

美人蕉畏强风，风大的地方宜设置风障。

## 二、种质资源与园艺分类

### （一）种质资源

美人蕉属植物分类一直争议很大，有分类学家认为美人蕉属植物有 50 ～ 100 种，而现代分类学家，如日本的 Tanaka 和荷兰的 Maas（2008）等，则认为美人蕉属植物约 10 种。现世界各地栽培、观赏价值较高的美人蕉，均为种间杂交选育而成的品种，一些原始种则用于食用栽培。重要的亲本原种和最初的杂交种简介如下。

1. 柔瓣美人蕉 *C. flaccida*

株高 100 ～ 200cm，茎绿色，总状花序直立，花少而疏；退化雄蕊黄色，美丽，芳香，质柔而脆，花冠管明显，长达萼的 2 倍，花后反折；外轮退化雄蕊 3 枚，圆形，唇瓣近圆形。原产美洲东南部。是黄色品种和芳香品种的重要亲本。

2. 粉美人蕉 *C. glauca*

株高可达 150 ～ 200cm，茎、叶、花序均具白粉，叶片蓝绿色；退化雄蕊黄色，唇瓣狭，淡黄色，根茎长匍匐状。原产美洲热带地区。是水生品种的重要亲本。

3. 美人蕉 *C. indica*

株高可达 100 ～ 300cm，退化雄蕊朱红色，唇瓣披针形。原产美洲热带地区。是园艺栽培品种中分枝花序、早花等观赏性状的重要来源。

4. 鸢尾花美人蕉（垂花美人蕉）*C. iridiflora*

株高最高可达 500cm，退化雄蕊胭脂红至紫色，萼片深红至深紫色，花下垂，长 10 ～ 14cm，唇瓣倒卵形或狭椭圆形。原产秘鲁。是现代栽培品种中大花、长花期、耐寒以及花序自剪等性状的重要亲本。

5. 百合花美人蕉 *C. liliiflora*

株高 300 ～ 600cm，花序不分枝，花绿白、黄白或紫白色，花长 9 ～ 13cm，唇瓣窄倒卵形至椭圆形。原产玻利维亚和秘鲁。是现代栽培品种中大花、白色和芳香性状的重要亲本。该种耐寒性弱，栽培困难。

6. 紫叶美人蕉 *C. warscewiczii*

株高 100 ～ 120cm，茎、叶均紫褐色并具白粉。总苞褐色，花萼及花瓣均紫红色，唇瓣鲜红色。原产哥斯达黎加、巴西。是紫叶品种的重要亲本。

以下均为杂交种、品种或品种群。

7. 安娜美人蕉 *C.*×*anneei*

1848 年法国外交官 Année 以美人蕉和粉美人蕉种间杂交培育而成。该杂交种群株高 360 ～ 390cm，叶片绿色或紫红色，叶片长约 60cm，总状花序直立，花黄色、橙黄色或玫瑰红色，花径与亲本美人蕉相似。

8. 圆叶美人蕉 *C.*×*discolor*

Année 培育出的又一个种间杂交种群。该种群株高 120 ～ 150cm，花猩红色，叶片近圆形，绿色或青铜色，花茎与紫叶美人蕉相似。

9. 依可曼美人蕉 *C.*×*ehemann*

Année 利用鸢尾花美人蕉与紫叶美人蕉杂交，慕尼黑植物园管理员 Kolb 命名为 *C. iridiflora hybrida*，1863 年德国 Ehemann 命名为 *C.* × *ehemann*。该杂交种群株高 180cm，叶片绿色，花深红色，花大下垂，与传统品种差异明显。

10. 克鲁兹美人蕉 *C.* Crozy Group

利用美人蕉、粉美人蕉、垂花美人蕉、紫叶美人蕉等原生种，以及安娜美人蕉、圆叶美人蕉和依可曼美人蕉 3 个杂交种为亲本，进行种间和品种间的反复杂交、选育而成。品种具有大花和抗寒的特点。该杂交种群中有些被誉为法国矮生美人蕉（French Dwarf Canna）和唐菖蒲美人蕉（Gladiolus-flowered Canna），有些为三倍体，不育。

11. 兰花美人蕉（意大利美人蕉）*C.*×*orchioides*

由克鲁兹美人蕉和柔瓣美人蕉种间杂交选育而成。株高 100 ～ 150cm；茎绿色。叶片椭圆形至椭圆状披针形；总状花序通常不分枝；花大，直径 10 ～ 15cm，甚至可达 20cm 以上；花冠裂片披针形，鲜黄至深红，或复色（黄色花咽喉部具有红色或褐色斑点），花形似卡特兰，因此称之为兰花美人蕉。与大花美人蕉的区别是花少，花冠管长（长约 2cm），花瓣开放后反折，瓣化雄蕊柔软下垂。多为三倍体，败育。广泛栽培。

12. 大花美人蕉 *C.*×*generalis*

1923 年由 Bailey 对不同于兰花美人蕉的另一类品种的统称，该杂种群主要包括克鲁兹美人蕉中的法国矮生美人蕉和唐菖蒲美人蕉。花朵较大，直径可达 20cm，花瓣直伸，具 4 枚瓣化雄蕊，花色有乳白、黄、橘红、粉红、大红至紫红。与兰花美人蕉的区别在于花多，花冠管短

（小于 1cm），花瓣直立，瓣化雄蕊少见下垂。多为二倍体，可育。广泛栽培。

以上原生种、杂交种、品种群和品种的亲缘关系可参见图 2。

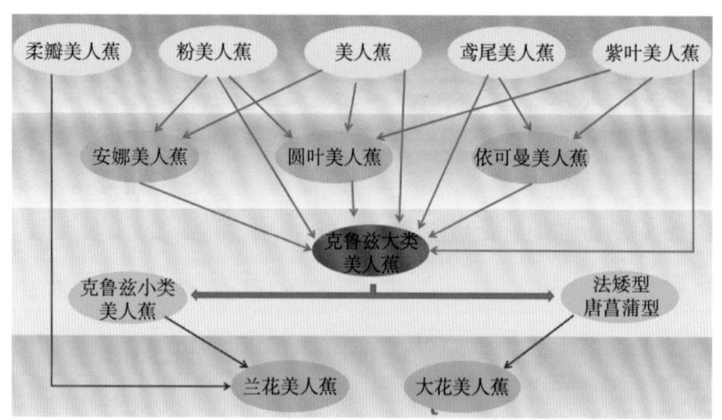


图 2　美人蕉属种间亲缘关系示意图

## （二）园艺分类

从 1848 年至今，美人蕉通过杂交培育出了几千个品种，现存的有 2000 多个品种，一般按照水分需求特性、株高、叶色和花色进行分类。

### 1. 按对水分需求特性分类

①水生美人蕉（Longwood 美人蕉）　粉美人蕉及其杂种后代，叶片蓝绿色，根状茎细小，节间伸长，适合在水中生长。

②陆生美人蕉　除水生美人蕉之外的种类，根状茎块状，节间不伸长，适合陆地栽培。

### 2. 按株高分类

①高种群　株高大于 150cm。

②中种群　株高在 90 ～ 150cm。

③矮种群　株高小于 90cm。

### 3. 按叶色分类（图 2）

①绿叶类　叶片为绿色。

②紫叶类　叶片为紫色或紫绿相间。

③花叶类　叶片绿色，有黄色条纹或斑块。

### 4. 按花色分类

美人蕉花色有白色、黄色、橙色、橙红色、红色 5 个色系（图 3）。

### 5. 按退化雄蕊的颜色分类

①单色群　退化雄蕊几乎为一种颜色。

②双色群　退化雄蕊优势色为双色。

③斑点群　退化雄蕊优势色为明显斑点状。

④混浊色群　退化雄蕊优势色由两种颜色无规则混融而成。

⑤彩边群　退化雄蕊边缘有明显异色彩条。

## （三）主栽品种

美人蕉品种达 2000 多个，但有些品种特性相似，广泛栽的有百余种。除一些传统品种如 'Striatum' 'Italian' 'Cleopatra' 'President' 和 'Wyoming' 仍被广泛栽培和应用外，新选育的一些特点突出的品种也占领了很大的市场。目前，较为重要的栽培品种及特性如下：

**'Striatum'（'金脉'）**：株高 120 ～ 150cm，叶色黄绿相间，叶缘红色，花序直立，分枝高，花呈兰花形。退化雄蕊 3 枚，倒卵状匙形，边缘褶皱，橙黄色。唇瓣倒卵状匙形，顶端浅裂，深橙黄色。该品种叶形、叶色均佳，是主要的观叶品种之一。

**'Italian'（'意大利'）**：古老的兰花美人蕉品种。株高 100 ～ 130cm，叶浅绿色，花序直立，花大且疏，花呈兰花形。退化雄蕊 3 枚，外轮柔软下垂，倒卵状匙形，边缘褶皱明显，黄色，中

图 2　美人蕉的叶形和叶色

图 3　美人蕉栽培品种的花色分类

部具橙红色椭圆形或圆形斑点。唇瓣倒卵状匙形，黄色，中部橙色斑点连片，颜色较退化雄蕊鲜艳。

**'Cleopatra'（'二乔'或'双色鸳鸯'）**：株高120～150cm，叶绿色、紫红色或绿色带紫红色大斑纹，斑纹走向与叶脉平行。花序直立，多分枝，同一花序上的花有黄色带红斑点，有红色的，有红黄复合的。花大艳丽。外轮退化雄蕊3枚，倒卵状匙形，边缘有褶皱，红色或黄色带红色喷点，或两者复色。花瓣柔软，唇瓣倒卵状匙形，有皱褶，颜色较退化雄蕊深。该品种为嵌合体。

**'Wyoming'（'怀俄明'）**：兰花美人蕉品种。株高60～90cm。幼叶紫红色，成熟叶灰绿色，染紫。花序长，花朵疏散，花呈兰花形。退化雄蕊柔软下垂，3枚，倒卵状匙形，橙红色，具较深色条纹。唇瓣倒卵状匙形。该品种是著名的紫叶品种之一，抗病性强，生长势好，分枝多，叶片繁茂，株型紧凑，花序凸出，适合庭院造景或作背景。

**'Singapore Girl'（'新加坡女孩'）**：株高150～170cm，叶片绿色，边缘具透明膜质，花序直立，花呈喇叭形。退化雄蕊2～3枚，倒卵状匙形，具褶皱，橙红色，边缘黄色，基部浅黄色。唇瓣倒卵状匙形，颜色与退化雄蕊相同。

**'President'（'总统'）**：株高60～90cm，叶片灰绿色，叶缘红色，大波浪状。花序直立或弯曲，花繁，呈唐菖蒲形。花冠裂片橙红色，退化雄蕊3枚，倒卵状匙形，全缘，红色，具黄边，基部浅红色。唇瓣倒卵状匙形，深红色，基部黄色，具淡红色斑点。

**Happy Miss Series（幸福小姐系列）**：该系列植株低矮健壮，多花，共6个品种。分别是'Happy Carmen'（叶片深绿色，花深红色）、'Happy Cleo'（叶片深绿色，花橙色）、'Happy Emily'（叶片深绿色，花黄色带红色斑点）、'Happy Isabel'（叶片深绿色，花粉红色）、'Happy Julia'（叶片深古铜色，花红色）和'Happy Wilma'（叶片古铜色，花橙色）。

**South Pacific Series（南太平洋系列）**：日本Takii选育。株高65～80cm，共4个品种。分别是'South Pacific Ivory'（叶片绿色，花初开浅黄色，阳光下变为白色）、'South Pacific Orange'（叶片绿色，花橙黄色）、'South Pacific Rose'（叶片绿色，花玫瑰红色）和'South Pacific Scarlet'（叶片绿色，花橙红色，咽喉部带黄色）。

**Takii Tropical Series（Takii热带系列）**：日本Takii选育，播种繁殖的美人蕉品种，适宜播种温度30℃，播种后90～120天开花。株高30～50cm，有白色（Tropical White）、黄色（Tropical Yellow）、玫瑰红色（Tropical Rose）、鲑鱼红色（Tropical Salmon）、红色（Tropical Red）和深红色（Tropical Bronze Scarlet）6个品种，除'Tropical Bronze Scarlet'叶片深紫色外，其他5个品种叶色均为绿色。

**水生美人蕉（Longwood Canna）**：根茎细长，柔弱，叶片狭长，蓝绿色被白霜，花细长美丽。主要有'Ra'（花鲜亮的柠檬黄色）、'Erebus'（花粉色）、'Endeavour'（花红色）和'Taney'（花橙色）4个品种。

## 四、繁殖技术

### （一）种子繁殖

种子繁殖主要用于美人蕉的杂交育种，有些大花品种播种繁殖后代不分离，栽培中可进行种子繁殖。具有授粉受精能力的美人蕉品种可自花授粉，也可进行种间、品种间杂交结实。美人蕉为虫媒花，夜晚开花种类的授粉者主要是蛾类和蝙蝠，白天开花种类的授粉者主要是蝶类和蜂鸟。杂交育种时则多采用人工授粉的方法。美人蕉种子种皮坚硬，水分难以进入，播种前需对种子进行处理。主要处理方法有3种。

1. 种皮刻伤法

用利刀或钢锯在萌发盖附近将种皮割开，割口深度为刚好可见里面的组织，切记勿伤害到种胚，种皮刻伤后，温水浸泡48小时后播种。

2. 热水处理

用接近沸腾的热水浸泡种子，自然冷却后继续浸种24小时，或用50℃温水浸种24小时，使种皮松开，便于吸涨。

3. 浓硫酸浸种

用98%的浓硫酸浸种15分钟。处理好的种子播种在苗床或盆中，播种用土壤要求疏松、肥沃、透气性良好。

播种前保持土壤湿润。美人蕉属于大粒种子，可采用点播的方法，20～30粒/m$^2$，覆土厚度5mm。最好使用穴盘育苗，1穴1种。地温21℃左右最适合美人蕉种子萌发，萌芽后在16℃左右的温度下长至2～3枚叶，炼苗上盆。种子成熟后即可播种或贮藏至翌年春季播种，播种后3～4个月即可开花。

### （二）分株繁殖

分株繁殖是美人蕉属植物最常用的繁殖方式。将母株从土中挖起，剪去地上部，将根状茎上的泥土清理干净，并剪除过多的根，注意不要损伤生长点。用利刀将根状茎切开，切口稍微晾晒或涂草木灰后栽种，每块根茎带3～5个芽或芽眼。单芽也可成活，但成苗时间长，会延后开花。覆土盖过根颈即可，不可过厚。

### （三）组培快繁

不结实的美人蕉品种和种子繁殖易出现性状分离的品种，无法用播种繁殖；分株繁殖的系数较低，且长期分株繁殖得到的植株易感染病毒病，引起品种退化。组培快繁可以提高美人蕉的繁殖系数，为生产中提供优良无毒种苗。

1. 快速繁殖

（1）**芽诱导：**选择带芽的根茎作为外植体，流水冲洗30分钟，5%的Teepol清洗剂洗涤5分钟，无菌水冲洗3～4次，70%的酒精表面消毒30秒，4%的NaClO消毒10分钟，接种在MS + 8mg/L 6-BA + 0.5mg/L NAA + 0.25mg/L TDZ + 30g/L蔗糖 + 8g/L琼脂的培养基上，培养温度25 ± 2℃，光强为60μmol/（m$^2$·s），每天光照16小时，多数品种的芽诱导率在75%以上。

（2）**增殖培养：**以初代培养诱导的芽为外植体，继代接种于MS + 玻璃珠 + 8mg/L 6-BA + 0.2～0.5mg/L NAA + 0.25mg/L TDZ + 30g/L蔗糖的液体培养基中培养45天，pH 5.8，最高增殖系数可达10。

（3）**生根培养：**将增殖培养出的小苗接种在附加0.5mg/L IBA（IAA、NAA）的MS固体生根培养基上，生根培养7天，诱导出不定根后，继代到不含生长调节剂的MS液体培养基 + 玻璃珠中，培养15天即可成苗。

（4）**炼苗移栽：**生根良好的试管苗，打开封口膜炼苗2～3天，从试管中取出，清洗干净，霍格兰营养液中炼苗7天后移栽到消毒的盆土中，盖有机玻璃罩保持湿度，适应14天后去掉玻璃罩，无菌水灌溉，再炼苗约14天可移至温室，环境温度保持在18～25℃。生根良好的无菌苗移栽成活率可达100%。

2. 脱毒培养

（1）**茎尖脱毒：**取带芽根茎进行消毒，消毒方法同快繁体系。消毒好的材料置于超净工作台上，无菌滤纸吸干表面水分，体视显微镜下，用镊子和解剖刀剥去叶片，露出生长点，切取1.0～2.0mm大小带有1～2个叶原基的茎尖，接种在MS + 3.0mg/L 6-BA + 0.1mg/L NAA + 30g/L蔗糖 + 7g/L琼脂的初代培养基上，pH 5.8。培养条件同芽诱导条件，培养40天后，茎尖开始萌动，萌芽后再培养20天，长成茎尖苗。茎尖大小与茎尖成活率成正比，与脱毒率成反比。

（2）**病毒检测：**用酶联免疫吸附法、PCR扩增法、指示植物法等方法进行病毒检测。

（3）**无毒苗的扩繁：**参照快繁体系中增殖培养、生根培养和驯化移栽步骤进行。

### （四）种球的采收与越冬贮藏

种球质量直接关系到翌年美人蕉幼苗的生长，由于各地气候差异大，越冬保种方法不尽相同，主要有以下 3 种方法。

#### 1. 自然越冬保种

自然越冬保种适宜我国长江以南地区。秋季霜后地上部分自然倒苗，待翌年春季采挖根茎种植，随取随用。在有轻微薄霜的地方可适当培土（或盖草）保护根茎，待翌年春季采挖种植，随取随用。

#### 2. 室外窖贮保种

采挖的根茎抖去泥土后，晾晒 3 ～ 5 天，选择无损伤、无病虫害的根茎贮藏。为防止腐烂，可在根茎表面喷洒 75% 多菌灵 500 倍液。选择地势高燥、排水良好、背风向阳的地方挖土窖，在窖底垫干稻草 25cm，根茎芽眼向上排放，盖上干草后覆土 25 ～ 30cm，安全过冬。

#### 3. 室内堆贮保种

将采挖的根茎抖去泥土、晒 3 ～ 5 天后，选择无损伤、无病虫害的根茎贮藏。选择通风干燥的地面，清扫干净，最好用石灰水消毒，石灰水干后在室内地面上先垫一层稻草，放一层种球，再用一层稻草相间存放，最上层盖草后再盖麻袋。贮藏温度一般 5℃左右，并要经常检查温、湿度情况，以保证根茎安全越冬。室外气温高、有阳光时，可打开门窗通风透气。

## 五、栽培技术

### （一）园林露地栽培

#### 1. 种植地要求

美人蕉喜光照，忌大风，宜选择土壤肥沃、保水、保肥、有机质含量高的地方栽植，若在开放、风力较大的地方最好配置绿篱作防风保护。

#### 2. 土地整理

耕地前清除杂草，适当深耕，并施加 3 ～ 4kg/m$^2$ 农家肥等有机肥作基肥，使土壤与肥料混合均匀后作畦，畦高 20 ～ 30cm。美人蕉属植物适宜 pH 6.5 的微酸性土壤，若酸性较强，可使用过磷酸钙或石灰改良，最好在种植前 30 天左右进行，便于土壤酸碱度有充足的时间改变。

#### 3. 种植

种植密度因品种而不同，生长旺盛的高生种群品种株距 90cm，大多数中生种群品种株距 60cm，矮生种群品种株距 45cm；种植密度也要根据配植方式适当调整。当利用相同品种以群植的方式创造带状或块状的群体效果时，可将株距减小至 30cm，群体间或群体与其他植物间保持较大空间；多个品种混合种植时，株距则宜加大，否则品种间地下根状茎易混长在一起。

种植时间在春季晚霜结束后，分株法栽培要求根茎大小均匀，每个根茎具有 3 个以上结实饱满的芽。美人蕉根系分布较浅，种植深度约 10cm 即可，挖宽 20cm、深 15cm 的穴，行与行的穴交错成“品”字形，每穴种植 1 ～ 2 个根茎，芽眼一律朝上摆放，浇足定植水后覆土 3cm，以根茎不外露为宜。采用小苗栽植时，种植深度以土面埋没根颈顶部 2 ～ 3cm 即可，保持植株直立，种完后浇足定植水。

#### 4. 肥水管理

美人蕉对水分要求较高，生长初期要求土壤湿润，进入夏季开花期，每周至少浇水 2 次，若空气干燥，则宜采用洒水设备淋水，否则叶缘易干枯。美人蕉需肥量大，施肥以有机肥为主，化肥为辅。施肥有 3 个关键时期。叶片生长期：当植株长出 2 ～ 3 枚叶时，每株穴施有机肥 0.5kg 和尿素 0.01kg。开花前期：当植株长至 7 ～ 8 枚叶时，应多次追施薄肥，以 N、P、K 复合肥为主，结合施用农家肥等有机肥，每株每次穴施 N、P、K 复合肥 0.05kg，有机肥 0.25kg，大约 20 天追肥 1 次。开花后期：土壤施肥和根外追肥相结合，土壤施肥以有机肥和 N、P、K 复合肥为主；根外追肥可喷施速效 P、K 肥，此时停施 N 肥。

5. 修剪

美人蕉进入旺盛生长期后，应适当疏除过密、过高的植株，或在花后剪除老株，以增加通透性，利于新芽萌发，达到矮化植株、开花整齐、延长花期的效果。

### （二）水生栽培

1. 品种选择

选用水生美人蕉品种或一些适合浅水中生长的陆生美人蕉品种，如‘Wyoming’‘Italian’等。

2. 栽植

水中栽培美人蕉最好选用具有 1 ～ 2 枚叶的小苗或分株的大苗，而不用未萌芽的根状茎，尤其是陆生品种。种植方法主要有 2 种，一是将小苗直接种植在水边、水池的浅水滩中或沼泽地上，3 ～ 5 株种植一丛，每丛距离 80 ～ 100cm，种植深度约 10cm，水面漫过根茎 10 ～ 15cm；二是先将植株种植在编织的容器中，之后摆放在水里，利于品种间的排列组合和移动养护。选用防腐的、直径 30 ～ 60cm 塑料编织篮或筐，装入塘泥：园土：厩肥（1：1：1）混合而成的培养土，较小的容器种植 2 ～ 3 株，较大的可种植 5 ～ 6 株，栽种后在容器表面放一层砂砾或鹅卵石，增加容器在水中的稳固性，防止植株翻倒或漂浮。种植后将容器放在浅水中，水面高出容器顶部 10 ～ 15cm。

3. 水肥管理

注意保持水体清洁，及时打捞浮萍等水草，注意调整水位，苗期水面高出植株 10 ～ 15cm；生长旺盛期，水面高出容器 20 ～ 30cm。水过深，会影响开花。叶片生长旺盛期，每 10 ～ 15 天追施 1 次尿素，可用带细孔的薄膜小袋，内装 10 ～ 20g 尿素，施入盆土 20cm 深处，每次变化追肥位置。花期追施速效磷肥，方法同上。

4. 修剪

及时剪除病叶、黄叶；植株或叶片过密时，疏除老株或叶片。

### （三）盆花栽培

1. 品种选择

美人蕉几乎所有的品种都适合作盆栽，但以矮生品种为主，如近几年选育的 Happy Miss Series、South Pacific Series 和 Takii Tropical Series 均适合盆栽观赏。

2. 容器选择与上盆

高种群、中种群和矮种群分别选用直径 50 ～ 60cm、40 ～ 50cm 和 30 ～ 40cm 的深盆栽植，3 ～ 7 月均可上盆，以春季为佳，室外盆栽，与陆地栽培时间相同；室内栽培，可适当提前。选择 pH 6.5 的有机质含量丰富的土壤作盆栽用土，可用园土、泥炭、椰壳、腐叶土、山泥等土壤混合配制而成，也可使用市面上销售的盆栽球根花卉用土，施入豆饼、骨粉等有机肥作基肥。上盆前太阳暴晒或 40% 福尔马林消毒。

挖取根茎，修剪掉腐烂部分，根据根茎的大小、茎芽多少，切成若干块，每块含有 2 ～ 3 个茎芽。切口要平滑，切后需涂以草木灰或木炭粉，稍微晾干后再上盆。埋土深度以根茎不外露为宜，栽植后浇透定植水。

3. 肥水管理

刚上盆的美人蕉幼苗，放置在阴凉透风处缓苗，缓苗后置于光线充足、明亮通风的地方。美人蕉喜肥、耐湿，盆栽时更要加强肥水管理。苗期保持盆土湿润，夏季需加大浇水量，每天 1 次或 2 次，或采用浸盆法浇水。若盆土过干，会出现叶缘、叶尖干枯、叶片发黄等症状。浇水时间宜选择早或晚，若在炎热夏季的中午浇水，由于水温过凉，也会引起叶缘焦枯。气温超过 40℃时，应移至阴凉通风处，否则，由于闷热也会引起叶缘焦枯、叶子发黄等症状。

盆栽美人蕉施肥可土埋颗粒状缓效肥，或浇施水溶性肥。一般在叶片长至 5 ～ 6 枚时，每隔 10 ～ 15 天施 1 次液肥，液肥可用腐熟的稀薄豆饼水并加入适量硫酸亚铁，也可用复合化肥溶液，浓度宜偏淡一些，一般以 0.3% 左右为宜。开花期间应将花盆移至阴凉处，有利于延长开花期。

#### 4. 修剪

花谢后，及时剪除老花莛，促使其萌发新芽，长出花枝，继续开花。

## 六、病虫害防治

### （一）病害及其防治

#### 1. 病毒病

危害美人蕉的病毒和类菌质体的病原主要有美人蕉花叶病毒（canna mosaic virus）、菜豆黄花叶病毒（bean yellow mosaic virus）、美人蕉黄花斑驳病毒（canna yellow mottled virus）、美人蕉矮化病毒（canna stunt viroid）、黄瓜花叶病毒（cucumber mosaic virus）、朱顶红花叶病毒（hippeastrum mosaic virus）等。病毒病引起美人蕉植株矮化、衰弱，幼叶畸形，叶片产生黄绿相间的条斑、簇生或扭曲皱缩，花的碎色等。

防治方法：①加强检疫，及时销毁带病植株或根茎。②选用抗病品种，培育壮苗或组培脱毒。③加强苗床和田间卫生，清除杂草，减少侵染源。④均衡营养，提高植株自身抗病性。⑤避蚜防病，定期喷洒除蚜杀虫剂，如 50% 抗蚜威可湿性粉剂 1200 倍液。⑥及早拔除并销毁发病植株。⑦发病后，喷施 10% 病毒灵可溶性水剂 500 倍液、7.5% 克毒灵水剂 800 倍液或 3.8% 病毒必克可湿性粉剂 700 倍液。

#### 2. 锈病

锈病可危害叶片、叶柄和花序，初期在叶片背面产生黄色不规则的粉状生锈脓疱，叶片正面出现小的褪绿性病变。到后期，小斑点融合成深褐色的锈色大斑块，叶片干燥、塌陷和脱落。美人蕉锈病的病原菌是一种柄锈菌，易被一种锈菌寄生，使原有病斑出现密集的黑褐色斑点，并产生一些开裂的黑色小点粒，两种危害叠合，使病情加重，病叶卷曲、凋萎。

防治方法：①培育抗病品种。②加强检疫，选无病苗栽植。③选择在排水良好、土壤肥沃、通风透气性好、阳光充足的地区种植。④培育壮苗，提高抗性。⑤定期修剪，增加通风透光性，降低湿度。⑥及时摘除病叶，减少侵染传播。⑦发病初期用 0.2 ～ 0.3 波美度石硫合剂 10 ～ 15 天喷洒 1 次；用 65% 福美锌 400 倍液、20% 粉锈灵乳剂 2000 ～ 3000 倍液、75% 甲基托布津 800 倍液或多菌灵 800 倍液，每隔 7 ～ 10 天交替喷洒上述杀菌剂，连续喷 3 ～ 4 次。⑧冬季清园，集中烧毁病叶及病残体，结合清园喷 0.5 ～ 1 波美度石硫合剂或 50% 悬浮硫黄 300 倍液。

#### 3. 美人蕉瘟病

危害初期叶片出现水渍状小圆点，后变黑，沿叶脉扩展成梭形、近圆形或不规则病斑，严重时病斑老化成片，叶片枯死。叶鞘或茎受害，组织下陷，形成长形或不规则形褐斑，产生灰色霉层，叶鞘或茎秆从受害处折断。

防治方法：①选用抗病品种。②发病时喷施 40% 灭病威悬浮剂 1000 倍液；发病初期喷施 50% 多菌灵可湿性粉剂 1000 倍液，25% 苯菌灵乳油 800 倍液，70% 代森锰锌可湿性粉剂 800 倍液。③保存种植区域清洁，及时修剪并销毁病叶。

#### 4. 青枯病

病菌侵染美人蕉的茎和根系，致使地上部叶片失水变黄，萎蔫下垂，茎基或茎秆逐渐出现黑色条斑，最后导致整株枯死。

①严格检疫，选无病苗栽植。②避开发生

过青枯病的地块种植美人蕉。③土壤使用40%福尔马林50倍液喷洒消毒。④施用充分腐熟的农家肥，中耕除草时避免植株受伤。⑤发现病株，立即拔除，挖出病株后四周撒施25%青枯灵400～600倍液或90%土霉素、链霉素3000～4000倍液或硫黄粉剂。

### （二）虫害及其防治

#### 1. 卷叶蛾

在美人蕉茎芽中产卵，孵化的幼虫吐丝黏住叶片，在卷筒内取食幼叶和嫩茎。

防治方法：①选用抗病品种。②早春萌芽展叶期易发生，叶片卷曲后，可人工捉虫，或剪除卷曲叶片集中销毁。③发生危害的高峰期，人工摘除虫苞或用小枝条打落虫苞，集中杀死其中幼虫、蛹。④在卵孵化期，于晨间或傍晚喷洒生物制剂苏云金芽孢杆菌可湿性粉剂1000～2000倍液，或青虫菌6号300倍液，或用抑太保1000倍液。⑤保护寄生蜂、蜘蛛等天敌。⑥消灭越冬幼虫，认真清理园子，采集虫苞集中处理。

#### 2. 银纹夜蛾

幼虫危害美人蕉的茎、叶、花和果实，对花损害严重，幼虫多在叶背取食叶肉，三龄后取食嫩叶成一排孔洞，或钻入茎、未展开的叶或花序中咬食。

防治方法：①人工捕杀幼虫和虫茧。②采用黑光灯诱杀成虫。③在幼虫三龄前用2.5%敌百虫粉或2%西维因粉剂喷粉；或用90%敌百虫晶体1000倍液、50%杀螟松乳油或50%马拉硫磷乳油1500倍液喷雾。

#### 3. 铜绿丽金龟子

成虫啃食叶片，形成孔洞、缺刻或秃叶，幼虫啃食美人蕉根茎。

防治方法：①种植前深耕土壤，杀死土壤中的幼虫及蛹。②在成虫羽化高峰期，利用趋光性，在地边安装黑光灯，灯下放置滴入煤油的水盆，诱捕诱杀成虫。③利用成虫的伪死性，摇落植株的成虫，人工捕捉；④结合松土、整地，用3%甲基异硫磷颗粒剂或5%辛硫磷颗粒剂撒施5～7kg/hm$^2$，翻入土中，毒杀幼虫；⑤在成虫盛发期，傍晚喷施90%敌百虫晶体800倍液、50%敌敌畏乳油800～1000倍液、50%辛硫磷乳油1000倍液、10%高效灭百可乳油1000倍液或1%灭虫灵乳油1500倍液。

#### 4. 螺类

水中栽培美人蕉的主要害虫，啃食美人蕉根茎。

防治方法：①可用呋喃丹或敌百虫混入锯末，装入布袋，系在茎上，使袋子浮在水面，随水波动，药液扩散，杀死螺类。②水中放养泥鳅（5kg/1000m$^2$），进行生物防治。

## 七、价值与应用

美人蕉花姿娇俏，花色艳丽丰富，花期很长，温带地区长达5～6个月。在我国南方热带和亚热带地区几乎全年开花，其植株高大，叶似芭蕉，叶色多样，极易营造热带雨林的园林景观效果，是花坛、花境的良好材料，也可丛植、列植在草坪中间或边缘，绿化美化效果亦极佳；在公共绿地，相同品种大片群植或几个品种组成色块混植，可以营造气氛热烈、气势宏伟的场面。水生美人蕉可种植于湖旁池畔，植株摇曳生姿，景致引人入胜（图4）。美人蕉亦可盆栽观赏，花叶俱佳，观赏价值极高；亦可作切花、切叶，但目前应用并不广泛。

美人蕉还可吸收HCl、$SO_2$等有毒气体以及富营养化水体中N和P，可富集Cd、Pb等重金属，可去除过量的化肥、杀虫剂，被广泛用于生态环境修复。

图 4　美人蕉的园林应用形式

A. 路缘列植；B. 花境配植；C-D. 水景园岸边孤植；E. 水景园水体片植；F. 世园会花海片植；G. 美人蕉花池；H. 草坪边缘列植

（张文娥）

# *Cardiocrinum* 大百合

大百合是百合科（Lilliaceae）大百合属（*Cardiocrinum*）多年生鳞茎类球根花卉，其属名来自希腊语 *kardio*（“heart” 心）和 *krinum*（一种百合），意为具有心形叶片的百合。英文名称 Giant lily（大百合）。该属原产于喜马拉雅、中国、日本及俄罗斯远东地区，为东亚地区的特有属，在百合科的系统演化上具有重要地位。1824 年，丹麦植物学家 Nathanial Wallich 在尼泊尔第一次发现了大百合并对其进行了描述；由于其花朵外形与百合非常相似，当时被归入百合属，定名为 *Lilium giganteum*。该属与百合属近缘，因此众学者对其分类地位的意见一直不一致。英国植物学家 John Lindley 于 1846 年出版的 *The Vegetable Kingdom* 上首次将其列为一个独立的属 *Cardiocrinum*。Baker（1874 年）和 Wilson（1925 年）则认为其是百合属下的一个亚属。Elwer（1877 年）和 Makino（1913 年）先后将此种自 *Lilium* 属中划分出，定名为 *Cardiocrinum giganteum*，《中国植物志》（第十四卷）大百合属的编写也采用了此学名。

大百合属植物的花朵洁白雅致，具有极高的观赏价值，是珍稀的球根花卉。此外，其鳞茎富含淀粉及多种微量元素，能够食用，果实可以入药，具有较好的经济价值。但是由于其分布在山地林下潮湿的地带，长期以来处于野生状态，加之其繁殖率较低，因而未能够被广泛认知并得到应用。

## 一、形态特征

### （一）地上部形态

植株高大挺拔，茎直立，中空；叶片分为基生叶和茎生叶 2 种，均为纸质，多为卵状心形，先端急尖，网状脉序，具一明显中脉，叶表面光亮，深绿色；花期 6 ～ 8 月，总状花序（图 1A），其上有 3 ～ 20 朵花（图 1B），花狭喇叭形，乳白色，内部具紫色条纹，有淡雅香气；花被片 6，离生，条状倒披针形；雄蕊 6，花丝扁平，花药被着，“丁” 字状；子房圆柱形，花柱长约为子房的 1 倍，柱头头状，微 3 裂（图 1C）。果期 9 ～ 10 月，蒴果近球形（图 1D），三瓣裂（图 1E）；种子扁平，红棕色，周围具半透明膜质翅（图 1F）。染色体数目为 2n=24，其核型公式因产地不同略有差异。

### （二）地下部形态

基生叶的叶柄基部膨大形成鳞茎（图 1G），光滑无被片；开花鳞茎直径通常在 3cm 以上，具有 6 ～ 8 枚肥厚的鳞片，开花后该鳞茎随即凋萎；在母球根盘处生出数个小鳞茎，卵形；鳞片之间也会有芽点。母鳞茎基部生出粗壮的吸收根。

## 二、生长发育与生态习性

### （一）生长发育规律

对大百合生活史的观察研究认为，其属于一稔（一生只结 1 次果实）多年生草本植物（monocarpic perennial herb），单株的寿命一般为 6 ～ 7 年，母株开花结实后即凋亡，其籽球可继续生长占据原有的位置。大百合整个生活周期可

图 1　大百合主要器官的形态

A. 花序；B. 小花；C. 小花结构；D. 果序；E. 鳞茎和基生叶；F. 蒴果和种子；G. 种子

分为 4 个明显的阶段：单叶期、莲座状多叶期、开花期和结实期（图 2）。

### 1. 单叶期

实生苗一般在 4 月发芽，第 1 年的叶片为狭长披针形，茎基部略膨大；第 2 年叶片开始变宽，呈心形，先端渐尖；随着年份增加鳞茎不断增大；一般单叶期要经过 2 ～ 3 年的时间才会进入到 2 叶期。

### 2. 莲座状多叶期

多叶期是指叶片从 2 枚到 6 枚左右，均为莲座状基生叶，此阶段通常为 3 ～ 4 年，随着叶片增多，地下鳞茎会不断增大，一般具有 5 ～ 6 枚叶片的植株第 2 年 70% 都能开花。从母球分株繁殖的籽球，会直接进入多叶期，但是由于其大小不一，基生叶从 2 枚到 4 枚不等。

### 3. 开花期

实生苗一般生长 6 ～ 7 年可以开花，花期为初夏，总状花序，其上有 3 ～ 20 朵花，花朵同时开放，具有淡雅的香气；单朵花期 5 ～ 7 天；大百合的柱头为湿柱头型，花柱长 5 ～ 6cm，花柱中央的花柱道为中空；在接近花柱顶部的位置，内部的中央花柱道扩展为“V”字形的柱头沟；花柱则扩展为微三裂柱头，部分呈两裂的大扁形柱头。在开花后的第 3 天，其柱头具有可授性，4 ～ 6 天可授性最强，直到花被片脱落后柱头仍具有可授性，说明大百合柱头成熟期要滞后于花药的成熟，这一特点更有利于大百合的异花授粉。大百合的花药横切面呈蝴蝶状，具有 4 个

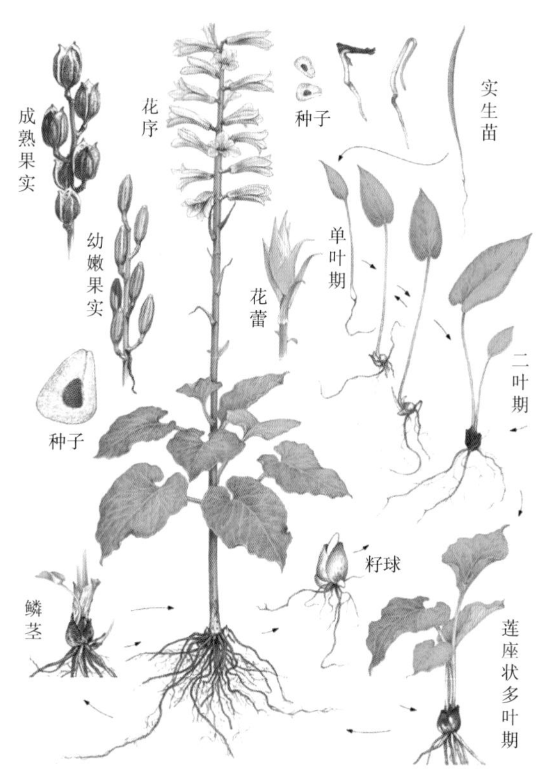


图 2　日本大百合不同生活周期形态
（摘自 Ohara et al.，2006）

花粉囊，成熟时纵向开裂。花粉呈卵圆形，具单槽（远极槽）和网状纹饰。

4. 结实期

大百合在花朵凋谢后子房开始膨大，形成幼嫩的果实，需要生长 3 ～ 4 个月才能成熟。蒴果成熟后变为褐色，开裂；其种子呈扁钝三角形，红棕色，周围具半透明的膜质翅。每朵花有 600 ～ 700 个胚珠，平均能产生 500 余粒种子；每朵花的平均结实率 65% ～ 79%；每个植株能产生 800 ～ 6000 粒种子。

在我国，大百合一般秋季栽植，花期 5 ～ 6 月，因不同地区花期略有差异，鳞茎冬季休眠。北京市植物园先后从四川、湖北等地引种野生大百合种球，栽植于宿根花卉园的林下，于 3 月初发芽，5 月下旬至 6 月上旬开花，10 月下旬果实成熟。对原产雅安的野生大百合进行人工栽培显示：秋季栽植的大百合种球，其生育进程较为一致，其中 11 月中旬栽植的大百合在株型及花期上效果最佳；2 月中旬栽植的种球，其生育进程晚于秋季栽植的植株，而晚于 2 月中旬栽植的种球则不能正常发育和开花，推测低温时间不够对大百合生长发育具有一定影响。

## （二）生态习性

大百合在生长发育过程中，环境因素中的光照强度及水分对其影响最大，温度和土壤条件也有影响。

1. 光照

野生大百合生长在林下坡地或水边（图 3），是典型的低光饱和点植物，喜欢阴生或半阴的生长条件，忌强光直射，否则会生长不良、叶片枯萎、花朵变小或畸形。

图 3　大百合野生居群（四川省雅安市）

中国科学院植物研究所北京植物园于 2000 年从华西亚高山植物园引种大百合，分别栽植在常绿针叶林、水杉林和阔叶林（悬铃木）下，大百合能够正常生长开花，但是不同栽植条件下大百合的物候期不同。阔叶林下最早，水杉林下次之，常绿针叶林下最晚，说明不同遮阴程度对大百合生长发育及光合特性具有一定的影响。

不同的遮阴程度不仅对大百合的物候及外部形态具有一定影响，同时也对其生理指标产生影响。在花茎抽生期，郁闭度越高，大百合叶片数越多、叶面积越大、叶片的叶绿素相对含量（SPAD 值）越高，且株高也越高。但也并非遮阴度越高越好，研究显示：45% 遮阴程度下，大百合的株高、单朵花数量、花期等生长性状和叶片中的叶绿素含量、净光合速率等特性均高于全光照及 70% 遮阴处理。说明一定程度的郁闭度有利于促进大百合的光合机制并提高其生理活性。

2. 水分

大百合喜欢潮湿的环境，需要充足的水分，但又要求排水良好；积水会导致鳞茎腐烂。苏州地区引种原产四川的野生大百合研究显示：大百合能够正常生长开花，但是花后的 6 月苏州进入梅雨季节，其果实的生长受到抑制，出现大量落果、茎基部腐烂及茎秆倒伏的现象，地下鳞茎也出现不同程度的腐烂，说明大百合不太适合有梅雨的地区栽植。

大百合生长期要求一定的空气湿度，空气相对湿度＜ 50% 叶片就会出现干梢和卷曲。

3. 温度

温度对植株生长和发育有一定影响。冬季休眠，鳞茎耐寒性较强；早春地下 10cm 处土壤温度约为 5℃时即可发芽；展叶期土壤适宜温度为 10℃左右；花期气温在 25 ～ 30℃。适当控制栽培小环境的温度可影响其物候期，达到调控花期的目的。

4. 土壤与肥力

大百合的健康生长需要透气性好、富含有机质、保水能力强的土壤或基质，微酸性至中性均可。栽培研究显示：大百合在 40% 园土 +30% 珍珠岩 +30% 腐殖土的基质中生长最好。此外，合理施肥能够明显增加大百合的株高、单株花朵数、花序长并延长花期，施肥配比以 N：P：K=2：2：3 效果最佳。

## 三、种质资源与园艺品种

### （一）种质资源

大百合属目前有大百合（*C. giganteum*）、荞麦叶大百合（*C. cathayanum*）和日本大百合（*C. cordatum*）3 个种，其中前 2 个种原产中国，《中国植物志》上均有记载。

1. 荞麦叶大百合 *C. cathayanum*

产江苏、浙江、安徽、江西、湖南、湖北等地，为华中至华东的特有种，海拔多在 1000m 以下。株高 0.5 ～ 1.5m，鳞茎直径 1 ～ 2cm；除基生叶外，约离茎基部 25cm 处开始有茎生叶，最下部几枚常聚集在一处，其余散生；总状花序有花 3 ～ 5 朵，花朵向上斜伸，每花具 1 枚苞片；花狭喇叭形，乳白色或淡绿色，内具紫色条纹。

2. 日本大百合 *C. cordatum*

原产日本以及俄罗斯鄂霍次克海的某些岛屿，该种有 1 个变种，即大姥百合 *C. cordatum* var. *glehnii* 和 1 个变型 *C. cordatum* f. *sordidum*。其特点为植株高度在 0.7 ～ 2m，花序上有 2 ～ 15 朵花，花被片淡绿色，长度为 12 ～ 18cm，花期初夏；果实秋季成熟。

3. 大百合 *C. giganteum*

主要产我国西藏、云南、四川、湖北等地，海拔 700 ～ 3700m；印度、尼泊尔、不丹也有分布。特征为植株高大，为该属中植株最高的种，野外最高纪录为 3.5m；总状花序有花 10 ～ 16 朵；无苞片；花期 6 ～ 7 月。在 *Flora of China*（2000）中大百合又包括 2 个变种：大百合（原变种）（*C. giganteum* var. *giganteum*）和云南大百合（*C. giganteum* var. *yunnanense*）。两者的区别：大百合茎绿色，高 1.5 ～ 3m，花朵内被片内部具紫色条纹，外被片带绿色；云南大百合由英国植物学家 William T. Stearn（1911—2001）于 1948 年命名，茎深绿色，高 1 ～ 2m，内被片带紫红色条纹，外被片白色。

研究人员使用 Illumina 双向测序法对大百合属下的全部 3 个原种进行了叶绿体全基因组测序并进行了系统演化史分析，结果支持大百合属为单系类群，且在该属中荞麦叶大百合与日本大百合的亲缘关系更为紧密。

### （二）园艺品种

种间杂交品种未见报道。由于大百合属与百合属具有较近的亲缘关系，园艺学家进行了属间杂交育种的研究工作，但是由于杂交不亲和性，尚未获得新品种。在英国苗圃网站有见园艺品种 *C. giganteum* 'Big Pink'，图片显示其花瓣外被片具不规则粉晕，推测为从自然变异中选育的园艺品种。据报道，日本大百合有黄绿、紫红或暗红色的花瓣颜色变异的类型。

## 四、繁殖技术

大百合的杂交指数（OCI）=5，按照 Dafni（2000）的分类方法，其繁育属于异交为主，部分自交亲和，但需要传粉者。自然条件下，大百合兼有 2 种繁殖方式：种子繁殖和营养繁殖。

### （一）种子繁殖

大百合的蒴果多在秋季成熟，其种子产量很高，平均每株能产生数千粒种子；种子呈扁钝三角形，红棕色，周围具半透明的膜质翅，胚极小（图 4）。

大百合的种子在散布后不能立即发芽，要经历长达约 17 个月的休眠才能萌发，原因是其种子在散布时胚尚未发育完全，无明显的胚根、胚轴和子叶的分化，萌发前须经历形态后熟和生理后熟过程，其种子休眠类型为形态生理休眠。

在当年果实成熟后的 10 月、11 月、翌年 4～6 月播种的种子（贮存在 5℃干燥条件下），于第 3 年春季的出芽率能超过 88%；而在翌年 8 月、9 月和 10 月播种的种子出芽率则分别为 57.6%、0 和 0，分析认为 8 月之后播种的种子未能经历夏季的高温阶段，导致出芽率显著降低。影响大百合种子萌发的主要因子是温度，试验证明大百合种子需要经过由高温到低温的变温过程，种子才可以完成后熟并萌发。大姥百合的种子在自然条件下从散布到发芽大约需要 19 个月，在实验室按照 25/15 ℃（60 天）→ 15/5 ℃（30 天）→ 0℃（120 天）→ 15/5℃（白天 15℃条件下 12 小时，夜晚 5℃条件下 12 小时）的变温处理后，仅需 7～8 个月即可发芽。大百合种子按照 25/15℃（60 天）→ 15/5℃（60 天）→ 4℃（50 天）顺序，萌发所需时间约 170 天，比自然条件下缩短了 11～12 个月。

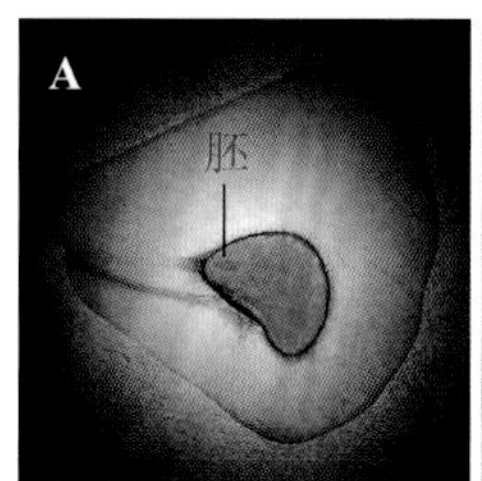

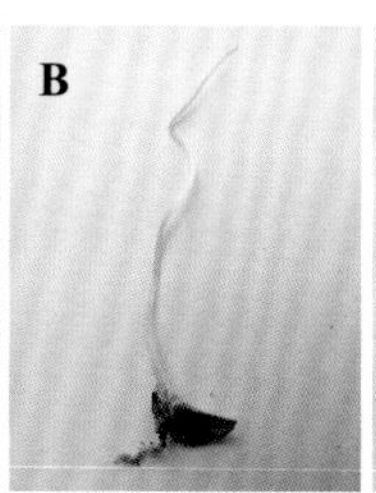

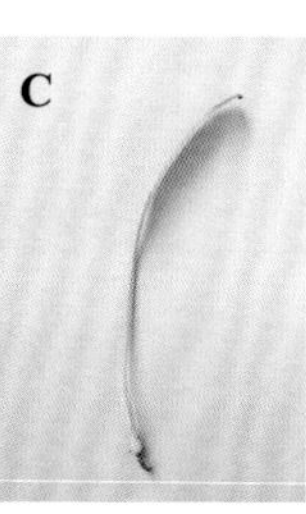


图 4　大百合的种子及实生苗

A. 种子；B. 刚萌发的胚根、胚轴与子叶；C. 萌发当年的实生苗

大百合种子数量虽然多，但是播种繁殖周期长，种子萌发及幼苗生长极为缓慢，实生幼苗竞争力弱，要经历 6～7 年才能开花，最终能生长开花的概率很低，是大百合种子繁殖的瓶颈。

### （二）分球繁殖

在大百合的自然居群中，营养繁殖占优势，但是其无性系的构筑方式为密集的丛状分布，牵制了其扩展空间，不利于居群的远距离扩散。

营养繁殖是通过鳞茎分球繁殖，每个母球能够产生 2～8 个籽球，母球开花后死亡，籽球即承担起继续生长和繁衍的任务。

开花后母球的鳞茎营养消耗殆尽，在其根盘处会产生新的籽球（图 5）。视其大小及栽培条

图 5　大百合不同规格的籽球

件，通常需要栽培 3 ～ 4 年后才能开花，但是比实生苗可以节省 2 ～ 3 年的生长时间，提高植株的生存率。

### （三）鳞片扦插繁殖

挑选健康的鳞茎，清洗阴干，然后切除根系，并分成若干个小块（每个小块 1cm × 1cm，均带基部），以便保留芽原基，用纯净水冲洗鳞片伤口处流出的汁液，放入 100mg/L 的 IBA 溶液中浸泡 4 小时，随后用 0.1% 高锰酸钾浸泡 15 分钟消毒。采用斜插法，即把鳞片按一定的倾斜角（角度依照鳞片形状而定）插入基质中，留 1/3 ～ 1/2 在基质外；采用泥炭土、珍珠岩（1∶1）混合基质，鳞片成活率较高，可达 31%。在 0℃下经 25 天的低温冷藏处理，可以有效提高鳞片扦插繁殖的成活率和生根数。

### （四）组织培养

以大百合鳞片为外植体进行组织培养，在 3 月取材污染率低、愈伤组织形成率高，最有利于快速繁殖；其中层鳞片启动与分化能力强，是最佳的外植体，以 MS+1mg/L 6–BA + 0.2mg/L NAA 的培养基诱导启动效果最好，愈伤诱导率为 86.7%；试管苗的各部位均可诱导出小鳞茎芽，其中鳞茎盘的诱导率最高。

鳞片外植体消毒，有效降低其污染率的方法：①使用自来水冲洗表面污垢。②用 75% 酒精擦洗表面及间隙处。③在超净工作台，用 75% 酒精浸泡鳞片 1 分钟，倒掉酒精，置于滤纸上，吸干水分。④置于 2% 二氯异氰脲酸钠溶液中，每隔 3 分钟摇晃 1 次，浸泡处理 30 分钟。⑤无菌水冲洗 5 次。

## 五、栽培技术

大百合在人工栽培时要尽量模拟其在自然状态下的生境条件。要选择排水良好、空气湿润、避免阳光直射的环境，土壤宜选用肥沃、富含腐殖质。一般在秋季栽植，应选择完好、无病虫害、规格大的鳞茎，其大小与能否开花呈正相关，通常周长在 20cm 以上的鳞茎在翌年春季都能开花。种植前应进行消毒处理，通常用 50% 多菌灵浸泡 30 分钟即可。为避免积水，采用高畦种植，栽植密度和深度视种球大小适当调整；对于翌年能开花的大球通常 1 畦 1 行，株行距约为 50cm × 50cm，鳞茎顶部覆土厚 3 ～ 5cm。由于其根系粗壮，一次栽植后尽量避免移栽，以免造成根部受损。

栽植后浇一次透水，在入冬前要浇足冻水。大百合较耐寒，可耐 –10℃左右低温，若栽植地区冬季风大，可适当铺设树叶、松针、有机质等覆盖物防寒保墒，以利其顺利越冬。春季土壤化冻后及时浇春水，保证土壤湿度。生长期要在 60% ～ 70% 遮阴条件下才能生长良好，同时空气相对湿度保持在 50% 以上，否则叶片会卷曲或焦边。大百合的花莛高大粗壮，很少倒伏，无须进行支撑。雨季要保证及时排水，避免积水导致鳞茎腐烂；同时要保持良好的通风状况，减少病虫害的发生。鳞茎较小时可在生长期施复合肥以促进其鳞茎快速生长，对于当年可开花的鳞茎在开花前无须施肥，花后可适当施用有机肥促进果实及地下籽球的发育。果实成熟后可将花莛从基部剪下，挖出鳞茎进行分球，将籽球从根盘处掰下后分别地栽继续进行培养。

## 六、病虫害防治

大百合总体生长健壮，病虫害较少。最常见的为根腐病，该病由真菌引起，会造成根部腐烂，吸收水分和养分的功能逐渐减弱，主要表现为整株叶片发黄、枯萎，最后全株死亡。土壤排水不畅、通风不良等易发病，雨季发病严重。发病时可用甲霜噁霉灵或铜制剂进行灌根。

## 七、价值与应用

### （一）观赏价值

大百合属植物分布于东亚地区，其中原产于喜马拉雅的大百合是百合科植物中最高大的一种，高度可达3.5m。大百合在19世纪50年代作为商业花卉被引入英国，并于1852年7月在爱丁堡第1次开花，其挺拔的植株及美丽的花朵为世人所倾倒，在欧洲享有“百合王子”的美誉。大百合不仅可用于园林绿化中（图6），适合阴生花境、林缘片植以及庭院栽植等，还是花园中难得的林下竖线条植物材料，同时也可用于室内盆栽摆放和切花观赏等。

### （二）食用价值

其鳞茎富含淀粉和多种营养成分，在我国民间有食用习惯，古代劳动人民很早就把它作为滋补身体的营养品。湖南、广西等山地居民栽植大百合获取鳞茎，研磨后制成大百合粉冲食或做成八宝饭，别具风味。研究显示：大百合鳞茎中含有K、Ca、Mg、Fe、Zn、Mn等多种矿质元素，特别是Ca、Mg、Fe的含量高于普通叶菜类蔬菜，具有较高的营养价值。其鳞茎蛋白质中含有17种氨基酸，其中7种为人体所必需；此外，粗纤维和粗脂肪含量明显高于6种常用蔬菜，属于高纤维且营养全面的野生食用蔬菜，具有很大的开发潜力。

### （三）药用价值

云南民间用大百合果实入药，俗称“兜铃子”，具有清肺、平喘、止咳的功效，用以治疗咳嗽、气喘、肺结核、咯血、耳鼻炎症等。民间常用其作为中药马兜铃的替代品，已研制出药品百合七，该药具有清肺止咳、解毒、散瘀的功效。用云南大百合的干燥果实为原料，可分离到异海松烷型二萜化合物，这在单子叶植物中尚少见。日本研究者在日本大百合中发现了5-脂氧酵素活化抑制剂，具有抗炎效果。

图6　大百合园林应用

（魏钰　高亦珂）

# *Chionodoxa* 雪光花

雪光花是百合科（Liliaceae）雪光花属（*Chionodoxa*）多年生鳞茎类球根花卉。其属名源自希腊语 *chion*（“雪”）和 *doxa*（“荣誉、灿烂”），故其英文名就是 Glory of the snow（雪光花或雪的荣耀），借以描述此植物在原产地高山地区早春融雪时就能开花的特性。雪光花属有 6 或 8 个种，原产地中海东部地区，特别是克里特岛、塞浦路斯、土耳其的山地。花蓝色、白色或粉色，是最早开花的球根花卉之一，成为深受人们喜爱的观赏植物。

雪光花属与绵枣儿属（*Scilla*）的关系很近，两者的区别在于：雪光花属的花被片在基部合生成管状，而绵枣儿属的花被片相对分离；雪光花属雄蕊具扁平花丝，看起来就像花中心有个小杯子。但一些植物学家认为这些差异并不足以独立成属，而将它放在绵枣儿属之下，归入新的天门冬科。

## 一、形态特征

雪光花具有短小的卵球形鳞茎，外被易碎的褐色薄膜。每个鳞茎生长 2 枚叶片，基部狭窄，顶部宽阔，株高 7 ～ 20cm。总状花序顶生，着生 5 ～ 7 朵星状小花，花亮蓝色，花心白色，栽培品种有白色和粉色。花瓣长度的 15% ～ 40% 在基部连合成管状。花丝宽大扁平，白色（有的种顶端蓝色），基部与花冠筒连合。花药黄色（极少蓝色），花粉暗黄色。雌蕊藏在雄蕊之下。花期 3 ～ 4 月（图 1）。

## 二、生态习性

耐寒，喜阳光充足，也耐半阴。不择土壤，但在湿润且排水良好的土壤生长更佳。

其鳞茎夏季休眠，贮藏要求 20℃、通风、干燥的条件。

## 三、种质资源

雪光花属有 6 或 8 个种，其中主要观赏应用的种有福布斯雪光花、露西尔雪光花、矮雪光花、小雪光花。

**图 1　雪光花形态特征**

A. 植株；B. 花朵；C. 鳞茎

**1. 福布斯雪光花 *C. forbesii***

产土耳其西南部，1871年引种。地下具鳞茎，茎直立，高约15cm；叶片开展，长7～28cm；总状花序，着生4～12朵星状蓝色小花，花径1～2cm，有白心。早春开花（图2A）。此种是最常见栽培的种。筛选的品种有‘Alba’（‘阿巴’），花白色；‘Naburn Blue’，花深蓝色，中心白色；‘Pink Giant’（‘粉巨人’），花粉色，花径1.5cm，有白心；‘Siehei’，具有异常的自由开花形式；‘Tmoli’，花亮蓝色，株高约10cm。

**2. 露西尔雪光花 *C. luciliae***

产土耳其西部，1879年引种。株高约15cm，冠幅约3cm。早春开花，总状花序，着生3朵星状小花，白心，花径1～2cm。与福布斯雪光花相似，但是花少，花瓣较宽大（图2B）。

**3. 矮雪光花 *C. nana***

产希腊克里特岛，1879年引种。叶片开展，长8～18cm，株高约15cm，冠幅约3cm。早春开花，总状花序，着生3朵蓝色小花，花径6～10mm，有白心（图2C）。

**4. 小雪光花 *C. sardensis***

产土耳其西部，1877年引种。叶片开展或直立，长7～20cm。早春开花，总状花序，着生12朵稍下垂的深蓝色小花，花径8～10mm，花心蓝色。株高10～20cm，花径约3cm（图2D）。

图2　雪光花部分种质资源

A. 福布斯雪光花（*C. forbesii*）；B. 露西尔雪光花（*C. luciliae*）；C. 矮雪光花（*C. nana*）；D. 小雪光花（*C. sardensis*）

## 四、繁殖与栽培

### （一）繁殖

播种或分球繁殖均可。播种繁殖：种子成熟后立即在冷床中播种，去除多余萌芽。从播种到开花需要 3 ～ 4 年时间。分球繁殖：雪光花的鳞茎可产生多数籽球，将其与母球分离秋季种植即可。

### （二）栽培

鳞茎 10 ～ 11 月秋栽，覆土深度 5cm，球间距 5cm，种植密度约 200 粒 /m$^2$。要求排水良好，全光照，冬、春季湿润的环境。但是，矮雪光花不喜潮湿的冬季。大的鳞茎（周长 4 ～ 5cm，或大于 5cm）可抽生多个花枝，但必须在土壤中栽培数个生长季。为了促进其生长与增殖，不要与其他竞争性植物一起种植。当植株过分拥挤和产花量降低时才可起球和分球。

## 五、价值与应用

雪光花适宜密集布置在岩石园、林间向光处、种植床或坡地，可种植在落叶乔木或者灌木林下。也可与早春球根类花卉，如水仙、番红花、风信子（粉色）和雪花莲混合种植，装饰花坛和花园，极大丰富早春园林或庭院的色彩与景观。雪光花也常种植在容器中供室内观赏（图 3）。

图 3　雪光花观赏应用

（潘勃）

# *Colchicum* 秋水仙

秋水仙属早年被归入百合科（Liliaceae），1998 年根据基因亲缘分类的 APG 被子植物分类系统，将其列入秋水仙科（Colchicaceae）秋水仙属（*Colchicum*）。其属名 Colchi 源自土耳其安那托利亚一个叫科尔基斯（Colchis）的地名。英文名称有 Autumn croucs（秋番红花），Meadow saffron（草甸藏红花），Naked lady（裸女）等。秋水仙属有 159 种，原产西亚、欧洲、北非和地中海沿岸的部分地区。该属所有种均有较高含量的秋水仙碱，可入药，用于治疗痛风，并广泛用于诱导多倍体和研究细胞行为，其中不乏观赏价值较高的种类，17 ～ 18 世纪作为观赏植物开始流行。春花或者秋花，由于花形酷似鸢尾科番红花属（*Crocus*）的花朵，常与番红花混淆，从其英文名称可见一斑，但其实两者极易区分：秋水仙属的花有 6 枚雄蕊，3 枚雌蕊（3 个花柱），而番红花属是 3 枚雄蕊，只有 1 枚雌蕊，但在花柱上端裂成 3 分枝。

## 一、形态特征

地下贮藏器官为有皮鳞茎，卵形或长卵形；叶长椭圆形或线形，与花同时或花后抽出。花莛自地下叶鞘间抽出，甚矮；着花 1 ～ 3 朵或 3 朵以上；花漏斗形，筒部细长；花被片 6，长椭圆形稍尖，花淡粉红色或紫红色；雄蕊 6 枚，雌蕊 3 枚；蒴果内含多数种子（图 1）。花期春季（春花种）或秋季（秋花种），叶与花同出或花后出。染色体数 x = 7。

## 二、生态习性

性较耐寒（多数种能忍受 -15℃的低温），喜阳光充足。宜腐殖质丰富、肥沃、湿润而又排水良好的沙质壤土，不宜黏质土壤，pH 6.1 ～ 7.5。春花种喜凉爽气候，不耐高温，生长适温 18 ～ 25℃，于炎夏枯萎进入休眠。秋花种常花与叶不同出，秋季开花，翌年春季长叶，种子翌年成熟。

## 三、种质资源

秋水仙属有 159 种，主要的具有观赏价值的

图 1　秋水仙形态特征（引自 Wikimedia Commons）

种及其品种如下：

1. 岩生秋水仙 *C. agrippinum*

本种可能是秋水仙与杂色秋水仙的自然杂交种。秋花种。株高 8 ～ 10cm，冠幅 8cm。叶半直立，狭窄，略呈波状，早春抽生，中绿色。花 1 ～ 2 朵，微紫的深粉色，花瓣具清晰的格纹斑痕。适合用于多草河岸、岩石园、假山脚下或岩石壁上。

2. 秋水仙 *C. autumnale*

又称草地番红花（Meadow saffron）。秋花种。株高 15 ～ 20cm，鳞茎卵形，直径 3 ～ 4cm，外被黑褐色皮膜。叶 3 ～ 8 枚，直立生长，宽披针形，端钝；绿色，光滑而有光泽，花后春季抽出。花 1 ～ 4 朵或 5 ～ 6 朵，花被片边缘淡紫色或淡紫红色；筒部细长，约为花被裂片的 3 倍；花药线形，黄色（图 2A）。原产欧洲及北非的林下或湿地。由其育出的品种包括 'Albiflorum' 花白色；'Atropurpureum' 花紫色；'Plenum' 花重瓣，粉紫色。

3. 香花秋水仙 *C. bivonae*

春花种。株高 10 ～ 15cm，冠幅 10cm。叶半直立，椭圆形至带状，春季长出，中绿色。花芳香，高脚杯形，花瓣具明显格纹，微紫粉色，基部白色。原产意大利及土耳其西部。

4. 早花秋水仙 *C. bornmuelleri*

花较大，粉色或淡紫转变为紫红色，花筒白色，花径约 12cm。花期较早。产小亚细亚。

5. 拜占庭秋水仙 *C. byzantinum*

秋花种。株高 12cm，冠幅 10cm。叶直立生长，具肋，椭圆形，春季长出，中绿色。生长旺盛，花可多达 20 朵，敞口漏斗状，淡紫色（图 2B）。适宜种植于草地或岩石园、河畔。

6. 硅岩秋水仙 *C. cilicium*

秋花种。株高 10cm，冠幅 8cm。叶半直立，椭圆形至披针形，春季长出，绿色。花可多达 25 朵，微紫粉色。原产土耳其、叙利亚与黎巴嫩的岩石地和卵石地或灌木丛、山脉的丘陵地带。

7. 杂种秋水仙 *C. hybridum*

现今园艺栽培种和品种的总称，由许多种和变种之间杂交而成。这些杂交种花大，色彩丰富，有白、黄、粉、青及紫色等，还有重瓣及大花类型（图 2C）。常见的品种如 'Autumn Queen' 花具有彩色方格网纹；'Dick Trotter' 花罗兰紫，喉部白色；'Disraeli' 浅紫色；'Giant' 花红色，喉部白色；'Harlekijn' 花白色，有紫色斑纹；'Lilac Wonder' 丁香紫；'Premier' 花淡粉紫色，中心白色；'Princess Astrid' 花淡堇色，早花；'Pink Goblet' 紫罗兰色；'Poseidon' 紫色；'Rosy Dawn' 玫瑰粉；'Violet Queen' 紫色；'Waterlily' 花重瓣，鲜紫色；'Wonder' 花紫色，多花。

8. 黄秋水仙 *C. luteum*

春花种。株高 5 ～ 10cm，冠幅 5 ～ 8cm，叶半直立，狭线形，2 ～ 5 枚，绿色，与花同时抽出。花高脚杯形，4 朵，深黄色，花径 3.7cm（图 2D）。原产喜马拉雅山的荒原坡地。

9. 美丽秋水仙 *C. speciosum*

秋花种。株高 30cm，鳞茎长卵形，外被厚皮膜。叶 4 ～ 5 枚；长椭圆状带形，基部长鞘状。花 1 ～ 4 朵，大型；花被裂片椭圆形，长 6 ～ 7cm，花冠筒长 15 ～ 25cm；花浅紫堇色，基部内侧有黄斑；花药黄色。原产高加索。是许多品种的亲本。

10. 杂色秋水仙 *C. variegatum*

秋花种。株高 30cm，鳞茎卵形，直径 2.5cm，外被黑褐色革质皮膜。叶 4 ～ 5 枚；线状披针形，边缘呈软骨状。花 3 ～ 6 朵，花被裂片椭圆状披针形，长 5 ～ 7.5cm，白色或淡紫色，具美丽的方格花纹；花冠筒部白色，长为花被裂片 2 倍；花药黄褐色。原产希腊。

11. 春花秋水仙 *C. vernum*

株高仅 10 ～ 15cm，花叶同出，叶 3 枚，但花后叶不伸长，花粉红紫色，春季开花，夏季枯萎休眠。原产欧洲阿尔卑斯山至亚洲高加索地区。

图 2 秋水仙属部分种质资源

A. 秋水仙 *C. autumnale*；B. 拜占庭秋水仙 *C. byzantinum*；C. 杂种秋水仙 *C. hybridum*；D. 黄秋水仙 *C. luteum*

## 四、繁殖与栽培

### （一）繁殖

#### 1. 分球繁殖

叶枯死后挖起鳞茎进行分球，并置于通风、干燥处存放。大球可再次种植，籽球需在苗圃里培育 1 ～ 2 年。

#### 2. 播种繁殖

种子成熟后尽快播种（贮存的种子发芽较差）。播种基质可用细沙土 4 份、菜园土 2 份、腐叶土 2 份、腐殖土 2 份，经高温消毒后配制而成。种子播前先用 35 ～ 40℃的温水浸泡，种子刚放入温水中要不断地搅动，水凉以后继续浸泡 24 ～ 36 小时后再捞起，用湿毛巾包裹，置于 22 ～ 25℃的环境中催芽，每天中午用温热水浸毛巾 1 次，1 周后，把膨大的种子以 1 ～ 2cm 的株行距，点播在苗床或花盆内，用细孔喷壶盛温水喷透，上面覆盖一层 0.5 ～ 1cm 厚的细沙土。花盆上用白色玻璃覆盖，苗床上覆盖薄膜，保持温度和湿度，一般 20 ～ 25 天种子便开始萌发。一旦秋水仙小苗出土，应及时给予充分光照，以利小苗进行光合作用，茁壮成长。再培养 20 ～ 30 天，待小苗长出 2 枚真叶后，即可进行分栽，行间距 8 ～ 10cm。经过 2 个生长季的培育后，即可种植到花园。

### （二）栽培

#### 1. 盆栽

盆栽首选透气性良好的黏土花盆（红陶盆、瓦盆），基质选用中型颗粒（粗砂、蛭石、赤玉土等酸性或中性材料）、腐殖质（腐叶土、泥炭、草木灰等植物性肥料，可添加少量骨粉）以1∶1进行调配混合。栽种时每盆3～5球（依种球大小而定），间距2～3cm。夏末初秋花蕾出现前先浅埋（入土2/3），盆土保持微湿，置于避光低温环境，避免基质温度上升，提早打破休眠。

花蕾出现后补充基质至种球被完全覆盖，盆土保持微湿，置于灌木、建筑物等半阴又相对避风的环境下（遮光率50%）。花期使用的是去年鳞茎中累积的养分，根部尚未生长，长期高湿会引发真菌感染直至鳞茎腐烂，光照虽对此时的鳞茎生长没有影响，但可以抑制花茎长度、增深花色（花丛紧凑、整齐美观），遮蔽物可以挡住强风与正午的直射光（避免倒伏、延长花期）。带状叶片会在花后出现，需继续覆土3cm（春花品种应种植后在种球顶端直接覆盖基质厚3cm），盆土保持湿润，切勿积水，遮光率降至30%，过于阴暗会影响叶片光合效率，7～10天追加1次速效液肥（叶面喷洒和灌根法间隔施用）。当老鳞茎开始萎缩，新生根系吸收养分后孕育新鳞茎，新球的质量直接关系翌年成花的数量。南方可露天越冬，北方露天要用树叶、薄膜等覆盖，以防冻害。晚春、初夏叶片出现枯黄后减少浇水量，叶片枯萎后正式断水，切记不要提前将叶片切除，一定要自然枯萎。

2. 地栽

秋水仙在夏季干燥的地区也可以地栽，宜栽植于开阔的草地或岩石边，在夏季叶丛枯萎而花未抽出前进行。株距20～30cm，栽种深度10～20cm。花园应用需注意以下3点：①无论黏土、沙土都要掺入大量多孔基质来改良土质。②种植在通风良好、不易积水的落叶灌木、乔木下，充足的光线让叶片生长旺盛，冬季落叶可以保护鳞茎顺利越冬，夏季休眠有阴凉的环境度夏。③种植间隔7～15cm，种植深度大球10～15cm，小球3～5cm。无须每年掘起分球，通常3～4年分栽1次。

秋水仙容易开花，即便是在无水、无基质的条件下也能开花，因此不宜拖延栽植时期，以免生育不良（图3）。生育期保持土壤湿润，夏季休眠期保持土壤干燥。

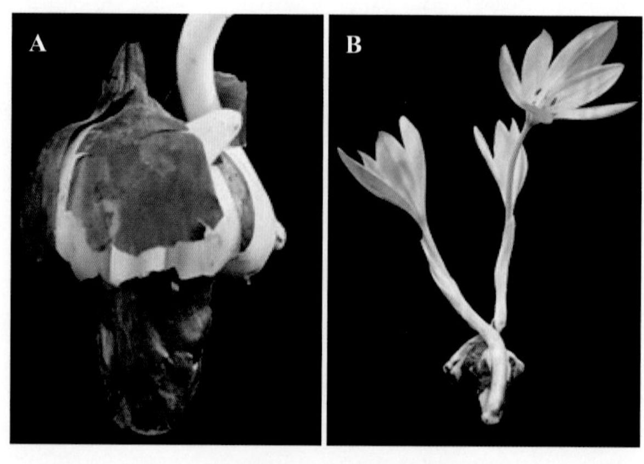


图3 秋水仙裸球发芽和开花状态

A. 美丽秋水仙 *C. speciosum* 的鳞茎；B. 没有种植的鳞茎也能开花（引自 https://wimastergardener.org/article/autumn-crocus-colchicum-spp/）

## 五、价值与应用

秋水仙叶片线形，花茎亭亭玉立，花茎和花朵多为粉红至紫红色，常作盆栽观赏，或地栽于高山园、岩石园及凉爽气候地区灌木丛旁，或作花境，是一种较好的观赏植物。

秋水仙的鳞茎富含秋水仙碱，是一种黄色针状结晶体。因其能抑制有丝分裂，破坏纺锤体，使染色体加倍，被广泛应用于细胞学、遗传学的研究和植物育种中。也可以入药，味苦，性温，有毒；具有散寒、镇痛、抗癌的功效；主治癌症、痛风；也用于肝炎和肝纤维化的治疗。

（杜方）

# *Colocasia* 芋

芋为天南星科（Araceae）芋属（*Colocasia*）的多年生块茎类、球茎类或根茎类球根花卉。其属名来自阿拉伯语的 *kolkas* 或 *kulkas*。英文名称 Elephant's ear（大象的耳朵），因其巨大的叶片而得名。芋属由奥地利植物学家 Schott 于 1832 年建立，主要分布于亚洲及大洋洲的热带和部分亚热带。芋属植物是天南星科最重要的粮食作物和经济作物，本属大多数种具有重要的食用和药用价值，其中最主要的就是芋（*C. esculenta*），其块茎能生产在夏威夷称为 poi 的淀粉糊，可食用的块茎在其他气候较凉爽的地区也可替代马铃薯食用。本属有些种和品种是十分优美的观赏植物，如大野芋（*C. gigantea*）。大野芋最初被认为是五彩芋属的 1 个种，1857 年，由于单室子房及下直生胚珠等特点，大野芋被独立成为大野芋属，该属仅含 1 个种。1893 年，又由于胎座方式和叶片厚度将大野芋归到芋属中。

## 一、形态特征

### （一）芋属形态特征

芋属植物是多年生草本，具球茎或根状茎或匍匐茎。球茎球形、圆柱形或椭圆形，通常硕大。叶多数，叶与花序同时出现；叶柄具叶鞘；叶片卵形、心形或箭形。肉穗花序，花序柄短于叶柄；佛焰苞管部席卷，宿存，卵形或椭圆形，常短于檐部。浆果绿色、白色或红色，倒圆锥形或椭圆形。种子多数，卵形至椭圆形。染色体 2n = 2x = 28 或 3x = 42。

### （二）大野芋形态特征

#### 1. 地上部形态

大野芋株高 80 ～ 200cm，叶丛生，叶柄淡绿色，具白粉，长可达 1.5m；叶片心形，长可达 1.3m，宽可达 1m，边缘波状，后裂片圆形，裂弯开展。花序柄近圆柱形，一般 5 ～ 8 朵花并列于同一叶柄鞘内，先后抽出，长 30 ～ 80cm，粗 1 ～ 2cm，每 1 花序柄围以 1 枚鳞叶，鳞叶膜质，披针形，渐尖，长与花序柄近相等，展平宽 3cm，背部有 2 条棱凸。佛焰苞长 12 ～ 24cm，管部绿色，椭圆状，长 3 ～ 6cm，粗 1.5 ～ 2cm；檐部长 8 ～ 19cm，粉白色，长圆形或椭圆状长圆形，基部兜状，舟形展开，直径 2 ～ 3cm，锐尖，直立。浆果圆柱形，长 5mm，种子多数，纺锤形，有多条明显的纵棱。花期 4 ～ 6 月，果实 9 月成熟（图 1A 至图 1C）。

#### 2. 地下部形态

大野芋具有变态的地下茎，称为球茎。球茎呈圆柱形（图 1D），直径 8 ～ 15cm，高 10 ～ 20cm，直立。球茎是大野芋越冬的地下贮藏器官，球茎的顶芽萌发生长后，在其上端形成短缩茎，短缩茎膨大形成新的球茎，即母芋。球茎上具显著的叶痕环，节上有棕色的鳞片毛，为叶鞘残迹。在正常情况下，母芋节位上有一个腋芽发育形成小球茎，通称子芋，腋芽也可发育成根状茎，再在其顶端膨大形成小球茎。大野芋的根系着生在球茎上，须状，由叶柄基部的球茎根带（或称节位）发生，初为白色，根系发育旺盛，但根毛少，吸收能力不强，再生能力较差。根系

图 1　大野芋的形态特征
A. 叶片；B. 肉穗花序；C. 成熟果实；D. 球茎

主要分布在球茎周围 50cm 左右的土壤中，土壤肥沃、疏松，根长可达 100cm 以上。

## 二、生长发育与生态习性

### （一）生长发育规律

1. 萌芽期

一般休眠越冬的球茎，又称种芋，于 3 月下旬外界温度上升到 15℃左右时，其顶芽开始萌动，经历 20 天左右，种芋在土中吸水，长出不定根，再经 10 天左右，顶芽萌发出土，此为萌芽期。

2. 幼苗期

从顶芽出土到具有 4 ～ 5 枚真叶时为幼苗期。幼苗期植株生长较慢，吸收土壤水分、养分不多，前期主要依靠种芋本身贮存的养分，以后逐渐从土壤中吸收和同化养分，本期经历 35 天左右。由于前期气温和地温都较低，生长缓慢，地下部种芋逐渐缩小，贮存的营养物质被消耗，种芋在萌芽期形成的不定侧根由白变褐色后枯烂掉。

3. 发棵期

植株发棵长叶，生长迅速，基部短缩茎开始逐渐膨大，形成新的母芋，为发棵期。为营养生长的主要阶段，要求水肥供应充足，防止高温、干旱。叶片数迅速增加，叶面积急剧扩大。大野芋喜湿，但不耐涝，过涝对根系生长不利。

4. 结芋期

从新母芋上的腋芽开始萌生子芋，到母芋充分膨大，为结芋期。本期地上部虽陆续抽生新叶，但生长变慢，地下部球茎则不断膨大。到新叶不再抽生，老叶逐渐枯黄时，母芋和子芋已全部形成和充实。本阶段经历时间较长，一般为 80 ～ 110 天。

5. 休眠期

气温降到 15℃以下，地上部植株生长完全停止，并不断枯黄，经霜完全枯死，以球茎留存于土壤中，在 8 ～ 15℃和比较干燥的条件下进入休眠越冬，直到第二年春季，球茎萌动发芽。

### （二）生态习性

1. 光照

芋较耐阴，对光照要求不太严格，在散射光的条件下能正常生长，但光的强度、组成以及光照时间对芋的影响较大，较强光照有利于芋的生长。

2. 温度

芋喜高温多湿的环境，不耐低温和霜冻，一般当温度上升到 13 ～ 15℃时球茎开始发芽，生长期间要求 20℃以上的温度，其生长最适温度为 25 ～ 30℃，即使气温高达 35℃，只要肥水供应得当，土温保持在 35℃以下，植株仍能正常生长发育。

3. 水分

芋喜湿，但不可长期淹水，保持植株周围土壤湿润即可。

4. 空气相对湿度

在芋的生长期内，应保持土壤湿润，最好能做到经常喷雾，增加空气湿度，空气相对湿度在 70% ～ 80% 时有利于叶片生长发育。

5. 营养

芋体型较大，生长中需要消耗大量的营养，因此为了获得最佳的观赏效果，需要大量使用有机肥料和富含有机质的土壤，最合适的 pH 为 5.5 ～ 7.0。

## 三、种质资源与园艺分类

### （一）种质资源

2010 版 *Flora of China* 芋属下有 20 种，我国有 6 种：芋（*C. esculenta*）、滇南芋（*C. antiquorum*）、勐腊芋（*C. menglaensis*）、假芋（*C. fallax*）、卷苞芋（*C. affinis*）、大野芋（*C. gigantea*），主要分布于西南地区。印度北部被认为是该属植物的起源中心。这些原种多为二倍体（2n = 2x = 28），也有个别种为三倍体（2n = 3x = 42），在食用芋的品种中较常见。我国芋属植物的主要特征见下表。

### （二）园艺品种

我国对芋属观赏植物的研究较少，刘宇婧等根据生态习性，将大野芋分为野生种和栽培种，两者外观形态差异不大，主要表现为野生型大野芋有毒，而栽培型大野芋无毒。国内主要是大野芋品种，国外从芋、卷苞芋中培育了一些极具观赏价值的品种。主要栽培的品种：

#### 1. ‘Thailand Giant’

大野芋品种，由从泰国采集的种子培育而成。植株生长势强，株高可达 2.7m，叶片长达 1.5m，宽达 1.2m，叶片灰绿色，叶面下垂并指向地面。一般不开花，花为纯白色，是装点庭院的常见品种，在无霜地区可四季常青。

#### 2. ‘Laosy Giant’

大野芋品种，由从老挝采集的种子实生选育而成。尽管外观体型与‘Thailand Giant’相当，但其叶片直立且比‘Thailand Giant’的叶片大 1/3，叶脉明显。在夏末可开出一大簇纯白色的花。

#### 3. ‘广昌观音芋’

大野芋品种，江西广昌地方品种。株高 100cm，叶片卵状心形，长 55cm，宽 50cm，叶柄长 70cm，宽 12cm，厚 3 ～ 4cm，绿白色。球茎圆柱形，高 16cm，直径 8cm（图 2A）。

#### 4. ‘从化银芋’

大野芋品种，广东省从化地方品种。株高 140 ～ 150cm，叶片阔卵形，长 50 ～ 60cm，宽 40 ～ 43cm，叶端钝圆，叶基心形，深绿色；叶柄长 130 ～ 140cm，淡绿色。球茎不发达，圆锥形，肉白色。

#### 5. ‘Burgundy Stem’

芋品种。株高 185cm 以上，叶柄深紫色，箭形，叶片长 90cm，叶片绿色带朦胧的紫色，肉穗花序为黄色，散发出木瓜般的香味，植物具有匍匐茎，但生长较缓慢。

#### 6. ‘Hawaiian Punch’

芋品种，株高 60 ～ 90cm，叶心形，叶片绿色，厚而有光泽，叶柄为迷人的红色（图 2B）。

**我国芋属植物分种简表**

| 序号 | 种类 | 学名 | 叶部主要特征 | 花部主要特征 | 自然花期 |
|---|---|---|---|---|---|
| 1 | 卷苞芋 | *C. affinis* | 浅绿色，叶面有 4 ～ 6 对大的紫色斑点，心形 | 管部绿色，檐部黄色，雌性区域与雄性区域相连 | 夏 |
| 2 | 滇南芋 | *C. antiquorum* | 绿色或紫色，叶片有光泽，箭形 | 管部绿色或紫色，檐部黄色或苍黄色，果序直立 | 夏秋 |
| 3 | 芋 | *C. esculenta* | 绿色、深绿色或紫色，叶正面无光泽，卵形或心形 | 管部绿色或紫色，檐部黄色，花序倾斜 | 夏 |
| 4 | 假芋 | *C. fallax* | 绿色，卵形 | 管部绿色，檐部黄色，雌性区域与雄性区域有间隔 | 夏秋 |
| 5 | 大野芋 | *C. gigantea* | 淡绿色，叶片巨大，叶柄与叶片背面有白色蜡粉，心形 | 管部绿色，檐部白色，花序盛开呈扇状 | 春夏 |
| 6 | 勐腊芋 | *C. menglaensis* | 淡绿色，有短柔毛，卵形，膜质 | 管部绿色，檐部淡黄色，具有短柔毛 | 春夏 |

7.‘Illustris’

芋品种。株高 90 ～ 150cm，叶心形，叶片最长可达 90cm，叶片深紫色或黑色，叶脉为鲜亮的绿色，叶脊垂直向下，夏季偶尔长出黄色肉穗花序（图 2C）。

8.‘Jenningsii’

卷苞芋品种。株高 30 ～ 55cm，叶心形，叶面有天鹅绒光泽，叶片深灰色，中央有一个巨大的银色斑块（图 2D）。

图 2　芋属植物培育的部分品种

A.‘广昌观音芋’（引自中国水生植物网）；B.‘Hawaiian Punch’（引自 https://www.farmergracy.co.uk/products/）；C.‘Illustris’（引自 http://www.perennialresource.com）；D.‘Jenningsii’（引自 https://garden.org/plants）

## 四、繁殖技术

### （一）种子繁殖

大野芋在 5 ～ 6 叶期显花苞，花期为 4 ～ 9 月，每个花序寿命 7 天左右，花后 3 ～ 4 个月浆果成熟。大野芋每个浆果内含胚珠量多达 3400 粒，但由于花粉量的不足或花粉不萌发，导致受精失败，所得饱满种子量不足种子总数的一半。发育不完全的种子在培养基上不萌发。种子成熟采收时间极短（2 ～ 3 天），采收不及时会造成种子活力丧失。

播种时可选用穴播或撒播，基质要求疏松透气，播种后进行覆盖，保持湿润。在 25℃条件下 3 ～ 4 周发芽。待根系生长后移栽，种植于露地或容器中，经 3 ～ 4 个月的生长，可形成小球茎。

由于大野芋从种子萌发到幼苗期生长缓慢，一般播种繁殖较少用于种球的商业生产。

### （二）分割和分株繁殖

1. 分割法

一个成熟的球茎上有许多生长点，在冬季可以将种球分割成带生长点的小块，伤口用杀菌剂涂抹，在干燥条件下保存。

2. 分株法

大野芋在生长过程中，母芋的周边长出匍匐茎，匍匐茎末端会形成带球茎的小苗，可以直接剪断匍匐茎，用小苗进行繁殖（图 3）。

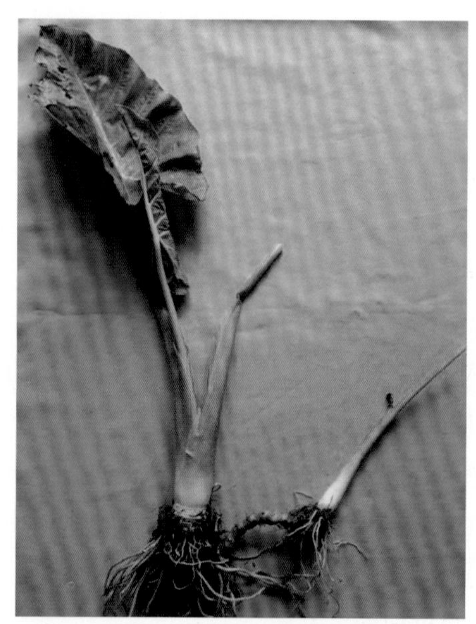

图 3　大野芋的分株繁殖

### （三）组织培养

1. 外植体与初代材料的获得（启动培养）

选叶片、叶柄和嫩茎（带腋芽）作为外植体。将材料切下后，用自来水冲洗 1 ～ 2 小时，滤纸吸干，用 70% 酒精浸泡 30 秒，然后用 0.6% NaClO 常规灭菌 5 ～ 8 分钟，无菌水冲洗 4 ～ 6 次，用无菌滤纸再次吸干。将叶片切成 0.5cm × 0.5cm 的小块，叶柄及嫩茎切成 0.4 ～ 0.6cm 长的小段，分别接种在 1/2MS 培养基上诱导愈伤组织或不定芽的发生，每 4 ～ 5 天更换 1 次新鲜培养基。1 周左右，可见外植体膨大，进而形成愈伤组织。3 周左右，在愈伤组织上形成大量不定芽。每块外植体上平均可产生 15 ～ 25 个不定芽。把不定芽和愈伤组织分割开后，可在上述培养基上反复培养繁殖。

2. 增殖培养

将 0.5 ～ 1cm 高的不定芽分割，并转入 MS+2mg/L 6-BA+0.25mg/L IAA 培养基上，小芽可进一步发育长大，并形成小苗。

3. 生根培养

从生试管芽达到 2cm 高时，可切割为单芽，接种到 MS+0.3mg/L NAA+2% 蔗糖的培养基上，约 15 天生根，形成完整试管苗，生根率 95% 以上。

4. 试管苗炼苗与移栽

当试管苗高 5cm 左右，具有 4 枚叶和 3 条以上的根，根长 1 ～ 2cm 时，揭去封口膜，用镊子轻轻地将植株取出，注意不要伤及根和叶片，用水洗净根部黏附的培养基，将根放入杀菌剂中浸泡 5 分钟，栽到已准备好的基质上，浇透定根水，注意保湿，避免阳光直射。注意观察苗状况，加强管理、通风和补水。出瓶炼苗后 30 天便可用进行常规的大田管理。

### （四）种球采收与处理

1. 种球采收

在栽培后期逐渐减少浇水，待植株地上叶片枯萎后即可开始采收。种球采收时尽量避免损伤球茎，可连同叶片与根完整挖起，采收时发现腐烂的种球，须避免与健康种球接触。带病种球应集中处理，避免再进入栽培场地，造成下次栽培时病原菌的滋生。

2. 种球采收后处理

采收后的种球避免阳光直射，选择背风向阳、地势高燥、排水良好的墙边，将挖取的种球逐层堆放，高度一般不超过 150 ㎝，堆放好后，上面盖一层秸秆，再在秸秆上盖一层薄膜，冬季气温较低时，可增加秸秆厚度。堆藏过程中每隔 20 ～ 30 天抽样检查堆内温度情况，以防堆内温度过高引起霉烂。

## 五、栽培技术

### （一）园林露地栽培

1. 种球种植前处理

选择抗病性强的品种以及无病虫害、形状完整的种球。将选好的种球放入杀菌剂溶液中浸泡处理，取出后晾干。

2. 土壤消毒

选择排灌条件好、富含有机质、土层深厚肥沃的沙质壤土。种植前用消毒剂处理土壤。

3. 整地做畦与种植

深翻土壤，应在气温稳定在 13℃以上时栽植，株距 35cm，行距 75cm，每穴种植带有一个芽的球茎（种芋），种芋应定植于穴深处，细土盖平压实。种植后浇透水。

4. 肥水管理

大野芋对肥水要求高，整个生长期应保持湿润，5 ～ 9 月的生长旺盛期，每 15 天施 1 次水溶性肥料，单次每株用量不超过 5g。氮肥不能过量，否则叶片伸长、变薄，容易折断或倒伏。在其生长期内，随时剪除枯黄叶和断叶，茎的汁液（含有草酸钙）可令人发痒，因此操作过程中应戴手套或接触后马上洗手。

5. 冬季养护

冬季气温低于 10℃的地区，地上部分叶片会枯萎，此时不需要浇水，植株周围也要避免有积水，防止球茎腐烂。严寒地区，在第 1 次霜冻之后，用稻草等秸秆覆盖叶丛，即可很好地保护球茎越冬，或将球茎挖出置于室内通风处。

### （二）盆花生产

1. 种植前准备

花盆等容器的规格根据市场需求以及种球生长量来选择。容器口径一般要求 50cm 以上。盆土要求疏松肥沃、具有良好的排水透气性，可用腐叶土或草炭土、粗沙或蛭石各一半，并掺入少量的骨粉等钙质材料，混匀后使用。

2. 种植

一般春季种植，选用健康种球。栽植前种球置于 0.5mg/L 百菌清或 0.5mg/L 瑞毒霉等杀菌剂浸泡处理，预防软腐病的发生。种植时生长点向上，覆土厚度 5 ～ 10cm，种后浇透水。定植后，保持光照充足，有助于植株叶片伸展，但须种植于避风处，大风会吹破叶子影响美观。

3. 水分管理

由于叶面积较大，需要较多的水分。浇水按照“不干不浇，浇则浇透”原则，避免长期积水，以免造成烂根，但也不能过干，否则植株虽然不会死亡，但生长缓慢，叶色暗淡。冬季减少浇水次数，避免冻害。

4. 肥料管理

参照园林露地栽培的施肥方法。

5. 冬季养护

在无霜的地区大野芋都能保持叶片常绿；在冬季气温低于 10℃的地区，地上部分会枯萎，球茎进入休眠，第 2 年重新萌发；室外的盆栽可将花盆移至室内越冬，或将球茎挖出后置于凉爽干燥的地方越冬。由于球茎会不断增殖，因此一般每隔 2 ～ 3 年需要分球 1 次，重新定植。

## 六、病虫害防治

### （一）软腐病及其防治

软腐病主要危害叶柄基部或地下球茎。叶柄基部染病，初生水浸状、暗绿色、无明显边缘的病斑，扩展后叶柄内部组织变褐腐烂或叶片变黄而折倒；球茎染病逐渐腐烂。该病严重发生时病部迅速软化，腐败，最终全株枯萎以致倒伏，病部散发出恶臭味。软腐病是由胡萝卜软腐菌侵染引起的。防治方法：①定植前，可用 77% 氢氧化铜可湿性粉剂 800 倍液或 30% 氧氯化铜悬浮剂 600 倍液浸种 4 小时，滤干后，拌草木灰下种。②出苗后可喷 30% 氧氯化铜悬浮剂 600 倍液、77% 氢氧化铜可湿性粉剂 1000 倍液、72% 农用硫酸链霉素可溶性粉剂 3000 倍液等。

### （二）病毒病及其防治

多种病毒能侵染大野芋，引起新叶叶片扭曲畸形，叶脉出现褪黄绿点，扩展后呈黄绿相间的花叶，严重的植株矮化。病毒主要经蚜虫传播。防治方法：①培育无病毒种苗，可以采用茎尖离体培养结合高温脱毒来生产芋脱毒种苗，在隔离条件下继续繁殖成一级、二级种球。②及时清理感染病毒的植株和种植地附近的杂草，减少侵染源。③喷施杀虫剂防治蚜虫，阻断病毒的传播媒介。

### （三）虫害及其防治

蚜虫是主要的危害性昆虫，吸食植株汁液，影响植株生长，作为媒介传播病毒。防治方法：可选用 25% 吡虫啉可湿性粉剂 2000 倍或 5% 啶虫脒可湿性粉剂 2500 倍、5% 溴氰菊酯 1000 倍液喷雾。

## 七、价值与应用

芋属植物植株高大、规整、健壮，叶片硕大，斑纹清晰多样，极具观赏价值，是优良的观叶植物，其叶片可作切叶（切花）。其中，大野芋因其碧绿宽大的叶、粗壮高大的叶柄、洁白芳香的肉穗花序以及优美迷人的整体株型，成为广泛栽种、花叶兼赏型的观赏植物。在热带、亚热带地区是装点庭院和花境的好材料，在温室环境下可周年生长。具有较高的园艺和经济价值。近年来，美国选育出不同株型、花型的杂交品种，丰富了大野芋的种质资源。

目前，世界上大野芋种球的主要生产国为美国，我国的大野芋品种依然为地方品种，国内开展大野芋的研究较少，主要集中在组培、民族植物学、香味物质等方面。

（孙亚林）

# *Convallaria* 铃兰

铃兰是天门冬科（Asparagaceae）铃兰属（*Convallaria*）多年生根茎类球根花卉。属名源自拉丁语 *convallis*（“valley” 山谷），因其偏爱北温带地区的阴凉林地而得名。英文名为 Lily of the valley（山谷百合）。中文又称君影草等。铃兰属仅有 3 个种，广泛分布于欧亚大陆及北美地区，我国东北、华北和西北林区有野生。铃兰叶挺实而柔滑，花色乳白，垂若风铃，清香四溢；成熟浆果红如宝石，圆润红亮，红果妖艳、坐果持久；是优良的花、叶、果兼赏的植物。铃兰耐寒、喜湿润、耐阴、根状茎繁殖力强，为极佳的林下及林缘地被植物，配植于大型山石旁，点缀或镶嵌草坪，格调更加鲜明，园林气氛更加浓郁。市场多作盆栽、小型切花，叶作插花配材出售。铃兰还有药用、制香等工业用途，畅销国内外市场。

## 一、形态特征

铃兰为多年生草本植物。植株全部无毛，高 18 ～ 30cm，常成片生长。根状茎横走，白色，匍匐，须根束状。叶通常 2 枚，稀为 3 枚，鞘状，抱茎，基部外面包着数枚膜质鳞片；叶片卵状椭圆形至宽卵状椭圆形，长 7 ～ 18cm，宽 3 ～ 9cm，先端短、渐尖，茎部稍狭而抱茎。花莛由根抽出，高 15 ～ 30cm，上部稍外弯；苞片披针形，短于花梗；花梗长 6 ～ 15mm，近顶端有节，果熟时从节处脱落；总状花序下垂，花钟形，乳白色，约 10 朵，芳香，长宽各 5 ～ 7mm；裂片卵状三角形，先端锐尖，有 1 脉；花丝稍短于花药，向基部扩大，花药近矩圆形；花柱柱状，长 2.5 ～ 3mm。浆果直径 6 ～ 12mm，熟后红色或暗红色，稍下垂，有毒。种子扁圆形或双凸状，表面有细网纹，直径 3mm。花期 5 ～ 6 月，果期 6 ～ 7 月（图 1）。

图 1　铃兰的形态特征

A. 植株；B. 果实；C. 植株和叶片；D. 总状花序和小花

## 二、生长发育与生态习性

### （一）生长发育规律

自然条件下，铃兰在冬季休眠，春季温度升高后开始生长。4～5月始花，7～8月终花，花期结束后才会生出新根。在花芽的基部，有营养芽分化。秋季地上部分衰老，地下根状茎进入休眠。

铃兰花芽分化经历9个阶段（Zweede，1930）：

Ⅰ－分生组织仍处于营养生长，正在分裂产生叶或鞘叶；

Ⅱ－分生组织进入成花状态，其特征：形成的最后1个器官是清晰可见的半包围状的鞘叶，另一侧能观察到1个新的主要的次生营养生长点。由于后者的发育，整个生长点被分成两部分：一部分形成花序；另一部分形成叶片；

Ⅲ－第2朵花的苞片原基可见；

Ⅳ－第2朵花的苞片腋间可见单个突起的原基；

Ⅴ（P1）－第2朵花的外轮花被原基可见；

Ⅵ（P2）－第2朵花的内轮花被原基可见；

Ⅶ（A1）－第2朵花的外轮雄蕊原基可见；

Ⅷ（A2）－第2朵花的内轮雄蕊原基可见；

Ⅸ（G）－第2朵花的3个心皮原基可见。

铃兰休眠状态的根状茎，用乙醚气体处理48小时，或用30～40℃的温水处理均可提早打破休眠。通常用低温处理打破休眠并满足花序和叶片生长对低温春化的要求。叶片衰老后，低温处理越早，处理的时间可能会越长；-2℃比0.5℃效果更好。处理的温度和时间对花序与叶片生长的影响不一，叶片发育比花序需要更长的低温处理。冷处理以后，花序和叶片的生长速度还受种植后的温度影响。当27℃时，花序生长发育快，但是叶片生长慢。

### （二）生态习性

铃兰野生于海拔500～1000m的山地、林下或林缘的草丛中，多成群落。铃兰有很强的生态适应性，耐寒，喜阴凉、湿润的环境和排水良好、肥沃而富含腐殖质的微酸性土质，但在阳光直射处、中性、微碱性土壤，也能开花和生长。铃兰忌炎热，夏季高温时，叶片枯黄而进入休眠。根状茎露地越冬，春季萌发出土。

## 三、种质资源

铃兰属仅有3个种，其中铃兰（*C. majalis*）是唯一引种、栽培和应用的种。

铃兰原产北温带。根状茎水平延伸，茎节上产生芽，芽萌发形成叶片和花梗。叶2或3枚，心形，长约20cm，叶基部紧扣在花梗上，上部变宽包裹于花序周围。开花的花莛高15～25cm，总状花序着生5～15朵、下垂、钟形的白色小花。变种有var. *keiski*，生长缓慢；var. *rosea*（粉花铃兰或红花铃兰），花粉红色，花朵比白色种的略小。选育的品种有'Albostriata'白纹铃兰，叶片上带有纵向乳白色条纹；'Aureovariegata'（又称'Lineata''Striata''Variegata'）花叶铃兰，叶片上有金色的条纹；'Fortin's Giant'大花铃兰，是健壮、高生的品种，株高30cm，叶片宽大，花径8～15mm，香气浓郁；'Hardwick Hall'，叶蓝绿色，带有薄的、极窄的黄色边缘；'Flore Pleno'重瓣铃兰，有白花重瓣和粉花重瓣品种；'Prolificans'是形态奇特的品种，穗状、多分枝的花序上带有略微畸形的小花。

## 四、繁殖技术

### （一）种子繁殖

7月下旬，当果实成熟变成红色，即可采种。从铃兰成熟的果实中取出种子，清洗干净，混湿沙放置在阴凉通风处保存，土壤封冻前在预先做好的床上播种。播种采取条播方式，播幅10～12cm，行距5～6cm，覆土厚0.5cm。用细眼喷壶浇一次透水，再在上面覆盖 3cm 厚的枯枝落叶，防寒保湿。一般翌年春季就会发芽。需经 3 ～ 4 年才能开花。宜植于树荫下、疏松、湿润、富含腐殖质的土壤中。开花前追施液肥，干旱时要注意灌水。

### （二）分株繁殖

铃兰播种繁殖需 3 ～ 4 年后开花，所以一般采用分株繁殖。利用根状茎分株繁殖在春、秋两季均可。春季繁殖，土壤化冻 20cm 至铃兰展叶前进行，秋季繁殖在植株枯黄至土壤封冻前进行。挖取铃兰根状茎，将根状茎分割成段，每段各带 2 ～ 3 个芽，伤口涂抹一些草木灰，栽植株行距 15cm × 10cm，栽植时根系要舒展，覆土厚度 3cm 左右，压实后浇透水。秋季分株繁殖的植株栽种后，上覆 2cm 厚枯枝落叶，保湿防寒。春季用粗壮、芽饱满的根状茎分株繁殖的植株，当年即可开花，秋季繁殖的第 2 年即可开花。栽培中，通常每 3 ～ 4 年分株 1 次，否则株丛过密，易遭病虫危害，生长不良，开花稀少。

### （三）组织培养

由于铃兰的种子采集难，造成种子价格高；利用根状茎分株繁殖的繁殖系数低，养护管理和用时较长，也不能满足市场需求，导致我国至今无法批量生产铃兰的切花供应市场。利用组织培养技术可在短期内获得大量品质优良的植株，可以满足国内外市场需求。

铃兰组织培养的外植体可以选择嫩叶、根茎，从生长调节剂用量、培养时间、生长程度三方面综合考虑，最佳外植体为带芽的根茎，最佳诱导培养基为 MS+0.2mg/L 6-BA+0.1mg/L NAA（IBA），最佳增殖培养基为 MS+0.2mg/L BA + 0.1mg/L NAA（IBA），最佳生根培养基为 1/2MS+0.1mg/L IBA。在组织培养过程中，外植体通常会发生褐变，接种后进行暗培养处理以及在培养基中添加抗褐变剂，均可显著减少外植体褐变的生成，其中暗培养 10 天的效果最佳，抗褐变剂以 2g/L 维生素 C 的抑褐效果最佳，其褐变率为 25.33%。

## 五、栽培技术

### （一）露地栽培

播种后至出苗前，要经常检查畦面覆盖物的变化情况，发现没有覆盖的要及时补盖，保持畦面湿润。出苗后及时撤除覆盖物，以免出苗后撤除时伤及小苗。出苗后根据长势情况，发现过密苗立即间除。出苗后，要及时清除田间杂草。第 1 次除草可用手拔或浅锄，以免伤害幼苗。铃兰为浅根系植物，喜肥。田间管理最重要的是要施足基肥。待春季芽萌发后，10 ～ 15 天施 1 次有机肥，当植株出现花梗时，也要施有机液肥 1 次，秋季准备越冬时也要及时施有机肥 1 次。植株开花后适当进行茎枝修剪，促使其养分集中供给。

分株育苗地，在种植后要及时浇透水。露地栽培需要越冬的苗，越冬时要用草帘覆盖防寒，以保证植株安全越冬。在早春植株芽萌发后，要及时去掉草帘，及时锄草和松土。在其生长期间要保持田间土壤湿润，水分充足，约 15 天施 1 次较稀薄的豆饼水肥，待其花梗抽出后就要停止施肥。当花凋谢后，如不需观果，就要及时剪去花枝，并施 1 次豆饼水肥，促进地下根茎的生长和新芽的形成。盛夏天气炎热干燥，植株叶片易变枯黄，根茎进入休眠，应适当控制水分的供给，以防根茎腐烂。在露地种植的植株，在入冬前还需施 1 次有机肥，保证第 2 年植株能够生长健壮。铃兰需轮作，一般种植 3 ～ 4 年后需换地移栽。

### （二）切花栽培

在荷兰，铃兰的切花生产有 2 种模式。

#### 1. 4 ～ 6 月供花的切花栽培

使用人工配制的混合基质，种植前进行基质消毒，以避免灰霉病的发生。种植深度为根茎上的新芽露出地面 1cm；种植后保持高的空气湿度，以 80% ～ 100% 为宜。在温室栽培，幼苗需用黑塑料膜遮光，直到株高达到 10cm 以上，以满足切花花枝长度的要求。每茎产生 1 个花枝，当花序上有 6 ～ 7 个花蕾露色后，带根茎一起整株采收。切花采收后浸在水中保存（常带着根茎）。

2. 全年供花的促成栽培

根茎必须经过冷藏处理，即在 –2℃冰箱或栽培基质中冻藏 5 ～ 6 周，根茎取出后需要缓慢解冻（大约 5 天）。种植时间因花期而定，比目标花期提前 3 周左右即可。种植密度为株距 2 ～ 3cm。温室的温度调控在春季 21 ～ 22℃，冬季 25℃，就可全年开花。

### （三）盆花栽培

盆栽用土，宜选用腐殖质丰富、疏松、排水良好的酸性沙质土壤，pH 6.0 ～ 6.5。若人工配制培养土，可选用腐叶土 4 份、园土 4 份、河沙 2 份混合，或用园土 6 份、泥炭土 2 份、腐叶土 2 份混合。铃兰生长强健，管理简便，生长期内保持适当的盆土湿润即可，夏天保持植株周围环境空气潮湿与凉爽，使植株能有健壮生长发育的优良条件，延长营养生长期，使根芽肥大，翌年开花大而繁。春季萌发前施 1 ～ 2 次“催芽肥”，以有机氮液肥为主，浓度在 30%；开花前施 1 ～ 2 次“催花肥”，以有机磷、钾液肥为主，浓度在 20%；花莛抽出后停止施肥，花凋谢后再施 1 ～ 2 次腐熟饼液肥，以使根茎生长充实；待地上部枯萎后在植株根系周围施以马粪或腐叶等作基肥，翌春发花必旺。铃兰盆花促成栽培中，加强通风，切忌昼夜温差过大，空气相对湿度不能过高，以防引起灰霉病。

## 六、病虫害防治

### （一）病害及其防治

1. 褐斑病

褐斑病是由立枯丝核菌引起的一种真菌病害，危害非常严重。防治方法：①发病后要彻底清除其病原残体，从而减少侵染源。②加强温、湿度管理，注意通风排水，对通风不良的地块，要及时通风。③在发病初期及时喷洒 40% 多菌灵可湿性粉剂 800 倍液，或 60% 百菌清可湿性粉剂 900 倍液。

2. 茎腐病

当茎腐病病原发病条件适合时，其病情迅速发展，主要危害茎部，使其由于吸收不到水分，而导致整株死亡，发病的植株叶片呈灰绿色，萎蔫和青枯时颜色更为明显。防治方法：①要选用抗病性强的品种，增加对其病害的抵抗力。②植株生长势弱容易引发茎腐病，所以要加强栽培管理，合理施肥，合理密植，就能够降低茎腐病的侵染。③栽培时要合理轮作，对土地要深翻，可以大大减少田间病原菌，达到防治茎腐病效果。④在发病初期，70% 农用链霉素 3000 倍，连续喷洒根部 2 ～ 3 次。

3. 猝倒病

该病主要危害 1 年生幼苗，一旦发病，茎上会出现浅褐色水渍状小斑点，造成植株成片倒伏，严重时造成植株死亡。苗圃地湿度大和种苗密度大时较容易发病。防治方法：苗圃地含水量要适当，见干见湿，梅雨季要及时排水，种苗过密时要及时间苗，一旦发现植株染病，要立即停止浇水，大发生时用 75% 代森锌 300 倍液喷施防治，更严重时用 80% 百菌清 1000 倍液进行叶片喷施，每隔 10 天喷 1 次，连续喷 3 次。

4. 斑枯病

该病主要危害 2 年生以上植株，发病初期叶片有褐色斑块，严重时植株死亡。苗圃地高温、高湿容易发病。防治方法：预防为主，防治结合，一定要控制苗圃地环境，高温、高湿天气要及时降温、降湿；发现病株要马上清除，并集中烧毁；发病较严重时，喷施甲基托布津 1000 倍液或 80% 百菌清 1000 倍液，化学药剂一定要交替使用，防止病菌产生抗药性，造成防治困难。

5. 铃兰紫轮病

主要危害叶片。病斑产生于叶两面，圆形至椭圆形，直径 2 ～ 5mm；初期病斑呈红色，中心部分逐渐变为灰色至灰褐色，其上生黑色小点为病原菌分生孢子器。病原为大茎点霉属真菌，病原以菌丝体和分生孢子器在病叶或根芽上越冬，翌年条件适宜时，生成分生孢子，随气流传播而侵染。7～8月为发病盛期。防治方法：搞好田间卫生，发病初期及时摘除病叶；出苗后用50%代森锰锌500倍液、70%甲基托布津600倍液或50%万霉灵500倍液等药剂喷雾防治；收获后彻底清理田园，集中烧毁或深埋残、病株。

### （二）虫害及其防治

主要是蛴螬，即金龟子幼虫，又称白蚕。虫体白色，头部黄色或黄褐色。成虫在5月中旬出现，傍晚活动，卵散产于较湿润的土中，喜在未腐熟的厩肥上产卵。防治方法：冬季清除杂草，深翻土地，消灭害虫越冬场所；施用腐熟的有机肥并覆土盖肥，减少成虫产卵；点灯诱杀成虫金龟子；种植前15天每亩施30kg石灰氮，撒于土面翻入，以杀死幼虫。

## 七、价值与应用

### （一）观赏价值

铃兰花为小的钟状，乳白色，朵朵花儿像风铃一样，一串串，洁白、高贵、清雅；香气浓郁，沁人肺腑，令人陶醉。铃兰在落花时节，其落花在风中翩翩飞舞，就像雪花飘浮一样，非常美丽。花后茵绿可掬，入秋红果娇艳，叶虽枯而果不凋。清秀的姿态，淡雅的香气，令人倾慕。

铃兰的美为天性浪漫的法国人所喜爱。从20世纪初开始，每年5月1日是法国的“铃兰节”。在这一天，花店里纷纷出售铃兰，还有很多小贩沿街兜售，1天之内能售出近万株，几乎人手1株，就连法国总统也会于这一天在爱丽舍宫主持一年一度的“铃兰节”仪式。法国人互赠铃兰互相祝愿一年幸福，获赠人通常将花挂在房间里保存全年，象征纯洁、幸福永驻。英国人也是铃兰的超级粉丝，赋予铃兰“谷中之百合”“天堂之梯”“淑女之泪”等雅称。中国把铃兰叫“君影草”，令人联想起孔子所称扬的“芝兰生于深谷，不以无人而不芳；君子修道立德，不为困穷而改节”的高尚人格。铃兰非兰，然以“君”名之，也足以在气质上与兰媲美了。香港作家亦舒在她的小说《铃兰》里，仅简简单单百十来个字，便为我们说尽了铃兰的美、铃兰的好。铃兰是芬兰的国花，铃兰落花在风中飞舞的样子就像下雪一样，被芬兰人称为“银白色的天堂”，芬兰是一个雪国，银白色的天堂，非常贴切。铃兰是北美印第安人的圣花，在古老的苏塞克斯传说中，铃兰是圣母玛利亚哀悼基督的眼泪变成的，所以把铃兰称为“Our Lady’s Tears”，即“圣母之泪”，很多人也译为“女人的眼泪”。

### （二）药用价值

铃兰在医药领域也作用非凡。铃兰全草入药，含铃兰毒苷。铃兰性温味甘苦，有温阳利水、活血祛风、强心的功效，主治充血性心力衰竭、心房纤颤、心脏病引起的浮肿、跌打损伤、崩漏白带等症，特别是可以改善心肌活动，强心效果明显，是一种有发展前途的强心药。目前，国际上已研制出铃兰毒苷速效强心剂，每千克10万美元。同时铃兰叶及花中还含有多种黄酮类物质，对冠心病、肝炎、胆道疾病也有疗效。但本品有毒，用时请遵医嘱。

### （三）其他经济价值

铃兰是非常名贵的香料植物。铃兰花中芳香油含量很高，可达0.4%～0.6%。铃兰浸膏，在国际上被列为上等名贵香料，著名香料专家叶宗涛先生说：“该浸膏具有清甜鲜幽的香韵、清和的香势、雅淡的香调，留香颇久，用途很广。”现今的市场行情看，提取1吨铃兰浸膏，需333吨左右的鲜花，每千克可净收入890元左右，1吨纯收入为89万元。铃兰浸膏和铃兰精油可调制多种花香型的香精，用于高级香水、化妆品、香皂等的生产，是各种食品及日用化学用品的高级香料添加剂。

（许玉凤）

# *Crinum* 文殊兰

文殊兰是石蒜科（Amaryllidaceae）文殊兰属（*Crinum*）多年生、大型鳞茎类球根花卉。其属名源自希腊语 *krinon*（"lily"百合），故英文名有 Chicken-gizzard lily（鸡胗百合），Milk lily（牛奶百合），Orinoco lily（奥里诺科百合），Wine lily（葡萄酒百合）之称。文殊兰属约有 105 种，遍及世界的热带、亚热带地区，在美国东南部、南美洲、印度、东南亚以及热带和南部非洲都有分布。文殊兰在我国最先于《本草纲目拾遗》中有记载，花香馥郁，花色雅致，花名具很深的佛教禅意，被佛教寺院定为"五树六花"之一，即佛经中规定寺院里必须种植的 5 种树（菩提树、高榕、贝叶棕、槟榔、糖棕）、6 种花（荷花、文殊兰、黄姜花、鸡蛋花、缅桂花、地涌金莲），意为妙吉祥、妙德、智慧。其中文别名众多，有的品种每枝花序上有 18 朵小花左右，所以有"十八学士"的雅称。文殊兰属植物不仅花叶独具特色，观赏性较强，而且很早在民间就被广泛应用，一般以叶和鳞茎入药，具清火解毒、散瘀消肿之功效，有报道称还具抗癌、镇痛、抗炎等作用。台湾原住民雅美人从文殊兰的假茎中撕下薄片绑于绳子上，形成细长条的长串垂于水中作为吸引鱼类入网之用，还利用叶片包住烧石灰的陶锅以控制温度下降速度，使烧制出来的石灰能成为搭配槟榔一起嚼食的地方特色美食，而排湾族、平埔族、卑南人及绿岛人则以文殊兰作为地界指标作物。

## 一、形态特征

文殊兰鳞茎长柱形。叶 20 ～ 30 枚，多列，带状披针形，长可达 1m，宽 7 ～ 12cm 或更宽，顶端渐尖，边缘波状，暗绿色。花茎直立，几乎与叶等长，伞形花序有花 10 ～ 24 朵，佛焰苞状总苞片披针形，长 6 ～ 10cm，膜质，小苞片狭线形，长 3 ～ 7cm；花梗长 0.5 ～ 2.5cm；花朵高脚碟状，芳香；花被管纤细，伸直，长 10cm，直径 1.5 ～ 2mm，绿白色，花被裂片线形，长 4.5 ～ 9cm，宽 6 ～ 9mm，向顶端渐狭，白色；雄蕊淡红色，花丝长 4 ～ 5cm，花药线形，顶端渐尖，长 1.5cm 或更长；子房纺锤形，长 2cm 左右。蒴果近球形，直径 3 ～ 5cm；果实里通常含种子 1 枚。花期 5 ～ 8 月，傍晚时散发芳香（图 1）。

## 二、生态习性

### 1. 温度

生长适宜温度 15 ～ 20℃，能耐盛夏 35 ～ 37℃的高温。高温不影响其生长，反而有利于其花芽分化。不耐寒冷，冬季鳞茎进入休眠期，适宜贮藏温度为 8℃左右。

### 2. 光照

属长日照花卉，喜阳但不抗强光，暴晒会灼伤叶片，影响观赏价值。生长期若光照不足，会影响光合作用效率和花芽分化，导致文殊兰不能开花或开花量少；在 5 ～ 8 月开花期，保证足够光照，能够加速有机物充分合成，促进花发育和提高开花质量。

图1 文殊兰形态特征

A. 植株和叶片；B. 花朵；C. 伞形花序；D. 蒴果；E. 成熟果实和种子；F. 种子萌发形成小鳞茎；G. 长柱形大型鳞茎

### 3. 水分

整个生长季节都要适当多浇水。夏季天气热，水分蒸发量大，植株代谢快，又正值开花期需水量更大，此期若土壤干燥，会对其开花不利。

### 4. 土壤和营养

喜肥沃的沙质壤土，耐盐碱。缺肥会使文殊兰生长缓慢，植株和叶片变得瘦小，开花量少。生长期适当多施氮、磷、钾复合肥，有利于营养生长和生殖生长，对开花有利。

## 三、种质资源

文殊兰属全世界有105个种，多分布在南北半球的温带和热带海岸，偶生于河边沙地或沼泽附近。在我国南方热带和亚热带地区有大量人工驯化栽培，尤以云南西双版纳的栽培量较大。常见栽培和观赏应用的种：

### 1. 红花文殊兰 *C. amabile*

又称西南文殊兰。原产印度尼西亚苏门答腊岛。植株高50～100cm，株型粗壮。叶基部轮生，大型宽带状，全缘，先端尖，稍肉质，叶色翠绿，长70cm以上，宽3.5～6cm；花茎肉质，圆柱形，花葶自叶丛中抽出，顶生伞形花序，佛焰苞状总苞片2枚，似对生，长圆状披针形，长6～7.5cm，宽1～1.3cm，先端渐尖；小苞片多数，线形，长4～6cm，宽0.5～2mm；无明显花梗，每花序有小花25～28朵，花被管弯曲，淡紫红色，长10～12cm，粗2～3mm，长条形，边缘为白色或浅粉色的宽条纹；花被裂片披针形或长圆状披针形，长约7cm，宽1～1.5cm，先端短渐尖；雄蕊花丝长约5cm，短于花被裂片，花药线形，长1.2～1.8cm，花柱细长，长19～21cm，长于花被；花高脚碟形，瓣6裂，瓣内具白条纹，瓣外红色或暗紫色，向下弯曲，似海中小生物“海王星”，艳丽夺目，具芳香，花期6～8月（图2A）。鳞茎近球形，直径7～8cm。主要分布于广西、四川、贵州、云南等地，常生于海拔400～1800m的河床、沙地上，以及村边沟旁或山中水边，人工栽培也很广泛。

### 2. 北美文殊兰 *C. americanum*

原产于北美洲，从美国的得克萨斯州到南卡罗来纳州，以及墨西哥、古巴、牙买加和开曼群岛都有分布，又称沼泽百合、串珠百合。能在沼泽地生长，是直立生长的丛生植物。叶片从鳞茎长出，狭带形，长80～100cm，宽5～8cm，叶片具齿状边缘。花茎直径约5cm，高70～90cm，顶部有2～6朵花形成伞形花序。花朵白色，花瓣6枚，芳香。萼片长7～10cm，宽1.5cm。所有花朵在基部连接形成一个长筒，在末端向后弯曲，形成一个球状花序。雄蕊的上半部分是紫色的，紫色的花药从花中伸出，萼片向后弯曲（图2C）。北美文殊兰喜潮湿、肥沃的沙质土壤。对光照适应性很强，光照强或弱都能正常开花。.

### 3. 文殊兰 *C. asiaticum*

又称亚洲文殊兰。原产亚洲热带，我国海南有野生分布。鳞茎呈圆柱形，下端稍显膨大，高约30cm，直径3～8cm，附生多条须根。鳞茎外面包裹有1～2层暗棕色膜质鳞片，内有多层白色肉质鳞片，层层套合，着生于鳞茎盘上，鳞片折断后断面有密集丝状物相连，断面白色，中心略带黄色，可见同心形环纹（由鳞片排列而成）。植株粗壮，高达1m以上，开花时与翠绿的叶片相衬托艳丽夺目，数米外可闻花香。叶基生，带形或剑形，通常肥厚较宽阔，边缘波状或整齐平滑，顶端渐渐变窄，呈尖状，边缘微皱波状，全缘，上、下表面光滑无毛，常年绿色，新叶黄绿色，老叶暗绿色。叶长20～60cm，有时可达1m，宽3～15cm，每株8～20枚叶片。平行脉，具横行小脉，形成长方形小网络脉，主脉向下方突起，断面可见多数小孔状裂隙，味微辛。

花期夏季，花自鳞茎中抽出，花茎实心，为伞形花序，开于顶端，每个花序有1～2个总花苞，呈披针形，内有20～40枚小花苞，小花苞呈狭线形，白绿色，下面颜色深，上侧颜色浅，长3～8cm。花被管伸直纤细，绿色，长约10cm，每枚小花被打开，开放出1朵花，每朵花被6裂，花瓣长条形，6瓣，浅白绿色，向尖端渐细，内有1层膜状花瓣，像鹅爪状相连，白色（图2B）。在每个花被管喉部位置会生长出1个雄蕊，花丝细长丝状，近直立或叉开，花药线形，黄褐色，丁字形着生。花朵的中间有1个雌蕊，花柱细长，柱头较小，头状，子房下位，3室，每室有胚珠数枚至多枚，有时每室仅有胚珠2枚。花茎几乎直立于植株的中央，高50～120cm，实心但内侧松软，外侧皮层坚硬，是主要的支撑部分。蒴果近球形，不规则开裂，果实内通常有种子1粒，种子大，圆形或有棱角。细胞染色体基数x=11，常为二倍体。

栽培变种：中国文殊兰（*C. asiaticum* var. *sinicum*），叶缘呈波状，花被筒和花被裂片更长，花期春、夏季。

### 4. 南非文殊兰 *C. bulbispermum*

原产南非、莱索托和斯威士兰，古巴和美国

图2 文殊兰属部分种质资源

A. 红花文殊兰（*C. amabile*）；B. 文殊兰（*C. asiaticum*）；C. 北美文殊兰（*C. americanum*）；D. 穆氏文殊兰（*C. moorei*）；E. 南非文殊兰（*C. bulbispermum*）

的洛杉矶、佛罗里达、得克萨斯、路易斯安那、南卡罗来纳和北卡罗来纳州有引种栽培。鳞茎直径 6 ～ 8cm。叶长 5 ～ 8cm，宽 3 ～ 5cm，叶表面附着有白霜，外边缘深红色；8 ～ 13 朵小花形成伞形花序，花被片粉红色到红色，漏斗状，筒部狭窄，直径 5 ～ 10cm，裂片线状披针形、披针状椭圆形或披针状卵形，长 6 ～ 11cm，宽 1 ～ 1.7cm；花梗长 4 ～ 6cm。春、夏开花，果柄较短（图 2E）。

**5. 穆氏文殊兰 *C. moorei***

原产南非东部沿海森林中，在高海拔的阴凉地区也能生长良好。鳞茎较大，直径可达 20cm，出苗时叶片从鳞茎细长的颈部抽出，叶片长 100cm，宽约 20cm，平展生长，深绿色的叶子从颈部长出呈莲座状，花莛高 120cm 左右，花莛顶部有 5 ～ 10 朵花型较大、白色到淡粉色的花（图 2D）。

穆氏文殊兰须在斑驳的树荫下生长，因为强烈阳光直射会导致叶片甚至是花朵灼伤，因此在生长期，当阳光强烈时需要适当遮阴。其种子不易保存，种子收获后应立即平铺干燥保存。从播种到开花需 3 ～ 4 个生长季。种植鳞茎时保持一定的间距，开花后叶片凋谢，鳞茎在冬天进入休眠。

## 四、繁殖技术

### （一）播种繁殖

文殊兰开花后可采取人工授粉以提高结果率，从开花授粉到果实成熟需 60 天左右。文殊兰结果率较低，每朵小花一般仅结 1 个蒴果，当蒴果外皮呈黄白色时即可采集。蒴果果实大如核桃，种子饱满，大的蒴果 1 个果实重量可达 50g，每个果实有种子几粒至数十粒。因种子含水量大，宜采后即播。文殊兰一年四季均可播种，成熟种子长扁圆形、硬实，种皮呈淡绿色，种子的胚芽约在种子平放的下部 2/3 处，这也是文殊兰发芽处理萌发时间长的主要原因。播种前应对种子进行催芽处理，用 35℃温水浸泡种子 48 小时，捞起后用湿布包裹，放置于 25℃条件下催芽。催芽后播种时种子宜平放且芽眼朝上，可用浅盆点播，基质用消毒的腐熟锯末、马粪、河沙、炉灰渣、针叶腐殖土、细沙土均可，消毒措施可选择高温消毒或紫外线消毒。种子覆土厚 1.5 ～ 2cm，浇透水，用塑料薄膜覆盖播种盆，保持土壤适度湿润但不可过湿，薄膜内温度保持在 25℃以上，空气相对湿度 60% 左右，以保证发芽率和发芽整齐度。播种后 15 ～ 20 天萌发豆芽状根系，40 天后发芽长出扁平叶片，刚发芽时避免强光照射。当小植株长至 2 ～ 3 枚真叶时即可进行移栽，移栽基质以消毒针叶腐殖土为宜，一般在阴天或下午 16:00 以后移植。也可晒干种子待翌年春季进行播种，播种时间以 3 ～ 4 月为宜，栽培 3 ～ 4 年可以开花。

### （二）分株繁殖

2 ～ 5 年生文殊兰的根部会长出很多小植株，等小植株长到 4 ～ 8 枚叶片时就可进行分株繁殖。一般在春、秋季结合换盆、换土进行，以春季最佳。分株前不要浇太多的水，让土壤尽量干松，但不能板结，以免伤害到须根。具体操作方法：将文殊兰母株从盆内倒出，把假鳞茎和鳞茎基部发出的侧芽切下另行栽培即可培养出新植株。栽培分生苗前，切口涂抹草木灰以防植株体液外流和伤口感染腐烂，盆栽基质要选通透性好、经严格消毒的泥炭土与沙质土混合基质，栽培深度以埋住鳞茎及能稳固植物体为准。上盆时要注意幼苗根与土壤的紧密程度，对因浇水后倾倒的幼苗，要及时扶正、扶直，必要时插上竹签固定，一般 25 ～ 30 天后分株小苗能顺利长出新根。

### （三）扦插繁殖

文殊兰开花后若环境温度低，每朵小花将陆续枯萎脱落，只剩下长长的、逐渐膨大的花梗，不能满足种子发育的营养需要，种子结实率较低。此时把花梗连同没有发育好的种子一起剪下，直接扦插到基质中，保持适当的温、湿度，约15天后就会有小植株从花梗基部长出。特别是在北方栽植的文殊兰，即使是人工授粉结果率也非常低，同等条件下实生苗及花梗扦插苗都比分生苗的养护时间长且长势较弱，一般3年生的实生繁殖植株及扦插繁殖植株与1年生分株繁殖植株的长势相当。所以文殊兰的繁殖以分株繁殖为主。

## （四）组织培养

文殊兰常规繁殖方式为分株繁殖，但繁殖速度慢，周期长，远远不能满足市场的需求，还易积累病毒导致品质下降和退化。采用组织培养方法繁殖文殊兰，可在短期内获得大量的种苗，满足市场需求。

### 1. 无菌材料的获得

文殊兰生长于高温、高湿环境中，自身带有多种微生物，材料的灭菌是文殊兰组织培养繁殖能否成功的关键环节。以鳞茎为外植体时，由于鳞茎出自土壤，带菌量大，导致外植体消毒比较困难，通常在外植体取材前2天地块就要停止浇水。挖取鳞茎后去除过长的叶片及根系，先置于低浓度的洗洁精溶液中浸泡几分钟，再用自来水清洗干净。然后把供试材料放置于超净工作台上，将其表面的水分晾干或用吸水纸吸干，转入已消毒的三角瓶中，倒入75%酒精，灭菌30～60秒，倒去酒精，再倒入0.1%次氯酸钠溶液灭菌，无菌水冲洗5～6次，每次清洗2分钟，而后放在无菌吸水纸上，吸干表面水分。切去部分叶片，从鳞茎的中间纵向剖开，把带有腋芽的2个半圆鳞茎分别接种到装有芽启动培养基的瓶内，每瓶接种1个鳞茎。黄碧兰等（2019）将外植体经0.1%次氯酸钠消毒灭菌8、10、12、14、16、18分钟后接种至启动培养基上，15天后统计成活率、死亡率和污染率。结果表明：外植体最适灭菌时间为14分钟，成活率最高达到70%，且死亡率和污染率较低，分别为13.33%和16.67%。

### 2. 诱导培养

文殊兰鳞茎切割后产生较多的黄色分泌物，外植体易褐变，褐变后慢慢死亡，无腋芽萌发。培养基中添加1g/L活性炭可有效抑制褐变；不同浓度的6-BA和IBA配比对红花文殊兰腋芽的萌发具诱导作用。因此，诱导启动培养基的最适配方是MS + 5.0mg/L 6-BA+ 0.2mg/L NAA+ 1g/L活性炭，诱导率可达88%，腋芽生长状况良好。

### 3. 继代与增殖培养

不定芽在MS培养基中添加不同浓度的6-BA、TDZ和NAA诱导继代和增殖。添加不同剂量的6-BA、TDZ和NAA均可诱导出红花文殊兰的丛生芽，但丛生芽的增殖系数在不同配方的培养基中有所不同。红花文殊兰丛生芽增殖最优的培养基配方为MS+2mg/L 6-BA + 0.5mg/L TDZ + 0.1mg/L NAA + 0.5g/L活性炭，增殖速度快，丛生芽的增殖系数最高达7.16，且生长状况最佳，TDZ在红花文殊兰的增殖培养中起到了显著的作用。

### 4. 壮苗及生根培养

采用1/2 MS作基本培养基，适量减少培养基中的营养成分可有效促进壮苗与生根。将红花文殊兰丛生芽切分为小丛，先转到1/2MS + 0.5mg/L 6-BA + 0.1mg/L NAA + 10% CW（椰子水）+ 0.5g/L活性炭上进行壮苗培养。待丛生芽长到5～7cm时，把丛生芽分为单株接种于添加不同浓度的IBA和NAA的MS生根培养基中，经对比试验，红花文殊兰最适生根培养基配方为MS + 0.5mg/L NAA + 0.5mg/L IBA + 0.5g/L活性炭，生根率可达100%，且根系粗壮发达，再生苗生长健壮。

### 5. 移栽驯化

将已生根的红花文殊兰瓶苗移至大棚的过程中，先打开瓶口在自然光条件下炼苗10天，然后取出小苗，洗去残留在瓶苗上的培养基，用多菌灵 1000 倍液浸泡 5 ～ 8 分钟进行灭菌处理，用镊子一株一株小心移栽到基质为树皮：椰糠：河沙 = 1 ：1 ：1 的营养钵或穴盘中，放置在通风阴凉的温室大棚中，覆盖塑料膜使苗床空气相对湿度保持在 80%，并定期施肥、浇水，移栽驯化 40 天后，成活率可达 95%，且小苗的生长状态良好。

## 五、栽培技术

文殊兰栽培有露地栽培、设施盆花栽培等方式。盆栽作室内观花、观叶植物，露地栽培则作为美化环境的园林植物。

### （一）种植

盆栽文殊兰种植时应选择大小合适的花盆以利于肥水管理。1 年生小苗上盆可用小盆，3 ～ 4 年后分株的成株可用中盆，6 ～ 9 年生的植株可用大盆，以利于保水、保肥，供应根系发育。若用种球种植，每年 3 ～ 4 月将鳞茎栽于 20 ～ 25cm 的盆中，栽植深度不能过浅，以覆盖住鳞茎不见假鳞茎为度，注意不能损伤根系。刚定植的植株要浇透定根水，置于阴处或用遮阳网遮光以提高成活率。北方 9 月上旬或 10 月下旬当环境温度降低后应将盆花移入室内，放在温度为 5℃以上的干燥处，适当减少浇水并终止施肥。文殊兰换盆分株时需用原土加上一定比例发酵好的农家肥或腐殖土，这样能改善原土质地。也可以使用腐叶土：堆肥土：沙土按 2 ：2 ：1 配比混合的栽培基质。

地栽文殊兰每 2 ～ 3 年要分栽 1 次，以保持植株健壮，开花繁茂，否则生长受阻，开花稀少。

### （二）水分管理

野生文殊兰常生于海滨地区或河边沙地，喜欢湿润环境又较耐旱，但过湿和积涝，会造成根系腐烂；若栽培土过旱，特别是花期前后也会对开花产生不利的影响。文殊兰生长期浇水视天气情况，一般每 1 ～ 3 天浇 1 次，夏季供水要充足，保持盆土湿润，且需经常向叶片喷水，起到清洁叶面、增湿和降温作用。冬季应节制浇水，随着天气变凉，减少浇水次数，保持盆土较为干燥的状态，以利于植株安全越冬，一般视天气情况每 3 ～ 5 天浇 1 次；但北方盆花冬季移入室内种植时，若室温较高文殊兰不冬眠，浇水量也需增加。另外，文殊兰开花期因营养消耗较大，需水量比生长期相对大，也要适当增加浇水次数。总之，文殊兰喜湿但忌涝，浇水应遵循“见干见湿”的原则，夏季雨后要及时排水防涝，冬季要控制浇水，土壤含水量宜保持在 40% 左右。

### （三）光照管理

文殊兰生长期间要求光照适中，盛夏时节不耐烈日暴晒，7 ～ 9 月应进行遮阴处理，每天上午 7:00 ～ 12:00 接受全日照，午后 12:00 ～ 15:00 使用 70% 的遮阳网遮阴，其余时间应给予较充足的光照。若无遮阴措施，在强光环境下文殊兰叶面会灼伤，先出现黄色斑块，斑块逐渐增大扩展到整个叶片，最后逐渐枯萎腐烂。为避免灼伤，夏天可把文殊兰移入室内养护，但要保持通风、透光，室内的折射光、散射光要能满足其生长发育的需要。

### （四）温度管理

文殊兰生长的温度范围很广，10 ～ 30℃均能满足其生长发育，但最适生长开花的温度为 15 ～ 28℃。因此，夏季高温时需采用遮阳、叶面喷水、周围洒水等措施降低植物表面温度。秋季 10 月左右，最好移入室内或具有加温设备的温室内安全过冬。当环境温度低于 10℃文殊兰将进入休眠，生长变得极为缓慢或停止生长；若环境温度低于 5℃，文殊兰地上部分会受到冻害，所以，应增加种植土层厚度或提升环境温度以保护其安全越冬。

### （五）施肥管理

文殊兰根系发达，叶片大，花莛粗壮，开花多，所以需不断补充营养，使植株生长良好和开花繁盛。生长期肥料吸收和利用能力较强，尤其是在开花前后需肥量更大。春季以施薄氮肥为主，肥料不足会使叶片变瘦小；抽莛和孕蕾期以磷、钾肥为主以利于开花；叶面有彩色斑纹的品种，更应注意施用磷、钾肥以使色彩更加鲜丽；入秋宜施腐熟的饼肥。植株定植时若基肥充足，栽培第1年可不用再单独施肥，第2～3年于开花前施用1次高钾复合肥，待花莛抽出前再施1次过磷酸钙即可。若不施基肥或施用不足时，生长期需30天左右施1次油饼渣加硫酸亚铁沤制的肥水，也可每15天施1次稀薄的磷钾液肥。花莛抽出前宜施1次过磷酸钙，但切忌施加浓肥，以免鳞茎腐烂。冬季来临应减少水肥供给，进入冬眠期的植株停止用肥；但当室温较高植株不休眠时，仍需提供充足的肥水，以保证来年初春有足够的养分供植株生长发育和开花。施肥时切忌将肥液滴入叶颈内，否则会引起叶颈腐烂、感病。

### （六）株型管理

文殊兰盆栽时为保证其株型更具观赏性，每年春季植株长出新叶时，应用70%酒精消过毒的剪刀及时剪掉外层老叶、黄叶和病叶，清理整形植株。文殊兰在生长旺盛期，经常从鳞茎周围生出萌蘖芽，为保证株型直立饱满，全株正常生长，应及时抹去多余的萌蘖芽。开花后如不需采收种子，应及时从花莛基部剪除花梗，既可防止更多养分消耗，又可保持株型美观。

## 六、病虫害防治

### （一）病害及其防治

病害有叶斑病、紫斑病、炭疽病、褐斑病、枯萎病、煤烟病、叶枯病、花叶病、基腐病等。田间防控措施：保证栽培土壤或栽培基质清洁卫生，无杂草；保持栽培环境通风、透光并加强日常管理；及时清除腐叶、病叶和病株；合理浇水施肥。

叶斑病发病初期可用75%百菌清可湿性粉剂500～700倍液，或75%代森锰锌500倍液，或500倍福美双，或500倍克菌单，或800倍嘧菌酯，或2000倍翠贝，或65%多克菌600～800倍液喷雾，每周喷雾1次，连续喷3～4次，轮换喷施防治。

紫斑病发病初期喷洒27%铜高尚悬浮剂600倍液，或40%百菌清悬浮剂500倍液，或75%达科宁可湿性粉剂600倍液，每周喷施1次，连续喷施5～6次防治。

炭疽病发病初期喷洒50%多菌灵可湿性粉剂700～800倍液，或50%炭福美可湿性粉剂500倍液，或75%百菌清500～600倍液，每周1次，连续喷药3～4次防治。

褐斑病发病初期喷洒1∶1∶100等量式波尔多液保护剂，或65%代森锌可湿性粉剂500倍液，或70%甲基托布津可湿性粉剂800～1000倍液喷雾防治，每隔10～15天喷1次，连续喷施3～5次。

枯萎病发病初期可选用70%甲基托布津可湿性粉剂500倍液，或50%多菌灵可湿性粉剂500倍液灌根，每株灌200ml药液，每隔7～10天灌根1次，连续灌根2～3次。

叶枯病发病初期可用40%百菌清悬浮剂500倍液，或50%扑海因可湿性粉剂800～1000倍液，或70%代森锰锌可湿性粉剂500倍液。每隔10天左右喷施1次，连续喷施3～4次防治。

花叶病为病毒病，应注意防治蚜虫等传毒昆虫，适期喷洒40%氧化乐果800～1000倍液，或2.5%溴氰菊酯乳油3000～4000倍液进行喷洒防治；发现花叶病毒病病株应及时拔除、集中烧毁，病株土壤挖走集中高温处理；发病初期也可浇施木霉菌，每隔10天左右1次，连续防治3～4次有一定的防治效果。

### （二）虫害及其防治

虫害有蚜虫、介壳虫、吹绵蚜、地老虎、红蜘蛛、斜纹夜蛾等。田间管理注意通风，合理施肥，发现病虫害及时防治。

发生蚜虫危害时，应适当增加栽培环境湿度。若害虫数量较少时，可用清水冲洗或用人工刷除；若数量大则应喷施40%氧化乐果乳油1500倍液或阿维菌素1000倍液喷杀。喷施农药时应避免在高温或阳光直射下作业，最佳喷药时段为清晨露水干透时及傍晚。

介壳虫可用40%乳油速扑杀800～1000倍液全株喷洒，喷药时要以叶片背面及植株顶部为重点，叶片正面也要适当喷药，每隔7～10天喷药1次，连续喷2～3次。

红蜘蛛又称螨虫，主要有朱砂叶螨、二点叶螨危害，一般情况下在5月中旬达到虫害盛发期，7～8月为全年高发期，尤以6月下旬到7月上旬危害最为严重，常使文殊兰全株叶片枯黄泛白。红蜘蛛完成1个世代平均仅需10～15天，繁殖速度快，预防采用四螨嗪1500倍液或阿维菌素1000倍液，发生红蜘蛛危害时，在叶面、叶背上，尤其是叶背可见针头大小的红色小虫或卵，连续喷洒20%三氯杀螨醇800倍液，或40%乐果乳剂800倍液，或钾氰菊酯1500倍液，或联苯肼酯2000倍液，或尼螨诺1000倍液等，每周1次，连续2～3次。

斜纹夜蛾可用90%敌百虫800倍液，或35%赛丹乳油1000倍液，或2.5%敌杀死1000～1500倍液，或25%马拉硫磷800～1000倍液防治，每隔7～10天喷施1次，连续喷洒2～3次。

## 七、价值与应用

### （一）观赏价值

文殊兰株型高大，花和叶均极具观赏性，是园林绿化美化常用的观赏植物，可盆栽也可露地栽培，广泛应用于各类景观装饰中。文殊兰叶片常绿，每年开花2次，花期较长，常年可供观赏。既可作园林景区、校园、机关、住宅小区绿化的点缀品，又可作庭院装饰、房舍周边的绿篱等，还可盆栽放置于会议厅、宾馆、宴会厅、书房等作为室内装饰，非常赏心悦目、典雅大方。尤其在花期，文殊兰散发出的淡淡清香，令人心旷神怡、舒心养性，颇有高雅清新之感。可与不同种类、不同大小、不同高度的观赏植物组合成形式丰富、形体大方的花境，也常应用于草地开阔处、树丛周围及路旁等景观区域成片栽植作绿植带，或应用于庭院、花园等小型景观空间作庭院观赏花卉。

### （二）药用价值

文殊兰属植物具有良好的药用价值，其味辛、苦，性凉，全株有毒，以鳞茎最毒。它的药用价值在世界很多国家都开展了研究及应用，如印度用文殊兰治疗泌尿系统疾病，马达加斯加外用治疗皮肤病。现代医学研究表明，文殊兰属植物中含有多种化学成分和广泛的药理学活性物质，如生物碱类、黄酮类、酚类等，这些化合物具有抗肿瘤、镇痛、抗菌、抗病毒、抗拟胆碱样、保护心血管以及诱导肿瘤细胞凋亡等多方面的生物活性。尤其石蒜碱已被证明有着广泛的药理活性，如抑制肿瘤细胞活性、抑制鼠细胞中DNA和蛋白质的合成，石蒜碱-1-*O*-*β*-*D*-葡萄糖苷能激活腹水瘤细胞、脾淋巴细胞和肥大细胞，磷脂酰石蒜碱能抑制过敏物质的释放等。文殊兰在我国民间早有应用，据《新华本草纲要》记载，文殊兰有行血散瘀、消肿止痛的功能，主要用于治疗腰痛、跌伤骨折、皮肤溃疡、淋巴结炎、热疮肿毒、咽喉炎、头痛、痹痛麻木、毒蛇咬伤等，可捣敷外用或绞汁涂或炒热敷，也可内服，因具毒性所以内服宜慎重。

（王丽花）

# *Crocosmia* 雄黄兰

雄黄兰是鸢尾科（Iridaceae）雄黄兰属（*Crocosmia*）多年生球茎类球根花卉。属名来自希腊语 *krokos* 或拉丁语 *crocus*（“saffron” 番红花、藏红花）和 *osme*（“oder” 气味），指雄黄兰的干花浸入温水中会散发出浓烈的番红花气味。英文名称 Montbretia（火星花）。以前属雄黄兰属的许多种现在被归入了与之亲缘关系很近的观音兰属（*Tritonia*），两者的主要区别：雄黄兰的新球茎在匍匐茎上形成，观音兰的新球则无柄；雄黄兰的穗状花序多分枝，花朵密集，而观音兰的穗状花序少分枝或无分枝。

## 一、形态特征

### （一）地上部分形态

雄黄兰属植物株高 60 ～ 120cm。叶多基生，呈长剑形，基部鞘状，先端渐尖；穗状圆锥花序，花茎分枝多且纤细，高出叶上；花基部有 2 膜质苞片；小花可长达 5cm，花色以橙黄色为主，也有红色、黄色等，花被裂片 6 枚，两侧对称；雄蕊 3 枚；子房下位，绿色，长圆形，花柱先端 3 裂；蒴果，三棱状球形，种子椭圆形。花期夏季至初秋。果期 8 ～ 10 月（图 1A，图 1B）。

图 1　雄黄兰植株形态

A. 花序（引自 Pacific Bulb Society）；B. 种子（引自 RHS）；C. 球茎

### （二）地下部分形态

雄黄兰属植物的球茎扁圆球形，外有棕褐色网状的膜质包被。在每年的生长过程中，母球茎顶芽萌发，花后母球茎并不完全退化萎缩，在母球茎的顶端逐渐形成一个新球茎，并在新球茎基部萌生的匍匐茎顶端形成籽球。多年种植的雄黄兰母球茎能形成串珠状，它们之间的连接不紧密，容易分球。分球后，每个母球都具有萌芽能力。在最下面的老球上形成牵引根（contractile roots），具有牵引球茎向地下生长的功能（图 1C）。

## 二、生态习性

雄黄兰属植物属于春季种植、夏季开花和冬季休眠类型的球根花卉。在北半球温带气候区的自然条件下，春季 3 ～ 4 月种植，6 月中下旬可开始抽莛，7 月初开花，7 月中旬至 8 月初进入盛花期，8 月中下旬进入末花期。10 月后地上部分枯萎，球茎进入休眠。

此属植物喜充足阳光，耐寒。在我国长江中下游地区球茎能露地越冬。适宜生长在排水良好、疏松肥沃的沙壤土，生育期要求土壤有充足水分。

## 三、种质资源

雄黄兰属是鸢尾科中较小的1个属，目前已发现有8个种，原产非洲东部和南部的草原地区，从南非绵延到苏丹，其中*C. ambongensis*这个种为马达加斯加岛的特有种。在我国湖北咸丰、恩施、利川、巴东有分布。目前有2个花园中使用的杂交种：*Crocosmia*×*curtonus*、雄黄兰（*C.*×*crocosmiiflora*）。近年来，在欧洲出现了上百个栽培品种，花色主要以橙红色为主，也有一些洋红、黄色、橙黄及双色的品种。重要的原种有：

1. 黄火星花（黄金臭藏红花）*C. aurea*

又称流星（Falling Stars）。分布于非洲热带，斯威士兰和南非好望角的森林阴凉之地；于1847年被引种。其球茎呈球形，侧面有裂痕，球茎外部有一层皮膜包裹。叶子长约30cm，呈浅绿色。花茎一般具有8个以上分枝，整个花茎可达60～90cm长，在花茎基部着生4～6枚叶。每朵小花直径可达5cm，花橙色，衰老后呈红色，花期较长，从夏末开至秋季。此种植株生长迅速，能够在较短时间内快速增殖，形成一片雄黄兰景观。

2. 雄黄兰 *C.*×*crocosmiiflora*

又称火星花，为本属植物黄火星花和帕氏火星花的杂交种（*C. aurea*×*C. pottsii*），于1880年被引种。其叶呈剑形，花茎可达90cm长，圆锥花序，花呈漏斗状，花被基部合生，呈细长管状，长约2.5cm。小花多为橙红色，也有其他颜色的品种，花期较长，从夏末持续到秋天，是此属中最适合作切花的种。品种有‘香茅’（‘Citronella’），花呈浅柠檬黄色，花朵不完全开放；‘皇帝’（‘His Majesty’），花橙红色至绯红色，花被片背部为深红色，花大；‘路济弗尔’（‘Lucifer’），花茎可长达120cm，花正红色，是最耐寒的品种；‘东方之星’（‘Star of the East’），花呈淡橙黄色，花朵朝上。

3. 红橙雄黄兰 *C. masoniorum*

分布于南非东开普省的山区中。花茎长可达60cm，花茎下垂近水平。叶片褶皱，呈剑形，叶脉明显突出，叶长48～60cm。花呈橘红色，从春季至开花，需要充足的水分，此种为出色的海滨植物，但耐寒性不如一些早花种。花期为仲夏至夏末。

4. 帕氏火星花（波特雄黄兰）*C. pottsii*

分布于南非夸祖鲁－纳塔尔省，并于1880年开始引种。花茎多分枝，通常可长达120cm。叶基生，细长，分列两排，叶长45～60cm，叶宽2.5cm左右。花朵在花序上于同一侧排列，花橙红色，喉部呈黄色，花开似火焰，花期仲夏。

## 四、繁殖与栽培管理

### （一）繁殖

雄黄兰的繁殖可分为种子繁殖和营养繁殖两类。营养繁殖又可进一步分为分球繁殖和切割繁殖。在园林应用过程中，以营养繁殖为主。

1. 种子繁殖

种子繁殖主要用于雄黄兰的杂交育种。雄黄兰可自花授粉，也可人工杂交授粉。在原生地条件下，雄黄兰可结实，但是在我国引种时发现，雄黄兰在我国北方地区，如西安等地自然条件下无法结实。种子成熟后即可播种，也可低温贮藏至第二年春天播种，实生苗生长时不耐霜冻，确保生长适宜温度。一般种植3年后可以开花。

2. 营养繁殖

（1）**分球繁殖：**雄黄兰球茎的自然繁殖能力较强，种球不易退化，常使用分球繁殖。大球（直径＞2cm）种植当年即可开花，而在匍匐茎顶端形成的籽球（直径1～1.5cm），经过1年的栽培方可形成开花种球。一般3年分球1次，于春季新芽萌发前挖起休眠的球茎，进行分球。分球可以防止植株过度拥挤，影响开花质量。

（2）**切割繁殖：**切割繁殖是雄黄兰快速扩繁的手段之一。采收大球后，于冬季进行切割处理。切割时，首先剥除球茎外层皮膜，去除顶端枯黄的叶基部分。再使用清水洗净球茎，纵向切割球茎，切割过程中确保每个小块含有至少1个芽点和底部根盘部分。切割后，使用混有多菌灵的木炭粉撒于切面，将处理后的小块包埋于湿基质装入塑料袋中，密封防止水分散失，在18～25℃条件下培养，诱导芽和根的萌发生长。于翌年春季下地种植。

### （二）栽培

#### 1. 露地栽培

栽植前土壤要充分翻耕，施足基肥。为防止水涝，建议使用高畦。3月上旬（西安地区）栽植开花球茎（直径＞2cm）时，种植深度为7～10cm，间隔20～30cm。生长过程中要注意浇水，保持土壤湿润。在3月中旬芽萌动后、孕蕾期和花朵凋谢后各追肥1次，使叶茂花盛，形成充实的新球。一般在当年6～8月开花，此时也可采收花枝作切花。种球不易退化，因此，每隔3～4年需起球，去除坏死球茎，分球后再种植，以促进植株生长和开花。雄黄兰耐低温，能够在-5℃以上土壤中越冬。若冬季温度长期低于-6℃，可以在土壤表面铺几层稻草，以保证土壤温度在-5℃以上。若无法保证温度条件，则需要起球，并在低温环境下（4℃左右）贮藏越冬，再于翌年春季种植。

#### 2. 盆栽和切花栽培

雄黄兰亦适宜于盆栽，在我国北方寒冷地区，冬季需将花盆放入室内越冬；在我国南方，盆花可在室外越冬。

此外，将球茎种植时间延后至5月初种植，可以加快球茎萌芽、增加叶片生长数量、提高花茎品质以及促进雄黄兰提前开花。

#### 3. 切花采收和采后处理

（1）**采收期和采切方法：**雄黄兰切花于花序最下面第1朵花完全开放且第2朵花正在开放时进行采收。采收时，使用锋利小刀在植株基生叶片第2～4枚之间斜切，切下后迅速将花枝插入干净的冷水之中，避免萎蔫。使用此种留有叶片的采收方式可以保障地下球茎的进一步发育，明年还可开花。若只作切花生产，在采收时可贴地面采收，采收后球茎不再保留。

（2）**包装、贮藏与运输：**采收后，将花枝贮藏于气温2℃、空气相对湿度90%～95%的贮藏室之中。由于雄黄兰小花较易脱落，在包装时须轻拿轻放，避免剧烈晃动。

（3）**保鲜处理：**使用保鲜剂Floralife 200和Floralife 300可以显著提高雄黄兰的花枝瓶插寿命。

（4）**干花制作：**雄黄兰花枝可以制作干花，将花枝捆成小束，倒挂在干燥、通风之处便可以将雄黄兰制作成干花，使之长时期地保持鲜艳的花色。

### （三）病虫害防治

雄黄兰主要的病害为斑点病，可用75%百菌清可湿性粉剂700倍液喷洒进行防治；主要的虫害为刺足根螨，可用40%三氯杀螨醇乳油1000倍液喷杀。

## 五、价值与应用

雄黄兰属植物原产非洲南部，在温暖地区很容易栽培，尤其是沿着海岸的区域，猩红色的火星花已成为世界许多沿海地区（包括新西兰和美国的太平洋海岸）最常见的路边植物。此属中也有相当耐寒的种，在没有任何保护的情况下可在-9℃的低温下生存，成株可从短暂的寒冷中恢复生长。雄黄兰在我国长江中下游地区球茎能露地越冬。仲夏时节花开不绝，花色鲜艳，是布置花境、花坛和作切花的良好材料。该属植物也可片植于街道绿岛、建筑物前、草坪上、湖畔等。但是由于雄黄兰繁殖能力和耐性强，被英国、新西兰和美国等国家列为入侵植物。

除具观赏价值外，雄黄兰的球茎可入药，具有解毒、消肿、止痛的作用，可治全身筋骨疼痛、各种疮肿、跌打损伤、外伤出血等病症。

（吴健）

# *Crocus* 番红花

番红花为鸢尾科（Iridaceae）番红花属（*Crocus*）多年生球茎类球根花卉。其属名 *Crocus* 来自希腊文。英文名称 Saffron（藏红花、番红花）一词来自阿拉伯语，称之为调味品。我国明代《本草纲目》和《中药鉴定学》一书中就有记载，别名为咱夫兰和撒法郎（英文名称的音译），又称"番红花"（窦剑 等，2016）。番红花属植物种类丰富，但我国仅有 1 个野生种——白番红花（*C. alatavicus*）（中国植物志编辑委员会，1985），分布于新疆。

番红花属植物叶丛纤细，株型极为矮小，花朵优雅娇柔，花色丰富，有白、紫、橙、黄等，具特异芳香，具有较高观赏价值，众多种类被应用于观赏园艺领域，其性又耐寒，冬季或早春花卉，常用其点缀草坪、花坛及庭园，在疏林下作地被色块，也可作花坛、花境的镶边植物或配置于岩石园，还可盆栽作为案头摆设或水养供室内观赏（李玲蔚，2013）。欧美育种机构先后在春花型的金番红花（*C. chrysanthus*）、春番红花（*C. vernus*）、托氏番红花（*C. tommasinianus*）和秋花型的美丽番红花（*C. speciosus*）等种中培育出多个园艺栽培品种（窦剑 等，2016）。近年来，伴随着我国对郁金香、风信子和洋水仙等早春球根花卉的引进和大规模应用，番红花属的园艺栽培品种也逐渐受到我国花卉市场的关注和人们的喜爱。

在番红花（中药常称之为西红花、藏红花）药用方面，我国自 1965 年开始从德国引进少量西红花种球进行栽培研究。1971—1984 年又数次从日本购买球茎进行栽培试验，并取得了成功（王康才，2003）。现今，我国番红花人工栽培主要分布在浙江、江苏、上海、河南、新疆等地，目前全国所产的番红花药材远远不能满足市场的需求，仍需进口。

## 一、形态特征

### （一）地下部形态

以番红花（*C. sativus*）为例。地下具球茎，扁圆形有环节，其上着生许多芽眼，被多层塔形膜质鳞片包被；外皮为黄褐色，膜质结构，外侧粗糙，内侧光滑；膜质鳞片柔软，韧性较好，不易断裂，用手撕扯呈丝状（图 1A 至图 1D）。

### （二）地上部形态

番红花每丛有叶 2 ～ 15 枚，基部由 4 ～ 5 枚鞘状鳞片（芽鞘）包裹。叶片为线形、无柄，丛生，长 10 ～ 30cm，宽 0.2 ～ 0.4cm，先端尖，光滑，叶全缘反卷，深绿色，表面有白色沟，具细毛，簇生在球茎上，韧性好（图 1E）。11 月上旬开花，花柱细长，上部 3 分枝，离生单雌蕊，膨大呈漏斗状，伸出花被筒外而下垂，深红色，柱头略扁，呈喇叭状，有短缝，顶端楔形，有浅齿，较雄蕊长；花紫色，具紫色条纹及蓝色羽状纹（图 1F、图 1G）。

## 二、生长发育与生态习性

### （一）生长发育规律

园艺上按照花期将番红花属植物分为春花和秋花两大类。春花种 10 月种植后只生长根系，翌年春花茎常先叶抽出，有的种发叶与开

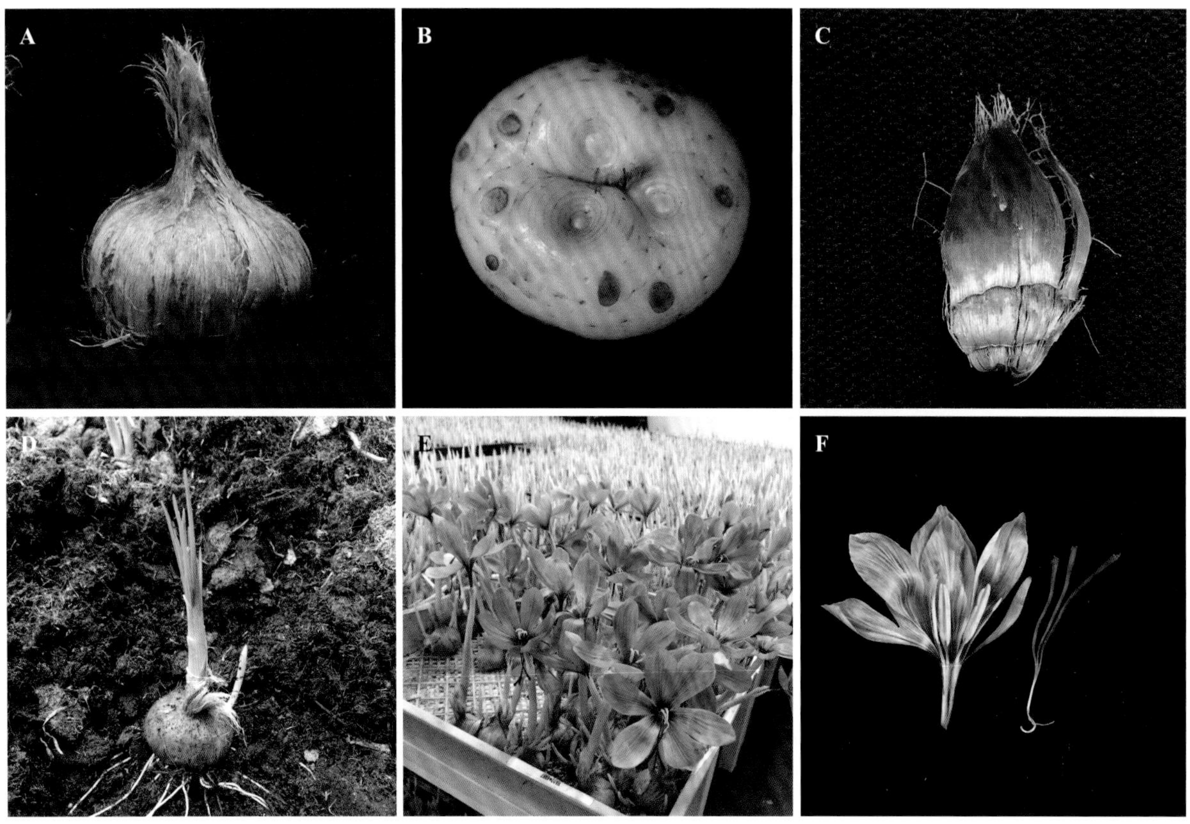

图 1　番红花（*C. sativus*）形态特征（王桢 摄）

A. 完整的球茎；B. 剥去外皮后露出芽点的球茎；C. 外皮内侧；D. 叶片；E. 盛花期状态；F. 花器官

花同时发生，花期 2～3 月，5 月叶枯后进入休眠。秋花种 9 月种植，10～11 月开花，花茎常于叶后抽出；温暖地区霜前种植，霜前开花，栽后当年不出叶，翌年春发叶，2～3 月新球茎生长，5 月新球成熟，母球茎耗尽而干缩，叶枯后进入夏季休眠（包满珠，2003）。无论春花种还是秋花种均为秋植球根，其生长发育都经历以下阶段：

### 1. 根系和叶片生长阶段

番红花的根分为营养根和贮藏根两种。营养根是须根，着生于母球茎的根带上，具吸收水分和养分的功能。种球于 9 月底至 10 月初种植后，须根从母球茎基部横向长出，主要分布于表土层。贮藏根着生于种球的基部，其发生晚于须根，有暂时贮藏营养物质的作用。贮藏根在 12 月至翌年 2 月生长较快，3 月中下旬停止生长，根内营养物质减少而逐步萎缩，4 月下旬至 5 月上旬完全枯萎。

翌年 2 月上中旬，随着气温逐渐升高，首先芽鞘于种球顶端长出，然后从芽鞘中长出花蕾和叶片（秋花种当年 10～11 月开花，翌年只长叶片）。地上部分即进入生长旺盛期，此时叶片生长较快，叶片数也随之不断增多。

### 2. 新球和籽球形成与膨大阶段

番红花种球（母球）的顶芽萌发后，其重量迅速下降，至 11 月下旬只有鲜重的 1/3，到翌年 2 月中旬母球内营养已基本耗尽，最后萎缩成盘状。芽萌发后，叶丛基部逐渐膨大，形成新球，新球年内生长缓慢，翌年 2 月开始增大，2 月下旬至 4 月中旬新球迅速增大、增重，5 月上旬，地上叶片完全枯萎，贮藏根消失，新球不再膨大增重，进入休眠期。番红花母球主芽上长的新球最大，侧芽上形成的新球较小，萌发晚的侧芽生成的新球更小，称为籽球。

此阶段气温不宜超过 25℃，超过 25℃时植株开始枯萎。冬季温暖湿润有利于植株的营养生长，番红花能耐短期 -8℃的低温，若低于 -10℃，植株生长不良，翌年新球变小。

#### 3. 花发育与开花阶段

春花种翌年 2～3 月，花莛从球茎顶部的叶丛中伸出，花蕾外包有薄膜状苞片，呈淡黄色，10～12 天后长至 3～4cm 时，苞片开裂花蕾露出，花朵开放。开花适温 16～20℃。大多数花蕾在显色的翌日开放，从初开至盛开再到花谢，整个过程约 3 天。每个球茎可抽生花枝 2～3 个，大部分种和品种的侧花枝伸长与开花时间落后于主花枝，因此整株花期 15～20 天。番红花多数种和品种有特异香味，花色各异，色彩艳丽，一般花瓣和花脉颜色相同，花开放后，花色从花脉处辐射至花瓣边缘，并逐渐变淡。秋花种 9～10 月种植后，花芽很快萌发，10～11 月开花。

#### 4. 球茎休眠与花芽分化阶段

5～8 月待地上部分枯萎后，挖取休眠的球茎。刚出土时，球茎外表皮未干，含水量较高，又值南方梅雨季节，应在通风处晾晒，使外表皮尽快干燥，以防球茎发霉。球茎经消毒、分级后，摊放于室内阴凉通风处，一直到 9～10 月球茎均处于休眠阶段，花芽分化也在此阶段完成，花芽分化的适温为 15～25℃。

### （二）生态习性

#### 1. 光照

番红花属植物生长要求光照充足，也耐半阴。

#### 2. 温度

喜冷凉，不耐炎热，生长适温 15℃左右，开花适温 16～20℃。耐严寒，一般能耐 -8℃的低温；若低于 -10℃，植株生长不良，新球变小。球茎夏季休眠，并在此期完成花芽分化，花芽分化的适温为 15～25℃。秋季发根、萌芽。

#### 3. 水分

喜湿润，但也耐干旱。

#### 4. 空气相对湿度

球茎采收后，要及时晾干，并保持室内空气畅通。球茎休眠期间，保持室内空气相对湿度 60%～70%；湿度太大，易导致球茎腐烂病的发生。

#### 5. 土壤或基质

番红花对土壤要求不高，喜富含腐殖质且排水良好的沙壤土，忌连作。

## 三、种质资源与园艺分类

### （一）种质资源

番红花属植物确知的有 104 种，据现有文献记载，常见观赏栽培的种、亚种有 29 个（布里克尔，2012；李玲蔚，2013），见表 1。

**表 1　番红花属常见栽培种**

| 序号 | 中文名 | 学名 | 用途 | 花瓣颜色 | 柱头颜色 |
|---|---|---|---|---|---|
| 1 | 白番红花 | *C. alatavicus* | 观赏 | 白色 | Y |
| 2 | 匈牙利番红花 | *C. banaticus* | 观赏 | 紫色 | Y |
| 3 | 蓝色番红花 | *C. baytopiorum* | 观赏 | 蓝白色 | Y |
| 4 | 双花番红花 | *C. biflorus* | 观赏 | 白色 | Y |
| 5 | 波里番红花 | *C. boryi* | 观赏 | 白色 | Y |
| 6 | 卡氏番红花 | *C. cartwrightianus* | 观赏 | 紫色 | R |

续表

| 序号 | 中文名 | 学名 | 用途 | 花瓣颜色 | 柱头颜色 |
|---|---|---|---|---|---|
| 7 | 金番红花 | *C. chrysanthus* | 观赏 | 金黄色 | Y |
| 8 | 克氏番红花 | *C. cvijicii* | 观赏 | 金黄色 | Y |
| 9 | 达尔马特番红花 | *C. dalmaticus* | 观赏 | 淡紫色 | Y |
| 10 | 冬番红花 | *C. etruscus* | 观赏 | 淡紫色 | Y |
| 11 | 土耳其番红花 | *C. gargaricus* | 观赏 | 橙黄色 | Y |
| 12 | 吉利米番红花 | *C. goulimyi* | 观赏 | 淡紫色 | Y |
| 13 | 地中海番红花 | *C. hadriaticus* | 观赏 | 白色 | R |
| 14 | 科奇番红花 | *C. kotschyanus* | 观赏 | 淡紫色 | Y |
| 15 | 平滑番红花 | *C. laevigatus* | 观赏 | 粉色 | Y |
| 16 | 长花番红花 | *C. longiflorus* | 观赏 | 白紫色 | R |
| 17 | 黄番红花 | *C. maesiacus* | 观赏 | 黄色 | Y |
| 18 | 玛利番红花 | *C. malyi* | 观赏 | 白色 | Y |
| 19 | 裂柱番红花 | *C. medius* | 观赏 | 紫色 | R |
| 20 | 小番红花 | *C. minimus* | 观赏 | 紫色 | Y |
| 21 | 长管番红花 | *C. nudiflorus* | 观赏 | 紫色 | Y |
| 22 | 艳丽番红花 | *C. pulchellus* | 观赏 | 淡紫色 | Y |
| 23 | 番红花（西红花） | *C. sativus* | 观赏、药用 | 淡紫色 | R |
| 24 | 三色番红花 | *C. sieberi* subsp. *sublimis* f. *tricolor* | 观赏 | 紫、白、黄色 | Y |
| 25 | 美丽番红花 | *C. speciosus* | 观赏 | 淡紫色 | Y |
| 26 | 高加索番红花 | *C. susianus* | 观赏 | 鲜橘黄色 | Y |
| 27 | 白花托马西尼番红花 | *C. tommasinianus* f. *albus* | 观赏 | 白色 | Y |
| 28 | 春番红花 | *C. vernus* | 观赏 | 淡紫色 | Y |
| 29 | 白花春番红花 | *C. vernus* subsp. *albiflorus* | 观赏 | 白色 | Y |

注：R 表示柱头为红色；Y 表示柱头为橙黄色或乳黄色。

## （二）秋花类

植物学上根据花茎基部佛焰苞片的有无，将番红花属分为总苞片类和裸花类两大类，代表种分别是番红花与科奇番红花。园艺上按花期不同分为秋花类和春花类两种类型（包满珠，2003）。花莛常于叶后抽生，花期 9 ～ 11 月。

### 1. 番红花 *C. sativus*

又称西红花、藏红花。原产南欧地中海沿岸。球茎大，直径可达 4cm。叶条形，灰绿色，长 15 ～ 20cm，宽 2 ～ 3mm。花莛常于叶后抽出，花与叶等长或稍短，花被裂片 6，2 轮排列，内、外轮花被裂片皆为倒卵形，顶端钝，长 4 ～ 5cm，淡紫色；花药大，黄色，花柱细长，先端 3 裂，伸出花被外下垂，橙红色，柱头可入药。花期 11 月上旬至下旬。番红花为番红花属中唯一可供药用的种，为一种常见的香料和名贵中药材。我国 20 世纪 60 年代开始作为药用植物引种栽培，亦可观赏。

2. 美丽番红花 *C. speciosus*

原产亚洲西南部。球茎大，直径2.5cm，叶狭长，4～5枚。花大，筒部长，筒内上部为紫红色，花色鲜黄，有蓝色网状暗纹，柱头多裂，暗橙色。花期9～10月。其变种及园艺品种很多，其中有大花美丽番红花、白花美丽番红花等品种，为秋花类中花最大、观赏价值最高的种。

## （三）春花类

花莛先于叶抽生，花期2～3月。

3. 金番红花 *C. chrysanthus*

又称金冬番红花。原产巴尔干半岛、小亚细亚。球茎小。叶5～7枚，花期3月上旬至中旬，花莛常先叶抽出。花瓣多为金黄色，杂交后培育出雪青色、黄色及白色等品种。

4. 黄番红花 *C. maesiacus*

又称番黄花。原产欧洲东南部及小亚细亚。球茎较大，直径2.5cm。叶明显高于花莛，6～8枚，狭线形。花期为2月下旬至3月上旬，花莛常先叶抽出，苞片2枚，花瓣多为金黄色，花被片长3～3.5cm。另有乳白色的变种。

5. 高加索番红花 *C. susianus*

原产高加索及克里米亚南部。球茎卵圆形，直径1.8cm，叶5～6枚，狭线形。苞片2枚，花被片内侧为鲜橘黄色，外侧带棕色晕，星形，花被片长3.5cm。

6. 春番红花 *C. vernus*

又称番紫花。原产欧洲中南部阿尔卑斯山地。球茎大，圆球形，直径2.5cm。叶与花莛近等高，2～4枚，宽线形，中央带白色条纹。花期2月下旬至3月上旬，花莛常先叶抽出，苞片1枚，花瓣为雪青色、堇色或白色，常带紫色条纹，花被片长2.5～3.5cm，喉部具毛。本种与其他种杂交育成较多品种。

## （四）栽培品种

每年欧美育种机构不断推出一些番红花的新品种，根据国内种球经销商提供的名录（表2），国内番红花引种的品种数量也不断增加。

表2 番红花属商用的栽培种和品种名录

| 序号 | 种/品种名 | 花色 | 株高（cm） | 开花时间（月） | 备注 |
|---|---|---|---|---|---|
| 1 | *C. minimus* | 淡紫色 | 10～12 | 2～3 | 春花 |
| 2 | *C. susianus* | 深黄色/青铜色 | 10～12 | 2 | 春花 |
| 3 | ‘Blue Pearl’ | 淡蓝色 | 15～20 | 3 | 春花 |
| 4 | ‘Cream Beauty’ | 奶黄色 | 15～20 | 3 | 春花 |
| 5 | ‘Dorothy’ | 淡黄色 | 15～20 | 3 | 春花 |
| 6 | ‘Flavus Golden Yellow’ | 金黄色 | 7～15 | 3 | 春花 |
| 7 | ‘Flower Record’ | 深蓝紫色 | 15 | 3 | 春花，大花 |
| 8 | ‘Fuscotinctus’ | 淡黄色 | 15～20 | 3 | 春花 |
| 9 | ‘Goldilocks’ | 深黄色 | 15～20 | 3 | 春花 |
| 10 | ‘Grand Maitre’ | 蓝色 | 15 | 3 | 春花，大花 |
| 12 | ‘Grote Gele’ | 黄色 | 15 | 3 | 春花，大花 |
| 13 | ‘Jeanne d'Arc’ | 白色 | 15 | 3 | 春花，大花 |
| 14 | ‘King of the Striped’ | 紫色白纹 | 15 | 3 | 春花，大花 |

续表

| 序号 | 种 / 品种名 | 花色 | 株高（cm） | 开花时间（月） | 备注 |
|---|---|---|---|---|---|
| 15 | ‘Miss Vain’ | 白色 | 15 ～ 20 | 3 | 春花 |
| 16 | ‘Orange Monarch' | 橙黄 | 10 ～ 15 | 2 ～ 3 | 春花 |
| 17 | ‘Pickwick’ | 紫色白纹 | 15 | 3 | 春花，大花 |
| 18 | ‘Prins Claus’ | 白紫色 | 15 ～ 20 | 3 | 春花 |
| 19 | ‘Remembrance’ | 深蓝 | 15 | 3 | 春花，大花 |
| 20 | ‘Romance’ | 黄色 | 15 ～ 20 | 3 | 春花 |
| 21 | ‘Snow Bunting’ | 白色 | 15 ～ 20 | 3 | 春花 |
| 22 | ‘Spring Beauty’ | 紫色白边 | 15 ～ 20 | 3 | 春花 |
| 23 | ‘Vanguard’ | 深蓝色 | 15 | 3 | 春花，大花 |
| 23 | *C. sativus* | 淡紫色 | 8 | 11 | 秋花 |
| 24 | ‘Conqueror’ | 深天蓝色 | 15 ～ 20 | 9 ～ 10 | 秋花 |
| 25 | ‘Oxonian’ | 暗紫蓝色 | 15 ～ 20 | 9 ～ 10 | 秋花 |

## 四、繁殖技术

番红花属植物的繁殖方法有分球法和播种法，但有些种为三倍体，难以获得种子。因此，在实际生产中主要靠分球繁殖和组织培养繁殖。

### （一）籽球繁殖

番红花母球茎有多个主、侧芽，花后由叶丛基部膨大形成新球和籽球。留芽总数对籽球的大小影响很大，留芽越多，籽球总重越大，均重则越小，主芽新球也趋小。因此，根据生产目的的不同，选留芽数也应不同。

#### 1. 种植条件

籽球繁育可在塑料大棚进行。栽植床宽度为 1.0 ～ 1.2m，深度 15 ～ 20cm。

#### 2. 栽培基质

采用基质栽培。基质应为疏松、透气、排水良好的材料。可采用泥炭：珍珠岩（直径 0.3mm 以上大颗粒）=3：1 的比例混合，也可根据当地情况，混合一定的沙壤土。要求土壤微酸性，pH 5.0 ～ 6.5。

#### 3. 栽植密度和深度

每平方米种植 200 ～ 250 粒籽球，种植深度为 3 ～ 5cm。

#### 4. 浇水

在定植后，用杀菌剂溶液与定根水一同浇入。初期应保持基质表层湿润，可以采用喷雾方式进行，少量多次。浇水应在上午 9:00 ～ 10:00 进行，浇水要均匀有规律，忌过干和过湿。进入 4 月以后，气温开始上升，叶片养分向地下部分转移和积累，新球茎逐步进入休眠期，这时要减少浇水的频率直至停止浇灌。

#### 5. 施肥

根系生长均匀后开始施肥。前期 N：P：K=2：1：1，避免使用高浓度的铵态肥，每 10 天 1 次；中期苗健壮时适当增加磷钾肥，中期 N：P：K=1：1：1；后期 N：P：K=1：3：2。施肥量为每 100m$^2$ 施用无机肥 0.5kg。生长各期应施用适量微肥。施肥应考虑与水分管理相协调。种球采收前 30 天停止施肥。

## （二）商品球培育

### 1. 土地准备

选阳光充足、排灌方便、疏松肥沃、保水保肥性好、pH 5.5 ～ 7.0 的壤土或沙壤土种植。前作不允许使用甲磺隆、苄嘧磺隆等化学除草剂，并以水稻等水田作物轮作为宜。栽种前深翻土壤，打碎土块，捡除前作残根，耙平田面。并起沟整平作畦，畦宽 1.2 ～ 1.3m，畦高 25cm 以上，沟宽 30 ～ 40cm，并开好横沟。

### 2. 种球准备

栽种前，留足主芽，除净侧芽。球茎栽种前先进行药剂处理，预防病虫害，可用杀菌剂和杀虫剂混配。

### 3. 种植密度和深度

种植株行距 8cm × 10cm，种植深度为种球厚度的 2 ～ 3 倍。

### 4. 施肥

整地时，施入腐熟有机肥 3000 ～ 5000kg/ 亩，45% 硫酸钾复合肥（N ∶ P ∶ K=15% ∶ 15% ∶ 15%）40kg/ 亩或 50kg/ 亩深翻入土打底；栽种前在栽种沟内施用钙镁磷肥 100kg/ 亩；栽种后用稻草覆盖行间和畦面。1 月中旬施第 1 次追肥，用 45% 硫酸钾复合肥 20kg/ 亩兑水浇施；2 月上旬看苗情施第 2 次追肥，苗弱用 45% 硫酸钾复合肥 15kg/ 亩兑水浇施；2 月中旬至 3 月初，用 0.2% 磷酸二氢钾溶液进行根外追肥，间隔 7 ～ 10 天 1 次，连喷 2 ～ 3 次。

### 5. 浇水

栽种后应保持土壤湿润，如干旱要在沟中灌水 1 ～ 2 次，以沟全部淹没为限；春季雨水多时田间应及时清沟排水。

### 6. 杂草清除

杂草及时手工拔除，除草时不宜翻动叶片。4 月中旬番红花老叶转黄后停止除草。

### 7. 采收与分级

于 5 月上中旬，当番红花地上部分完全枯萎后选择晴天挖球，挖球时应尽量避免机械损伤，球茎挖出时不要强行将根剥离，让其干枯后自然脱落。番红花球茎采收后，应及时放在通风处晾干，并清除球表面的泥土、枯叶、根系和残余母球茎等，可减小土壤、枯叶、根系等携带的细菌和真菌对球茎的影响，从而降低其腐烂率。

观赏番红花种球采收后，根据种球的围径（周长）大小进行分级，围径 5cm 以下的一般不开花，作为籽球或栽培材料；围径大于 5cm 的，作为商品球（开花种球）进行销售。根据 GB/T 18247.6—2000 花卉种球分级标准，其中番红花商品球分成以下等级（表 3）。

**表 3　番红花商品球（开花种球）质量标准（GB/T 18247.6—2000）**

| 等级 | 一级 | 二级 | 三级 | 四级 | 五级 |
|---|---|---|---|---|---|
| 围径 | ≥ 10cm | 9/10cm | 8/9cm | 7/8cm | 5/7cm |

### 8. 贮藏与打破休眠

种球采收后，贮藏前，需进行消毒处理，降低种球病原菌的携带量，减少腐烂病的发生。对于不同等级球茎，0.1% 高锰酸钾 +800 倍农用链霉素处理 5 ～ 10 分钟，能降低球茎染病率，且不影响其花期性状。种球贮藏期间的环境条件对种球打破休眠、花芽分化及商品性影响很大。因此，贮藏室要求门窗完好，通风、透光。在贮藏的不同阶段，种球内部生理和花芽分化持续发生变化，需要给予适合的环境条件。一般 6 ～ 7 月中旬（顶芽休眠期），室内平均温度应控制在 30℃以下，空气相对湿度为 60% ～ 80%，并避光；7 月中旬至 8 月中旬（花芽起始与分化期，关键期），室内平均温度应控制在 22 ～ 28℃，有利于花芽分化，空气相对湿度为 65% ～ 80%，并避光。

## （三）组织培养

目前，番红花的组培快繁主要有愈伤组织诱导和直接再生 2 个途径：以番红花球茎切块、茎尖或嫩叶为外植体，诱导形成愈伤组织，接着诱导愈伤组织形成丛生芽，再利用丛生芽诱导形成小球茎，进行生根培养，用于球茎的快速繁殖；以带芽点的番红花球茎切块为外植体，直接诱导形成丛生芽，在此基础上继续诱导形成小球茎或植株。

1. 培养条件

培养室的温度 20±2℃，光照时间为 12 小时 / 天，光照强度设置为 2000 ～ 3000lx。愈伤和芽丛诱导、芽丛的增殖过程置于黑暗条件下培养。

2. 外植体和消毒方法

消毒流程：剥去番红花球茎外面的鞘状鳞片→用镊子轻轻挑去顶芽芽眼上的鳞片→再用 tween-20 数滴加清水浸泡 30 分钟→流水冲洗 1 小时→在超净台内用 70% 的酒精浸泡 40 秒→无菌水分别冲洗 3 次→球茎切成约 $1cm^3$ 小块（带芽点）→ 2% 次氯酸钠 10 ～ 15 分钟→无菌水冲洗 4 ～ 5 次，并轻微震荡。

3. 无菌芽丛的诱导

（1）**愈伤组织的诱导及其芽丛的分化：**将消毒后的约 $1cm^3$ 的球茎小块，接种到 MS + 0.5mg/L TDZ + 0.5mg/L PIC 培养基中，20 天产生愈伤组织。将愈伤组织切块，转接到 MS + 3mg/L 6-BA + 0.3mg/L NAA 培养基中，培养 30 天后愈伤组织分化出芽丛。

（2）**芽丛的直接诱导：**将消毒后的约 $1cm^3$ 的球茎小块，接种到 MS + 4mg/L 6-BA + 0.5mg/L NAA 培养基上，培养 30 天后球茎块直接萌发出芽丛。

4. 芽丛的继代增殖培养

取生长相对一致的新生无菌芽苗，接种到 MS + 2mg/L 6-BA + 0.3mg/L NAA 培养基。培养 30 天后，丛生芽增殖 3 ～ 4 倍。

5. 试管球茎和小植株的诱导

将大小均匀、生长良好、高 3cm 左右的无菌芽丛，转接到 1/2MS + 5mg/L 6-BA + 3mg/L NAA 试管球诱导培养基，每天光照培养 10 小时。培养 50 天后，形成小球茎，长成小植株。

6. 生根和移栽

将试管球茎单个分开，每个均带基部，接种于生根培养基：1/2MS + 0.5mg/L NAA + 0.5g/L 活性炭 +40g/L 蔗糖 +4g/L 琼脂粉，pH5.8，培养 20 天后，试管球茎长出 2 ～ 3 条根，根长达到 0.5 ～ 1cm 可移栽到 72 孔穴盘，栽培基质为草炭（纤维长度 10 ～ 30mm）：珍珠岩 =3 : 1 的混合基质（图 2）。

## 五、栽培技术

### （一）露地栽培

1. 品种、种球选择及种植前处理

选择抗病性强、花朵数量多、花期长的品

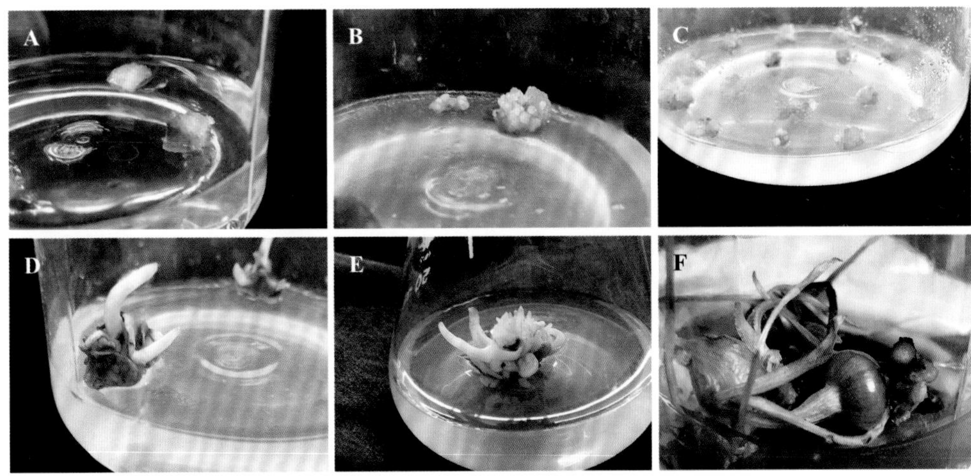


图 2　番红花（*C. sativus*）离体再生体系的建立（王桢 摄）

A. 球茎块愈伤组织的诱导（15 天）；B. 球茎块愈伤组织的诱导（30 天）；C. 球茎块愈伤组织的增殖（50 天）；D. 球茎块芽的直接诱导；E. 丛生芽的诱导和增殖；F. 试管球茎的形成

种，种球要求健壮无病虫害、光亮饱满，为了景观效果，围径（周长）以7cm以上的为宜。种植前，种球用杀菌剂浸泡消毒，取出后晾干，减少种植后病虫害的发生。

2. 土壤消毒

应选择肥沃、疏松和排水良好的沙壤土。种植前，应对土壤进行杀菌剂消毒处理。必要时，应在土壤中添加草炭土，改善土壤条件。

3. 整地做畦与种植

将土壤深翻后做畦，畦宽1.2～1.3m，畦高25cm以上，在易积水地块，需挖排水沟，防止土壤积水而导致种球腐烂。根据品种和种球大小，确定适合的株行距，确保种植深度为种球厚度的2～3倍。种植后，浇透水。

4. 肥水管理

番红花喜有机肥，可结合整地加入适量的有机肥，增加土壤肥力。生长初期施用氮磷钾为1∶1∶1的复合肥；开花期及花后，种球快速生长，对磷、钾的需求量较大，可施用氮磷钾为1∶1∶2的复合肥。避免使用高浓度的铵态氮肥。栽种后应保持土壤湿润，春季雨水多时应及时清沟排水。

### （二）盆花栽培

番红花盆栽时，根据种球规格，可选用10～20cm盆径的塑料盆种植。15cm以下花盆，每盆可以种植2～5个球；15～20cm的花盆，每盆可以种植4～6个球。种植土可选择草炭加珍珠岩为7∶3的混合基质，拌入适量的有机肥。种植深度为种球厚度的2～3倍，种植后，浇透水。生长期间的肥水管理与园林栽培的相同。

## 六、病虫害防治

### （一）病害及其防治

番红花一般通过球茎进行营养繁殖，球茎病害严重、种球退化等问题是番红花产业发展壮大的主要限制因子，同时病害也严重影响了番红花柱头的品质和球茎的产量。

球茎腐烂病是生产上的一种主要病害，各种植区广泛发生，严重发生会影响球茎和花的产量与品质。该病由致病镰刀菌和炭疽菌单一或复合侵染引起。

症状：带菌球茎出芽时，芽头上出现黄褐色水渍状斑点，气温高、湿度大时扩展很快，引起芽头腐烂而死亡。大田栽培，根和球茎盘染病时产生黄褐色凹陷斑，边缘不整齐，后腐烂，球茎皱缩干腐。病斑椭圆形，略凹陷，病健交界很明显，大小为10～30mm。病斑部有灰黑色霉层，边缘呈浅红色，幼芽呈弯曲、倒塌（正常植株的幼芽呈直立）（张国辉，2009）。该病害可随种球传播，一般在重茬田、低洼田和排水不良的田块发病为多。

防治方法：用化学药液灌或喷，可以减轻病情的发展。选用60%百菌清可湿性粉剂400倍液，或50%多菌灵可湿性粉剂400～600倍液，或70%甲基托布津可湿性粉剂500～800倍液，或2.5%适乐时1500倍液等（沈洪坤，1996）。

### （二）病毒病及其防治

危害番红花的病毒主要有芜菁花叶病毒（TuMV）、鸢尾花叶病毒（IMV）、鸢尾轻性花叶病毒（IMMV）等。经田间调查和病毒学鉴定，导致国内药用番红花品质衰退、产量递减的病毒主要是TuMV，使球茎畸小，花产量大大降低，种植2～3年后出现严重退化。

花叶病症状：植株叶片呈花叶状，叶基部产生条纹，花瓣上有斑点或条纹。病毒主要由蚜虫传播。

防治方法：及时拔除和销毁染病植株，杀灭蚜虫等传毒媒介（义鸣放，2000）。

### （三）虫害及其防治

蚜虫和飞虱：可用吡虫啉10%可湿性粉剂，按10～20g兑水50kg/亩喷雾，每10～15天喷洒1次防治。

根螨：用杀菌剂与杀螨剂配成药液，球茎栽

种前浸泡，可以预防和降低病虫害的发生。一般用多菌灵500倍液与三氯杀螨醇或乐果3000倍液，2种药液混合，浸泡20分钟立即栽种（赵丽娟，2014）。

## 七、价值与应用

番红花花朵娇柔优雅，花色丰富，有白、紫、橙、黄等色，具特异芳香，叶丛纤细，百草园中经常看到它们的身影。番红花常用作疏林下地被色块，或用作草坪、花坛及庭园的点缀材料，还可作花坛、花境的镶边植物或配置于岩石园。其株形矮小，又极为耐寒，在冬春严寒中开花，是北方初冬季节或早春季节园林中花坛的重要植物材料。在国外，观赏番红花常作为春天到来的标志性植物，种植于高大的乔木四周或用来点缀草坪，形成错落有致的植物景观，如荷兰海牙的克林根达尔公园、德国城市杜塞尔多夫。另外，番红花盆栽可作为案头摆设或水养供室内观赏（图3）。

药用番红花（西红花、藏红花），植株小巧，花朵雅致，花香浓郁而特别，具极高的观赏价值，同时作为珍贵的药用、香料、染料和食用香料的原料，是我国著名和重要的经济作物。

图3　番红花观赏应用

（杨柳燕）

# *Curcuma* 姜荷花

姜荷花为姜科（Zingiberaceae）姜黄属（*Curcuma*，又称姜荷属）多年生根茎类球根花卉。姜黄属约有 109 种，原产于季节性干旱的亚洲热带和澳大利亚等区域。在泰国清迈等地分布最多，主要作为佛教用花，上部苞叶形似荷花，故称其为“姜荷花”。同时，因其原产热带，花朵和叶形与郁金香非常相似，又被誉为“热带郁金香”或“暹罗郁金香”。

姜荷花因其独特的花形、鲜艳的花色以及较长的花期等特点，成为国际上十分流行的鲜切花新宠。姜荷花 2000 年前在国内花卉市场上即已开始出现，但由于气候条件的限制，作为热带花卉的姜荷花局限于冬季温暖的东南沿海一带，同时由于应用开发的不足，仅作为鲜切花的形式存在。近年来随着新的研究者及大型专业花卉公司的加入，其应用范围已拓展到盆花及园林应用方面，露地园林应用的推广区域也逐渐扩展到长江流域的中部地区一带。

## 一、形态特征

### （一）地上部形态

姜荷花不同品种株高存在较大差异。以主流品种‘清迈粉’为例，株高（指从地面到最高叶片顶端的垂直距离）30～40cm；开花时的叶片数一般在 4～6 枚，分蘖 3 个左右，叶片为长椭圆形，长宽比与光照强度有极大的相关性，光照越强，宽度越宽，华东地区自然光照条件下，长宽比介于 3.8～4.1 之间。花序呈穗状，全长 50～80cm（指从地面到花序顶端的垂直距离），分上下两部分，上部苞叶为粉色阔卵形不育苞片（苞片颜色因品种而异）；下部为蜂窝状绿色苞片，内含紫白色小花，花姿温婉如莲。基因组大小约为 998.5Mb。自然条件下，我国南方沿海地区（如广东、福建、广西等）花期在 6 月底至 10 月底，长江流域中部一带为 7 月底至 10 月底，花期刚好覆盖夏秋高温季节（图 1）。

图 1　姜荷花的株型及花序和花器官

### （二）地下部形态

姜荷花的地下变态（贮藏）器官为根状茎（生产上称为种球），呈圆球形或椭球形，表皮粗糙，根状茎存在 6 个左右对称排列的芽点，每侧 3 个。根状茎下部先后分生出营养根（吸收根）和贮藏根。营养根初期起吸收作用，之后其根尖膨大形成圆球——营养球，表皮光滑无生长芽点，只具贮藏养分的作用，每个球状根茎可着生有 2～5 条贮藏根（带营养球的根），如图 2A 所示。

姜荷花在一个生长周期，一般分生球状根茎3～5个，每个球状根茎下部又连接多个带营养球的贮藏根（图2B）。这些地下变态器官经过越冬保存后，翌年则可以继续种植。在我国的南方沿海一带因冬季气温较高，可以将地下变态器官整体保存在土中，露地越冬，翌年种植时再挖出，分球种植。

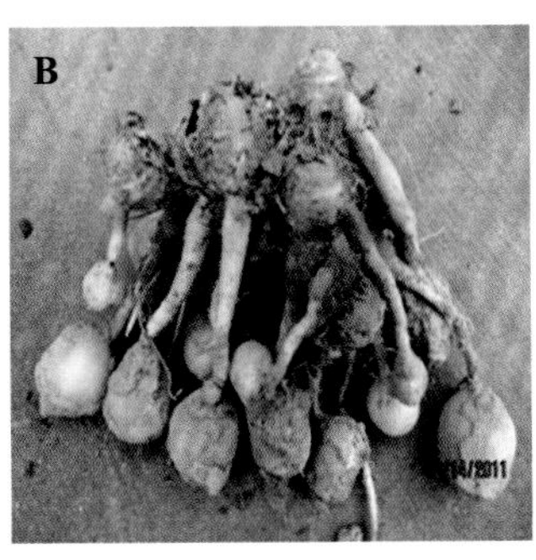


图2　姜荷花的球状根茎和贮藏根（营养球）形态
A. 单个球状根茎；B. 分生的多个球状根茎

## 二、生长发育与生态习性

### （一）生长发育规律

#### 1. 萌芽期

以姜荷花为例，在自然条件下，一般于3、4月种植后（我国中部地区，4月中下旬种植，南方沿海一带，则可提前1个月种植），需30～50天方能开始萌芽生长，其萌芽时间的长短主要与温度及水分有关。较高温度（30℃以上）和充足水分有助于提早萌芽，反之则萌芽延迟。此外，种球大小及贮藏根多少也会影响萌芽时间，种球越大，贮藏根越多，萌芽越早，植株越健壮，切花的质量亦越高。

#### 2. 生长发育期

种球萌芽后，先向下弯曲再转弯向上生长，露出土面后先抽幼叶，具有3～5枚成叶后开始现蕾，随后叶片发育趋缓，花蕾逐渐膨大。花茎伸长高出叶片时，从母株基部陆续分蘖，形成2～5个不等的分蘖株，绝大部分分蘖株都会抽出花茎并开花，并且每个分蘖株基部后期都会膨大，陆续形成球状根茎，可繁衍2～5个籽球（子代球状根茎），可见姜荷花具有较高的繁殖率，这在生产上具有相当重要的意义。

#### 3. 开花期

当姜荷花植株长至3～5枚叶时开始现蕾，抽出花茎，而后抽出穗状花序，花茎长40～70cm，花序长10～20cm。花序由荷花状苞片构成，分为两部分，上部分苞片8～12枚呈粉红色，苞片尖端都存在叶绿素沉着的绿尖现象，同时在绿尖下面存在着红色色素的沉着。上部分苞片靠近中间位置则呈现出一定的过渡性特征，即苞片色彩和形状具有下部苞片的一些特征。下部分为绿色苞片，6～10枚，每枚苞片内着生4朵小花。每株姜荷花只能抽生1个花枝，后续的分蘖苗大多也能开花，不过一般在前3代，具有较高的切花产量；而从第4代开始，由于分蘖较多，部分营养不足的植株不能花芽分化而出现盲花。

#### 4. 休眠期

休眠是姜荷花重要的生命特征，自然条件下从11月至翌年3月上旬由于气温偏低球根处于被迫休眠状态，而在气温升高的条件下其休眠非常容易被打破；生长成熟的种球，可以不经过休眠，给以合适的人工条件培育，则可以直接生长开花，作为年宵花上市销售。一般在11月下旬，由于气温降低和日照变短，姜荷花生长发育受阻，老叶开始黄化，抽出的花苞苞片变少、变薄，花色变淡，多数出现畸形花，同时产量迅速降低。至11月底和12月初，叶片枯干，地上部分生长完全停止，地下的球状根茎进入休眠状态。在我国中部，冬季寒冷的地区此时应尽快进行种球的采收贮藏，以防寒潮的到来；南部沿海一带则可以继续留在土中，翌年春季再行挖出分球种植。

### （二）生态习性

姜荷花生长发育过程中，环境因素中的温

度、光周期和光强对其影响最大，湿度也有较大的影响。

1. 土壤和基质

喜土层深厚、通透性好、排灌方便、养分含量丰富的中上等壤质土，要求土壤容重在 1.1 ～ 1.3g/cm$^3$、pH 6.0 ～ 7.5。黏性重、易板结的土壤不利于姜荷花的生长和繁殖。栽培应选用疏松、多孔、肥沃的基质混配。

2. 温度

热带植物，整个生长过程要求温度在 20 ～ 32℃，最适温度为 20 ～ 28℃，温度 30℃左右时有利于球根的生长。

春季种球播种完成后，一般需要温度升高到 20℃才会启动萌芽。在华东地区一般 4 月底种植，如果提前种植，受温度影响，萌芽时间并不会提前；南方沿海地区春季气温较高，种植时间则可提前到 3 月底至 4 月初。华东地区 11 月底气温一般会降到 10℃左右，植株地上部分会枯死，地下种球开始受低温胁迫，此时应立即进入到种球采收环节，否则会被冻坏。

3. 光照

高温和长日照是促进姜荷花开花的必要条件。姜荷花的株高和叶型与光照强度存在密切的相关性。强光照条件下，植株会相对矮小，粗壮，叶片更宽而厚实；反之弱光照下，植株更高，叶片更加细长，叶色也会更翠绿。夏天全光照环境下，则应适度遮阴，否则植株的生长势会受到较严重的削弱。

4. 水分

整个生育期间，均应保持充足的水分。水分含量以田间持水量的 70% ～ 80% 为佳，同时亦忌地表积水和内涝。

## 三、种质资源与园艺品种

### （一）种质资源

姜黄属（*Curcuma*）约有 109 种，主要分布于亚洲热带地区，多为重要的药用植物。花序一般为长圆形或椭圆形穗状花序，不育苞片在花序上排列紧密，艳丽而持续时间长。一些种的花序在早春先于叶或与叶同时直接从根茎抽出；另一些种的花序则于夏秋季从叶鞘中抽出。先花后叶的种类可作为早春花境、花坛布置，极具观赏性；一些种类的花序梗长而坚硬，花序紧凑、艳丽，是极佳的鲜切花。其中观赏栽培应用的重要种、变种及品种有：

1. 姜荷花 *C. alismatifolia*

原产泰国清迈等地。穗状花序，上部苞片为阔卵形不育苞片，下部为蜂窝状绿色苞片，内含紫白色小花，花姿温婉如莲。花期 6 ～ 10 月，可弥补我国南方各地夏季切花种类及产量的不足。姜荷花因其独特的花形、鲜艳的花色以及较长的花期，成为国际上十分流行的鲜切花，在我国已有一定范围的应用，如广东、福建、云南、浙江、山东等地。

2. ‘红火炬’郁金 *C. hybrida*‘Red Torch’

‘红火炬’郁金是国内近年来开始引种栽培的姜黄属种间杂交培育的品种。穗状花序，苞片阔卵形莲座状排列，苞片深红色。华东地区普通栽培条件下，株高 46 ～ 50cm，花枝长 32 ～ 38cm（花梗 + 花序的长度），花序长 20cm 左右，花序直径 7.5cm 左右。经过栽培措施改良，花枝长可达到 48cm 以上，适合作为高档切花花材。整个花期从 7 月中上旬到 10 月底，田间单枝花的花期接近 1 个月，成片种植整个花期长达 3 个半月。单枝切花瓶插寿命可达 16 天以上，最佳观赏期可持续 8 天，每株可产切花 3 ～ 4 支。

3. 广西莪术 *C. kwangsiensis*

又称桂莪术，是广西主产的地道药材之一，具有很高的药用及经济价值，产区面积大，是中国药典规定品种。多年生草本，生于向阳、土壤湿润、土层深厚、土质偏酸的林缘、山坡地上。性喜高温、高湿的亚热带气候，在广西各地均有栽培和野生。株高 50 ～ 110cm，叶基生，叶两面被柔毛；中脉附近有紫红晕，叶柄与叶鞘同被短茸毛，叶鞘紫色或绿色，叶端渐尖；花序穗状，花序下部的苞片淡绿色，阔卵形，先端平展；上部的苞片长圆形，与花冠裂片近等长，淡红色；花冠管紫红色，卵形；唇瓣近圆形，淡黄色，子房被长柔毛，花柱丝状。花期 4 ～ 9 月。可用于园林观赏或作盆栽。

#### 4. 南岭莪术 *C. kwangsiensis* var. *naulingensis*

是广西莪术的变种。其地上部形态与广西莪术相似，花序在假茎上顶生，从主根茎抽出，先叶或与叶同出，秋季亦可开花，体细胞染色体为 2n = 84。其根茎外观与广西莪术的也相似，直径较小，侧茎少，根茎切面颜色都是米白色，但根茎比广西莪术的相对较长。水培条件下南岭莪术根茎开花率比广西莪术高，达 72.0%，广西莪术开花率为 46.6%。

此外，从南岭莪术野生种中经驯化选育而成了新品种‘香凝’。与原野生种相比，花期可提前 1 个多月，开花率提高 5 个百分点，花序更长，每公顷种球产量提高到 11.2 万个以上，先花后叶间隔时间更长。

#### 5. ‘宫粉’郁金 *C. kwangsiensis*‘Pink’

‘宫粉’郁金是华南植物园从广西莪术选育出来的品种。根状茎呈卵球形，叶基生，两面有柔毛，可观赏。穗状花序长 10 ～ 15cm，具密集的苞片，大且宿存，基部彼此连结呈囊状，顶部苞片紫红色、红色、粉红色、白色等，下部苞片绿色，苞片内开出 1 至多朵黄色小花。整个花序色彩鲜艳，花期长达 1 个月，具有极高的观赏价值。一年开 2 次花，4 ～ 5 月宝塔状花序从根茎抽出，先花后叶或花叶同出，总花梗较短，适于盆栽；7 ～ 8 月花序从叶鞘假茎顶部抽出，总花梗较长，适于作切花。

#### 6. 女王郁金 *C. petiolata*

原产马来西亚，是当地食物咖喱的主要成分。女王郁金也是非常具有观赏价值的植物，层层叠叠的苞片比姜荷花更显繁盛。株高 70 ～ 120cm，地下有根茎。叶长椭圆形，平行脉羽状斜出。华东地区在 8 月中旬有 8 ～ 9 枚叶片时开花。穗状花序，圆柱状，花枝长 70cm，花序长 30cm 左右，上部苞片为紫色，下部苞片为绿色，并带有紫色边缘，苞片色彩高雅脱俗。苞片内小花唇瓣、金黄色。适合庭植或作大型盆栽，切花为高档花材。

#### 7. 所罗门姜黄 *C. soloensis*

多年生球根植物。株高 35 ～ 42cm，叶片披针形或长圆状披针形，中脉红色，叶长 30 ～ 35cm，叶宽 7 ～ 9cm。穗状花序，花序长 13 ～ 14cm，宽 5 ～ 7cm，苞片卵形或长圆形，不育苞片深红色，可育苞片绿色。可用作盆栽及园林、庭院布景，花期 6 月中旬到 10 月中旬。

### （二）主栽品种

目前我国观赏栽培的主要是姜荷花及其品种。姜荷花作为花卉，在 2015 年以前国内仅有‘清迈粉’‘白雪公主’‘荷兰红’‘红观音’‘玉如意’等少数几个品种，偶见零星从国外进口的试验用品种。2015 年以后，国外大型的专业花卉公司开始介入国内的姜荷花市场，陆续把国际上的姜荷花园艺品种引入国内，进行开发利用，使国内品种迅速增加。见表 1 和图 3。

表 1　姜荷花（*C. alismatifolia*）等品种资源

| 编号 | 中文名称 | 英文名称 / 学名 | 不育苞片颜色 | 备注 |
| --- | --- | --- | --- | --- |
| J1 | 清迈粉 | Chiang Mai Pink | 粉红色 | |
| J2 | 红观音 | Hongguanyin | 粉红色 | |
| J3 | 荷兰红 | Kimono Rose | 深红色 | |

续表

| 编号 | 中文名称 | 英文名称 / 学名 | 不育苞片颜色 | 备注 |
|---|---|---|---|---|
| J4 | 清迈白 | Chiang Mai White | 白色 | |
| J5 | 玉如意 | *C. hybrida* ‘Laddawan’ | 紫红色 | |
| J6 | 白雪公主 | Snow White | 白色 | 不育苞片尖端早期绿色，后期变红色 |
| J7 | 樱桃公主 | Cherry Prince | 粉白 | |
| J8 | 紫苑 | 未知 | 玫红 | |
| J9 | 清迈茉莉 | Maejo Jasmine | 白 | |
| J10 | 绿宝石 | Emerald Choco Zebra | 绿 | |
| J11 | 小花 | Parviflora | 粉红色 | 不育苞片下部偏红，上部白，下层苞片外缘绿色 |
| J12 | 潮粉 | Pink Supreme | 粉红色 | |
| J13 | 粉荷花 | Pink Lotus | 红色 | |
| J14 | 紫精灵 | 未知 | 淡紫色 | 白雪公主的变异品种 |
| J15 | 柠檬 | Sitrone | 浅黄色 | |
| J16 | 猩红 | Scarlet | 玫红色 | |
| J17 | 闪耀 | Sparkling | 粉红色 | 不育苞片下部粉红、上部粉白，尖端绿色 |
| J18 | 朝晖 | Sunrise | 白色 | 不育苞片尖端红色 |
| J19 | 红霞 | Sunset | 暗红色 | |
| J20 | 雨燕 | Swift | 粉红色 | |
| J21 | 丽影 | Shadow | 玫红色 | 不育苞片背部呈红色 |
| J22 | 星点 | Splash | 红色 | 不育苞片尖端深红色 |
| J23 | 山峰 | Superme | 红色 | |
| J24 | 繁星 | Stardust | 白色 | |

1. ‘清迈粉’‘Chiang Mai Pink’

是国际上流行的姜荷花主要切花品种，全株高 50 ～ 60cm，花序长 12 ～ 16cm，宽 9cm 左右。上部为粉红色不育苞片，下部为绿色可育苞片，内含紫白色小花，花姿温婉如莲。切花瓶插寿命一般为 10 ～ 15 天。在华东地区露地条件下自然花期从 7 月上旬至 10 月中旬，单花观赏期可达 20 天，切花瓶插寿命可达 16 天，最佳观赏期 4 天（指外形未发生明显变化的时长），最适合作切花。但缺点是花茎后期容易倒伏，影响美观。可以采用喷施矮化剂来缩短花茎，并使其增粗，增加抗倒伏性。

2. ‘红观音’‘Hongguanyin’

是由中国科学院华南植物园与珠海市花卉科学技术推广站，共同在从‘清迈粉’田间突变株选育出来的新品种，其主要性状与‘清迈粉’类似，区别是‘红观音’苞片深红色，比‘清迈粉’更为鲜艳，适合作切花。

3. ‘荷兰红’‘Kimono Rose’

华东地区地栽株高 25cm，全花枝长 26 ～ 30cm，在自然条件下整个花期从 7 月中旬开始到 10 月中下旬止。3 ～ 5 枚叶时开花，苞片深红色，需 30% 的遮阴，适合作盆花以及花境。

图 3　姜荷花品种资源（图中编号名称与表 1 同）

4.‘白雪公主’‘Snow White’

不育苞片为纯白色，苞片顶端早期为绿色，后期为红色，形态和色彩如含羞的少女。株高 25 ～ 30cm，全花枝长 30 ～ 34cm，适合作盆花和花境材料，也可以作为切花材料，但瓶插寿命较短，约 10 天，观赏期 3 ～ 4 天。

5.‘清迈白’‘Chiang Mai White’

与‘白雪公主’外形无明显区别，不同之处在于：不育苞片顶端一直是绿尖，后期也不会变红。

6.‘玉如意’*C. hybrida*‘Laddawan’

为女王郁金与姜荷花的种间杂交品种。花茎较长，伸出叶面，花序上部紫红色，下部淡绿色，开黄色小花。适合作盆花、切花或园林栽培。

## 四、繁殖技术

### （一）分球繁殖

姜荷花在一个生长周期，一般分生球状根茎 3 ～ 5 个；在海南地区，由于气候更接近原产地，繁殖系数更高，甚至可以达到 10 个左右，且种球的成熟度更高。

施肥对种球繁殖有一定的影响。一般而言，钾肥是必施且重施的肥料，适当增施磷肥、氮肥。单施磷肥或者氮肥没明显价值。各品种对氮、磷、钾肥的需求各有不同，如‘清迈粉’增施磷、钾肥效果较理想，其中钾肥的效果最佳，相较对照组鲜重增幅为6.57%，直径增加也是最明显的，增幅为6.62%；磷肥增幅稍小，为3.71%，但其营养球数增加是最多的，为8.1%。‘荷兰红’，同时增施磷、钾肥效果最为理想，相较对照组鲜重增幅为10.81%；其次是同时增施氮、磷、钾肥，种球数量增加效果也不错，为8.11%。‘白雪公主’，单独增施钾肥效果最为理想，相较对照组鲜重增幅为11.33%，营养球数增幅也较明显。

### （二）切块繁殖

姜黄属花卉的球状根茎（种球）存在6个左右对称排列的芽点。理论上每个芽都具备萌发成单个植株的潜力，但在实际生产中，常见的都是1个种球出1个芽，极个别有2个芽萌发。因此，可以对其种球依芽点进行切块处理，采用物理手段来解除主芽对其他侧芽萌发的抑制作用。该技术可以使姜黄属花卉的每个芽点基本都能获得萌发。萌发的芽既可以作为外植体用于组培扩繁，也可以将萌芽的切块培育成小苗，然后移栽进行自然生长扩繁。这样极大地增加姜黄属花卉的繁殖系数。具体步骤如下：

#### 1. 种球的保存、筛选和处理

从上一年繁殖的姜荷花种球中筛选健壮的种球，要求直径1.5cm以上，无病虫害，用水冲洗干净备用。

#### 2. 种球的分切

对种球进行切块，每个切块要求至少含有1个芽点。

#### 3. 切块的处理

切块的消毒、杀虫和伤口愈合处理。

#### 4. 切块的催芽

将消毒处理过的切块均匀放置在培养盘中，覆上1cm的经灭菌处理、能保湿的基质；然后放置于25～35℃、空气相对湿度80%的环境中催芽。经过30～40天的催芽，即可得到发芽的切块苗。

#### 5. 炼苗和移栽

切块繁殖和培养的姜荷花能正常开花，从催芽到开始开花需要90天左右，且可以正常分生球状根茎，能显著提高姜荷花的繁殖系数。

### （三）组培快繁技术

目前，姜荷花生产上基本上都是用分球繁殖，但存在繁殖速度慢的缺点，而采用组织培养繁殖，可获得大量、优质整齐的种苗。目前，姜荷花的组培技术相对成熟，外植体可以是姜荷花球状根茎，也可是根茎上的小芽点。以根茎芽作为外植体进行组培扩繁的程序如下：

#### 1. 根茎芽的培养与灭菌

将无病斑、无虫害且健壮饱满的姜荷花球状根茎放入生化培养箱进行催芽，直至长出0.5～2cm高的小芽；培养条件：26～28℃暗培养。取小芽用流水、无菌水冲洗干净，用70%酒精消毒45秒，2%次氯酸钠溶液浸泡20分钟灭菌，无菌水冲洗5～6次，备用。

#### 2. 外植体无菌苗的培养

将灭菌后的小芽在超净台上剥取3～5mm大小的茎尖作为外植体，接种到1/2MS＋20～30g/L白糖＋5～8g/L琼脂，pH 5.6～5.8的无菌苗培养基上进行培养。培养条件：培养温度25±2℃，光照光强1500lx，光照时间12小时/天。

#### 3. 不定芽诱导培养

培养6～7天待茎尖长至1～2cm高时，接种到MS＋1～3mg/L 6-BA＋0.1～0.3mg/L NAA＋20～30g/L白糖＋5～8g/L琼脂，pH 5.6～5.8的不定芽诱导培养基上进行培养，培养条件同（2）。

#### 4. 不定芽增殖培养

经过22～25天诱导出的不定芽长到1～3cm高时，将其转接到不定芽诱导培养基上进行增殖培养；培养基及培养条件同上。

5. 生根培养

经过10～15天增殖培养的不定芽长到3～6cm高时，接种到1/2MS + 0.5～1.5mg/L NAA + 20～30g/L白糖 + 5～8g/L琼脂，pH 5.6～5.8的生根培养基，培养条件同上。经过12～15天苗高达4～8cm，且具有至少3条长于2cm的根时，即可出瓶种植。

6. 组培苗驯化与移栽

将组培苗瓶移至普通温室中；先拧松组培瓶盖培养2天，再开盖培养5天后，将组培苗出瓶。洗净根部培养基，移栽入泥炭：珍珠岩 = 4：1的基质中，按常规水肥管理，直到长成成苗，出圃。

### （四）种球采收与处理

1. 种球采收

种球采收是在日照时数渐短（13小时以下）、天气转凉（15℃以下）、贮藏根肥大（营养球形成）后和地上部植株逐渐干枯进入休眠时进行。采收时要小心挖出种球，以免伤害新生的根茎。种球挖出后，需进行分球（图2B）、清洗及消毒。

2. 贮藏

姜荷花原产在热带地区，种球一般都需要较高的温度才能顺利越冬，15℃左右较为理想，一般10℃以上即可，并同时注意保湿和防霉。温度较低则会导致种球冻害，在9℃时开始表现出低温逆境胁迫的生理特征。目前，我国南方沿海一带由于冬季气温相对较高，一般可以直接露地越冬，翌年春季再挖出，重新分球种植。而我国其他地区，包括中部地区、北部地区以及南部地区等，姜荷花种球都不能直接露地越冬，需要人工设施来进行辅助越冬。应贮藏于温度10℃以上、空气相对湿度70%～80%的环境中。

实际生产中，可以利用冬季加热的温室大棚、深地窖等设施进行贮藏，盆栽种植的可以直接连容器一起存放。如果是露天地栽的，可将种球挖出，适当整理后，于温室大棚里埋土保存。

## 五、栽培技术

### （一）露地栽培管理

在我国中部地区的气候条件下，一般于4月底或5月初在田间露地种植。直接将种球埋入土壤或各类基质中，要求土壤或基质保湿性能良好、比较肥沃。一般一个半月即可自然出芽露土，7月下旬或8月初自然开花，每株可开花3枝左右，开花持续到10月中下旬，花期可长达3个月。12月随着日照时间的变短和气温降低，地上部分枯萎死亡，地下部分进入休眠状态。

姜黄属花卉与生姜一样都是姜科植物，存在姜科植物相似的连作障碍，连续种植1～2年后则长势显著变弱，因此需要重新换地种植，或者用其他非姜科植物轮作来消除不利影响。

在园林中，将种球直接埋在土壤中，或者套种在草花下面，待苗长到10cm左右时除去败落的草花即可。这种方法免除了移栽，可使姜荷花植株长势更为健壮，花朵更大，操作比较简单粗放，成本较低，是最为常见的园林栽培方式。也可以在花卉生产基地先行培育植株，在1～2叶龄时将幼苗移植到园林中布置花境。移植法由于根系受伤，长势略差，但可以避免公园绿地表土层裸露，影响美观。此外，还可以先种植于盆中，待到开花时连盆一起搬至公园或绿地布置花境，满足各种节庆活动需要，花盆以长条形较为理想。另外，市面上还有一种做法是等盆栽开花后再脱盆移植，这种操作方法容易损伤根系，移栽后长势往往欠佳，因而并不推荐，只适合一些紧急和临时性的节庆活动需求。

### （二）切花生产

1. 定植

姜荷花露地切花栽培一般在4月底定植，设施栽培基本上可以提前1个月进行。栽种密度为行株距20cm × 20cm或25～30cm × 20cm，每穴栽种1个球状根茎，深度4～6cm。覆土后立即浇水，并用塑料薄膜覆盖增温、保湿。

2. 肥水管理

在姜荷花苗长至 7 ～ 10cm 高时，为促进小苗生长健壮，可施 1 次稀薄液肥。肥料以腐熟饼肥、人粪尿（1 ∶ 10）为好，以后每隔 15 ～ 20 天追施尿素 150kg/hm$^2$；当花茎开始抽出时，要减少氮肥的用量，施 0.2% 的磷酸二氢钾水溶液，促使花茎生长坚挺、球根肥大；开花期用 0.3 ～ 0.5g/L 的钼酸铵溶液根外追施，苞片色彩更加鲜艳。姜荷花在生长过程中要适量浇水，夏季温度高时应增加浇水次数，必要时结合施肥浇水，保持土壤湿润；但不能积水，否则根茎易腐烂。设施种植时空气相对湿度应保持在 70% 左右。浇水时应注意水温与土温相接近，温差不超过 5℃，否则伤及根系。

3. 光照调节

姜荷花是喜光植物，但阳光太强也会对植株带来不良影响；全光照下的姜荷花植株矮小，花茎短而粗，虽然花色粉红艳丽，但苞片末端绿色斑点较多，影响姜荷花的观赏品质，无法达到正常切花品质的标准。生长期用 60% ～ 70% 遮阳网遮光可以改善切花的品质。遮光处理后姜荷花株高显著增加，叶片含水量减少，比叶面积增大，叶片厚度减小。在 60% 遮光处理和 70% 遮光处理下姜荷花生长状态良好，叶长叶宽较为理想，切花产量较高，花茎较全光照处理显著增高，苞片长和宽为最佳观赏效果，苞筒长度适中（70% 遮光处理的苞筒长最短），开花持续时间长（60% 遮光最长）；苞片粉红艳丽，末端绿色区域减少，60% 遮光的花朵艳丽坚挺，70% 遮光的花朵秀丽怡人，都具有很好的观赏价值。因此，夏季要适当遮阳、增湿、降温，可采用透光率为 50% ～ 70% 的遮阳网遮光。当植株丛生拥挤时，应及时清除老株枯叶或进行分球，以利通风透光。遮阳网宜在 8 月下旬至 9 月初拆除。

4. 切花采收及保鲜处理

切花采收宜于早晨 9:00 前进行，采收适期为花序顶端粉红色苞片有 4 ～ 6 枚展开，花序下半部苞片内小花有 1 ～ 2 朵开放时。切花在采切后，立即将花枝基部浸于水中。在瓶插前，用消毒过的剪刀从水中切去茎秆底部 1cm，切口倾斜 45°，以增大吸水面积。在剪切过程中，动作要准确、快速，避免损伤花枝。剪切后的花枝长短一致，长约 50cm，仅留下 1 枚功能叶，剪切完毕之后立即把切花插入配好的保鲜剂溶液中。由于姜荷花花期在夏秋季节，此时气温较高，水分散失快，鲜切花的保鲜难度较大。采用超纯水（ddH$_2$O）作为瓶插保鲜液，生产中可以考虑使用瓶装或桶装的商品纯净水代替，可以显著延长鲜花瓶插寿命，达到 16 天，最佳观赏天数 4 天。除超纯水外，也有其他的保鲜剂配方，保鲜效果也较理想，如 50mg/L 漂白粉 + 300mg/L 硫酸铝 + 2% 蔗糖 + 100mg/L 8–HQ。

台湾花农在早期栽培中就发现遮光有利于花茎的抽长，对于延长姜荷花的瓶插寿命，提高切花品质，特别是在减少花苞末端绿色斑块方面具有显著的效果（朱毅，2005）。但遮光应适度，如果遮光过多，不仅会影响花的产量及质量，而且植株生长细弱，花朵小，观赏性差，易倒伏。

### （三）盆花栽培及矮化技术

盆栽的种植时间和环境要求与切花相似，花盆里种球种植的数量跟容器大小、品种的株型、后期的养护条件、最终应用方式等密切相关。一般而言，如果养护条件理想，水、肥、光、温都有充分的保障，则可以将种球种植密度加大，基质可以选用透气性好的全泥炭种植；如果养护管理条件较差，则可以考虑减小种植密度，基质中多添加保水、保湿成分。最终应用如果是室内摆放，则应减少土壤的配比；如果是脱盆地栽，增加土壤配比。盆栽密度一般是，盆径 7 ～ 10cm 的花盆栽 1 个大球，盆径 17 ～ 27cm 的花盆栽 3 个球根。盆栽施肥时要注意肥料的浓度不能太高，一般尿素为 0.1% ～ 0.2%，磷酸二氢钾为 0.05% ～ 0.1%，宜在土壤潮湿的情况下浇灌，用量为浇水量的 1/2 即可。

矮化处理是盆栽花卉生产中常用的栽培技术。姜荷花的某些品种如‘清迈粉’，若种植环境偏阴，则花茎相对细长（50 ～ 80cm），遇雨水天气易倒伏，并且株型相对松散、叶片下垂，直接影响盆花品质及园林应用。姜荷花切花栽培中，为解决某些品种花茎过长、容易倒伏的问题，也可以用 300mg/L 多效唑或者 50 ～ 150mg/L 烯效唑对幼苗进行浇灌处理，花茎和植株的矮化效果最为明显，并且浓度越高效果越显著，其中多效唑还具有增粗花茎的作用。

### （四）促成栽培

姜荷花在自然条件下花期为 7 月至 10 月底，无法满足春节赏花、用花的需求。可通过人工促控成栽培来培育年宵姜荷花。具体技术措施如下：将头一年繁殖的种球于 12℃环境贮存。然后挑选规格大、健壮的种球进行催芽处理，要求种球大（‘清迈粉’种球直径 1.5cm 以上，‘荷兰红’种球直径 1cm 以上）、营养球多。用终浓度为 0.2% 的 50% 多菌灵可湿性粉剂溶液浸泡种球 30 分钟、晾干；再用 15% 扫螨净乳油 2000 倍液浸淋处理 30 秒，清水冲洗干净。将种球埋入泥炭于 26 ～ 35℃环境中催芽；经过 30 ～ 40 天，即可全部发芽露土。之后将出芽的种球连同基质转入 26 ～ 35℃环境中，按照不同的发育时期进行补光，即 1 叶龄时补光 12 小时，光强为 6000 ～ 8000lx；1 ～ 3 叶龄时补光 14 ～ 16 小时，光强 8000 ～ 10000lx；开花前补光 16 ～ 20 小时，光强增加到 10000 ～ 12000lx。常规水肥管理，经 40 ～ 45 天，叶龄在 5 ～ 6 枚时即可开花。

## 六、病虫害防治

姜荷花易感染枯萎病、炭疽病和叶斑病等病害，在国内发病较为常见的主要是炭疽病，严重影响切花的产量和品质。栽种种球时应先用 50% 多菌灵可湿性粉剂配制的终浓度为 0.2% 的溶液浸泡 30 分钟，在茎叶发病初期用 50% 多菌灵可湿性粉剂 500 倍液喷施防治。

此外，姜荷花种球也容易被螨虫、种蝇危害，因此种球种植和贮藏时，要用 15% 扫螨净乳油 2000 倍液、50% 辛硫磷乳油 800 倍液浸淋处理，将种球上的害虫消灭掉。姜荷花苗期、花期害虫相对较少，偶有蜗牛、蛞蝓会啃食花苞。

## 七、价值与应用

### （一）观赏价值

姜荷花主要是作为鲜切花使用。近年来随着国内品种资源的增多，以及相关研究和开发工作的深入，除作鲜切花应用外，应用范围已拓展到了园林应用及盆栽生产（图 4）。根据生产实践及各品种特征，姜荷花主要品种观赏应用的类型如表 2 所示。

表 2　姜荷花主要品种的用途

| 种类 | | 切花 | 盆花 | 园林 |
|---|---|---|---|---|
| 1 | ‘清迈粉’ | √ | √（缩短花茎，增加抗倒伏能力，方法见前文） | √花坛、花境背景、花海，成片、成条状种植（日照不足时，易倒伏，可矮化处理，缩短花茎，增加抗倒伏能力，方法见前文） |
| 2 | ‘红观音’ | √ | √（缩短花茎，增加抗倒伏能力，效果则更好，方法见前文） | √花坛、花境背景、花海，成片、成条状种植（日照不足时，易倒伏，可矮化处理，缩短花茎，增加抗倒伏能力，方法见前文） |
| 3 | ‘荷兰红’ | × 花茎短 | √ | √花坛、花境背景或者成片、成条状种植；花坛外围；或散播于乔木林下的荒草地 |

续表

| 种类 | | 切花 | 盆花 | 园林 |
|---|---|---|---|---|
| 4 | ‘白雪公主’ | √苞片较薄，保鲜期略短 | √ | √花坛、花境背景、花海，成片、成条状种植 |
| 5 | ‘紫苑’ | √ | √ | √花坛、花境背景、花海，成片、成条状种植 |
| 6 | ‘绿宝石’ | √ | √ | √绿色苞片，单朵花期超长 |
| 7 | ‘柠檬’ | √需适度遮阴 | √需适度遮阴 | √黄色苞片，需适度遮阴 |
| 8 | ‘猩红’ | √需适度遮阴 | √需适度遮阴 | √需适度遮阴 |
| 9 | ‘朝晖’ | √需适度遮阴 | √需适度遮阴 | √需适度遮阴 |
| 10 | ‘红霞’ | √需适度遮阴 | √需适度遮阴 | √需适度遮阴 |
| 11 | ‘玉如意’ | √ | √ | √花坛、花境背景或者成片、成条状种植，叶大，覆盖效果好，单株花叶比理想 |

注：√表示适宜，× 表示不适宜。

图4　姜荷花的观赏应用

A. 姜荷花盆栽；B. 杭州植物园姜荷花花境小品（照片由西湖灵隐管理处提供）；C. 姜荷花的城市景观应用（杭州国际博览中心旁边）；D. 海南文昌姜荷花的种球生产及花海应用

## （二）药用价值

在2015年版《中国药典》中记载的4种姜科植物都是姜黄属的，分别为温郁金（*C. aromatica* 'Wenyujin'）、姜黄（*C. longa*）、广西莪术（*C. kwangsiensis*）和蓬莪术（*C. phaeocaulis*）。

姜黄、莪术、郁金是中药一药多基源的典型代表。药材姜黄基源有1种，即姜黄（*C. longa*）的干燥根茎；莪术基源有3种，即蓬莪术、广西莪术或温郁金的干燥根茎；郁金基源有4种，即以上这4种姜科植物的干燥块根。3种姜黄属药用植物的用药部位、炮制方法不同，其性味归经和功效、所含化学成分及药理作用亦不同。其中郁金味辛、苦，性寒，归肝、心、胆经，具有活血止痛、行气解郁、清心凉血、利胆退黄的功效；莪术性温，味辛、苦，归肝、脾经，具有破血行气、消积止痛的功效；姜黄性温，味辛、苦，归肝、脾经，具有活血行气、通经止痛的功效。

姜黄属药用植物的活性成分主要有两大类：姜黄素类和挥发油类，其他有树脂类、生物碱类、糖类、多肽类和甾醇类等。姜黄素类和挥发油类是评价姜黄、郁金内在品质的主要依据。姜黄素类化合物主要包括双去甲氧基姜黄素（bisdemethoxycurcumin，BDMC）、去甲氧基姜黄素（demethoxycurcumin，DMC）和姜黄素（curcumin，CUR）；挥发油主要成分大多为姜黄烯、姜黄酮和芳姜黄酮，且姜黄中姜黄素类成分含量和挥发油含量都远高于郁金。现代药理研究表明，姜黄属植物具有抗肿瘤、抗炎、抗氧化和免疫抑制等药理作用，临床可用于治疗癌症、降血脂、保肝利胆，其中在癌症方面的治疗是近年来研究的热点。

（刘建新）

# *Cyclamen* 仙客来

仙客来为报春花科（Primulaceae）仙客来属（*Cyclamen*）多年生块茎类球根花卉。其属名 *Cyclamen* 源自希腊文 *kyklos*，是“绕圈的、循环的”意思。因其结果时螺旋缠绕状的花莛而得名。英文名称 Persian violet（波斯紫罗兰）、Alpine violet（高山紫罗兰）。中文别名萝卜海棠、兔耳花。

仙客来原生于欧洲南部、亚洲西部、非洲北部环绕地中海沿岸的国家和地区，关于它的种植与记载在中世纪的柏拉图时代即已开始。考古学家在希腊克里特岛上发现的早期壁画中就有了仙客来的身影。希腊哲学家及博物学家狄奥佛拉斯塔（Theophrastus）于公元前 370 年详细描述了它的花形、花姿和香气，这些描述至今仍为植物学家所用。古时仙客来经常被用来装饰教堂，但在 16 世纪之前，仙客来仅被作为药用植物种植和使用。16 世纪初，仙客来作为观赏植物和盆栽花卉进入英国庭院。到 1651 年，巴黎皇家花园种植了波斯仙客来，即普通仙客来（*C. persicum*）。1731 年植物学家米勒（Miller）出版的《园丁辞典》中，把所栽培的仙客来定名为 *C. persicum*，开始传至世界各地。大约 1853 年在法国开始了仙客来的杂交和筛选工作。19 世纪 90 年代，人工培育的仙客来花的体积已是野生种的 3 倍，直到现在，欧洲仍是仙客来的育种中心。仙客来被引种到日本后得到了迅速的发展，成为深受日本人喜爱，产销量仅次于兰花的第二大盆花。

1971 年世界仙客来协会（The Cyclamen Society，https://www.cyclamen.org/）在英国成立，到现在会员已遍布全世界。协会将爱好仙客来的人士组织起来，定期出版会刊，通过种子交换交流品种，保存和扩大种质资源，交流栽培技术，使仙客来栽培更加普及，发展得更快。

仙客来花形独特，反转上翘的花瓣优雅美丽，丰富多彩的花形、花色衬托着亭亭玉立的身姿，很少有其他花卉能与她媲美。仙客来的叶片也是形态各异，有着很高的观赏价值。大多数仙客来在任何时候都可以种植，或者生长在室外的花园中，或者栽培在北方的温室里，为大自然增添着异彩，甚至在雪中也能绽放美丽的花朵。无论是种植成最流行的盆花，还是做成切花，都不失仙客来高雅的风采。

## 一、形态特征

### （一）地下部形态

仙客来具有肉质块茎，块茎内为灰白色、肉质，外表呈淡褐色、灰褐色、红褐色甚至绿色。块茎在生长初期为圆球形，随年龄的增长可以呈扁球形或仍呈球形。块茎的形状、大小因种而异。生长点位于块茎上表面的中心部位，从生长点产生叶和花。根系一般生长于块茎的下半部，多数较细、纤维化，也可变成粗的、肉质须根。根据种的不同，根系从块茎上生长的方式也不同。它们可以在基部散生形成根群，或者在下表面的单一位置长根，也可以在块茎周围、肩部或者可以散布在块茎某些位置，甚至可以长在块茎上表面，根系将块茎整个包裹起来。

块茎是由下胚轴膨大发育而成的地下变态茎，

用于贮藏养分及水分，帮助仙客来度过夏季休眠期。幼龄块茎上只有一个生长点，随着年龄的增长，侧芽萌发，生长点增多而逐渐分开（图 1）。

图 1　仙客来块茎的结构

## （二）地上部形态

### 1. 叶片

仙客来的叶柄肉质、较长、紫红色，直立向上生长或倾斜匍匐状上升。所有叶片均直接从块茎顶端短缩茎上长出。叶片刚一出现时是向内对折的，随着叶片的长大逐渐张开，变得较为平展，叶柄的伸长使叶片伸向外层空间。成熟的叶通常多肉而厚。仙客来的叶片观赏价值很高，叶形、叶色变化无穷。叶片形状有圆形、肾形、心形、短剑形、戟形、常春藤叶形等（图 2）。叶片有对称的浅裂，个别的种叶片有深裂。大多数种的仙客来叶缘是齿状的，也有浅齿或不带齿。

叶面颜色有银色、浓银色斑纹或全无银色斑纹（图 3）。绿色表面有的灰暗，有的明亮，也有呈灰绿和白蜡绿色，如奶油色等，大多数种的仙客来在绿色或灰绿色叶面上具有复杂的银白色斑纹。叶上的斑纹主要为暗的或亮的背景上有戟形或矛形图案以及斑点等，有时叶上的斑纹也可颠倒过来。银叶是表皮细胞与组织之间存在空气层形成的结果。

### 2. 花器官

仙客来的花单生，下垂，花梗着生于块茎上短缩茎的叶腋间。花梗长 10 ～ 20cm，肉质花梗粗壮，弯曲部可见到花萼。一些用于切花的品种花梗长可达 25cm 以上，甚至 40cm。仙客来的花梗有直立生长的，也有横长、水平或斜向伸出的。

仙客来的花萼 5 裂，萼片较小，环生于花瓣外。萼片通常为圆形或枪尖形，花萼基部与花梗合生。萼片紧紧包住花冠，当花冠开放时萼片张开，环绕在周围，最后宿存在蒴果上。仙客来花萼的颜色及大小因种而异，大多数为绿色，也有

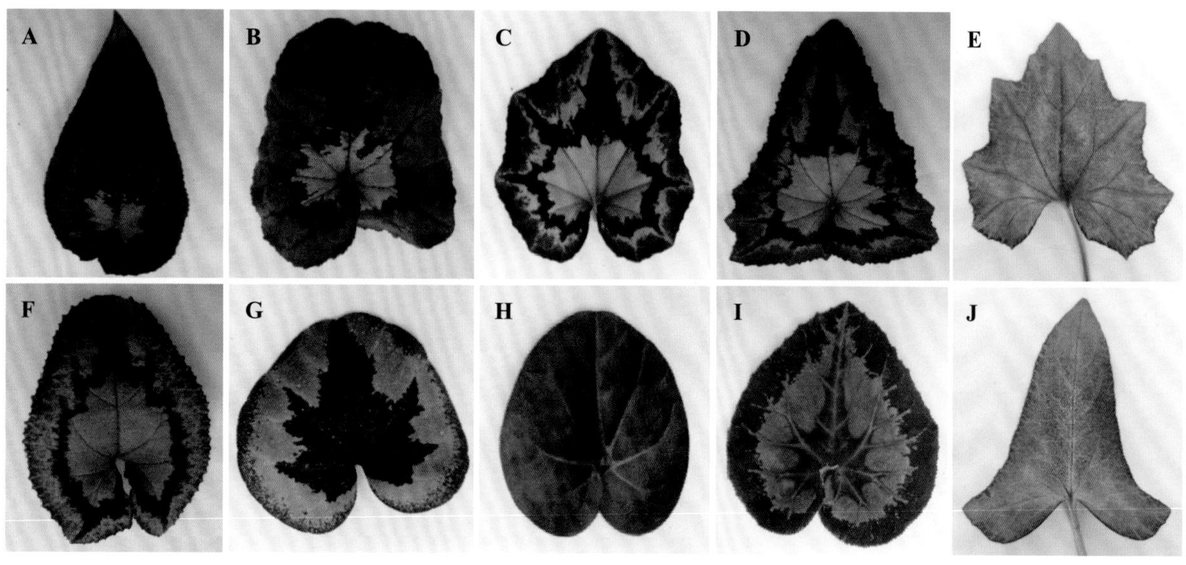


图 2　仙客来的不同叶形

A. 短剑形；B. 盾形；C. 戟形；D. 三角形；E. 常春藤叶形；F. 椭圆形；G. 肾形；H. 圆形；I. 心形；J. 镞形

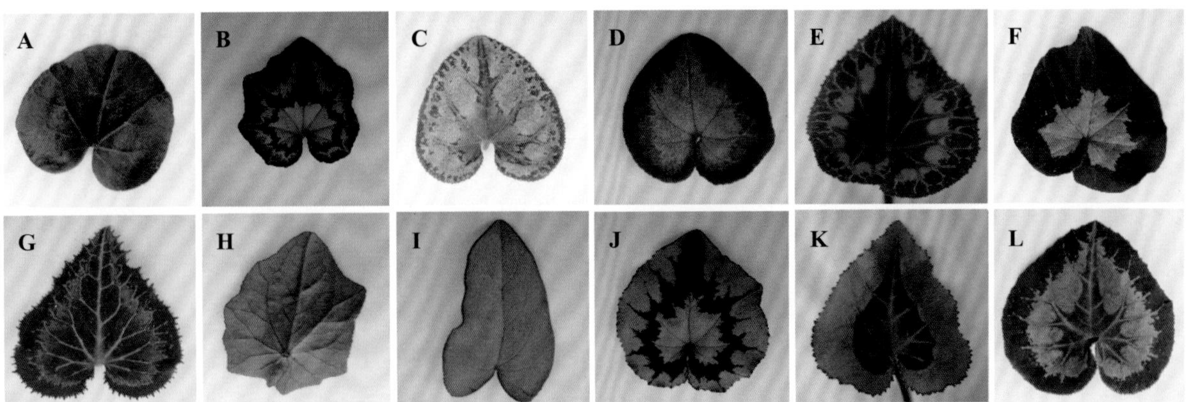


图 3 仙客来的不同叶色和斑纹

A. 红色叶；B. 戟形图案；C. 亮银色；D. 绿边银心浅红；E. 绿色银斑；F. 绿色银心；G. 绿叶银饰；H. 全淡绿叶；I. 全银色；J. 银叶绿戟；K. 银色绿心；L. 银叶绿边

白色、粉红色、红褐色。

花冠基部合生呈短筒状，花筒与瓣深裂，较短。内有 5 枚雄蕊和 1 枚雌蕊。雄蕊下半部是花药，上半部包含一对圆锥形分离开裂的较狭突起。花药较大呈尖的或不太尖的形状，全生长在雌蕊周围。花药有黄色、褐色、紫红色等，因种而异。花粉囊内含许多花粉，当花粉成熟时，向下生长雄蕊裂开。成熟的花粉在微风和花的振动下落到柱头顶的黏液中，使其授粉，昆虫也可以帮助授粉。

仙客来为上位子房，子房是较大或小的球形，顶端伸出一个直立的花柱，柱头向下，子房内包含 5 个未分开的心皮。柱头伸出花冠边缘 1 ～ 3mm。果熟期花梗变硬弯向地面或卷曲呈螺旋状，蒴果球形，种子多数，成熟时为红褐色，直径 2 ～ 5mm，千粒重 5 ～ 15g（图 4）。

图 4 仙客来花器官和果实、种子形态

A. 仙客来整株形态；B. 花萼；C. 花冠基部合生呈短筒状；D. 5 枚雄蕊和 1 枚雌蕊；E. 蒴果和种子

### 3. 花形和花色

仙客来的花冠在蕾期是直接向下的，花瓣互相包着呈螺旋状，展开时花瓣紧贴花梗向后反转，形似兔耳，因此俗称兔耳花。大多数种的仙客来花瓣竖直向上反转 180° ，但有的种或品种花不反转或只反转 90° ，呈风车状。

花瓣的形状和大小因种和品种而异，可以是狭窄的椭圆形、宽椭圆形，甚至几乎是圆形，有波状、旋瓣、卷瓣等（图 5）。花瓣边缘可以是全缘的，也可以有齿，也能像兰花一样起皱褶，也有的花瓣中间能形成脊状突起。

仙客来花瓣大小差异很大，巨型仙客来花瓣长度可达 7cm 以上，微型仙客来的花瓣也可短到 1cm 以下。

花朵形态也有很大不同（图 5），有单瓣反转形、重瓣反转形、蝶形、穗状花形、重瓣锦簇形、灯笼形、风车形等。

仙客来花具有鲜明、丰富的色彩，如纯白、粉红、桃红、大红、紫色、复色，甚至有黑紫色的花。鲜艳夺目，万紫千红的花朵成为仙客来引人注目、惹人喜爱的重要因素之一（图 6）。

仙客来的开花数量因品种及栽培时间的不同而有很大差异，栽培管理得好，有的品种可同时开放上百朵花。少数种的仙客来花有香味。

## 二、生长发育与生态习性

### （一）生长发育规律

仙客来从种子萌发到开花大体上可分为萌芽期、幼苗期、花芽分化期、加速生长期和开花期 5 个阶段。

#### 1. 萌芽期

从播种到种子开始萌发、出全苗的 45 天为萌芽期。在这个阶段种子吸水膨胀、萌动，长出胚根，20 天左右下胚轴伸长并开始膨大形成小的块茎，长出初生根，25 ～ 30 天子叶叶柄迅速生长露出地面。到 40 ～ 50 天时才能出全苗完成整个萌芽期。

#### 2. 幼苗期

种子在发芽后抽生出 1 ～ 2 枚叶片，这时主芽即形成。主芽继续生长，在第 1 ～ 5 枚叶的基部产生侧芽，形成分枝，这个阶段为幼苗期。仙

图 5　仙客来的不同花形和瓣形

A. 平瓣反转形；B. 重瓣反转形；C. 旋瓣反转形；D. 细瓣反转形；E. 皱瓣反转形；F. 单瓣风车形；G. 重瓣风车形；H. 皱边形；I. 重瓣锦簇形；J. 洛可可形；K. 蝶形；L. 穗状花形

图 6　仙客来的不同花色

A. 大红色；B. 白色红口；C. 半边红；D. 彩色条纹；E. 纯白色；F. 纯白紫红尖；G. 白花黄皱边；H. 粉色；I. 红口花边；J. 蓝紫色；K. 玫红白边；L. 深玫红色；M. 双色白萼；N. 桃红刷毛；O. 黄色花

客来刚开始生长发育比较缓慢，叶数增加较少，到 6 ～ 7 叶时由于侧芽开始发育生长，叶数增加速度加快，每个月可增加 5 ～ 8 枚叶片。随植株的不断发育，短缩的主芽上部的芽可形成花芽，而在主芽下部叶片的基部形成的芽不断分离出去，形成侧芽，横向分开。侧芽继续发育可形成花芽开花，同时一次侧芽的叶腋处还可形成二次侧芽。侧芽数量的多少，同开花数有直接的关系，形成的侧芽多则开花数量多。仙客来的块茎是很多分枝的集合体，因其短缩而叶片丛生生长，所以看不到直立的茎。而在休眠的仙客来块茎顶部可以看到很多突起物，这是短缩茎及芽的痕迹。

### 3. 花芽分化期

大花品种萌芽后的第 4 个月，小花品种萌芽后的第 3 个月，当主茎的叶片长到 15 节位后，在其叶腋处开始分化花芽，按分化形成的早晚顺序开花。同时在侧芽上也可分化花芽、开花，因此使仙客来整个花期可长达几个月。进入花芽分化期后，侧芽群已经形成，叶数增加速度开始减缓，这个时期的高温在一定程度上会抑制仙客来的生长。花芽的分化从芽的肥厚期开始，可分为花柄分化期，萼片形成期，花瓣分化期，花瓣发育前期、中期、后期，直到开花期。

### 4. 加速生长期

如果条件合适，过了高温期后又会进入加速生长期，叶片数量急剧增加，花芽在此时期随叶片的不断展开同时分化，直至进入开花期。侧芽的生长与品种以及环境条件、生育情况等有很大关系。同时也可以人为地采用外源植物生长调节剂，如 6-BA 等增加侧芽数。

5. 开花期

从花芽开始分化到开花，若生长正常需 110 天。花芽从发育到开花的天数因品种和季节不同而异。花芽分化形成花蕾后即可用肉眼观察到叶丛中出现白色的小花蕾，如果条件适合，花梗会顶着花蕾长出叶丛。仙客来花梗的伸长生长，在初期是依赖于内源赤霉素及生长素，而这些激素来源于花器的发育。仙客来花朵开放后生命终止有 3 种方式，即花冠脱落、花莛向下弯曲或失色后凋萎。花冠脱落标志着完整的授粉过程完成。在栽培的过程中，换盆的早晚、根际营养、光合强度、发育状况等都可影响到开花期。

仙客来主要以异花授粉方式繁衍后代，但同时也可以自花授粉，在园艺栽培中，仙客来的重复自花授粉很快会使品种退化，只有远缘交配才能够更新复壮。

6. 根系的生长

根系的形成是伴随着叶片的生长与分化相对应进行的。种子萌动后的 2 周左右下胚轴伸长、基部膨大形成小块茎，在块茎上开始形成初生根。出现第 2 枚叶以后形成的根称为次生根。叶序的发展是向心性形成，而根群在块茎上是离心性形成。对应于二次侧芽生长时形成的根，以一次侧芽分化后和叶柄对应的根为中心离心式发展，对应于主芽的根群发展也同样。叶龄与根群的形成有一定的相关性，在叶器官的叶柄分化期主根开始生长，叶身展开期形成一次侧根，叶身发展期形成二次侧根。

根量及根的分布位置同植株的生长状况及施肥量、肥料形态、施肥位置等有密切的关系。增施氮肥，特别是硝态氮肥，根系的总重量显著增加，说明对根系的发育有明显的作用，同时也增加了根系的吸收。施肥区域根重的增加显著高于其他部位。

在盆栽中，根的分布位置还与花盆中的水分分布状况有直接关系，水分适宜的位置根系多。同时根的形态受盆土含水量影响较大，基质孔隙度合理，空气丰富的部位根系发育好。

## （二）生态习性

1. 光照

仙客来原生于地中海沿岸国家山区的灌木丛中或森林中的腐叶土上，是喜光植物却又不耐太强光照，不能在夏日的直射阳光下暴晒。适宜的光强为夏日全光照的 50%。在幼苗期，气温为 20℃情况下，光照强度以 300μmol/（$m^2$・s）（约 15000lx）为好，成苗期 15 ～ 20℃适温范围内 600 ～ 1000μmol/（$m^2$・s）（30000 ～ 50000lx）为适光量。随着发育的进展，最高可达 1300μmol/（$m^2$・s）（约 65000lx）也不会引起光饱和。

仙客来各个品种对光照强度的反应不一，大花品种同化能力明显高于小花及微型品种。微型品种在较低光照时即开始进行光合作用，又能忍受较强的光照而不达到光饱和点，适应的范围比较宽，对环境条件有较强的适应性。长时间的不适宜光照强度会在一定程度上改变仙客来叶片的组织结构。遮阴过度，长期处于弱光条件下使植株出现叶面积增大、叶片数量减少、叶柄细长、株高增加、株形松散，以及营养不良等症状。

仙客来的成花对于光周期没有特殊要求，属于日中性植物，在自然日照长度下，只要温度合适，可以周年开花；但是光照时间却对仙客来的生长及块茎形成有很大作用。在幼苗期日照主要影响植株的生物量，在成苗期主要影响叶数的增加和叶的分布，影响生长势。在不引起日灼的情况下，尽可能给予仙客来生长发育和开花以充分的、长时间的光照是非常必要的。

2. 温度

仙客来在生长阶段对温度有一定的适应范围，一般最适宜的温度白天为 20℃左右，夜间需保持 10℃以上。不同的生长发育阶段最适温度的要求也是不一样的。幼苗期（叶数 10 枚以下）要求的温度稍低一些，平均气温为 18℃左右，此温度利于根系的发育和碳水化合物的积累。但是温度过低也会造成生长发育迟缓，侧芽形成的数量不足，因此夜间温度应保持 10℃以上。成苗期（叶数到 30 枚左右）温度可以提高到 20 ～ 22℃。而花莛伸长期至开花期的适温为 16 ～ 17℃。对温度的反应因品种而异。在开花期保持适当的低温可以使花期延长并且开出的花鲜艳茁壮。

仙客来的光合作用不仅受光照强度的影响，而且也与温度密切相关。在自然条件下随光照强度的增加，叶面温度也迅速提高。在光强 890μmol/（$m^2$・s）（约 44500lx）时叶片温度已升至 35℃。在此情况下光合能力急剧下降。如将温度控制在适宜的范围内，则较强的光照仍有较高的光合能力，光饱和点提高，在 20 ～ 24℃时光合效率最高。高温使光合速率下降，当气温达 30 ～ 40℃时这一作用非常明显。因此，在实际栽培中夏天气温达 28℃以上时，以 50% 的遮光来抑制叶温上升的效果最佳。9 ～ 10 月随气温下降，仙客来进入旺盛生长期，叶数增加，植株的中心部分应有充分的光照，以促进幼叶生长及花芽分化。

仙客来的耐寒性较强，但却对高温非常敏感，无论在发芽阶段、幼苗阶段及生长阶段都容易因高温而导致休眠。在实际栽培中如果夏季夜间温度长时间高于 25℃，仙客来的生长发育即会停止，植株衰弱，容易感病死亡，并且会对以后的生长产生不利的影响。仙客来的生长发育需要一定的昼夜温差，以 10℃为最理想。温差达 15℃时虽可生育，但开花不良，温差达 20℃以上时植株不能正常生长。

### 3. 水分与空气湿度

仙客来在不同生育时期需水量不同，随着叶数的增加及气温的变化其吸水量也会变化。幼苗期当小苗平均叶数为 1 ～ 5 枚时，日均吸水量约 2mL；平均叶数为 4.4 ～ 11.9 枚时，日平均吸水量约 9mL；叶数达到 14.6 ～ 23.5 枚时日吸水量 30mL；当叶数为 50 ～ 65 枚时，日吸水量 110mL；叶数增加到 70 ～ 74 枚时，日吸水量可达 220mL。轻微缺水即可造成仙客来叶片的萎蔫，如果不及时补充水分，这种萎蔫可能形成不可逆的伤害。

空气相对湿度能够影响植物的蒸腾速率，进而影响水分的利用。空气相对湿度在 65% ～ 85% 之间仙客来生长状态良好。若长期处于小于 65% 的环境下，则生长缓慢，花芽分化停滞，叶片逐渐变黄，相继干枯，生长受到影响。若长期在空气相对湿度高于 85% 的环境里，也会抑制植株的蒸腾作用，使叶内水分生理失调，同时也容易产生软腐病和炭疽病等。

土壤含水量对光合作用亦有很大影响，水分不足时叶片气孔关闭，使进入叶的 $CO_2$ 量减少，光合能力下降。

### 4. 营养

仙客来植株干物质中粗蛋白占 2.5% ～ 3.4%，淀粉 0.13% ～ 0.58%，其他为可溶性糖、矿物质等。研究表明，每盆仙客来的生长需要吸收氮 1g、磷 0.3g、钾 2g、钙 1g、镁 0.4g 左右，而锌的含量低。

（1）**氮素**：在仙客来的生长过程中，氮主要供叶的生长，因此在生育初期及旺盛生长期对氮的需求较多。即便是植株受伤，干燥时也要吸收氮。仙客来植株冠径的大小，易受氮素的影响，同时侧芽数及相关的叶数也与氮有密切关系。氮素在叶整个生长季节中呈缓慢增长趋势，进入 10 月后增长速度加快。而块茎、根、花蕾对氮的吸收在各个月份基本保持平衡。养分欠缺对生长发育及开花的影响不同，其中氮的缺乏影响最大。苗期缺氮，植株生长发育停滞，植株矮小，叶片及新芽数量减少，叶柄纤细，叶片较小。如果 7 月开始缺氮，到 10 月叶数不再增加，使开花时植株的叶数、开花数量都有明显减少。若 10 月缺氮，则 11 月叶数不再增加。在整个生育阶段如果给予标准量氮肥，到年底时仙客来植株呈现出生长好，叶数多，植株冠径大，叶的纵横径也大；过高或过低量的氮肥施用则表现为叶数少，植株冠径小，叶片纵横径和叶面积都小。

如果氮素营养过多，生长速度失衡，易徒长，表现出总体营养缺乏，块茎小，其形态往往纵径大于横径。相反如果氮素过少，生育停滞，块茎肥大，造成生长发育失衡。

仙客来的适宜氮素形态比是硝态氮：铵态氮=3 ：1，硝态氮比率高，叶长、叶宽等都增大，生育旺盛。若铵态氮比率高则叶小，抑制生育。尿素也可使仙客来生育旺盛。

（2）**磷：**仙客来整个生长季节磷在叶片中的增长幅度较大，越接近花期，叶片中磷的含量越高。块茎中磷含量在 8 月前处于增长趋势，8 月以后便保持平衡。根中磷含量前期增长不大，8 月以后才有明显增加，这说明在前期主要参与细胞分裂、芽的形成，由于生长快其比例不显优势。后期磷主要参与花蕾的形成，随着花芽分化，需磷量显著增加。

（3）**钾：**钾的含量高于一般植物的钾含量，甚至高许多。尤其是苗期对钾的吸收增加很多，苗期叶片含钾量是花期的 2 ～ 3 倍。而锌的含量偏低。仙客来叶中的钾从 5 月开始到开花期一直呈上升趋势，而块茎和根中的钾在 9 月以前逐月呈上升状态，9 月以后保持平衡。

仙客来不同生长阶段对营养元素种类和用量的需求不同。在幼苗开始生长阶段，植株发育较慢，所需营养也较少，在叶数达 1.5 枚时及其后的 1 个月，磷对于芽的分化起着重要的作用。如果缺少磷则严重影响芽的形成及叶数的增加。幼苗期间大约每个月新增叶片 2 ～ 3 枚，以后增加速度加快，对肥料的需求也急剧增加。整个幼苗期的生长发育主要受磷的影响，在以后的加速生长期影响生长发育及叶片构建的主要是氮和钾。年生长周期中，5 ～ 9 月钾的吸收量增加较快，氮和钙的吸收高峰期都在 8 ～ 10 月，镁的吸收高峰在 9 ～ 10 月。在花芽分化期和花蕾形成期的 9 ～ 11 月，植株对磷的需求会形成一个高峰。从夏季至秋季，如果缺肥可引起各种生理障碍，畸形花比例增加，老叶发生失绿缺素症状。但这段时间如果追肥过多，也会使叶数增加过快，叶片过大，形成二次营养生长，同花芽分化形成竞争，使开花期推迟。

仙客来植株整个年生长周期中始终存在着生长与发育、营养生长与生殖生长之间的关系调节问题。元素的不同比例对于植株生长发育起着重要的作用。植株的侧芽数量及与之相关的叶数受氮肥的影响最大。植株大小更易受氮的影响，而花蕾总数则受钾的影响较大。

## 三、种质资源与园艺分类

### （一）野生近缘种

仙客来属（*Cyclamen*）仅有约 22 个种，均原产地中海区域。

#### 1. 非洲仙客来 *C. africanum*

原产非洲阿尔及利亚、突尼斯、利比亚等地。非洲仙客来最不耐寒。块茎可长到直径 30cm 以上。它是仙客来属中叶子最大的种，叶组织坚韧，纯亮绿色或具有暗色斑纹。叶边缘有一个与众不同的特征，即具有浓密的小点，用手触摸可以清晰地感觉出来似珠状。非洲仙客来的另一个特点是花与叶同出，花色从白色至深粉色或红色，非常醒目。花药颜色全是黄色。花期早，初秋开花，可一直延续到圣诞节。染色体数 2n = 34。

#### 2. 巴利阿里仙客来 *C. balearicum*

原产地中海西域的巴利阿里群岛，在法国南部几个相对独立的海岛也有分布。该种生长在山毛榉树荫下，充满腐殖质的石灰岩裂缝中或悬崖下阴凉处。块茎小而扁平，根系从底部中心着生，叶片在灼热的阳光下需加遮阴。花期 3 ～ 4 月，花白色，偶有粉色，芳香。染色体数 2n = 20。

#### 3. 西西里仙客来 *C. cilicicum*

原产意大利西西里岛、土耳其南部和安纳托

利亚森林地带的松林中。生长于半遮阴的高山上。典型的小花型种，花瓣长 1 ～ 1.8cm，淡粉至白色花，有深洋红色斑，穴弯狭小，叶与花芽同时出现，为整齐的汤匙形。播种繁殖两年内可以开花。开花期从仲秋至深冬。染色体数 2n = 30。

**4. 康莫达仙客来 *C. commutatum***

分布在非洲西北部，但与非洲仙客来在染色体数上不同，染色体数 2n = 68。其花期可延续到圣诞节。

**5. 小花仙客来 *C. coum***

广泛分布于从伊朗北部到黑海边的保加利亚、土耳其、叙利亚西部、黎巴嫩以及以色列北部。小花仙客来的花瓣短，近圆形，花小，白色至红色，在基部有紫色斑，为非常微型的仙客来。植株长到第 3 年块茎约 3cm 时开始开花。花蕾在 12 月开始出现，花期可一直持续到 3 月，具有较强的耐寒性。染色体数 2n = 30。

**6. 克里特仙客来 *C. creticum***

分布于希腊偏僻的克里特岛地区。块茎生长在山坡、丘陵树下多石的红土上，耐寒性弱。叶片小，心脏形。花瓣狭窄，无洋红色凹点。花白色，美丽，微香。花期 3 ～ 5 月。染色体数 2n = 22。

**7. 塞浦路斯仙客来 *C. cyprium***

原产塞浦路斯群岛。花初开时为粉白色，具浓香。花冠裂片非常狭窄，有圆穴弯。盛花期在晚秋，持续到圣诞节。耐寒性不太强。染色体数 2n = 30。

**8. 希腊仙客来 *C. graecum***

希腊特有种，通过希腊和土耳其北部传至南方。生长于森林中阳光充足、石灰岩形成的碎石沙地上。块茎比其他种更近椭圆形，表皮粗糙，肉质根。花色白至粉色，具有洋红色凹点，从淡粉至深鲜红色不等。野生状态下株高可达 60cm。播种第 3 年到第 4 年首次开花。染色体数 2n = 84。

**9. 地中海仙客来 *C. hederifolium***

原产地分布于欧洲南部意大利的撒丁岛、科西嘉岛，法国南部和希腊，还有土耳其西部，原南斯拉夫以及爱琴海的克里特岛。这个种常生活在栎属植物和橄榄树下，耐寒性、耐热性均强，在欧洲花店、室内常见。

地中海仙客来的块茎扁平，不断生长增大，可长到小桌子大小，最长的块茎寿命纪录是 150 年以上。花色有白色、红色、粉色、淡玫瑰红色。花冠裂片一般为 2cm，有洋红色凹点。花量较多，并且随着块茎的生长而增加，是先开花后出叶，叶柄往往呈匍匐状。花期 8 ～ 11 月。染色体数 2n = 34。

**10. 黎巴嫩仙客来 *C. libanoticum***

原生于贝鲁特东北部山坡上的石头和树根之间。花色由浅粉、粉色到深红，花期 2 ～ 3 月，具有芳香味。耐寒性较弱。染色体数 2n = 30。

**11. 木拉贝拉仙客来 *C. mirabile***

为土耳其南部特有种，生长于石灰岩土中。耐寒性弱。一般在种苗生长多年之后，块茎长到 4cm 左右时开花。花多为粉色，花瓣狭窄。花冠口上具有暗斑，近中心表面有小的蜜腺细胞，花期从夏末持续到 11 月。染色体数 2n = 30。

**12. 帕尔夫洛仙客来 *C. parviflorum***

原产土耳其东北地区。微型的仙客来种。花为暗粉紫色，基部无洋红色斑区，每个花冠长度仅 0.5 ～ 1cm。花梗较短，刚超出叶丛。一般秋末在块茎顶部形成花芽，冬末到春天开花。种子发芽形成苗后的第 2 年或第 3 年花芽分化并开花。染色体数 2n = 30。

**13. 仙客来 *C. persicum***

原产土耳其南部、希腊克里特岛、塞浦路斯、黎巴嫩、巴勒斯坦、叙利亚、突尼斯等地。现在的栽培品种大部分都是由这个种选出或杂交培育而成的。

本种具有大的肉质扁球形块茎，块茎的基部周边形成根环，根粗壮像绳状，块茎的上部产生叶芽、花芽，抽生叶柄和花梗。叶片圆形或心形，叶面浓绿带有银色斑纹，叶背绿色有紫红色带。

花莛高 15 ～ 20cm，紫红色肉质。花大，直径约 3.8cm。花形有多种变化，有鸡冠状花瓣、波状花瓣、重瓣等变种，花色有深红、玫红、桃色、白色、紫色等。花冠带有强烈的香味，花瓣基部具有浅色斑，洋红色凹点。染色体数 2n = 48。

14. 普斯迪贝拉仙客来 *C. pseudibericum*

原产土耳其南部、小亚细亚地区，生长在林中风化的石灰岩土中。花为亮粉红色，比小花仙客来大，更鲜艳，具有芳香味。在花冠基部有一对引人注目的、被深褐紫色包围的白色斑纹。花期 1 ～ 4 月，是早花型的仙客来。抗寒力极强。染色体数 2n = 30。

15. 欧洲仙客来 *C. purpurascens*

原生于欧洲高原，生长于石灰岩地带的林中。块茎圆形或扁平形，在表面所有地方都可以发出粗壮、稠密的褐色根系。叶片全年都呈现绿色，为常绿植物。花香浓郁，花期从仲夏至秋。原产地该种在森林树荫下能茁壮生长，喜欢半阴凉爽，不耐强光。染色体数 2n = 34。

16. 波叶仙客来 *C. repandum*

是地中海地区特有的种，从法国南部到意大利撒丁岛、希腊克里特岛和原南斯拉夫中部都有分布。生长于高大林木下的落叶层中，为典型的林下植物，所以栽培时应避免强光直射。根从块茎底部生长，怕干旱，栽植时要深植，块茎埋入土中 10cm。花色深粉，宽瓣，有紫丁香香味。12 月中旬开始展叶，开花期 3 ～ 5 月。种内有 3 个变种。染色体数 2n = 20。

17. 罗尔夫斯仙客来 *C. rohlfsianum*

原产利比亚东部，生长在林间石缝中。为珍贵的秋花种，不耐寒冷。块茎呈不规则形，直径可达 20cm 或更大，生长寿命可长达数十年。花深粉色，具芳香性，花瓣长，花冠裂片尖角扭曲。开花期 9 ～ 11 月。结果实的花梗从基部到尖端都卷曲。染色体数 2n = 96。

18. 特罗霍普仙客来 *C. trochopteranthum*

原产土耳其西南地区。同小花种仙客来有些相似。块茎圆形，叶色深绿，具有戟形色斑，红色叶背。花大多为浅粉色，也有深粉色的类型，红宝石般暗红色的花冠口。花冠裂片未完全反折，保持 90°，每朵花大约宽 4cm。花期春季。耐寒性较强。适合于温室种植。染色体数 2n = 30。

## （二）园艺分类

仙客来属的种间存在不亲和性，现代栽培的品种都是从原种的变异中筛选、繁育而来，如今选育出众多园艺品种。目前国际上尚无统一的品种分类方法，可以根据育种方法分为常规种和杂交一代种；也可以根据用途、花的大小、有无芳香性、花瓣的多少、花瓣形态等进行分类。

1. 按花的大小分类

特大花型　花瓣长度可达 70mm 以上。

大花型　花瓣长度 ≥ 55mm，宽 ≥ 35mm。适于 12 ～ 22cm 花盆种植。

中花型　花瓣长度 ≥ 45mm，宽 ≥ 25mm。适于 8 ～ 12cm 花盆种植。

小花型　花瓣长度 < 45mm，宽 < 25mm。适于 6 ～ 12cm 花盆种植。

超小型（微型）植株更小，在 5 ～ 6cm 花盆中就可以生长开花。

2. 按叶片分类

银叶　叶片主要为银叶或全银叶，也有部分品种叶中央为绿色。

花叶　叶片有清晰的银色图案，有绿边，叶片中央为绿色。

银边　叶片为绿色，叶缘周边为银色，常常沿叶脉延伸到叶片中央。

斑叶　叶绿色，有银色或灰色图案，常为斑点，远离叶边，斑点沿叶脉分布。

3. 按花瓣分类

平展　大多数仙客来杂种系和品种的花瓣阔而平展。

皱边　花瓣有明显的皱边，又可分为普通皱边、波状皱边和双色皱边。普通皱边花瓣平展，边缘皱褶；波状皱边的花瓣为波状，边缘皱褶；双色皱边的花瓣平展或有皱边，但皱边颜色与花瓣其他部位颜色反差大。

花边　花瓣有反差大的淡色或深色花边。

波状　花瓣波状，无皱边。

脊突　花瓣中央有明显的脊突。

齿状　花瓣边缘有深浅不同的齿。

#### 4. 按系列分类

将相似的仙客来品种组成小组，所谓的相似可以是形态也可以是来源。

### （三）国内新品种

国内的仙客来育种工作经过近 20 年的努力，已经有一批具有自主知识产权的品种进入市场，受到栽培者和消费者的欢迎。

河北清芬园艺推出了自己选育的大花宽瓣和大花丰花两个系列 31 个品种。

#### 1. 大花宽瓣系列

花瓣长度 6 ～ 7.5cm，花瓣宽度 4 ～ 5.2cm，宽厚、有质感，盛花期花朵数可达 40 ～ 80 朵，色彩鲜艳纯正，单花花期长达 25 ～ 30 天。株型圆满、花梗强壮，株高 35 ～ 50cm，中心开花、适合高密度生产，栽培密度 8 ～ 16 盆 /m$^2$，适合 13 ～ 22cm 花盆种植。有‘宽瓣红’‘品红荷’‘粉色模边’‘宽瓣紫’‘紫荷’‘橙红模边’‘宽瓣橙红’‘粉荷’‘品红火焰纹’‘宽瓣玫红’‘橙荷’‘紫色火焰纹’‘鲜红荷’‘鲜红皱’‘品红荷皱’‘紫皱’‘紫荷皱’‘粉皱’‘鲜红荷皱’‘橙皱’‘玫皱’‘品红焰皱’‘紫焰皱’23 个品种。

#### 2. 大花丰花系列

叶片均匀、密集、株型圆满、中心开花，花瓣长度 6 ～ 6.5cm，花瓣宽度 4 ～ 4.2cm，花量大，盛花期花朵数可达 50 ～ 60 朵，花色鲜艳纯正、开花持久、续花能力强、生长期更短，株高 35 ～ 40cm，冠径 25 ～ 35cm，种植密度 12 ～ 16 盆 /m$^2$，适合工厂化、快速周转生产时的品种选择。有‘鲜红色’‘鲜红梦幻’‘紫色’‘紫色梦幻’‘粉色’‘品红梦幻’‘橙红色’‘玫红色’共 8 个品种。

### （四）欧洲品种

仙客来的品种繁多，市场上常见的品种主要来自欧洲、日本和我国国内自育 3 个方面。其中欧洲品种由于育种历史悠久、品种花色繁多、植株生长速度快、抗逆性强，占据了市场大多数份额。

在生产当中来自欧洲的仙客来主要分为大花品种、中花品种和迷你品种。

#### 1. 大花品种

其中（1）-（5）为法国莫来尔（Morel）公司育成，（6）-（9）为瑞士（中国）先正达公司育成。

（1）**哈里奥（Halios）系列**：属大花系列，生长均匀一致，植株强壮，花莛坚挺，花期持续时间长，抗逆性强，耐低温。适合 12 ～ 22cm 花盆种植，理想上市期 8 月至翌年 3 月，生长期 16 ～ 20 周，栽植密度 9 ～ 12 株 /m$^2$。其中常见的花型系列和品种：

火炬花型有‘火炬品红色’品种，特点是银叶、株型圆满、强壮、栽培容易、开花量大、耐高温，适合高密度栽培。

梦幻花型系列有‘梦幻银饰叶品红色’‘梦幻银饰叶深紫色’品种，特点是叶片有美观的银叶，花色双色对比，易栽培。

HD 系列品种有‘叛逆红色’‘亮鲜红色’‘鲜橙红色’等特点是株型密实，圆满、花梗短，生长均匀，可以高密度栽培，容易管理，花色持久。

（2）**银饰叶系列**：品种有‘银饰叶红色’‘银饰叶白色’‘银叶火焰纹混色’。

（3）**维多利亚系列**：品种有‘维多利亚’‘维多利亚红喉粉红色’‘维多利亚橙红色’。

（4）**瑰丽花型系列**：为大冠径、皱边花型仙客来，品种有‘瑰丽皱边鲜红色’‘皱边亮红色’等。

（5）**拉蒂尼亚（Latinia）系列**：花期早、花中大，花朵繁茂均匀，适合 11 ～ 13cm 花盆，理想上市期 8 月至翌年 3 月，株型紧凑，栽种密度 12 ～ 16 株 /$m^2$，生长期 11 ～ 14 周。品种有‘永利亮红色’‘永利深橙红色’‘永利橙红色’等。

（6）**山脊 Sierra（或同步 Synchro）系列**：不同花色间具有超强的一致性，花朵大，花量多，花期长，花色鲜艳。适合 12 ～ 16cm 花盆，株高 30 ～ 40cm。上盆后到出货时间 14 ～ 16 周，比其他品种早上市 2 周。有‘酒红色火焰’‘紫色火焰’‘纯紫色’‘猩红色’等。

（7）**雷尼尔（Rainier）系列**：花朵大，适合 13 ～ 19cm 花盆，株高 30 ～ 40cm，冠幅可达 60cm。上盆后到出货时间 16 ～ 18 周。植株健壮，花莛强壮，耐较低光照。花色品种有‘丁香紫’‘深鲑红’‘深玫红’等。

（8）**弗瑞拉（Frller）系列**：花期最早的皱边品种，花量大，生长一致，株形紧凑。株高 30 ～ 40cm，适合 12 ～ 15cm 花盆，上盆后至出货时间 15 ～ 17 周。品种有‘酒红皱边’‘鲑红色皱边’‘紫色皱边’等。

（9）**寒冰（Winter Ice）系列**：银叶大花仙客来品种，叶片呈心形的图案非常靓丽。长势健壮，易于管理。株高 30 ～ 40cm，适合 13 ～ 19cm 花盆，上盆后至出货时间 16 ～ 18 周。品种有‘银叶猩红’‘浅紫色火焰’‘银叶玫红’等。

### 2. 中花品种

其中（1）-（2）为法国莫来尔（Morel）公司育成，（3）为瑞士（中国）先正达公司育成。

（1）**迪亚尼斯（Tianis）系列**：株型大、中等，适合 9 ～ 12cm 花盆，理想上市期 8 月至翌年 3 月，生长迅速、种植容易，均匀一致，开花能力强、株型紧凑、花色鲜亮。品种有‘鲜红色’‘深橙红色’等。

（2）**梦幻花型系列**：中型花，花型独特，生长能力强，植株强壮，开花量大，运输承受力好。品种有‘梦幻鲜红色’‘梦幻红色’‘梦幻鲜海棠红’等。

（3）**激光（Laser）或同步（Synchro）系列中株型紧凑的中花系列**：长势旺盛、培育期短、一致性好、抗灰霉病。株高 25 ～ 30cm，适合 11 ～ 14cm 花盆，上盆后至出货时间 13 ～ 15 周。品种有‘紫色火焰’‘粉色’‘粉色火焰’等。

此外，还有荷兰斯好来万家乐系列等品种。

### 3. 迷你品种

（1）**美蒂丝（Metis）系列**：法国莫来尔公司育成。花瓣小而厚，花色持久，长势强壮，冠径 12 ～ 15cm，适合 6 ～ 12cm 花盆种植，种植密度约 25 株 /$m^2$。叶片美观，持续开花，抗灰霉病，理想上市期 8 月至翌年 3 月。品种有‘密实鲜红色’‘密实亮红色’‘密实鲜橙红色’等；银叶品种有‘银饰叶鲜红色’‘银饰叶品红色’等；梦幻花型的‘梦幻红色’等；维多利亚系列的‘维多利亚’‘维多利亚橙红’等。

（2）**喜旺（See Why）系列**：瑞士（中国）先正达育成。耐热性好、一致性强、生长紧凑、不徒长，株高 15 ～ 25cm，适合 6 ～ 11cm 花盆种植，上盆后至出货时间 4 ～ 10 月。盆栽有‘亮猩红色’‘鲑红色’‘紫色’等。

（3）**银耀（Silverado）系列**：瑞士（中国）先正达育成。银叶迷你型仙客来，一致性好，便于管理，早花。株高 15 ～ 25cm，适合 9 ～ 12cm 花盆，上盆后到出货时间 12 ～ 14 周。品种有‘猩红色’‘紫色’等；斯好来夏日系列等。

（4）**巴黎之吻（Fleur en Vogue）系列**：瑞士（中国）先正达公司育成。具有独特的伞形花，不同的市场定位，吸引不同的顾客。株高 30 ～ 40cm，适合 12 ～ 15cm 花盆，上盆后至出货时间 15 ～ 17 周。有白色、紫色、粉色等品种。

在仙客来生产当中对花色的选择非常重要，我国大众喜欢花色中，红色占 40%，紫色占 30%，火焰纹占 10%，梦幻色占 10%，其他 10%。

### （五）日本品种

其中1～4为日本雪印仙客来种苗公司育成，5～6为日本三得利公司育成。

**1. 大花型 Ageha 系列**

适合盆径15～18cm，有‘鲑红色’‘淡玫红色’‘粉色火焰纹’等品种。

**2. 中花型 Hirari 系列**

适合盆径12～15cm，有‘紫白双色’‘粉色带眼’等品种。

**3. 小花型 Rafin 系列**

适合盆径9～12cm，有‘酒红白边’‘维多利亚’等品种。

**4. 组培苗系列**

生育旺盛，花梗粗，花朵多，叶片挺，可保持二倍体或四倍体的优良性状。适合盆径15～18cm。有‘Antico’‘Campana Gold’‘Campana Pink’‘Elfin Marble’‘Pieno’‘Rageunir’‘Vesta’‘Victoria Mars’等品种。

通过转基因等技术，已培育出开蓝色花的仙客来。目前有2个系列：

**5. 仙客来的造物主高桥康弘（Cyclamen Creator Yasuhiro Takahashi）**

简称CCYT，主打深邃奢华蓝紫色调，此系列5个品种，‘冬化妆’（白萼蓝瓣对比色铃铛花型）、‘蝴蝶’（外张花型）、‘月下’（银叶蓝花）、‘琉璃玉’‘江户之青’（深青色的尖瓣）。

**6. 小夜曲（Serenadeia）系列**

主打香气和流行色，如‘丁香褶皱’（丁香色重瓣大花）、‘维多利亚蓝色’（花心和花边都是蓝紫色）、‘香蓝色’（清爽的香味）等品种。

同时，还培育出了花朵朝上的仙客来品种‘安吉’（‘Ange’）。

## 四、繁殖技术

### （一）种子繁殖

种子繁殖是仙客来生产上最常用的繁殖方式。仙客来的种子为不规则形，大多为红褐色的菱形，种子长度2～3mm，千粒重5～15g。成熟度好、颗粒饱满、颜色红褐是优良种子的标志，一般从种子公司购买的种子应保证发芽率达85%以上。

仙客来的种子发芽需要黑暗的条件，仅有0.1%的光辐射都足以抑制发芽。因此，要进行遮光覆盖，并将播种穴盘置于阴暗处，在发芽的过程中不要经常揭去覆盖物观察发芽状况。

仙客来种子发芽的适宜温度为15～22℃，以不超过20℃为宜，温度达到25℃以上时严重影响种子发芽。种子发芽适宜的土壤含水量为70%～80%；若低于50%，不能满足萌发过程中的各种生理生化要求，种子会进入休眠，停止萌发。仙客来的周年生产，全年都可以播种，这样可以连续开花、出圃。一般仙客来大花品种从播种到开花需9～10个月，小花品种需6～8个月。播种基质要求透气，保湿性能好，既能保水，又不积水。发芽时需大量的氧气，因此播种基质应确保20%以上的孔隙度。仙客来对于低于pH 5.5的基质很敏感。播种场所一般要用清水冲洗干净，去除碎石杂物等，特别是将温室中腐烂叶或易腐败的东西清除干净，防止霉菌滋生。规模化种植最好能有专门的发芽室。播种前应将育苗盘及用具、播种基质等彻底消毒，种子播种前要进行精选和消毒，将过小或变黑的种子及其他杂物去除，以免影响种子出苗率。为了加快种子萌发，播种前要使种子充分吸水，在30℃温水中浸泡3小时，再用凉水浸种24小时，比直接播种提前出苗10天左右。将浸泡过的种子捞出摊在纸上，晾去水分即可进行播种，播种后覆盖一层报纸或塑料薄膜保湿即可。仙客来的种子发芽比较缓慢，一般在10天以后才陆续萌发，而且发芽不整齐。20天后下胚轴开始膨大形成幼小块茎，25～30天子叶叶柄迅速生长露出地面，到40～50天时才能出全苗。在所有种子长出子叶后，可除去覆盖物使幼苗逐步见光，但一定要防止阳光直射，可用遮阳网遮阴。

仙客来的生产需要大量的种子，自行采种和制种虽然不困难，但由于仙客来在多年的繁育中形成的品种是很复杂的杂合体，同一品种的变异也非常大，没有多年的技术积累很难生产出优质良种。另外，仙客来属于自花授粉结实的植物，长期在封闭的小范围内自交很容易造成品种退化，自花授粉繁殖子代优良性状植株很少，仅占 30% 左右。因此，仙客来的制种对于商业化仙客来生产是至关重要的一环。进行系列化，专业化制种育苗，是保证仙客来质量的关键。

仙客来的单花最长可开 30 天，适宜的授粉时间是花后 3 天之内。仙客来开花的当天柱头顶端凹陷，仅有少量胶状液。开花的第 2 天柱头顶端分泌出圆球形液珠，此时为最佳授粉时间。雄蕊花药在开花的当天即可散出花粉，新鲜的花粉深黄色，2 天后的花粉呈淡黄色。仙客来花粉萌发率与品种有很大关系，有的品种萌发率可达 90% 以上，而有的品种只有极少数花粉可萌发，甚至出现根本不萌发的情况。花粉萌发的适宜温度为 20℃左右，温度低萌发慢，萌发数量少。对温度的反应品种间也有差异，有的品种 15℃也能萌发。授粉可在晴天的上午 10:00 以后至下午 14:00 前进行。时间过早花药尚未打开，花粉不易散出；时间过晚，花粉都已散落，不容易取得新鲜花粉，且柱头表面已无黏液，也不易黏附花粉。阴天低温情况下花粉不易散出，柱头黏液分泌也不旺盛，不利于授粉坐果。仙客来的花粉采集后放入纸袋在干燥器中可以保存 3 周。如果放于 4℃左右的冰箱中可以保存 1 个月，但新鲜花粉坐果率明显高于陈旧花粉。以一只手的大拇指和食指抓住花朵轻轻地击打花萼部即可将花粉敲落，以器皿或另一只手的拇指盖收集花粉，授粉时以毛笔蘸花粉在柱头上轻轻刷过即可。授粉受精后的花在 4 ～ 6 天花瓣脱落，是否受精通过外观即可判断，没有授粉的花朵在这一期间不会脱落。此时子房开始膨大，同时花梗向下弯曲，果实逐渐肥大。为了保证果实不被碰落，可以设置支撑圈支撑果实。授粉后的 100 ～ 120 天，在 4 ～ 5 月果实开始逐渐成熟，果皮变软，有龟裂但尚未开裂时及时采收。

### （二）种球切块繁殖

仙客来的种球切块繁殖可以用在原种保存、杂种一代制种的父母本保存繁殖方面。将较大的仙客来块茎纵切，每块上带有健壮的芽，将切面消毒晾干，然后进行扦插。扦插后浇水不宜太多，待长出新根、发芽后即可正常管理，使之形成新的植株。繁殖时间一般在 8、9 月，利用度夏的休眠块茎进行。由于仙客来块茎上可见到的芽点较少，因此，这种方式繁殖系数低。

另一种方法是在 1、2 月，将开过花的块茎上部 1/3 切去，在横切面上再切成 $1cm^2$ 的小块，将这些小块置于 20℃温度下，空气相对湿度为 60% 的环境中，经过 100 天左右，即可在横断面上的维管束及切面周围形成不定芽，长成新的植株。对切割的块茎喷施 0.5 ～ 5mg/L 吲哚丁酸 +50mg/L 腺嘌呤，或者浸泡于 0.5 ～ 5mg/L 吲哚丁酸 +20mg/L 细胞分裂素中可促进不定芽的形成。这种方法可以提高繁殖率。如果没有比较稳定的恒温条件，也可将切块植株原盆不动置于 30℃高温环境下进行 10 ～ 12 天熟化处理，待伤口形成周皮再将盆移到 20℃环境中，促使形成不定芽，一般可在分割后 5 周左右形成不定芽。此时应加强肥水管理，待再生植株基本形成后，将植株从盆中取出进行分离、移栽，11 ～ 12 个月可以开花。仙客来块茎切割的营养繁殖方法，由于繁殖系数不高，所需时间长，切割的伤口易感病腐烂，故在生产中除特殊情况外一般不用。

此外，还有叶插等营养繁殖的方法。叶插可用叶龄大的叶片扦插，其不定芽诱导率为20%左右。

### （三）组织培养

#### 1. 外植体与初代材料的获得

仙客来的叶片、块茎、种子、叶柄作外植体都可诱导出再生植株。其中利用种子可以直接诱导出丛生芽，叶片、块茎、叶柄都可诱导出愈伤组织，但叶片取材容易、诱导的效果也比较好。取生长势好、无病虫害、处于展叶期的幼嫩叶片作为外植体，用洗洁精洗净，在流水下冲洗2小时。在超净工作台上，先用75%酒精浸泡30秒，用无菌水清洗3次，再用3%的次氯酸钠灭菌10分钟，用无菌水清洗5次。放置于无菌滤纸上吸干表面水分，将叶柄切掉，将叶片分割成1cm$^2$大小，并在叶脉处划2刀，接种于1/2MS+2mg/L 6-BA + 0.2mg/L KT + 0.5mg/L 2,4-D + 30g/L 蔗糖 +6g/L 琼脂的培养基上。培养条件为25±2℃，黑暗培养30～40天后在切口两端长出愈伤组织，诱导率可达80%以上。利用叶柄灭菌后切成5～6mm的段，接种于MS+2mg/L 6-BA + 0.2mg/L 2, 4-D + 0.2mg/L KT的培养基中，培养温度25±2℃，暗培养30天，愈伤组织诱导率也可达78%。

#### 2. 分化培养

将诱导出的仙客来愈伤组织切成约1cm$^2$大小，接种于MS + 2mg/L 6-BA + 0.1mg/L NAA的培养基中，光照培养30天后，平均每块愈伤组织可分化出5个以上的芽。

#### 3. 生根培养

将分化出的不定芽分离成单株无根苗，接种于MS+3mg/L NAA培养基中，40天后，生根率可达85%。

#### 4. 炼苗与移栽

将已生根的仙客来组培苗在室温下打开瓶口适应3天，然后取出小苗，洗净根部的培养基，放入百菌清1000倍液中泡10～15分钟，移栽到装有基质的穴盘中（基质为泥炭∶蛭石∶珍珠岩=5∶3∶2），放置于室内培养，温度25±2℃，光照强度1800lx，光照时间12小时/天，保持空气相对湿度80%，小苗成活率可达98%（图7）。

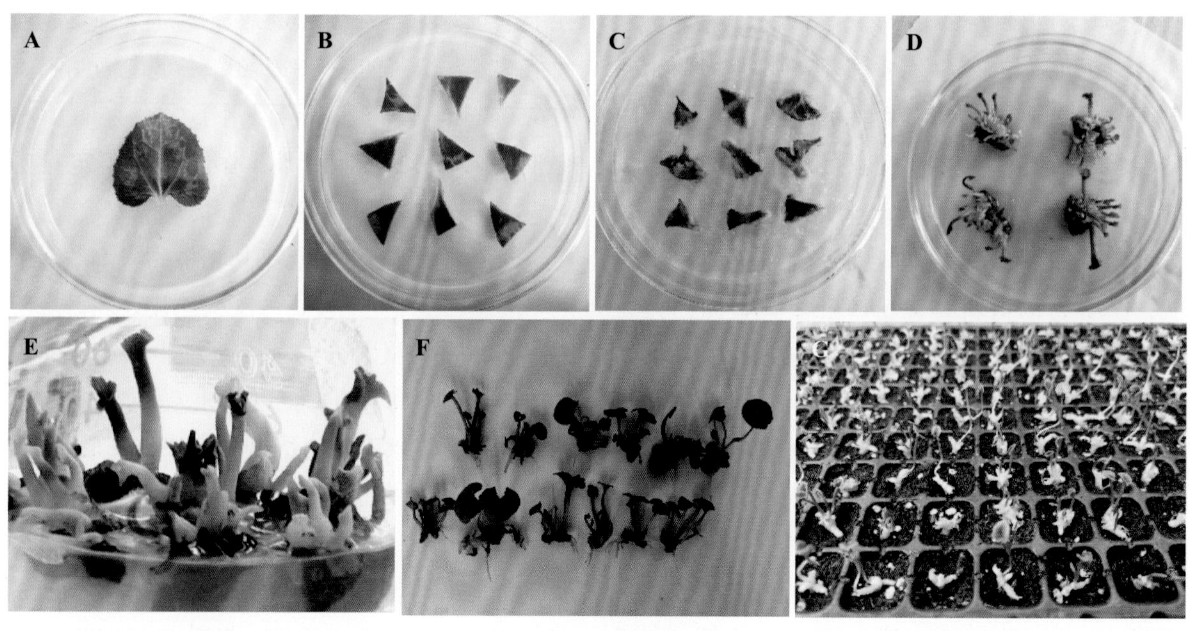


图7 仙客来组培快繁

A. 外植体；B. 初代培养；C. 诱导出愈伤组织；D. 芽分化；E. 芽增殖；F. 生根；G. 炼苗

# 五、栽培技术

## （一）设施盆花栽培技术

### 1. 生产计划的制定

仙客来盆花一年四季均有消费，上市期多集中在元旦、春节、五一、中秋节、十一等喜庆节日期间。元旦、春节上市的中、大花品种，于3～4月播种，育苗期4～5个月，上盆后生长4～5个月；9～10月上市的中、大花品种，于1～2月播种；3～4月上市的于8～9月播种。微型品种播种期可比大、中花品种推后1～1.5个月。由于各种苗公司推出的品种繁多、各品种生长期不一致，因此，播种期要根据各品种的具体生长期来确定。

### 2. 种植

（1）**播种**：播种容器选择128或288孔的穴盘。播种基质选用纤维长度0～10mm苔藓泥炭育苗专用基质，pH 5.5～6，最好已经添加大量元素和微量元素营养启动剂。也可选用腐叶土：蛭石：珍珠岩=6：2：1的基质，基质在使用前应消毒。穴盘装满基质后轻轻压实，用细眼喷头浇透水，待水渗下后每穴点入1粒种子，覆盖厚5mm蛭石，再将蛭石喷透水，统一将播种好的穴盘放入发芽室，保持发芽室温度18～22℃，空气相对湿度90%以上。如果不具备发芽室条件，也可将穴盘置于温室花床上，但要注意遮光、保湿。在此阶段务必保持种子萌发所需水分，如果蛭石覆盖层干燥，可进行雾化喷水。

（2）**苗期管理**：大、中花品种25天左右开始出苗，微型品种20天开始出苗，待出齐苗后可将穴盘移入温室逐步见光，但不可一下进入强光环境，光照强度逐步达到10000～20000lx为好。

（3）**移栽及上盆**：288孔穴盘苗在播种后10周左右，幼苗长出4～5枚真叶时，穴盘内种苗开始拥挤，可进行移苗，移入72孔穴盘或小营养钵；在72孔穴盘内生长1.5～2个月后，幼苗有8～10枚叶时可上盆定植。上盆时间根据品种和生长势而定。定植花盆的大小因品种而异，一般大花品种使用14～19cm花盆，中花品种12～14cm花盆，微型品种9～11cm花盆。花盆底部要求呈透水性好的多孔网状。128孔的穴盘苗可适当推迟移苗期。微型品种达到5～8枚真叶时可直接移入9～11cm花盆定植。定植所用基质要求纤维长度为10～30mm粗泥炭或透水性好的自配基质。

移栽前一天给幼苗浇水，减少取苗时对根系的伤害。定植后基质距花盆上沿应有0.5～1cm距离，块茎应露出基质1/3～1/2，定植后浇透水。上盆后1周内适度遮光，光照强度5000～10000lx，温度控制在22～25℃，空气相对湿度60%～70%，而后进行正常管理。

### 3. 水分管理

（1）**水质**：仙客来对水质的要求不是特别严格，所有清洁的水都可用来浇仙客来，但不要用过硬的水。水中的钙、镁含量不宜过高，一般在1.8mmol/L以下为好。仙客来对钙、镁有一定适应性。但是在盆栽的过程中，由于水分的蒸发等原因会使基质中的钙、镁富集而使总盐分含量过高，因此在使用时应多加注意。同时用含钙、镁高的水喷叶也会形成叶面白色盐分污染，对叶片的正常光合作用产生不利影响，因此过硬的水必须软化。

浇仙客来的用水酸碱度以pH 7.0±1.5为宜，通常宜酸不宜碱。城市自来水中的含氯量很少，一般不会对仙客来构成大的危害，若置于水池中存放一段时间会更好，一方面可使水中氯气挥发一些，而更重要的是可使水温同室温接近。

（2）**浇水量及浇水时间**：浇水量与栽培所用的基质有密切关系。使用保水性强的基质时，由于仙客来生长在水分多的情况下，细胞中水分含量增加，植株生长会显示出柔弱状态，整株重量增大。严重的水涝情况下引起的缺氧既可抑制植株地上部的生长，又能阻碍植株根系的生长发育。仙客来在水涝胁迫下叶片气孔关闭、蒸腾作用减弱，光合作用受到影响，同时根系停止生长，并逐渐死亡。相反，排水性好的基质，仙客来对水分吸收状态强，体内水分含量少，生长健壮。但过于干燥会降低植株吸收氮的能力，光合作用下降，仙客来叶片出现轻度萎蔫。一旦萎蔫，特别是在气候炎热的夏季，在 24 ～ 36 小时内一些叶片就会变黄。因此，缺水胁迫对仙客来生长及休眠的影响非常大。长时间缺水会抑制根系生长、降低根系的吸收面积和吸收能力。

浇水量与周围环境也有直接关系。在温室中如果通风不好，或者温度低、蒸发量小，基质会经常保持高湿状态，浇水量应明显减少。空气干燥，蒸发量大，浇水量应增加。

一般情况下仙客来叶片出现轻度萎蔫，用手触摸有发软的感觉，这是需要浇水的一个指标，在这个时候根际周围土壤水分张力 PF 值达 1.5 ～ 1.7。浇水不仅补充植株所需水分和养分，同时也有强制性更换盆中气相，增加根系吸收氧的作用。在一天当中，浇水的时间以早晨为好，一是可以保证一天当中消耗水的时候植株有充足的水分供应；另外早上浇水，叶面上的水分很快可以干燥，使病菌的繁殖受到抑制。而在中午或下午浇水，由于盆土温度高，浇入水后根系温度急剧降低，使根系代谢失调，抑制根系吸收水分能力，植株会出现生理性干旱，使地上部出现缺水状态。

**（3）浇水方法**

①人工浇水　人工对每一盆花进行细心地浇水，对于控制品质有很大的好处。可以根据生长发育状况及环境条件使植株根系处于最佳的水分状态。但这样仅浇水一项就占所需劳动力时间的一半以上。浇水时要注意加装细眼喷头，不要将盆中基质冲起，不要将块茎冲倒，不要在叶上浇过多的水。

②滴灌　具有省水的优点，并且可以对每一盆进行定量给水。滴灌省时省工，每天只需几分钟就可完成灌溉作业，同时滴灌还可应用水肥一体化技术将所需肥料一起施入。滴灌可以用滴灌带和滴灌箭进行。在一定范围内设置水源、水泵、主管道、支管及毛细管滴箭，最后到达每一盆基质上。滴灌时要随时注意滴箭、滴带是否堵塞，经常检查清理，以保证每一盆的浇水质量。

③底部供水　是利用毛细管的吸水作用从栽培盆底部浇水的方法。现已广泛采用，大致可分为吸水绳浇水法和纤维垫浇水法两种类型。前者是从栽培盆底部引出吸水棉绳，将槽型盆或槽型钢中的水吸上供给仙客来所用；后者是在一个纤维垫上洒水，将栽培盆放在垫子上，直接由盆底吸水。底部供水最好不要采用长期泡水的办法，如长期使花盆浸泡在水中吸水，会导致盆内空气量过少，夏季气温升高，盆内温度上升，微生物和根系呼吸量提高，$CO_2$ 浓度上升，根系会陷入缺氧状态。如果基质保水性强，更增加了这种可能。可采用周期性补水的办法，给水周期每天 1 ～ 2 次，这种方法可以稍微提高盆底水分张力，以避免长期过湿状态，确保盆内空气气相，能够使根系获得良好的生长发育。与常规浇水相比，底部给水能大幅度节约用工，有利于扩大生产规模，降低成本，各盆生长情况比手工浇水更均匀一致。

底部供水每盆中水分比较稳定，因此生长旺盛，叶面积扩大，叶柄伸长，出现轻度徒长状态。为防止徒长可通过喷用矮化剂、减少遮阴、增加光照的方法来解决，矮化剂处理可人工喷 200 ～ 300 倍丁酰肼。遮阴率的多少应根据环境状况而定，一般比常规灌溉法减少 30% 左右为宜。

底部供水因肥料成分流失少，故比常规浇水法可减少施肥 30% 左右。在底部供水栽培情况下，水是从下向上移动，盆土表面可能会有盐类聚集，但对植株生育并不会产生过大影响，可通过定期上部灌水来消除盐聚现象。

用纤维垫供水时，还会从花盆底孔中长出根

系，伸入纤维垫，可用铺设防根板的办法来阻隔。出售用底部供水栽培的仙客来时，在栽培盆下面另加一个水托盘，到消费者手中之后也不用从上灌水，这种方法很少发生根腐病等，比常规浇水法栽培的仙客来更能保存较长的时间。

4. 肥料管理

仙客来种子萌动后靠分解自身贮存的营养生长，随着根系的发育植株开始吸收水分与养分，同时叶柄、叶身开始分化形成，到主根伸长和一次侧根形成时叶片展开并开始同化作用。此时距种子萌发 6 ～ 7 周，此后开始真正从基质中吸收自身生长发育所需的营养。

不同品种类型对肥料的反应不同。生长速度快的品种，对肥料需求比较旺盛，同时对肥料也比较敏感。

仙客来生长前期主要为了叶片的生长及光合作用产物的积累、根系的发育及植株的形成，氮、磷、钾的比例以 1 ∶ 1 ∶ 1.2 为好。在植株基本上已经形成，随着花芽分化的开始，磷、钾的用量增多，氮、磷、钾的比例以 1 ∶ 2 ∶ 2 为好。花芽开始生长后，为保持生长与开花的平衡，保持开花所需的氮素等，氮、磷、钾比例调整到 1 ∶ 1 ∶ 1。

肥料浓度可以配成有效成分为 0.2% ～ 0.3% 的水溶液，随水浇施。不同品种对肥料浓度的耐受性不同，而不同的施肥浓度对仙客来的生长开花亦有一定的影响。施肥浓度的确定原则是少量多次，宜淡不宜浓，根据各品种的适应性及生长发育速度随时调节施肥浓度与次数。现在，市场上有专供仙客来各生长发育时期的专用肥，用户只需按生长时期、生长势使用即可。

5. 缺素症的识别

①生长点上叶的生长比花蕾生长势强，营养生长大于生殖生长时应增加磷、钾总体水平。

②花蕾提前开始生长，有早开花的趋势，易形成叶数少的状态，是总体肥料水平不够的表现，要增加施肥量。

③缺氮时植株生长发育不良，叶片变成淡绿色，叶薄，叶片小而少，生育停滞，植株也小，块茎肥大，应增加氮肥的使用。而氮肥过量时表现为块茎小，其形态往往纵径大于横径，植株出现徒长，易受病虫害侵染。

④缺磷时植株生长受到抑制，植株非常矮小，叶子变成深绿色，灰暗没有光泽，并有紫色素，严重抑制生长和开花。

⑤缺钾时幼叶呈正常绿色，老叶发黄，但叶脉仍呈绿色，叶缘焦枯，花色衰退易于凋谢。植株生长不良，叶上出现斑点，叶皱卷曲，最后焦枯。抗病性弱，花梗比正常的要短。

⑥缺钙时分生组织受害最早，细胞分裂不能正常进行，根系的生长受到抑制，短而且多，呈灰黄色，根系的延长部细胞遭受破坏，局部腐烂。新生叶缺绿很快枯死。叶片和花梗向下卷曲，幼叶边缘出现褐色条纹，块茎内部呈透明状，部分导管变褐。

⑦缺铁时植株发生失绿症，首先在叶脉间的部分变成黄色或淡黄色，甚至白色。随着病势加重，叶脉也变成黄色，而且是幼叶先受影响。同缺镁症不同，缺镁症先是老叶失绿。如果长期缺铁，叶上会发生棕黄色枯腐点，同时从边缘开始变成棕色，逐渐枯死脱落。

⑧缺镁时会引起失绿症，但叶脉仍呈绿色。老叶部分先开始变褐枯死，然后逐渐蔓延至新叶。开花数只有正常的一半。幼叶变厚，不规则卷曲，花蕾小而干，花梗短，靠近基部变粗。

6. 整形

仙客来作为名贵的观赏植物，在东西方有着不同的欣赏目的。欧洲主要把仙客来作为庭院美化，同时也用来作小型盆花及切花，其中切花比例可达 40%。而在亚洲主要用作喜庆节日的高档盆花，把仙客来提升到一个很高的位置。观赏目的不同，栽培管理也就形成了差异，亚洲在栽培技术上比较细腻，其中整形技术就是起源于日本的一项精细化管理措施。

仙客来的整形主要目的也是为了调节生长发育的关系，形成株形整齐美观、叶片生长均匀、整体观赏效果好的姿态。同时，更重要的是给块茎以较好的光照，促进内部花芽的发育，避免内部花芽、叶芽因过于郁闭而生长不良。同时扩大受光面积，使新展开的叶片、叶柄不致过于伸长，培育成紧凑的株型。

整形要根据仙客来的生长发育情况有计划地进行。从上盆定植到成品上市至少要进行 6 ～ 7 次整形。整形在仙客来生长的一年中都可进行，前期主要是去掉枯叶、黄叶以及徒长软弱的叶片。而生育的后期叶片急剧增多，整形的主要作用是调节各层次叶片之间的关系，将中心叶片向外拉，使块茎中心的幼芽见光。仙客来的整形随时可以进行，要细心认真。要尽量避免损伤叶片，同时也可发现植株生长过程中的问题，以及病虫害的发生。为了简化程序，提高效率，也可自制一些直径约等于盆径的铁丝圆圈，撑在叶片下，将叶片向外展开，一次整形，数月受益，效果较好。经过整形的植株叶数明显多于未经整形的植株。

整形还包括在花期将开过花的花朵及病残叶摘掉。摘花的时间要提前，不要推后，因为仙客来自然授粉后第 5 天、第 6 天子房就开始膨大，营养消耗早已开始。摘花时要用拇指和食指捏住花梗的中下部，左右捻动旋转，使花梗的基部软化松动脱离母体，在捻动的同时向上拔就可将整个花梗去掉。摘花后可涂上杀菌剂如农用链霉素等。此外，摘花要在浇水后进行，以避免摘花后立即浇水使伤口感染。

### 7. 植物生长调节剂处理及花期调控

仙客来的花期可以通过播种期的选定来确定花期。一般仙客来生长 8 ～ 12 个月开花，花期比较容易掌握。

外源激素的应用在某种程度上，可以对花期进行调控。赤霉素（GA）可以提前仙客来的花期，用 1 ～ 2mg/L 的赤霉素即可提前花期 1 周，而再高浓度会出现细长的花梗、开花期推迟的现象。一般可用浓度为 1 ～ 2mg/L 赤霉素加 75 ～ 100mg/L 6–BA 溶液，在计划开花前的 40 ～ 50 天在生长点上喷施，每盆 5ml 左右。喷时注意选择有 5 ～ 6 个花蕾已发育至 2 ～ 4mm 时为好；过小的花蕾处理后易产生畸形花。100 ～ 200mg/L 6–BA 等能促进花芽分化，又促进大小花蕾的生长，开花总量有所增加，花期延长。

利用外源激素进行花期调节，效果受环境因素、不同栽培品种、不同激素及不同浓度的影响，因此对于每个品种所用的激素种类及浓度应先进行试验。

### 8. 盆花采后处理

（1）**分级**：仙客来盆花的成品上市除了根据用户的需要进行花色、叶色等最基本的选择外，作为商品化生产的盆花，根据林业行业标准《仙客来盆花产品质量等级》（LY/T 1737—2008），分别对大花型、中花型和小花型盆花，依据整体效果、冠幅、株高、花盆直径、花与现色花蕾数、花集中度、花平齐度、叶片数、花叶间距、块茎状况、病虫害、损伤程度、基质和强化处理 14 个指标进行分级（表 1 至表 3）。

（2）**包装及运输**：作为远距离运输的包装，可按不同规格定做带有隔离板的纸箱，隔离板可用塑料板或硬纸板制成，有了隔离板固定，运输过程中花盆不易倾倒，可以保持良好的株型和花叶无损。大批量远距离运输也可制成专用货架，用集装箱运输。运输的过程中特别要注意温度变化，仙客来适宜的贮运温度为 2 ～ 4℃，空气相对湿度保持 80% ～ 90%，贮藏期 3 ～ 5 天。如果在运输过程中受冻，到了高温环境中叶片很快会似水渍状倒伏。

单盆出售一般都有透明玻璃纸整盆包装，一来可保护花叶不受损伤，提高商品质量；二来包装纸也能成为很好的广告。

**表 1　大花型仙客来盆花产品质量等级**

花瓣长度≥ 55mm，宽度≥ 35mm

| 评价项目 | 质量等级 | | |
|---|---|---|---|
| | 大一级 | 大二级 | 大三级 |
| 1. 整体效果 | 株形完整，端正，丰满匀称；叶片排列均匀紧密，叶色纯正，叶脉清晰，叶面舒展；花色纯正，花梗挺直；整体效果很好 | 株形完整，端正，丰满匀称；叶片排列均匀紧密，叶色纯正，叶脉清晰，叶面舒展；花色纯正，花梗挺直；整体效果好 | 株形完整，端正，丰满匀称；叶片排列均匀紧密，叶色纯正，叶脉清晰，叶面舒展；花色纯正，花梗挺直；整体效果较好 |
| 2. 冠幅（cm） | ≥ 40 | ≥ 35 | ≥ 30 |
| 3. 株高（cm） | 40 ～ 45 | ≥ 35 | ≥ 30 |
| 4. 花盆直径（cm） | 16 ～ 18 | 15 ～ 16 | ≤ 15 |
| 5. 花与现色花蕾数 | ≥ 65 | ≥ 55 | ≥ 45 |
| 6. 花集中度（%） | ≥ 95 | ≥ 85 | ≥ 70 |
| 7. 花平齐度（%） | ≥ 95 | ≥ 85 | ≥ 70 |
| 8. 叶片数 | ≥ 55 | ≥ 50 | ≥ 40 |
| 9. 花叶间距（cm） | 8 ～ 10 | 5 ～ 8 | ≤ 5 |
| 10. 块茎状况 | 块茎顶部 1/3 以上露出基质，块茎无开裂 | 块茎顶部 1/3 以上露出基质，块茎无开裂 | 块茎顶部 1/3 以上露出基质，块茎无明显开裂 |
| 11. 病虫害 | 无病虫害 | 无病虫害 | 无病虫害症状 |
| 12. 损伤程度 | 无损伤 | 无损伤 | 无明显损伤 |
| 13. 基质 | 采用消毒无土基质 | 采用消毒无土基质 | |
| 14. 强化处理 | 经强化处理 | 经强化处理 | |

**表 2　中花型仙客来盆花产品质量等级**

花瓣长度≥ 45mm，宽度≥ 25mm

| 评价项目 | 质量等级 | | |
|---|---|---|---|
| | 中一级 | 中二级 | 中三级 |
| 1. 整体效果 | 株形完整，端正，丰满匀称；叶片排列均匀紧密，叶色纯正，叶脉清晰，叶面舒展；花色纯正，花梗挺直；整体效果很好 | 株形完整，端正，丰满匀称；叶片排列均匀紧密，叶色纯正，叶脉清晰，叶面舒展；花色纯正，花梗挺直；整体效果好 | 株形完整，端正，丰满匀称；叶片排列均匀紧密，叶色纯正，叶脉清晰，叶面舒展；花色纯正，花梗挺直；整体效果较好 |
| 2. 冠幅（cm） | ≥ 35 | ≥ 30 | ≥ 25 |
| 3. 株高（cm） | 30 ～ 35 | ≥ 30 | ≥ 25 |
| 4. 花盆直径（cm） | 15 ～ 16 | 15 ～ 16 | ≤ 15 |
| 5. 花与现色花蕾数 | ≥ 65 | ≥ 55 | ≥ 45 |

续表

| 评价项目 | 质量等级 | | |
| --- | --- | --- | --- |
| | 中一级 | 中二级 | 中三级 |
| 6. 花集中度（%） | ≥ 95 | ≥ 85 | ≥ 70 |
| 7. 花平齐度（%） | ≥ 95 | ≥ 85 | ≥ 70 |
| 8. 叶片数 | ≥ 60 | ≥ 50 | ≥ 40 |
| 9. 花叶间距（cm） | 7 ~ 9 | 5 ~ 7 | ≤ 5 |
| 10. 块茎状况 | 块茎顶部 1/3 以上露出基质，块茎无开裂 | 块茎顶部 1/3 以上露出基质，块茎无开裂 | 块茎顶部 1/3 以上露出基质，块茎无明显开裂 |
| 11. 病虫害 | 无病虫害 | 无病虫害 | 无病虫害症状 |
| 12. 损伤程度 | 无损伤 | 无损伤 | 无明显损伤 |
| 13. 基质 | 采用消毒无土基质 | 采用消毒无土基质 | |
| 14. 强化处理 | 经强化处理 | 经强化处理 | |

**表 3　小花型仙客来盆花产品质量等级**

花瓣长度＜ 45mm，宽度＜ 25mm

| 评价项目 | 质量等级 | | |
| --- | --- | --- | --- |
| | 小一级 | 小二级 | 小三级 |
| 1. 整体效果 | 株形完整，端正，丰满匀称；叶片排列均匀紧密，叶色纯正，叶脉清晰，叶面舒展；花色纯正，花梗挺直；整体效果很好 | 株形完整，端正，丰满匀称；叶片排列均匀紧密，叶色纯正，叶脉清晰，叶面舒展；花色纯正，花梗挺直；整体效果好 | 株形完整，端正，丰满匀称；叶片排列均匀紧密，叶色纯正，叶脉清晰，叶面舒展；花色纯正，花梗挺直；整体效果较好 |
| 2. 冠幅（cm） | ≥ 25 | ≥ 20 | ≥ 15 |
| 3. 株高（cm） | 25 ~ 30 | ≥ 20 | ≥ 15 |
| 4. 花盆直径（cm） | 12 | 12 | ≤ 12 |
| 5. 花与现色花蕾数 | ≥ 60 | ≥ 50 | ≥ 40 |
| 6. 花集中度（%） | ≥ 95 | ≥ 85 | ≥ 70 |
| 7. 花平齐度（%） | ≥ 95 | ≥ 85 | ≥ 70 |
| 8. 叶片数 | ≥ 50 | ≥ 40 | ≥ 30 |
| 9. 花叶间距（cm） | 5 ~ 8 | 4 ~ 7 | ≤ 4 |
| 10. 块茎状况 | 块茎顶部 1/3 以上露出基质，块茎无开裂 | 块茎顶部 1/3 以上露出基质，块茎无开裂 | 块茎顶部 1/3 以上露出基质，块茎无明显开裂 |
| 11. 病虫害 | 无病虫害 | 无病虫害 | 无病虫害症状 |
| 12. 损伤程度 | 无损伤 | 无损伤 | 无明显损伤 |
| 13. 基质 | 采用消毒无土基质 | 采用消毒无土基质 | |
| 14. 强化处理 | 经强化处理 | 经强化处理 | |

### （二）设施切花栽培技术

#### 1. 品种选择

仙客来大多作为冬季室内高档盆花使用，同时还可以作为切花，现在有专门为切花用的品种。切花也可以在夏季栽培，其专用品种花梗长达40cm左右，而花梗直立的盆栽品种同样也可作切花使用。

#### 2. 切花采后处理

仙客来的单花花期很长，可达30天左右。作为切花材料，在不加任何营养液的清水中也很容易保持很长时间而不枯萎，这是其他花卉所不及的，也为仙客来的切花利用提供了优越条件。仙客来切花可以单独插于各种造型的花瓶中，只要有水就行。也可和其他花卉或配材制成多种插花艺术造型及花篮。在元旦、春节等节日，仙客来作为切花之一，与盆花具有同样的价值，并且比盆花适用范围更广，同时又具有一定的灵活性。尤其是中、小花仙客来，因花期长、开花早、花期容易调节，用切花做成花束在一些国家非常流行。

仙客来的花梗基部在栽培中可因各种原因而变细，吸水性不好。因此，在瓶插时要将基部剪去1cm左右，增强吸水性。切花瓶插后加入保鲜剂也有一定效果。保鲜剂除可使花期延长外，还可防止瓶中水的腐败和花梗上切口处的细菌繁殖，并能促进花梗吸收水分及营养，使花瓣充分展开，还补充消耗的养分。瓶插的切花应放于凉爽的地方，保持适度的低温可延长瓶插寿命。

## 六、病虫害防治

### （一）病害及其防治

#### 1. 枯萎病（*Fusarium oxysporum*）

由镰刀菌引起，主要因土壤基质中带菌，病菌随水分吸收以及伤口等侵入到植株体内，在输导组织中繁殖蔓延，进而堵塞输导组织的水分、养分运输而导致发病。初期植株的一部分叶片失去生机，稍黄化，继而黄化叶逐渐增多。晴天时植株叶片萎蔫，这种症状夜间可以恢复，白天再度萎蔫，反复进行，直到植株死亡。叶柄部分呈水渍状肿胀，可有表皮纵裂。在空气湿度高的环境下，病斑处长出棉絮状白色菌落，有时菌落带淡红色，即为病原菌的无性子实体。发病植株块茎纵切可见维管束褐变，由于枯萎病是土壤传染的病害，因此维管束的褐变是由下向上进行。一般情况下块茎不腐烂，但湿度过大时呈软腐状。

主要发病期在夏秋季节及仙客来生育后半期。高温可加重仙客来枯萎病的发生。随着栽培年限延长，环境中病原菌的积累增加，发病率增高，因此多年连续栽培的地区发病尤为严重。

防治措施：仙客来枯萎病主要靠综合防治，加强栽培管理，保证植株健壮生长。尤其要合理浇水，因盆土过干过湿都有助于枯萎病的发生。要避免人为和虫害因素造成伤口而使病菌容易侵入。栽培基质要彻底消毒，消灭病原菌。花盆及用具也要用药剂灭菌，防止二次污染。定期喷药，杀灭环境中的病原菌，可以减少仙客来枯萎病的发生。发病株一经发现应立即淘汰深埋或烧掉，倒掉病株的花盆也要彻底消毒。

药剂防治，可用代森锰锌2000倍液灌根，灌根时可加入一定量的杀虫剂，杀死土壤害虫。生长期间可每隔2周轮换喷施50%代森锰锌1000倍液，或75%百菌清750倍液，或50%硫菌灵1000倍液，或30%噁霉灵1000倍液等。

#### 2. 细菌性软腐病（*Erwinia aroideae*）

细菌性软腐病多发生在叶柄和块茎部，致病菌为革兰氏阴性菌。发病初期叶柄处产生淡褐色小斑，水渍状软腐，扩展后病组织破裂，表皮脱落，有臭味。块茎感染后组织褐变软腐成糊状。本病多发生在夏季高温多湿期，阴雨天过后的晴天，地上部急剧萎蔫枯死，块茎软化腐烂，芽及叶柄基部也同时腐烂。腐烂部有恶臭气味，块茎上部有黏液渗出物。

防治措施：栽培基质要彻底消毒。药物防治可在发病初期用 72% 农用链霉素 4000 倍液喷洒叶片及基部，或用 77% 可杀得可湿性粉剂 600 ～ 800 倍液，也可用 150 ～ 200 倍波尔多液定期喷洒防治。

### 3. 细菌性叶腐病（*Erwinia herbicola*）

仙客来叶腐病可周年发生，但以 6 月换盆后的高温高湿期发病较多，危害最大。叶腐病可发生于叶柄、叶身、芽及块茎上。叶身在基部产生水渍状斑点，不久变成黑褐色而腐败，腐败部分沿叶脉向先端扩展，最后遍布叶全身。叶柄发病处产生黑褐色斑点或产生脱水状皱纹，不久逐渐扩大包围叶柄形成腐败，叶身黄化或干枯。从病叶切断处可以看到叶柄的维管束褐变，伴随着病症发展扩大到块茎部位。幼芽上产生水渍状斑点，斑点不断扩大变成黑褐色病斑，腐败枯死，同时侵染所有的芽，使新叶不能形成。块茎发病是在芽点附近的维管束呈红色或褐色斑，其后变成黑褐色而腐败，腐败从维管束至块茎全部，最终枯死，地上部萎蔫。但块茎不产生软腐状腐败，也没有软腐病所特有的腐败臭味。

病原菌为革兰氏阴性毛杆菌。传染途径较多，种子带菌在播种育苗期间即可传染发病。上盆换盆时用带菌土和花盆可形成较重的传染致病，尤其是换盆时较重的伤根、伤叶均明显增加发病。植株生长软弱、徒长，施肥量过大，喷药杀菌次数少更易受到传染危害。

防治措施：种子消毒，可用 0.5% 次氯酸钠浸泡消毒 1 小时，也可用农用链霉素 1000 倍液浸泡 12 小时，再用清水冲洗 3 小时。在使用药物进行种子灭菌消毒时应掌握好浓度与时间，以免影响发芽率和正常生长。花盆及用具可用 0.5% 次氯酸钠消毒。尽量避免因操作带来的二次污染，处理过病叶的手和用具不要再去处理健康植株。每月喷 2 次 72% 农用链霉素 3000 倍液。

### 4. 细菌性芽腐病（*Psendmonas marginalis*）

细菌性芽腐病同叶腐病症状有些相似，在叶身、叶柄、芽及块茎处发病。叶身初期在靠叶柄基部产生水渍状斑点，然后逐渐扩大形成黑褐色病斑，进而腐败。以后沿叶脉扩展至叶片，最后整叶腐败。叶柄发病时初期形成黑色污点状斑点，然后逐渐扩散，最后呈黑色病斑腐败。芽发病表现在幼芽基部产生水渍状斑点，然后不断扩大，从黑色变成黑褐色病斑，最后成芽枯死。块茎初期在芽点附近维管束从红色变成红褐色，逐渐成黑褐色腐败，进而从维管束发展到块茎全部，直到腐败枯死。与细菌性叶腐病不同的是此病一般在 10 月至翌年 3 月的低温期发生。

病原菌为革兰氏阴性单极毛杆菌，同时也可传染危害鸢尾、莴苣等形成褐色腐败。

防治措施：方法可参考细菌性叶腐病的防治。

### 5. 仙客来灰霉病（*Botrytis cinerea*）

灰霉病首先在花梗和变枯的老叶上产生灰褐色的霉菌，不久花瓣发生斑点，逐渐扩大，连续阴雨天、湿度大时容易发生。叶及叶柄上的病斑扩大后呈现水渍状腐烂和暗褐色霉层，即为病原菌分生孢子和孢子梗。

病原为灰葡萄孢菌，本病菌在高湿环境下一年中均可发生，病菌喜欢多湿和较低温度的环境，具腐生性，活力不强，仙客来健壮时此病菌在花床下等处营腐生生活。连阴多湿天在软弱徒长株、老化叶及有伤口的叶柄处发病，病势严重时从老叶逐渐向幼叶发展，很快传染整个植株，最终导致块茎腐败。湿度降低时停止发病，但已发过病的叶腐败枯死，商品质量下降。

防治措施：保持温室的干燥通风，特别是在阴雨时浇水不可过多，必要时用排风扇强制通风以保持空气干燥。要将花床下的垃圾、枯叶等杂物随时清理干净，保持清洁的环境，以降低室内病原菌密度。可定期喷等量式波尔多液 200 倍液，或 75% 百菌清 1000 倍液，或 70% 甲基托布津可湿性粉剂 1000 倍液，或 50% 代森锰锌 800 倍液等药剂防治。

6. 炭疽病（*Glomerellar ufomacnlans*）

炭疽病一年内任何时候都可发生。5 月刚分化和生长的芽发生水渍状斑点，中心可看到针刺状褐色斑点，病状随之逐渐发展成为直径 2 ～ 3mm 油渍状圆形小斑点。在夏季高温期叶上出现同心圆轮纹状病斑和芽枯症状。新的花芽和叶芽不能展开，叶柄和块茎表面产生黑色圆形或椭圆形下陷的轮纹状病斑而腐败。进入花期后主要危害花梗，产生水渍状小斑点，斑点上下延伸形成纺锤形下陷病斑，致使花枯死。

防治措施：应彻底消除越冬病菌传染源，发生病害的叶要及时去除烧毁。种子要用次氯酸钠或高锰酸钾等彻底消毒，杜绝种子传染。花期发病要及时去除病花梗。发病初期可喷 70% 代森锰锌可湿性粉剂 600 倍液，或 70% 甲基托布津 1000 倍液，或 800 ～ 1000 倍多菌灵液进行防治。

7. 叶斑病（*Alternaria alternata*）

叶斑病多发生于生长势弱的植株。发病时初期叶片上产生不规则的褐色斑点，边缘稍下陷，接着形成轮纹状逐渐扩大，叶肉上的褐斑受叶脉的限制愈合成不规则形的很大的病斑，病菌以菌丝体和分生孢子在土壤病残体上越冬，分生孢子借风雨、灌溉水飞溅传播，从伤口和自然孔口直接侵入寄主。一般从 4 月初至秋末均可发病。特别是在温室内温度偏高、通风差、湿度大时发病较多。

防治措施：发现病叶要随时摘除烧掉，花盆摆放不要过密，尽量减少或不伤叶片，加强通风，保持干燥。可用代森锰锌 500 ～ 800 倍液，或等量式波尔多液 150 ～ 200 倍液，或 75% 百菌清 1000 倍液喷雾防治。

8. 病毒病

仙客来病毒病是发生普遍、危害严重的一种病害，也是仙客来栽培中的主要防治对象之一。仙客来病毒病通过种子带毒和蚜虫等传播。受到感染的种子，在生长后叶和花显示出网目状的花叶病毒症状，叶畸形，过一段后开始萎缩，也会造成花的脱落。夏季蚜虫是主要传播渠道，感病植株首先在新叶上表现出病毒病症状，叶片皱缩，凹凸不平，畸形的缩叶和不规则的斑纹。叶片变小变脆，花梗生长缓慢，花畸形，花瓣变小，有异色条纹及斑点，花量少，失去观赏价值。

防治措施：由于蚜虫是最主要的传播媒介，防治蚜虫是最关键的措施，在整个生长季节要定期喷布杀虫剂，随时消灭蚜虫，栽培场所最好能铺设防虫网，阻隔外界蚜虫进入。

### （二）虫害及其防治

1. 仙客来螨

仙客来螨在高温干燥的环境下易发生，多寄生于块茎、叶、花蕾等处吸食汁液，形成畸形花瓣或不开花，可用 5% 哒螨灵 1500 ～ 2000 倍液，10% 阿维 · 甲氢微乳剂 2000 倍液间隔 5 天连续叶面喷施 2 ～ 3 次。

2. 蚜虫

蚜虫寄生于花蕾、幼叶等处，吸取汁液，新叶和芽被害严重时，可导致植株发育不良。可以采取黄板诱杀有翅蚜；药物可用 10% 蚜虱净可湿性粉剂 3000 倍液，10% 一遍净 3000 倍液，4% 阿维 · 啶虫脒微乳剂 2000 倍液叶面喷施 2 ～ 3 次。

3. 蛞蝓

蛞蝓喜潮湿温暖，适宜温室环境，主要危害叶片或幼苗嫩叶，对仙客来影响很大。各种杀虫剂对蛞蝓都有一定的触杀作用，但难以除尽。在蛞蝓刚孵化后的幼龄期药剂杀灭效果较好。可用 20% 广杀灵 1000 倍液，20% 灭扫利乳油 1000 倍液等药剂喷杀，或 6% 四聚乙醛拌土撒施。也可在花盆周围撒施石灰或食盐粉末防治。同时发现受害叶后随时搬动花盆，发现蛞蝓，随时捕杀。

4. 蓟马

蓟马在高温干燥期易发生，寄生于幼嫩的花

芽及叶芽上吸取汁液，使花和叶产生白色的斑点，造成畸形叶及畸形花，同时蓟马也可传播病毒病。可用蓝板诱杀成虫；可采用1500倍乙基多杀菌素，或者1500倍联苯菊酯防治。

5. 根结线虫病

土壤中根结线虫的幼虫主要危害仙客来根系，刺激根端膨大形成小米或绿豆大的根结。感病植株吸收作用受阻，呈现营养不良状。叶片小而皱缩，叶色变黄，植株矮小，以后根系坏死，整株枯萎死亡。线虫随土壤、种苗、肥料等传播。侵害仙客来的根结线虫主要有南方根结线虫、北方根结线虫等。温度高、湿度大发病严重。

防治措施：栽培基质消毒灭虫。加强种苗检疫，防止带虫种苗进入。药剂防治，每盆施用克线磷0.75g。

## 七、价值与应用

仙客来花色繁多、花形奇特，且开花持久，成为世界名贵盆花且广泛欢迎。同时仙客来花亭亭玉立，花叶俱佳，高贵而不俗媚，清纯而不单薄，美丽的花名寓意谦虚，表达了对客人的吉祥祝福，富含了东方的文化底蕴，成为我国元旦、春节等喜庆节日深受人们喜爱的礼品。

### （一）盆花的观赏应用

仙客来一直是国际花卉市场广受欢迎的花卉，被列为荷兰花卉市场十大盆花之一。2019年世界仙客来产值约为1.99亿美元，主要的生产区域为欧洲、美国、中国和日本，其中欧洲是全球市场上最大的生产地区。2015年国际市场仙客来种子产量约为1.68亿粒，欧洲的生产份额达到41%。美国、日本和中国的生产份额分别为14.85%、18.27%和4.91%。仙客来的消费市场也主要在欧洲、美国、日本和中国等地，其中欧洲约占30.42%、美国12.43%、日本21.09%、中国9.88%、其他地区26.20%。近年来，南美、中东和非洲的仙客来市场也得到快速发展。

我国20世纪20～30年代就从日本引入仙客来。在中国，仙客来被赋予了吉祥而又饱含东方人谦逊、祝福的花名，成为家喻户晓的知名盆花，近十几年来得到了快速发展，从北自黑龙江，南到广东、广西的区域内都有仙客来的栽培。由于仙客来具有喜欢夏季凉爽的特点，现在的主产区集中在山东、山西、河北等地，逐渐形成了公司加农户分散种植，周年生产成品盆花，集中销往大城市及南方市场的生产销售模式。

1. 主要销售时期

仙客来盆花销售高峰主要在冬季的圣诞节、元旦、春节期间，在日本以元旦前为消费高峰，70%的人在12月购买。我国仙客来销售高峰期在春节前的1月。其次是节前、节后。近年来仙客来的消费时期也逐渐发生着变化，春节过后天气转暖的春季，各地花市对仙客来的销售日渐增多，形成了第2次销售高峰，这一情况可一直持续到4月。秋季的中秋节、国庆节成为仙客来销售的另一个旺季。

2. 主要用途

根据调查，仙客来主要用于室内装饰，约占60%左右，作为赠送礼品约占30%，用作其他装饰及营业用占10%。在室内摆放时客厅、居室装饰占50%以上，其他地方占40%～50%。大型仙客来植株可达50cm以上。一次可开出百朵花以上，蔚为壮观。微型植株小至5cm、6cm，清秀典雅，不同的植株适于摆放在不同的地方。大型仙客来可摆放于窗台、茶几旁或在客厅视觉中心，而微型仙客来可置于书桌上，更显风韵。原生种仙客来由于丰富的花形、花色，独特的叶形、叶色，不同的花期等，也受到消费者的青睐（图8）。

3. 盆花选择标准

消费者在选择仙客来时首先考虑花色的占40%，考虑植株生长情况的占40%，同时还有35%的人会考虑价格因素。一般消费者首先对盆

图 8 仙客来观赏应用

A. 不同花色品种的盆花；B. 微型盆花；C. 切花装饰；D. 水培

花的观赏天数进行评价，其次才是价格便宜。鲜亮的花色一直受到欢迎，首选红色花的占 60% 左右，尤其在我国，春节及其他节日期间人们非常喜爱红色等喜庆色彩。选粉色花的占 33%，其次是紫色等。仙客来最优秀的品种——花边的'维多利亚'一直是深受人们欢迎的首选品种，价格也居高不下。对花色的选择与流行色有很大关系，不同时期人们的喜好不同。另外，在光线较暗的室内和深色家具的情况下应尽量选择具有鲜亮色彩的品种。随着居住条件的改善及生活水平的提高，花色的流行也在发生变化，浅色、复色品种更加受到欢迎，香味的浓淡以及叶片观赏价值等因素越来越受到重视。

### （二）仙客来组合盆景

仙客来不仅是可单独观赏的优美盆花，还可以和其他花卉相互组合栽培。根据不同的构思组成各种富有寓意的图案，或配以山石等做成盆景，用以表达某些风土人情等，使之小中见大，从中感受到返璞归真的乡情。仙客来组合盆景大致有以下几种类型：

#### 1. 仙客来为主的盆花组合

一般以较大口径的浅盆、以大花仙客来为主要花材，配以文竹、吊兰、青锁龙等低矮的绿色植物。或在其中点缀以黄色小花，形成花卉组合盆景。这类组合富贵豪华，装饰效果极佳。

#### 2. 仙客来为点缀的山石盆景

一般以现成的山石盆景为主，在其中点缀以小花型仙客来植株。要求既不能喧宾夺主，又要在盆景中体现出山野情趣，典雅精致，小中见大。

#### 3. 仙客来同工艺品组合成的植物小品

一般以藤编、陶制、木制花器盛装仙客来，同时配以小型雕塑、人偶等小型工艺品，组成具有一定内涵的植物小品，这类小品温馨惬意、寓意深刻，件件都可制成精品。

在盆栽的组合过程中，栽植仙客来时应尽量少伤根系，保护植株。花不宜多，以精为准，既有盛开的花朵，也要有各层次的花蕾。

### （三）仙客来干花制作与应用

仙客来除可用于盆花、切花外，还可制作成干花。通常是根据一定的设计图案压制成具有深刻思想内涵及精工细做的工艺品镜框。这些工艺品具有独特的主题，寄托了作者丰富的内心世界。仙客来压花工艺可以根据构思随意布局，既有自然生长情况下独特的韵味，又有小中见大、抽象细腻的艺术性。花色叶色久存不变，布置于卧室、厅堂更显雅致。自己精心制作的仙客来工艺品还是馈赠亲朋好友的高档礼品，用以表达无须言传的心愿和祝福。

仙客来的叶片厚，含水量大，在制作时要经常更换吸水纸，使其尽快干燥。花瓣颜色的保持也是如此。仙客来花期多在冬季，制作时外界温度低，可放在有暖气的室内干燥。必要时可稍稍加温加快干燥，但高温容易导致花瓣变色，要控制使用。

仙客来的干花经整形粘贴可以做成书签、明信片、信封、信纸及壁挂画，一般多制成有精致框架的挂画。可用多种颜色的衬纸作背景，用黏结剂固定，如密封得好则可以保存很长时间。制成的干花作品如保存不当可发生受潮褪色或生霉、虫咬等问题，因此尽可能放置于凉爽干燥环境下，严禁阳光直射。

（王云山　康黎芳）

# *Dahlia* 大丽花

大丽花是菊科（Asteraceae）大丽花属（*Dahlia*）多年生块根类球根花卉。其属名 *Dahlia* 是为了纪念瑞典植物学家 Andreas Dahl（1751—1789 年）而得名，也有“来自山谷”之意。在墨西哥、中美洲和哥伦比亚大约有 35 个野生种，但如今世界各地种植的大丽花几乎都是从栽培和育种中筛选出来的杂种。中文名称“大丽”两字既是其学名的音译，又恰到好处地表达出其“大而美丽”之特点。

## 一、形态特征

### （一）地上部形态

大丽花株高因品种而异，通常为 40 ~ 150cm。茎中空，直立或横卧；叶对生，一至二回羽状分裂，裂片卵形或卵圆形，边缘具粗钝锯齿；总柄微带翅状。头状花序具总长梗，顶生，其大小、色彩及形状因品种不同而富于变化；外周为舌状花，一般中性或雌性；中央为筒状花，两性；总苞两轮，内轮薄膜质，鳞片状；外轮小，多呈叶状；总花托扁平状，具颖苞；花期夏季至秋季。瘦果黑色、压扁状的长椭圆形；冠毛缺（图 1）。

**图 1　大丽花地上部形态**

A. 茎秆；B. 羽状复叶；C. 头状花序；D. 果序；E. 总花托和总苞；F. 种子

染色体基数 x = 8。

### （二）地下部形态

大丽花地下部分是由多个单独的粗大肉质块根组成的根系，单个块根又可称为子根，形似地瓜，因而在我国某些地方又称其为地瓜花。块根除了贮藏水分和营养外，还具有发芽的潜能，是大丽花经过漫长进化后形成的特殊结构，其繁殖主要依靠地下块根上萌发的不定芽（又称脚芽）。大丽花不定芽的生长位置，叫作芽点，不像马铃薯的不定芽分布在块茎上，大丽花的不定芽分布在块根与茎秆连接处，即根冠部（root crown）的1个凸起膨大的环上，不定芽就隐藏在这道环的皮下组织内，可将这道环称为发芽环。

多数情况下，大丽花子根的形状以长条形、纺锤形、椭圆形、近球形等为主，但也有个别品种很少见到粗大肉质块根，而只有肉质状须根。

从子根的发育情况以及子根在茎秆基部的排列方式来看，可将大丽花根系分为5个类型。

放射型根系：指子根单层环状排列在根茎处的茎秆周围，呈单层放射状排列。

分层型根系：指子根纵向排列在根茎处的茎秆不同高度，呈多层分散状排列。

混合型根系：指子根同时以分层型和放射型排列在根茎处茎秆周围，呈多层放射状排列。

蟹爪型根系：顾名思义，子根呈蟹爪状。即在大丽花的一级子根末端往往会长出2～3个二级子根，两者通过极短的肉质须根相连；两级子根形状相近，一般为近球形；虽然大小悬殊，但都具有发芽环，均具备潜在的发芽能力。区别是一级子根发芽能力强，二级子根发芽能力弱。

须根型根系：并非所有的大丽花都具有明显膨大的地下块根，个别品种往往只具有须根或者肉质须根，而无明显块根；须根上无发芽环，也不能发芽。但具有这种须根型的大丽花，其埋在地下的茎秆会明显变粗，代替块根起到贮存养分和水分的作用，并具有发芽能力（图2）。

## 二、生长发育与生态习性

### （一）生长发育规律

春天土壤温度稳定在8℃以上时大丽花开始发芽，从暮春到初夏主要进行营养生长，从夏末到秋末进入生殖生长阶段，冬季则以块根形式进行休眠。随着栽植时间和培育方式的不同，大丽花的花期可早可晚。另外，即使是同一株大丽花，往往在主蕾开花时，其茎秆基部也会长出新芽，进而可以培养成新的枝条，这些营养枝又会发育成开花枝。因此，单从某一株大丽花的生长发育来看，并没有严格的营养生长与生殖生长的界限。为了便于描述和介绍，总体可将大丽花的生长发育分为4个阶段。

#### 1. 须根生长与幼苗期

不管是大丽花的实生苗、扦插苗还是分根苗，移栽后最初长出的新根均是须根。须根期的

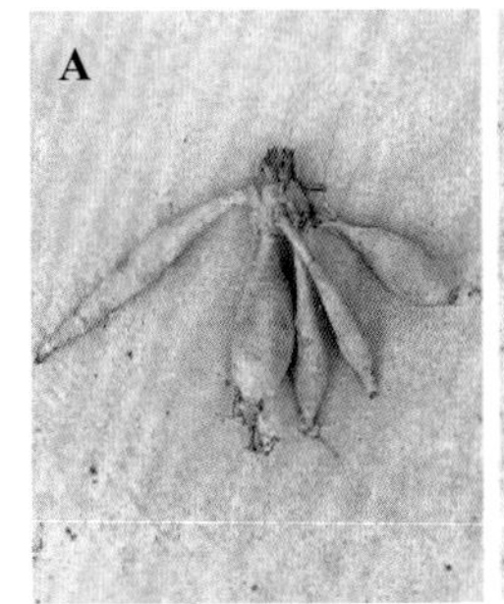

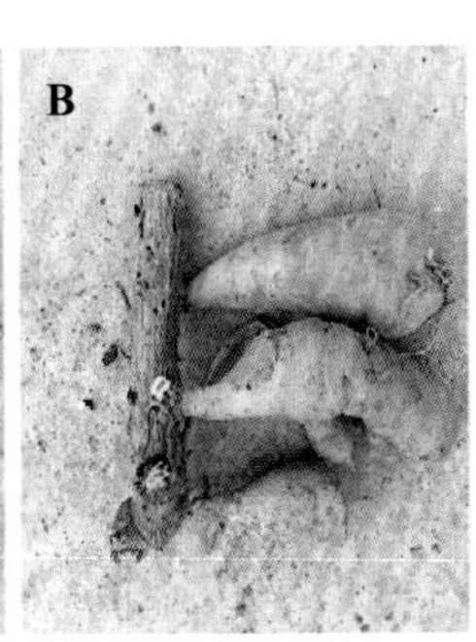

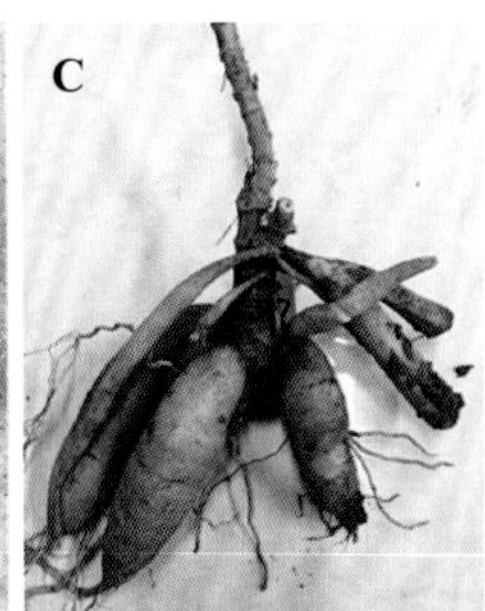

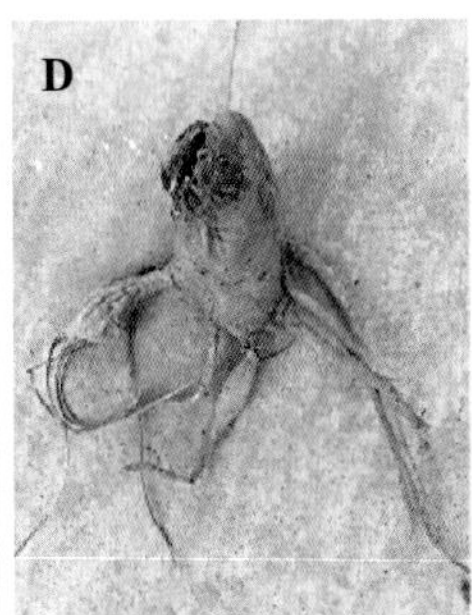

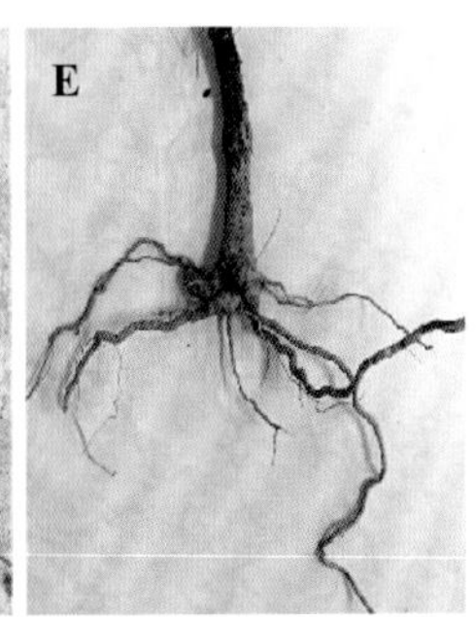


图2　大丽花的根系类型

A. 放射型；B. 分层型；C. 混合型；D. 蟹爪型；E. 须根型

大丽花耐旱性较差，生长较慢，对养护技术要求高，不管是地栽、盆栽，都须精心养护，是大丽花养花的关键期。对大部分大丽花品种来说，此阶段持续的时间为 25 ～ 30 天。

2. 块根形成与大苗期

一般来说，只要条件满足，一株大丽花扦插苗在定植 30 天后，就会长出明显膨大的肉质块根。此时，大丽花苗的耐旱性明显增强，茎秆增高、增粗速度也明显加快，大丽花植株进入快速生长期，为后续开花积蓄足够养分。不同季节、不同时间栽植的大丽花苗，从种植到开花所需时间是不同的，表现在该发育阶段持续的时间也是不同的，一般为 30 ～ 35 天。

3. 花芽分化与开花期

经过前两个阶段的生长发育，大丽花进入花芽分化期。此时，地下块根继续发育和生长，地上部分高生长与粗生长速度均明显变慢，随之，在茎秆顶端形成花蕾。花蕾发育 20 ～ 35 天即可开花。开花期的长短与栽培措施和季节变化关系密切，露地种植的不管初花期始于何时，只要遇到霜降，地上部分就会枯萎，其开花期终结。

4. 休眠期

在北方地区，地栽大丽花的休眠与气候息息相关，一旦遭遇霜降，大丽花的地上部分就会枯萎而死亡，地下部分以块根形式进入到休眠状态。休眠期的长短取决于贮存块根所处的环境温度，环境温度达到 8℃以上时，块根就会发芽。

### （二）生态习性

1. 温度

喜凉爽气候，9 月下旬开花最大、最艳、最盛，但不耐霜，霜后茎叶立刻枯萎。生长期内对温度要求不严，8 ～ 35℃均能生长，15 ～ 25℃最为适宜。夏季 35℃以上时停止生长，冬季环境温度低于 0℃时，如不采取保护措施，块根就会受冻而软腐。

2. 光照

为喜光花卉，须在全日照环境下栽植，半阴环境下也能正常开花，但开花质量会受到影响，观赏性下降。幼苗期及扦插繁殖初期避免阳光直射和中午太阳暴晒；三伏天阳光炙烤会引起叶片和花瓣灼伤。大丽花对光周期要求不严，在长日照和短日照条件下均能开花，但在夏末秋初的短日照条件下，花芽分化加快，花期更加集中，短期内花量增大；而长日照则促进分枝，延迟开花。

3. 土壤

对土壤要求不严，但在疏松、排水良好、中性或偏酸性的肥沃沙质土壤中生长最好，也具有一定的抗盐碱性。不管是采用盆栽还是地栽形式，除了在栽植前施足基肥外，在营养生长阶段还应适时适量追肥，但必须坚持“薄肥勤施”的原则，切忌肥水过浓或过量施肥。

4. 水分

不耐涝，且在不同生长阶段的耐旱性和耐涝性差异明显。幼苗期肉质块根尚未形成，耐旱性差，养护时应以防止干旱缺水为主；进入大苗期，肉质块根形成，耐旱性明显增强，这时在西安地区，地栽大丽花基本不需要浇水，仅靠自然降水就能满足其正常生长，养护时应以防止根部积水为主；盆栽大丽花则要求“见干见湿，干则浇透”。

综上，大丽花的生长习性可用“四喜四怕”来概括：喜湿润怕渍水、喜肥沃怕过度、喜阳光怕荫蔽、喜凉爽怕炎热。

## 三、种质资源与传播简史

### （一）种质资源

大丽花原产于中美洲的墨西哥、危地马拉及哥伦比亚一带，是墨西哥的国花。原种分布于海拔 1500m 以上的高山地带。同属约有 35 种，株型差异很大，有的株高不足 30cm，而有的株高可达 9m 以上，被称为“树大丽花”。现有的原种，虽然处于野生状态，但也因自然杂交而混生在一起，所以确切的种数还有待于详细调查和研究。

20 世纪上半叶，大丽花的选种育种工作在世界各地广泛开展，园艺品种层出不穷，仅美国、英国、德国、荷兰、日本等国就拥有数千个品种。据日本松尾真平于 1955 年统计，当时全世界已发表和出售的大丽花品种多达 3 万个，成为园艺上庞大而重要的花卉。这些现代园艺品种均系种间或种与品种间长期杂交、选育而成，亲缘关系极为复杂。

### （二）栽培简史与品种演化

1570 年，欧洲人弗朗西斯科・特明盖曾绘有单瓣乃至重瓣大丽花的插图，这是关于大丽花的最早资料。1615 年，西班牙人弗朗西斯科・赫南德斯在《新西班牙的植物和动物》一书中也记述过单瓣大丽花，这是将大丽花编入书本的第 1 次记录。1787 年，法国人买浓彪在墨西哥 Guaxaca 附近的庭园里发现并记述了 1 株高度 1.5 ～ 1.8m，开紫花的重瓣大丽花，这是将大丽花作为观赏植物进行庭院栽植的最早资料。

1789 年，墨西哥邱达特植物园园长将野生大丽花种子引到西班牙的马德里植物园，通过种植，获得了变异性丰富的实生苗，并将紫色半重瓣品种命名为 *Dahlia pinnata*，其他 2 种分别命名为 *D. coccinea* 和 *D. rose*。同时在法国和比利时出现了重瓣花品种，这是大丽花育种中最重要的环节。从此以后，大丽花开始在欧洲植物园流行开来，并以英国为中心，培育出广泛的变异后代。1800 年后，大丽花品种改良工作在欧洲蓬勃开展，德国、英国、荷兰、法国等都相继培育出各类花型的新品种，其中也出现了实生的矮生小花品种，但未引起人们的重视。至 1806 年德国的布来德已发表 103 个改良的单瓣品种。1808 年德国的哈鲁对西最早育出重瓣品种。1812 年，在巴黎郊区的公园（Count Lcericur）中出现了紫红色的重瓣花品种。1820 年在 J. Lee of Hammer Smith 苗圃里第 1 次发现了深红色球型大丽花。到 1830 年，球型品种已达 1000 余个。1836 年又出现了由较短的内曲筒状花瓣组成的绣球型大丽花，并且流行了 60 年之久。这时人们也开始以花色进行分类，直到 1840 年，育种家们一直致力于丰富球型大丽花花色的育种工作。

1872年，荷兰人贝尔克（M. J. T. Van den Berg）从墨西哥带回了一些大丽花块根，但由于长途跋涉使得块根受损，最后只剩下 1 个块根发芽并用来杂交，但就是这唯一的杂交试验却得到了令人惊喜的结果，他获得了鲜红色的管状花瓣的大丽花新品种。随后人们便利用这个新品种‘D. Juarezii’和其他品种不断杂交，使之成为大量现代杂交种的亲本。1879 年在英国皇家园艺学会举办的展览会上首次展出仙人掌型大丽花，成为现代仙人掌型品种的基础。德国育种者们从 1890 年开始，以牡丹型为基础，获得了进化成完全瓣的大牡丹型，并于 1900 年列入名录，称为‘巨大黄花’（‘Yellow Colosse Giant’）。矮小型大丽花是 1890 年由吉拉德斯顿（T. W. Girdlestone）在英格兰培育的，其后代传遍了全世界。这样使 90 年前未受重视的矮生小花品种重获发展，之后培养出了一大批植株更为低矮、花小而多、结实多，适宜花坛种植和盆栽的品种，被誉为花坛大丽花，也就是现在人们误称的“小丽花”。环领型是赖维伊尔（Rivoire）在 1890 年首先培育出来的，它是单瓣大丽花的后代，两环颜色相差悬殊，1901 年列入英国大丽花名录中。1905 年出现了兰花型品种，这是法国马尔坦（L. Martin）经过 15 年杂交选育而成的。此后英国一些育种家又相继杂交育出小装饰型、矮生小型以及小仙人掌型等类型（图 3）。

从大丽花品种演化的历史和学名的来历都不难看出，人们常说的“小丽花”是对大丽花名称的一个误传，所谓“小丽花”，只不过是“株

图 3　形态各异的大丽花

型低矮、花头较小”的一类花坛大丽花而已。因此，世间只有大丽花，并无小丽花。

### （三）大丽花传入我国的途径

时至今日，大丽花传入我国的具体时间仍然无从查证，但从其中文别名大概可以推测大丽花传入我国的途径。

途径一：大丽花又称“天竺牡丹”，而“天竺”是古代中国对印度的称呼，因此有人推测大丽花是从原产地传到印度，然后再从印度传入我国的，并因其花大色艳形似牡丹而得名。大丽花还叫“大理花（菊）”“西番莲”等，“大理”是云南古城，“西番”是指云南、四川、西藏、青海一带的藏区。就此推测，大丽花传入我国的途径应该是“原产地—欧洲—印度—西藏—云南—全国各地”。这种推测可以在《台湾通史（下册）》（连横，1878—1936）、《卷二十八　虞衡志》中得到印证，原文为：“西番莲：一名天竺牡丹，种出印度，传入未久。花如菊，有十数种。播子插枝，皆可发生。”

途径二：大丽花还称“东洋菊”，“东洋”即日本，又因其为菊科植物，开花似菊，方得此名。起初在上海栽培较多，以后在华北、东北等地栽培较盛，尤其在沈阳、长春等地露地栽培的品种得到充分发展，再后来全国各地都有栽种。就此推测，大丽花传入我国的另一途径可能是“原产地—欧洲（荷兰）—日本（1842 年从荷兰传入日本）—上海—华北、东北—全国各地”。

在以上两种说法中，大丽花传入我国的途径虽有所差异，但并不矛盾，或许以上两种途径都存在，一前一后发生。

尽管大丽花传入我国的具体时间还无从考证，但园艺界普遍认为：大丽花传入我国的时间大概在 19 世纪末至 20 世纪初。

另外据考，大丽花传入我国的时间或许更早，理由是：在中国古建彩绘中经常出现并运用的“西番莲”图案产生于明朝，现在看来，这些“西番莲”图案与大丽花图案极像。因此笔者推测：至少在明朝前期（即 14 世纪）大丽花就已经在中国出现了，或者当时的建筑彩绘专家就已经看见过大丽花了，而当时的人们却误将大丽花当成了西番莲，并以大丽花为原形创造了“西番莲”的图案，被广泛运用于明清建筑彩绘中。但这一观点仅限于推断，目前还没有发现可以作为可靠证据的直接史料。

大丽花传入我国后，起初在上海栽培较多，以后在华北、东北等地栽培较盛，西北地区后来居上，尤其在甘肃省的临洮县，通过几代园艺工作者的栽培与繁育，临洮大丽花已自成体系，并逐渐成为我国大丽花生产与繁育的重要基地。

### （四）临洮大丽花的发展与贡献

#### 1. 临洮大丽花的发展历史

20 世纪三四十年代，甘肃省临洮县开始引入并栽培大丽花。50 年代，临洮县城的大多数私人宅院里都栽种了大丽花。当时品种少，花型小，颜色单调，大致有黄、白、紫、粉、红等，且秆高叶小、品质低下。

在众多花卉爱好者中，洮阳镇的张万全先生收集的品种相对较多，最初有 10 多个，颜色也相对较多，主要有‘老大黄’‘大白’‘老大红’‘荷花粉’‘大紫’等品种。从 60 年代开始，张万全先生全身心投入到大丽花新品种的杂交育种工作中。

通过近 10 年的辛勤培育，张万全先生终于在 20 世纪 70 年代初培育出了第 1 个优良品种——‘玛瑙盘’，花放射形，浅粉中带有橙褐，发芽率高，繁殖力强，根系发达，子根大。80 年代初，他又培育出了大丽花名品——‘云锁莲峰’，睡莲型，花紫色，花瓣尖端带白晕，如同云雾紧锁莲峰一样。‘云锁莲峰’获得了 1988 年甘肃省首届花木博览会金奖、1989 年第二届中国花卉博览会金奖、1997 年甘肃省首届林果产品展览交易会金奖。继‘玛瑙盘’与‘云锁莲峰’之后，张万全先生又先后培育出了‘锦盘托珠’‘金盘’‘墨狮子’‘西施’‘争奇’‘斗艳’‘美丽红’‘玉翠鹅黄’‘明月’等大丽花名品。

在张先生的影响和带动下，临洮县先后涌现出一大批大丽花育种人，他们先后培育出‘金背红’‘墨魁’‘红帅’‘争艳’‘丛中笑’‘金凤’‘雪塔’‘西湖晚照’‘粉盘’‘大雪青’‘鹰嘴红’‘梅骨雪魄’‘朝天啸’‘岳麓清晖’‘白凤’‘千锤百炼’‘铺冰卧雪’‘国魂’‘岳麓白’‘洮阳红’‘错金镶银’等品种（图 4）。

#### 2. 临洮对大丽花的贡献

（1）**增加了大丽花的品种**：经过 40 年的发展，临洮人培育出 500 多个大丽花优良品种，占当时全国种植品种（约 700 个）的 70% 以上。

（2）**丰富了大丽花的花色**：在 20 世纪三四十年代，当大丽花刚引进到临洮时，最初只有 5 种花色，分别为黄、白、紫、粉、红，颜色少而单调，更无品系可言。到 90 年代时，临洮人培育的大丽花已经拥有 7 大色系，分别为红、黄、白、紫、粉、墨、复，且每个色系里都包含了变化多样的色彩。

（3）**培育出新的花型**：牡丹型、芍药型、圆

图 4　甘肃临洮大丽花育种团队（左：张万全先生；图片由祁生学提供）

球型、车轮型、蜂窝型、菊花型等都是在这一时期培育的。

（4）**拓展了大丽花的用途：**临洮大丽花具有花头硕大、株型低矮、茎粗叶大、花瓣多、花期长等特点。临洮大丽花花冠直径一般为 25 ～ 35cm，最大可达 40cm；顶花高度一般为 40 ～ 60cm；露地栽培可在 6 ～ 10 月连续开放，群体花期之长，可与月季媲美，单花在天气凉爽时，也可盛开 20 多天，切花水养观赏可达 1 周以上。因而既可栽植于路旁、花园、庭院、门前、屋后等室外环境，又适宜盆栽，便于搬运与陈设，是美化会场、酒店、餐厅等室内空间以及布置花坛的理想花卉；有些品种的大丽花茎秆坚挺、花梗细长、花盘平阔、花瓣（舌状花）平展而具有质感，是理想的新型切花（图 5）。

通过几代人的努力，大丽花不但为临洮县带来了显著的经济效益，还为甘肃省和临洮县人民赢得了荣誉，临洮大丽花是甘肃省临洮县特产，2004 年 12 月 23 日被列入中国国家地理标志产品。

### （五）大丽花开遍华夏

在我国，大丽花虽然是外来花卉，但经过上百年的发展，大丽花已经成为老百姓最喜欢的花卉之一。在民间，不管是在南方还是在北方，也不管是在东部沿海还是在西部高原，只要有人居住的地方，都能看到美丽的大丽花。要么栽植在庭院，要么生长于门前，要么偏居于路旁，这些花儿都始终坚强地生长着、开放着。仅就其栽培的广泛性及对气候的适应性而言，在众多外来花卉中大丽花是绝无仅有的一种。可以毫不夸张地说，在中国，大丽花已经从地地道道的外来花卉发展成名副其实的传统花卉了，与其他本土名花一样深受老百姓的喜爱。目前，河北省张家口市，甘肃省武威市，内蒙古自治区包头市、赤峰市及呼和浩特市等都将大丽花作为市花，吉林省则将大丽花作为省花。在中国拥有如此待遇的外来花卉唯有大丽花。

## 三、品种分类

### （一）国外花型分类方法

#### 1. 英国皇家园艺学会（RHS，1924）

大丽花品种繁多，并日益增加。多数国家和地区大多以花型为主要依据进行分类（表 1 和图 6）。

图 5 临洮大丽花部分代表性品种

表 1 中外大丽花花型分类

| 中国 | 苏联 | 美国 | 英国 | 日本 |
|---|---|---|---|---|
| 单瓣型 | 单生型 | √ | √ | √ |
| 星球型 | 半仙人掌型 | 半仙人掌型 | 半仙人掌型 | √ |
| 环领型 | 毛章型 | √ | √ | √ |
| 兰花型 | — | — | √ | √ |
| 白头翁型 | √ | √ | √ | √ |
| 牡丹型 | 芍药型 | √ | √ | 秋牡丹型 |
| 矮小型 | — | — | √ | √ |
| 其他型 | √ | 杂型 | √ | 山茶花型 |
| 圆球型 | √ | 球型 | 球型 | √ |
| 绣球型 | 双重型 | 绒球型 | 绒球型 | 蹦蹦型 |
| 装饰型 | 装饰型半装饰型 | 规整不规整型 | √ | 装饰型小装饰型 |
| 睡莲型 | 小装饰型 | — | — | 睡莲型 |
| 仙人掌型 | 转折的仙人掌型 | 直瓣仙人掌型 | √ | √ |
| 菊花型 | 内曲瓣仙人掌型 | 弯曲仙人掌型 | — | √ |
| 毛毡型 | 卷瓣型 | 裂瓣仙人掌型 | √ | √ |
| 合计 | 13 | 12 | 13 | 15 |

—：无此花型；√：有此花型。

A. 白头翁型；B. 仙人掌型：a. 单瓣仙人掌型，b. 半重瓣仙人掌型，c. 重瓣仙人掌型；C. 山茶型；D. 领饰型；E. 球型；F. 单瓣型；G. 星型；H. 小花装饰型；I. 小花牡丹型；J. 装饰型；K. 矮仙人掌型；L. 矮装饰型；M. 矮牡丹型；N. 牡丹型；O. 小球型；P. 矮单瓣型。

该学会于 1950 年又补充了以下花型：开展典型垫状大丽花、开展矮生杂种大丽花、庆祝复活节大丽花、兰花型大丽花、小轮型大丽花、巨大型大丽花、矮小型大丽花（极矮生系列）、杂种仙人掌型大丽花、黑叶型大丽花（叶色为暗黑色，花型多为单瓣型）、小轮牡丹型以及小轮装饰型等、小球仙人掌型以及莲座型等。

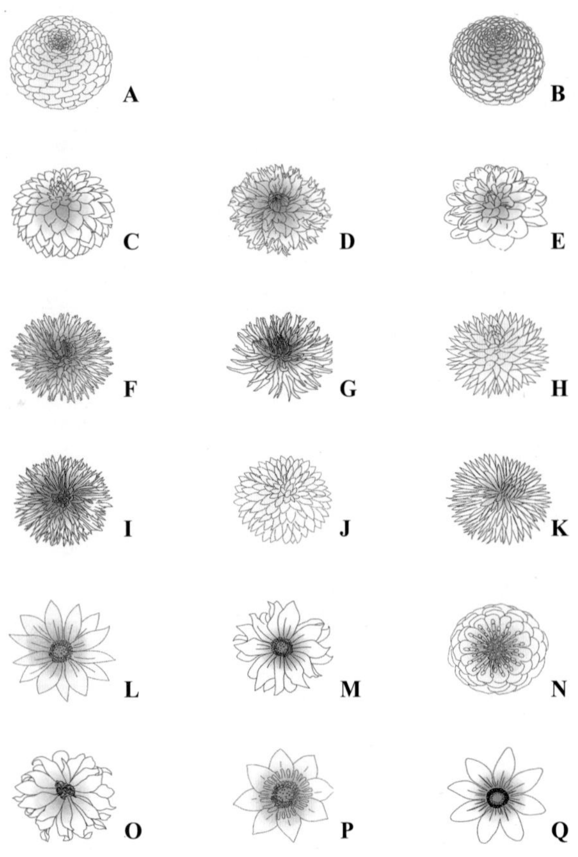


**图 6 大丽花花型示意图**（摘自 Dahlia AGS 2017 vol.16）

A. 球型；B. 蒲公英型；C. 规整装饰型；D. 不规整装饰型；E. 睡莲型；F. 直瓣仙人掌型；G. 内曲仙人掌型；H. 半仙人掌型；I. 直瓣仙人掌褶皱花型；J. 内曲仙人掌褶皱花型；K. 半仙人掌褶皱花型；L. 兰花型；M. 复瓣兰花型；N. 银莲花型；O. 牡丹花型；P. 紫罗兰花型；Q. 单瓣大丽花

### 2. 美国大丽花学会（A. D. S，1959）

美国大丽花学会（American Dahlia Society，A. D. S）与美国中部州大丽花学会（Central States Dahlia Society，C. S. D. S）共同制定的正式分类法（1959）：

A. 单瓣型（S）；B. 矮生型（Mig）；C. 兰花型（O）；D. 白头翁型（An）；E. 领饰型（Coll.）；F. 牡丹型（P）；G. 仙人掌型（C）；H. 半仙人掌型（Sc）；I. 规整装饰型（FD）；J. 不规整装饰型（ID）；K. 球型（Ba）；L. 小型大丽花（M）；M. 小球型大丽花（Pom）；N. 矮大丽花（Dwf.）。

## （二）国内以花型分类

以舌状花的层数以及花盘中央是否露心，可将大丽花分为单瓣、复瓣和重瓣三大类型。

以舌状花的形状、大小、长宽比、是否扭曲等，可将大丽花的舌状花分为舌状、棒状、匙状、筒状、扭曲状等形状，简称大丽花的“瓣型”。

一般来说，有什么样的舌状花，就会有什么样的花型，即形状各异、特色鲜明的大丽花花型是由舌状花的层数和形状相结合形成的。对大丽花花型进行描述时，尤以借用其他花卉名称的居多，如荷花型、菊花型、牡丹型、仙人掌型等（图 7、图 8）。

根据我国自主培育的大丽花品种特色，参照国际通用的以花型为主的分类方法，我国大丽花品种分为以下 13 个常见花型（图 8）。

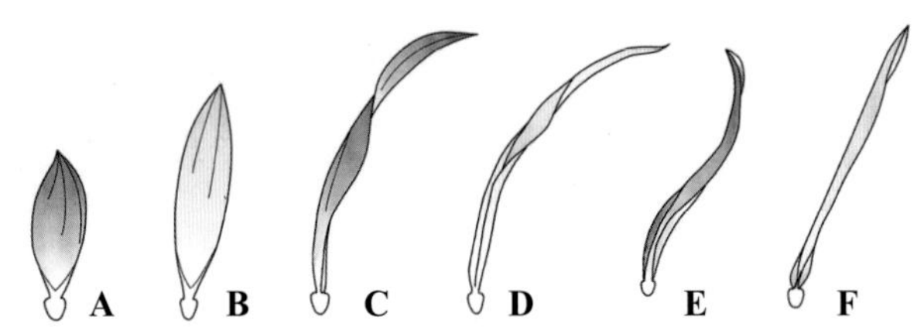


**图 7 大丽花舌状花常见瓣形示意图**
（摘自 Dahlia AGS 2017 vol.16）

A. 绒球型、球型、凤仙花型大丽花的瓣型；B. 规整装饰型大丽花的瓣型；C. 不规整装饰型大丽花的瓣型；D. 半仙人掌型大丽花的瓣型；E. 曲瓣仙人掌型大丽花的瓣型；F. 直瓣仙人掌型大丽花的瓣型

**图 8　我国大丽花常见花型**（图 B、D-J 由奉树成提供）

A. 单瓣型；B. 领饰型；C. 托桂型；D. 芍药型；E. 装饰型；F. 仙人掌型；G. 球型；H. 蜂窝型；I. 镶边花型；J. 银莲花型；K. 睡莲型

（1）**单瓣型（Single）**：舌状花 1 ～ 2 轮，花瓣稍重合，花朵较小，结实性强。花坛用品种以及播种繁殖的植株多属此型。

（2）**复瓣型（Semi-double）**：舌状花 3 ～ 8 轮，露心，中央管状花，很少瓣化，外轮花宽阔不卷曲。

（3）**重瓣型（Double）**：舌状花多轮，几乎不露心，中央管状花全部瓣化，外轮花形状各异。

（4）**领饰型（Collarette）**：外瓣舌状花 1 轮，平展；环绕筒状花外还有 1 轮深裂成稍细而短、形似衣领的舌状花，其色彩与外轮花瓣不同，故称领饰型。

（5）**牡丹型（Paeony flowered）**：舌状花 3 ～ 4 轮，平滑扩展，相互重叠，排列稍不整齐，露心。如‘粉牡丹’‘桃花牡丹’等。

（6）**半球型（Half ball）**：舌状花多轮，大小近似，重叠整齐排列呈球形。多为中小型花。如‘红绣球’等。

（7）**小球型（Pompon）**：花部结构与球型相似，唯花径较小，不超过 6cm。舌状花均向内抱成蜂窝状，故亦称蜂窝型。花色较单纯，花梗坚硬，宜作切花。

（8）**装饰型（Decorative）**：舌状花多轮，重叠排列呈重瓣花，不露花心，色彩丰富，多复色，大花品种居多。舌状花为平瓣，排列整齐者称规整装饰型；若舌状花稍卷曲，排列不甚整齐者称不规整装饰型。如‘花好月圆’‘懒装饰’等。

（9）**托桂型（Anemone flowered）**：外瓣舌状花 1 ～ 3 轮；筒状花发达突起呈管状。如‘青山玉珠’等。

（10）**菊花型（Chrisanthmum flowered）**：花瓣狭长，瓣尖带勾，排列整齐，不露心，花较大。如‘白菊’‘墨菊’等。

（11）**荷花型（Lotus flowered）**：花瓣卵形宽大，平展微内凹，排列整齐，花型中等，不露心，貌似睡莲。如‘金兔戏荷’‘云锁莲峰’等。

（12）**圆球型（Ball）**：舌状花多轮，大小近似，花瓣卵圆形，略呈筒状，不露心，花瓣排列整齐，整个花头呈圆球形或半圆球形。如‘筒筒粉’‘向阳红’等。

（13）**仙人掌型（Coctus flowered）**：舌状花长而宽，边缘外卷呈筒状，有时扭曲，多为大花品种。依舌状花形状又分以下 3 种：

①直瓣仙人掌型（Straight） 舌状花狭长，多纵卷呈筒状，向四周直伸。

②曲瓣仙人掌型（Incurved） 舌状花较长，边缘向外对折，纵卷而扭曲，不露花心。

③裂瓣仙人掌型（Lobed） 舌状花狭长，纵卷呈筒状，瓣端分裂呈 2 ～ 3 深浅不同的裂片。

大丽花的花型是由“花瓣”，即舌状花的形状、数量、层数共同决定的。由于生长环境中水、肥、光、热等条件变化，或者大丽花个体处于不同的生长发育阶段等原因，大丽花的花型也会发生变化。尤其处于开花末期的大丽花，其“花瓣”的形状、数量、层数等经常会发生改变，进而会引起花型的改变。较为常见的现象有：重瓣型变成了复瓣型或单瓣型，睡莲型等变成了托桂型等。然而这种因环境条件变化引起的花型改变是随机的，不具备遗传性，因而不能作为品种选育的依据（图 9）。

### （三）依花色分类

大丽花颜色丰富而鲜艳，可大体分为 7 个色系，即白色系、红色系、粉色系、黄色系、紫色系、墨色系、复色系等（图 10）。

（1）**红色系**：如‘红光’‘红艳绫’‘美丽红’等。

（2）**白色系**：如‘冰盘’‘冰壶玉影’‘白菊’等。

（3）**粉色系**：如‘粉牡丹’‘雪中情’‘粉环银勾’等。

（4）**黄色系**：如‘黄光辉’‘月宫’‘天水

图 9 花型变化前后对照

黄’等。

（5）**紫色系**：如‘紫风雪’‘紫砂缀珠’‘紫环银勾’等。

（6）**墨色系**：如‘包青天’‘墨菊’‘墨狮子’等。

（7）**复色系**：如‘不夜城’‘黄五彩’‘花好月圆’等。

除白色系可严格区分外，其他相邻有色色系之间并无严格界限，往往会呈现为渐变的过渡色彩。因此，在对处于相邻色系之间的过渡色段的大丽花进行色系划分或命名时，往往都以育种人的个人判断为准。另外，即使是同一个品种的大丽花，其颜色也会因光照、温度、昼夜温差及季节变换而发生变化，可称之为“花色漂变”，尤以季节变换引起的“花色漂变”最为显著（图 11）。

因此，笔者建议：在对大丽花进行色彩划分时，应以露地栽培、处于全光照条件下的大丽花在秋分前后 1 周内所开花朵呈现的颜色为准，并按照我国描述花卉颜色的习惯方法进行分类。

若有中间过渡色的，按照副色在前、主色在后的方式分类，如粉红色、紫红色、橘黄色等，并将其归于相对应的主色系。复色系指“花瓣”正面由占 1/3 以上的 2 种或 2 种以上不同的颜色组成，不同颜色在“花瓣”上的分布具有区域的重叠性和色彩的渐变性，也就是说不同颜色之间没有非常明显的界限，如橙黄复色、红黄复色、黄粉复色、橙粉复色等。

还有一种情况是：“花瓣”正面呈现两种截然不同的颜色，但以一种颜色为主，另一种颜色为辅，主色与副色界限明显，两者之间无过渡色或渐变色，两种颜色也不重叠，且副色往往出现在“花瓣”的基部或尖端处，或者以颜色突兀的斑块和斑点均匀地分布在“花瓣”（彩斑）。如大丽花品种‘桃花映雪’就是粉色“花瓣”尖端

图 10　我国大丽花 7 个色系

A. 紫色系；B. 黄色系；C. 复色系；D. 墨色系；E. 粉色系；F. 白色系；G. 红色系

图 11　一花四色——“花色漂变”现象

白色，在依花色分类时就要将其归于粉色系，而不能归于白色系和复色系；再如大丽花品种‘金盏溢红’，就是金黄色“花瓣”上均匀地分布着红色的斑点，在依花色分类时就要将其归于黄色系，而不能归于红色系和复色系。诸如此类的情况还有很多，在此不再赘述。

### （四）依植株高度分类

首花植株高度，是指在培育大丽花的过程中，不采取掐头措施而直接由主干顶芽发育成花芽，进而开花时的植株高度。不同品种的大丽花在开花时的植株高度差异明显。以西安地区 4 月下旬的地栽大丽花分根苗的首花植株高度为例，可以分为5个类型（图12）。

（1）**超高型**：植株粗壮，首花植株高度在100cm以上，分枝较少，花型多为单瓣、大花、装饰型。如近几年由国外引进的‘帝王大丽花’等。

（2）**高型**：植株较粗壮，首花植株高度在80～100cm，分枝较少，花型多为装饰型、睡莲型、菊花型等。如‘西湖晚照’‘大红株’等。

（3）**中型**：株高60～80cm，品种最多。如‘筒筒粉’‘花好月圆’‘桃莲玉钩’等。

（4）**矮型**：株高40～60cm，菊花型及半重瓣品种较多，花较少。如‘紫罗兰’‘铺冰卧雪’‘火树银花’等。

（5）**超矮型**：株高仅在40cm以下，以单瓣型或小型花较多，花色丰富。譬如人们常说的“花坛大丽花”（小丽花）大多在30cm以下，常采用播种繁殖；大花品种中的‘雪地焰火’‘火球红’等的植株高度均在40cm以下。

另外，除了品种差异外，大丽花的株高与栽培措施也密切相关，即同一个品种，由于培育目的、种植季节、生产方式等不同，其在开花期的高度，尤其是首花植株高度也是不同的。如地栽苗往往比盆栽苗高、分根苗往往比扦插苗高等。因此，在以植株高度对大丽花进行分类时应以地栽苗的首花植株高度为准。

## （五）依花径大小分类

大丽花完全开放后的花朵直径简称花径，花径大小一般以“独干型”大丽花所开的第一朵花

图12 不同高度的大丽花地栽苗（图E由周金勇提供）
A. 超矮型；B. 矮型；C. 中型；D. 高型；E. 超高型

（首花）的直径为准。花径的测量方法：待大丽花完全开放后，确保最外围花瓣与花盘处在同一个水平面上时所测量的大丽花的最大直径。依据花径大小可将大丽花分为以下 5 个类型。

（1）**超大型：**花径在 30cm 以上，如‘状元红’‘天水黄’等。

（2）**大型：**花径在 22 ～ 30cm 之间，如‘桃莲玉钩’‘云锁莲峰’等。

（3）**中型：**花径在 15 ～ 22cm 之间，如‘端头桃红’‘红长绫’等。

（4）**小型：**花径在 8 ～ 15cm 之间，如‘红绢’‘佛光’等。

（5）**迷你型：**花径在 8cm 以下，如常见的“花坛大丽花”（小丽花），适合作花坛、花境和盆栽观赏。

大丽花的花径与立地条件、水肥供应、栽培措施、培育方式、生长阶段等息息相关。对于同一个品种而言，立地条件好、水肥供应恰当、栽培措施得当，花径就大，反之花径就小。譬如，由于地栽大丽花往往比盆栽大丽花的水肥条件好，因而地栽大丽花花径往往比盆栽大丽花花径更大。另外，即使是同一个品种，独本大丽花就比多本大丽花花径大，前期开花的花径也比后期开花的花径大。

值得注意的是，大花品种的花径受立地条件、水肥供应、栽培措施、培育方式、生长阶段的影响往往要更大一些；小花品种的花径受以上因素的影响则要小得多。

## （六）依开花时间分类

大丽花的花芽分化与栽种时间、昼夜温差及日照长度等关系密切，在西安地区，以 4 月下旬通过分根法繁殖的大丽花地栽苗为准，大致可分为以下 3 个类型。

（1）**早花型：**初花在 7 月 1 日之前，如‘雪地焰火’等，以矮秆品种居多。其他地区花期早于‘火树银花’的品种，均为早花型。

（2）**中花型：**初花在 7 月 1 日之后、在 7 月底之前，如‘醉桃’‘金边红’等，以中秆品种居多。其他地区花期居于‘火树银花’与‘金钩玉环’之间的品种，可为中花型。

（3）**晚花型：**初花在 8 月 1 日之后，如‘墨菊’‘艳冠群芳’等，以高秆品种居多。其他地区花期晚于‘金钩银环’的品种，可为晚花型。

## （七）依“花头式”分类

为充分发掘大丽花的观赏价值和经济价值，结合多年的生产实践，笔者还以大丽花的“花头式”为依据对大丽花进行分类。

花头式，是借用昆虫头式的概念，将大丽花的头状花序简称为花盘，不同品种的大丽花开花时，其花盘所在水平面与花梗延长线之间会形成一定的夹角，根据夹角不同，可将大丽花的花头式分为 4 个类型（图 13、图 14）。

（1）**端头型：**花盘水平面与花梗延长线几乎垂直，使赏花面垂直向上。

（2）**仰头型：**花盘水平面与花梗延长线接近 45° 夹角，使赏花面侧向朝上。

（3）**偏头型：**花盘水平面与花梗延长线几乎平行，使赏花面与地面垂直。

（4）**低头型：**有些品种花头低垂，表面上呈低头状，不单纯是由花盘与花梗的夹角引起的，而是由花梗本身的特性引起的，譬如“细、长、软、弯”的花梗就会导致花头低垂而使赏花面朝向地面，故将其称为“低头型”。一般来说，“低头型”大丽花若无特别突出的优点，往往会成为被淘汰的对象。

## （八）依花梗长度分类

为进一步拓展大丽花的用途，尤其是发掘大丽花的切花用途，以花梗长度为依据对大丽花进行分类就显得尤为必要和重要。

花梗是指大丽花主干最上层叶片着生处到主花盘中央基部之间的茎秆部分，也叫“顶端节位”，因此大丽花的花梗长度又可称为“顶端节长”，且以主蕾花梗的长度为准。以笔者多年的

图 13 不同花头式的大丽花（大花品种）
A. 端头型；B. 仰头型；C. 偏头型；D. 低头型

图 14 不同花头式的大丽花（小花品种）
A. 端头型；B. 仰头型；C. 偏头型；D. 低头型

实践经验，根据花梗长度可将大丽花分为 4 个类型（图 15）。

（1）**无梗型**：大丽花花盘紧贴最上层叶片，几乎无梗，即花梗长度在 5cm 以下。

（2）**短梗型**：花梗长度在 5 ～ 10cm。

（3）**长梗型**：花梗长度在 10 ～ 20cm。

（4）**超长梗型**：花梗长度在 20cm 以上。

### （九）用科学分类指导生产实践

不同的分类方法在生产实践中的用途各有侧重。对于新培育的大丽花品种来说，最常见的就是将花色与花型相结合来进行品种命名，如‘白菊’就是将“白色系”与“菊花型”相结合的命名，同样‘紫莲花’也是将“紫色系”与“莲花型”相结合而命名的。按照植株高度、花径大小、开花时间、花头式以及花梗长度等进行分类，则有利于扩展大丽花的应用范围、开发大丽花的产品形态、提高大丽花的附加值。譬如：打造花海就应将开花时间和植株高度作为品种选择的主要依据；地栽展览时就应将花径大小和花头式作为品种选择的主要依据；盆栽观赏时侧重于以植株高度和花头式选择品种；生产切花时侧重于以花梗长度和花头式选择品种（表 2）。

图 15 不同花梗长度的大丽花
A. 无梗型；B. 短梗型；C. 长梗型；D. 超长梗型

表 2 大丽花不同分类方法及应用对照

| 不同的分类方法 | | 在生产实践中的应用 |
| --- | --- | --- |
| 品种命名的分类方法 | I. 依花型分类<br>II. 依花色分类 | 这 2 种分类方法相结合主要用于新品种培育和新品种命名 |
| 指导生产和应用的分类方法 | Ⅲ. 依植株高度分类 | 是选择盆栽和花展品种的主要依据 |
| | Ⅳ. 依花径大小分类 | 是选择地栽和切花品种的主要依据 |
| | Ⅴ. 依开花时间分类 | 是选择花海和花坛品种的主要依据 |
| | VI. 依“花头式”分类 | 是选择地栽和盆栽品种的主要依据 |
| | VII. 依花梗长度分类 | 是选择盆栽和切花品种的主要依据 |

毫无疑问，培育层出不穷的新品种客观上促进了大丽花的分类工作，拓展了大丽花的应用范围，提高了大丽花的附加值；同时科学的分类方法反过来又可以指导大丽花的育种工作和生产实践。

## 五、繁殖技术

常用的大丽花繁殖方式有 3 种：分块根（分球）繁殖、扦插繁殖和播种繁殖。

### （一）分块根繁殖

当外界刺激达到一定程度时，大丽花就会从根冠处“发芽环”上发出新芽，新芽着生点就称为“发芽点”或“芽点”。“发芽点”的位置是随机的和不确定的，一般情况下，当子根从一个芽点上发出新芽后，其他位置就很难再发出新芽了，也就是说，虽然“发芽环”是一圈封闭的单线环，但发芽点却往往只有一个，或者说只要先发出的小芽没有脱离母体（发芽子根），该子根的“发芽环”就很难从其他位置上再发出新芽。根据 1 个芽点上一次性能够发出脚芽的数量，可将大丽花子根的发芽方式分为“一点单芽”式和“多芽簇生”式。多数大丽花品种都属于“一点单芽”式，即使有“多芽簇生”的情况发生，也会因为所发新芽簇生在一个“芽点”上，通过分割块根的方式进行繁殖时并不能提高繁殖率。因此采用分根法繁殖大丽花时，其繁殖率往往只与子根的数量成正比，而与子根的大小和重量关系不大。

#### 1. 直接分根法

是指不经过预先催芽处理，将前一年贮存的大丽花块根取出后直接分割栽植的繁殖方法。优点是操作简单、栽植方便。缺点是对技术要求高，难以确保每个子根都能发出新芽。

不同类型的根系采用的分割方式不尽相同（图 16 和表 3）。

（1）**放射型根系**：采用“劈茎式”的分割方式进行分根繁殖，即沿大丽花茎秆纵向分割块根，确保每部分至少带有 1 个子根，然后将每部分作为 1 个独立的繁殖体。

（2）**分层型根系**：采用“分段式”的分割方式进行分根繁殖，即按照大丽花子根分层排列的特点，将茎秆横向剪切成多个小段，确保每段上带有 1 个子根，然后将每个小段作为 1 个独立的繁殖体。

（3）**混合型根系**：先采用“分段式”将整墩块根分成多个小段，再采用“劈茎式”将每个小段分割成几个部分，确保每部分上至少带有 1 个子根，然后将每部分作为 1 个独立的繁殖体。

（4）**蟹爪型根系**：先采用“劈茎式”将一级子根分开，再将二级子根与一级子根剪切分离，确保一、二级子根的“发芽环”均完整无损，所有一、二级子根都可以作为 1 个独立的繁殖体。区别在于：一级子根发芽能力强，二级子根发芽能力弱。

（5）**须根型根系**：须根型大丽花一般具有“个高、花大、秆粗、须根肉质化”等特点，而且埋在地面以下的茎秆往往会明显变粗膨大，并

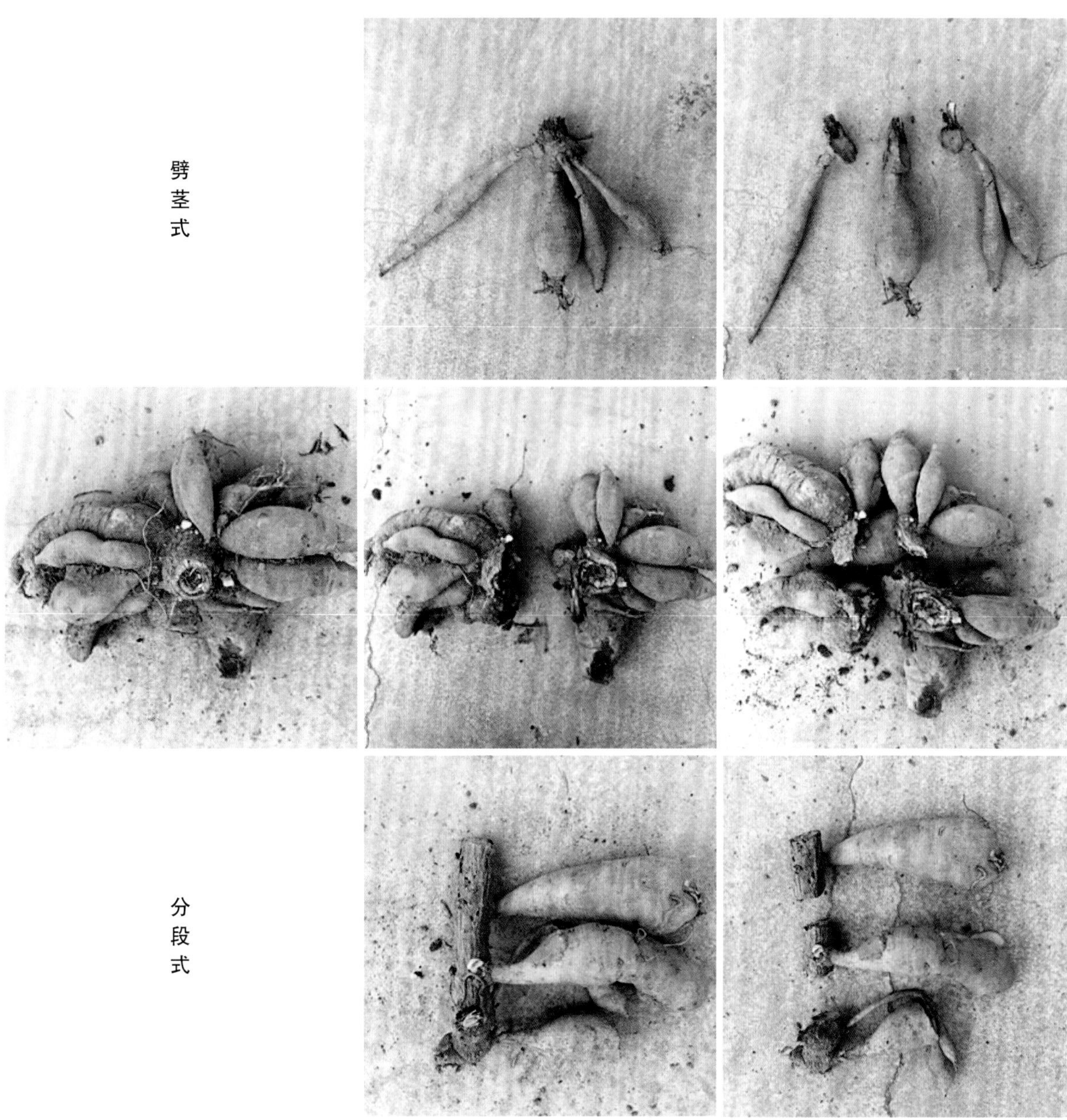


图 16 不同类型根系的分割方式

表 3 5 种根系大丽花分根法比较

| 根系类型 | 分根方式 | 发芽点位置 | 营养体 |
|---|---|---|---|
| A. 放射型 | 劈茎式 | 子根发芽环 | 块状子根 |
| B. 分层型 | 分段式 | 子根发芽环 | 块状子根 |
| C. 混合型 | 先分段，再劈茎 | 子根发芽环 | 块状子根 |
| D. 蟹爪型 | 先劈茎，再剪切 | 一、二级子根发芽环 | 一、二级子根 |
| E. 须根型 | 劈茎式 | 地下粗大茎秆的叶腋处 | 肉质须根和粗大茎秆 |

具有发芽能力。根据地下茎上的芽点数量、须根数量，以及“芽”与“根”的分布情况，采用“劈茎式”按照先“一分为二”，再“二分为四”的方式进行分割，每部分作为1个独立繁殖体。值得注意的是，尽管须根型根系的大丽花的地下茎明显膨大，也具备发芽能力，但为了使繁殖材料贮藏更多的养分和水分，进而提高其发芽率，在采用“劈茎式”进行繁殖时，应尽量多地保留一些肉质须根。

在实际生产中，尤其在进行盆栽生产时，为了保证大丽花苗生长的整齐度和开花的一致性，笔者往往会采用“单子根”繁殖方式，即将1个单独的子根作为繁殖材料进行栽植，因为1个子根往往只能发出1个芽，这样就形成了“1根1芽”的大丽花苗。由于“单子根”繁殖方式对技术要求高，只有具备一定经验的专业技术人员才能掌握，否则，就会发生出苗不整齐或严重缺苗的现象。因此，在进行大田栽植时，为确保较高的出苗率，笔者不建议非得采用“单子根”的繁殖方式，而是将2～3个子根作为1个繁殖体进行栽植。另外，由于大丽花根系生长状况不同，往往会有子根相互重叠挤压而无法分割的情况，也会导致“单子根”繁殖比较困难。

综上，采用直接分根法繁殖大丽花时，其繁殖率会因整墩大丽花根系上的子根数量与重叠程度的不同而有所差异，子根多且互不挤压，繁殖率就高，子根少或者子根虽多但因相互挤压而无法分割时，繁殖率就低。一般情况下，将大丽花的分栽比例总体控制在3～5倍比较保险，即1墩大丽花分割成3～5个部分，每部分作为1个繁殖体进行栽植，这样可确保出苗率接近100%。

另外，在我国的西北及东北地区，由于春天来得较晚而冬天来得较早，为了使块根尽快发芽并尽早开花，以延长大丽花的观赏期，在采取直接分根法栽植大丽花时，笔者曾经通过加盖地膜的方式来提高地温，可使大丽花的出苗时间提前10～20天。

2. 催芽分根法

即先催芽再分根，这是为了避免分割后的块根不能发芽而采取的保险技术措施。具体方法：春天，当户外气温回升到10℃以上时，将越冬贮藏的块根取出，按照色系和品种将大丽花块根整齐地摆放在平坦的地面上，用锯末、细沙或消过毒的蘑菇渣覆盖，覆盖厚度以把大丽花的子根完全覆盖为宜，这样才能保证将根冠处的发芽点全部覆盖，确保发芽整齐，然后喷透水等待萌发新芽。

在催芽期间，根据生产需要和温度高低来决定是否加盖塑料拱棚或加温。如果欲使其尽快发芽，需要在温室内催芽；如果要推迟栽植时间，则要在室外凉爽地段催芽，或者将催芽时间延迟。

当新芽（脚芽）长到5～8cm时再进行分根栽植。分根时，用小刀从根冠处切割子根，保证“1根1芽”，切口用草木灰涂抹以防腐烂。对于那些还没有发芽或脚芽还没有长到足够高度的块根则要继续催芽。

催芽分根法的繁殖系数一般为5～10，即每墩块根可分为5～10株根苗；而个别品种如‘金兔戏荷’‘金钩玉环’‘花好月圆’等由于块根发育不良，每墩块根上的子根很少，因而其分根繁殖系数往往不会超过5。另外，有一些品种如‘黄光辉’‘天水黄’等属混合型根系，子根数量很多，因而繁殖系数往往在10以上。

一般来说，子根为细长的纺锤形并呈放射状整齐地排列在主根根冠周围的品种，其分根繁殖系数较高；相反，子根呈球形、椭球形并呈不规则排列的品种，其分根繁殖系数较低。

采用分根法栽植大丽花的操作流程见图17、图18。

## （二）扦插繁殖

扦插是盆栽大丽花的主要繁殖方法，适于需大量繁殖而块根量不足时使用，全株各部位的顶芽、腋芽和新芽（脚芽）萌发后都可扦插生根，

图 17 直接分根法栽植大丽花操作流程（加盖薄膜）
A. 分根；B. 栽植；C. 覆膜

图 18 催芽分根法栽植大丽花操作流程（图片由李仁娜提供）
A. 催芽；B. 分根；C. 浇水

但脚芽长势最旺，易生根，不易退化。

1. 常规扦插法

为了得到大量的脚芽，首先要进行催芽，待脚芽长至 10 ～ 15cm 时，自基部用刀片将其切割下来，切口要平滑，并用草木灰消毒后再分别扦插在提前做好的苗床上。要求苗床底部平坦、排水良好，一般用青砖或红砖铺设而成，这样做的好处在于：不会使新根长得太深而影响起苗。扦插基质一般为纯净细沙、细沙 + 黏土（1 ∶ 1）混合物、珍珠岩等，基质厚度为 15 ～ 20cm。

扦插时，为了避免对脚芽造成创伤，可采取两种措施：一是用适当粗细的树枝在基质中垂直插 1 个小洞，再插入脚芽，然后用周围基质填满空隙；二是先用铲子在苗床上挖成小沟后再将切好的脚芽整齐地放入沟槽中，然后将沟槽填平。扦插深度一般为插穗长度的 1/3 ～ 2/3，株距 5 ～ 10cm，行距 10 ～ 15cm。苗床喷透水，温度保持在 15 ～ 25℃，空气相对湿度保持在 80% ～ 90%。扦插催根时，先蔽荫 3 ～ 5 天，再逐渐移去遮阴网，使其在露地、玻璃房或塑料棚下见直射光，并根据天气情况适时喷雾或浇水，大约经过 20 天新根可长至 3 ～ 5cm，这时可上盆或移栽到室外露地（图 19）。

2. 泥丸固根扦插法

为了提高插穗的生根率和成活率，笔者探索出了一种独特的方法，值得推广。具体做法：将黏土和成稠泥状，用泥巴将插穗基部裹住，使之在插穗基部形成一个直径为 10 ～ 15mm 的小泥丸，然后在潮湿的苗床上用小铲开沟进行扦插，这样不但能使插穗生根容易、整齐，而且由于长出的新根与泥丸混为一体，所以在移栽时新根不易折断和脱落，可大大地提高幼苗的成活率。另外，该方法可简化为蘸泥浆扦插法，即插穗基部不用泥丸包裹，只需蘸取少许泥浆即可（图 20）。

图 19 常规扦插繁殖大丽花的操作流程（图片由李仁娜提供）
A. 采芽；B. 制作插穗；C. 起苗；D. 下地移栽

图 20 大丽花的泥丸固根扦插繁殖（图片由李仁娜提供）
A. 插穗；B. 基部包裹泥丸的插穗；C. 插穗生根

通过对比试验发现，采用“泥丸固根扦插法”具有以下优点：①可有效解决在扦插之初插穗与基质接触不紧密而导致的生根慢的问题。②可消除因扦插基质的理化性质不同而导致的生根率差异明显的问题。③幼苗移栽时新根不会折断受损，这是因为所生新根以放射状穿过泥丸，与泥丸混为一体，泥丸对新根起到了固定和保护的作用。④泥丸具有很强的保湿作用，既确保了在扦插之初插穗基部的水分供应，提高了插穗的生根率，又增强了幼苗的抗旱能力，提高了移栽成活率。

### 3. 全光喷雾扦插法

有条件的情况下，可采用全光喷雾扦插设备。不管是常规扦插法还是带泥丸扦插法，在

图 21　大丽花全光喷雾扦插繁殖

最初几天及时喷雾特别重要，尤其在进入 5 月以后，气温迅速升高，增加喷雾设备对于大丽花扦插生根可以起到事半功倍的效果（图 21）。

选择晴朗天气，赶在下午天黑前完成所有扦插工作，浇 1 遍透水。从第 2 天起开启喷雾设备，喷雾频次要随着扦插完成时间而调整：

（1）**扦插 1 ~ 5 天**：从上午 10：00 起，到下午 16：00 止，每整点喷雾 1 次，每次持续 2 分钟。满 5 天时可产生愈伤组织。

（2）**扦插 6 ~ 10 天**：从上午 11：00 起，到下午 14：00 止，每整点喷雾 1 次，每次持续 1 分钟。满 10 天时可见明显新根。

（3）**扦插 11 ~ 15 天**：每天喷雾 2 次，中午 12：00、下午 14：00 各 1 次，每次持续 1 分钟。满 15 天，新根可长至 3 ～ 5cm。

如遇阴天或雨天，喷雾系统关闭；15 天以后，择机进行移栽。

另外，采用全光喷雾设施扦插大丽花时，为了促进插床排水，须将插床抬高、架空，插床底部增设排水孔，避免插床积水。

#### 4. 顶芽扦插法

根据茎的发育阶段，植物越靠近上部的茎，其生理年龄越大，开花、成熟期越早；越靠近下部的茎，其生理年龄越小，开花、成熟期越晚。将这一原理运用到大丽花生产上也是如此，即对于同一株大丽花而言，顶芽与脚芽相比，其生理年龄较大，开花、成熟期更早，因而从定植到开花所需时间缩短、开花节位减少、植株高度降低。对于一些中、高型大丽花品种来说，在盆栽时为了有效降低植株高度，顶芽扦插法不但简单易行，而且必不可少。作为插穗的顶芽，其发育程度越高，其开花节位减少、植株高度降低、开花时间缩短的趋势就越明显。

#### 5. 带花蕾（序）扦插法

该方法是顶芽扦插法的“改进版”，即以带有花蕾或花序的顶芽作为插穗进行扦插繁殖，然后将扦插苗用于盆栽。带花蕾（序）扦插法的具体步骤如下：

（1）**选择母株**：在 6 ～ 7 月间，栽植在大田里的大丽花不同品种都会陆续长出花蕾。此时可选择一些主蕾在 1cm 左右的大丽花作为繁殖母株。

（2）**制作插穗**：从选取的大丽花繁殖母株上，自主蕾起从第 3 对叶片下方 1cm 处剪下，去掉最下边的 1 对叶片，保留上边的 2 对叶片，同时摘除其他副蕾；伤口处用草木灰涂抹。

（3）**扦插**：插床为全光喷雾，基质为细河沙，沙床厚度在 20 ～ 25cm，采用开沟的方式进行扦插。

（4）**插穗养护**：及时启动喷雾设备，避免插穗出现萎蔫。前 5 天为养护关键期，在此时间段，要使插穗叶片和花蕾均能保持如在母体上的形态，叶片平展，花梗坚挺直立；此后采用常规方法进行养护，保持沙床足够的含水量；20 天左右移栽上盆。

（5）**移栽上盆**：提前准备好花盆及栽培基

质，花盆大小以 16cm × 18cm 为宜（16cm 为花盆口径，18cm 为花盆深度），基质以排水良好、疏松透气、富含腐殖质的栽培土为宜；起苗时要“深挖轻提”，避免损伤新根；移栽时要“厚土深植”，根部覆土厚度在 15cm 左右，并保持茎秆竖直向上；浇水时要采用“细水慢流”的方式，避免因水大而冲歪幼苗。

（6）**盆栽养护**：将盆栽苗置于光照充分、地势平坦的区域；适时给叶面喷水，防止叶片萎蔫，保持盆土湿润；移栽满 1 周时用 0.2% 的 $KH_2PO_4$ 水溶液喷施叶面 1 ～ 2 次，但一定要避开高温时段，适宜时间为上午 10:00 前，下午 16:00 后（夏季下午 17:00 后）；移栽 2 周后陆续开花，矮化的独本（即每盆栽 1 株，1 株开 1 花）大丽花就培养成功了。

## （三）播种繁殖

大丽花是典型的虫媒花，只要有管状花存在，就不乏昆虫来访。访花昆虫所到之处，不但有助于大丽花授粉而提高结实率，更有助于促进不同品种之间进行杂交而使后代发生变异，进而有助于培育出新的品种。因此，在秋季临近霜降之时，可大量采收大丽花种子，精选后保存至翌年春季再进行播种繁殖。

所有单瓣型和复瓣型大丽花不但具有漂亮的舌状花，而且还具有数量众多的管状花，在虫媒的作用下，可以大量结实。

许多重瓣型大丽花虽然只有舌状花，而无管状花，但在大丽花的生长过程中，由于光照、营养、温度等因素，有时也会出现露心的单株或单花，即花盘中央出现了可孕的管状花，园艺学上称其为“退化”，生物学上称其为“返祖”。在虫媒的作用下，也可结实。

经笔者多年实践，采用大田直接播种，出苗率可达 90% 左右，通过穴盘和育苗床播种，出苗率均可接近 100%。与分根繁殖和扦插繁殖相比，播种繁殖具有“种子容易获得、繁殖材料方便贮藏、繁殖率高、生产环节少、成本低、成景快”等优点；缺点是变异大，难以保留母株的优良性状，但从大丽花的育种角度看，这无疑又是一大优势。

但是，由于大丽花的管状花排列密集而难以隔离，且花蕊外露不明显，导致通过人工辅助授粉的方式进行有选择、有目的的杂交育种的难度很大。通常是通过自然杂交的方式进行，即通过访花昆虫随机传粉结实。因而，从严格意义上讲，用于播种繁殖的大丽花种子均是通过异花受粉而来的，需待种子成熟、播种开花后再进行筛选，去劣取优。大丽花播种后当年即可开花，在开花季节经常下地，仔细观察，一旦发现有性状良好的单株出现，则要做好标记，保存好块根，待翌年扩繁，如此反复，少则 3 ～ 5 年，多则 10 年以上，就能培育出新的、优良的大丽花品种（图 22）。

图 22 播种繁殖大丽花的操作流程
（图片 A、C 由李仁娜提供）
A. 精选种子；B. 播种育苗；C. 营养钵炼苗；D. 下地移栽

## （四）不同繁殖方式在生产中的应用

多年来，笔者均是将以上 3 种方式结合起来繁殖大丽花，依据立地条件、生产目的、期望效果、成本预算等，合理搭配和调整不同繁殖方式的比例，以达到节约、美观、实用的目的（表 4）。

表 3 三种繁殖方式应用比较

| | 分块根繁殖 | 扦插繁殖 | 播种繁殖 |
|---|---|---|---|
| 适用情况 | 块根较多、种源充足 | 块根较少、种源不足 | 粗放型管理 |
| 用途 | 多用于地栽，盆栽较少用 | 多用于盆栽，地栽也可 | 应用于花海、花田及盆栽 |
| 繁殖数量 | 3 ～ 5 苗 / 窝（墩） | 10 ～ 15 苗 / 窝（墩） | 出苗率在 90% 以上 |
| 观赏效果 | 丛状，开花较早、较多，群体花期长，适用于地栽展览 | 以单株、单头效果为主，开花较晚，花期短，与其他盆栽花卉陈设展览时效果更佳 | 多分枝、花量大、花期长、颜色丰富、景观效果好 |

## 六、栽培技术

由于大丽花的原产地在墨西哥海拔 1500m 的山谷地带，这就决定了其具有喜欢“疏松肥沃及排水良好的土壤、冬季温暖而夏季凉爽的气候、阳光充足和微风习习的环境”的生长习性。因此，栽植大丽花时，也应该尽量选择具有相近土壤和气候条件的地区，或者通过设施栽培、改进栽培方法、创新栽培技术来创造适宜大丽花生长的环境条件。

大丽花栽培的主要限制条件，在我国南方是过多的降水，在北方则是冬季的低温。因此，在我国大丽花栽培可分为以下 3 种类型：

一是亚热带地区的露地栽培：冬季相对温暖，地表最低温度一般都在 0℃以上，大丽花块根不会被冻死，冬季不必采取保温措施就能确保块根成活，用于来年生长。

二是北方地区的保护越冬栽培：冬季室外最低温度往往会在 0℃以下，如果不采取保护措施，露地栽植的大丽花块根就会因冻害而软腐。因此，在这些地区冬季必须将大丽花块根挖出后集中贮藏，环境温度应保持在 3 ～ 5℃，或者给根部覆土后在原地越冬，或者加盖草帘等保温材料，确保块根不被冻死。

三是全天候的设施栽培：借助现代化的农业设施和手段，人为改善大丽花的种植条件，建立大丽花周年生产体系。

### （一）露地栽培

大丽花对土壤要求不严，栽培条件相对粗放，对气候的适应性相对较广，关键是花期很长。这些特点决定了大丽花的用途很广，可广泛应用于地栽观赏、盆花和切花生产、花境小品、景观构建等不同用途，尤以采用地栽形成大面积花海最为常见。

#### 1. 地段选择

根据大丽花“喜阳光、怕水渍”的习性，地栽时要选择地势高、排水好、光照充足、土壤疏松肥沃的地段。若是在江南多雨地区，为了避免积水，还应将地面抬高整成高畦；若是周围有其他遮挡阳光的杂木和杂草，应及时清理以便通风透光。此外，大丽花茎秆脆弱，尤其是嫩枝很容易从基部折断，经不住大风侵袭，因而，尽量避免将大丽花栽植在风口。

#### 2. 平整土地

大丽花植株较大，根系较为发达，因而在整地时要突出深翻、平整和松软。最好在冬季挖根后深翻 1 次，待来年春天定植时，再进一步平整。由于大丽花最怕水渍，因此平整土地时最好在田间打造 20 ～ 30cm 宽的高畦，畦面保持平整，两畦之间根据所栽品种的高矮保持行间距 60 ～ 80cm，大丽花栽植在高畦上。这样整地既可以方便旱季浇水，又可以避免雨季积水。

#### 3. 土壤消毒与施肥

首先，露地栽植大丽花时多采用分根法进

行繁殖，因而根部容易受到真菌、细菌及其他病原微生物的侵染；其次，大丽花的肉质块根内含有菊糖，很容易招引蛴螬等地下害虫的危害，新生茎叶富含汁液，也是地老虎、蜗牛等地面害虫的最爱；第三，大丽花喜肥沃土壤，开花数量和质量都直接与土壤肥力有关。因此在栽植大丽花前对土壤进行全面消毒并施足基肥非常必要。

（1）**土壤消毒：**土壤消毒的方法很多，化学消毒具有消杀彻底、节约成本的特点。在平整土地前，先在土壤表面喷洒一遍 50% 多菌灵可湿性粉剂，或 65% 代森锰锌可湿性粉剂 500 ～ 600 倍液，加 50% 辛硫磷乳油或 40% 氧化乐果乳油 1000 倍液，随喷洒随翻拌，可以起到事半功倍的效果。

（2）**施足基肥：**基肥为植物生长期提供所需要的养分的同时，也有改良土壤、培肥地力的作用。大丽花是栽植后短期内就能开花的植物，生长量大，花期长且集中，对土壤肥力要求较高，基肥充足与否直接关系着大丽花的生长状况、花期长短、开花数量、花朵大小甚至花型和颜色等，因此平整土地的同时施足基肥非常重要。大丽花基肥应该以长效肥或有机肥为主，结合配施缓效性和速效性肥料。在西安地区，可将磷肥、钾肥与碳酸氢铵按照 1 ∶ 1 ∶ 3，或直接将磷酸二氢钾与碳酸氢铵按照 2 ∶ 3 的比例混合施用；也可直接施用过磷酸钙，每亩均以 50kg 为宜，施肥深度在 10 ～ 15cm 的土层。

#### 4. 催芽与分栽

（1）**催芽：**大丽花的芽点处于根冠处，为了保证分割下的每一个子根都能发芽，在移栽前往往需要预先进行催芽，尤其对于栽培经验不足者来说，预先催芽环节尤为重要。

具体催芽方法见繁殖技术中的催芽分根法。

（2）**分栽：**即使按照同一标准进行催芽，同一窝（墩）大丽花不同子根上也不会同时发出新芽，新芽的大小和长短也不尽相同，因此分栽植时采取的具体措施也不同。

为了便于描述、区分和指导栽植，根据繁殖方式、苗芽发育和新根生长等情况，可将大丽花“根、苗”分为 6 个类型，见表 5。

①未发芽块根　子根的发芽环上还未长出幼芽，或者只见芽点未见芽苗时，分栽时使子根在坑穴内呈“躺平”状态，芽点向上，将子根全部用土覆盖，覆土厚度 5cm。

②发芽块根　子根上新芽已经发出，但新芽长度不足 5cm 时，分栽时使子根在坑穴内呈“躺平”状态，芽头向上，将根与芽全部用土覆盖，覆土厚度 5cm。

③分根苗　子根上新芽长度在 5cm 以上时，分栽时使子根在坑穴内呈“躺平”状态，将子根用土覆盖，根上覆土厚度 5 ～ 8cm，苗头露出地面。

④新根苗　新芽已长至 10cm 以上，同时在新芽基部已有明显肉质新根长出，在分栽时可将前一年的老根去除，只保留新生的肉质根，确保“根、芽同在，1 根 1 芽”。分栽时使肉质新根在坑穴内呈“躺平”状态，新生须根保持水平方向向四周自然伸展，用土覆盖新根，根上覆土厚度以 5 ～ 8cm 为宜，苗头露出地面。

⑤扦插苗　扦插苗长度一般都在 10cm 以上，插穗基部只有新生须根而无肉质根，新生须根长至 5cm 以上时就可以下地移栽了。移栽时保持新生须根水平方向向周围自然伸展，用土覆盖新根，根上覆土厚度 5 ～ 8cm 为宜，苗头露出地面。扦插苗只有新生须根而无肉质块根，因此在移栽时要格外小心，避免新根断裂受损，防止幼苗因缺水而死亡。

⑥实生苗　通过播种方式繁殖的幼苗，苗高在 10cm 以上，且至少长出 1 对真叶时就可进行移栽了。移栽时保持幼苗直立向上、须根自然平展，根上覆土厚度 5cm。相对于其他几种类型的幼苗而言，实生苗耐旱性最差，且纤细、柔软，建议采用“点浇”方式进行浇水，且“随栽随浇”。

表 5 不同根苗类型的栽植措施比较

| 根苗类型 | 特征 | 覆土厚度 | 新栽苗耐旱程度 |
|---|---|---|---|
| ①未发芽块根 | 子根上只见芽点未见芽苗 | 芽点向上，子根呈“躺平”状态，覆土厚度 5cm | 很耐旱 |
| ②发芽块根 | 子根上新芽长度不足 5cm | 芽头向上，子根呈“躺平”状态，根、芽全部覆盖，覆土厚度 5cm | 很耐旱 |
| ③分根苗 | 子根上新芽长度在 5cm 以上 | 子根呈“躺平”状态，覆土厚度 5～8cm，苗头露出地面 | 耐旱 |
| ④新根苗 | 新芽长至 10cm 以上，肉质新根已长出 | 肉质新根呈“躺平”状态，新生须根保持水平方向自然伸展，覆土厚度 5～8cm，苗头露出地面 | 较耐旱 |
| ⑤扦插苗 | 苗高 10cm 以上，新根长至 5cm 以上 | 新生须根水平方向自然伸展，根上覆土厚度 5～8cm，苗头露出地面 | 不耐旱 |
| ⑥实生苗 | 苗高在 10cm 以上，且至少长出 1 对真叶 | 幼苗直立向上、须根自然平展，根上覆土厚度 5cm | 很不耐旱 |

（3）**及时浇水：**地栽苗第 1 次浇水非常重要，最好采用大水漫灌的方式确保浇透水；如果水源不便或水量不足时，也要采用点浇的方式确保每一棵苗都要“喝足”水。待表土稍干时，封土保墒。

### 5. 田间管理

（1）**幼苗期管理：**幼苗期是指大丽花的实生苗、扦插苗和分根苗移栽后在大田生长 30 天以内的时期。如果所栽植的是未发芽块根、发芽块根和分根苗，其耐旱性较强，除了在移栽时浇 1 次透水外，在后期的管理中基本不需要浇水；如果所栽植的是新根苗、扦插苗和实生苗，其耐旱性较差，不但在移栽时要及时浇水，而且在幼苗期也要适时补水，直至长出肉质新根。

幼苗期的判断标准：以上 6 种类型的“根、苗”除了在移栽时所带“根型”外，其根部均未形成明显的新生块根。

（2）**大苗期管理：**大苗期是指大丽花的实生苗、扦插苗和分根苗移栽后在大田生长 30～60 天的时期。此阶段，不管是哪一种“根、苗”，其根部不但会长出大量须根，还会逐渐长出新的块根，因此其耐旱性明显增强，茎秆增高，增粗速度也明显加快，大丽花进入快速营养生长阶段。

在西安地区，此阶段的管理重点是控制浇水。由于大丽花是肉质块根花卉，其耐旱性较强，因而浇水时要坚持“见干见湿”原则，如浇水过多，不但会造成腐烂，还会引起徒长。在生产实践中，尤其对大田地栽苗来说往往会采用“饥渴处理”的方式控制浇水量，使其在营养生长旺盛阶段时常处于缺水的“饥渴”状态。夏季天气炎热，蒸发量大，也不应浇水过多，可向地面或叶片喷洒清水，以便降温；连阴雨后天气突然暴晴，要注意给叶面降温，否则叶片将发生焦边或干枯。

（3）**开花期管理：**开花期是指大丽花从花蕾形成初期到开花末期的较长生长阶段。在北方地区，露地栽培的大丽花，其开花末期就是霜降期。开花期是大丽花栽培中最重要、最繁忙的阶段，也是大丽花田间管理的关键时期。

①抹芽　大丽花和菊花一样，要使其花大色艳，必须及时抹去侧芽，尤其在花蕾形成阶段，主干或主枝营养生长基本停止，养分堆积而使腋

芽萌发，此时如不及时抹去腋芽，就会导致营养分流，影响主蕾的生长，进而影响开花。同时，在主蕾形成和生长阶段，其下方 1 ～ 2 节的叶腋处也常有副蕾形成，与主蕾争夺营养，导致主蕾开花明显变小，并处于副蕾的“夹击”下而难见其真容；更有甚者，一些短梗型或无梗型大丽花品种，会出现主蕾因营养不良而停止发育的现象，即“盲花”，最终导致主蕾不开花，这种情况下更应将副蕾及时抹去。另外，有些品种的花梗相对较长，主蕾和副蕾均可正常开花，且相互影响不大，这样就可以将副蕾保留，如大多数小花、长梗品种都不需要抹去副蕾。

②支撑　大丽花大部分品种花头硕大，易倒伏，因而在显蕾期必须用裱杆进行支撑，为防不测风雨天气，有些高秆品种在花蕾形成前就要进行支撑。在插裱杆时，一定要轻轻试探，切勿插在块根上，否则块根易发生腐烂。裱杆高度以略低于花头为宜。近年来，笔者通过实践，已摸索出一套使大丽花矮化的栽培措施，不必支撑也不会倒伏，尤其在大面积地栽展览时可节省大量人力。

③疏叶疏枝　在大丽花主干生长的同时，从其茎秆基部的根冠处也会发出一些不定芽（脚芽），保留其中 3 ～ 4 个长势好、茎秆粗的脚芽进行培育。当主干顶花开败后，及时剪去主干，既可使其他脚芽通风透光，还可消除由败花而引起的视觉污染。剪去主干后不久，其他脚芽也陆续形成花蕾，当这些花蕾竞相开放时，便进入盛花期。在盛花期，一窝（墩）大丽花往往由原来的 1 枝变为 3 ～ 4 枝，通风性和透光率都会下降，这样极易引起徒长，还可导致下部叶片干枯脱落，影响开花和观赏，所以必须适当进行疏叶；此外，有些品种的花梗很短（如‘黄光辉’等），花朵往往藏在叶丛中，只有适当剪去部分叶片后才能欣赏到它的“芳容”。

④下压掐头　现实的情况是，即使在同一地块、同一时间栽种同一品种大丽花的同一类型的“根、苗”，如未发芽块根、发芽块根、分根苗、新根苗、扦插苗、实生苗等，都不可能确保大丽花在非常集中的时间段内整齐地开放。原因在于，在栽种之初，不同大丽花“苗”及“根”的生长情况是不同的，导致幼苗在栽种之初的生长速度差异明显，譬如，在栽种“未发芽块根”时，就难以确保所有块根同时发芽；即使栽植的是“发芽块根”，也往往会因为所带块根大小不同、所发脚芽长短各异，而导致个体之间生长差异显著。

因此，除了以上 3 个常规技术措施外，对生长速度不同的同一品种大丽花个体，采用集中掐头的处理方式，基本上可以达到使其同时开花的效果。具体方法：当绝大部分大丽花苗都长到 3 对以上叶片时，保留下部 2 对叶片，集中时间掐去顶端芽头。掐头处理的好处：消除个体生长速度的差异，确保开花整齐；压低高度，推迟花期；培育多头大丽花，增加开花量，提高观赏效果。

### 6. 块根越冬贮藏

大丽花怕霜打，下霜后其叶片变黑，地上部分枯萎。西安地区霜降时间大概在 11 月中旬，有时在 10 月下旬，大丽花植株由此开始枯萎，这时应该尽快把枯萎的茎秆从离地面 10cm 处剪掉，并将块根挖出、晾晒、挂牌、贮藏，妥善管理，确保安全越冬。

（1）**采挖：**选择在晴天挖根。采挖时应整墩挖出，保留一部分原土，保持块根不散，否则会引起子根断裂，尤其是长条状或纺锤状子根很容易从根颈处折断，不但易发生霉烂，还会影响翌年发芽。为了避免子根断裂和损伤，应尽量把土墩挖大一些。

（2）**晾晒：**将挖出的块根放在阳光下晾晒 1 ～ 2 天，从块根上剥离风干的土块后，待块根表面去湿变干、伤口表面愈合，较嫩块根变软变蔫时进行越冬贮藏。

（3）**挂牌**：若品种较多时，应认真挂牌标号，切莫疏忽，因为大丽花仅从根部区分品种是很困难的。

（4）**贮藏**：分为原地保存和易地贮藏2种情况。

①原地保存　在秋季霜降后，大丽花地上部分枯萎，剪去地上茎秆，块根继续保留在地下。原地保存仅限于长江以南地区，这些地区冬季的最低气温一般不会低于0℃，即使遇到极端低温，只要对大丽花块根稍加保护，也能确保安全越冬。近年来在西安地区，笔者也常采用此方式保存大丽花块根，为防止冻害，须在块根处加盖草炭、营养土等覆盖物或用草帘覆盖。

②易地贮藏　指将大丽花块根挖出后，择地进行集中贮藏。常用2种方式。

有介质贮藏：将挖出的块根集中贮藏时，为了防止块根失水抽干，常采用素沙、锯末等介质填充块根周围的空隙，并使介质保持一定湿度，以阻止块根在贮藏期间过度脱水。利用该方式贮藏大丽花根时，块根含水量的变化主要受介质湿度的影响，因此有介质贮藏对贮藏空间的环境湿度要求不严。

无介质贮藏：将挖出的块根集中贮藏时，不用其他介质填充块根周围的空隙。该方式对块根本身的含水量和贮藏空间的环境湿度要求较高，块根的含水量越饱满，要求环境湿度越低，块根的含水量越低，要求环境湿度越大。总的来说，要求空气相对湿度保持在50%～80%为宜。

地窖贮藏是易地贮藏中无介质贮藏的一种形式。在北方地区，常采用地窖贮藏大丽花根，因为地窖里的温度和湿度比较稳定，是北方地区贮存大丽花块根的理想场所。地窖温度应保持在1～7℃，以3～5℃最佳，空气相对湿度保持在50%左右为宜，湿度太大会引起霉烂，湿度太小会出现“抽干”现象，即老根（前一年的肉质块根）萎缩变干。一旦发现老根“抽干”时，应及时将其埋在湿润素沙内自然保湿，切勿给块根表面喷水，以防霉烂；如有霉烂发生，应及时将霉烂块根取出，或剪去霉烂子根并用草木灰涂抹伤口后再进行贮藏。

③创新方法　地窖里的温度和湿度比较稳定，是北方地区冬季贮存大丽花根的理想场所，但缺点是建造较为复杂，投资相对较大。笔者在生产实践中探索出了2种更加简单易行的贮藏方法：

坑藏法：就是在挖起大丽花块根的同时，就近找一处向阳地段，挖一条50～60cm深的四方形坑池，其面积可根据贮藏块根的多少而调整。将大丽花块根分2～3层放置于坑池内，上、下层之间用干燥锯末隔开，最上面覆盖20cm左右的锯末，使其表面呈拱形并明显高于地平面，在坑池两端各保留1个通气孔，再加盖1～2层塑料薄膜并将四周用土压实。随着天气逐渐变冷，再适时加盖草帘等。

盆藏法：是针对盆栽大丽花的一种块根贮藏方法。即：在盆栽大丽花凋谢以后，紧贴盆土表面剪去茎秆，不必取出块根，连花盆一起贮藏在低温温室或塑料大棚内，温度保持在3～5℃，在贮藏期间禁止浇水或喷水。

④简化方法　将大丽花块根按照品种和颜色分类，根据每个品种块根量的多少，分层装入大小不同的无纺布袋中，找一冬季温度维持在3～5℃的场所集中保存，譬如，地下车库的拐角、冷库的一角等。为避免放置在内部和底部的块根发生腐烂，并防止放置在外面和上面的块根出现“抽干”，需在冬季定期对贮藏的块根进行检查，可通过不定期调换位置的方式，将放置在里、外或上、下的装有大丽花根的无纺布袋更换位置2～3次，确保贮藏的大丽花块根冬季无恙。

地栽大丽花综合技术示意与实操见图23和图24。

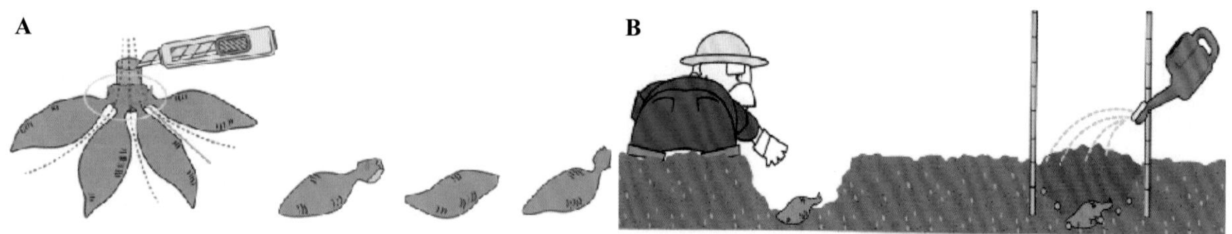


直接分根法栽植
A. 分割块根；B. 下地栽植

掐头与抹芽
A. 未掐头抹芽；B. 已掐头抹芽

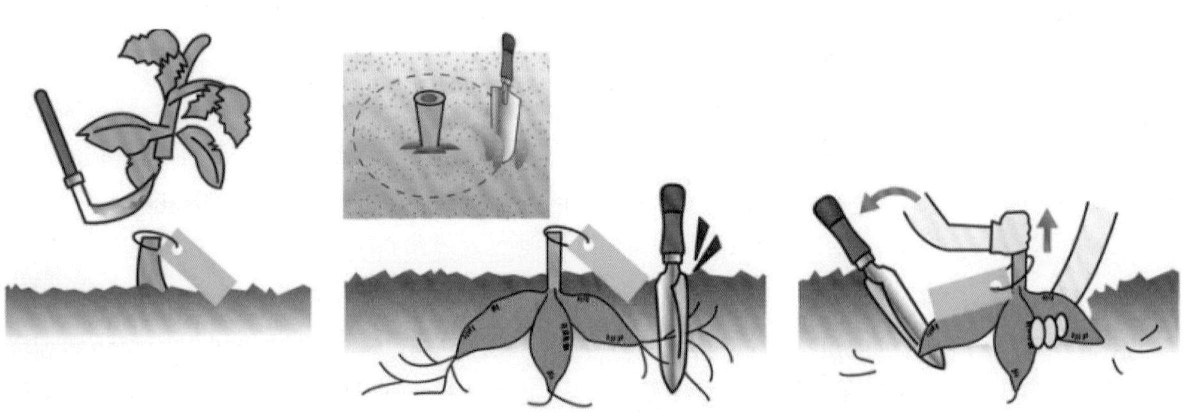

**图 23　地栽大丽花挖块根与挂牌**（摘自 Dahlia AGS 2017 vol.16）

**图 24　冬季块根的贮藏（简化方法）**
A. 晾晒；B. 装袋；C. 贮藏

### 7. 打破块根休眠的方式

结合生产目的和气温变化情况，大丽花的休眠状态可以通过人为方式进行调节。

（1）**提前打破休眠：**即外界气温还未达到大丽花块根发芽所需温度条件时，将贮存的大丽花块根提前在温室、大棚等环境下进行催芽，使大丽花的花期提前。温室、大棚的温度以人们预期的开花时间为调控依据，一般控制在 10 ~ 25℃之间。在此范围内，温度越高，发芽越快；温度越低，发芽越慢。

（2）**自然打破休眠：**即按照正常的气候及物候，使大丽花在露天环境下正常发芽，既不需要人为加温而使其提前发芽，又不需要人为降温来推迟其发芽时间。在西安地区露天环境下，从 3 月上旬开始，大丽花的块根开始萌发新芽，随着气温逐渐升高并趋于稳定，新芽生长速度加快，到 4 月下旬，大丽花就应该下地栽植了。

（3）**推迟解除休眠：**即外界气温已经达到大丽花块根发芽所需温度条件，但因生产目的和实际用途发生变化，需要通过人为方式推迟其发芽时间，最常见的方法是采用控温冷库贮存块根以延长其休眠时间，冷库温度控制在 3 ~ 5℃。另外，还可以通过延迟催芽时间、降低环境湿度等方式抑制块根发芽。

### 8. 露地栽培花期调控的理论与方法

（1）**花期调控的理论基础：**大丽花花芽的分化与发育会受到温度、光照、扦插时间、营养水平等因素的影响，使其开花时间发生一定程度的变化，即在一定程度上改变了大丽花的花期。韦三立等（1997）的研究结果表明：①在每天光照时间分别为 8 小时、10 小时、12 小时 3 个对照组中，光照时间越长，舌状花数目越多，观赏性越高；光照时间越短，舌状花数目越少，观赏性越低。②在扦插时间分别为 4 月 15 日、5 月 1 日、5 月 15 日、6 月 1 日 4 个对照组中，扦插时间越晚，开花节位数越少，植株高度越低，从扦插到开花所需时间越短，花序冠幅越大。③在施肥间隔分别为 5 天、10 天、15 天、20 天、25 天、30 天 6 个对照组中，施肥间隔越短，从扦插到开花所需时间越短，舌状花数目越多，花序冠幅越大。

笔者曾经对 163 个大丽花品种进行栽培技术研究和物候观察记录发现：在栽植时间和栽培措施相同的情况下，植株高度与开花时间之间存在明显的相关性，即大多数矮型品种开花相对较早，大多数高型品种开花相对较晚。但是，在高型品种中也有很少一部分开花较早，在矮型品种中也有个别品种开花较晚；经过进一步观察发现：高型品种中开花较早的往往是一些节间距长而节位数少的品种，矮型品种中开花较晚的往往是一些节间距短而节位数多的品种。因此不难推测，大丽花从种植到开花的时间与节位数呈负相关。这一发现不但可以用来调控花期，还可用来控制植株高度。

另外，经笔者长期对一些重瓣大丽花观察发现：大丽花对光周期要求不严，在长日照和短日照条件下均能开花，区别在于：①在炎热夏季（7 ~ 8 月）的长日照条件下，促进分枝，花芽分化相对较慢，客观上减少了开花量，延迟了开花时间，此时间段所开花朵常出现“露心”现象。②在夏末秋初（9 ~ 10 月）的短日照条件下，花芽分化加快，花期更加集中，短期内花量增大，此时间段所开花朵的花瓣数量更多，花色也更为接近本来色彩。③在 10 月底以后，由于每天的光照时间更短、光强减弱，气温下降，此时间段所开花朵花色变淡，出现“露心”的概率又大大地增加了。因此，不难得出“大丽花是一种相对短日照植物”的结论，即：在 7 ~ 10 月的正常开花期，短日照有利于舌状花的发育，长日照则有利于管状花的发育；而在 10 月以后，在温度下降、光照时间变短、光照强度减弱以及土壤肥力不足等多因素的综合影响下，开花质量下降，花瓣数量减少。这一发现尚属经验之谈，目前还没有翔实数据作支撑。

（2）**花期调控的方法**：尽管地栽大丽花的花期很长，以4月下旬栽植的大丽花为例，其花期可以从6月持续开到11月，在无人为干涉的情况下，7～8月为盛花期。但是各阶段开花质量差异很大。头茬花质量最好，植株低矮、花头硕大、花色艳丽、抗倒伏；随着时间的推移和营养的消耗，后面所开花朵的质量越来越差。这是因为头茬花都是来自主茎顶端的主蕾，二茬花、三茬花则来自经过再培养后的腋芽或脚芽顶端形成的花蕾。7～8月天气炎热，花瓣容易被灼伤，既缩短了观赏时间，也不适合举办花展。因此，为了让最好的花开在最适当的时候，就必须进行花期控制。根据大丽花的自然盛花期一般集中在7～8月的特点，人为采取措施将其盛花期调整到9～10月很有必要，原因：此时天气渐凉，日照渐短，所开花朵质量最好；又恰逢“十一”黄金周，是举办花展的最佳时期。因此，露地栽培的大丽花的花期控制主要是指适当推迟花期，使开花盛期集中在国庆节前后（表6）。

常用的大丽花繁殖方式有3种，分别是播种繁殖、扦插繁殖、分根繁殖。繁殖方式不同，推迟开花的措施也不尽相同。

①播种繁殖推迟花期　通过推迟播种时间来推迟开花时间。以西安地区为例，在5月上旬播种，6月中旬移栽，6月底至7月初掐头1次，9月初陆续开放，9月中旬至10月中旬为开花盛期。如果播种时间偏早，可通过推迟掐头时间来调整花期；如果播种时间偏晚，则可免去掐头环节。

②扦插繁殖推迟花期　通过推迟催芽时间来推迟扦插时间，进而推迟开花时间。具体的几个时间节点是：4月下旬开始在室外催芽；5月上旬扦插第1批花苗；5月中旬扦插第2批花苗；5月下旬扦插第3批花苗。进入6月就不建议再进行扦插繁殖了，一是因为此时块根已无多少营养，所发脚芽质量下降；二是此时的扦插苗开花太晚，导致大丽花未进入盛花期就会因降霜而枯萎。

以上扦插苗虽是分批繁殖的，但却可以在同一时间移栽下地，或者可以在同一时间掐头，这样就可以使扦插和栽种时间不同的大丽花的花期推迟并趋于一致。在西安地区，6月下旬集中掐头，9月上旬陆续开花，9月中旬迎来盛花期，盛花期可持续1月有余。

③分根繁殖推迟花期　主要采用直接分根法，具体措施：在西安地区3月上旬，当室外最低气温回升到0℃以上时，择天气晴朗之日，将贮存在地窖、大棚内的大丽花根搬出置于阳光充足、通风良好的开阔地段，通过3～5天的“风吹日晒”，待大丽花块根表面的水分蒸发、子根失水变蔫之后，再集中置于阴凉、干燥的环境下，如地下室、地下车库以及其他阴凉环境中，这样可使块根的休眠期延长，推迟发芽时间，避

**表6　大丽花露地栽培时自然花期与推迟花期技术措施的比较**

| | 自然花期 | 推迟花期 |
|---|---|---|
| 催芽时间 | 3月中旬 | 4月底、5月初 |
| 催芽地点 | 温棚催芽 | 室外较凉爽地段催芽 |
| 水分控制 | 催芽时可提供充足的水分 | 催芽时将水分控制在最小范围 |
| 繁殖方法 | 分根法 | 扦插法 |
| 定植时间 | 4月下旬可栽植完毕 | 5月下旬、6月上旬定植 |
| 管理措施 | 无特殊管理措施 | 通过2～3次摘心，既可推迟花期，又可增加开花量 |
| 开花时间 | 6月下旬少量开花，7月下旬进入盛花期，盛花期持续1个月有余 | 9月上旬陆续开花，国庆节进入盛花期，盛花期持续至霜降时节 |

免块根在贮藏期因萌发大量新芽而耗尽其内养分。至6月上旬采用直接（常规）分根法进行栽植，为确保出苗整齐，应对已长至5cm以上的脚芽进行修剪，剪去前端，保留基部，保留部分长度为2～3cm最好，谨防脚芽剥落而降低出苗率；栽种时将根芽全部用土覆盖，覆土厚度5cm，采用大水漫灌的方式进行灌溉，以便块根充分吸水而打破休眠；6月底出苗率能达90%以上，此后进入常规养护阶段；9月上旬陆续开花，9月底进入盛花期，盛花期持续至10月底。

### （二）盆花栽培

#### 1. 技术瓶颈问题

大丽花花头硕大，茎高秆脆，容易倒伏，常以地栽形式用于花展，以盆栽形式生产的很少。究其原因，主要是盆栽大丽花的生产存在技术瓶颈问题。

（1）**植株高度**：衡量盆栽大丽花品质优劣的首要指标就是“抗倒伏”，而要培育出抗倒伏的盆栽大丽花，就必须最大限度地降低植株高度。

大丽花在不摘去顶芽（自然生长）的情况下，从栽植到开花时所长成的节位称为开花节位；节位的多少叫作节位数，与叶片的层数相同；相邻两节之间的距离称为节间距。

对于同一个品种而言，在栽培时间和栽培措施相同的情况下，其开花时的节位数和节间距基本相同，因而其开花时植株高度也基本一致，即大丽花的“植株高度”是由“平均节长”和“节位数”两个因子决定的，其中任何1个因子的变化都可以使其高度发生变化。在盆栽时，为了降低植株高度，可通过缩短节间距和减少节位数2个途径来实现。减少节位数可以通过调整种植时间、顶芽扦插法和带花蕾扦插法等措施来实现；缩短节间距可通过合理施肥、控制浇水、激素处理等措施来实现，特别是激素处理对缩短节间距作用明显。

（2）**开花一致性**：这是衡量盆栽大丽花的商品性与经济价值的重要指标。由于大丽花是一种“非典型的短日照植物”，也可称为“相对短日照植物”，这就决定了其不管采用扦插苗还是分根苗进行盆花生产，都很难达到“大批量同时开花”的效果，即使是“同一品种、在同一时间、以同样的方式进行繁殖和生产”的盆栽大丽花，都很难保证其在开花时间上的完全一致。这是限制盆栽大丽花商品化、规模化生产的主要因素之一。

（3）**容器大小与成品重量**：是限制盆栽大丽花商品化的又一个因素。相对于其他盆栽花卉，如红掌、凤梨、蝴蝶兰等，大丽花株型高大，对水肥要求苛刻，因此在进行盆栽时要求容器也相对较大，导致成品盆栽大丽花往往会比同样体量的其他盆栽花卉更重一些，不利于搬运，这样盆栽大丽花就很难像红掌、凤梨、蝴蝶兰等盆栽花卉那样容易被人们所接受。

综上，“抗倒伏、一致性、易搬运”是决定盆栽大丽花商品价值和附加值的3个关键指标，也是解决大丽花产业困境的突破口。

#### 2. 关键技术

经过笔者多年实践总结，要培养出“抗倒伏、一致性、易搬运”的盆栽大丽花，就必须掌握以下技术要点。

（1）**选择矮型品种**：盆栽大丽花最关键的技术环节就是控制植株高度，只要能将植株高度控制在理想的范围（一般在50cm以下，30～40cm最为理想），就算成功了一半。因此，一定要选择矮型品种，即在露地自然条件下，首花植株高度在60cm以下的品种，如‘雪地焰火’‘火球红’‘火树银花’‘出水芙蓉’等，这些品种在盆栽时基本上不需要特殊措施就可以将植株高度控制在50cm以下；另外，有一些中型品种，即首花植株高度在60～80cm的品种，如‘大红株’‘美丽红’‘雪中情’‘黄光辉’等，在盆栽时只要采取一些简单的栽培措施，也可以轻易地将其高度控制在理想范围之内；对于高度在80cm以上的品种，一般不建议用来进行盆栽，除非该品种具有其他明显优势，如高型品种中的‘红枫’‘棕紫’等具有花色奇特、单朵花期长、主秆挺拔坚硬、抗倒伏等优点，也常用于盆栽，但对栽培技术要求更高。

（2）**使用扦插苗：**扦插苗与分根苗的最大区别在于，扦插苗在移栽时只有须根而无肉质根（或者说肉质根尚未长成），因此其根部没有贮藏过多的养分和水分，这就决定了扦插苗移栽后要经过一个“缓苗”的过程，因而生长较慢；分根苗除了带有较多的须根外，还具有贮藏着大量水分的肉质块根，因而生长较快。因此在进行盆栽时扦插苗的高度更容易得到控制（表 7）。

（3）**选择适当的花盆：**为了便于运输，所有栽培容器都要求以轻为宜。因此在盆栽大丽花时，应选择质轻壁薄、透气性好、盆底平滑的陶盆，且以盆口直径 25 ～ 30cm、盆深 15 ～ 20cm、排水孔 3 ～ 5cm 为宜。常规做法是，大丽花的花盆应随着植株的不断生长而进行更换，即小苗用小盆、大苗换大盆，这样在其盆栽管理的过程中至少需要换盆 2 ～ 3 次。而笔者经过多年实践发现，大丽花不宜多次换盆，原因：①大丽花叶片肥大，在换盆时极易被折断，而一旦有叶片受损，就会使其观赏性大大降低。②大丽花的须根较少，固土作用弱，加之，栽培基质疏松，不易成团，因此在换盆时极易引起“根、土分离”，进而造成多次“缓苗”，导致开花质量下降。

（4）**选择合适的基质：**大丽花是普通的传统花卉，在选择栽培基质时除了要求土壤肥沃、排水良好、质地较轻外，还应兼顾取材便利、成本较低等特点。笔者经过多种对比试验，选择出了以下 3 种盆栽大丽花栽培基质：①园土＋蘑菇渣＋腐熟的农家肥（2 ∶ 2 ∶ 1）。②园土＋炉渣＋腐熟的农家肥（2 ∶ 2 ∶ 1）。③园土＋河沙＋腐熟的农家肥（2 ∶ 2 ∶ 1）。

（5）**适时追肥：**大丽花喜肥，但忌浓肥。从上盆后 1 周开始，每 10 天施 1 次稀薄混合液肥（常用的有腐熟的油饼、尿素和过磷酸钙等）；待植株进入快速生长阶段，控制氮肥，施以磷、钾为主的液肥；待花蕾出现时，停止根部施肥，改为从叶面喷施 0.2% $KH_2PO_4$ 水溶液，每亩地用水量在 40kg 左右，直至花蕾明显膨大显色时停止施肥。这样可使花更大、色更艳。

（6）**控制浇水：**为最大限度地控制盆栽大丽花的植株高度，应采取“饥渴处理”的方式控制浇水量，并以在傍晚时分浇水为宜；夏季的中午，由于蒸发量大而导致叶面临时性缺水，即出现“生理性缺水”时，不能盲目向盆内浇水，而要以喷雾的方式向叶面喷水，每日 2 ～ 3 次，每次将叶面喷湿，可起到降温和补水的双重作用。

（7）**喷施植物生长调节剂：**为了把植株高度控制在 30 ～ 40cm，除了以上措施外，还应在前期的营养生长阶段适时喷施生长抑制剂，如比久、多效唑等，每周 1 次，直到花蕾出现时为止。适时、适量使用植物生长调节剂，不会使其提前开花，也不会减少开花时的节位数，但对缩短节间距效果明显，进而降低植株高度。

盆栽大丽花栽植的流程见图 25。

### 3. 创新技术措施

在长期的生产实践中，笔者还探索出了下面几种特殊的技术措施，对综合提高盆栽大丽花的质量具有明显的改进作用。

**表 7 扦插苗与分根苗优缺点之比较**

| | 分根苗 | 扦插苗 |
|---|---|---|
| 营养状况 | 营养水平高，生长势更强 | 营养水平低，生长势较弱 |
| 移栽成活率 | 不缓苗，成活率高 | 缓苗，成活率相对较低 |
| 株高控制 | 高生长难控制，不适宜盆栽 | 高生长易控制，适宜盆栽 |
| 花期调控 | 花期调控范围小 | 花期调控范围大 |
| 耐旱情况 | 更加耐旱 | 早期相对不耐旱 |

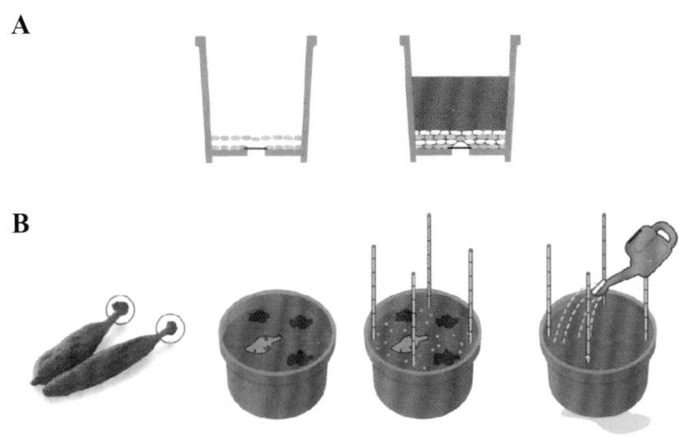


图 25　盆栽大丽花栽植流程示意图
（摘自 Dahlia AGS 2017 vol.16）
A. 滤水层和垫盆土；B. 种埋块根并浇水

（1）**块根切除法**：有些大丽花品种的块根长得非常规整，极容易分割出“1 根 1 芽”的分根苗，直接用于盆栽生产，而没有必要非得使用扦插苗。

为了有效控制分根苗的植株高度，可以通过部分切除块根的方法来实现：将分根苗的块根部分切除，只保留原有体积或长度的 1/3 ～ 2/3，为幼苗初期生长提供所需营养。这样做的好处：①既可减少多余养分，又不会降低成活率。②既可以有效控制高生长的速度，又不会像扦插苗那样使花期推迟。

大丽花块根的形状有长条形、纺锤形、椭圆形、近球形等。如果子根是纺锤形或长条形，则应沿子根横截面拦腰切断，去除末端，保留芽端；如果子根是椭圆形或近球形，则应沿子根纵轴切除多余肉质组织，剩余部分保留芽点或芽头。为避免块根腐烂，应在伤口上涂抹草木灰后再进行栽植（图 26）。

（2）**分步填土法**：不管是栽植分根苗还是扦插苗，为了尽量压低植株高度，防止倒伏，在栽植幼苗时，都应让小苗根部尽量贴于盆底。具体操作：①先在盆底填入少量栽培土，厚度以 2 ～ 3cm 为宜，称为“垫盆土”。②将大丽花苗的根部紧贴在“垫盆土”上，保持芽点或幼苗处于盆底中央位置，覆土厚 2 ～ 3cm，同时确保幼苗直立向上。③随着幼苗逐渐长高，再逐步填入适当的栽培基质或营养土，直到盆土表面与盆沿的距离为 1 ～ 2cm 时为止。

通过反复地对比试验发现，“分步填土法”既可以降低植株的相对高度，又可以使大丽花根强苗壮，不易倒伏。

（3）**1/2 埋盆法**：由于我国大部分地区夏季炎热，植物叶面蒸腾作用强，水分蒸发量大，露地盆栽花卉对水分需求量大，需要大量浇水，而盆栽大丽花又必须尽量地控制水分。为了解决这一矛盾，多年来，笔者采用了“1/2 埋盆法”，既减少了盆栽大丽花的夏季浇水量，又最大程度地维持了高温情况下大丽花幼苗对水分的基本需求。具体步骤：①首先在地上挖一条小沟，保持沟深 10 ～ 15cm，沟底平坦。②将栽植大丽花的花盆整齐地摆放在其内，然后将挖出的土拥在花盆周围，使花盆上部 1/2 露出地面。③根据

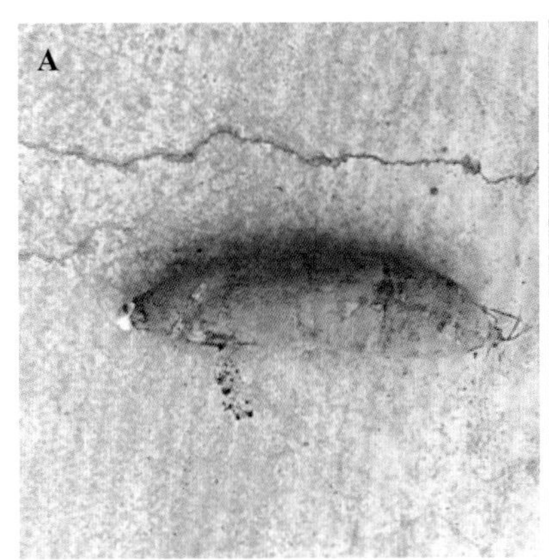

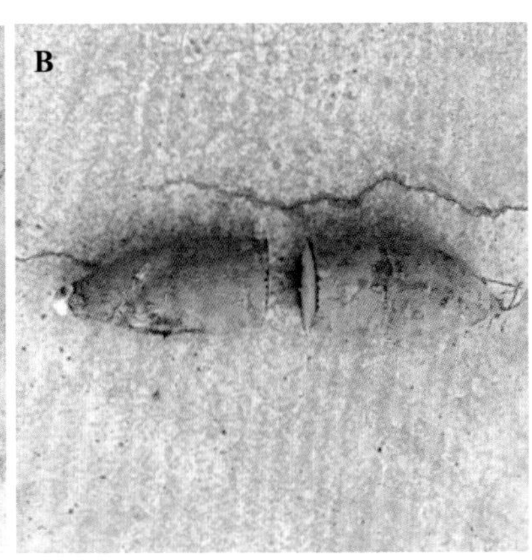

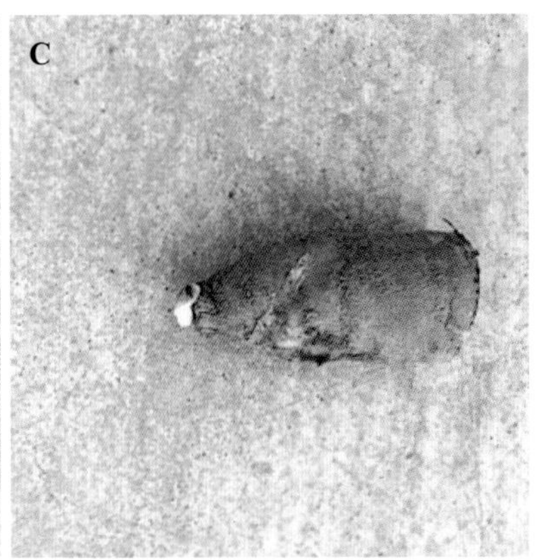


图 26　块根切除法
A. 长条形块根；B. 拦腰剪切；C. 保留带芽的前端

所栽大丽花品种调整株距和行距，一般保持两沟之间的距离为 60 ～ 80cm，沟内盆距保持在 40 ～ 50cm（图 27）。

这样做的好处是，只要土壤保持一定的湿度，就不需要浇水，既保证了大丽花的正常生长，又不会因为浇水太多而导致徒长或烂根。

### 4. 盆栽形式

根据栽培目的及品种特性的不同，大丽花盆栽通常有 2 种形式，即“独本大丽花”（又叫单枝单头大丽花）和“多本大丽花”（又叫多枝多头大丽花）。

（1）**独本大丽花的培育方法：**将大丽花定植以后，在整个生长过程中不摘心，并及时摘除所有侧芽或侧枝，促使主干顶端的主蕾健壮发育，花朵硕大。该栽培形式适用于特大或大花品种，如‘状元红’‘火球红’‘艳冠群芳’等。

（2）**多本大丽花的培育方法：**当主枝长至 3 个节位以上时，摘去顶芽并保留下面 1 ～ 2 个节位，促使侧枝生长开花。全株保留侧枝数量视品种和生产目的而定，一般大型花品种摘心 1 次，保留 2 ～ 4 枝，如‘留春’‘金兔戏荷’‘云锁莲峰’等；中型花品种摘心 2 次，保留 4 ～ 6 枝，如‘不夜城’‘千层艳’‘梅骨雪魄’等；小型花品种摘心 3 次，保留 6 ～ 8 枝，如‘佛光’‘雪中情’‘黄光辉’等。每个侧枝只保留顶端 1 朵花，这样就可以培育出 2、4、6、8 及更多花（头）的大丽花了。

（3）**筐栽大丽花的方法：**在以上 2 种盆栽形式的基础上，笔者还利用废弃的郁金香种球筐栽培大丽花。与盆栽大丽花相比，筐栽大丽花具有如下优点：①操作简单，不必事先进行催芽或扦插，可直接将整墩大丽花的块根置于筐底，并用少量栽培土覆盖后进行简单养护。②一次性可将不同品种的大丽花栽植在一起，培育成多彩大丽花花丛，开花量大、花期更长、布景效果更佳。③由于栽培筐形状规整，不但利于运输，更有利于布置景观。筐栽大丽花适用于中、小花品种和多头型大丽花的栽培（图 28）。

图 27 分步填土法与 1/2 埋盆法

图 28 筐栽大丽花实际效果

### 5. 盆栽和筐栽的花期控制

要使大丽花在“五一”、元旦和春节期间开放，必须采用盆栽或筐栽形式进行设施栽培。

（1）**“五一”开花的培育方法：**①秋末育苗。10月下旬到11月初，在剪掉露地栽培的大丽花茎秆时，选择中上部组织充实、营养丰富的幼嫩枝条进行扦插，白天温度控制在15～25℃，夜间温度控制在10～15℃，待50天后长出幼嫩块根时定植于花盆中。此后除了继续保持扦插时的温度和充足光照外，无其他特殊栽培措施。②如果用分根法进行繁殖，则必须在元旦前将贮藏的块根整墩筐植或分割开来进行盆栽，置于光照充足处，白天温度控制在15～25℃，夜间温度控制在10～15℃。③适时补光。不管用扦插法还是用分根法，从3月初开始都要进行30～45天的补光处理，使每天的光照时间不低于12小时。4月初花蕾可长至1cm，4月中旬可移至室外，5月初即可开花。

（2）**“春节”开花的培育方法：**①夏末秋初育苗。在8月中下旬，从母株根冠处剪取长10cm左右的健壮脚芽进行扦插，经过25～30天根系开始生长，待其萌生一对新叶时直接上盆定植。②大棚或温室内养护。因为大丽花在15～25℃生长最佳，在西安地区，10月中旬前气温适宜，仍可将大丽花置于户外进行培育，10月中旬后气温下降，应将其移到温室里养护，并使夜间温度保持在15℃左右，白天温度保持在25℃左右。③延长光照时间。为了保证每天12小时的光照时间，必须从11月中旬开始每天补光2～4小时，并将光照强度控制在1500～5000lx。大丽花就可以在春节期间开放。要使大丽花在元旦期间开放，其栽培措施与春节开花栽培措施基本相同，只是将育苗时间和补光时间适当提前即可。

## （三）鲜切花生产

近年来，国际上大丽花鲜切花产业蓬勃发展，已经成为全球花卉市场最具活力和应用前景的大丽花新型产品形态。据调查，在日本、荷兰等国家，大丽花鲜切花的市场份额已经逐渐赶上了地栽展览、盆栽销售和块根销售等大丽花传统产品的市场份额，并且还有逐渐超越的趋势；而在我国，大丽花鲜切花产业尚未起步，大多数企业还处于观望阶段。

### 1. 品种选择

大丽花鲜切花生产的关键在于选择合适的品种。

地栽观赏或打造花海效果时，人们更加注重品种的抗倒伏能力、抗旱耐寒能力以及群体开花效果，对单个品种的观赏性不作过多要求；进行盆栽销售时，人们更加注重花径、花色、株高、花头式、抗倒伏等性状指标，对品种的要求是花大、色纯、个矮、秆硬。

相对于地栽观赏和盆栽销售而言，大丽花鲜切花生产对品种的要求更高，除了要考虑花型、花色、花径、花头式外，还要考虑花梗的长度、粗度及硬度等性状指标，同时还要考虑开花量，特别是有效切花产出量。对花型的要求：以球型、睡莲型、蜂窝型等为主，尽量不选择装饰型、托桂型、单瓣型等；对花色的要求：尽量选择纯色系品种，如须选择过渡色系，则要求颜色柔和不扎眼，一般不选择复色系品种；对花径的要求：以大、中型花为主，即花径在15～30cm为宜；对花梗的要求：长、硬、直、细；对花头式的要求：以端头型、仰头型为主，以偏头型为辅，避免选择低头型的大丽花品种（图29）。

### 2. 栽培技术

大丽花鲜切花生产并无特殊技术，只要将地栽、盆栽及花期调控技术相结合，就基本能够满足其鲜切花生产的技术要求。

在无生产切花所需专门设施的情况下，大丽花鲜切花的生产和供货时间与大丽花的自然花期同步，主要集中于6～10月，并以9～10月生产的切花品质最佳。要实现大丽花切花周年生

图 29 不同花头式的大丽花切花（图片由张文波提供）
A. 端头型大丽花切花；B. 仰头型大丽花切花；C. 偏头型大丽花切花

产，就必须采用设施栽培，并配有完善的环境调控设备，再根据品种特性和种植季节适时调整技术方案。

### 3. 切花采收

大丽花花头硕大，头状花序从外围向花心依次开放的过程中，需消耗大量水分和养分，且始终需要充足的光照。因此，选择最为恰当的采收时期极为重要。

（1）**开放度**：即大丽花头状花序的开放程度。以重瓣大丽花为例，可将其开放度分为 5 级：①初开期，指最外 1 层花瓣（舌状花）部分或全部打开的开放程度。②半开期，指外围 2 ～ 3 层花瓣（舌状花）已经打开的开放程度。③全开期，指除花盘中央位置外，其他外围花瓣（舌状花）都已打开的开放程度。④初败期，指花盘中央位置出现了管状花或已露心，且花盘最外围 2 ～ 3 层花瓣（舌状花）已经衰败的开放程度。⑤衰败期，指除花盘中央位置外，其余花瓣（舌状花）都已经衰败的开放程度（图 30）。

（2）**采收期**：大丽花切花的采收期依花朵的开放度而定。如果采收过早，中央花瓣无法打开，或打开后颜色变淡而使观赏性下降；如果采收过晚，切花寿命就会变短，进而缩短瓶插寿命。以笔者多年来对大丽花切花水养情况的观

图 30 不同开放程度的大丽花（图片由李仁娜提供）
A. 初开期；B. 半开期；C. 全开期；D. 初败期

察，其切花的有效持续观赏时间不但与采收时的开放度有关，还与采收季节有关。综合来讲，大丽花切花的最佳采期是春、秋季在全开期采收，夏季在半开期采收；如能实现周年生产，冬季也在全开期采收。

（3）**采收方法**：随开随采，适时采收。一般于清晨或傍晚采收，在花梗下部或基部沿茎秆倾斜45° 剪切。另外，大丽花的叶面积大，蒸腾快，失水后很快萎蔫，还不耐挤压，因此，大丽花鲜切花一般不带叶片。

#### 4. 切花分级

我国大丽花切花产业起步较晚，加之不同品种的大丽花在花色、花型、花径大小、花梗长度等方面差异悬殊等原因，目前仍无统一的切花分级标准。笔者参考菊花鲜切花标准，根据市面上已经出现的大丽花鲜切花产品，在满足品种典型特征、无破损污染、视觉效果良好的前提下，建议依据花梗总长度，将大丽花鲜切花分为3级：①一级切花，花梗总长度为60cm左右。②二级切花，花梗总长度为50cm左右。③三级切花，花梗总长度为40cm左右。

这里要说明的是，单凭大丽花的花梗长度，即顶端节长而言，大多数大丽花品种都很难达到标准长度。因此，为了确保切花长度满足要求，在采切大丽花鲜花时，往往需要带上足够长的茎秆或枝，有时候需要从茎秆和枝基部采切，然后去掉茎上叶片。

#### 5. 切花保鲜

大丽花的枝、叶、花的含水量大，采切后花朵容易失水萎蔫。因此，大丽花鲜切花的采后保鲜处理极为重要。具体方法如下：

（1）花枝采后应该立即插入水中并置于阴湿环境下，防止阳光暴晒。

（2）切花应尽快预冷，去除田间热，并进入冷链。

（3）需要较长时期贮藏或长途运输时，应先使用保鲜剂进行处理。保鲜剂包括水合处理液、茎端浸渗液、脉冲（或硫代硫酸银脉冲）处理液、1-MCP处理剂、花蕾开放液、瓶插保持液等。

（4）保鲜处理措施应该贯穿在采收、分级包装、贮藏运输、批发、零售等每一环节。

（5）贮存、运输的关键是低温、高湿和快速。最好贮存在空气相对湿度为90%～95%，温度为3～5℃的环境中，运输过程中要求环境温度保持在10～15℃。另外，大丽花切花不宜干藏，除短时间外，应该尽量将其插在水中。

#### 6. 切花包装

（1）用柔软、光滑、保湿以及透气性良好的漏斗形杯状花托，从花盘背面将外围花瓣统一朝花盘中央收起，确保所有花瓣朝向一致且花瓣之间松紧适宜。

（2）按照大型花5支1束、中型花10支1束、小型花20支1束绑扎花束；再根据花头式朝向，有序、错位、分层排列后进行包装，确保花头之间松紧适宜又互不挤压，捆绑固定后装箱。

（3）为了避免大丽花在箱内发生挤压，要求在箱内搭上撑杆或支架，在箱体标明方向，避免运输途中发生颠倒而受损。

（4）如果是就近上市，则要随采随运，尽量不做装箱处理，将其插在装有净水的容器中进行短距离运输或转移即可。

## 七、病虫害防治

### （一）虫害及其防治

#### 1. 大丽花螟蛾

又称钻心虫。成虫淡黄色，幼虫黄色或浅红色，体长20～30mm。幼虫咬食茎、叶及花心，3～4龄后钻蛀茎秆危害，使植株枯死，蛀孔外面有褐色粪便堆积，后期孔内流出胶状物。当茎被蛀空后，幼虫又转移到其他植株危害。

防治措施：

（1）幼龄期，主要危害茎叶及花心。①清

除植株杂草以减少虫源。②在早晨8:00～10:00时，趁害虫吃足后行动迟缓时，利用镊子夹取害虫并消灭。

（2）幼虫孵化期，喷洒50%杀螟松1000～1500倍液。

（3）幼虫蛀入茎秆内后，可用500～1000倍液的80%敌敌畏乳油（新型）涂于粪孔口上，或用50%锌硫磷乳剂1000倍液喷于茎秆处。

**2. 大丽花夜盗蛾**

成虫体长约25mm，灰褐色。幼虫长约45mm，全体灰黑色。幼虫白天隐藏在暗处或土壤里，夜间出来危害，故名之。常把叶片咬成缺刻或孔洞，重则可以吃光叶片。

防治措施：①利用成虫的趋光性点灯诱杀。②在大丽花附近的土壤或花盆下捕捉幼虫。③喷洒80%敌敌畏乳油（新型）1500倍液，或在根冠处喷洒50%锌硫磷乳剂800倍液。

**3. 小云鳃金龟**

对大丽花的危害可分为幼虫和成虫两个阶段。4～5月为幼虫危害期，幼虫多在夜间取食，主要危害大丽花的块根、幼根及幼嫩的根茎；7～9月为成虫危害期，主要是通过嚼食花瓣（舌状花）而危害大丽花。

防治措施：

（1）**物理防治：**①在苗圃地禁施未腐熟的厩肥，及时清除杂草、败花、枯叶，适时灌水，破坏幼虫生存环境。②冬季花败后或春季栽花前深翻土地，打碎土块，使幼虫暴露在外，然后逐一拣出销毁。③利用成虫的趋光性和趋腐性，既可灯光诱杀，又可将败花集中起来引诱害虫，然后集中销毁，还可在晴朗的正午进行人工捕捉。

（2）**化学防治：**苗期幼虫危害时，可用50%的锌硫磷乳油、80%敌敌畏乳油（新型）1000倍液，环绕花苗开沟灌注，如虫口密度较大时，以上农药可加大到800倍液。

**4. 蜗牛**

近几年，西安地区的蜗牛泛滥成灾，对许多花卉带来很大危害，尤其对大丽花、菊花而言更为严重。蜗牛的危害贯穿于大丽花的整个生长期，尤以开花时最为严重。晴天每到夜间，蜗牛就会爬到花朵上嚼食花蕾或花瓣，白天则离开植株或藏匿在花朵及叶片背面；如果遇到阴雨天，则可全天危害。

防治措施：①由于害虫带有硬壳，且体形较大，很适宜人工捕捉，因此可在夜间20:00～22:00时许用手电筒照明，通过人工捕捉方式将其集中起来并销毁；对于尚未形成硬壳的幼虫可用镊子直接夹死。②将“除蜗灵”颗粒均匀地撒于植株周围以诱杀，效果不错。

**5. 蚜虫与红蜘蛛**

蚜虫和红蜘蛛均为刺吸式口器害虫。气温高、通风不良时易遭蚜虫危害，虫体群居叶片、顶芽、花蕾上吸食组织内汁液，使受害部位卷缩发黄，严重时可导致枯萎；高温干燥时易遭红蜘蛛危害，虫体群居叶背的叶脉两侧，被害叶片出现黄白色圆斑，影响生长和开花。

防治措施：①保持良好通风可减少蚜虫危害。②气温干燥时可向叶面喷水以防止红蜘蛛繁殖。③2种害虫均可用40%氧化乐果1000～1500倍液喷杀。

**6. 蚂蚁、蛴螬、地老虎等**

以蚂蚁、蛴螬、地老虎等为主的地下害虫也会对大丽花造成严重的危害。其中，蚂蚁吸食根冠处表皮组织汁液，造成根冠处表皮组织缺失而导致植株死亡；蛴螬咬食块根或根茎，使其受到严重破坏，严重时导致植株死亡；地老虎多在夜间危害，吃光叶片或咬断幼茎，造成严重缺苗。

防治措施：①用40%氧化乐果或50%锌硫磷800倍液浇灌根际以毒杀。②通过深翻土壤使地老虎和蛴螬幼虫暴露在外，然后拣出；同时，蚁巢亦被破坏，达到消灭蚂蚁的目的。③用1份锌硫磷、20份细土混合拌成毒土，放置于栽植穴内进行预防（图31、图32）。

图 31　被蜗牛和地老虎危害的幼苗
A. 蜗牛危害；B. 地老虎危害；C. 造成缺苗

图 32　被蜗牛危害的花朵（图片由李仁娜提供）

## （二）病害及其防治

### 1. 大丽花白粉病

属真菌病害。植株下部叶片染病，叶片表面被覆白色霉层，严重阻碍光合作用，叶片很快扭曲反卷，直至脱落。9～10 月，植株长高、枝叶浓密、开花盛期、雨水较多时最为严重。

防治措施：①及时清除病叶及病残体并销毁。②加强通风，确保光照，适当增加磷、钾肥。③喷洒杀菌剂，如石硫合剂、甲基硫菌灵或代森锰锌等。

### 2. 大丽花灰霉病

属真菌病害。嫩枝和花等容易受到灰霉菌侵染，花瓣变褐、凋落或嫩枝染病部位变褐死亡。在潮湿天气，发病部位长满灰色霉层。在密度过大、通气不良、光照不足、空气阴湿的情况下易发生，尤其是在多雨的秋季更为严重。

防治措施：①摘除所有凋谢或有病的花头和叶片，彻底销毁。②注意通风透光，不直接向叶面喷水，在不影响开花和观赏的情况下，可去除多余叶片或徒长枝条。③发病时喷洒 50% 代森铵 1000 倍液等。

### 3. 大丽花花叶病

为大丽花花叶病毒及黄瓜花叶病毒所致。病发时叶片出现斑驳，沿脉褪绿，又称明脉症，病叶生长受阻，植株矮小，影响开花。

防治措施：①拔除病株，减少传染源。②严防传播病毒的蚜虫和叶蝉，喷洒 40% 氧化乐果 1500 倍液或其他内吸性杀虫剂。

### 4. 大丽花青枯病

属细菌性病害。全株发病，初期植株下部叶片发黄，后期软腐呈洞状；严重时块根亦可腐烂，并伴有恶臭。

防治措施：①选用无病块根，若发现病株和带病块根，应及时拔除销毁。②进行土壤消毒，杀死土壤中的病源菌。③加强管理，增施磷、钾肥，提高抗病力。

## （三）非生物病害及其防治

### 1. 霜降和低温对大丽花的危害

（1）在北方地区，大丽花往往开到霜降为止。因此，霜降就是大丽花地上部分生命的结束，然而霜降的时间又很难估计准确，常使人防不胜防，造成很大损失。

（2）霜降所带来的连锁反应就是气温急剧下降，有时候一夜之间就会下降10℃以上，导致霜降后夜间最低气温往往在0℃以下。此外，光照强度也比降霜前微弱得多，西安地区尤为明显。这就会对块根的挖起、晾晒和贮藏带来诸多不便。

（3）贮藏块根时，3～5℃为宜，冬季西安地区一般不会有-10℃以下的低温，大丽花块根贮藏在土窖里即可越冬，但遇到寒流和恶劣天气时，-10℃以下的气温也不可避免，一般土窖已不能满足3～5℃的要求，如不提前采取措施，块根就会受冻。

### 2. 长时间干旱对大丽花的影响

大丽花是肉质块根花卉，抗旱性强，轻微干旱对其不会有多大影响，但长时间的严重缺水却会对其带来灭顶之灾。

（1）新栽苗如果遇到干旱天气，就会影响成活率，尤其是新根苗、扦插苗和实生苗。

（2）在幼苗期及营养生长阶段，如遇严重干旱，其生长速度就会大大减慢，进而使花期推迟，使花朵变小，使开花质量下降。

（3）干旱带来的又一不良影响是大丽花病虫害增多，尤其是蚜虫、红蜘蛛和小云鳃金龟等的数量猛增。

### 3. 连绵阴雨对大丽花的影响

大丽花的开花质量受到光照时间与光照强度的影响很大，光照充足有利于开花。

（1）连绵阴雨不但会减少光照时间和降低光照强度，还会使根部积水。光照不足，舌状花数目减少，花色变浅；根部积水，会引起烂根和倒伏。

（2）雨水过多，还会引起疯长，影响花蕾形成，造成只长高、不开花的现象。

（3）连阴雨天常见的生理性病害就是大丽花带化病。顶芽发病，植株其他部位生长正常；一般在显蕾期发病，顶芽及侧芽变小并出现带化现象，阻碍花蕾形成，导致不开花，严重时成片不开花。

预防措施：①选择抗病品种，因为带化病具有明显的品种差异性，个别品种如‘红绢’等极易发病，而其余大部分品种则很少发病，因而在栽植时，就应选择一些不易发病的品种。②光照不足、土壤板结、积水或土壤碱性太大等也会引发带化病，因而大丽花应栽培在光照充分、土壤疏松、排水良好的地段。

### 4. 酷热天气对大丽花的影响

大丽花喜凉爽的气候，开花时最适温度为18～25℃，而西安地区在伏天的气温一般都在30℃以上，有时38℃高温可持续好几天，这对大丽花是极其不利的。

（1）持续高温会抑制花芽形成，推迟开花或减少开花量。

（2）高温会造成花瓣（大丽花的舌状花）灼伤，使得靠近中心的舌状花还未来得及开放，边缘的舌状花就因灼伤而干枯，不但影响美观，而且大大缩短了单花花期，降低观赏价值。

### 5. 大风对大丽花的影响

大丽花花头硕大，枝秆脆嫩，尤其是侧枝与主茎之间的连接处更易折断，因此大风不但会导致主茎倒伏，还会引起侧枝断裂，极大地减少开花数量，降低观赏效果。

### 6. 灾害性天气的预防措施

虽然灾害性天气不能人为控制，但仍能采取措施以减少或消除其对大丽花的危害，具体措施如下：

（1）预防霜冻，就必须在深秋霜降来临之前，时刻关注天气状况，对地栽大丽花应提前搭造隔霜棚，对盆栽的也要趁早移进温室或大棚，以延长花期；晾晒块根时，应采取“白天晾晒，夜间覆盖”的方式，以防轻微冻害；入窖后，也不能高枕无忧，要时常下窖检查，测量温度。如果发现气温较低时，应及时在地窖上面覆盖草帘，确保窖内温度维持在 3 ～ 5℃。

（2）遇干旱天气，应及时浇水，过后要松土，以防土壤板结。

（3）大丽花要栽在排水良好的地段，在雨水较多地区要修筑高畦，这些在移栽时就应注意。

（4）伏天酷热，应搭阴棚以蔽日，必要时应采取在叶面喷洒清水的方法来降温。

（5）为防倒伏，在花蕾形成前应尽早用竹竿进行绑扎，起到支撑作用，侧枝也应用绳子固定在竹竿上。

## 八、价值与应用

### （一）观赏价值

大丽花品种繁多、花大色艳、花型多变、花期长、花量大，以色彩瑰丽、花朵优美而闻名，是深受世界各国人们喜爱的花卉。

从花径大小来看，大丽花最大花径可达 30cm 以上，最小花径可小至 3 ～ 5cm；从植株高度来看，有些高型品种可达 2m 以上，有些矮型品种仅为 20cm；花色有红、粉、紫、白、黄、墨、复色 7 个色系；花型有单瓣、复瓣和重瓣，以及由不同瓣型演化成的众多花型。

大丽花花期之长可与月季相媲美，露地栽培时，于春夏之交陆续开放，直到霜降时凋谢；花型多变不亚于同族姐妹花的菊花，有球型、菊花型、牡丹型、装饰型、碟型、盘型、绣球型、芍药型数 10 种之多；富贵之相堪比“国色天香”的牡丹，能够被人们冠以“天竺牡丹”之美誉，就足以说明大丽花具备花中王者之风范和气质；花色丰富而艳丽，与世界名花郁金香齐名，可以说凡是郁金香具有的颜色，大丽花都有。

基于以上原因，大丽花用途广泛，是打造花海、花坛、花境的理想材料，也可通过孤植、丛植、列植、片植等方式与其他观赏植物搭配构建优美园林景观，矮生品种可作盆栽用于室内、室外及会场布置，高秆长梗品种可作切花，是制作花篮、花圈、花束的理想材料。

在我国，尤其在北方地区，每到晚秋时节，众多花卉都相继凋零衰败，大丽花却不畏秋寒，愈开愈艳，反而愈能凸显出她雍容华贵的气质（图 33 至图 38）。

### （二）大丽花文化

#### 1. 花语

大丽花具有华丽、优雅、威严、大方、感激、新鲜、大吉大利、雍容华贵、大喜之兆等美好寓意。不同花色的大丽花，也代表着不同的含义：

（1）大红色大丽花象征热情而有魄力。

（2）红色大丽花象征生命力、丰富的幻想以及真挚的情感。

（3）紫色大丽花象征勇气、毅力及浪漫。

（4）金黄色大丽花象征福气和运气。

（5）橙色大丽花象征生活甜美、快乐幸福。

（6）粉色大丽花象征甜蜜和浪漫。

（7）白色大丽花象征大方、大度、心胸开阔。

（8）彩色大丽花寓意追求丰富多彩的人生以及广泛欣赏事物的情趣。

（9）花朵微小的微型大丽花则有为人精细而气魄非凡的含义。

#### 2. 佛教圣花

由于大丽花形似睡莲，因此在很多佛教盛行的国家和地区，都将其视为佛教圣花，被广泛栽植在佛教寺庙内，向佛祖表达虔诚之意，希望得到佛祖的保佑。

越南的年轻诗人、佛教信徒——郭克泰（Quach Thoai）就曾以这样的诗句赞美大丽花：

“静静地伫立在篱笆前，
你绽开了隽永的微笑，
惊异于你的美，
我一时无语，
我听到你在吟唱，
一首不知始于何时的歌，
面对你，
我深深地弯下了腰。”

图 33　盆栽大丽花

图 34　地栽的大丽花花丛

图 35　大丽花花田

图 36　大丽花花坛

图 37　**大丽花花境**（图 C、D 由李艳提供）

图 38　**大丽花插花**（图 C 由段青提供）

在诗人眼里，大丽花的美无以言表；在诗人心中，大丽花每时每刻都在慈悲地讲述着佛法。

## （三）药用价值

大丽花具有肥大粗壮肉质块根，块根内含有菊糖，在医药上具有与葡萄糖同样的功效。

大丽花根可入药，味甘、微苦，凉。具有清热解毒、活血散瘀、消肿之功效。主治跌打损伤、脾虚食滞、龋齿牙痛、痄腮等症状。

在民族医药彝药中，根有治风疹湿疹、皮肤瘙痒之功效。

（杨群力）

# *Dierama* 漏斗花

漏斗花为鸢尾科（Iridaceae）漏斗花属（漏斗鸢尾属，*Dierama*）多年生球茎类球根花卉。属名源于希腊语 *dierama*，意为漏斗（“funnel”），因为其花被形状像漏斗。在南非，因其花梗部分被毛且酷似白头发，故被叫作“发铃”（Hair Bell）。在北美和欧洲，由于其花枝细长，酷似钓鱼竿，人们叫它“天使钓竿”（Angel's fishing rod）、“精灵钓竿”（Fairy fishing rod）等；又因其花朵钟形且下垂，被称为“婚礼铃铛”（Wedding bell）、“精灵铃铛”（Fairy bell）等。漏斗花属有 44 个种，均起源于非洲，广泛分布在埃塞俄比亚、乌干达、肯尼亚、坦桑尼亚、刚果、马拉维、赞比亚、津巴布韦、莫桑比克和南非，生长在湿润的山地或者半山草甸。

## 一、形态特征

漏斗花属为多年生常绿草本植物，叶与花每年更替，为夏季生长类型，整个植株可高达 2m。叶基生，叶片细长，纵脉明显无主脉，可达 0.9m。圆锥花序，花枝圆柱状，直立略弯，在上部分枝，小花枝细垂，在各小花枝末端形成一束小花。花苞片为干燥、半透明薄膜状，并带有褐色条纹，外苞片完整而内苞片 2 裂。小花呈钟状，下垂，在花被片基部有一个菱形的色斑。小花约 5cm 长并带有 13mm 左右的花被筒。大多数种的花是粉红色的，也有红色、紫色、黄色和白色。在一些栽培品种中有时花被上带有黄色或蓝色斑点。花为虫媒花，依靠蜜蜂授粉。雄蕊 3 枚并以雌蕊为中心对称排列。雌蕊合生，较雄蕊长，在顶端 3 裂、弯曲。果实是球形蒴果，3 裂，种子棕色、坚硬光滑并带有棱角。漏斗花属植物地下具有实生球茎，外侧有几层皮膜包衣。皮膜由最下面 2 ～ 3 层叶片的基部枯萎后形成。球茎不易退化，每年在母球上方形成新球，经过多年的栽种可以形成一串球茎。在老球的根盘部位均能长出牵引根，具有引导球茎向下生长的作用（图 1）。在原产地，球茎无休眠。

图 1　漏斗花的形态——植株、花朵和球茎

## 二、生态习性

漏斗花属植物是常绿植物，在夏季生长旺盛，在秋、冬季则生长缓慢。植株每年开花 1 次，花期为初春至初夏。

## 三、种质资源

到目前为止，已发现该属的 44 个种均源于非洲，主要分布在南非的南开普省至埃塞俄比亚的高地之间，其中以山区地形为主。南非的夸祖鲁－纳塔尔省是其多样性起源中心，在那里发现了26个种。常见的种类：

**1. 银白漏斗花（新拟，天使鱼竿）*D. argyreum***

分布于南非开普省夸祖鲁－纳塔尔省。株高0.4～1.3m，花白色或象牙白，有时花基部泛红或淡紫红色，很少淡紫色和粉红色，花期春末至初夏（原产地9～11月）。

**2. 直立红漏斗花 *D. erectum***

分布于南非夸祖鲁－纳塔尔省，目前被列为濒危物种。株高1.5～1.7m。花浅洋红色，花期夏末至秋季。

**3. 大漏斗花（新拟）*D. grandiflorum***

分布于南非东开普的伊丽莎白港地区。叶长60cm。花茎细长，可达1.8m。花为该属中最大的一个种，约5cm长，深粉红色，花被尖端折叠和扭曲。花期春末至初夏（原产地9～10月）。具有较强的抗旱性。

**4. 黄白漏斗花（新拟）*D. luteoalbidum***

分布于南非夸祖鲁－纳塔尔省。花茎高0.6～1m。花白色到淡乳白色，花期为春季（原产地8月）。

**5. 俯垂漏斗花 *D. pendulum***

又称开花的草（Flowering grass），是本属中目前最著名和最受欢迎的种之一，分布范围从南非的南开普省的克尼斯纳到东开普省的祖尔贝格和格雷厄姆斯敦。种名 *pendulum* 源于拉丁语，意为悬垂的花枝。18世纪80年代，瑞典著名植物学家Thunberg在东开普省的克罗姆河附近首次发现了该种。俯垂漏斗花喜欢生长在沙质或泥质的土壤中，喜阳，常见于山坡的阳面和平地上。花枝细长，可达1.8m。叶子细长坚硬，长可达0.9m，小花长约3cm，花为白色、粉红色或紫色。花期春末至初夏（原产地9～11月）。变种var. *album*，花白色；var. *roseum*，花玫瑰紫色。

**6. 美丽红漏斗花 *D. pulcherrimum***

又称洋红色壁花（Magenta wallflower）。分布于南非东开普省，生长在开阔的草原湿地，已被列为濒危物种。其球茎偏白，老球上带有纤维状皮膜。叶簇生，叶片略宽。花枝可达1.8m。花大，呈亮紫色或胭脂红色。苞片呈白色，底部略带褐色。花被片不完全打开，花期夏末至初秋（原产地11月至翌年2月）。是目前栽培最广的种和许多杂种的亲本。筛选出的品种有'苍鹭'（'Heron'），酒红色；'翠鸟'（'Kingfisher'），淡粉红色至紫色；'波特酒'（'Port Wine'），深酒红色；'云雀'（'Skylark'），紫罗兰色；'雀鹰'（'Windhover'），鲜玫瑰红色。美丽红漏斗花与龙山漏斗花（*D. dracomontanum*）产生的杂种，具有植株高度中等（1.2～1.5m），更适合于小花园装饰的特点。杂交品种有'谷神'（'Ceres'），淡钴紫色；'奥伯伦'（'Oberon'），胭脂红紫色；'帕克'（'Puck'），浅玫瑰粉色；'泰坦尼亚'（'Titania'），浅粉红色。

## 四、繁殖与栽培管理

### （一）繁殖

**1. 种子繁殖**

播种时间：春花类型的夏末播种，秋花类型的春季播种。种子一成熟立即播种。将种子播撒于排水良好的土壤中，并覆盖一薄层土壤，在发芽生长期间保证土壤水分充足，不受霜冻危害。待小植株生长到一定程度，移栽至空间较大的容器之中，有利于球茎的生长。种子繁殖的植株一般需要3年时间才能开花。

**2. 分球繁殖**

对于春季和秋季开花的种，最好在开花后立即进行分球。分球时，将植株挖出，分球，并去除植株上半数的叶片后立即栽种。分球的过程中，注意不能损伤其肉质、脆嫩的根系。分球种植后经过1～2年的恢复，植株能够再次开花。

由于该种植物恢复慢，不宜频繁分球。球茎挖起后需要尽快种植，一般干燥放置几周，植株就会死亡。

3. 组织培养

将直立红漏斗花的种子灭菌后播撒于1/10 MS固体培养基上培养21天，将下胚轴切成5mm的小段，将下胚轴段转入不定芽诱导培养基中MS+1 μM 6-BA，100μmol/（$m^2$·s）光下培养。待长出不定芽后转入生根培养基MS+1 μM IBA培养8周。经过2个月的培养，植株可以形成球茎。

### （二）栽培

球茎种植最佳时间为春季，将球埋于5～7.5cm深的穴中。若在园林中种植，最好以5～7个球为1组栽种，深度为8～12cm，株间距为30～45cm。若为盆栽种植，应选用一个体积较大的容器，让其有足够的空间进行多年生长。尽量选取排水性好、肥沃、偏酸性的土壤。在春夏生长季，植株需水量较旺盛，而在秋冬季需水量减少，植株可在相对干燥的条件下生存。对光照的需求较高，在炎热的夏季需适当遮阴，而在冬季则需要获得足够的光照才能保障来年春夏季节的开花。在北半球温带地区种植时，它们表现出较强的耐霜冻能力，在冬季，若土壤表层覆盖稻草，地下球茎能耐-10℃低温。

一旦种植后不要每年分球。经过多年种植，它们能扩繁形成一个较大的株丛。经过5年种植之后，由于地下球茎繁殖过多，造成植株开花质量下降。这时需要在春季将球茎挖出，去掉坏死球茎和组织之后，进行分球。

当在溪流岸边种植时，需要注意种植的地方不能过于潮湿，否则容易烂球。

### （三）病虫害防治

1. 锈病

通过补足光照可以防止锈病发生。在发病初期，每周一次交替喷施以下杀菌剂：10g/100$m^2$氧化萎锈灵、20g/100$m^2$麦锈灵和10g/100$m^2$唑菌酮。

2. 红蜘蛛

一般在夏季暴发，它们会侵害叶片的正反两面，产生银铜色斑点，可以采用喷洒石蜡油的方式进行防治。

## 五、价值与应用

漏斗花突出特点就是其细长、因花朵重量而弯曲成拱形的花莛，即使在微风中也能不断摇动，花期又长，显现出漏斗花的秀丽和飘逸。漏斗花可沿道路两侧或者溪流岸边与草坪搭配种植，高生种可作花境的背景材料，矮生种可种植在花境前或者装饰岩石园，营造出良好的自然景观效果。

在莱索托有记载漏斗花的球茎可以药用。

（吴健）

# *Drosera* 茅膏菜

茅膏菜是食虫植物家族的一员。食虫植物是指能够吸引、捕捉并消化吸收昆虫和小型节肢动物的植物类群，广布于世界各地，有近千种，还有一些园艺品种。食虫植物因为能够“吃虫”近些年来受到追捧，是开展自然科普教育的重要材料，也是植物爱好者争相收集的物种，又因它们奇异的外形和独特的功能，成为观赏植物界的新宠。食虫植物都具有“捕虫”技能，但在亲缘关系上却相差很远，分属10个科17个属。

茅膏菜是茅膏菜科（Droseraceae）茅膏菜属（*Drosera*）多年生草本植物。其属名源自希腊语*droseros*，是“露珠”（dewy）的意思，英文名为Sundew（露水、露珠），中文称为茅膏菜，我国港台地区称毛毡苔。本属植物的叶片上都着生有许多能够分泌黏液的腺毛，腺毛顶端的黏液呈露珠状，叶片能诱捕并消化、吸收掉昆虫。

茅膏菜属是食虫植物中数量最多的属，有250余种。茅膏菜也是分布最广的食虫植物，除南极洲以外各大陆都有分布，澳大利亚和南美洲是茅膏菜的分布中心，茅膏菜属一半以上的原种是在澳大利亚被发现的。我国有6种3变种，分布于长江以南各地及台湾等沿海岛屿，少数分布于东北地区。茅膏菜大多生长在潮湿、酸性的贫瘠土壤中，因为原生地环境的多样性，茅膏菜属植物也表现出多样化的外形，生长习性差异也非常大。在我国南方地区，已将茅膏菜作为新奇的盆栽植物进行观赏，也用于点缀湿地花园，但规模化生产未见报道。

球根茅膏菜是茅膏菜属中数量较多的一类，共有70余种，大部分原产于澳大利亚。原生地夏季炎热、干燥，冬季凉爽、潮湿。夏季植株地上部枯萎，通过球根贮存营养存活于地下，当秋季温度适宜时又开始发芽生长。球根茅膏菜我国有3变种。

## 一、形态特征

### （一）地上部形态

球根茅膏菜根据其生长习性和形态可分为匍匐型、攀爬型和直立型，多数为直立型。

多年生草本，茎纤细、圆形、直立，高5～40cm，具节，成熟植株茎上部多分枝。叶具细长叶柄，互生或基生莲座状密集，叶片半圆形或扇状圆形，基部近平或略凹状，叶边缘和上表面具有多数分泌腺毛，可分泌黏液，形似露珠，有时可见昆虫尸体，背面一般无分泌腺毛，幼叶常拳卷；托叶膜质，常条裂（图1A）。聚伞花序顶生或腋生，幼时弯卷；花萼5裂，稀4～8裂，基部多少合生，宿存；除了侏儒茅膏菜有4枚花瓣和异叶茅膏菜有8～12枚花瓣外，其他茅膏菜的花都有5枚花瓣，对称生长，呈白色、粉色、红色和黄色等（图1B）；花瓣分离，花时开展，花后聚集扭转，宿存于顶部；茅膏菜属植物一般花径都小于1.5cm，少数种能达4cm以上，如岩蔷薇茅膏菜和帝王茅膏菜。雄蕊与花瓣同数，互生；子房上位，1室，侧膜胎座2～5心室，胚珠多数，稀少数；花柱3～5，稀2～6，呈各式分裂或不裂，宿存。蒴果小球形，室背开裂；种子小，多数，外种皮具网状脉纹。染色体数 2n=6 ～ 64。

### （二）地下部形态特征

茅膏菜的根系脆弱，通常只有几条根，主要起到吸收水分和固定植株的作用。迷你茅膏菜的根像蛛丝一样纤细，能深入土层 15cm 处。有些茅膏菜属植物可以通过在土壤浅层蔓延的根部长出新的植株。

球根茅膏菜地下茎基部具鳞茎状球茎，球茎表面浅皱纹，淡黄色至深紫褐色，直径 0.3 ～ 1cm。球茎一般残留黑色鳞叶，常可看到 2 个球茎。存在明显的替代生长现象：颜色较深的球茎多干瘪，为“母球茎”，生于前一年，当年养分耗尽后枯萎；颜色较鲜艳的为“子球茎”，当年新生长出，翌年成为“母球茎”。球根茅膏菜当旱季地上的植株死亡时，它们能通过地下球茎继续存活，还能通过长出新球茎繁衍后代（图 1C）。

图 1　球根茅膏菜形态特征
A. 植株；B. 花朵；C. 球茎

## 二、生长发育与生态习性

### （一）生长发育规律

播种繁殖的球根茅膏菜，一般在 5 月初开始出苗，其实生苗可生长至 7 月初，植株高度达到 3 ～ 5cm，生长结束后形成的球茎极小（直径小于 0.2cm）。小球茎在翌年 3 月下旬或 4 月初萌发，植株当年不开花，从种子萌发的实生苗生长到第 3 年才能开花，进行有性生殖。

多年生营养繁殖的球根茅膏菜在每年 3 月上旬由越冬球茎萌发新株，一般较大的球茎萌发较早，萌芽可延续至 4 月初。球茎顶端一般仅形成 1 个茎枝，极少数具有 2 个茎枝。球茎提供的营养对幼苗生长极为重要，因为茅膏菜的根（不定根）纤细，从土壤中吸收营养元素的能力较低。茎生叶达到 6 ～ 10 枚时，植株开始捕虫。随着植株生长，母体球茎逐渐减小，位于土层中的茎下端（根颈处）形成不定芽，不定芽紧贴母体球茎生长，其顶端膨大形成新的球茎。一般在花期之前，母体球茎营养耗尽，而新球茎体积迅速增大。4 月下旬至 5 月中旬，植株达到 20 枚叶时进入开花期，这时植株叶片数达到最大值，植株的捕虫效率也达到峰值。据统计，每 100 枚叶片 1 周内可捕虫 5 ～ 10 只。6 月以后气温逐渐升高，随着叶片的脱落，植株捕虫量逐渐下降，6 月中旬进入果实成熟高峰，6 月下旬以后叶片捕虫活动基本结束。6 月底或 7 月初茅膏菜的生长结束，地上部分开始枯萎，仅地下球茎留存。绝大多数植株只形成 1 个新球茎，极少数个体形成 2 ～ 3 个新球茎。茅膏菜具有高温休眠的特性，夏季球茎就进入休眠期，来年温度适宜时再次萌发。

### （二）生态习性

茅膏菜属植物分布广泛，其生长习性差异非常大（图 2）。为了利于栽培，一般按照生长习性分为雨林茅膏菜、热带茅膏菜、亚热带茅膏菜、寒温带茅膏菜、迷你茅膏菜、球根茅膏菜 6 个大类。球根茅膏菜的生态习性如下：

#### 1. 光照

球根茅膏菜喜阳，每天需要 4 小时以上的直射光。全天提供直射光，植株的颜色会变得鲜艳，

图 2　食虫植物茅膏菜及其生境

腺毛分泌的黏液也会变得更加黏稠。光照不足的茅膏菜植株会呈现翠绿色，长势及抗病性都比较差。

2. 温度

夏季气温高于 25℃，球根茅膏菜地面以上部分会枯萎。越冬温度需要控制在 5 ～ 10℃，不能低于 0℃，否则地下的球根会受冻害，很难再发芽。

有些球根茅膏菜的种子萌发需要高温，在原产地发生丛林大火后，球根茅膏菜的种子仍可萌发旺盛。

3. 水分

水分条件是球根茅膏菜生长过程中非常重要的环境因素。高温休眠后萌芽的植株需要加强供水，干燥会使植株生长不良。休眠期土壤要保持相对干燥的状态，水分过多会使球根腐烂，但土壤过干也会造成球根的损失。

4. 湿度

茅膏菜对空气相对湿度的要求不高，空气相对湿度在 40% ～ 90% 都可以接受，甚至在干燥的冬季一般室内的湿度也能满足其生长要求。夏季高温季节，空气相对湿度不能连续几天高于 90%，否则会造成茎叶腐烂。

5. 土壤或基质

球根茅膏菜原产地的土壤都比较贫瘠，在栽种茅膏菜时纯水苔或泥炭土都是很好的基质选择，也可以使用泥炭和河沙混合栽植，用赤玉土和泥炭等比例混合也可以。

## 三、种质资源

### （一）分类概述

茅膏菜属有 250 余种。是地球上分布最广的食虫植物，除南极洲以外各大陆都有分布，澳大利亚和南美洲是茅膏菜的分布中心。

茅膏菜属我国产 6 种 3 变种。分为有球茎亚属和无球茎亚属。无球茎亚属有锦地罗（*D. burmanni*）、长叶茅膏菜（*D. indica*）、长柱茅膏菜（*D. oblanceolata*）、圆叶茅膏菜（*D. rotundifolia*）、匙叶茅膏菜（*D. spathulata*）。圆叶茅膏菜产于我国吉林和黑龙江等地，生于海拔 900 ～ 100m 的山地湿草丛中。其他原产我国的茅膏菜属无球茎亚属的种和变种，均分布于长江以南地区、西南地区及沿海各地。

### （二）球根亚属

球根茅膏菜是茅膏菜属中数量较多的一类，共有 70 余种，大部分种类原产于澳大利亚南部，有些种类只在澳大利亚西南部非常狭小的范围内有分布。其中部分种极具观赏价值，已在澳大利亚商业栽培与应用。

1. 巨大茅膏菜 *D. gigantea*

原产澳大利亚西部，是茅膏菜属已知体型最大的种类。直立生长，茎粗壮，植株高度可达 1m。茎多分枝，叶盾形，叶缘密生腺毛，边缘腺毛柄明显较中心腺毛长（图 3A、图 3B）。地下块茎直径可达3.8cm，块茎可深入地下达1m深。此种可室内种植，注意选择高大容器。花期春至夏季（原产地8～11月）。

2. 大叶茅膏菜 *D. macrophylla*

是澳大利亚西部特有种。茎短缩，植株贴地生长。叶子长4cm，宽2cm。冬至春节开花（原产地6～10月开花）。花莛从莲座状叶中心长出，每莛着花2～4朵，白色（图3C、图3D）。

3. 匍匐茅膏菜 *D. purpurascens*

澳大利亚西南部特有种。相对于直立型植株，此种类型株形紧凑，有数枚基生叶，由1个直立或2～5个半直立的侧茎组成，植株可生长到3～10cm高（图3E、图3F）。花期春至夏季（原产地7～10月开花）。生长在沙壤土中，在

图3　原产澳大利亚的部分茅膏菜种质资源

A、B. 巨大茅膏菜（*D. gigantea*）；C、D. 大叶茅膏菜（*D. macrophylla*）；E、F. 匍匐茅膏菜（*D. purpurascens*）

森林大火后会有大量植株开花。

### （三）我国球根茅膏菜

我国原产的球根茅膏菜属于茅膏菜属有球茎亚属。在地下都长有圆球形的球茎，故称为球根。这 3 个球根茅膏菜都是茅膏菜（*D. peltata*，图 4）的变种：

**1. 新月茅膏菜 *D. peltata* var. *lunata***

基生叶开花时通常脱落，部分鳞片状；茎分枝或不分枝，萼片 5，无毛，边缘啮蚀状，具疏齿，菱状卵形，花柱 3；蒴果开裂为 3 果爿；模式标本产印度东部。

**2. 茅膏菜 *D. peltata* var. *multisepala***

基生叶开花时通常脱落或干枯，大多呈鳞片状；茎通常 2 至多分枝；萼片 5 ～ 7，具角披针形或卵形，背面和边缘被腺毛；花柱 3 ～ 5（6）；蒴果开裂为 3 ～ 5（6）果爿，模式标本产我国西南部。

**3. 光萼茅膏菜 *D. peltata* var. *glabrata***

基生叶开花时脱落或干枯，稀宿存，部分鳞片状；茎 2 至多分枝；萼片 5（6），背面无毛，边缘具腺毛；花柱 2 ～ 5（6）；蒴果开裂为 2 ～ 5（6）果爿，模式标本产我国南部至东部。

图 4　茅膏菜的植株和叶片

## 四、繁殖技术

球根茅膏菜球根繁育效率低，一般 1 个球根仅产生 1 个籽球替代去年的母球。播种、扦插和组织培养是其扩繁的主要手段。

### （一）播种繁殖

选择剪碎的水苔作为茅膏菜播种繁殖的基质，将穴盘或播种浅盆填满消过毒的基质，将浅盆放在盛有无菌水的水盆中，使基质充分吸水至表面湿润，再用喷壶将基质表面喷湿。

将种子均匀撒在基质表面，不用覆盖。使用雾滴细密的喷壶将基质表面再次喷湿。将播好种子的浅盆或穴盘连同水盆一起放在向阳的窗台内侧，在浅盆顶端覆盖开口塑料罩或在塑料罩上开些小孔用以透气，注意及时给水盆中补水。茅膏菜在 20℃条件下 30 天左右发芽，幼苗出齐后可带土移植，移栽过程中切忌伤根。

### （二）扦插繁殖

扦插繁殖球根茅膏菜，通常采用叶插的方式。把整片叶子从母株上切下，斜插或平放于消过毒的基质上，保持高空气湿度和充足的光照，1 个月左右可于切口处长出不定芽。一些根、茎粗壮的品种，也可用根段或茎段扦插，操作与叶插相同。

### （三）组织培养

利用组织培养技术对球根茅膏菜进行繁殖，能够有效挽救日渐匮乏的种质资源，填补药材市场需求的空缺。

以球根茅膏菜的叶片、球茎、花梗、花蕾、实生苗无根芽为外植体，茅膏菜的最佳增殖培养基为 1/2MS+0.1mg/L 6-BA +0.1mg/L NAA +25g/L 蔗糖 +5.5g/L 琼脂。生根培养基：1/5MS ～ 1/2MS+0.01 ～ 0.5mg/L NAA。

使用茅膏菜实生苗无根芽为外植体时，接种的芽苗越小形成的丛生芽越多，而且芽苗增殖部位不同，小芽苗在基部形成丛生芽，而大芽苗在叶腋处通过腋芽进行增殖。

## 五、栽培技术

**1. 种植**

球根茅膏菜主要是盆栽观赏。使用浅盆和穴

盘播种的茅膏菜，待幼苗长至5cm高时可移入花盆内培养，移苗时一定要带上护根土，栽植深度要比原土面深埋1cm，经过2次移栽后上盆培养的茅膏菜幼苗长势健壮、叶片美观。

可以利用球茎进行盆栽种植，球根茅膏菜不耐移栽，用球茎种植时要视球茎的尺寸选择深度10cm以上或更深些的花盆。使用泥炭和河沙1∶1混合的基质，将基质润湿。在准备好的潮湿基质中挖1个3～5cm深的孔，将球茎摆放好，用基质覆盖。注意维持基质湿润，把花盆放在1～2cm深的水盘中。将花盆放置于阴暗的地方，等待球茎发芽。在冬季气候温和的区域可以把花盆置于室外自然条件下生长，寒冷区域要在温室内栽植。

#### 2. 水分管理

球根茅膏菜在生长期需要保持基质潮湿，一般使用“腰水”的方法供水，将花盆放进盛有软水或纯水的容器中，保持容器中水面有一定的高度。茅膏菜可以耐水湿，对空气相对湿度的要求不高。夏季高温时期湿度不能过高，以免茎叶腐烂。

茅膏菜对水质的要求较高，浇水时要使用钙、镁等矿物质含量低的软水，也可以使用雨水、纯净水、空调冷凝水等。

#### 3. 肥料管理

施肥要薄施勤肥，在生长季节里，每月施1～2次稀薄的液肥，肥液要对准叶面喷雾，不要把肥液喷到土壤中，以免产生肥害。一般种花的液态肥都可以使用，按照推荐浓度的1/4进行稀释再施用。

#### 4. 休眠期管理

球根茅膏菜有高温休眠的特性，只有在休眠期才能进行移植和运输。球根茅膏菜大部分原产于南半球的澳大利亚，北半球冬季购买到来自南半球的茅膏菜球根，仍处于休眠状态不可以直接种植。而春季种植并发芽生长的球根在夏季会因为过热而枯萎，由于生长时间过短，地下的球根还未完全成熟，也会导致植株损失。因此，能否延长茅膏菜球根的休眠期，待秋季再行种植有待进一步研究和尝试。

## 六、病虫草害防治

### （一）病害及其防治

真菌感染是茅膏菜在夏季最容易出现的问题，通常在种植环境密闭、不通风且温度偏高时发生。防治方法：给茅膏菜提供通风良好的环境，封闭的养护空间要定时进行通风。夏季真菌病害高发期可每1～2周喷施1次通用型杀菌剂进行预防。若真菌病害已经出现，要立即加强通风，剪除病害部分，喷施真菌病害治疗效果好的专用杀菌剂。

### （二）虫害及其防治

春夏季，茅膏菜的新芽会遭到蚜虫的侵害，造成叶片生长畸形或枯萎。防治方法：如果发现叶片有被啃食的痕迹，应及时查找植株附近是否有虫体，手工灭杀，也可使用通用型杀虫剂进行灭杀。茅膏菜的叶片在喷施杀虫剂后有可能造成叶片腺毛的坏死，无法分泌黏液，因此要适当降低喷施的浓度。

### （三）杂草防除

因为茅膏菜植株比较娇嫩，除草时尽量不要使用工具，手工拔除花盆内或种植区域内的杂草，仅去掉地上部分即可。

## 七、价值与应用

### （一）观赏价值

茅膏菜的外形千差万别，从状如灌木的巨大茅膏菜，到直径小于一元硬币的侏儒茅膏菜在自然界中都能见到。它们的共同特征是叶片腺毛上挂着晶莹剔透的露珠，迎着阳光，能够折射出多种色彩，给茅膏菜戴上了迷人的光环。

茅膏菜属植物或纤细、或伟岸、或婀娜的身

姿，吸引着众多爱好者去探寻。经过选择的茅膏菜品种，易于养护，成功通过商业化生产进入了普通市民家中，成为人们的“植宠”。同时茅膏菜也是自然科学教育中的重要教材，漂亮多变的外形使茅膏菜也成为孩子们喜爱的“科普明星”。

### （二）生态保护功能

据统计，在一块 8000m$^2$ 的沼泽地里，生长在其中的茅膏菜共计能够捕捉 600 多万只昆虫。食虫植物在维持生态平衡方面发挥了重要作用。

但是，目前人类对食虫植物的认知还很有限，有很多种类也许等不到我们充分认识和了解就已经灭绝了。根据世界自然保护联盟的资料，超过半数的食虫植物正受到灭绝的威胁。这些威胁来自方方面面，除了自然生态系统变化的因素外，也与人类活动息息相关。例如，随着人口增加，土地开垦对食虫植物生境不断蚕食；环境污染也会破坏食虫植物的生存环境；有些植物爱好者搜集食虫植物，会导致野生食虫植物遭到挖掘和破坏，这些都是可能导致食虫植物种群面临灭绝的原因。

### （三）药用价值

茅膏菜属植物药用历史久远，在《本草纲目》中就有锦地罗全草入药的记载。球根茅膏菜全草或地下球茎可药用，据记载，茅膏菜的地下球茎具有止痛、生肌、强身健体的功效，在藏药、彝药等众多民族药学典籍中都有记载。球根茅膏菜地下球茎药用多以自然采挖为主，人工种植仅在实验阶段，尚待发展。

球根茅膏菜的药用价值近年来为越来越多的人所接受，因为是纯天然药物，且操作简单，副作用少，球根需求量激增。这就导致了野外采集现象普遍，许多原来集中成片的球根茅膏菜分布地，现在已经难觅踪影。

然而野外采集并不是大多数食虫植物面临的最严峻的考验，更大的问题来自农田的扩张和化肥的使用。由于土壤中氮素含量大大提高，食虫植物赖以生存的低氮型栖息地被破坏，其结果往往是某些食虫植物种类在局部地区灭绝。

加速研究进程，推进快繁体系建设和工厂化生产是球根茅膏菜药用产业化的必由之路，希望这种神奇的植物能带给人们更多益处，不要因为我们的贪欲让球根茅膏菜灭绝。

（刘东燕）

# *Eranthis* 菟葵

菟葵是毛茛科（Ranunculaceae）菟葵属（*Eranthis*）多年生块茎类球根花卉。其属名 *Eranthis* 来自希腊文 *Er* 和 *anthos*，意为“春天的花”。英文名称 Winter aconite，意为冬乌头或冬菟葵。菟葵属有 8 个种，从欧洲南部和亚洲的土耳其、阿富汗到中国、日本及西伯利亚都有分布。菟葵属植物植株低矮，花朵玲珑可爱。叶片掌状深裂，于花朵下方轮生，花鲜黄色，雄蕊黄色、多数，还有一圈瓣化的萼片。耐寒，花期极早，甚至先于雪花莲开放，为早春花园和庭院增色不少。

## 一、形态特征

多年生草本植物，块茎球形，直径 8 ～ 11mm。基生叶长约 6cm，有长柄；叶片圆肾形，3 全裂，高达 20cm；苞片在开花时尚未完全展开，花谢后长达 2.5 ～ 3.5cm，深裂成披针形或线状披针形的小裂片；花单生，花梗长 4 ～ 10mm，果期增长到 2.5cm；花径 1.6 ～ 2cm；萼片黄色或白色，狭卵形或长圆形；蜜腺叶白色，上端具 2 枚亮黄色的假蜜腺；花瓣约 10 枚，花漏斗形，上部二叉状；雄蕊多数，15 ～ 34 枚；心皮 6 ～ 9，与雄蕊近等长，子房通常有短毛。蓇葖果星状展开；种子暗紫色，近球形，种皮表面有皱纹（图 1）。3 ～ 4 月开花，5 月结果。染色体 2n = 6，48。其中菟葵（*E. stellata*）为泛化传粉者。为适应早春恶劣环境条件实现成功传粉，其暴发式开花，花白色，花展时极大，单花花期长，柱头可授期长（隋洁，2011）。

## 二、生态习性

菟葵属植物耐寒、耐旱、喜湿。生长温度 10 ～ 12℃，-15℃受冻。空气相对湿度 60% ～ 80%。喜欢半阴或全阴环境，每天直射光 2 ～ 6 小时即可，不耐冬日强光和高温。光照过强则需避光。宜种植在富含有机质的土壤。注意防治真菌病害。

## 三、种质资源

菟葵属植物处于欧亚温带气候型地区，在欧洲南部和亚洲的南北部都有分布。此属有 8 个种，我国产 3 种（李德铢，2018），分布于辽宁、吉林、四川、新疆等地，生于山地林中或林边草地阴处。商业栽培有冬菟葵、土耳其菟葵等。

### 1. 白花菟葵 *E. albiflora*

原产中国，分布于四川西部宝兴。花莛高 8 ～ 10cm；苞片 5 ～ 6 枚，3 全裂，全裂片倒卵状楔形，分裂至中部；花具短梗，直径 1.2 ～ 1.5cm；萼片白色，椭圆形；花瓣 4 ～ 5 枚，具长柄，柄与瓣片等长，瓣片倒心状漏斗形，内面顶端边缘分裂，外面顶端边缘微凹；雄蕊约 10 枚，比花瓣稍长，心皮 4 ～ 5。3 月开花（图 2A）。

### 2. 土耳其菟葵 *E. cilicica*

原产亚洲西部和中部，从土耳其到阿富汗都有分布，1892 年引种。与冬菟葵相似，但更强

图 1 冬菟葵的形态特征
A. 全株形态；B. 花朵；C. 蓇葖果；D 种子

壮。株型稍小。叶深裂，幼叶呈古铜绿色；花深黄色、鲜亮，在短茎上只有 5 ~ 8cm 高；苞片完全隐藏在花之下，显得花更加硕大；退化花瓣杯状。花期晚冬（图 2B）。

3. 冬菟葵 *E. hyemalis*

原产欧洲，从法国南部到保加利亚都有分布，并长期种植。株高约 10cm。花鲜黄色，冬末至早春开花，且早春水分充足时花较大。此种是春天最早开花的植物之一，在 3 月底和风信子同时开放。虽然植株非常小巧，但能开出极大的花朵。筛选的品种 'Aurantiaca'，花为鲜艳的黄橙色（图 2D、图 2E）。

4. 浅裂菟葵 *E. lobulata*

原产中国四川西部汶川一带，生于海拔 3100m 山地草坡。根状茎球形，生多数须根。花莛纤弱，株高 8.5 ~ 14.5cm；苞片 6，在中部之上或在近中部处 3 浅裂，花白色，花期早春。心皮 5，成熟时辐射状展开，具短柄；种子椭圆球形，淡褐色。5 月结果（图 2F）。

5. 日本菟葵 *E. pinnatifida*

生长在日本北部的山林中，需要生长很多年才能够开花。植株较弱小，叶背面呈蓝色；花白色，花心深紫色，花径约 2.5cm。花期早春，在日语中被称为"節分草"，因其在春分的时候开花（图 2G）。

## 6. 菟葵 *E. stellata*

原产中国，分布于辽宁、吉林，生长在山地林中或林边草地阴处。在朝鲜北部和俄罗斯远东地区也有分布。根状茎球形。花（萼片）白色，花莛高达 20cm；苞片在花谢后长达 2.5 ～ 3.5cm；花梗长 4 ～ 10mm；花径 1.6 ～ 2cm；花瓣约 10，漏斗形，上部二叉状；雄蕊长 5 ～ 7mm；心皮 6 ～ 9。蓇葖果星状展开；种子暗紫色。3 ～ 4 月开花，5 月结果（图 2H）。

**图 2　菟葵属国产种及重要栽培种**

A. 白花菟葵（http://5b0988e595225.cdn.sohucs.com/images/20181209/0c2482565acf4a5f930ffcd6b14e9806.jpeg）；B. 土耳其菟葵（http://5b0988e595225.cdn.sohucs.com/images/20181209/a765614fdc39495f920602c90f638431.jpeg）；C. 块根菟葵‘几内亚金’；D、E. 冬菟葵的不同花色；F. 浅裂菟葵（http://5b0988e595225.cdn.sohucs.com/images/20181209/a6b444b0104a44ffb029c9ced7e288fe.jpeg）；G. 日本菟葵（https://hbimg.huabanimg.com/0ee75801155c3e31e87ce815f0c14f17cbe631d1d44b-WC0IMz_fw658/format/webp）；H. 菟葵（http://5b0988e595225.cdn.sohucs.com/images/20181209/e54c65dd2a4a41ed8b79a1f99ef91d59.jpeg）

7. 块根菟葵 *E.×tubergentii*（*E. cilicica×E. hyemalis*）

是种间杂种，1923年由荷兰 Van Tubergen 公司引进。植株健壮，高达20cm。叶深裂。花浅黄色，花径比双亲的大，植株的表型介于双亲之间。筛选的品种‘几内亚金’（‘Guinea Gold’），性强健，花金黄色，花径2～3cm，冬叶铜绿色。但是不育，只能通过块茎繁殖，所以价格昂贵，不适合推广应用（图2C）。

## 四、繁殖和栽培

### （一）繁殖

#### 1. 分球繁殖

菟葵露地应用和盆花促成栽培常用分球繁殖。春季花后当叶片变黄即可起球并分球。菟葵块茎具有休眠习性，需要打破休眠处理。

种球打破休眠要求5～9℃以下冷处理。种球宽松地置于花盆中，也可加些木屑，放入冷库（生根室）或自然冷处理13～15周。冷库贮存，可以进行4周“干冷”处理，干冷处理温度：9℃；也可湿冷处理：根系发育前至少4周置于9℃，然后保持在1～9℃之间即可。

自然冷处理的方法是将栽有种球的花盆埋入室外土中，花盆与土壤必须接触良好，种球上覆土5cm或覆盖稻草10cm。霜冻期间还需盖上塑料薄膜，然后再覆盖额外的稻草。霜冻期过后去掉塑料薄膜和外加的稻草。翌年春季花后继续生长，枯萎后剪除枯叶，地下球根可继续留土。

#### 2. 播种繁殖

晚春种子一成熟马上采收，否则容易散落。种子无休眠，随采随播，将种子均匀地撒在土壤表面或容器中，覆盖薄层基质即可，置于低温、湿润处发芽。实生苗培养期间可施用稀薄的液肥，幼苗经过2个生长季的生长才能移栽。

### （二）栽培

一般8～11月供应商品种球，品种主要是冬菟葵和土耳其菟葵。球的大小和产花数相关。土耳其菟葵周长4cm⁺的种球着2～3朵小花；冬菟葵周长4～5cm的种球着2朵小花，5cm⁺着3～4朵小花。

露地花坛、花园种植：清水浸泡种球过夜。种植期9月中旬至10月（初霜之前），使用富含有机质、排水良好、保水性强的基质或加沙的标准营养土，pH 6～7。种植深度12cm，块茎上覆土2～3cm，种植密度球间距3cm，即100～200粒/$m^2$。花期2～3月。

温室盆花促成栽培：种植期10月。种球规格周长3.5cm、4cm、4～5cm均可使用。种植密度，口径7cm的花盆种5粒，覆土2～3cm。种植后保持5～9℃，甚至更低，只要不低于0℃即可，常规肥水管理，1月中旬开始开花。

## 五、价值与应用

菟葵既精致，又顽强。花期较长，晚冬至早春（1～3月）土壤解冻，雪后或雪中开花。叶丛展开，露出黄色或白色花朵，用于花境、岩石园、树（落叶树更宜）下隐蔽处或有保护的露台装饰。尤其与早春开花的雪花莲（*Galanthus nivalis*）、雪光花（*Chionodoxa* spp.）和猪牙花（*Erythronium japoniam*）混植，铺满庭院，秀丽壮观（图3）。

图3 菟葵属植物园林景观应用
A. 孤植（雪中开花）；B. 林下片植

（刘青林）

# *Eremurus* 独尾草

独尾草是阿福花科（Asphodelaceae）独尾草属（*Eremurus*）多年生块茎类球根花卉。属名源于希腊语的 *eremos*（“孤独”）和 *oura*（“尾巴”），意指其高耸在叶片之上的花序（花穗）。英文名为 Foxtail lilies（狐尾百合）和 Desert candle（沙漠蜡烛）。喜避风向阳环境，成株耐寒性较好，喜在排水良好、肥沃深厚的沙质壤土中生长。

## 一、形态特征

### （一）地上部形态

独尾草株高 0.6 ～ 2.4m；叶基生，叶片条形，微扭曲；茎不分枝，无毛或有短柔毛；花大量密集，在花莛上形成稠密的总状花序（图 1A），长达 30 ～ 40cm；花被窄钟状，花被片白色，长椭圆形，长 1 ～ 1.3cm（图 1B）；雄蕊短，藏于花被内，子房淡黄绿色；花梗上端有关节，长 1.5 ～ 2.5cm，倾斜开展，苞片比花梗短，长 8 ～ 10mm，先端有长芒，无毛，有 1 条暗褐色脉；蒴果长 7 ～ 9mm，表面常有皱纹，带绿黄色，熟时果柄近平展，长 2 ～ 2.5cm，种子三棱形，有窄翅（田丽丽 等，2013）。

### （二）地下部形态

有粗短的根状块茎；块茎下部具有多条长、肉质、肥大的根，质地较脆（图 1C）。

图 1　独尾草属植物形态特征
A. 植株和总状花序；B. 小花形态；C. 地下根状块茎

## 二、生长发育与生态习性

### （一）生长发育规律

独尾草属植物生长发育周期非常短，是在春季或夏初的短时间里迅速完成生活周期的一类特殊生态类型的草本植物（俗称“短命植物”）。其地下的根是多年生，地上部分为短生型。一般于 3 月下旬开始萌发，4 月开始快速生长，5 ～ 7 月进入花期，茎上形成密集的总状花序，花小，呈星形，开花后不久叶片开始枯萎，果实成熟。秋季地上部分死亡，地下根依旧保持生命特征，翌年再次萌发，进入新的生长阶段。若秋季多雨，则会二次萌发。独尾草生命期长，不分株繁殖的情况下可以连续开花 10 ～ 15 年。

### （二）生态习性

独尾草生于山坡或石缝中，生长健壮，少有病虫害，适应性强。喜避风向阳环境，耐旱、耐寒，在排水良好、肥沃深厚的沙质壤土中生长良好。

1. 温度

在春季萌发生长，夏季枯萎，地上部分耐霜冻，在低温时枯萎，地下部分可以忍受 -30℃以下的低温。

2. 光照

是典型的阳性植物，喜阳光直射，避免种植在荫蔽区域。光照是其生长发育过程中的重要生态因子。

3. 土壤

对土壤要求不严格，适应性极强，且在贫瘠的土壤中开花更早。

4. 水分

具有较强的耐旱性，在萌芽期水分需求多，成熟植株需水量少。独尾草为肉质根状茎，不耐水湿，应种植在排水性好或雨水较少的地区。

## 三、种质资源与主栽品种

### （一）种质资源

独尾草属约有 40 种，原产阿富汗和伊朗干旱的草原上，分布于中亚及西亚的山地和平原沙漠地区，包括乌克兰、蒙古国、中国中西部地区［甘肃南部（岷县、舟曲、武都）、四川西部（松潘、小金、凉山）、云南西北部（中甸）和西藏（八宿）、新疆］，多生长在海拔 1000 ～ 2900m 的石质山坡和悬岩石缝中（王勇　等，2007）。伊朗是独尾草属植物多样性的中心之一，拥有 7 个种。我国分布有 4 种，1 种产自西南，3 种产自新疆（吴玲　等，2005；Hanieh Hadizadeh，2020）。代表种：

1. 阿富汗独尾草 *E. afghanicus*

分布于阿富汗东部。株高 1 ～ 2m。花白色，花期晚春。

2. 高山独尾草 *E. aitichisonii*

自然分布范围为中亚地区和巴基斯坦，我国分布于西天山地区。株高 1.8 ～ 3m。花多，浅粉或白色，花期晚春（图 2C）。

3. 阿尔伯特独尾草 *E. albertii*

分布于阿富汗北部。株高 40 ～ 100cm；花粉色，花期晚春（图 2B）。

4. 阿尔泰独尾草 *E. altaicus*

分布于西伯利亚、蒙古国、俄罗斯和中国的新疆地区。茎无毛或有疏短毛；蒴果平滑，直径 6 ～ 10mm，通常带绿褐色；花被窄钟形，淡黄色或黄色，有的后期变为黄褐色或褐色；花期 5 ～ 6 月，果期 7 ～ 8 月。生于山地，以土层瘠薄或砾石阳坡为多。

5. 异翅独尾草 *E. anisopterus*

原产中亚地区至中国新疆。肉质根长约 30cm；茎无毛；花梗长 2.5 ～ 4cm，无关节，初时近直立，后期斜展；花大，花被宽钟形，白色至浅粉色，花期夏季；蒴果球形，表面平滑或上部略有皱纹，果瓣厚而硬。

6. 独尾草 *E. chinensis*

分布于中国甘肃南部、四川西部、云南西北部和西藏。有粗短的根状茎，根肉质，肥大；花被窄钟状；花梗上端有关节，倾斜开展；种子三棱形，有窄翅；6 月开花，7 月结果。

7. 喜马拉雅独尾草 *E. himalaicus*

分布在阿富汗、巴基斯坦、喜马拉雅山西部地区，1881 年引种。根茎短，叶基生，莲座状，株高 1.8m 以上；花被片分离，纯白色，花径约 2.5cm，具芳香，花期晚春。子房 3 室，每室有胚珠 4 ～ 6 个，蒴果球形，种子具 3 棱，棱上具窄翅。国外已培育出不少品种，是优良的切花材料（图 2A）。

8. 粗柄独尾草 *E. inderiensis*

分布在中亚地区，包括伊朗、蒙古国、阿富汗、中国新疆等地。株高 90 ～ 120cm，茎较粗，密被短柔毛。叶宽 0.6 ～ 1.5cm，边缘通常粗糙。苞片先端有长芒，背部有 1 或 3 条深褐色的脉；花被窄钟形，淡紫色、黄色或白色；种子三棱形，有宽翅。花期 5 月，果期 5 ～ 6 月。

图2 独尾草属的部分种

A. 喜马拉雅独尾草（*E. himalaicus*）；B. 阿尔伯特独尾草（*E. albertii*）；C. 高山独尾草（*E. aitichisonii*）

9. 天山独尾草 *E. tianschanicus*

分布于乌兹别克斯坦、吉尔吉斯斯坦的西天山地区，伊犁河与哈萨克斯坦交界处山区有分布。植株高大 100 ～ 150cm，花苞黄色，花瓣乳白色。

### （二）主栽品种

截止到 2020 年 10 月，在荷兰皇家球根种植者协会（KAVB）累计登录品种 61 个。

*E.*‘Cleopatra’：花为橙色，株高约 1.5m，花瓣上都有 1 条狭窄的红色条纹，切花花期较长。

*E.*‘Echison’：花为白色或粉色，花期较早但生长期短。

*E.*‘Foxtrot’：花冰粉色，花茎看起来像狐尾，适应性强，不需要精细管理。

*E.*‘Joanna’：花纯白色，高达 2.5m，有着深绿色带状的叶子，花序长达 50cm。

*E.*‘Line Dance’：花色为白色，黄色花药，品种稀有。

*E.*‘Oase’：花桃色至白色，植株高大，需要阳光充足的环境，排水良好的土壤。

*E.*‘Olga’：花为粉红色或白色，叶子深绿色，花序高约 50cm。

*E.*‘Rexona’：叶子较窄，花似琥珀，耐旱，适应能力强，可粗放管理。

*E.*‘Robustus’：又称巨型沙漠蜡烛。花浅粉色，植株高达 2.5 ～ 3m，耐强日照，花期为晚春到初夏。

*E.*‘Tenophyllus’：又称狭叶狐尾百合。花亮黄色，总状花序，小花呈小星形，植株高大，叶呈束状簇生，在直立的无叶茎上有密集的星形小花，是优良的切花。

*E.*‘White Beauty Favorite’：花为纯白色，叶子细长，植株高大。

## 四、繁殖技术

### （一）种子繁殖

独尾草属植物在春季或秋季均可进行播种繁殖。其种子发芽较慢，实生苗需要 3 ～ 5 年才能开花（Mamut Jannathan，2014）。秋季需要用新鲜种子繁殖，存贮时间较长的种子发芽具有不稳定性；在春天或初夏播种贮存的种子。种子贮存与播种的方法：首先将 1 ～ 10℃低温处理 20 ～ 100 天的种子浸泡在 20 ～ 50℃的无菌温水中 12 ～ 48 小时，软化种皮，剔除不饱满种子；接着用 1% ～ 5% 的次氯酸钠溶液或多菌灵溶液浸泡消毒 3 ～ 15 分钟，水漂洗

3～10次，然后，将漂洗过的独尾草种子沙藏层积20～60天；最后，将层积后的种子再次用水清洗3～8次，并吸干种子表面水后种在沙土中。

### （二）分株繁殖

在春季或初秋均可进行分株繁殖，每3～4年分株1次。9月将母株挖出，抖掉外围泥土，按照根的自然伸展间隔，从缝隙中用手分开或用利刀切开，分株不宜过多，每株丛分2～3株。分开后加以修剪，除去腐烂的根，可在切口涂以硫黄粉消毒后，再进行定植。种植深度为15cm左右，细沙垫底，将沙子做成馒头状，肉质根均匀摆开，覆盖细沙，根须轻微压实，埋土深度15cm左右，土不用压实，摊平即可，最好微隆起，以避免下雨时积水。

## 五、栽培技术

### （一）园林露地栽培

#### 1. 种植前土壤准备

选择土壤排水良好，阳光充足、背风的地方，也可以通过添加有机物质，如泥炭、苔藓、堆肥等来改良土壤。种植土可以用园土、堆肥（腐殖质）、沙子或鹅卵石混合制成。同时避免与其他植物混植，独尾草能在较弱的光照下生长，但在强光下有利于其茎秆生长更强壮。

#### 2. 定植

定植时间在早春或者秋季，多在9～10月定植。把2～3年生的幼苗从花盆中移栽到露地，将其根轻轻放进深15～20cm、宽大于根冠幅度的浅种植穴中，使根部向下并充分舒展。株距90cm为宜，不得少于30cm。种植深度15cm左右，定植时避免根部断裂，定植后灌足水。

#### 3. 肥水管理

独尾草种植后的养护管理并不严格，但需要注意的是，独尾草属植物不耐水湿，只能在春天花蕾即将开放时进行浇水，且浇水不可太多，避免根部长时间处在湿润的土壤中而腐烂，春季开始长叶时若植株严重缺水，则可适当少量洒水。在夏天，独尾草几乎不需要水，还必须防止雨淋。冬季，在严寒的霜冻地区，应用针叶树落叶或泥炭覆盖防寒。

春季一旦发现植株发芽，开始恢复生长时，则需要在根冠位置施高钾肥料、复合肥料（$60g/m^2$），或用腐熟的优质堆肥，每年施肥1次。在春季初霜后，需要在春末和夏季每月1次施用普通液肥，帮助复壮，确保在长叶时不容易干枯。越冬前，还需要向土壤中添加过磷酸钙（$40g/m^2$）。

#### 4. 秋季花后管理

9月花后去除枯叶以及花穗，入冬前应加覆盖物以保护越冬，同时要防止环境过于潮湿。在植物的根际周围放置营养丰富的堆肥，在其上覆盖树皮、稻草等干的覆盖物，但不要遮盖植物的顶部。覆盖物能够保护根系，抵抗冬季寒冷。

### （二）切花露地栽培

适用种和品种是喜马拉雅独尾草及其品种。土壤准备同园林露地栽培。种球要求带有1～2个芽，并进行2～9℃为期16周的预冷处理。种植后覆土8～10cm，常规肥水管理，越冬可用树皮、稻草或稻草加塑料膜覆盖防寒。每芽萌发只能产生一个花枝，当总状花序基部有3朵花开放时就可采切，切花立即插入清水中，贮藏和运输过程中切花一定要竖直放置，以免花枝弯曲，最好采用湿藏和湿运。

## 六、病虫害防治

独尾草生长过程中，最常见的害虫有蛞蝓和蚜虫。对于蚜虫，可用肥皂水清洗植株或喷洒柑橘提取物来防治，如果虫害太严重，可以选择使用杀虫剂。为了防止种植地受到蛞蝓的侵害，可以撒上捣碎的蛋壳或者其灰烬预防。老鼠也会损伤独尾草的根系，导致根系腐烂。防鼠害可以通过设置陷阱、放上鼠药或者用水淹没洞穴的方式防治。独尾草在潮湿环境下会感染真菌，植株出现锈迹，叶片出现褐色和深色斑点。一旦发生感染，需要尽快使用杀菌剂（如波尔多液）进行防治。当独尾草感染病毒病害时，大多会出现花叶症状，需要拔除植株并彻底销毁。

## 七、价值与应用

### （一）观赏价值

独尾草具有较高的观赏价值，植株高可达2m以上，花秆从上至下密布花穗，花穗色调温柔而明丽，色彩丰富，有黄色、橘色、粉色、白色等，如同柔软而蓬松的狐尾。花期5～7月。其高大的植株、独特的花形，是花境造景中优良的背景材料，也可以草地丛植，或墙隅栽植；它还是耐久的大型切花，在花艺中，独尾草因其曲线柔美、造型独特的特点，常作为主材料应用于插花作品中。因此，独尾草正在成为世界各地园林绿化和切花生产中的新宠和重要材料。

### （二）经济价值

除了观赏价值外，独尾草因富含多种氨基酸等营养成分，经常食用可减肥、降血压；常被用于传统医学，并且是抗炎、抗菌和抗原虫药物的潜在药源。独尾草属植物在工业方面也有应用产品，如生物油和黏合剂。

（杜运鹏）

# *Erythronium* 猪牙花

猪牙花为百合科（Liliaceae）猪牙花属（*Erythronium*）多年生鳞茎类球根花卉。其属名来源于希腊语 *erythros*（“red”红色），指欧洲猪牙花的典型花色。英文名为 Dog's-tooth violet（狗牙紫罗兰），并非指其花形、花色，是因其白色、长而尖的鳞茎而得名。另外，根据猪牙花的其他特征还有一些不同的英文名称，如因其出现在雪融化后的山中被称为 Avalanche lily（雪崩百合）；依其叶片上的斑纹叫 Trout lily（鳟鱼百合）和 Fawn lily（浅褐色百合）；而 Adder's or Lamb's tongue（羔羊的舌头）则因其叶片的形状而得名。该属植物有 20 余种，分布于北半球欧洲、亚洲及北美洲的落叶林地和高山草地中，多产于美国西部。

## 一、形态特征

猪牙花具长尖牙状的白色鳞茎；株高 10 ～ 35cm，叶基生，通常卵形至披针形，2 枚，平展，绿色带斑点或斑纹；花梗不分枝，无叶片着生，花 1 ～ 10 朵顶生，花被片 6，花萼和花瓣无明显差异，花瓣翻卷，有白、粉、红、紫、黄等色，雄蕊 6，子房 3 室。为耐寒性春季开花型球根花卉（图 1）。

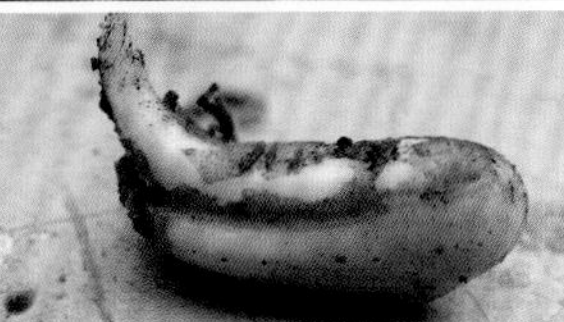

图 1　猪牙花的植株、花朵和鳞茎

## 二、生态习性

猪牙花耐寒性强，对土壤基质要求不严，喜半阴凉爽环境，一些种类可耐全光照，干旱可引起休眠，低海拔地区多生长不良。林地灌木边缘或疏林中种植效果较好，叶片边缘有条斑的种或品种是很好的地被植物。

## 三、种质资源

猪牙花属约有 22 个种，主要分布在北美，中国有 2 种，即猪牙花（*E. japonicum*）和新疆猪牙花（*E. sibricum*），分别分布于吉林和新疆。主要栽培的种类如下：

### 1. 美洲猪牙花 *E. americanum*

主要分布于加拿大和美国的明尼苏达、肯塔基和得克萨斯州的溪边及岩坡，地下为带匍匐茎的鳞茎，地上茎高达 10 ～ 15cm，叶窄，单花，黄色，基部有黑斑（图 2A）。

### 2. 加州猪牙花 *E. californicum*

主要分布于美国加利福尼亚州潮湿林地，茎

高达35cm，叶柄长，叶片具褐色条斑，每茎着花3朵以上，花白色或奶油色，基部有黄或褐色的环（图2B）。

### 3. 欧洲（丹尼斯）猪牙花 *E. dens-canis*

主要分布于欧洲或西亚，1596年引种。茎高20cm，叶灰绿色，具粉色和褐色斑点，花单生，花瓣翻卷，花白、粉、紫色都有，基部有红紫色环，欧洲栽培最为普遍（图2C）。

### 4. 白蕊（大花）猪牙花 *E. grandiflorum*

主要分布于美国西北地区山坡和夏季干旱的林地，茎高达30cm，叶长15cm，亮绿色，每茎着花1～5朵，鲜黄色（图2D）。

**图2　猪牙花部分种质资源**

A. 美洲猪牙花（*E. americanum*）；B. 加州猪牙花（*E. californicum*）；C. 丹尼斯猪牙花（*E. dens-canis*）；D. 大花猪牙花（*E. grandiflorum*）；E. 汉森猪牙花（*E. hendersonii*）；F. 猪牙花（*E. japonicum*）

5. 紫斑（汉森）猪牙花 *E. hendersonii*

主要分布于美国（俄勒冈州的西南部和加利福尼亚州北部）。茎高达 30cm，叶片具浅褐紫色及淡绿色斑纹，每茎着花 1 ～ 6 朵，白色，基部黄色花暗红色（图 2E）。

6. 猪牙花 *E. japonicum*

分布于中国、日本和朝鲜。株高 25 ～ 30cm，叶椭圆形或宽披针形，花多单顶生，紫红色，基部有黑色斑纹（图 2F）。

7. 俄勒冈猪牙花 *E. oregonum*

主要分布于美国（俄勒冈州和华盛顿州）和加拿大（英属哥伦比亚）。1868 年引种。茎高达 25cm，叶片暗绿色，具褐紫色及亮绿色条斑，每茎着花 3 ～ 10 朵，淡紫色，基部深紫色。

8. 新疆猪牙花 *E. sibricum*

分布于中国新疆。株高 15 ～ 20cm，叶披针形或近矩圆形，花多单顶生，紫红色，基部有色。

猪牙花属的染色体基数有 2 种：即 x = 11 和 x = 12，多为二倍体（2n = 2x = 24），如：白蕊猪牙花、猪牙花、新疆猪牙花；极少数为二倍体（2n = 2x = 22），如 *E. mesochoreum* 和粉白猪牙花；四倍体有美洲猪牙花（2n = 4x = 48），和粉白猪牙花 *E. albidum*（2n = 4x = 44）。参考郁金香和百合的流行品种主要为三倍体，培育三倍体的猪牙花可能是一个重要的方向；同时，猪牙花、郁金香、百合和贝母的胚囊皆为贝母型，育种上可参考百合的育种规律，即：三倍体尽管雄性不育，但可以作母本与适宜的二倍体或四倍体杂交，并借助胚抢救技术获得非整倍体的后代。

## 四、繁殖与栽培管理

### （一）繁殖

猪牙花可以自然产生很多籽球，通常采用分球繁殖。初夏叶片萎蔫变黄后，挖起地下鳞茎，将籽球分开，操作时避免碰伤鳞茎，立即种植或贮藏后于秋季种植。

也可采用种子繁殖，种子成熟采收后即刻播种于含有机质的土壤中。原产美国西部的猪牙花种子贮藏后仍具活力，但原产其他地区的猪牙花种子贮藏后失活，必须用新鲜的种子繁殖。播种后通常在翌年春天发芽，需要 6 ～ 8 周萌发，发芽后定期浇水，适当遮阴。播种繁殖一般需 3 ～ 5 年才能开花。

### （二）栽培

猪牙花一般在秋季种植，选择排水良好、肥沃的土壤，适度遮阴的地方栽植。根据鳞茎大小确定深度和间距，一般深度 8 ～ 10cm、间距 15 ～ 20cm 即可。秋、冬季适当浇水以利根系生长，春季要水分充足，夏季不能过分干燥。猪牙花定植后一般不移栽，生长多年后植株过分拥挤时再进行分球繁殖。

### （三）病虫害防治

猪牙花属植物病虫害不多见。虫害主要是蛞蝓和蜗牛。病害是在温暖、潮湿的环境下，叶片会受到葡萄孢菌侵染，应保持良好的通风环境。

## 五、价值与应用

猪牙花属植物花典雅，叶俊秀，是优良的花叶兼赏植物。性耐寒，栽培容易，常在露地园林中于花境边缘群植，或在岩石园、野趣园中点缀，无花时还可作地被植物。亦可盆栽于室内观赏。在欧美国家园林中已较多应用。

（周树军）

# *Eucharis* 南美水仙

南美水仙是石蒜科（Amaryllidaceae）南美水仙属（*Eucharis*）多年生鳞茎类球根花卉。其属名*Eucharis* 是希腊语非常优雅之意（“very graceful”）。此属约 17 个种，原产于中、南美洲的哥伦比亚、秘鲁等地，我国广东、福建和云南等南方地区有栽培。因其原产南美洲亚马孙河流域，花朵与同属石蒜科的水仙非常相似，故中文名为南美水仙（音译）；英文名称则是 Amazon lily（亚马孙百合）。

## 一、形态特征

多年生常绿球根花卉，株高 30 ～ 40cm。地下鳞茎长圆球形，外被棕褐色皮膜，着生白色肉质根，分枝较多，根系发达，鳞茎周围每年春季都要萌发幼小的侧枝。叶片宽大，长宽椭圆形，一般长 30 ～ 35cm，宽 15 ～ 18cm，表面深绿色有光泽，背面绿色，纵向脉纹明显，每个鳞茎有叶片 4 ～ 5 枚。侧枝节间抽生肉质花莛，花莛圆柱形，直径 1.5cm，长 50 ～ 60cm，顶生伞形花序，着花 5 ～ 7 朵，佛焰苞纸质，外佛焰苞片 2 枚，卵状披针形，内佛焰苞片多数、丝状。花为纯白色，蕾期白绿色。花面向下开放，花径 7 ～ 10cm，有芳香。花冠筒圆柱形，前端 6 裂呈星状，中央生有一个浅杯状副冠。椭圆形雄蕊 6 枚，合生于副冠内，花粉为黄色。雌蕊近似三角形，乳白色，中部发绿。雌蕊一般高于雄蕊，结蒴果（图 1）。花期冬、春季。花谢后若遇适宜的环境条件，几个月后可再次开花。

## 二、生态习性

南美水仙属植物性强健，喜温暖湿润和散射光照的环境，夏季需适当遮阴。宜在疏松肥沃、排水透气的中性土壤中生长，栽培土质以肥沃的腐叶土为佳。秋、冬季以 13 ～ 18℃为宜，早春以 18 ～ 24℃为好，生育适温 20 ～ 28℃，越冬温度不低于 13℃。花后如遇夏季高温被迫休眠。如果环境条件合适，每年可开花 2 ～ 3 次。

## 三、种质资源

南美水仙属约有 17 个种，均原产于中、南美洲。目前国内外园艺上观赏栽培的仅有大花南美水仙一个种及其品种。

大花南美水仙 *E.* × *grandiflora*：被认为是 *E. moorei* 和 *E. sanderi* 的天然杂交种。它分布于哥伦比亚至厄瓜多尔地区，是为数不多的栽培种之一。花呈白色且具芳香气味。雄蕊杯至锯齿顶端仅 5 ～ 7mm 长，宽 23 ～ 25mm，下半部绿色，上半部白色（图 1）。该种常易与亚马孙油加律（*E. amazonica*）混淆。两者之间的区别在于：亚马孙油加律分布区狭窄，位于秘鲁东北部的瓦拉加山谷。其雄蕊杯至锯齿顶端长 11.2 ～ 13.8mm，宽 28 ～ 30mm，边缘稍下弯，内部特别是雄蕊间丝状痕迹和浅裂呈绿色。

图 1　南美水仙的形态特征

A. 植株；B. 花；C. 果实和种子；D. 鳞茎

（图 A 来源于 https://www.cfh.ac.cn/spdb/TaxonNodeTree.aspx?spid=50596；图 B-C 来源于 https://www.pacificbulbsociety.org/pbswiki/index.php/Eucharis；图 D 来源于 https://www.indiamart.com/proddetail/eucharis-lily-amazon-lily-flower-bulbs-22253594948.html）

## 四、繁殖与栽培管理

### （一）繁殖

常用分球和播种方式进行繁殖，也可用组培繁殖。种子成熟后即播，发芽适温 25 ～ 30℃，播后 20 ～ 30 天发芽。实生苗需培育 2 ～ 3 年才能开花。结合换盆进行小鳞茎分离，即分球繁殖。一般每 2 ～ 3 年换盆 1 次，在 6 ～ 7 月进行。小鳞茎需栽培 1 ～ 2 年才能开花。

在组培繁殖中，宜采用鳞片作为外植体。诱导培养基为 MS+ 2mg/L 6-BA + 0.5mg/L NAA，增殖倍数可达 7 以上；继代增殖培养基为 MS+ 1mg/L 6–BA + 0.5mg/L NAA；生根培养基为 1/2MS + 0.2mg/L IBA 或 MS + 0.5mg/L IAA + 0.5mg/L NAA，生根率可达 95% 以上。通过组培繁殖可以在较短时间内获得大量、均匀再生植株，实现优质种球的规模化生产。

### （二）栽培

#### 1. 露地栽培

在我国南方温暖地区可露地栽培，宜栽植于疏松肥沃、排水透气的中性土壤中。喜温暖、湿润和半阴环境，忌强光直射。在生长季节保持土壤湿润，冬季适度控水。可在生长期每 15 天施肥 1 次。花期暂停施肥，每次开花后的 30 天左右为休眠期，应控制浇水。花后如不采种，应及时剪去花莛以集中养分供鳞茎生长。

#### 2. 盆栽

盆栽时，鳞茎以顶部稍露出盆土表面为宜，栽培基质宜采用腐叶土。鳞茎盆栽初期少浇水，保持稍湿润即可，待长出叶片后逐渐增加浇水量。促成栽培时，需将鳞茎放 27 ～ 29℃条件下 30 天，然后在 25℃室温下栽培，约 80 天可以开花。

### （三）病虫害防治

主要病害有枯萎病和叶焦病，可用10%抗菌剂喷洒防治。高温干燥条件下，会发生蚜虫危害，注意防治。

## 五、价值与应用

南美水仙（油加律）叶片大而翠绿，花朵硕大，花姿清秀，花色洁白如玉，芳香馥郁，且一年多次开花，是观赏价值极高的常绿球根花卉。可作庭院美化以及盆栽于室内观赏，也可作切花使用，瓶插寿命较长（图2）。

图2　南美水仙的观赏应用

A. 盆栽；B. 园林应用；C. 切花；D-E. 庭院美化（图A来源于 http://www.bambooland.com.au/eucharis-grandiflora-amazon-lily；图B来源于 https://www.cfh.ac.cn/spdb/TaxonNodeTree.aspx?spid=50596；图C、D来源于 https://guiadejardin.com/eucharis-lirio-del-amazonas/；图E来源于 https://growfoodslowfood.com/2021/04/09/plant-of-the-month-eucharis-lily/）

（孙翊）

# *Eucomis* 凤梨百合

凤梨百合为天门冬科（Asparagaceae）凤梨百合属（*Eucomis*）的多年生鳞茎类球根花卉。凤梨百合的属名 *eucomis* 由希腊语 *eu*（“very” 非常）和 *comos*（“leafy” 多叶的）两词组成，意为非常多叶的，特指其花序顶部簇生状的叶状苞片。因其花序和顶部的叶状苞片整体看起来像菠萝，故英文名有 Pineapple flower（凤梨花或菠萝花）、Pineapple lily（凤梨百合）之称。该属有 12 个种，原产于热带非洲和南非，其中 11 个种原产南非。它们的原生地夏季雨量充沛，且常位于高海拔地区。

## 一、形态特征

凤梨百合地下具鳞茎，大且包被有皮膜，卵球形或球状。株高 40 ～ 60cm，叶宽带形，长 20 ～ 30cm，排列成莲座状的叶丛，叶浅绿色，在叶背的叶脉处常具有紫色斑点。穗状花序形似圆锥状，众多小花密生在粗壮的花梗上，叶状苞片簇生在花序顶端。小花呈星形，花色丰富，有白色、黄色、淡绿色、紫色以及复色。花期长，从初夏能开到秋初，有的从冬季至春季都在开花。甚至连花瓣褪色、花朵受精之后形成的果荚也具有观赏价值，很吸引人，如秋凤梨百合膨大、绿色的果实几乎是三角形，使花序更具有装饰性。果实成熟后会产生黑色圆形种子（图 1）。

## 二、生态习性

凤梨百合喜凉爽干燥、阳光充足的环境和疏松透气、排水良好的沙质土壤。夏季温度高，光照强时可适当遮阴。室外栽植需要在 18℃以上。越冬温度在 7 ～ 10℃之间，温度不能太低或太高。要保证其正常开花，每天至少需要 2 ～ 3 小时的光照，若每天让其接受 6 小时以上的光照，就能提前花期，若光照不足，则会延迟花期。

凤梨百合在南非分布广泛，遍及南非所有省份以及邻近国家。在开阔的草原、森林边缘、山坡和潮湿的沼泽都能找到它们的踪迹。然而，在干旱的地区，它们却不存在，干旱和高温是其生长的抑制因素。

## 三、种质资源

凤梨百合属有 10 余种，主要观赏栽培的有以下几种：

### 1. 秋凤梨百合 *E. autumnalis*

产于南非、斯威士兰、博茨瓦纳、津巴布韦、马拉维等热带非洲。茎高约 46cm，基生叶长约 60cm，宽 5 ～ 11cm，具波状边缘，松弛到匍匐，有时呈棒状。花序顶端具有由 15 ～ 20 枚叶状苞片组成的花冠，宽 5 ～ 8cm，长 5 ～ 11cm；花序长达约 30cm，花朵呈绿色，随着株龄增长逐渐褪色为淡黄绿色（图 2A）。植株在生长季有着大量茂盛的叶片，花莛抽出形成漂亮的凤梨状构造，夏末秋初花凋谢后形成酒红色、棕色和红色的蒴果。根系喜湿润，地上部分喜光照，是绝佳的花园植物。花期夏至秋（原产地 12 月至翌年 2 月）。

图 1　凤梨百合形态特征（源自 http://www.cfh.ac.cn/album/ShowSpAlbum.aspx?spid=965481）
A. 植株与花序；B. 单花形态；C. 花蕾和膨大的子房；D. 花序顶部簇生的叶状苞片；E. 叶片

图 2　凤梨百合属的部分种质资源
A. 秋凤梨百合（*E. autumnalis*）；B. *E. vandermerwei*；C、D. 双色凤梨百合（*E. bicolor*）

2. 双色凤梨百合 *E. bicolor*

产于南非。叶宽阔，深绿色，紧密围绕茎秆着生。花朵不像其他物种那样密集，每朵花瓣都带有纤细的紫色边缘，使每朵花更加明显，花序呈凤梨状。茎秆上有细长的紫色斑点，基部叶片边缘也呈现紫色（图 2C、图 2D）。

3. 凤梨百合 *E. comosa*

产于南非。茎有稀疏的紫色斑点，高约 61cm。叶的基部和背面有紫色斑点，叶缘呈波浪状，叶长 46 ～ 51cm。子房呈紫色，淡绿色的花瓣微微内弯，雄蕊前倾，露出子房的颜色。花期夏季（原产地 12 月至翌年 2 月）。在新西兰已经育出粉红色花的品种。其变种 var. *striata*：特征是叶上有紫色条纹而不是斑点。品种 'Sparkling Burgundy'：叶和茎均为紫色；花初开为白色，慢慢转成红色，后期变成了紫色。这个种是最独特也是最常见栽培的种。

4. 白花（巨大）凤梨百合 *E. pallidiflora*

株高可达 2.2m。曾作为药材用来治疗肺部和胃部不适症状，但其毒性较大，需要充分掌握好剂量，一般不作家庭用药。

5. 女王凤梨百合 *E. regia*

产于南非。茎高 30cm，叶长 60cm，宽 7 ～ 10cm。花序长达 15cm。花为绿色，花期为冬末至春天。

6. 万氏凤梨百合 *E. vandermerwei*

产于南非，生长于草原上。茎高 46cm。叶片上有褐红色斑点。花为褐红色，花丝为绿白色（图 2B）。花期在仲夏。植株低矮，分布范围较小，濒临灭绝。

## 四、繁殖与栽培

### （一）繁殖

凤梨百合最好通过种子或分球繁殖，也可用扦插和组织培养繁殖。如果采用播种的方法，应该在春天或秋天的无霜期播种，播种后 4 ～ 6 周看到绿色嫩芽。幼苗在休眠期移栽至单独的盆中，经 1 个生长季后再移栽。通过种子繁殖的植株通常在第 4 年开花。如果采用分球繁殖，于秋天叶片枯黄之后，将球挖出并根据球的大小分开栽种。

### （二）栽培

在秋天将凤梨百合的球根挖出，保存在阴凉干燥的地方，到翌年春天再种植。种植深度约 15cm，球间距 30 ～ 60cm（依种球大小而定）。凤梨百合属植物的抗寒性因种而异，如双色凤梨百合在做好防寒措施的条件下，能耐 -12℃低温；其他的种在冬季霜冻期短且不严重的区域也可露地栽植。凤梨百合属植物在肥沃、排水良好的土壤里均能良好生长。植物在春季和初夏需要充足的阳光和水分，夏末时要减少浇水量。凤梨百合通常在 5 月或 6 月开花，开花时间取决于当地天气情况。在温暖地区，可能会提前开花。凤梨百合的球根可以在地里多年生长，只有当植株变得过度拥挤和开花不良时再挖出进行分球、重栽。

## 五、价值与应用

### （一）观赏价值

凤梨百合叶片翠绿，花形奇特，花期长，是优良的观赏植物，可在花境边缘和岩石园中栽植，或作切花。凤梨百合非常适宜作盆栽观赏，尤其在阳台或露天平台上装饰应用时，最好在 1 个大容器内栽种 3 ～ 5 个球，而不要单球种植。

### （二）食用和药用价值

凤梨百合的鳞茎是有毒的。将鳞茎的汁液与牛奶或水混合，可以用来治疗下背部疼痛和骨折，甚至可以帮助病人从手术创伤中恢复过来。凤梨百合鳞茎含有的黄酮类化合物具有抗炎、抗痉挛的作用。

（张彦妮）

# *Freesia* 香雪兰

香雪兰是鸢尾科（Iridaceae）香雪兰属（*Freesia*）多年生球茎类球根花卉。其属名 *Freesia* 的命名是为纪念 19 世纪植物收藏家 C. F. Ecklon 的朋友，德国基尔的一名医生 F. H. T. Freese 博士。*Freesia* 是由德国植物学家 F. W. Klatt（1866）正式描述的，他应用本属的名字与 Ecklon 最初的意思有所不同，并改变了 Ecklon 的拼写。Klatt 对该属的重新解释源于 Ecklon 分发的标本并结合手稿中关于 *Freesia odorata*（现更名为 *F. corymbosa*）的描述，这个种是 Klatt 纳入该属的三个种之一。

香雪兰原种生长在南非开普省河流边缘的干燥沙质平原上。目前国内外广泛栽植应用的香雪兰主要是指现代园艺杂交品种，故其学名常用 *Freesia hybrida*；英文名就是 Freesia；中文别名有小苍兰、洋晚香玉等。

## 一、形态特征

多年生草本。球茎卵圆形，外有薄膜质的包被。叶基生，2 列，嵌迭状排列，叶剑形或条形，中脉明显。花茎细弱，上部分枝；穗状花序，顶生，排列疏松；花直立，排列于花序的一侧；花下的苞片膜质；花被管喇叭形，花被裂片 6，2 轮排列，内、外轮花被裂片近于同形、等大；雄蕊 3，与花被管等长，花丝着生在花被管的基部；子房下位，3 室，中轴胎座，花柱细长，顶端有 3 个分枝，每分枝再 2 裂，柱头 6。蒴果近卵圆形，成熟时由绿变黄，自然背裂而散出种子，种子似芝麻大小，近圆形，红褐色至黑褐色。花期 1 ～ 4 月，种子 5 月下旬至 6 月上旬成熟（图 1）。

## 二、生长发育与生态习性

### （一）生长发育规律

香雪兰（小苍兰）原产南非开普敦地区（好望角），属于秋季栽植、春季开花、夏季休眠的秋植球根花卉类型。其生长发育周期可分为萌芽期、营养生长期、花芽分化和开花期、球茎形成和完熟期、球茎休眠期 5 个时期。

**1. 萌芽期**

球茎贮藏后期，一般 9 月初球茎顶部开始出现幼芽，根盘处出现少量根系，意味着休眠完全解除，此时气温如果合适，25℃左右时即可以定植。气温高则继续于室温贮藏，注意通风。长三角地区，种球定植时间一般至 10 月中旬，定植后 7 ～ 10 天幼苗即出土，为萌芽期，可用遮阳网适度遮阴以免温度过高，后续出现幼苗徒长、植株瘦弱现象。

**2. 营养生长期**

从第 1 枚叶长出至花枝抽出为营养生长期，平均约需 100 天。这一时期以叶片和根系生长为主，栽培上若前期气温过高要适度遮阴，温度降下来后则保证全光照，控制地温与空气湿度，促进植株快速生长和根系发育。

**3. 花芽分化和开花期**

香雪兰花芽分化通常在定植后 4 ～ 8 周完

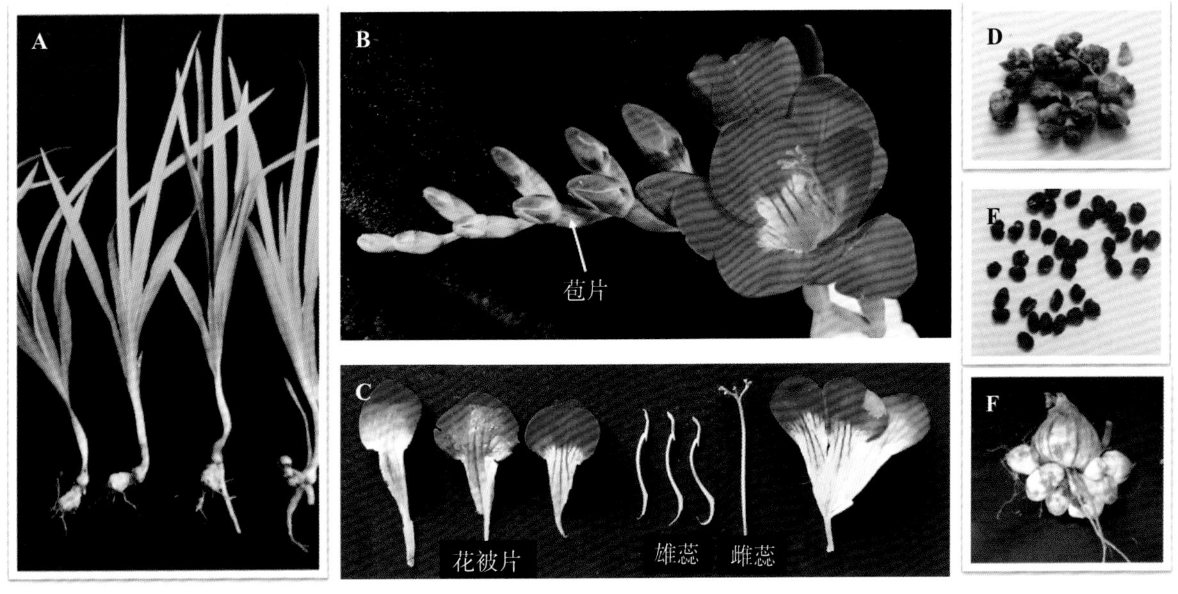


图 1　香雪兰各部分形态特征

A. 植株；B. 花序；C. 花器官分解图；D. 蒴果；E. 种子；F. 球茎

成，这个时期与温度有密切关系。以上海地区为例，香雪兰花芽分化进程大致需要 50 天（约 7 周）完成。经观测，种球定植后 40 天花芽进入分化初期，50 天后进入花原基分化期，60 天后进入花萼原基分化期，70 天后进入内外花被分化期，80 天后进入雄雌蕊分化期，90 天后进入花序伸长期，完成所有花芽分化过程进入现蕾期。从现蕾到开花期大致需要经历 1 个月时间。大多数品种在长三角地区的开花时间为 2 月下旬至 3 月中下旬，早花品种 2 月中上旬开花，部分晚花品种可持续开花至 4 月上旬。各品种从初花期到盛花期持续约 3 ～ 5 周。

#### 4. 球茎形成与成熟期

球茎发育主要经历 3 个阶段，第一阶段为新球形成期，为定植后 50 ～ 90 天，地上植株表现为 5 叶期到 8 叶期，从母球的顶部开始萌发新球并逐渐增大。第二阶段为球茎膨大期，为定植后 90 ～ 140 天，地上植株为现蕾期到开花期，此时期母球逐渐萎缩，新球快速膨大。定植后 140 天后进入第三阶段，即球茎成熟期，地上植株表现为开花末期至枯萎期，新球小幅增大后则停止增长；同时，新球基部出现 2 ～ 5 个籽球，至此球茎完全成熟。

#### 5. 球茎休眠期

初夏待地上部分枯黄后收获球茎，球茎进入休眠，一般要经过 3 个月，这个时期历经（5）6 ～ 8 月。多数情况，在收获前的球茎成熟期（5 月），种球即已开始进入到休眠期，收获后进入深度休眠。至秋季种植前需打破种球的休眠状态才能正常出苗。

### （二）生态习性

#### 1. 温度

香雪兰喜凉爽的环境，不耐寒冷与炎热，生长适宜温度 15 ～ 20℃，越冬最低温度 4 ～ 5℃。在种植初期，过高的温度影响其生长，可适当遮阴、喷雾以降温，保证设施内良好通风。冬季温度低于 5℃时，夜间宜关闭设施门窗。0℃以下则温室、大棚等设施内再加一层薄膜覆盖保温。

#### 2. 光照

香雪兰为喜光性植物，生长期喜阳光充足的环境。但种球定植后至幼苗阶段，宜适当遮阴，以免因为光照过强导致土温过高，影响根系发育。随温度降低，苗长至 7 ～ 8cm 时，揭去遮阳网，改善光照条件，有助于侧枝生长。光周期对香雪兰的影响较小，总体来说，短日照条件有利于香雪兰的花芽分化，而花芽分化之后，长日照可以促进其开花。因此，在 12 月下旬以后可适当增加光照时间，促进其提早开花。

3. 土壤

香雪兰性喜肥沃、疏松而排水良好的土壤，以沙质壤土为佳。在黏土、盐碱土生长不良，尤其忌含盐量高的土壤，以中性、偏酸性的土壤为宜，pH 6.5 ～ 7.5。不宜连作，以免造成病毒积累、营养缺乏，影响其生长与商品品质。

4. 湿度

土壤湿度和空气湿度均会影响小苍兰的生长发育。香雪兰为肉质根球茎花卉，对水分要求较为严格，既怕湿，又不耐干旱。土壤含水量过高，其根系生长缓慢，影响营养吸收，叶片发黄，并易造成烂球、烂根；而缺水则生长受阻，叶色失去光泽。种球定植后立即浇一次透水，同时进行喷雾增湿降温，其后见干见湿，不可积水。空气湿度不宜过大，多湿是香雪兰灰霉病发生的主要原因，因此要注意设施内通风，尤其是浇水后。

## 三、种质资源与园艺品种

### （一）原种

根据 Manning & Goldblatt（2010）关于香雪兰属专著中的描述，本属含 16 个种（表 1），分属于 2 个组：*Freesia* 和 *Viridibractea*。本属植物染色体基数为 x = 11。

分组检索表

| | |
|---|---|
| 1a. 花托盘状或喇叭状，花冠筒细长或圆柱形，或从基部逐渐变宽，仅在上部 5mm 膨胀，口径 1 ～ 3mm；花被片近等长，平展或下弯；雄蕊着生在花冠筒上部 5mm 处；外轮花被片无广泛的黄色斑点，基部常有中量黄色斑点 | 小苍兰组 *Freesia* |
| 1b. 花漏斗形，花冠筒具狭管状下部，端部突然扩展到宽圆柱形，口径 5 ～ 15mm；雄蕊着生在花冠筒近中部或下半部，即下部和上部之间的连接处；外轮花被片常有广泛的黄色斑点 | 绿苞组 *Viridibractea* |

A. 小苍兰组 *Freesia*：包含 8 个种（表 1 第 1 ～ 8 号）。

植株小型到中型，茎圆形，光滑。叶直立到匍匐，披针形到长圆形。穗状花序近直立或倾斜。苞片质地柔软，整个或从先端呈干燥的草质、绿色，或完全膜质和半透明，顶端通常棕色。花或呈漏斗状带细长管，顶部突然加宽，花被不等长，上部最大且直立而下部展开；或呈盆形，整个直管狭长圆柱形；或从基部开始逐渐加宽，花被近相等，展开或下弯；蓝色或粉红色到红色，下部花被片上有红色斑纹，或白色或浅色到深粉色或黄色，下部花被片上有深黄色或橙色斑纹，无气味或有香味。雄蕊短到完全外露，或内藏。种子近球形或具膨大的中缝，平滑或具皱纹，红棕色，但新鲜时有时橙色到红色。部分种的特征见图 2。

B. 绿苞组 *Viridibractea*：包含 8 个种（表 1 第 9 ～ 16 号）。

植株小型到中型；茎在节中具翅和平滑，或在节中圆形且至少在下面被微柔毛。叶直立到匍匐，披针形到矩圆形，扁平或波状，锐尖或钝。穗状花序倾斜或水平。苞片质地坚硬，草质、绿色，具狭窄、半透明边缘。花漏斗状，花被片不等长，上部最大且直立，下部展开，花白色或浅黄至深黄色，下部花被片上有暗黄色或橙色斑点；有的花呈管状，管从基部逐渐加宽，上部急剧弯曲，花被片等长而下弯，黄绿色或带褐色，无味或有香味。雄蕊内藏或短、外露。种子近球形或具膨大的中缝，平滑或具皱纹，红棕色。部分种的特征见图 2。

### （二）园艺品种

香雪兰的育种可以追溯到 18 世纪中期，最早引入香雪兰原种开展杂交育种工作的是英国、荷兰等少数欧洲国家。香雪兰杂交育种工作的进一步开展是在 19 世纪末，引进淡红、紫色香雪兰后育成了颜色更加鲜艳的品种。现代香雪兰可能起源于几个种，但具体是哪些种是颇

表 1　香雪兰属 16 个种

| 序号 | 中文名 | 种名 | 发现时间 | 文献（描述者） |
|---|---|---|---|---|
| 1 | 长筒小苍兰 | *F. laxa* | 1773 | Thunberg（1823） |
| 2 | 大花小苍兰 | *F. grandiflora* | 1858 | Baker（1876） |
| 3 | 安德森小苍兰 | *F. andersoniae* | 1889 | Bolus（1927） |
| 4 | 美丽小苍兰 | *F. speciosa* | 1918 | Phillips & Brown（1921） |
| 5 | 多疣小苍兰 | *F. verrucosa* | < 1769（?1752） | Linnaeus f.（1782）〔as Gladiolus junceus〕 |
| 6 | 伞花香雪兰 | *F. corymbosa* | < 1768（?1752） | Burman f.（1768） |
| 7 | 香雪兰 | *F. refracta* | 1786—1795 | Jacquin（1795） |
| 8 | 西方小苍兰 | *F. occidentalis* | 1932 | Bolus（1933c） |
| 9 | 绿花小苍兰 | *F. viridis* | ?1774 | Aiton（1789） |
| 10 | 斯伯曼小花香雪兰（新拟） | *F. sparrmanii* | 1775 | Thunberg（1814） |
| 11 | 叉形小苍兰 | *F. fucata* | 1975 | Manning & Goldblatt（2001） |
| 12 | 边缘香雪兰（新拟） | *F. marginata* | 2000 | Manning & Goldblatt（2005） |
| 13 | 芳晖小苍兰 | *F. caryophyllacea* | < 1768 | Burman f.（1768） |
| 14 | 早花香雪兰（新拟） | *F. praecox* | 1931 | Manning & Goldblatt（2010） |
| 15 | 来希小苍兰 | *F. leichtlinii* | < 1872 | Klatt（1874） |
| 16 | 弗格森小苍兰 | *F. fergusoniae* | 1926 | Bolus（1927） |

* 注：中文名源自中国植物志（http://www.iplant.cn/info/Freesia?t=z）。

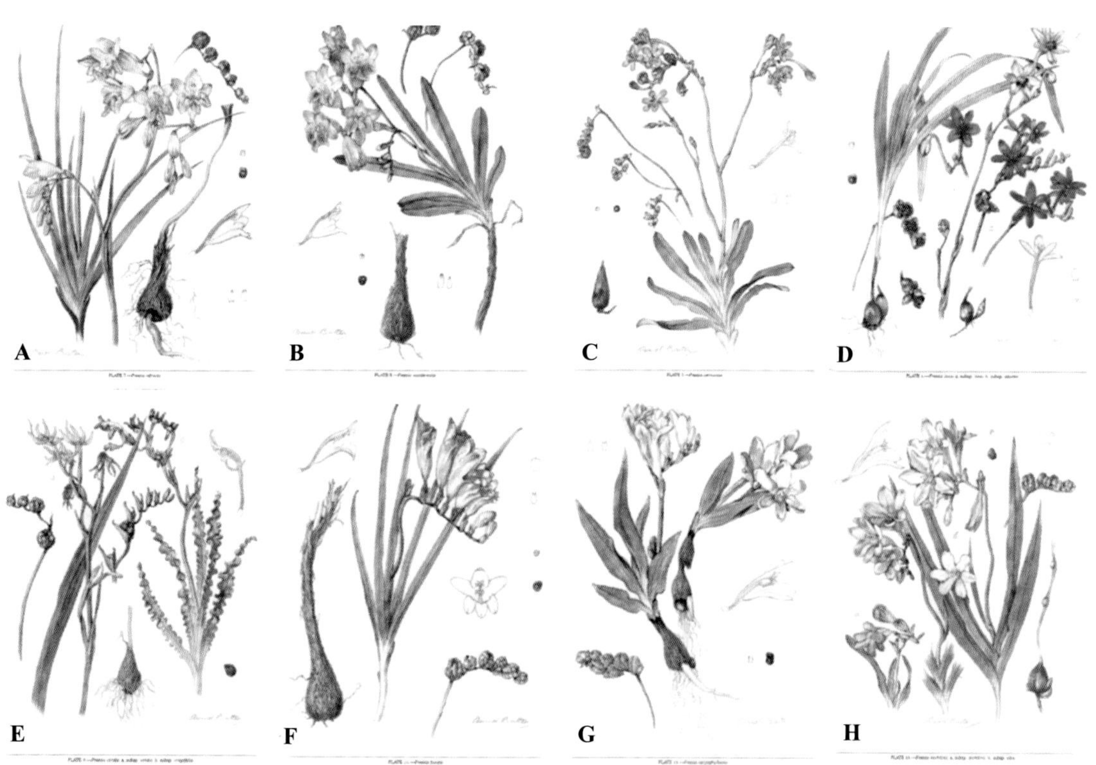

图 2　香雪兰属部分原种（引自 Manning & Goldblatt）

注：上排为小苍兰组（*Freesia*）4 个种。A. 香雪兰（*F. refracta*）；B. 西方小苍兰（*F. occidentalis*）；C. 多疣小苍兰（*F. verrucosa*）；D. 长筒小苍兰（*F. laxa*）。下排为绿苞组（*Viridibractea*）4 个种。E. 绿花小苍兰（*F. viridis*）；F. 叉形小苍兰（*F. fucata*）；G. 芳晖小苍兰（*F. caryophyllacea*）；H. 来希小苍兰（*F. leichtlinii*）

有争议的。早期用到的育种亲本有玫瑰粉色的 *F. armstrongii* 和 *F. aurea*（后均归入伞花小苍兰）、白色的 *F. refracta* var. *alba*（后修订为 *F. leichtlinii* subsp. *alba*）以及淡黄色的来希小苍兰，但小苍兰的后续育种历史则基本不再涉及野生原种。进入 20 世纪后，育种学家依然不断致力于培育具有各种优良性状的品种，香雪兰园艺品种愈加丰富。我国香雪兰育种工作始于 20 世纪 80 年代，已培育出了一些优质品种。如上海交通大学培育的‘上农金皇后’‘上农红台阁’‘上农紫玫瑰’等系列品种；福建农业科学院培育的‘曙光’‘香玫’等品种。大多数园艺品种为多倍体，尤其以四倍体居多。

早在 1991 年就记载有超过 340 个香雪兰品种，然而，目前世界上流通的香雪兰商业品种不到 100 种，而国内市场上则更少，主推品种不足 10 个。在生产上和应用中，品种分类常根据花色来分，主要有红色系、黄色系、白色系、蓝色系等品系，还有复色品种。此外，按花瓣数量可分为单瓣和重瓣；按使用方式则可分切花和盆栽品种，以切花品种居多。

据荷兰最大的香雪兰种球供应商 Van den bos 的最新目录（2022-2），销售有切花品种 50 多个和盆栽品种 20 多个。

1. 切花品种

红色：Bisou, Expression, Le Mans, Long Beach, Mandarine, Red Bell, Red Passion, Red River, Rubina River.

粉色：Blosson Beach, Cassis, Cherise, Costa, Intense, Monaco, Pink Passion, Toulouse, Velence.

橙色：Orangina.

黄色：Clarissa, Dukkat, Gold River, Grandeur, Le Chateau, Marseille, Serrdara, Soleil, Summer Beach, Sunny Beach, Sunshine.

紫色：Annecy, Avignon, Blue Moon, Blue Sensation, Bon Bini Beach, Carice, Delta River, Indigo Beach, Provence.

白色：Alba River, Albertville, Avalanche, Belleville, Diamond River, DrÔme, Essence, Excellent, Paloma Beach, Polar River, San Remo, Silver Beach, Ventura, Versailles, Vivre, White River, White Serenade.

2. 盆栽品种

Ancona Zapogrum, Bari Zaposnoo, Bologna Vaposelia, Florence Zapotoot, Fragrant Sunburst, Livorno, Lovely Blue, Lovely Cream, Lovely Lake, Lovely Romance, Lovely White, Lovely Yellow, Lucca, Milana, Ostuni, Palermo Vapogom, Parma, Rimini, Rome Vaposu, Torino, Verona, Vrareggio Zapotsee.

部分栽培品种见图 3。

## 四、繁殖技术

### （一）种子繁殖

香雪兰播种繁殖主要用于杂交育种。香雪兰成熟种子收获后经室温贮藏至秋天，条播在用营养土做成的畦面或苗床上，量少则可直接撒播在育苗盘中，然后覆以蛭石等轻质基质，厚度以盖没种子为宜。种子发芽期间，覆盖遮阳网，用喷雾法始终保持土壤潮湿状态，尽量不使播种床土壤温度超过 20℃。经 2 周后开始发芽，待其扎根、长叶后，揭去遮阳网，注意喷水与施肥，促使幼苗迅速生长。寒冷地区，冬季在温室或大棚内还需要加盖双层薄膜保温，保证幼苗地上部分不受冻，到翌年初夏，苗枯黄后，地下部能形成 3 ～ 4g 重的圆锥形小球。收获的种球经夏天高温打破休眠后，再精细栽培 1 年，即可形成开花种球。

### （二）分球繁殖

是生产上常用的繁殖方式。以健壮、无病斑、饱满的大、中型球茎，即成熟的球茎作种球，经夏季高温打破休眠后，入秋栽球，翌春开花，花后叶黄收球。老球茎每年分生出 1 个大的新球茎（更新种球），个别能分生 2 ～ 3 个；在

图 3 小苍兰部分栽培品种

A.‘Castor’；B.‘Grumpy’；C.‘Ancona’；D.‘Pink Passion’；E.‘上农紫玫瑰’；F.‘上农红台阁’；G.‘Red River’；H.‘Calvados’；I.‘Mandarine’；J.‘Red Passion’；K.‘Versailles’；L.‘White River’；M.‘Soleil’；N.‘Summer Beach’；O.‘Gold River’

新球茎基部又可长出 3 ～ 8 个中、小籽球，籽球数多少随品种不同而异。老球茎每年经自然更新后干枯。中籽球卵形，从秋季栽培至翌年春末，除生产出商品切花外，还能更新形成 1 个新的大球茎（一级种球），并在其基部长出若干个椭圆形的中、小规格籽球，这类种球一般栽后第二年春末形成 1 个新的中球茎（二级种球），并能生产 1 支等外商品切花。

### （三）组织培养

#### 1. 茎尖脱毒培养

香雪兰长期营养繁殖容易造成病毒积累，种性退化，采用茎尖组织培养是解决这一问题的有效途径。小心切取表面消毒好的香雪兰茎尖约 0.5mm 接种于培养基上。诱导培养基为 MS + 1 ～ 1.5mg/L BA + 0.2mg/L NAA，3 周后形成白色芽点；1 个月后转移至 MS + 2mg/L BA 的分化培养基上培养，经增殖形成丛生芽；半个月后展叶，即可转移至 1/2MS + 0.2mg/L NAA 的生根培养基上。蔗糖含量 3%，琼脂 6 ～ 7g/L，pH 5.8。温度为 23 ± 2℃，光强 1500 ～ 2000lx，光照时间 14 ～ 16 小时 / 天。移栽前炼苗 2 ～ 3 天，将根部培养基用清水清洗干净，转移至疏松、通气良好的培养土中栽培。幼嫩花托与花蕾等花器官可用同法进行离体培养，2 ～ 3 周即可形成愈伤组织，进而分成不定芽，形成不定根。

#### 2. 籽球离体再生系统

将经表面消毒好的籽球外植体切成厚 1 ～ 2mm 的小块接种到 MS 附加不同生长调节剂配成的培养基上，然后放入组培室中光培养，温度为 23 ± 2℃，光强 1000 ～ 1500lx，光照时间 12 ～ 14 小时 / 天。香雪兰球茎诱导愈伤组织的能力很强，生长素 NAA 与 2, 4-D 对愈伤组织及不定芽的诱导作用相近，以较低浓度与 BA 组合诱导效果均良好。最佳诱导培养基为 MS + 2mg/L BA + 0.2 ～ 0.5mg/L NAA；最佳生根培养基为 MS + 0.2mg/L NAA+0.25% 活性炭。蔗糖含量 3%，琼脂 6 ～ 7g/L，pH 5.8。

## 五、栽培技术

### （一）露地栽培

我国南方温暖地区宜地栽，而长三角地区

及以北区域则需采用温室及塑料大棚栽培。多采用高床（畦）、开横沟条播方式栽种，畦面宽1～1.2m，畦高20cm，走道宽约0.6m。

土壤以有机质丰富、保水力强而排水良好的中性或微酸性沙质壤土为佳，定植前宜对土壤进行消毒，选择健康的种球进行消毒并分级定植。定植时间一般在用花前3～4个月，如需提前开花，可通过低温冷藏（10℃）种球6～8周来调节花期。栽球时间以土温约20℃时为宜，长三角地区为10月上中旬。大球（8～12g）定植密度为株行距10cm×15cm，中小球密度适当增加。

### （二）切花栽培

#### 1. 种植与田间管理

长三角及以北地区设施栽培时，当最低气温降至10℃时还需要覆膜，白开夜盖；降至5℃以下时，棚内每畦需再设小拱棚并覆塑料薄膜，才能保证顺利开花。定植前施基肥（有机肥及少量缓释复合肥），定植后需马上浇一次透水，直至出芽前都必须保持土壤湿润，特别是已出芽和生根的种球。后续视土壤墒情进行浇水，一般每周1次，出苗后，在气温较高的情况下，要适当控制水分以防徒长。地上部分抽生3枚叶片后开始追肥（无机肥），采用施肥与浇水相结合的方法，薄肥勤施，一般每半个月追肥1次。营养生长期间以氮肥为主，进入花芽分化阶段，则应以磷肥为主。花前增施1次钾肥，花后追加1次复合肥并浇水2次。切花生产中，为保证花枝挺直，需要设立支撑网，先在苗床四角及两侧每隔1.5～2m插长约80cm的竹竿或铁管支杆，当植株长到20cm左右时沿畦面张第一层支撑网（网格约10cm×10cm），用粗铅丝或细竹竿串入网格两面的网格中，沿支杆张拉于距畦面20cm高处，长到40cm时张第二层网。切花采收的标准以花序上的第1朵小花显色和含苞欲放时为宜。5月中下旬，地上部枯死后约半个月收获种球，放置于室内阴干后进行分级，贮藏在干燥通风的室内，期间需30℃以上高温处理约1个月以打破种球休眠，也可以采用乙烯利处理提前打破休眠。

#### 2. 花期调控

香雪兰在我国的自然花期一般在2～3月，花期调控主要是提前到春节、元旦档以增加其经济价值，下面就促成栽培技术要点进行概述。

在香雪兰主产国荷兰，夏季温度比较低，可以实现小苍兰的周年供花。在进行适当的种植前处理后，一般在定植后110～120天开花，持续4～6周。但事实上，开花时间与品质往往取决于定植后夏季和初秋的温度。在中国、日本等国家，由于夏季温度过高，其生长周期局限于秋季到春季。日本曾报道了圣诞节开花的促成栽培做法：首要的是缩短球茎的休眠时间，其次是控制花芽分化与发育过程中的环境因子。要解除休眠，需要将种球放置于30℃以上的环境中10周以上，此时期温度低于13℃则不能正常发芽。缩短解除休眠的时间就可以明显提早开花。采用烟熏的方式或乙烯气体处理也可以促进球茎更快地解除休眠，如用1mg/L的乙烯处理6小时，放置在30℃环境下，解除休眠效果最好，可以缩短2～3周时间。还有报道变温处理促进开花的做法，在30℃贮藏4～8周催根以后，降低温度至20℃，当80%的球茎生根后即可种植，这种方法在荷兰也普遍使用。在花芽分化与花序形成阶段，花芽的萌动主要取决于土壤温度，土壤温度在13℃时，定植后5周花芽分化启动，对提早开花而言，13℃的土温至少持续7周。温度高则会相应推迟，如上海，10月中旬定植，则需40天左右开始分化花芽。因此，定植后降低土壤温度可促进花芽分化，从而提早花期。荷兰现已经发展了土壤冷却技术，保证香雪兰可周年生产高品质商品切花。

#### 3. 切花采收和采后处理

切花是香雪兰的主要应用形式，为保证均衡供花，做好切花采收、分级、贮藏、包装与运输等采后处理环节显得尤为重要。

**采收**：以花序上第一朵小花显色或含苞欲放为采收适期。采收时离地面约 10cm 处剪下花茎，带 2 ~ 3 枚叶片。花枝剪下后及时保湿，采收后进行分级并适当作保鲜处理。

**分级**：采收后应立即进行分级工作，小苍兰鲜切花的分级标准（NY/T 592—2002）如表 2 所示。

分品种按花枝质量分级捆扎，每 10 支或 20 支一扎，花朵部分用纸包裹，花茎基部用橡皮筋捆扎，剪齐，放入保鲜液或清水中。

**贮藏**：一般采用低温贮藏法，室内温度 2 ~ 4℃，空气相对湿度 85% ~ 90%，可贮放 7 ~ 10 天。

**包装运输**：将分级好或贮藏的鲜切花，用湿药棉将花茎基部包住，成束放在瓦楞板箱中进行低温运输，3 ~ 5 天内送达用花市场。外运用纸箱包装。每箱 300 ~ 500 支。

## （三）盆花栽培

### 1. 栽植

香雪兰盆花生产中容器可选用泥瓦盆、釉盆、塑料盆、陶盆等，泥瓦盆透气排水性好，推荐使用，塑料盆因为轻且便宜也常使用。基质以轻质、营养均衡的复合基质为宜，如 50% 泥炭 +30% 椰糠 +20% 河沙或蛭石，并加入适当的有机肥作底肥。每盆种植的种球数量根据盆的大小而定，一般选中等大小的球，上口径 15cm 的盆可植 5 ~ 6 个，20cm 的盆植 8 ~ 10 个。种植时先在容器底部垫 2 片碎盆片，然后加基质至盆的 1/2 ~ 2/3，将事先表面消毒过的种球平放在上面，然后再覆土盖过种球即可，待幼苗长出后可分次覆土至盆口下方 3 ~ 4cm，这样可以避免香雪兰植株的倒伏。

**表 2　香雪兰鲜切花的分级标准**

| 评价项目 | | 等级 | | |
|---|---|---|---|---|
| | | 一级 | 二级 | 三级 |
| 1 | 整体感 | 好，符合品种特性 | 较好，符合品种特性 | 一般，基本符合品种特性 |
| 2 | 小花数 | ≥ 10 朵 | ≥ 8 朵 | ≥ 6 朵 |
| 3 | 花形 | ①小花排列均匀紧凑<br>②花苞饱满，花瓣均匀对称 | ①小花排列均匀<br>②花苞饱满，花瓣均匀对称 | ①小花排列基本均匀<br>②花苞饱满，花瓣均匀对称 |
| 4 | 花色 | 纯正 | 纯正 | 纯正 |
| 5 | 花枝 | ①坚韧，挺直<br>②长度≥ 55cm | ①坚韧，基本挺直<br>②长度≥ 45cm | ①坚韧，有轻微弯曲<br>②长度≥ 35cm |
| 6 | 机械损伤 | ≤ 3% | ≤ 5% | ≤ 7% |
| 7 | 采切期 | 花序基部第一朵小花充分显色到初开 | 花序基部第一朵小花充分显色到初开 | 花序基部第一朵小花充分显色到初开 |
| 8 | 病虫害 | 无 | 无 | 无 |
| 9 | 药害 | 无 | 无 | 无 |
| 10 | 冷害 | 无 | 无 | 无 |
| 11 | 整齐度 | ①同一长度级别中 96% 以上的花枝长度在 ±5% 范围内<br>② 90% 以上的切花处于同一采切期 | ①同一长度级别中 96% 以上的花枝长度在 ±5% 范围内<br>② 90% 以上的切花处于同一采切期 | ①同一长度级别中 96% 以上的花枝长度在 ±5% 范围内<br>② 90% 以上的切花处于同一采切期 |

2. 生长调节剂处理

香雪兰多数品种茎叶较软，且植株及花梗都比较高，在盆栽时经常会出现植株披散和倒伏现象，从而影响观赏效果。因此，香雪兰盆花栽培时应尽量选择植株较矮、紧凑的品种，当品种满足不了这个要求时，在生产中则需要对香雪兰进行适当的矮化处理，以改善生长状态、增加观赏价值和商品性。用多效唑、矮壮素、嘧啶醇等生长延缓剂浸泡种球可以实现盆栽香雪兰的矮化。要提前开花，可以通过低温处理种球方式实现。

近年来，关于生长调节物质调控盆栽香雪兰生长发育的研究结果对指导盆栽小苍兰生产有很好的借鉴作用。茉莉酸甲酯（MeJA）可以调控盆栽香雪兰的生长发育，低浓度喷施有利于控制株高，减少倒伏现象从而提高观赏性，以 10 ～ 100mg/L 浓度效果最佳。MeJA 浸球和喷施处理都可以提前香雪兰开花期，适度增加小花数量，从而提高观赏价值，以 10 ～ 200mg/L 浓度浸球、10 ～ 100mg/L 浓度喷施效果较好（图 4A）。综合来看，喷施 10mg/L MeJA（图 4 中 M7）对盆栽香雪兰的生长调控效果最佳。此外，还可以通过肥料管理来实现香雪兰盆花生长调控。如利用缓释肥调控香雪兰生长发育的效果明显，为香雪兰盆花栽培提供了良好技术支撑。以 2L 的塑料花盆为例，推荐使用 5g/L 奥绿标准肥（氮：磷：钾 =14 ： 14 ： 14）和 5 ～ 7g/L 高钾肥（氮：磷：钾：镁：铁 =9 ： 14 ： 19 ： 3 ： 1），在种球定植之前均匀拌入基质中，如果考虑提前花期，则尤以高钾肥 5 ～ 7g/L 最佳（图 4B）。

图 4　茉莉酸甲酯（A）和缓释肥（B）对盆栽香雪兰的生长影响（晏姿 摄）

## 六、病虫害防治

生产中香雪兰的产量和商品质量容易受病毒病和少数虫害的影响，应采用“预防为主，综合防治”的策略加以防治。

### （一）主要病害及其防治

主要病害有球根腐败病（由镰孢霉菌引起）、菌核病（由 *Sclerotinia* 菌引起）、软腐病（由细菌引起）。

发病症状：球根腐败病会导致香雪兰营养生长期间，叶片先端变紫色，逐渐由外向内变枯，严重时死亡。贮藏期间受此病毒感染则表现为球茎腐败发干变硬。菌核病从球茎和植株的地际部位发生病变，使新芽变黄而枯死。受软腐病侵染的部位初呈水渍状，后成褐色软腐状。

防治方法：为避免病毒病的影响，避免连作，种球贮藏期间保持通风良好且避免堆积，定植前宜对土壤和种球进行消毒。球茎定植前用农用链霉素 350 ～ 700U/mL 浸泡 30 ～ 60 分钟；幼苗发病期，用 50% 代森铵 300 ～ 500 倍液浇灌。同时，发病植株和发病叶要及时剪除，单独处理和销毁。

### （二）主要虫害及其防治

主要害虫有蚜虫、蛴螬、蝼蛄、土蚕和蚱蜢，其中蚜虫还是病毒病的传播者，尤其要重视其防治。可采用人工捕杀、生物防治和化学防治等方式。

## 七、价值与应用

香雪兰具有花色素雅、玲珑清秀、花香馥郁、花序柔美、瓶插期长等优点，寓意着幸福美满、生活惬意，是世界著名香花型切花和重要的盆栽花卉，同时还可用于提取精油，在国内外花卉市场上深受人们的喜爱。近年来其产量和销量迅速增长，仅在荷兰，每年的切花产量都超过5亿支，在国际花卉市场上的地位也越来越重要。我国自20世纪80年代引入栽培后，逐渐为越来越多的消费者所青睐，目前主要应用形式为切花，供应期主要为春季（含春节）。同时，小苍兰也是良好的盆栽花卉，通过早花品种的配置和花期调节，可以实现春节供花，满足年宵花的需求。在温暖地区，小苍兰可行地栽，作为花境、花坛材料，在1～4月自然花期赏花（图5）。

图5 小苍兰的应用形式（唐东芹、张丽莉 摄）
A-C. 切花；D-E. 盆栽；G-H. 地栽

（唐东芹）

# *Fritillaria* 贝母

贝母为百合科（Liliaceae）贝母属（*Fritillaria*）多年生鳞茎类球根花卉。其属名来源于拉丁语 *fritillus*（“dice box”小方格），意指本属中许多种镶嵌在花坛上的方格图案。此属约有 80 种，广泛分布于北半球的欧洲、亚洲及北美洲的温带地区，尤以地中海北岸、伊朗、土耳其等地区分布的种类最为丰富（John E，2002）。贝母属是狭义百合科（Liliaceae）中最大的 1 个属，与百合属（*Lilium*）最为近缘，很可能是从洼瓣花属 *Lloydia* 发展而来。其属的建立可追溯至 16 世纪 50 年代，由林奈以“*Fritillaria* L.”命名于《植物种志》与《植物属志》中。

贝母属植物有观赏与药用的双重价值，全球各地广泛栽培。在我国贝母是常用中药之一，有清热润肺、止咳化痰的功效，早在我国清代《本草纲目拾遗》中就有记载。另外，国产贝母具有花期早，花朵钟形下垂，花被片颜色多样，茎绿色或紫红色，叶宽绿如带或细柔如丝，叶先端弧形或卷曲等观赏特征，有些种花香幽雅馥郁，沁人心脾，是适合早春观赏的特色花卉，适宜于庭园、路旁栽种，近年也在逐渐作为观赏植物开发应用。

我国贝母作为观赏应用，主要从 21 世纪初皇冠贝母（*F. imperialis*）的引种和试栽开始。由于贝母独特的花形和色彩，在花展上一枝独秀，吸引了部分高校和科研院所对观赏贝母的引种、繁殖和亲缘关系研究，并在观赏贝母的应用研究方面取得了可喜的进步。我国贝母属种质资源丰富，很多资源还处在野生状态，对贝母的观赏性研究的广度和深度远远不够，如能结合本土资源，进行资源引种驯化、评价以及新品种培育，贝母的园林应用潜力很大。

在荷兰、英国、法国等欧美国家，贝母栽培也较多，且多以观赏为目的。主栽种类为花贝母，又称皇冠贝母。具有独特的花形、斑斓的花色等特点，观赏价值及经济价值较高。高生品种适用于切花栽培、庭院种植、布置花境；矮生品种则适合盆栽、地被、岩石园等，观赏性极强（娄晓鸣 等，2007；汤甜，2008）。近年来在欧美国家得到广泛的开发和利用。

## 一、形态特征

贝母属植物均为鳞茎，鳞茎深埋土中，鳞片 2 至数枚，鳞茎近卵形、球形或莲座状。茎直立，不分枝，一部分位于地下；叶线形至卵形，对生、轮生或散生，先端卷曲或不卷曲，基部半抱茎。花钟形或漏斗形，俯垂，辐射对称，偶有两侧对称；单朵顶生或多朵排成总状花序或伞形花序，具叶状苞片；花被片 6，分离，呈矩圆形、近匙形至近狭卵形，常靠合，内面近基部有一凹陷的蜜腺窝；花色为褐、褐红、橙红、紫、黄等色，并多具斑点。雄蕊 6 枚，花药近基着或背着；花柱 3 裂或不裂，柱头常伸出雄蕊之外；子房 3 室；蒴果具 6 棱，棱上常有翅，室背开裂，种子多数扁平，边缘有狭翅。染色体数 2n = 12（图 1）。

图 1　贝母植株、鳞茎和果实
A. 植株；B. 鳞茎；C. 蒴果

## 二、生长发育与生态习性

### （一）生长发育规律

贝母生长周期短，7～12 月播种，翌年 5～8 月即可收获。春季要求温暖、阳光充足，夏季要求凉爽、稍遮阴。生长期短，地上部分生长只有 80～120 天。在长江中下游贝母秋季种植，到 5 月中下旬枝叶开始枯萎，地下鳞茎转入休眠。其生长发育周期大致经历 4 个阶段。

1. 根系的发生

秋季种球种植后在土中越冬。一般种后 15 天左右在种球基部发生根系，主要为细长须根构成的须根系，须根不分枝，其主要功能为吸收，称之为吸收根。此外，还有少数比较短粗的须很，其主要功能是通过收缩将鳞茎拉向较深层土壤，称收缩根。所有须根，在第 2 年母鳞片空瘪时全部萎缩脱落。

2. 萌发和新鳞茎形成初期

因种而异。一般早春当地温上升到 5℃以上时，鳞芽萌发出土（图 2A、图 2B），随着顶芽的生长，叶片逐渐展开。在鳞芽萌发的同时新鳞茎开始形成，此时整个母鳞茎开始膨大，重量也有所增加。当鳞芽全部出土，新鳞茎进入快速生长期，母鳞茎开始萎缩（图 2C）。

3. 开花和新鳞茎成熟

当贝母植株高度趋于停长时，贝母进入开花期，单株花期持续 7～25 天。花序凋谢后的结果状况因种而异，有的能自然结果，有的不能结果。在开花的同时，地下部新鳞茎继续生长，母鳞茎继续萎缩，最后母鳞茎鳞片的营养物质被完全吸收，仅剩表皮，母鳞茎几乎全部消失（图 2D）。有的植株当母鳞茎腐烂或破坏严重的时候，还会产生很多籽鳞茎。

4. 鳞茎休眠和花芽分化

花后 1～2 个月，地上部茎叶逐渐枯黄，地

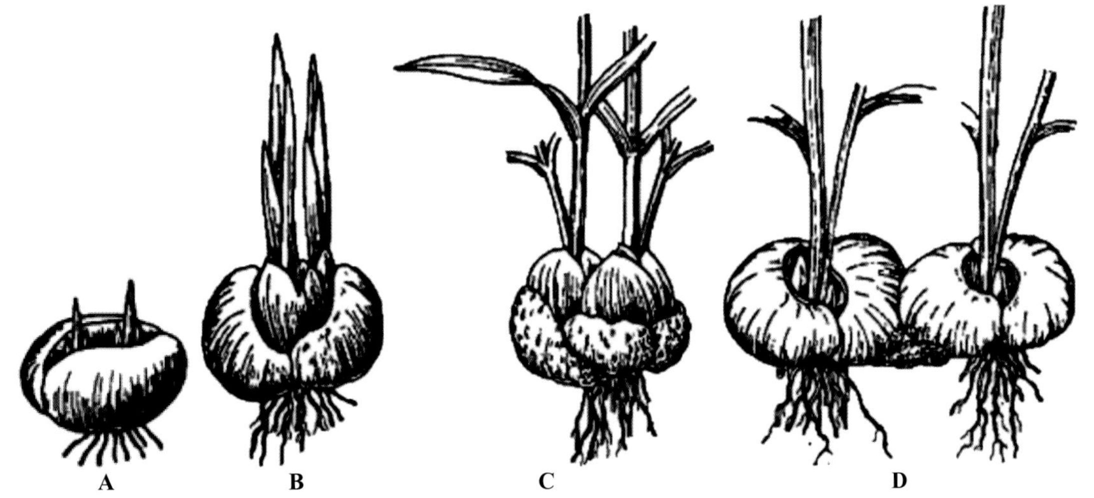


图 2　浙贝母的母鳞茎萌发及新鳞茎的形成过程示意图（冯成汉 等，1966）
A. 鳞芽开始萌发；B. 萌发初期；C. 新鳞茎形成初期（母鳞茎开始萎缩）；D. 新鳞茎成熟期

下鳞茎进入休眠期，此时常将贝母收获贮藏。贝母在贮藏期间完成花芽分化，此期温度不能过低，一般保持22℃以上，否则会抑制花芽分化，导致翌年不能开花。

### （二）生态习性

贝母属植物种类繁多，属内生态幅宽，生活型多样，有些种类分布范围广泛，适应性强，而有些种类有其特定的分布区域，生长环境较为特殊。温度、光照、水分、土壤等是影响贝母生长发育的主要因素。

#### 1. 温度

适宜生长温度一般在10～25℃，有些种类比较耐低温，但多数种类不耐高温。

#### 2. 光照

总体上该属植物比较喜欢光照充足或稍遮阴的环境，光照不足会影响开花质量或导致新鳞茎重量的下降。

#### 3. 水分

贝母所需土壤最佳含水量在20%～30%之间，在栽种时需水量相对较小，出苗至枯萎前需水量大。

#### 4. 土壤

宜生长在透水性好、富含腐殖质、疏松肥沃的沙质壤土中，pH 5～7较为适宜。

## 三、种质资源

贝母属种质资源十分丰富，Turrill等（1980）认为全属有130多种，分为5组：贝母组Sect. *Fritillaria*、多花组Sect. *Rhinopetalum*、聚花组Sect. *Petillium*、单鳞组Sect. *Theresia*、多鳞组Sect. *Liliorhiza*。目前较为公认的分类是Rix（2001）对贝母属的划分，他将该属分为了8个亚属（Subgenus *Frtillaria*，*Rhinopetalum*，*Petillium*，*Theresia*，*Liliorhiza*，*Korolkowia*，*Japoniaca*，*Davidii*），并且认为该属植物有165个分类群（包括139个种，17个亚种和9个变种）。目前贝母属主要观赏植物种质资源有近50个种，其中原产或分布在我国的种约占50%，新疆是我国贝母属观赏植物种质资源的主要分布区域，具体种类及其分布见表1。部分最具观赏价值、已商用的贝母种和品种见图3。

表1　贝母属主要观赏植物种质资源及其分布（改编自袁燕波，2013）

| 中文名 | 学名 | 分布 | 叶部主要特征 | 花部主要特征 |
| --- | --- | --- | --- | --- |
| 弯尖贝母 | **F. acmopetala* | 黎凡特 | 狭披针形；绿色 | 阔钟形；绿色具棕色斑点；花期4月 |
| 安徽贝母 | *F. anhuiensis* | 安徽，河南 | 宽阔形；绿色 | 钟状；暗紫色具白斑或白色具紫斑 |
| 黑贝母 | *F. camschatcensis* | 中国北部、日本、美国西北部 | 披针形；绿色 | 钟形；紫色；花期6月 |
| 高加索贝母（新拟） | *F. caucasica* | 高加索 | 披针形；灰绿色 | 钟形；褐紫红色；花期3～4月 |
| 川贝母 | **F. cirrhosa* | 西藏、云南、四川 | 线状披针形；绿色 | 钟状倒垂；深紫具绿斑；花期5～7月 |
| 米贝母 | *F. davidii* | 四川 | 椭圆形或卵形；绿色 | 钟形；黄色，具紫色小方格；花期4月 |
| 变色贝母（新拟） | *F. discolor* | 土耳其、保加利亚 | 披针形；绿色 | 钟形；顶端呈金黄色 |

续表

| 中文名 | 学名 | 分布 | 叶部主要特征 | 花部主要特征 |
| --- | --- | --- | --- | --- |
| 乌恰贝母 | **F. ferganensis* | 新疆 | 披针形；绿色 | 大花，钟形；顶端淡绿黄色，边缘蓝紫色；淡香，花期 5～6 月 |
| 细叶巴尔干贝母（新拟） | *F. gracilis* | 亚得里亚海东部海滨 | 长披针形；绿色 | 钟形；青黄色；花期 5 月 |
| 希腊贝母（新拟） | *F. gracea* | 希腊、小亚细亚 | 披针形；灰绿色 | 钟状下垂；橄榄绿具紫褐斑；花期 4 月 |
| 皇冠贝母 | **F. imperialis* | 土耳其、波斯 | 披针形；亮绿色 | 钟状倒垂；黄色或橙色，花期 3～4 月 |
|  | ‘Maxima Lutea’ | 土耳其、波斯 | 披针形；亮绿色 | 钟状倒垂；明黄色；花期 4 月 |
|  | ‘Rubra Maxima’ | 土耳其、波斯 | 披针形；亮绿色 | 钟状倒垂；橘黄色；花期 4 月 |
|  | ‘Aurora Marginalia’ | 土耳其、波斯 | 披针形；带黄色镶边 | 钟状倒垂；橘红色；花期 3～4 月 |
| 钟花贝母（新拟） | *F. involucrata* | 阿尔卑斯山 | 窄披针形；绿色 | 钟形；酒红色具绿斑；花期 5 月 |
| 砂贝母 | *F. karelinii* | 新疆 | 条状披针形；灰绿色 | 小花，辐射状；红色；花期 4 月 |
| 香贝母（新拟） | *F. liliacea* | 加利福尼亚北部 | 披针形；绿色 | 钟形；奶油绿色；花期 5 月 |
| 阿尔泰贝母 | *F. meleagris* | 不列颠群岛、欧洲西部 | 披针形；草绿色 | 钟状下垂；浅豆沙色具紫斑；花期 4～5 月 |
|  | ‘Alba’ | 不列颠群岛、欧洲西部 | 披针形；草绿色 | 钟状下垂；白色；花期 4 月 |
|  | ‘Charon’ | 不列颠群岛、欧洲西部 | 披针形；草绿色 | 钟状下垂；深红色；花期 4 月 |
|  | ‘Saturnus’ | 不列颠群岛、欧洲西部 | 披针形；草绿色 | 钟状下垂；红紫色；花期 4 月 |
| 额敏贝母 | *F. meleagroides* | 新疆 | 条形；海绿色 | 小花，阔钟形；黑紫色；花期 5 月 |
|  | var. *plena* | 新疆 | 条形；海绿色 | 小花，阔钟形；黑紫色；花期 5 月 |
|  | var. *flavoverens* | 新疆 | 条形；海绿色 | 小花，阔钟形；黄绿色；花期 5 月 |
| 天目贝母 | *F. monantha* | 浙江、河南、安徽 | 披针形；绿色 | 钟形；淡紫色具黄色小方格；花期 5～6 月 |
| 奥利维尔贝母（新拟） | *F. olivieri* | 波斯高海拔山区 | 披针形；绿色 | 钟状倒垂；亮绿色；花期 6 月 |
| 奥兰贝母（新拟） | *F. oranensis* | 非洲西北部 | 叶较宽；灰绿色 | 钟形；鲜亮紫具绿斑 |
| 伊贝母 | **F. pallidiflora* | 新疆、俄罗斯、西伯利亚 | 阔披针形或椭圆形；海绿色 | 大花，阔钟形；淡黄色，内有暗红色斑点；花期 5 月 |
|  | var. *floreplena* | 新疆 | 阔披针形或椭圆形，海绿色 | 大花，阔钟形；黄、红、蓝色；花期 5 月 |

续表

| 中文名 | 学名 | 分布 | 叶部主要特征 | 花部主要特征 |
|---|---|---|---|---|
| 波斯贝母 | **F. persica* | 叙利亚、波斯、伊拉克 | 宽披针形；灰绿色 | 小花钟状；紫色；花期3～4月 |
| | 'Ivory Bells' | 叙利亚、波斯、伊拉克 | 窄披针形；灰绿色 | 窄钟状；黄绿色、白色；花期3～4月 |
| | 'Adiyaman' | 叙利亚、波斯、伊拉克 | 披针形；蓝绿色 | 窄钟状；紫色；花期4月 |
| 皮纳贝母 | *F. pinardii* | 土耳其北部 | 披针形；深绿色 | 长管状；外深紫色；内橄榄绿色；花期5月 |
| 黑海贝母 | *F. pontica* | 巴尔干半岛、土耳其东部 | 披针形；灰绿色 | 钟状下垂；外青黄色、玫瑰紫色，内亮绿色；花期4月 |
| 甘肃贝母 | **F. przewalskii* | 甘肃南部、青海东部和南部、四川西部 | 线形 | 钟形；淡黄色，具深黑紫色斑点或紫色方格纹；花期6～7月 |
| 黄花贝母（新拟） | *F. pudica* | 落基山脉 | 披针形；灰绿色 | 钟状下垂；亮黄色；花期4月 |
| 展瓣贝母 | **F. raddeana* | 荷兰 | 宽披针形；灰绿色 | 阔圆锥形；淡黄绿色；花期3～4月 |
| 西布索普贝母（新拟） | *F. sibthorpiana* | 希腊、保加利亚 | 叶小而窄；绿色 | 钟状；亮黄色；花期3～4月 |
| 浙贝母 | **F. thunbergii* | 湖南、浙江、江苏、安徽，日本 | 长披针形；绿色 | 钟状下垂；紫色至黄绿色，有小方格；花期5～7月 |
| 拖星贝母 | *F. tortifolia* | 新疆 | 条状披针形；灰绿色 | 大花，阔钟形；白色具紫斑或黄色具褐斑；淡香，花期5～6月 |
| | var. *citrina* | 新疆 | 披针形；绿色 | 大花，阔钟形；黄色；浓香，花期5～6月 |
| | var. *floreplena* | 新疆 | 披针形；灰绿色 | 大花，阔钟形；白色具紫斑或黄色具褐斑；淡香，花期5～6月 |
| 暗紫贝母 | **F. unibracteata* | 四川西北部和青海东南部 | 线形或线状披针形 | 钟状下垂；外深紫内黄绿，无紫斑或有紫斑，或紫红色带，花期5～6月 |
| 平贝母 | **F. ussuriensis* | 辽宁、吉林、黑龙江 | 线状披针；绿色 | 阔钟状；棕紫色，花期5～7月 |
| 黄花贝母 | **F. verticillata* | 新疆 | 条状披针形；绿色 | 小花，钟形；淡黄色；淡香，花期5～6月 |
| | var. *jimunaica* | 新疆 | 条形；海绿色 | 小花，钟形；白色；淡香，花期5～6月 |
| 新疆贝母 | **F. walujewii* | 新疆 | 条状披针形；深海绿色 | 大花，阔钟形；外绿白色，内紫红色；花期5～6月 |
| 裕民贝母 | *F. yuminensis* | 新疆 | 条形；绿色 | 小花，辐射状；暗蓝色或粉红色；浓香，花期4～5月 |

*：贝母属中主要观赏应用的种、变种或品种。

## 四、繁殖技术

### （一）种子繁殖

贝母种子繁殖，虽然繁殖系数较高，但繁育周期长，通常需要 5 ～ 6 年的时间才能长成开花鳞茎，因此在大规模生产中很少使用，主要是进行常规的育种使用。贝母的种子有休眠现象，需要低温条件解除休眠，并且种子繁殖成苗率也相对低。需要掌握其种子萌发特性、休眠周期，选择合适的育苗方法，从而提高发芽率和育苗成活率。

### （二）营养繁殖

营养繁殖主要有分球、鳞片扦插、组织培养等方法。

#### 1. 分球法

选用个头适中、鳞片抱合紧密、芽头完整饱满的籽鳞茎，用 70% 甲基托布津可湿性粉剂 500 倍液浸球 0.5 小时，先晾干再种植。此法繁殖周期短，操作简单，但是繁殖系数比较低。

#### 2. 鳞片扦插（包埋）

现代人工栽培贝母主要采用鳞片扦插（包埋）繁殖。将贝母的鳞茎先切成块，加多菌灵消毒处理，处理完的切块埋于沙质壤土或基质中封存，常温催芽数日，待芽长至 1 ～ 2mm 时，即可种植。

#### 3. 组织培养

组织培养不仅具有繁殖系数大、繁殖速度快、繁殖后代能保持原有品种优良性状等优点，而且克服了贝母种子休眠的缺点，可以取得很高的生产效率。因此，现在以组织培养为主的营养繁殖应用广泛。

贝母组织培养（图 4）一般选用鳞茎作为外植体，也有用种胚、叶片作外植体。一般较大的鳞茎（皇冠贝母等）剥取鳞茎中内层（2 层以内）无病、无机械损伤的鳞片中下部；较小的鳞茎（浙贝母等），选择整个鳞茎作为外植体。培养基常选用 MS 培养基，也可用 White 和 Ls 培养基。外植体用洗涤剂洗净后置于流水下冲洗，冲洗完成后在无菌操作台用 75% 酒精浸泡 30 秒，再用次氯酸钠等消毒剂浸泡，浸泡完成后用无菌水冲洗 3 ～ 5 次，置于无菌滤纸上吸干多余水分接种于含有 BA、NAA 等细胞分裂素和生长素，pH 5.8 左右的培养基上。培养温度 24±1℃，每天光照 12 小时，光照强度 2500lx。当诱导芽长至 1 ～ 2cm 时转接入继代培养基培养，经 4 ～ 5 周培养，可增殖 3 ～ 5 倍。健壮的增殖苗转接入生根培养基，常先暗培养 2 周后转为光照培养，有利于生根。

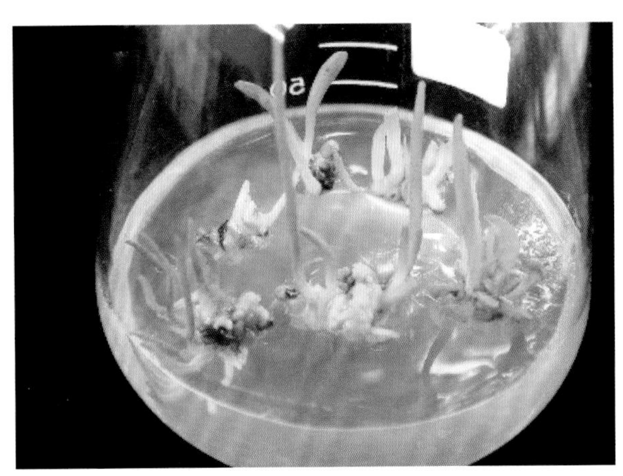

图 4　贝母组织培养

## 五、栽培技术

### （一）园林露地栽培

#### 1. 整地做畦

选择向阳、温暖、稍干燥，土层深厚疏松的沙质土壤，排水畅通的区域为宜。深翻土壤后敲碎土块，耙细耙平，做畦，畦宽 1.2 ～ 1.5m、高 0.3 ～ 0.4m。土壤贫瘠适当添加有机肥。

#### 2. 种球选择、消毒与定植

种球以选择健壮无病、色泽光亮为宜。种植前将种球用多菌灵 500 倍液浸泡 30 分钟晾干后定植。贝母一般 10 ～ 11 月定植，株行距 5 ～ 30cm×10 ～ 40cm，根据种球大小调整，覆土厚度为鳞茎高度的 3 ～ 4 倍。栽后将土压实，

图 3　部分最具观赏价值和已商用的贝母种及品种

A. 波斯贝母（*F. persica*）；B. 雷蒂宁（*F. raddeana*）；C. 弯尖贝母（*F. acmopetala*）；D. 皇冠贝母'淑女'（*F. imperialis* 'Maxima Lutea'）；E. 皇冠贝母'鲁布拉'（*F. imperialis* 'Rubra Maxima'）；F. 皇冠贝母'金色奥罗拉'（*F. imperialis* 'Aurora Marginalia'）

浇透水。

#### 3. 肥水管理

贝母是耐肥植物，且生长期短，除施足基肥，还须及时追肥，才能保证贝母在生长发育过程中所需要的养分。生长可追施三元复合肥（15-15-15），花后视贝母长势可叶面喷施 0.2% 的磷酸二氢钾。

水分管理，水分过多往往会使鳞茎腐烂、病害加重，尤其是南方雨水过多的区域。要不定期进行田间检查，结合施肥管理，及时清理沟渠，确保沟渠畅通，以防田间积水，避免造成鳞茎腐烂。

#### 4. 光照管理

视贝母不同种类确定，部分种类夏季需要遮阴。

### （二）切花栽培

#### 1. 品种选择和消毒

选择高秆、切花产量高的品种，如皇冠贝母（*F. imperialis*）及其品种（株高 80 ～ 130cm），选用健壮无病、色泽光亮的种球，经杀菌剂消毒处理后晾干。

#### 2. 种植时间

依种球规格、上市时间及气温来决定种植时间。开花种球的规格有周长 18/20cm、20/22cm、22/24cm、＞ 24cm 等不同级别。

#### 3. 种植要求

可采用基质槽或容器栽培，也可采用高畦栽植。种植前基质需经消毒处理。种植深度为鳞茎高度的 4 倍左右。

#### 4. 肥水管理

要求排水良好，浇水不宜太多，保持基质湿润为宜。定植时浇透水，生长初期需水量少，旺盛生长季需水量大。生长季节不同阶段要求不同的肥料组分，一般选用速溶性配方肥料浇灌。营养生长期可用氮、磷、钾比例为 2 ∶ 1 ∶ 2 的可溶性肥，到开花前期适当降低氮肥比例，增加磷、钾肥。待切花采收后再进行营养生长时，可恢复到前面的水肥管理方式。

### （三）盆花栽培

#### 1. 品种与容器选择

选择植株低矮的贝母种类，如阿尔泰（蛇头）贝母（*F. meleagris*），株高 15 ～ 25cm，种球规格周长＞ 6cm 即可，每球可开花 3 ～ 4 朵。选择高深的容器进行盆栽。

#### 2. 种植时间与要求

种植时间同切花栽培。盆栽一般用基质栽培，选择疏松、透气的基质，可用泥炭、珍珠岩和河沙混合种植，种植前种球和基质均须消毒处理。

#### 3. 肥水管理

同切花栽培。

## 六、病虫害防治

### （一）病害及其防治

#### 1. 灰霉病

又称“早枯”“青枯”。以危害茎叶为主，病株先在叶片上出现淡褐色的斑点，以后逐渐扩大成灰色大斑。严重时导致茎叶早枯，降低鳞茎产量。防治方法：前期多施有机肥和磷、钾肥，少施氮肥，以增强植株抗病力。发病前可用 1∶1∶100 波尔多液喷施预防；发病初期立即摘除病叶，用 50% 多菌灵可湿性粉剂 800 倍液喷施防治，间隔 7 天再喷 1 次，可控制灰霉病的发生和蔓延。灰霉病在春季多雨年份发病特别重，对贝母的产量和品质影响较大，一定要提前预防，一旦发病很难控制。

#### 2. 黑斑病

4 月上旬开始发病，尤以雨水多时严重，为害叶部。防治方法同上。

#### 3. 软腐病

鳞茎受害后开始呈褐色水浸状，蔓延很快，严重时鳞茎腐烂，具有酒酸味。防治方法：除选种、选地、注意排水外，可用甲基托布津 300 倍液浸种 10 ～ 15 分钟，配合应用各种杀菌剂和杀螨剂，并清除残枝枯叶及田间杂草，防止传播病菌，减轻危害。

### （二）虫害及其防治

#### 1. 蛴螬（金龟子幼虫）

多危害贝母鳞茎，4 月中旬开始，夏季危害最盛。防治方法：进行水旱轮作，冬季清除杂草，深翻土地；用灯光诱杀成虫。

#### 2. 豆芫菁

又称红豆娘。以成虫咬噬贝母叶片，严重时成片植株叶片被吃光。利用虫的群集性，及时用网捕捉，并可用 90% 晶体敌百虫 0.5kg，加水 750kg 喷雾，或用 40% 乐果乳剂 800 ～ 1500 倍液喷雾。

#### 3. 葱螨

危害贝母鳞茎，主要发生在越夏期间。防治方法：严格选种，把腐烂有螨的鳞茎挑出。鳞茎起球后在室内存放 7 ～ 10 天，使螨在干燥环境下死亡或离开鳞茎。播种前用杀螨杀虫剂与杀菌剂混合浸种。

## 七、价值与应用

### （一）观赏应用

贝母属植物的花婀娜多姿，果、叶形态奇特诱人，花色绚丽斑斓，而且有些种花香幽雅馥郁，沁人心脾，如新疆的裕民贝母。花期早（2 ～ 5 月），花朵钟形下垂，花被片颜色多样，茎绿色或紫红色，叶宽绿如带、细柔如丝或金边镶嵌等观赏特征，是适合早春观赏的特色花卉。其中的皇冠贝母、波斯贝母、弯尖贝母、浙贝母、安徽贝母等观赏价值较高，已商业销售和应用。近年来，欧美国家以观赏为目的，用于庭院种植或容器栽培，布置环境，使贝母属植物的观赏价值得到很好的开发利用。在国内，仅有少量的种类用作园林绿化美化。如伊贝母和平贝母，属于早春短命植物，是中国北方地区早春花卉及园林绿化美化的优良种质资源。而浙贝母耐阴性强，在林下栽培适合作阴生环境的绿化，其花形别致，观赏价值高，适宜布置花境主景、庭院种植，或片植于疏林下作地被（袁燕波，2013）（图5）。

## （二）药用和食用

贝母属植物在我国除观赏以外，主要为食用和药用。作为药用植物，《中国药典》2005年版收录的有川贝母、平贝母、伊贝母、浙贝母以及湖北贝母，而川贝母包括百合科贝母属植物川贝母、暗紫贝母、甘肃贝母、砂贝母等，伊贝母包括新疆贝母。清代《本草纲目拾遗》，书中按照功效明确地将贝母分为两大类：川贝母与浙贝母。临床用药也将贝母分为“浙贝”和“川贝”两大类群。“川贝”，以川贝母为主，包括西北和东北产的伊贝母和平贝母等，它们均含有1种生物碱——西贝素，具清热润肺止咳之功效。而“浙贝”，以浙贝母为主，包括长江流域产的天目贝母，东贝母（*F. thunbergii* var. *chekiangensis*）等，它们含有2种生物碱——浙贝甲素和浙贝乙素，具清热化痰、止咳、开郁散结之功效。

贝母可药食同用，常加工成川贝冰糖雪梨、秋梨膏等，主要功效为润肺化痰止咳，适用于久咳、燥咳的人群食用。

图5　贝母的园林片植和盆栽

（娄晓鸣）

# *Gagea* 顶冰花

顶冰花是百合科（Liliaceae）顶冰花属（*Gagea*）多年生鳞茎类球根花卉。原属洼瓣花属（*Lloydia*）是为了纪念爱德华·劳埃德（Edward Lloyd，1660—1709 年）而得名。爱德华·劳埃德是牛津阿什莫林博物馆（Ashmolean Museum）的馆长，他在威尔士北部的山坡上发现了洼瓣花。该属已并入同科顶冰花属（*Gagea*）。分布在北半球的高海拔和高纬度地区，与郁金香有密切的联系。

## 一、形态特征

鳞茎狭卵形，外被纤维状皮膜，上端延伸，上部开裂。株高 10 ～ 20cm。基生叶通常 2 枚，少见 1 枚，短于或有时高于花序，宽约 1mm；茎生叶狭披针形或近条形，长 1 ～ 3cm，宽 1 ～ 3mm。花 1 ～ 2 朵，花瓣在温暖的阳光下几乎全部张开，但经常呈半开和钟形。花被片白色带有紫条纹，长 1 ～ 1.5cm，宽 3.5 ～ 5mm，先端钝圆，基部常有一凹陷的腺体，较少例外。雄蕊长为花被片的 1/2 ～ 3/5，花丝无毛；子房近矩圆形或狭椭圆形，长 3 ～ 4mm，宽 1 ～ 1.5mm；花柱与子房近等长，柱头 3 裂不明显。蒴果近倒卵形，略有三钝棱，长宽各 6 ～ 7mm，顶端有宿存花柱。种子近三角形，扁平。花期 6 ～ 8 月，果期 8 ～ 10 月（图 1）。

图 1　顶冰花植株和花的形态

## 二、生态习性

原产在北半球的高海拔和高纬度地区，耐寒，耐旱，喜光。要求疏松、透气、含有腐殖质的土壤，在生长期间保持微湿，在冬季则要求干燥。冬季鳞茎需要在积雪覆盖下度过深休眠。

## 三、种质资源

**1. 精致蜡瓣花（新拟）*G. delicatula***

原产不丹。花直立，花被片狭窄，先端略尖，蜜腺明显，初夏至仲夏开花。

**2. 平滑洼瓣花 *G. flavonutans***

分布于尼泊尔和我国西藏的喜马拉雅山脉，生长在开阔的山坡上。株高 10 ～ 20cm。花亮黄色，带有绿色脉纹，基部红色，初夏至仲夏开花。

**3. 长茎洼瓣花（新拟）*G. longiscapa***

分布于喜马拉雅山脉和我国西部。与洼瓣花极其相似，但在花被片上有明显的紫色或橙红色的脉纹，初夏至仲夏开花。

**4. 洼瓣花 *G. serotina***

又称阿尔卑斯百合、雪顿百合。原产欧亚大

陆，加拿大和美国，生长在高海拔和高纬度地区，多岩石的高山草甸和泥泞的灌木丛中。株高10～25cm。花白色到乳白色，带有淡紫色的脉纹，初夏至仲夏开花。

5. 云南洼瓣花 *G. yunnanensis*

原产我国和不丹。与洼瓣花类似，但其花柱更长，花被片更窄，夏初至仲夏开花（图2）。

图2　顶冰花属植物部分种质资源

## 四、繁殖与栽培

### （一）繁殖

洼瓣花主要用种子繁殖，其种子一旦成熟即可播种。在寒冷地区将种子播入容器中越冬，翌年春天发芽。幼苗保持在凉爽、湿润的环境生长，在秋末鳞茎进入休眠时小心移出。

### （二）栽培

在低地花园中洼瓣花很难生长，可以将其种植在岩石园的石缝中，这样于夏季仍可保持凉爽的环境。洼瓣花在原生地于全光照下生长，但是在温带花园中需要部分遮阴。最好使用由沙砾、泥炭、沙子和腐殖质混合的基质栽培，在生长期间保持微湿，在冬季则要求干燥。冬季地上部枯死，地下鳞茎需要在积雪覆盖下度过深休眠。

## 五、价值与应用

洼瓣花植株低矮，花朵娇小，夏季开花，适应性强，适宜作岩石园装饰，也可作花境、路边和草丛点缀。

（义鸣放）

# *Galanthus* 雪滴花

雪滴花是石蒜科（Amaryllidaceae）雪滴花属（雪花莲属）（*Galanthus*）多年生鳞茎类球根花卉。其属名 *Galanthus* 由希腊语的 *gala*（“milk” 牛奶）和 *anthos*（“flower” 花）两个字组成，意指其乳白色的花朵。雪滴花属约有 19 个种，原产欧洲中南部至高加索一带。雪滴花株形矮小，在粉绿色的叶丛中，悬挂着铃铛似的、雪白的花朵，花瓣边缘还嵌着造型美丽的色斑，娇小玲珑，显得格外亲切可爱，花期极早，故英文有 Snow drop（雪滴花），February fair maid（二月美少女）之称；中文别名为雪花莲。目前雪滴花已成为欧美小庭园中或早春室内盆栽观赏的重要球根花卉之一。

## 一、形态特征

雪滴花（雪花莲）为多年生球根植物，地下鳞茎小，球形，具有深色膜状外皮。叶基生，2 ～ 3 枚，带状。花莛实心，高 15 ～ 25cm，单花顶生，钟状；花被片 6，白色，外轮 3 枚比内轮 3 枚长 1 倍，内轮花被片弯处带绿色（图 1）。花期早春。

## 二、生态习性

雪滴花属植物原产欧洲和亚洲西部，大多数自然生长于林缘坡地，但也有生于石块旁或岩石缝中。野生分布从欧洲的比利牛斯山至乌克兰，包括土耳其、黎巴嫩、保加利亚、希腊、原南斯拉夫、高加索和爱琴海群岛等地。喜凉爽、湿润和半阴环境。耐严寒，大多数种和栽培品种能耐 -15℃低温。忌强光暴晒和干旱。宜富含腐殖质、疏松和排水良好的沙质壤土。

## 三、种质资源

雪滴花属约有 19 种，常见栽培的种和品种：

图 1　雪滴花植株、花朵和鳞茎的形态

### 1. 大雪花莲 *G. elwesii*

又称尹威雪花莲。株高 12 ～ 30cm，冠幅 8cm。叶宽带形，灰绿色，有时稍扭曲，具白霜，长 10 ～ 15cm。花白色，有蜜香，花朵长 2 ～ 3cm，内轮花瓣顶端和基部具绿色斑，花期冬末和早春（图 2）。

图 2　大雪花莲 *G. elwesii*

其杂交品种：'艾氏'（'Atkinsii'），株高 20cm，株幅 8cm，叶狭带形，具白霜，长 10cm。花细长，约 3cm，白色，每个内轮花瓣顶端具心形绿斑。'戴维 · 贝克'（'David Baker'），除内轮花瓣顶端具心形绿斑之外，在外轮花瓣顶端稍下部位具黄绿色条状斑。'福克斯汤'（'Foxton'），花瓣细长，长约 3.5cm，白色带紫晕，内轮花瓣顶端具 "V" 形黄绿色宽斑。'小约翰'（'Little John'），花瓣宽，呈卵圆形，白色，略带紫晕，内轮花瓣具 "X" 形黄绿色宽斑，子房黄绿色。'芭蕾'（'Ballerina'），花重瓣，内外轮花瓣大小接近，展开似芭蕾舞裙，白色带淡紫色晕，内轮花瓣顶端具小 "V" 形褐色斑。'索斯 · 海斯'（'South Hays'），外轮花瓣呈分开翅状，白色，具不规则黄绿色纵条斑，内轮花瓣白色具大面积深绿色斑，顶端呈叉状，子房淡黄绿色。

### 2. 纤细雪花莲 *G. gracilis*

株高 10 ～ 15cm，株幅 5 ～ 8cm。叶线状，微扭曲，具白霜，长 5 ～ 15cm。花小，白色，有香味，长 1.5 ～ 2.5cm，每个内轮花瓣顶端和基部各有一个绿色斑，子房淡绿色。花期冬末和早春。

其栽培品种：'普赖德 · 米尔'（'Prideo't Mill'），外轮花瓣白色，略带紫色晕，内轮花瓣黄绿色，向顶端的颜色趋深，边缘白色，子房淡黄绿色。'达格林 · 沃思'（'Dagling Worth'），外轮花瓣白色，内轮花瓣基部黄绿色，上半部白色，顶端具 2 个黄绿色斑，子房黄绿色。

### 3. 雪花莲 *G. nivalis*

株高 10cm，株幅 10cm，叶狭带状，绿色，叶面具白霜，长 5 ～ 16cm。花小，长 1.2 ～ 2cm，在每个内轮花瓣的顶端具有一个倒 "V" 形绿斑，有蜜香。花期冬季（图 3）。

图 3　雪花莲 *G. Nivalis*

其栽培品种：'金色萨维尔'（'Savill Gold '），外轮花瓣白色，带淡紫色晕，内轮花瓣白色，顶端具 "U" 形金黄色斑，花梗和子房金黄色，花期冬末。'布朗德 · 英奇'（'Blonde Inge'），外轮花瓣白色，略带淡紫色晕，内轮花瓣带淡黄色晕，顶端具 "U" 形黄褐色斑，花期冬末。

'诺福克 · 布朗德'（'Norflok Blonde'），花瓣白色，内轮花瓣顶端具黄斑，内侧紫色，花梗和子房金黄色。'重瓣'（'Flore Pleno'），株高 10 ～ 15cm，株幅 5 ～ 8cm。花瓣多数，白色，内轮花瓣顶端具绿色斑。'绿瓣尖'（'Pusey Green Tip'），花瓣白色，花瓣多数，瓣尖绿色。花期冬末和早春。

## 四、繁殖和栽培管理

### （一）繁殖

#### 1. 分株繁殖

雪花莲属植物常以分株（分球）繁殖为主，植株地上部分枯萎后挖起鳞茎进行分球，开花种球分为周长 4 ～ 5cm、5 ～ 6cm 和 6cm 以上 3 种规格。一般每隔 4 ～ 5 年分株（分球）1 次。为了提高鳞茎繁殖数量，可在初夏将休眠鳞茎作切割处理促使多萌籽球。具体做法：用利刀自鳞基部向鳞茎顶交叉切 6 ～ 8 刀，再横切 2 刀，然后用多菌灵溶液消毒切口，再放入室温 20℃的繁殖床上培养。3 个月后在每个鳞茎碎片上均可形成 1 ～ 2 个小鳞茎，繁殖数量可达 20 个以上。

#### 2. 种子繁殖

待种子成熟后采下即播，发芽适温 13 ～ 18℃，出苗后正遇夏季，应遮阴保苗，但种子繁殖不适用于栽培品种。

### （二）栽培

#### 1. 露地栽培

雪花莲属植物常在露地花坛和庭园中栽培。栽植前施适量腐熟厩肥作基肥，种植时间 9 ～ 10 月，属秋植球根。栽植及养护简便。选择地势高燥处下种，鳞茎栽植深度 5cm，每平方米栽周长 4 ～ 5cm 的鳞茎 50 ～ 60 个。浇 1 次透水即可。开春发叶早，如遇寒流，稍加覆盖保护。

#### 2. 盆栽

盆栽深度 3 ～ 4cm，15cm 盆栽 3 ～ 5 个鳞茎。9 ～ 10 月栽植，翌年 2 ～ 3 月开花，一般不用追肥，盆栽观赏可在开花前施 1 次卉友 15-50-30（N-P-K）盆花专用肥。休眠鳞茎常作沙藏，贮藏温度 15 ～ 17℃，有利于鳞茎的花芽分化。促成栽培，可在 11 月盆栽打破休眠的鳞茎，栽好后暂放室外，待长根和开始萌芽后再搬进室内，置于阳光充足处培养，约 50 天可开花。

### （三）病虫害防治

雪花莲属植物主要发生由真菌引起的灰霉病，常危害花梗、花蕾，造成花梗枯萎，花蕾出现水渍状褐色斑并腐烂。防治方法：栽植前，要清除带有黑色小菌核的外层鳞片，叶片长出后，用 75% 多菌灵可湿性粉剂 1000 ～ 1500 倍液喷洒预防。

虫害常见水仙球蝇，其幼虫侵害雪花莲的鳞茎，使鳞茎的生长发育受阻，并影响正常开花。防治方法：对挖出的鳞茎先晒 3 ～ 5 周后，装进具网眼的麻袋中，放进循环热水（40 ～ 45℃）中处理 3 小时后，取出晾干备用。

## 五、价值与应用

雪花莲株丛低矮，花叶繁茂，色彩清丽，宜于半阴的林下布置自然式花境，尤其在落叶树林下或草坪中丛植，群体效果十分清新幽雅。在岩石园或多年生植物混植的花境中点缀，特别适合与欧洲著名的早春球根花卉配植，如雪光花属（*Chinodoxa*）、菟葵属（*Eranthis*）、番红花属（*Crocus*）和紫堇属（*Corydalis*）等植物组合在一起，景观更加诱人，使人鲜明地感受到季节的特征。白色闪烁、幽雅朴素的雪花莲属植物也是目前国际上十分流行的室内盆栽和切花材料。

（杨贞）

# *Galtonia* 夏风信子

夏风信子是天门冬科（Asparagaceae）夏风信子属（*Galtonia*）多年生鳞茎类球根花卉。其属名 *Galtonia* 是为了纪念英国科学家弗朗西斯·高尔顿（Francis Galton，1822—1911），他曾在夏风信子属植物的故乡南非广泛旅行并考察植物。该属有三四个种与风信子相关，然而它们看起来（或闻起来）完全不像真正的风信子。

## 一、形态特征

鳞茎球形，大，外被薄皮膜。株高 80 ～ 120cm，叶片稀少，基生，叶片的宽度和长度因种而异，植株开花后，叶片排列松散凌乱。总状花序，长超过 60cm，着花 20 ～ 30 朵。花白色，略带绿色条纹，花被片在基部合成管状，花头下垂，有的种呈窄钟状，有的种花被片开张呈喇叭形，花朵长 4 ～ 5cm，具香气。花期 7 月下旬至 8 月（原产地 11 月至翌年 5 月），大规格的鳞茎通常可在 9 月二次开花（一次花后的 6 周左右），（图 1）。

图 1　夏风信子植株和花的形态

## 二、生态习性

性喜温暖湿润，土壤要求排水良好，不耐寒。

## 三、种质资源

夏风信子属有 4 个种，均原产南非。

### 1. 夏风信子 *G. candicans*

原产南非（东开普省，夸祖鲁 – 纳塔尔省，自由邦）和莱索托，1860 年引种。株高达 120cm。叶淡绿色，宽约 5cm，长约 75cm，渐尖，有时直立，但通常弯曲。花微香，每花莛着花最多可达 40 朵，小花长约 5cm，下垂，白色（有时在瓣尖和基部带有绿色），着生在超过 5cm 长的花梗上（图 2A）。是极具观赏价值的园林植物，也是此属中唯一可以从供应商处买到种球的种。

### 2. 帝王夏风信子 *G. princeps*

原产南非（夸祖鲁 – 纳塔尔省）。株高 90cm，叶形类似于夏风信子。小花长约 2.5cm，白色至带淡绿的奶油色。一些专家认为此种是夏风信子较低矮的生长形式。这个种因不耐寒不适于花园应用。

### 3. 皇家海湾百合 *G. regalis*

原产莱索托和南非（夸祖鲁 – 纳塔尔省），生长于悬崖峭壁的裂缝中。株高 60cm，叶 6 ～ 9 枚，带状，长 45cm，深绿色。每花莛着花 8 ～ 30 朵，花筒管为带绿的奶油色，花被片白色至淡黄色。夏季开花（原产地 12 月至翌年 2 月）。

4. 绿花夏风信子 *G. viridiflora*

原产南非（东南自由邦，夸祖鲁－纳塔尔省）和莱索托东北部。株高 60 ～ 90cm。叶浅绿色，宽阔，叶尖端突然变窄，通常直立。总状花序着花 15 ～ 30 朵，花淡绿色带白边（图 2B）。

## 四、繁殖与栽培

### （一）繁殖

1. 分球繁殖

可用分球繁殖，但是母鳞茎只能产生少量的子鳞茎，而且移栽后生长不良。

2. 播种繁殖

播种是最佳的扩繁方法。夏末播种，要求排水良好、富含有机质、湿润的基质。播种后种子略覆盖一层土壤，置于强光、夜温保持 13℃左右的条件下发芽。保持幼苗继续生长直到它们开始枯萎，通常从发芽到成株进入休眠需要 12 ～ 14 个月。此时鳞茎已经生长得较大，应小心挖出。

### （二）栽培

由于夏风信子的生长发育是在夏季，因此即使在较寒冷的地区，若冬季有良好的覆盖，夏风信子可在室外种植。据报道，在冬季温度不低于 -9℃的地方，夏风信子和绿花夏风信子都表现良好。夏风信子需要良好的排水和充足的阳光。通常在冬末购买休眠的鳞茎。春季 4 ～ 5 月种植，深度为鳞茎顶部覆土 10cm，球间距 15cm。在春季和夏季提供充足的水分，夏末当枝叶枯死后保持干燥。尽管其花序很高，但不需要设立支撑。在春季当其萌芽生长后开始施少量液肥，一旦抽出花莛立即停止施肥。鳞茎最好不移栽。或深秋将鳞茎小心挖出，待鳞茎皮膜略晾干后，贮藏在不结冰处越冬。

## 五、价值与应用

植株秀丽，花色明亮，香气喜人，是夏季布置花境的极佳植物，通常以 5 个或更多为一组丛植。花期长，从 7 月中旬到 8 月下旬。夏风信子是唯一被人工栽培的种，在欧美栽培比较普遍，而绿花夏风信子是个绿花种，外形十分优雅，也开始受到青睐。除了园林应用外，也可用大容器栽培。

图 2　夏风信子属植物部分种质资源

A. 夏风信子（*G. candicans*）；B. 绿花夏风信子（*G. viridiflora*）

（义鸣放）

# *Gladiolus* 唐菖蒲

唐菖蒲是鸢尾科（Iridaceae）唐菖蒲属（*Gladiolus*）多年生球茎类球根花卉。其属名 *Gladiolus* 源自拉丁语，为“小型的剑”之意，寓指其叶形似剑，且与古罗马竞技场上角斗士（gladiator）手中的剑相似，故英文名为 Gladiolus 或 Sword lily。

唐菖蒲花形别致，花色极其丰富，在我国被称为“十样锦”；其植株高大，可达 1.5 ～ 1.8m，叶片挺拔，犹如长剑，又称为“剑兰”；其花序修长，花朵在花序上依次向上开放，时间长达 15 ～ 20 天之久，有“步步高升、长寿”之意；其优美的线形花姿，极易与其他类型的花材搭配使用，是花篮、花束、瓶插等花卉装饰的主要用花，有插花领域里的“万能泰斗”之称，因此成为世界上最受欢迎、观赏价值极高的球根花卉之一，也是世界主要切花之一。近年来，荷兰人培育出了几十个矮生品种，株高在 50cm 左右，使夏花型唐菖蒲的盆栽和园林应用成为可能，并正在流行。原产欧亚、地中海沿岸的唐菖蒲野生种远比原产南非的野生种耐寒，并且较耐黏重的土壤，童期短、繁殖快，可露地越冬，早春开花。这些种及其品种非常适宜作景观应用。

## 一、形态特征

### （一）地上部形态

株高 80 ～ 170cm，植株从基部开始相互重叠生长 7 ～ 9 枚叶片和一个花莛，叶片呈剑形或线形，分为基生叶（即真叶）和鞘叶；单歧聚伞花序着生花茎的顶端，也称为蝎尾状聚伞花序，有小花 12 ～ 24 朵，通常排列成两行，侧向一边（图 1A）。小花自下而上先后开放。每朵单花被两个管状苞叶包裹，单花具有 6 枚花被片，3 枚雄蕊，花柱单生，3 裂，子房下位，3 心皮（图 1B）。蒴果，种子扁平，有翼（图 1D）。染色体数 2n = 30、60 ～ 130。

### （二）地下部形态

地下部具有变态的、短缩成扁圆或球状的地下茎，称为球茎，具有纤维膜质状鳞片包被。唐菖蒲开花球茎是由具 5 ～ 8 个短缩节间的变态茎发育而成，是唐菖蒲越冬的地下贮藏器官。变态茎的每一个节上都有一个芽点，通常仅有 1 ～ 2 个顶芽能够萌发（图 1C）。在每年生长过程中，母球茎逐渐萎缩，顶部形成一个新球，新球顶端抽生出叶片和花莛，当地上植株生长进入 4 ～ 6 叶期时，新球基部 1 ～ 4 茎节上的腋芽萌发形成匍匐茎，随着新球的逐渐膨大，在其基部不断形

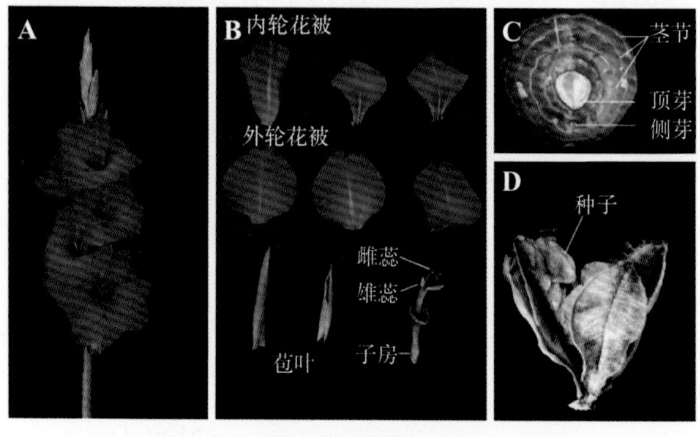


图 1　唐菖蒲主要器官的形态
A. 花序；B. 小花结构；C. 球茎结构；D. 蒴果和种子

成大量匍匐茎，之后，匍匐茎顶端膨大形成籽球。唐菖蒲的根系有两种：一是初生根，即由母球茎基部长出的吸收根，呈细丝状，向地下生长；另一种是次生根，即由新球茎基部长出的粗壮的根系，于土壤表层横向生长，在唐菖蒲生长的旺盛期起到吸收养分和支撑植株的作用，故又称牵引根。如图2所示。

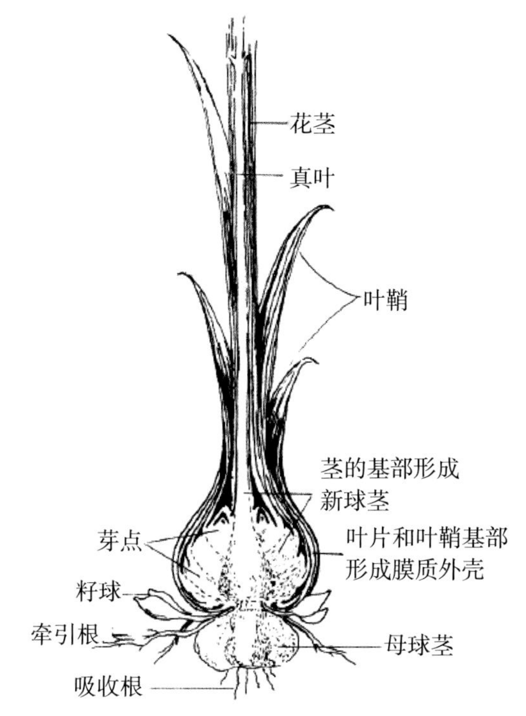


图2 唐菖蒲植株示意图（引自北美唐菖蒲协会资料）

## 二、生长发育与生态习性

### （一）生长发育规律

全球切花生产用的唐菖蒲品种多为原产南非，春季种植，夏秋开花，球茎冬季休眠的类型。在北半球温带气候区的正常生长条件下，唐菖蒲通常于3月中下旬至6月进行营养生长，于6月末至10月开花，9～11月球茎和籽球发育成熟。其生长发育周期大致可分为5个阶段（图3）。

**1. 萌芽期**

春季种植后，首先在种球基部萌生不定根，即初生根或吸收根。栽后15～20天出苗，先伸

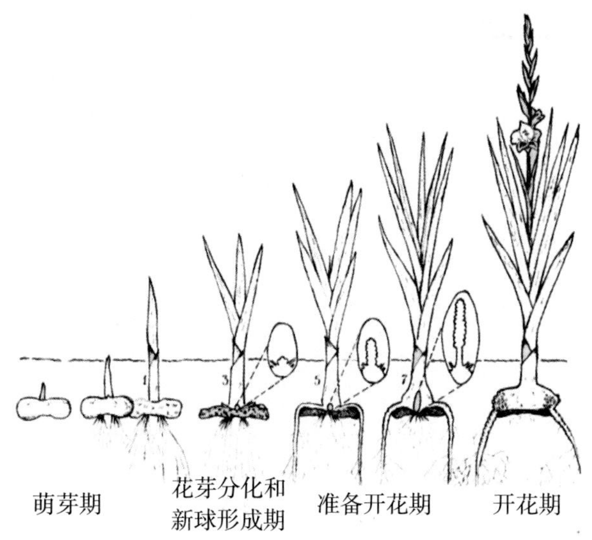


图3 唐菖蒲生长发育周期示意图

（引自荷兰国际球根花卉中心《热带及亚热带地区的唐菖蒲切花栽培》）

出1～2枚鞘叶，紧接着伸出第1枚基生叶，隔3～4天见第2枚基生叶。此期温度不能过高，昼夜温度为10～20℃/5～10℃即可，否则会引起叶片徒长，延迟花芽分化。

**2. 花芽分化和新球开始形成期**

当2～3枚基生叶完全展开时，即2～3叶期，生长点开始分化花芽，经40天左右，雄雌蕊分化完成。此时于茎基部、种球顶部开始膨大形成新球，并在新球底部茎盘处长出牵引根，而种球开始萎缩，初生根也逐渐退化。此期为唐菖蒲发育中至关重要的时期，需给予最适的生长发育条件，昼夜温度为20～25℃/10～15℃，长日照，高光强，适当的肥水。

**3. 准备开花期**

此时第5～7枚基生叶完全展开，花序的分化已完成，花梗开始伸长，花茎基部已明显膨大成新球，并在新球茎上产生休眠芽，同时在其基部茎节上开始发生匍匐茎。牵引根继续伸长，初生根完全退化，种球继续萎缩。此期延续30～35天。

**4. 开花期**

因品种而异，当植株达到7～9枚基生叶时，进入开花期，单株花期一般延续15～20

天。此时地上部鲜花盛开，地下部新球继续生长，且在新球基部发生的匍匐茎顶端膨大形成籽球，而牵引根开始萎缩。

5. 新球、籽球成熟与休眠期

花后地下新球迅速增大，籽球也增多、增大。花后1～2个月，地上部茎叶枯黄，地下新球和籽球达到成熟，且进入休眠，需经过1～3个月低温打破休眠后才能发芽。唐菖蒲球茎的休眠是属于内源休眠，在休眠期间生长抑制物质如ABA（脱落酸），还有脂肪酸及酚类物质的含量逐渐下降，与此同时，生长促进物质IAA（生长素）、CTK（细胞分裂素）等含量逐渐上升。这些变化都为球茎休眠的打破、发芽做好了生理上的准备。

## （二）生态习性

唐菖蒲生长发育过程中，环境因素中的温度、光周期和光强对其影响最大。相对空气湿度和环境中的气体成分也有影响。

1. 温度

（1）**对球茎休眠和贮藏的影响**：新收获的球茎和籽球在适宜的条件下不会立即萌发，具有不同程度的休眠性。10℃以下的低温处理能加速打破休眠，最佳温度为4～5℃。低温处理时间的长短取决于品种和收获时球茎与籽球的生理状态。在温暖湿润条件下，球茎休眠期会延长，这可以阻止自然条件下球茎于温暖湿润的秋季萌发，从而安全越冬。由于唐菖蒲的花芽分化是在出苗之后，因此球茎贮藏的温度对花芽分化没有直接影响。

（2）**对植株生长和发育的影响**：球茎萌发长成幼苗是两个连续的过程，首先是解除休眠，其次是芽点和根的分化及生长，这两个过程都与温度密切相关。出芽的最佳温度是18～25℃，1～2℃的低温或大于30℃的高温都对出芽不利。球茎打破休眠后，再用高温贮藏，有利于器官的发生和随后的植株生长。在春季种植之前，对球茎进行较高温度处理，能加速出苗、出叶、出根和新球的形成。但高温处理的时间不宜过长，否则适得其反。相对于较低的贮藏温度而言，新球的膨大和籽球的形成则需要较高的温度。在温带地区的气候条件下，较高的温度能增加新球和籽球的产量、单个球茎的重量和数量。唐菖蒲生长发育的最佳温度为18～25℃，当温度为7～8℃或30℃以上时植株生长缓慢，冰点以下的温度会对植株造成冻害，现蕾后，植株对冻害尤其敏感。当空气相对湿度和土壤湿度较高时，植株对高温有较强的耐受力，然而当植株受高温胁迫时，往往会出现每个花枝上小花数量减少、花败育等现象。进行反季节栽培时，冬季的低夜温是影响切花品质和数量的主要限制因素，植株2～5叶期时，尤其对低温敏感，此期间夜温要保持在10℃左右。植株生长期间的温度同样影响着地下球茎的休眠程度。在地温较高条件下形成的球茎，经过低温贮藏再种植时，出苗速度比在地温较低的条件下形成的球茎出苗慢。

综上所述，唐菖蒲球茎可以先通过低温（低于10℃）打破休眠，再在高温（高于20℃）下促进根和芽的分化，从而加快其生长发育进程。

2. 光照

唐菖蒲是典型的喜光植物，光照是影响唐菖蒲花芽分化和花序发育的重要因子。唐菖蒲的花序发育可分为两个阶段：第一阶段是2～3叶期开始花芽分化，此阶段对光照不敏感，即光照不影响花芽分化的启动，花芽分化甚至可以在黑暗中进行；第二阶段是3～5叶期，正值小花大量分化，数量增加，花茎开始伸长期，这一时期大多数品种对光照极其敏感，短日照和弱光降低开花株率，导致小花败育，减少小花数量，严重影响切花品质。植株对光照条件的响应也受温度的影响。温度越高，植株需要更高的光强才能避免花朵败育。因此，温带地区进行反季节栽培，因日照时间变短、光强变弱等原因而使花朵不能开放时，常采取补光措施，每日补充4～5小时的光照来促进开花。另外，在短日照、高种植密度、低温等不利条件下，都可以进行补光以改善植株生长。

3. 空气相对湿度

贮藏球茎时，应避免球茎生根发芽、失水而减少重量或腐烂。空气相对湿度过低或空气流通速率过高会导致球茎失水，从而降低球茎出苗的质量。过高的空气相对湿度或过低的空气流通速率会使球茎生根并易于感染真菌。球茎贮藏最佳的空气相对湿度为 70% ～ 80%。

4. 空气成分

$CO_2/O_2$ 比例高的条件下贮藏的球茎，种植后萌发和开花的时间会晚于普通空气条件下贮藏的球茎，并且产生的籽球也比普通条件下的少。唐菖蒲植株对二氧化硫有较强的抗性，但叶片对氟化氢气体非常敏感，空气中低浓度的氟化氢就会使叶片尖端枯黄或变为红棕色，稍高浓度的氟化氢会使唐菖蒲生长发育受到抑制。

## 三、种质资源与园艺分类

### （一）种质资源

唐菖蒲属有 276 种，是鸢尾科中最大的属之一。本属在全球有 2 个分布区。一个在南非和热带非洲，唐菖蒲属约 90% 的种原产于此区域，南非的好望角地区被认为是该属植物起源的

图 4　原产南非的部分唐菖蒲种质资源（照片由陈庆提供）

A. *G. alatus*；B. *G. gracilis*；C. *G. patersoniae*；D. *G. uysiae*；E. *G. angustus*；F. *G. hissutus*；G. *G. permeabilis*；H. *G. teretifolius*；I. *G. brevifolius*；J. *G. watsonius*；K. *G. ornatus*；L. *G. tristis*；M. *G. carneus*；N. *G. liliaceus*；O. *G. pulcherrirnus*；P. *G. venustus*；Q. *G. floribundus*；R. *G. sufflavus*；S. *G. recurvus*；T. *G. watermeyeri*

中心（图 4），好望角地区的原种是二倍体（2n = 2x = 30），而原产在其他热带非洲地区的唐菖蒲则是多倍体。由于原产南非的唐菖蒲原种具有花色丰富、花型多变、花期长、性状优异等特点，作为亲本对现代唐菖蒲品种的培育，作出重要贡献，所以 *Gladiolus hybridus* 通常被用来作为夏花型唐菖蒲的学名。另一个在欧亚大陆西南部和地中海沿岸向东至中亚地区，但仅有 10% 左右的原种分布于此，这些原种多为多倍体（2n = 4x ～ 12x = 60 ～ 180）。

现在世界各地栽培的唐菖蒲均为种间杂交，并经选育而来的品种。重要的亲本原种及最初的杂交种有：

**1. 罗马唐菖蒲 *G. byzdntinus***

株高可达 100cm。花穗长而柔弱。花鲜洋红、粉色。喜高温。花期 7 月。

**2. 绯红唐菖蒲 *G. cardinalis***

原产南非好望角，1789 年引入欧洲。株高 90 ～ 120cm，球茎大，圆球形。花序长而直立，着花 6 ～ 7 朵，小花钟形，绯红色。花期 6 ～ 7 月。本种对现代唐菖蒲改良育种工作起了重要的作用。

**3. 齐氏唐菖蒲 *G.×chieldsii***

用邵氏唐菖蒲与甘德唐菖蒲杂交，后经改良而成。该杂种性强健，花大，颇具魅力，成为近代大花型唐菖蒲选育的基础。

**4. 柯氏唐菖蒲 *G.×colvillei***

由忧郁唐菖蒲和绯红唐菖蒲杂交育成。株高 60cm，叶片线状剑形，着花 2 ～ 4 朵，花黄紫色，花穗长 45 ～ 60cm，具香味。花期早。本种是重要的春花类杂种，由它本身育出许多变种和品种，在温暖地区可进行秋植。

**5. 多花唐菖蒲 *G. floribundus***

株高 45 ～ 60cm。叶片 3 ～ 5 枚，着花多达 20 余朵，花大，色白。花期 5 月。本种 1789 年引入欧洲后，与忧郁唐菖蒲、卷瓣唐菖蒲、翼唐菖蒲中的某些种杂交，培育出了秋季栽植、小花矮生品种群系。

**6. 甘德唐菖蒲 *G. gandavensis***

花穗较长。花红色或红黄色，有条纹。为园艺品种的原始亲本之一。花期 7 ～ 9 月。

**7. 莱氏唐菖蒲 *G.×lemoinei***

由紫斑唐菖蒲和甘德唐菖蒲杂交培育而得。花朵排列紧密，花白色至鲜黄色，喉部有红紫色星状斑纹。花期 7 ～ 8 月。耐寒性强，球茎基部可生出匍匐枝状芽，顶端形成籽球，将籽球种植翌年即可开花。

**8. 报春花唐菖蒲 *G. primulinus***

原产非洲热带雨林，1889 年引入欧洲。植株较矮小，花序稀疏，着花 3 ～ 5 朵，球茎圆球形。花堇色略有红晕，花瓣卷曲。花期 7 ～ 9 月。耐寒性强，花形别致，花色美丽，多作为现代品种改良的母本。

**9. 鹦鹉唐菖蒲 *G. psittacinus***

球茎扁圆形，带紫色。花莛可长达 100cm。花上有深色而细的斑点。花期 6 月。

**10. 紫斑唐菖蒲 *G. purpureo-auratus***

花堇色，下花被上有桃形大型彩斑。

**11. 邵氏唐菖蒲 *G. saundersii***

花型大而开展，侧瓣先端显著反卷，鲜红色，喉部有红色斑点，但花少而排列稀疏。

**12. 意大利唐菖蒲 *G. segetum***

植株矮小。球茎较小，直径 2cm 以下。花堇红色，花期 5 ～ 7 月，是重要的矮化型唐菖蒲育种亲本。

**13. 忧郁唐菖蒲 *G. tristis***

原产南非纳塔木，1745 年引入欧洲栽培。株高 45cm，花序不紧密，着花 3 ～ 4 朵，花黄白色，带紫色或褐色细纹和斑点，花被片反卷，具芳香。花期 7 月。

此外，1990 年 J. F. Ferreira 发现南非的野生种 *G. daleni*, *G. papilio* 和变种 *G. tristis* var. *concolor* 等对唐菖蒲锈病（*Uromyces transversalis*）的敏感性弱，是培育抗锈病新品种的理想种质资源。

### （二）园艺分类

据 1974 年统计，已登记的唐菖蒲品种有 1 万余个，一般可以按照习性（花期）、生育期、花径、花型、花色分类。

1. 按花期分类

（1）**春花类**：由欧亚原种杂交培育而成。植株矮小（60～100cm），花小，花朵少，花色变化不多。此类唐菖蒲适应日照短、温度较低的环境，于秋季种植，翌年晚春开花，球茎夏季休眠。但在我国少见栽培。

（2）**夏花类**：由南非原种杂交培育而成。植株高大（80～200cm），花朵多，花色、花形、花径以及花期等性状富于变化，但耐寒性较弱。可以分期栽种以延长花期。此类栽培最广。春季栽种，夏、秋季开花，球茎冬季休眠。

2. 按照生育期分类

（1）**早花类**：从栽种到开花需60～65天，叶片6～7枚。

（2）**中花类**：从栽种到开花需70～80天，叶片7～8枚。

（3）**晚花类**：从栽种到开花需90～120天，叶片8～9枚。

3. 按花径的大小分类（北美唐菖蒲协会）

（1）**特大花型**：花径在14cm以上。

（2）**大花型（标准型）**：花径在11.4～14cm。

（3）**中花型（装饰型）**：花径在8.9～11.3cm。

（4）**小花型**：花径在6.4～8.8cm。

（5）**微型**：花径小于6.4cm。

4. 按花型分类

（1）**大花型**：花径大，花朵多且排列紧凑，花期较晚，新球和籽球的增殖缓慢。

（2）**小蝶型**：花径较小，花瓣上有皱褶，并且多具彩斑。

（3）**报春花型**：花形似报春，花朵少且排列稀疏。

（4）**鸢尾型**：花序短，花朵少而紧密，向上开展，呈辐射状对称。籽球繁殖力强。

5. 按花色分类

有白、绿、黄、橙、橙红、粉红、红、淡紫、蓝、紫、烟色、黄褐色12个色系（图5）。

## （三）主栽品种

唐菖蒲的品种众多，登录过的品种已经上万，市场上常见的品种也有成百上千个。1989年荷兰球根花卉拍卖市场上有689个品种，目前北美唐菖蒲协会是国际园艺学会指定的国际唐菖蒲品种登录权威，其2023年公布的登录品种约2400个（http://www.gladworld.org/Classification%20List%20Summer-2023.pdf）。唐菖蒲品种更新很快，但是诸如‘Friendship’‘Peter Pears’‘Spic and Span’‘White Friendship’‘Advanced Red’‘Rose Supreme’等品种仍长盛不衰，被广为栽培和应用。目前较重要的唐菖蒲品种及其特性如下：

1.‘Advance Red’

又称‘前红’或‘红美人’。红色、中花类品种，花径8.5～10cm，小花数12～14朵，花枝长95～110cm，花梗粗0.9～1.2cm。不耐冷藏。

2.‘Amsterdam’

又称‘阿姆斯特丹’。白色、中晚花类品种，花径10～12cm，小花数11～16朵，花枝长100～110cm，花梗粗0.7～1cm。植株生长势强健，花莛的背地性弱，为目前冬季外销日本主力品种之一，但在冬季光照不足或低温时开花率降低。

3.‘Friendship’

又称‘粉友谊’和‘美国粉’。粉红色、中花类品种，生育期约70天。花径10～12cm，小花数12～13朵，花枝长110～120cm。生长势强健，较耐弱光，冬季可在温室栽培。

4.‘Peter Pears’

又称‘彼特梨’。橘黄色、中晚花类品种。花径10～12cm，小花数12～14朵，花枝长110～120cm。生长势强健，较耐弱光，冬季可在温室栽培。

5.‘Princess Margareth Rose’

又称‘双色金黄’。复色（黄底花色，花瓣边缘为玫瑰红色）、中花类品种，生育期约70天。花径6～8cm，小花数11～13朵，花枝长

**图 5 中国农业大学从荷兰引进的部分唐菖蒲花色品种**

A.‘阿姆斯特丹’（‘Amsterdam’）；B.‘绿之星’（‘Green Star’）；C.‘快速约会’（‘Speed Date’）；D.‘道森’（‘Dawson’）；E.‘小丑金币’（‘Jester Gold’）；F.‘柠檬糖’（‘Lemon Drop’）；G.‘珍宝’（‘Percious’）；H.‘巴尼菲’（‘Banifay’）；I.‘超级玫瑰’（‘Rose Supreme’）；J.‘嫦娥粉’（‘Eerde’）；K.‘小橡树’（‘Live Oak’）；L.‘卡西斯’（‘Cassis’）；M.‘齐浓’（‘Chinon’）；N.‘佐罗’（‘Zorro’）；O.‘费洛拉紫’（‘Purple Flora’）；P.‘巧克力’（‘Chocolate’）

95 ～ 110cm，花梗粗约 1cm。因夏季栽培时色泽对比鲜明，成为目前主栽培品种之一。

6.‘Rose Supreme’

又称‘超级玫瑰’。粉色、中晚花类品种。花径 10 ～ 12cm，小花数 12 ～ 14 朵，花枝长 100 ～ 120cm。生长势强健，国内最常见的品种。

7.‘Spic and Span’

肉粉色、中花类品种。花径 10 ～ 12cm，小花数 10 ～ 12 朵，花枝长 80 ～ 100cm。但生长较缓慢。

8.‘White Friendship’

又称‘白友谊’。白色、中晚花类品种。花

径 10 ～ 12cm，小花数 12 ～ 14 朵，花枝长 100 ～ 120cm。生长势强健，较耐弱光，冬季可在温室栽培。是国内外常见栽培的品种。

9. ‘Wig’s Sensation’

橙红色、中花类品种，生育期约 70 天。花径 9 ～ 12cm，小花数 12 ～ 14 朵，花枝长 105 ～ 120cm，花梗粗 0.8 ～ 1cm。生长势强，吸水性佳，耐冷藏，繁殖容易，为夏季橙红色系主栽品种之一，但冬天种植易得灰霉病，且花莛的背地性强。

唐菖蒲作为重要的切花，必须同时具备多种优良性状。育种工作者已从提高抗性出发，培育出了许多优良品种。如耐低温品种：1991 年 Avner Cohen 以 *G. tristis* 为父本，与 *G.* × *grandiflorus* 的一些变种杂交，后代经选择得到 5 个中微型花的唐菖蒲品种，即 ‘Adi’ ‘Kinnereth’ ‘Nirit’ ‘Rnoit’ ‘Yamit’，这些品种在冬季低光照条件下生长良好，而且比亲本提早开花，它们对黄瓜花叶病毒和豆类花叶病毒有较强的抗性。

## 四、繁殖技术

### （一）种子繁殖

种子繁殖主要用于唐菖蒲的杂交育种。唐菖蒲可自花授粉，杂交时多进行人工授粉。人工授粉时，在花药散粉前去除雄蕊。为了种子能良好发育，可只留花序下部几朵小花。当花粉散出时收集花粉，若不立即授粉，可将花粉置于 4℃冰箱保存。在开花后 1 ～ 2 天，当雌蕊 3 裂柱头呈羽毛状时，是授粉的最佳时期，授粉后 5 ～ 6 周种子成熟。果实为蒴果，每个蒴果可含种子 50 ～ 100 粒。唐菖蒲种子没有明显的休眠期，采后可立即播种，也可贮藏到第二年春季播种。唐菖蒲的种子萌发需光照，最适宜发芽温度为 20℃，20 ～ 25 天可出苗。播种苗生长势较强，一般经过 2 ～ 3 代栽培可以开花。在非常适宜的栽培条件下，播种繁殖的植株也可在 1 ～ 2 年内开花。

### （二）种球繁殖

种球繁殖是唐菖蒲切花生产用商品种球的常规繁殖方式。

#### 1. 种球营养繁殖体系与总体要求

第一年种植籽球（cormels，球径 < 1.0cm）形成栽植种球（planting stock corms，球径 1.0 ～ 2.4cm）和籽球，翌年种植“栽植种球”；籽球继续用于扩繁，形成商品球（球径 > 2.4cm），用于切花生产，见图 6。

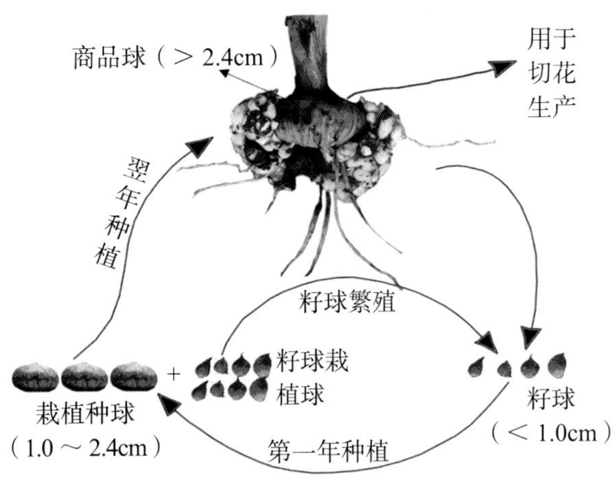


图 6　唐菖蒲商品种球繁殖系统
（改编自 De. Hertoghand Le Nard 1993）

种球繁殖从种植到收获的生产过程：种植、除草、施肥、浇水、喷药、去除病变及混杂植株、剪除花序、收获球茎、清洗晾干、种球分级、采后处理和低温贮藏。

要获得优质的唐菖蒲种球，必须使用无病虫害的繁殖材料，种植于经过消毒的土壤中。种球必须在适宜的条件下，经过打破休眠、促进萌发和生根的贮藏处理后，再种植，以便种球栽种后，能快速而整齐地生长。

唐菖蒲种球的繁殖与生产适宜在光照充足、日照时间长、昼夜温差大的冷凉地区进行。因为这样的气候环境有利于球茎内贮藏物质的积累，使球茎发育充实，获得产量高和品质优良的种球。在我国可选择高纬度、低海拔地区和低纬度、高海拔地区进行种球的繁殖与生产。如东北地区的辽宁，西北地区的甘肃、青海、宁夏，西南地区的云南，华东地区的安徽及浙江的山区，目前都是我国唐菖蒲种球的主要产区。

如上所述，唐菖蒲切花用商品种球的生产有籽球和栽植种球两种繁殖材料。使用籽球一般需要种植2年，方可用于生产切花；而使用栽植种球只需要种植1年，就可以生产出直径达到2.5cm以上的商品种球。

2. 栽植种球的繁殖

以籽球为繁殖材料。由于籽球休眠程度深，且具有厚实的皮膜，为加速解除休眠，出苗快而整齐，种植前需要进行热水加杀菌剂的预处理。操作过程如下：先将籽球在30℃左右的温水中浸泡2天，使其厚硬的外皮软化，并剔除漂浮在水面上的劣质籽球，然后用53～55℃杀菌剂热溶液浸泡30分钟，杀菌剂的成分为100L水中加入100g苯菌灵、180g克菌丹，或80g福美双。药液处理过的籽球，用清水冲洗10分钟后可立即种植。如不马上种植，则需将籽球在浅盘上晾干，贮存在2～4℃条件下待用。

籽球的种植期在春季，采用沟栽。沟距60～70cm，沟深3～7cm，宽10～13cm，每条沟内栽种两行籽球，播种密度为每平方米130个左右，合6万～7万个/亩。栽后覆土，稍微压实。经过一个生长季，播种的籽球地下形成一个栽植种球和数个籽球，为使养分集中供应球茎，应及时摘除地上部植株长出的花枝。立秋后追施复合肥3次。收球时间通常在地上部叶片完全变黄之前，我国北方地区一般在10月中下旬开始收获地下球茎。刚采收的球茎，用水冲洗掉黏附在其表面的泥土，如果此时室外温度适中的话，可以放在室外晾晒一段时间，直到可以剥离干瘪母球和残根为止。再用15～23℃的流动空气自然干燥处理2～3周，以便使球茎表面的伤口愈合，并使球茎膜质叶鞘内的水分蒸发，防止球茎腐烂。

唐菖蒲球茎一般在其生长的前6年具有较高的生活力，之后生活力下降，种性退化，植株衰弱。因此，用籽球继续种植成为新的栽植种球，对维持优质种球的生产至关重要。

3. 商品（开花）种球的繁殖

以栽植种球为繁殖材料。栽植种球的预处理与籽球相同，但水温由55℃降到46℃，浸泡时间由30分钟缩短为15分钟。春季播种，栽植密度为50～80个/$m^2$，根据球茎的大小而定。栽植种球大部分当年可以开花，要及时除去花序，保证营养集中供应地下球茎的生长与充实。秋末，地上植株自然枯黄时收获球茎，由于在生长季的末期球茎仍在膨大，因此推迟收球时间可以增加产量，但是收球的最晚时间不得晚于当地初霜冻的日期，以免造成冻害。在终年无霜冻的地区可以不收球，将其留在地里，下一年继续生长开花，但是商品化的种球生产必须收球，以便于种球采后处理和病虫害检疫。

收获的球茎经过清洗、风干后，进行分级。每亩可收获2万～3万个达到切花生产标准的商品种球，部分栽植种球和数量众多的籽球。切花生产用种球还可进一步分级。

4. 种球的采收与分级

当唐菖蒲地上部植株自然枯黄时开始收获地下球茎。球茎起出后经过一段时间的自然风干再将老球（母球）与新球、籽球分离，然后将新球和籽球按照直径（或者周长）大小的不同规格进行分级，详见表1。种球经过消毒，并淋干后贮藏。

5. 种球贮藏

新收获的球茎不论是商品种球、栽植种球还

表1 荷兰唐菖蒲商品种球的分级标准*

| 等级 | 球茎周长（cm） | 球茎直径（cm） |
|---|---|---|
| 一级 | ＞14 | ＞4.5 |
| 二级 | 12/14 | 3.5～4.5 |
| 三级 | 10/12 | 3.0～3.5 |
| 四级 | 8/10 | 2.5～3.0 |
| 五级 | 6/8 | 1.9～2.5 |

注：我国主要采用荷兰唐菖蒲商品球的分级标准。

是籽球都处于休眠状态。根据品种不同，一般需要在低温下贮藏 2 ～ 4 个月，打破休眠后才能种植。因此，唐菖蒲种球贮藏是打破其休眠和切花周年生产极其重要的技术环节。贮藏方法有两种：

（1）**自然低温**：若春季种植秋末收球，可利用冬季自然低温贮藏，贮藏室内温度控制在 0 ～ 10℃，空气相对湿度 70% 左右。为了保持种球干燥，可将其平摊在多层台架上，台架每层相距 30cm，每层摊放 3 ～ 4 层种球。室内注意通风，经常检查种球状况，剔除染病种球，染病严重时，可喷施杀菌剂。开春后，球茎一般已经打破休眠，随温度升高开始发芽，若不能马上种植，应立即转入 2 ～ 4℃低温冷库贮藏。

（2）**低温冷库**：在任何季节都可使用。冷库温度控制在 2 ～ 4℃，空气相对湿度 70% ～ 80%，保持通风和较低的氧含量与较高的二氧化碳含量，及时排除库内乙烯等有害气体，从而降低唐菖蒲种球的呼吸强度和养分消耗，减少其生理失调，保证种球质量。

#### 6. 人工打破休眠

若想缩短唐菖蒲的休眠时间，提早种植，需要采取人工变温处理，或者化学药剂处理，如用乙烯、乙烯利、甲醇、6-BA、激动素、硫化物等来打破球茎休眠，但是这些方法打破唐菖蒲球茎休眠的效果因品种、球茎采收时所处的生理状态及其贮藏时间而不一致和不稳定，因此，目前生产上最常用和理想的打破休眠方法仍是低温贮藏。

### （三）组织培养

唐菖蒲的组织培养主要用于快速、规模化繁殖与种球脱毒等方面。

#### 1. 快繁技术

选择球茎顶芽、侧芽、花梗嫩梢、花蕾、花托、花瓣等作外植体都可以诱导再生植株。这些外植体中以包在叶鞘内的幼嫩花茎作外植体较好，优点是幼嫩花茎未与外界环境接触，受病虫害侵染的机会少，接种后外植体污染率较低。唐菖蒲组培一般选用 MS 为基本培养基，也可以采用 $N_6$。培养基中添加细胞分裂素（如 6-BA、TDZ）和生长素（如 IBA、NAA 等）。培养温度为 22℃左右，每天光照 14 小时，光照强度 1600lx。当外植体诱导出不定芽时，可以再次切割成小块放置在同样的培养基上继代增殖培养，在 5 ～ 6 周内就能达到 4 ～ 6 倍的繁殖系数。若降低细胞分裂素的浓度并增加蔗糖含量，可以促进离体培养条件下试管球茎的形成，在液体培养基中添加多效唑并振荡培养也可以促进试管球茎的形成。

#### 2. 脱毒技术

以茎尖为外植体的离体扩繁技术还可以用来生产脱病毒的唐菖蒲植株。茎尖培养脱毒法脱毒率高，脱毒速度快，能在较短的时间内得到较多的原种繁殖材料，但此方法存在植物存活率低的缺点。茎尖脱毒的关键在于选择合适的茎尖大小。茎尖长度太小成活比较困难，但是成活的茎尖脱除病毒的效果最佳；茎尖太大虽成活率高，但脱毒效果不理想。因此在进行茎尖培养时应同时考虑成活率与病毒脱除率。研究表明，唐菖蒲的茎尖在 0.3 ～ 0.5mm 时成活率和脱毒效果较优，添加 0.1mg/L 6-BA + 0.05mg/L NAA 的 MS 培养基对茎尖直接分化诱导效果最佳，茎尖再生率达到 80.24%，平均每个外植体再生芽数为 2.8。茎尖再生芽最佳生根培养基为 MS+0.5mg/L IBA，诱导生根率可达 88.83%。生根苗的成球率随着蔗糖浓度的升高而递增。添加 120g/L 蔗糖的培养基 60 天时成球率达 69.8%，显著优于对照和其他处理。高浓度的蔗糖能显著缩短成球时间，提高成球率和成球质量。

## 五、栽培技术

### （一）露地切花栽培

#### 1. 整地作畦

唐菖蒲对土壤的适应性较强，能在多种类型

的土壤中生长，但在排水良好、土质疏松的沙壤土中种植最佳。土壤 pH 6.0 ～ 7.5 均可，pH 6.5 最佳。唐菖蒲为喜光植物，种植地点必须选择向阳处。唐菖蒲的栽培地必须实行轮作，即每年更换种植地点，与番茄、大白菜、玉米、水稻等作物进行轮作；或者进行土壤消毒（表 2），土壤翻耕消毒后，可立即整地作畦。在地下水位高和雨水充足的地方应采用高畦或垄栽。干燥地区可作平畦。对于不同的灌溉方法，应选择不同作畦方式。采用漫灌，会使土壤板结，破坏土壤结构，影响切花的产量和质量。如果采用喷灌，平畦和高畦都适用。高畦基部宽约 50cm，畦面宽 25cm，畦面两侧要留有充足土壤，以供植株生长后的培土，防止倒伏（图 7）。平畦宽 1m 左右，若土壤干燥，在唐菖蒲球茎种植前几天，应浇一次透水，这样既保持了土壤湿润，又便于栽种操作。

**表 2　唐菖蒲土壤消毒的药剂和防控效果**

（引自荷兰国际球根花卉中心《热带及亚热带地区的唐菖蒲切花栽培》资料）

| 序号 | 药剂 / 方式 | 茎腐病 | 干腐病 | 线虫 | 土壤昆虫 | 土温 | 处理时间 |
|---|---|---|---|---|---|---|---|
| 1 | 蒸汽消毒 | 佳 | 佳 | 佳 | 佳 | 干土，10℃ | 2 ～ 3 天 |
| 2 | 溴化甲基 + 薄膜覆盖 | 佳 | 佳 | 佳 | 佳 | 10℃ | 2 ～ 3 周 |
| 3 | 二氯丙烷 + 氰土利 + 覆盖 | 佳 | 佳 | 佳 | 佳 | 10 ～ 15℃ | 4 ～ 5 周 |
| 4 | 威百亩 + 覆盖 | 中等 | 中等 | 佳 | 佳 | 10 ～ 15℃ | 3 ～ 4 周 |
|  | 威百亩 | 无效 | 无效 | 中等 | 中等 | 10 ～ 15℃ | 3 ～ 4 周 |
| 5 | 二氯丙烷 | 无效 | 无效 | 佳 | 中等 | 10 ～ 15℃ | 4 ～ 5 周 |

注：1. 蒸汽消毒：蒸汽温度 70℃，30cm 土层处理。
2. 溴化甲基消毒：以 1kg/100m² 的用量喷施到土壤中并立即覆盖塑料薄膜。
3. 二氯丙烷 + 氰土利：以 7.5kg/100m² 的用量注射到土壤中并立即覆盖塑料薄膜。
4. 威百亩：以 10kg/100m² 的用量注射到土壤中并立即覆盖塑料薄膜。
5. 二氯丙烷：根据不同品牌和型号以 2.8 ～ 4.2kg/100m² 的用量，喷施到土壤中。
为了防止伤根和根部的腐烂，在杀菌剂使用后的 3 ～ 4 周不能使用氮肥。

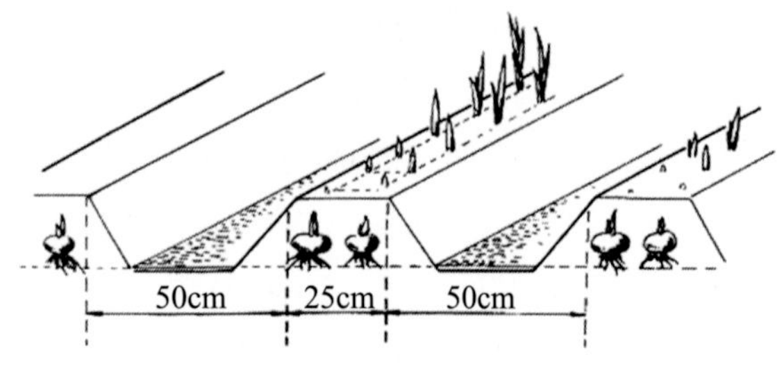


图 7　唐菖蒲高畦栽植法
（引自荷兰国际球根花卉中心《热带及亚热带地区的唐菖蒲切花栽培》）

## 2. 种球选择与处理

首先使用的种球一定要充分打破休眠，即经低温贮藏 3 个月以上（有的品种 1 ～ 2 个月即可），种球的质量以厚大且接近圆形、结实、芽点饱满、表面光滑、无病虫害侵染者为最佳，用其生产的切花植株长势强健，小花数多、花序较长、花期长。反之，形状扁平的球茎，多发生侧花枝致使每个花序变短、花朵变小，切花质量下降。露地栽培时，由于气温高、光照强、可选用周长 6/8cm、8/10cm、10/12cm 规格的商品种球，冬季设施栽培时，为促进开花，则要选用周长 12cm 以上大规格的种球。外购的种球到达种植场地后，应尽早定植。球茎基盘部的根还未出现者，可再存放于 2 ～ 5℃冷藏库继续贮藏，否则造成伤根，会影响球茎的发芽。

唐菖蒲商品种球种植前，一定要进行消毒处理，消毒的药剂和方法有多种：① 50% 多菌灵 500 倍液浸泡 30 分钟，再用 50% 福美双粉剂 500 倍液浸球后种植。②用敌菌丹（每升水中加 480g 浓度为 1% 敌菌丹胶悬剂）加腐霉利（每升水中加 500g 浓度为 0.2% 的腐霉利）浸泡 10 分钟后种植。③ 0.4% 的扑克拉（Prochloraz 及 Sportak）水溶液浸泡 15 分钟后种植。如果球茎上有虫害，应另加杀虫剂处理。在药液浸泡过程中要不断搅动，防止药剂沉在水底，影响消毒效果。

3. 种植时间

我国唐菖蒲露地切花生产有两种模式：一种是北方地区在春季种植，夏秋采切花的最常见的生产模式，种植时间是 4 ～ 5 月，在 8 ～ 10 月开花；另一种是在华南地区进行的秋季种植，冬春采切花的反季节生产模式，种植时间从 8 月下旬至 10 月下旬，在 12 月初至翌年 2 月开花。

4. 定植

唐菖蒲切花栽培多采用高畦种植，一畦种双行或多行，株行距约为 10cm × 20cm。唐菖蒲的根不易再生，因此，种球定植后不可移栽，并且要充分灌水，以利发根和出芽。生长到 4 ～ 7 叶期时，花茎伸长速率最快，此时，植株对水分的缺乏最敏感，若缺水会导致花穗变短或消蕾。

唐菖蒲植株高大，可达 1.2 ～ 1.8m，在生长后期，随着花序的伸长，植株重心升高，遇风雨容易倒伏，倒伏后的花茎向上弯曲影响切花质量。因此，生产上需设支撑网，并随植株生长而不断升高，保持植株直立生长。但是，露地切花生产一般不搭设支撑网，而是采用生长期间分期覆土的方式防止植株倒伏。在萌芽期、四叶期和开花期 3 次覆土后，植株不仅健壮，不倒伏，而且新球重量增加，球近圆形。

## （二）设施切花（反季节）栽培

唐菖蒲保护地栽培可以周年供应切花、提高切花品质并增加经济效益。保护地设施可分为塑料大棚和温室两类。北方地区用塑料大棚可进行春季提前种植和秋季延后开花，来补充淡季供花。温室具有加温、保温及降温系统，可四季产花。设施栽培过程中，环境调控对切花产量和品质形成至关重要。

1. 温度

是唐菖蒲设施栽培中最重要的影响因素。唐菖蒲适宜生长温度为 10 ～ 25℃，最适温度为 20 ～ 25℃，平均温度超过 27℃会影响切花质量，造成花枝细弱。超过 40℃高温时，短时间就极易造成植株衰老与退化。温度低于 10℃，尤其是长期夜温过低，会造成盲花，低于 0℃则会受冻害，造成植株死亡。

2. 光照

唐菖蒲是喜光性的长日照植物，生长发育期间光照不足，将严重影响植株生长和切花品质。3 ～ 7 叶期是唐菖蒲花序分化和生长阶段，对光照条件最为敏感，3 ～ 4 叶期光照不足会造成盲花，5 ～ 7 叶期光照不足，花序可发育，但每个花序的小花数减少，个别小花出现败育。一般要求日照长度大于 10 小时，累计日照量不少于 1000J/d，否则，盲花和败育增加。北方冬季温室生产需进行人工补光。方法是在植株上方 50cm 处，吊置 100W 的白炽灯泡和反光罩，1 盏 /10m$^2$，每日光照 12 ～ 14 小时即可；或采用间断黑暗法，即午夜 24:00 ～ 2:00 加光 0.5 ～ 1.5 小时，可达到较好的补光效果。也可调节栽种期来避开弱光期（图 8）。另外，唐菖蒲不同品种对光的敏感性不同，因此，冬季宜选择光敏感性低的品种，如：'彼特梨'（'Peter Pears'）、'粉友谊'（'Pink Friendship'）、'白友谊'（'White Friendship'）、'杰西卡'（'Jessica'）等，可降低因弱光而造成的盲花。

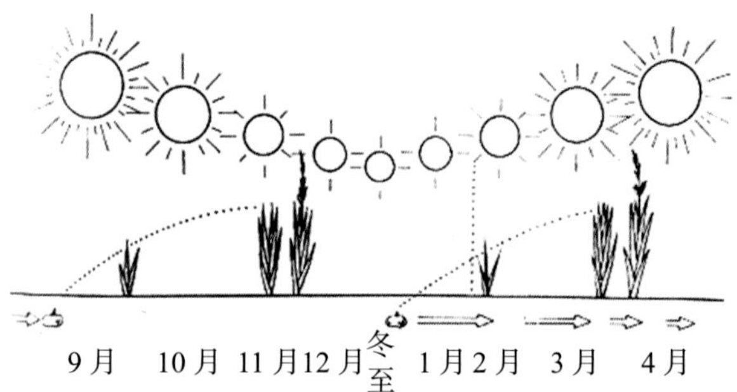


图 8 唐菖蒲反季节栽培花期调控

（引自荷兰国际球根花卉中心《热带及亚热带地区的唐菖蒲切花栽培》）

3. 通风

冬季生产切花，常为了保温而将温室完全密闭，造成通风不良。唐菖蒲喜温暖，但不耐闷热，长期通风不良，会造成徒长和盲花，并且易发生病虫害。通风一般在中午进行，不可过于迅速，防止温度和湿度变化剧烈，引起唐菖蒲叶片烧尖现象。

另外，进行设施唐菖蒲切花生产时，为了防止植株倒伏，需搭设支撑网。

4. 施肥

唐菖蒲对于矿物营养的需求不高，但对氯和氟很敏感，土壤中含量过多易引起叶尖枯萎而影响质量。注意选用危害性较轻的磷肥，如鱼粉或骨粉等，发酵后再施用，以减轻唐菖蒲叶片坏疽或叶尖枯焦的情形发生。生长发育过程中，有 4 个时期应注意施肥：种植前（基肥）、2 ～ 3 叶期（花芽分化）、5 ～ 6 叶期（花序发育）、切花后（新球和籽球膨大）。每公顷施用 122kg N，36kg $P_2O_5$，257kg $K_2O$，150kg CaO 和 34kg MgO。土壤的保水、保肥能力，降水量，灌溉量等，会影响土壤中的矿质元素，温度会影响有机物质的分解和氮元素的可用性。另外要考虑土壤 pH 值对矿质元素的影响，高 pH 值会导致镁离子、铁离子等不易被植株吸收，过低的 pH 值也会对植株产生毒性。

5. 浇水

从种植到出苗期，植株的需水量都较高。从出苗至 3 叶期、花枝抽生至开花期需水量也较大。如果遇到干旱天气，应每周进行灌溉，灌溉量应与每周 25mm 左右的降水量相当。灌溉的水应该浸润整个种植地地表，避免每天少量灌溉。

6. 杂草防除

用稻草、草屑或松针作覆盖物，铺于植株基部，这样不仅能控制杂草生长，还能为土壤保湿。机械或人工除草不仅成本高，而且易于损伤唐菖蒲根系。唐菖蒲在田间的时间长达 6 ～ 7 个月，很易受到杂草竞争而影响生长。因此商业化、规模化的唐菖蒲切花生产，防除杂草最好用化学药剂法。在出苗前，用接触性除草剂如敌草快、百草枯，每公顷有效成分施用量 0.8kg，或草甘膦，每公顷有效成分施用量 1kg，可以有效防除杂草。在种球之前，也可以在土壤中施用氟乐灵。施用除草剂时，土壤表面必须湿润无杂草，施用后不宜进行灌溉。

由于除草剂的活性和毒性与土壤类型、天气状况、栽培品种等很多因素有关，因此，在进行大规模施用之前，种植者应该在自己的种植地进行小范围药效试验，筛选出最适合的药剂。

## （三）切花的采后处理

1. 采收期和采切方法

如果要将切花运输到较远的市场，应该在唐菖蒲花蕾较紧实、花序下部第一朵小花刚刚显色的阶段（又称卷花期）采收切花；如果是供应本地市场，切花采收的时间可晚些。采收的方法：用锋利的小刀在植株的第 2 ～ 4 枚叶片之间切割，切口要倾斜，切下后迅速将花枝插于干净的冷水中，避免萎蔫。切完后，地里的植株应保留至少 2 枚叶片，最好 4 枚叶片，以保证地下新球茎和籽球的发育与成熟。若只作切花生产，不留种球，可将整个植株起出，或者贴地面采切，之后根据切花分级，再短截花枝。

2. 分级

切下的花枝在分级和打包之前或之后通常放置于无氟化物的 4 ～ 6℃的水中。分级的标准通常依据品质、花枝长度和小花数量（表 3）。

表 3 唐菖蒲切花产品质量等级标准（NY/T 322—1997）

| 评价项目 | | 等级 | | | |
|---|---|---|---|---|---|
| | | 一级 | 二级 | 三级 | 四级 |
| 1 | 花枝的整体感 | 整体感、新鲜程度极好 | 整体感好，新鲜程度好 | 一般，新鲜程度好 | 整体感、新鲜程度一般 |
| 2 | 小花数 | 小花 20 朵以上 | 小花 16 朵以上 | 小花 14 朵以上 | 小花 12 朵以上 |
| 3 | 花形 | ①花形完整优美<br>②基部第一朵花径 12cm 以上 | ①花形完整<br>②基部第一朵花径 10cm 以上 | ①略有损伤<br>②基部第一朵花径 8cm 以上 | ①略有损伤<br>②基部第一朵花径 6cm 以上 |
| 4 | 花色 | 鲜艳，纯正，带有光泽 | 鲜艳，无褪色 | 一般，轻微褪色 | 一般，轻微褪色 |
| 5 | 花枝 | ①粗壮、挺直，匀称<br>②长度 130cm 以上 | ①粗壮、挺直，匀称<br>②长度 100cm 以上 | ①挺直，略有弯曲<br>②长度 85cm 以上 | ①略有弯曲<br>②长度 70cm 以上 |
| 6 | 叶 | 叶厚实鲜绿有光泽，无干尖 | 叶色鲜绿，无干尖 | 有轻微褪绿或干尖 | 有轻微褪绿或干尖 |
| 7 | 病虫害 | 无购入国家或地区检疫的病虫害 | 无购入国家或地区检疫的病虫害，有轻微病虫害斑点 | 无购入国家或地区检疫的病虫害，有轻微病虫害斑点 | 无购入国家或地区检疫的病虫害，有轻微病虫害斑点 |
| 8 | 损伤等 | 无药害、冷害及机械损伤等 | 几乎无药害、冷害及机械损伤等 | 有轻微药害、冷害及机械损伤等 | 有轻微药害、冷害及机械损伤等 |
| 9 | 采切标准 | 适用开花指数[1] 1 ～ 3 | 适用开花指数 1 ～ 3 | 适用开花指数 2 ～ 4 | 适用开花指数 3 ～ 4 |
| 10 | 采后处理 | ①立即加入保鲜剂处理<br>②依品种每 10 支、20 支捆成一扎，每把中花梗长度最长与最短的差别不可超过 3cm<br>③每 10 扎、5 扎为一捆 | ①保鲜剂处理<br>②依品种每 10 支、20 支捆成一把，每把中花梗长度最长与最短的差别不可超过 5cm<br>③每 10 扎、5 扎为一捆 | ①依品种每 10 支、20 支捆成一把，每把中花梗长度最长与最短的差别不可超过 10cm<br>②每 10 扎、5 扎为一捆 | ①依品种每 10 支、20 支捆成一把，每把基部切齐<br>②每 10 扎、5 扎为一捆 |

开花指数 1：花序最下部 1 ～ 2 朵小花都显色而花瓣仍然紧卷时，适合于远距离运输；
开花指数 2：花序最下部 1 ～ 5 朵小花都显色，小花花瓣未开放，可以兼作远距离和近距离运输；
开花指数 3：花序最下部 1 ～ 5 朵小花都显色，其中基部小花略呈展开状态，适合于就近批发出售；
开花指数 4：花序下部 7 朵以上小花露出苞片并都显色，其中基部小花已经开放，必须就近很快出售。

### 3. 包装与贮运

以 10 或 20 支捆扎成一束放入纸箱中。各层切花须反向叠放，花朵朝外，离箱边 5cm，避免损伤花序。箱子可以分为大箱、小箱两种，大箱装切花 20 扎，小箱装 15 扎。在装箱时，中间须用绳子捆绑固定。纸箱的两侧须打孔，使箱内的空气流通，孔距离箱口 8cm。纸箱的宽度可以采用 30cm 或 40cm。

在装完箱后，必须在箱子表面注明切花种类、品种名、花色、级别、花梗长度、装箱容量、生产单位、采切时间等。

在切花贮藏和运输过程中，应保持 2 ～ 5℃低温，一般不超过 24 小时，需要长时间贮藏或远距离运输时，花枝需干藏于包装箱中，箱内有塑料膜保湿，空气相对湿度保持在 90% ～ 95%，花枝必须保持直立向上，以免造成花枝弯曲。

### 4. 保鲜处理

唐菖蒲切花采后保鲜，除了控制温、湿度

外，可进行保鲜剂处理。根据保鲜剂的作用时期、作用目的，可分为以下 3 种：

（1）**预处理液**：在切花采收分级后，贮藏运输或瓶插之前，进行预处理所用的保鲜液。其目的是为了促进花枝吸水，提供营养物质，杀菌以及降低贮运过程中的乙烯对切花的伤害作用。这种保鲜剂中主要含有高浓度的蔗糖和杀菌剂。唐菖蒲的预处理液采用 20% ～ 30% 的蔗糖溶液 +300mg/L 8– 羟基喹啉柠檬酸 +30mg/L 硝酸银 +30mg/L 硫酸铝。

（2）**催花液**：这是促使蕾期采收的切花开放所用的保鲜剂。催花所需的时间较长，一般需要数天时间，所以使用的糖浓度较低。可采用 10% 左右的糖浓度，外加 200mg/L 杀菌剂和 70 ～ 100mg/L 有机酸。

（3）**瓶插液**：又称保持液，是切花在瓶插供观赏期间所用的保鲜液。其中所含的糖浓度最低。唐菖蒲瓶插液有以下几种：

① 5% 蔗糖 +50mg/L 硝酸银 +300mg/L 8– 羟基喹啉 + 适量酸化剂。瓶插寿命为 10 天，而不加瓶插处理的只有 5 天。

② 300mg/L 8– 羟基喹啉 +50mg/L 硝酸银 +5% 蔗糖。

③ 300mg/L 苯甲酸钠 +300mg/L 柠檬酸 +2% 蔗糖。

④ 4% 蔗糖 +150mg/L 硼酸 +100mg/L 氯化钴。

## 六、病虫害防治

### （一）病害及其防治

#### 1. 叶枯病

轻微染病时，在球茎顶部和叶片上出现少许黑褐色斑点；侵染严重时，球茎变软呈红褐色，叶片出现大块灰褐色霉斑。叶枯病是由 *Botrytis gladiorum* 菌引起的，种球贮藏期间过湿的环境条件是感染此病的主要诱因。防治方法：①种球贮藏期间保持空气相对湿度不大于 80% 和良好的通风条件。②唐菖蒲种植地要充分轮作。③种球种植前必须消毒。④发病时，可在土表和植株上喷药，50% 烯菌酮 5g/100m$^2$，或者 50% 腐霉利 5g/100m$^2$。

#### 2. 干腐病

发病初期，叶片开始变黄或者褐色，严重时，整株叶片覆盖黑色菌斑。干腐病是由 *Stromatinia gladiorum* 菌引起的，此病只在露地栽培时发生，而且多在冬季低温期发病，温暖地区不易发病。防治方法：①种植前土壤消毒。②将消毒后的土壤再用杀菌剂处理，50% 腐霉利 7g/100m$^2$。③种球严格消毒。

#### 3. 茎腐病

病症为植株叶片发黄并弯曲，严重侵染的种球不能发芽。茎腐病由 *Fusarium oxysporum* 菌引起，此病害在温暖生长季节多发，球茎贮藏期间，高湿、不通风都易感染和传播此病害。防治方法：①收到外购的种球后立即打开包装并尽快种植，否则将种球放在通风低温（5℃）处贮藏。②种植地要充分轮作。③种植前土壤消毒。④种球严格消毒，使用丙氯灵 450g/kg 水溶液，其他杀菌剂无效。

#### 4. 绿霉病

病症为球茎表面出现灰绿色霉斑点，严重时，霉斑连成块且凹陷，球茎丧失发芽和生长能力。绿霉病是由青霉菌（*Penicillium*）引起的，种球贮藏期间环境过湿是导致此病发生的主要原因。防治方法：种球贮藏期间保持空气相对湿度不大于 80% 和良好的通风条件。

#### 5. 锈病

染病初期在叶片的两面出现黄色、圆形小斑点，发展到后期黄斑扩展且覆盖整个叶片，黄斑破裂有橘黄色的粉状物散出，造成植株干枯呈锈褐色。锈病是由 *Uromyces transversalis* 菌引起的，通常发生在热带和亚热带地区。防治方法：在植株苗期或者发病初期每周 1 次交替喷施以下杀菌剂：75% 氧化萎锈灵 10g/100m$^2$；

或者50%麦锈灵20g/100m$^2$；或者25%唑菌酮10g/100m$^2$。

6. 根腐病

初期病症是根部出现细短的浅褐色条纹，发病严重时，根部腐烂，但无菌核，地上部生长严重受阻，不能开花甚至早期死亡。根腐病是由立枯菌（*Pythium*）和根结线虫（rootlesion nematode）等侵染引起的。防治方法：①种植地要具有良好的土壤结构，并进行土壤消毒。②若种植地发现立枯菌，种植前加施土壤消毒剂70%地可松1000g/100m$^2$，或者35%氯唑灵500g/100m$^2$。

### （二）病毒病及其防治

多种病毒能侵染唐菖蒲，引起叶片出现斑纹、环状色斑及花朵杂色、花朵数量减少和变小、导致花朵畸形。唐菖蒲中最常见的病毒是大豆黄色花叶病毒（BYMV），其他病毒包括黄瓜花叶病毒（CMV）、番茄环纹病毒（Tom RSV）、番茄急性病毒（TRV）和烟草环纹病毒（Tob RSV）。被CMV和Tob RSV感染后的植株，对根腐病和叶斑病的抵抗力降低，贮藏的球茎也易腐烂。种植唐菖蒲时，传染途径由汁液和多种蚜虫传播。病毒的寄主范围很广，很多蔬菜和杂草是它的毒源植物。

防治方法：①加强检疫、对带毒的球茎及时销毁。②有条件的可建立无病植株留作种球的原原种基地。③清除田间病株和种植地附近的杂草，减少侵染源。④喷施杀虫剂防治蚜虫，消灭传毒媒介。

### （三）虫害及其防治

线虫类生物常常寄生在唐菖蒲根部，直接危害植株或通过传染其他病害间接危害植株，苗期受害后，在植株基部出现紫色病斑。蚜虫类是主要危害性昆虫，蓟马（*Taenothrips simplex*）和玉米螟（*Pyrausta nubilalis*）能危害叶和球根。螨虫（*Rhizoglyphus echinopus*）常常传播严重的土壤疾病。防治方法：①土壤消毒。②可选择25%吡虫啉可湿性粉剂2000倍或5%啶虫脒可湿性粉剂2500倍、10%吡虫啉可湿性粉剂1000倍或20%毒啶乳油1500倍、4.5%高氯乳油1000倍与10%吡虫啉可湿性粉剂1000倍、5%溴虫氰菊酯1000倍混合喷雾，见效快，持效期长。为提高防效，农药要交替轮换使用。在喷雾防治时，应全面细致，减少残留虫口。

## 七、价值与应用

### （一）观赏价值

唐菖蒲花姿挺拔、秀丽端庄，花大，花形别致，花色丰富、艳丽，花期长，适应性强，是球根花卉中观赏价值极高、应用最广的种类之一。人们不仅欣赏唐菖蒲的花姿、花形、花色和花韵，而且更加赞赏其丰富的内涵。唐菖蒲的花语有用心、长寿、福禄、富贵、节节升高等寓意。在我国唐菖蒲被誉为吉祥花卉，是迎宾、生日、婚礼、宴会、升职、升迁、开业等场合不可缺少的鲜花。例如，探望病人时，送上由唐菖蒲、六出花和鸢尾组成的花束，是表达希望病人远离病痛、早日康复的祝愿；祝贺朋友乔迁之喜时，送上由唐菖蒲、百合与太阳菊组合的花篮，预示新生活的开始、前景繁荣。

唐菖蒲的花色十分丰富，不同颜色代表着不同的寓意。红色系雍容华贵，粉色系娇娆剔透，白色系娟娟素女，紫色系烂漫妩媚，黄色系高洁优雅，橙色系婉丽资艳，堇色系质若娟秀，蓝色系端庄明朗，烟色系古香古色，复色系犹如彩蝶翩翩。其群体的花色与风姿，更是让人心旷神怡。唐菖蒲的叶片挺拔如剑，我国民间传说其犹如钟馗佩戴的宝剑，可以挡煞和辟邪，因此成为节日喜庆不可缺少的插花材料；在欧美民间也曾流传唐菖蒲是武士屠龙宝剑的化身，可以护卫家园，因此也常在庭院四周种满唐菖蒲（图9）。

图 9　唐菖蒲的观赏应用

A-C. 插花（引自 florafuneral.com，huedecors.com 和 kisspng.com）；D. 瓶插（引自 greenmylife.in）；E. 路边花带（引自 hgtv.com）

西方国家将唐菖蒲视为欢乐、喜庆、和睦的象征，美国人更是对唐菖蒲钟爱有加，几乎成为家庭装饰的必备花卉。1984 年，在时任美国总统里根结束对中国的访问，举行答谢宴会时，美方特地从香港、广州空运 1100 多枝唐菖蒲鲜切花到北京，借以增进宴会的热烈气氛。

正是由于唐菖蒲的魅力和重要性，其栽培和应用极其广泛，国内外市场对其终年都有需求。世界范围内，欧洲、非洲、亚洲、北美洲、中美洲都有唐菖蒲的生产。在欧洲，唐菖蒲在荷兰的球根花卉生产中位居第四（排在郁金香、百合、水仙之后），生产面积约 1100hm$^2$，同时进行切花和种球的生产与出口；另外，还有英国、法国、波兰、德国等从事少量唐菖蒲的生产。美国的唐菖蒲生产面积有数百公顷，主要用于切花生产和庭院绿化；在中南美洲，巴西、阿根廷和墨西哥等国利用他们的自然气候条件，主要进行唐菖蒲的种球生产，如巴西第二大出口花卉产品就是唐菖蒲种球。在亚洲，从事唐菖蒲生产的主要在中国和日本，唐菖蒲切花和种球生产均在我国球根花卉中位居第二。南非是唐菖蒲的主要原产地，其在南非的花卉生产中占有重要地位，年产值为 700 多万欧元。由于气候的差异，一年之中各国或者各地区种植唐菖蒲的时间虽有不同，但是随着现代花卉物流业的发展，依靠完善的、高速的切花、种球的冷藏运输体系，保证了一年四季唐菖蒲的切花和种球都能供应世界市场。

### （二）药用价值

唐菖蒲的球茎可药用，中药名为山黄，性凉，味苦，具有清热解毒、散瘀消肿的功效，用于治疗跌打肿痛、痧症、咽喉肿痛、弱症虚热等十分有效。球茎捣烂拌蜂蜜可治疮毒，球茎切碎开水吞服可治腮腺炎等。唐菖蒲的茎叶还可以提取维生素 C。

### （三）环境监测

唐菖蒲对大气污染如二氧化硫，具有较强的抗性；对环境中的氟化氢极为敏感，空气中万分之一浓度的氟化氢气体，都会导致唐菖蒲叶尖枯黄。因此，唐菖蒲是公认的环境监测植物，尤其是氟化氢污染的监测植物。

（义鸣放　吴健）

# *Gloriosa* 嘉兰

嘉兰为秋水仙科（Colchicaceae）嘉兰属（*Gloriosa*）的多年生块茎类球根花卉。原产于亚洲热带地区和非洲南部，在我国云南省南部和海南省有分布。其属名 *Gloriosa* 来源于拉丁文 *gloriosus*（“full of glory”），充满荣耀之意。在 1988 年前，嘉兰被划归于百合科（Liliaceae），而后基于分子证据的 APG 分类系统新增了秋水仙科，富含秋水仙素的嘉兰顺理成章地被划入秋水仙科。英文名称有 Glory lily（荣耀百合），Flame lily（火焰百合），Climbing lily（蔓生百合）等。

嘉兰是津巴布韦的国花，在 1947 年 1 枚嘉兰形状的钻石胸针被作为国礼送予来访的英国女王伊丽莎白二世（当时她还是王妃）。它也是印度泰米尔纳德邦的邦花，每年马维拉节期间都会举办嘉兰花展。中国原产有嘉兰 1 个种，早已引种栽培和观赏以及药用。目前，嘉兰主要由印度和斯里兰卡以及总部设在尼日利亚、喀麦隆和津巴布韦的一些非洲公司出口到各国制药行业，泰米尔纳德邦是嘉兰种植面积最大的地区，高达 $2428hm^2$（6000 英亩），并垄断了嘉兰种子的生产。而在欧美国家，嘉兰已作为高档切花和高档盆花进行商品化生产，并作为鲜切花出口到中国。嘉兰的花期长，且花叶俱美，可作为高档盆花，亦可将花朵制成襟花或者搭配其他花卉做成花束，具有很高的观赏价值和市场开发前景。

## 一、形态特征

嘉兰具有根状块茎，肥大，常分叉，直径约 1cm；地上茎蔓生，长可达 3m，不分枝或上部有少数分枝。叶互生、对生或 3 叶轮生，卵状披针形，长 10 ～ 12cm，先端渐细成尾状，顶端卷须状，借以攀卷它物而直立向上。花两性，大而下垂，单生于叶腋或数朵生于顶端组成疏散的总状或伞房花序；花梗长 10 ～ 15cm；花被片 6 枚，离生，条状披针形，向上反曲，边缘波状，长 5 ～ 8cm。雄蕊 6，花丝长 3 ～ 4cm，花药线形，长约 1cm；子房上位，3 室，胚珠多数，花柱细长，常外弯，柱头 3 裂。花期 7 ～ 9 月，每朵花可开 10 天左右，全株的花期约 60 天。蒴果，室间开裂，种子近球形（图 1）。

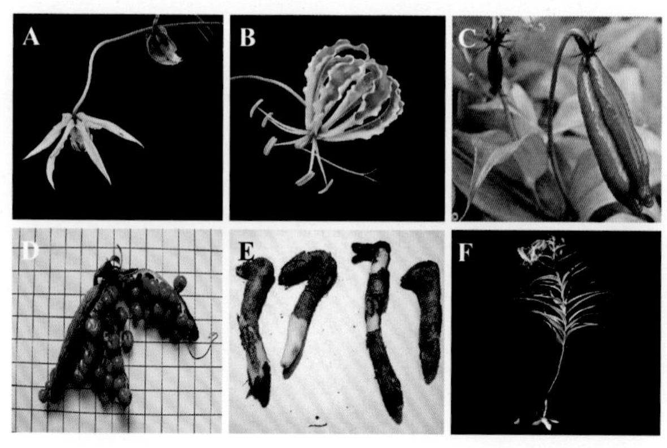


图 1　嘉兰的形态（图 C-F 引自 Wikimedia）
A. 初开状态的花；B. 盛开状态的花；C. 蒴果；D. 种子；E. 根状块茎；F. 植株

## 二、生长发育与生态习性

### （一）生长发育规律

#### 1. 营养生长期

种植嘉兰种子或根状茎后，一般在自然条件下 3 月开始萌发生长。根系首先生长，随后叶芽萌发、伸长到完全展开，茎秆生长，到 5 月中旬左右完成营养生长。此期光照无须过强，每天 5 ～ 6 小时光照，昼夜温度为 15 ～ 20℃ / 10 ～ 15℃即可。

#### 2. 花芽分化与发育期

花芽自叶腋中萌发，少数长于茎顶端。6 月中旬进入始花期，7 ～ 8 月为盛花期。花苞初现时绿色，为倒吊钟形，稍稍张开则呈龙爪状；翌日花瓣近 180° 翻转，花瓣开始转色，颜色因不同品种而异。随后花瓣凋萎，9 ～ 10 月为果实和种子成熟期。花芽的形成至关重要，其最适的发育条件为昼夜温度 25 ～ 30℃ /18 ～ 25℃，长日照，散射光。

#### 3. 块茎形成与休眠期

花后叶片还会继续吸收养分，供地下根状块茎的生长和膨大。秋末地上部分的茎秆全部枯死，根状块茎长成叉状，大多时候产生 1 个子块茎，并进入休眠。可用 500mg/L 乙烯利处理可以打破休眠状态。

### （二）生态习性

#### 1. 光照

嘉兰喜光，耐半阴，忌干旱和强光直射，当光强超过 35000lx 时，其光合速率会降低而影响生长。幼苗期需 40% ～ 45% 荫蔽度，营养生长期、开花期内需 10% ～ 15% 荫蔽度。

#### 2. 温度

喜温暖的环境，生长适宜温度 25 ～ 30℃，当温度在 15℃左右时，生长停滞；低于 12℃时，地上部分受冻害死亡。

#### 3. 湿度

嘉兰生于密林及潮湿的草丛之中，喜湿润的环境，土壤湿度在 80% 左右为宜，土壤过湿则会引起根状块茎腐烂。

#### 4. 土壤

喜富含腐殖质、疏松肥沃、排水性好、保水力强的沙质壤土。

## 三、种质资源

有关嘉兰属的植物种数说法不一。多年来嘉兰属被认为有 30 多个种，但是英国皇家植物园的 D. V. Field（1973）提出此属仅有 1 个种，恰当的学名就是 *Gloriosa superba*。D. V. Field 研究发现以往用来区分各个种的特征，包括花色和叶子、有无卷须等可能只是因地理的不同而产生的变异。截至 2018 年 10 月，根据 *World Checklist of Selected Plant Families*，嘉兰属收录了 11 个种（表 1）。根据《中国植物志》，我国原产的嘉兰属植物只有 1 种，即嘉兰（*Gloriosa superba*）。目前用于园艺生产的仅有嘉兰及其品种：嘉兰（*G. superba*）：叶披针形，基部有短柄，先端有卷须；花瓣条状披针形，基部收狭而多少呈柄状，边缘皱波状，上半部亮红色，下半部黄色。选育的品种有 'Himalayan Select'，花瓣玫瑰红色，基部绿黄色，花瓣皱褶；'Citrina'，花瓣亮黄色，中间有栗色条纹，边缘波状（图 2）。

## 四、繁殖技术

### （一）种子繁殖

嘉兰是异花授粉植物，可在开花时进行人工授粉，以获得饱满充实的种子。最佳授粉时间在开花当天上午 8:00 ～ 10:00 时，此时花朵具有较高的花粉活力、柱头受精率和育性。由于嘉兰的果实成熟期较长，后期开花所结的果实往往等不到完全成熟，其茎叶就会因气候变凉而枯萎。因此，如有需要应将先开放的花朵作留种用。

表 1　嘉兰属植物名录

| 中文名 | 学名 | 原产地 |
|---|---|---|
| 黄心橙红嘉兰（新拟） | *G. baudii* | 埃塞俄比亚、索马里、肯尼亚 |
| 火焰百合（新拟） | *G. carsonii* | 刚果到苏丹和纳米比亚北部 |
| 黄绿嘉兰（新拟） | *G. flavovirens* | 安哥拉 |
| 林登嘉兰（新拟） | *G. lindenii* | 坦桑尼亚西部和西南部到赞比亚 |
| 绿花嘉兰（新拟） | *G. littonioides* | 坦桑尼亚西部到安哥拉 |
| 黄嘉兰 | *G. modesta* | 非洲南部 |
| 革命嘉兰（新拟） | *G. revoilii* | 非洲东北部，也门 |
| 硬叶嘉兰（新拟） | *G. rigidifolia* | 南非林波波河地区 |
| 媚花嘉兰（新拟） | *G. sessiliflora* | 安哥拉、赞比亚、卡普里维 |
| 单瓣嘉兰（新拟） | *G. simplex* | 非洲撒哈拉以南地区，马达加斯加 |
| 嘉兰 | *G. superba* | 非洲热带和南部以及亚洲热带地区 |

图 2　嘉兰 *G. superba*（A）及其部分品种（B–E）的形态

嘉兰种子在秋季采收后即可播种，也可于翌年 2 ～ 3 月播种，一般要经 2 ～ 3 年培育后才开花。种子的发芽率较低，而且萌发时间长、不整齐，需要 3 周到 3 个月的时间。将嘉兰种子在热水中浸泡 1 小时，然后在冷水中浸泡 12 小时，可以软化坚硬的种皮和浸出发芽抑制剂来提高种子的发芽率和整齐度；热水浸种处理除了缩短萌发天数外，还提高了幼苗的质量，表现为较长的芽和根以及较高的活力指数。播种温度为夜温保持在 20℃左右。

### （二）扦插繁殖

在春季气温达 15℃以上时，将蔓生枝剪下，每 2 ～ 3 节切成一段作插穗，每插穗插入沙床中，深度为 1 节。扦插后注意保湿和遮阴，1 个月左右插穗便会生根、发芽，一个半月后可下地或上盆种植。

### （三）分球繁殖

分块茎多在早春进行，即将老块茎旁生的根状小块茎分开再种植。分块茎时，将生长较密的根状块茎挖起除去枝蔓，用消毒过的刀将每个块茎从分叉点切开，要求每一新分的块茎必须具有芽眼，将分割好的块茎放置于阴凉通风处，待块茎长出小白芽后，便可种植，埋入土中 5 ～ 7cm，20 天左右能形成新根和新苗。若将块茎在 500mg/L 的乙烯利中浸泡 1 小时，可有效提高块茎的发芽率和促进其提早发芽，同时能显著增加植株的株高和叶片数。嘉兰块茎繁殖非常缓慢，通常种植 1 年只产生 1 个子块茎。但分球繁殖成活率高，且植株当年即可开花，是嘉兰种球生产的常规繁殖方法。

### （四）组织培养

组织培养是解决嘉兰种子发芽率低、块茎休眠、对病害敏感，以及肆意开发导致嘉兰濒临灭绝等问题的有效途径。组织培养技术可快速、大量繁殖无病毒的种苗，有效保护这一极具观赏价值和药用价值的植物，同时可用于嘉兰种苗商业化生产。

#### 1. 顶芽培养法

取嘉兰块茎顶芽 1cm，用洗衣粉水漂洗 3 次，然后在 75% 酒精中浸 30 秒，然后用无菌水冲洗 1 次，再用 5% 次氯酸钠溶液灭菌 15 分钟，最后用无菌水冲洗 3 次。将外植体接种于培养基 MS + 2mg/L BAP（细胞分裂素）+ 0.5mg/L Kn（激动素）+ 1mg/L $GA_3$ 上培养，单芽分化成多芽体后，转移到培养基 MS + 3mg/L BAP + 0.5mg/L Kn + 1mg/L 2, 4–D 上继代培养，待长成芽苗后，再分株移植到培养基 MS + 2.5mg/L IBA 上进行生根培养。

15 天左右把苗从瓶中取出，洗净附带的培养基，定植于沙:土:蚯蚓粪（1：2：1）混合的营养袋中。浇透水，覆盖薄膜并搭盖遮阳网，以保持高湿度、低光强的环境。5 ～ 7 天即可揭去薄膜和遮阳网，2 ～ 3 天浇一次水。20 天以后即可下地或上盆定植。

#### 2. 茎尖培养法

切取嘉兰块茎顶芽 0.5mm 左右的茎尖作为外植体，接种在 MS + 0.1mg/L NAA + 4mg/L BA + 30g/L 蔗糖 + 8g/L 琼脂的培养基上进行茎尖培养，2 个月后形成多芽体并长成再生植株，然后切除其根、茎上部和叶，取其膨大的茎基部在同样的培养基上进行多次继代培养，获得大量植株后，再分割成单株移植到 MS + 0.1mg/L NAA + 1mg/L BA + 90g/L 蔗糖 + 8g/L 琼脂的固体培养基上进行试管成球培养，2 个月就可以获得大量块茎。

由于这些在试管内形成的块茎在培养后期便进入休眠状态，只要打破休眠即可正常萌芽生长，因此无须试管苗驯化等过程。

## 五、栽培技术

### （一）盆花栽培

#### 1. 块茎选择及种植前处理

选择带芽眼且无病虫害的健康块茎。将选好的块茎放入 50% 多菌灵可湿性粉剂 800 倍液中浸泡 10 分钟，取出后晾干。

#### 2. 土壤处理

选用富含腐殖质、疏松肥沃、排水性好、保水力强的沙质壤土。种植之前，使用 65% 代森锌可湿性粉剂 600 倍液消毒土壤。

#### 3. 种植时间与方法

一般在 4 月栽种，为了提前开花和延长花期，也可在 3 月于温室内栽种进行催芽。

栽种时将块茎平放在土壤中，覆土厚度约 3cm。定植后应搭荫棚，小苗长出后及时设立支架供其攀缘，以免细嫩的新茎折断。

#### 4. 肥水管理

种植前施足基肥，可采用腐熟的饼肥混合钙、镁、磷肥作基肥。生长期勤浇水及常喷雾，保持土壤湿润而不积水，以免根状块茎腐烂。约每半月施肥 1 次，肥料以氮、磷、钾混合肥最好。夏、秋花期增施 1 ～ 2 次磷、钾肥。在 10 月下旬至 11 月间，地上部逐渐枯黄，此时要减少浇水。在气候温暖的热带、亚热带地区，冬季平均气温高于 5℃，地下块茎可直接在盆中越冬，越冬时不浇水。块茎贮藏温度在 4 ～ 10℃之间，温度低于 4℃超过 60 天，块茎萌芽数量减少；若温度在 15 ～ 32℃，块茎虽可形成更多的芽，但花芽减少；温度超过 32℃对休眠的块茎有害。

### （二）切花生产

#### 1. 种植

采用高畦栽培，畦高 10 ～ 15cm，畦面宽约 1m，行间沟深为 5 ～ 8cm。土壤选用富含腐殖质的沙土，有利于排水，但保水保肥性较差，所以应采用滴灌的方法持续供应水肥。

选择健壮、无病虫、有芽眼、长约 5cm 的块茎作种球，每畦栽种 2 排，株间距约 50cm，平栽，覆土厚 4 ～ 6cm 为宜。

嘉兰是蔓性植物，栽培时需要一定的支撑物；嘉兰喜半阴，忌强光，需要搭设遮阳网。

#### 2. 田间管理

种球出苗前喷 1 ～ 2 次 65% 代森锌可湿性粉剂 600 倍液，起到土地消毒杀菌作用，并保持土壤一定湿度，使苗出得又快又整齐。由于嘉兰的茎秆为草质，易脆，一旦碰断该植株即死亡，因此除草时要特别注意。

追肥应按少量多次的原则，待苗出整齐后，一般施 2 ～ 3 次草木灰。在 6 ～ 7 月生长期，可撒施复合肥 1 ～ 2 次，草木灰 1 ～ 2 次。

#### 3. 切花采收与采后处理

长出 2 个花蕾且第 1 朵花蕾开始显色时，便可采收切花。根据日本农林水产省嘉兰鲜切花标准，以切枝的长度分级，分为 90cm、80cm、70cm、60cm 几个不同的等级。整理好的嘉兰切花 20 支 1 束，茎基部包扎好后，再套上透气的塑料薄膜包装。

#### 4. 块茎采收与采后处理

待地上部分的茎秆全部枯死，便可采挖块茎。选择芽点未损、粗壮的块茎，于芽点以下 5 ～ 7cm 处用无菌刀切断，切口再经消毒处理，将带芽点的切段摊开放于阴凉处，作为种球备用，余下部分可作提取秋水仙碱的原料。

## 六、病虫害防治

### （一）病害及其防治

嘉兰在高温多雨季节易发生叶斑病、叶枯病，危害整个植株，造成全株早期死亡，影响产量。防治方法：①喷代森锌 400 倍液。②在梅雨季节，可于根部周围撒施草木灰，每亩 30 ～ 50kg。③每 10 天选择不下雨的时候喷施 1 次甲基托布津和百菌清 700 ～ 1000 倍液。

块茎腐烂病：在染病最初阶段，受病原体感染的块茎开始变软，叶片呈黄色；到晚期，整个块茎受到侵染、变色，植株死亡。防治方法：于种植前将块茎浸在 50% 多菌灵可湿性粉剂 800 倍液中 10 分钟，然后在种植后 30 天和 60 天分别喷洒 25% 戊唑醇 1500 倍液。

### （二）虫害及其防治

主要是线虫危害根状块茎，可用灭杀地下害虫的农药进行防治，如 90% 敌百虫 1500 倍液喷杀。

## 七、价值与应用

### （一）观赏价值

嘉兰花形别致，犹如一团熊熊燃烧的火焰，十分艳丽，而飞舞的柱头和细长的雄蕊就像烟花似的飞散开来，6 枚花瓣全部向后翻卷，加上花色变幻多样，给人以飘逸、高雅之感。嘉兰也称变色兰，具有极高的观赏价值。同时花期较长，每朵花可持续 10 天左右，全株的花期可达 60 天之久。其鲜切花的瓶插寿命也较长，可维持 7 ～ 10 天。因此嘉兰是优良的鲜切花、盆栽及垂直绿化材料，可种于阳台、庭院、花廊等处。因其耐寒性差，在我国北方须于室内过冬。

### （二）药用价值

嘉兰是一种具有重要商业价值的药用植物，中医药和印度传统医药多有涉及，是东南亚和非洲医药常用的传统民族药用植物来源。其种子和块茎中含有价值很高的生物碱，即秋水仙碱和秋水仙碱苷，是治疗痛风和风湿的主要成分，亦用于治疗癌症等，且可用于植物育种中诱导多倍体和培育无籽果实，对棉花和水稻有良好的增产作用。但由于过度采集，以及嘉兰在自然生境中繁殖率低，该植物已被确认为濒危植物。

（王凤兰）

# *Hedychium* 姜花

姜花是姜科（Zingiberaceae）姜花属（*Hedychium*）多年生根茎类球根类花卉。其属名“Hedychium”来自古希腊语，意为“芳香、雪白美丽”。英文名称有 Garland lily（加兰德百合）和 Ginger lily（姜百合）。在中国通常被称为蝴蝶花、蝴蝶姜、姜兰花、香雪花、蝴蝶百合等，因其植株形态优美，花序多姿多彩，如一群汲取花蜜而久久不肯离去的蝴蝶一样，美丽而芳香。

姜花具有花形奇特优美、花色淡雅且花朵芬芳等优点，在生产中主要用作香型鲜切花、庭院绿化等，是深受人们青睐的庭园芳香植物，具有很高观赏价值和经济价值，市场需求量大。在国外也是广受欢迎的香花植物，欧美等发达国家早在18世纪便开始了姜花的引种及育种工作，培育出近百个姜花新品种（Royal Horticultural Society，2009），如‘金姜花’‘粉姜花’等；同时也是很好的芳香与调味植物，如黄姜花等。姜花在我国广东、香港、台湾等地是市场流行的香型鲜切花，在夏、秋上市，弥补了这个季节香型切花不多的状况。此外，因香气高雅，民间认为其能辟邪，被用作敬神礼佛的花卉。

## 一、形态特征

多年生直立草本植物。假茎直立，地下块状根茎横生而具芳香。两性花，形似蝴蝶，芳香美丽，由许多小花组成的顶生穗状花序，椭圆形；每1花序通常会绽开10～15朵花，花大。苞片卵圆形，绿色，呈覆瓦状排列；小花密生，自下部逐渐向上绽开，每苞片内具花2～3朵，顶端一侧开裂，无毛；花冠管纤细，裂片披针形，后方的1枚呈兜状，顶端具小尖头，微黄绿色；侧生退化雄蕊长圆状披针形；唇瓣倒心形，先端2裂，基部突狭，稍黄；柱头草绿色，具睫毛；子房下位，微黄绿色，被绢毛。3条细细的圆筒状花萼在花瓣的后方，前面呈细管状，末端呈现为狭瓣状。果为3瓣裂蒴果，卵状三棱形，具淡绿色的疣状凸起。种子成熟时鲜红色，具橘红色的假种皮。花期6～11月（图1）。

## 二、生态习性

### 1. 温度

喜温暖湿润气候，生长适温22～30℃。耐寒性较强，冬季温度较低时，地上部分开始枯萎，地下块状根茎进入休眠，越冬温度不低于10℃，若寒流侵袭，将茎叶剪除，用塑胶布覆盖基部保温，帮助越冬。

### 2. 光照

喜阴，栽培时必须种植在遮阴的环境中，与其野生环境下所处的光照条件接近，最适宜生长和发育。但是，一定量的光照也是必不可少的，有利于进行光合作用，为生长、开花等生命活动提供光合产物。

### 3. 土壤与水分

基质以湿润、不积水为宜，宜选择肥沃疏松、排水良好、微酸性的壤土或沙质壤土种植。冬季进入休眠后，要求干燥环境。

图1　姜花主要器官的形态

A、B. 蕾期花序轴；C、H. 小花；D、G：花序；E、F. 苞片及小花；I. 苞片内小花数量及形态；J. 小花各部位形态；K. 地下块状根茎

# 三、种质资源与园艺品种

## （一）种质资源

全球约50种，主要分布于亚洲热带和亚热带地区，喜马拉雅山地区为其现代分布中心（Wu，2000；Branney，2005）。我国约有32种及3变种，主要分布在西南地区，海南也有分布；在垂直分布上，海拔80～2600m均有，我国姜花属植物的分布情况见表1（胡秀 等，2010）。

表 1　中国姜花属植物的分布

| 种类 | 分布地区 | 海拔（m） |
| --- | --- | --- |
| 碧江姜花 *H. bijiangense* | 云南（福贡，贡山），西藏（墨脱） | 2100 |
| 矮姜花 *H. bravicaule* | 广西（那坡） | 500 ～ 700 |
| 红姜花 *H. coccineum* | 云南（河口，德宏，勐海，耿马，贡山，景东，绿春，文山，临沧，孟连，腾冲，漾濞，江城，永德，崇明），西藏（墨脱，错那），广西（隆林） | 700 ～ 2100 |
| 唇凸姜花 *H. convexum* | 云南（景洪，宁洱） | 1300 |
| 白姜花 *H. coranarium* | 云南（潞西，盈江，陇川） | 1600 |
| 密花姜花 *H. dengsiflorum* | 云南（六库，福贡，贡山），西藏（聂拉木，宜贡） | 2100 |
| 无丝姜花 *H. efilamentosum* | 云南（六库，福贡，贡山），西藏（墨脱） | 2100 |
| 椭穗姜花 *H. ellipticum* | 云南（沧源，孟连） | 1600 |
| 峨眉姜花 *H. flavescens* | 云南（勐腊，勐海，景洪，马关，屏边），四川（峨眉，乐山） | 600 |
| 黄姜花 *H. flavum* | 云南（凤庆，鹤庆，漾濞，昭通，贡山，福贡），西藏（察隅，墨脱），广西（隆林，南丹，天峨，百色），四川（峨眉，木里），贵州（关岭） | 900 ～ 2200 |
| 圆瓣姜花 *H. forrestii* | 云南（永德，腾冲，峨山，昆明，景洪，楚雄），西藏（墨脱），四川（都江堰） | 1500 ～ 2000 |
| 红丝姜花 *H.gardenarium* | 云南（福贡，贡山，六库） | 2100 |
| 无毛姜花 *H. glabrum* | 云南（勐海，文山，西盟，勐腊） | 1900 ～ 2100 |
| 广西姜花 *H. kwangsiense* | 广西（那坡，金秀） | 600 ～ 1000 |
| 长瓣裂姜花 *H.longpetalum* | 云南（普洱） | 1300 ～ 1600 |
| 孟连姜花 *H. menglianense* | 云南（孟连） | 2000 |
| 南糯姜花 *H. nannuoens* | 云南（勐海，勐腊） | 1400 ～ 1600 |
| 肉红姜花 *H. neocarneum* | 云南（勐腊，景洪，勐海） | 1600 ～ 1900 |
| 垂序姜花 *H. nutantiflorum* | 云南（元阳） | 1600 ～ 1800 |
| 毛姜花 *H. villosum* | 云南（富宁，屏边，临沧，潞西，勐海，勐腊，耿马，景洪，文山，镇康，福贡，贡山，景东，盈江），广西（百色，靖西，隆林，那坡，上思，田林，德保，天等），海南（白沙，保亭，昌江，陵水，毛祥） | 80 ～ 2000 |
| 少花姜花 *H. pauciflorum* | 云南（西盟，潞西） | 1200 ～ 2000 |
| 小苞姜花 *H. pavibracteatum* | 西藏（墨脱） | 2000 |
| 普洱姜花 *H. puerense* | 云南（腾冲，盈江，普洱，宁洱，勐海，景洪，勐腊），广西（凌云，隆林） | 200 ～ 1800 |
| 青城姜花 *H. qingchengense* | 四川（都江堰） | 700 ～ 1000 |
| 思茅姜花 *H. simaoense* | 云南（腾冲，普洱，宁洱，澜沧，勐海） | 1000 ～ 1400 |

续表

| 种类 | 分布地区 | 海拔（m） |
|---|---|---|
| 小花姜花 *H. sinoaureum* | 云南（大理，德钦，凤庆，贡山，福贡，保山，景洪，蒙自，镇康，沧源，景东，腾冲），四川（米易，天全，盐边），西藏（波密，察隅，错那，林芝，墨脱） | 1700～2300 |
| 草果药 *H. spicatum* | 云南（大理，梁河，盈江，德钦，邓川，耿马，贡山，鹤庆，景东，剑川，昆明，丽江，六库，禄劝，武定，昭通，宜良，中甸，江川，蒙自，砚山，沅江，西盟，景谷），西藏（错那，吉隆，聂拉木，波密），广西（隆林），贵州（安龙，兴义），四川（木里，德昌，屏山，普格，石棉，喜德，天全，泸定，米易） | 900～2600 |
| 疏花草果药<br>*H. spicatum* var. *acuminatum* | 云南（昆明，六库，木里，盐源），西藏（错那） | 1900～2300 |
| 腾冲姜花 *H. tengchongese* | 云南（腾冲，陇川） | 1600 |
| 田林姜花 *H. tienlinense* | 广西（田林） | 500 |
| 白丝毛姜花<br>*H. villosum* f. *albifihamentum* | 广西（那坡），云南（河口） | 600～900 |
| 毛姜花 *H. villosum*. var. *tenuiflorum* | 云南（孟连，勐腊，景洪，勐海），广西（那坡） | 900～1300 |
| 绿苞毛姜花 *H. villosum* f. *viridibractum* | 广西（那坡） | 600～900 |
| 西盟姜花 *H. ximengense* | 云南（沧源，西盟） | 1900～2000 |
| 滇姜花 *H. yunnanense* | 云南（大理，腾冲，保山，六库，福贡），四川（木里，盐源） | 1700～2100 |
| 盈江姜花 *H. yungjiangense* | 云南（盈江，陇川） | 1200 |

### （二）栽培种及其品种

目前，常见观赏栽培与应用的种、变种和品种：

#### 1. 红姜花 *H. coccineum*

常栽培供欣赏。叶片狭线形，顶端尾尖。由许多小花组成的顶生穗状花序圆柱状，稠密，稀较疏，长 15～25cm，直径 6～7cm，花红色、芳香；花序轴粗壮，绿色，苞片内卷成管状，内有花 3 朵，小花密生，自下部逐渐向上绽开（图 2H）。其品种有‘泰国红姜花’（*Hedychium*‘T1’）（图 2A）：叶片长圆状披针形。穗状花序密生多花，长 10～18cm，宽约 3cm；苞片长圆形，内生 1～2 花；花小，淡橘黄色。花期 7 月。

#### 2. 白姜花 *H. coronarium*

又称蝴蝶花，常栽培供欣赏。假茎直立，地下块状根茎横生而具芳香。两性花，花白色，形似蝴蝶，芳香美丽，由许多小花组成的顶生穗状花序椭圆形；每 1 花序通常会绽开 10～15 朵花，花大。苞片卵圆形，绿色，呈覆瓦状排列；小花密生，自下部逐渐向上绽开，每苞片内具花 2～3 朵（图 2C）。

#### 3. 黄姜花 *H. flavum*

花期 5～11 月，花序顶生，密穗状，有大型的苞片保护，每 1 花序通常会绽开 8～12 朵花，花大、香气浓郁，花色为黄色，颜色鲜艳，花序紧凑（图 2I）。

#### 4. 圆瓣姜花 *H. forrestii*

可栽培供观赏。穗状花序顶生，圆柱形，长 20～30cm，苞片长圆形，每苞片内有花 2～3 朵，花白色，较小，微具芳香。花期 7～11 月（图 2E）。

#### 5. 红丝姜花 *H. gardnerianum*

叶色碧绿，全缘，光滑，长椭圆状披针形，

图2 姜花属部分种质资源

A.‘泰国红姜花’(*Hedychium*‘T1’);B. 小毛姜花(*H. villosum* var. *tenuiflorum*);C. 白姜花(*H. coronarium*);D. 思茅姜花(*H. simaoense*);E. 圆瓣姜花(*H. forrestii*);F. 红丝姜花(*H. gardnerianum*);G. 勐海姜花(*H. menghaiense*);H. 红姜花(*H. coccineum*);I. 黄姜花(*H. flavum*);J.‘粉姜花’(*Hedychium*‘Fen’)

顶端尾状渐尖，基部渐狭；叶柄短，叶鞘绿色。花金黄色，美丽，具芳香，为新型鲜切花，宜庭院栽培观赏。初花期为5月下旬，6～10月为盛花期，11月花量骤减，切花采收期长达5个月以上。穗状花序顶生；小花密生，花瓣3枚，边缘浅黄色，心部金黄色，花柱伸长外露；自下部逐渐向上绽开，每株可连续开放小花达80朵，开花期长达1个月以上。苞片绿色，卵圆形，每苞片内有花3～4朵(图2F)。‘粉姜花’(*Hedychium*‘Fen’)：由红丝姜花培育而成的品种。植株形态优美，密集丛生，叶色绿色，穗状花序顶生；苞片排列方式为卷筒状，每苞内有小花3～5

朵，开花量适中，盛开时每天开 15 ～ 18 朵，能持续开 5 ～ 7 天左右，在广州花期 5 ～ 11 月（图 2J）。

6. 思茅姜花 *H. simaoense*

苞片和花冠管近等长，颜色鲜艳，花小、花序疏离，假茎直立性中等。穗状花序圆筒形，长 20 ～ 35cm，直径 15 ～ 22cm；花在每苞片内有 3 朵，白色；花冠管淡紫红色（图 2D）。

7. 勐海姜花 *H. menghaiense*

花序显，苞片排列整齐、紧凑，花期 7 ～ 8 月，花白色，花丝红色，芳香（图 2G）。

8. 小毛姜花 *H. villosum* var. *tenuiflorum*

假茎直立，苞片颜色与花的颜色形成红白对比，单花序花期长，花小，花序上苞片排列稀疏，花冠管远长于苞片，香气较淡，但香型优异。花期 9 ～ 12 月；苞片红褐色，花白色，具兰花香型，矮生（图 2B）。

## 四、繁殖技术

### （一）种子繁殖

12 月中旬，姜花的蒴果相继成熟，果的外表皮由深绿色慢慢变为黄色，继而从果的顶端三分裂开，表明果已经成熟，此时采果，剥开果皮，去除红色的假种皮，将种子干燥后，准备播种。

种子萌发前进行浸种是重要措施之一，温度保持在 28℃左右，使用 $GA_3$ 要比用蒸馏水浸种效果好，但 $GA_3$ 的浓度要适当，以 100mg/L 为宜，如浓度过高，反而会降低种子萌发率。用薄膜覆盖，保温、保水，待种子陆续发芽出土后，要定时浇水，当幼苗长出 2 ～ 4 枚真叶后，移栽到营养杯中，1 个营养杯移植 1 株幼苗。当幼苗长至 9cm 左右时，按 30cm × 30cm 株行距将幼苗连同营养杯中的培养土一起下地，这样有利于提高幼苗在田间的成活率，然后浇透定根水，待幼苗在田间生长适应后施肥。

### （二）分株繁殖

在春季 3 ～ 4 月，选择晴天下午，起深沟高畦，施足基肥，单行种植或双行种植。选择生长健壮的根茎，将地下茎切开，以 1 ～ 2 个芽眼为 1 小块在土壤里分开种植，定植株行距 40cm × 40cm。并盖稻草保温、保湿催其出芽，但要防止湿度过大引起根茎腐烂。因生长量大，容易封行，中间需预留通道。分株后的新植株，1 个月后便有大量分蘖产生，当年可开花。每 2 ～ 4 年应分株 1 次，避免过度拥挤影响生长，也避免生长过密不通风，导致滋生病虫害。

### （三）组织培养

1. 诱导芽萌发

取地下根茎，用流水冲洗掉其外表的泥土，首先用 75% 酒精擦拭根茎的外表，用 0.2% 洗洁精洗净根茎，将根茎上当年萌发的 0.5 ～ 1cm 的嫩芽切下，于 75% 酒精中浸泡 8 秒，再用消毒液浸泡 15 分钟进行灭菌后，用无菌水冲洗 4 ～ 5 次，消毒滤纸吸干表面水分，然后竖插接种于诱导芽萌发的培养基 MS + 6 ～ 8mg/L 6-BA + 0.2mg/L NAA 中。一般 30 天左右，嫩芽基部开始膨大，并从此部位萌发出新的侧芽。

2. 不定芽的诱导

当萌发的侧芽开始展叶时，将侧芽切下转接到 MS + 3mg/L 6-BA + 0.1mg/L NAA 培养基中进行不定芽的诱导，20 ～ 30 天后，侧芽的基部开始膨大、萌动，1 周后在膨大的部位长出 4 ～ 7 个小芽（多的可达 9 个），形成丛芽，有的直接形成根。

3. 诱导生根

增殖后的不定芽，一部分接入新鲜的 MS + 3mg/L 6-BA + 0.1mg/L NAA 培养基中进行扩繁；另一部分则在不定芽开始展叶时，选择生长健壮的丛生芽，去掉苗基部多余的须根，将其及时分割成单苗转入 1/2MS + 0.5mg/L IBA + 1g/L AC 的生根培养基中诱导生根（图 3）。

4. 试管苗的移栽

待单苗生根并形成完整的再生植株后，炼苗

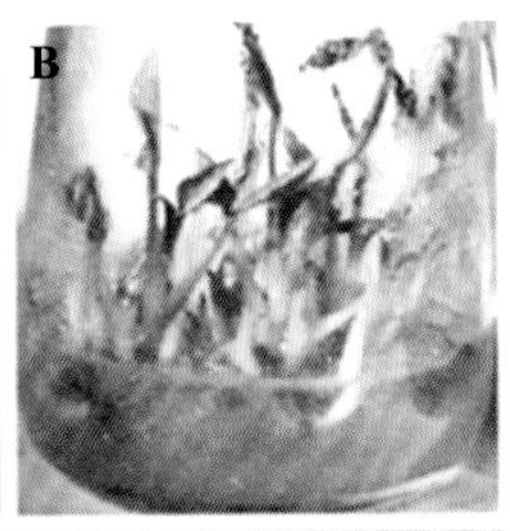


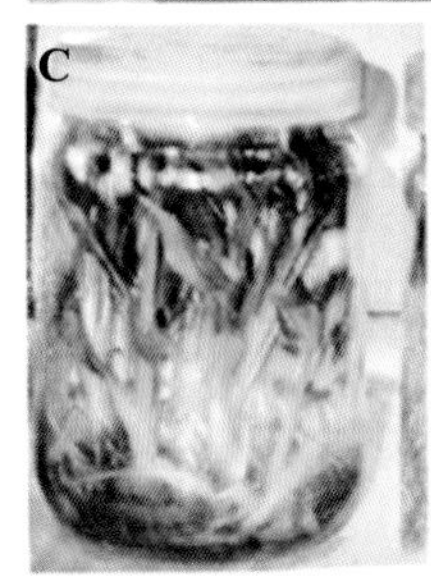

图 3 姜花组织培养

A. 侧芽萌发；B. 丛生芽诱导；C. 生根诱导；D. 生根情况；E. 再生苗移栽；F. 幼苗

后再移栽。将生长健壮且根系发达的试管苗的培养瓶盖打开，在实验室通风和散射光下炼苗 6 天，然后用镊子轻轻从培养瓶中夹出试管苗，洗去试管苗基部残留的培养基，移栽到用 600 倍百菌清消毒过的珍珠岩加泥炭（1 ∶ 1）的试管苗移栽基质中。移栽完毕后浇足水，然后用薄膜覆盖以保湿、保温，保持空气相对湿度 90% 左右，温度控制在 25 ～ 27℃，1 周后揭膜，并注意适当遮阴和通风换气，每周喷 1 次稀释 10 倍的 MS 大量元素的营养液。3 周后施叶面肥，并加强光照，改善通风，日常管理。

## 五、园林栽培技术

在我国华南地区姜花的景观应用栽培和切花生产均可在露地进行。

### 1. 整地作畦

选择土层较疏松、肥沃、富含有机质、风力较小的园地为宜，土壤水分不宜过多，否则对根系生长很不利，同时要考虑到排灌的方便，并要加强土壤的改良。整地时尽量深耕，对瘠薄、板结的园地，在定植姜花前要做好深翻改土的前期工作，宜起深沟高畦，单行种植或双行种植，施足基肥。宜栽培于园林绿地的半阴环境中，或经常进行人工遮阴和喷灌养护。

### 2. 定植

姜花的块状根茎肉质肥厚，横走及分枝，并带有大量芽眼，可在春季萌芽，分切其地下的根茎来种植。选择生长健壮植株的根茎，将地下块状根茎以 1 ～ 2 个芽眼为 1 小块切开，经噁霉灵、百菌灵等 1000 ～ 1500 倍液消毒处理后种植。定植株行距 40cm × 40cm；以小苗种植的，株行距 20cm × 20cm。定植前用茶麸水淋施一遍，防治地下害虫。因生长量大，容易封行，中间需预留采收通道，便于操作，可覆盖薄膜或稻草保温、保湿催其出芽。但也要注意检查，防止湿度过大引起根茎腐烂，出芽后及时除去覆盖物。定植应选择在晴天下午，定植后淋足定根水。

### 3. 肥水管理

定植前预埋腐熟的有机肥如油粕、堆肥作基肥。生长前期追 1 ～ 2 次稀薄速效肥，在春季快速生长期和夏季开花前期，姜花所需矿物质的量较多，特别是对氮、磷、钾 3 种大量元素的需求；如果这时矿物质供应不足，植物的正常发育就可能受阻，影响姜花的营养生长和生殖生长。有机物质的分解速度虽然较慢，但可提供部分的矿质养分。为了满足姜花快速生长对矿物质的需要，适时向土壤中施加适量的化学肥料，用来补充栽培土壤中营养成分的不足。因开花的同时地下根茎正在膨大，所以开花期间应及时追肥 2 ～ 3 次，追肥以腐熟人粪尿为主，保证养分的供应。冬季加以培土并覆盖堆肥，有利于地下根茎膨大及促进翌春再生新株。春季 3 月天气回暖，温度升高时开始萌芽，因生长量大，需较好的肥水条件。

水分对姜花的生长发育至关重要，因叶面积

较大，水分蒸腾旺盛，故充足的水分是姜花良好生长必不可少的因素，特别是在春、夏季快速生长期，一般在傍晚浇水，浇水时应该缓慢浇，且要浇透，以保证水分充分深入到土层。

#### 4. 间苗、除草与分株

4月初，幼苗已长得较拥挤，待完全封行后，应控制肥水防止徒长，且有利于开花。对分蘖过多的细弱植株应及时疏除。中耕除草3～4次，以保证鲜花优质高产。花谢后自茎基部剪除，以减少营养消耗，促进根茎萌发新株。秋季霜后基叶枯萎应剪除，冬季地下部分根茎留土越冬。姜花生性强健，成株易丛生，一般种植1～2年后，应分株1次或轮作，避免过度拥挤影响生长发育，也避免植株生长过密，不通风，导致病虫害加重。

#### 5. 切花采收与处理

姜花的主要开花期为7～11月，切花采收适期为整个花序充分膨大，花苞充分外露，花序基部有1～2朵花开放时。采收时间宜在上午9:00前温度较低、空气湿度较大时进行，或在傍晚采收均可。鲜切花分期分批进行采切。采切时，于前1天灌水，使植株体内水分充足，翌日采切则花期较久，更加芳香。切花采收后，立即将其花序浸入装好水的桶里3～5分钟，然后竖直排放，并置于阴凉处，避免在阳光下暴晒。然后集中分批进行分级和包装处理。姜花切花在室温下，瓶插期可保持3～5天；若往花序中喷水，既可延长其瓶插寿命，又可促进姜花开放，并且花色更艳。

## 六、病虫害防治

### （一）虫害及其防治

在整个生长期间，因姜花幼株心部幼嫩，易受斜纹夜蛾和螟虫的幼虫钻蛀危害，造成受害植株顶端枯死，叶片枯黄，茎秆腐烂直至成株枯死，受害部位有大量虫粪溢出，若不及时防治，切花产量将受到较大影响。防治方法：早、晚喷药，用广谱性杀虫剂，如敌百虫等1000～1500倍液喷心部，每隔3～5天，连喷2～3次即可。在生育过程中，经常会出现弄蝶危害叶片，要及时人工捕捉弄蝶，保护叶片的正常生长。并注意高温、干旱季节螨类害虫的危害，可用炔螨特1500倍液喷施防治。象鼻虫的危害也较普遍，成年象鼻虫啃食叶片，有时会把嫩叶吃光，此害虫通常与土壤有关，较难彻底清除，可用杀虫剂治理。蜗牛对姜花损伤也比较严重，它喜欢在温暖、潮湿的条件下出来活动，故在夏季的夜间或阴天较多，对蜗牛的预防可采取保持种植地清洁的措施，破坏其滋生繁育的场所，在夏天的晚上，使用手电筒找寻，然后手捉，投入盛有肥皂水的小桶内将其杀死。

### （二）病害及其防治

姜花喜湿润环境，但最忌水涝，连续淹水2～3天即易发生根茎腐烂，严重时成片死亡，极难防治。生产中还要注意预防雨水过多引起的姜枯萎病，应疏通排水沟以防积水。发病后应及时连根清除发病植株，集中烧毁，并在发病株周围撒施石灰，用2000倍农用硫酸链霉素灌根处理。若寒流侵袭，将黄叶剪除，遇冰冻时可用塑料薄膜覆盖保温，可免除冻害。在夏季天气比较炎热、空气潮湿时，还要注意防治其他细菌和真菌引起的病害。

## 七、价值与应用

### （一）观赏价值

姜花株型优雅，花色艳丽、香气浓郁，是热带和亚热带植物群落林下的重要组成部分，适合用作园林景观配置；大部分种类气味芬芳，且瓶插期长，主要用作香型鲜切花材料，是一种极受民众青睐的庭园芳香植物。如黄姜花，在西双版纳地区是备受傣族少女喜爱的头饰花卉，曾在“99昆明世界园艺博览会”获奖。中国科学院华南植物园从1973年起专门收集和保存我国姜科植物，并建立了“姜园”，西双版纳热带植物园、南宁药用植物园、深圳仙湖植物园和昆明植物研究所等单位也先后开展了对姜花属植物的引种保存。

### （二）药用价值

姜花属也是一类极具药用价值的植物，其叶片、花以及根茎均可用来作为精油提取的材料。其精油具有多方面的药用价值，如杀虫性（Warren & Peters，1968；Saleh et al.，1982），微生物抑制作用（Kumar et al.，2000；Medeiros et al.，2003；Gopanraj et al.，2005；Bisht et al.，2006；Joy et al.，2007），消炎、抗过敏（Shrotriya et al.，2007）等。在其药理及营养成分测定方面，何尔扬（2000）对白姜花的食用价值做了药理试验研究，结果发现白姜花可作为天然绿色保健食品和药用植物进行开发。

### （三）食用价值

该属植物的花瓣烹饪后，口感顺滑，以其为原料所做菜肴色香味俱全，吴云鹞等（2005）对金姜花的食用开发做了初步研究，发现金姜花营养丰富，特别是氨基酸的含量丰富，作为新型食用型花卉有着良好的开发前景。

### （四）香料

姜花是很好的芳香植物，植株中含有沉香醇、金合欢烯等多种芳香化合物，可以提取芳香油，用作高档香精。范燕萍等（2003）在黄姜花花瓣检测出10种香气成分，花柱检测出13种；白姜花花瓣检测出16种，花柱检测出21种成分。李瑞红等（2007）采用顶空固相微萃取和气相色谱—质谱（GC-MS）技术，鉴定花蕾期、始花期、盛花期和衰老期的白姜花香味组分，共有49种，其中花蕾期有30种，始花期有43种，盛花期和衰老期均为37种；单萜类化合物含量随着花的发育和衰老而逐渐增多，衰老期达到最高；认为L-沉香醇、1, 8-桉油醇、3, 7-二甲基-1, 3, 7-辛三烯、乙酸月桂酯、苯甲酸甲酯为白姜花的特征香气。陈志慧（2005）用微波辐射法萃取了姜花挥发油。

（熊友华）

# *Hippeastrum* 朱顶红

朱顶红是石蒜科（Amaryllidaceae）朱顶红属（*Hippeastrum*）多年生鳞茎类球根花卉。其属名 *Hippeastrum* 来自希腊语 *hippe-*（“horse” 骑士）和 *aster*（“star” 星）。英文名称为 Amaryllis（孤挺花），Knight’s star lily（骑士之星百合）。朱顶红原产于南美洲热带和亚热带，同属植物近 90 种。1633 年传入欧洲，现在世界各地普遍栽培，其叶姿丰润，花朵硕大，花色艳丽，是一种重要的高档花卉品种。大花型朱顶红近年来在国际市场异军突起且发展迅速，成为盆栽、切花和庭院花境等广泛应用的重要球根花卉，荷兰、以色列及南非等国家是国际种球生产供应的主要区域。近年来，通过荷兰花卉拍卖市场输送到全球各地的切花数量逐年增长，成为重要的新兴切花种类之一。

我国在 1912—1949 年间，南京、上海等地已有朱顶红的盆栽观赏，20 世纪 70 年代开始在我国露地栽植，作为庭园景观欣赏。现在主要生产盆花用作年宵花。中文别名有孤挺花、对红、对角兰、百枝莲、华胄兰等。近些年我国逐渐从国外引进了新兴的园艺杂交型大花杂种朱顶红，目前常用栽培品种有 100 多个。这些品种花型多样，颜色丰富艳丽，花莛粗壮，花朵硕大，大规格种球可以顺序开 2 ～ 3 莛花，生长适应性强，退化速度相对较慢，在切花和盆栽应用中逐渐占据重要市场地位，在我国南方地区生产经济效益显著。

## 一、形态特征

朱顶红具有鳞茎，卵状球形。叶 4 ～ 8 枚，二列状着生，扁平带形或条形，与花同时或花后抽出。花莛自叶丛外侧抽生，粗壮而中空，扁圆柱形；伞形花序有花 2 至多朵，稀 1 朵，下有佛焰苞状总苞片 2 枚；每花之下具有小苞片 1 枚；花大，漏斗状，单瓣或重瓣；花姿斜上、水平开展或稍下垂；花被管短，稀较长，喉部常有小鳞片，花被裂片几相等或内轮较狭，红、粉、橙、黄绿、白等纯色或复色带条纹（图 1）；雄蕊着生于花被管喉部，稍下弯，花丝丝状，花药线形或线状长圆形，“丁”字形着生；花柱较长，下弯，柱头头状或 3 裂；子房 3 室，每室具多数胚珠；蒴果球形，室背 3 瓣开裂；种子通常扁平，翅状（图 2）。

## 二、生长发育与生态习性

### （一）生长发育规律

#### 1. 花序和叶片分化发育的特征

朱顶红鳞片为叶基部膨大而成，鳞茎盘则为极度压缩的茎。成年鳞茎为合轴分枝，每一生长单元包括 4 枚叶片和 1 个顶生花序，新的生长点产生于顶生花序侧翼，并再次发育为一个生长单元。同一个生长单元中，叶片会先于花序萌发，并于叶基部积累营养，以供次年花序的抽出。气候适宜的条件下，一个大鳞茎中可含有 6 ～ 7 个生长单元（图 3），其中外层 1 ～ 2 个生长单元中花序枯萎仅留残迹，叶片仅余基部鳞片；中层 2 ～ 3 个单元中花序为当年开放花序（花序偶有败育现象），叶片大多仅余基部鳞片；内层 2 ～ 3 个单元中花序和叶正在发育或刚刚分化，

图 1　朱顶红单瓣、重瓣花形态和主要花色

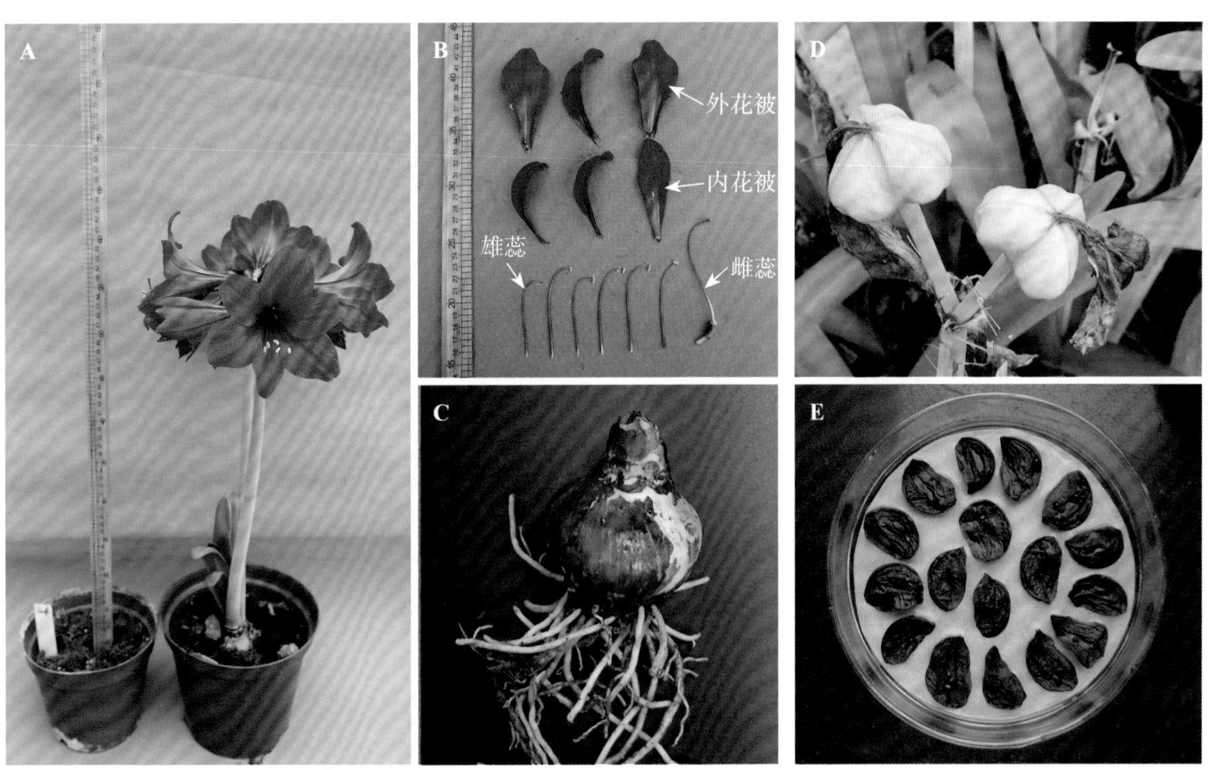


图 2　朱顶红主要器官的形态

A. 开花期整株形态；B. 单花分解图；C. 鳞茎；D. 蒴果；E. 种子

其中 1 ～ 2 个单元中叶为当年抽出叶。

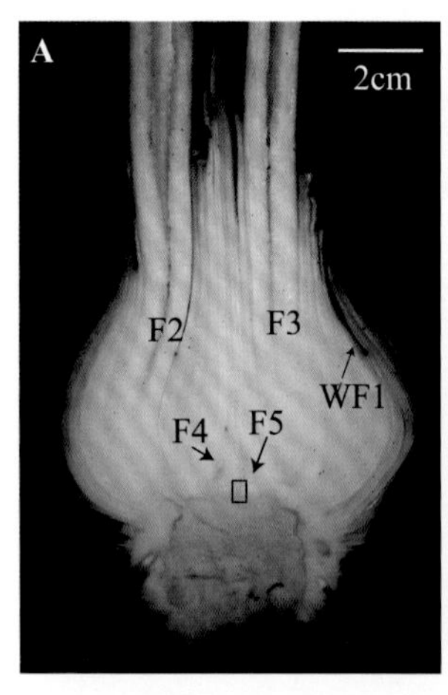


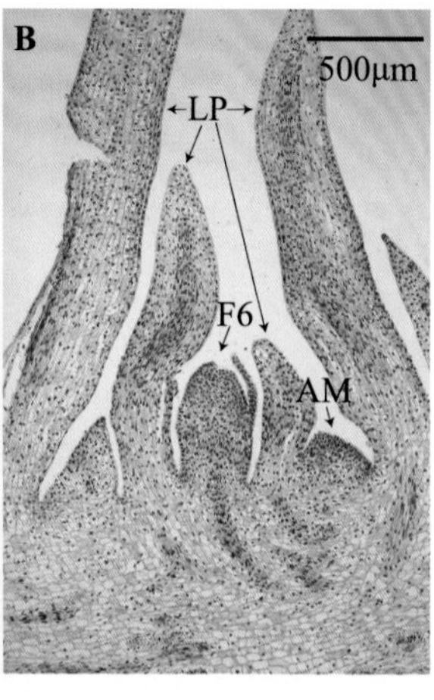


图 3　朱顶红开花期鳞茎的解剖形态

A. 开花期鳞茎纵切图；B. 鳞茎中心部位（A 图中黑色方框处）石蜡纵切图。其中，WF1 为鳞茎最外层合轴单位顶生花序且已枯萎，F2、F3、F4、F5、F6 分别为由外向内第 2、3、4、5、6 个合轴单位顶生花序，F2、F3 为当年开放花，F4、F5、F6 为正在发育或刚刚分化花序芽，LP 为叶原基，AM 为顶端分生组织

### 2. 生长发育周期

朱顶红在原产地热带地区表现为常绿性，无生理休眠，在我国温带和亚热带气候条件下冬季表现为休眠和半休眠特性，属于春季萌发、春末夏初开花、冬季鳞茎休眠的球根花卉。成年鳞茎生长发育周期主要包括花叶萌发与开花期、叶片生长与花叶分化期、鳞茎膨大期、鳞茎休眠与解除期 4 个时期。

（1）**花叶萌发与开花期**：春季气温回升后，种球内前年分化的已生长至 2cm 以上的花序芽会继续生长，并于 3 ～ 4 月抽出，花序数量因品种和种球围径（周长）差异为 1 ～ 3 个，花序自萌发到开花需 3 ～ 5 周，开花期为 4 ～ 6 月。种球内去年分化的鳞叶与前年分化的花同时或花后抽出。种球在萌发和开花时，因贮藏物质的迅速消耗而逐渐干瘪。

（2）**叶片生长与花叶分化期**：花谢后叶片不断生长，同时种球内 4 枚叶片和 1 个顶生花序组成的生长单元不断分化和发育，在适宜气候条件下，大约每隔 4 个月分化出一个生长单元。在我国长江流域地区，朱顶红叶片自分化到萌发需要 7 ～ 11 个月，而花序自分化到萌发需 11 ～ 23 个月。

（3）**鳞茎膨大期**：叶片生长的同时，营养物质不断在叶片基部缓慢积累，至秋季天气转凉时，随着叶片的衰老，营养回流加速，鳞茎开始迅速膨大。

（4）**鳞茎休眠与解除期**：朱顶红鳞茎休眠分自然休眠和强制休眠两种情况。一般情况下，每年的 10 月以后，当环境温度持续低于 10℃时，朱顶红生长停滞，叶片枯萎，进入自然休眠期。由于地域不同，有的地区周年温度较高，朱顶红无法进入自然休眠，这时可以进行强制休眠，即通过停水、停肥的方式迫使朱顶红休眠。朱顶红休眠后放置于 9 ～ 15℃环境中 8 ～ 10 周即可解除休眠。

## （二）生态习性

### 1. 光照

朱顶红较喜光，光照对朱顶红的生长与开花也有影响，夏天避免强光长时间直射，冬天栽培需足够阳光。刚种植时先放置在阴暗处以利于生根，待 2 周左右发芽长出叶片后，逐渐增加光照，以便花莛抽出。夏季的强烈光照下需要遮阳 50%。

### 2. 温度

温室内栽培朱顶红的生长期适宜温度为 18 ～ 25 ℃。刚种好的种球先放置在气温 13 ～ 15℃，干燥、通风的阴凉处 15 天左右，有利于根系的生长发育，为以后的抽叶、开花打下良好基础。15 天后待发芽长出叶片时，将花盆移到通风良好、气温在 18 ～ 25℃的条件下进行常规管理。冬天休眠期，要求冷湿的环境，以 10 ～ 13℃最为适宜，不得低于 5℃。如冬季土壤湿度大，温度超过 25℃，茎叶生长旺盛，妨碍休眠，会直接影响翌年正常开花。

### 3. 湿度

喜温暖湿润的环境，生育期间要求较高的空气相对湿度，以 65% ～ 80% 为宜，若温室空气特别干燥，可以定期喷水以增加湿度，当花莛从种球中抽出后，要每天适当通风。

### 4. 水质

pH 6.5 ～ 7.0 的水质较适合朱顶红的生长。

### 5. 基质

朱顶红怕涝，喜富含腐殖质、疏松透气、排水良好的沙质壤土，pH 6.0 ～ 6.5。

## 三、种质资源与园艺品种

### （一）种质资源

朱顶红原产南美洲，以热带中南美洲的巴西和秘鲁为主要分布地区，根据 *World Checklist of Selected Plant Families* 的名录，目前朱顶红属全球约有近 90 种，见表 1。

**表 1　朱顶红属主要种**

| 序号 | 种名 | 序号 | 种名 |
|---|---|---|---|
| 1 | 灿烂朱顶红 *H. aglaiae* | 46 | *H. intiflorum* |
| 2 | *H. amaru* | 47 | *H. kromeri* |
| 3 | *H. andreanum* | 48 | *H. lapacense* |
| 4 | 狭叶朱顶红 *H. angustifolium* | 49 | *H. leonardii* |
| 5 | *H. anzaldoi* | 50 | *H. leopoldii* |
| 6 | *H. apertispathum* | 51 | *H. leucobasis* |
| 7 | *H. arboricola* | 52 | *H. macbridei* |
| 8 | *H. argentinum* | 53 | *H. machupijchense* |
| 9 | 美丽朱顶红（脐顶红）*H. aulicum* | 54 | 猫花朱顶红 *H. mandonii* |
| 10 | *H. aviflorum* | 55 | *H. maracasum* |
| 11 | *H. blossfeldiae* | 56 | *H. marumbiense* |
| 12 | 白花朱顶红 *H. brasilianum* | 57 | 秘鲁朱顶红 *H. miniatum* |
| 13 | 短花朱顶红 *H. breviflorum* | 58 | *H. mollevillquense* |
| 14 | *H. bukasovii* | 59 | 绿星朱顶红 *H. monanthum* |
| 15 | *H. caiaponicum* | 60 | *H. morelianum* |
| 16 | 绿花脐顶红 *H. calyptratum* | 61 | 红唇朱顶红 *H. nelsonii* |
| 17 | *H. canterai* | 62 | *H. oconequense* |
| 18 | *H. caupolicanense* | 63 | 凤蝶 *H. papilio* |
| 19 | *H. chionedyanthum* | 64 | *H. paquichanum* |
| 20 | *H. condemaitae* | 65 | *H. paradisiacum* |
| 21 | 绿纹朱顶红 *H. correiense* | 66 | *H. paranaense* |
| 22 | *H. crociflorum* | 67 | 豹斑朱顶红 *H. pardinum* |
| 23 | 库里提巴孤挺花 *H. curitibanum* | 68 | 黄喇叭朱顶红 *H. parodii* |
| 24 | *H. cuzcoense* | 69 | *H. petiolatum* |

续表

| 序号 | 种名 | 序号 | 种名 |
| --- | --- | --- | --- |
| 25 | 细瓣朱顶红 *H. cybister* | 70 | *H. pilcomaicum* |
| 26 | *H. damazianum* | 71 | 鹦鹉朱顶红 *H. psittacinum* |
| 27 | *H. divijulianum* | 72 | 石榴朱顶红 *H. puniceum* |
| 28 | *H. doraniae* | 73 | 短筒朱顶红 *H. reginae* |
| 29 | 雅致朱顶红 *H. elegans* | 74 | 网纹（白肋）朱顶红 *H. reticulatum* |
| 30 | *H. escobaruriae* | 75 | *H. rubropictum* |
| 31 | *H. espiritense* | 76 | *H. santacatarina* |
| 32 | 皱边朱顶红 *H. evansiae* | 77 | *H. scopulorum* |
| 33 | *H. ferreyrae* | 78 | *H. starkiorum* |
| 34 | *H. forgetii* | 79 | *H. striatum* |
| 35 | 极香朱顶红 *H. fragrantissimum* | 80 | *H. stylosum* |
| 36 | *H. fuscum* | 81 | *H. teyucuarense* |
| 37 | *H. gertianum* | 82 | *H. traubii* |
| 38 | *H. glaucescens* | 83 | *H. umabisanum* |
| 39 | *H. goianum* | 84 | *H. vanleestenii* |
| 40 | *H. guarapuavicum* | 85 | *H. variegatum* |
| 41 | *H. harrisonii* | 86 | *H. viridiflorum* |
| 42 | *H. hemographes* | 87 | 花朱顶红 *H. vittatum* |
| 43 | *H. hugoi* | 88 | *H. wilsoniae* |
| 44 | *H. iguazuanum* | 89 | *H. yungacense* |
| 45 | *H. incachacanum* | | |

常见栽培的种：

1. 美丽朱顶红 ***H. aulicum***

发现时间为1819年，原产巴西中部、巴拉圭。株高30～50cm。叶中绿色。花莛着花2～4朵。花径可达15cm，花深红色，具亮绿色花喉，花瓣略细，花朵朝上。

2. 凤蝶 ***H. papilio***

发现时间为1967年，原产巴西。叶中绿色。株高30～50cm。花莛着花2～4朵，花径8～12cm，黄绿色花瓣上带红紫色斑纹，花朵水平或略下垂。

3. 短筒朱顶红 ***H. reginae***

发现时间为1728年，原产玻利维亚、巴西、墨西哥、秘鲁以及西印度群岛。株高可达60cm。花莛着花2～4朵，花艳红色，喉部有星状白色条纹。花被裂片倒卵形，花朵稍微下垂。

4. 网纹（白肋）朱顶红 ***H. reticulatum***

发现时间为1777年，原产巴西南部。株高20～40cm。叶深绿色，叶面无白色条纹。花莛着花3～6朵，花径8～10cm，花鲜红紫色，有网状条纹，具浓香，花朵稍微下垂。其变种var. *striatifolium* 因叶色墨绿且叶脉为亮白色而广为栽培。

## （二）园艺品种

现今栽培的园艺品种大都是由朱顶红属中美

丽朱顶红、短筒朱顶红、网纹朱顶红、雅致朱顶红、花朱顶红和白缘朱顶红等经过多年种间杂交而成。目前国际上已登录的品种有600多个，常用栽培品种100多个，又可分为切花品种和盆花品种（表2）。朱顶红的现代品种根据育种商和国家还可划分为荷兰品种、南非品种和南美品种三大类，自然花期在4～5月，年宵花促成栽培花期则在1～3月。

表2　常用栽培品种花部性状

| 序号 | 英文名称 | 中译名 | 花莛长度（cm） | 花朵数（莛） | 瓣型 | 花主色（RHS） | 花朵姿态 | 花正面形状 |
|---|---|---|---|---|---|---|---|---|
| 1 | Adele | 阿黛尔 | 56.6 | 6.3 | 单瓣 | 粉色（55A） | 近水平 | 圆形 |
| 2 | Alfresco | 阿弗雷 | 63.5 | 6.5 | 重瓣 | 白色（155C） | 近水平 | 圆形 |
| 3 | Ambiance | 氛围 | 51.7 | 4.0 | 单瓣 | 浅绿色（150D） | 近水平 | 三角形 |
| 4 | Aphrodite | 爱神 | 30.8 | 4.6 | 重瓣 | 绿白色（155D） | 近水平 | 星形 |
| 5 | Apple Blossom | 苹果花 | 47.7 | 4.7 | 单瓣 | 粉色（38B） | 近水平 | 三角形 |
| 6 | Apricot Parfait | 杏巴菲 | 42.8 | 4.0 | 单瓣 | 橙色（33C） | 近水平 | 三角形 |
| 7 | Benfica | 本菲卡 | 46.2 | 4.0 | 单瓣 | 红色（46A） | 近水平 | 三角形 |
| 8 | Benito | 贝尼托 | 24.7 | 3.5 | 重瓣 | 橙红色（33B） | 斜上 | 圆形 |
| 9 | Blossom Peacock | 花孔雀 | 37.5 | 4.4 | 重瓣 | 红色（43B） | 斜上 | 圆形 |
| 10 | Bogota | 波哥大 | 54.8 | 4.0 | 单瓣 | 红色（45A） | 近水平 | 星形 |
| 11 | Celebration | 庆祝 | 34.9 | 4.8 | 单瓣 | 橙红色（N30A） | 近水平 | 三角形 |
| 12 | Celica | 丁克 | 29.5 | 3.9 | 重瓣 | 红色（44B） | 斜上 | 星形 |
| 13 | Charisma | 魅力四射 | 40.6 | 4.0 | 单瓣 | 红色（44A） | 近水平 | 三角形 |
| 14 | Cherry Nymph | 樱桃妮芙 | 37.3 | 3.5 | 重瓣 | 红色（44A） | 斜上 | 圆形 |
| 15 | Chico | 奇科 | 38.5 | 4.7 | 单瓣 | 红色（55B） | 近水平 | 星形 |
| 16 | Christmas Gift | 圣诞礼物 | 49.9 | 3.0 | 单瓣 | 白色（155C） | 近水平 | 三角形 |
| 17 | Clown | 小丑 | 41.1 | 4.0 | 单瓣 | 绿白色（155D | 近水平 | 三角形 |
| 18 | Dancing Queen | 舞后 | 34.6 | 3.2 | 重瓣 | 白色（155C） | 斜上 | 圆形 |
| 19 | Desire | 欲望 | 50.5 | 4.4 | 单瓣 | 橙色（34A） | 近水平 | 三角形 |
| 20 | Double Dragon | 双龙 | 27.3 | 4.8 | 重瓣 | 红色（45A） | 斜上 | 圆形 |
| 21 | Double Dream | 双梦 | 29.7 | 5.6 | 重瓣 | 粉色（52B） | 斜上 | 圆形 |
| 22 | Double King | 天皇 | 37.8 | 2.2 | 重瓣 | 红色（44A） | 斜上 | 圆形 |
| 23 | Elvas | 精灵 | 41.8 | 3.8 | 重瓣 | 白色（155C） | 斜上 | 圆形 |
| 24 | Evergreen | 恒绿 | 37.6 | 7.6 | 单瓣 | 绿色（145D） | 斜上 | 星形 |
| 25 | Exotic Peacock | 异域孔雀 | 23.7 | 4.0 | 重瓣 | 红色（43A） | 斜上 | 圆形 |
| 26 | Exotic Star | 异域之星 | 44.2 | 3.3 | 单瓣 | 红色（46A） | 近水平 | 三角形 |

续表

| 序号 | 英文名称 | 中译名 | 花莛长度（cm） | 花朵数（莛） | 瓣型 | 花主色（RHS） | 花朵姿态 | 花正面形状 |
|---|---|---|---|---|---|---|---|---|
| 27 | Exotica | 新奇 | 23.4 | 3.7 | 单瓣 | 粉色（144D） | 近水平 | 三角形 |
| 28 | Exposure | 曝光 | 45.8 | 4.0 | 单瓣 | 粉色（52A） | 近水平 | 圆形 |
| 29 | Fairytale | 童话 | 53.0 | 4.7 | 单瓣 | 白色（155C） | 近水平 | 三角形 |
| 30 | Faro | 法罗 | 49.4 | 4.8 | 单瓣 | 白色（155C） | 近水平 | 三角形 |
| 31 | Flamenco Queen | 佛朗明戈皇后 | 53.0 | 4.6 | 单瓣 | 红色（46A） | 近水平 | 三角形 |
| 32 | Flaming Peacock | 火焰孔雀 | 49.8 | 4.4 | 重瓣 | 红色（44A） | 近水平 | 圆形 |
| 33 | Gervase | 花瓶 | 41.2 | 4.0 | 单瓣 | 粉色（49C） | 近水平 | 三角形 |
| 34 | Green Goddess | 绿色女神 | 26.6 | 3.8 | 单瓣 | 白色（N155C） | 近水平 | 三角形 |
| 35 | Jewel | 宝石 | 22.1 | 3.8 | 重瓣 | 白色（155C） | 斜上 | 星形 |
| 36 | La Paz | 拉巴斯 | 60.0 | 4.0 | 单瓣 | 红色（59A） | 近水平 | 星形 |
| 37 | Lady Jane | 珍妮小姐 | 34.4 | 4.0 | 重瓣 | 粉色（48D） | 近水平 | 星形 |
| 38 | Limona | 苹果绿 | 32.6 | 3.4 | 单瓣 | 绿色（145C） | 近水平 | 三角形 |
| 39 | Luna | 月神 | 42.5 | 4.0 | 单瓣 | 浅绿色（150D） | 近水平 | 三角形 |
| 40 | Marilyn | 玛里琳 | 26.1 | 3.3 | 重瓣 | 绿白色（157D） | 斜上 | 圆形 |
| 41 | Matterhorn | 马特霍恩峰 | 53.4 | 4.2 | 单瓣 | 白色（155C） | 近水平 | 三角形 |
| 42 | Merry Christmas | 圣诞快乐 | 31.6 | 3.8 | 单瓣 | 红色（45A） | 近水平 | 三角形 |
| 43 | Minerva | 米纳瓦 | 46.9 | 3.7 | 单瓣 | 橙色（N30A） | 近水平 | 三角形 |
| 44 | Nagano | 纳加诺 | 25.8 | 5.3 | 重瓣 | 红色（44A） | 斜上 | 圆形 |
| 45 | Naranja | 娜佳 | 46.9 | 4.4 | 单瓣 | 橙色（N30A） | 近水平 | 三角形 |
| 46 | Neon | 霓虹灯 | 32.9 | 6.8 | 单瓣 | 粉色（54A） | 近水平 | 三角形 |
| 47 | Olaf | 奥拉夫 | 40.9 | 4.9 | 单瓣 | 红色（44A） | 近水平 | 三角形 |
| 48 | Papillio | 派比奥 | 21.5 | 2.5 | 单瓣 | 绿色（144D） | 近水平 | 三角形 |
| 49 | Pasadena | 帕萨迪纳 | 12.0 | 4.0 | 重瓣 | 红色（44A） | 斜上 | 星形 |
| 50 | Picotee | 花边石竹 | 41.0 | 5.0 | 单瓣 | 白色（155B） | 近水平 | 三角形 |
| 51 | Pink Rival | 粉色敌手 | 16.2 | 5.6 | 单瓣 | 红色（52A） | 近水平 | 圆形 |
| 52 | Pink Surprise | 粉色惊奇 | 43.7 | 4.0 | 单瓣 | 深粉色（54A） | 近水平 | 三角形 |
| 53 | Purple Rain | 紫雨 | 46.0 | 4.0 | 单瓣 | 粉色（55B） | 近水平 | 圆形 |
| 54 | Rapido | 快车 | 30.4 | 6.5 | 单瓣 | 红色（45A） | 近水平 | 星形 |
| 55 | Rilona | 雷洛纳 | 36.8 | 3.0 | 单瓣 | 橙色（32B） | 近水平 | 三角形 |
| 56 | Rosalie | 罗莎丽 | 37.8 | 4.6 | 单瓣 | 粉红色（39B） | 近水平 | 三角形 |
| 57 | Royal Velvet | 黑天鹅 | 60.8 | 4.5 | 单瓣 | 红色（46A） | 近水平 | 圆形 |
| 58 | Samba | 桑巴舞 | 27.8 | 3.9 | 单瓣 | 红色（44A） | 近水平 | 圆形 |

续表

| 序号 | 英文名称 | 中译名 | 花莛长度（cm） | 花朵数（莛） | 瓣型 | 花主色（RHS） | 花朵姿态 | 花正面形状 |
|---|---|---|---|---|---|---|---|---|
| 59 | Showmaster | 展示大师 | 42.0 | 4.0 | 单瓣 | 橙红色（N34B） | 近水平 | 三角形 |
| 60 | Splash | 双重漩涡 | 20.0 | 4.0 | 重瓣 | 红色（46B） | 斜上 | 星形 |
| 61 | Spotlight | 焦点 | 44.4 | 5.3 | 单瓣 | 白色（155C） | 近水平 | 三角形 |
| 62 | Summertime | 夏日时光 | 35.6 | 4.0 | 单瓣 | 橙红色（N30A） | 近水平 | 三角形 |
| 63 | Susan | 苏珊 | 38.0 | 4.0 | 单瓣 | 粉色（52B） | 近水平 | 圆形 |
| 64 | Sweet Nymph | 甜蜜妮芙 | 21.2 | 4.0 | 重瓣 | 粉色（52C） | 斜上 | 圆形 |
| 65 | Temptation | 诱惑 | 58.1 | 4.0 | 单瓣 | 红色（43A） | 近水平 | 三角形 |
| 66 | Tosca | 托斯卡 | 27.3 | 5.0 | 单瓣 | 红色（53A） | 近水平 | 三角形 |
| 67 | Tres Chique | 红唇 | 23.1 | 6.0 | 单瓣 | 红色（46A） | 近水平 | 圆形 |
| 68 | Vera | 维拉 | 43.3 | 3.8 | 单瓣 | 粉色（52C） | 近水平 | 圆形 |

## 四、繁殖技术

### （一）种子繁殖

多数朱顶红品种人工授粉后较易结实。花后蒴果 50 ～ 60 天即可成熟，每个果有种子 100 粒左右，宜在果皮稍微开裂后立即采收，采收后剥出种子，种子不宜暴晒，随即播种，在 18 ～ 20℃的条件下约 10 天发芽。幼苗可采用保温措施，使小苗不落叶，至翌年 4 月种苗可达 4 ～ 6 枚叶片，同时鳞茎周长可达 3 ～ 9cm。播种繁殖因后代分离易产生新的变异植株，因而主要应用于新品种培育。

朱顶红品种培育已有 200 多年历史，目前主要育种目标包括大花型、重瓣型、奇特花型、抗病虫、有香味等。国内从 20 世纪初开始引进朱顶红，然而育种研究起步较晚，虽然近 30 年来北京、上海、江苏、西安、广州等地多有杂交后代材料与新品种出现，但受限于营养繁殖产业链缺失，还少见国内品种大规模投放市场的报道。

### （二）分球和鳞片扦插

营养繁殖主要有分球、鳞片扦插和组织培养等方法。

#### 1. 分球法

将母球周围滋生的籽球剥下，另行栽种即为分球。不同品种母球产生的籽球数量不一，一般 2 ～ 6 个，籽球培养 2 年后才能开花。

#### 2. 鳞片扦插法

选用周长 25cm 以上的成熟鳞茎纵切 8 ～ 16 等份（依据鳞茎大小而定），然后再将每 1 份的内外层鳞片（各部分带鳞茎盘组织）分割两半，各具鳞片 3 ～ 4 层，分割定植后，在切口的叶脉部位会长出不定芽。一般外层鳞片小球产生率比内层鳞片高，小球形成的多少与品种有关。在分割过程中防止腐烂、促进愈伤组织尽快形成是鳞片扦插繁殖成败的关键。

### （三）组织培养

上述两种方法由于繁殖系数较低，多代繁殖常引起品种退化。而组织培养快速繁殖可提高繁殖系数，减少病害发生，幼苗经过 2 ～ 3 个生长周期培养就可形成开花商品球。

#### 1. 初代培养

材料选择：于生长季选取无病虫害商品种球

的侧球（鳞茎直径在 4 ～ 5cm）作为外植体。

初代苗诱导：首先，将侧球清洗干净，用手术刀切去叶片、根系及部分底盘，剥去外层鳞片使外植体直径在 2 ～ 3cm，然后切去顶部 1/3，用洗洁精浸洗 30 分钟左右，流水冲洗 2 小时左右，置于超净台待用。然后用 75% 酒精处理外植体 1 分钟，消毒溶液浸泡 10 ～ 15 分钟，无菌水浸洗 5 遍，每遍 1 分钟左右。最后将处理好的外植体分割成 8 ～ 16 块，垂直接入培养基中，培养基配方为 MS + 4mg/L 6–BA + 2mg/L NAA，培养条件 25 ± 2℃，1500 ～ 2000lx，光照时间 12 小时 / 天。

### 2. 增殖培养

将获得的诱导苗进行切分，切去上部叶片及根系，从中间将试管苗分割成 2 ～ 4 块，将处理好的外植体垂直接入培养基中，选用配方为 MS + 2mg/L 6–BA + 0.5mg/L NAA，培养条件同上。

### 3. 生根培养

将增殖苗单株分开，垂直接入培养基中，选用配方为 1/2MS + 0.5mg/L NAA + 1g/L AC + 40g/L 蔗糖，培养条件同上。

### 4. 试管苗炼苗

从培养瓶中取出试管苗后，清洗干净根部，在多菌灵 800 倍液和 0.1mg/L NAA 混合液中浸蘸 1 ～ 2 分钟，然后栽于穴盘中，环境温度保持在 20 ～ 25℃，空气相对湿度 80% ～ 100%，适当降低光照。待新根系形成后逐渐加强光照，通风降湿。

## （四）商品球培育

### 1. 种植

通过分球、鳞片扦插、组织培养获得的小（籽）球或试管苗培育成商品球（开花种球）需要 2 ～ 3 个生长期完成。

（1）**一年生种球生产**：小（籽）球或试管苗春季移栽在基质槽或营养钵中，采用塑料大棚或玻璃温室进行栽培，需安装防虫网和喷滴灌设施。在夏季，需要配备降温设施。基质可选用草炭（纤维长度 10 ～ 30mm）：珍珠岩（0.3mm 以上大颗粒）= 7 : 3 的混合基质。栽植密度为 80 ～ 100 株 /m²。栽植深度为叶基部露出基质即可。刚定植时无须施肥，定植 30 天后可施肥，每月 1 ～ 2 次，肥料选用均衡肥 N、P、K 比例 =1 : 1 : 1 或 2 : 1 : 2。夏季高温季节，适量降低施肥量，秋末进行种球采收与处理。

（2）**二年生种球生产**：选择健康无病斑的一年生种球，种植于阳光充足、疏松肥沃、pH 5.5 ～ 7.0 的壤土或沙壤土中。种植前需起沟整畦，若土壤板结，需加入一定量草炭改良。周长＜ 10cm 的种球栽植密度为 80 ～ 100 球 /m²，10cm ≤周长＜ 20cm 的种球则为 36 ～ 50 球 /m²。栽植深度为 1/3 种球露出基质即可。施肥管理同一年生种球。

秋末进行种球采收与处理后，周长大于 20cm 的种球即可作为商品球进行售卖。

### 2. 种球采收与处理

（1）**采前处理**：露地栽培时，在栽培后期逐渐减少供水，待植株枯萎后即可开始收球。选择晴朗天气进行采收。

在设施基质栽培中，同样于栽培后期减少供水，并进行停水处理，待叶片完全黄化萎凋后，即可开始种球采收。

（2）**采收**：种球采收时用锋利小刀或机器切除叶片，叶片基部保留 5 ～ 10cm，种球挖出后根系待自然干枯后再去除。

（3）**采后处理**：种球采收后，采用热水或消毒剂进行杀菌，处理后应立即于 23 ～ 25℃阴凉通风处及空气相对湿度 75% ～ 80% 环境下放置 2 周，或置于凉风下吹拂，降低种球含水量至 10% ～ 15%，并分级放置于塑料框内。其中小球按围径（周长）分为 2 级：＜ 10cm、10 ～ 20cm。商品球按围径分为 6 级：20 ～ 22cm、22 ～ 24cm、24 ～ 26cm、26 ～ 28cm、28 ～ 30cm、30cm 以上。

（4）**贮藏**：将经过分级后的种球放入冷库中，根据需要将温度控制在 9 ～ 13℃处理 8 ～ 10 周打破休眠，之后可调温至 5 ～ 9℃进行长期贮藏（6 ～ 9 个月），以待售卖。在贮藏期间要注意通风，保证种球干燥。

## 五、栽培技术

### （一）室内盆花栽培

#### 1. 品种与种球选择

一般选用花莛较矮的品种，并根据品种不同尽量选择大规格的鳞茎，因为鳞茎越大，开出的花朵就越多。种球要求已经过冷藏处理，且坚硬干燥，没有发霉、腐烂或受伤的迹象；选择已有亮绿色新芽露出且没有斑点或可见损伤的种球。

#### 2. 种植

朱顶红可以在小规格的容器中生长良好，容器可以是塑料、金属、陶瓷或赤陶等材质，要求底部有一个或多个孔并容易排水。花盆的直径应比鳞茎最宽部分宽 2 ～ 3cm，花盆高度是鳞茎的两倍，以便为良好的根部发育留出空间。

选用无菌、有机质含量高的盆栽基质如草炭等，填充至花盆的 1/2，将鳞茎放在花盆正中，根系散布在基质上。添加更多的基质，将鳞茎周围塞满，保持 1/3 ～ 1/2 的鳞茎露出基质。第一次浇水要浇透，保证盆栽基质完全湿润，然后让其完全透水，放在阳光充足的地方。

#### 3. 生长期水肥管理

一般当花盆顶部 1/3 的基质干燥时进行浇水，每次浇透。不能采用花盆浸水的方法灌溉，避免潮湿的土壤引发鳞茎和根部腐烂并吸引害虫。

定植后 30 天内不可施肥，30 天后待新根长出，结合浇水开始施肥。施肥频率为每月 1 ～ 2 次，为了促进营养积累利于开花，可使用磷含量高的肥料，如 N-P-K 为 10-20-15 的复合肥料。

#### 4. 矮化处理（植物生长调节剂）

花莛较高的品种为优化盆栽观赏效果，可采用 $PP_{333}$ 试剂进行矮化处理。以花序芽刚刚抽出种球时为标准，配制 300mg/L 的 $PP_{333}$ 水溶液进行第 1 次灌根，灌根量以水流出盆底为宜。根据品种不同可选择是否 1 周后再次灌根处理。

#### 5. 开花及花后管理

当花蕾开放时，可以降低光照强度和环境温度，加强通风，以延长观赏期。待花朵褪色后，将它们剪掉，以防止种子形成，避免鳞茎中储备的养分消耗。同时将盆花放置在室内阳光最充足的位置，给予足够的水分和氮、磷、钾均衡的肥料，促进植株叶片生长和鳞茎养分积累。

#### 6. 休眠期管理

待叶片枯黄后将种球取出或继续保留在花盆里，避免霜害或冻害即可。朱顶红在原产地表现为常绿，无生理休眠，如果条件适宜，会继续生长再次开花。而在我国正常花期是春季，冬季休眠。将保留有休眠种球的花盆存放在室内阴凉、干燥、黑暗的地方，保持温度在 10 ～ 15℃，盆土（基质）温度以 13℃为宜，有利于打破休眠。定期检查种球是否有发霉现象。如果发现，用杀菌剂处理后晾干即可。

一般只需要每 3 或 4 年换盆 1 次，换盆的最佳时间是春季种球未萌芽前进行。

近几年，国内从荷兰引进部分品种蜡封种球进行销售，即朱顶红无土包膜促成栽培。种球由于经过休眠期处理，加上种球本身贮藏的养分和水分，不需花盆、不用土壤、不用浇水就可以自然开花。蜡球表面还可以根据消费者喜好，绘制各种创意图案，适合摆放在餐桌、客厅、书房、办公室等各种场所，既可装饰家居，又可作为伴手礼（图 4B）。

### （二）温室切花生产

朱顶红切花的主要供应季节在圣诞和春节期

图4 朱顶红观赏应用形式（图片 G、H 由胡迎春提供）
A. 盆花；B. 蜡球；C-F. 切花及其装饰；G、H. 园林应用——花境和丛植

间，因此在切花生产上常用促成栽培。

### 1. 品种和种球选择以及种球冷处理

一般选用花莛较高的品种，要求种球已经过冷藏处理，且坚硬干燥，没有发霉、腐烂或受伤的迹象。种球规格根据品种不同，周长在 20 ～ 32cm，同一品种，一般周长越大，花莛数越多。种球在种植前可暂时存放于 5 ～ 9℃，已出芽种球可存放于 5℃，未出芽种球可存放于 9℃。

### 2. 种植时间

根据切花需求时间和栽培温度条件确定种植时间，早花品种应于需花日期前 6 周左右种植，而晚花品种则应提前 9 周左右种植。

### 3. 种植与管理

要求土质肥沃、松软的沙壤土，pH 7.5 ～ 8，并施足含腐殖质较高的有机肥料。在栽植前土壤需经过蒸汽灭菌，杀死所有的细菌、真菌、线虫以及杂草等。蒸汽灭菌后，待 2 ～ 3 天土温下降后可进行种植。开定植沟，沟中填入 10cm 厚的疏松肥沃的腐殖土，将种球植入沟内，种植密度 25 ～ 28 球 /m$^2$，盖薄土，使鳞茎上部露出土面 1/4 ～ 1/3。要求加热土温至 21℃，温室平均气温略低于土温即可，一般为 17 ～ 19℃。生长期每 15 ～ 20 天施 1 次 0.3% 磷酸二氢钾肥液。花后结合浇水，适当追肥，保持土壤湿润为宜。

4. 切花采收

依照不同品种的特性，最早的 5 周左右即可采收上市。分期分批栽植，实现分批采收上市。花蕾完全着色但未张开时即可采收。采收时，应平剪花茎基部。

5. 采后处理

采收后的切花花茎基部应立即放置于 22℃、0.125M 蔗糖溶液中浸泡 24 小时，以防止花茎裂开和反卷。之后根据花茎长短进行分级并放入定制包装盒中，可暂时贮存于低温库或立即送往市场。朱顶红切花不耐冷藏，其贮藏和运输过程中温度应保持在 10℃（或＞ 9℃）。

## 六、病虫害防治

### （一）主要病害及其防治

1. 红斑病

此病在鳞茎、叶片和花上均有发生，病斑为红色，长条形或纺锤形，病斑扩展后形成中间凹陷的褐色斑点。染病后，病斑部分生长较慢，而周围的健康部分生长较快，因此造成叶片弯曲。防治方法：一是及时摘除病叶、病花梗茎，减少传染病源；二是浇水时注意不要溅湿花及花梗，室内湿度不可过高；三是 50% 菌核净可湿性粉剂 800 倍液、70% 代森锰锌可湿性粉剂 600 倍液和 40% 嘧霉铵水悬浮剂 1200 倍液喷施防治。

2. 病毒病

主要致病病毒为黄瓜花叶病毒或孤挺花花叶病毒，此病出现在生长高峰期，表现为叶脉褪绿，形成长短不一的白色条纹，花叶生长较细弱、花碎色。发现后要及时清除并销毁病株。

3. 软腐病

鳞茎首先染病出现软腐，病部常因组织溃烂而形成糊状，引起贮藏期植物组织腐烂。防治方法：一是养护期减少鳞茎伤口，雨后及时排水，降低湿度；二是采用病患处切除治疗，必要时可喷淋 27% 铜高尚悬浮剂 600 倍液或 72% 农用硫酸链霉素 3000 倍液。

### （二）主要虫害及其防治

朱顶红的主要害虫是红蜘蛛和蚜虫，它们又是传播病毒的主要害虫。红蜘蛛主要采用螨危 4000 ～ 5000 倍液或 40% 三氯杀螨醇乳油 1000 ～ 1500 倍液喷雾防治。蚜虫主要是桃蚜，一般可用吡虫啉 800 倍液喷雾防治。

## 七、价值与应用

朱顶红花朵硕大，花色丰富而美丽，花叶繁茂，株型规整，栽培管理简便，可广泛用于园林景观和室内环境的装饰（图 4）。

### （一）盆花

用于室内装饰朱顶红叶丛浓绿，花大色艳，易于养护，适宜盆栽作居室装饰，也可用于布置会议、专题展览等多种应用场景。还可作礼品花卉。

### （二）蜡球

朱顶红种球富含营养且极为耐旱，在无土无水状态下花芽亦可萌发并盛放，因此，种球经过简单封蜡处理，即可作为节日花卉摆放于各种场所。

### （三）切花

朱顶红花色多样，含苞采收，耐长途运输。水养便利。花枝长，花朵硕大，适合单独摆放或插花组景，寓意红运当头，雅俗共赏，符合我国重要节日喜庆氛围的需求。在瓶插时可在水中加入保鲜液，能延长花期。

### （四）园林应用

朱顶红是多年生草本植物，有肥大的球状鳞茎，花枝挺拔，花色艳丽，十分适合造园布景，在温度适宜地区可露地越冬。是花坛或花境的新兴花卉材料，不仅可以单独成景，还可以和其他植物群植，具有极佳的观赏效果。

（李心　张永春）

# *Hyacinthus* 风信子

风信子是天门冬科（Asparagaceae）风信子属（*Hyacinthus*）多年生鳞茎类球根花卉。英文名Hyacinth，花语是“燃生命之火，享丰富人生”之意。中文名还有洋水仙、西洋水仙、五色水仙、十样锦等之称。

风信子原产于地中海东部沿岸和小亚细亚一带，最早在土耳其开始人工栽培，于1562年引种至欧洲东部，很快又进入西欧。至18世纪中叶，风信子在欧洲的栽培逐渐兴起，并培育出许多品种，如在1768年由M.-H. Saint-Simon（1720—1799）编撰的风信子专著*Des Jacinthes, de leur anatomic, reproduction, et culture*中提到，在荷兰的哈勒姆（Haarlem）地区有名字的风信子品种就有近2000个。在18世纪后半叶和19世纪，由于花卉爱好者对风信子的痴迷与追捧，18世纪Peter Voerhelem发现的重瓣品种‘大不列颠国王’（‘King of Great Britian’）的种球售价高达100英镑/个，这使风信子栽培与育种在大半个欧洲得到了长足的发展。以英国、荷兰、德国和法国等风信子产业尤盛，培育出大花、花色各样、重瓣花等丰富多彩的品种，也将其推向产业化发展之路。现在风信子已成为中国、韩国和美国等世界各国广为栽培的、重要的、早春开花的球根类花卉。与百合、郁金香一样，荷兰也是风信子的生产大国，每年都有大量的风信子种球销往世界各地。据统计，2019年荷兰出口的风信子商品种球贸易额达3063.7万欧元。

风信子传入我国是20世纪20年代前后。黄岳渊（1880—1964）的《花经》（1947）对风信子有详细的记载，他还在自家庭院中亲自种植风信子。20世纪50年代开始，各地植物园和公园陆续引入栽培，主要用于花坛观赏。19世纪80年代以后，风信子在全国各地有较大范围的使用，广泛用于春季室内外花卉展览和盆栽销售。如今，随着风信子水培技术的逐渐成熟，风信子与中国水仙一样，普遍进入百姓家庭和公共场所，成为秋冬季室内盆栽或水养的必备花卉之一，市场需求量逐年增加。遗憾的是，我国尚不能自行繁种，仍需从国外进口商品种球。

## 一、形态特征

地下球根为鳞茎，球形或扁球形，直径3～7cm，外被有光泽的皮膜，皮膜颜色常与花色相关，有紫蓝色、粉色或白色等（图1E）。叶螺旋状基生，4～9枚，线形或带状披针形，长15～35cm，宽1～3cm，叶尖圆钝，叶缘全缘、朝上卷曲，具浅纵沟，质地柔软、光滑，肉质肥厚，翠绿色有光泽。花茎高15～45cm，略高于叶，花茎肉质、中空。总状花序，花序长20～35cm，近圆柱形，具小花6～50朵，有些栽培品种多达100朵小花甚至更多，小花密生于花序轴上，长2～3.5cm，多平生或斜生，少有下垂。花冠筒基部膨大，管状花被6裂，反折呈漏斗状，单瓣（图1A、图1B），栽培品种有重瓣。原种花色为浅紫色，现有白色、粉红色、绯红色、黄色、橘红色、红色、蓝色、紫色、黑色等，花色各异、深浅不一，多数品种浓香。蒴果为球形，肉质，具3棱，成熟后背裂为3部分，每部分有2室（图1C），含数目不等的种子，总数8～12粒，千粒重30g左右。种子为黑色（图1D），具蚂蚁喜食的油质体（Elaiosome），故属蚁播植物（Myrmecochory）。花期3～4月（长江流域），种子可以通过蚂蚁分散传播，蚂蚁将种子带回洞穴，以种子的油质体为食物，种子也就在此地发芽。

图1 风信子主要器官形态

A. 花序；B. 小花；C. 蒴果；D. 种子；E. 鳞茎

## 二、生长发育与生态习性

### （一）生长发育规律

#### 1. 鳞茎的生长发育

风信子植株地下部分主要是变态的鳞茎，是贮藏营养的器官，由叶片的叶鞘部分肥大、每年逐层裹合而成，称之为鳞片。鳞茎外围的鳞片干缩呈膜质状，干缩的鳞片颜色各异，其颜色与花的颜色存在一定的关联性，同时对鳞茎器官起到保护作用。鳞茎内部的鳞片呈半周或2/3周状，按互生叶序2/5排列在短缩茎上，这个短缩茎在植物形态上是真正的茎，称之为鳞茎盘。鳞茎随年龄的增长而不断增大，这是源于组成鳞茎的“茎叶”在逐年生长发育，即新叶生成、鳞片增大。通常球龄3～4年的鳞茎，周长18～20cm，其中含25～30枚年龄不等的鳞片。按照鳞片出现的先后、由外及内的顺序可以归为4类（图2）：一是外围的膜质状干缩鳞片，3～4年生。二是宿存鳞片，2～3年生，是上年和前年出土的正常叶片枯萎后叶鞘宿存于鳞茎中，肥厚肉质，构成了鳞茎的主要组成部分。三是当年正常的出土叶片的肥厚叶鞘，1年生，称之为有叶鳞片，一般4～6枚或7枚，是决定种球（鳞茎）当年膨大量的主要因子。四是小鳞片，有10枚左右，是由短缩茎顶部的第1侧芽发育过程中芽的外围形成的、部分发育为翌年出土的叶片。

图2 风信子鳞茎纵切面

由外至内，依次为最外侧膜质的干缩鳞片（褐色1层）；宿存鳞片（白色8～9层）；叶鞘（绿黄色，1～2层）；小鳞片（花莛基部）。中心为短缩的花莛

#### 2. 芽的生长发育

鳞茎的生长发育过程中，在短缩茎上发育出3种芽：①新芽，在春季花茎抽生过程中，由其旁边的第1侧芽发育成，芽体由小鳞片围合，新芽紧靠花茎的基部，是鳞茎进一步生长发育的生长点，即翌年抽生基生叶和花茎的器官。新芽在鳞茎贮藏期间和秋季种植后继续发育与分化，在营养条件和环境条件满足的情况下，新芽进行花芽分化，适宜分化温度为20～28℃，最适为25.5℃，持续1个月完成花芽分化。②腋芽，在鳞片的叶腋处存在，一般情况下不萌发、处于潜伏状态的隐芽，在植物解剖上属于腋芽，3～4

年鳞茎成熟后或者受到外界条件刺激，该腋芽可以发育为小鳞茎，称之为分球。③不定芽，鳞茎盘基部和鳞片伤口的愈伤组织可再分化出来不定芽，此芽能够不断发育成为小鳞茎，称之为芽球。这些由新芽、腋芽和不定芽发育成的芽球构成了风信子进行营养繁殖的生物学基础。当鳞茎的球龄达 4 ～ 5 年及以上，易发生不定芽进而形成芽球，同时鳞片间的腋芽也会发育出小鳞茎，最终导致母球解体，产生 2 个乃至数个新的鳞茎。

鳞茎的大小与花穗上的小花数密切相关，鳞茎越大，小花数越多；大多数风信子品种的鳞茎周长在 6cm 以上才能开花。基于此，风信子鳞茎商品种球是以鳞茎的周长来划分等级的，有 14/15（周径 14 ～ 15cm，下同）、15/16、16/17、17/18、18/19 和 $19^{+}$（19cm 以上）等规格，这也是质量评价的重要指标

3. 年生长周期

在长江中下游地区，10 月定植母球（鳞茎），翌年 2 月上旬新叶出土，2 月下旬花蕾显现，3 月中下旬进入盛花，可持续 2 ～ 3 周。此阶段鳞茎的贮藏营养消耗较多，外层鳞片干缩，鳞茎的周长有所减小。4 月上旬花谢后至 5 月下旬枯萎前，地下鳞片肥大以及新芽的生长发育，鳞茎膨大明显，年龄较大的母鳞茎也可长出 1 ～ 2 个新鳞茎。6 月上旬地上部完全枯萎，鳞茎进入夏季休眠期，可收获母鳞茎和新鳞茎。在环境适宜下贮藏使其完成花芽分化。适宜的环境条件是凉爽、通风处，温度宜保持 20 ～ 28℃。种球休眠贮藏期间，鳞茎基部会自然长出小芽球，是由不定芽发育而成。在夏季干燥地区如地中海沿岸，鳞茎亦可在地下自然度过休眠期至翌年早春自然萌发或秋季挖出再行定植。至此，风信子完成了 1 个年生长周期。

### （二）生态习性

1. 温度

喜凉爽气候，耐寒，适合生长在冬季温暖湿润、夏季凉爽、稍干燥气候，在长江流域可露地越冬。风信子秋季生根，早春新芽出土，在华东地区 3 ～ 4 月开花，5 月下旬果熟，6 月地上部分枯萎而进入休眠，并在休眠期进行花芽分化，花芽分化最适温度 25.5℃左右，分化进程约 1 个月。花芽分化后至花茎伸长生长之间要有 2 个月左右的低温阶段，气温不能超过 13℃，进行花茎伸长的诱导。风信子鳞茎种植后，根的生长适温为 7 ～ 9℃，芽萌动适温为 5 ～ 10℃，叶片生长适温为 5 ～ 12℃，现蕾开花期以 15 ～ 18℃最有利。因此，风信子盆栽或水养时，升温需要循序渐进，植株的根系及叶片才能生长充分，花序才更加硕大、饱满。

2. 光照

性喜阳光充足或半阴的环境。风信子早春叶片生长期需充足阳光，开花后放半阴处可延长观花期。在促成栽培时，待叶片长到一定高度时需充足阳光，促使叶片和花茎生长健硕、充实。

3. 水分

对水分的要求随生长阶段而变化。鳞茎生根期以稍湿润为好，有利于根系生长发育，干旱时需补充水分；但土壤过于潮湿且在低温条件下，根系易腐烂。叶片生长期和现蕾、开花期需充足水分，盛花期应减少浇水量。鳞茎休眠期则停止浇水，保持适当干燥。

4. 空气相对湿度

生根室内空气相对湿度达 95% 左右，萌芽、展叶、开花期间的空气相对湿度保持 80% 左右。球根贮藏期间要保持低温、干燥环境，防止提前发根、萌芽。

5. 土壤或基质

以疏松、肥沃和排水良好的沙质壤土为宜，切忌过湿和黏重土壤。

## 三、种质资源与园艺分类

### （一）种质资源

风信子曾归属百合科（Liliaceae）植物，后

来有学者归为以风信子属为模式属的风信子科（Hyacinthaceae）。APG IV 分类系统将风信子列为天门冬目（Asparagales）天门冬科（Asparagaceae）绵枣儿亚科（Scilloideae）风信子属（*Hyacinthus*），目前这个分类系统被较为广泛的认可。

风信子属植物原产于地中海东北部沿岸地区，从保加利亚北部到巴勒斯坦地区北部多个国家和地区，包括土耳其、伊朗、伊拉克、黎巴嫩、叙利亚、巴勒斯坦和土库曼斯坦等均有分布。一般都认为风信子属植物有 3 个种，即分布于土耳其南部到以色列北部，包括伊拉克、黎巴嫩、叙利亚、巴勒斯坦和土耳其的风信子（*H. orientalis*）（南非亦有分布），分布于伊朗东北部到土库曼斯坦南部的李维诺夫风信子（*H. litwinowii*）和里海风信子（*H. transcaspicus*）。另有学者将后 2 个种归为小风信子属（*Hyacinthella*），分别命名为 *Hyacinthella litwinowii* 和 *H. transcaspicus*，这样风信子（*H. orientalis*）就成为风信子属中的唯一种。

根据风信子（*H. orientalis*）的地理分布区域，目前明确存在 2 个亚种，一个是分布于土耳其南部到以色列北部（伊拉克、黎巴嫩、叙利亚、巴勒斯坦和土耳其）的原亚种（*H. orientalis* subsp. *orientalis*），另一个是分布于土耳其中部和南部地区的 *H. orientalis* subsp. *chionophilus*。现在栽培的园艺品种均源于该种及其亚种，遗传背景相对单一。

## （二）园艺分类

世界上风信子的园艺品种曾有 2000 个之多，由于两次世界大战等因素的影响，很多古老品种不复存在，加之花卉爱好者对风信子追捧热度的降温，至 20 世纪 70 年代，风信子的园艺品种数量和栽培面积跌入低谷。风信子属植物国际品种登录权威机构是位于荷兰的皇家球根种植者协会（The Royal General Bulb Growers' Association，KAVB），目前在此登录的风信子品种有 376 个。

### 1. 按来源分

这些品种可以分为“荷兰系”和“罗马系”。绝大多数品种属于荷兰系。

（1）**荷兰系**：由荷兰育种者从风信子原种培育出来的系列品种。目前很多园艺品种均属于本系。该系品种体势粗壮，每株着生 1 枝花莛，花莛粗壮、较长，花朵较大。

（2）**罗马系**：由法国园艺家将风信子的品种改良而来的品种，也称法国罗马系。多是变异的杂种，鳞茎比荷兰系小，每株着生 2 ～ 3 枝花莛，长势较弱，花朵较小，市场占有量有限。

由于风信子园艺品种的来源比较简单，遗传变异性相对于郁金香、唐菖蒲较小，各品种间差异十分细微且难以分辨，但园艺品种的倍性水平多样，有二倍体（2n = 2x = 16）、三倍体（2n = 3x = 24）和四倍体（2n = 4x = 32）以及非整倍体（2n = 25、25、27、28、30）等多种类型。

### 2. 按花色分

园艺品种通常按花色分为白色系、浅蓝色系、深蓝色系、紫色系、粉色系、红色系、黄色系和橙色系。

### 3. 按花期分

根据花期早晚，也可将风信子分为：

（1）**早花品种**：‘阿姆斯特丹’（‘Amsterdam’）、‘简·博斯’（‘Jan Bos’）。

（2）**中花品种**：‘安娜·玛丽’（‘Anna Marie’）、‘粉珍珠’（Pink Pearl）、‘英诺森塞’（‘L'Innocence’）、‘白珍珠’（‘White Pearl’）、‘大西洋’（‘Atlantic’）、‘巨蓝’（‘Blue Giant’）、‘蓝星’（‘Blue Star’）、‘代夫特蓝’（‘Delft Blue’）、‘奥斯塔雷’（‘Ostara’）、‘安娜·利萨’（‘Lisa’）、‘德比夫人’（‘Lady Derby’）。

（3）**晚花品种**：‘马科尼’（‘Marconi’）、‘芳顿特’（‘Fondant’）、‘粉皇后’（‘Queen of the Pinks）’、‘卡内基’（‘Carnegie’）、‘蓝杰克’（‘Blue Jacket’）、‘玛丽’（‘Marie’）、‘紫晶’（‘Amethyst’）、

‘紫珍珠’（‘Violet Pearl’）、‘吉普赛女王’（‘Gipsy Queen’）、‘哈勒姆之城’（‘City of Haarlem’）。

4. 按花型分

经过长时间的杂交与人工选育，风信子渐渐产生了一些特殊的重瓣品种，引入中国的主要有‘萝茜特’（‘Rosette’）、‘那不勒斯玫瑰’（‘Rose of Naples’）、‘皇家粉’（‘Pink Royale’）、‘蜀葵’（‘Hollyhock’）、‘红色钻石’（‘Red Diamond’）、‘安娜贝尔’（‘Annabelle’）、‘板栗花’（‘Chestnut Flower’）、‘科勒将军’（‘General Kohler’）、‘依莎贝尔’（‘Isabelle’）、‘科多国王’（‘Double King Codro’）、‘无畏勇者’（‘Dreadnought’）、‘本尼维斯’（‘Ben Nevis’）。

### （三）主栽品种

‘阿姆斯特丹’‘简·博斯’‘安娜·玛丽’‘粉珍珠’‘白珍珠‘花蓝色的大西洋’‘巨蓝’‘蓝星’‘代夫特蓝’‘奥斯塔雷’‘安娜·利萨’‘德比夫人’‘马科尼’‘芳顿特’‘粉皇后’‘卡内基’‘蓝杰克’‘玛丽’‘紫晶’‘紫珍珠’‘吉普赛女王’‘哈勒姆之城’‘红色火箭’（‘Red Rocket’）、‘威尔拜卡’（‘Vuurbaak’）、‘红色魔术’（‘Red Magic’）、‘桑红玫瑰’（‘Mulberry Rose’）、‘可恩糖’（‘Candy Cane’）。

## 四、繁殖技术

### （一）种子繁殖

风信子易形成种子，可以采用播种繁殖。风信子的种子采收后随即播种或沙藏秋播，播后覆土 1cm，萌芽后给予充足的肥水，随着年龄增长，地下芽球不断膨大而形成鳞茎，需培养 4～5 年才能开花。种子繁殖出来的后代容易产生性状分离，因此，播种繁殖多在杂交育种时使用。

### （二）分球繁殖

基于风信子鳞茎的生长发育特性，进行营养繁殖可以保持园艺品种的优良特征，即母球长出芽球（籽球），将籽球分离生成新个体而繁衍后代，称之为分球繁殖，这是风信子主要的繁殖技术，其核心是培育新的、尽量多的、可以开花的种球。在自然情况下，风信子地下部鳞茎的腋芽偶生出 1～2 个籽球，可行分球繁殖，但这些籽球因周长小、花芽未分化，翌年基本不开花，在数量上也达不到规模化生产种球的需求，因此，促生数量多、规格大（经 1～2 年种植可以开花）的籽球是分球繁殖的关键所在。目前主要的技术方法如下：

1. 自然分球法

春末夏初，地上茎叶枯萎后，将风信子成熟种球（一般球龄 3～4 年）从地下挖出，在原地晾晒，将枯萎的茎叶及干缩的根摘掉后，将成熟种球置于阴凉干燥处贮藏，在 6～8 月的贮藏期间，母球基部四周会自然分生出籽球，即上述的芽球，将其与母球分离，在适宜的气候条件下，给予充足的肥水条件，培育 3～4 年即可开花（图 3A）。

2. 人工刻伤法

人工刻伤鳞茎、促其发生不定芽进而发育成小鳞茎是规模化生产种球的主要方法。刻伤的方法有 3 种：

（1）**挖心法**：又称刮底法，是荷兰规模化生产风信子种球的常规繁殖方法。即春末夏初，将母球掘起适当干燥并消毒后，用弧形刀将鳞茎的底部挖空，然后将挖心的母球正置或倒置于培养室的架子上，保持室温 23～25℃，空气相对湿度 70%～80%，适当通风，防止伤口处霉烂。大约培养 3 个月，便从鳞茎挖心的伤口处形成籽球，平均每个母球可形成 40 个左右的籽球，但籽球较小，需继续培育 4～5 年才能形成商品开花球（图 3B）。

（2）**扦插法**：又称双鳞片扦插法。将鳞茎纵切分成若干等份，再将其分割为至少保留 2 枚带有鳞茎盘的鳞片作插穗，高锰酸钾液消毒，待伤口愈合后扦插于基质（泥炭、珍珠岩

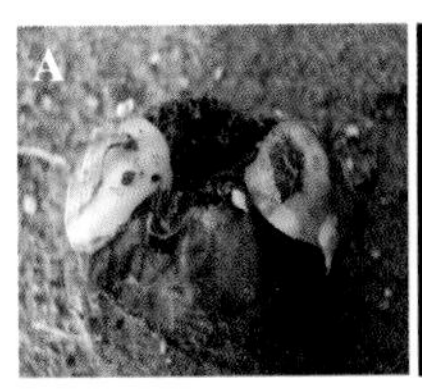

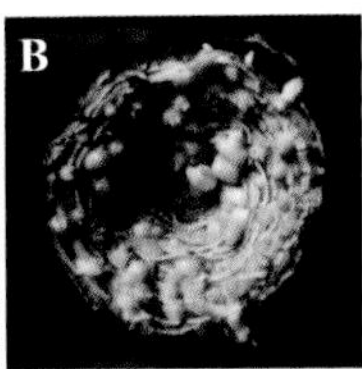

图 3　风信子营养繁殖方法

A. 自然分球法（母球和基部分生的籽球）；B. 挖心法（挖心部形成的籽球）；C. 双鳞片扦插法（鳞片叶腋处形成的籽球）

和蛭石按一定比例配制），在黑暗条件或弱光条件下催生不定芽进而培育出籽球，且数量较多（图 3C）。

（3）**切割法**：选择 4 ～ 5 年生鳞茎，收获后在 6 ～ 7 月进行切割，将鳞茎倒置，用快刀向下纵切 8 份，深度为纵径的 1/2 ～ 2/3，伤及新芽（主芽），消毒风干，在通风干燥处贮藏至秋季种植，贮藏期间会产生少量不定芽，但大量不定芽是在种植后发生的，至翌年早春切割的种球发出多个呈丛生状的小植株，至夏季地上部枯萎时收获小鳞茎，即籽球。品种不同、刻伤方法不同，获得籽球数量不等，比如利用切割法一般可以获得 15 ～ 20 个小鳞茎（籽球），小鳞茎周长部分能达 10cm 乃至以上。

这 3 种方法获得的籽球需要进一步培育才能形成商品开花种球。一般是按照籽球周长进行分类种植：周长大于 10cm 的籽球经过 1 年的培育即可形成周长 12cm 以上的商品种球；周长小于 10cm 的籽球，需要培育 2 ～ 3 年。

## （三）组织培养

### 1. 初代材料的获得

（1）**直接诱导不定芽方式**：以风信子的鳞茎为外植体，以 75% 酒精浸泡 5 分钟后，再以 15% 新洁尔灭浸泡 10 分钟，进行初步的表面灭菌。再在超净工作台上，切掉鳞片边缘，以带鳞茎盘的双鳞片、单鳞片接种在培养基上，其诱导培养基为 MS + 4 ～ 5mg/L 6–BA + 0.1 ～ 0.5mg/L NAA + 30g/L 蔗糖的固体培养基。培养温度 23 ～ 25℃，光照强度 1500lx，每天光照 12 小时，60 天后均可诱导出白色的小鳞茎球，双鳞片诱导效果好于单鳞片（图 4A）。

若以花序轴为外植体材料，以 MS 为基本培养基，培养基中如 NAA 浓度≤ 6–BA 浓度（NAA ∶ 6–BA = 0.2 ～ 1mg/L ∶ 1 ～ 1.5mg/L），花序轴的不同部分均可形成大小不等的小鳞茎。

（2）**间接诱导不定芽方式**：以鳞茎内近鳞茎盘的鳞片为外植体，先用 75% 酒精浸泡 1 ～ 2 分钟，再用 2% ～ 5% 次氯酸钠浸泡 15 分钟，无菌水清洗 5 次，将外植体剪成 $1cm^2$ 大小的方块，接种于 MS + 3mg/L 2, 4–D + 0.5mg/L 6–BA + 0.4mg/L NAA + 30g/L 蔗糖的固体培养基，在温度为 25 ± 2℃，光强 1200lx，每天 12 小时光照的条件下进行培养。3 周后即可诱导出生长旺盛、质地较硬的愈伤组织，且表面形成很多近圆球形突起，将带有球形突起的愈伤组织切成 $2mm^3$ 的小块，每块上有 2 ～ 5 个近圆球形突起，在 MS + 0.5mg/L 6–BA + 1mg/L KT + 30g/L 蔗糖的固体培养基上，培养 2 周后，出现绿色芽点，3 周后分化出芽，分化率可达 85%。这种再生的不定芽，有少量畸形芽出现。

将鳞茎常温贮藏或低温冷藏后再进行组织培养，初代培养过程中，可提高小鳞茎球的诱导率。

### 2. 继代培养

风信子继代扩繁有以下 3 种途径，但繁殖系数均较低。

（1）**不定芽增殖**：最佳增殖固体培养基为 MS + 1 ～ 2mg/L 6–BA + 0.2 ～ 0.5mg/L NAA + 0 ～ 0.2mg/L KT + 30g/L 蔗糖，增殖系数达 2 ～ 3（图 4B）。

（2）**以小鳞茎继代**：不同品种要求的植物生长调节剂的种类和浓度有较大差异，小鳞茎只是在重量上增加，数量上变化不大。

（3）**小鳞茎膨大培养**：将不定芽接种在 MS + 0.2 ～ 0.5mg/L GA + 0.5 ～ 1mg/L IAA + 30g/L 蔗糖的固体培养基中，1 个月后不定芽发育成直径为 3 ～ 5mm 的小鳞茎，同时长出 1 ～ 2cm 的叶片。或将小鳞茎转接在 MS + 0.1mg/L 6-BA + 0.4mg/L $KH_2PO_4$ + 20g/L 蔗糖的固体培养基，2 个月后小鳞茎直径增大到 1.8cm。这种方法扩繁的时间长，其目的是将小鳞茎球在瓶内膨大。

3. 生根培养

当芽长到约 3cm 长时，转入 1/2MS + 0.2 ～ 0.3mg/L NAA + 20g/L 蔗糖的固体培养基中，生根培养 3 周后，即可分化出 4 ～ 5 条长约 2.5cm 的不定根（图 4C）。

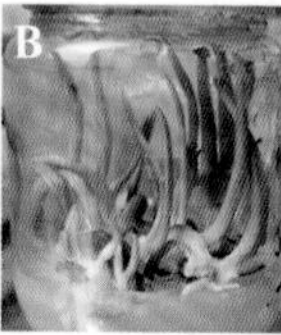

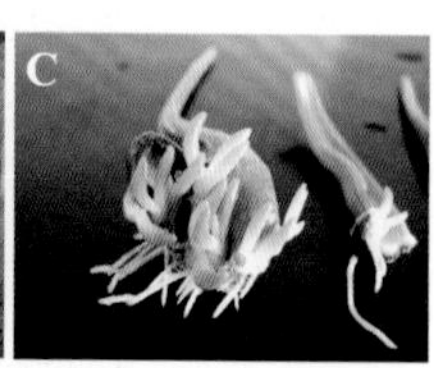


图 4　风信子组织培养
A. 鳞片诱导不定芽；B. 不定芽增殖状态；C. 诱导生根

4. 试管苗炼苗与移栽

当试管苗长出 3 ～ 5 条根，且根长 1cm 以上时，即可打开瓶口炼苗 5 ～ 10 天；然后取出试管苗洗净根部黏附的培养基，栽植于蛭石：珍珠岩：草炭土 = 1：1：1（体积比）的基质中；培养于温度 10 ～ 25℃、空气相对湿度 80% 左右、散射光照射的温室内，15 ～ 20 天后即可成活。在此期间，喷施 1/2MS（无机盐）+ 0.1 ～ 0.2mg/L NAA 的营养液，可加快生根，也为幼苗补充营养。但组培苗移栽成活后培育成商品种球的研究较少。

## 五、栽培技术

### （一）园林露地栽培

1. 品种、种球选择

质量好的风信子种球表皮无创伤，球体充实，尤其是外层的肉质鳞片，不因失水而过分皱缩，球体本身无霉变及软腐症状，手感坚硬而充实。风信子开花所需的养分，基本上由贮藏在鳞茎内的养分供给，因此充实饱满的种球是开出硕大而美丽花朵的最重要前提。此外，风信子鳞茎必须达到一定的大小才能正常开花，一般应该挑选周长 15/16cm 以上的种球，但不同品种能达到开花要求的种球周径略有不同。

2. 栽培场地的选择

风信子忌积水，因此，栽培地点宜选地势偏高，地下排水通畅，且土壤疏松肥沃、富含有机质、排水良好的中性或微碱性沙质壤土，可按腐叶土 5：园土 3：粗沙 1.5：骨粉 0.5 的比例配制培养土。若庭园栽培，为延长观赏期，可选半阴场所，最好栽在既能接受早晨的东南方向阳光，又能避免下午西晒的位置。在淤积滩地和地下水位较高的地段，不宜种植风信子。

3. 土壤及种球消毒

风信子栽种前，可用福尔马林等化学药剂进行土壤消毒。在土温 10 ～ 15℃的情况下，于土壤表面施药后立即覆盖薄膜，温暖天气 3 天后撤去薄膜，晾置 1 天后进行栽种，保持土壤湿润。种植前要施足基肥，大田栽培忌连作。

种球消毒：将鳞茎外层皮膜剥除，于百菌清 600 倍液中浸泡 20 ～ 30 分钟，或甲基托布津、高锰酸钾溶液均可。

4. 整地与种植

宜于 10 ～ 11 月进行栽种。种植前深翻土壤，施足基肥，并在上面加一薄层沙，然后将鳞茎排好，株距 15 ～ 18cm，覆土厚度为球高的 2 ～ 3 倍，不可过深或过浅，栽后浇透水。有条件的可以覆草以保持土壤疏松和湿润。一般开花前不作其他管理。

为保证种植后根系有足够的生长时间，通常安排在有 2 周左右温度保持在 7 ～ 9℃的时段种植，尤其是温度偏高的南方地区，种植前查看天气预报很重要。

5. 肥水管理

定植前深耕土壤很重要，并施足基肥，加入骨粉。园林绿地连续种植时追肥分 3 次进行：秋季根系生长期、早春萌芽显蕾期、花后生长期等。在花坛、花境等园林观赏栽培时，花后如不需收种子，待花瓣凋萎时，应将花茎剪去，防止结实消耗营养，以促进地下鳞茎发育，剪除位置应尽量在花茎的最上部，将花序剪除即可。

栽培后期应节制肥水，避免鳞茎“裂底”而腐烂。种球应适时与及时采收，过早采收，生长不充实；过迟常遇雨季，土壤太湿，鳞茎不能充分阴干而不耐贮藏。

### （二）盆花生产

风信子盆花一般在温室进行促成栽培，将花期提前到 12 月至翌年 3 月之间的新春时节，为冬季的室内增添色彩。

1. 品种、种球选择及种植前处理

一般选早花品种或中花品种，要求株高 25 ～ 35cm，花朵硕大、花色鲜艳，且种球一定是经过低温处理过的。种球消毒同上。

2. 基质选配

盆栽基质的好坏直接影响植株生长发育。盆栽风信子的基质要求疏松、透气、富含腐殖质、颗粒适中的土壤。颗粒太大，水分流失快，不利于肥料的固定；颗粒太小，土壤不能有效地通气，多余的水分不易排出。土壤有机质含量高、肥力充足，而且土壤的团粒结构好，非常有利于盆栽风信子的生长与发育，土壤适宜的 pH 值为 6.0 ～ 7.0。定植前施足基肥，并须消毒处理。

3. 定植

先在盆底铺少许石子，以利排水，然后将配制好的基质装入花盆。栽植时，将种球底部鳞茎盘周围的皮膜除去利于生根。定植不宜太深，保留 1/3 种球露出土表；定植后浇 1 遍透水，以利于鳞茎与土壤很好地接触并降低土壤温度。

尽量选择花期一致的品种定植在一起，以确保后期盆栽造型饱满，花相整齐。如果不能确定各个品种的花期，宜选用相同品种定植在 1 个容器内。根据风信子种球及植株大小，一般 10cm 口径花盆栽 1 个球，15cm 口径花盆栽 3 个球，20cm 口径花盆栽 5 个球。

4. 温光管理

定植初期，保持 7 ～ 9℃的温度，促其生根，10 ～ 15 天即可。待种球充分发根后，夜温保持 10 ～ 18℃，日温 20℃左右，一般 45 ～ 60 天即可开花，品种不同所需时间存在一定的差异。现花后，可将环境温度降到 15℃左右，以延长观赏期。

定植生根后升温需要循序渐进，切勿骤然升温，植株的根系及叶片才能生长充分，花序才更加硕大、饱满。在供暖比较充足的室内盆栽风信子，常因定植后温度偏高，根系和叶片未能充分生长，花序就直接伸出，结果造成花序短缩，影响观赏。

风信子一旦萌芽，就要给予充分的光照。促成栽培时，冬季的光照条件如果不足，植株生长瘦弱，花莛细，花苞偏小，叶片发黄，后期花莛容易倒伏，严重的还会产生盲花。春季盆栽时，自然光照强度逐渐增大，也要注意光照不能过强。

5. 肥水管理

风信子种球定植后须浇 1 次透水，然后保持土壤适当的湿润即可。风信子忌积水，但过于干燥，会使根系受到不可逆的伤害。

风信子开花所需养分，主要靠鳞茎内部贮存的养分供给，因此，如果是不回收种球的一次性种植，可以不追肥；但如果想回收种球，生长期间每隔 2 周施 1 次偏磷、钾肥的复合肥，给予充足的光照（冬春时节，全光照），可使植株生长健壮。

花后如果不收种子，可将残花序剪除，继续给以充足的光照，同时每隔 2 周施 1 次偏磷、钾肥的复合肥，直至叶片枯萎进行种球采收。家庭盆栽也可不起球，直接将盆花放置或浅埋在庇荫处（温度低有利于夏季休眠期间进行花芽分化），但要保持盆土适当的湿润，待秋季再进行肥水管理，但因种球未经低温处理，不能提前至春节前开花，只能像露地栽培一样待翌年春季开花。

6. 植物生长调节剂施用

对即将开花‘Blue Jacket’的植株叶面喷施100mg/L的$GA_3$能促进其生长发育，株高、叶长、叶片厚度、单叶面积、小花直径、花序长度和花莛高度均有所增加。同时，初花期还可提前5天，整个花期延长4天。

## （三）水培技术

1. 品种及种球选择

选择早花的矮化品种，且种球需经过低温处理。水养的种球必须大而充实，周长＞18cm的种球水养后花序紧凑，小花数量多，花相饱满；相反，若周长偏小，花序上花小且少，排列稀疏，影响观赏效果。底部鳞茎盘干燥、无霉菌。如果在鳞茎盘周围有小籽球，水养前应将小籽球全部剥除，以保证养分集中供给主花序。种球消毒同上。

2. 容器选择

采用特制的玻璃瓶，瓶口呈杯状，种球正好稳稳地置于其上。目前，国内市场有风信子水养专用瓶供应，居家也可用普通的广口瓶。

3. 水养

容器内装入清水，水中放一点儿木炭以吸收水中杂质，将种球卡在容器上，同时种球下面的鳞茎盘与水面持平，但未接触到水面。水面过低，鳞茎盘吸不到水而发根慢；水面高过鳞茎盘，鳞茎容易腐烂。

4. 养护

水养初期，温度尽量控制在7～9℃，发出的根系才能洁白、粗壮、整齐、似瀑布。根系长到3～5cm时，即可转入夜温10～18℃，日温20℃左右的室内养护，同时保持充足的光照条件，一般45～60天即可开花，品种不同所需时间也有差异。

在规模化生产时，先将水养的风信子统一放入生根室，生根室条件同上，待根系长到3～5cm时，再把栽有鳞茎的水培容器移入日温20℃左右的温室。搬运应在傍晚进行，如果必须在早上搬运，鳞茎上则需覆盖报纸滤去强光，因为刚从低温生根室出来，若受到直射强光刺激可能引起颈部抽长。

风信子生长过程中的温光管理同盆栽。

5. 换水

当根系长到3～5cm时就要及时调节水位，使2/3的根系浸没在水中，或含P、K肥的营养液中。根据温度情况，每3～5天换1次清水。换水时不必将根全部取出，以免损伤根系；如果水体无污染，不必将原有的水全部倒掉，直接补加清水即可，水的EC值应控制在1.0～1.5mS/cm。一般情况下不需施加营养液，如果确实需补充养分，可以隔2周加入如下营养液：硝酸钙0.354g/L、硝酸铵0.264g/L、磷酸二氢钾0.68g/L、氯化钾0.074g/L、硫酸镁0.493g/L，及适量微量元素的混合液。

6. 植物生长调节剂施用

多效唑对水培风信子具有明显的矮化效应，100～200mg/L多效唑处理可使水培风信子矮化，叶片变短变窄，花序长度和花莛高度均矮化，植株更加紧凑，水培观赏效果更佳，同时还可使花期延长，但对初花期影响不大。

## （四）切花栽培及采后处理

风信子的花序还是极佳的切花材料，水养期可长达10天之久，故荷兰每年举办的花车游行时，装饰花车的主体花材就是各种花色品种的风信子。其切花栽培技术同园林地栽。

切花在花序基部小花显色时采收，为了保证花枝长度和瓶插寿命，需将种球一起采收，剥除鳞片保留鳞茎内带茎盘的一段花梗，切花水养时也必须带着茎盘不可再剪切花梗（图5）。切花贮藏温度为0～2℃。

图5　风信子切花采收标准

A. 风信子切花长度要求（荷兰国际花展）；B. 切花瓶插；C. 带茎盘的切花花枝

## 六、病虫害防治

### （一）生理病害及其防治

1. 生理性芽腐

症状：在发病初期，花序的部分小花出现腐烂，此时叶片通常不出现腐烂或损坏的现象，随后染病小花的雄蕊变干、变脆，接着小花凋谢或枯萎。严重的会导致整个花序腐烂。

原因：冷处理的时间过短造成最后1朵小花脱水导致。同时不同品种之间产生生理性芽腐的敏感程度不同，品种'Pink Pearl'更容易出现此病。

防治方法：确保种球的生根室或贮藏室保持9℃恒温，尽量不要用其他补偿措施；室内种植时，种植期间温度变化幅度不超过2～3℃；切勿将水浇灌在花序上，特别是在开花阶段；不要使土壤过湿，同时确保足够的株行距，加强室内通风。

2. 花序顶端变绿

症状：花序顶部的小花不能正常开花，保持绿色，严重时整个花序都呈绿色。

病因：由于低温处理不当而导致的生理失调；处理时间太短或不当的温度都会产生此症状。'Pink Pearl'和'Jan Bos'等，对这种生理失调的敏感程度高于其他品种。

防治方法：定植后，温度的调节要按照发根、展叶、花茎伸长、开花各个阶段所需的温度逐渐进行。

3. 顶端开花

症状：花茎抽生较短，叶片伸展不充分，位于顶端的小花先于花序下端的小花开放，且花序变短。

原因：定植后或水养后，没能充分接受低温处理，直接进入适宜开花的高温环境。

防治方法：定值后，按照发根、展叶、花茎伸长、开花等各个阶段所需的温度逐渐进行调节。

### （二）病害及其防治

1. 细菌性软腐病

症状：受侵染的鳞茎组织变得透明，并伴有白色或透明状污点，同时，受感染的种球散发出难闻的气味，严重时，叶片出现水渍状。植株受感染后，起初植株生长受阻，随后萎蔫、腐烂而死。

原因：当温度太高或土壤太湿时，欧文氏杆菌从鳞茎的伤口处或受冻部位侵染，这种细菌多为寄生性，无论在贮藏期间，还是栽培过程中都可能侵染。'Delft Blue'和'Carnegie'是极易受感染的品种。

防治方法：贮藏期间和栽培过程中，控制好土壤水分和空气湿度，发现染病种球和植株及时清除，一般不作药剂防治；种植前对种球做好消毒，并减少机械损伤即可。

2. 鳞茎腐烂病

症状：在鳞茎盘处出现干枯组织，切开种球，可以看见其周围组织呈现浅褐色，贮藏和种植过程中种球会继续腐烂。被感染的种球茎芽生长比较短，种球本身发根少，或是根本没有根，植株容易死亡。

原因：由贮藏期间感染的青霉菌（*Penicillium*）引起，侵染主要发生在低温（17℃以下）和高湿（> 70%）的贮藏室。另一原因是由种球受伤而引起的，如芽早萌或根早发后受伤而被侵染，受侵染的部位有白色到蓝绿色不同的真菌生长，其下组织变褐而松软，但这种侵染并不会延伸到种球内部，而且对开花影响不大。

防治方法：防止芽早熟或根的形成，种球到

货后要尽快种植（特别是‘Pink Pearl’）；在贮藏室内，要保持规定的恒定温度并使空气流通，贮藏期间要保持空气相对湿度在70%以下。种植前对种球进行消毒。

3. 寄生性芽腐烂病

症状：花序上部的小花出现腐烂，又称“顶腐烂”，常伴随着叶尖端出现褐斑。在温室种植时可以看见蜘蛛网似的菌丝生长痕迹。这种侵染常常区域性出现，当土壤温度上升时侵染加剧。

原因：寄生性芽腐烂病是由丝核菌（*Rhizoctonia solani*）侵染引起的，主要是从被污染（种植前土壤已被污染）的土壤中开始侵染植株。

防治方法：被侵染的土壤在使用前彻底消毒；盆栽时尽量使用新配制的基质；栽培时，控制好土壤或基质温度，给予风信子适宜的生长环境条件。

## 七、价值与应用

### （一）观赏价值

1. 盆栽观赏

风信子植株低矮整齐；花期早，花序端庄、紧凑、硕大，花朵密集，花姿美丽，花相饱满，花色丰富、艳丽，且具有芳香，花茎高15～45cm，略高于叶；叶片螺旋状基生，线形或带状披针形，长15～35cm，朝上卷曲，光滑、肉质肥厚，翠绿色有光泽。盆栽造型美观，是国内外受喜欢的盆花之一。

2. 水养观赏

水培风信子不仅可观艳丽的花、翠绿鲜嫩的叶片，其洁白似瀑布的根系同样具有很高的观赏价值。现在，同中国水仙一样，已成为我国元旦、春节期间重要的观赏花卉。

3. 园林绿地观赏

风信子是早春开花的著名球根花卉之一。适于布置花坛、花境、花台、草坪、林缘等园林绿地；又因为其与郁金香、洋水仙、葡萄风信子等秋植球根花卉的花期相近，且花香袭人，具有珍贵的蓝色、蓝紫色，故常常与郁金香、洋水仙、葡萄风信子等配置组成花海，形成早春绚丽的园林绿地景观，微风吹起，花香四溢（图6）。

图6　风信子的盆栽、水养和景观应用

### （二）其他价值

风信子有滤尘作用；花香能稳定情绪，有消除疲劳作用；还可提取芳香油。

但是，风信子全株各器官对人具中等毒性，其中以鳞茎尤甚，误食会引起胃痉挛、流涎、呕吐、腹泻等不良反应，接触汁液会刺激皮肤出现红肿、发痒等不适症状，能持续几分钟，易感人群可能会感到刺鼻或哮喘，效应成分是生物碱类化合物，如石蒜碱（Lycorine）等。但只要不误食，或汁液不从眼睛及伤口处进入人体，进行正常栽培操作，不会有任何伤害。

（王春彦）

# *Hymenocallis* 水鬼蕉

水鬼蕉是石蒜科（Amaryllidaceae）水鬼蕉属（*Hymenocallis*）多年生鳞茎类球根花卉。其属名 *Hymenocallis* 来源于希腊语 *hymen*（“membrane”膜）和 *kalos*（“beauty”美丽），是指其雄蕊花丝基部接合并呈杯状或冕状的膜。据统计，水鬼蕉属有 65 种，大多数分布于美洲温暖地区（World Flora Online，2022），我国引种常见栽培的有水鬼蕉（*H. littoralis*）1 种。

## 一、形态特征

多年生常绿草本（原产地和华南地区），引种到亚热带和暖温带之后成为落叶草本。地下鳞茎球形。叶线形、带形、阔椭圆形或阔倒披针形。花茎实心；伞形花序有花数朵，下有佛焰苞状总苞，总苞片卵状披针形；花被管圆柱形，细弱，上部扩大，花被裂片狭，几相等，扩展，白色；雄蕊着生于花被管喉部，花丝基部合生呈杯状体（雄蕊杯），花丝上部分离，花药丁字形着生；子房下位，每室具胚珠 2 个，柱头头状（图 1）。花期夏、秋季，主要于 6 ～ 7 月开花，有的花期长达 5 ～ 8 个月。开花后结实，果实卵圆形或环形，成熟时开裂；种子为海绵质状，绿色。细胞染色体基数 x = 10、11、12。

## 二、生长发育与生态习性

### （一）生长发育规律

水鬼蕉原产美洲西印度群岛，属于春季栽植、夏秋开花、冬季休眠的球根花卉。其生长发育可分为以下几个时期：

#### 1. 营养生长期

春季鳞茎根部恢复生长，叶片生长至花莛抽出前为营养生长期。该期以叶片、根系生长为主，栽培温度应高于 15℃。

#### 2. 花芽分化与发育期

水鬼蕉在休眠期花芽分化，5 ～ 6 月抽出花莛，7 月进入盛花期。水鬼蕉从初夏至初秋开花不断。夏季应避免暴晒，一般置于阴棚下养护。

#### 3. 鳞茎生长期

水鬼蕉花后直至秋末霜降叶片变黄是鳞茎快速生长和膨大期。为保证鳞茎生长，花谢后需及时剪去残余的花莛，减少养分消耗。

#### 4. 休眠期

秋末下霜后，环境温度低于 15℃，水鬼蕉的叶片开始变黄，鳞茎逐渐进入休眠状态，直到地上部分完全枯萎。至翌年春季天气回暖，气温高于 15℃，鳞茎解除休眠。

### （二）生态习性

水鬼蕉属植物生长强健，适应性强，耐旱、耐湿、耐阴、耐高温，但不耐寒。

#### 1. 温度

喜温暖，不耐寒冷，生长最适温度 21 ～ 27℃。15℃以下时生长停止，10℃以下时叶片变黄萎蔫，5℃时地上部枯死，地下鳞茎则以被迫休眠的方式越冬，至翌春气温升高后恢复生长。

#### 2. 光照

性喜温暖湿润、光照充足气候，但畏惧烈日

图1　水鬼蕉主要器官的形态（引自中国植物自然标本馆网站）
A. 植株；B、C. 花器官形态；D. 鳞茎

照射，夏天炎热季节应置于荫棚下养护。

3. 土壤

以富含腐殖质、疏松肥沃、排水良好的沙质壤土为好。

## 三、种质资源

水鬼蕉属约65种，国内外常见观赏栽培的种：

1. 蜘蛛百合（新拟）*H. arenicola*

原产拉丁美洲巴哈马群岛，1872年前引种。茎高40～55cm，叶片平行脉，叶长达70cm，宽8cm，叶尖顶端圆形。花白色，辐射对称的花排成伞形花序，每个花茎上最多着花14朵，无柄。6个雄蕊部分融合到花被中形成管状托杯形萼筒。夏季开花。

2. 宽叶水鬼蕉 *H. caribaea*

原产西印度群岛，1701年前引种。茎高30～50cm，花白色，每个花茎上至少着花8朵，初夏开花。

3. 迪克西蜘蛛百合（新拟）*H. duvalensis*

原产美国佛罗里达东部、佐治亚州东南部，适合生长在潮湿的林地中。茎短、叶狭窄。每个花茎着花2朵，雄蕊呈狭窄的杯状，夏季开花。

4. 海滨蜘蛛百合（新拟）*H. littomlis*

原产墨西哥和危地马拉，热带地区广泛引入该种栽培。茎高50cm，叶片长5cm，常绿。每个花茎着花6～12朵，花白色、无花梗，花筒长度为10cm，仲夏开花。

5. 水鬼蕉 *H. littoralis*

原产美洲热带，是我国唯一引种的水鬼蕉。我国福建、广东、广西、云南、海南等地区均有栽培。叶剑形，长45～75cm，宽2.5～6cm，顶端急尖，基部渐狭，深绿色。花茎高30～80cm；佛焰苞状总苞片长5～8cm，花茎顶端着花 3～8 朵，白色；花被管纤细，长短不等，长者可达 10cm 以上，花被裂片线形，通常短于花被管；杯状体（雄蕊杯）钟形或阔漏斗形，长约 2.5cm。夏末、秋初开花（图 1）。

**6. 大副冠水鬼蕉 *H.×macrostephana***

常绿，茎高 80cm，花白色或者乳白色到淡黄绿色，春季或夏季开花。喜高温，耐最低温度 15℃。

**7. 水仙花水鬼蕉 *H. narcissiflora***

原产秘鲁和玻利维亚，多生长在海拔 2400m 的田地或岩石较多的地方，1796 年前引种。茎高 45～50cm，叶基生，叶少，长 45～50cm，宽 5cm，半直立，冬季枯死。花序稀疏，每个花茎上着花 2～5 朵，白色，夏季开花。较耐寒，可在冬季气温不低于 1℃的户外种植。

## 四、繁殖技术

### （一）营养繁殖

水鬼蕉营养繁殖方法主要是分株（分球）繁殖。通常每隔 2～3 年在早春 3～4 月结合换盆分球 1 次。把分生出了多个鳞茎的大丛植株挖出，将整丛鳞茎分割成数株小丛，每小丛带有 3～4 个鳞茎，另行栽种即可。在栽植时，注意切勿深栽，保持鳞茎颈部与土面相平即可，小籽球可埋得稍深些。

### （二）种子繁殖

水鬼蕉在开花后能够结出种子，可用作种子繁殖。水鬼蕉种子成熟后采摘并保存，至翌年春天播种。将水鬼蕉种子播种在沙土混合的基质上，无覆盖。温度保持在 21～27℃，且夜间温度不低于 13℃。当水鬼蕉种子萌发、实生苗长到一定程度时，需要把幼苗分栽到盆中，保证其正常生长。幼苗生长期，环境温度保持在 19～24℃，夜间温度不低于 19℃。夏季温度较高时，幼苗可放在室外生长但忌大风与阳光直射。水鬼蕉幼苗生长两年后可进行常规养护。

## 五、栽培技术

### （一）盆栽

水鬼蕉在北方多以盆栽为主，栽培管理简便。华北地区盆栽水鬼蕉在 3 份进行，室外栽植以 5 月初为宜。盆土选择富含腐殖质、疏松肥沃、排水良好的沙质壤土。将鳞茎栽种在盆内，浇透水。将植株放置在阳光充足且通风的地方，栽植深度以鳞茎顶部与土面齐平为宜。生长期，浇水要求盆土湿润而不积水，每隔 15 天施 1 次复合液肥。抽花莛后要少浇水，浇水过多常易引起花朵萎黄。夏天置荫棚下养护，进入花期，应充分供水。入秋后，天气渐凉应控制浇水，保持盆土略干燥为好。若盆土长期过湿和空气过于潮湿，均易引起烂根。花谢之后要及时剪除残花莛，减少养分消耗，以利鳞茎生长充实，保证翌年正常生长和开花。冬季进入被迫休眠阶段，北方地区在 10 月中下旬需将花盆移入室内越冬，越冬期间必须严格控制浇水，室温保持在 10℃以上即可。若冬季室温过高，盆土过湿，会影响休眠，对翌年生长和开花均不利。

### （二）露地栽培

4 月将贮藏越冬的水鬼蕉鳞茎放于温室光照充足的温暖处，促使其根部恢复活性。种植地应选光照充足且富含腐殖质的沙质或黏质壤土。于前一年秋天深耕，施入基肥；当年春天再翻耕 1 次，施入基肥，整地做畦。5 月下旬栽植鳞茎，覆土深度 3～5cm，鳞茎间距 15～20cm。秋末下霜后，水鬼蕉叶片变黄，需及时采收鳞茎，晾干后放 8℃左右处贮藏，以备翌年栽植。

种球越冬与贮藏。水鬼蕉不耐寒。冬季正常越冬气温要求在 15～20℃之间，至少不应低于 5℃。冬天可以放在温室或室内阳光充足处栽培。冬季气温下降，则要控制浇水，只要保持盆土稍有湿润就能度过寒冬。若露地栽植时要在秋季将进入被迫休眠的种球挖出，种球晾干后放 8℃左右室内贮藏。

### （三）水培

水鬼蕉可通过水培的方式来养植并观赏。将地栽或盆栽的、长势健壮的水鬼蕉植株取出来，去掉根部的土壤，清洗干净，修剪好根系进行水培。水培后置于阳光充足、白天温度在20～25℃的地方养护。春、秋季10～15天更换1次水，并15天施加1次复合肥。气温低可适当延长换水时间，气温高则应缩短。

## 六、病虫害防治

水鬼蕉在高温、高湿或低温季节容易发生褐斑病、叶斑病和叶焦病，叶片出现圆形小褐斑，后逐渐扩大，斑点边缘黑褐色，中央灰黑色，直至各斑点相连，导致叶片枯死。防治方法：发现有少量病叶时，应摘除病叶销毁。发病严重时，用75%代森锰锌可湿性粉剂500倍液喷雾防治。

## 七、价值与应用

### （一）观赏价值

水鬼蕉叶姿健美，花形特异，花朵芳香，花期较长，是极佳的花叶兼赏植物。其白色的花瓣细长，顶端向下弯曲，酷似蜘蛛的长腿，而花朵中间花瓣连接的部分则可被看作是蜘蛛的身体，故又称作美洲蜘蛛兰。在北方，水鬼蕉适合盆栽观赏供室内、门厅、道旁、走廊摆放；在温暖地区，可用于庭院布置，条植、草地丛植，或作园林中花境、花坛的用材。

### （二）药用价值

水鬼蕉叶片辛辣且药性温和，具有舒筋活血、消肿止痛功效。可用于治疗风湿关节痛、甲沟炎、跌打肿痛、痈疽、痔疮等疾病。

（朱娇）

# *Iris × hollandica* 荷兰鸢尾

广义上的鸢尾是对鸢尾科（Iridaceae）鸢尾属（*Iris*）植物的总称。鸢尾属的属名取自古希腊神话彩虹女神——爱丽丝之名，预示着该属植物花色极其丰富。鸢尾属植物按根部特征分为根茎类鸢尾和球根类鸢尾。鸢尾属共有6个亚属，其中西班牙鸢尾亚属 subgenus *Xiphium*、朱诺鸢尾亚属 subgenus *Scorpiris* 和网脉鸢尾亚属 subgenus *Hermodactyloides* 为球根类植物，分别对应荷兰鸢尾（Dutch iris）、朱诺鸢尾（Juno iris）和网脉鸢尾（Reticulata iris）3个园艺类群（肖月娥 等，2021）。相比网脉鸢尾和朱诺鸢尾，荷兰鸢尾在花园和切花生产中应用更为广泛。因此，本节重点介绍荷兰鸢尾。

## 一、形态特征

### （一）地上部形态

叶片基生，横切面为槽式，基部鞘状，长30～60cm，宽1.2～1.5cm。花茎高30～45cm，无分枝，茎生叶4～5枚，苞片2枚，内含1～2朵花。花径7.5～10cm，无花被管，有白色、金色、黄色、红褐色、褐色或蓝紫色等不同花色。外轮花被裂片（又称垂瓣）匙形，爪部狭长，基部具有鲜黄色花斑；内轮花被裂片（又称旗瓣）倒披针形，直立，长约3cm，宽约1cm。雄蕊花丝和花药颜色不一，花柱3裂，花瓣状。子房长椭圆形，长2.5～3cm。

### （二）地下部形态

地下部为卵圆形鳞茎，上下高约4.5cm，直径约2.5cm，周长5.5～8cm，外有膜质包被，基部具有白色须根（图1A）。

## 二、生长发育与生态习性

### （一）生长发育规律

#### 1. 萌芽期

荷兰鸢尾种球种植后大约2周开始萌芽。首先长出4～6枚鞘状叶，其中2～3枚出土，见图1B。紧接着再长出6～7枚完全叶，其中4～5枚为茎生叶。

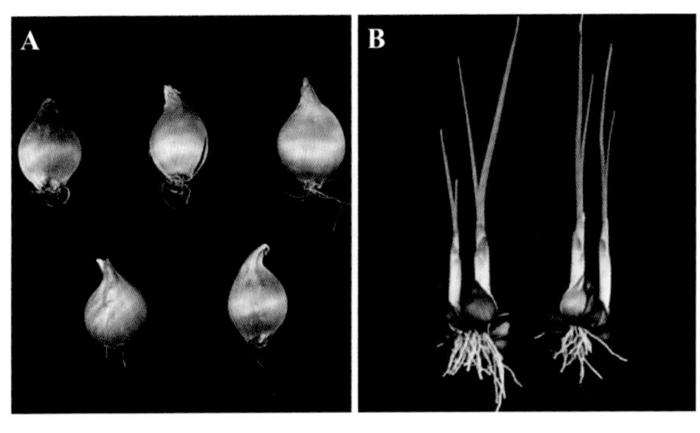


图1　荷兰鸢尾的鳞茎（A）与幼苗（B）

#### 2. 花芽分化和新球开始形成期

11月中下旬，荷兰鸢尾植株顶芽开始进入花芽分化阶段。到翌年3月上中旬，花芽分化完成。4月，在鞘状叶和根出叶的叶腋间逐渐会分生出籽球，一般每植株有籽球4～6个。

#### 3. 准备开花期

4月上旬，荷兰鸢尾进入准备开花期。

#### 4. 开花期

在上海地区，荷兰鸢尾自然花期为4月中旬至下旬，单个品种的整体花期可持续2周。

5. 新球、籽球成熟与休眠期

以上海地区露地栽培为例，4月中下旬，新球和籽球开始发育膨大。5月下旬，随着气温升高，地上部分逐渐枯萎。至6月中旬，地上部分消亡，新球和籽球进入休眠期。8月下旬，随着气温下降，新球和籽球（生产中统称种球）逐渐打破休眠。

### （二）生态习性

1. 温度

（1）**鳞茎休眠和贮藏的温度**：荷兰鸢尾种球采收后，贮藏于5℃条件下。注意种球贮存温度不得低于1℃，不高于10℃，否则种球将失去活力。

（2）**植株生长和发育的温度**：荷兰鸢尾在美国农业部（USDA）植物抗寒区域7～10区（极端最低温-17～1.7℃）均可栽培。在我国亚热带和暖温带地区，荷兰鸢尾可直接在土壤中越冬。而在我国暖温带以北的地区，则需要将种球挖起后保存在室内越冬，到翌年春季再种植。

2. 光照

荷兰鸢尾喜欢全日照或部分遮阴的环境，平均每天至少要满足8小时的光照，否则会影响开花或导致开花质量下降。

3. 土壤

荷兰鸢尾喜有机质丰富的轻质黏土，最好为酸性至弱碱性土壤（pH 6.0～7.5），并要保持疏松且排水良好。

4. 水分

荷兰鸢尾种球在种植后1周内要保持土壤湿润。生长季节需水量一般，上海地区栽培依赖于自然降雨即可满足其生长需要。土壤含水量过高易导致种球腐烂，因此要经常检查土壤含水量，忌积水。此外，荷兰鸢尾对盐分敏感，灌溉水要求盐分含量低，EC值＜0.5mS/cm，氯含量低于200mg/L，pH 6～7（林兵，2016）。

5. 土壤营养

栽植前3～4周内，在土壤中适当施用氮、磷、钾比为5-10-10的复合肥，能有效提高切花质量与新球和籽球大小。

## 三、种质资源与园艺分类

### （一）种质资源

西班牙鸢尾亚属总计有7个种，分别为黄髯鸢尾（*I.boissieri*），线叶鸢尾（新拟）（*I. filifolia*），多枝鸢尾（*I. juncea*），英国鸢尾（新拟）（*I. latifolia*），黄条卷瓣鸢尾（新拟）（*I. serotina*），染色鸢尾 *I. tingitana* 和西班牙鸢尾（*I. xiphium*）。荷兰鸢尾类园艺品种是由西班牙鸢尾亚属内几个种杂交而来（胡永红 等，2012）。

### （二）园艺品种

目前，鸢尾属已有园艺品种数万个，并且新品种每年以千数递增。相比其他鸢尾园艺类群，荷兰鸢尾品种并不丰富。目前于美国鸢尾协会登录在册的荷兰鸢尾园艺品种有200多个，品种之间主要按照花色进行简单分类。

1. ‘阿波罗’ *I.* ‘Apollo’

该品种由Hommes于1971年选育。株高45～55cm。花期为4月中旬，花径约10cm，垂瓣浅黄色，基部具有橘黄色花斑；旗瓣白色或极浅蓝色（图2）。

2. ‘蓝色魔法’ *I.* ‘Blue Magic’

该品种选育于1959年。株高45～60cm。花期为4月中旬，花径约10cm，垂瓣蓝紫色，基部具有橘黄色花斑。

3. ‘卡萨布兰卡’ *I.* ‘Casablanca’

该品种于1986年由荷兰园艺植物育种研究所选育。株高55～60cm。花期为4月下旬，花径约10cm，白色，垂瓣基部具有鲜黄色花斑（图3）。

4. ‘发现’ *I.* ‘Discovery’

株高55～60cm。花期为4月中旬，花径约10cm，蓝紫色，垂瓣上具有黄色花斑（图4）。

5. ‘金色美丽’ *I.* ‘Golden Beauty’

该品种由Grakon于1974年选育。株高约

40cm。花期为4月中旬，花径约8cm，花金黄色，垂瓣上具有鲜黄色花斑（图5）。

6. ‘布洛乌教授’ *I.* ‘Professor Blaauw’

该品种由H. S. van Waveren于1949年选育。株高约45cm。花期为4月中旬，花径约8cm，花蓝紫色，垂瓣上具有鲜黄色花斑（图6）。

7. ‘电子星’ *I.* ‘Telstar’

株高50～60cm。花期为4月中旬，花径约8cm，深蓝紫色，垂瓣上具有鲜黄色花斑（图7）。

8. ‘朝阳’ *I.* ‘Red Ember’

株高45～50cm。花期为4月中旬，花径约8cm，垂瓣深酒红色，基部具有黄色花斑，旗瓣颜色红紫色（图8）。

图2 ‘阿波罗’（*Iris* ‘Apollo’）

图3 ‘卡萨布兰卡’（*I.* ‘Casablanca’）

图4 ‘发现’（*I.* ‘Discovery’）

图5 ‘金色美丽’（*I.* ‘Golden Beauty’）

图6 ‘布洛乌教授’（*I.* ‘Professor Blaauw’）

图 7 ‘电子星’（*I.* ‘Telstar’）

图 8 ‘朝阳’（*I.* ‘Red Ember’）

## 四、繁殖技术

### （一）种子繁殖

荷兰鸢尾园艺品种在自然条件下不结实，即使结实也可能导致后代观赏性状分离，因此种子繁殖只适用于野生种的繁殖与新品种杂交选育。

### （二）分球繁殖

#### 1. 种球的繁殖

每株荷兰鸢尾每年可获得 4 ～ 6 个种球。周长超过 6cm 的种球一般在栽培后第二年均可开花。

#### 2. 种球的采收与分级

采收种球的时间一般在夏末（8 月下旬）至初秋（9 ～ 10 月上旬）。采收时，要清除种球上残存的老叶与土壤。

不同品种种球大小并不一致，大花品种的种球周长为 7.5 ～ 8cm，小花品种的种球周长为 5 ～ 6cm。另外，作为切花生产的种球不能再用于种球生产。切花生产后长出的籽球扁平，通常只有 1 层膜质包被。而专门作为种球生产获得的籽球为圆球形，通常有 4 层膜质包被。

#### 3. 种球贮藏

采收后的种球可装入网兜或帆布袋内或埋入干沙中，然后放置在阴凉、通风、低温（5 ～ 10℃）条件下，空气相对湿度保持在 50% ～ 70%。如果种球不能及时种植，可将种球存放在低温条件（2 ～ 5℃），临时贮存时间不宜超过，否则会导致种球失活。

#### 4. 人工打破休眠

荷兰鸢尾通常采用温暖—冷凉—温暖的温周期来打破休眠。首先将种球放置在 30 ～ 35℃保存 2 ～ 3 周，处理的具体温度和时间依赖于当地气候条件。然后，将种球转至 9 ～ 13℃冷藏 6 ～ 8 周，以促成花芽分化。冷藏时间长短会影响花期与茎叶生长，通常来说冷藏期越长会导致叶片缩短、花期提前，不同品种冷藏时间存在差异。最后，将种球种植在 13 ～ 15℃条件下，等待开花。

### （三）组织培养

#### 1. 快繁技术

荷兰鸢尾的鳞片或花茎均可作为组培的外植体（Hussey，1974）。黄苏珍和居丽（1999）研究发现，取自鳞片基部的外植体块在 MS + 1mg/L BA + 0.2mg/L NAA 的培养基中，不定芽诱导率最高（70%）。

#### 2. 脱毒技术

荷兰鸢尾存在重度鸢尾花叶病毒和水仙潜隐病毒的侵染，对带毒种球的茎尖进行组培可以获得脱毒苗（袁梅芳，1998）。

## 五、切花栽培技术

### （一）露地切花栽培

#### 1. 整地作畦

选择排水良好、富含腐殖质的沙壤土或轻质黏土。翻地时要清理好土壤中的石砾。做宽

1～1.2m 的定植床，苗床沟渠宽 50cm，长度依地块长度而定。

### 2. 种球选择与处理

通常来说，种球越大，开花质量越好。选择外形饱满、周长在 7.5cm 以上的优质种球，不使用扁的、周长小于 6cm 的种球。依据生产地季节和光温条件，适当对种球进行加温处理，以打破休眠。

### 3. 定植

收到的种球应尽快种植。在荷兰，专业生产苗圃通常采用铁丝网格来确定种球定植密度，网格大小为 12.5cm × 12.5cm，每个网格内种植种球 3～5 个，种植密度最高达 256 个 /m$^2$。

## （二）设施切花栽培

### 1. 种植时间

理论上，荷兰鸢尾可以全年种植、实现周年生产切花，但是这类鸢尾为典型的夏季休眠型球根花卉，通过设施栽培实现周年切花生产成本较高。通常为秋冬季（反季节栽培）生产切花，以满足冬季鲜花较少、市场需求量大的空缺。在 9～11 月，均可定植。通过不同冷藏时间，进行分批种植，可以实现从 12 月至翌年 5 月上旬的生产提前。

### 2. 温度

切花生产最适温度为 15℃，温度过高（＞20℃）或过低（＜5℃）都会导致开花质量下降。温室栽培的气温在 12～17℃，大田露地栽培的气温则以 15～17℃为宜。以荷兰地区温室生产荷兰鸢尾品种‘蓝色魔法’（‘Blue Magic’）为例，种植后前 3 周大棚内气温为 18℃，采收期气温为 15℃。

### 3. 光照

保持全日照条件。

### 4. 通风

切花栽培的种植密度为 80～100 球 /m$^2$，甚至更高。如此高密度的栽培易导致病虫害发生，注意要勤通风。

### 5. 施肥

种植前可施用 750kg/hm$^2$ 的氮磷钾比为 12–10–18 的底肥，或者施用 3～5t/ 亩猪粪或牛粪。在花蕾发育阶段也应及时施肥，可分 3 次追施颗粒状硝酸钙 12～18kg/ 亩（林兵，2016）。冬季光照较弱，施肥会导致叶片徒长，不建议施肥。

### 6. 浇水

种球定植后需要充分浇水，以防止土壤干燥。但是在生长过程中要防止土壤过干过湿。

图 9　切花采收的成熟度

7. 杂草防除

杂草易成为病虫害的寄主。通常在整地前3～4周内，喷洒1次除草剂清除杂草。同时，要注意做到人工勤除草。

### （三）切花采收和采后处理

1. 采收期和采切方法

切花采收的成熟度与开花质量有很大关系，因此需要掌握恰当的采收期。在夏季，当花蕾顶端露色即可采收（图9B）。冬季光、温条件相对较差，需要等花蕾露色程度更高时才可以采收（图9C）。

人工将全株拔起，然后用机器按同等数量自动分束，自动切除种球及其基部，保留花茎长50cm左右。同时，要人工摘除顶端发黄的叶片，以免影响观赏效果。最后用机器将10支花枝捆扎成束，并将花束上部套上塑料薄膜。

2. 包装与贮运

将切花花蕾朝上，花束基部浸入清水中洗净，竖直放置在装有清水的箱子中，以便于短途运输。装有花束的箱子可短期冷藏（温度为2℃），注意冷藏时间不宜过长，否则会影响开花。如果要进行长途运输，则可将切花反向水平叠放在纸箱中，花蕾朝内，避免损伤。最后，在切花上层放置适量冰袋。装箱后，注意用绳子将中间捆绑住，以免花束向两端移动。装箱完毕，在箱子外贴上标签，注明品种名、数量、采收日期、生产单位和联系方式等信息。运输时间不超过24小时。

3. 保鲜处理

荷兰鸢尾鲜切花在采收后应立即采用保鲜剂进行预处理。国外通常使用荷兰宝康可利鲜公司（Chysal）鲜切花专业保鲜剂-RVB型处理液对鸢尾切花进行预处理，这种保鲜剂可促进花茎吸水、提高开花质量、延长开花寿命。RVB型处理液的稀释比例为1∶500。使用前先把容器洗净，将鲜切花的基部放置在RVB的稀释液中，在2～10℃温度条件下至少浸泡4小时。

## 六、病虫害防治

### （一）病害

1. 青霉菌病害（*Penicillium*）

荷兰鸢尾种球在感染青霉菌后，鳞片上会出现腐烂的斑点，继而长出茸毛状蓝绿色斑块。随着感染加重，种球会出现腐烂。病菌侵入鳞茎基盘后，会阻碍鳞茎萌发、生根，使植株生长迟缓。防治方法：要及时清理受到感染的种球。种植前可对轻微感染病菌的种球采用1000倍液的多菌灵或百菌清等杀菌剂水溶液浸泡30分钟。

2. 镰刀菌病害（*Fusarium*）

感染镰刀菌后，植株会弯曲生长，鳞茎基部变软，继而变为灰褐色，严重时会导致植株发育受阻，甚至导致植株停止生长，叶和花枯萎。防治方法：以预防为主，加强通风透气，降低空气湿度，控制好土壤含水量。一旦发现病株，要及时拔除并销毁，避免病菌进一步扩散。

3. 腐霉病（*Pythium*）

该病害是鸢尾根部被土壤中的真菌所感染，导致植株发育迟缓，花蕾枯萎。感染病害后的根部会呈水渍状，有时呈黄褐色腐烂状，通常从根部顶端开始发生。防治方法：采用轮作的方式来防止该病害的扩散，同时要注意避免土壤湿度过高。

4. 根腐病（*Rhizotonia*）

感染根腐病的荷兰鸢尾植株似虫子啃噬状，植株生长受阻，外轮叶片开始枯萎，最终导致整个植株枯萎、死亡。防治方法：采用轮作的方式以避免病害扩散，同时避免土壤含水量过高。

5. 软腐病（*Erwinia*）

感染软腐病的植株会生长迟缓，叶鞘处呈深绿色水渍状，最终整株倒伏，轻提就能将花、叶从鳞茎上拔下。感染软腐病的鳞茎从外面看似乎健康，但切开后会呈现黄白色并有臭味。对于该病害的防治，要避免土壤含水量过高。

### （二）病毒病

花叶病（Mosaic Disease）在荷兰鸢尾中发生频率高于其他鸢尾类群，它是由病毒引起的一种病害。一开始新叶上会出现黄白色斑纹，随着叶片成熟这些斑纹变得更为明显，最后在叶鞘和花茎上会出现更多的斑纹。花叶病严重时会导致花茎短缩和花朵变小等。蚜虫在咬食鸢尾汁液时易导致病毒的传播。因此，当植株感染花叶病时，应将整株挖起、清除，或使用杀虫剂杀灭蚜虫以防止病毒传播。

### （三）虫害

鸢尾钻心虫（Iris Borer）是鸢尾最主要的害虫之一。春季和初夏时，鸢尾新叶会出现深色条纹或水浸状斑点，叶片边缘被啃食。在盛夏时，叶片开始萎蔫变色，叶基部逐渐腐烂。鳞茎上还会出现小孔，甚至腐烂。钻心虫的幼虫为粉红色，长 2.5 ～ 5cm。成虫秋季产卵在枯叶和花梗上。防治方法：如果虫害不严重，可人工直接捕杀，也可喷洒含有马拉硫磷的杀虫剂将其杀死。开花后要将整个植株地上部分及时销毁，避免虫卵在茎叶上越冬。

## 七、价值与应用

荷兰鸢尾寓意美好，花形奇特而且优雅，花色较为丰富，花朵硕大，花瓣质地较硬，单朵花花期较长，适合用作切花，用来打造鸢尾主题花展，也可以用于布置会场、酒会和婚礼等活动。同时，荷兰鸢尾开花整齐度非常高，种球复花效果较好，栽培养护相对简单，能大大节约种球和养护成本，可用于打造可持续观赏的花海、花田主题景观。此外，荷兰鸢尾还可与其他宿根花卉配置用于花境和花坛等美化形式中，也可作盆栽用于美化庭院或阳台（图 10）。

图 10　荷兰鸢尾作为切花的应用

（肖月娥）

# *Leucojum* 雪片莲

雪片莲为石蒜科（Amaryllidaceae）雪片莲属（*Leucojum*）多年生鳞茎类球根花卉。属名源自希腊语 *leucoeion*，意为白色的眼睛（“white eye”），是希腊医生希波克拉底（460–377B.C.，被称为医学之父）命名的。春天伊始，从冬季常绿的条形叶丛中抽生出 1 至数枝碧绿的花莛，下垂的钟形花朵，由 6 枚相等的白色花被片组成，瓣尖有翡翠般的绿斑或黄绿斑，故英文名称为 Snowflake（雪花），中文别称是雪片莲，还有“山谷中优雅的铃兰”之称。雪片莲于冰雪消融、乍暖还寒时分开放，在欧洲被当作春天来临的指示花卉，因而其花语为“新生”和“纯洁的心”。雪片莲属植物的园林应用已经有 400 年的历史，17 世纪，英国著名的植物学家 John Parkinson，在他的著作 *A Garden of Pleasant Flowers* 就提到雪片莲。

雪片莲属植物还是西欧和地中海地区传统民族草药，主要用于神经丛炎、发烧、感冒、喉咙痛、白血病的治疗。特别是发现其提取物加兰他敏（Galanthamine）对治疗阿尔茨海默症、小儿麻痹症和其他神经系统疾病有明显作用；且加兰他敏价格昂贵，致使此属植物的野生资源被过度采挖，濒临灭绝。目前夏雪片莲（*L. aestivum*）已被列入保加利亚保护植物名录（Stanilova 等，2010）。

## 一、形态特征

地下贮藏器官为鳞茎，近球形，直径 1 ～ 6cm，被棕色皮膜；株高 10 ～ 50cm；叶丛生，条状，生长期长 10 ～ 80cm，宽 5 ～ 20mm，基部抱茎，与主叶片相对的部分为薄膜状，抱茎部分随叶片生长而伸长，伸长到地面或稍高一些即停止，长 4 ～ 6cm，叶片枯萎时，抱茎部分宿存并发育成鳞片；每个鳞茎抽生 1 ～ 4 枝中空或实心的花莛，花序伞房状，具 1 ～ 2 枚佛焰苞状苞片，由 1 至数朵钟形小花组成，花被片 6 枚，白色，瓣尖被翠绿色或黄色小色斑；雄蕊 6，着生于花被片基部；花丝丝状，花药黄色，花柱棒状、丝状或近顶端呈瘤状，柱头长于花药；蒴果近球形，3 室；种子黑色，近球形。花期 3 ～ 4 月，6 月果熟（图 1）（Gilberto et al.，2011）。

## 二、生长发育与生态习性

### （一）生长发育规律

雪片莲属植物属于夏季休眠型，多数种在初秋萌发新叶，整个冬季保持绿色，2 月底天气刚刚回暖即开始抽生花莛，3 ～ 5 月开花，6 ～ 7 月果实成熟后，叶片枯黄，鳞茎进入休眠。花芽分化在 3 ～ 6 月开花及休眠期间完成（Sandlerziv et al.，2011）。

### （二）生态习性

雪片莲属植物喜光亦耐阴，无须特别照顾。一般种植于落叶林下或林缘，在春季生长开花时正值落叶树种萌发，林下光照充足，完全可满足生长需求；秋季树木落叶后，以绿叶越冬的种

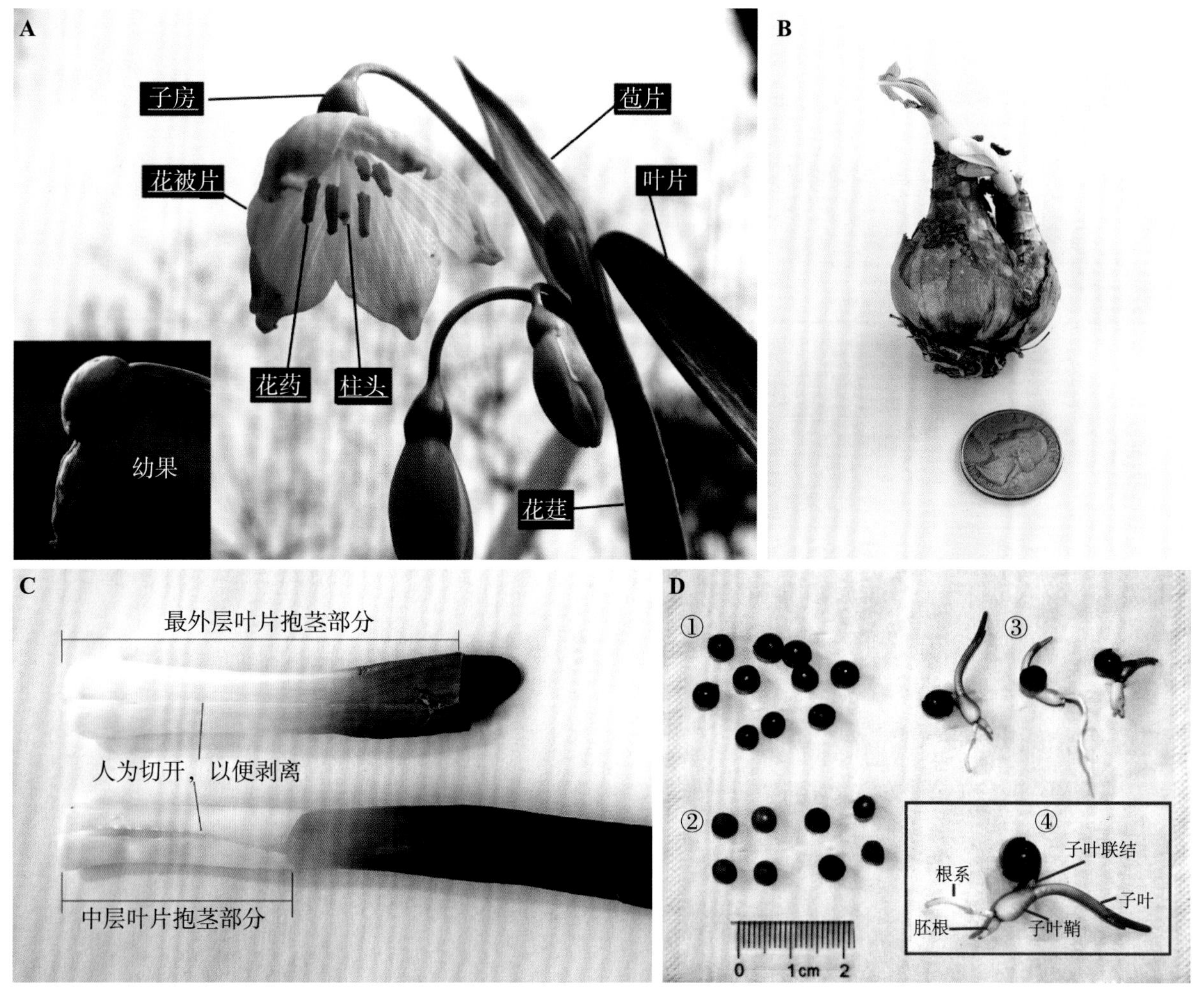


图 1 雪片莲形态特征

A. 雪片莲的花器官和果；B. 鳞茎；C. 叶片基部抱茎部分；D. 种子及幼苗；其中①带外种皮的种子；②去除外种皮；③ 12 月当年生幼苗；④幼苗结构示意图

苗又可得到所需的光照。雪片莲夏季休眠，高温几乎不会对其产生任何影响；耐寒能力强，可耐 -7℃低温，一般冬季无须保护，特别寒冷地区，可根据当地冬季冻土厚度采取相应的保护措施。

雪片莲常生于落叶林下的湿地或沼泽边，耐水湿；夏季休眠的鳞茎极为耐旱（Gilberto et al., 2011；Armitage，2008）。

## 三、种质资源

### （一）分类概述

雪片莲属（*Leucojum*）植物分布于西欧及地中海地区。该属过去包括 11 种，1962 年，分类学家 Contandriopoulos 将其分为 2 个组 4 个亚属。第 1 组包括 *Leucojum* 亚属和 *Aerosperma* 亚属，第 2 组包括 *Acis* 亚属和 *Ruminia* 亚属（表 1）。近 30 年基于分子手段的系统进化研究与 Contandriopoulos 先生基于形态学、地理分布及细胞学的分组结果一致，并支持将第 2 组 *Acis* 亚属和 *Ruminia* 亚属分离出去，成为单独的 1 个属——秋雪片莲属 *Acis*（Gilberto et al., 2011；Bareka et al., 2006）。故目前雪片莲属仅有 2 个种——夏雪片莲（*L. aestivum*）和雪片莲（*L. vernum*，亦称春雪片莲）。

雪片莲属易与同科的雪滴花属（*Galanthus*）

表 1 雪片莲属 4 个亚属特征

| 属 | 亚属 | 种 | 叶形 | 花莛 | 花梗 | 花被片 | 雌蕊 | 种子长度（mm） | 种子特征 | 染色体数 |
|---|---|---|---|---|---|---|---|---|---|---|
| *Leucojam* | *Aerosperma* | 夏雪片莲 *L. aestivum* | 条形 | 中空 | 长于苞片 | 具绿斑 | 棒状 | 5～7 | 黑色，无种阜 | 11 |
| | *Leucojum* | 雪片莲 *L. vernum* | 条形 | 中空 | 长于苞片 | 具绿斑 | 棒状 | 5～7 | 灰白色 | 11 |
| *Acis* | *Acis* | *A. trichophyllum*，*A. autumnale*，*S. longifolium*，*A. roseum*，*S. tingitanum*，*A. ionicum* | 线形 | 实心 | 短于苞片 | 无斑 | 丝状 | 1～3 | 绿色，无种阜 | 7，8 |
| | *Ruminia* | *A. valentinum*，*A. nicaeense*，*A. fabrei* | 线形 | 实心 | 短于苞片 | 无斑 | 丝状 | 1～3 | 绿色，有种阜 | 9 |

混淆。雪滴花具有以下不同点：植株较矮小；每花莛单花；6 枚花被片大小不同；外轮 3 枚较大，纯白色，无色斑，内轮 3 枚较小，先端具倒“V”形绿斑（Armitage，2008），图 2。

图 2 雪片莲与夏雪片莲

A. 雪片莲（*L. vernum*）；B. 夏雪片莲（*L. aestivum*）

### （二）重要原种及其品种

目前园林中应用的雪片莲属植物，主要有 2 个原种（雪片莲和夏雪片莲）和 1 个变种（雪片莲的变种），园艺品种仅有 1 个，*L.*‘Gravetye Giant’。雪片莲自交不亲和，花药仅在每天清晨的 6:00～7:00 时开裂散出花粉，依靠昆虫传粉结实，结实率与种群大小呈正相关；种间花期多不遇（Gilberto et al.，2011），这些可能对其杂交育种形成了一定的限制。

#### 1. 夏雪片莲 *L. aestivum*

又称草地雪片莲。原产欧洲、亚洲西部至伊朗，引种栽培已久。植株较高，50～110cm；叶较雪片莲窄，0.5～1.8cm，通常 0.8～1.5cm；每花莛上着生小花 2～8 朵，花被片先端被绿色小斑块。实际上，它的花期仅比雪片莲晚不到 1 个月，在 3～4 月开放（西安）。是此属植物中最耐寒的种，繁殖能力强。培育的品种 *L.*‘Gravetye Giant’，性强健。

#### 2. 雪片莲 *L. vernum*

又称春雪片莲。原产欧洲中部的湿地，1596 年引种。植株较矮小，株高 20～30cm；叶片较宽，1.9cm；每花莛上着生小花 1～2 朵，花期早，2～3 月。变种喀尔巴阡雪片莲（*L. vernum* var. *carpathicum*），花被片先端被黄色斑，图 3。

## 四、繁殖技术

### （一）种子繁殖

雪片莲属植物自交不亲和，结实率与群体开花量呈正相关，即群体开花植株越多，结实率也越高。种子成熟期间，土壤水分充足可提高种子质量。5～6 月种子成熟，夏雪片莲种子直径 4.65～5.11mm，千粒重 58.45g，含水量 43.9%。随采随播或采收后自然条件下湿沙层积 1 个月，

图 3　雪片莲属主要原种与变种

A. 雪片莲（*L. vernum*）；B. 喀尔巴阡雪片莲（*L. vernum* var. *carpathicum*，引自 https://www.garden-en.com/）；C. 夏雪片莲（*L. aestivum*）

可提高种子发芽率且萌发整齐；20 ～ 25℃黑暗条件下催芽或播种，播种深度约 1cm，基质要求保水良好但无积水；约 30 天开始萌发，萌发时间持续约 1 个月；幼苗第 1 个月叶长约 1cm，第 2 个月约 2.5cm（Gilberto et al，2011；樊璐 等，2011）。雪片莲实生苗需 4 ～ 5 年方可开花，故一般生产上很少使用播种繁殖，多用于育种。

## （二）分球繁殖

雪片莲鳞茎的繁殖率较低，1 年仅产生 1 ～ 2 个籽球。在 7 ～ 8 月雪片莲休眠期间，将叶片枯萎的鳞茎挖出进行分球，将产生的小鳞茎从母鳞茎上分离，并按大小分级。鳞茎越大翌年开花概率也越大，一般直径超过 2.5cm 的鳞茎都可开花。籽球需培育 3 ～ 4 年方可开花（樊璐 等，2011）。

鳞茎贮藏。雪片莲种植的头 1 ～ 2 年无须挖球，任由鳞茎在土壤中休眠。生长 2 年后，于 7 ～ 8 月鳞茎休眠期起球，清理后，室温干燥贮藏即可，于 9 ～ 10 月种植。

## （三）组培繁殖

雪片莲属植物种子繁殖比较容易，但幼苗成长到开花需要的时间较长，营养繁殖种球每年的增殖率较低，组培繁殖是一种比较理想的扩繁方式。

### 1. 外植体与消毒

鳞茎基盘、鳞片（多用双鳞片）、叶片（以幼叶及叶鞘为好）、花梗及子房均可用作外植体。消毒多采用 9% 次氯酸钙。

### 2. 芽诱导（或初代培养）

先诱导愈伤组织，培养基为 LS + 5mg/L 2, 4-D + 1mg/L NAA + 1mg/L BAP。

不定芽诱导培养基：MS + 1mg/L NAA + 1mg/L BAP + 1mg/L Kinetin（Marina，1994）。

### 3. 液体培养

用网格刀将愈伤组织切分，接种到组分为 1/2 MS + 10μM IBA+6% 蔗糖 + 1.0mg/L Majic® 的液体培养基中，摇动培养或在生物反应器中培养；小鳞茎硬化培养基采用 1/2 MS + 10 μM IBA + 8% 蔗糖 + 0.5mg/L 活性炭（ZivM，2009）。

### 4. 生根培养

生根培养基：MS + 15g/L 蔗糖 + 1mg/L NAA + 1mg/L BAP + 0.1mg/L Kinetin。若先低温 5℃处理 4 周后，再作生根诱导，生根率更高（Marina，1994）。

### 5. 炼苗与移栽

当小鳞茎直径达到 4 ～ 6mm 时，即可在温室移栽炼苗，成活率达 95%。翌年鳞茎直径可达 10 ～ 12mm（ZivM，2009）。

## 五、园林栽培管理

雪片莲属植物主要在园林应用，其栽培技术如下：

### 1. 土壤准备

以透水与保湿性俱佳的土壤为好。施以腐熟的农家肥或有机肥作基肥。

### 2. 种植

雪片莲种植于 9 ～ 10 月进行。种植时，株距 15cm，深度 7.5 ～ 10cm；种后及时灌水。

### 3. 水肥管理

雪片莲属植物适应性强，休眠期鳞茎极耐旱，但生长期间充足的水分更利于生长。在生长期间应根据肥力状况施肥，可于春秋季二次旺盛生长期的初期追施有机肥，以利开花和鳞茎安全越冬。

### 4. 日常管理与修剪

雪片莲适应性较强，平日无须特别打理，注意清除杂草。对于以种球繁殖为目的的栽培，应于早春花序刚出现时及时抹除花序，以防开花消耗养分。园林栽培时，若不采收种子，也可于花后剪除果序。

### 5. 病虫害防治

雪片莲属植物的病虫害极少。偶有水仙球蝇和蛞蝓危害，因此极易养护。

## 六、价值与应用

雪片莲属植物叶形舒展洒脱，叶色碧绿，花玲珑可爱，花色素雅，特别是瓣尖的一抹翠绿，使其多了一份出尘脱俗之灵气，让观赏者产生恬静之感。雪片莲喜湿润条件，常生于沼泽或溪流之畔。园林中常片植或丛植于林下、林缘或水景岩石驳岸间；也可盆栽观赏。

（李淑娟）

# *Liatris* 蛇鞭菊

蛇鞭菊为菊科（Asteraceae）蛇鞭菊属（*Liatris*）多年生块茎类球根花卉。英文名为 Blazing star（炽热的星星），Gayfeather（蛇鞭菊）。花莛高而挺拔，多数小头状花聚集成长穗状花序顶生，形似蛇身，花序由上而下递次开放的特征使人联想到响尾蛇的尾巴，且花序呈鞭状故得名蛇鞭菊；又因其花序毛茸茸的尾状形态，也被称为猫尾花。据民间传说，蛇鞭菊有"镇宅避邪"之意，故又称麒麟菊。其花语为警惕、努力。

蛇鞭菊属植物原产北美洲，为当地传统草药。原住民将块茎的汁液敷在被蛇咬的伤口上，以解蛇毒，块茎还是利尿剂，具有滋补、刺激和催吐的作用。最先作为观赏用途开发利用这些北美乡土植物的是荷兰人，20 世纪 80 年代再以切花的形式进入美国，并快速流行起来（Armitgae，2008）。蛇鞭菊叶片细长密集，花莛挺拔，花朵稠密，色彩绚丽，恬静宜人，在花园中常可吸引鸟类和蝴蝶，宜作切花、花坛、花境和庭院植物，是传统切花材料，也是优秀的园林绿化新材料。

## 一、形态特征

多年生草本，茎基部膨大呈扁球形，具地下块茎。地上茎直立，株形锥状，高 60 ～ 120cm。基生叶线形，光亮，长达 30cm。由下向上逐渐变小，平直，斜向上伸展。头状花序排列成密穗状，长 60 ～ 120cm，多数小头状花聚集成长穗状花序，花冠分裂为扭曲的丝状，小花由上而下依次开放，花色有淡紫、紫红和纯白色等。花期 8 ～ 9 月（董长根 等，2013），果熟期 9 ～ 10 月（图 1）。

图 1　蛇鞭菊形态特征

A. 穗状花序及小花开放顺序；B. 种子；C. 正在萌发的块茎

## 二、生长发育与生态习性

### （一）生长发育规律

在我国中部，蛇鞭菊属植物一般 4 月上旬萌动，6 月上旬抽生花莛，花期 7 ～ 8（9）月，果熟期 8 ～ 9（10）月，10 月叶片开始黄枯，11 月地下块茎进入休眠。

### （二）生态习性

蛇鞭菊属植物耐寒亦耐热，我国南北方自然条件下，均可种植。蛇鞭菊喜光也稍耐阴，故可种植于全光照环境或林边。生长期耐水湿但块茎不耐积水，对生境要求不严，抗逆性强（贾丽 等，2001；Armitage，2008）（图 2）。

图 2　蛇鞭菊自然生境（引自 https://www.zahrada-cs.com/）

## 三、种质资源

### （一）近缘种

全球现有蛇鞭菊属植物 37 个种，多数分布在北美洲。作为观赏材料常用种有 4 个：蛇鞭菊（*L. spicata*）、堪萨斯（草原）蛇鞭菊（*L. pycnostachya*）、落基山蛇鞭菊（*L. ligulistylis*）和高大（糙）蛇鞭菊（*L. aspera*）。多数具有园艺价值的种还未开发利用（Armitgae，2008；Susan，2010）。

**1. 高大（糙）蛇鞭菊 *L. aspera***

英文名 Tall blazing star。分布于沙地、沙丘、废弃的路基和铁路路堤上等较干旱处。株高 90 ～ 125cm，小头状花序 15 ～ 40 个，具长柄，紫色或紫粉色；花期 8 ～ 10 月。极耐寒和干旱，不耐水湿。也可用作切花或干花（图 3D）。

**2. 落基山蛇鞭菊 *L. ligulistylis***

英文名 Rocky Mountain blazing star 或 Meadow blazing star（草地蛇鞭菊）。分布于草原、草甸和河岸等地。株高 60 ～ 150cm；头状花序大而饱满，着生于主茎小分枝顶端，花紫红色；花期 8 ～ 9 月。耐寒，喜中等湿润土壤（图 3C）。

**3. 堪萨斯（草原）蛇鞭菊 *L. pycnostachya***

英文名 Prairie blazing star 或 Kansas gay-feather。分布于潮湿的草甸和草原。株高 90 ～ 150cm，是最高的栽培种；基生叶长 25 ～ 38cm，宽 1.2cm，茎生叶向上逐渐变小。花序长 40 ～ 45cm，小花序直径 1.2 ～ 1.9cm，花紫色、玫瑰紫色或白色；花期 7 ～ 9 月。该种喜湿，也耐寒，冬季块茎不耐水湿。该种由于株形高大而在花期容易出现倒伏，需要支撑；但其生长强健，每株往往在第 2 年就可抽生出 12 个以上的花莛（图 3B）。

**4. 蛇鞭菊 *L. spicata***

英文名 Dense blazing star。由于自然分布于潮湿的草地和沼泽等湿润的地方，也被称为沼泽蛇鞭菊。株高 60 ～ 90cm；基生叶通常长 25 ～ 30cm，宽 1.2cm，茎生叶向上逐渐变小。花序长 15 ～ 40cm；小头状花序多数，无梗，淡紫色或粉红色；花期 8 ～ 9 月。喜湿，根系发育好后也耐旱，极耐寒。株高适中，较少倒伏，是颇受青睐的花园及切花材料（图 3A）。

图 3　蛇鞭菊观赏栽培的主要原种

A. 蛇鞭菊 *L. spicata*；B. 草原蛇鞭菊 *L. pycnostachya*（Jeff McMillian 摄）；C. 落基山蛇鞭菊 *L. ligulistylis*（Thomas G. Barnes 摄）；D. 高大蛇鞭菊 *L. aspera*（Jeff McMillian 摄）

### （二）园艺品种

蛇鞭菊属园艺品种尚无正规的分类。切花品种一般花朵比较密集，主要由蛇鞭菊和高大蛇鞭菊培育而来，这些品种也被应用于花园中。其他由高大蛇鞭菊和落基山蛇鞭菊等培育而来的、耐干旱且形态多样的园艺品种在花园中也有一定的应用（Armitage，2008）。国内应用的仅有蛇鞭菊及其品种'白花'蛇鞭菊。

## 四、繁殖技术

### （一）种子繁殖

蛇鞭菊的种子播种前在低温潮湿处存放4～6周可促进其萌发，故种子秋季成熟后，最好随采随播并保持土壤湿度。若在春季播种，可先用清水浸种24小时，以提高种子萌发率和萌发整齐度（梁芳 等，2014），之前需要满足低温需求。由于蛇鞭菊的种子细小，播种后，覆土要薄，不宜超过0.5cm。种子播种后，18～22℃条件下，通常20～45天萌发（董长根 等，2013）。实生苗一般在第二年开花。

### （二）分球繁殖

蛇鞭菊生长3年以上的块茎可产生10多个新芽，容易造成拥挤，通风不良，生长势下降，可于春季萌发前或秋季休眠后挖出地下块茎，用快刀分割，保证每个小块茎上有2～3个芽点；分割好的小块茎，放在遮阴通风处，待切口收敛无水时，即可种植，株行距20cm×30cm。

种球生产中，可通过打尖的方式来增加籽球的数量和重量（Bañón et al.，1996），在花莛高10cm时打尖，效果最佳；短日照可促进块茎形成（Park，1990）。

块茎采收后，清洗干净块茎上的泥土，也可用49℃热水浸泡40分钟以杀死黄萎病病原体（Gilad et al.，1993），然后，于阴凉通风处晾干，2～5℃干燥贮藏。

### （三）组培繁殖

#### 1. 外植体

块茎上的芽眼、萌发后的顶芽和侧芽均可作为外植体。块茎灭菌：常规清洗后消毒，剥取芽眼，在3% NaHClO+吐温-20溶液中浸泡30分钟，无菌水冲洗2次，接入培养基。顶芽及侧芽灭菌：常规清洗后消毒，然后经1% NaHClO+吐温-20溶液浸泡7～8分钟，无菌水冲洗2次，接入培养基。

#### 2. 培养基

不定芽诱导及增殖培养基：MS+5mg/L 6-BA+0.2mg/L NAA。

生根培养基：MS+0.1～0.5mg/L NAA+0.2mg/L IAA。

以上培养基均加0.6%琼脂、3%蔗糖，pH 5.8。在25±3℃、12小时光照和光照度2000lx的条件下培养。20天可增殖3～4倍，10天即可生根。

#### 3. 幼苗培养

将生根植株取出，洗净黏附在根部的培养基，直接栽于以腐殖土为主的基质中。常规炼苗后，成活率可达90%。植株成活后，经6～12个月，可形成直径为1～2cm的小块茎，来年可用于栽种，培养开花商品种球。

## 五、栽培管理

### （一）园林露地栽培

#### 1. 种球处理

蛇鞭菊的商品种球在2℃条件下冷藏4周后，并用500μg/g的$GA_3$溶液浸泡1小时，开花率几乎达100%；若欲提高每个种球的花莛数，则可将冷藏时间延长到75天，可得到每球平均2.5枝的最高花莛数，但冷藏时间过长，花莛数则会减少（Zieslin et al.，1983）。

#### 2. 土壤

蛇鞭菊属植物一般抗逆性都比较强，特别是

成年植株。在各种土壤中都可以生长，但以透水与保湿性俱佳的肥沃沙质土壤为好。

**3. 浇水**

蛇鞭菊属植物总体来看，耐旱性较强，特别是当形成强大的根系时，则极为耐旱。但不同种或品种对水分的需求有所不同。蛇鞭菊、草原蛇鞭菊及其品种较落基山蛇鞭菊、高大蛇鞭菊及其品种需水量大。国内目前应用的多为蛇鞭菊及其品种，故在种植时，早春及花前或较长时间无降水时，应及时人工补充水分。同时，蛇鞭菊也忌水分过多，易形成徒长，出现倒伏现象。

**4. 施肥**

蛇鞭菊不喜大肥，否则会引起植株徒长，如若土壤较肥沃则无须施肥。蛇鞭菊生长前期，块茎自身的养分可保证植株很好地生长。进入旺盛生长期后，应及时进行追肥。一般进行 2 次追肥即可，可选用平衡复合肥（N：P：K= 15：15：15），30 ～ 50g/m$^2$，采用在植株一旁挖沟施肥覆土的方法。6 月初，抽生花莛时进行第 1 次追肥；第 2 次追肥在花后进行，以促进新球发育（杜丽雁，2006）。

## （二）切花栽培

蛇鞭菊切花可以露地栽培和全日照设施栽培。绝大多数土壤都适合蛇鞭菊切花栽培，但以 pH 5.5 ～ 7、排水良好、有机质含量大于 15% 的土壤最为适宜。蛇鞭菊是长日照花卉，栽植地要求光照充足，每天 12 ～ 14 小时的日照更有利于花芽萌发，冬季与春季设施栽培时需要补光。生长适温 16 ～ 22℃，冬季温度维持在 4℃以上。蛇鞭菊生育期一般为 4 个月，露地 3 ～ 6 月种植，7 ～ 10 月采花。温室结合冷库冷藏处理可以实现周年种植。

**1. 种球处理**

挑选无病虫害，无机械损伤，直径大于 5cm 的块茎，2℃条件下用草炭土保湿冷藏 10 周后，即可种植。种球从冷库取出后，打开包装，适应 2 天左右，从贮藏基质里挑选健康种球种植，挑选时如果种球已经出芽，要轻拿轻放避免弄断芽体。

**2. 种球种植**

露地种植于 4 月中旬进行整地，将地耙好耧平，然后拉绳开沟种植。种植株行距为 40cm × 40cm，覆土 2cm 即可。

**3. 田间管理**

种植后浇透水，用 70% 甲基托布津可湿性粉剂 1000 倍液，均匀地喷雾种植土壤，控制茎腐病的发生。蛇鞭菊种球长出 3 ～ 4 枚叶片时可追施 N：P：K=12：10：18 的复合肥，用量为 5kg/100m$^2$。温室种植 15 天喷施 1 次杀菌药剂，露地种植根据天气情况每 15 ～ 20 天喷施 1 次杀菌药剂。蛇鞭菊在生长旺盛期需水量大，需要保持土壤湿润，但又忌水分过多，否则极易导致烂根。

**4. 切花采收**

蛇鞭菊开花的顺序是从花序的顶部开始，最后开到底部。当蛇鞭菊花序顶部的小花开放时，即可采收切花。用锋利的枝剪从花莛底部剪切，剪切后立即放入清水中。采收后放入 5℃冷库预冷。

**5. 分级、包装和贮藏运输**

预冷后的蛇鞭菊切花去除部分脚叶后根据长度进行分级处理，分级后插入保鲜液。采收的蛇鞭菊切花对灰霉病敏感，要注意控制贮藏室湿度，蛇鞭菊叶片的衰败比花朵快，采收后保鲜液处理可以减少叶片黄化。

保鲜剂处理过的蛇鞭菊切花，10 支捆为 1 扎，用聚乙烯膜套袋后装入带透气孔的瓦楞纸箱，放入 4 ～ 5℃冷库贮藏。运输过程也需要保持 4 ～ 5℃。

**6. 切花采后处理**

蛇鞭菊切花在保鲜液中的瓶插寿命的 7 ～ 12 天。主要使用以下保鲜液：

（1）**脉冲处理液：**每升水中加 200mg 8- 羟

基喹啉柠檬酸盐 +50g 蔗糖。

（2）**花蕾开放液**：每升水中加 1000mg 8- 羟基喹啉柠檬酸盐 +50g 蔗糖。

（3）**瓶插保持液**：每升水中加 360mg 8- 羟基喹啉柠檬酸盐 +15 ～ 25g 蔗糖。

蛇鞭菊切花达到零售商和消费者手中后，可对切花花梗基部进行再次剪截，去除花梗上没入保鲜液的叶丛，然后进行瓶插处理。

### （三）病虫害防治

蛇鞭菊病虫害较少，常见有锈病和叶斑病，一般稀植或保证阳光和通风即可有效减少病害发生。如若发生，可喷洒 75% 百菌清可湿性粉剂 800 倍液进行防治（李晓辉和吕庭春，2015）。

## 六、价值与应用

蛇鞭菊线形叶片密集，浓绿光亮，呈莲座状；花莛挺立，花朵稠密呈长鞭状，花色绚丽，高贵优雅，花期较长；常可吸引蝴蝶和蜜蜂，是不可多得的夏秋开花型球根花卉。景观中常片植、丛植或条植于花坛、花境和草地上，或缀植于假山景石边缘，也可盆栽观赏。花序可作鲜切花或干花（图 4）。

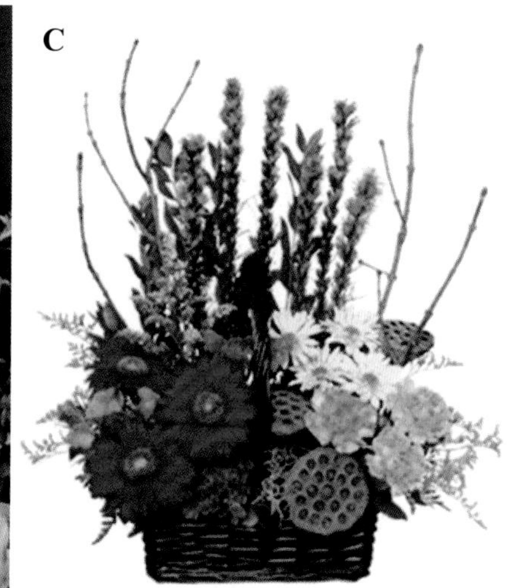


图 4 蛇鞭菊的观赏应用

A. 花园中丛植的蛇鞭菊；B. 盆栽蛇鞭菊；C. 蛇鞭菊切花插花

（李淑娟 吴学尉）

# *Lilium* 百合

百合为百合科（Liliaceae）百合属（*Lilium*）所有种、亚种、变种、变型和品种的统称，是多年生鳞茎类球根花卉。属名源于希腊语 *Leirion*（"百合"），英文名 Lily。我国宋代罗愿的《尔雅翼》（卷五）中对百合释义为："小者如蒜，大者如椀，数十叶相累，状如白莲花，言百片合成也。"因此中文取名百合。

世界范围内，百合属约有 120 个（含并入的豹子花属 8 种，本书单列）原生种，主要分布于北半球的温带和寒带地区，热带高海拔山区也少有分布。我国百合种质资源十分丰富，是世界百合属植物的起源中心之一。广泛分布于我国大部分地区，其中以四川西部、云南西北部和西藏东南部分布的种类最多。

## 一、栽培简史

中国是应用和栽培百合最早的国家。据现存的最早一部本草专著《神农本草经》记载，百合有清肺润燥、滋阴清热的功效。汉代末年张仲景在《金匮要略》中详述了百合的药用价值，说明中国早在 2000 多年前就将百合作为一种药用植物应用。唐代（806—820），有了栽培百合的记载。古籍上记述百合栽培繁殖技术，施鸡粪能促进百合的生长，主要是指促进鳞茎的生长。当时人们已经喜食其鳞茎，可以肯定食用百合的栽培至少有 1200 年的历史。明代的《本草纲目》也将百合作为药材记述其中："百合一名𦱃，即百合蒜。一名强瞿，此物花、叶、根皆四向。一名蒜脑藷，因其根如大蒜，其味如山藷。"故百合的中文别称有百合蒜、强瞿、蒜脑藷等。到 1765 年，中国已经建立了百合的栽培区并成为药用和食用百合鳞茎的主要来源。如在江苏的宜兴地区建立了卷丹的生产基地，在甘肃建立了兰州百合的生产基地，同时在四川和云南等地也广泛种植了川百合等多种百合。

西方国家自古就把百合当作圣洁的象征，米诺文明时代（前 1750—前 1675）已有百合图案出现，百合切花用于宗教礼仪活动，说明西方国家百合应用和栽培的历史也有 2000 多年。16 世纪末，英国植物学家开始用科学分类法来鉴别大多数欧洲原产的种。17 世纪初，美国原产百合传入欧洲，18 世纪，中国原产百合传入欧洲。此后，百合逐渐成为欧、美的重要庭院观赏花卉。第二次世界大战后，以荷兰和美国为中心的百合育种工作迅速发展，每年推陈出新，培育出数以千计的百合新品种，其中许多品质优异的新品种，都是以中国原产的种为亲本杂交培育而成。据统计，世界上早期栽培的百合共 44 个杂种系，其中 24 个杂种系利用了原产中国的百合资源作为杂交亲本。说明百合是大自然赐给我国的宝贵财富，且为世界百合育种作出重大贡献。

## 二、形态特征

百合为多年生草本植物，分为地下和地上两大部分。地下由鳞茎、子鳞茎、茎生根、基生根等组成；地上由叶片、茎秆、珠芽（有些百合无珠芽）、花序（包括果实和种子）组成（图 1）。

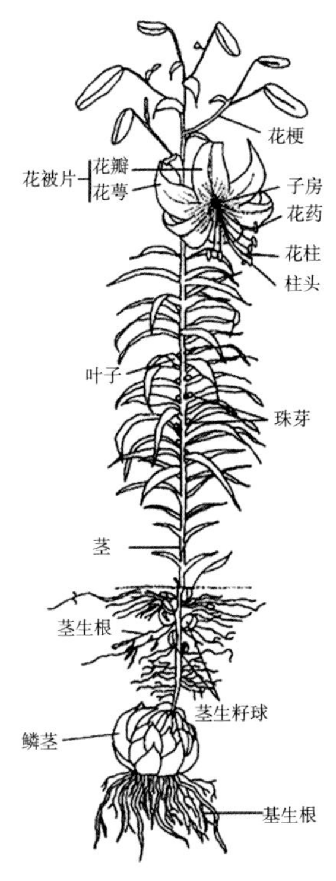


图 1　百合形态特征示意

（引自 *Bulbs*，John E. Bryan, F. I. HORT 主编，2002）

## （一）地下部形态

### 1. 鳞茎

从形态发育上，鳞茎可视为 1 个大的营养芽体。老鳞茎由鳞茎盘、老鳞片和新鳞片、初级茎轴和次级茎轴、新生长点组成（图 2）。

百合鳞片为卵形、披针形至矩圆状披针形，有节或无节，除东北百合、轮叶百合、毛百合鳞片有节外，大部分百合鳞片无节。自外向内，鳞片由大变小。全部鳞片实为肉质鳞叶，外面没有膜质鳞叶，因而百合鳞茎和郁金香、洋葱等不同，为无皮鳞茎。鳞茎的颜色随种类而异，如山丹、川百合、卷丹、宝兴百合、绿花百合、玫红百合等鳞茎的颜色为白色；麝香百合、台湾百合等鳞茎的颜色为黄白色或黄色；宜昌百合、岷江百合、丽江百合、淡黄花百合鳞茎的颜色为紫红色。鳞茎的形状为球形、扁球形、卵形、长卵形、圆锥形等。如山丹的鳞片狭长披针形，鳞片数少，鳞茎小，形状为圆锥形；川百合、卷丹百合鳞片卵形，鳞片数多，鳞茎大，形状为球形或扁球形。鳞茎具有贮藏营养物质和繁殖的功能。

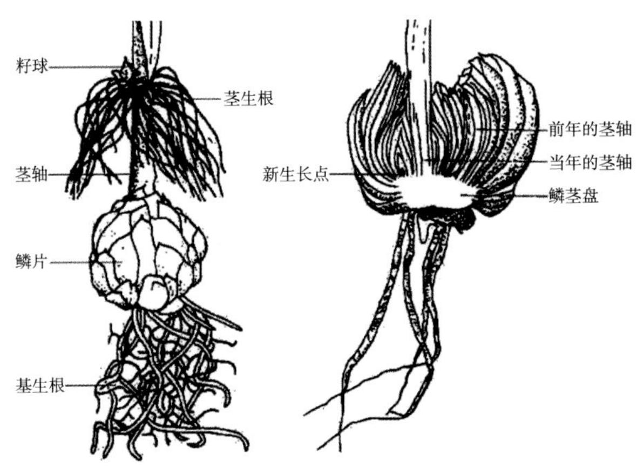


图 2　百合鳞茎

（引自国重正昭《百合育种与栽培》，1993）

### 2. 根

百合类的根有茎生根和基生根两种类型。

（1）**茎生根**：又称上根或上盘根，是埋在土壤中的茎秆或近地面茎秆节部所产生的不定根，形状纤细，数目多达 180 条，分布在土壤表层，起支撑整个植株和吸收水分、养分的功能，其寿命一般为 1 个生长季，每年与茎秆同时枯死。原产中国的百合大部分都有茎生根，原产欧洲的百合茎生根少或无。在发生茎生根的茎节处可产生由肉质小鳞叶组成的白色小鳞茎，称为“木子”（小鳞茎）（bulblet），可用于营养繁殖。

（2）**基生根**：又称下根或下盘根，是从鳞茎盘基部产生的根系，多分枝，肉质粗壮，生长旺盛，分布在 45 ～ 50cm 深的土层中，是百合类吸收水分、养分的主要器官，也起固着整个植株的作用，其寿命 2 年至多年。但种类不同略有差异，湖北百合基生根几乎可连续生长，豹纹百合基生根寿命 15 ～ 18 个月，岷江百合和部分其他百合基生根寿命能维持 1 年多。

## （二）地上部形态

### 1. 茎

茎的种类：直立茎，从鳞茎中直接伸出地面的茎，大部分百合是直立茎。变态茎，由老鳞茎抽生的地下茎，如茎生匍匐茎、基生匍匐茎和根状茎鳞茎（图 3）。

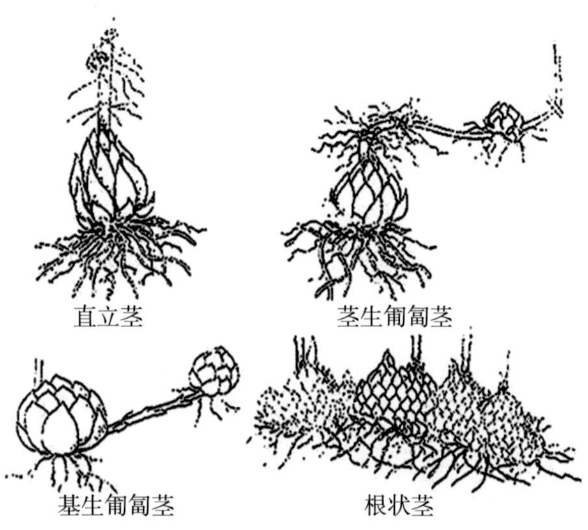


图 3 百合的直立茎和变态茎

（引自 *Lilies: A Guide for Growers and Collectors*. Timber Press Portland, Mc Rae，Edward Austin, 1998）

茎的色泽：有全绿色、绿色带棕色斑纹、全黑褐色。

茎的形状：大部分百合茎是圆柱形，无毛。渥丹、朝鲜百合等茎上有毛；卷丹、川百合、柠檬色百合等有绵状毛；卓巴百合、乳头百合等茎上有乳头状突起；滇百合、大理百合等茎表面粗糙。少部分百合茎有棱，如垂花百合、宝兴百合、毛百合。

2. 叶

叶形：披针形、矩圆状披针形、矩圆状倒披针形、条形或椭圆形，先端渐尖，无柄或有短柄，全缘；叶脉 1 ～ 7 条平行叶脉，其中中脉明显，侧脉次之，在叶表凹陷。

3. 珠芽

有的百合在生长中后期，于地上茎的叶腋内产生 1 ～ 2 个由肉质小鳞叶组成的绿色或紫黑色的小鳞茎，称为珠芽（bulbil），在空气湿度较大的季节珠芽上还可长出不定根。珠芽主要集中分布在茎秆上半部的叶腋内，可用于营养繁殖（图 4）。淡黄花百合、通江百合的珠芽绿色，卷丹的珠芽黑紫色。

图 4 百合植株上的珠芽

4. 花

花序：大多数百合花序呈总状，少数种类呈伞形。苞片叶状，较小。花朵的姿态，有下垂型、半下垂型、平伸向外型或直立向上型（图 5）。

图 5 百合花序类型

A. 总状花序；B. 伞形花序

花的构造：花被片6枚，披针形或匙形，2轮排列，离生，颜色相同，但外花被片比内花被片稍狭，基部具蜜腺；许多种和品种花被片基部具大小不同的斑点或斑块；雄蕊6枚，花药背部有一点与花丝相连，丁字形，雄蕊花丝上部向上弯（喇叭型花冠的）或雄蕊向中心靠拢（钟型花冠的），或雄蕊上部向外张开（下垂反卷型花冠的）；花柱较细长，柱头膨大，3浅裂或不裂。子房上位，中轴胎座（图6）。

图6 百合花（亚洲百合）的构造

A. 单花的形态；B. 3枚外轮花瓣（上）和3枚内轮花瓣（下）；C. 雄蕊和雌蕊

花型：有喇叭型、碗型、平盘型、下垂反卷型、钟型5种（图7）。

花色：极为丰富，有白色、粉色、粉红色、红色、黄色、橙红色、紫红色、紫色、复色等。

花期：自然花期6～7月。

图7 百合的花型

5. 蒴果与种子

百合的蒴果长椭圆形，蒴果3室，果期7～10月，成熟后室背开裂。种子多数，扁平，周围具膜质翅，形状为半圆形、三角形、长方形。具胚乳，胚棒状。种子大小、重量、数量因种类而异（图8）。种子萌发有两种类型：一种是子叶出土；另一种是子叶留土。

图8 百合（山丹）的蒴果（A）与种子（B）

## 三、生长发育与生态习性

### （一）生长发育规律

百合的鳞茎是特化的繁殖和贮藏器官。鳞茎本质上是一种短缩的地下茎，茎部短缩成鳞茎盘，其上着生的肉质鳞片层层包裹顶芽。鳞片为植物学上的变态叶，腋内有腋芽。成年开花百合一般先由鳞茎抽生出直立的地上茎及茎生叶，当地上茎达到一定高度时顶端分化花芽。在地上茎、叶、花生长过程中，鳞茎贮藏的养分逐渐消耗，开完花后，地上茎和叶片光合作用制造的营养又补充到地下鳞茎，经过一定时间的养分积累，鳞茎发育成熟并进入休眠期。到第二个生长期鳞片腋内新生长点又开始抽生出新的地上茎及茎生叶，并开花，年年如此往复，它们以地上茎为中轴，形成复合的大鳞茎。大鳞茎也可以分成几个鳞茎，进行生产栽培。

百合鳞茎是多年生的，需3～5年生长后再更新。直立茎地下部分的节上可形成茎生小鳞茎。一般可形成3～5个较大鳞茎，6～10个小鳞茎，生产上统称籽球，其中大的籽球（20～30g）可作为种球进行生产栽培，而较小的籽球则需继续培育 1 ～ 2 年才可作生产用种球。有些百合种地上茎的叶腋内也可以分化形成小鳞茎——珠芽，用以繁殖。不能开花的幼小鳞茎或珠芽只形成基生叶，经过 1 ～ 2 年的培育才能抽茎，形成正常植株。

### （二）生态习性

#### 1. 温度

百合喜冷凉湿润气候，耐寒性较强，耐热性差。百合生长最适温度 15 ～ 25℃，低于 10℃时生长缓慢，甚至停滞。超过 28℃，则会影响百合的正常生长发育，出现“盲花”现象。在生长过程中，以昼温 20 ～ 22℃、夜温 13 ～ 17℃最为理想。不同杂种系的品种对温度的要求有差异，其中亚洲百合杂种系和东方百合杂种系对温度的要求严格，而麝香百合杂种系能适应较高的温度，白天生长适温可达 25 ～ 28℃，夜晚适温 18 ～ 20℃。

#### 2. 光照

百合属于长日照植物，冬季在温室进行促成栽培时，每天增加光照时间 6 小时，能促进提早开花和增加花朵的数目，若光照时间减少，则开花期推迟。东方百合杂种系在生长过程中，喜半阴环境，也能忍受短时间的强光照，夏季栽培时要遮去全光照的 50% ～ 70%；但长期阴雨、光照不足，植株易徒长，开花数减少。亚洲百合杂种系喜强光照；光照不足，植株易徒长，出现盲花和落蕾。其次是麝香百合杂种系。

#### 3. 水分

百合生长要求湿润条件，空气相对湿度为 60% ～ 80% 对茎叶生长十分有利。但设施栽培时，常因温度和空气湿度过高，通风欠佳，使百合生长不良，开花率降低，且容易发生病害。因此，要及时通风，降低棚内湿度，以减少病害的发生和蔓延。土壤湿度以田间持水量 60% ～ 70% 为宜，生长期高些开花期低些。当土壤过于湿润、积水或排水不畅，造成土壤空气的含氧量低于 5% 时，就会影响百合根系的生长发育，造成鳞茎腐烂死亡。

#### 4. 空气

通风对设施栽培百合十分重要。需要适时通风调控设施内的温度和湿度环境。补充 $CO_2$ 气体对百合生长及开花都有利。尤其麝香百合杂种系喜高浓度 $CO_2$ 气体环境。$CO_2$ 的含量，一般维持在 1000 ～ 2000mg/kg 即可。

#### 5. 土壤

百合属于球根花卉，在肥沃、腐殖质含量高、保水和排水性能良好的沙质壤土中生长最佳。黏重、坚实的土壤因通气性差，抑制土壤微生物的活动，不利于土壤养分的分解，造成土壤养分供应不足，影响百合根系生长和鳞茎发育。一般土壤总盐分含量不能高于 1.5mS/cm。亚洲和麝香百合杂种系要求土壤 pH 6 ～ 7，而东方百合杂种系要求土壤 pH 5.5 ～ 6.5。

#### 6. 营养

百合的根系十分发达，吸收水分和养分的能力很强，对土壤肥力要求并不高。生长期间除需一定数量的氮、磷、钾肥（比例为 6∶1∶7）外，还需要补充钙、镁、硫等肥料以及铁、硼、锰、铜、锌、钼等微量元素。因此，栽培百合前，正确地施用肥料和调节土壤肥力，对提高产品质量十分重要。在百合现蕾开花时，氮素营养不能缺少，否则会影响百合鲜切花的质量。石灰质土壤容易形成不可吸收态的硼酸钙，用这种土壤种植百合，很容易造成缺硼的现象，导致百合开花不良。

## 四、种质资源与育种概述

百合属（*Lilium*）约 120 种，分布在北半球温带和高山地区。从内华达山脉和落基山脉到北美东部，从欧洲和中东到高加索山脉、西伯利亚和东亚。

### （一）百合属分组

百合属的种众多，Comber（1949）依据百合的15个形态特征，将百合属分为7个组，分别是Sect. *Lilium* 百合组，Sect. *Martagon* 轮叶组，Sect. *Pseudolirium* 根茎组，Sect. *Archelirion* 具叶柄组，Sect. *Sinomartagon* 卷瓣组，Sect. *Leucolirion* 喇叭组和Sect. *Lophophorum*（*Oxypetalum*）钟花组。这个系统被大多的研究者接受，但随着研究的不断深入有所完善。

### 1. 百合组 Sect. *Lilium*

本组包括所有分布于欧洲、土耳其和高加索的物种，但属于轮叶组的欧洲百合（*L. martagon*）除外。该组百合叶片散生，鳞片完整，花被片强烈反卷（除白花百合 *L. candidum*），种子萌发后子叶出土（除多叶百合 *L. polyphyllum* 和 *L. monadelphum*），并且整个鳞茎具有许多鳞片，但萌发延迟（如白花百合）。这里的百合组与1980年出版的《中国植物志》（第十四卷）中百合属下所列的百合组不同。

### 2. 轮叶组 Sect. *Martagon*

本组有5种，大部分分布在韩国、日本和中国，个别分布在整个欧洲。组内种类形态一般是叶轮生，总状花序，花被片反卷或不反卷，有斑点。汉森（竹叶）百合（*L. hansonii*）鳞片无节，欧洲百合、青岛百合（*L. qingtauense*）、东北百合（*L. distichum*）和轮叶百合（*L. medeoloides*）鳞片具节。

### 3. 根茎组 Sect. *Pseudolirium*

本组由生活在北美的约20个种组成。具有鳞茎和横生的具鳞叶的根状茎或横走根状茎将几个鳞茎串联在一起，轮生叶，除 *L. catesbai*、帕里百合（*L. parryi*）、内华达岭脊百合（*L. parvum*）、费城百合（*L. philadelphicum*）4种外，种子有休眠特性且子叶留土（Comber，1949）。花的大小、形态和姿态因种类而异。在该组中，加拿大百合（*L. canadense*）自然分布极为广泛，其次是豹纹百合（*L. pardalinum*）。

### 4. 具叶柄组 Sect. *Archelirion*

本组由6个东亚物种组成，它们是主要分布于日本的奄美百合（*L. alexandrae*），天香百合（*L. auratum*）、日本百合（*L. japonicum*）、香华丽百合（*L. nobilisimum*）、乙女百合（*L. rubellum*）和美丽百合（*L. speciosum*）。特点是叶散生，叶柄明显，鳞片完整，有休眠特性和子叶留土。早期还包括湖北百合（*L. henryi*），后来湖北百合被划归到卷瓣组。

### 5. 卷瓣组 Sect. *Sinomartagon*

本组有十几种，起源于西伯利亚东部到中国中部和东部及喜马拉雅山的广泛地区。特点是叶散生，鳞片完整，花被片反卷，花水平或下垂，雄蕊上端常向外张开，种子无休眠特性，子叶出土。包括川百合（*L. davidii*）、兰州百合（*L. davidii* var. *willmottiae*）、宝兴百合（*L. duchartrei*）、湖北百合、卷丹（*L. lancifolium*）、匍茎百合（*L. lankongense*）、大花卷丹（*L. leichtlinii* var. *maximowiczii*）、朝鲜百合（*L. amabile*）、条叶百合（*L. callosum*）、垂花百合（*L. cernuum*）、细叶百合（*L. pumilum*）、紫斑百合（*L. nepalense*）、大理百合（*L. taliense*）、卓巴百合（*L. wardii*）等。其中许多种是形成亚洲百合杂种系品种的重要亲本。

### 6. 喇叭花组 Sect. *Leucolirion*

本组叶散生，鳞片无节，花喇叭形，花被片先端外弯，雄蕊上部向上弯，种子无休眠，子叶出土（Comber，1949）。鳞茎深紫色或棕色的有通江百合（*L. sargentiae*）、岷江百合（*L. regale*）、淡黄花百合（*L. sulphureum*）和宜昌百合（*L. leucanthum*）；鳞茎白色的有麝香百合（*L. longiflorum*）、台湾百合（*L. formosanum*）、沃利夏百合（*L. wallichianum*）、菲律宾百合（*L. philippinense*）。细胞生物学和分子生物学研究证实其间亲缘关系较近，而且其间杂交成功也证实了这一点，故部分学者将湖北百合列入喇叭组。

### 7. 钟花组 Sect. *Lophophorum*（*Oxypetala*）

我国学者汪发缵和唐进教授将叶散生，极少轮生，花钟形，花被片先端不弯或稍外弯，雄蕊向中心靠拢的藏百合（*L. paradoxum*）、毛百合（*L. dauricum*）、墨江百合（*L. henrici*）、蒜头百合（*L. sempervivoideum*）、紫花百合（*L. souliei*）、小百合（*L. nanum*）、滇百合（*L. bakerianum*）、尖被百合（*L. lophophorum*）、玫红百合（*L. amoenum*）、渥丹（*L. concolor*）等从卷瓣组中分出，单列为钟花组。

## （二）野生百合种质资源的分布

### 1. 中国

根据赵祥云等人在1982—1990年调查，发现我国野生百合资源有47种18个变种，其中特有种为36种，占世界百合总数的一半，证明中国是百合种类分布最多的国家，也是世界百合的起源中心。中国大部分百合原种仍处于野生状态，多生长在人烟稀少、交通不便的山区。自然分布区跨越亚热带、暖温带、温带和寒温带等气候带，垂直分布多在海拔100～4300m之间阴坡和半阴的山坡、林缘、林下、岩石缝及草甸中，加上土壤和其他因素的差异，故赵祥云等人将我国野生百合分布划分为5个分布区，即西南高海拔山区、中部高海拔山区、东北部山区、华北山区和西北黄土高原、华中和华南浅山丘陵，其中以四川西部、云南西北部和西藏东南部分布的种类最多。

从1990年至今不少学者又陆续发表新的百合原种，根据*Frola of China*最新统计，我国分布有55个种18个变种，其中特有种为36种（带有 * 号）。55种分别是汉森（竹叶）百合、欧洲（星叶）百合（*L. martagon*）、青岛百合、东北百合、轮叶（浙江）百合、藏百合 *、墨脱百合（*L. medogense*）*、尖被百合 *、小百合、短柱小百合（*L. brevistylum*）、渥丹（原变种）*、毛百合、墨江百合 *、滇百合 *、蒜头百合 *、玫红百合 *、松叶百合（*L. pinifolium*）*、紫花百合 *、囊被百合（*L. saccatum*）*、会东百合（*L. huidongense*）*、美丽（鹿子）百合、湖北百合 *、南川百合（*L. rosthornii*）*、报春百合（*L. primulinum*）、紫斑百合、卓巴百合 *、马塘百合（*L. matangense*）*、单花百合（*L. stewartianum*）*、哈巴百合（*L. habaense*）*、大理百合 *、金佛山百合（*L. jinfushanense*）*、丽江百合（*L. lijiangense*）*、宝兴百合 *、匍茎百合 *、朝鲜（秀丽）百合、柠檬色百合（*L. leichtlinii*）、细叶百合（山丹）、川百合 *、垂花百合、条叶百合、乳头百合（*L. papilliferum*）*、绿花百合（*L. fargesii*）*、乡城百合（*L. xanthellum*）*、卷丹、野百合（*L. brownii*）*、安徽百合（*L. anhuiense*）*、文山百合（*L. wenshanense*）*、岷江百合 *、台湾百合 *、麝香（糙茎）百合、宜昌百合 *、淡黄花百合 *、通江（泸定）百合 *、天山百合（*L. tianschanicum*）*、毕氏百合（*L. pyi*）。加上马吉龙（2000）发表的凤凰百合（*L. frolidum*）我国百合野生资源到目前为止共56种（图9）。

### 2. 亚洲其他地区

亚洲原产的百合分布区的范围，北界从北纬约56°的堪察加半岛和西伯利亚中部到北纬约68°的叶尼塞河下游，南界从北纬约17°的吕宋岛到北纬约11°的印度南部。由于自然条件复杂多样，使百合资源具有极其丰富的生物多样性。

日本、库页岛原产的百合有天香百合 *、条叶百合、日本百合 *、香华丽百合 *、乙女百合 *、美丽百合 *、毛百合、大花卷丹 *、麝香百合 *、奄美百合 *、透百合（*L.* × *maculatum*）*、轮叶百合、卷丹等约15种。其中带有“*”的9种为日本特有种。

朝鲜半岛原产百合有朝鲜百合 *、条叶百合、垂花百合 *、渥丹、毛百合、东北百合、汉森（竹叶）百合 *、轮叶百合等有11种。其中带有“*”的3种为特有种。

印度原产百合有紫斑百合、多叶百合、沃利夏百合、尼尔基里百合（*L. neilgherrense*）等。

缅甸原产百合有滇百合、淡黄花百合、木本百合（*L. arboricola*）、波氏百合（*L. puerense*）等。

泰国和越南原产百合有木本百合、波氏百

图 9 我国部分野生百合资源

A. *L. sargentiae* 通江百合（别名：泸定百合、沙紫百合）；B. *L. brownii* var. *viridulum* 百合（别名：野百合、博多百合、白花百合）；C. *L. leucanthum* var. *centifolium* 紫脊百合（宜昌百合变种）；D. *L. anhuiense* 安徽百合；E. *L. sulphureum* 云南百合（别名：淡黄花百合）；F. *L. concolor* 渥丹（别名：山丹）；G. *L. lophophorum* 尖被百合；H. *L. henricii* 墨江百合；I. *L.bakerianum* var. *delavayi* 黄绿花滇百合（滇百合变种）；J. *L. rosthornii* 南川百合；K. *L. lancifolium* 卷丹（别名：南京百合、虎皮百合）；L. *L. taliense* 大理百合；M. *L. davidii* 川百合；N. *L. speciosum* var. *gloriosoides* 药百合（美丽百合变种，别名：鹿子百合、美艳百合）；O. *L. henryi* 湖北百合（别名：亨利百合、花百合）

合、*L. eupetes*、*L. poilanei*。

菲律宾原产百合有菲律宾百合。

俄罗斯远东原产百合有山丹、毛百合、轮叶百合等。

3. 欧洲和西亚

欧洲和西亚原产百合有珠芽百合（*L. bulbiferum*）、白花百合、红花巴尔干百合（*L. carniolicum*）、加尔西顿百合（*L. chalcedonicum*）、欧洲百合、绒球百合（*L. pomponium*）、比利牛斯百合（*L. pyrenaicum*）、凯塞利百合（*L. kesselringianum*）、高加索百合（*L. monadelphium*）、黑海百合（*L. ponticum*）、斯佐百合（*L. szovitsianum*）、多叶百合等共约22种。

4. 北美洲

北美洲原产百合有加拿大百合、卡氏百合（*L. catesbaei*）、格雷百合（*L. grayi*）、彩虹百合（*L. iridollae*）、米库西百合（*L. michauxii*）、密歇根百合（*L. michiganense*）、费城百合、沼泽百合（*L. superbum*）、嵌环百合（*L. bolanderi*）、哥伦比亚百合（*L. columbianum*）、汉博百合（*L. humboldtii*）、凯洛百合（*L. kelloggii*）、滨海百合（*L. maritimum*）、内华达百合（*L. nevadense*）、希望百合（*L. occideutale*）、豹纹百合、帕里百合、内华达岭脊百合、变红百合（*L. rubescens*）、沃尔梅百合（*L. vollmeri*）、华盛顿百合（*L. washingtonianum*）等约24种。

## （三）育种概述

### 1. 育种简史

百合的栽培历史悠久，早在2000多年前中国就有记载。然而，百合的育种历史不超过100年。杂交育种是主要的育种途径。由日本和美国培育的第一批杂交种主要是卷瓣组内的种间杂交获得，核心种有*L. maculatum*、*L. davidii*、*L. dauricum*、*L. tigrinum*和*L. bulbiferum*，即所谓的亚洲百合杂种系。20世纪40年代由Jan de Graaff在美国俄勒冈州的一家农场培育成的亚洲百合品种‘Enchantment’，就是1970—1996年荷兰种植的最重要的百合品种。50年前，荷兰公司开始涉足百合育种，至今已培育出数以千计的百合新品种，平均每年就育出约100个新品种，在世界花卉市场占有绝对份额。中国百合育种工作是20世纪80年代上海园林科学研究所的黄济明先生率先开始。之后，国内众多育种者在百合资源收集和育种工作中做出了积极贡献，已培育出160多个具有自主知识产权的百合新品种，但目前我国自主知识产权的品种在市场上很难见到，尽早、大力推广自育的优良百合新品种是促进我国百合产业发展的关键问题。

如今市场上重要的百合品种，如亚洲百合、东方百合、麝香百合和喇叭百合及其杂交种LA（麝香百合 × 亚洲百合）、LO（麝香百合 × 东方百合）、OA（东方百合 × 亚洲百合）和OT（东方百合 × 喇叭百合）的祖先大多起源于亚洲，主要是分布在中国的原生种。LA杂种系品种主要来源于二倍体$F_1$-LA与亚洲杂种回交的三倍体。这类杂交种在很大程度上取代了亚洲百合。类似地，也发展出了LO、OT和OA三倍体杂交组合。目前，东方杂种已经部分地被OT杂种取代。

国际百合育种界认为目前大量进行种间杂交不是重点，重点应该更多地放在优化或突出更具体的性状上。虽然我国百合资源丰富，但国内多数学者也不提倡从野生种开始进行原始的远缘杂交，应注意收集我国特有的种类、优良的单株及其他有益的变异类型作为重要亲本参与杂交育种。还要充分利用已有的百合育种成就，提高育种起点，加快育种进度，尽快赶上世界百合育种水平。

百合育种方法有杂交育种、诱变育种、多倍体育种、单倍体育种、细胞工程育种（组织培养育种）、基因工程育种（转基因育种）等。

### 2. 杂交育种技术

虽然现代生物技术已经成为当今研究的主流，但常规的杂交育种仍然是百合育种的主要手段。百合的远缘杂交往往存在不亲和现象，主要表现在受精前障碍或受精后障碍两方面，因此，杂交障碍的克服一直是百合杂交育种研究的热点。

（1）**受精前障碍的克服**

因杂交亲本生理上的不协调以及百合花柱较长，常产生受精前的生殖障碍，即不同种的花粉到达柱头上后不能萌发或花粉管不能进入柱头，或者花粉管在花柱、珠孔等处生长受阻，不能实现受精，或者配子相互不能融合致使受精失败的现象。

①切割花柱授粉　对于不亲和性障碍存在于柱头和花柱的杂交组合，其花粉管所达到的最大长度不能够到达胚珠，那么切割花柱授粉是有效的方法。

具体做法是将去雄母本雌蕊的花柱切去 2/3，仅留下部 1/3，然后在花柱切口处涂抹父本花粉，之后用粗细合适、一端封闭的锡箔纸管套合。这种“切割花柱”或者“花柱内授粉”技术已经在百合远缘杂交育种中普遍应用，且取得良好的效果。

②柱头涂抹处理　生长激素对克服杂交不亲和性有一定的促进作用。用吲哚乙酸（IAA）、细胞分裂素（CTK）及赤霉素（GA）等生长调节剂处理母本的花梗或子房，坐果率和成熟种子数显著提高。

氯化钠等无机化学物质可使柱头上原本对异源花粉起识别或阻碍作用的蛋白质丧失“识别”能力，提高自交和杂交的亲和性。用氯化钾溶液处理，能有效削弱细胞膜的膜脂过氧化作用，延缓柱头衰老，促进授粉受精作用。

$Ca^{2+}$ 和硼酸能在离体条件下促进花粉粒萌发和花粉管生长，所以合适浓度的蔗糖溶液附加一定浓度的 $Ca^{2+}$ 或硼酸等为授粉介质，也可提高百合远缘杂交的亲和性。

③蕾期授粉和延迟授粉　一般认为雌蕊最佳授粉时期除了由柱头可授性的最佳水平决定外，还受多种因素的影响。蕾期的雌蕊还未产生不亲和的物质，即使有，量也极少。因此，这时的雌蕊基本不能区别自己和异源花粉的差异，故蕾期杂交授粉能提高可育性。

延迟授粉是对开过花的老龄雌蕊而言的，即开花后 3 ～ 7 天给雌蕊授粉仍然能结实。远缘杂交可通过延迟授粉来提高育种的成功率。这种现象也许与雌蕊内部亲和的物质浓度、排异强度或柱头识别细胞的解体等有关。

④混合花粉授粉　混合花粉就是将亲和的与不亲和的花粉按照一定比例混合在一起授粉。理论上认为杂交授粉过程中，亲和花粉在柱头上很容易萌发，花粉管生长到花柱内部，创造了有利于不亲和花粉花粉管生长的特殊环境，在一定程度上克服杂交的受精前障碍。混合花粉之间相互影响的情况比较复杂，它们可能相互促进，也可能相互抑制。但混合授粉在百合育种实践中是比较有效且能提高育种效率的好方法，尤其在母本材料较少的情况下优势明显。其缺点是杂交后代需要做“亲子鉴定”。具体的混合花粉数量一般认为以 3 ～ 5 种为宜。

⑤重复授粉　重复授粉是指在同一朵花的花蕾期、开放期和花朵即将凋谢期等不同时期，进行多次重复授于雌蕊柱头目标花粉。因为雌蕊发育成熟度不同，它的生理状况亦有所差异，受精选择性也就有所不同，多次重复授粉有可能遇到有利于受精过程正常进行的条件，从而提高亲和性。

⑥花粉蒙导　通常将正常的亲和性花粉用辐射、冷冻、加热等物理办法或化学制剂处理使其丧失活性，然后与不亲和的目标新鲜花粉混合进行授粉，以期提高受精结实率。

⑦离体授粉　离体授粉只在无菌的条件下进行。通常包括离体花朵授粉、离体雌蕊授粉、离体子房授粉和离体胚珠授粉等，各种方法在百合中均有人尝试过，效果也不尽相同。但其中离体胚珠授粉应用较为广泛。

⑧嫁接花柱　嫁接花柱就是将父本的花粉授于亲和的（第三者）柱头，待花粉萌发后将其切除，嫁接于母本子房上。在百合杂交育种中有应用，试验结果有成功也有失败。

为克服受精前障碍，在百合杂交组配中还尽量考虑以下因素：注意正反交效果不同；选首次开花的实生苗作亲本；在温室或保护地杂交，创造最佳授粉受精条件；采用染色体数目较多或染色体倍性高的种作父本；选择氧化酶活性强、花粉渗透压大的种作父本。

**（2）受精后障碍的克服**

远缘杂交受精后障碍表现：受精后的幼胚不发育、发育不正常或中途停止；杂种幼胚、胚乳和子房组织之间缺乏协调性，特别是胚乳发育不正常，影响胚的正常发育，致使杂种胚部分或全部坏死；虽能得到包含杂种胚的种子，但种子不能发芽，或虽能发芽，但幼苗夭折；杂种植株不能开花、结实或雌雄配子不育等。原因是复杂的，可能主要是由于亲本的遗传差异大，致使杂种后代和母体间生理的不协调，激素的不平衡等，以及新的胚乳和胚之间的不协调导致杂种胚早亡。至于杂种植株不育主要原因可能是其基因间的不和谐或染色体的不同源性使在形成雌雄配子的减数分裂过程中出现染色体不联会，分裂不正常，不能产生有功能的配子。

①胚培养　在远缘杂交的实践中发现，杂种胚发育到中期经常出现衰弱或“胎死腹中”的现象，需要及时在无菌状态下剥取幼胚进行离体培养来挽救，以增大育种中杂交苗成活的概率。目前，该技术已经被认为是克服受精后障碍的最有效的方法之一。离体胚培养的培养基中除了常规营养成分和激素外，有的还添加椰乳汁、香蕉泥等，对幼胚成活有益处。Asano 等（1977）创造性地使用非杂交的正常胚乳与去掉胚乳的杂种胚紧贴在一起的“看护”培养，使得大部分杂种幼胚都能正常生长，明显降低杂交受精后的生殖障碍。

虽然 2 周的杂种幼胚也有离体培养成功的报道，但通常幼胚的胚龄越大、成熟度越高，培养成苗越容易，幼胚剥取难度也降低。一般实验室 30 ～ 70 天胚龄的幼胚都能在无菌条件下顺利剥取出来。

②胚珠培养和子房培养　胚珠培养是将授粉后的子房在无菌条件下剥离胚珠，在培养基上培养。为了加大培养的成功率，有时也采用类似于“胚乳看护培养”的方法，将胚珠连同胎座一起取下来培养。子房培养是将杂交后的子房表面消毒，整体离体培养或将子房横切成 2 ～ 3mm 的切片做离体培养。

### 3. 多倍体育种技术

多倍体植物是体细胞中含有 3 个及以上的染色体组的植物。同源多倍体指的是多倍体中所具有的染色体组来源于同一物种染色体组，来自不同种属的多倍体称为异源多倍体。多倍体植物广泛分布于生物界，如卷丹（*L. lancifolium*）、日本百合（*L. japonicum*）为自然三倍体，即 $2n = 3x = 36$。但在自然条件下植物产生多倍体的频率较低，通过人工诱导可以提高产生多倍体的频率。诱导染色体加倍可以通过物理、化学、体细胞无性系变异、体细胞融合、2n 配子有性多倍化和胚乳培养等多种途径来实现。

体细胞无性系变异是指植物体细胞在组织培养过程发生染色体数目与结构变异，进而导致再生植株发生遗传改变的现象。该方法在染色体数目上有可能产生非整倍体，但如果在不施加化学诱变剂的情况下很难出现染色体的加倍，多数情况也只是某些遗传物质发生小的变异。体细胞融合形成多倍体的百合至今还未见报道。下面重点介绍 2n 配子和胚乳培养。

**（1）2n 配子产生**

植物生成多倍体有两种途径，无性多倍化和有性多倍化。有性多倍化是自然界植物多倍体形成的主要形式，即植物通过形成 2n 配子进行正常的授粉受精产生多倍体后代。有性多倍化能避免无性多倍化带来的诸多弊端，是一种新兴的多倍体育种方法。

2n 配子也称未减数配子。指植物个体本身产生的与体细胞染色体数相同的配子。2n 配子产生的细胞遗传学机理是研究较为广泛的领域，不同物种不同基因型产生 2n 配子的机理有多种。减数分裂异常是主要途径，其中减数第一次分裂核重组（FDR）和减数第二次分裂核重组（SDR）形成的 2n 配子最常见。

2n 配子受精后的后代由于具有不同亲本、不同比例的遗传物质，基因的累加效应不同。不同比例的遗传物质共存以及有性途径可促进基因组间遗传物质重组，大大提高后代的变异率，加速优良后代的选育。

多数用于杂交的百合资源在遗传上是高度杂合的，所以用传统的育种方法很容易失去亲本的优良性状，通过 2n 配子育种可以稳定地传递亲本的杂合性，在植物育种、种质利用和种质创新等方面都有巨大潜力。理论推断，在传递杂合性及基因之间的上位性方面，减数第一次分裂核重组（FDR）2n 配子比减数第二次分裂核重组（SDR）2n 配子具有更大的优越性。

2n 配子的产生和产量与物种基因型相关，但也明显受环境的影响，如极端温度、干旱、日照长度等。植物的年龄、种植季节、使用肥料等也影响 2n 配子的产量，此外其他生物如病毒、瘿螨的侵染也可导致 2n 配子的产生。利用诱变剂可以使植物或某个不产生 2n 配子的特定基因型发生基因突变，在后代中选择产生 2n 配子的减数分裂突变体。诱导减数分裂基因突变的有效诱变剂有甲基磺酸乙酯（EMS）、*N*- 亚硝基 -*N*- 甲基 - 脲烷、γ - 射线、280nm 紫外线。由于 2n 配子的产生和产量受环境的影响明显，所以利用环境胁迫或诱变剂使植物直接产生 2n 配子是可行的。高温、低温、氯仿、秋水仙碱、赤霉素、氟乐灵、$N_2O$ 气体等对诱导植物未成熟花芽当代产生 2n 配子都有效果。

（2）胚乳培养

一般双子叶植物胚乳细胞含有 3 个染色体组，而正常二倍体百合其双受精后胚乳细胞具有 5 个染色体组，这是由于百合胚囊为四孢型胚囊，发育成的极核是二倍体。2 个极核和 1 个单倍体的精细胞融合后发育成的胚乳细胞就含有 5 个染色体组。若胚乳细胞具全能性，就可直接通过组织培养获得多倍体后代，实现多倍化育种。

其实，胚乳细胞培养从 20 世纪 30 年代开始就有人不断探索，从经胚乳细胞在离体条件产生了可连续增殖的愈伤组织，到 1975 年从水稻未成熟胚乳中分化出植株，证实了水稻胚乳细胞的全能性。之后在禾本科植物的许多作物中均通过胚乳培养分化出植株。

胚乳发育阶段即授粉后天数（Days after pollination，DAP）是胚乳培养的关键因素之一，范围在 4 ～ 14 天。未成熟胚乳启动细胞分裂与胚是否存在无关，成熟胚乳启动细胞分裂在于初始时与胚的联动。其次培养基、生长调节剂和环境因素对于胚乳三倍体的形成也起着重要作用。

以组织培养为基础胚乳培养虽然并未成为主流的三倍体合成方式，二倍体由 2x/4x（或 4x/2x）途径也能获得三倍体，但需要跨越多重障碍。第一，二倍体加倍为四倍体；第二，四倍体能生殖生长且雌、雄配子至少一种部分可育；第三，四倍体与二倍体花期相遇且杂交结实；第四，三倍体种子能萌芽、幼苗幸存。故此途径通常成功率低且周期较长。尽管百合胚乳培养没有成功的报道，但通过对已有胚乳培养成功案例的回顾，可以尝试百合胚乳培养获得多倍体这一新途径。

## 4. 辐射育种技术

辐射对百合染色体、DNA 和 RNA 的影响极大，这些遗传物质受辐射后产生的异构现象，都会导致有机体的性状变异。选低温贮藏过的百合鳞茎作诱变材料，$^{60}$Co-$\gamma$ 射线处理的剂量为 2 ～ 3Gy，照射部位为鳞茎盘。经过处理的鳞茎分别采用鳞片扦插和组织培养方法繁殖，对繁殖的新个体（M1）进行观察，如果发现有利变异就可用营养繁殖的方法固定下来（M2），经过培育、选择就可得到新品种。除百合鳞茎外，种子、花粉、子房、珠芽等也可作为诱变材料，但辐射的剂量应进一步选择。

### 5. 基因工程育种

通过现代分子生物学技术将一个或多个基因添加到一个生物基因组，从而产生具有改良特征的生物的育种方法。

**（1）百合转基因技术**

尽管目前多数百合新品种是通过常规杂交育种获得的，但随着生物技术的不断发展，分子育种可弥补传统育种技术的缺陷，甚至可创造出天然物种所不具备的新性状，能够在较短时期内培育出稳定遗传的新品种、新类型，已成为传统育种的重要补充。将不同性状的外源基因整合到百合基因组上，如抗衰老基因、花色调控基因、抗病基因、抗虫基因、抗病毒基因等，能够提高百合的抗病能力，延长观赏期，加快繁殖速度，改良品质，提高观赏价值和经济效益。

①受体系统建立　受体系统是实现基因转化的先决条件。自 1957 年 Robb 离体培养百合鳞茎成功以来，百合的组织培养技术已取得显著进展。百合的再生能力强，再生方式多样，外植体可选择鳞片、叶片、茎尖、茎段、珠芽、花梗、花药、花丝、花瓣、子房、种子、胚胎等，为其遗传转化系统的建立提供了便利。

②农杆菌介导法　在百合上已经通过农杆菌介导法建立了百合转基因体系。通过感染将农杆菌所带的经过或未经过改造的 T-DNA 导入植物细胞，引起相应的植物细胞产生可遗传变异。不同的农杆菌菌株对百合的侵染能力不同，而不同的百合品种对农杆菌侵染的敏感性也不同。在外植体与农杆菌共培养一定时间后通常使用的抗生素有羧苄青霉素、头孢霉素、卡那霉素等。和双子叶植物不同的是，百合需加入外源乙酰丁香酮（Acetosyringone，AS）的诱导才能激活 Vir 区的基因。百合遗传转化中采用报告基因有 *GUS* 基因、*NPTII* 基因、*CAT* 基因、*GFP* 基因、*UidA* 基因、*PAT* 基因等，其中主要以 *GUS* 基因为主。

③基因枪法　又称微弹射击法，是一种将载有外源 DNA 的金属（钨或金）经驱动后，通过真空小室进入靶组织的遗传转化技术。

**（2）百合的功能基因**

将抗病基因成功转入百合的有几丁质酶基因、β-1,3 葡聚糖酶基因、无症病毒 LSV 外壳蛋白基因、抗黄瓜花叶病毒基因、美洲商陆抗病毒蛋白（PAP）基因。百合抗虫基因工程中已被广泛应用的有苏云金芽孢杆菌基因、植物外源凝集基因、植物蛋白酶抑制剂基因和淀粉酶抑制剂基因等 4 类。

目前研究发现与百合花发育相关的基因有 *LMADS1*、*LMADS2*、*LMADS3* 和 *LMADS4* 系列基因和 *LILFY1* 基因；与百合花粉发育相关基因有磷脂酶 C 基因（*LdPLC1* 和 *LdPLC2*）等；与百合花色发育相关的有查尔酮合成酶基因。

百合基因工程育种仍处于起步阶段，仅取得阶段性进展，百合转基因性状的遗传稳定性较差，转化百合成功的基因还仅限于改善百合抗逆性方面，且尚未真正用于商业生产。对于人们更加关心的改变百合花期、花香、花色等基因工程核心内容的研究还有很长的路要走。

**（3）百合基因编辑研究**

沈阳农业大学孙红梅教授团队分别在山丹和麝香百合（‘White Heaven’）中，通过体细胞胚和再生不定芽建立了稳定遗传转化体系，转化效率分别达到 29.17% 和 4.00%。进一步通过成簇的规律性间隔的短回文重复序列 /CRISPR-

关联核酸内切酶系统地对2种百合的八氢番茄红素合成酶基因（*PDS*）进行了敲除，在获得的再生植株中观察到完全白化、淡黄色和白绿色嵌合的表型。在此研究中，山丹获得的具有抗性和明显表型改变的编辑效率（转化率）为30.0%，麝香百合的为5.17%。该工作首次将CRISPR/Cas 9基因编辑系统成功应用于百合中，为百合的基因功能研究和种质改良奠定了重要基础。

## 五、品种分类与主栽品种

百合育种史不超过100年，但据不完全统计，截止到2020年2月在国际登录机构记录的百合品种名共计15800多个。园艺品种分类方法如下：

### （一）依据亲本的产地和亲缘关系等特征分类

1982年，北美百合学会（NALS）在英国皇家园艺学会（RHS）1963年分类系统的基础上提出了目前普遍认可的、也是国际百合品种登录权威——英国皇家园艺学会采用的园艺品种分类系统。该系统将百合品种划分为9个杂种系（品种群）。

#### 1. 亚洲百合杂种系 Asiatic Hybrids

该杂种系由分布在亚洲地区的百合种（或杂交种）经种间杂交产生，其亲本主要有朝鲜百合、珠芽百合、条叶百合、垂花百合、渥丹、毛百合、川百合、荷兰百合（*L.*×*hollandicum*）、卷丹、甸茎百合、柠檬色百合、透百合、山丹、卓巴百合和威尔逊百合（*L. wilsonii*）等。

其特点是花通常中等大小，碗状，平盘状或花被翻卷。花色丰富，有或无斑点。乳突无或通常不明显。有时会出现明显的刷痕。花被边缘通常平滑或稍皱褶，具相对不明显的蜜腺。花通常无香味。有时花序具二次分枝。叶散生。

#### 2. 星叶百合杂种系 Martagon Hybrids

该杂种系的品种来自以下种和种间杂种：*L.*×*dalhansonii*、汉森（竹叶）百合、欧洲百合、轮叶百合和青岛百合。

该类品种的特征是花较小，花朵多，花头多数朝下，少数侧向。花被片一般强烈反卷，通常具很多斑点，花被片边缘平滑，花有淡淡的不愉快气味，花蕾常有毛。叶通常轮生，较宽。鳞茎通常紫红色或橙黄色。

#### 3. 欧洲－高加索百合杂种系 Euro-Caucasian Hybrids

该杂种系来自以下种和种间杂交：白花百合、加尔西顿百合、凯塞利百合、高加索百合、绒球百合、比利牛斯百合和*L.*×*testaceum*等。

该类品种的特征是花小到中等大小，花钟形到翻卷状，花头通常朝下，花序相对短。花的颜色通常是淡色调。多数品种无斑点，没有刷痕。花被片边缘平滑，常略反折。花有香味。花序无二次分枝。叶散生。许多品种对土壤酸碱度要求不严。

#### 4. 美洲百合杂种系 American Hybrids

该杂种系来自下列美洲种和种间杂种：嵌环百合、*L.*×*burbankii*、加拿大百合、哥伦比亚百合、格雷百合、汉博百合、*L. kelleyanum*、凯洛百合、滨海百合、米库西百合、密歇根百合、*L. occidentale*、*L.*×*pardaboldtii*、豹纹百合、帕里百合、内华达岭脊百合、费城百合、*L. pitkinense*、沼泽百合、沃尔梅百合、华盛顿百合和*L. wigginsii*。

该类品种的特点是花小到中等大小，圆锥状花序，多数花头朝下。花色多为黄色、橙色或橙红色，花被中心和花被片尖端色彩不一。斑点非常明显，分布在每枚花被片的上半部，圆形，并且常被白色的光晕包围。乳突无或不明显，没有刷痕。花被片相当狭窄，边缘平滑，稍微外翻到明显反折。花略带香味。花梗通常细长。花蕾无毛。叶通常轮生（至少部分轮生）。

5. 麝香百合杂种系 Longiflorum Hybrids

该类百合由台湾百合、麝香百合、菲律宾百合和沃利夏百合杂交，或从某一种中选择出来的后代。花喇叭筒形，平伸。花的颜色通常内部均匀（白色）。斑点、乳突和刷痕都不存在。花被片边缘平滑。花有香味。叶散生，窄到中等宽度。

6. 喇叭和奥瑞莲杂种系 Trumpet and Aurelian Hybrids

由以下种和种间杂种衍生：*L.* × *aurelianense*、野百合、*L.* × *centigale*、湖北百合、*L.* × *imperiale*、*L.* × *kewense*、宜昌百合、岷江百合、南川百合、通江百合、淡黄花百合和 *L.* × *sulphurgale*（但不包括东方百合杂种系所列的所有来自湖北百合的杂交种）。奥瑞莲杂交种由湖北百合和喇叭百合的组合中衍生。

该类百合花中等或较大，花型多样，从长喇叭型到基部短的漏斗型。花白色、奶油色、黄色到橙色或粉红色，喉部与花被片色差大，呈星形。喇叭花通常有香味，没有斑点、乳突或刷痕；其他类型的花通常有斑点、小条纹、有时有明显的乳突。花被片边缘平滑、扭曲具不规则皱褶，花被片尖端通常反折。有时花序具二次分枝。叶散生，窄到中等宽度。

7. 东方百合杂种系 Oriental Hybrids

来自以下种和种间杂种的杂交种：天香百合、日本百合、香华丽百合、*L.* × *parkmanii*，红花百合和美丽百合（但不包括所有这些种和湖北百合的杂交种）。

品种较多，主要作切花生产。花中等到非常大，少数到多数，花形碗状，具有平或下弯的花被片。内花被片非常宽，边缘皱折或扭曲，在基部重叠。花色主要为白色到粉红色到略带紫红。斑点无到多数和明显。具乳突。蜜腺通常大而明显。花香浓郁。叶散生，具叶柄，叶宽。开花晚。

8. 其他杂种系 Other Hybrids

在 1996 年的“亚洲及太平洋地区国际百合研讨会”中提出，将不同杂系间的杂交种归入这一类。目前这类品种发展迅速，每年登录很多。例如，亚洲 / 喇叭百合杂种系 Asiatic/Trumpet（AT）、麝香 / 亚洲百合杂种系 Longiflorum/Asiatic（LA）、麝香 / 东方百合杂种系 Longiflorum/Oriental（LO）、东方 / 亚洲百合杂种系 Oriental/Asiatic（OA）、东方 / 喇叭百合杂种系 Oriental/Trumpet（OT）。还包括前面 7 个杂种系中未涵盖的杂种，如：湖北百合和天香百合、日本百合、香华丽百合、*L.* × *parkmanii*、红花百合和美丽百合的杂交品种（不包括在喇叭和奥瑞莲杂种系和东方百合杂种系中的）放在这里。此杂种系中株型、花色、花型多样，许多品种抗逆性强。

9. 原种和来源于原种的品种 Species and cultivars of species

包括所有原生种及其亚种、变种和变型，以及从中选育出的品种（不包括台湾百合、麝香百合、菲律宾百合和沃利夏百合的品种，它们被归入麝香百合杂种系）。

### （二）按观赏性状或生态习性分类

1. 按花期分类

（1）**早花类**：从种植到开花需要 60 ～ 80 天，这类主要为亚洲百合杂种系品种，常见的有 ‘Kinks’ ‘Lotus’ ‘Sanco’ ‘Lavocado’ ‘Orange Mountain’ 等。

（2）**中花类**：从种植到开花需要 85 ～ 100 天，这类主要为亚洲百合杂种系品种，还有部分东方百合杂种系和麝香百合杂种系品种，常见的有 ‘Avignon’ ‘Enchantment’ 等。

（3）**晚花类**：从种植到开花需要 105 ～ 120 天，这类主要为东方百合杂种系和麝香百合杂种系品种，常见的有 ‘Olmvpic Star’ ‘Star Gazer’ 等。

（4）**极晚花类**：从种植到开花需要 120 ～ 140 天，这类主要为东方百合杂种系和麝香百合杂种系品种，常见的有 ‘Diablanca’ ‘Comtesse’ ‘Casa Blanca’ 等。

### 2. 按花瓣数量分类

（1）**单瓣型**：共6枚花被片，排成两轮，雌雄蕊发育完全。

（2）**半重瓣型**：花被片7～9枚，花瓣排列多于两轮，雄蕊全部或部分花瓣化，雌蕊正常或畸形。

（3）**重瓣型**：花被片大于9枚，花瓣排列多轮，雄蕊全部花瓣化，雌蕊正常或畸形。

### 3. 按花香分类

（1）**墨香型百合**：具有墨香味，如‘Pink Perfection’。

（2）**浓香型百合**：具有浓烈香味，如东方百合大部分品种。

（3）**淡香型百合**：具有淡淡清香，如麝香百合品种。

（4）**无香型百合**：没有香味，主要是亚洲百合和麝香/亚洲百合杂种系品种。

### 4. 按株高分类

（1）**矮型**：株高20～50cm。大部分是盆栽品种，特别是亚洲百合盆栽品种。

（2）**中型**：株高50～80cm，大部分是庭院百合品种。

（3）**高型**：株高80cm以上，大部分是切花百合品种，或园林绿地应用的树状百合。

### 5. 按用途分类

（1）**药用百合**：2005版和2010版《中华人民共和国药典》中规定，百合的药材来源品种为百合科的卷丹（江苏称其为“宜兴百合”）、野百合（湖南、江西等产地称其为“龙牙百合”）及细叶百合（《中国植物志》称其为“山丹”）。

（2）**食用百合**：我国有将百合作为蔬菜和保健品食用的历史。食用的百合除了上面提到的卷丹、野百合、细叶百合（山丹）外，最著名的是兰州百合（包括川百合），因其鳞茎个大洁白、纤维极少、味道甜美，是食用百合中的极品。

（3）**观赏百合**：国外培育出的百合品种均为观赏类型。观赏百合品种又依据其种植和观赏方式分为切花百合、盆栽百合、庭院百合等。

## （三）主栽品种

### 1. 亚洲百合杂种系

（1）**‘白天使’（‘Navona’）**：朝上开花，花碗状。花被内外淡黄白色（yellowish white，155D），中脉在基部黄绿色（yellow-green，144C），顶部浅黄绿色（yellow-green，154B）；无斑点；花粉棕色（brown，172A）；柱头浅黄绿色（yellow-green，145B/C）。花径19cm；花被片长10cm，宽5.5cm，边缘平滑，尖端反卷。叶散生，长9.5cm，宽1.5cm，绿色。株高0.85m，浅绿色具深色斑纹，每株开花3～7朵。

适合作庭院百合或切花应用，耐寒性较好，华北地区可露地越冬。

（2）**‘天舞’（‘Easy Dance’）**：朝上开花，花碗状。花被片内基部1/4浅绿黄色（light greenish yellow，4B）或亮黄绿色（brilliant yellow-green，150A），顶端1/4浅绿黄色（4B），中间蓝黑色（bluish black，203C），斑点暗红色（dark red，187C）；喉部亮黄绿色（150A）。外被片黄绿色（150B）基部浅绿黄色（4B）。无乳突；蜜腺深黄绿色（strong yellow-green，144B）；花粉无；柱头暗红色（187B）。花径11cm；花被片长7cm，宽3.5cm，边缘平滑，顶端平。叶长10.5cm，宽1.6cm。株高1m，绿色。

适合切花或作庭院百合应用，耐寒性较好，华北地区可露地越冬。

（3）**‘矩阵’（‘Matrix’）**：向上开花或侧向开花，花碗状。花被内部鲜红色（vivid red，44A），中脉鲜黄粉红色（yellowish pink，28A）；花被外部鲜红橙色（reddish orange，34A）；有斑点和乳突；蜜腺红色；花粉橙棕色；柱头紫红色。花径12cm；花被片短，边缘稍皱褶，顶端稍反卷。叶短到中等长。株高0.5m，绿色，有较深的斑点和条纹。

适合盆栽或作庭院百合应用，耐寒性较好，华北地区可露地越冬。

（4）**‘美人’（‘Pearl Carolina’）**：花头向下，花平盘状。花被片内部红橙色（reddish orange，42A）；边缘和中脉亮橙色（orange，N163B）；喉咙鲜红（red，45A）。花被片外部为红色（red，181C/182A）；边缘带有橙红色的斑点（reddish orange，169A）；花被片基部黄绿色（yellow-green，144B）到浅橄榄色（light olive，152A）。斑点深红色（187A）；乳突很少；蜜腺亮黄绿色（yellow-green，144A）；花粉红橙色（reddish orange，169A）；柱头深红色（dark red，187B）。花径 12cm；花被片长 9cm，宽 4cm，边缘平滑，顶端反卷。叶长 14cm，宽 1.5cm。株高 1.3m，绿色具深色斑纹，每株具花 6 朵左右。

适合切花或作庭院百合应用，耐寒性较好，华北地区可露地越冬。

（5）**‘甜心’（‘Sweet Surrender’）**：向下开花或侧向开花，花型介于平盘型和卷瓣型之间。花被内部为淡黄绿色（yellow-green，4D），喉部为深黄绿（yellow-green，144B）；外部为浅绿色黄（greenish yellow，4C），花被边缘转变为浅黄色（pale yellow，8D），中脉为浅黄绿色（pale yellow，1C），基部稍带红色（moderate red，180C）；斑点为深红色（dark red，187A）；无乳突；蜜腺为黄白色（yellowish white，155D）；花粉为深橙色（orange，169B）；柱头深橙色（orange，169D），花径 14cm，芳香；花被片长 7.5cm，宽 2.5 ～ 3.5cm，边缘平滑，顶端反卷。叶长 7cm，宽 1cm。

适合切花或作庭院百合应用，耐寒性较好，华北地区可露地越冬。

### 2. 东方百合杂种系

（1）**‘西伯利亚’（‘Siberia’）**：开花方向为向上或侧向开花，花碗状。花被内外白色（white，155D）；斑点白色或浅黄色；无乳突；蜜腺绿色变为白色；花粉浅棕色；柱头紫红色。花径 22cm；花被片长 15cm，宽 4.5 ～ 7.5cm，边缘皱褶，顶端强烈反卷。具浓香。叶长 13 ～ 23cm，宽 3.5 ～ 6cm。株高 1m，每株具花 3 ～ 10 朵。

我国市场上最常见的切花品种，销量很大。北方一般在设施中栽培，喜温暖，对光强适应性较广，耐弱光，不易落蕾。

（2）**‘索邦’（‘Sorbonne’）**：开花方向为向上或侧向开花，花型介于平盘状和碗状之间。花被片内部深紫红色（red-purple，64D），每花被片基部和边缘白色；中部紫粉红色（red-purple，62B）；斑点深紫粉红色；乳头存在；蜜腺绿色，变为粉红色；花粉为橙棕色；柱头紫色。花被片长 14cm，宽 5.1cm，边缘几乎皱曲，尖端反卷。浓香型。叶散生，长 17.8cm，宽 5.3cm，绿色。株高 1.1m，绿色，每株具 5 ～ 9 朵花。

我国市场上最常见的切花品种，销量很大。北方一般在设施中栽培，对光强适应性较广，适宜种植于温度 20 ～ 25℃的冷凉地区。

（3）**‘提拔’（‘Tiber’）**：开花方向为向上或侧向开花，花碗状。花被边缘黄白色（white，155D），内部为深紫红色（red-purple，60D），花中脉为深红色（red，53B）；有乳突；花粉暗红色橙色（greyed-orange，175B）；柱头灰黄绿色（yellow-green，148D）。花径 24cm；花被片长 13cm，宽 8cm，边缘几乎不皱，顶端稍反卷。浓香型。叶散生，长 16cm，宽 4.5cm，深绿色。株高 0.84m，中等绿色，每株花约 6 朵。

该品种对光强适应性较广，对温度较不敏感，在 20 ～ 30℃范围内均生长良好，有更广的种植区域。

### 3. 麝香百合杂种系

**‘白天堂’（‘White Heaven’）**：侧向开花，花喇叭状。花被内部黄白色（white，155B）；外部黄白色（155D）；无斑点和乳突；蜜腺绿色；花粉白色；柱头橙黄色。花被片尖端强烈反卷。具香味。株高 1.45m，绿色，每株具 3 ～ 6 朵花，自然花期在仲夏。

该品种常作切花用。忌强光直射，对温度较不敏感，在 20 ～ 30℃范围内均生长良好。

4. OT 杂种系

（1）**'木门'（'Conca d'Or'）**：侧向开花，花碗状。花被内部绿黄色（yellow，6A），花被片边缘和尖端淡黄绿色（yellow，4D），喉部淡黄绿 / 浅绿黄色（4D/5D）；外部淡黄绿（4D），中脉明亮的黄绿色（yellow-green，150C）；斑点无；乳头明亮的绿黄色（6B）；蜜腺深黄绿色（yellow-green，144B）；花粉中等红棕色（greyed-orange，175A）；柱头深红色（greyed-purple，187A）。花径 27.5cm；花被片长 16cm，宽 5.2 ～ 8.5cm，边缘稍皱褶，顶端反卷。叶散生，长 24cm，宽 4 ～ 6cm。株高 1.1 ～ 1.2m，浅绿色，每株具 2 ～ 8 朵花。

常见黄色系切花品种。对光强适应性较广，对温度较不敏感，在 20 ～ 30℃范围内均生长良好，抗性强，适应范围广。

（2）**'耶鲁林'（'Yelloween'）**：朝上开花，花碗状。花被片内面黄色（yellow，12B），喉部浅绿色（light green，145A）；外面黄色（yellow，8A），中脉浅绿色（light green，145A）；无斑点和乳突；蜜腺浅绿色（light green，145A）；花粉深紫红色（dark red，185A）；柱头浅绿色（light green，145A）。花径 21cm，芳香；花被片长 13 ～ 14cm，宽 4 ～ 6cm，边缘平滑或稍皱褶，顶端反卷。叶长 10 ～ 15cm，宽 1.5 ～ 3cm。株高 1.2m，绿色，具 4 ～ 9 朵花。

可作切花或庭院百合种植。对光强适应性较广，对温度较不敏感，在 20 ～ 30℃范围内均生长良好，抗性强，适应范围广。

5. LA 杂种系

（1）**'粉色阿尔巴'（'Arbatax'）**：朝上开花，花型介于平盘状和碗状之间。内花被片内部中等紫红色（purplish red，186B），边缘中等紫红色（purplish red，186A），蜜腺黄白色（yellowish white，155D）；喉咙黄白色（yellowish white，155D）。花被片外部紫红色（purplish red，63B），边缘紫红色（purplish red，64B），中脉黄绿色（yellow-green，143C）。斑点深紫红色（purplish red，61A）；乳突淡黄白色（yellowish white，155D）；蜜腺淡黄绿色（yellow-green，141C）；花粉为棕橙色（brownish orange，164A）；柱头淡绿黄色（green-yellow，1D）。花径 23cm；花被片长 12.2cm，宽 6.5cm，边缘平滑，顶端稍反卷。叶长 18.2cm，宽 2.5cm。株高 1.35m，绿色具深色斑纹，每株 6 朵花。

可作切花或庭院百合种植。对光强适应性较广，对温度较不敏感，在 20 ～ 30℃范围内均生长良好。

（2）**'亮钻'（'Bright Diamond'）**：朝上开花，花碗状。花被黄白色（white，155D），喉部浅黄绿色（yellow-green，144D）；外面黄白色（155D），中脉深黄绿色（green，143C）。没有斑点和乳突；蜜腺深黄绿色（143A）；花粉暗红色橙色（greyed-orange，175C）；柱头浅绿黄色（yellow，3C）。花径 23.5cm，稍芳香；花被片长 13cm，宽 5 ～ 6.5cm，边缘平滑，顶端稍反卷。叶散生，长 19.5cm，宽 2.7cm。株高 1.1 ～ 1.45m，绿色，有较深的斑点，每株花 2 ～ 8 朵。

可作切花或庭院百合种植。对光强适应性较广，对温度较不敏感，在 20 ～ 30℃范围内均生长良好。

6. LO 杂种系

**'特里昂菲特'（'Triumphator'）**：侧向开花，花型介于喇叭状和碗状之间。花被内部鲜紫红色（purplish red，57C），花被片顶端黄白色（yellowish white，155D），喉部浓黄绿色（yellow-green，144C）；外部黄白色（yellowish white，155D）；斑点和乳头缺失；花蜜浓黄绿色（yellow-green，144C）；花粉中等橙色（orange，172D）；柱头淡黄绿色（yellow-green，149D）。花径 26cm，花香；花被片长 19.5cm，宽 6.5cm，边缘光滑，顶端反向弯曲。叶散生，长 23cm，宽 3.5cm。株高 1.2 ～ 1.4m，绿色。花期仲夏。

近年来国内有引种，可作切花种植。忌强光

直射，对温度较不敏感，在 20 ～ 30℃范围内均生长良好（图 11）。

**7. 湖北百合 *L. henryi***

百合原种。花头向下，花被翻卷。花橙色；每枚花被片的基部具暗色的斑点；花被下基部 1/2 具乳突；蜜腺绿色；花药橙色。花被片长 6 ～ 8cm，宽 1 ～ 2cm，基部缩小成 1 个短爪。叶散生，长 8 ～ 15cm，宽 2 ～ 3cm，亮深绿色。株高 1.5 ～ 2m，绿色有红紫色晕斑，具 4 ～ 20 朵花，有时具珠芽。我国原生种。

说明：各品种描述中有关颜色的代码是比对皇家园艺学会 1995 年或 2001 年或 2007 年版的色卡后所得代码。

## 六、繁殖技术

百合的繁殖技术有营养繁殖和种子繁殖两大类。营养繁殖的方法较多，生产上以组织培养和鳞片扦插最为常用，也可采用自然分球繁殖和珠芽繁殖。

### （一）组织培养

目前我国百合种球主要从荷兰进口，由最初的 1 亿头上升到目前的 3 亿头以上，消耗外汇数千万美元。加上荷兰种球价格昂贵，市场风险加大，造成百合生产成本高，严重影响我国百合生产效益。进口的种球因长期营养繁殖引起病毒感染和积累，导致百合的产量和品质严重下降。利用组织培养繁殖技术，不仅可以解决百合传统繁殖中的染毒及退化问题，也是百合商业化生产快速稳定的繁殖途径。因此，要尽快摆脱目前我国百合优质种球长期依赖荷兰进口的被动局面，必须极早建立我国自己的百合种球国产化生产技术体系，减少百合种球的进口，开展百合脱毒，为生产提供优质种源。

目前，已发现约有 15 种以上的病毒可感染

**图 11　部分百合主栽品种**（摘自荷兰百合品种名录）

A、B. 东方百合‘西伯利亚’（‘Siberia’）、‘索拉亚’（‘Solaia’）；C、D. 亚洲百合‘白天使’（‘Navona’）、‘精粹’（‘Elite’）；E、F. LA 系列的‘阿尔格夫’（‘Algarve’）、‘芬雅’（‘Freya’）；G、H.OT 系列的‘木门’（‘Conca d'Or’）、‘罗宾娜’（‘Robina’）

百合，其中有6种主要病毒，即黄瓜花叶病毒（CMV）、百合无症病毒（LSV）、郁金香碎花病毒（TBV）、百合斑驳病毒（LMoV）、百合X病毒（LXV）、百合丛簇病毒（LRV）。尤以百合无症病毒发生最为普遍，染病率可高达70%～80%。

1. 组培脱毒及检测

百合多采用综合脱毒技术，即将热处理、茎尖培养和抗病毒药剂相结合的方法。北京农学院赵祥云教授及其团队研发了一种百合脱毒籽球快速培养方法，并获得了国家发明专利（专利号：CN201010506284.3，图12）。其技术流程如下：

（1）热处理、茎尖培养建立无菌体系

①百合种球的栽种　在35～38℃条件下种植百合种球，经过7～15天的培养，待芽长高并绽开成莲座状，开始采集百合茎尖。

②外植体灭菌和生长点的剥取　将采集到的百合茎尖，用中性肥皂水清洗3～5分钟，自来水冲洗过夜，5%～10%次氯酸钠灭菌5～10分钟，然后在70%酒精浸泡10～15秒，取出茎尖，先用加吐温的灭菌水冲洗2～3分钟，再用灭菌水冲洗5～6遍。外植体清洗干净后，先将茎尖的叶片全部剥除，用解剖针挑取百合生长点，长度为0.4～0.8mm，将剥取的生长点作为外植体。

③接种　将剥取的茎尖，接种到1/2MS＋1～2mg/L 6-BA＋0.2～0.5mg/L NAA＋4%蔗糖＋6g/L琼脂粉的诱导培养基上，培养基的pH 5.8，经过40～60天培养，茎尖诱导分化成直径2～3cm的叶丛。

图12　北京农学院研发的百合脱毒籽球快速繁育技术及获得的国家发明专利（2015）

（2）加入抗病毒药剂进一步脱毒培养

①继代　将茎尖诱导出的叶丛切成0.5cm小块，接种到MS＋0.2～0.5mg/L NAA＋4%蔗糖＋5～10mg/L Ribavirin＋5g/L琼脂粉+0.5%活性炭的培养基上，培养基的pH 5.8，经过40～60天培养，形成带球的瓶苗。

②病毒检测　将瓶苗进行病毒检测。常用检测方法包括酶联免疫吸附法（ELISA）、双夹心酶联免疫吸附法（DAS-ELISA）、逆转录聚合酶链式反应法（RT-PCR）、免疫电镜法（ISEM）和指示植物法（Cs）。每扩繁1次随机抽取1%～2%的样本进行检测，经2次以上（包括2次）检测，所有检测对象均为阴性时，才能确认为脱毒原原种。

（3）脱毒籽球的继代培养

①脱毒籽球诱导培养　将经过病毒检测无毒的瓶苗转移到籽球诱导培养基MS＋2～5mg/L KT＋0.2～0.5mg/L NAA＋4%蔗糖＋5g/L琼脂+0.5%活性炭，培养基的pH 5.8，在温度22±1℃，光照强度1500lx，光照12小时/天的环境条件下培养40～60天，可直接诱导出带叶的脱毒籽球。

②增殖培养　将带叶脱毒籽球，切去叶片和部分基部组织，纵切成3～4块直径0.3～0.5cm材料，接种于脱毒籽球诱导培养基上（同上），在温度22±1℃，光照12小时/天，光照强度1000～1500lx的环境条件下培养两个月，扩繁系数可以达到3～4。

（4）瓶球驯化及移栽

①籽球处理　瓶球出瓶前，将瓶口打开炼苗3天，然后用镊子轻轻取出瓶球，用清水冲洗掉培养基，包埋在盛有消过毒的草炭或蛭石的塑料箱中。保持温度10±2℃，介质湿度50%左右，3～4天后冷藏，温度由10℃降到3～4℃冷库中处理30～40天打破休眠。也可以带瓶过渡和

处理，最后消毒种植。

②移栽驯化　将打破休眠籽球取出，用2000倍阿米西达药液浸泡籽球20分钟，然后定植到80～90穴的穴盘中。基质配比为草炭1份、蛭石1份加少量促生根的菌肥拌匀装盘。定植后浇透水，并用地膜覆盖穴盘，放到网室内养护，昼温20～25℃，夜温10～15℃，盘中基质保持湿润。定植成活后，每周喷1次1/2MS营养液。

③打破休眠　经一个生长季，地上叶片枯黄，地下籽球直径大约达2cm，按上述方法包埋贮藏于冷库打破休眠。

2. 组培快繁

百合的鳞片、鳞茎盘、小鳞茎、珠芽、茎、叶、花柱等组织和器官均可作外植体，在MS培养基添加NAA和6-BA适于各类百合离体培养。组织培养依外植体的初始分化路径又可分为器官发生和体细胞胚发生两种方式。器官发生即外植体在植物生长调节剂的作用下先后诱导出芽或生根；百合的体细胞胚发生是近几年被发现和深入研究的再生繁殖方式，可以利用生长素类似物PIC、NAA诱导鳞片等外植体实现。体细胞胚诱导再生途径具有繁殖系数高、变异率低、遗传物质稳定等优点，是很有前景的快速繁殖途径。

## （二）鳞片扦插

此繁殖技术为百合种球生产提供大量籽球，这是国内外普遍采用的方法。其特点是操作简单，成本低，繁殖系数较高。技术流程如下：

1. 母球选择

从原种圃生产的无病毒百合种球，选择基盘根系无腐烂、外围鳞片无机械损伤、种球周长16cm以上的鳞茎作为剥鳞片母球。

2. 预处理

母球在39℃热水中处理2小时（防治线虫、螨类等病虫害）后，立即用冷水淋洗30分钟进行降温，室温下放置7天，使鳞片变软便于剥取。

3. 剥片

春季、夏季、冬季均可剥取鳞片。把整个鳞片从基盘剥离并保证鳞片伤口处整齐。周长16～18cm规格的种球剥片数≥12枚，18～20cm规格种球剥片数≥15枚。剥下的鳞片如果来不及处理，需放入5℃冷库贮存。

4. 鳞片消毒

鳞片用清水洗净后装入塑料箱，用25%多菌灵600倍+50%甲基嘧啶磷600倍药液中浸泡消毒10～20分钟，或使用0.5%高锰酸钾溶液消毒5分钟后捞出，放置在通风阴凉处晾干鳞片表层水分，待扦插。

5. 扦插准备

①扦插基质的选择及配制　百合鳞片扦插基质要求疏松、通气、透水，可用粗沙、蛭石、颗粒泥炭等作基质。以直径0.2～0.5cm的颗粒泥炭较为理想。一般颗粒泥炭加粗沙或颗粒泥炭加蛭石，适宜的比例为1∶1。

②基质消毒　配制好的基质需要事先消毒。可采用高温蒸汽消毒或化学药剂消毒。高温蒸汽消毒是将高温蒸汽（80～90℃）通入基质中密闭20～40分钟；或将大量基质堆成20cm高，用防水防高温布盖上，通入蒸汽后，在70～90℃条件下，消毒1小时。化学药剂消毒一般用50～100倍的40%福尔马林（甲醛）溶液均匀淋湿基质后，用塑料薄膜覆盖封闭24～48小时，然后将基质摊开，暴晒2天以上，直至基质中没有甲醛气味后方可使用。

③插床铺设　在大量鳞片扦插繁殖时，可选温度比较稳定、保持20～25℃、无直射光的地方作苗床。苗床宽90～100cm，长度根据具体情况而定。将经过严格消毒处理的基质铺设在苗床内，厚度8～10cm。繁殖数量少时可采用木箱或花盆装入基质作扦插容器。

6. 扦插

将经过消毒阴干的鳞片下部斜插入基质中，鳞片凹面均朝向同一侧。苗床扦插密度一般为

500 枚 /m$^2$，鳞片间距约为 3cm，扦插深度为鳞片长度的 1/2 ～ 2/3。扦插前用 50 ～ 100mg/L 的 IBA 浸泡 4 小时或 100 ～ 300mg/L 的 NAA 速蘸鳞片，既可保证较高的鳞片扦插成球率，又能提高小球的生根率。

7. 扦插后管理

①水分管理　鳞片扦插后要立即喷水，使鳞片与扦插基质密接，介质含水量保持在 30% ～ 50%。以后要尽量少浇水，以防鳞片因过分潮湿而腐烂。较高的环境湿度是扦插成功的保证。鳞片在剥离母体后，发根之前仍不断蒸发，但没有吸水能力，因此必须保持基质有足够的水分，否则蒸发过度会造成鳞片枯萎。除保证一定的扦插基质湿度外，空气湿度同样重要，高温、高湿可促进百合鳞片尽快诱发出小鳞茎；如只有高温，没有较高的环境湿度，就会延迟小鳞茎的增殖时间，降低繁殖系数。为此，扦插环境的空气相对湿度应保持在 90% 左右。

②温度管理　对于大多数百合鳞茎来说，10 ～ 30℃条件下均可扦插成活，但以 20℃左右的恒温条件最适合鳞片萌生小鳞茎。一般鳞片插后苗床温度要保持在 20 ～ 25℃，前 10 天温度可高至 25℃，此后温度不宜超过 23℃。为了保持苗床温度，可采用塑料薄膜或遮阳网覆盖。

③光照条件　鳞片扦插对日照没有特殊要求。但以鳞片为外植体进行扦插繁殖，在避光条件下更有利于小鳞茎的形成。因此，插后可覆盖黑色地膜或麦草、稻草，遮光保湿。

8. 小鳞茎收获

鳞片扦插 40 ～ 60 天后，在鳞片基部伤口处产生带根的小鳞茎。一般每枚鳞片可产生 1 ～ 5 个小鳞茎，小鳞茎直径 0.3 ～ 1.0cm，长出 1 ～ 5 条幼根。待小鳞茎长大时，原扦插鳞片开始萎缩，即可掰下小鳞茎移植到大田培养。

### （三）分球繁殖

百合分生的小鳞茎是主要的分球繁殖材料。母球在生长过程中，于茎轴旁不断形成新的鳞茎并逐渐膨大与母球自然分离。分球率低的如麝香百合，小鳞茎（籽球）大，可较早达到开花龄。分球力强的如卷丹，小鳞茎（籽球）较小，需 2 年以上方能开花。麝香百合、鹿子百合等能形成多数更新鳞茎，将茎轴旁形成的小鳞茎与母鳞茎分离。选择冷凉或海拔 800m 以上的地区，于 10 月中旬至 11 月上旬播种，适当深栽，翌年追施肥水，10 ～ 11 月可收获种球。分球繁殖受限于子鳞茎的数目，繁殖量小，可分 1 ～ 3 个或数个小鳞茎，常因品种而异。百合地下部埋于土中的茎节处也可产生小鳞茎，即“木子”，作为繁殖材料另行栽植。适当深栽鳞茎或在开花前后摘除花蕾，有助于多发小鳞茎。但是，多次用分球繁殖的百合退化严重，百合品质下降，商品化生产通常不采用分球繁殖。

### （四）珠芽繁殖

卷丹、珠芽百合、淡黄花百合、通江百合及少数商品百合品种可使用地上茎叶腋处形成的“珠芽”进行繁殖。在夏季珠芽成熟尚未脱落时将其采集，用湿润的细沙包裹置于阴凉的环境中暂存，秋凉时播种，种植深度最好在 3 ～ 4cm，栽后在上面覆一层细土，盖上草垫保护越冬。用珠芽播种，一般经 2 ～ 3 年才能形成商品种球，但通过珠芽繁殖可促使百合复壮。珠芽繁殖，受限于植物自身属性，仅适用于少数种类。

### （五）种子繁殖

主要用于百合育种以及新铁炮百合的繁殖。

新铁炮百合（*Lilium × formolongi*），由麝香百合和台湾百合杂交而成，其实生植株在 1 年内可完成 1 个生长周期，故常可播种繁殖直接生产切花。种子用 100mg/kg 赤霉素处理 2 小时打破休眠后，播于育苗盘内，夜温 15℃，昼温 20℃的条件下，24 ～ 28 天达到出苗高峰。待幼苗长至 2 ～ 3 枚真叶时分苗，5 ～ 6 枚真叶时移栽于露地。从播种到开花需要 7 ～ 8 个月时间，通常在 11 月至翌年 2 月播种，4 ～ 5 月定植，7 ～ 9 月开花。

## 七、种球生产技术

目前，我国切花百合种球生产已由原来的空白发展到现在的 334hm$^2$。主要产区在云南 267hm$^2$ 和辽宁的凌源 67hm$^2$。云南玉溪明珠花卉股份有限公司是我国最大百合种球生产企业，自 2007 年开始大规模培育东方百合种球以来，不断加大投入，打造一流科研技术团队，实现百合种球生产自主化、国产化和规模化，2012 年生产百合种球 2000 多万粒。其次是云南融成生物资源开发有限公司与荷兰范登博思公司联合生产百合种球，年产约 1000 万粒。辽宁省凌源、大连等地主要生产亚洲、LA 百合种球，每年能生产 2000 多万粒。但是，目前国产切花百合种球的 5000 多万粒，仍与我国百合生产对种球的需求量相差甚远，每年还要继续进口。种球商品化生产是制约我国百合产业发展的瓶颈问题，要实现百合种球国产化任重道远。

### （一）建立无病毒原种圃

#### 1. 选址

（1）**气候条件**：选择气候冷凉、昼夜温差较大地区，最适昼夜温度为 5℃ /25℃，最热月份平均气温≤ 20℃；光照充足，通风良好，生长期降雨充足。

（2）**栽培条件**：交通便利，道路畅通，有水源，土壤肥沃、沙质壤土、空气清新无污染。原种圃必须有温室和网室设施。无病毒种球培育期间，温室和网室要封闭严密，禁止闲人出入，严格防止昆虫和人畜入室传播病毒。及时防治蚜虫，原种圃周围禁种黄瓜、烟草等易患与百合相同病毒的植物。

#### 2. 土壤准备

（1）**土壤改良**：土壤要求疏松、透气，排水良好，以沙壤土为宜。种植地块确定后立即采集土壤样品检测分析 pH 值和 EC 值，土壤 pH 5.5 ～ 7.0，EC 值低于 0.7mS/cm 为宜。如果土壤 pH 和 EC 值不在上述范围要进行土壤改良，采用适量的泥炭、蛭石或清洁谷壳、腐殖土等基质与耕作层土壤混合均匀，改良后才可种植。

（2）**土壤消毒**：种植前 15 ～ 20 天完成土壤化学药物消毒工作。杀虫剂为克百威，用量 2.5kg/ 亩；杀菌剂为五氯硝基苯，用量 3kg/ 亩。将药剂均匀撒施到土壤表面，深翻土壤至 15cm，使药剂与种植层土壤均匀混合，然后迅速浇水，水分渗入土层深度至少为 20cm。

（3）**做苗床**：种植前根据温室或网室的大小，对地块进行苗床规划，以便于生产管理及种球采收。一般苗床做成高床或平床，宽 80 ～ 100cm，长根据地块大小确定，沟深≥ 25cm。要求床面平整、沟直、土壤颗粒细度适中。

#### 3. 种植

（1）**脱毒籽球的解冻**：打开装有移栽驯化过的脱毒籽球的包装袋，在阴凉、高湿环境自然解冻，避免籽球、基盘根干燥，当包装箱内温度达到 12℃时结束解冻。对感染虫害、病害及腐烂的籽球要及时剔除。

（2）**消毒**：解冻后籽球浸泡在 50% 甲基托布津 600 倍 +50% 甲基嘧啶磷 600 倍药液中消毒 10 分钟，期间不断搅动，籽球消毒后应在 3 天内种植。

（3）**浇水**：种植前土壤充分浇湿，种球不能种植于干燥土壤中。

（4）**籽球种植**：开沟点播，籽球按株行距离 5cm × 10cm，摆放整齐，芽朝上，种植深度以球顶覆土 2 ～ 3cm 为宜，种植后立即浇透水（图 13）。

#### 4. 种植后管理

（1）**浇水**：种后至茎生根发育前保持土壤潮湿，以手捏一把土成团，落地后能散开为宜。茎生根发育后适当减少浇水量。天气干旱及时补

图 13 百合脱毒原种种球的繁育

（照片拍摄自云南玉溪明珠花卉公司百合脱毒原种种球繁育基地）A. 脱毒籽球冷库贮藏；B. 百合脱毒籽球；C. 消毒清洗脱毒籽球；D. 脱毒籽球过渡苗床；E. 种植脱毒籽球；F. 百合脱毒原种在网室种植

水，多雨季节应及时检查积水并适时排水，整个生长期避免土壤出现过度潮湿或干燥板结现象。

（2）**施肥**：定植后施 1 次复合肥作为基肥，当植株高度 20cm 时，按氮肥：磷肥：钾肥比例为 1∶1.5∶1 追肥，每隔 20 天追施 1 次，共追 3～4 次肥。干肥撒施时，要避免肥料撒到植株茎叶上，以防肥料烧伤叶片。

（3）**中耕除草**：定期检查土壤墒情，及时松土，去除杂草。松土宜浅不宜深，以防损伤根系。

（4）**摘除花蕾**：籽球经 2 年的培养后，大多会出现花蕾，应在花蕾长度为 2～3cm 时，在晴天早晨摘除。摘除花蕾有利于地下鳞茎的培养。

（5）**病虫害防治**：生产过程中发生的病虫害主要采取预防为主、综合防治的原则。具体防治方法见病虫害防治。

## （二）建立无病毒种球繁殖圃

无病毒种球繁殖圃是将原种圃生产的无病毒种球通过鳞片扦插扩大繁殖系数。鳞片扦插 40～60 天后，在鳞片基部伤口处产生带根的小鳞茎。一般每枚鳞片可产生 1～5 个小鳞茎，小鳞茎直径 0.3～1cm，长出 1～5 条幼根。待小鳞茎长大时，原扦插鳞片开始萎缩，即可掰下小鳞茎移植到露地培养。

## （三）商品种球（开花种球）生产

### 1. 种植前准备

（1）**选址**：选择气候冷凉、昼夜温差较大地区，冬季平均温度≥ 2℃，夏季最热月份（7、8 月）平均气温≤ 20℃；光照充足，全年总日照数不低于 2000 小时，全年降水量约 800mm。土壤肥沃、沙壤土，无污染。水源丰富，水质优良。地势高，通风良好，排水便利。交通方便，道路畅通。

（2）**土壤检测**：同无病毒原种圃。

（3）**种植规划**：种植前对地块进行种植规划和准备，以便于生产管理及种球采收。种植前15～20天深挖至少30cm厚土层，晾晒地块。规划出各品种种植区域，同一品种连片种植。

（4）**土壤消毒**：同无病毒原种圃。

（5）**做苗床**：同无病毒原种圃。

#### 2. 种植

（1）**种球消毒**：鳞片扦插繁殖的种球解冻后，浸泡在50%甲基托布津600倍+50%甲基嘧啶磷600倍药液中消毒10分钟，期间不断搅动，种球消毒后应在3天内种植。

（2）**种植密度**：鳞片球种50000粒/亩。床面宽100cm，种植行距15cm、株距6cm，每床种植6行。种球种植后立即浇透水。

#### 3. 种植后管理

浇水、施肥和中耕除草同无病毒原种圃的种后管理。

摘除花蕾：鳞片球经1～2年的培养后，大多会出现花蕾，花蕾长度为2.5～3.5cm时应及时在晴天早晨摘除。花蕾长度未达2cm前严禁摘除花蕾。每亩地保留一定量的植株（约$1m^2$）不除花蕾，并待花蕾正常发育、开花直至枯萎，以便进行品种识别和鉴定。

病虫害防治：生产过程中发生的病虫害主要采取预防为主、综合防治的原则。

### （四）商品种球的采收与采后处理

#### 1. 采前准备

采收种球前首先检查新芽的长度，长度不超过1cm适合采收，超过1～1.5cm要尽快采收。因为，芽长的鳞茎不能进行冷冻贮藏，否则新芽会遭冻害。其次要分析鳞茎新芽糖分含量，达到标准即可采收。采收种球时，必须按照各品种成熟的先后顺序进行采收，采收完一个品种后，再开始另一个品种的采收。

采前1周停止浇水，防止在采收时损伤鳞茎。采前要做好工具、容器和车辆等准备。

#### 2. 采收时间

充分成熟的鳞茎才能保证种球的优良特性。一般植株地上部分完全枯萎，茎秆很容易从鳞茎中拔出时即为成熟了，可以采收。不同地区百合种球采收的时间不同，我国北方地区在9月中旬至10月中旬采收；南方在10月中旬至12月中旬采收，不宜过早或过晚。

#### 3. 采收和运输

国外种球的采挖、清洗、消毒和包装是由机械完成。我国有用机械采收的，但大多数都是人工采挖鳞茎。人工采挖时从苗床一端开始，逐渐向内推进，边挖边整理集中，以防埋入土中，大小种球均应收集起来。注意不要损伤鳞茎，以减少伤口感染，防止腐烂，同时还应保持鳞茎基生根的完整。挖掘时应在离种球15cm处斜向下锹，挖掘深度是20cm。鳞茎挖出后，去掉鳞茎上的泥土，剪除枯萎的茎轴，然后将种球集中，轻轻放入筐中。挖出的种球要防止阳光直射鳞茎和根系，严防脱水受损。如果不能及时搬运，可以用遮阳网或棉被覆盖。

采收完成后立即将种球装箱运往车间进行清洗、消毒处理。

#### 4. 清洗

将装有百合种球的筐子放在有排水沟的地上，然后用清水冲洗，以除去附着的泥土及小石子，冲洗至种球表面白净即可。国外（荷兰）生产种球要出口，为了防止土传病害传播，清洗的方法需要三道程序，分别是喷淋、在清洗箱水中转动清洗、在种球分级机械上用高压水枪两面冲洗。

#### 5. 分级

在标准的环境条件下种植具有相同开花能力的鳞茎的周长作为种球分级标准。通常亚洲百合按照鳞茎的周长分为9/10cm、10/12cm、12/14cm、14/16cm、16cm以上5个规格等级；东方百合分为12/14cm、14/16cm、16/18cm、18/20cm、20cm

以上5个规格等级；麝香百合和LA百合分为10/12cm、12/14cm、14/16cm、16cm以上4个规格等级；其他类型可以参照执行。周长不足9cm的鳞茎分为3/6cm、6/9cm 2个规格等级的籽球。国内多用手工分级，采用自制的不同周长口径的模板参照操作，分级规格差异较大。国外采用分级包装机械和周长规格分级检测器进行分级，操作速度快而且标准。分级操作要细心、轻拿轻放，以免鳞茎和根系受伤。分级过程中要将染病的、根系腐烂的、不合格的鳞茎挑出来，保证种球的质量。

#### 6. 消毒

种球消毒是鳞茎贮藏前的一个重要环节。在国外鳞茎包装前要进行2次药剂消毒，第一次消毒由种植户进行，将分过级的种球连箱浸入50%多菌灵可湿性粉剂600倍液和扑海因800倍液的消毒池中，浸泡20分钟左右。将种球箱从消毒液取出后，叠放以充分沥干种球表面的水分，然后再将鳞茎送交销售商，销售商进行第二次消毒。种球浸泡在50%克菌丹500倍+50%甲基托布津500倍+50%甲基嘧啶磷600倍药液中消毒30分钟，杀菌和杀虫同时进行。也有销售商用机械消毒，先用杀菌剂杀菌，然后用热水处理杀虫。

#### 7. 包装

包装填充鳞茎的材料为泥炭，国产泥炭要用70%甲基托布津500倍+40%辛硫磷500倍药液对基质进行消毒。按照1∶5的体积比将药液与基质混拌均匀后，用薄膜覆盖堆放3天后过筛1次，使水分与基质充分混匀。填充材料水分含量大约50%为宜，太湿则易造成种球在箱中腐烂。进口泥炭可以不消毒，但在包装前也要将填充材料均匀喷湿。用厚度为0.4mm的塑料薄膜做成袋子，袋子底部打有直径为5mm的孔眼70个，铺在塑料筐内，按不同种球规格的数量要求装箱，如16/18cm规格200粒/箱，14/16cm规格300粒/箱，12/14cm规格400粒/箱。将百合鳞茎与填充材料混装在塑料袋中，然后封口，并将写有品种名称、规格、数量、生产商、日期等内容的标签贴在塑料箱的两侧。

### （五）种球贮藏与保鲜技术

#### 1. 打破休眠技术

百合鳞茎必须经过一段时间的低温处理才能促进花芽分化，由室温降到冷藏温度时间应是一个循序渐进的过程；如果降温幅度太大，可能会超过百合种球的自身承受力而造成种球冻害。先在13～15℃条件下预冷处理1周，然后在2～5℃下再处理4～8周打破休眠。不同杂种系百合品种低温处理的时间长短有差异。在2～5℃低温下冷藏，麝香百合杂种系‘雪皇后’和亚洲百合杂种系‘哥德琳娜’均需30天左右打破休眠；东方百合杂种系‘西伯利亚’需45天左右打破休眠，‘索邦’则需60天左右才能打破休眠。贮藏时间过长会减少花芽的数量。其他类型的百合也需要低温处理打破休眠阶段，冷藏时间长短有待于进一步研究。

百合在低温贮藏期，鳞茎的生命活动仍未停止，其代谢的生理和生化过程还在不断进行。根据鳞茎新芽中的糖分含量变化，来确定打破休眠时间。当糖含量达到最高限时（出现拐点时），说明休眠结束，要进行鳞茎冷冻贮藏。如果糖含量开始下降，此时才冷冻贮藏，鳞茎就有受冻害的危险。

通常用榨汁器和糖分检测仪就可以定期跟踪糖分的变化。每次随机取5个鳞茎，剥掉鳞片取出新芽榨汁，用糖分检测仪测量汁液糖分，找出最高值，不同品种最高值不同。一般亚洲百合含糖量25%～30%，东方百合含糖量20%～25%，麝香百合含糖量15%～20%。

#### 2. 低温冷藏技术

（1）**低温处理的方法：**将装有百合鳞茎的塑料箱在冷库里一层一层叠起来，为了保证库内空气流通，箱子底层不能紧挨地面，需用木块垫起来，叠起的箱子与冷库墙壁之间应留出10cm左右的空隙，每层箱子之间也要留一定空隙，中间留人行道便于经常查看，最高层箱子距屋顶要保持 50 ～ 80cm 距离。为了保湿，最上层的箱面应再盖一层塑料薄膜。鳞茎的贮藏温度变化过大可能导致冻害或发芽。

亚洲百合和麝香百合放在一个冷库里。东方百合放在另一个冷库中。每个品种、每个规格的种球集中放置，商品球和籽球分开。

（2）**冷库的日常管理：**每天要观察库内的温度是否和控温箱温度一致，每周通风换气 2 次，每次 2 小时，为了使库内温度变化不大，常在夜间换气。同时也要进行空气湿度的观察记载，一般要求空气相对湿度达 70% ～ 80%。冷库的管理每天都要有记录（温度、湿度、通风换气的时间、种球入库和出库的情况、冷库的制冷情况，发生意外否、值班人等）。

**3. 低温冻藏技术**

若要较长时间地贮藏百合鳞茎，必须采用冷冻贮藏。冷冻贮藏要求温度稳定，若由于温度升高而解冻的鳞茎不能再冷冻，否则会产生冻害。在冷冻鳞茎过程中，不管是堆放或是放在箱中，必须在相当短的时间范围（2 ～ 3 天）被冷冻到适宜的温度。因此，要求冷冻鳞茎的冷库必须有良好稳定的制冷、保湿功能。少开库门，减少通风。

（1）**冷冻温度：**保持整个冷冻室温度一致至关重要。很小的温度差异都可能引起冻害或发芽。不同杂种系百合鳞茎适宜的冷冻贮藏温度为：亚洲百合杂种系 –2.0℃，东方百合杂种系 –1.5 ～ –0.6℃，麝香百合杂种系 –1.5℃。

（2）**冷冻时间：**一般亚洲百合杂种系鳞茎可以冷藏 1 年，但贮藏时间太长（超过半年）的百合鳞茎将减少花芽数，并产生早期落蕾现象；东方百合杂种系和麝香百合杂种系最多贮藏 7 个月，超过 7 个月就会发芽或发生冻害。

（3）**冷库条件要求：**

①冷库的墙壁　必须具有 0.3W/（$m^2$・K）的绝热水平。

②冷库内温度　库内温差在 ±0.5 ～ 1℃内，库内温度较为均匀，每立方米的低温贮藏容积，必须具有 30 ～ 60W 的冷却容量。

③冷库内的 $CO_2$ 浓度　$CO_2$ 浓度维持在 0.1% 范围内。

④空气流通　冷库必须具备自动的、低速的通风换气装置，保持库内有恒定的环流空气。

⑤环境监测设备　冷库内有测定温湿度仪器和 $CO_2$ 自动测定仪器。

最新研究，超低氧的方式贮藏百合可降低球根的呼吸作用，还可以适当提高贮藏温度以避免冻害发生。一般空气中氧气的浓度为 20%，降低到 1% ～ 5% 的低氧状况下，贮藏温度则可略微提高。但氧气浓度也不可太低，否则植物进行无氧呼吸会产生乙醇，反而会导致死亡（图 14）。

**4. 种球运输保鲜**

刚采收的百合种球预冷装箱后，直接装入卡车中运输，20 天内上市出售即可。对于贮藏过程中的百合运输，贮藏前期可直接从冷库中取出，装车运输；贮藏后期因耐贮性下降，宜采用保温车运输。目前，生产中有的采用真空包装后再运输销售。运输温度保持在 –2 ～ 1℃。

## 八、切花生产技术

### （一）切花生产概况

我国百合栽培历史悠久，但以往的栽培目的主要是生产食用和药用百合，而百合切花生产及种球繁育起步晚。从 20 世纪 80 年代后期开始，因荷兰百合品种的引入，其新品种花大色艳、花姿雅致倍受消费者的青睐，加上我国历来视百合为“百年好合、幸福祥和”的象征，广泛应用于各种庆典、节日和人们的日常生活中，是一种高品位、高档次的切花，使国内对百合花需求量逐年增加，价格较高，从而促进了花卉生产者种植百合的积极性。国内种植面积和种球的需求量以

20% 的速度增加，百合切花种植面积由几千亩猛增近 4 万亩，切花产量从 20 世纪 90 年代末期的几千万支急剧增加至 2004 年 4.7 亿支。但是，生产用种球主要依赖进口，我国每年从荷兰进口百合种球，由最初的 1 亿头上升到目前的 3 亿头以上。主要产区在云南、四川、陕西、甘肃、青海、辽宁、河北、浙江、北京、上海。全国成规模的百合企业有 60 多家。2007—2009 年又出现新区，江苏东海（3000 亩）、河北平泉（2000 亩）、辽宁葫芦岛（1000 亩）、广东增城（1600 亩）、福建南平（3000 亩）、宁夏隆德（1000 亩）等全国百合种植面积达 6 万多亩（4000 多公顷），年生产切花 7.8 亿支。2010 年以后面积逐年下降，特别老区面积下降很多，2011 年统计我国百合切花面积下降 13853 亩。原因是进口种球、劳动力、土地价格上涨、市场不景气等。2012 年下半年出现的种球行业低迷则让生产者走向理性，切花生产者重点在调整品种结构，提高生产技术和产品质量上下功夫，百合产业渐行渐好，抵御市场风险的能力愈来愈强。为此，国家林业部（现国家林业和草原局）组织相关专家和企业研制并颁发了切花百合生产技术规程（LY/Y 1813—2010）。近年来我国切花百合产业又开始新的快速发展，据农业农村部统计，2020 年全国百合切花种植面积达 5959.93hm$^2$，年销售切花 15.77 亿支，销售额约 28.29 亿元人民币。尤以云南省和辽宁省发展最为突出，已成为我国切花百合的重要产区。

我国百合切花产地，号称“南有云南，北有凌源”。云南是全球最大的鲜切花生产地，也是我国最大的百合切花产地。按上市时间，云南百合分为夏秋百合和冬季百合，总产量大约 8 亿支

图 14　百合种球的采后处理与贮藏

（图片为云南玉溪明珠花卉公司种球加工和贮藏流程及其设备）

左右，夏秋百合供货量占全年的60%以上。夏季百合产地以昆明（嵩明县、寻甸县）和曲靖（会泽、马龙）为主，上市时间集中在6～9月。冬季百合以昆明、玉溪（元江、江川、新平）、红河（弥勒）为主，上市时间为10月至翌年5月，上市量均衡，品质较好。凌源是辽宁省朝阳市管辖的县级市。位于辽宁、河北、内蒙古三省（区）交会处，面积3278km$^2$。凌源百合种植面积约933hm$^2$（1.4万亩）。年生产切花1.2亿支。

### （二）设施选择

百合切花生产根据节日和市场的需求，经常进行促成栽培或抑制栽培，最基本的条件是要有成套的温室设施，不论外界环境条件如何，必须保证温室内有适宜的生长条件。

通常温室的结构类型有很强的地域性，在很大程度上受本地区气候条件的制约。不同地区要结合当地气候特点，自行设计和建造百合切花生产的温室类型（图15）。

我国北方生产百合切花常用的设施是日光温室和钢架的大型塑钢温室。夏季生产百合切花，应在设施内增加风机－水帘降温系统或自动遮阳降温设备。冬季采暖设备多用锅炉水暖供热，棉被、草帘覆盖保温。

我国南方生产百合切花常用的设施是钢架塑料大棚和竹架中棚及小棚。夏季生产百合切花，采用强制通风、室外或室内遮阳设备。冬季不需要采暖或用二道幕的方法保持室内温度。

一般生产出口的东方百合切花多采用现代化

图15　我国南北方常见的切花百合生产设施

A、B. 北方地区百合切花生产常用的设施——日光温室；C、D. 南方地区百合切花生产常用的设施——钢架塑料大棚

大温室生产。现代温室安装加热系统、降温系统、二氧化碳系统、灌溉系统、光照系统、遮阴系统、电脑系统等设备，达到自动化、智能化、精准化的控制环境。

### （三）品种选择与种球质量要求

百合切花促成栽培是利用各种技术措施，使百合花按照人们的意志或市场需求（如特殊节日）定时开放，实现反季节和周年生产。百合切花促成栽培的关键环节是品种和种球选择以及调节定植时期。

根据市场需求和各地的生态环境条件，选择合适的品种很重要。目前，适合作切花的百合有东方百合杂种系、亚洲百合杂种系、麝香百合杂种系、LA杂种系、OT杂种系等。常用品种：亚洲系如‘波安娜’（‘Pollyanna’）、‘普瑞头’（‘Prato’）、‘新中心’（‘Nove Cento’）等；东方系如‘西伯利亚’（‘Siberia’）、‘索邦’（‘Sorbonne’）、‘元帅’（‘Acapulco’）、‘星球大战’（‘Starfighter’）、‘马龙’（‘Marlon’）等；麝香百合如‘雪皇后’（‘Snow Queen’）、‘白 狐’（‘White Fox’） 等；LA系如‘萨莫’（‘Samur’）、‘阿拉丁的炫耀’（‘Aladdin's Dazzle’ = ‘Ceb Dazzle’） 等；OT系如‘木门’（‘Conca d'Or’）、‘罗宾娜’（‘Robina’）、‘黄天霸’（或‘曼尼莎’‘Manissa’）等。

种球质量要求鳞茎饱满、鳞片无病斑、根系健壮、品种纯度达97%以上。

### （四）土壤或基质准备

#### 1. 土壤检测

在种植前6周取土壤样品，进行土壤pH值、总含盐量、含氯量和矿质营养总量等方面的检测，并保证土壤（尤其是上层土）具有良好的团粒结构。

#### 2. 土壤消毒

（1）**蒸汽消毒**：装上管道，将高温蒸汽通到20～25cm深的土层中，使土壤温度达到78～80℃，而且保持1小时以上。

（2）**化学消毒**：用40%福尔马林50倍液均匀喷洒（当土温达到10℃以上时），再用塑料薄膜覆盖土壤，7～10天（夏天3天即可）后，揭开塑料薄膜，释放有害气体2周后使用。也可采用杀菌药剂70%敌克松5～10g/m$^2$，或80%乙磷铝20～30g/m$^2$，均匀混入20cm的表土中消毒。

#### 3. 土壤改良

（1）**更换土壤**：当土壤物理性状不佳或不能采用轮作时，需在保护地内更换土壤。含沙重和黏性强或表土熟化不够的土壤可用稻草、稻糠、松叶、泥炭混合物等来改良。

（2）**土壤pH调节**：pH高，可在表土施加草炭土、硫黄粉等进行调节，草炭用量2m$^3$/100m$^2$，撒施硫黄粉5～7.5kg/100m$^2$，使之达到适宜的酸碱度；或加入充分腐熟牛粪1～1.5m$^3$/100m$^2$。pH低，在种植前用含石灰的化合物或含镁的石灰混合土壤，之后至少等待1周才能种植。

（3）**土壤含盐量调节**：百合属于对盐极敏感的植物，土壤的总含盐量不应超过1.5mS/cm，特别是含氯量，不应超过1.5mmol/L。含盐或氯成分较高时，应预先用水冲洗。新鲜的厩肥通常含过高的盐分，因此要确保其盐分不是太高，含盐量高的灌溉水要进行渗透处理，灌溉水的含盐量应低于0.5mS/cm，同时不要大量使用无机肥料。

#### 4. 开沟作畦

南北向做高畦或平畦，畦高25cm左右，畦宽80～120cm，通道宽30～40cm。多雨地区在温室、大棚外围开挖深40cm的排水沟，以防棚内积水。

#### 5. 基肥

根据土壤结构、营养状态、盐分含量，在百合种植之前施用充分腐熟的有机肥，如施用腐熟牛粪1m$^3$/100m$^2$（或3～4kg/100m$^2$）。不可用新鲜的有机肥，否则容易烧根。施用生物菌肥和泥炭混合肥效果更好。在定植后的前3周，是幼根发育期，要避免盐分过多伤害根系。

6. 基质栽培

为避免连作障碍，温室内可采用基质栽培。基质选用草炭、或草炭:珍珠岩（2:1）、或草炭:土壤（3:1）、或草炭:蛭石（1:1）、或草炭:腐熟牛粪（3:1）混合。

基质栽培时做栽培床或直接采用箱式栽培。栽培床一般宽 80 ～ 100cm，高床或平床。高床高 40 ～ 60cm，用砖和水泥砌槽，床底设孔以利排水；平床则需在床底铺设炉渣或沙石以利排水。箱式栽培可利用百合种球周转箱（规格 60cm×40cm×24cm），直接铺设泥炭栽培。无论是床栽或箱栽，基质的厚度均需达到 20 ～ 25cm。

## （五）定植

1. 定植时间

百合的定植时间要根据供花时间而定。亚洲系百合生长周期为 70 ～ 110 天，定植期在供花时间前 70 ～ 110 天；东方系百合生长周期为 80 ～ 130 天，定植期在供花时间前 80 ～ 130 天。经冷藏处理的百合种球，若能满足其生长的温度要求，在一年内的任何时期均可种植。

2. 种球消毒

种植前用 50% 甲基托布津 600 倍液，或 70% 百菌清 600 倍液对百合种球进行消毒；或者 50% 噁霉灵 2000 倍液 +70% 代森锰锌 800 倍液 +25% 多菌灵 500 倍液，四季可用，浸泡消毒 30 分钟，消毒后晾干备用。

3. 土温检测

测量 20cm 深处的土壤温度，应保持在 12 ～ 15℃。夏季土温必须低于 22℃方可种植，若土温高于 22℃，可通过灌冷水、遮阴等方法降温。

4. 定植方法

定植前先进行解冻、生根和催芽。催芽方法：从冷库移出球根箱后应首先打开箱内的塑料袋，并将其放在避光、10 ～ 15℃的条件下缓慢解冻，一般 10 ～ 15 天球根就会长出新根和新芽，当芽长 3 ～ 5cm 时就可以种植了。催芽期间要注意保持球根箱内介质湿度。

栽植时开沟栽（地栽）或开穴栽（基质栽），栽植后覆土。覆土厚度以芽尖露出土面为准。随着芽生长分 1 ～ 2 次覆土新芽，同时扶正新芽，还能有效防止丝核菌的侵染。栽植后要充分浇水，使鳞茎的根系与土壤紧密结合，保证新芽的持续生长。

5. 定植深度

不催芽的种球种植要有足够的深度，要求种球上方土层的厚度冬季为 6 ～ 8cm，夏季为 8 ～ 10cm。为防止破坏种球根系，不要把土壤压得太紧。定植深度还应根据品种和鳞茎的大小而定，一般周长 10/12cm 种球的种植深度为 6 ～ 10cm，14/16cm 种球的种植深度为 8 ～ 12cm，16/18cm 种球的种植深度为 10 ～ 14cm。为了防止表土板结，栽种后在表面覆盖稻草或泥炭土等。

6. 定植密度

百合的种植密度随品种和种球大小的不同而异。适当密植可使切花百合的茎秆挺拔。通常在光照充足、温度高的月份种植密度可高一些，在弱光时节（冬天）或在光照条件差的情况下，种植密度就应较低。在泥炭作基质栽培时植物生长快，可以降低种植密度。

百合切花生产一般株距为 10 ～ 15cm，行距为 15 ～ 20cm。不同杂种系的百合种球种植密度详见表 1。箱式栽培时，箱子底部铺上 1 ～ 2cm 厚的基质，将种球种植于上面，一般每箱种植 9 ～ 12 个种球，之后覆盖 8 ～ 10cm 厚的基质。

## （六）养护管理

1. 栽培设施和设备的日常管理

（1）**张网设支架**：铺设支撑网，网眼的大小根据株行距确定，网固定在支架上，要求拉紧拉直。

（2）**灌溉设施**：贮水池（罐）、水管和喷头。

表 1 不同杂种系不同周长的百合种球种植密度 （个 /m²）

| | 品系或种群种球规格（周长 cm） | | | | |
|---|---|---|---|---|---|
| | 10/12 | 12/14 | 14/16 | 16/18 | 18/20 |
| 亚洲系 | 60 ～ 70 | 55 ～ 65 | 50 ～ 60 | 40 ～ 50 | |
| 东方系 Star Gazer 型 | 55 ～ 65 | 45 ～ 55 | 40 ～ 50 | 40 ～ 50 | |
| 东方系 Casa Blanca 型 | 40 ～ 50 | 35 ～ 45 | 30 ～ 40 | 25 ～ 35 | 25 ～ 35 |
| 铁炮系 | 55 ～ 65 | 45 ～ 55 | 40 ～ 50 | 35 ～ 45 | |
| L/A 系 | 50 ～ 60 | 40 ～ 50 | 40 ～ 50 | | |

将处理好的水，通过水管和喷头浇灌到苗床上。另外可采用滴灌这种节水灌溉方式，铺设滴灌带，并在滴水前清洗管道，清除各种残留物，保证灌溉顺利进行。

（3）**温室环境观测设备**：设置温度计、土温计、pH 计、EC 计等，做好工作记录。气温、土温、最高温、最低温、空气湿度和工作情况等每天定时记录。pH 值、EC 值每周测定 1 ～ 2 次。有条件的可每月测定 1 次土壤各种营养元素，以便更有效地进行日常管理。

### 2. 萌芽期管理

萌芽期是指种球定植到苗高 20cm，茎生根长出的时间。

（1）**湿度**：要保持土壤湿润，田间持水量在 70% 左右。茎生根生长期，田间持水量在 60% 左右，保持土壤具有良好通透性和氧气供应。适合的空气相对湿度是 60% ～ 80%，需经常检查灌溉系统中水的分布情况，采用喷水、地面洒水等调控手段，保证空气湿度相对稳定。

（2）**温度**：土温保持在 13 ～ 15℃，不可超过 20℃。气温宜保持在昼温 20 ～ 22℃，最高不能超过 25℃，夜温 10 ～ 15℃。

（3）**光照**：以遮阴为主。阴天打开遮阴网，当植株高度达到生产要求时打开遮阴网。根据季节和品种不同，选用遮阴度 50% ～ 70% 的遮阳网。在光照强度高的夏季，栽培亚洲和麝香百合杂种时需遮去 50% 的光照，栽培东方百合杂种需遮去 70% 的光照。

（4）**通风**：在温湿度有保证的情况下，尽可能打开多处风口通风，对于枝条软的品种，可用风扇加强通风。

（5）**施肥**：萌芽期原则上不给土壤施肥，根据情况进行叶面喷肥，喷“花无缺”复合肥（N：P：K = 20：20：20）1000 倍液 + 氨基酸钙 800 倍液 1 次；或喷氨基酸铁 800 倍液 + 磷酸二氢钾 1000 倍液 1 次。萌芽期土壤有效肥料的含量应该确保 EC 值在 1.2 ～ 1.7mS/cm 之间。

### 3. 营养生长期管理

（1）**湿度**：保持土壤湿度，田间持水量保持在 60% 左右。空气相对湿度为 50% ～ 80%，且要求稳定。

（2）**温度**：东方百合，气温宜保持 15 ～ 22℃，夜温不低于 15℃，昼温不高于 25℃。亚洲百合，昼温保持 20 ～ 25℃，夜温 8 ～ 10℃。麝香百合，气温保持 16 ～ 25℃，夜温不低于 14℃，昼温不高于 28℃。

（3）**光照**：以遮阴为主，阴天打开遮阴网。

（4）**通风**：同萌芽期管理。

（5）**施肥**：不同地区根据当地土壤条件来决定施肥方法。通常情况下，每 7 ～ 10 天追施 1 次氮磷钾比例为 20 : 20 : 20 的复合肥，每次 20 ～ 30g/m²。同时，间隔 15 天叶面喷施“花无缺”复合肥 1000 倍液 + 稀施镁 800 倍液。

（6）**补充 $CO_2$ 气体**：补充 $CO_2$ 气体对百

合生长及开花有利。尤其麝香百合杂种系喜高浓度 $CO_2$ 气体。增加 $CO_2$ 的含量，一般维持在 1000 ～ 2000mg/kg。营养生长期土壤有效肥料的含量应该确保 EC 值在 2.2 ～ 2.5mS/cm 之间。

4. 开花期（现蕾到开花）管理

（1）**湿度**：土壤田间持水量保持在 60% 左右。空气相对湿度为 40% ～ 60%。

（2）**温度**：气温保持 15 ～ 25℃，夜温不低于 15℃，昼温不高于 25℃。

（3）**光照**：应加强光照。夏季中午必须遮阴。冬季促成栽培时要补充光照，特别是亚洲系百合，会因光照不足引起落蕾或消蕾现象。为防止出现盲花，通常采用人工补光的方法。补光始期以花序上第一个花蕾发育为临界期，即此花蕾达到 0.5 ～ 1cm 大小时开始加光，直至切花采收为止。在 16℃气温条件下，大约维持 5 周的人工光照，每天从夜间 20:00 至凌晨 4:00，加光 6 ～ 8 小时，对防止百合消蕾、提早开花、提高切花品质等有明显效果。

（4）**通风**：同上。

（5）**施肥**：每 15 天施氮磷钾比例为 12∶8∶40 的复合肥 1 次。每次 30 ～ 40g/m²；同时，间隔 7 天叶面喷施“花无缺”复合肥 1000 倍液 + 硼砂 1000 倍液或喷氨基酸钙 800 倍液。切花采收前两 2 周停止施肥。开花期土壤有效肥料的含量应该确保 EC 值在 1.8 ～ 2.3mS/cm 之间。

## （七）切花采收

1. 采收时间

百合切花时间因采收季节、环境条件、市场远近和百合种类、品种的不同而定。要求从采收至产品到达消费者手中，百合切花应处于最新鲜状态，使切花有足够的货架摆放期（瓶插期）。

采收方法：用锋利的刀子切割，1 人采切，1 人抱花出棚，抱花数量不超过 25 支。出棚后立即插入水桶中，每桶分装 50 或 75 支，记录品种、规格和数量。切花离水时间不得超过 15 分钟。装花的桶应及时入库，切勿在阳光下暴晒。

2. 采收和分级标准

根据农业部颁布的百合切花质量等级标准（GB/T 18247.1—2000）进行分级，详见表 2、表 3、表 4。

**表 2 亚洲型百合切花质量等级划分标准（GB/T 18247.1—2000）**［*Lilium* cvs.（Asiatic hybrids）百合科百合属］

| 级别项目 | 一级品 | 二级品 | 三级品 |
|---|---|---|---|
| 花 | 花色纯正、鲜艳具光泽；花形完整，均匀对称；小花梗坚挺<br>花蕾数目≥ 9 朵 | 花色良好；花形完整；小花梗较坚挺<br>花蕾数目≥ 7 朵 | 花色一般；花形完整；小花梗柔弱<br>花蕾数目≥ 5 朵 |
| 花茎 | 挺直、强健，有韧性，粗细均匀一致<br>长度≥ 90cm | 挺直、强健，有韧性，粗细较均匀<br>长度：75 ～ 89cm | 略有弯曲，较细弱，粗细不均<br>长度：50 ～ 74cm |
| 叶 | 叶色亮绿、有光泽；排列整齐，分布均匀；叶面清洁、平展 | 叶色亮绿；排列整齐，分布均匀；叶面清洁 | 叶色一般，略有褪色；排列较整齐；叶面略有污损 |
| 采收时期 | 基部第一朵花蕾完全显色但未开放时 | | |
| 装箱容量 | 每 10 支捆为一扎，每扎中切花最长与最短的差别不超过 1cm | 每 10 支捆为一扎，每扎中切花最长与最短的差别不超过 3cm | 每 10 支捆为一扎，每扎中切花最长与最短的差别不超过 5cm |

形态特征：多年生球根花卉，地下鳞茎肥大，地上茎直立，叶狭披针形，排列密集，光滑，花朵多数，排列成总状花序；花多向上开放，花被片 6，雄蕊 6，无芳香气味。

表 3　东方型百合切花质量等级划分标准 [*Lilium* cvs.（Oriental hybrids）百合科百合属 ]

| 级别项目 | 一级品 | 二级品 | 三级品 |
| --- | --- | --- | --- |
| 花 | 花色纯正、鲜艳具光泽；花形完整均匀<br>花蕾数目≥ 7 朵 | 花色良好；花形完整<br>花蕾数目≥ 5 朵 | 花色一般；花形完整<br>花蕾数目≥ 3 朵 |
| 花茎 | 挺直、强健，有韧性，粗细均匀一致<br>长度≥ 80cm | 挺直、强健，有韧性，粗细较均匀<br>长度：70 ～ 79cm | 略有弯曲，较细弱，粗细不均<br>长度：50 ～ 69cm |
| 叶 | 亮绿、有光泽、完好整齐 | 亮绿、有光泽、较完好整齐 | 褪色 |
| 采收时期 | 基部第一朵花蕾完全显色但未开放时 | | |
| 装箱容量 | 每 10 支捆为一扎，每扎中切花最长与最短的差别不超过 1cm | 每 10 支捆为一扎，每扎中切花最长与最短的差别不超过 3cm | 每 10 支捆为一扎，每扎中切花最长与最短的差别不超过 5cm |

形态特征：多年生球根花卉，地下鳞茎肥大，地上茎直立，叶狭披针形，排列疏散。花数朵排列成总状花序，花多侧向开放，花蕾多数，花被片 6，雄蕊 6，具芳香气味。

表 4　麝香百合切花质量等级划分标准 [*Lilium* cvs.（Longiflorum hybrids）百合科百合属 ]

| 级别项目 | 一级品 | 二级品 | 三级品 |
| --- | --- | --- | --- |
| 花 | 花色洁白、纯正、具光泽；花形完整、均匀；香味浓烈 | 花色良好；花形完整；香味浓 | 花色一般；花形完整、香味正常 |
| 花茎 | 挺直、强健，有韧性，粗细均匀一致<br>长度≥ 90cm | 挺直、粗壮，粗细较均匀<br>长度：80 ～ 89cm | 略有弯曲，较细弱，粗细不均<br>长度：50 ～ 79cm |
| 叶 | 鲜绿、光泽、无褪色；叶片完好整齐；叶面清洁、平展 | 鲜绿、无褪色；叶片完好整齐；叶面清洁 | 叶色一般，略有褪色；叶片较完好；叶面略有污物 |
| 采收时期 | 第一朵花蕾完全显色但未开放时 | | |
| 装箱容量 | 每 10 支捆为一扎，每扎中切花最长与最短的差别不超过 1cm | 每 10 支捆为一扎，每扎中切花最长与最短的差别不超过 3cm | 每 10 支捆为一扎，每扎中切花最长与最短的差别不超过 5cm |

形态特征：多年生球根花卉，地下鳞茎肥大，地上茎直立，叶散生，狭披针形，排列密集。花数朵顶生；花朵为喇叭形，侧向开放，花色白色，花被片 6，雄蕊 6，具芳香气味。

### 3. 包装和入库

（1）**包装**：根据切花分级标准进行小包装，同品种、同花蕾数、同一等级的 10 支 1 束，去除基部 20cm 的叶片，用橡皮筋或塑料绳捆扎，捆扎时花蕾头部对齐，基部用剪刀剪齐，然后套塑料袋，贴标签，插入清水桶中。对亚洲百合品种，则在水中加入硫代硫酸银 +$GA_3$ 预处理药剂（即 3L 水中加 6 mL Chrysal A.V.B.+ 1 片 S.V.B.）。

（2）**入库**：包装后连水桶一起放入 2 ～ 4℃冷库内保存。贮藏的时间最少 4 小时，最多 48 小时。入库冷藏降低了百合切花对乙烯的敏感性，从而保持百合在分售期间的品质。当百合花枝吸足了水分时，也可以将其干贮于冷藏室内，但冷藏室的温度要降低到 1℃。

### 4. 装箱和运输

（1）**装箱**：将包装好的切花，每 20 扎装 1 箱，花蕾应向箱的两头，交互放置，一边 10 扎。每扎花的中部用胶带固定，花枝间用碎纸屑填

图 16 云南玉溪明珠花卉公司的百合切花生产、采收和包装

充，封箱、贴标签，放入冷库贮藏待运。出口百合切花每 4 扎装 1 小箱，包装方法同上，每 6 ～ 8 小箱另装 1 大箱，封箱、贴标签，放入冷库贮藏待运（图 16）。

（2）**运输**：百合在运输过程中必须保持低温，使用冷藏车（2 ～ 4℃），防止花蕾生长并且抑制乙烯的有害作用。若运输中无冷藏条件，最好在运输前先预冷包装箱，然后再装车运输。

销售时，应在水中用剪切掉部分茎秆，然后将百合花枝插入清洁的水中重新吸水，贮藏于 1 ～ 5℃的环境中待售。

## 九、盆花生产技术

### 1. 种球选择与处理

盆栽百合要选择充实、均匀、无病虫害的种球。亚洲百合杂种系种球周长须在 10cm 以上，东方百合杂种系需在 12cm 以上。一般种球越大，花蕾数越多。购买的冷冻种球应在 10 ～ 15℃下缓慢地解冻，在高温下解冻会引起品质下降。一旦种球解冻，就不能再冰冻，否则有造成冻害的危险。若 1 次种不完已解冻的种球，可以将其放在 0 ～ 2℃冷藏，但最多只能存放 2 周，或在 2 ～ 5℃下，最多只能存放 1 周，同时要打开塑料袋。种植前剔除被病菌污染的种球，用 75% 百菌清可湿性粉剂 800 倍液浸泡 30 分钟或 70% 甲基托布津 800 倍液浸泡 1 小时，捞起晾干后上盆栽种。

### 2. 栽培基质

盆栽百合要求基质营养丰富，具有良好的通气性、较高的持水量，无杂菌，低盐分。亚洲百合杂种系和麝香百合杂种系要求基质的 pH 6 ～ 7，东方百合杂种系要求基质 pH 5.5 ～ 6.5。

### 3. 盆栽方法

若选择 12 ～ 14cm 口径花盆，定植百合鳞茎 1 个；16 ～ 18cm 口径花盆，定植百合鳞茎 3 个；20 ～ 22cm 口径花盆，定植百合鳞茎 5 个。鳞茎必须种植到盛有 10cm 栽培基质的花盆底部。种 1 个鳞茎时，鳞茎直立，芽尖向上，覆盖栽培基质 8 ～ 10cm；种 3 ～ 5 个鳞茎时，鳞茎要斜放，芽尖朝向花盆的外壁，根系朝向花盆的中部。鳞茎斜放均匀，上面覆盖栽培基质 8 ～ 10cm。定植完成后浇 1 次透水，确保盆栽基质彻底湿透。放阴凉处 1 ～ 2 天。百合出苗前期遮光 60%。

### 4. 肥水管理

每立方米盆栽基质添加 1 ～ 1.5kg 的氮磷钾比为 17 ∶ 17 ∶ 17 复合缓释肥和粗骨粉 2 ～ 3kg，与盆土充分拌匀。植株生长期，每周喷 0.1%“花无缺”复合肥 1 次，生长后期补充钙、钾混合肥，使用 20-8-20 四季用高硝酸钾肥或 15-15-30 盆花专用肥。浇水根据盆土湿度，保持湿润即可。

### 5. 花盆摆放

温度白天保持 21℃，夜间 15℃。90 ～ 100

天花蕾着色，此时将花盆移至 10 ～ 12℃温度下，可延长开花时间且提高开花品质。花盆摆放距离要合适，保证盆花有充足光照和良好通风条件，减少百合病虫害的发生。

6. 矮化处理

百合盆栽若因未选用盆栽专用品种，或在冬春促成栽培时由于环境条件不适容易造成植株过高时，可施用多效唑作矮化处理。多效唑不仅使盆栽百合矮化、株型紧凑、叶色加深、脚叶黄化现象减轻，且对花朵和叶片的数量、大小均无影响，能明显提高盆栽百合的观赏效果。在栽植前可以把鳞茎用多效唑溶液浸泡 1 ～ 5 分钟，亚洲百合杂种系的处理浓度为 50 ～ 100mg/L，东方百合杂种系和麝香百合杂种系的处理浓度为 150 ～ 200mg/L。也可以在盆栽百合新芽出土 5 ～ 10cm 时，土施多效唑。试验表明，150mg/L 的多效唑可控制百合株高至 20 ～ 25cm；100mg/L 的多效唑可控制百合株高至 25 ～ 30cm；50mg/L 的多效唑可控制百合株高至 35cm 左右。施用浓度因品种不同而有异，要先试验再大面积应用。

7. 花期调控方法

亚洲百合杂种系相对来说生产期较短，依品种而不同，一般为 60 ～ 90 天；而东方百合系列的生产周期较长，一般为 80 ～ 130 天。百合自然生长期为 9 ～ 10 月种植，翌年 6 ～ 8 月开花。盆栽百合主要作为节日用花，供应元旦、春节、“五一”“十一”的节日市场，因此花期调控非常重要。亚洲百合系的自然花期为春末和夏初，东方百合系则为夏末。花期调节一般采用低温冷藏处理打破休眠促成栽培和鳞茎冷冻长期贮存分批种植来实现。亚洲百合杂种系能冷藏 1 年以上，一般可以通过冷藏种球的方法进行周年生产，而东方百合杂种系和麝香百合杂种系的大部分品种的种球冷藏时间都不能超过 7 个月，所以除了少数品种以外，均不能周年生产。采收的百合种球经过一段时间低温处理后即可打破休眠，处理时间长短视品种和需要的花期而定。亚洲百合杂种系大多数品种在 5℃下经 4 ～ 6 周即可打破休眠，东方百合杂种系品种在 5℃下经 10 ～ 12 周才可打破休眠。元旦用花需在 8 月起球后冷藏处理，10 月上中旬上盆栽植，待植株花蕾长到 1cm 左右时开始补光，每晚补光 4 ～ 6 小时，在 12 月中下旬开花。春节用花需 9 月上旬将种球贮藏在 3 ～ 5℃处以打破休眠，11 月上中旬种植于花盆中，温光水肥管理按常规进行，人工补光同于“元旦用花”，可在 1 月中旬开花，供应春节市场。“五一”用花可在 10 月上盆栽植，在冷室内越冬，自然低温打破休眠，翌年 2 月中旬开始保温、加温，3 月花蕾出现时可少补光（敏感品种）或不补光，于 4 月下旬开花。“十一”用花多采用亚洲百合杂种系品种冷藏种球抑制栽培，在 7 月上旬解冻上盆栽植，开始 3 ～ 4 周温室内控温生长，然后在荫棚中养护，注意通风、洒水降温，不补光，可在 9 月中下旬开花（图 17）。

## 十、病虫害防治

### （一）真菌病害

1. 百合灰霉病

是百合栽培中常见的病害，是由 *Botrytis elliptica* 引起的。这种病菌主要危害叶片，也侵染茎、花。叶片上出现圆形或椭圆形的病斑，大小不一。病菌在危害部位长出灰色霉菌，可以通过风雨、气流传播。

防治方法：清除、焚毁带病残体，保持清洁的栽培环境；温室中要注意通风换气。预防灰霉病，百合出苗后要开始喷波尔多液，保护叶片，一般 7 ～ 10 天喷 1 次，使用 1 ∶ 1 ∶ 200（硫酸铜∶生石灰∶水）的浓度。发病初期喷施 50% 速克灵 1000 倍液，或 50% 多霉灵 1000 倍液，每隔 7 天交替使用，连续 2 ～ 3 次，均能有效控制灰霉病的发生。

图 17 盆栽百合（拍摄自北京盛斯通生态科技有限公司百合生产基地）

## 2. 百合茎腐病

症状主要出现在茎根部位，初期引起植株下部叶片死亡，后向上发展，造成上部叶片死亡。症状继续向下发展，出现茎根坏死，鳞茎盘腐烂，严重时造成整个鳞茎腐烂。该病害主要由尖孢镰刀菌（*Fusarium oxysporum*）、盘柱孢菌（*Cylindrocarpon radicola*）和腐霉菌（*Pythium*）复合病原菌引起的。

防治方法：鳞茎采收、包装时，避免鳞茎损伤；选用无病鳞茎作为繁殖材料；种植前用 40% 福尔马林 100 倍液进行土壤消毒；发病初期可用 25% 甲霜灵 800 倍液喷洒 2 ～ 3 次或 50% 代森铵 200 ～ 400 倍液灌根。

## 3. 疫病

又称脚腐病。该病危害百合近地面的根茎部，受害部位呈水渍状，后变褐色，并皱缩，根茎坏死、植株枯萎，茎从受害处折断而猝倒死亡。该病害是由立枯丝核菌（*Rhizoctonia solani*）、疫霉菌（*Phytophthora cactorum*）和腐霉菌（*Pythium*）复合病原菌引起的。病菌以卵孢子随病残体在土壤中生存，土壤排水不良、潮湿发病严重。

防治方法：百合种植后要做好田间排水，保证土壤良好透气性能，防止土壤盐分和 pH 值过高或过低，以促进根系强健生长，增强植株自身抵抗能力，发现病株及时清除并销毁；在栽培管理过程中，避免碰伤茎根部位；茎秆出土用甲基硫菌灵 500 倍液或代森锰锌 100 倍液或甲霜灵 500 倍液等药物定期预防。发病初期可喷洒 40% 乙磷铝 300 倍液或 25% 瑞毒霉 1500 倍液防治。

## 4. 百合鳞茎青霉病

是鳞茎贮藏期间常见的病害，是由青霉菌（*Penicillium cyclopium*）侵染引起。

防治方法：挖掘和运输鳞茎时尽量减少损伤，贮藏期间要注意通风，降低库内湿度，感病的鳞茎种植前用 2% 高锰酸钾溶液浸泡 1 小时，晾干后再种。

## （二）细菌病害

由假单胞杆菌（*Pseudomonas*）引起的麝香百合杂种系发生的病害。

防治方法：避免种植在发生过该病害的土壤，如果连作土壤必须消毒；避免产生伤口，发现病株立即清除焚毁；发病期间喷洒 0.2% 高锰酸钾或农用链霉素 100 ～ 500 倍液。

## （三）病毒病

百合的病毒病是造成其生长发育不良和品种退化的重要原因。在已报道的 14 种常见的百合病毒病原菌中，以黄瓜花叶病毒百合株系（Cucumber mosaic virus-lily strain，CMV）、百合无症状病毒（Lily symptomless virus，LSV）、百合花叶病毒（Lily mosaic virus，LMV）或称郁金香碎锦病毒（Tulip breaking virus，TBV）3 种病毒的危害最大，被荷兰等国家认定为百合种球的必检病毒。病毒病引起一系列的病症，严重时造成病斑、组织坏死。

病毒病检测及防治：百合病毒病常常呈现“一毒多症”或“多毒一症”的特点，在田间诊断和防治方面存在较大困难。因此，百合的病毒检测对于病毒病害的识别和及时防治有很重要的作用。目前，常用的百合病毒检测方法有指示植物法、电镜观察法、血清学鉴定法和分子生物学手段鉴定等方法，但不同的方法会因为植物病毒和寄主的不同而存在一定的差异。百合病毒病的防治主要采用防治传毒介体蚜虫、蓟马等害虫，切断传播介体，控制病毒病的传播和培育百合脱毒苗。生产上用矿物油、植物油、杀虫剂和外激素喷洒，可控制百合病毒病蔓延，也可采用矿物油和拟除虫菊酯杀虫剂混合物进行喷洒，控制蚜虫传播的百合无症病毒和百合斑驳病毒。采用矿物油在百合生长的早期使用，效果极为明显，每周或 10 天喷洒 1 次，直到没有新染病的叶片出现为止。

## （四）虫害

### 1. 蚜虫

主要危害百合茎秆、叶片，特别是叶片展开时，蚜虫寄生在叶片上，吸取汁液，引起百合植株萎缩、生长发育不良、花朵畸形，同时传播各种病毒。蚜虫多发于高温干旱的春末夏初和初秋。

防治方法：清除作为蚜虫寄主的杂草；剪除严重受害的叶片、茎秆，并集中焚毁；喷洒吡虫啉 1000 倍液或啶虫脒 1000 倍液防治。

### 2. 蓟马

蓟马危害季节一般为 4 ～ 8 月，成虫和若虫吸食百合嫩梢、嫩叶、花和幼果的汁液，被害枝叶硬化、萎缩。早期危害不易发现，故需加强田间观察。

防治方法：用 1000 倍溴氰菊酯或 1000 倍吡虫啉药液喷洒植株防治，也可根据蓟马趋黄性在田间设置黄色板诱杀成虫。

### 3. 刺足根螨

啃食地下鳞茎，诱发鳞片腐烂，造成地上部叶片枯黄，严重时抑制全株的生长发育。成虫及幼虫均喜生活在潮湿环境。

防治方法：种植前，将鳞茎于 39℃热水浸泡 2 小时或用 50% 多菌灵 500 倍液 +50% 甲基嘧啶磷 600 倍液浸泡 8 ～ 10 分钟。种植后，用三氯杀螨醇 1500 倍液浇灌；整个生长期内保持土壤良好透气性及排水性，严禁土壤过度潮湿、积水，进行轮作，防止百合根螨传播。

### 4. 蛴螬

蛴螬乳白色，头橙黄色或黄褐色，体圆筒形，整体呈“C”形卷曲，为金龟子的幼虫。危害百合的鳞茎、基生根，使其植株萎蔫枯死。

防治方法：冬季种植地要深翻，将幼虫翻出地表冻死或人工捕杀；不用或减少使用有机肥；采用 40% 毒钉、50% 辛硫磷乳油 1000 倍液，或 80% 敌百虫可湿性粉剂 800 倍液灌根，7 月中下旬幼虫孵化盛期每亩用 40% 毒钉、50% 辛硫磷乳剂 250g，兑干细土 20 ～ 25kg，拌匀撒施，结合中耕，翻入土中，对防治幼虫有较好的效果。

### 5. 线虫

**（1）叶线虫**（*Aphelenchoides* sp.）：主要危害东方百合和麝香百合，使植株顶端发生枯梢，叶片由正常绿色逐渐成为黄色斑块和坏死，最后呈暗褐色。受害植株下部叶片出现脱落。

（2）**根线虫**（*Pratylenchus penetrans*）：使百合根部严重损害。露地栽培百合，根部线虫危害的症状首先表现叶片发黄，如果侵染日期早，主要表现为植株矮小。

防治方法：种植前将感病种球在50℃热水中浸泡1小时，可以有效防治线虫；及时摘除病叶、病蕾和花，集中焚毁，对受根线虫危害的鳞茎，必须将根全部剪除；土壤采用福尔马林熏蒸；定期采用杀线酯、西维因等药剂喷洒植株。

### （五）生理病害及其防治

#### 1. 黄化病

由缺铁造成的，在东方百合和麝香百合品种上表现严重。

防治方法：保持土壤排水良好，降低pH值。用500倍螯合硫酸亚铁调制的酸性水灌溉或螯合态铁2～3g/m$^2$与干沙混合后撒施土中。

#### 2. 叶烧病

也称日灼病，多在肉眼尚未见到花芽时发生。

防治方法：注意品种选择，尽量不用大鳞茎，种植具有良好根系的鳞茎。避免温室中温度和相对湿度有大的变化，尽量保持空气相对湿度在70%左右。为防止过速生长，对较敏感的亚洲杂种系，定植后的最初4周应保持温室的土壤温度在10～12℃，而东方杂种系最初6周土壤温度应为15℃。通过遮阴避免过度的蒸腾，在晴天，可1天内喷几次水。

#### 3. 落蕾

也称盲花，主要由光照不足引起。

防治方法：注意掌握百合品种的特性，亚洲杂种系最敏感；麝香百合杂种系敏感性较小；东方百合杂种系最不敏感。因此，不要将亚洲百合品种栽培在光照差的环境下，冬季必须保证充足的光照，通常采用人工补光的方法。适宜补光始期以花序上第一个花蕾发育为临界期，即从花蕾0.5～1cm开始补光，一直到切花采收为止。在16℃温度条件下，大约维持5周的人工光照，每天从夜间20:00至凌晨4:00，加光8小时，对防止百合消蕾、提早开花、提高切花品质等有明显效果。为防止花蕾干缩，当花序上第一个花蕾长到1cm时，用1mmol/L STS处理，可防止花蕾败育。

#### 4. 畸形花

百合经常发生的一种生理病害。特别是在花蕾期昼夜温度变化太大、干湿度悬殊时，畸形花发生较多，严重影响切花质量。预防方法：在花蕾形成后，要特别注意温室温度和湿度的变化，保持较稳定的状态，可以减少畸形花的发生。

## 十一、价值与应用

### （一）观赏价值与应用

百合花高雅纯洁，素有“云裳仙子”之称。在我国，百合因其鳞片抱合而成，而取“百年好合”“百事合意”之意，自古视为婚礼必不可少的吉祥花卉。在日本，以百合赞誉女子走路的婀娜姿态。在欧洲，百合代表“圣洁”与“复活”之意，天主教常以百合花供奉圣母玛利亚，是梵蒂冈的国花。在法国，百合是古代王室权力的象征，12世纪法国人民便把百合花作国徽图案。现代，百合因其花朵硕大、花姿优雅、花色艳丽、芳香怡人、花期较长，成为世界著名的球根花卉。百合在庭院和园林绿化中应用广泛，可成行栽植，也可丛植或成片种植。庭院中应用，最适宜将百合布置成各种形状的专类花坛、花圃、花园。可利用不同种类和品种自然花期差异、植株高矮不同、花形花色变化的特点，精心设计栽植，得以长时间尽情欣赏百合的绮丽花姿。园林中种植，常用高大种类百合与灌木配植成丛；中高种类则适宜稀疏林下或林缘空地成片栽植或丛植，亦可作花坛中心及花境背景（图18）。

百合在世界花卉贸易中具有很高的经济价值，

图 18　百合观赏应用

是产值高、效益好的高档花卉之一，尤其在鲜切花和种球生产与贸易中占有十分重要的地位。荷兰、美国和日本几乎垄断了国际百合种球市场。其中，百合育种者和种球生产者又主要集中在荷兰。荷兰育种者每年推出几百个百合新品种；每年百合种球销量约 17 亿粒，约占世界百合种球总产量的 85%；每年出口种球 13.6 亿～ 14.5 亿粒，占世界百合种球总销量的 80% ～ 85%。

### （二）食用价值

百合含有淀粉、蛋白质、脂肪及钙、磷、铁、镁、锌、硒、维生素 B1、维生素 B2、维生素 C、泛酸、胡萝卜素等营养元素，还含有一些特殊的营养成分，如秋水仙碱、百合苷 AB 等多种生物碱。百合鳞茎含丰富淀粉质，部分品种可作为蔬菜食用；以食用价值著称于世的兰州百合，最早记载在甘肃省《平凉县志》中，迄今已有 450 多年栽培历史。目前兰州七里河等地区广泛栽种食用百合，在国内外享有很高声誉。兰州百合个大、味甜，既可作点心，又可作菜肴；宜兴的卷丹制成百合汤是夏日消暑佳品。百合还可制作成百合干、百合粉，在国际市场上价格很高。

### （三）药用价值

中医认为百合性微寒平，具有清火、润肺、安神的功效，其花、鳞茎均可入药，是一种药食兼用的花卉。鳞片有润肺止咳、清心安神、益智健脑、补中益气、镇静助眠、滋补强壮、理脾健胃、清热解毒、止血解表、提高免疫力、升高白细胞、美容养颜等许多药用功效。主治肺痨久咳、咳嗽痰血、热病后余热未清、虚烦惊悸、神志恍惚、脚气浮肿。此外，百合含多种生物碱，对白细胞减少症有预防作用，能升高血细胞，对化疗及放射性治疗后细胞减少症有治疗功效。百合在体内还能促进和增强单核细胞系统和吞噬功能，提高机体的免疫能力，因此百合对多种癌症均有较好的防治效果。百合花有润肺清火、安神功效，主治咳嗽、眩晕、夜寝不安等症（图 19）。

图 19　百合食用和药用

（赵祥云　陈朋丛　孙红梅　王文和　李宏宇）

# *Lycoris* 石蒜

石蒜是石蒜科（Amaryllidaceae）石蒜属（*Lycoris*）多年生球根类植物。学名 *Lycoris* 来源于希腊神话中的一位海中仙女 Lycorias（莉可蕊爱丝）。她是 Nereus（涅柔斯）和 Doris（多瑞斯）的女儿，也是罗马诗人 Virgil（维吉尔）田园诗中提到的“金色头发的女神”，因石蒜属的模式种忽地笑（*Lycoris aurea*）黄色卷曲的花瓣像 Lycorias 金色的卷发。

中文名石蒜，源自《本草纲目》。古代诗文中多称为金灯花或金灯草，因其开花时花梗独立，花序呈盘状，形似古代灯盏。多数种类夏季开放。花茎直挺，小花聚生于花序顶端，整体形似郁金香，也被称作“夏日郁金香”。

英文名 Surprise lily（惊喜百合），Magic lily（魔法百合）。因为石蒜开花前地上无枝无叶，花朵短时间从土中冒出，像变魔术一样，给人惊喜。日文名ヒガンバナ、曼珠沙華，传说为佛教圣花。在韩国，除了称石蒜外，也被称为相思花。因为一般情况下石蒜花叶不相见，像一对恋人始终相思相念。

## 一、栽培简史

石蒜属植物是我国传统花卉，为广大人民特别是文人雅士所喜爱。石蒜最早的记载见于南北朝时期江淹所作的《金灯草赋》：“山华绮错，陆叶锦名。金灯丽草，铸气含英。……故植君玉台，生君椒室。炎萼耀天，朱英乱日。永绪恨于君前，不遗风霜之萧瑟”。文中指出金灯草（石蒜）原本是“山华（花）”，因其花色艳丽，开花如炬，象征温暖与光明。所以希望将金灯花种植在皇宫里，伴君王左右，表达文人士大夫希望君王贤明的愿望。

唐代，金灯花还未被广泛认识，但在文人雅士中开始流传。薛涛的《金灯花》“阑边不见蘘蘘叶，砌下惟翻艳艳丛。细视欲将何物比，晓霞初叠赤城宫”，描述了石蒜开花不见叶的习性。而段成式在《酉阳杂俎》中较为准确地描绘了金灯花的特征。

宋代，石蒜逐渐走入寻常百姓家，为人们所熟知。歌颂金灯花的诗文大量出现。宋时男女皆爱戴花，吴自牧在《梦粱录·诸色杂货》中记载“夏扑金灯花、茉莉、葵花、榴花、栀子花。……四时小枝花朵，沿街市吟叫扑卖。”时人已将石蒜花作为簪花沿街售卖。

明代至清代，由于受李时珍《本草纲目》的影响，石蒜的名称逐渐流传开来。石蒜作为药物的属性逐渐被认识。清代，人们对石蒜属植物的栽植已经比较熟悉，陈淏子在《花镜》中记载“……俗称呼为忽地笑。花后发叶似水仙，皆蒲生，须分种。性喜阴肥，即栽于屋脚墙根处亦活”，并认识到石蒜属植物有丰富的花色。

鹿葱应是最早在国际传播的石蒜属植物。韩国和日本没有野生鹿葱的分布，最早栽培在寺庙附近，即随着佛教的传播从中国引入。日韩有悠久的栽培历史，但是时间已经很难考证。

L'Hér. 于 1788 年留下了石蒜传到欧洲最早的记录，但他当时将石蒜错误鉴定为南非原产的 *Amaryllis* 属。Herb. 于 1821 年正式建立了石蒜属，并以海中女神莉可蕊爱丝 Lycorias 的名字命名为 *Lycoris*。以忽地笑（*Lycoris aurea*）为模式种，种名 *aurea* 是金色的意思，意指忽地笑黄色的花瓣像女神金色的头发。1854 年日本被迫开放国门的黑船事件中，一名美国海军舰长威廉・罗伯茨（William Roberts）在日本得到来自中国的 3 个石蒜球根，他将球根带回老家北卡罗来纳州的新伯尔尼，作为礼物送给了他的侄女。之后，这些石蒜球根在美国南部生长繁殖并扩散开来。2011 年，为了纪念罗伯茨对美国花园的贡献，新伯尔尼制作了大型金属石蒜雕塑。20 世纪初，威尔逊在中国湖北宜昌考察植物时发现当地分布有石蒜和忽地笑，并记录在名著 *China*，*Mother of Gardens* 中。威尔逊在中国采集的标本、种子、球根，均运回其工作的哈佛大学阿诺德树木园。“二战”后，特别是 20 世纪六七十年代以后，日本、美国扩大了石蒜的引种范围，逐步开展杂交育种工作。目前已有了一批自育品种，并开始小规模生产。日美所生产的商品种球除了满足国内消费外，还出口，将石蒜属植物传播至欧洲、东南亚和大洋洲的很多国家。

由于石蒜属植物的实生苗生长周期长，部分石蒜的结实率低，因此在古代，石蒜的人工育种和繁育很难持续。长期以来，石蒜栽培种源以采挖野生种为主，任其自然分球扩繁，很难形成品种。相关记载几乎没有，只有明代王象晋在所著《二如亭群芳谱》中介绍萱草时，将石蒜属鹿葱附录于后。文中“鹿喜食之（鹿葱）故以之命名”“叶（尖）团而翠绿”“叶枯死而后花”“花五六朵并开于顶”等表述都与普通的鹿葱相符。写到花时，特意提到“萱六瓣而光，鹿葱七八瓣”作为区别。正常的石蒜属植物都是 6 瓣，可见他记载的鹿葱为多瓣的变异品种，可惜这个变异类型没有流传下来。

国外石蒜属植物的人工杂交始于 20 世纪 40 年代的美国，日本于 60 年代也开展起来。我国的石蒜属植物杂交育种始于 20 世纪 80 年代，以杭州植物园林巾箴先生为代表的老一辈园艺工作者创制出 200 多个新种质，做出了重要贡献。

石蒜属植物适应性较强。南到海南岛，北至北京，东到东部海岛，西至横断山脉，我国华北、华东、华中、华南、西南的广大地区都有自然分布或人工栽培。北京是适宜栽培地区的最北端。但据中国科学院植物研究所北京植物园的栽培经验，部分种类在冬季要采取覆盖锯末或者搭小拱棚等防寒越冬措施。

此外，亚洲的日本、韩国、朝鲜、越南、老挝、缅甸、尼泊尔等国家有自然分布或者人工种植。美国东部和南部地区的一些公园、植物园和苗圃已有栽培。欧洲的意大利、法国、德国、波兰、英国、爱尔兰、俄罗斯等国家的一些植物园和个人爱好者偶有栽培，而荷兰则利用温室进行切花的规模生产。

## 二、形态特征

多年生草本，地下具鳞茎；鳞茎近球形或卵形，鳞茎皮褐色或黑褐色。叶于花前或花后抽出，带状。花茎单一，直立，实心；总苞片 2 枚，膜质；顶生一伞形花序，有花 4 ～ 8 朵；花白色、乳白、奶黄、金黄、粉红至鲜红色。花被

图 1　换锦花（*L. sprengeri*）主要器官的形态
A. 鳞茎；B. 伞形花序；C. 蒴果；D. 成熟种子；E. 花器官

漏斗状，上部6裂，基部合生呈筒状，花被裂片倒披针形或长椭圆形，边缘皱缩或不皱缩；雄蕊6枚，着生于喉部。花丝丝状，花丝间有6枚极微小的齿状鳞片，花药丁字形着生；雌蕊1枚，花柱细长，柱头极小，头状，子房下位，3室，每室胚珠少数。蒴果通常具3棱，室背开裂；种子近球形，黑色（图1和图2）。

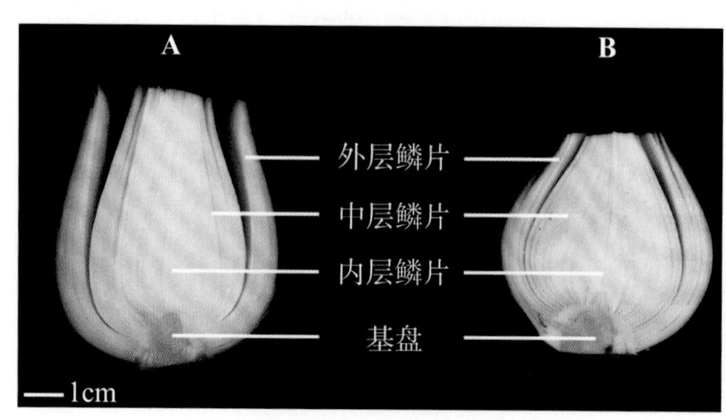


图2　换锦花（*L. sprengeri*）鳞茎结构
（引自 Ren *et al.*，2017）

## 三、生长发育与生态习性

石蒜野生于山林及河岸坡地，喜温和阴湿环境，适应性强，具一定耐寒力。地下鳞茎可露地越冬，也耐高温、多湿和强光、干旱。不择土壤，但以土层深厚、排水良好并富含腐殖质的壤土或沙质壤土为宜。

石蒜属植物依据叶片生长时期可分为两大类：一类为秋季出叶，如石蒜、忽地笑、玫瑰石蒜等，8～10月开花，花后秋末冬初叶片伸出，冬季保持绿色，直到高温夏季来临时叶片枯黄进入休眠。除石蒜可生长在南至海南岛、北至黄河流域的广大地区，其他秋出叶种类适宜生长在秦岭—淮河以南的区域。另一类为春季出叶，如中国石蒜、夏水仙、香石蒜、换锦花等，春季出叶，初夏叶片枯黄进入休眠，7～9月开花，花后鳞茎露地越冬，表现为夏季、冬季两次休眠。春出叶种类适宜生长在长江以北至黄河流域和浙江地区。

## 四、种质资源与园艺分类

### （一）我国石蒜种质资源

目前，广泛栽培的石蒜属植物以原生种为主。石蒜属在全世界有22种，《中国植物志》记载我国有15种，其中10种为我国特有（表1）。

表1　我国原产的石蒜分种检索表（《中国植物志（第十六卷第一分册）》，1985）

|  |  |
|---|---|
| 1. 花非喇叭状，左右对称，花被裂片皱缩和反卷。 | |
| 2. 秋季出叶；雄蕊明显伸出于花被外。 | |
| 3. 雄蕊比花被长1/3～1倍，花鲜红色、白色、稻草色。 | |
| 4. 雄蕊比花被长1倍左右；花鲜红色；叶狭带状，宽约0.5cm。 | **1. 石蒜 *L. radiata*** |
| 4. 雄蕊比花被长1/3左右；花白色或稻草色；叶带状，宽1.2～1.5cm。 | |
| 5. 花稻草色；叶绿色。 | **2. 稻草石蒜 *L. straminea*** |
| 5. 花白色；叶深绿色。 | **3. 江苏石蒜 *L. houdyshelii*** |
| 3. 雄蕊比花被长1/6倍左右；花黄色或淡玫瑰红色。 | |
| 6. 花黄色；叶剑形，长约60cm，宽约2cm，顶端渐尖。 | **4. 忽地笑 *L. aurea*** |
| 6. 花淡玫瑰红色；叶带状，长20cm，宽约1cm，顶端圆。 | **5. 玫瑰石蒜 *L. rosea*** |
| 2. 春季出叶；雄蕊不伸出或略伸出于花被外。 | |
| 7. 雄蕊与花被近等长；叶中间淡色带明显（除 *Lycoris albiflora*）。 | |
| 8. 花黄色。 | |
| 9. 花被裂片无红色条纹；叶带状，绿色，长约35cm，宽约2cm。 | **6. 中国石蒜 *L. chinensis*** |
| 9. 花被裂片腹面具绘笔状红色条纹；叶狭带状，深绿色，长24～29cm，宽1～1.2cm。 | **7. 广西石蒜 *L. guangxiensis*** |

续表

| | |
|---|---|
| 8. 花蕾桃红色，开放时奶黄色，渐变乳白色，花被裂片腹面稍散生粉红色条纹，背面具粉红色中肋。 | **8. 乳白石蒜 *L. albiflora*** |
| 7. 雄蕊比花被短；叶中间淡色带不明显。 | |
| 10. 花蕾桃红色，开时乳黄色，渐变乳白色，花被裂片无粉红色条纹。 | **9. 短蕊石蒜 *L. caldwellii*** |
| 10. 花蕾白色，具红色中肋，开时白色，花被裂片腹面散生粉红色条纹。 | **10. 陕西石蒜 *L. shaanxiensis*** |
| 1. 花喇叭状，辐射对称，花被裂片不皱缩或仅基部微皱缩和顶端略反卷。 | |
| 11. 花被裂片基部微皱缩。 | |
| 12. 秋季出叶，枯萎后春季再出叶；花淡紫红色。 | **11. 鹿葱 *L. squamigera*** |
| 12. 春季出叶；花黄色或白色。 | |
| 13. 花黄色，花被筒长 2.5 ～ 3.5cm；叶片宽约 2cm。 | **12. 安徽石蒜 *L. anhuiensis*** |
| 13. 花白色，渐变肉红色，花被裂片背面有紫红色中肋，花被筒长约 1cm；叶片宽约 1.2cm。 | **13. 香石蒜 *L. incarnata*** |
| 11. 花被裂片不皱缩。 | |
| 14. 花较小，淡紫红色，花被裂片顶端带蓝色，花被筒长 1 ～ 1.5cm；叶片宽约 1cm。 | **14. 换锦花 *L. sprengeri*** |
| 14. 花较大，白色，花被筒长 4 ～ 6cm；叶片宽 1.5 ～ 2cm。 | **15. 长筒石蒜 *L. longituba*** |

### 1. 乳白石蒜 *L. albiflora*

鳞茎卵球形，直径约 4cm。春季出叶，叶带状，长约 35cm，宽约 1.5cm，绿色，顶端钝圆，中间淡色带不明显。花茎高约 60cm；总苞片 2 枚，倒披针形，长约 3.5cm，宽约 1.2cm；伞形花序有花 6 ～ 8 朵；花蕾桃红色，开放时奶黄色，渐变为乳白色；花被裂片倒披针形，长约 6cm，宽约 1.2cm，腹面散生少数粉红色条纹，背面具红色中肋，中度反卷和皱缩，花被筒长约 2cm；雄蕊与花被近等长或略伸出，花丝上端淡红色；雌蕊略比花被长，柱头玫瑰红色。花期 8 ～ 9 月。

### 2. 安徽石蒜 *L. anhuiensis*

鳞茎卵形或卵状椭圆形，直径 3 ～ 4.5cm。早春出叶，叶带状，长约 35cm，宽 1.5 ～ 2cm，最宽处约 2.5cm，向顶端渐狭，钝头，中间淡色带明显。花茎高约 60cm；总苞片 2 枚，披针形至狭卵形，长 3 ～ 4.5cm，最宽处约 1.2cm；伞形花序有花 4 ～ 6 朵；花黄色，直径约 7.5cm；花被裂片倒卵状披针形，长约 6cm，最宽处达 1.5cm，较反卷而开展，基部微皱缩，花被筒长 2.5 ～ 3.5cm；雄蕊与花被近等长；雌蕊略伸出于花被外。花期 8 月。

### 3. 忽地笑 *L. aurea*

鳞茎卵形，直径约 5cm。秋季出叶，叶剑形，长约 60cm，最宽处达 2.5cm，向基部渐狭，宽约 1.7cm，顶端渐尖，中间淡色带明显。花茎高约 60cm；总苞片 2 枚，披针形，长约 3.5cm，宽约 0.8cm；伞形花序有花 4 ～ 8 朵；花黄色；花被裂片背面具淡绿色中肋，倒披针形，长约 6cm，宽约 1cm，强度反卷和皱缩，花被筒长 1.2 ～ 1.5cm；雄蕊略伸出于花被外，比花被长 1/6 左右，花丝黄色；花柱上部玫瑰红色。蒴果具 3 棱，室背开裂；种子少数，近球形，直径约 0.7cm，黑色。花期 8 ～ 9 月，果期 10 月（图 3B）。

### 4. 短蕊石蒜 *L. caldwellii*

鳞茎近球形，直径约 4cm。早春出叶，叶带状，长约 30cm，宽约 1.5cm，绿色，顶端钝圆，中间淡色带不明显。伞形花序有花 6 ～ 7 朵；花蕾桃红色，开放时乳黄色，渐变成乳白色；花被裂片倒卵状披针形，长约 7cm，最宽处达 1.2cm，向基部渐狭，微皱缩，花被筒长约 2cm；雄蕊短于花被，花丝白色；雌蕊与花被近等长，花柱上端淡玫瑰红色。花期 9 月。

### 5. 中国石蒜 *L. chinensis*

鳞茎卵球形，直径约 4cm。春季出叶，叶带状，长约35cm，宽约2cm，顶端圆，绿色，中间淡色带明显。花茎高约60cm；总苞片2枚，倒披针形，长约2.5cm，宽约0.8cm；伞形花序有花5～6朵；花黄色；花被裂片背面具淡黄色中肋，倒披针形，长约6cm，宽约1cm，强烈反卷和皱缩，花被筒长1.7～2.5cm；雄蕊与花被近等长或略伸出花被外，花丝黄色；花柱上端玫瑰红色。花期7～8月，果期9月（图3C）。

**6. 广西石蒜 *L. guangxiensis***

鳞茎卵圆形，直径约3cm。早春出叶，叶狭带状，长24～29cm，中部最宽处达1～1.2cm，基部宽约0.4cm，深绿色，顶端钝，中间淡色带明显。花茎高约50cm；总苞片2枚，淡棕色，披针形或卵状披针形，长约4cm，基部最宽处达1.5cm；伞形花序有花3～6朵；花蕾黄色，具红色条纹，开放时黄色；花被裂片腹面具画笔状红色条纹，倒卵状披针形或倒披针形，长约7cm，中部最宽处达1.5cm，顶端急尖，基部具爪，宽约0.5cm，边缘微皱缩，花被筒长1.5～2cm；雄蕊与花被近等长；雌蕊伸出花被外。花期7～8月。

**7. 江苏石蒜 *L. houdyshelii***

鳞茎近球形，直径约3cm。秋季出叶，叶带状，长约30cm，宽约1.2cm，顶端钝圆，深绿色，中间淡色带明显。花茎高约30cm；总苞片2枚，倒披针形，长约2cm，宽约0.8cm；伞形花序有花4～7朵；花白色；花被裂片背面具绿色中肋，倒披针形，长约4cm，宽约0.8cm，强度反卷和皱缩，花被筒长约0.8cm；雄蕊明显伸出花被外，比花被长1/3，花丝乳白色；花柱上端为粉红色。花期9月。

**8. 香石蒜 *L. incarnata***

鳞茎卵球形，直径约3cm。早春出叶，叶带状，绿色，顶端渐狭、钝圆，长约50cm，宽约1.2cm，中间淡色带不明显。花蕾白色，具红色中肋，初开时白色，渐变肉红色；花被裂片腹面散生红色条纹，背面具紫红色中肋，倒披针形，长约5cm，最宽处达1.2cm，基部宽约0.6cm，且边缘微皱缩，花被筒长约1cm；雄蕊与花被近等长，花丝紫红色；雌蕊略伸出花被外，花柱紫红色，上端较深。花期9月。

**9. 长筒石蒜 *L. longituba***

鳞茎卵球形，直径约4cm。早春出叶，叶披针形，长约38cm，一般宽1.5cm，最宽处达2.5cm，顶端渐狭、圆头，绿色，中间淡色带明显。花茎高60～80cm；总苞片2枚，披针形，长约5cm，顶端渐狭，基部最宽达1.5cm；伞形花序有花5～7朵；花白色，直径约5cm；花被裂片腹面稍有淡红色条纹，长椭圆形，长6～8cm，宽约1.5cm，顶端稍反卷，边缘不皱缩，花被筒长4～6cm；雄蕊略短于花被；花柱伸出花被外。花期7～8月。

**10. 石蒜 *L. radiata***

鳞茎近球形，直径1～3cm。秋季出叶，叶狭带状，长约15cm，宽约0.5cm，顶端钝，深绿色，中间有粉绿色带。花茎高约30cm；总苞片2枚，披针形，长约3.5cm，宽约0.5cm；伞形花序有花4～7朵；花鲜红色；花被裂片狭倒披针形，长约3cm，宽约0.5cm，强度皱缩和反卷，花被筒绿色，长约0.5cm；雄蕊显著伸出于花被外，比花被长1倍左右。花期8～9月，果期10月（图3A）。

**11. 玫瑰石蒜 *L. rosea***

鳞茎近球形，直径约2.5cm。秋季出叶，叶带状，长约20cm，宽约0.8cm，顶端圆，淡绿色，中间淡色带明显。花茎高约30cm，淡玫瑰红色；总苞片2枚，披针形，长约3.5cm，宽约0.5cm；伞形花序有花5朵；花玫瑰红色；花被裂片倒披针形，长约4cm，宽约0.8cm，中度反卷和皱缩，花被筒长约1cm；雄蕊伸出于花被外，比花被长1/6。花期9月（图3D）。

**12. 陕西石蒜 *L. shaanxiensis***

鳞茎近球形，直径约5cm。早春出叶，叶带状，长约50cm，中部最宽处达1.8cm，基部宽约0.8cm，顶端钝圆，中间淡色带不明显。花茎高

图 3　我国部分石蒜种质资源

A. 石蒜（*L. radiata*）；B. 忽地笑（*L. aurea*）；C. 中国石蒜（*L. chinensis*）；D. 玫瑰石蒜（*L. rosea*）

约 50cm；总苞片 2 枚，淡粉红色，阔披针形或披针形，长 5 ～ 7cm，基部最宽处达 1.2cm；伞形花序有花 5 ～ 8 朵；花白色，花被裂片腹面散生少数淡红色条纹，背面具红色中肋，反卷和微皱缩，花被筒长约 2cm；雄蕊比花被短，花丝淡紫红色；雌蕊略伸出于花被外，花柱顶端紫红色。花期 8 ～ 9 月。

### 13. 换锦花 *L. sprengeri*

鳞茎卵形，直径约 3.5cm。早春出叶，叶带状，长约 30cm，宽约 1cm，绿色，顶端钝。花茎高约 60cm；总苞片 2 枚，长约 3.5cm，宽约 1.2cm；伞形花序有花 4 ～ 6 朵；花淡紫红色，花被裂片顶端常带蓝色，倒披针形，长约 4.5cm，宽约 1cm，边缘不皱缩；花被筒长 1 ～ 1.5cm；雄蕊与花被近等长；花柱略伸出于花被外。蒴果具 3 棱，室背开裂；种子近球形，直径约 0.5cm，黑色。花期 8 ～ 9 月（图 1）。

### 14. 鹿葱 *L. squamigera*

鳞茎卵形，直径约 5cm。秋季出叶，长约 8cm，立即枯萎，到第二年早春再抽叶，叶带状，顶端钝圆，绿色，宽约 2cm。花茎高约 60cm；总苞片 2 枚，披针形，长约 6cm，宽约 1.3cm；伞形花序有花 4 ～ 8 朵；花淡紫红色；花被裂片倒披针形，长约 7cm，宽约 1.8cm，边缘基部微皱缩，花被筒长约 2cm；雄蕊与花被裂片近等长；花柱略伸出花被外。花期 8 月。

### 15. 稻草石蒜 *L. straminea*

鳞茎近球形，直径约 3cm。秋季出叶，叶带状，长约 30cm，宽约 1.5cm，顶端钝，绿色，中间淡色带明显。花茎高约 35cm；总苞片 2 枚，披针形，长约 3cm，基部宽约 0.5cm；伞形花序有花 5 ～ 7 朵；花稻草色；花被裂片腹面散生少数粉红色条纹或斑点，盛开时消失，倒披针形，长约4cm，宽约0.6cm，强度反卷和皱缩，花被筒长约1cm；雄蕊明显伸出花被外，比花被长1/3；子房近球形，直径约0.6cm。花期8月。

**16. 湖北石蒜 *L.* × *hubeiensis***

鳞茎近球形，直径3～5.5cm。叶基生5～8枚，深绿色，长宽约45cm×1cm。开花时无叶，秋季出叶。叶中脉不明显变白，先端钝尖。花序伞形，有花4～7朵；花茎实心，长55～65cm。苞片2枚，披针形，长宽约4.5cm×1.2cm，膜质，浅绿色。小花梗长0.8～2cm，花被片6枚；花筒长1～1.2cm，浅绿色；花苞红色，开放过程中花瓣逐渐变为深红色，背面具白色中脉，强烈弯曲，倒披针形，长5～6cm，宽1～1.1cm，边缘强烈皱缩。雄蕊6，明显外露，长7～8cm。花丝白色，顶端淡红色；花药红棕色，长约6mm；花柱白色，先端淡红色，长1～1.2cm。8月下旬开花。不结实。

湖北石蒜是2018年发表的新种，产于湖北宜昌。已被《中国生物物种名录2020版》收录。

**17. 红蓝石蒜 *L.* × *haywardii***

叶长达48cm，宽7～11mm，深绿色，具淡蓝色。花瓣深紫红色，在先端变成深蓝色。花瓣不反卷皱缩。花筒长1.1～1.3cm。雄蕊略短于花被。秋季出叶，花期8～9月。部分可结实。此种可能是换锦花与石蒜的杂交种，因此应归于同为这一杂交组合的玫瑰石蒜，作为一个变型或品种。

## （二）国外石蒜种质资源

据资料记载，朝鲜半岛产石蒜7种，即石蒜（*L. radiata*）、血红石蒜（*L. sanguinea*）、新罗石蒜（*L. chinensis* var. *sinulata*）、济州石蒜（*L.* × *chejuensis*）、蝟岛石蒜（*L. uydoensis*）、淡黄石蒜（*L. flavescens*）和鹿葱（*L. squamigera*）。其中新罗石蒜是中国石蒜（*L. chinensis*）的变种，济州石蒜、蝟岛石蒜、淡黄石蒜为韩国特有，鹿葱应为中国传入。

《牧野日本植物图鉴》记载，日本产石蒜5种，即血红石蒜、乳白石蒜（*L. albiflora*）、忽地笑（*L. aurea*）、石蒜和鹿葱。其中鹿葱应为中国传入。

据记载，缅甸特有石蒜1种缅甸石蒜（*L. argentea*），但该种的资料较少，标本未见，有待考证。

## （三）品种分类

传统分类学往往根据1～2个形态特征作为石蒜属亚属或组的分类依据。如Traub等根据花型和雄蕊长度，将石蒜属分为整齐花亚属（*Symmanthus*）和石蒜亚属（*Lycoris*）；或根据出叶时期的不同分为春出叶类型和秋出叶类型。然而因为这些性状的区分度不高，往往有中间类型造成区分困难，而石蒜属植物又容易杂交产生形态上的变异类型。因此，我们建议按照陈俊愉院士提倡的二元分类法，即以品种演化为主兼顾实际应用的原则建立石蒜属品种分类体系。

种源组成是品种分类的前提性标准。由亲缘关系和品种起源分成种系作为品种分类的一级标准。目前广泛栽培的石蒜属植物仍以原生种为主。这些原生种中包含了不少自然杂交种。根据Kurita，Yu Zhi-zhou（俞志洲），Lin Jin-zhen（林巾箴）的研究，从形态学、细胞学检测，杂交试验结果，结合近年来史树德的分子系统学分析可辨别出6个“原始种”。按照亲缘关系可将这6个种分为两个组，即换锦花、石蒜、血红石蒜为一组，暂命名为换锦花组；另一组包括忽地笑、中国石蒜和长筒石蒜，暂命名为忽地笑组。每组内杂交形成的后代和自然变异产生的品种可归为本组，如由石蒜和换锦花杂交产生的玫瑰石蒜可归为换锦花组。两组间杂交形成后代另列一组，暂命名为稻草石蒜组（表2）。

石蒜的出叶时期往往和耐寒性相关，是决定石蒜属植物露地栽培适生区域的决定性因素之一。出叶期类型和耐寒性可以作为品种分类的二级标准。以“原始种”出叶时期为标准，石蒜、忽地笑自然条件下秋季出叶，叶片深绿，能耐一定低温却又不耐严寒，为“秋出叶型”。换锦花、

表 2 石蒜品种分类一览表

| 组 | 种系 | 出叶期 | | | 花色 | | | 瓣型 | | 花型 | |
|---|---|---|---|---|---|---|---|---|---|---|---|
| | | 春 | 秋 | 冬 | 白 | 红 | 黄 | 平展 | 波浪 | 单瓣 | 重瓣 |
| 换锦花组 | 换锦花 | √ | | | | √ | | | | | |
| | 石蒜 | | √ | | | √ | | | | | |
| | 血红石蒜 | √ | | | | √ | | | | | |
| | 玫瑰石蒜 | | | | | | | | | | |
| 忽地笑组 | 忽地笑 | | √ | | | | √ | | | | |
| | 中国石蒜 | √ | | | | | √ | | | | |
| | 长筒石蒜 | √ | | | √ | | | | | | |
| 稻草石蒜组 | 稻草石蒜 | | √ | | | | √ | | | | |

中国石蒜、长筒石蒜、血红石蒜自然情况下春季出叶，叶片浅绿，冬季休眠，相对耐寒，为“春出叶型”。两种类型内部杂交往往表现出和亲本的出叶时期相近；两种类型间的杂交后代往往在两类之间即冬季出叶，耐寒性在前两者之间，属于“冬季出叶型”。

石蒜属植物花色丰富，每种的花色又相对稳定，花色可以作为品种分类的三级标准。一般分为白色系，如长筒石蒜原变种；红色系，如石蒜、血红石蒜、换锦花；黄色系，如忽地笑、中国石蒜。

花型和重瓣性等也可以作为分类标准。石蒜属植物的花型可以根据盛开后花瓣边缘是否有波浪形皱缩分为平展型和波浪型（暂拟）。石蒜属植物自然变异类型丰富，目前已经发现的有雄蕊瓣化的多瓣类型，如王象晋在《二如亭群芳谱》中记载的七、八瓣的鹿葱。雌雄蕊完全瓣化的重瓣类型也时有出现，如日本的重瓣石蒜品种‘八重咲’。

由于石蒜属植物的育种处于起步阶段，至今尚未形成具有优良性状的大量新品种，因此其品种分类系统需要在不断充实、完善后逐步建立。

石蒜属已列入《中华人民共和国农业植物品种保护名录》（第十一批），育种个人和企业可向农业农村部植物新品种保护办公室申请新品种的品种权保护。品种权申请可参考《植物新品种特异性、一致性和稳定性测试指南 石蒜属》（NY/T 2510—2013）。石蒜属植物的新品种国际登录机构是荷兰皇家球根种植者协会（KAVB），网址为 https://www.kavb.nl/。中国园艺学会球宿根花卉分会已成立石蒜专家委员会，将推进石蒜属新品种登录及品种权保护工作。此外，石蒜自然分布地的部分省份，如湖南省、浙江省已有相关石蒜属新品种的良种审定。

## 五、繁殖技术

石蒜属植物一般采用营养繁殖方式。利用其分蘖特性，以分球繁殖为主，在自然条件下一般每隔 3 ～ 4 年分栽 1 次。春、秋两季用鳞茎繁殖，暖地多秋植，寒地则春植，挖起鳞茎分球即可，最好在叶枯后花莛未抽出之前分球，亦可于秋末花后未抽叶前进行。大量扩繁常采用基底切割法、鳞片扦插法和组织培养法。

该属的部分种类可结实，也可在种子采收后直接播种繁殖。

### （一）分球繁殖

石蒜属植物在自然条件下一般以分球繁殖为主（图 4），由于鳞茎中心顶芽结构的存在，顶端优势作用显著，腋芽形成受到抑制，只有当成熟鳞茎进入生殖生长期，分化形成的花芽抑制了顶端优势作用时，鳞茎才具有分球能力，从而萌发形成腋芽。并且石蒜属植物繁殖系数低，仅有 1.8，根据种类的不同，每年分生 1 ～ 2 个子

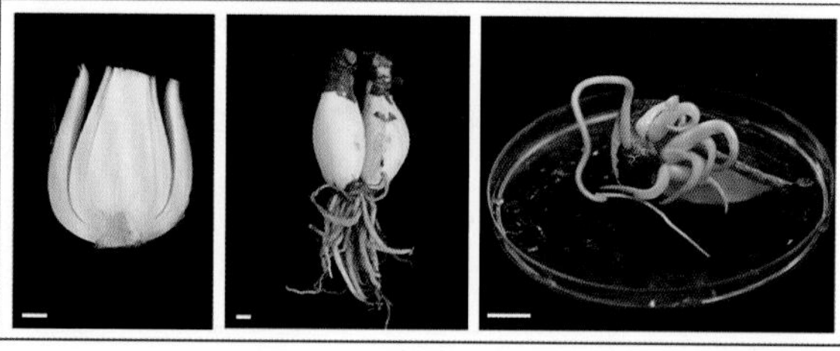


图4　石蒜属植物自然分球繁殖和鳞茎块扦插繁殖

注：标尺长度为1cm

鳞茎不等，子鳞茎生长为成熟开花鳞茎需要经历3～4年。若以种子繁殖则历时更长，需要经历4～5年的营养生长期。

石蒜属植物的自然繁殖系数低、子鳞茎营养生长周期长等特性，极大限制了该属植物的推广应用，加之大量采挖野生鳞茎已经对自然资源造成了破坏，因此，实现鳞茎人工繁育是石蒜属植物生产中亟待解决的问题。

### （二）扦插繁殖

人工扦插繁殖方法包括鳞茎块扦插法、双鳞片扦插法、伤心法等。这些方式主要都是通过破坏顶芽，从而打破顶端优势，并刺激鳞茎盘以促进腋芽萌发形成新的小鳞茎。

鳞茎块繁殖过程中，切球方式及母鳞茎块等分份数对子鳞茎繁殖系数、直径及质量有较明显影响，其繁殖能力也表现出显著的种间差异。例如，当使用鳞茎块扦插法时，鳞茎繁殖系数高低依次排序为中国石蒜、换锦花、石蒜、忽地笑；当使用双鳞片扦插法时，繁殖系数最优的是石蒜。姚青菊等（2004）指出鳞茎块八分法比四分法获得的子鳞茎数目更多，但子鳞茎质量减小，并指出鳞茎块繁殖系数与单个子鳞茎重量间存在一定的负相关性；并且，切割的方法也很重要，伤口要深达基盘才能获得较高的子鳞茎发生率（图4）。

虽然人工扦插繁殖过程中增殖小鳞茎的数量随着母鳞茎大小、切割方式等有所差异，但都显著高于自然繁殖方式。在扦插过程中使用外源植物生长调节剂，如细胞分裂素、水杨酸、赤霉素等对子鳞茎数量的增加具有进一步促进作用。迄今为止，对于扦插繁殖方式的研究主要集中在扦插方式优化以及不同外源生长调节剂的使用，对小鳞茎发生及发育过程分子机理有待深入研究。

规模化扦插繁殖的主要步骤：

**1. 鳞茎材料及处理**

选用成熟、大小较均匀、健康无病虫害的鳞茎，剪去残留的叶片，自贴近鳞茎基部处剪去根系，用流水冲洗去除黏着的泥土待用。

**2. 扦插基质准备**

扦插基质适宜的体积比为河沙：泥炭：发酵酒糟 =2：2：1。扦插用平盘长40cm、宽40cm、高5cm，扦插苗床离地设架，苗床高75cm。将扦插基质完成混合并上盘铺均，浇透水，并保持扦插基质的高湿度状态待用（图5A）。

**3. 鳞茎扦插上盘**

将流水冲洗后的鳞茎稍稍晾干（图5B），自基盘处“十”字纵切分割为四等份（图5C），将切割后的鳞茎块（图5D）置于0.1%多菌灵溶液中浸泡消毒30分钟（图5E），随后将消毒后的鳞茎块基盘朝下插入提前准备好的湿润基质（图5F），扦插密度：每盘7×7或者8×8个鳞茎块。

**4. 扦插后小鳞茎生长情况**

分别于扦插后60、120、200、280、330天观察并记录小鳞茎发生及发育情况，并于扦插1年后落叶期统计小鳞茎发生情况（图6、图7）。结果显示忽地笑和换锦花都能通过鳞茎块扦插获得大量小鳞茎，繁殖系数明显提高。

**5. 扦插繁殖与播种繁殖比较**

在相同培养条件下，发现通过扦插繁殖所获得的小鳞茎生长速度显著快于相同生长周期内播种繁殖所获得的小鳞茎，差异主要体现在小鳞茎的体积、根系生长情况、叶片生长情况。扦插繁殖5个月的小鳞茎已经萌发形成大量根系，并且具有2～3枚叶片，小鳞茎直径1～1.5cm；而相同生长周期内的播种繁殖的小鳞茎则大多未能萌发叶片，小鳞茎直径仅为0.5～0.8cm。这种差异在生长周期为1年时更加显著，扦插繁殖小鳞茎直径达

图 5　换锦花规模化扦插繁殖技术流程

A. 扦插基质及苗床；B. 鳞茎清洗；C. 鳞茎切割；D. 四分切鳞茎块；E. 鳞茎块消毒；F. 扦插上盘

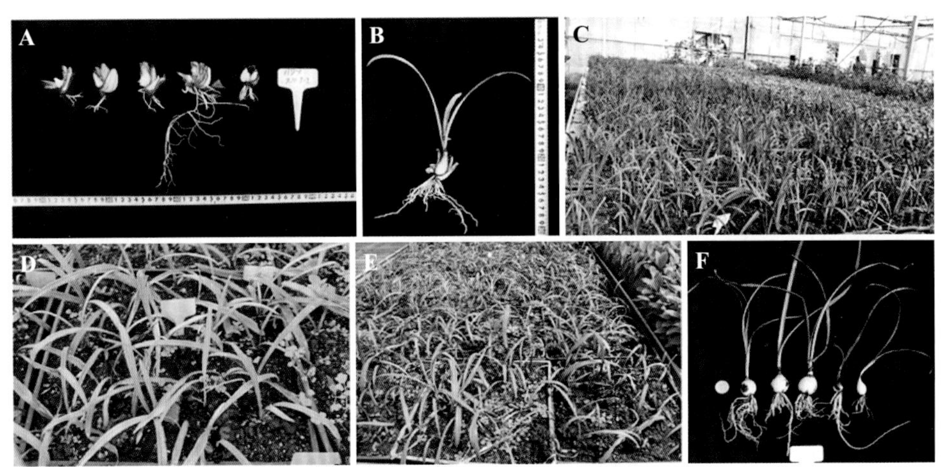

图 6　忽地笑扦插繁殖小鳞茎形成和生长情况

A. 扦插 60 天；B. 扦插 120 天；C. 扦插 120 天发叶期；D. 扦插 200 天绿叶期；E. 扦插 280 天落叶期；F. 扦插 330 天

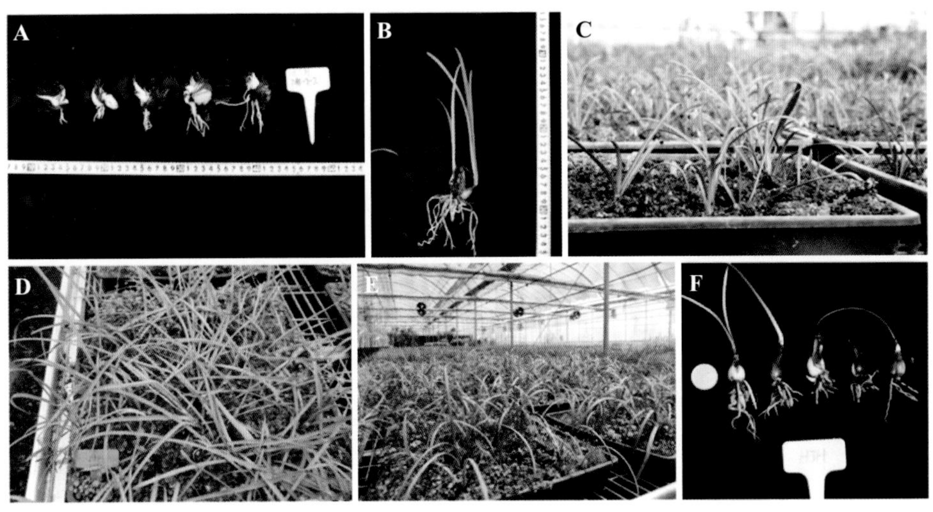

图 7　换锦花扦插繁殖小鳞茎形成和生长情况

A. 扦插 60 天；B. 扦插 120 天；C. 扦插 120 天发叶期；D. 扦插 200 天绿叶期；E. 扦插 280 天落叶期；F. 扦插 330 天

1.5～2cm，而播种繁殖小鳞茎直径仅为0.8～1cm。

### （三）组织培养

我国对石蒜属植物的组织培养研究有近30年的历史，自1986年成功通过忽地笑未成熟胚的体外培养获得完整植株以来，从外植体选择与处理、消毒方法改良、培养基优化等方面构建了石蒜属植物多个种的组织培养体系。目前对石蒜属植物组培再生体系的研究主要涉及石蒜、忽地笑、换锦花、中国石蒜、长筒石蒜等。外植体选择主要集中在成熟鳞茎块、双鳞片、花器官、种胚及茎尖等，然而由于成熟鳞茎常年着生于土壤中，内生菌含量丰富，同时由于鳞茎组织的高糖、高淀粉含量等特性，使其作为外植体时极易造成组织褐化，组培污染率居高不下。此外，基于损耗母鳞茎的组织培养方式也不利于石蒜属植物野生资源的保护。因此，依据不破坏野生种球资源的原则，选择采集野生种子进行无菌播种是一条有效途径，我们已通过控制无菌播种污染率、提升离体小鳞茎增殖率的有效方法，建立了石蒜属植物的高效组培繁殖体系。

## 六、露地栽培技术

### （一）栽培条件

石蒜对土壤的要求不严苛，凡排水良好及保肥效果好的沙质壤土或黏质壤土均可栽培。易积水的地区则不宜栽培，以免球根腐烂。适宜的土壤pH为5.5～6.8。石蒜开花时，日照不宜太强烈，否则花梗叶绿素受破坏而发生白化现象，影响切花品质。因此，适合的栽植地如山区半日照或平地栽培以50%遮阳网处理，可以提高抽薹率、增加花梗长度和花瓣色泽，并且有利于提早开花。籽球（子鳞茎）种植应采取遮阳栽培，可促进籽球的生长发育。

### （二）种植方式

种植深度以种球颈部露出土面1～2cm为宜。种植太浅，鳞茎容易被阳光灼伤；种植过深，在高温、高湿条件下易发生鳞茎腐烂，且球形易变成长球形，开花率低。

以采收切花为目的的开花球（球径4.5～5.5cm），种植的行株距以20cm×20cm为宜；以繁殖种球为目的栽培密度因籽球大小而异。通常，一年生种球的种植密度为900粒（个）/m$^2$；二年生种球的种植密度为400粒（个）/m$^2$；三年生种球的种植密度为100粒（个）/m$^2$。

### （三）田间管理

#### 1. 水分管理

绿叶期土壤水分供应要充足，以促进叶片的生长。开花期间水分供应可比绿叶期略少，但不可缺乏。水分若供应不足会导致抽薹率降低及切花花莛变短。平地栽培可以用沟灌方式进行灌溉，山坡地以滴灌方式较适合。

#### 2. 施肥管理

10月下旬石蒜出叶期，施用速效复合肥100～150kg/亩，加强叶片营养生长。2～3月间，轻施30～50kg/亩，以促进鳞茎生长。6～7月休眠期，施用有机肥1000～1500kg/亩，以促进开花及恢复地力。有研究表明，钾肥可以提高根系活力、利于鳞茎体积的增加，优于氮肥。在籽球（子鳞茎）生长阶段可适量增施。

#### 3. 杂草防除

用枯叶、稻草或松针作覆盖物，铺于植株基部，这样不仅能控制杂草生长，还能为土壤保温、保湿。少量栽培可人工除草。虽然休眠期地上部分枯死，部分除草剂会对鳞茎产生损伤，影响开花和出叶。宜施用叶面吸收的触杀型除草剂。大规模施用化学除草剂之前，应该在种植地进行小范围药效试验，筛选出最适合的种类和剂量。

#### 4. 鳞茎采收与栽植

石蒜为多年生球根花卉，休眠时地下根部宿存。一般栽培不需将鳞茎挖出；只有种植3～5年后，鳞茎生长太密集，才要采收鳞茎做分球和疏植。鳞茎采收与种植期为5～6月间，种植期不晚于出叶期。用于切花栽培的种植期不晚于6月底。

7～8月后种植鳞茎的根系生长不良，鳞茎虽然可以抽薹开花，但易发生花梗短或开花不正常现象。

## 七、病虫害防治

石蒜属植物生物碱等有毒物质含量较高，病虫害较少。

### （一）虫害及其防治

常见虫害有斜纹夜盗蛾、石蒜夜蛾、粉介壳虫、蓟马、根螨、蛴螬、竹蝗等。

#### 1. 斜纹夜盗蛾

以幼虫危害叶子、花蕾、果实，啃食叶肉，咬蛀花莛、种子，一般从春末到11月易发生危害。防治方法：5%锐劲特悬浮剂2500倍液，万灵1000倍液防治等药剂喷洒。

#### 2. 石蒜夜蛾

幼虫会钻入植株内部啃食。防治方法：可以松土，把地下的虫蛹一并铲除；在植株上可以用辛硫磷乳油或乐斯本进行喷杀。喷杀时间最好选择在清晨或晚间害虫出来活动时。若在植株叶片上发现此害虫的活动迹象，可以直接将受害的叶片摘除。

#### 3. 蓟马

吸食叶片、花梗、花瓣汁液，造成白条状出斑点。通风不良时容易发生。防治方法：鳞茎生长太密时，需掘出部分鳞茎，以利通风。可以用25%吡虫啉可湿性粉剂，或吡虫啉与艾美乐交换喷洒在植株表面进行杀灭。

#### 4. 根螨

主要危害鳞茎。使植株叶片生长不良，叶片细小，生长迟缓。危害严重的鳞茎难以萌芽。防治方法：48%毒死蜱乳油1000～1500倍液，1.8%阿维菌素乳油1000～1500倍液或20%双甲脒乳油1000～1500倍液浇灌植株基部，使药液渗入土壤。

#### 5. 蛴螬

蛴螬是金龟子的幼虫，生存在土壤之中，特别喜欢啃食种子及幼苗。防治方法：若发现此害虫，可直接用敌百虫、辛硫磷或其他杀虫剂喷杀。

### （二）病害及其防治

病害有细菌性软腐病、病毒性花叶病、花枯病等。

细菌性软腐病：高温、高湿、排水不良的种植地比较容易发生，种球呈水浸状褐色的病斑，带有难闻的臭味。

病毒性花叶病：感染病毒的叶片边缘或中肋处会出现黄色及褐色条斑，使叶片提早老化、枯萎，并降低植株生长势。

花枯病：病原菌为镰刀菌。症状为花的外苞片变成枯焦状，花梗出现褐色的轮纹斑。

石蒜病害多采用多菌灵600～1000倍液和甲基托布津稀释700～1000倍液喷雾或浸球防治。但是，长期连续使用易引起病菌产生抗药性，应与其他杀菌剂轮换使用。

## 八、价值与应用

### （一）观赏价值

石蒜属植物花大色艳，色彩繁多，观赏价值高。孤植时亭亭玉立，成片种植则绚烂夺目。以石蒜为例：花开时花色鲜红，无花冠筒，花瓣裂片窄而长，上部开展并向后反曲，边缘波状皱缩，瓣型飘逸，且开时无叶，甚为奇特。叶片均为基生，多为条带状，亮绿色或稍带白晕，颇为雅致。加之其生长强健，耐阴性强，不需精细管理，可广泛应用于园林地被、花境、花带等，是重要的城乡环境绿化、美化材料。尤其冬季叶片翠绿，夏末秋初少花季节仍能盛开，是极佳的林下观花地被植物。此外，本属植物的花形奇特，花梗长且不带叶片，花朵寿命长，耐贮藏、运输，也是一种理想的切花材料（图8）。

目前，石蒜属植物在荷兰已经规模化种植，在日韩、欧美各国，也已成为商品花卉，用于切花、盆花和花园景观配置。我国在石蒜自然分布的部分地区开始人工驯化，其中贵州、台湾已有

图 8　石蒜属植物的观赏应用

A、B. 石蒜作林下观花地被；C、D. 石蒜和忽地笑的路边花带；E. 石蒜、换锦花和忽地笑组成的花海；F. 切花的瓶插装饰

产业化种植，用于切花生产和药物提取。

### （二）药用价值

石蒜属植物的鳞茎中含有石蒜碱，是一种传统的药用植物。此碱经氢化后有抗阿米巴痢疾的作用，可作为吐根的代用品；有些种类含有加兰他敏、力可拉敏，在临床上为治疗小儿麻痹后遗症的要药。《本草纲目》载：“石蒜，辛、甘、温，有小毒。（主治）肿毒、疔疮恶核，可水煎服取汗，及捣敷之。及中溪毒者，酒煎半升服，取吐良。”民间将其鳞茎捣碎，敷治肿毒。

石蒜属植物鳞茎还含有大量的淀粉，可作糨糊、浆布之用。

（夏宜平　任梓铭　张栋）

# *Moraea* 肖鸢尾

肖鸢尾是鸢尾科（Iridaceae）肖鸢尾属（*Moraea*）多年生球茎类球根花卉。其属名 *Moraea* 是为了纪念 18 世纪的英国植物学家罗伯特·莫尔（Robert More）而命名的。原产南半球的肖鸢尾属植物与北半球的鸢尾属（*Iris*）植物相似。*Moraea* 具有纤维质皮膜包被的球茎，而 *Iris* 通常具有鳞茎或根茎；*Moraea* 的花被片不与基部的花管相连，而 *Iris* 是连接的；*Moraea* 3 枚内花被片比大多数种的鸢尾要小得多。肖鸢尾属约有 150 种。在 1998 年，*Galaxia*，*Gyandriris*，*Hexaglottis*，*Homeria* 和 *Roggebeldia* 属并入肖鸢尾属后，使其种数增加到 206 种。肖鸢尾的花色极其丰富，即使在同一种内，花的颜色也极为不同，并且已经培育出了许多杂种。艳丽的花色和花瓣上似眼的斑点赋予了肖鸢尾许多别称，如 butterfly（蝴蝶花），butterfly iris（蝴蝶鸢尾），little owl（小猫头鹰），peacock flower（孔雀花），peacock iris（孔雀鸢尾）等。虽然某些种花的寿命短暂（通常仅开放 1 天），但是 1 个花莛上数 10 朵花同时开放仍能完美地展现出肖鸢尾的华丽。

## 一、形态特征

地下贮藏器官是球茎。株高约 40cm，叶剑形，纸质，淡绿色，长 30 ～ 50cm，宽 2 ～ 4cm。花莛长 60 ～ 90cm，着花 1 ～ 4 朵。花大，外轮 3 枚花被片大，长圆状倒卵形，平展或外折，基部具彩斑；内轮 3 枚花被片极小；花色有紫、淡紫、纯白等，具香气。雄蕊与外轮花被片对生；花柱分支 3，花瓣状。花期因种不同，8 ～ 9 月或者 12 月至翌年 3 月（图 1）。

图 1　肖鸢尾球茎、植株和花形态

## 二、生态习性

### 1. 温度

肖鸢尾属的少数种原产于热带非洲，大多数种原产自南非的西开普省。那些产自东部（印度洋一侧）的种，因夏季降水（11 月至翌年 3 月）于夏季开花，冬季处于休眠状态，因此，它们比原产西部的种更耐寒。那些产自西部大西洋沿海地区的种，因冬季降水，在冬季或初春开花。所有类型的种在美国无霜地区都表现良好。产自南非好望角的种在少霜或无霜的地区都可生长，而在有霜的地区需要试种，冬季需要在冷室栽培，因为那里冬季温度经常降至 -5℃左右。

### 2. 光照

肖鸢尾喜光，并在光照适宜的地方生长迅速。

### 3. 湿度

在休眠期，球茎需要干燥的条件。在生长期，应为其提供充足的水分，但不可过湿、积水，最好高畦种植或容器栽植。在湿度和温度稳定的栽培条件下，大多数种和杂种的叶片保持常绿，在花后进入休眠。潮湿、寒冷的环境条件使叶片发霉，并可导致冬花种和春花种的球茎腐烂。

4. 土壤

肖鸢尾适应多种土壤。

## 三、种质资源

肖鸢尾属约有 206 种。分布范围从南非的西开普到尼日利亚、埃塞俄比亚等地。如今，由于农业发展和城市建设，自然条件下许多种已经处于濒危状态。现将部分种介绍如下：

1. 细管红花肖鸢尾（新拟）*M. angusta*

原产南非（西南开普省）。株高 20 ～ 40cm，冠幅 8cm。花浅黄色，带棕色至紫色的斑点。花期早春（原产地 8 ～ 11 月，在较高海拔的地区花期稍晚）。

2. 孔雀肖鸢尾 *M. aristata*

原产南非（开普半岛），1766 年引种，在原生地已濒临灭绝。株高 25 ～ 45cm，冠幅 8cm。花纯白色或淡蓝色，在每枚外花瓣的基部具有深紫色的斑点，图案变化多端，鲜艳夺目。花期春季（原产地 9 月）。地下球茎产生侧球，繁殖迅速，生长非常旺盛。是全世界的球根植物爱好者广泛引种栽培的种。

3. 哈顿肖鸢尾 *M.huttonii*

原产南非（东开普省、夸祖鲁 – 纳塔尔省、姆普马兰加省）和莱索托、斯威士兰，经常靠近溪流的区域。株高 70 ～ 100cm，冠幅 8cm。花黄色，在花柱顶端带有深棕色至紫色的斑点，芳香。花期春天到初夏（原产地 10 ～ 12 月）。

4. 莫吉肖鸢尾（新拟）*M. moggii*

原产南非（东开普省、北部省、普马兰加省）。株高约 60cm，冠幅 8cm。花亮黄色，外花被带紫色脉。夏末开花（原产地 12 月至翌年 5 月）。变种 var. *albescens*，花白色，有时黄色，开花较晚。

5. 圣诞肖鸢尾（新拟）*M. natalensis*

原产南非（夸祖鲁 – 纳塔尔省、姆普马兰加省）。株高 45cm，冠幅 8cm。叶单生。花蓝紫色到淡紫色，花径 2.5 ～ 3cm，每枚外花被片中心带有淡紫色边的亮黄色斑。花期夏季（原产地 12 月至翌年 1 月）。

6. 多枝蓝花肖鸢尾（新拟）*M. polystachya*

原产南非、纳米比亚、博茨瓦纳，分布广泛，1773 年被发现。球茎生长在土壤深层，外包被深褐色、硬纤维状的网膜，若环境条件不利，可以保持休眠状态多年。株高 30 ～ 80cm，冠幅 8cm。叶片通常长 90cm。花色主要在蓝色范围内，从淡紫色到浅蓝色，每枚外花被片中心带有白边的亮黄色斑。花大 6 ～ 8cm，着生在紧凑的花序上，带着纸质棕色的苞片。花期秋季到初冬（原产地 3 ～ 7 月）。整株植物对哺乳动物有毒，因此不能食用；叶子和球茎即使在干燥状态下也有毒，但是芽可被鸟类食用。

7. 多枝肖鸢尾 *M. ramosissima*

原产南非（西开普省、东开普省），生长在阴湿的地方，1792 年引种。株高 50 ～ 120cm，冠幅 10cm，多分枝，形成烛台状的花序。花径 4 ～ 6cm，花亮黄色，在外花被片上带有较深黄色的斑。花很多，但寿命很短，花期春季至夏季（原产地 10 ～ 12 月）。比其他种更喜湿。

8. 匙苞肖鸢尾 *M. spathulata*

分布于南非（伊丽莎白港至北部省和姆普马兰加省），津巴布韦和莫桑比克的河流和溪流边，有时几乎生长在水中，1875 年引种。株高 50 ～ 90cm，冠幅 8cm。叶细长，1 ～ 2 枚，平展，基生。花径 5 ～ 9cm，金黄色，在外花被片中心带有紫褐色边缘的深黄色到橘黄色的斑。花期初夏至仲夏（原产地 11 月至翌年 2 月）。此种常见栽培，据说对牛有毒。变种 var. *autumnalisis*，是早花的类型。

9. 三瓣（蓝柱）肖鸢尾（新拟）*M. tripetala*

原产南非（北开普省、西开普省）。株高

10～50cm，冠幅 8cm。叶常单生。花从浅蓝色到深蓝色或紫色，3 枚外花被片大，带有白色或黄色的斑。花期冬末至初夏（原产地 8～12 月）。

10. 多毛孔雀肖鸢尾（新拟）*M. villosa*

原产南非（西南开普省）。株高 15～40cm，冠幅 5cm。花径 5～7cm，花色最多变，呈紫红色或淡紫色，外花被片上带有边缘为橙色或淡紫红色、或奶油色、或黄色的蓝色斑点。花期早春（原产地 8～9 月），与 *M. neopavonia* 亲缘关系最近。变种 var. *elandsmontana*，花被片具有边缘为蓝色的鲜橙色斑（图 2）。

图 2　肖鸢尾属植物部分种质资源

## 四、繁殖与栽培

### （一）繁殖

1. 分球繁殖

老球茎可以形成许多小球茎，又称籽球。开花后当生长减弱时进行分球。籽球在小容器中种植或在苗圃地中行栽 2 年，之后当籽球长到足够大时定植到花园或温室中。

2. 播种繁殖

冬花种在夏末播种，夏花种在早春播种。使用排水良好的混合土壤，种子几乎不用覆盖，保持湿润即可。一个生长季后，将其移栽到较大的容器中，间距为 5～8cm。2 年后，植株长得足够大时定植到花园或更大的容器中，可于翌年开花。

### （二）栽培

冬花种的球茎在秋季种植，夏花种的球茎在冬末或早春种植。植株的高度决定了肖鸢尾的种植方式。矮生型最好以组栽植，而较高大的类型可以 2 或 3 个一起种植在混合花境中。球茎栽植深度约 5cm，间距 10～30cm（取决于最终形成的植株冠幅）。一旦种植不可移栽，只有当株丛太大和过于拥挤时才可挖出进行分球。在贫瘠的土壤中，一旦新的植株形成并抽出花梗，应立即开始常规施肥管理。肖鸢尾可以盆栽，在装有疏松的混合土壤或栽培基质的大容器中生长良好。

## 五、价值与应用

肖鸢尾是鸢尾科最美丽的植物之一。仔细阅读彼得·戈德布拉特（Peter Goldblatt）的《南部非洲的肖鸢尾》（1986），和书中费伊·安德森（Fay Anderson）的水彩画，就可以品味到肖鸢尾的可爱。在田野间，肖鸢尾的艳丽花色，吸引着大量传粉者（昆虫）与之共舞，可激发更加绚丽的色彩。肖鸢尾植株的高度各不相同，叶的排列和斑纹也各异（图 2）。矮生种可种植在浅盆中。有些种可作优美的切花。

除观赏价值之外，肖鸢尾还具有其他经济用途。肖鸢尾属中半日花肖鸢尾（新拟）*M. fugax* 这个种的球茎可以吃，被南非西部早期的原住民食用。卡尔·彼得·图恩伯格（Carl Peter Thunberg）在《植物志》（1823）中记载，他们用牛奶炖、烤或煮着吃，据说味道类似于土豆。

（义鸣放）

# *Muscari* 葡萄风信子

葡萄风信子是天门冬科（Asparagaceae）葡萄风信子属或蓝壶花属（*Muscari*）多年生鳞茎类球根花卉。其属名 *Muscari* 来自拉丁语 *muscus*，意为“musk”即麝香，因本属中某些种的香气似麝香而得名。花朵密集生长，铃壶形（瓮形），多为蓝色，也有白色栽培种，花期为春季，开花时外形像一串串葡萄，故英文名称为 Grape hyacinth（葡萄风信子）。中文别名有蓝壶花、葡萄百合。

葡萄风信子属约有 44 种，主要分布在地中海盆地、欧洲中部和南部、北非以及亚洲西部、中部和西南部。已在其他地方归化，包括北欧和美国。只有少数种作为商业开发或规模化生产。中国无野生种分布，国内栽培应用的葡萄风信子大多数从国外进口种球。

## 一、形态特征

小型球根花卉。植株高 15 ～ 30cm。地下为鳞茎，卵圆形，外被光滑皮膜，球径 1 ～ 3cm，高约 1.5cm。叶片基生，披针状线形，稍肉质，深绿色，边缘常内卷，叶片长 15 ～ 30cm，宽 0.6cm 左右。总状花序，花茎自叶丛中抽出，圆筒形，长 15 ～ 20cm，顶端簇生 10 ～ 20 朵串铃状小花，花冠小坛状，顶端紧缩，花梗下垂。花有紫色、淡蓝色、蓝紫色或顶端略带白色，并有白色、肉色和重瓣品种。果实为蒴果，三棱球形，直径 0.4 ～ 0.6cm，有 3 室，每室有种子 1 粒，熟后开裂，共有种子 3 粒。种子圆球形，黑色。花期 3 ～ 5 月，果期 5 ～ 6 月（图 1）。

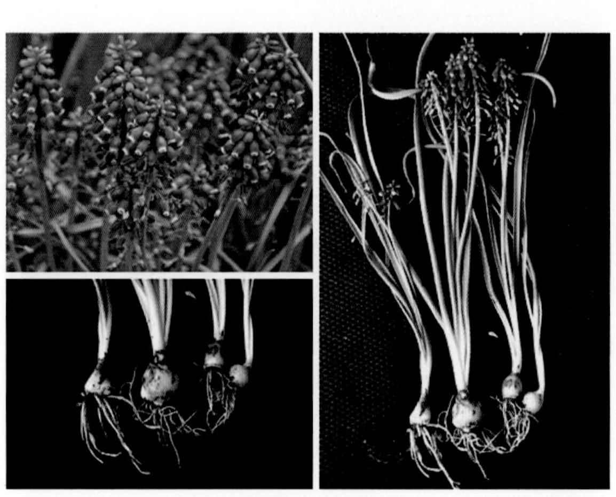

图 1　亚美尼亚葡萄风信子（*M. armeniacum*）的花、鳞茎和植株

## 二、生长发育与生态习性

### （一）生长发育规律

葡萄风信子的鳞茎为非更新型鳞茎，周长 5cm 以上的鳞茎可以开花，3 年生的鳞茎周长可达 10 ～ 14cm，并抽出 3 ～ 5 个花莛。葡萄风信子的花芽分化时间为 7 月或 8 月，即在种球收获前，成熟鳞茎内已经开始了叶芽和花芽的分化，在鳞茎休眠期间贮藏于 20℃条件下完成花芽分化。为保证开花质量（促进生根和花梗伸长），鳞茎还需要接受 9℃至少 12 周时间的冷处理。在长江流域，9 月下旬萌发出土。地上部叶丛保持常绿越冬；华北地区经严寒后仅叶上端枯黄。翌年 3 ～ 4 月开花，花期 1 个月。5 ～ 6 月果实成熟，地上部分逐渐枯萎，鳞茎夏季休眠。全年

绿叶期为 9 ~ 10 个月。

### （二）生态习性

喜温暖凉爽的气候，喜光亦耐半阴。要求富含腐殖质、疏松肥沃、排水良好的中性至微酸性沙质壤土，pH 6 ~ 7。耐寒性较强，在我国华东及华北均可露地栽培越冬。对乙烯气体敏感，鳞茎贮藏时遇到乙烯将导致花败育或者加速种球腐烂。

## 三、种质资源与园艺品种

### （一）原种

葡萄风信子属约有 44 种，原产地中海地区和亚洲西部。常见栽培的种：

#### 1. 亚美尼亚葡萄风信子 *M. armeniacum*

葡萄风信子属中最常见的栽培种之一，广泛分布于东地中海的森林和草地，从希腊、土耳其到高加索地区，包括亚美尼亚，因此得名。并且以其旺盛的生长和钴蓝色到皇家紫色的大花而闻名，结实且易于归化。线形叶片 6 ~ 8 枚，叶片长 30cm、宽 0.6cm。花莛高 2cm，花有淡淡的香味，原种深蓝紫色带白边，品种有紫色、蓝色（边缘带有白色）、白色和淡粉色，早春开花 3 ~ 4 周（图 2）。1871 年首次出现在欧洲花园中。亚美尼亚葡萄风信子及其品种（‘Jenny Robinson’‘Christmas Pearl’‘Saffier’）获得英国皇家园艺学会的花园优异奖。

图 2　亚美尼亚葡萄风信子（A）及部分品种（B–D）

栽培的单瓣品种有‘大微笑’（‘Big Smile’）、‘剑桥’（‘Cantab’）、‘圣诞珍珠’（‘Christmas Pearl’）、‘薄荷’（‘Peppermint’）、‘超级星’（‘Superstar’）、‘菲尼斯’（‘Valerie Finnis’）等，重瓣品种包括‘蓝钉子’（‘Blue Spike’）、‘幻想之作’（‘Fantasy Creation’）等。

#### 2. 深蓝葡萄风信子 *M. aucheri*

又称深蓝蓝壶花。原产土耳其。植株矮小紧凑，株高 5 ~ 20cm。明亮的蓝色花朵带白边，花序顶部有一簇浅色的小花。生长速度不快。栽培品种多，包括‘蓝色魔法’（‘Blue Magic’）和‘白色魔法’（‘White Magic’）等（图 3）。

图 3　深蓝葡萄风信子品种‘蓝色魔法’

#### 3. 葡萄风信子 *M. botryoides*

原产法国和意大利，栽培已久。株高 10 ~ 25cm。狭长线形的叶片，边缘弯曲。总状花序，小花围绕中央茎以紧密或松散的螺旋状排列。随着花朵成熟，花朵间距变得松散。花被筒从淡蓝色到深蓝色不等，齿白色；花序下部可育花朝下，上部不可育花略小、颜色更浅且朝下。其白花变型 f. *album* 也被称为西班牙珍珠，其花小似纯白色珍珠。与亚美尼亚葡萄风信子相比，葡萄风信子的入侵性较低。

#### 4. 丛生葡萄风信子 *M. comosum*

又称缨饰蓝壶花。株高 15 ~ 25cm。大圆锥形总状花序，下部为可育花，瓮形、下垂、淡至橄榄褐色；上部为不育花，流苏状、鲜紫罗兰色。其品种‘羽毛’（‘Plumosum’），花序上的花朵只有羽毛状的流苏花被（没有一个是瓮形），蓝紫色，无香味。

### （二）园艺品种

葡萄风信子的园艺品种，主要有紫色和白色两个品系。紫色系品种开蓝紫色或紫色花，如‘芬尼斯’（‘Valerie Finis’）、‘蔚蓝’（‘Heavenly Blue’）等；白色系品种有‘阿尔布’（‘Album’）、‘白色丽人’（‘White Beauty’）等，还有少见的淡粉色品种‘粉日出’（‘Pink Surprise’）。

## 四、繁殖技术

### （一）分球繁殖

常用分球（鳞茎）繁殖。葡萄风信子鳞茎的自然分生能力强，一般鳞茎的分球率可达 1 ∶ 10（20）。鳞茎在夏季（7 月或 8 月）采收后，将母球和子球分开，根据球径大小分级，周长 5cm 以下用作种球繁殖；开花种球规格因种和品种而异，亚美尼亚葡萄风信子有周长 6/7cm、7/8cm、8/9cm、9/10cm 和 10cm 以上 5 个等级；葡萄风信子是 5cm 以上；丛生葡萄风信子为 6cm 以上。秋季（9 ～ 10 月）分栽小鳞茎，行距 8 ～ 10cm，栽植深度为球高的 2 ～ 3 倍，在排水良好、pH 6 ～ 7 的土壤中生长迅速，培养 1 ～ 2 年后开花。每隔 2 ～ 3 年分球 1 次。为了提高分球率，也可采用风信子常用的人工分球法——刮底法或刻伤法，参见风信子。

### （二）播种与组培繁殖

播种繁殖春、秋季均可，发芽适温为 20 ～ 25℃，播种后 30 ～ 50 天发芽，生长 1 年后挖出休眠小鳞茎分栽，播种苗培育 3 ～ 4 年后开花。

葡萄风信子可以进行组培繁殖，以叶片、鳞片和鳞茎作为外植体，建立葡萄风信子的再生体系。

## 五、栽培管理

### （一）园林露地栽培

葡萄风信子适应性强，易于栽培。秋季种植，地栽要选择肥沃、排水良好的壤土，栽植前施足基肥，栽植深度为 6 ～ 8cm，行距不小于 10cm，多松土、勤除草、及时排积水。早春发芽后注意追肥，在生长季节需要水分充足。花谢后，夏季休眠期间停止浇水，直到秋季叶片再次出现。

### （二）盆栽与花期调控

盆土以疏松的沙质土壤或花卉营养土为宜，种植深度 6 ～ 8cm、口径 7cm 的盆内可植入 4 个球，口径 9cm 的可种 5 ～ 7 个球。浇透水后置于全光照环境下，长出叶片后每周追肥 1 次。花序出土时移至半阴处，便于花序迅速伸长。生长适温为 15 ～ 28℃。花后收球贮藏或任其自然越夏。

葡萄风信子花芽分化后，需要经过一定的低温才能正常开花，通过人为低温处理的预冷种球可提早花期。方法是在 8 月底至 9 月初，将经过 20℃贮藏完成花芽分化、周长 10cm 以上的鳞茎种植在装有排水良好、pH 6 ～ 7 栽培基质的容器中，放入 9℃的低温条件下（生根室）冷藏，直到根系形成；种球萌芽长到 2 ～ 3cm 时，移入温室催花。低温处理一般需要 15 ～ 16 周。温室光照强度为 10000 ～ 25000lx，昼夜温度控制在 16 ～ 17℃ /13 ～ 16℃，根部浇水保持基质中度湿润，20 天左右开花，花期就可提前至元旦、春节前后。若要延迟花期，在 9℃种球预冷处理完成后，转至 0 ～ 2℃继续冷藏，根据目标花期提前移入温室催花即可。

### （三）种球采收与贮藏

仲夏花后当叶片完全干枯时将鳞茎挖起，清洗干净，在 34℃左右温度下风干脱水约 6 天，因为鳞茎以较为干燥状态进入休眠期贮藏最好。鳞茎分级后置于 20℃左右条件下贮藏，直到完成花芽分化。常规栽培的入秋就可直接种植了，促成栽培的需要对种球进行预冷处理。

### （四）病虫害防治

葡萄风信子主要受到蚜虫和蜘蛛螨侵害。病害严重的是黄花叶病毒病（Yellow mosaic virus），其症状是叶子上有绿色斑纹，茎秆缩短或生长困难。通常由侵染葡萄风信子鳞茎的蜘蛛螨（叶螨或红蜘蛛）传播，一经发现立即处理，将受感染的植株及时挖出并销毁，以免病毒蔓延。同时及时防治蜘蛛螨、蚜虫等害虫。

## 六、价值与应用

葡萄风信子在原产地自然分布于林地或草地中。由于其花期早、开花时间较长，常用作疏林下的地面覆盖或用于花坛、花境的成片、成带或镶边种植，也用于岩石园点缀或容器栽培。因其独特的蓝紫花色，除单独成片种植外，还常与郁金香、水仙、番红花、风信子等其他不同花色的春季球根花卉混合种植成花海（图4）。

图4　葡萄风信子的观赏应用
A. 花海；B. 室内装饰；C. 盆栽；D. 花境

（周翔宇）

# *Narcissus* 水仙

水仙是石蒜科（Amaryllidaceae）水仙属（*Narcissus*）植物的种、变种和品种的总称。属名 *Narcissus* 来源于古希腊语的 *narkau*、英语的 narcissus 和法语的 narcisse 一词。有两种含义：一为希腊神话传说中希腊英俊少年 Narcissus 的名字，据说他爱上了自己在池塘中的倒影，并于水中变成了垂头的花；二为希腊文和英文“昏睡、使人麻痹”一词的词意和词源。因此，水仙不仅是极具观赏价值的球根花卉，而且其鳞茎可以药用。

## 一、栽培简史与生产概况

### （一）栽培简史

水仙属植物原产于欧洲、北非和近东地区。在欧洲水仙的种和杂种已经被栽培了数百年，并且已被归化（驯化）。早在 2000 多年前古希腊人就利用多花水仙（*N. tazetta*）制成花圈作为葬仪品以及寺院内的装饰品。公元前 800 多年，在希腊的文学作品中已有水仙的记载。在 14—16 世纪欧洲文艺复兴前，多数水仙还处于野生状态。但由于长期的自然杂交，产生了许多自然杂交种和变种及类型。到 1548 年英国记载的水仙品种仅有 24 个，后来又陆续发现新种，到 1576 年和 1601 年，Clusius 开始进行水仙分类工作。至 1629 年，据 J. Parkinson 记载和分类，当时水仙已有 90 余个种和品种。进入 19 世纪 30 年代，水仙属植物更加引起各国的注意，尤其是荷兰、比利时和英国的一些学者进行水仙的分类和品种改良，做了大量的人工杂交与育种工作，培育出更多的新品种。

关于中国水仙的起源，根据古籍记载和最近的研究报道，多数学者认为中国水仙并非原产中国，而是唐初由地中海传入中国的一种归化植物，至今东南沿海一带浙江的舟山群岛、温州诸岛以及福建的沿海地区仍有成片的逸生种。从植物分类学上看，中国水仙是多花水仙（*N. tazetta*）的一个亚种 subsp. *chinensis*。

中国关于水仙的最早记载始于唐代段成式（?—863 年）撰写的《酉阳杂俎・卷十八广动植之三》：“捺祇出拂菻国。根大如鸡卵，叶长三四尺，似蒜；中心抽条；茎端开花六出，红白色，花心黄赤，不结子。冬生夏死。”这里记载的就是一种水仙，但不是现在的中国水仙（陈心启，1991）。“捺祇”的读音与波斯语中水仙的名称 Naigi、阿拉伯语的 Narkim、英语的 Narcissus 都相近。“拂菻国”是指古代东罗马帝国及其所属西亚地中海沿岸一带。最早记载水仙传入我国的可靠文献是段公路《北户录》中的一段文字：“孙光宪续注曰，从事江陵日，寄住蕃客穆思密尝遗水仙花数本，摘之水器中，经年不萎。”是说寄居江陵的波斯人穆思密赠送给孙光宪几棵水仙花。还有五代至宋初人陈抟（?—989）的《咏水仙花》：“湘君遗恨付云来，虽堕尘埃不染埃。疑是汉家涵德殿，金芝相伴玉芝开。”这里所指的水仙很可能就是今天的中国水仙。到了宋初，有黄庭坚的《吴君送水仙花二大本》：“折送东园粟玉花，并移香本到寒家。何时持上玉宸殿，乞与宫梅定等差。”说明当时的水仙还很稀罕，仅仅在达官贵人或文人雅士中偶见栽培。但在那以后，吟咏水仙的诗词就越来越多了。仅宋朝留下的就不下30首，如高似荪的《水仙花前赋》《后赋》，赵溍的《长相思》，刘攽的《水仙花》，朱熹的《赋水仙花》、杨万里的《咏千叶水仙花》，张耒的《赋水仙花》等。宋画家赵孟坚（1199—1264）的水墨双钩水仙卷，也许是世界上最早单纯以水仙为题材的绘画。这些都说明，在宋代水仙花的栽培发展得很快，广泛受到人们的青睐。

中国水仙天生丽质，芬芳清新，素洁幽雅，超凡脱俗。因此，人们自古以来就将其与兰花、菊花、菖蒲并列为花中“四雅”；又将其与梅花、茶花、迎春花并列为雪中“四友”。它只要一碟清水、几粒卵石，置于案头窗台，就能在万花凋零的寒冬腊月展翠吐芳，春意盎然，祥瑞温馨。人们用它庆贺新年，作“岁朝清供”的年宵花。是中国十大名花之一。通常被称为水仙、水仙花，又称凌波仙子、玉玲珑、金盏银台、雅蒜等。

### （二）生产概况

中国水仙鳞茎很耐贮藏，可以长途运输，是赠送亲朋好友的理想礼物。香港、澳门同胞逢年过节把水仙花视为富贵的祥兆，更多的海外赤子把水仙崇拜为故土神花。我国栽培的漳州水仙，因球大、花多等优点而闻名世界，销售遍及全国并行销国际市场。

中国水仙的主产区在漳州、崇明、平潭、普陀等地，其中传统产区漳州的生产面积、产量、品质和出口量均最高。漳州地处南亚热带，气候温和而湿润，又位于九龙江冲积平原上，土壤为花岗岩母质发育面成的沙质土壤，土层深厚，微酸，疏松肥沃，排水良好，十分适合水仙的生长。漳州水仙的主产地仅限于龙海市九湖镇圆山附近的蔡坂、新塘、大梅溪、田中央、小梅溪、下庵、洋坪等地。近年来，由于土地减少，不少花农将水仙生产扩展到华安、漳浦等地，但圆山之外的水仙生产主要用于籽球的生产和少量成球的生产。漳州水仙的生产面积约467hm$^2$（7000亩），年产商品成球约3000万粒，约有6000户花农参与生产。

洋水仙（除中国水仙外的水仙属植物总称）是最重要的春花型的球根花卉之一，在世界各地广泛栽培。其鳞茎的主要生产国是英国（4660hm$^2$，2005）、荷兰和美国。在荷兰，洋水仙种植面积1302.69hm$^2$（2017/2018），种球产量位居球根生产总量的第3位（第一郁金香，第二百合）。洋水仙是原产欧洲的植物，在欧洲已被人工栽培数百年了，但是直到19世纪末，大面积栽培的仅有喇叭水仙。1835—1855年英国人开始育种，19世纪末荷兰人也开展了育种工作。如今，在英国皇家园艺学会（RHS）登录的洋水仙品种已超过27000个，除去同物异名者，实际的品种数量估计在18000个。然而在生产中常用的品种仅有400～500个，主要来自喇叭水仙群、大杯水仙群、重瓣水仙群、仙客来水仙群、多花水仙群和红口水仙群的品种。在世界各地，洋水仙不仅大量应用于花坛、花境、花海等园林景观，切花和盆花也深受各国民众的喜爱。在我国，近些年来洋水仙的引种、栽培与应用有所增加，但因品种适应性、栽培技术等方面的原因，还未被大面积栽培与推广，主要还是从国外进口种球在早春郁金香花海中配植应用。

## 二、形态特征

### （一）水仙属

多年生草本植物，地下部分具肥大的鳞茎，其形状、大小因种而异，但大多数为卵圆形或球形，具长颈，外被褐黄色或棕褐色皮膜。叶基生，带状、线形或近圆柱状，多数排成互生二列状，绿色或灰绿色。花单生或多朵呈伞形花序着生于花莛端部，下具膜质总苞。花莛直立，圆筒状或扁圆筒状，中空，高20～80cm。花多为白色、黄色或晕红色，侧向或下垂，部分种类的花具浓香，花被片 6，基部连合成不同深浅的筒状，花被中央有杯状或喇叭状的副冠，其形状、长短、大小以及色泽均因种而异，植物学上和园艺学上常依此作为水仙属植物分类的依据。花两性，雄蕊 6 枚，子房下位。本属染色体基数为 x = 7、10、11，其中有些种类为三倍体，不能结实，如中国水仙。

### （二）中国水仙

#### 1. 根

为须根系，由鳞茎盘上长出，乳白色，肉质，圆柱形，无侧根，质脆弱，易折断，断后不能再生，表皮层由单层细胞组成，横断面长方形，皮层由薄壁细胞构成，椭圆形。为外起源，老根具气道。

#### 2. 鳞茎

为圆锥形或卵圆形。鳞茎外被黄褐色纸质薄膜，称鳞茎皮。内有肉质、白色、抱合状鳞片数层，各层间均具腋芽，中央部位具花芽，基部与鳞茎盘相连。中国水仙鳞茎多液汁，有毒，含有石蒜碱、多花水仙碱等多种生物碱。外科用作镇痛剂；鳞茎捣烂敷治痈肿。牛羊误食鳞茎，立即出现痉挛、瞳孔放大、暴泻等。

#### 3. 叶

扁平带状，苍绿色，叶面具霜粉，先端钝，叶脉平行。成熟叶长 30 ～ 50cm，宽 1 ～ 2cm，基部为乳白色的鞘状鳞片，无叶柄。一般每株有叶 5 ～ 9 枚，多数为 5 ～ 6 枚，最多可达 11 枚，叶多的鳞茎通常无花，开花的鳞茎多为 5 枚或 4 枚，且叶片较宽。

#### 4. 花

每个鳞茎抽花莛 1 ～ 7 枝，多者可达 10 枝以上；花莛自叶丛中心抽出，高 25 ～ 45cm，开花时高于叶面；绿色，圆筒形，中空；外表具明显的凹凸棱形，表皮具蜡粉。伞形花序；小花呈扇形着生于花序轴顶端，外有膜质佛焰苞包裹，一般小花 3 ～ 7 朵（最多可达 16 朵）；花被管细，灰绿色，近三棱形，长约 2cm；花被裂片 6，卵圆形至阔椭圆形，顶端具短尖头，开放时平展如盘，白色，芳香；副花冠浅杯状，鹅黄或鲜黄色（故称“金盏银台”）。雄蕊 6 枚，花丝 3 长 3 短，着生于花被管内，花药基着；雌蕊 1 枚，子房下位，3 室，每室有胚珠多数，花柱细长，柱头 3 裂（图 1）。露地栽培的中国水仙花期冬季（1 ～ 2 月）。

图 1　中国水仙形态
A. 全株；B. 花；C. 鳞茎

#### 5. 果实

为小蒴果。蒴果由子房发育而成，熟后由背部开裂，中国水仙多为同源三倍体，染色体数 2n = 30，不结种子。

## 三、生长发育与生态习性

### （一）生长发育规律

水仙为秋植球根，一般初秋鳞茎开始萌动生长，秋冬在温暖地区萌动后，根、叶仍可继续生长，而较寒冷地区仅地下根系生长。地上部分不出土。翌年早春迅速生长并抽莛开花，花期早晚因种而异，多数种于 3 ～ 4 月开花，中国水仙花期早，于 12 月至翌年 2 月开放，6 月中下旬地上部分的茎叶逐渐枯黄，地下鳞茎开始休眠。花芽分化通常在休眠期进行，具体时间因种而异，如喇叭水仙分化最早，一般5月中下旬开始分化，当地上部叶片枯萎时，副冠已经开始分化，花芽的分化期大约两个半月，最适温度为20℃或稍低些，而花芽于翌春伸长生长前需经过9℃的低温春化作用。中国水仙的花芽分化较晚，在北京、上海一般于8月上中旬开始形态分化。根据钟衡（1984）观察，在福建则于7月上中旬开始花芽分化。

### （二）生态习性

#### 1. 光照

为喜光花卉。生长期如果光照不足，叶片易徒长，鳞茎生长不良，开花少或不开花；若是作为园林观赏栽培，也能适当遮阴。红口水仙和喇叭水仙较耐阴，因此，是较理想的疏林花卉之一，它们也有较好的抗旱和抗瘠能力。

#### 2. 温度

性喜温暖湿润气候及阳光充足的地方，尤以冬无严寒、夏无酷暑、春秋多雨的环境最为适宜。多数种类耐寒或半耐寒，但不耐高温，故在夏季进入休眠。在不同的生长期对温度的要求不同。营养生长期喜冷凉气候，适温为10～20℃，可耐0～2℃的低温，当气温在20～24℃、湿度较大时，鳞茎生长膨大最快。夏季鳞茎收获、干燥、休眠后，在高温中（26℃以上）进行花芽分化。经过休眠的鳞茎，在温度高时可以长根，但不发叶，要随着温度下降才发叶，温度降至6～10℃时抽花莛，在开花期间，如温度过高，开花不良或萎蔫不开花。

#### 3. 水分

是湿生型花卉，对水分有特殊的要求，尤其在生长发育阶段，各器官的发育和充实都需要大量的水分和营养。在生长发育旺盛期需水量更多。鳞茎生长后期对水的需要量相应减少，直至鳞茎干燥、休眠。

#### 4. 土壤

水仙虽对土壤要求不甚严格，除重黏土及沙砾土外均可生长，但以土层深厚、疏松、肥沃、富含有机质、保水力强的沙质壤土最佳。轻质泥土、冲积土和其他有机质丰富、排水良好的土壤亦可。耕作层要求30～35cm，土壤pH 5.0～7.5，EC值0.23～0.7mS/cm均能生长良好。

## 四、种质资源与园艺分类

### （一）常见栽培种及品种

目前国内外广泛栽培与应用的有如下原种、变种和品种：

#### 1. 仙客来水仙 *N. cyclamineus*

本种植株矮小，鳞茎也小，球状，直径1cm。叶狭线形，背隆起呈龙骨状。花2～3朵聚生，小而下垂或侧向开放，花冠筒极短，花被片自基部极度向后反卷，黄色，副冠与花被片等长，花径1.5cm，鲜黄色，边缘具不规则的锯齿。花期2～3月。常见品种有‘Bartley’‘Charity May’‘Dove Wings’‘February Gold’‘February Silver’‘Jack Snipe’‘Jenny’‘Jetfire’‘Tetea Tete’等。

#### 2. 明星水仙 *N. incomparabilis*

又称橙黄水仙。为喇叭水仙与红口水仙的杂交种。鳞茎卵圆形，直径2.5～4cm。株丛高30～45cm。叶扁平状线形，长30～40cm，宽1cm，灰绿色，被白粉。花莛有棱，与叶同高，花单生，平伸或稍下垂，花径5～5.5cm，花冠筒的喉部略扩展，绿色，花被裂片狭卵形，端尖；副冠倒圆锥形，边缘皱褶，长约为花被片长的1/2，与花被片同色或异色，黄或白色；花期4月。染色体数2n=21。主要变种：黄冠明星水仙var. *aurantius*，副冠端部橙黄色，基部浅黄色；白冠明星水仙var. *albus*，副冠为白色。

#### 3. 丁香水仙 *N. jonquilla*

又称黄水仙、灯心草水仙。其鳞茎较小，外被黑褐色皮膜。叶2～4枚，长柱状，有明显深沟，浓绿色。花2～6朵聚生，侧向开放，具浓香，花高脚碟状，花径约2.5cm，花被片黄色，副冠杯状，与花被同长、同色或稍深呈橙黄色，花期4月。染色体数2n = 14，28。常见品种有‘Bell Song’‘Rugulosus’‘Pipit’‘Stratosphere’‘Suzy’‘Sweetness’等。

### 4. 红口水仙 *N. poeticus*

其鳞茎较细，卵形，直径2.5～4cm。叶4枚，线形，长30cm左右，宽0.3～1.0cm。花单生，少数1莛2花，苞片干膜质，长于小花梗，花径5.5～6cm，花被片纯白色，副冠浅杯状，黄色或白色，边缘波皱带红色，花期4～5月；染色体数2n = 14，21，28。品种有‘Actaea’‘Cantabile’‘Milan’等。

### 5. 喇叭水仙 *N. pseudo-narcissus*

又称洋水仙、漏斗水仙。其鳞茎球形，直径2.4～4cm。叶扁平线形，长20～30cm，宽1.4～1.6cm，灰绿色而光滑，端圆钝。花单生，大型，花径约5cm，黄或淡黄色，稍具香气；副冠与花被片等长或稍长，钟形至喇叭形，边缘具不规则齿牙和皱褶，直径约3cm；花期3～4月。染色体数2n = 14，15，20，22，30。本种有许多变种和园艺品种，常见的变种：浅黄喇叭水仙var. *johnstonii*，花浅黄色；二色喇叭水仙var. *bicolor*，花被片纯白色，副冠鲜黄色；大花喇叭水仙var. *major*，花特大型；小花喇叭水仙var. *minimua*，植株及花均小型；重瓣喇叭水仙var. *plenus*，花呈重瓣状；香喇叭水仙var. *moschatum*，花初开时带黄色，后变乳白色或亮白色，花被片边缘呈波状。此外，尚有众多园艺品种，如：‘Bravoure’‘Empress of Ireland’‘Honeybird’‘Jumblie’‘King Alfred’‘Mount Hood’‘Spellbinder’‘Trousseau’等。

### 6. 三蕊水仙 *N. triandrus*

又称西班牙水仙。本种植株也较矮小。叶2～4枚，扁平稍圆，长15～20cm，宽0.5cm。花1～9朵聚生，白色带淡黄色晕，花被片披针形，向后反卷；副冠杯状，长为花被片的1/2，雄蕊6枚，其中3枚突出于副冠之外，故称“三蕊水仙”。花期3～4月。染色体数2n=14。常见品种有‘Harmony Bells’‘Hawera’‘Liberty Bells’‘Nibes’‘Thalia’等。

## （二）水仙属的园艺分类

水仙属约有30个原种，上万个园艺品种。水仙经过长期、反复的自然杂交与人工杂交，形成庞大的种群，其原种在植物学上的亲缘关系较为复杂。园艺上常根据水仙的花被裂片、副冠大小和色泽异同等形态差异、生态习性、细胞染色体数等进行分类。目前，国际上以英国皇家园艺学会（RHS）制定的水仙属园艺分类方案为通用标准，即将水仙属植物分为13个品种群（图2）。

### 1. 喇叭水仙群 Trumpet

花常单生，副花冠喇叭状，与花瓣等长或稍长，花期初春至春末。

### 2. 大杯水仙群 Large-cupped

花单生，副花冠杯状，长度至少为花瓣长的1/3，但短于花瓣全长。花期春季。

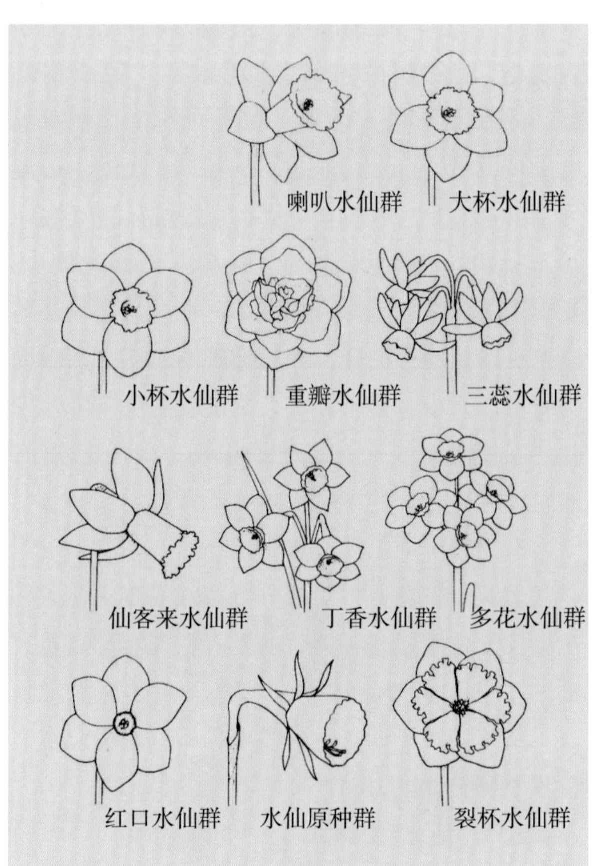


图2 水仙属植物分类的示意图
（摘自 *A-Z Encyclopedia of Garden Plants*）

3. 小杯水仙群 Small-cupped

花常单生，副花冠杯状，长度不及花瓣的1/3，花期春季或初夏。

4. 重瓣水仙群 Double

花大多单生，大型，重瓣或半重瓣，杯状副花冠和花瓣（或只是杯状副花冠）被拟瓣结构所取代。有些种类花较小，4 朵或 4 朵以上簇生。花期春季或初夏。

5. 三蕊水仙群 Triandrus

花下垂，杯状副花冠短，有时杯侧面直边，花瓣窄，反折，每花莛具花 2 ~ 6 朵。花期春季。

6. 仙客来水仙群 Cyclamineus

每花莛通常着生 1 ~ 2 朵花，副花冠杯状，有时凹凸不平，常较三蕊水仙群长，花瓣窄，先端尖，反折。花期初春至仲春。

7. 丁香水仙群 Jonquilla

花芳香，每花莛常具花 2 朵或多朵，杯状副花冠短，有时凹凸不平，花瓣常平展，较宽而先端圆。花期春季。

8. 多花水仙群 Tazetta

花常簇生，每花莛着生花 12 朵或更多，花小，芳香，或着生 3 ~ 4 朵大花，杯状副花冠小，侧面常为直边，花瓣宽，多数先端尖。花期秋末至仲春。

9. 红口水仙群 Poeticus

花通常单生，但有时 2 朵生于同一花莛上，杯状副花冠小，边缘红色艳丽，花瓣亮白色，有芳香气味。花期暮春或初夏。

10. 裂杯水仙群 Split-cupped

花通常单生，杯状副花冠分裂至其长度的1/2 以上，花期春季。其中又分为（a）衣领型（Collav）：花杯裂片宽，贴靠在花瓣上；（b）蝶型（Papillon）：花杯裂片较窄，先端位于花瓣边缘。

11. 围裙水仙群 Bulbocodium

花通常单生于极短的花莛上，花瓣不明显，杯状副花冠大，向杯口展开。冬季至春季开花。

12. 其他水仙群 Miscellaneous

各式各样的种包括杂交种，有各样的中间花型。不能分属于其他类别的种类。花期秋、春季。

13. 水仙原种群 Daffodils

以植物学名自成一群。花型变化大。包括：*N. cantabricus*，*N. cyclamineus*，*N. jonquilla*，*N. minor*，*N.* ×*medioluteus*，*N. poeticus* var. *recurvus*，*N. pseudo-narcissus*，*N. rupicola*，*N. romieuxii*，*N. triandrus*。

## （三）中国水仙的品种分类

1. 中国水仙 *N. tazetta* subsp. *chinensis*

又称水仙花、金盏银台、天蒜、雅蒜等。为多花水仙（即法国水仙 *N. tazetta*）的主要亚种之一。中国水仙主要分布在东南闽浙沪沿海岛屿，如福建霞浦大西洋岛，宁德青山岛，平潭北岚岭，莆田南日岛、西罗盘岛；浙江舟山群岛有31 个岛屿有水仙分布，如普陀山、西闪岛、南韭山岛、朱家尖岛、嵊泗列岛等；还有上海的崇明岛；苏州太湖的三山岛以及云南的通海等（许荣义 等，1987；陈心启 等，1982；郑长安 等，1995；姜丽丽 等，2011）。但近年来，自然分布的野生水仙遭受较严重的破坏，平潭、霞浦、莆田、崇明、普陀等原主要分布区水仙资源丧失严重，未见有成片自然生长的水仙，仅在平潭君山还有零星散布的野生状态的水仙（陈林姣 等，2002）。栽培的水仙品种主要有漳州水仙‘金盏银台’‘玉玲珑’和不同生态型的普陀水仙、崇明水仙等。

2. 漳州水仙品种与分类

陈晓静等（2006）根据形态特征、花色以及染色体数目与倍性差异等对福建水仙资源进行整理归类，将其分为 3 个品种群（图 3）：

（1）白花品种群

**白花水仙 I** 鳞茎近球形、较小，3 年生鳞茎直径为 3 ~ 3.5cm。鳞茎外层纸状膜深褐色。植株较小，叶长 37 ~ 50cm，叶宽 1.2 ~ 1.7cm，叶色翠绿，每鳞芽叶数 4 ~ 5 枚。花莛颜色与叶色相同，高 42cm，扁圆筒状、中空。每鳞茎抽花莛 1 ~ 3 枝，每花莛上着生 5 ~ 11 朵小花。

图 3 中国漳州水仙品种类型
A. 白花水仙Ⅱ；B. 黄花水仙Ⅱ；C.‘金盏银台’；D.‘玉玲珑’；E. 南日岛水仙；F. 平潭水仙；G.‘云香’水仙

花径 2.4cm，花被片 6 枚、白色、扁盘状。副冠白色、浅杯状，直径 0.4 ～ 0.5cm，杯深 0.25cm。雄蕊 6 枚，花丝 3 长 3 短，花粉发育较好。花期较早，一般 11 月下旬开花，花清香。二倍体（2n = 2x = 22）。果实发育较好，成熟果实内含 3 ～ 6 粒可育的种子。该类型从漳州地区收集，原产地不明，据报道在地中海一带广泛分布。

**白花水仙Ⅱ** 该类型的植株形态、花色、倍性与白花水仙Ⅰ极其相似，但花较白花水仙Ⅰ稍大，小花直径 2.7cm。该类型从漳州地区收集，原产地不明，据报道在地中海一带广泛分布。

（2）**黄花品种群**

**黄花水仙Ⅰ** 鳞茎卵球形、较大，鳞茎外层纸状膜黄褐色。叶长 47cm，叶宽 2.2cm，叶色浓绿，叶脉明显，叶被白粉。每鳞芽叶数 6 ～ 7 枚。花莛绿色，高 43cm，近圆筒状、中空。每鳞茎抽花莛 1 ～ 3 枝，每花莛上着生 7 ～ 13 朵小花。小花直径 3.6 ～ 4cm，花被片 6 枚、黄色、盘状。副冠橙黄色、浅杯状，杯深 0.45 ～ 0.5cm，直径 1.3 ～ 1.4cm。雄蕊 6 枚，花粉发育好。花期较晚，一般 2 月初开花，花香味浓，盛花期长。二倍体（2n = 2x = 20），果实发育好，内含 10 余粒可育的种子。该类型从漳州地区收集，较为少见。

**黄花水仙Ⅱ** 鳞茎卵球形、较大，鳞茎外层纸状膜黄褐色。叶长 57 ～ 65cm，叶宽 2.5cm，叶色浓绿，叶脉明显，叶被白粉。每鳞芽叶数 6 ～ 10 枚。花莛绿色，高 57cm，近圆筒状、中空。每鳞茎抽花莛 1 ～ 4 枝，每花莛上着生小花 12 ～ 20 朵。小花直径 4.5cm，花被片 6 枚、黄色、盘状。副冠橙黄色、浅杯状，杯深 0.5 ～ 0.6cm，直径 1.2 ～ 1.4cm。雄蕊 6 枚，花丝 3 长 3 短，花粉发育不良。花期较晚，一般 2 月初开花，花香味浓，盛花期长。三倍体（2n = 3x = 30）。果实发育不良，无籽。该类型从漳州地区收集，较为少见。

（3）两色花品种群

**‘金盏银台’** 鳞茎卵球形、较大，外层纸状膜褐色。叶长55cm，叶宽2.6～3cm，叶色翠绿，每鳞芽叶数5～6枚。花莛翠绿色，高26～53cm，近筒状、中空。每鳞茎抽花莛1～10枝，每花莛上一般着生小花3～7朵，最多可达16朵。小花直径4cm左右，花被片6枚、白色、盘状。副冠黄色、浅杯状，杯深0.4cm左右，直径1.2～1.5cm。雄蕊6枚，雌蕊1枚，柱头3裂，花粉发育不良。1月开花，花清香，花期15天左右。果实发育不良，无籽。同源三倍体（2n = 3x = 30）。是漳州地区的主栽品种。

**‘玉玲珑’** 株形、叶形和花莛与漳州水仙单瓣类型相似，但小花的雄蕊和副冠演变成10余枚中央复瓣。由于种球比‘金盏银台’密实，周长较小，又长期混种混收，在种球选种过程中常被当劣种淘汰，故重瓣品种‘玉玲珑’已越来越少。

**南日岛水仙** 鳞茎卵球形、较大，外层纸状膜褐色。叶长57cm，叶宽2.6cm，叶色翠绿，每鳞芽叶数6～7枚。花莛翠绿色，高38～56cm，近圆筒状、中空。每鳞茎抽花莛1～4枝，每花莛上着生小花7～9朵。小花直径3.6～4cm，花被片6枚、白色、盘状。副冠黄色、浅杯状，杯深0.5～0.52cm，直径1.2～1.5cm。雄蕊6枚，花药长0.3～0.6cm，花粉发育不良。1月开花，花清香，花期15～20天。同源三倍体（2n = 3x = 30），果实发育不良，无籽。该类型成片野生于莆田市南日岛附近。

**平潭水仙** 鳞茎卵球形、较大，外层纸状膜褐色。叶长60cm，叶宽2.8～3cm，叶色翠绿，每鳞芽叶数4～6枚。花莛翠绿色，高29～67cm，近筒状、中空。每鳞茎抽花莛1～4枝，每花莛上着生小花5～11朵。小花直径3.7～4.2cm，花被片6枚、白色、盘状。副冠黄色、浅杯状，杯深0.4～0.45cm，直径1.2～1.5cm。雄蕊6枚，花药长0.38～0.52cm，花粉发育不良。1月开花，花清香。果实发育不良，无籽。同源三倍体（2n = 3x = 30）。该类型野生于平潭岛内，部分已驯化栽培。

**大花水仙** 鳞茎卵球形、特大，外层纸状膜褐色。叶长64cm，叶宽3.1cm，叶色浓绿，每鳞芽叶数5～6枚。花莛绿色，高48～50cm，近筒状、中空。每鳞茎抽花莛1～4枝，每花莛上着生小花13～32朵。花较大，直径4～4.5cm，花被片6枚、白色、盘状。副冠浅黄色、浅杯状，杯深0.5cm，直径1.3～1.5cm。雄蕊6枚，花粉发育不良。1月下旬开花，花香特浓。植株健壮，繁殖率很高。异源三倍体（2n = 3x = 32），含有2个=11和1个=10的染色体组，果实发育不良，无籽。于漳州地区收集。

**‘金三角’** 1986年漳州农校选育出的1个水仙新品种，其与单瓣的漳州水仙主要不同在于副冠3裂，基部有联合，成为三角形排列。该品种在同样不经高温处理的条件下，相同规格的鳞茎比‘金盏银台’和‘玉玲珑’多1～2枝花莛。另外，栽培管理上‘金三角’抗病毒能力较强。

**‘云香’** 是福建农林大学园艺学院陈晓静教授等，从二倍体黄花水仙和二倍体白花水仙自然授粉所结的种子播种繁殖的实生后代优选出来的新品种。2012年4月通过福建省农作物品种审定委员会认定。其鳞茎球大而紧实，植株健壮，花莛挺拔；每花莛着生小花13～33朵，小花直径4～4.5cm，花瓣厚、白色，副冠浅黄色，花期长，花香浓；抗病性强，适用性广，每亩生产商品球5000～5400粒；可作盆花、切花或应用于园林绿化，也可用作提取香料和水仙精油的工业原料，具有较大的市场潜力。

**‘金玉’** 福建农林大学园艺学院陈晓静教授选育的两色花抗性新品种，2016年6月通过福建省农作物品种审定委员会认定。‘金玉’与‘金盏银台’在相同的栽培条件下，小花量比‘金盏银台’多1倍，且香气怡人，副冠多呈心形，花药较大，开花后花被片迅速后展。开花时间较‘金盏银台’推迟 5 ～ 7 天，但花期更长，抗逆性强，适应性广。

### 3. 其他生态型水仙

**崇明水仙** 重瓣为主，较少单瓣。花期较漳州水仙长，且香气浓郁，鳞茎紧实，株型矮。近几年栽培技术改进后，花莛数较漳州水仙多，最多可达 30 枝。

**普陀水仙** 具有香气浓郁、散发时间长、耐寒、鳞茎膨大率高、花多、姿态美等特点。常见的栽培品种主要也是单瓣和重瓣。1979 年，舟山市林业科学研究所在人工栽培过程中，从 1.8 万株水仙中发现了有开纯白花的和开鲜黄花的植株，分别被命名为‘白玉水仙’和‘金口水仙’。它们的花型与普通单瓣品种相同，均为单瓣花，花被片 6 枚如盘，副花冠杯状。‘白玉水仙’花瓣和副花冠均为白色，香气淡雅，叶片较普通单瓣品种宽；‘金口水仙’花瓣黄色，副花冠橙黄色，香气浓郁，叶片较普通单瓣品种窄。这 2 个新品种的抗病能力较强。

**苏州水仙** 具有花期长、花色艳、香味浓、耐寒冷、无病虫等特点。株高一般 45 ～ 55cm，鳞茎卵圆形，鳞茎外被黄褐色纸质薄膜，开花鳞茎的母球（主球）直径 5.2cm，分生籽球（侧球）直径约 3.5cm。叶呈翠绿色，狭长带状，宽 1.4 ～ 2cm，叶中向背凹陷，叶缘稍向内卷，叶基部为乳白色的鞘状鳞片，无叶柄。花莛高 38 ～ 50cm 不等，中空，扁筒状，外表具明显的凹凸棱形，表皮具蜡粉。每球有花莛 2 ～ 5 枝，每莛有花 3 ～ 8 朵，以 4 朵和 6 朵居多，组成伞房花序，香气浓郁。花瓣属于重瓣型（复瓣型），白色，花冠褶皱，也呈 6 瓣，花被 12 裂，卷成一簇，花冠下端淡黄而上端淡白，没有明显的副冠。外层花瓣 6 枚，花径 3.3 ～ 3.5cm，开花时较为平展，其中 3 枚花瓣顶端极尖，小尖约长 0.2cm，与另 3 枚无尖花瓣交互排列；内层花冠下端明显有 3 枚形状较规则排列的黄色小瓣。

## 五、繁殖与种球生产技术

### （一）种子繁殖

为培育新品种，可用种子繁殖。种子成熟后于秋季播种，翌春出苗，待夏季叶片枯黄时挖出小鳞茎，秋季再栽植。加强肥水管理，4 ～ 5 年可形成开花的大鳞茎。但中国水仙多为同源三倍体，具高度不孕性，虽子房膨大但种子空瘪，故种子繁殖仅能在二倍体水仙上应用。

### （二）分球繁殖

水仙的营养繁殖以分球为主，鳞茎球内的芽点较多，发芽后均可生长形成新的小鳞茎，因此可将主球上自然分生的小鳞茎（花农俗称脚芽）掰下来作为种球，另行栽植培养。此法简便易行，但繁殖系数低，每一母球（主球）仅能分生一至几个小鳞茎。

为快速增殖，也可采用双鳞片繁殖法，繁殖率可提高 15 倍。根据鳞茎的特征，每个鳞茎球内都包含很多侧芽，有的明显可见，有的隐而不见。但其基本规律是每 2 枚鳞片之间就有 1 个芽。用带有鳞茎盘的 2 枚鳞片作繁殖材料进行扦插繁殖就叫双鳞片繁殖法。

### （三）组织培养

为了克服因连续多代营养繁殖，造成病毒累积、种性退化严重、鳞茎和花朵变小的问题，采用组织培养繁殖是快速获得水仙大量无病毒植株的最佳方法。不同的外植体产生小鳞茎的能力差异很大，通常以具有鳞茎盘的鳞片为外植体产生小鳞茎最快、最多。

#### 1. 培养基和培养条件

基本培养基为 MS 培养基，添加不同浓度和配比的激素、活性炭等，琼脂 7g/L；蔗糖 25 ～ 30g/L；pH 5.8 ～ 6.2；121℃高压灭菌 30 分钟。在温度 18±1℃；光照 12 小时 / 天；光照强度 1500 ～ 2500lx 条件下培养。

#### 2. 外植体与初代材料的获得

去除鳞茎外层干缩的鳞片及根系，切除鳞茎

上半部分约 1/3，于自来水下冲洗 30 分钟，置于超净工作台上。75% 酒精浸泡 30 秒，取出用无菌水冲洗 3 次，再放入饱和漂白粉上清液中 5 ～ 10 分钟，取出后用无菌水冲洗 3 ～ 5 次，切除鳞茎上端鳞片，留下基部 3 ～ 5mm 的鳞片及鳞茎盘，将鳞茎盘按放射状切成 5mm × 8mm 的块状，每块带 2 ～ 3 层鳞片，接种到 MS + 2mg/L 6-BA + 0.5mg/L NAA 诱导培养基上。

### 3. 继代增殖培养

在超净工作台上，切除初代诱导的小鳞茎上半部分，将带有鳞茎盘的下半部分切成 2 ～ 4 小块，接入 MS + 3 ～ 4mg/L 6-BA + 0.5 ～ 1mg/L NAA 增殖培养基。

### 4. 生根培养

将继代培养获得的直径大于 0.5cm 的小鳞茎分离，切除小鳞茎上萌动的根系，接入 1/2 MS + 0.5mg/L NAA 生根培养基。长势较弱的小鳞茎转入继代增殖培养基继续培养。

### 5. 试管苗炼苗与移栽

已生根的小鳞茎可开瓶炼苗 3 ～ 5 天，而后取出小鳞茎，用自来水洗去根部附着的琼脂，移栽到珍珠岩基质中，室温下培养。待小苗成活后，按株距 7cm、行距 10cm 种植于疏松肥沃、保水力较强的土壤中。这种方法只适合在中国水仙种植季节进行。其他季节也可先在瓶内培养小鳞茎，待小鳞茎长大休眠后直接收球。这样便可在一年四季进行繁殖。

## （四）种球生产

中国水仙的种球生产，通常采用露地栽培，方法简便。一般于 9 月下旬栽种，栽前施入充足的基肥，生长期间追施 1 ～ 2 次液肥，其他不需特殊管理，夏季叶片枯黄时将水仙鳞茎挖出，贮藏于通风阴凉处。一般常与水稻进行水旱轮作，既经济使用土地，又充分发挥土壤肥力。

我国著名的中国水仙产地漳州有一套独特的商品种球栽培方法，在生产管理上比较严格、细致。所培育出的漳州水仙以球大、花多、球形整齐优美而驰名中外，为我国重要的出口花卉。具体栽培法和步骤简述如下：

### 1. 种球选择

中国水仙的种球可根据生长年限分为：

①侧芽　俗称芽仔，指着生长于 1、2 年生的主球两侧的小鳞茎。

②一年生子球　俗称钻仔，指侧芽撒播栽培一个生长季的主鳞茎）

③二年生子球　俗称种仔，指一年生子球去除两边侧芽栽培 1 个生长季发育而成的主鳞茎（图 4）。

市场上销售的水仙花商品球（图 4）则是经过这 3 种有差异种球的培育阶段，即经过 3 年（3 种 3 收）种植所形成的鳞茎。因此，培育高质量商品球的关键措施之一就是选择好各阶段的种球（表 1）。

### 2. 种球消毒

种球种植前需进行消毒，以防止病虫害的发生。一般选用硫酸铜、生石灰、水为 1 ∶ 1 ∶ 50 的波尔多液浸种 5 分钟；或代森锌 300 倍液，浸种 5 分钟；或 70% 甲基托布津 1000 倍液，浸种 5 分钟。种球消毒后 1 小时，再用清水洗 5 分钟，捞出后晾干待种。

### 3. 种球阉割

种球阉割是漳州水仙种球栽培的一大特色，阉割的目的与植物剥芽的原理一样，是让养分集中，主芽生长健壮。即保留鳞茎中央的主芽，挖去前后两侧的腋芽，使新长成的种球的芽不向四周生长，而只向两侧生长，形成特殊的鳞茎形态，好像其自然生长便是如此。侧芽和一年生种球，即芽仔和钻仔不做阉割处理，仅二年生种球即种仔才进行阉割。阉割前先把小侧球剥离，主球的鳞膜和残根去掉，剥小侧球时要防止撕裂根盘周缘。阉割时应掌握好一翻、二挑、三刮 3 个基本刀法。一翻是指第 1 刀必须把鳞叶顺势向外翻转，防止深刀直削导致根盘周缘撕裂和损伤幼嫩根芽点；二挑即第 2 刀要根据种球形态，估计小芽多少作宜深或宜浅的挖除；三刮是第 3 刀应

表 1 中国水仙种球选择标准 *

| 类别 | 百粒重（kg） | 周长（cm） | 病虫害 | 外观 |
|---|---|---|---|---|
| 侧芽 | 1.4 ～ 1.6 | | 无 | 鳞茎表皮棕褐色，有光泽，鳞茎盘发育良好，根点发达 |
| 一年生子球 | 2.5 ～ 4.5 | ≥ 9 | 无 | 鳞茎呈有规则圆锥形，表皮棕褐色，有光泽，鳞茎盘发育良好，根点发达，无漏底 |
| 二年生子球 | 4.6 ～ 10 | ≥ 15 | 无 | 鳞茎呈有规则圆锥形，表皮棕褐色，有光泽，鳞茎盘发育良好，根点发达，无漏底 |

* 林业行业标准：《中国水仙种球生产技术规程和质量等级》（LY/T 1633—2005）。

图 4 中国水仙种球的等级

A. 二年生籽球（种仔）；B. 商品球（开花球）

达鳞茎盘表面，轻轻刮净芽点。阉割的深度，一般为 5 层鳞片，具体要依种球大小、高矮，以及小芽部位凹凸而定。阉割过深，会损伤中心主芽，影响鳞茎球生长；阉割过浅，达不到阉割的效果；阉割一侧过深另一侧偏浅，将导致商品球两侧大小不匀称，降低商品球的等级和售价。阉割中，如发现鳞茎有黑点、黄斑或与鳞片色泽异样的片斑，为不健康种仔，应集中烧毁，以根除隐患。阉割后，切口多少流有白色黏液，可置于阴凉通风处，经 1 ～ 2 天阴干后即可种植。

### 4. 土地选择与准备

（1）**土地选择**：水仙的栽培应选择地势开阔、地面平坦、通风向阳、水源充足、排灌方便、土壤疏松、肥沃、保水保肥力强的耕地，耕作层深 30 ～ 35cm，pH 6.5 ～ 7.5，EC 值 0.23 ～ 0.7mS/cm。

（2）**耕地溶田**：8 ～ 9 月间，翻耕土地后，放水漫灌，浸泡 1 ～ 2 周后，将水排除，并进行多次翻耙，待土壤充分晒白后，打碎土块，再用旋耕机翻犁 3 ～ 4 次，将土壤打碎后整成高畦，畦宽 140cm 左右，沟宽为 35 ～ 40cm、沟深 20cm。种植后要进行清沟覆土，沟深达到一年生 35 ～ 40cm，二年生 40cm。

（3）**施足基肥**：漳州水仙霜降种植，翌年芒种收获，全生育期长达 230 天，需肥量大，故应施足基肥。基肥以有机肥为主，每公顷施用农家土杂肥 60000 ～ 70000kg、钙镁磷或过磷酸钙 1500 ～ 2500kg，结合最后 1 次旋耕时施下；种下第 1 次灌水后约 1 周，结合整沟覆土，每公顷施 2000kg 过磷酸钙和 3000kg 有机肥；或有机肥 1500kg，氮、磷、钾各 15% 的复合肥 1000kg。均匀施在行距浅沟中间。

### 5. 栽植

中国水仙在漳州的种植时间一般在霜降前后进行。

（1）**芽仔的播种**：一般采用撒播。以株距5～8cm的规格均匀撒播。播种量54万～60万粒/$hm^2$。播完后将畦沟中的土均匀地覆盖在畦面上，覆土深度以刚好埋没种球为度。然后覆盖3～5cm厚的稻草。

（2）**钻仔种植**：多采用单粒条播的方式，种植密度应比芽仔疏些。通常用锄头在整平后的畦面开挖横沟，沟深10～15cm，行距约20cm，株距约15cm。播种量23万～32万粒/$hm^2$。播种时要求使钻仔略扁的一侧，稍微偏向侧沟，即畦间的通道。以免叶片长出后，相互遮挡。钻仔播下后，取沟土覆盖，再整平畦面，然后盖上稻草。

（3）**种仔的种植**：也采用条播，种植时先开横向条播沟，相邻两沟中心线间距为40cm，沟深约15cm。然后将种仔逐一种下，一般每沟种7粒，株距约20cm，播种量6.3万～13万粒/$hm^2$。播种时要使种仔两侧阉割伤口对着条播沟，并用手稍微压下种仔，然后取畦边散土覆盖住种仔，在畦面覆盖5cm厚的稻草。盖草时，要使稻草头部向外伸出10cm长，两端垂至沟水中，使水分沿稻草上升，以保持畦沟壁土壤的湿润，不板结，并抑制畦面杂草的生长。

6. 田间管理

（1）**追肥**：中国水仙喜肥，除要求有充足的基肥外，生育期还应多施追肥。第1年栽培时，平均15天追1次肥；第2年栽培每10天追1次肥；到第3年时，肥量增多，每周1次。若肥源不足，也必须保证开花期间及开花后各施追肥1次。进入1月，水仙处于自然开花期，在抽莛开花的同时，地下鳞茎也开始膨大，传统做法为摘掉花枝作为商品插花使用。开花后水仙抗逆性下降，这时需进行追肥。追肥种类以磷、钾肥为主，每公顷施有机水肥3000～4000kg，草木灰或钙镁磷1500kg。此次施肥可补偿采花受伤损失和供给叶片生长的需要，提高水仙抗逆性，对地下鳞茎生长和膨大有重要作用。第2次在2月下旬，每公顷施复合肥375kg，以补充水仙叶片生长和主球迅速膨大的需要。追肥可采用泼施或点施的方法，加水稀释泼施于畦面或于4棵植株中间点施。

（2）**灌溉**：中国水仙喜湿润，供水应掌握干湿适度、按需排灌的原则。种植后沟中必须经常保持有水，沟水多少和灌水时间长短，视气候条件，以及球龄大小、生长发育时期等而定。一般来说，晴朗干燥天气灌水多，阴雨潮湿天气则灌水少。第1、2年栽培灌水少，第3年栽培灌水多，时间也长。第3年栽培的水分管理尤为重要，栽培初期是催根阶段，灌水量以达到半畦沟水深为宜，待水渗透，浸湿畦面后即可将水排干；出苗后和抽莛阶段需水量大，需要有足够的水分供应，灌水至畦高的3/5，并经常保持此水位，2～3天后排干再灌溉；花凋谢阶段水量稍减，沟水保持1/3沟深为宜；鳞茎促熟阶段，气温逐渐升高，叶片相继枯萎，此时只要求畦沟有寸许水深即足矣；叶片基本枯萎时，应将沟水全部排干。

（3）**剥芽与摘花**：阉割鳞茎球时，如有未除尽的侧芽萌发，应及早进行1～2次剥芽处理，以补阉割不尽之弊。田间种植水仙种仔的主芽大部分在冬季抽莛开花，为避免养分消耗，使养分集中至鳞茎的生长上去，应将其摘除。通常为了操作上的方便，花莛抽伸5～7cm可摘除。如需进入市场供切花使用，则可待花枝长至15cm采摘为宜。何炎森等（2006）研究不同采花处理对水仙鳞茎生长及产量的影响后认为：在对水仙采花时，花莛完整保留而花苞完全摘除或剪残处理比把花莛和花苞一起完全摘除的效果好，前者可以增加主鳞茎功能叶的光合作用面积和叶绿素含量，提高形成大鳞茎球的百分率。

## 六、栽培技术

### （一）盆花栽培

盆栽法是培养中国水仙最常用的方法。盆栽技术便于掌握，操作方便，经济实惠，且培育的水仙植株浓绿健壮，花期长，色美味香，适用于阳台、室内摆设，美化室内环境。

依据栽培基质的不同，主要有基质培和水培两种方式。

1. 基质培法

种植前先剥除鳞茎表皮褐色鳞片和枯根，然后植于盆内，或先泡（淋）水催根，待根点长出后再植于盆内。基质可用沙质壤土，也可选用河沙，每盆种植的鳞茎球数视花盆口径大小而定。种后浇透水，并置于光照充足的地方，1 周就能出苗，待花蕾显现可搬入室内观赏。在南方盆栽中国水仙若要元旦观花需提前 40 天左右培育；若要春节开花则需提前 35 天左右培育。近年来，冬季气候变暖，种植时间可适当缩短。应根据当地的气候条件来调整种植时间，温度高或需开花时间早则所需种植时间短，反之则长。

2. 水培法

先把水仙鳞茎表皮褐色鳞片全部剥除，并将枯根、泥土清除干净。然后鳞茎球装入盆底无孔的花盆，视花盆大小，装满为止。浇满水后置于阳光充足处培育，2 ～ 3 天要换水 1 次，直至开花。培育时间比盆栽法少 5 天左右。水培法技术更简便，干净，管理方便，经济实惠，最适室内摆设，其清洁美观，色美味香，高雅秀丽，成为我国春节重要的年宵花之一。

3. 雕刻水培法

中国水仙鳞茎球硕大，生命力强，可塑性大，雕刻适用于造型观赏。用专用的工具将鳞片、叶片和花梗等进行不同程度的雕刻，使其生长向损伤方向弯曲，达到矮化和定向生长的目的，人为地进行千姿百态的造型，如蟹爪水仙、花篮水仙，桃型水仙、孔雀开屏等，提高观赏价值。

雕刻前要先挑选上乘的水仙鳞茎球，其质量和形态关系到雕刻造型的成功与否。要选择外形丰满充实，枯鳞茎皮深褐色，完整光亮，无损伤、无病虫，主鳞茎底部凹陷较深、较大（说明其发育成熟），扁圆形，鳞茎球较重，坚实有弹性，大小一般选 20 ～ 30 桩以上鳞茎球为宜。雕刻时先去除泥土、枯根和表皮褐色鳞片，然后用锋利的雕刻工具在芽体弯向鳞茎一面离根盘约 1cm 处划一弧线，深至不伤芽体，逐层剥去鳞片，直至芽体显现为止，再以刀口刮削芽体间隙的鳞片，使整个芽体露出一半。然后手拿鳞茎球的食指轻压叶芽顶端，使叶片与花苞略微分开，用刻刀沿叶缘方向从芽顶到近基部进行顺削，把叶缘削去 1/5 ～ 2/5 不等，削去越多，叶片卷曲越明显。操作过程注意不要伤及花芽，以免造成“哑花”。接着，轻轻刮削花梗的部分表皮，深度 0.5 ～ 1mm。另一种使花梗弯曲、矮化的方法是用刀尖或牙签扎伤花梗基部，深约 0.4cm。最后，削修整齐所有切口，既美观，又避免引起伤口溃烂。主鳞茎两边小鳞茎视造型需要，或留或刻，多余的可摘除，或按刮削主鳞茎方法进行雕刻，促使其叶片低矮卷曲，或不雕刻让小鳞茎自然生长。雕刻完后将鳞茎球切口向下放入清水浸泡 24 ～ 36 小时，然后洗去黏液，用脱脂棉花盖住切口，以利保湿和根系生长白嫩整齐。然后放入水仙花盆进行水养，每 2 ～ 3 天换水 1 次。水养时注意光照和温度的管理，漳州地区一般置于光照充足，又不过度暴晒的室外培养，夜间不必移入室内，但下霜或花期太迟时应移入室内。水养前期和中期还应根据造型的要求，注意观察，及时进行叶片和花苞的修整。待破苞开花之时便可移入室内观赏（图 5）。

水仙在雕刻造型前，要先确定观花日期，再根据培育水仙场所的温度、光照等情况选择雕刻日。从雕刻日起，经过水养、调整造型到第 1 朵花开放称“养育期”；到大部分花朵开败前称“观赏期”。不同地区气温不同，“养育期”长短各不相同；同一地区不同月份，气温不同，花芽的发育程度也不同，“养育期”自然也有差异（表 2）。

**表 2　漳州地区水仙花花期预测表**

| 观花月份 | 12 月上半月 | 12 月下半月 | 1 月 | 2 月 |
|---|---|---|---|---|
| 开花所需天数 | 30 | 28 | 25 | 23 |

图 5　中国水仙雕刻造型

### 4. 矮化处理

盆栽水仙由于受温度、光照等因子影响较大，常因室内温度过高，导致茎叶徒长，影响植株的整体造型和观赏效果。为了使水仙长得矮壮，增加观赏价值，常采用一些简便易行的控制办法。

首先是控制好温度。多数植物在温度较高的环境中长得快，长得高，反之则长得慢，长得矮。白天平均温度 12 ～ 14℃，夜间 2 ～ 5℃是水仙较为理想的环境。其次是要有充足的阳光，光照不足（每天小于 3 小时），且温度高易出现叶片长而黄，花梗细长，易倒伏，花小而少，甚至出现“哑花”。另外，采用 $^{60}Co\ \gamma$ 射线处理水仙鳞茎有明显的矮化效应。采用生长调节剂来达到矮化的目的则是近年来很多人进行研究和应用的方法之一。多效唑（$PP_{333}$）、矮壮素、$B_9$、$S_{3307}$ 都有矮化的效果，但多效唑的效果更为明显，使用的人也较多。多效唑的生化功能主要是抑制赤霉素的合成，能够使植株体内赤霉素含量降低，纵向生长受到抑制，因而使植株矮化。至于多效唑的使用浓度和使用方法，不同的研究报告各有差异。因此使用多效唑来矮化水仙，最好根据当地的气候等条件先进行试验，再大量应用。

## （二）切花栽培

### 1. 中国水仙

长期以来中国水仙多限于鳞茎生产，鳞茎供盆花栽培使用，切花只是鳞茎生产中的副产品。即二年生鳞茎在种植过程中会开花，为了保证鳞茎的养分供应，通常将花摘除，其中合格的花枝便可作切花到市场销售。具体技术与方法如下：

（1）**品种与鳞茎选择**：中国水仙常见的 2 个品种为‘金盏银台’和‘玉玲珑’。其中‘玉玲珑’花重瓣，花朵较重，花开时易下垂，花姿欠佳；‘金盏银台’花单瓣，花朵相对较轻且清秀，花开时较挺拔，更适于切花生产。4 级以上的三年生鳞茎市场售价较高，用于切花生产成本较高，故应选择 5 级及其以下的三年生鳞茎来生产切花。为进一步降低切花生产成本，可采用增花处理技术，提高鳞茎的开花率。经处理可使 5 级的水仙鳞茎由 2 支花增加到 3 ～ 4 支花。

（2）**栽培技术**：中国水仙为夏眠秋植球根花卉。一般在 10 月下旬开始萌动。10 月以后气温慢慢降低，鳞茎内新陈代谢活动也随之加强，因而不同月份种植的中国水仙其切花生产的天数就有所不同。种植月份越迟其切花生产天数就越少，反之越多。中国水仙切花最早可在 12 月初供应，最迟在 3 月中、下旬，供应期约 4 个月。为延长中国水仙切花的供应时间，可将鳞茎贮藏于 1 ～ 5℃的冷库中，可贮存 6 个月，因而，切花供应也可延至 6 月。

### 2. 喇叭水仙

国外水仙因种类和品种繁多，加上人工气候室等设施的栽培，一般可周年供应切花。下面重点介绍喇叭水仙切花栽培的技术与方法：

（1）**品种与鳞茎选择**：喇叭水仙的品种很多，

适宜作切花栽培的是花莛直立性较强、花大色艳的大杯品系的喇叭水仙品种。选择 2 ～ 3 年生、个头大（周长＞ 12cm）、充实健康、有 1 个单芽的鳞茎。

（2）**鳞茎低温贮藏**：喇叭水仙是秋植球根，在自然条件下，秋种，早春开花，夏季地下鳞茎进入休眠，此时收获鳞茎，先经 34℃高温处理 1 周（干燥脱水）后，贮存在 17 ～ 20℃进行花芽分化，当副冠分化形成后，转入低温才能达到花芽成熟。进行促成栽培时鳞茎需要不同时间的低温处理才能达到调节花期的目的。在促成栽培过程中，先将收获的鳞茎放在凉爽或者 17 ～ 20℃的库中促进花芽分化，待副冠分化完成后，用 14℃预处理 2 周，然后用 8℃低温处理 8 ～ 10 周，于 10 月中旬定植，植株生长发育期间的温度保持在 13 ～ 15℃，就可于 11 ～ 12 月采切花；若用 8℃低温处理 6 周后定植，就可在 12 月底至 1 月采切花。总之，缩短低温冷藏时间，切花采收时间推迟（表 3）。在进行低温处理时，鳞茎要保持干燥，如果库内湿度过大，鳞茎容易发根，定植时会造成伤根。

**表 3　喇叭水仙切花促成栽培的主要模式 ***

| 切花采收期 | 鳞茎收获（日 / 月） | 8℃低温处理（日 / 月） | 定植（日 / 月） | 覆盖保温（月） | 切花采收（日 / 月） |
|---|---|---|---|---|---|
| 11 月 | 5/6 | 5/8 | 10/10 | 无 | 10/11 |
| 12 月 | 5/6 | 20/8 | 15/10 | 11 月底 | 5/12 |
| 1 月 | 5/6 | 25/8 | 20/10 | 12 月初 | 5/1 |
| 2 月 | 5/6 | 30/8 | 20/10 | 12 月上旬 | 5/2 |

* 摘自郭志刚、张伟编著《球根类》（清华大学出版社，1999）。

（3）**定植与管理**：低温处理的鳞茎在早晨出库，并于当日定植。栽培地段要向阳，选择肥沃，排水和保水性俱佳的土壤。鳞茎栽植的株行距为 12cm × 30cm，覆土深度为 7cm 左右。定植后的温度对喇叭水仙的发芽和生长影响很大，若超过 20℃，鳞茎会变成脱春化状态，即低温冷藏的春化作用被消除，开花期大大推迟。所以，在我国长江流域促成栽培的喇叭水仙要在 10 月中旬后才能定植。若用温室栽培且有夜间降温设备，高温季节定植也能顺利开花。

定植后充分浇水。在设施栽培条件下，此时若温度高、光照强，可铺设遮阴度 80% 遮阳网遮光、降温，当鳞茎开始发芽时，除去遮阳网，增加照光量。进入 11 月气温开始下降，夜间需覆盖薄膜保温，使夜间最低温度保持在 5 ～ 8℃，中午要放风、换气、降温，使温度保持在 20℃左右。当花蕾形成后，开始加温或者覆盖双层薄膜，中午给予植株充分的光照，就能按时、顺利开花。

## （三）采后处理技术

### 1. 种球采收与分级

在漳州地区于“芒种”前后，中国水仙地上部分逐渐枯萎，鳞茎快速膨大，开始进入休眠。此时便可采收水仙鳞茎。采收宜选择晴天进行，以不损伤主侧鳞茎为原则，一年生散播球用平挖方法，2 年生采用条播的球可逐行挖掘，而 3 年生球因密度不大，定点分布，可使用专用工具铁铧点挖上翻速度快、效果好，以上种球收获方法也是中国水仙主产区通用的收球方法。

3 年生鳞茎挖出后，切除鳞茎底部的须根，用泥将鳞茎盘和两边相连的侧球（脚芽）基部封上，以保护侧芽（脚芽）在摊晒过程中不脱落，然后把鳞茎球倒置摊晒在阳光下，收获后的鳞茎晒种应防止强阳光照射损伤鳞茎活细胞。待护泥干燥，鳞茎表皮润干后，便可将鳞茎送入阴凉通风的库房贮存。贮存前先将种球摊放于木板上冷却 2 天，待除去田间热后堆放在木板上。堆放高度 60cm、宽度 80 ～ 100cm，波浪式堆放。堆放前认真检查，去掉染有病虫害的种球。贮存期间正值夏季高温，中国水仙进入花芽分化阶段，室内堆放贮存应具通风透气条件，避免发热腐烂或过大的营养物质消耗。同时应经常检查病虫害，以便及时消毒。水仙种球销售前应按其周长、饱满度、每粒花芽数、外观、侧鳞茎情况及包装规格不同进行分级，共分为 5 级（表 4）。

表 4　中国水仙种球质量等级 *

| 等级 | 周长（cm） | 饱满度 | 每粒花芽数（支） | 病虫害 | 外观及侧鳞茎要求 |
|---|---|---|---|---|---|
| 1 级 | ≥ 25.5 | 优 | ≥ 6 | 无 | 侧鳞茎一对齐全，种球形美、端正 |
| 2 级 | ≥ 24 | 优 | ≥ 5 | 无 | 侧鳞茎一对齐全，种球形美、端正 |
| 3 级 | ≥ 22 | 优 | ≥ 4 | 无 | 侧鳞茎独脚，周长≥ 22.5cm，种球形较美、较端正 |
| 4 级 | ≥ 20 | 良 | ≥ 3 | 无 | 侧鳞茎独脚，周长≥ 20.5cm，种球形较美、较端正 |
| 5 级 | ≥ 18 | 良 | ≥ 2 | 无 | 无损伤、无霉烂、无底盘破裂、无漏底 |

* 林业行业标准《中国水仙种球生产技术规程和质量等级》（LY/T 1633—2005）。

### 2. 人工增花技术

这是 20 世纪 80 年代末期出现的一项新技术，可增加中国水仙的花芽数，提高中国水仙的观赏价值，使漳州水仙成为真正名副其实的“多花水仙”。

水仙和其他作物一样，花芽分化要一定的温度条件。据钟衡（1984）对漳州水仙花芽分化的研究，花序原基分化于 7 月上旬，花原基分化在 7 月下旬到 8 月上旬。在正常年份，漳州地区 6 月下旬至 7 月上旬初进入夏季高温阶段，平均气温均在 32℃左右，最高达 36℃，水仙的花芽分化就在此时的温度条件下形成，这表明中国水仙芽质变期需要一定高温。26 ～ 30℃基本可满足主芽形成花芽的温度要求，30 ～ 36℃为侧芽形成花芽的适宜温度。水仙增花处理技术正是围绕花芽分化的时间及所需的温度等条件展开的。目前常用的方法有 3 种：

（1）**加温法**：水仙鳞茎在收获晒干后进入仓库贮藏时，用 32 ± 0.5℃温度处理 10 ～ 14 天，能有效提高鳞茎的花莛数目，开花率亦高。温度处理方法简便，易于推广，既能提高水仙的观赏价值又可大大增加经济效益。

（2）**增温加熏烟或熏乙烯（利）法**：张乔松等（1987）、Imanishi（1982） 和 Ress 等（1967）的研究中发现乙烯和高温有利于水仙的花芽分化，使之成花率提高。具体的做法：7 月上旬在水仙鳞茎贮藏期间采用增温（32 ± 0.5℃）并用乙烯熏蒸或烟熏蒸的方法处理，以达到增加鳞茎花莛数的目的。

（3）**乙烯利室温喷雾法**：于 7 月 15 日前后 2 ～ 3 天，在室温条件下，将乙烯利复合剂均匀地喷雾于水仙鳞茎上，以喷至全湿为止，而后在室温下阴干贮藏。此法比加温法和增温加熏烟或熏乙烯法更优越，而且方法简单，便于操作，既不需加温，又无须熏烟或熏乙烯，大大提高效率，有利于规模化处理水仙种球。

（4）**注意事项**

①中国水仙鳞茎是在休眠期，即贮藏期间进行花芽分化的。花芽分化的时间常受当地环境条件的影响，各地区在时间上有所差别。因此，必须准确掌握本地区中国水仙鳞茎花芽分化期，在最适时间内进行处理，才能获得显著效果。

②中国水仙增花处理技术能使水仙二年生和三年生较小的鳞茎显著增多花莛数，但也出现了花莛细弱、花朵数减少、花期缩短、香味变淡、鳞茎收缩大、外观失艳、商品等级普降半级等问题。

因此，中国水仙增花处理的鳞茎，一定要充实、饱满，健壮、无病虫害。更应从改善和提高中国水仙栽培技术入手，包括选种、改土、肥水管理等，提高商品球的质量，使之营养充足，才能分化更多发育健壮的花芽。

### 3. 切花采后处理

水仙切花应在花颈弯曲、花蕾开始膨大、佛焰苞开裂时采切，过早或过晚采切都会影响切花寿命。采收时用刀具在鳞茎上端带部分叶苞片连叶整枝切割。花枝长度以 25cm 左右为宜，且基部带有 5cm 长的叶苞片，以便插花时固定之用。中国水仙和多花水仙每支切花须有小花 5 朵以上，5 朵以下为不合格产品。采收时间以傍晚为宜，此时花枝含水量低，黏液不易流出，可减少养分损失。

将花枝每 10 支一束捆绑，立于阴凉避风处，第 2 天即可包装运输。若未装运的花枝，最多也只能在常温下放置 2 天。为了延长切花保鲜期，可采用低温加气调的贮藏方法。水仙切花干藏或湿藏均可。在温度 1 ～ 2℃，空气相对湿度 90% 的条件下可存放 7 天左右；在 100% $N_2$，4℃条件下可干藏 3 周。为了防止花颈弯曲，贮藏时最好直立放置。

保鲜剂处理：

（1）**预处液：**25 ～ 60mg/L $AgNO_3$ + 2% ～ 7% 蔗糖 + 20mg/L GA。

（2）**瓶插液：**200mg/L 杀菌剂 8- 羟基喹啉柠檬酸 + 2% 蔗糖。另外，水仙花对乙烯极其敏感，花枝切口分泌出的有害汁液也影响其切花寿命。因此，在瓶插之前应将花枝切口浸泡在清水中 24 小时。

## 七、病虫害防治

### （一）病害

#### 1. 大褐斑病

真菌性病害，主要危害叶片。初侵染时，多发生在叶片尖端，造成叶片先端枯死。再侵染的，病斑多发生在叶片中部及边缘。发病初期受害部位出现黄褐色至褐色小斑点，后发展成纺锤形或不规则形褐色或红褐色大斑，病斑周围有黄绿色晕圈。后期病斑相互愈合连成大型条斑，病斑上产生黑褐色小点。发病严重时全叶干枯，整株死亡。漳州地区发病严重的花圃，中国水仙叶片如同被火烧，故当地花农称此病为“火团病”，可见此病的严重性。大褐斑病的盛发期，正值中国水仙鳞茎的膨大期，因此患病的鳞茎比正常的鳞茎体积小而轻，造成品质降低，影响出口。此病是由病菌侵染所致，病菌主要在鳞茎顶部的鳞片内越夏、越冬。鳞茎发芽时病菌遇到适宜的条件便可侵入新叶。病菌的传播靠风雨和浇灌水等。植株栽植过密、排水不畅、连作等情况下发病严重。一般 1 月上旬开始发病，3 月中下旬为发病高峰期。

防治方法：

①以防为主，加强田间管理，避免重茬，高畦种植，合理密植，增施钾肥，提高抗病力；发病期间避免直接往叶片上喷水，减少病菌借水珠传播；及时摘除并销毁病叶；收获后尽快彻底清除、烧毁田间病叶等物，减少病菌来源。

②药剂防治。种植前用 65% 代森锌 300 倍液浸泡鳞茎 15 分钟，进行药剂消毒。萌芽后，每隔 7 ～ l0 天喷洒 1 次 75% 百菌清 600 ～ 800 倍液，或 65% 代森锌、代森锰 700 倍液，或 80% 大富丹 1250 倍液，或 50% 克菌丹 500 倍液。连续喷 4 ～ 5 次。上述几种农药最好交替使用。

③采用生物防治是病虫害防治的方向，陈双雅等（2003）研究防治水仙叶大褐斑病的拮抗真菌，已从水仙根际分离并筛选到对水仙叶大褐斑病有明显拮抗作用的 3 个菌株：枯草芽孢杆菌（*Bacillus subtilis*）CS5、蜡状芽孢杆菌（*Bacillus cereus*）CS51、荧光假单胞菌（*Pseudomonas fluorescens*）CS121，并进行拮抗机理的研究。

#### 2. 基腐病

真菌性病害，主要危害水仙的根部和鳞茎。生长期和贮藏期均可发病，初始期 12 月下旬，高峰期 5 月下旬。根部受害后变褐呈水渍状腐烂，并向上扩展。鳞茎受害后呈现深褐色腐烂，严重时整个鳞茎腐烂，全株枯死，严重影响水仙的产量和质量。病菌在土中或病残体上越冬，多从根部及鳞茎伤口侵入，因此受伤的水仙易发病，连作发病重，贮藏场所通风不良也易感病。

防治方法：

①选择无病的鳞茎留种。

②田间操作要细心，尽量避免造成伤口。

③种植前用65%代森锌，或25%多菌灵，或50%苯来特500倍液，浸泡鳞茎15～30分钟。对已发病的植株，可用多菌灵或苯来特800倍液浇灌根部。也可用86.2%氧化亚铜1200倍液+春雷霉素600倍液喷淋于茎基部。或用32%克菌特1500倍液+农用链霉素50～100单位进行防治。

④鳞茎挖出后尽快晾干，贮藏于通风、干燥、阴凉地方。

3. 菌核病

病原菌属半知菌小菌核菌属，危害幼苗和鳞茎。幼苗受侵染后，小叶刚抽出即枯死。鳞茎受害，外部鳞片发生软腐，并在病部及附近土面出现许多白色绢丝状菌丝，后形成许多油菜籽状菌核。

防治方法：喷施2次50%农利灵干悬浮剂或50%多菌灵，可有效防治水仙菌核病。

### （二）病毒病

水仙病毒病在我国水仙产区普遍发生，且危害日趋严重。罹病植株的鳞茎明显瘦小、退化，影响出口。危害水仙的病毒较多，据报道有20多种，所表现的症状各异。据调查，我国水仙产区主要有花叶病毒病（Narcissus mosaie virus，NMV）和黄条斑病毒病（Narcissus yellow stripe virus，NYSV）2种。花叶病毒病生长初期一般无明显症状，到生长中期病情加重，叶片上出现花叶症状，发病严重的叶片黄化、畸形。该病毒是由叶蝉、汁液和接触等传播蔓延的。黄条斑病毒病的主要症状是沿叶脉出现黄色条斑。严重时植株矮化，并提早枯黄。该病毒是由蚜虫、汁液等传染和传播的。

防治方法：

①采用热处理与茎尖组织培养相结合的脱毒措施，培养无毒苗。对脱毒后的鳞茎建立无病毒鳞茎的原原种和原种基地。

②注意田间卫生，发现病株立即拔除销毁，接触过病株的手和工具要用肥皂洗净，防接触传播。

③及时喷施乐果、西维因等杀虫剂。消灭蚜虫、叶蝉等传毒昆虫。

### （三）虫害

1. 根螨

螨类主要危害水仙鳞茎的鳞片和根盘。虫体潜入这些组织并以它的螯肢捣碎、咀食鳞片组织，使被害部位组织腐烂、枯干。根盘被害严重时造成“漏底”，鳞片被害一般可致6～7层鳞片腐烂。螨害直接影响鳞茎产量、等级和外观，同时由于虫体很小（体长只有500～900μm）又在地下部分危害，不易为人肉眼所觉察，有很大隐蔽性。除此，还可传播镰刀菌等多种病原菌或引起鳞茎腐烂。

防治方法：可用50%辛硫磷1000～1500倍液浸种球3～5分钟或浇施辛硫磷2000倍液。

2. 线虫

此病主要危害鳞茎，也能危害叶片。被害鳞茎常变成褐色，腐烂并下陷。受害严重的鳞茎不能再发芽，有的虽可发芽却不能开花或极少开花。此病的病原是甘薯茎线虫（*Ditylenchus destructor*）。该线虫体长约1mm，线形，似蛔虫。

防治方法：

①加强植物检疫。

②热水处理。将有病鳞茎放入50～52℃热水中浸泡5～10分钟，即可杀死鳞茎内部的线虫而不伤及寄主。

③重病区实行深耕轮作，并对土壤进行消毒处理，这是一项十分有效的防治措施。

3. 蓟马

常于11下旬到翌年4月危害鳞茎及叶片，吸取其汁液，造成叶片疲软和白色条斑。可用25%高渗吡虫啉1500倍液+高效氯氰菊酯2000倍液+助剂1500倍液喷洒。

## 八、价值与应用

### （一）文化价值

中国水仙以亭亭玉立的秀姿，馥郁芬芳的清

香，冰清玉洁的娇贵气质，历来被视为百花园中的珍贵花品，更是一种非常重要的传统文化物质载体。因“色、香、姿、韵”四绝，成为历代文人墨客吟咏、描绘的绝妙题材。自宋代以来留下有关水仙的诗篇数百首，仅宋朝就有30多首。如宋朝诗人刘邦直特别作诗以歌咏水仙：“得水能仙天与奇，寒香寂寞动冰肌。仙风道骨今谁有，淡扫蛾眉簪一枝。”诗词名家朱熹“水中仙子来何处，翠袖黄冠白玉英”的形象比喻。大文儒黄庭坚的诗句：“凌波仙子生尘袜，水上轻盈步微月”则愈加为水仙增添美丽的意境，使它超脱尘俗的柔美形体之外，兼涵吉祥高洁的气质，“凌波仙子”的名号由此产生。明代徐有贞则在《水仙花赋》中曰：“清兮直兮，贞以白兮，发采扬馨，含芳泽兮，仙人之姿，君子之德兮。”将水仙的姿态形象与品性象征作了高度概括。宋代赵孟坚尤其擅长白描水仙，他笔下的水仙清而不凡，秀而淡雅，飘然欲仙。

娟娟素雅，叶片碧似翡翠，花开清香馥郁的水仙，与兰花、菊花、菖蒲并称为“花草四雅”。秀耸如兰，伞形花序，瓣白如玉，非常清奇别致。又因人们把水仙列为风雅之客，故又叫它“雅客”。

为了种养水仙，历代养花人也费尽心思用各种材质制作了形态各异的水仙花盆，单一花卉历代涌现出这么多的精美盆钵也是绝无仅有的，名瓷之首的北宋汝窑青瓷中就有水仙盆，异常精美珍贵。

手工艺品中也多有水仙图案。水仙纹饰、图案常用于瓷器装饰。如清康熙、雍正年间“十二月花卉纹杯”之青花水仙杯，以山石、水仙为主题纹饰，并有“春风弄玉来清画，夜月凌波上大堤”题句。故宫博物院藏清代同治器皿“青花花卉纹水仙盆”，盆腹四面各绘有一组水仙花，十分精美。光绪瓷器“青花水仙葡萄纹盒”、明紫砂壶“水仙六瓣壶”、乾隆漆雕“剔红花卉诗句图笔筒”（包括水仙花）、清宫旧藏玉器“染牙水仙湖石盆景”“清玉菊瓣式盆水仙盆景”等都是不同风格水仙装饰的工艺品。水仙也是清代流行的服饰图样，如故宫博物院馆藏清光绪“绛色缂金水仙纹袷马褂”、清同治“石青色纱绣水仙团寿纹袷坎肩”、清光绪“雪灰色缎绣水仙金寿字纹袷衣”等。

漳州盛产水仙，当地关于水仙起源的故事尤多。一说龙溪县梅溪村有一寡妇，虽子幼家贫，仍救助了一个冻饿数日的癞丐。癞丐为表谢意，将所食之饭撒在田中，变成了满园的水仙花。从此孤儿寡母靠卖花度日，日子渐渐宽裕。水仙也从此在漳州龙溪繁衍。一说漳州市龙溪县圆山下有名叫余凤鸣的人，侨商于阿非利加（按：非洲），偶于一外人之花园中见到水仙花，美丽可爱，归国时携数棵移植到村里，遂散布于圆山附近之村落。

水仙是中国的十大传统名花，拥有丰富的文化内涵与较高的品牌知名度。主产地在福建漳州，福建人，特别是漳州人对水仙花有着深厚的人文情怀。因此福建省花和漳州市花均为水仙花。

水仙花还是海峡两岸交流的见证。清末民初水仙花盛行台湾，原因：一是昔日台湾居民大多来自漳州、泉州，家乡年节习俗以水仙花作为新春清供，喻义吉祥如意；二是清朝时，台湾各港埠，不论是一府、二鹿、三艋舺、四月津，岁末置办年货时，很多商家流行买年货送水仙花头，雕刻后水养到开花并于元宵节在庙前举办水仙花会，吸引各地信众参观评赏。

### （二）园林应用

中国水仙最常用的园林应用形式为盆栽、水培（包括普通水养及雕刻造型水养），主要用于室内外装饰、观赏。雕刻造型水仙以它特有的艺术魅力来美化、绿化生活，陶冶情操，驱除疲劳，有益身心健康。上乘的雕刻造型水仙以形传神，神形兼备，常使人浮想联翩，神游其间，给人以美的享受。特别适合在春节期间举办的迎春花展中应用。

其他洋水仙的种和品种，因花大、色艳，耐寒性较强，常用于园林景观装饰。在早春万物尚未复苏之时开花，开花繁茂而浓香，在温暖地带可散植在庭园、疏林草地、滨河绿地、景物边缘或布置花坛、花境，均具有很高的观赏价值。布置花坛，也适宜在林下、草坪中成丛、成片种植。配置在一些疏林草地，景观都很好。最常见于与郁金香、风信子、葡萄风信子等球根花卉组合栽培，布置成早春球根花卉花海景观。

### （三）药用价值

中国水仙不仅是著名的观赏花卉，还有很广的药用价值，中外文献均有记载。明代李时珍在《本草纲目》中记载：水仙以鳞茎入药，味苦、辛，性寒，有小毒，具清热解毒、散结消肿、活血通经等功效。日本《太和本草》称：水仙花的根去皮晒干研末和以乳汁治眼伤有神效。据日本《农业杂志》记载："将根去皮捣烂和以米饭调拌均匀，贴于患处，能治肿痈，对妇女乳房肿痈有特殊疗效。"据《中药学大辞典》记载，水仙具有祛风除热，活血调经的功能，对子宫病和月经不调有一定疗效。

水仙鳞茎内含有多种生物碱，据上海药学研究所报道中国水仙的总生物碱对动物肿瘤具有明显的抑制作用。南京大学研究认为：中国水仙的鳞茎和地上部分含有伪石蒜碱和石蒜碱的量较高，这两种生物碱在抗癌方面有一定价值。美国学者也曾于20世纪70年代对水仙进行了药理研究，证明伪石蒜碱能延长患白血病脾肿大的大白鼠的寿命，抑制逆转录酶活性。比利时布鲁塞尔自由大学（ULB）理学院Denis Lafontaine测试了一种名为网球花胺（HAE）的天然水仙提取物的抗癌特性。HAE是一种天然生物碱，对人体有强烈的生理作用，这种水仙提取物被认为对抗癌症有帮助：体外研究表明，HAE具有克服细胞对细胞凋亡或细胞死亡的抗性的抗癌作用。可能激活了"抗肿瘤监测通路"。

英国科学家发现，水仙还含有抗艾滋病病毒的物质。水仙里含有一种名叫"lectin（凝集素）"的蛋白质，它可阻止艾滋病病毒与人体免疫细胞结合，这样艾滋病病毒就无法伤害免疫细胞，也就不能危害人体健康了。

有报道称，3500名患轻度到中度阿尔兹海默症的人服用一种由水仙鳞茎提炼、名为"雷明尼尔"（Reminyl）的新药后，记忆力和注意力都获得改善。

中国水仙花香清郁，鲜花芳香油含量达0.2%～0.45%，经提炼可调制高级名贵的香料，还可配制香水、香皂及高级化妆品。

中国水仙鳞茎还可提取黏液，制作黏合剂，这种黏合剂是蜡质石印的高级黏合材料。

（刘与明）

# *Nerine* 纳丽花

纳丽花（尼润花）是石蒜科（Amaryllidaceae）纳丽花属（尼润花属，*Nerine*）多年生鳞茎类球根花卉。其属名源于希腊神话的海之女神“Nereis”。英文名称有 Diamond lily（钻石百合），Cape flower（开普花），Guernsey lily（格恩西百合）等。中文别名为尼润花、海女花。纳丽花属植物因颜色绚丽、花形独特、抗病虫害及抗逆性强、切花品质良好、可持续时间长等优良特性，已作为切花、庭院绿化等材料在荷兰等国家广泛应用。近年来，在我国也有关于其引种及适应性栽培的报道。

## 一、形态特征

### （一）地上部形态

株高 50 ～ 100cm，自基部互生带状或线形叶片 7 ～ 9 枚，少数种的叶片呈细长的丝状，花期或花期前、后出叶。伞形花序着生在强壮的花茎上，一般有小花 4 ～ 20 朵（图 1A、B），大多具芳香；花被 6 枚狭长卷曲，呈波浪形，多数尖端强烈反转（图 1C）；花色丰富，呈白色、粉红色、玫红色、鲑红色、大红色等。6 枚雄蕊着生于花被裂片基部，近乎直立或弯曲下垂，花药椭圆形背部着生于花丝上（图 1C）；柱头 3 裂，子房下位、球状。蒴果，3 室，每室 1 粒至多粒种子。花期地上部整体形态如图 1D 所示。

### （二）地下部形态

鳞茎呈卵形或卵状梨形，具米白色膜，大多数在鳞茎上端形成颈（图 2）。

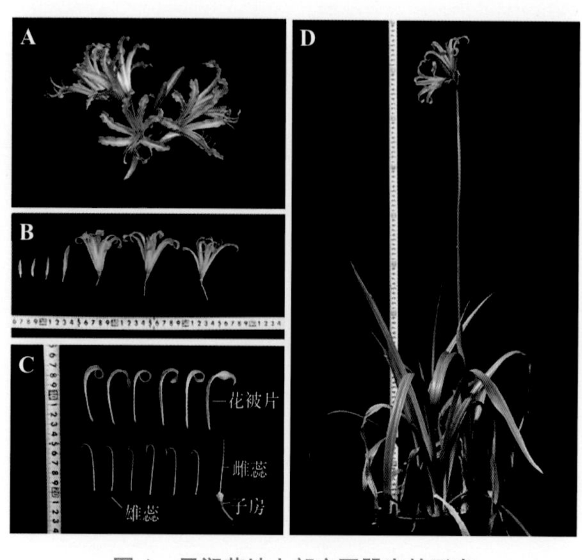


图 1　尼润花地上部主要器官的形态

A. 伞形花序；B. 小花形态；C. 花器官；D. 地上部分整株形态

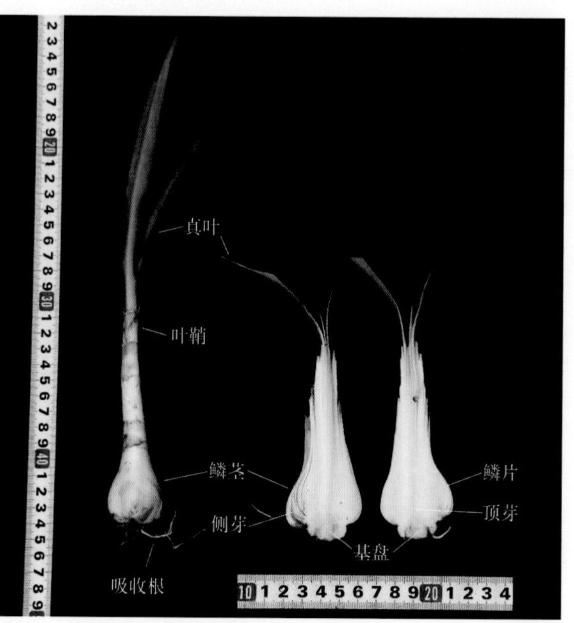


图 2　尼润花鳞茎结构

## 二、生长发育与生态习性

### （一）生长发育规律

#### 1. 鳞茎形成与生长

地下贮存器官为有皮鳞茎，在成熟鳞茎的中心是幼嫩的生长点和花芽，最外面包被着 1 ～ 2 层膜质鳞片，里面有多层肉质的鳞片着生在茎盘上。鳞片为叶基，其功能是贮存养分。每个生长周期鳞片数量的增加因种而异，这是导致种间鳞茎大小各异的因素之一，如鲍登纳丽花（*N. bowdenii*）和尼润花（*N. sarniensis*）开花鳞茎的最小周长需达到 12 ～ 14cm，而纳丽花（*N. undulata*）则仅为 8cm。顶端分生组织位于最新生的管状鳞片的叶腋处，是主要的营养生长点。尼润花鳞茎呈合轴状生长，侧生的鳞茎萌发于管状鳞片的叶腋处。通常，每个生长季形成 1 ～ 3 个侧生鳞茎，随着外层鳞片的脱落，这些侧生鳞茎显现在母鳞茎的表面，即发育成为子鳞茎。

#### 2. 花芽分化与发育

鲍登纳丽花和尼润花每个生长季都分化新的叶芽和花芽。鲍登纳丽花的花芽分化始于生长季末期，而尼润花的花芽分化则始于生长季之初；在下一个生长季节，花芽分化出雄蕊、花被等；到第三个生长季节，鳞茎开花。在每个生长周期结束时，一个成熟的鳞茎一般拥有 2 个花芽。最幼嫩的花芽约 2mm，而靠近外侧较大的花芽，一般在 10 ～ 14mm（如鲍登纳丽花）或 20 ～ 30mm（如尼润花）。因此，先叶后花或先花后叶型的尼润花从开始生长到开花需要 3 年时间。而常绿种类的尼润花，每个生长周期根据生长状况有 2 ～ 4 个花芽启动分化，如红花纳丽花（新拟）（*N. flexuosa*），花芽启动分化发生在整个生长期间；而这些花芽将在下一个生长季节开花，故常绿类型的尼润花从开始生长到开花需要 2 年时间。

#### 3. 鳞茎休眠

先叶后花或先花后叶型的尼润花，如鲍登纳丽花和尼润花，具有生理休眠特性。休眠的进程和深度取决于收获时鳞茎的成熟度，挖球过早休眠深度就会增加，因为在鳞茎成熟过程中休眠是逐渐解除的。这两个种的鳞茎是在开花同时或者花刚凋谢后、叶片衰老时进入休眠。温度对休眠期的长度没有影响，但是影响呼吸作用和蒸腾作用。因此，温度越低，越利于鳞茎贮存。

常绿的种类，如红花纳丽花，没有自然休眠期。可通过减少供水或起球促使鳞茎进入被迫休眠。

### （二）生态习性

尼润花是原产于非洲南部的多年生球根花卉，主要分布于夏季凉爽、降雨充沛、冬季干燥的地区，是秋季开花的球根类花卉。尼润花易罹霜害，大多数种和品种不能忍受冰点以下的温度。在寒温带地区，大多数种和品种于温室中栽培；部分耐寒的种类，如鲍登纳丽花在加利福尼亚州北部冬季雨水天气下，仍然表现得很好；而另一些种类则需要干旱休眠才能开花。

#### 1. 温度

温度是影响尼润属植物生长和发育的主要因素。虽然温度对开花的直接影响很小，因为其花芽是在前一年分化和发育的，但是它对叶片的发育（如叶片数量）、下一个生长季花芽的分化和发育以及鳞茎的质量会产生明显影响。

鳞茎的贮藏温度对开花也有显著影响。上一个生长季鳞茎的贮藏温度越高，下一个生长季的开花期越迟。有试验表明，对鲍登纳丽花‘Favourite’来说，鳞茎贮藏在 17℃和 21℃可以获得最佳的开花质量。而红花纳丽花对贮藏温度更敏感，鳞茎只有在 9℃或 13℃贮藏，下一个生长季才能开花，虽然温度对花芽分化无影响，但是未经低温贮藏的鳞茎不开花。可见，低温贮藏对红花纳丽花至关重要。温度可能主要是通过影响鳞茎内生长点的生长而对植株生长发育产生影响。因此，土温往往比气温发挥更直接、更重要的作用。

#### 2. 光照

光对芽的分化和发育没有直接影响。然而，

植物的生长性状会受到光量的影响，较多的光照与最佳的生长温度相结合，会加速植株生长和缩短生长期。光强试验表明，鲍登纳丽花和尼润花属于耐阴植物，在低光强下仍能生长和发育良好。

3. 光周期

光周期对鲍登纳丽花或红花纳丽花‘Alba’的花芽分化无影响，这两个种均为日中性植物，因此非常适合作周年切花生产。但是，在自然弱光条件下（如荷兰冬季），由于其他因素的影响，如过高的相对湿度等，其切花生产仍有一定的风险。

4. 土壤

尼润花对各种土壤的耐受性都很强，但是土壤必须兼具良好的持水和排水性能。适宜 pH6 ～ 7。

5. 营养

在种植前，宜施用混合肥料作基肥。尼润花极易受到土壤中高盐分的影响，因此建议土壤 EC 值＜ 1mS/cm。追肥常施用钾肥（$KNO_3$）。

## 三、种质资源与分类概述

### （一）种质资源

纳丽花全属有 25 个种，其中有 21 个是南非、莱索托和斯威士兰地区特有种，另外 4 个种分布在整个南非。

植物学分类将纳丽花属分为 4 组。①宽叶组 Laticoma，如 *N. laticoma*。②尼润花组 Nerine，如 *N. sarniensis*，*N. sarniensis* var. *curvifolia* 和 *N. sarniensis* var. *curvifolia* f. *fothergillii*。③鲍登组 Bowdeniae，大部分种都归于该组，如 *N. bowdenii*，*N. angustifolia*，*N. filifolia*，*N. filamentosa*，*N. undulata* (syn. *N. crispa*)，*N. flexuosa*，*N. pudica*，*N. humilis* 及 *N. parvifolia*。④粉花组 Appendiculatae，包括了具有披针状叶的种类，如 *N. masonorum*，*N. appendiculata* 和 *N. gracilis*。

在栽培中该属植物已广泛杂交，目前世界各地栽培生产的纳丽花均为种间杂交选育而成的品种。主要种如下：

1. 狭叶纳丽花（尼润花）*N. angustifolia*

该种原产莱索托、斯威士兰和南非的夏季降雨区，多生长于平原和山地的酸性草地沼泽地区，通常成片出现。当栽培于气候温和的地带或温室时，该种通常是常绿的，但在自然环境中它在冬季休眠。株高 30 ～ 100cm，叶线形，6 枚或更多。伞形花序，着花 12 ～ 15 朵，花粉色，花瓣上半部分边缘波状，尖端后弯。花期晚夏。

2. 粉花纳丽花（新拟）*N. appendiculata*

该种原产南非西开普省至夸祖鲁 - 纳塔尔省（Kwa Zulu-Natal）的中部和西南部夏季降雨区的沼泽地带，通常成片出现。花期 12 月至翌年 4 月底（南半球夏、秋 2 季）。常绿，叶线形，花序着生小花数量较多，花粉色。喜全光，夏季需水量多，冬季需控水，种植时覆土至鳞茎顶部为宜。

3. 鲍登纳丽花 *N. bowdenii*

该种为先叶后花型，春季出叶，叶 6 ～ 7 枚，带状、光滑，灰绿至深绿。花期 9 ～ 11 月，花茎高 30 ～ 50cm，着花 8 朵或更多，有淡香。花粉红色至深玫瑰红，花被裂片边缘呈波浪形，雄蕊略长于花被裂片。开花鳞茎周长达 12 ～ 14cm。从种子成熟到获得开花鳞茎一般需要 5 ～ 6 年，但也可能受到生长条件和其他因素的限制，需要经历长达 9 年或更长的营养生长期。该种常见栽培的类型和品种有：f. *alba*，花白色略带粉色；‘Favorite’，花桃粉色；‘Ras VanRoon’，花粉色；‘Nikita’，花桃粉色。目前，鲍登纳丽花已经成为很受欢迎的切花材料。秋水仙和仙客来是其庭院配植的最佳搭档。

4. 线叶纳丽花 *N. filifolia*

该种为夏季生长型，叶线形，常绿，花期秋季。株高 14 ～ 22cm，着生 8 ～ 10 朵浅玫红色小花，是目前矮生尼润花中小花数量较多的 1 个种，也是非常受欢迎的花境植物。

5. 弗里斯纳丽花（新拟）*N. frithii*

该种属夏季生长型，落叶或常绿。叶线形，长可达 15cm。花白色至浅粉色，花被片后弯，基部深粉红色或栗色，边缘波浪状。花期春季（原生地9月至翌年4月）。

6. 哈博罗内纳丽花（新拟）*N. gaberonensis*

该种属夏季生长型，叶带状，冬季休眠。栽种时需要注意鳞茎颈部略高于土壤。喜全光，在日照强烈的地区，下午可以给予一定遮阴。在塑料容器中，夏季每10天浇1次水，冬季每月浇1次水。在休眠期，鳞茎可完全保持干燥，过度追肥易导致叶片徒长影响成花。由种子繁殖的植株通常第3年可开花。茎高约25cm，花深粉色，花期晚夏（原生地2～3月）。

7. 精美纳丽花（新拟）*N. gracilis*

该种原产普马兰加省（南非东北部）南部，属于夏季生长型，多生长在岩石表面土层较浅处的潮湿洼地中。它是一种适合容器栽培的矮生种。叶线形，可长达30cm。花浅粉色或玫瑰色，边缘波状。花期晚夏（原生地2～3月）。在野生环境下冬季处于休眠状态，但人工栽培时，冬季仍有叶子留存。在冬季寒冷的气候条件下，应使其保持干燥。

8. 矮生纳丽花 *N. humilis*

该种为矮生种。花玫瑰粉色，花瓣狭窄，边缘波状。深秋开花，花和植株大小的变化范围较大。在所有冬季生长的尼润花种类中，它是最易栽培的1种。在地中海气候下，种植于排水良好的土壤中则可以露地生长，否则需在容器中栽培。种植时，鳞茎颈部的一半需要露出地面，分球应在初秋植株生长之前进行。鳞茎增殖能力较强，部分自花授粉，从种子播种至开花需要3～4年。

9. 宽叶纳丽花（新拟）*N. laticoma*

该种夏季生长，冬季休眠，花期集中在夏末雨季后。叶线形，深绿，有光泽。伞形花序，花的形状不规则，浅或深的玫瑰粉色。冬季需要保持鳞茎干燥，并需要一定的低温。建议选取大而深的花盆，采用排水良好的基质，使鳞茎颈部与土壤齐平，容器最宜使用深陶土盆。晚春可以少量浇水以促使打破休眠的鳞茎萌发，夏末则应遵循“见干见湿”的原则大量浇水。夏季充足的阳光和高温（＞33.5℃）是来年形成花芽的必要条件。

10. 小花纳丽花（新拟）*N. pusilla*

该种为夏季生长型。植株矮小，鳞茎狭长，着生2～4枚线形叶片。种子繁殖是此种唯一的繁殖方式。由于植株很小，它只能种植于容器中，鳞茎颈部应略高于土面，需要良好的排水条件。在生长过程中，须每10～14天浇1次水；在休眠期则应保持干燥。

11. 尼润花 *N. sarniensis*

该种为先花后叶型或花叶同放型，它们弯曲的花被片及突出的花药极具观赏价值，因此也一直被视为尼润花属植物中最为美丽的种类。是300年来尼润花育种的主要亲本之一。叶片近乎直立，亮绿色、光滑，6枚左右。伞形花序上一般着生10～20朵小花，花被尖端强烈反转，花色有玫瑰红色、鲜红色、粉色，还有少数白色。雄蕊长于花被。

尼润花并不是每年都开花，依据种植者的经验，在一年中改变土壤温度可以获得较好的开花效果。在春季，随着植物叶片变黄，应逐渐提高土壤温度。通常鳞茎在4月底进入休眠，夏季温度应控制在17～21℃，有助于休眠鳞茎内的花芽发育（Van Brenk & Benschop，1993）。如果种植地的气候接近地中海气候，该种可以在户外种植，否则需要温室栽培。如果采用盆栽，注意不要让休眠的鳞茎在夏天完全干枯（它们的根系在夏天仍然保持活跃），否则会导致鳞茎死亡。需要根据种植地区夏季的温度和湿度来确定浇水频率。

### （二）分类概述

尼润花属植物有3种分类方式。一种是根据植物学进行分类（Traub，1967，见前述），另一种是根据其生长周期进行分类（Langeslag，1989），还有一种是由B. J. M. Zonneveld和G. D. Duncan（2006）提出的根据基因组大小的分类方式。

1. 生长周期

种植者们更乐于按照生长周期进行分类，这种分类方式基于花和叶的出现时间。第 1 组是先花后叶型，如尼润花；第 2 组是先叶后花型，如鲍登纳丽花和纳丽花；第 3 组是花叶同出型，也是常绿型，如红花纳丽花。有一些杂交种在荷兰被归类为中间型，它们虽然常绿，但是又先于真正的常绿种开花，一般在出现 3 ～ 4 枚叶片后开花。

2. 基因组大小

除了少数三倍体外，大部分纳丽花属植物都具有相同的染色体条数（2n = 2x = 22）。而当染色体条数相同时，基因组大小就成为纳丽花属植物属间分类的关键因素（Ohri，1998）。Zonneveld B. J. M. 和 Duncan G. D.（2006）根据纳丽花属植物的基因组大小将其分为 3 组。组一包括 13 种，基因组大小在 18.0 ～ 24.6pg，常绿、具窄叶，如线叶纳丽花；组二包括 4 种，基因组大小在 25.3 ～ 26.2pg，冬季生长型、具宽叶，如尼润花；组三包括 6 种，基因组大小在 26.8 ～ 35.3pg，夏季生长型、具宽叶，如鲍登纳丽花。

## 四、繁殖技术

纳丽花属植物多采用自然分球法、扦插法繁殖（鳞茎块和双鳞片扦插），也可组织培养等营养繁殖方式。一些繁殖能力较低的杂交种、品种也多用种子繁殖。

### （一）自然分球法

每个生长周期鳞茎都会于外侧鳞片的叶腋处产生 1 ～ 4 个可以发育成为子鳞茎（籽球）的侧芽。通常，籽球需要生长 2 ～ 5 年才能开花。在栽植约 5 年后或者开花性能由于栽培环境过度拥挤而降低时，需要进行分球。

### （二）扦插法

扦插一般根据鳞茎大小，将其纵切分成大小相等的 4 ～ 6 个鳞茎块，在 20℃的条件下生长约 12 周后在鳞片叶腋处形成籽球，籽球一般培养 3 ～ 4 年可开花。双鳞片法与此法大体相同，只是扦插用的插穗是将每个鳞茎块进一步分割，成为只包含 2 枚鳞片且带鳞茎盘的繁殖体，经培养，在 2 枚鳞片中间与鳞茎盘相连的地方就会形成不定芽（Grootaarts et al.，1981）。

### （三）组织培养

鳞片、幼嫩的花梗以及侧芽都可作为组织培养的外植体材料。鲍登纳丽花（Pierik and Steegmans，1986） 和 *N.*‘Mansellii’（Lilien-Kipnis et al.，1991）则多用花茎进行培养。使用添加生长素、蔗糖、琼脂的 MS 培养基。培养温度在 17 ～ 20℃，光照培养。

### （四）种子繁殖

尼润花产生的肉质种子（图 3），可立即发芽。因此，成熟的种子（通常很容易脱落）应该马上播种到排水良好的混合基质里。最好将种子轻轻按至距离土壤表面约 1/2cm 的深度，不需覆盖，然后将播种后的容器置于托盘中吸水，直到容器表面土壤潮湿。通常发芽率都可以达到 100%。在播种萌发后的第 1 年，可在休眠季节继续生长；之后在休眠季节正常休眠。童期长度不等，如鲍登纳丽花需要 5 ～ 6 年营养生长期，尼润花需要 4 ～ 5 年；而一些矮生种类如狭叶纳丽花，线叶纳丽花和麦克主人纳丽花（新拟）开花相对较快，大约 3 年。

图 3　尼润花杂交种子
（引自太平洋球根协会网站）

### （五）种球生产

露地种球生产是为切花生产培育大规格、能够开花的商品种球（鳞茎），包括已经使用过的种球的复壮栽培。以鲍登纳丽花的露地种球生产为例：使用子鳞茎作栽植材料，若子鳞茎周长是8/10cm的可生长两年后再起球；若是10/12cm的可生长一年后起球。挖起的种球（鳞茎）周长应大于12cm，以保证种植后能够正常分化花芽。

在荷兰，露地栽培的时间为4月中旬之后，此前由于土温过低不宜种植。种植密度：周长8/10cm的子鳞茎为130～150个/m$^2$，10/12cm的子鳞茎为100～120个/m$^2$。种植深度取决于鳞茎的大小和形状，应该覆土至鳞茎高度的大约2/3处。子鳞茎种植两年后，冬季须地面覆盖保护越冬。当鳞茎内有两个花芽可见时即可收获种球，收球时间通常在10月末。种球挖起并适当干燥后，必须在0.5～2.0℃条件下贮存。

## 五、栽培管理

### （一）露地栽培

作者在浙江地区自然栽培条件下对尼润花进行了引种栽培试验，其结果如下：

#### 1. 品种

供试的7个尼润花品种均引自荷兰，为尼润花属中目前应用最为广泛的鲍登纳丽花系列，囊括了该种及其品种的常见花色：白色、粉色、桃粉色、鲑红色、深玫红色等，见表1。

**表1　引种鲍登纳丽花品种信息**

| 品种名 | 花色 |
|---|---|
| ‘Favourite’ | 桃粉色 |
| ‘Bianca Perla’ | 白色 |
| ‘Isabel’ | 粉色 |
| ‘Mr John’ | 深玫红色 |
| ‘Ras VanRoon’ | 粉色 |
| ‘Vesta’ | 鲑红色 |
| ‘Nikita’ | 桃粉色 |

#### 2. 物候期观测

除了‘Mr John’于5月中旬出叶外，其余6个品种均于3月下旬萌芽，5～11月为绿叶期，绿叶期长达8个月。比Rees、van Brenk等报道的长30天左右。11月下旬由于气温明显降低，叶片逐渐发黄枯萎，落叶期持续2个月，2～3月中旬为无叶期。由于引种地区7～8月气温较高，部分叶片出现了短暂的高温枯黄现象，但随着之后雨季的到来迅速得到了恢复。供试品种初花期始于8月下旬，9～10月为盛花期，11月为末花期。其中开花最早的品种是‘Isabel’，群体花期长达3个月。通过2种栽培条件的对比，室外阴棚区盆栽条件下开花率较自然条件下地栽更高，叶片绿期也更长，可见盛夏期间的适当遮阴以及保水性、排水性较好的栽培条件更利于尼润花属植物生长。

#### 3. 花期形态观测

引种的7个品种的花期集中在8月下旬至11月上旬，单朵小花花期7～9天，由于小花递次开放，整个伞形花序花期较长，可达19～23天。花期均有叶，株高19～55cm，花莛高34～74cm。7个品种的花莛都显著高于叶片，观花效果良好，其中‘Isabel’的花莛和株高显著高于其他5个品种（除‘Mr John’）。不同于其同科的石蒜属植物，尼润花属植物花莛实心，花期基本无倒伏现象发生，植株观赏性状优良。

#### 4. 栽培适应性

栽培1年后，于落叶后的休眠期对7个品种尼润花的鳞茎存活率进行统计。结果显示：室外阴棚条件下盆栽的成活率明显高于自然条件下地栽的成活率（表2），品种的成活率高低依次为‘Isabel’‘Vesta’‘Nikita’，‘Favourite’（98.8%、93.5%、91.7%、72.9%）。相比之下‘Mr John’和‘Bianca Perla’2个品种适应性较差，盆栽存活率分别为43.8%、37.5%。

表 2　不同栽培方式的鲍登纳丽花鳞茎存活率统计

| 品种名 | 盆栽存活率（%） | 地栽存活率（%） |
|---|---|---|
| ‘Favourite’ | 72.9 | 25.0 |
| ‘Bianca Perla’ | 37.5 | 28.1 |
| ‘Isabel’ | 98.8 | 93.8 |
| ‘Mr John’ | 43.8 | 37.5 |
| ‘Ras VanRoon’ | 60.4 | 50.0 |
| ‘Vesta’ | 93.5 | 53.1 |
| ‘Nikita’ | 91.7 | 43.8 |

同时，通过对引种栽培前后的鳞茎周长、鲜重进行对比（表 3），结果显示：7 个品种的鲍登纳丽花均存在一定程度的种球退化，主要表现为鳞茎周长减小、鲜重减轻。其中，‘Nikita’‘Bianca Perla’ 2 个品种鲜重下降最多（5 ～ 7g），在引种地的栽培条件下种球退化较为严重。

## （二）容器栽培

鳞茎较小的品种不需要过深的容器，在 10cm 的花盆里就能存活并顺利开花。鳞茎较大的品种则需要根据种球大小选择中度至较深的容器，以培育并获得良好的开花鳞茎。在花盆或容器中的栽培时，需要注意排水，基质应该由泥炭、粗沙（珍珠岩、浮石）和腐熟的有机肥组成。鳞茎栽植时需要保持鳞茎颈部略高于土壤或基质表面，然后浇透水。在养分充足的培养基质中，通常不需要再额外补充肥料，否则会引起开花量减少、叶片生长旺盛的现象。注意调整氮、磷肥的比例，低氮、高磷肥料对花的发育和开花非常重要。

尼润花生长期间的水分管理因不同种类而异。对于冬季生长的种类来说，在土壤未完全干燥的条件下，鳞茎会开出更好、更多的花；而土壤水分过多可能会导致鳞茎腐烂。因此，建议在初冬花蕾出现时适量浇水，叶子出现时定期浇水，直至初夏鳞茎进入休眠状态。对于夏季生长的种类来说，每 10 天左右浇水 1 次，具体浇水量取决于环境条件和容器的类型。冬季休眠期间仍要浇几次水，以防止根部完全干燥。

## （三）切花生产

鲍登纳丽花的栽培始于 1903 年，其栽培品种的杂交种是该属中最具商业价值的。该种可用于温室和露地栽培，先叶后花，生长周期在 7 ～ 11 个月。生长条件对初花影响不大，但对随后两个生长季的花芽发育和分化影响显著。该品种群主要花色是紫色，但也有许多类型。如，1986 年培育出的栽培品种 ‘Albivetta’ 和 ‘Nerivetta’，花色为浅玫瑰色和白色。在特定条件下，可周年生产切花。

### 1. 温室栽培

鳞茎可以全年在温室中种植。夏季，必须通过遮阳和（或）通风来降低温度。如果条件允许，可进行夏季土壤降温和冬季土壤加温处理。获得良好的生长平衡是必要的，即花芽发

表 3　引种前后鲍登纳丽花种球鲜重和周长的变化

| 品种名 | 种植前周长（cm） | 种植前鲜重（g） | 一年后周长（cm） | 一年后鲜重（g） |
|---|---|---|---|---|
| ‘Favourite’ | 11.97 ± 1.55 | 38.18 ± 1.75 | 11.1 ± 0.27 | 37.19 ± 2.10 |
| ‘Bianca Perla’ | 11.41 ± 1.66 | 37.67 ± 1.72 | 10.48 ± 0.47 | 32.22 ± 2.63 |
| ‘Isabel’ | 13.63 ± 3.38 | 47.91 ± 1.58 | 13.25 ± 0.43 | 47.80 ± 1.07 |
| ‘Mr John’ | 8.67 ± 2.30 | 27.78 ± 1.15 | 8.60 ± 0.32 | 27.28 ± 1.94 |
| ‘Ras VanRoon’ | 9.92 ± 1.16 | 30.02 ± 1.35 | 9.68 ± 0.78 | 31.86 ± 0.96 |
| ‘Vesta’ | 7.50 ± 1.89 | 30.69 ± 1.56 | 7.45 ± 0.29 | 29.98 ± 2.21 |
| ‘Nikita’ | 11.75 ± 2.38 | 41.35 ± 2.10 | 11.24 ± 0.26 | 34.64 ± 1.04 |

育与植株生长之间的平衡。为此，冬季要求保持 15 ～ 17℃的土温和 12 ～ 14℃的气温。夏季，气温宜保持在 20℃以下。为了获得理想的花茎长度，在开花前应将气温提高到 18 ～ 20℃。

2. 花期调控

常规促成栽培的花期是 9 ～ 11 月，早期促成栽培可将花期提前至 7 ～ 9 月，而抑制栽培可将花期推迟到 12 月至翌年 4 月。至此，接近全年的切花生产模式形成。促成（抑制）栽培用的开花种球周长至少达到 12/14cm。

（1）**常规促成栽培**：种球在 2 ～ 4 月种植，于 9 ～ 11 月开花。此期使用的是露地栽培、于 11 月挖起的种球，这类种球即所谓的“特殊处理鳞茎”或“循环鳞茎”。这些种球年复一年的在同一天（或同一时期）收获和种植。这些“循环鳞茎”也可用来作周年切花生产，但是必须改变这些种球的收获期和贮藏时间。

（2）**早期促成栽培**：种球在 12 月至翌年 2 月种植，7 ～ 9 月开花。在 1 月之前，可以使用早期挖起、露地栽培的种球。这些鳞茎在起球时必须具有 2 个发育良好的花芽，以便在接下来的两年里能够开花。

（3）**延迟栽培**：种球在 6 ～ 8 月之间种植，12 月至翌年 4 月开花。用的是经过长期贮存、露地栽培的种球。也可使用温室栽培的“循环鳞茎”。

3. 切花采收

当伞形花序中有 2 ～ 3 朵小花露出苞片、尚未完全开放时，将鳞茎以上的花茎剪切下来。在剪切过程中切勿伤及鳞茎。此外，采收的时间影响切花的品质及价值。采收过早会导致花朵不能完全开放并缩短切花的瓶插寿命。

### （四）病虫害防治

几乎所有种类的尼润花都很容易受到粉虱的侵扰，也有报道它们易受水仙鳞茎蝇的危害。防治方法：在每个生长季节开始的时候，使用吡虫啉等杀虫剂处理鳞茎，以保持鳞茎清洁，避免病毒通过吸吮类昆虫传播。另外，商业购买的鳞茎应在使用或栽培前进行隔离试种，经一段时间观察没有病毒侵染的迹象出现再种植。

## 六、价值与应用

纳丽花属植物的花朵美丽绚烂，切花品质极佳，尤其是鲍登纳丽花和尼润花，因此纳丽花属植物已被大规模地商业化种植。在荷兰，尼润花作为商业鲜切花栽培和应用的研究始于 20 世纪 50 年代末，由于它极具观赏性的形态及耐贮藏的特性，其切花产业得到迅速发展。主要栽培的种有鲍登纳丽花、尼润花、纳丽花，其中鲍登纳丽花占比例最大。早在 1970—1980 年的 10 年时间里，荷兰花卉拍卖市场上出售的纳丽花属切花数量就增长了 10 倍，其中约 94% 为鲍登纳丽花。切花的主要销售期为每年的 7 ～ 12 月（Streng，1989）。

在园林应用中，纳丽花属植物的花期适逢我国国庆节、中秋节，其优良的切花品质和较长瓶插寿命，是秋季节日插花及景观应用的极佳材料。

（任梓铭　夏宜平　徐蕴晨　刘悦）

# *Nomocharis* 豹子花

豹子花是百合科（Liliaceae）豹子花属（*Nomocharis*）多年生鳞茎类球根花卉。它的属名由 *nomos*（“牧场”）和 *charis*（“优雅”“魅力”）组成，意指豹子花是百合科中最美丽的植物之一。该属是青藏高原东南缘的一个特有属，在中国的分布区域为横断山区海拔 2700 ～ 4300m 的范围，包括云南西北部以及四川与西藏交界的高海拔地区，多生长于原始森林的林缘、溪谷和山坡的阳面。豹子花属的属名由法国著名植物学家 Adrien René Franchet 于 1889 年命名，模式种为豹子花 *N. pardanthina*。豹子花属植物中多数种类的花瓣上有数量不等的斑块或斑点，让人容易联想到豹类动物的豹纹，此性状也成为豹子花最具观赏价值的性状之一。豹子花花瓣如碟状，花色有白色、粉色、红色，最新发现的贡山豹子花为浅黄色。

豹子花在 19 世纪末至 20 世纪早期，被欧洲的传教士和植物学家从中国的西南地区收集到欧洲进行培育，在属内部分种之间开展杂交并获得一些杂种后代，杂种的生长势和强壮程度均优于亲本，但豹子花至今仍未被培育成为广泛种植的商业花卉。

## 一、形态特征

地下鳞茎由数枚鳞片组成，鳞片多为白色，个别种的鳞片呈淡黄色，整个鳞茎为球形，与百合鳞茎的外形较为类似。株高 25 ～ 100cm，生长年限较长，鳞茎大的植株高度可达 150cm。叶片着生方式很特别，茎下部的叶散生，上部叶片轮生。叶形有窄披针形、披针形、卵状披针形、椭圆披针形等。花型为碟状，花单生或总状花序，花瓣 6 枚，颜色有白、粉、红、淡黄，花外瓣长 2.5 ～ 4cm，宽约 1.5cm，内瓣长 2.5 ～ 4cm，宽 2.5 ～ 3cm。部分种的内外瓣均全缘，也有部分种的内轮花被片边缘具流苏状锯齿。豹子花属最典型的性状是花朵的内轮花被片内侧基部均具肉质、半圆形或扇状的鸡冠状突起。豹子花的花丝 6 枚，也是划分属的一个重要特征；部分豹子花种的花丝下部膨大，甚至呈圆筒形，长 5 ～ 7mm，先端缩成芒状，长 2 ～ 2.5mm；花药丁字状。子房圆柱形，长 5 ～ 8mm，花柱长 7 ～ 10mm。果实为蒴果，长 2.5cm，宽 1.7 ～ 2.5cm。花期 6 ～ 7 月，果期 8 ～ 9 月（图 1）。

图 1　豹子花的花朵和果实

## 二、生长发育与生态习性

### （一）生长发育规律

豹子花为高山花卉，性喜冷凉、湿润，有一定荫蔽条件的环境。因原生地的气候变化较大而生长时间较短，绝大部分种在 4 ～ 5 月发芽，6 ～ 7 月开花，8 ～ 9 月果实成熟后结束当年的生活史。

豹子花的生长发育可分为三个阶段。第一阶

段是萌发和营养生长阶段：鳞茎休眠结束后根最先开始生长，然后长出茎和叶，进行营养生长。第二阶段是生殖生长阶段：当叶片数和株高达到相对稳定的状态时，小花蕾出现，此时植株进入生殖生长阶段，当最后一朵花凋谢后，果实近成熟时生殖生长结束。第三阶段是新鳞茎形成阶段：在果实生长后期地下新鳞茎也同步开始膨大，叶片合成的大部分营养物质回流至新鳞茎中，为下一年的植株生长储备能量。有时大鳞茎旁还会长出 1 至数个籽鳞茎，籽鳞茎大小不一。此时地上部分开始枯萎，意味着一个生长季的结束。

### （二）生态习性

#### 1. 温度

豹子花度过休眠期之后，在白天温度上升到 15℃左右时开始发芽，生长期的适宜温度为白天 15 ～ 22℃，夜间温度 10℃以上就可正常生长。豹子花生长期不耐高温，如温度超过 28℃时会生长不良，造成植株感病，甚至停止生长。鳞茎在发芽前须经过一个低温阶段，温度为 -1 ～ 0℃。海拔较高的山区温度低至 -5℃以下时豹子花鳞茎也可安全越冬。

#### 2. 光照

豹子花喜欢有适当遮阴的环境，长时间的强光直射不利于植株生长。

#### 3. 湿度

适合的空气相对湿度范围是 60% ～ 75%，夜间空气相对湿度可达 80% ～ 85%。

#### 4. 土壤或基质

要求富含有机质，疏松肥沃且排水良好的土壤或基质，pH 呈弱酸性。

## 三、种质资源

豹子花属内的物种分类一直存在争议。由于豹子花属与百合属、贝母属的部分种在形态上具有相似性并且分布区域有重叠，造成植物学家对豹子花的分类持不同意见。早期的研究者认为，贝母属的个别种应当归在豹子花属中，甚至百合属中的墨江百合（*Lilium henrici*）、紫花百合（*L. souliei*）也应被归入豹子花属。1950 年，J. R. Sealy 把曾经从百合属中移入豹子花属内的一些种重新归入百合属，后来的大多数研究者认同了此分类法。但目前最新的 APG Ⅳ 分类系统已将豹子花属并入百合属，本书根据园艺学习惯，仍单独撰写。目前公认豹子花属内有 8 个种，除阿萨姆豹子花（*N. synaptica*）外，其余 7 种均分布在中国，包括近年来在云南高黎贡山上新发现的贡山豹子花（*N. gongshanensis*）。在所有的豹子花属植物中，开瓣豹子花（*N. aperta*）是分布范围最广的种。我国豹子花属植物的种及其性状特征如下：

#### 1. 开瓣豹子花 *N. aperta*

花白色至粉色，全缘，中下部有粉色或紫红色斑点分布，内轮花瓣基部具半圆形突起，花期 6 ～ 7 月；叶披针形，散生。分布在海拔 2500 ～ 4000m（图 2）。

图 2　开瓣豹子花（*N. aperta*）

#### 2. 美丽豹子花 *N. basilissa*

花绯红色，全缘，无斑点，内瓣基部有紫红色垫状突起，花期 6 ～ 7 月；叶窄披针形，兼具散生和轮生。分布在海拔 4000 ～ 4200m。

#### 3. 滇西豹子花 *N. farreri*

花白色至浅粉色，花瓣具紫红色细点，外瓣全缘，内瓣边缘有浅锯齿状流苏，基部有暗紫色突起，花期 6 ～ 7 月；叶狭披针形，上半部轮生，下半部散生。分布在海拔 3100 ～ 4100m（图 3）。

图 3　滇西豹子花（*N. farreri*）

**4. 贡山豹子花 *N. gongshanensis***

花瓣浅黄色至淡粉色，全缘，基部有紫红色斑点，内瓣基部有斑点状突起，花期 6 ～ 8 月；叶散生，狭披针形或线状披针形。分布在海拔 3000 ～ 4200m。

**5. 多斑豹子花 *N. meleagrina***

花浅粉色，内外瓣密布紫红色斑点，基部具紫色突起，外瓣全缘，内瓣边缘具流苏状锯齿，花期 6 ～ 7 月；叶轮生，椭圆状披针形。分布在海拔 2800 ～ 4000m。

**6. 豹子花 *N. pardanthina***

花白色至粉色，花瓣具紫红色或深红色斑点，外层花瓣全缘，内层花瓣边缘有锯齿状流苏，基部有暗紫色扇状突起，花期 5 ～ 6 月；叶披针形，茎上半部的叶片轮生，下半部散生。分布在海拔 3000 ～ 4050m。

**7. 云南豹子花 *N. saluenensis***

花粉色，全缘，花瓣具紫红色细点，花期 6 ～ 8 月；叶披针形，散生。分布在海拔 2800 ～ 4500m。

## 四、繁殖技术

### （一）种子繁殖

豹子花经风力或昆虫授粉后子房发育为果实，随着地下鳞茎不断膨大，蒴果内的种子也逐渐发育成熟。待蒴果干燥开裂后种子随风力传播进行繁殖。度过低温休眠期后，种子可在富含腐殖质的湿润土壤中发芽。豹子花的种子繁殖多在野生条件下发生或在人为育种时采用。

### （二）鳞片扦插繁殖

豹子花的营养繁殖多采用鳞片扦插繁殖。具体操作过程：选择无病害、健康的鳞茎，从外向内剥取鳞片，鳞片基部必须携带基盘部分，剥下的鳞片以稀释 1000 倍的百菌清浸泡 15 分钟之后扦插。基质为泥炭与腐殖土各半的混合基质，鳞片基部朝下扦插。扦插之后覆土 3cm，确保基质表面湿润，扦插苗盘放置于 20 ± 1℃的恒温培养室内培养。60 天后鳞片基部将会长出新生的籽鳞茎。

### （三）组培繁殖

组培繁殖是豹子花营养繁殖中效率最高的方式。豹子花属植物来自高海拔地区，移栽到海拔 2000m 以下的地方容易出现物候期不适应的症状，导致植株矮小，开花早，生命周期短，不能结种子等问题。因此，可通过组织培养的方式来保存其种质资源。

**1. 启动培养**

以豹子花的鳞茎为外植体。清洗干净后剥去外层鳞片，取中层鳞片在洗涤剂中摇洗 3 ～ 5 分钟，清水漂洗后在 3% 次氯酸钠溶液中消毒 30 分钟，后用无菌水漂洗 3 次，横切成厚 5mm 的薄片放置于诱导培养基中，培养基成分为 MS + 0.1mg/L BA + 1mg/L IBA + 60g/L 糖，pH 5.8。

**2. 鳞茎增殖培养**

将诱导获得的籽鳞茎的鳞片剥下后，在培养基 MS + 0.5mg/L KT + 0.1mg/L NAA + 30g/L 糖中进行继代增殖培养，pH 5.8。

**3. 幼苗结球培养**

增殖后的丛生幼苗切分成单株后，接种在 MS + 0.5mg/L IBA + 80g/L 糖的结球培养基中，在黑暗条件下进行培养，pH 5.8。

**4. 试管苗炼苗与移栽**

待籽鳞茎直径达到 1cm 时可出瓶移至 4℃的低温冷库冷藏，冷藏 60 天后可将籽鳞茎种植到混合基质中，基质的成分为腐殖土：红土 = 2 ∶ 1。生长过程中需保持基质湿润，遮去 70% 的光照。但是，由于豹子花属植物的生态适应范围狭窄，大部分地区幼苗移栽后极易发生退化。

## 五、价值与应用

豹子花具有极高的观赏价值，但是因其分布区域的地理位置特殊，原种植物数量稀少，一些种如美丽豹子花、滇西豹子花、多斑豹子花等已处于濒危状态。目前国内还没有对其展开人工栽培和景观应用。在国外花园中也极少见栽培。国内外的研究者认为豹子花属植物分布接近于百合属分布区的边缘地带，是在青藏高原隆起过程中由百合属中分化而来。因此，除观赏应用外，豹子花属可作为一个较好的研究对象，用于横断山脉植物的进化和分类研究。

（崔光芬）

# *Notholirion* 假百合

假百合是百合科（Liliaceae）百合族（Lilieae）假百合属（*Notholirion*）多年生鳞茎类球根花卉。其属名来源于希腊语 *nothos*（“false”假的）和 *leirion*（“lily”百合）。假百合属是百合科百合族较为原始的类群，同属全世界有 5 个种，主要分布于中国西藏、尼泊尔和缅甸北部的喜马拉雅山脉。此属植物与百合属的亲缘关系很近，因其鳞茎由基生叶增厚套迭而成，外面被黑褐色的膜质鳞茎皮与百合属的特征相似，曾被作为百合属的一个亚属。后来，Boissier 提出独立为假百合属，并得到多数学者的支持。

## 一、形态特征

### （一）鳞茎形态

假百合属植物具鳞茎，窄卵形或近圆筒形，直径 1 ～ 5cm，种间差异大。鳞茎由根、鳞茎盘和着生在鳞茎盘上的鳞片 3 大部分组成。鳞茎盘，是若干茎节高度压缩叠加成盘状，上部着生鳞片，下部着生根系。鳞片匙状，内凹外凸，中部和基部厚，由内向外、由下向上逐渐变薄，由基生叶变态增厚呈肉质状，是假百合养分主要贮藏器官，淀粉含量较高，味甜，略带涩味，一般呈乳白色，多枚匙状鳞片紧紧抱合在基部鳞茎盘上，外部 1 ～ 3 层鳞片受土壤环境影响变成黑褐色，呈膜质状，暴露在空气中后将变成血清色或紫红色。小鳞茎，又叫子鳞茎，着生于地中茎或鳞茎盘的茎节上。小鳞茎卵形，几个至几十个不等，成熟后有稍硬的外壳，内有数枚白色肉质的鳞片，常作为鳞茎繁殖的“种球”。

### （二）其他器官形态

1. 芽

由地上部顶芽、侧芽和地下部鳞茎的中心芽、鳞片基部内侧的腋芽组成。中心芽位于鳞茎的中央，萌发后发育成茎，是植株的生长中心；在每枚鳞片基部内侧具有 1 枚侧芽，在中心芽受到生长抑制后，侧芽可以萌发代替中心芽生长形成新的植株。

2. 根

须根系，着生在鳞茎盘上，由肉质根和纤维根组成。肉质根黄白色，0 ～ 8 条，直径 1 ～ 3mm，其上具有较少的纤维根，是养分贮藏器官，对抗寒、抗旱有重要作用，但对鳞茎膨大有一定影响。纤维根由多级分枝的支根组成，是植株重要的吸收根，纤维根的数量主要受土壤质地、养分状况、鳞茎质量的影响。纤维根又分茎生纤维根和鳞茎盘纤维根。茎生纤维根着生在地中茎上，是植株主要的养分和水分吸收根系，常称上根，上根发育程度直接影响植株的生长状态，上根的数量受地中茎长度、土壤质地、母鳞茎质量等的影响。鳞茎盘纤维根着生在鳞茎的基盘上，数量相对较少，根长一般在 10 ～ 15cm，最长可达 50cm 以上，由母鳞茎自身纤维根和生长期间新生纤维根组成，主要为鳞茎萌发吸收水分和生长期间吸收水分和养分，下部纤维根的数量是鳞茎健康和生长状态的标志。

胡本祥（1997）在对假百合（*N. bulbuliferum*）能育须根和不育须根及叶的形态、组织进行研究后证实，其小鳞茎与鳞茎盘之间相连的能育须根的组织构造与根茎的构造相同，能育须根为茎的变态，其末端的小鳞茎为它的顶芽。

### 3. 茎

分地中茎和地上茎。地中茎是指鳞茎上部至地面的茎段（地面以下部分），一般高10～15cm，茎上着生许多纤维状的次生根和茎生小鳞茎。地上茎高20～150cm，圆形或不规则多棱，无毛，茎绿色或具紫斑或紫色。

### 4. 叶

基生和茎生。基生叶多由地中茎上或鳞片腋芽抽生而成，呈莲座状，条状或披针形，长10～20cm，宽0.5～1.5cm，具有长裙边叶柄，叶色浓绿；茎生叶散生，条形或条状披针形，宽0.5～0.8cm，长6～15cm，无柄，叶数因地下鳞茎大小而异，1～70或80枚不等。

### 5. 花

总状花序，有花2～24朵，交替着生在中央花莛上。苞片条形。花梗短，稍弯。花钟形。花淡紫色、蓝紫色、红色至粉红色。花被片6枚，离生，绿色。雄蕊6枚，花丝丝状，花药背部中央一点着生，丁字状。子房圆柱形或矩圆形。花柱细长，花药大，可长达1cm以上。柱头3裂，裂片钻状，稍反卷，柱头上有较多分泌物。

### 6. 果实和种子

蒴果，矩圆形或倒卵状矩圆形，有钝棱，顶端凹陷。种子多数，扁平，有膜状窄翅（图1）。

图1 假百合全株示意图

## 二、生态习性

假百合属植物生长在寒冷的高海拔地区，一般分布在海拔2800～4500m的高山草丛（甸）、灌木丛、杂木林缘、草坡和林间草甸，大多生长在人迹罕至的深山及草原中，极少受到关注。耐寒性强，越冬期间鳞茎能耐-30～-20℃低温，生长期间喜温暖，适宜生长温度10～30℃。喜光，在林下弱光条件下生长更加健壮。耐旱，不耐水湿和积水，在湿润土壤环境更有利于鳞茎生长。喜疏松肥沃排水良好的沙质壤土，pH 6.5～8.0，不耐盐碱。

## 三、种质资源

假百合属全世界有5个种，即假百合（*N. bulbuliferum*）、钟花假百合（*N. campanulatum*）、大叶假百合（*N. macrophyllum*）、柯氏假百合（*N. koeiei*）和汤普森假百合（*N. thomsonianum*）。假百合属是中国-喜马拉雅区系的特有属，我国有假百合、钟花假百合和大叶假百合3个种。主要分布在横断山区及东喜马拉雅山的云南、西藏、四川等地，向北至陕西、甘肃、青海的南部。本属在外部形态上与百合属非常相近，鳞茎稍膨大，如葱白，近圆柱形或狭卵状圆柱形，外具淡褐色的膜质鳞茎皮；须根上具许多珠状小鳞茎；茎生和基生两种叶同时存在。而百合属鳞茎明显膨大，近卵圆形，由多数稍展开的鳞片组成；须根上不具小鳞茎；在花期只具茎生叶。在陕西等地称小鳞茎为“太白米”。本属植物在系统发育上介于百合属（*Lilium*）、贝母属（*Fritillaria*）、豹子花属（*Nomocharis*）之间。

### 1. 假百合 *N. bulbuliferum*

地下小鳞茎形状如米粒，故名“太白米”。小鳞茎多数，灰褐色，卵圆形或纺锤形，高 0.3 ～ 0.7cm，直径 0.2 ～ 0.6cm，外包一层较硬的外壳，未成熟时呈黄白色，成熟后呈棕褐色或灰黑色，外壳变硬，去壳后，米仁卵圆形，由 3 层白色的肉质鳞片组成，外层鳞片较大，中层鳞片次之，内层鳞片最小，3 枚鳞片相抱，大鳞片紧裹 2 枚小鳞片，露出部分呈新月形。植株高约 100cm，地上茎粗，无毛。叶基生和茎生，带状或狭长披针形；基生叶条形，长 10 ～ 22cm，宽 1 ～ 2.5cm；茎生叶条形，长 6 ～ 15cm，宽 0.4 ～ 0.8cm。花序总状，顶生，具 10 ～ 12 朵花；花梗长约 2cm，中上部弯曲；苞片叶状，线形，长于花；花冠喇叭形，淡紫色、粉紫色至红紫色；花被片先端渐钝，倒披针形，长 3 ～ 5cm，宽约 1cm，绿色；雄蕊与花被片等长，花丝丝状，先端常弯曲；子房淡紫色，花柱长，柱头 3 裂，裂片稍反卷。蒴果，稀有。花期仲夏至晚夏（图 2A）。主要分布于尼泊尔、不丹、印度和我国陕西（太白、眉县、秦岭山区）、西藏（林芝、山南）、云南（迪庆、丽江）、四川（阿坝、凉山、甘孜）、甘肃（陇南）及海拔 3300 ～ 3800m 的青海（班玛县）高山草丛。属于珍稀濒危保护植物，其野生资源以秦岭主峰太白山的东太白最为丰富。由于太白米在治疗胃癌和食道癌等方面疗效良好，是我国假百合属 3 个种中唯一具有极高药用价值的植物，市场供不应求，又受限于自身的繁殖及滥采滥挖的影响，其野生资源已濒临枯竭。此种在国外已作观赏栽培应用。

图 2　原产我国的假百合种质资源

A. 假百合（*N. bulbuliferum*）；B. 钟花假百合（*N. campanulatum*）；C. 大叶假百合（*N. macrophyllum*）

### 2. 钟花假百合 *N. campanulatum*

小鳞茎多数，卵形，直径 0.5 ～ 0.6cm，淡褐色。茎高 60 ～ 100cm，近无毛。基生叶多数，带形，长 22 ～ 24cm，宽 2 ～ 2.5cm，膜质，茎生叶条状披针形，长 10 ～ 20cm，宽 1 ～ 2.5cm，膜质。总状花序，具花 10 ～ 16 朵；苞片叶状，条状披针形，长 3 ～ 7cm，宽 0.4 ～ 0.9cm，绿色；花梗稍弯，长 0.4 ～ 0.7cm，宽 0.2 ～ 0.3cm；花冠钟形，红色、暗红色、粉红色至红紫色，下垂；花被片倒卵状披针形，长 3.5 ～ 5cm，宽 1 ～ 2cm，先端绿色；雄蕊稍短于花被片；子房圆柱形，长 1 ～ 1.3cm，宽 0.2 ～ 0.3cm；花柱长约 2cm，柱头 3 裂，裂片钻状，开展。蒴果矩圆形，长 2 ～ 2.5cm，宽 1.6 ～ 1.8cm，淡褐色。花期 6 ～ 8 月，果期 9 月（图 2B）。主要分布在斯里兰卡、缅甸和我国西藏、云南西北部（贡山独龙族怒族自治县高黎贡山东坡海拔 3000m 处有分布）、四川西部和北部等海拔 2800 ～ 3900m 的草坡或杂木林缘草地。钟花假百合有较高的观赏价值，在空旷的绿草丛中，其艳丽的花色，特别引人注目。适宜庭院丛植、片植观赏，野生或改良后亦可作切花栽培。

### 3. 大叶假百合 *N. macrophyllum*

茎高 20 ～ 35cm，无毛。叶基生和茎生，基生叶带形，茎生叶 5 ～ 10 枚，条形，长 6 ～ 15cm，宽 0.4 ～ 0.8cm。总状花序，花 2 ～ 6 朵；苞片叶状，窄条形，长 1.2 ～ 2.5cm，先端弯曲；花梗长 0.6 ～ 2cm，微弯；花冠喇叭形，淡紫红色或紫色，花被片倒披针状矩圆形，长 2.5 ～ 5cm，宽 0.6 ～ 1.5cm，先端钝或为圆形，基部狭窄；雄蕊与花被等长或长于花被，花丝丝状，无毛，长 2.3 ～ 5cm，花药长椭圆形，长约 0.5cm；子房矩圆形，长 0.7 ～ 0.8cm，宽约 0.4cm，花柱长 1.5 ～ 3.2cm，柱头 3 裂，裂片钻状，稍反卷。花期 8 月（图 2C）。主要分布在尼泊尔、印度和我国西藏、四川、云南等海拔 2800 ～ 3400m 的草坡和林间草甸。全草可作药用，功效与太白米近似。

#### 4. 汤普森假百合 *N. thomsonianum*

又称玫瑰色百合。原产阿富汗，1844 年引种。株高约 90cm。总状花序，着花多达 25 朵，花薰衣草红色和浅粉红色，狭喇叭形，有香味，花莛水平或稍直立；花被片下弯；雄蕊相当突出。花期仲春到晚春。鳞茎夏季休眠，需要温暖、干燥的条件。此种在国外已作观赏栽培应用（图 3）。

图 3　汤普森假百合（*N. thomsonianum*）的花和种子

有报道假百合与钟花假百合之间存在杂交，即假百合 × 钟花假百合（*N. bulbuliferum* × *N. campanulatum*），但无论是野生种还是杂交种，在未开花时很难区分，Kew 认为钟花假百合是假百合的异名，本属只有 4 种。

徐炳声等（1986）研究表明，假百合属各种的染色体数基本相同，2n = 2x = 24。虞泓等（1996）对云南假百合属的 2 种 5 个居群的核型研究，得出假百合属植物染色体系统不稳定，种间分化比较明显，种内分化剧烈，居群内存在丰富的染色体多态性，居群间存在明显的核型多型性，假百合属植物的进化常通过染色体倍性变异和结构变异来实现。尽管已经有人工栽培，但野生假百合和人工栽培的假百合品质差异显著。

## 四、繁殖和栽培管理

### （一）繁殖

#### 1. 种子繁殖

假百合属植物的花粉活力可以保持 4 ～ 5 周，柱头可授性时间短，一般小于 3 天，从繁殖类型来看属于专性异交。自交结实率极低，杂交结实困难，结实种子绝大多数发育不良，几乎不能有效利用种子繁殖。另外，假百合植株在自然状态下童期长，童期一般需要 2 ～ 4 年，即植株生长达到 8 枚左右叶片时才能开花，多数植株在开花前就已被人为采挖或破坏。因此，种子繁殖在自然状态下很难进行。近几年，对柱头切割、诱导授粉等多种辅助授粉方法进行了研究，取得一些进展，但用于假百合规模化繁殖却收效甚微。

成熟的种子在秋天或晚冬播种。撒播于沙质、排水良好的混合土壤中，保持土壤湿润，几乎不用覆盖。

#### 2. 分球繁殖

目前，假百合主要、简易的繁殖方法仍然是依靠鳞茎分球繁殖。多数小鳞茎是从母鳞茎上分离后才能作为种源，在母株上一般不萌发。受限于繁殖材料和繁殖技术，至今因种源少还未能实现大面积人工栽培。鳞片扦插繁殖是获得较多小鳞茎的一条有效途径，但目前尚未有鳞片规模化扦插繁育的范例。

#### 3. 组织培养繁殖

为了扩大种源，早在 20 世纪 80 年代人们就开始利用组织培养方法繁殖假百合（太白米）。郝玉蓉等（1982）曾对太白米鳞茎愈伤组织的形成和器官分化做了初步研究，发现生长素和激动素、生长素和玉米素配合能促进愈伤组织分化不定芽，其中 0.5mg/L NAA + 0.1mg/L ZT 的效果最好，诱导率可达 89%。将愈伤组织转移到附加有 0.1mg/L IAA + 0.5mg/L KT 的 MS 分化培养基上，培养 40 天左右在愈伤组织表面有芽形成。赵银萍等（2003）利用太白米地下鳞茎作为外植体，在 MS 附加 0.5mg/L NAA、0.1mg/L KT 的培养基上愈伤组织诱导率可达 65%，在 MS 附加 1mg/L 2, 4-D、0.1mg/L KT 的培养基上，鳞茎可经不定根直接发育成新鳞茎。胡本祥等（2005）也对太白米组织培养做了一些研究，提出了太白米组培过程的基本程序与方法，为组培繁殖奠定了一定基础。也有利用生物反应器进行假百合微繁殖体培养的，但尚无用于生产的报道。

### （二）栽培

假百合在我国有 30 ～ 50 年的栽培历史，主要用于药用植物零星栽培。早在 20 世纪 90 年代，胡本祥等（2004）对假百合就进行逐级引种驯化，将生长在 3000m 左右高海拔区域的假百合移栽到 1500m 左右的低海拔山区，并取得了成功，并在陕西省太白林业局建成假百合栽培基地，目前已经繁殖出一批假百合鳞茎，初步总结出一套适宜在较低海拔人工栽培的技术。

国外观赏用假百合露地栽培技术：需要排水良好、富含有机质的土壤。在炎热地区需要高度遮阴，在凉爽地区要求光照充足。在夏末种植鳞茎，深约 8cm，因其枝叶大且开展，球间距要在 30 ～ 45cm。种植后立即浇水以利根系生长，整个冬天直到初夏都要保持土壤湿润；叶子枯萎后，需要一段干燥期。由于假百合植株高大需要立桩支撑，尤其是在露地栽培。假百合也可以种植在大而深的容器中观赏。

### （三）病虫害防治

假百合人工栽培中病虫害少见。注意防止蛞蝓和蜗牛伤害花茎。

## 五、价值与应用

### （一）观赏价值

假百合属植物植株高大，花多，花色典雅，有香气，花期多在夏季。适宜在夏季凉爽或高海拔地区的庭院或岩石园种植，也可盆栽观赏。

### （二）药用价值

假百合属植物小鳞茎富含甾体生物碱苷、酚酸类和黄酮类物质等活性成分，入药，具有宽胸理气、健胃止呕、镇痛止咳等功效。临床上主要用于治疗浅表性胃炎、萎缩性胃炎、胃及十二指肠溃疡、胃痛腹胀等病症；另具有抗肿瘤作用，对胃癌、食道癌、肝癌有一定的疗效，是治疗胃病最具开发潜力的中药之一。

总之，为了更好地保护和有效利用假百合属珍稀的种质资源，在基础理论和应用技术研究方面都须加强。一是进一步开展假百合属植物的遗传多样性和遗传特征研究，从植物亲缘关系方面深入研究假百合、钟花假百合、大叶假百合、汤普森假百合等的遗传差异，进而探讨其相互代用的可行性。二是加强繁殖和生殖生物学研究，摸清生殖障碍对受精结实的影响，打破生殖壁垒，为假百合种子繁殖创造可能。三是利用有限的植株材料，加大营养微繁殖力度，尽快解决生产需要的种源问题，促进和扩大生产规模，满足市场需要。四是广泛开展生态学和生态区划的研究，通过影响生长发育的环境因子及病虫害发生规律的研究，扩大生产区域，提高产量和质量。五是加强资源就地保护研究，减少野生资源的采集。为可持续和拓宽假百合属资源利用提供理论依据和技术支持。

（唐道城　唐楠）

# *Ornithogalum* 虎眼万年青

虎眼万年青为天门冬科（Asparagaceae）虎眼万年青属（春慵花属 *Ornithogalum*）多年生鳞茎类球根花卉。其属名 *Ornithogalum* 由古希腊语 *Ornis*（“bird” 鸟）和 *gala*（“milk” 牛奶）二字组成，即“鸟乳花”。而英文名称为“Star of Bethlehem”或“Chincherinchee”，即“伯利恒之星”，暗示此花与宗教文化以及历史人物的内在联系。首先因“伯利恒”安放着被犹太人奉为“永恒慈母”的拉结（犹太人始祖雅各的妻子）的陵寝以及作为犹太人历史上最伟大的君主——大卫王的故乡，其花朵的形状像犹太教标志六芒星，故用此花作为犹太教的象征。其次，“伯利恒”也是基督教中非常神圣的地方，传说两千年前基督教的创始人耶稣就在犹太伯利恒的一个马厩降生（后成为耶稣诞生教堂），耶稣基督也由此不断活动和传播；后来每年 3 月 19 日（耶稣的养父—圣约瑟夫生日），人们纷纷选用此花前往伯利恒进行祭祀，此花也被作为基督的生日之花。由此来看，“伯利恒”同时作为犹太教和基督教的圣地，此花又被称为“伯利恒之星”，是西方文化的“标志之花”。

该属有 185 个野生种，起源于欧洲、西亚、南非和地中海盆地周围，以及在亚洲西部的小亚细亚半岛（土耳其境内）；南非、荷兰、美国和以色列等国家对其栽培和研究较多，并进行杂交和诱变等，选育出许多切花新品种，也用分子育种的方法进行遗传改良。

虎眼万年青 20 世纪 90 年代引种到中国，中文名称众多。因该属多数植物的花莛长、高雅，犹如美丽的天鹅，故称为“天鹅绒”；因其多在春天 4 月开花，正是春困的时节，也称为“春慵花”；又因其球状鳞茎似葫芦，俗称为“葫芦兰”；而在台湾和昆明等地，因其与著名的百合花有些相似，多称为“圣星百合”；在香港等地，因深绿色的雌蕊长在雪白的花瓣之中，令花朵格外醒目，又被称为“大眼雀梅”或“雀梅”，在我国东北和广东等地栽培时，因其鳞茎晶莹碧玉、秀丽雅致，鳞茎包皮上产生的圆球形籽球，像一粒粒的珍珠，而称其为“珍珠草”；每生长 1 枚叶片，鳞茎包皮上就会长出几个籽球，神似老虎的眼睛，虎虎生威，故常被称作“虎眼万年青”。

我国海峡两岸对虎眼万年青属植物都非常青睐，白花虎眼万年青、橙花虎眼万年青等切花生产和市场销售逐渐扩大；虎眼万年青作为药用植物的产业化研发越来越引人瞩目。虎眼万年青属植物的分子机制等方面的研究也日益深入。希望充分挖掘虎眼万年青属植物的观赏、药用和生态等方面的价值，在建设生态园林、生态文明、美丽中国、健康中国和乡村振兴中发挥更大的作用。

# 一、形态特征

虎眼万年青属植物虽均具有地下变态器官鳞茎，但是根据其生态习性和园艺性状分为常绿和落叶两大类型。常绿的以虎眼万年青和桑德斯虎眼万年青为代表种，落叶的以白花虎眼万年青和橙花虎眼万年青为代表种。这两种类型植物在形态特征、观赏特点、生态习性等方面具有较大差异。

## （一）常绿类型

### 虎眼万年青 *O. caudatum*

鳞茎卵球形，表面光滑，绿色，具膜质鳞茎皮，直径可达10cm。每生长1枚叶片，鳞茎包皮上就会长出几个籽球，形似虎眼，故而得名虎眼万年青（图1A和图1F）。叶基生，5～6枚，带状或长条状披针形，有时稍带肉质，端部尾状长尖，长30～60cm，宽2.5～5cm，先端尾状并常扭转，常绿，近革质（图1B、图1C）。花莛高45～100cm，较粗壮，常稍弯曲；总状花序长15～30cm，排成顶生的总状花序或伞房花序，具多数、密集的花；苞片条状狭披针形，绿色，迅速枯萎，但不脱落；花被片6枚，矩圆形，离生，宿存，长约8mm，白色，中央有绿脊；雄蕊稍短于花被片，花丝下半部极扩大。雄蕊6个，花丝扁平，基部扩大，花药背着，内向开裂；子房2～3室，胚珠多数，花柱短圆柱状或丝状，柱头不裂或浅3裂。蒴果倒卵状球形，具3棱或3浅裂。种子几颗至多数，种皮黑色（图1D、图1E）。

## （二）落叶类型

### 白花虎眼万年青 *O. thyrsoides*

鳞茎乳白色，下端着生须根，细长、众多，根长可达10cm以上。茎极短，叶近基生，丛状披针形，平行脉，叶片厚，叶缘光滑，叶色浓绿，叶片长8～25cm，宽2～3cm，全年生长8～12枚叶片。花莛在5～6枚叶或以上时抽生，着生于叶丛中央，高40～50cm及以上，生长健壮的可达80cm，花莛直而坚韧，基部直径为0.6～0.8cm。绿色总状花序，花被白色，花瓣6，雄蕊6，子房上位绿褐色，花径3.8～4.2cm，花柄处有一个长2cm左右的白色苞片，花柄长2～3cm，单花开放10天左右，

图1 常绿型虎眼万年青（*O. caudatum*）的形态特征

A. 虎眼万年青鳞茎外表皮产生的小籽球；B. 虎眼万年青的盆栽植株；C. 虎眼万年青的叶片下垂；D. 虎眼万年青的花序；E. 虎眼万年青序上的小花；F. 虎眼万年青的鳞茎和根系

边花先开并逐渐向上开放，小花朵数较多，一般在 20 朵以上。

## 二、生长发育与生态习性

### （一）生长发育规律

#### 1. 营养生长期

落叶的白花虎眼万年青和橙花虎眼万年青一般秋季 9 ～ 10 月栽植，在天气凉爽后打破休眠，植株开始恢复生长。首先在鳞茎的基部产生数个白色的不定根，接着白色的鳞茎从顶端逐渐开始变绿，萌生出 1 ～ 2 枚鞘叶，进而发育成为基生叶，之后产生多个基生叶片，叶片不但数量逐渐增多并且变大长宽，叶色变浓绿，此时温度以夜间高于 8℃、白天 20 ～ 25℃以上为宜。其营养生长可一直持续到第二年 3 月下旬或 4 月中上旬。

而常绿的虎眼万年青一年四季植株和叶片都保持苍绿，只要温度适宜都可以生长。

#### 2. 花芽分化与开花期

无论常绿还是落叶的虎眼万年青种类，多在春季 4 ～ 5 月开花，通过温度和栽种时间的调控，少数也可在秋、冬季节开花；而其花芽则是经过头一年漫长寒冷冬季的春化作用在鳞茎内逐渐形成。在第 2 年的 3 月下旬或 4 月上旬，从多个低矮的叶片丛中抽出坚韧挺拔的花梗，花梗不断向上伸长生长，小花从下至上依次开放，形成数十朵小花组成的塔形的无限花序，花序开到 1/3 处的时候，最下部的花开始凋谢，花瓣干枯变黄可自然形成干花，整个花序花期可持续 20 ～ 60 天。

#### 3. 鳞茎形成发育期

多数种类的虎眼万年青的鳞茎是由种子或小鳞茎发育而来的；少数种类的叶片经过诱导后也可以产生珠芽（小鳞茎）。而且不论老的鳞茎外表还是叶片等部位产生形成的小鳞茎（珠芽、籽球），也经历了类似的发育过程成为鳞茎。

#### 4. 休眠期

落叶的白花虎眼万年青和橙花虎眼万年青在每年春季 5 月花期结束后，花瓣枯萎，叶片也很快随之变黄脱落，鳞茎在 5 ～ 6 月进入休眠期，在盛夏高温期间休眠 2 ～ 4 个月（可能长期进化形成以适应不良环境），在 9 ～ 10 月天气凉爽后，才逐渐长出新芽，恢复生长。研究表明，鳞茎收获后，经过 28 ～ 30℃ 6 周时间的贮藏解除休眠，促使其发育成熟，从而在秋植后具备对低温春化处理产生响应的能力。

常绿的虎眼万年青则一年四季保持翠绿色，生长适宜温度在 15 ～ 28℃，夏季温度高于 30℃及冬季温度低于 10℃，植物会生长缓慢直至进入被迫休眠状态，到了适宜的温度后，则又进入了较活跃的生长状态。

### （二）生态习性

#### 1. 光照

常绿的虎眼万年青较喜阳光，亦耐半阴，在晚秋、冬季和早春，光照稍弱或一般时，可接受直射阳光的照射，以利于进行光合作用和形成花芽、开花及结实；当盛夏阳光强烈时，应及时予以遮阴，以免强光灼伤植株。落叶的白花虎眼万年青也较喜光，但忌阳光暴晒，较长时间的光照能够使其提早开花、花莛发育更长、花朵数量增加。

#### 2. 温度

虎眼万年青等四季常绿的种类均喜温暖，最适宜的生长温度为 15 ～ 28℃。怕酷热，炎夏里仍然保持绿色，但是生长缓慢；不耐霜寒，当温度降到 10℃以下时会进入被迫休眠。所以，在栽培管理时要特别注意保持环境温度。北方的冬季，虎眼万年青需移入室内过冬，放在阳光充足、通风良好的地方，温度保持在 6 ～ 18℃，如室温过高，易引起叶片徒长，消耗大量养分，以致翌年生长衰弱，影响正常的开花结果。

白花虎眼万年青等落叶的种类是喜温的，也

较喜冷凉，但惧怕高温。春季开花后随着气温的升高，叶片凋谢枯萎，鳞茎以休眠的状态度过炎热的夏季，待秋季凉爽后，鳞茎开始恢复生长并发出新叶，在寒冷的冬季仍绿意盎然，经过低温的春化作用形成花芽，并于翌年春季开花。

### 3. 湿度

常绿和落叶两种类型的虎眼万年青均喜较干燥的环境，最适空气相对湿度为 40% ～ 65%，空气稍湿润亦可，但不要过于潮湿，否则易腐烂、染病。

### 4. 基质

两种类型的虎眼万年青均较耐干旱、忌积水，因此栽培基质应选择透水性良好的酸性土壤。

### 5. 水质

两者对水质的要求比较严格，pH 要保持 6.0 ～ 6.5，EC 值要保持 1.2mS/cm 左右。

## 三、种质资源与园艺品种

### （一）种质资源

虎眼万年青属植物中比较著名、栽培应用较广泛的种类有虎眼万年青（*O. caudatum*）、橙花虎眼万年青（*O. dubium*）、黄斑虎眼万年青（*O. miniatum*）、塔型海葱（*O. pyramidale*）、桑德斯虎眼万年青（*O. saundersiae*）、白花虎眼万年青（*O. thyrsoides*）和伞花虎眼万年青（*O. umbellatum*）等，阿拉伯虎眼万年青（*O. arabicum*）、高知虎眼万年青（*O. orthophyllum*）、红花虎眼万年青（*O. splendens*）和单叶洋葱百合（*O. unifoliatum*）等种类也逐渐开始受到人们的关注（表 1）。

表 1 虎眼万年青属植物主要栽培的种类

| 中文名 | 学名 | 花色 | 叶型 | 株高（cm） | 主要特点 | 地理分布 | 用途 | 常绿（落叶） |
|---|---|---|---|---|---|---|---|---|
| 虎眼万年青 | *O. caudatum* | 白色 | 线形 | 15 ～ 20 | 鳞茎表皮产生籽球 | 非洲南部 | 观赏和药用 | 常绿 |
| 橙花虎眼万年青 | *O. dubium* | 黄色或橙色 | 披针形 | 30 ～ 50 | 2 枝花梗，花彩色 | 南非 | 观赏 | 落叶 |
| 黄斑虎眼万年青 | *O. miniatum* | 黄色或红色 | 披针形 | 50 | 花彩色，无毒 | 南非 | 观赏 | 落叶 |
| 垂花虎眼万年青 | *O. nutans* | 银灰色带绿色条纹 | 线形 | 25 | 花梗下垂 | 美国 | 观赏 | 落叶 |
| 塔型海葱 | *O. pyramidale* | 白色透明状 | 线形 | 40 | 总状花序，顶端塔形 | 欧洲、前南斯拉夫和罗马尼亚 | 观赏 | 花期结束前就开始枯萎 |
| 桑德斯虎眼万年青 | *O. saundersiae* | 白色<br>乳白色 | 线形 | 7 ～ 10 | 花梗长、花数多 | 南非 | 观赏和药用 | 常绿 |
| 白花虎眼万年青 | *O. thyrsoides* | 白色 | 披针形 | 30 ～ 50 | 繁殖能力强 | 南非 | 观赏和药用 | 落叶 |
| 伞花虎眼万年青 | *O. umbellatum* | 正面白色，花瓣背面有绿色中带 | 线形 | 30 ～ 50 | 花丝披针形或狭三角形 | 欧洲中部至南部、北非、亚洲西南部 | 观赏 | 落叶 |

白花虎眼万年青（*O. thyrsoides*），又称白花天鹅绒、白云花、雪晴青、好望角鸟乳花，是虎眼万年青中的佼佼者。原产南非，20世纪90年代从国外引入中国时，市场上误称之为“雀梅”，北京林业大学资深院士陈俊愉教授亲自将其定名为“白花虎眼万年青”，经过多年的繁殖、栽培和应用，已成为新型的优良切花，在我国花卉市场上颇受欢迎（图2）。

## （二）园艺品种

目前市场上，多数虎眼万年青的栽培品种是由美国和以色列等国家以白花虎眼万年青和橙花虎眼万年青等种类为亲本，进行种间或种内杂交选育而来的，在抗病性、花色、花期、花形及株型等方面进行了遗传改良，并且多可用组培方法大量繁育种苗（表2）。

图2 虎眼万年青属的部分种质资源（徐晔春 等）

A. 白花虎眼万年青切花瓶插；B. 橙花虎眼万年青花序；C. 橙花虎眼万年青盆栽；D. 阿拉伯虎眼万年青；E. 垂花虎眼万年青；F. 伞花虎眼万年青

表2 虎眼万年青属的主要栽培品种

| 品种名 | 花色 | 叶型 | 株高（cm） | 抗性 | 花期（天） | 花莛数（枝） | 亲本 |
|---|---|---|---|---|---|---|---|
| BCOR-09001 | 橙黄色 | 披针形 | 50 | 一般 | 40 | 50 | 橙花虎眼万年青 |
| BCOR-09002 | 橙黄色 | 披针形 | 25～40 | 一般 | 42 | 50 | 橙花虎眼万年青 |
| BCOR-12001 | 白色 | 条形至披针形 | 21 | 强 | 40 | 30 | 白花虎眼万年青 |
| Bethlehem | 白色 | 条形至披针形 | 43 | 强 | 40 | 100～120 | 白花虎眼万年青 |
| Chespeake starlight | 白色 | 50～60 | 55～60 | 强 | 42 | 50～60 | 白花虎眼万年青 |
| Chespeake Sunshine | 金黄色 | 线形 | 15～20 | 强 | 35～42 | 25～30 | 橙花虎眼万年青 |
| Chespeake Sunset | 橙红色 | 线形 | 7～10 | 强 | 35～42 | 20～25 | 橙花虎眼万年青 |

续表

| 品种名 | 花色 | 叶型 | 株高（cm） | 抗性 | 花期（天） | 花莛数（枝） | 亲本 |
|---|---|---|---|---|---|---|---|
| Chespeake Blaze | 橙色 | 线形 | 18 ～ 20 | 强 | 40 | 35 ～ 40 | 橙花虎眼万年青与白花虎眼万年青 |
| Chespeake Snowflake | 白色 | 披针形 | 20 ～ 30 | 强 | 35 ～ 42 | 50 | 白花虎眼万年青 |
| Chespeake Sunburst | 明黄色 | 线形 | 15 ～ 20 | 一般 | 21 ～ 28 | 30 ～ 40 | 白花虎眼万年青与橙花虎眼万年青 |
| Damascus | 白色 | 披针形 | 40 | 强 | 40 | 100 ～ 125 | 白花虎眼万年青 |
| Lourdes | 橙色 | 条形、披针形 | 40 | 一般 | 40 | 50 | 橙花虎眼万年青 |
| Mfprinstar | 浅橙色 | 线形 | 60 | 强 | 42 | 40 | 橙花虎眼万年青 |
| Mfyellstar | 明黄色 | 线形 | 60 | 一般 | 42 | 25 | 橙花虎眼万年青 |
| Namib Sunrise | 橙黄色 | 带形 | 15 ～ 30 | 一般 | 30 ～ 60 | 15 ～ 20 | 橙花虎眼万年青 |
| Namib Sun | 橙黄色 | 线形、带形 | 50 | 一般 | 35 ～ 42 | 50 ～ 60 | 橙花虎眼万年青 |
| Namib gold | 橙黄色 | 舌状 | 81 | 一般 | 42 ～ 49 | 45 | 橙花虎眼万年青 |
| Oranjezicht | 橙黄色 | 披针形 | 26 | 一般 | 35 | 18 | 橙花虎眼万年青 |
| Tipper | 白色 | 披针形 | 40 | 一般 | 42 | 38 | 白花虎眼万年青 |

注：以直径 2 ～ 3cm，周长 8 ～ 10cm 规格的鳞茎为例，每个种球的园艺性状和田间表现会随着气候、土壤和栽培措施等因素产生变化，仅供参考。

## 四、繁殖技术

### （一）种子繁殖

6 ～ 8 月收获成熟的虎眼万年青的种子，去除杂质后用透气的牛皮纸包裹起来，放进冰箱 4℃冷藏保存。播种前，将种子先用 5% 次氯酸钠消毒 2 分钟后，再用无菌的蒸馏水冲洗，然后点播于铺垫了 2 层滤纸的一次性培养皿上，置于 23℃条件下进行催芽，7 ～ 10 天种子萌发后，将其移栽于 10cm 的花盆中并用霍格兰营养液浇灌。虎眼万年青的种子播种后，种子中的合子胚进行分裂，成为原胚，并经过球形胚、香蕉胚等阶段发育成熟，并分化产生胚芽鞘、胚芽、叶原基、根尖和茎尖等器官，体积上也不断发育膨大成为鳞茎和植株。约 2 个月后将已经长大的植株于休眠期移栽到 10cm 的花盆中，这两次移植的花盆都要在温度为 25℃和通风、光照良好的温室中进行养护管理。播种繁殖需要 3 ～ 4 年才能开花。

### （二）分球法

母株上老鳞茎会在其外表皮上产生一定数量的籽球（小鳞茎）。待地上茎叶枯萎、地下鳞茎成熟后挖起，将老鳞茎上的籽球剥落分离，重新培育后成为新的植株。籽球培养到开花仅需 1 ～ 2 年时间。

### （三）双鳞片扦插法

取直径大于 20cm 的虎眼万年青的鳞茎，将鳞茎盘向上，从上往下纵切为 16 ～ 20 块，确保每个切块均带有鳞茎盘，先在 500 ～ 1000 倍的多菌灵中浸泡 30 ～ 40 分钟，然后在鳞茎盘的切口处蘸上生根粉，将其插入高温消毒的基质中（草炭土、珍珠岩和蛭石按照 3∶1∶1 混合而成），放置于 25℃左右的阴凉条件下培养，待其长出新的不定芽和根系后，即用于栽培。

### （四）组培快繁

播种繁殖后代易产生变异，而用上述两种营养繁殖方法不但繁殖速度慢、增殖系数低、取材受限、需要时间长，而且受到气候等外界条件的制约；而组培技术能显著提高繁殖系数，节约时间，遗传性状相对稳定，且不受季节气候等外界条件的限制，能实现优质种苗的工厂化、规模化生产，已成为虎眼万年青生产和研究的重要繁殖手段之一。

虎眼万年青属植物进行组培快繁，根据外植体来源不同，可分为鳞片和心芽、花序（花柄）以及叶片 3 种方法：

#### 1. 鳞片和心芽

首先将虎眼万年青的健康种球在 4℃低温下放置 14 ～ 16 天，直到种球萌芽，然后用手术刀片沿着种球纵向从上到下切割为 4 块，注意不要伤到鳞茎中心的心芽，每块均要带有鳞茎盘，将单个完整的心芽剥离，并将各块剥离成单个的鳞片，每个鳞片及心芽的底部均要带有鳞茎盘，加入洗洁精并放在自来水下冲洗 30 分钟以上，然后在超净工作台上用 75% 酒精浸泡 1 ～ 2 分钟，再用 5% 次氯酸钠消毒 10 分钟，无菌水冲洗 3 次，吹干后接种到 MS + 1mg/L 6-BA 的不定芽启动培养基上。接种的心芽直接置于光照条件下培养，至心芽发育长大并于基部分化出幼芽；鳞片先放置于黑暗条件下培养，至其切口分化出芽点后，再置于光照条件下培养，促使分化出幼芽。再将分化出 3 ～ 4 个芽体的鳞片转接到 1/2 MS + 1mg/L 6-BA 增殖培养基中培养。直至生长出 3cm 以上的不定芽后，接种到 1/2MS + 0.1mg/L NAA + 0.2mg/L IBA + 1g/L 活性炭的生根培养基中诱导其生根。生根后进行炼苗，然后取出生根苗洗净、消毒和移栽，并放于遮阳网下，成活后正常管理。

#### 2. 花序（花柄）

将虎眼万年青花序下端较幼嫩的花柄剪下，在超净工作台上先用 75% 酒精浸泡 1 ～ 2 分钟，然后用 5% 次氯酸钠消毒 5 分钟，无菌水冲洗 3 遍。把灭菌后的花柄剪切成长度 3 ～ 5mm 的小段，接种于 MS + 2mg/L 6-BA 的诱导培养基上进行愈伤诱导。待其长出黄绿色的愈伤时，再将其转接到 MS + 0.15mg/L NAA + 2mg/L KT 的培养基上促使其分化出不定芽。然后将产生的不定芽转到 1/2MS + 1.5mg/L NAA 的培养基上进行根的诱导，植株生根后移栽。

#### 3. 叶片

取橙花虎眼万年青新萌发的叶片为外植体，用自来水冲洗干净后，用 75% 酒精浸泡 1 ～ 2 分钟，再用 5% 次氯酸钠消毒 15 ～ 20 分钟，无菌水冲洗 3 ～ 5 次后，将叶片剪成 1cm，先接种到 MS + 0.1mg/L NAA + 1mg/L 6-BA 的分化培养基上进行愈伤和不定芽的诱导。待长出不定芽后再转接到 MS + 0.1mg/L NAA + 0.5mg/L 6-BA 的继代培养基上促使其生长和增殖。待再生芽长到 3cm 后，将其从基部切下转入生根培养基或无糖培养系统中促使其生根，生根移栽等步骤同上。

虎眼万年青属的极少数种类具有“叶上珠芽”现象，如白花虎眼万年青、黄斑虎眼万年青和橙花虎眼万年青及其杂交种等。其叶片具有较强的再生能力，可以在激素诱导下从其切口或表面的叶脉上产生珠芽进而形成植株。这种“叶上珠芽”的再生方式更加简洁高效，也为种球的繁育及分子育种提供了新的思路和途径（图 3）。

### （五）鳞茎采后处理

对鳞茎进行温度和激素处理是切花或盆花促成栽培的关键环节。研究表明，其影响到花芽发育、花梗长度、花序数量、开花时间和持续长短等方面。

#### 1. 鳞茎预冷处理和贮藏温度对开花的影响

通过预处理结合贮藏温度调节，可以调控白花虎眼万年青开花时间。首先，鳞茎贮藏温度与生长发育速度呈明显的负相关（贮藏温度在 5 ～ 30℃范围内），如鳞茎在 5℃贮藏 14 周

图3 白花虎眼万年青的“叶上珠芽”诱导、成苗和开花

A. 未经诱导的离体叶片；B. 离体叶片诱导后，叶片上始有小白点出现，叶上珠芽启动发生；C. 叶片上的小白点膨大变绿成绿球，叶上珠芽逐渐发育成熟；D. 叶上珠芽发育完全成熟，“顶生芽，基长根”，“母叶上生根，落地就成苗”；E. 一段叶片再产生多个生长健壮、根系发达的优质种苗，移栽易成活，适应性强好管理；再生方式简洁高效、新颖奇特，栽培管理节约生态、简约粗放；F. 叶上珠芽产生的种苗在移栽生长后 5 ～ 8 个月后即开花，数十朵花在总状花序上依次开放，达 1 个月；花朵美丽且时间长，叶也可赏；且繁殖快、抗逆强、栽培简易，值得推广

开花最早（栽植后 136 天就可开花）；而贮藏在 30℃则需要 175 天才能开花。其次，延长鳞茎贮藏时间可以缩短生长周期以提前开花。如先对鳞茎进行 5℃预冷处理 6 周后，再进行 30℃为期 32 ～ 172 天的贮藏，每延长 14 天的贮藏时间，就可以相应提前开花，明显减少了从栽种到开花所需要的天数。

橙花虎眼万年青的鳞茎用 9℃和 17℃进行预处理可提高开花质量，而在 13℃进行 3 周的预处理，比其他温度处理能够显著增加花梗的长度，并缩短营养生长时间提前开花。

#### 2. 贮藏温度对鳞茎成熟和花芽分化与发育的影响

将刚刚收获的、茎尖正处于营养生长阶段的白花虎眼万年青鳞茎，用 28 ～ 30℃处理 6 周，就能加速鳞茎内的茎尖从营养生长到生殖生长的转变和花芽的形成。

在白花虎眼万年青的叶片衰老前，其鳞茎的发育不十分成熟，经过 30℃条件下贮藏半年的处理，可诱导幼嫩的鳞茎发育成熟从而提高开花质量（开花早且开花多）。

#### 3. 鳞茎贮藏温度对花序数量的影响

白花虎眼万年青的鳞茎用 10℃处理 3 ～ 4 周或 13℃处理 3 周，可产生 2 个以上花序。

## 五、栽培技术

### （一）露地切花栽培

虎眼万年青属不少种类观赏价值均较高，均可作为切花栽培，但以白花虎眼万年青和橙花虎眼万年青应用最多。首先，白花虎眼万年青具有花期长、抗逆性强等优点，是新型优良切花，亦可作为盆花、地被和生态修复等，用途较广泛。其次，橙花虎眼万年青是极其少见的具有彩色花朵的种类，亮丽的黄色、橙色或橙红色花瓣颇为引人注目；每个种球可出 2 枝花穗，每枝花穗着花 20 ～ 30 朵，小花形成金字塔形的无限总状花序，依次开放，超长的花期可持续 1 ～ 2 个月，观赏价值极高；且养护管理简易，使其成为家庭消费和园林绿化栽培的明星产品。

因其夜间温度一般要求在 8 ～ 10℃以上，所以在我国亚热带等冬季较温暖的地区，如四川、云南等地，可以进行露地栽培；而在温带等冬季较寒冷的地区，如北京、山东等地，以及需要进行种球处理和花期调控处理等，则需要采用保护地栽培。

1. 品种、种球选择及种前处理

秋季或早春种植均可。白花虎眼万年青多数品种种球的周长 5cm 以上的可栽培开花；橙花虎眼万年青部分品种的周长达到 3 ～ 6cm，就具有开花能力；两者均有种植 6 ～ 8 个月后就可以开花的记录。种植前 3 周要求在通风良好的条件下，经 17℃处理后再进行种植。

2. 土壤消毒处理

应选择富含有机质、疏松和排水良好的沙质壤土，种植前用高锰酸钾等消毒剂对土壤进行消毒处理。

3. 种植

不同种类的种植深度和栽植密度有差异。虎眼万年青的种球要有 1/3 ～ 2/3 露出栽培基质的表面，不但有利于植株呼吸透气及健康生长，亦可观赏其晶莹剔透的鳞茎。而白花虎眼万年青等种类则要求球根种植深度以球根颈部微露出基质表面为宜，可以促进提早开花，若深植易生长不良。也有部分种类及较大的种球要求种植深度以球根上部覆土 5 ～ 10cm 为宜。球间距离为 10 ～ 20cm，过于密植则生长不良。

4. 肥水管理

白花虎眼万年青等种类均要求良好的通风条件，栽种后应立即浇透水，以后每 1 个月浇 1 次透水，每次随水追 1 次稀薄的液肥，如磷酸二氢钾或复合肥等。对钾、亚磷酸等养分要求不十分严格，种植的第 1 年应施高钾低氮的肥料，以利植株扎根生长；第 2 年开始可以施氮磷钾比例平均的标准肥。

5. 植物生长调节剂的使用

对直径 3 ～ 4cm 的鳞茎处理效果较好，用 100μg/g 的 6-BA 浸泡处理能加快叶片萌动和花梗从叶丛中抽出。用 50μg/g 的 6-BA 处理能获得更大的花朵并使花期持续时间更长。而用 75μg/g 的 6-BA 浸泡处理直径稍大的鳞茎能加快花朵的开放，从栽种到开花只需 180 天，比未处理的提前了 1 ～ 3 个月的时间。

6. 种球采收与处理

白花虎眼万年青和橙花虎眼万年青等品种的种球花后要及时停止灌水施肥，去掉残留的花梗，减少养分消耗，翌年花开得会更茂盛。在开花之后，不要把叶片剪去，可继续光合作用，以贮存充足的养分于鳞茎之中，准备休眠。于叶片自行凋萎 1 个月后掘起鳞茎进行清洗后，风干、分级和贮藏。贮藏时需要一直保持 25℃的适宜温度。先在良好通风条件下晾晒 3 ～ 4 周，再置于空气相对湿度 60% ～ 70% 的条件下，一直到秋天再种植。如运输可装入透气的网袋中。栽种前，如果盆栽应在 17℃处理 4 周；若作切花促成栽培应在 9℃处理 4 周。

## （二）设施切花栽培

1. 种植

自然分生的籽球，组培繁殖的种苗均可用于切花生产。一般于第一年的 10 ～ 12 月初栽种于温室。在种植前，先每亩施基肥 500kg，再进行整地做畦。畦宽 1.5m，株行距为 10cm × 20cm。覆土稍盖住鳞茎顶部或鳞茎上覆盖 2 ～ 3cm 的土壤均可；覆土较厚的情况下，往往会影响鳞茎的呼吸而造成叶片萌发出土延迟。

2. 肥水管理

白花虎眼万年青有较强的适应性，对土壤的养分、水分虽然要求不是很高，但是在充足的光照和肥沃的土壤条件下，能使植株生长更加健壮、株型饱满、叶色浓绿、花繁叶茂；如光照肥水缺乏时，植株的长势明显下降，叶色变浅且易向下翻卷，同时也会造成开花不良，影响切花的产量和品质。每月追施 2 次有机肥，在开花前每亩追施磷酸二铵 15kg，也可每 10 天喷 1 次 0.2%

磷酸二氢钾，以促进开花和保持叶片绿色。同时要保持良好的通风，严格控制土壤基质的湿度，防止积水，以防鳞茎和植株腐烂。

3. 温度和光照的调控

白花虎眼万年青对温度的要求是夜间应大于8℃，白天在20～25℃为宜；生产切花的光照强度为20000～28000lx。如将温度与日照结合进行调控，则昼夜温度为22℃/18℃（昼/夜）和长日照条件下质量最好。昼夜温度27℃/22℃并在长日照条件下能够促进提早开花；适度低温和较长日照也能增加花梗长度；二次较低的温度处理和长日照能够提高每支花梗上花朵的数量，而高温的作用恰恰相反。遮光率20%的适度遮阴能延长花期和增加花梗长度。

### （三）切花采后处理

1. 采收时间

当花序的基部有5～6朵小花开放时即可采收，花梗基部至少应保留5cm以上，采后立即放于水中保鲜，防止脱水。

2. 预处理

切花采收后，用玻璃纸包裹在4℃冷藏3天，或立即放入去离子水中，并用钙离子拮抗剂等进行预处理，可有效抑制花茎的弯曲及乙烯的形成。

3. 瓶插与水养

切花瓶插并放置于室温27℃左右、空气相对湿度65%左右的环境下，可维持较多的花朵开放，降低落花率和折茎率。水养的重点在于水位不可过深，花茎基部插入水中吸水即可。勤换水并于每次换水时以利刃切除花茎基部，促进吸水。瓶插放置在通风位置。

4. 染色

白花虎眼万年青为获得多样化的花朵色彩，可用浓度小于1%的染色剂进行染色。花枝插入染色剂经过30分钟，就可以看到花苞有染色的情形，但是最好不要超过48小时。因为染色过度，会出现花茎严重下垂的问题。在采用明矾作为媒染剂的情况下，曙红黄色指示染料具有较好的效果，用黄色纺织染料进行染色则可保持120天后也不变色。

5. 干花

白花虎眼万年青是比较适合制成干花的，可自然晾干，也可用微波炉和干燥剂做成干花来长期保存观赏。

### （四）盆花栽培

虎眼万年青作为盆栽观赏较多，白花虎眼万年青和橙花虎眼万年青亦有作为盆栽观赏者，栽培要点如下：

1. 种植

盆栽用盆径12cm的花盆。小苗装盆时，先在盆底放入2cm厚的粗粒基质或者陶粒作为滤水层，其上撒施一层充分腐熟的有机肥料作为基肥，厚度为1～2cm，再盖上一层基质，厚1～2cm，然后放入植株，应注意将肥料与根系分开，避免烧根。上盆用的基质可以选用下面的任意一种：草炭:珍珠岩:陶粒=2∶2∶1；草炭:炉渣:陶粒=2∶2∶1；锯末:蛭石:中粗河沙=2∶2∶1。栽植深度为5～6cm，每盆种3～5株或球。种植后浇透水。

2. 肥水管理

虎眼万年青等对肥料的要求中等，种植的第1年应施高钾低氮的肥料，以利植株扎根生长，第2年开始可以施氮磷钾比例平均的标准肥。在叶片还是绿色的时候可以每月施肥1次，开花后叶片开始枯萎，此时应停止施肥，减少浇水，使植株能顺利进入休眠。温度和光照等按照切花栽培的管理即可。

## 六、病虫害防治

### （一）病害及其防治

花叶病毒病，病毒由蚜虫传播，可用2.5%鱼藤精800倍液喷杀防治。灰霉病是常见的真菌病害，可用百菌清、苯来特、代森锰、代森锰锌等交替防治。

### （二）虫害及其防治

夏季高温多湿季节若通风不良易发生蚜虫危害，并传播花叶病毒病，需及时使用 40% 氧化乐果乳油 1000 倍液或 2.5% 鱼藤精 800 倍液喷杀防治。

## 七、价值与应用

### （一）观赏价值

虎眼万年青属植物在园林中可广泛用于庭院、地被、花境等绿化美化中，也常作切花、盆花生产。其坚韧挺拔的花莛可长达 1m，每枝花序上着花数十朵，无限花序自下而上依次开放，整个花序的花期超长，达 20 ～ 60 天，观赏效果极佳，并且生命力旺盛、蓬勃向上而富有朝气，适应性强，栽培管理简易。作为鳞茎类球根花卉中的一朵奇葩，已经成为家庭消费，园林绿化栽培和商品切花、盆花生产的优质花卉产品。

### （二）文化价值

虎眼万年青的拉丁属名起源于希腊语，英文名字“伯利恒之星”，意味着是犹太教和基督教及其圣人的特定之花。一是花朵形状像犹太教标志六芒星（大卫之盾 Shield of David）；二是每年 3 月 19 日被选来祭祀耶稣的养父——圣约瑟夫，而犹太教和基督教的圣地都是伯利恒。故其作为“伯利恒之花”，成为犹太乃至西方宗教文化的标志。

虎眼万年青又融入了东方文化。最初引入中国时多在南方地区种植，一般多为渔民。因发现具有抗菌消炎、消毒去肿等药效，每个出海的渔民都会在自己的渔船上放盆虎眼万年青备用，成为“健康长寿、富贵吉祥”的象征，也有希望“平安归来，一帆风顺”的寓意。其晶莹剔透的鳞茎上长出的圆球形的籽球像老虎的眼睛，又有“虎虎生威，虎气生生”神韵。

虎眼万年青的花语也内涵丰富。首先因 6 枚花瓣聚拢在一起开放，看起来像六角星紧密排列，所以作为“相聚团结”的象征，通常作为花束或捧花。其次表示敏感，因花对光线变化反应灵敏，正午光强时，花瓣会自然卷起来。另外，植株四季常青，叶片碧绿有光泽，给人以生机盎然、蓬勃向上的感觉，成为青春永驻、容颜不老的象征。也可表示为友谊长存。还有“好运”“吉祥”“祝福”“不变的爱”等含义。

### （三）药用价值

虎眼万年青属中的部分种类，如虎眼万年青和桑德斯虎眼万年青，含有虎眼万年青皂苷、多糖和生物碱等有效成分，药用价值极高，近年来对其药用成分逐渐展开研究，并在吉林和广东等地进行了较大面积栽培，并研制成虎眼万年青胶囊应用于临床，为提高人民的健康服务。

### （四）生态价值

高知虎眼万年青（*O. orthophyllum*）等种类生态适应能力较强，且对重金属具有良好的耐受性和富集能力，应用于污染较严重的工矿废弃土地和重金属污染的土壤，进行植物生态修复具有广阔的应用前景。

（姜福星）

# *Oxalis* 酢浆草

酢浆草是酢浆草科（Oxalidaceae）酢浆草属（*Oxalis*）多年生草本植物。其属名源自希腊文 *oxys*（“sharp”锋利）和 *hals*（“salt”盐），意指该植物酸性汁液的味道。英文通用名称有 Shamrock plant（三叶草），Goodluck plant（幸运草）和 Wood sorrel（浆草）等。中文名称酢浆草中的酢读作 cù，同醋，所以酢浆草顾名思义就是汁液酸酸的草本植物。酢浆草属是酢浆草科中非常大的一个属，据估计有 500 多种。在地球上分布甚广，但绝大多数种集中生长在南非的沿海地区和秘鲁南部到南美洲最南端的区域。大多数种不是球根植物，其中许多种还是入侵植物，自播繁衍迅速而且难以根除。但是，仍有一些迷人的、表现良好的种被引种栽培，用于商业生产。

## 一、形态特征

多年生草本。原产南非的种通常具有鳞茎，原产南美和其他地区的种则多具有块茎或肉质根状茎。植株的茎匍匐或披散。叶互生或基生，指状复叶，通常有 3 小叶，呈圆形、心形或尖枪形，小叶呈螺旋形排列，大小一致，在无光时闭合下垂；无托叶或托叶极小。一些种类的叶子倾角会不断改变，以适应强烈的光照。花基生或为聚伞花序式，总花梗腋生或基生；花黄色、红色、淡紫色或白色（图 1）；萼片 5，覆瓦状排列；花瓣 5，覆瓦状排列；雄蕊 10，长短互间；子房 5 室，每室具 1 至多数胚珠，花柱 5，常二型或三型，分离。果为室背开裂的蒴果，果瓣宿存于中轴上。种子具 2 瓣状的假种皮，种皮光滑。有横或纵肋纹；胚乳肉质，胚直立。

图 1　酢浆草叶色和花色的多样性
A. 绿叶紫心；B. 紫叶；C. 粉花；D. 黄花

## 二、生长发育与生态习性

### （一）生长发育规律

红花酢浆草（*O. corymbosa*）主要以膨大的根状茎繁殖并且生长发育迅速，生育期短，仅为 90 天左右，为地上开花、地下结球的草本植物（罗天琼 等，1997）。根状茎休眠期为 7 个月，适宜发芽出苗的温度为 10 ～ 20℃，发芽出苗时期、出苗率与其在土层中分布深浅有关，但一年生根状茎长出的幼苗很少抽薹开花。红花酢浆草不管是密植还是稀植，均能现蕾、开花、结根状茎，对环境适应性极强。刈割不会损伤生长点，并且持续小雨对其再生特别有利。红花酢浆草的侵占性很强，在抽薹前便可将整个地面覆盖，能抑制其他植物的萌发和生长。

### （二）生态习性

红花酢浆草抗逆性极强。影响生长的主要因素为光照、温度、水分。

#### 1. 光照

红花酢浆草为喜光植物，但在任何光照条件下都可以成活，具有很强的生命力（沈娟，2010）。在露地全光下和树荫下均能生长，但全光下生长健壮，植株丰满，花多而繁。花、叶对光有敏感性，晴天早晨开放、晚上闭合。在夏季高温强光下，进行适当的遮阴处理可安全越夏（上海）。红花酢浆草随着遮阴程度的增加，其植物体内相对含水量、干物质、叶绿素都在增加，且在遮光率达 92% 的荫蔽条件下生长相对良好，叶片宽大，叶绿素含量增加，符合耐阴植物的标准。

如果处于强光直射下，红花酢浆草叶子卷曲泛黄，部分叶子有灼伤现象；有遮阳网的红花酢浆草的叶子仍旧是深绿色。紫叶比绿叶喜光。

#### 2. 温度

红花酢浆草原产南美巴西，性喜荫蔽、湿润的环境。4 ～ 5 月和 8 月下旬至 11 月上旬是生长高峰期，红花酢浆草和紫叶酢浆草在 22℃生长最快，也是成坪最快的时候。在炎热的夏季生长缓慢，连续高温（超过 31℃）对红花酢浆草和紫叶酢浆草生长不利。最佳种植时期红花酢浆草为 3 月和 9 月，紫叶酢浆草为 9 月。

红花酢浆草抗寒力较强。华北地区可露地栽培；在豫西南地区未发现根状茎受冻现象，在 0℃以上的冬季基本上常绿；在大连地区于背风向阳的小气候条件下，也可露地越冬。

#### 3. 水分

以上 2 种酢浆草在湿润的环境条件下生长良好，株型丰满，花多而繁茂。干旱缺水则生长不良，短时缺水后及时补水，对植物生长影响不大；如果长期缺水，植株会发黄、萎蔫，补水后也会影响株型和花期。但是耐短期积水。

#### 4. 土壤

喜微酸性、富含有机质的土壤。

## 三、种质资源

酢浆草属有 500 余种，除了极地外，在世界各地均有分布，在巴西、墨西哥的热带及南非物种尤其丰富。我国有 5 种 3 亚种 1 变种，其中 2 种是驯化的外来种（中国植物志编委会，1998）。主要的球根类型的种如下：

#### 1. 银叶酢浆草 *O. adenophylla*

原产智利南部和阿根廷，从湿润的碎石坡地到海拔 2400m 以上的山地均有分布，1905 年引种。块茎小、细长，覆盖着由老叶基部形成的大量纤维。株高 5 ～ 10cm；叶片莲座状，无毛，具多数小叶。单花，花径约 2.5cm，浅至深丁香粉色，在花瓣基部形成深紫色的中心。花期晚春至初夏。喜充足的阳光，要求排水良好的土壤。若冬季不太潮湿，可耐受 -12℃的低温。荷兰主栽种。

#### 2. 大花酢浆草 *O. bowiei*

原产南非。具有皮鳞茎，纺锤形。株高约 25cm，冠幅 15cm。花深紫粉色，花径约 4cm，具有黄绿色喉部。花期春至初夏（原产地 3 ～ 5 月）。此种与芙蓉酢浆草很相似，但花更大。

#### 3. 红花酢浆草 *O. corymbosa*

又称铜锤草。原产南亚和东亚、南美和太平洋岛屿地区，1826 年引种。根状茎纺锤形，包裹着由老叶基部形成的似鳞片的皮膜，籽球多数。株高约 15cm；叶基生；小叶 3。总花梗基生，二歧聚伞花序，通常排列成伞形花序式，萼片 5；花瓣 5，花淡紫色、紫红色、罗兰紫至玫紫色；

雄蕊10枚；子房5室。花期春至夏。中国长江以北各地作为观赏植物引入，南方各地已逸为野生，日本亦然。生于低海拔的山地、路旁、荒地或水田中。因其根状茎繁殖系数高，故繁殖迅速，常为田间杂草。

4. 黄花酢浆草 *O. pes-caprae*

又称Bermuda buttercup（百慕大毛茛），Englishweed（英国杂草），Woodsorrel（木本酸叶草）。原产南非（西开普省、纳马夸兰）和纳米比亚，1757年引种。具有皮鳞茎，很小。株高25～30cm；叶片鲜绿色，三叶草状，深秋时节叶面常出现棕色斑点。花鲜黄色，多数，每茎着花3～20朵，花期冬末或初春（原产地5～10月）。此种植物在温和气候条件下是一种有害生物，难以根除。在美国，它被视为有毒杂草禁止商业应用。但在非洲，则用其叶片和花朵煮在山羊奶中做成可口的粥。我国作为观赏植物引种，北京、陕西、新疆等地有栽培。

5. 芙蓉酢浆草 *O. purpurea*

原产南非（纳马夸兰至开普半岛），1812年引种。鳞茎黑色，球状到卵球形。株高2.5～5cm。花玫红、罗兰紫或粉红和白色，喉部黄色；花期秋至冬末（原产地4～8月）。

6. 三叶草 *O. regnellii*

原产秘鲁、巴西、玻利维亚、巴拉圭和阿根廷。根状茎褐色，具瘤状突起。株高约25cm，绿叶带紫色斑点。花淡粉色到白色，花期春至夏。变种var. *triangularis*，具有紫红色、三角形的叶子和粉红色的花。

7. 四叶酢浆草 *O. tetraphylla*

又称Good luck leaf plant（好运叶植物），Iron cross plant（铁十字植物），Lucky clover（好运三叶草），Four-leaved clover（四叶三叶草）等。原产墨西哥。有皮鳞茎球形，黑色或深棕色，直径约4cm，可食用。株高25～30cm。三叶草状复叶具有4枚带红色斑点的小叶。伞形花序，花紫粉、玫红或红色，喉部黄绿色。花期仲夏至晚夏。品种有‘Alba’，花纯白色；‘Iron Cross’（铁十字），在叶片上有“十”字形的棕色斑纹。

8. 双色冰淇淋酢浆草 *O. versicolor*

原产南非，1774年引种。有皮鳞茎，黑色，圆灯泡形。株高5～20cm。花白色或紫白色，边缘紫色，喉部淡黄。花期冬至晚春（原产地5～11月）。变种var. *flaviflora* 花黄色。

## 四、繁殖技术

红花酢浆草在北京地区未发现结实现象，主要的繁殖方法有分球繁殖、切割繁殖和组织培养繁殖。

### （一）分球繁殖

红花酢浆草地下根状茎纺锤形，具有极强的分生能力。老根状茎萌芽后在根颈部形成新根状茎，新根状茎旁侧生籽球，可利用新根状茎和籽球繁殖。红花酢浆草的连体茎可以分离为母根状茎、芽根状茎、叶根状茎3种。这3种根状茎中母根状茎具有直接分生根状茎的能力，直径2～2.5cm，具残留叶痕，在叶痕处着生有潜伏芽，可先后萌发长成根状茎。芽根状茎为母根状茎上生长的籽球，球体直径为0.5～0.8cm，要生长到第2年才能开花。叶根状茎是由芽根状茎上长出的带叶根状茎，可开花，直径1.2～1.5cm，当其生长发育后即成为母根状茎。母根状茎当年就可以开花，栽培二年生的母根状茎，每株可以繁殖20～30株，而且成活率很高（图2）。

图2 红花酢浆草（*O. corymbosa*）根状茎的类型

A. 母根状茎与其根颈部萌生的新根状茎；B. 叶根状茎；C. 芽根状茎

（二）切割鳞茎繁殖

鳞茎类的酢浆草为增加繁殖系数，在分球繁殖时，可将大鳞茎纵向切割成数块，每块附带茎盘和 2 ～ 3 个芽点（鳞片间的腋芽），单独栽植。切割鳞茎繁殖宜在春季，成活率较高。栽上 1 个多月即可发出新叶片，当年就能开花。

（三）组培快速繁殖

以红花酢浆草的小芽为外植体，在 MS+0.5mg/L BA + 0.2mg/L NAA 的培养基上，经过 3 个月的培养可一次成苗，采用微型扦插的方式达到增殖目的。小芽在 MS+2mg/L BA + 2mg/L NAA 的培养基上经过 60 天的培养，丛生芽的增殖效率达 10 倍，可用于规模化种苗生产。芽条在 MS+1.5mg/L $PP_{333}$ 的培养基上培养 30 天，所有茎节上的腋芽膨大形成珠状结构，珠芽从母株上取下可生长为完整试管苗。另外，芽条在 MS+ 0.5mg/L NAA + 0.5g/L AC +8% 蔗糖的液体培养基上培养 90 天，可形成纺锤形的试管根状茎。单个根状茎在合适条件下无休眠，可以继续生长发育为试管苗。试管苗和试管丛芽可以在温度为 12℃和空气相对湿度 60% 条件下保存 10 个月以上（李春芳 等，2011）。

## 五、栽培管理

### （一）露地栽培

红花酢浆草生长迅速、花期长，花红叶绿、花叶繁茂，能快速成坪，较快地覆盖地面，可在林缘向阳处或疏林下作地被植物，最佳栽植时期为 4 月。新生籽球一般栽培 2 年才能开花，如果当年需见到效果，则应选择个体大、颜色深的籽球。

红花酢浆草在一般土壤中也能生长，但在肥沃、疏松及排水良好的沙质土壤上生长最快，也可以栽植在黄土 + 沙土的混合土壤中。

在夏季要注意浇灌，保证水分供应，不能过干，过干则影响植株正常生长和开花。

生长期每月施 1 次有机肥，稍加肥水管理，则生长迅速，开花不断。叶丛十分稠密，覆盖地面使杂草难以生长，具备较高的抗旱能力。8 月适于施磷钾肥，保证花朵繁茂，延长花期；9 月施磷钾肥和氮肥，促进植物的叶片生长，给延续花期提供营养物质；10 月适当施氮肥，促进植株的营养生长，叶片覆盖地面使杂草难以生长。

冬季要对根状茎进行覆盖或者挖出根状茎贮藏于大棚。

球根类酢浆草虽可连续生长多年，但不耐重茬，否则病虫害加重，分生繁殖力也会下降，需要更新复壮。如红花酢浆草经过几年生长后，易出现植株相互拥挤、根部上移、长势衰弱、花量减少、花期缩短等退化现象。春季气温回升时，红花酢浆草便开始分蘖，根状茎上方生长的植株根颈部逐渐膨大，形成新的根状茎。随着这种分蘖次数的增加和新根状茎的生长，根状茎不断上移，使根系逐渐接近地面，这种现象称为“跳根”。种植五六年的红花酢浆草，大部分根状茎已跃出地面，长势明显衰弱，易受日灼和冻害，且易感染病虫害。更新复壮可结合分球繁殖进行，最佳分球时间为 3 月初至 4 月末。夏季休眠后，也是分球复壮的良好时期。将挖取的红花酢浆草去除枯残叶，并摘除约 1/2 的老叶，以减少栽植后蒸腾失水。用利刀切除下部老根状茎，留新根状茎重新栽植，可使其更新复壮。

### （二）温室盆花栽培

紫叶酢浆草、银叶酢浆草、四叶酢浆草等是美国、荷兰温室生产的商品盆花（盆径 10cm），冬季 12 ～ 24℃催花 4 ～ 10 周不等，1 ～ 2 朵花初开时即可在冬春上市（表 1）。

### （三）病虫害防治

红花酢浆草有较强的抗病虫能力。除浓荫地块和重茬连作地块有少量病虫害发生外，其余地块无病虫害发生。夏季受高温干燥气候影

**表 1　部分酢浆草盆花促成栽培技术参数**（Nau，2011）

| 植物名 | 学名 | 花色 | 贮藏器官 | 促成温度（℃） | 促成周数（周） |
|---|---|---|---|---|---|
| 银叶酢浆草 | *O. adenophylla* | 粉色 | 鳞茎状块茎 | 12.2 ～ 15.0，接 17.8 | 4 ～ 5 |
| 三叶草 | *O. regnellii* | 白色或粉色 | 鳞茎状根茎 | 21.1 ～ 23.9 | 6 ～ 8 |
| 四叶酢浆草 | *O. tetraphylla* | 玫红或玫粉色 | 有皮鳞茎 | 12.8 ～ 16.1 | |
| 紫叶酢浆草 | *O. triangularis* | 粉色 | 有皮鳞茎 | 21.1 ～ 23.9 | 6 ～ 10 |
| 双色冰淇淋酢浆草 | *O. versicolor* | 白带玫红，粉边 | 有皮鳞茎 | 10.0 ～ 16.1 | 7 ～ 9 |
| 火山酢浆草 | *O. vulcanicola* | 黄橙色 | | 21.1 ～ 23.9 | 6 ～ 8 |

响，容易发生红蜘蛛危害，造成叶片发黄、生长不良，注意选用强内吸性杀虫剂如阿维菌素和螨卵净等，在叶子发黄初期，要及时全面喷防，可用 5% 阿维菌素 3000 倍液喷雾，应连续喷药 2 ～ 3 次。应该结合其他不发生红蜘蛛的地被植物搭配使用，并注意营造半阴环境，可减少病虫防治成本，并在夏季保持应有的景观效果。尚未发现红花酢浆草病害，但 5 ～ 10 月是其生长旺季，也是病害高发期，需要注意观察，提早预防。

## 六、价值与应用

### （一）观赏价值与应用

球根类酢浆草因花色、叶色多样，花大、花期长等特色常作为庭园观赏植物。红花酢浆草具有植株低矮、整齐，花多叶繁，花期长，花色艳，覆盖地面迅速，又能抑制杂草生长等诸多优点，是替代草坪植物的良好材料，或作为缀花草坪的模纹植物，便于形成各种边框或图案，于台地、阶旁、沟边和沿路栽植，色彩鲜艳，富有自然韵味，既美化环境，又可防止水土流失。在庭院绿化中作为花坛、花境植物可成片栽植，最好与孤植树、林荫树配植。在建筑物的北侧背阴处成片种植，可以达到四季常青、三季有花的效果。若与其他绿色和彩色植物配合种植，就会形成色彩对比感强烈的不同色块，产生立体感丰富、层次分明的美丽景观。

红花酢浆草的盆栽造型小品还具有古雅清奇、盘根错节的观赏点（图 3）。

**图 3　酢浆草的观赏应用**
A. 盆栽；B. 盆景；C. 缀花草坪

### （二）经济价值

球根类酢浆草肉质的地下贮藏器官内富含淀粉，动物喜欢取吃。南非的科萨人（Khosa）用研磨的球根治疗儿童的绦虫病。酢浆草的叶子可用于去除衣服上的墨渍。个别种的幼茎和嫩叶可当蔬菜用，许多国家也曾作为沙拉食用，但富含草酸，不利于健康，大量食用则有害，常作兔饲料。红花酢浆草药用的中药名为铜锤草，以全草入药。主要含草酸盐成分，性酸，寒。有清热利湿、解毒消肿、凉血散瘀的功效。

（刘青林）

# *Polianthes* 晚香玉

晚香玉是石蒜科（Amaryllidaceae）晚香玉属（*Polianthes*）的多年生块茎类球根花卉，APG IV 分类系统已将其并入龙舌兰属（*Agave*），归入天门冬科（Asparagaceae）。其属名来源于希腊语 *polios*（"gray" 灰白的）和 *anthos*（"flower" 花），意指花的颜色。晚香玉属有 13 个种，均原产于墨西哥。晚香玉花繁叶茂，姿叶潇洒，花色淡雅，花形优雅别致。每当夜幕降临，散发浓郁花香，故又被称为夜来香、月下香。目前世界各地都有种植，单瓣品种在法国南部、希腊、摩洛哥、埃及和中国等地有大规模栽培，主要是作为提炼香料精油的材料；中南美洲地区及亚洲的印度、斯里兰卡、日本和中国等地也作切花栽培；美国、泰国、斯里兰卡、印度等国，还将它做成花环来迎宾，或供奉于佛前。2004 年天津引种栽培，江苏省沭阳县新河、沭城等镇部分花农引进试种成功，总体北方比南方栽培的多。花朵洁白如玉、香气袭人，宜在庭园中布置花境或丛植、散植于石旁、路旁及草坪边缘花灌丛间，是夜花园的极佳布置材料。此花还可入药，鲜花和花蕾可食，根可清热解毒、消肿。

## 一、形态特征

晚香玉具有圆锥形至长圆形的鳞茎状块茎，上半部鳞茎状，为多数叶基所包围，下半部为块茎。基生叶片 6 ～ 9 枚簇生，带状披针形，长 30 ～ 40cm，质软而下垂；茎生叶短，长仅 15 ～ 30cm，基部抱茎呈苞片状，绿色，有光泽，全缘。花莛从块茎顶端抽出，直立，不分枝，高达 50 ～ 100cm；总状花序，着花 10 ～ 20 朵，花朵对生，单瓣或重瓣，白色，从下而上逐渐开放，有浓香，特别是夜晚香味更浓。雄蕊 6 枚，着生于花被管中，内藏；子房下位，3 室，花柱细长，柱头 3 裂。蒴果卵球形，顶端有宿存花被；种子黑色，多数，稍扁。开花期为 7 ～ 10 月（图 1）。

图 1　晚香玉形态特征

A. 总状花序；B. 花序上的小花；C. 地下器官——鳞茎状块茎

## 二、生长发育与生态习性

### （一）生长发育规律

晚香玉在其原产地为常绿草本，多生长在林地或灌木丛中，气温适宜则终年生长，四季开花，但以夏季最盛；而在中国作露地栽培时，因大部分地区冬季严寒，故只能作春植球根栽培，春季萌芽生长，夏、秋开花。花芽分化于春末夏初生长期进行，此时期要求最低气温20℃左右，但也与块茎营养状况有关。晚秋后，低温下植株枯萎并进入强迫休眠期。

### （二）生态习性

1. 光照

喜全日照，但夏季避免烈日暴晒。

2. 温度

生长适宜温度为20～30℃，临界的夜温为2℃，日温为14℃。花芽分化于春末夏初进行，此时温度要求最低保持20℃左右。抗逆性强，但不耐霜冻

3. 湿度

喜湿，但怕积水。在湿度较低且不积聚太多水的地方长势良好。

4. 土壤

要求土层深厚、肥沃、排水良好的黏质土壤或壤土。

## 三、种质资源与主栽品种

### （一）种质资源

在墨西哥发现的种质资源有19种，部分见表1。其中常见观赏栽培的2种。

1. 双花晚香玉 *P. geminiflora*

基生叶片簇生，狭窄光滑，叶全缘或有不规则突起，叶鞘无毛。花被红色、粉红色、橙色或橙绿色，总状花序，花序轴不分枝，管状花。

2. 晚香玉 *P. tuberosa*

基生叶簇生，线形，顶端尖，深绿色。穗状花序顶生，花乳白色，花被管基部稍弯曲，长圆状披针形。花期7～9月。

表1 在墨西哥发现的部分晚香玉种质资源

| 中文名 | 学名 | 叶部主要特征 | 花部主要特征 |
|---|---|---|---|
| 双花晚香玉<br>2个变种 | *P. geminiflora* var. *clivicola* | 基生叶片簇生，狭窄光滑，全缘叶呈薄半透明或透明，叶鞘无毛 | 花被红色、粉红色、橙色或橙绿色，总状花序，花序轴不分枝，管状花 |
| | *P. geminiflora* var. *geminiflora* | 基生叶片簇生，叶缘有不规则突起，叶鞘无毛 | 花被红色、粉红色、橙色或橙绿色，总状花序，花序轴不分枝，管状花 |
| 禾叶晚香玉（新拟） | *P. graminifolia* | 叶鞘具短柔毛，边缘具纤毛 | 花被红色、粉红色、橙色或橙绿色，总状花序，花梗基部被短柔毛 |
| 霍华德晚香玉（新拟） | *P. howardii* | | 花被红色、粉红色、橙色或橙绿色，总状花序 |
| 长花晚香玉（新拟） | *P. longiflora* | | 花被随着生长由白色变粉红色，穗状花序，无花梗，花被筒较长 |
| 蒙大拿晚香玉（新拟） | *P. montana* | | 花被颜色随着生长由白色变粉红色，穗状花序，有花梗 |
| 平叶晚香玉（新拟） | *P. platyphylla* | 叶狭卵形，先端尖 | 花被颜色随着生长由白色变粉红色，穗状花序，无花梗，花被筒较短 |
| 晚香玉 | *P. tuberosa* | | |
| 维纳斯晚香玉（新拟） | *P. venustuliflora* | 基部叶片簇生，线形叶片先端锐尖 | 穗状花序，有花梗 |
| 扎波潘晚香玉（新拟） | *P. zapopanensis* | 叶鞘无毛，边缘锯齿状，无纤毛 | 花被红色、粉红色、橙色或橙绿色，总状花序，开花时，花序轴通常分枝，无花梗 |

### （二）主栽品种

晚香玉（*P. tuberosa*）栽培应用最广泛，并培育出不少优良品种，此种的主要栽培变种和品种（图2）有：

var. *flore-pleno*：植株较高而且粗壮，花朵多、重瓣，花被淡紫晕，香味较淡，花期5～10月。

'纯白'（'Albino'）：为一芽变形成的单瓣品种，花为纯白色。

'矮珍珠'（'Dwarf Pearl'）：矮生品种。

'墨西哥早花'（'Mexican Early Bloom'）：单瓣，早生品种。周年开花，以秋季为盛。

'珍珠'（'Pearl'）：半重瓣品种，茎高75～80cm，花序短，着花多而密。花冠筒短。

'重瓣高茎'（'Tall Double'）：大花重瓣品种，花茎长，宜作切花。

'斑叶'（'Varigate'）：叶长而弯曲，具金黄色条斑，形态十分优美。

图2　晚香玉（*P. tuberosa*）的部分品种

A.'The pearl'；B.'Pink Sappire'；C.'Cinderella'；D.'Yellow Baby'

## 四、繁殖技术

一般用分球法繁殖，亦可播种。

### （一）分球繁殖

春季进行。母球自然增殖率很高，每个母球可分生10～25个籽球（当年未开过花的母球分生籽球少些）。大籽球（11g以上）当年可开花，小籽球（11g以下）培养1～2年可长成开花球。当年开过花的老球（即"残球"）已不能再开花，只能作为繁殖籽球的材料栽培。

### （二）播种繁殖

播种主要用于培育新品种。晚香玉自花授粉，但由于雌蕊成熟期晚于雄蕊，所以自然结实率很低，必须人工辅助授粉。其种子发芽适温为25～30℃，播种1周可发芽。

### （三）露地种球生产

#### 1. 选地与整地

选择海拔800m以下，年平均温度在20℃以上，全年无霜，背风向阳，肥沃潮湿而不积水的黏质壤土。播前半个月整地深耕，将地表下的潮湿土壤翻到地表，使其自然松散，做畦，畦宽1～1.2m，畦长8～10m。施足发酵好的有机粪肥，每亩施肥5吨，配合$(NH_4)_2HPO_4$ 50kg。将肥料与土壤混合均匀，翻到30cm以下，将土地整平。并用40%氟乐灵喷施地面除草，浓度和用量为每亩100～200g 40%氟乐灵+50～60kg水。

#### 2. 种植方法

露地栽培种植时间是4月中旬。种植前取出冬季贮存的母球，选择球径2.5cm以上，无病虫害，顶芽及根盘完整的种球，将母球周围着生的籽球取下，用浸种剂十八烷醇（喷施宝）5ml加50kg水稀释后浸种24小时晾干种植，或用冷水浸泡一夜。栽种深度应掌握"深长球、浅抽莛"的原则，深栽有利于块茎的生长和膨大，浅栽有利于开花，所以栽种当年开花的大球一般以覆土后使整个顶芽露出土面为宜；若是培养当年不能开花的小球，覆土应厚些，以顶芽略低于土面或与土面持平为度。大球行距15～18cm，株距15～18cm，畦宽1～1.2m，畦长 8 ～ 10m，每畦地栽 6 ～ 7 行，种植密度为 23000 ～ 25000 粒 / 亩。小球行距 10cm，株距 15 ～ 18cm，每畦地栽植 9 ～ 10 行，种植密度为 33000 ～ 36000 粒 / 亩。在备好的畦面上双行条栽，行距 20cm × 15cm，每公顷保苗 22.5 万～ 30 万株。

### 3. 栽培管理

栽种后要浇足水，覆盖地膜，出现杂草就要及时拔除。叶片生长初期浇水不宜过多。花莛抽生前，以营养生长为主，施 1 次富含磷、钾的肥水进行"蹲苗"，追肥结合浇水，第 2 天松土，有利于根系发育。1 个月左右出芽，出芽返青之后要人工破膜，使顶芽外露。当有 30% 的芽破土后要补水并经常松土，出芽后用 20% 腐熟的人粪尿液追肥 1 次。当植株生长进入旺盛期，宜勤浇水保持土壤湿润，生长中期进行追肥，当叶片长 3 ～ 4cm 时追施 1 次 20% 腐熟的人粪尿液肥，待叶片长 7 ～ 8cm 时第 2 次追肥，抽莛和开花前要充分灌水，保持土壤湿润，雨季要注意排水。抽莛后施第 3 次肥，以磷、钾肥为主。盛花以后再施 1 次腐熟的人粪尿，以促进块茎生长。每次施肥后第 2 天要浇水并及时进行松土以利于养分的吸收。花谢之后将花梗从茎节处剪去，再追肥 1 ～ 2 次，促使块茎生长充实。夏季至仲秋要勤浇水，保持土壤湿润而不积水。只要湿度、光照、水肥适宜，自 7 月开花，可陆续开花不绝。地上茎若高过 60cm，宜立支柱加以护持，防植株倒伏。

我国大部分地区（除华南外）栽培的晚香玉，都是因为秋末冬初气温降低，不能入室养护，才被迫休眠。秋季经霜后，茎叶停止生长，上冻前将球根掘出。如果留地下越冬，为防受冻腐烂，应用枯叶、干草、马粪之类覆盖，经 2 ～ 3 个月于 4 月挖出分栽。

### 4. 种球收获

（1）**种球采收与处理：**晚香玉不耐低温，10 月霜降前及时挖球。将块茎用锄刀挖出，把根盘上的老根剁掉，种球上部留 3 ～ 4 枚叶片，其余叶片去掉，放在畦埂上暴晒，然后去掉块茎上的泥土并进行分球，将籽球剥下作为繁殖材料。约 10 个种球为一把，用留下的 3 ～ 4 片叶编成蒜辫状，将 2 个蒜辫状大把捆在一起，挂在木架子上，架子应放在背风向阳处，继续将其晒干，霜降后立冬前将架子和种球移入室内贮存，并按照开花种球质量等级标准进行分级。

晚香玉开花种球在冬季贮藏过程中，冷湿常造成中心芽褐变，来年无花，北京黄土岗花农自创的"熏"块茎方法，可有效解决这一问题。即在贮藏室内生火加温，使室温高达 25 ～ 26℃持续 2 周，以"熏"去块茎和贮藏室内的水分和潮气，等到块茎的外皮见干，可逐渐降低至 17 ～ 20℃，以后整个冬天都保持此温度，不可太高或太低。太高则芽易过早萌动，太低则易受冻、变潮。但在阴天或雪雨天，可适当提高温度以降低空气湿度；翌年春季地面返潮时，也要稍微提高温度，一直"熏"到种球出室下种为止。秋天入室后如未能立即生火升温，或春天出室前降温过早，都对块茎的花芽分化与发育，甚至栽种后不能开花。

（2）**开花种球的分级：**不同开花种球质量等级标准见表 2 和表 3（天津市质量技术监督局，DB12/T 370—2008）。

**表 2　单瓣晚香玉开花种球质量等级**

| 评价项目 | 一级 | 二级 | 三级 |
| --- | --- | --- | --- |
| 种球周长（cm） | ≥ 10.4 | ≥ 8.0 | ≥ 6.1 |
| 饱满度 | 鳞茎硬实，鳞片丰满肥厚 | 鳞茎紧实，鳞片较厚 | 鳞茎松散，鳞片瘦薄 |
| 病虫害 | 无病虫害斑点 | 无明显病虫害斑点 | 无明显病虫害斑点 |
| 冻害 | 无冻害症状 | 无明显冻害症状 | 无明显冻害症状 |

表 3　重瓣晚香玉开花种球质量等级

| 评价项目 | 一级 | 二级 | 三级 |
|---|---|---|---|
| 种球周长（cm） | ≥ 11.3 | ≥ 8.8 | ≥ 6.6 |
| 饱满度 | 鳞茎硬实，鳞片丰满肥厚 | 鳞茎紧实，鳞片较厚 | 鳞茎松散，鳞片瘦薄 |
| 病虫害 | 无病虫害斑点 | 无明显病虫害斑点 | 无明显病虫害斑点 |
| 冻害 | 无冻害症状 | 无明显冻害症状 | 无明显冻害症状 |

## 五、栽培技术

### （一）切花栽培

#### 1. 栽植前处理

经贮藏的块茎，因其很干燥，故在栽植前须将块茎浸入水中，让其充分吸收水分以利发芽。

#### 2. 种植时间

为使周年供应切花，可在 2 ～ 11 月分批次在保护地栽植。

#### 3. 种植要求

晚香玉温室栽种块茎密度为 50 ～ 60 个 /$m^2$，深度通常以球顶微露土面为宜。晚香玉喜肥，栽植时沟底先撒上腐熟的有机肥作基肥。基肥上覆盖 5 ～ 6cm 的细土，切忌块茎直接同肥料接触，然后将块茎放入，覆土后稍压实即可。

#### 4. 水肥管理

块茎出叶后 1 个月时间应尽量少浇水，进行“蹲苗”以促进根系发达，植株生长健壮，此时如果肥水过多，则会造成叶片过茂，开花少，掌握不干不浇的原则；当植株生长进入旺盛期，宜勤浇水保持土壤湿润，生长期间追肥 3 ～ 4 次。第 1 次在叶片长到 3 ～ 4cm 时追施腐熟的有机液肥，浓度宜在 20% 左右；待叶片长 7 ～ 8cm 追施第 2 次；抽莛后追施第 3 次，以磷、钾肥为主，浓度约 40%；切花采收后追肥 1 次，以磷钾肥（40% $KH_2PO_4$）为主，适量浇水，培育壮球。每次施肥后第 2 天要浇水并及时进行松土，以利植株的吸收。

#### 5. 切花采收与分级

（1）**切花采收：**当花序上基部的小花有 2 ～ 3 朵开放时即可采收，最好在清晨进行，采切下来的切花先暂放在阴凉处，尽快预冷处理。

（2）**切花分级：**晚香玉切花产品质量等级标准见表 4 和表 5（天津市质量技术监督局，DB12/T 292—2006）。

表 4　单瓣晚香玉切花产品质量等级

| 项目 | 一级（占所检样品的 95% 以上） | 二级（占所检样品的 90% 以上） | 三级（占所检样品的 85% 以上） |
|---|---|---|---|
| 花茎的整体感 | 具有本品种特性，整体感和新鲜程度极好 | 具有本品种特性，整体感和新鲜程度好 | 基本具有本品种特性，整体感和新鲜程度一般 |
| 花形 | 花形完整优美 | 花形完整 | 花形完整 |
| 花茎 | 1. 粗壮挺直均匀<br>2. 长度≥ 110cm | 1. 挺直均匀，略有弯曲<br>2. 95cm ≤长度＜ 110cm | 1. 略有弯曲<br>2. 80cm ≤长度＜ 95cm |
| 花序长 | ≥ 28cm | 16cm ≤花序长＜ 28cm | 6cm ≤花序长＜ 16cm |
| 花朵对数 | ≥ 17 对 | 14 对≤花朵数＜ 17 对 | 9 对≤花朵数＜ 14 对 |
| 采切时期 | 花序基部 1 ～ 3 朵小花开放时 | | |

续表

| | | | |
|---|---|---|---|
| 病虫害 | 符合国标，无病虫害斑点 | 符合国标，无明显病虫害斑点 | 符合国标，允许有轻微病虫害斑点 |
| 损伤等 | 无药害、冷害、机械损伤等 | 基本无药害、冷害及机械损伤等 | 有轻度药害、冷害及机械损伤等 |
| 装箱容量 | 依品种每10支、20支捆绑成一扎，每扎花茎长度最长与最短的差别不超过3cm | 依品种每10支、20支捆绑成一扎，每扎中花茎长度最长与最短的差别不超过5cm | 依品种每10支、20支捆绑成一扎，每扎中花茎长度最长与最短的差别不超过10cm |

**表5 重瓣晚香玉切花产品质量等级**

| 项目 | 一级（占所检样品的95%以上） | 二级（占所检样品的90%以上） | 三级（占所检样品的85%以上） |
|---|---|---|---|
| 花茎的整体感 | 具有本品种特性，整体感和新鲜程度极好 | 具有本品种特性，整体感和新鲜程度好 | 基本具有本品种特性，整体感和新鲜程度一般 |
| 花形 | 花形完整优美 | 花形完整 | 花瓣边缘略有损伤 |
| 花茎 | 1. 粗壮挺直均匀<br>2. 长度≥97cm | 1. 粗壮挺直均匀<br>2. 85cm≤长度＜97cm | 1. 挺直略有弯曲<br>2. 74cm≤长度＜85cm |
| 花序长 | ≥50cm | 35cm≤花序长＜50cm | 20cm≤花序长＜35cm |
| 花朵对数 | ≥20对 | 15对≤花朵数＜20对 | 11对≤花朵数＜15对 |
| 采切时期 | 花序基部1～3朵小花开放时 | | |
| 病虫害 | 符合国标，无病虫害斑点 | 符合国标，无明显病虫害斑点 | 符合国标，允许有轻微病虫害斑点 |
| 损伤等 | 无药害、冷害、机械损伤等 | 基本无药害、冷害及机械损伤等 | 有极轻度药害、冷害及机械损伤等 |
| 装箱容量 | 依品种每10支、20支捆绑成一扎，每扎花茎长度最长与最短的差别不超过3cm | 依品种每10支、20支捆绑成一扎，每扎中花茎长度最长与最短的差别不超过5cm | 依品种每10支、20支捆绑成一扎，每扎中花茎长度最长与最短的差别不超过10cm |

（3）**切花保鲜处理：**晚香玉切花保鲜的适宜配方为12g/L蔗糖+60mg/L 6-BA+400mg/L 8-HQC+100mg/L酒石酸，保鲜效果明显。处理后的瓶插寿命比对照长6天，花序上70%的小花都可开放，提高了观赏品质。

（4）**切花包装、标识、贮藏和运输**

①包装　各层切花反向叠放箱中，花朵朝外，离箱边5cm；小箱为10扎，大箱为15扎；装箱时，中间需捆绑固定；纸箱两侧需打孔，孔口距离箱口8cm；纸箱宽度为30cm或40cm。

②标识　必须注明切花种类、品种名、级别、花茎长度、装箱容量、生产单位、采切时期。

③贮藏条件　采用干藏方式。温度保持在7～10℃，空气相对湿度要求90%～95%。

④运输条件　温度要求在8～10℃；空气相对湿度保持在85%～95%。采用干运。

### （二）盆花栽培

为满足冬春季对晚香玉的需求，可在大棚或温室盆栽晚香玉。宜用直径20cm左右的花盆，每盆植3～4个块茎，块茎周围放些细沙，再填入培养土。球顶要露出土面，浇足水后，放在阳光充足又通风之处，盆土每天要保持适当湿度。自出苗至抽出花莛期间，施2次以氮肥为主的肥水。浇水应视盆土的干湿而定，不能过湿。抽出花莛后，每周施1次磷、钾为主的肥水，并注意浇水，直到绽蕾吐香。11 月植球，2 月开花；2 月植球，5 ～ 6 月开花。

家庭盆栽晚香玉，种植时间多为春季。在花盆底部铺上约 1/5 深的细碎砖块，以利于排水，之后填入少量土壤。用手扶正晚香玉块茎，置入盆中，然后继续填土，用手轻轻压实。向盆中浇透水分，放置于阴凉处，生长开花期间保持土壤潮湿即可。6 月进入花期，第 1 批花谢后，8 ～ 9 月又抽生花莛，开花能力大大提高；如果冬季室温保持 20℃以上，阳光充足，通风良好，2 个月即可开花，花后继续加强肥水管理，使块茎充分发育，翌年 5 ～ 10 月仍能继续开花。在秋、冬、春季室温不低于 5℃，且光照条件良好的地方，可以在花谢后将盆花移入室内作为常绿花卉栽培；即使室温降至 5℃以下，只要不低于 0℃，虽外缘大叶干枯，但心叶仍可碧绿无伤，块茎膨大和花芽分化照常进行，第 2 年春再换土、施基肥分栽即可，而且这种经过冬季保护栽培的块茎，第 2 年开花早而且多。

## 六、病虫害防治

### （一）病害

#### 1. 晚香玉叶枯病

症状主要表现为叶尖、叶缘常见发病，逐渐发展为褪绿色黄斑，扩大后呈黄褐色不规则形斑块，严重时病叶干枯，病部产生黑色小粒（分生孢子器）。可在夏末每隔 7 ～ 10 天喷 1 次 1 : 1 : 200 波尔多液和 2% $FeSO_4$ 溶液 1000 倍液与 50% 退菌特 1000 倍液。

#### 2. 晚香玉炭疽病

可由多种炭疽病菌引起，症状主要表现为叶片出现边缘暗褐色、中央浅褐色或灰白色病斑，病斑周围可见褪绿晕圈。后期，病斑上可见呈轮纹状排列的黑色小粒点（分生孢子盘）。潮湿时，可出现粉红色黏液。可喷施 75% 甲基托布津可湿性粉剂 1000 倍液，或 80% 炭疽福美可湿性粉剂 1700 倍液，或 75% 百菌清可湿性粉剂。

#### 3. 晚香玉叶斑病

主要是危害叶片，首先从基部叶片开始发病，初期叶尖处褪绿变黄，逐渐向叶基部扩展，叶尖由淡黄色渐变为褐色，直至叶尖焦枯。病健处交界明显，湿度大时可产生灰黑色霉层。可用 75% 百菌清可湿性粉剂 1250 ～ 2000 倍液，或 50% 代森锰锌可湿性粉剂 1250 ～ 2000 倍液，或 50% 克菌丹可湿性粉剂 1250 ～ 2000 倍液，每隔 10 天喷 1 次。

### （二）虫害

#### 1. 害虫

危害晚香玉花序的有花蓟马、黄胸蓟马、棉铃虫；危害叶部的有二斑叶螨、桃蚜以及地下害虫华北蝼蛄。危害症状主要表现为植株生长缓慢，株矮、萎黄、叶片数减少、花数减少、花茎变短、生长衰弱，甚至植株死亡。被害花冠出现灰白色点状痕和褐色斑，花瓣萎缩，严重时花瓣破碎，或将花瓣咬成缺刻状或吃光花瓣，并排泄粪便，污染花序变褐枯萎；危害幼苗和根部，影响营养运输，直接影响观赏和商品价值。

防治黄胸蓟马和花蓟马，可在花前喷施 10% 氯氰菊酯乳油 200 ～ 330 倍液、50% 马拉硫磷乳油 1000 倍液或 40% 乙酰甲胺磷乳油 1000 倍液。防治二斑叶螨可喷洒清源保 1700 倍液、乐斯苯 1000 倍液、1.8% 齐螨素乳油 125 ～ 330 倍液，严重发生时要注意浇水、补偿植株因干旱和螨害所受的影响。防治桃蚜可选用 10% 氯氰菊酯乳油 200 ～ 330 倍液或 2.5% 溴氰菊酯乳油 200 ～ 330 倍液，提倡交替使用不同类型药剂，以免蚜虫产生抗药性。保护地栽培晚香玉可用 15% 涕灭威（铁灭克）颗粒剂，盆径 20cm 的花盆用药 2g，盆径增大，可适量增加用药量，埋入盆土内覆土浇水。

#### 2. 线虫

病状主要表现为植株生长缓慢，株矮、萎

黄、叶片数减少、花数减少、花莛变短、生长衰弱，甚至不能开花。可选用兼有杀线虫作用的杀虫剂连同华北蝼蛄等地下害虫同时防治。如甲基异柳磷，用药量 40% 乳油 200mL/ 亩，用麸皮 5kg 配制毒饵施入土中；或用 20% 乳油 700mL 兑水 400L 沿行浇灌。其余还可选用克百威、灭多威、丙线磷、克线磷等药剂。

## 七、价值与应用

### （一）观赏价值

园林植物配置中，晚香玉常用于花坛布景和花境的营造中。晚香玉花莛较长，花具有洁白、清香的特点，且花期较长，因此也是众多花束、插花中常用的配花。株高可达 1m，栽种比较容易，花朵盛开后装饰效果较好，也经常被用作盆栽植物。晚香玉开花后在晚上会散发出浓郁的香味，让人感觉到呼吸困难，不宜养在室内，其花语有“危险的快乐”之说。

### （二）经济价值

晚香玉除了观赏价值外，还具有药用及其他经济价值。晚香玉性味甘、淡、凉，其根可清热解毒、消肿，用于治疗白浊。花可利尿，花的愈伤组织培养精制所得到的酸性杂聚糖（由阿拉伯糖、甘露糖、半乳糖、葡萄糖醛酸和木糖组成），用做抗癌药。

另外，晚香玉还是提取香精的原料，做香水、香囊等；其浸膏的主要成分有香叶醇、橙花醇、乙酸橙花酯、苯甲酸甲酯、邻氨基苯甲酸甲酯、苄醇、金合欢醇、丁香酚和晚香玉酮等，用于食品，则能赋予食品独特的晚香玉香气。

（刘慧芹）

# *Ranunculus asiaticus* 花毛茛

花毛茛是毛茛科（Ranunculaceae）毛茛属（*Ranunculus*）多年生块根类球根花卉。其属名来源于拉丁语 *rana* — “little frog”（小青蛙），因许多种生长在潮湿的地方而得名。英文名称 Butter cup（毛茛），Asiatic crowfoot（亚洲毛茛）或 Persian butter cup（波斯毛茛）。这个种原产于地中海东部，希腊岛到土耳其（也称为小亚细亚）的区域，在那里已经栽培几个世纪。早在 16 世纪由土耳其人 Carolus Clusius 传入欧洲，之后从欧洲又传到南非、北美和日本。目前花毛茛在世界各国均有栽培，以其冬春季开花特性、鲜艳多样的花色、修长的花梗和优良的瓶插寿命，成为冬春季鲜切花市场的重要花材；矮生类型作促成盆栽花卉；亦可露地种植作花坛、花境等园林景观应用，具有较高的观赏和经济价值，故商业上称其为“Florist Ranunculus”——花毛茛。

20 世纪 90 年代末我国云南开始花毛茛切花的规模化生产。中文别名芹菜花、陆莲花；因其花朵开放时似牡丹，在云南斗南花卉交易市场称之为“洋牡丹”。

## 一、形态特征

### （一）地上部形态

株高 25 ～ 60cm。植株基生叶阔卵形，具长柄，茎生叶无柄，叶形似芹菜叶，为二回三出羽状复叶；单花着生枝顶或数朵着生于叶腋抽生的花茎上，花径 3.5 ～ 10cm，最大可达 13cm，有重瓣、半重瓣和单瓣，花色有紫红、粉红、玫红、橘红、橘黄、深黄、淡黄、黄底红边、白色、乳白等单色或复色，自然花期 4 ～ 5 月，花后结出由瘦果紧密排列而成的聚合果，呈柱状，种子 1300 ～ 1500 粒 /g（图 1）。

### （二）地下部形态

花毛茛块根纺锤形，是营养繁殖的主要器官。块根常数个聚生于根颈部，是分株繁殖的主要材料。种子繁殖的新生块根呈“爪”形，单个花毛茛块根生长一年后，形成 1 ～ 4 个新生的小块根，多年种植后多个块根簇生于根颈部，每个块根由多个棒状根茎组成，块根的根茎长 2 ～ 2.5cm，根茎粗 0.2 ～ 0.4cm。块根的

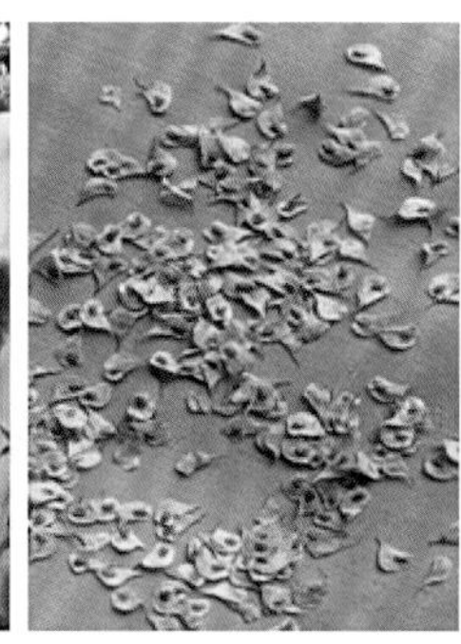

图 1　花毛茛形态特征（植株、花、聚合果、种子、块根）

开花数量受块根大小和品质影响，健康的、大的块根与开花数量呈正相关。通常周长 3cm 以上的块根可用于切花生产，单个块根花枝产量为 6 ～ 8 支；周长 9cm 的干燥块根可年产花枝 20 支左右。种子繁殖的小块根，当年便可产花。

## 二、生长发育与生态习性

### （一）生长发育规律

#### 1. 营养生长

花毛茛块根催芽结束定植于大田展叶后即开始了营养生长。秋末种植需要进行遮阴降温处理，以加速植株的营养生长。10 月上旬种植的花毛茛植株营养生长历时 60 ～ 80 天，当气温和日照长度逐渐变化，日照长度缩短为 6 ～ 8 小时开始进行花芽分化转入生殖生长。

#### 2. 花芽分化与发育

花毛茛属短日照植物，6 ～ 8 小时短日照条件下，气温 0 ～ 25℃，植株均可完成花芽分化形成花枝。低温状态下花枝生育期长、花枝粗壮、花苞大，25 ～ 30℃高温条件下花枝细弱、花苞瘦小。冬季催芽种植的花毛茛块根可以快速进行花芽分化进入生殖生长。

#### 3. 块根的形成与繁殖

花毛茛种子萌芽生成小苗，实生苗移栽转入大田生长至具 4 ～ 5 枚叶片，气温逐渐升高且昼夜温差加大时开始形成块根。花毛茛块根的形成和增殖生长主要集中在 2 月初至 4 月下旬，当块根增殖生长至形成 4 ～ 5 个聚合块根后，就可以采收了。一般在夏初地上部开始枯萎、块根进入休眠状态时采收。块根采收后经过晾晒干燥处理，干缩状态的个体块根会松动散开，形成新的繁殖体，即可进行自然分株繁殖。

#### 4. 块根休眠与解除

花毛茛无生理性休眠，植株遇高温或干燥环境条件块根进入被迫休眠。如遇 30℃以上高温时植株停止生长，叶片发黄衰老，块根进入休眠。遮阴条件下，温度低于 15℃，块根处于湿润状态或空气相对湿度超过 80% 即解除休眠开始萌芽，但未经浸泡处理的块根萌芽质量较差，腐烂现象较多。若将刚收获的新鲜块根在 5 ～ 15℃下定植，2 ～ 3 周就可发芽（Ohkawa，1986），但是将块根进行干燥处理，则可抑制发芽，延长贮藏时间。

### （二）生态习性

#### 1. 温度

花毛茛原产地中海沿岸及欧洲东南部，喜向阳环境和凉爽气候，不耐严寒。0 ～ 3℃的低温时不会死亡但停止生长；生长的最低温度为 5℃，在夜温 8℃、昼温 15℃的条件下生长速度最快；20℃以上生长发育停止，25℃时地下部分休眠，30℃以上高温时地上部分开始枯萎。因此，温度条件是影响花毛茛品质的关键因素之一。若温度太低则开花慢、花枝短、产量低，但在长期低温和土壤含水量过多的情况下，块根容易腐烂；若温度过高则开花快、花枝细长且软、产量高，但花的品质下降。综合考虑到开花日数、采花数、花枝品质等因素，夜温控制在 5 ～ 10℃，昼温控制在 15 ～ 20℃为最适生长温度。

#### 2. 光照

花毛茛为短日照植物，主要用于冬春季切花或盆花生产，光照时间以 8 ～ 10 小时 / 天为宜。生长发育过程中遇到长日照条件，植株在营养生长不充分的情况下会提前开花，或者植株生长停止并开始形成块根。在种植初期，光照较强的条件下需使用遮阳网（遮光率 50% ～ 70%），当光照小于 12 小时 / 天，就可以撤掉遮阳网。

#### 3. 水分

花毛茛喜水但忌积水，灌溉对其生长非常重要，需定期进行。萌芽的块根需要在种植前土壤浇透水，当植株长成后采用滴灌追施水肥，避免浇在植株叶片上使其产生病害。干旱会造成植株矮小和过早生长块根，而过湿会增加病害的发生。所以，一定要保证土壤排水良好。花毛茛在生长早期对水的需求次数较多，但因苗期植株较小，每次需水量不大，只要保持土壤湿润即可。随着植株的长大，需水量也会加大，此时浇水次数可视天气而定，气温较高时，可 2 ～ 3 天浇 1 次水；天气阴凉时可 1 周左右浇 1 次水，浇水一般在上午进行。

4. 土壤营养

花毛茛适宜生长于排水良好、肥沃、疏松的中性沙质壤土，pH 5.8 ～ 7.0，EC 值为 0.8mS/cm。土壤准备时要施足底肥 2500 ～ 3500kg/ 亩，以及充足的钙肥。在生长初期不需施过多的氮肥。如果氮肥过多，造成植株的营养生长过盛，从而最终影响花茎的伸长和花芽的分化，花茎容易发生中空而弯曲或折断。因此，除了前期施基肥外，后期生长只需适当的追肥即可。一般在定植后 1 个月或 40 天左右，开始追肥，每 20 天左右施 1 次。肥料中氮、磷、钾比例为 1 ∶ 0.66 ∶ 2。花枝数量多时，要不断补充钾肥。

## 三、园艺分类与主栽品种

### （一）园艺分类

1. 按来源分类

毛茛属约有 625 种，但其中仅有少数种属于球根类型，如学士毛茛（*R. acontifolius*）、花毛茛（*R. asiaticus*）、球根毛茛（*R. bulbosus*）等。如今所有广泛应用于园林景观和切花贸易的现代品种都来自花毛茛这个种，为法国花毛茛、牡丹花毛茛、波斯花毛茛和土耳其（塔班）花毛茛四大品系（品种群）。

（1）**法国花毛茛 French ranunculus**：19 世纪后叶由法国人改良的品系，以后在法国和荷兰有育种者继续改良，并培育出很多新品种。本品系花为半重瓣，花色丰富，花朵的中心有黑色斑块，开花期较迟，初夏开花。

（2）**牡丹花毛茛 Paeonia ranunculus**：20 世纪于意大利培育而成的栽培品系。其花朵数量比法国花毛茛多，植株更高大。花半重瓣或重瓣，花朵较大，开花时间长，能够通过促成栽培提早开花。

（3）**波斯花毛茛 Persian ranunculus**：在土耳其和欧洲栽培已久的重要品系之一。其色彩丰富，花朵小型，单瓣或重瓣，花期稍晚。

（4）**土耳其花毛茛 Turban ranunculus**：是栽培历史最悠久的和最耐寒的品系，16 世纪末传到欧洲。大部分品种为重瓣，花大，花瓣向内侧弯曲，呈波纹状，花色丰富。与波斯花毛茛相比，植株矮小，早熟，更容易栽培。

近年来，这些品系之间又进行了大量组合杂交，已培育出很多现代的栽培品种。这些品种的遗传特性非常复杂，单从形态上已经很难判断出其品系之间的差异。

2. 按应用类型分类

（1）**鲜切花类**：株高 40 ～ 60cm，花枝长 30 ～ 50cm，品种花型多样、色彩丰富。

（2）**盆栽类**：植株矮小，株高 25 ～ 30cm，花枝长 20 ～ 25cm，作盆栽或地栽观赏，品种色彩丰富。

3. 按花色分类

花毛茛具有白、绿、黄、橙、红、粉、黄褐、复色等多个色系（图 2）。

### （二）主栽品种

云南花卉市场引进栽培的花毛茛品种有 60 ～ 80 个，以鲜切花生产品种为主，也有少量盆栽品种，原始种源大多来自国外，目前国内已掌握其繁殖技术，70% 以上的生产用种源为分株扩繁或复壮种源。引进品种多来自法国、意大利、以色列、新西兰等国家，如切花用花毛茛有引自法国 Sica 公司的花毛茛各色品种、以色列 Aiva 系列品种、意大利 Elegance 系列和 Success 系列各色品种等；盆栽品种有以色列 Tomer 系

图 2 花毛茛各色栽培品种

列、Tecolote 系列等。

不同系列品种适应性、抗病性，花色、花枝长度、花苞大小等性状表现差异较大，有的品种退化较快，或者是畸形花较多、块根腐烂率高等，滇中地区均需要保护地栽培（表 1）。

我国云南栽培的部分花毛茛切花品种的特征特性如下：

**'金橘' 'Jaune Citron'**：花黄色，叶片多为 3 深裂，株高 42 ～ 51cm，开花早，花枝为多头型，茎粗 4 ～ 6mm，花苞圆球形，花托短，花径 6 ～ 10cm，重瓣、宽瓣，长势较好，产量 7 ～ 12 支 / 株。

**'罗杰斯特' 'Rougesoutenu'**：花玫瑰红色，长势好，叶片多为 3 深裂，株高 39 ～ 47cm，少数可高达 56cm，开花较晚，花枝为多头型，茎粗 4 ～ 6mm，花苞圆锥形，花径 7 ～ 10cm，重瓣、宽瓣，长势较好，但株形相对较矮。产量 9 ～ 15 支 / 株。

**'百灵' 'Blan'**：花白色，叶片多为 3 深裂，株高 49 ～ 60cm，开花早，花枝为多头型，茎粗 5 ～ 7mm，花苞圆球形，花苞部分露绿心，花径 8 ～ 11cm，重瓣、宽瓣，长势较好，产量高，10 ～ 15 支 / 株。

**'金斗' 'Jaune d'or'**：花金黄色，叶片多为 3 深裂，株高 40 ～ 48cm，花枝单头型，茎粗 3 ～ 5mm，花苞圆球形，花径 6 ～ 9cm，重瓣、宽瓣、花蕊部分变绿。长势一般，产量为 8 ～ 10 支 / 株。

**'金伯德' 'Jaune Borde'**：花复色黄底紫红边，叶片多为 3 深裂，株高 40 ～ 45cm，花枝多头型，茎粗 4 ～ 6mm，花苞圆球形，花径 6 ～ 9cm，重瓣、宽瓣，花色变化大，产量为 8 ～ 11 支 / 株。

**'粉罗莎' 'Rose Pale'**：花粉红色，叶片多为 3 深裂，株高 52 ～ 60cm，花枝多头型，茎粗 5 ～ 7mm，开花较晚，花苞圆锥形，花径 8 ～ 11cm，重瓣、宽瓣，长势较好，产量 8 ～ 12 支 / 株。

**'沙门' 'Saumon'**：花橘红色，长势较好，叶片多为 3 深裂，株高 50 ～ 60cm，花枝多头型，茎粗 6 ～ 8mm，花苞圆锥形，开花晚，花径 8 ～ 12cm，重瓣、宽瓣，产量 9 ～ 11 支 / 株。

**'流芳' 'Rose Fonce'**：花玫瑰红色，长势好，叶片多为 3 深裂，株高 40 ～ 50cm，开花较

表 1　花毛茛主栽品种

| 西名 | 中名 | 花色 | 用途 |
|---|---|---|---|
| Aviv Gold | 金爱娃 | 金色 | 切花 |
| Aviv Orange | 橙爱娃 | 橙色 | 切花 |
| Aviv Pink | 粉爱娃 | 粉色 | 切花 |
| Aviv Red | 红爱娃 | 红色 | 切花 |
| Aviv Rose | 玫红爱娃 | 玫瑰红 | 切花 |
| Aviv Yellow | 黄爱娃 | 黄色 | 切花 |
| Blan | 百灵 | 白色 | 切花 |
| Fiesta Gold | 金菲士特 | 金色 | 盆栽 |
| Fiesta Mahogany | 紫菲士特 | 暗紫 | 盆栽 |
| Fiesta Orange | 橙菲士特 | 橙色 | 盆栽 |
| Fiesta Red | 红菲士特 | 红色 | 盆栽 |
| Fiesta Salmon | 橙菲士特 | 橙红 | 盆栽 |
| Fiesta White | 白菲士特 | 白色 | 盆栽 |
| Jaune Borde | 金伯德 | 黄色黑紫边 | 切花 |
| Jaune Citron | 金橘 | 黄色 | 切花 |
| Jaune d'or | 金斗 | 深黄色 | 切花 |
| Rose Fonce | 流芳 | 玫瑰 | 切花 |
| Rose Pale | 粉罗莎 | 深粉 | 切花 |
| Rougesoutenu | 罗杰斯特 | 玫瑰红 | 切花 |
| Saumon | 沙门 | 肉色（橘红 / 橘黄） | 切花 |
| Tecolote Mixed | 泰勒 | 混 | 盆栽 |
| Tecolote Pastel Mixed | 泰勒 | 混 | 盆栽 |
| Tecolote Picotee Mixed | 泰勒 | 混 | 盆栽 |

晚，花枝多头型，茎粗 4～6mm，花苞圆锥形，花径 7～10cm，重瓣、宽瓣，产量 8～13 支 / 株。

**'金爱娃' 'Aviv Gold'**：花柠檬黄色，长势好，基部叶宽，株高 60～70cm，开花较迟，花枝多头型，茎粗 4～7mm，花苞大、圆锥形，花径 8～12m，重瓣、宽瓣、不露心，产量 8～15 支 / 株。

**'粉爱娃' 'Aviv Pink'**：花粉红色，长势好，叶片缺刻 3 深裂，基部叶宽，株高 50～65cm，花枝多头型，茎粗 3～6mm，花苞圆锥形或圆形，花径 5～7cm，重瓣、宽瓣、露心，产量 7～10 支 / 株。

**'橙爱娃' 'Aviv Orange'**：花橙黄色，长势好，粗壮。叶片缺刻 3 深裂，基部叶宽，株高 50～60cm，开花迟，花枝多头型，茎粗 3～5mm，花苞圆锥形，花径 8～10cm，重瓣、宽瓣、多露心，产量 10～15 支 / 株。

**'黄爱娃' 'Aviv Yellow'**：花黄色，植株

粗壮，叶片缺刻3深裂，基部叶宽，株高60～66cm，花枝多头型，茎粗5～6mm，花苞大、圆锥形、不露心，花径8～10cm，重瓣、宽瓣，产量6～15支/株。

**'玫红爱娃''Aviv Rose'**：花玫红色，长势好，叶片缺刻3深裂，基部叶宽，株高55～65cm，花枝多头型，茎粗5～6mm，花苞大、圆形或圆锥形，花径8～10cm，重瓣、宽瓣、不露心，产量6～10支/株。

**'红爱娃''Aviv Red'**：花红色，长势好，叶片缺刻3深裂，基部叶宽，植株粗壮，株高56～67cm，花枝多头型，茎粗4～7mm，花苞大、圆锥形，花径8～11cm、重瓣、宽瓣、不露心，产量7～10支/株。

## 四、繁殖技术

花毛茛种植过程中受病虫危害、病毒积累、种植管理技术等多种因素影响，生产用块根（种球）品质和数量急剧下降，切花品质和产量受到严重影响。因此，花毛茛优质块根（种球）的繁殖至关重要。花毛茛的繁殖分为种子繁殖和营养繁殖（分株与组织培养）两大途径。利用腋芽组培快速繁殖是目前优质花毛茛块根商业化、规模化生产的唯一高效途径，但其生产成本远远高于传统的种子繁殖和分株繁殖。

### （一）种子繁殖

种子繁殖主要用于花毛茛的杂交育种和制种。品种纯化后，通过杂交授粉培育性状稳定的杂交后代，采用种子繁殖培育生产用种球。利用种子繁殖培育花毛茛块根，可以解决分株繁殖系数低、机械损伤大的问题。种子繁殖培育花毛茛块根的主要技术环节有杂交授粉、种子采收与处理、育苗、种植管理等。

#### 1. 杂交授粉、采种与处理

花期通过杂交或自交完成授粉，花后结出由瘦果紧密排列而成的聚合果，呈柱状，每克种子1300～1500粒。种子直径5mm左右，被一层非常薄的膜质包裹，扁平状，其中心部位是胚。种子正常成熟采收期为3～5月，授粉后30～40天可完全成熟。种子经低温冷藏30天后，即可播种。

#### 2. 播种与育苗

花毛茛种子萌发适宜温度为15℃，播种8～10天后开始萌发，2～3周后可全部发芽。光照会抑制或延缓种子萌发；若7～8月播种，在遮阴条件下地面撒播可提供较好的萌发环境，箱播和钵播无法满足恒定的萌发所需温度，会使种子霉烂，降低成苗率。可在室内恒温、暗光条件下进行规模化播种和育苗，待50%～70%种子发芽、成苗后将育苗盘转入温室。需长时间遮阴处理，定期喷施杀菌剂，以保障幼苗健康生长。

在花毛茛实生苗移栽过程中，苗的大小是决定其成活率高低和植株长势好坏的关键因素，因此移栽时期的确定对苗期管理和实生苗的成活尤为重要。实生苗在4对真叶时移栽成活率最高，通常为播种后生长6周左右的苗子。将实生苗移栽到口径5～8cm的营养钵内，可选择腐殖土加红土体积比为1∶3的栽培基质。花毛茛实生苗移栽后的1个月内是其成活的关键时期，需要遮阴处理，遮光率60%～80%，保持基质湿润，浇水以喷淋为主，最好配有喷灌设备。每2周喷施1次叶面肥，补充植株生长所需养分。定期喷施药剂预防病害，可选择1500倍多菌灵药液进行防治；若有斑潜蝇危害，可采用黄色捕虫板诱杀并配合药剂防治。同时，防止夜间霜冻要进行保温处理，夜晚采用塑料薄膜覆盖保温。

#### 3. 定植与管理

花毛茛实生苗移栽成活后，需要移入温室进行土壤栽培以培养块根的形成。要求深翻土壤、施足基肥，每亩1500～2000kg有机肥，连作地块要求土壤灭菌处理。高畦栽培，苗床宽一般为100cm、高25cm左右，因实生苗较小，要求土壤疏松无大块土球，清除田间枝叶及根茎。温室设置遮阳网，遮光率 40% ～ 60%，定植前 3 ～ 5 天浇透水。为防止病虫危害，可提前喷施 1500 倍的辛硫磷药液 1 ～ 2 次。实生苗定植株行距为 10cm × 15cm，定植深度为埋土压住根系为宜，通常种植穴深度为 2 ～ 4cm，种植密度为 60 株 /m$^2$，具体情况视块根规格而定。适宜的株行距有助于植株后期的营养生长，降低管理成本，提高块根品质。昆明地区定植时间要求在 11 月之前，可提高实生苗成活率，促进植株的营养生长及光合产物积累的最大化；生长过程中适时摘除花枝以促进块根膨大，减少营养消耗，可提高花毛茛从种子到商品块根的一次性成球率。

随着花毛茛植株基生叶增多，株丛增大，每 10 天施 1 次氮、磷、钾比例为 3 : 2 : 2 的复合肥水溶液，并逐渐增加施肥的浓度和次数。春季温度适宜，花毛茛生长旺盛并抽生直立茎时，应增加肥水的补充。经常浇水，保持土壤湿润；为保证植株的营养生长，土壤不能缺水，否则植株生长矮小、分蘖少、根系不发达，影响块根形成。每周根施 1 次稀薄饼肥液或复合肥液，适当喷施 1 ～ 2 次以磷、钾为主的叶面肥，直至现蕾。根据植株的生长情况，及时摘除黄叶和病残叶，加强通风及遮阴，防止徒长和病害发生。同时，加强病虫害防治，发现病株及时拔除，定期喷洒广谱杀菌剂灭菌。随时监控斑潜蝇、蚜虫等虫害的发生，预防为主，将病虫害杀灭在发生初期。花芽分化后，应控制田间花枝数量，以促进块根的快速增殖和生长（图 3）。

## （二）分株繁殖

花毛茛块根分株繁殖是其营养繁殖的主要方法，一般情况下每个多年生、大规格的簇生状块根可分为 3 ～ 5 个单生块根。分株繁殖由于繁殖系数低适宜小规模切花生产使用，而无法满足大规模切花生产的需要。

### 1. 分株时期

花毛茛块根分株时期在块根采收后的 5 月或者是催芽处理前的 7 月进行。分株时必须保障簇生的块根处于半干燥状态、松软，单个块根易于分离，不易造成机械损伤，避免块根病菌感染腐烂。花毛茛块根采收后，都需要进行干燥处理，同时摘除干枯的根。若在 5 月进行分株繁殖，则需选择经过一段时间干燥、软硬适宜的块根丛，把大个的块根丛分离成单个块根，数量上从一个增殖为 3 ～ 5 个；若在 7 月进行分株繁殖，可在种植前先将已经完全干燥的块根丛进行清水浸泡处理，取刚吸水处于松软状态的块根丛进行分株，则块根不易折断脱落。

### 2. 块根采收与处理

滇中地区 4 月以后随气温的升高，花毛茛植株开始枯黄并进入休眠，块根采收时期于植株枯黄后进行。根据植株生长情况，采收前计划控制浇水时间，一般为采收前 5 天左右，这样有利于块根上干枯根茎的摘除；但是长时间控水容易导致块根在土壤中干枯腐烂，特别是小规格的块根出现干腐。花毛茛块根的采收宜在晴天进行，为防止块根暴晒，尽量选择在早晨或傍晚采收。

干枯根茎在块根贮藏过程中容易滋生病菌，导致块根病变，影响其品质，所以块根采收后要

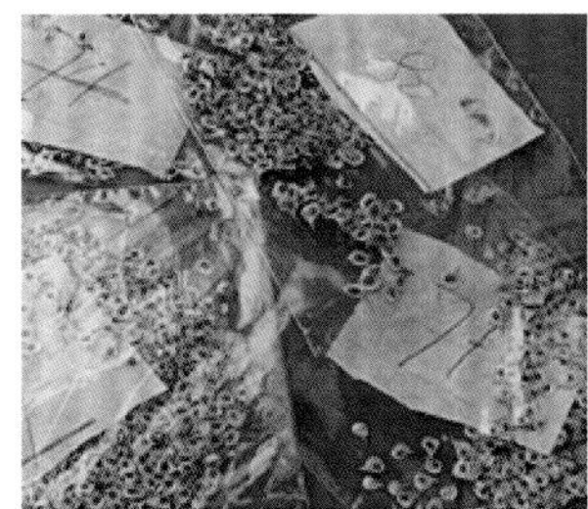

图 3 花毛茛种子繁殖（种子、育苗、移栽、块根增殖培养）

及时摘除干枯根茎。刚采收的块根含有一定的水分，是摘除干枯根茎的最佳时期，待块根部分脱水后，根茎松软，则不宜摘除。处理后的块根要在通风、干燥、避光、低温环境中完成脱水干燥以防止块根再次萌芽或腐烂等情况的发生。

#### 3. 块根的分级与贮藏

花毛茛按干燥块根周长大小分级，生产用块根（种球）分为 3 ～ 4cm、5 ～ 6cm、7 ～ 8cm、9 ～ 10cm 等规格等级。

花毛茛块根采取低温干燥环境贮藏。先将块根摆放在筐内，也可装在纱网袋里，确保块根不能大量积压，留有空间以利通风，然后摆放在湿度稳定的冷库中贮藏。若发现腐烂的块根，需及时清除并采用粉剂农药进行灭菌处理。块根贮藏过程中，关键是保证温度、湿度的稳定，以及定期通风换气。在温、湿度变换急剧的条件下，块根易遭受病虫的侵害，发生腐烂变质。因此，处于休眠状态的块根，必须贮藏在适宜的环境中，才能保障块根的品质，简便易行的措施是低温干藏的方法。

### （三）组培繁殖

花毛茛病害发生严重，而且病害种类较多，特别是病毒病，导致块根退化，利用组培是去除病毒和扩大繁殖的重要手段。

#### 1. 外植体

在不同时期进行取材。可直接取块根上萌发的 1cm 左右嫩芽作外植体；也可在块根种植一段时间后，取茎节、腋芽、嫩叶、花蕾作为外植体。种子选择 $F_1$ 代杂交种子为外植体。

#### 2. 外植体灭菌与培养基配方

**（1）外植体的采集与灭菌**

种子灭菌：种子在 2% 次氯酸钠溶液中灭菌 30 秒，然后用无菌水清洗 2 次，接种于发芽培养基中。

嫩芽、腋芽灭菌：在 70% ～ 75% 酒精中灭菌 30 秒，再在 2% 次氯酸钠溶液中消毒 12 分钟，无菌水冲洗 3 次。

叶片灭菌：取嫩的叶片在 70% ～ 75% 酒精中灭菌 30 秒，然后再用 1% 次氯酸钠溶液消毒 10 分钟，最后用无菌水冲洗 3 次。

茎段和茎节：在 70% ～ 75% 酒精灭菌 30 秒，再在 2% ～ 2.5% 次氯酸钠溶液中消毒 20 分钟，最后无菌水冲洗 3 次。

**（2）培养基及培养条件**

发芽培养基：a. MS0；b. MS + 0.1mg/L BA + 0.2mg/L NAA；c. MS + 0.2mg/L NAA。

诱导及增殖培养基：MS + 0.2 ～ 1.5mg/L BA + 0.2mg/L NAA。

生根培养基：MS + 0.2 ～ 1.0mg/L NAA。

光照时间 10 ～ 12 小时，光照强度 2000lx，培养温度 20 ～ 25℃，3% 糖，4 ～ 8g/L 琼脂。

#### 3. 不同外植体诱导与增殖培养

**（1）种子诱导：**花毛茛种子在上述灭菌条件下，灭菌成功率达 90% 以上，在萌芽培养基（b）中萌芽情况较好，在其他两种培养基中，基本未见芽萌发。将萌发的小植株的茎尖、子叶、叶柄和茎段分别转入继代培养基中，1 个月后，茎尖开始分化出不定芽。通过在 MS + 0.5 ～ 1mg/L BA + 0.2mg/L NAA 的增殖培养基中不断转接，丛芽可增殖。子叶经过多次转接，在叶面产生不定芽，但分化率很低；茎段和叶柄经多次转接未见愈伤组织或不定芽产生，在转接 5 次后逐渐褐化死亡。因此，花毛茛种子萌发诱导的适宜培养基为（b）MS + 0.1mg/L BA + 0.2mg/L NAA，并可通过无菌茎尖和子叶的继代进行不定芽的增殖。

**（2）不同器官的诱导**

腋芽诱导：块根经过催芽处理后，会长出 3 ～ 8 个小芽，将小芽切下作外植体，灭菌后接种于不定芽诱导培养基中。外植体接种时污染率较高，灭菌成功率只有 20% 左右，但不定芽的诱导率较高，在 MS + 0.2 ～ 1.5mg/L BA + 0.2mg/L NAA 的培养基上，均有不定芽产生。继续在相同的培养基上进行继代，均能增殖，且随 BA 浓度增加，增殖率逐步提高。在 MS + 0.2mg/L BA+ 0.2mg/L NAA 时，增殖率很低，且仅有少量的根分化；在 1.5mg/L BA 时，变异明显增加，主要表现为叶片不展开，皱缩；在 1mg/L BA 时也有少量的变异发生。综合增殖率和质量因素来看，在 MS + 0.5mg/L BA + 0.2mg/L NAA 时，既保证一定的增殖率，且苗的生长正常，是适宜的继代增殖培养基。有时为了使无菌材料快速增殖，也可以在最初的几代在 MS + 1mg/L BA+ 0.2mg/L NAA 的培养基上进行增殖；待转入生产后，再用细胞分裂素浓度较低的培养基进行继代培养。

花蕾诱导：将消毒过的花蕾外植体接种在 MS + 1mg/L BA+ 0.2mg/L NAA 的培养基上，污染率随花蕾的增大而增加，较小的花蕾污染率在 40% 以内，大而露心的花蕾容易污染。花蕾在相同的培养基上培养半年后，开始产生愈伤组织，有少部分分化出叶片，还有少数进一步分化成不定芽，但叶和芽的形态明显变异，较难生长出正常完整的小植株。

叶片诱导：幼嫩的叶片经过消毒后，接种在 MS + 1mg/L BA+ 0.2mg/L NAA 的培养基上，1 周后有 50% ～ 60% 以上的外植体被污染，20% ～ 30% 的死亡。成活的叶片继续继代转接，经过 5 次转接，未见叶片有长势；并随着培养时间的延长，叶片慢慢地褐化死亡。但是从无菌小叶片上仍有不定芽从叶面上分化出来。

茎段和茎节：经过多次的接种试验，外植体的灭菌比较难，在培养 7 ～ 10 天后仍容易污染。

### 4. 生根培养

花毛茛组培苗的生根比较容易。在含有较低 BA 的增殖培养基上也能产生少量的根系，只是根较粗且根量少，不易过渡成活。在含有不同生长素的培养基上，小芽苗均会明显长高，在 MS + 0.2 ～ 1mg/L NAA 的培养基上，均会长根，但以 0.2 ～ 0.6mg/L NAA 时的生根效果较好，不仅根系分布均匀，且根的数量及粗细适中，过渡成活率高。

### 5. 组培苗的移栽

花毛茛组培苗移栽成活率是影响其快繁的重要因素。根据花毛茛喜水怕涝的习性，采用珍珠岩 + 腐殖土为 1 ∶ 3 的比例混合基质种植，可有效提高组培苗成活率。花毛茛有根组培苗易于成活，生长较快，抗性强；无根苗移栽后难于生根，死亡率较高，成活的无根苗植株长势很弱，叶片细小簇生。生根粉处理无根苗在珍珠岩中栽培，成活率可明显提高，但在腐殖土中没有明显效果（图 4）。

### 6. 影响因素

琼脂浓度：培养基中琼脂浓度在 0.6% 时更有利于组培苗的增殖生长，避免苗的玻璃化、变黄及褐化现象发生。

培养时间：随着培养时间的延长，瓶苗上的老叶片会褐化死亡，且分泌物也会使培养基颜色

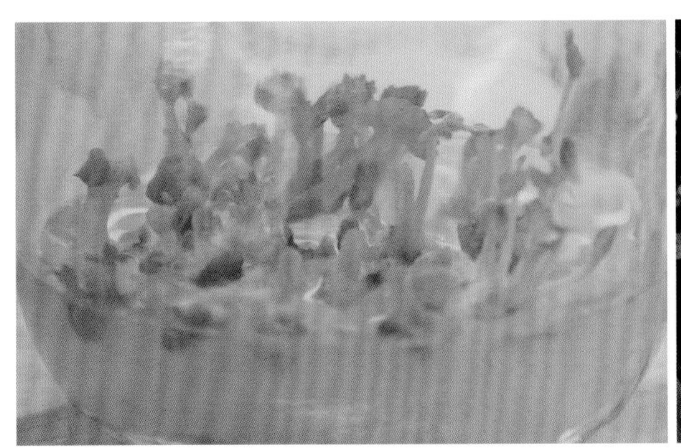

图 4　花毛茛组培繁殖（瓶内生根、瓶苗移栽）

变褐，褐色物的产生又加剧了小苗的死亡。每12～15天及时进行转瓶，可以减少或减轻褐化的发生。

培养温度：花毛茛喜欢凉爽的生长环境，过高的温度会使植株休眠。在组培中，当温度高时，小苗的长势差，并伴有褐化发生；在20℃左右的培养温度下，有利于苗的生长；在30℃时，半数以上的苗会褐化死亡，这与花毛茛的田间生长习性相一致。

培养基中激素水平：在BA浓度不变时，提高生长素浓度可以促进苗的生长，NAA在0.2～0.6mg/L之间比较好；但是过高的NAA浓度会促使其产生愈伤组织，对芽的生长和分化不利。

## 五、切花栽培技术

花毛茛引入国内种植超过20年，鲜切花常规栽培技术日趋成熟，反季节栽培正在逐渐突破关键技术，花毛茛切花生产更加标准化，已发展成为云南重要的鲜切花品类，尤其在冬、春季花卉市场中占有重要位置。现将我国云南花毛茛鲜切花生产技术介绍如下：

### （一）品种选择及设施要求

花毛茛切花品种要求花苞大、重瓣，花枝长且粗壮，花期长，产量高，花色为纯色或复色花边，花蕊不外露为最佳。切花生产用种球选择干燥、周长6～9cm的块根为宜，块根小的切花产量低，块根大的种源成本投入高。花毛茛栽培要求在温室大棚里进行，具备一定的温控、滴灌、遮阴、通风等环境控制条件和设备。

### （二）种植地选择及整地

花毛茛属浅根型植物。选择光照充足的场地，要求土层深厚富含有机质、疏松而排水良好的土壤，30cm深的表层土壤必须疏松。土壤最适宜的pH 6.5～7.0。土壤pH太低，会导致吸收过多的矿质营养，如锰、硫和铁等，尤其易造成氟害导致叶烧；pH过高，又会导致磷、锰和铁的吸收不足，产生缺素症，如缺铁造成花毛茛叶脉间的叶肉组织呈现黄绿色，严重影响花毛茛花枝的观赏性。种植前20～25天施足基肥，有机肥3000kg～4500kg/亩，以腐熟堆肥为主，补钙300kg～400kg/亩；为改善土壤结构可适当掺入一定量的腐殖土。深翻后整地做畦，畦面为1m高畦，高25cm左右，沟深0.3m、宽0.4m，浇透水待用。

### （三）块根催芽处理

#### 1. 浸泡和消毒

浸泡清洗是块根处理的第一步，一般采取清水浸泡12～24小时，流水浸泡最佳，使块根充分吸水膨胀，清洗干净去除污泥及杂质。为确保块根的冷处理顺利进行，筛选健康无腐烂、无机械损伤的块根进行消毒处理，采用0.2%～0.25%百菌清溶液消毒，消毒时间为20～30分钟，消毒后适当淋水清洗（图5）。

#### 2. 装箱和低温处理

块根冷藏常采用塑料箱装箱入库，为防止病菌感染，装箱基质采用珍珠岩，湿度根据块根表面附带水分的多少而定，一般基质含水量为

图5　花毛茛块根浸泡、清洗、消毒

25%～35%，箱子周边采用纱网效果较好，保持较高的透气性。在箱中铺5cm厚的珍珠岩，将消毒的块根按一层珍珠岩、一层块根的方式紧密地摆放好，注意要将花毛茛的"爪"朝下，每筐块根放置不超过5层。冷藏温度为1～3℃，冷藏时间为2周左右，以提高块根的萌芽整齐度。冷藏过程中注意水分的补充，防止因箱子周边基质水分蒸发、湿度降低而延缓或抑制块根萌芽。

#### 3. 催芽

块根贮藏一定时间后移出冷库，在15～18℃下催芽，多在3天后开始萌芽，6～8天后可萌芽整齐。若萌芽延缓或萌芽不整齐，属基质水分散失所致，要及时补充水分，常采用1%百菌清药液直接浇透冷藏箱，且确保多余的水分排出。如果冷藏箱内的块根中有腐烂情况，需要将箱中块根全部倒出，喷洒一定的水分后再装箱催芽，保持基质湿度（图6）。

### （四）栽种

花毛茛经过处理的块根发芽率达95%以上，待芽长1～2cm时即可定植。一般球根花卉要求消毒后定植，但是萌芽的花毛茛块根消毒过程中极易造成根芽的损伤，所以需要在块根催芽处理前进行严格筛选和消毒，防止病菌的交替感染。花毛茛已经萌芽的块根要求拿出基质后立即种植，防止根芽长时间暴露在空气中失水。定植时要求温度在20℃以下。定植时间滇中地区要求最迟在11月以前栽种下地，以确保有较长的生育期促进块根的增殖生长。

种植密度根据花毛茛块根大小而定，株行距一般在20cm×25cm，大块根一穴种1个，小块根可一穴种2～3个。此密度可充分利用土地，保持土壤水分和防止病菌交叉感染。花毛茛块根芽点较多，属须根型植物，为保证块根能充分吸取土壤养分，根芽顺利破土生长，种植深度一般为块根芽点上方覆土3～5cm。块根种植不宜过深，否则影响切花质量。种植前2～3天，土壤应浇透水。采取挖穴种植，掌握好株行距和深度，放入块根后立即覆盖细土，减少块根暴露在空气中的时间，为防止阳光暴晒导致块根和根芽脱水失活，多选择在早晨或傍晚进行种植。定植后如果土壤湿度适宜，可暂不浇水；否则应立即浇水。一般提倡立即浇透定根水，出苗前均采用浇灌，因滴灌会出现少量块根补水不足的情况。

具备滴灌设备的大棚，安装好滴灌带，要求管道平直，每个滴孔保持通畅。每批块根定植完成后，要进行设施环境清扫，清理杂物、运走垃圾。及时插牌，牌上注明品种、种植日期等内容。

### （五）田间管理

#### 1. 定植初期

花毛茛定植初期，采用50%～60%的遮阳网进行遮阴。昆明地区花毛茛定植时气温相对较高，光照较强，小苗出土遇强光照易导致嫩叶灼烧枯死；另一方面，光照过强致使土壤水分散失，浇水不及时会导致土壤表皮干燥，白天温度较高，抑制小苗生长或灼烧小苗。所以需要适时浇水，降低土壤表面温度，并做好通风换气。10月中下旬栽培可不用遮阳网。苗期土壤不宜太湿，以防烂根。注意田间杂草管理，预防病虫害

图6　花毛茛块根的三种状态（干燥、浸泡后、萌芽）

发生，及时喷药防止病虫害蔓延。

2. 营养生长期

保持凉爽通风，日温 18 ～ 25 ℃，夜温 8 ～ 15℃左右。营养旺盛生长期应常浇水，2 ～ 5 天 1 次，保持土壤湿润。在营养生长中期，追施硝态氮肥 10kg/ 亩，少施或不施氨态氮肥。适时拔除田间杂草，摘除带病枝叶，防止病虫害蔓延。冬季注意保温防霜冻，保证切花生产顺利进行。

3. 生殖生长期

加强光照，注意保温，适当通风。该时期需肥量较大，每隔 7 ～ 10 天喷 1 次 0.2% 磷酸二氢钾和硝酸钾叶面肥，水分要适当控制。花毛茛最早在 11 月中旬开始上花。种球繁殖生产，要求及时摘除花蕾，促进块根的增殖生长；切花生产应剪除早期细弱花枝，促进植株健壮生长，以待生产出高品质切花（图 7）。

## （六）切花采收和包装

1. 采收时间和采收标准

花毛茛的花瓣高度重叠，在花蕾阶段采收一般不能开放，而且只有在花朵盛开阶段花茎才能硬化。因此，采花过早会因花梗吸水不良而导致切花不能盛开，所以适宜的切花采收时间应该在盛开之前。一般情况，采收成熟度要求外部花瓣完全显色但不开放时采收，提前或延迟采收对切花观赏价值都有一定的影响。花毛茛切花采收以清晨为宜，可直接用手采摘或用枝剪采切。因其为浅根系植物，操作不熟练或栽培设施不完善的情况下尽量不要直接用手采摘，防止移动根系或基部感病导致块根腐烂。枝剪采切须保留地面以上 2cm 左右的茎秆。采后花枝立即放入清水中充分吸水。

2. 包装运输

采后的切花应马上分级、包装，捆扎时淘汰花苞畸形及带有病虫斑的花枝，根据长度、粗度、花苞大小等性状进行分级。将分好级的切花 10 支捆绑成 1 扎，每扎花枝长度相差不超过 1cm，用保鲜袋包好插入水桶中，分级、捆扎在 1 小时内完成。切花运输：冬天短距离采用脱水方式装箱，箱子高度不宜过高，防止相互挤压损伤花苞和茎叶；夏天高温时，近距离可直接插在水桶中，远距离需要包裹吸水棉球，防止花枝脱水切花品质下降。短时间无法销售可放入 3 ～ 5℃冷库中贮放 3 天左右，贮存在 0 ～ 5℃条件下可延长市场上的出售时间，但在 10℃或更高温度时，切花变质很快；切花保鲜液中高蔗糖浓度（约 15g/L）会导致叶变黄。

## （七）种球采收和采后处理

花毛茛切花采收结束后气温升高，植株逐渐枯黄，此时开始控水，块根采收前 20 天左右停

图 7　花毛茛温室切花促成栽培（冬季内保温）

止浇水，大部分植株枯黄后即可采收块根。采收时清除种球上附带的土块，单层装箱后摆放到遮阴、通风、干燥的地方，温度在20℃左右。装箱时注意不能挤压种球，防止种球再次萌芽或腐烂，干燥处理的同时摘除干枯根茎。当种球干燥至完全收缩状态，集中装箱或装袋，摆放在阴凉通风的地方，以待下次种植。

## 六、病虫害防治

### （一）综合防治

花毛茛切花生产中发现的病虫害不少，且对切花质量都有严重影响。花毛茛病虫害综合防治措施：

#### 1. 土壤灭菌处理

土壤中的病虫害，特别是线虫、根螨、疫霉、镰刀菌是花毛茛的主要防治对象。多年连续种植的田块，在定植前对土壤进行消毒处理是防治此类病害的首要方法。土壤消毒处理的常用方法有蒸汽消毒、药剂熏蒸如溴甲烷、威百亩等，或是施用杀线虫剂如克线磷等。

#### 2. 田间操作及卫生

注意棚内通风顺畅并保持叶片干燥，在浇水施肥时勿将水、肥溅洒在叶片上，避免采用淋浇的方式给水，提倡采用滴灌的方式浇水施肥。适时适量补水，避免田间过湿或积水而诱发各种根茎部病害和地上病菌滋生。适时清除棚内棚外的杂草，不为害虫提供越冬场所，并及时喷药。拔除感病植株，摘除病叶，同时配以药剂处理，以控制病害的进一步蔓延。

#### 3. 设施管理

定期检查温室大棚的隔离措施，控制害虫的侵入。温室大棚的设计与建造应考虑足够的通风除湿功能；合理的灌溉系统，避免浇水打湿植株。及时清洁棚膜。随温度变化及时通风换气和排湿；在冬季，应协调好闷棚保温与通风除湿的矛盾。

#### 4. 药剂组合防治

定期喷洒保护性广谱杀菌剂和杀虫剂，并与专一性药剂的使用相结合；对同一害虫，要交替使用不同的杀虫剂。使用化学农药防治时尽量选用不易留下污渍的农药，防止农药污渍使切花观赏价值降低，如选用水剂、乳油等类型的内吸杀虫、杀菌剂，使用粉剂类农药易出现药渍。

### （二）主要病害

危害较为严重的病害有灰霉病、霜霉病。

#### 1. 灰霉病

病原为灰葡萄孢霉（*Botrytis cinerea*），一般在叶柄、花朵和花梗上发病，在湿度较高的环境下病斑部出现灰霉。昆明地区1～2月容易发生，因种植密度、浇水量、通风透气性等多种因素；空气湿度大，通风不良，白天温度过高，给此病的发生创造了条件。症状首先表现在叶柄或花梗上形成暗绿色水浸状病斑，之后腐烂，植物体从发病以上部位萎蔫，下垂，不久枯萎死亡。在花朵上发病时，首先出现浅褐色水浸状斑点，不久变腐败。防治方法：定植时加大株行距，一般以20cm×25cm为好；注意通风换气，降低棚内湿度；同时，喷施浓度为0.1%的杀毒矾或500倍的多菌灵可湿性粉剂或1000～1500倍乙烯菌核利或1000倍的异菌脲等可以有效地防治。但是，由于药剂容易污染花朵，所以最好是在开花前充分预防发病。

#### 2. 霜霉病

病原是霜霉科霜菌属的真菌。此病主要发生在叶片上，其次危害茎、花梗。叶片被害时，最初在叶正面产生淡绿色病斑，后逐渐扩大，色泽由淡绿转为黄色至黄褐色，因受叶脉限制而呈多角形或不规则形，在叶片背面的病斑上产生白色霜状霉。花梗受害，有的稍弯曲，有的畸形肿胀，扭曲似龙头，病部表面有一层白霉。花器官受害除肥大畸形外，花瓣变成绿色，久不凋落。

病菌传染途径主要以卵孢子在病株残体或土壤中越冬，第二年卵孢子萌发侵染引起霜霉病发生。环境条件适宜时，发病部位又生出孢子，借风雨传播，进行再侵染。孢子囊的形成要有水滴或露水，因此，连阴雨天气，空气湿度大，或结露持续时间长，此病易流行。防治方法：在发现中心病株后开始喷洒 40% 三乙膦酸铝可湿性粉剂 150 ～ 200 倍液，或 75% 百菌清可湿性粉剂 500 倍液、72.2% 普力克剂 600 ～ 800 倍液、64% 杀毒矾可湿性粉剂 500 倍液、58% 甲霜灵・锰锌可湿性粉剂 500 倍液，或 70% 乙・锰可湿性粉剂 500 倍液，药液用量 60 ～ 70L/ 亩，隔 7 ～ 10 天喷 1 次，连续防治 2 ～ 3 次。

### （三）主要虫害

危害较重的虫害有潜叶蝇、蓟马、蚜虫等。

#### 1. 潜叶蝇

潜叶蝇危害花毛茛引起叶片产生不规则的蛇形白色虫道。开始时被害部位发白，不久变褐色，叶片早期枯萎。潜叶蝇成虫小型，寄生在野生毛茛科杂草中，以后飞出危害花毛茛。温室栽培时，即使冬季也能够繁殖，危害严重。

防治方法：选用高效、低毒、低残留的药剂，如速灭杀丁、灭扫利、氯氰菊酯、来福灵、绿色功夫、辛硫磷、喹硫磷、爱福丁、阿巴丁、害极灭等，这些农药防治效果均较理想。如用 1.8% 阿巴丁乳油 2500 ～ 3000 倍液喷雾，药后 10 天防效达 85% ～ 99%，药后 15 天防效达 91% ～ 100%。爱福丁的防效与阿巴丁基本一致。用 5% 来福灵乳油 2000 倍液喷雾防效达 88%。用药剂防治斑潜蝇提倡轮换交替用药，以防止抗药性的产生，防治该虫的适期在低龄幼虫盛发期。

#### 2. 蓟马

蓟马多以成虫潜伏在土块、土缝下或枯枝落叶间越冬，少数以若虫越冬，也有少量以第 4 龄若虫在表土越冬。越冬成虫在翌年春当气温回升至 12℃时开始活动；当气温上升至 27℃时繁殖较快，会造成毁灭性危害。蓟马多危害花毛茛切花，吸食花毛茛花瓣汁液，严重损害切花质量，3 ～ 5 月气温回升时逐渐增多，多数蓟马躲入花苞中，难以杀灭。

防治方法：及时摘除田间开败的花朵；蓟马发生初期，可用 25% 爱卡士 1000 倍液，或 10% 高效氯氰菊酯 1500 ～ 2000 倍液，或艾绿士 1500 ～ 2000 倍液，再加入等量的增效剂，如消抗液等防治。每 3 ～ 5 天喷 1 次，连喷 2 ～ 3 次。

#### 3. 蚜虫

蚜虫均以成蚜和若蚜刺吸植物汁液，被害部失绿变色，皱缩或形成虫瘿，常致汁液干枯，其分泌的蜜汁可形成煤污病，有的种类能够传播植物病毒病。花毛茛受危害植株叶片在发育初期卷曲并呈畸形，幼叶和幼芽产生绿色斑点，并可造成部分花畸形。蚜虫繁殖快，迁移性强，且传播病毒，易产生抗药性。

防治方法：可用 50% 杀灭菊酯乳油 2500 倍液、40% 甲胺磷乳油 2000 倍液、蚜扫光 2000 倍液、氧乐果 800 ～ 1000 倍液、克蚜敏 800 ～ 1000 倍液、蚜螨灵 800 ～ 1000 倍液、万灵 600 ～ 800 倍液、啶虫脒 800 ～ 1000 倍液等杀虫剂，每周 1 次在蚜虫高发期进行轮换交替喷施，施药时注意均匀仔细，尤其是叶片背面。

### （四）病毒病

花毛茛病毒尤为广泛，多寄生在块根或土壤中，导致花叶病变，影响切花生产。花毛茛病毒多通过杂草、田间操作、害虫等进行传播。危害花毛茛切花生产的主要病毒有毛茛斑驳病毒（Ranunculus mottle virus，RmoV）、蚕豆萎蔫病毒（Broad bean wilt virus，BBWV）、黄瓜花叶病毒（CMV）。主要病症表现为叶上产生褪绿斑，叶呈缩叶花叶状，有时产生轮纹及凹凸不平坏死小斑点，严重时，植株生长发育不良，花瓣生有白色线纹，传染源很多，包括许多杂草及作物，蚜虫为主要传毒媒介。

## 七、价值与应用

### （一）观赏价值

花毛茛具有花色、花形丰富，色彩艳丽，生长势和抗病性、抗逆性较强等优良特性，冬春季温室促成栽培可生产优质的鲜切花和盆花产品，亦可催芽后露地栽种，具有较佳的观赏效果。园林中可地栽作花坛、花带等，用途较广泛（图 8）。

### （二）药用价值

毛茛属的种类很多，其中的一部分具有药用价值。花毛茛味辛，性温，花朵上汁液具有消炎止痛、祛风除湿的作用，主治风湿痹痛、鹤膝风、恶疮痈肿、疼痛未溃、黄疸等病症。药用毛茛中的大部分野生种的植株矮小或纤细，花朵小，没有观赏价值，所以不能作为观赏植物栽培。

图 8　花毛茛切花

（王其刚）

# *Sandersonia* 提灯花

提灯花是秋水仙科（Colchicaceae）提灯花属（*Sandersonia*）多年生块茎类球根花卉。其属名是为了纪念南非夸祖鲁－纳塔尔省园艺学会（Horticultural Society of KwaZulu–Natal）的名誉秘书约翰·桑德森（John Sanderson）；他在1852年首次采集到这种植物，南非纳塔尔省也是此属植物的唯一原产地。提灯花生长于湿润的草原，野外罕见。未开花时很像嘉兰（*Gloriosa*），但花开后完全不一样。花被片在花口处收紧，像中国的灯笼，在原产地野外开花时间是在圣诞节前后。英文名称有Chinese lantern（中国灯笼），Christmas bells（圣诞铃铛花），Orange bells（橙钟花）。中文别名宫灯百合。

## 一、形态特征

提灯花属只有1个种——提灯花（*S. aurantiaca*）。多年生草本。块茎肉质，小，指状，相当脆。茎细，有毛，蔓生或半直立，株高约60cm。叶绿色，互生，长7.5cm，披针形，渐细，叶尖能延伸成卷须，有攀附功能。花大，亮橙色，钟形，下垂，花梗弯曲且短，花生于叶腋。花被裂片6，合生，花被片前段具短三角状外翻卷的裂片，基部有6个属于花内蜜腺的短距；6个等长的雄蕊隐藏在花内。子房上位，中轴胎座，花柱和柱头3裂，蒴果。仲夏开花，在原产地（野生状态）12月至翌年1月开花（图1）。

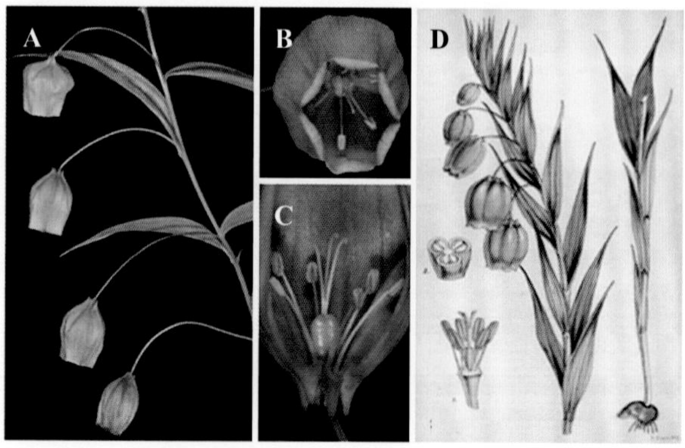

**图1 提灯花形态特征**（图片来源于维基百科）
A. 单花生于上部叶腋；B. 花被片合生的花冠口；C. 雌、雄蕊及花内蜜腺短距；D. 提灯花全株形态

## 二、生态习性

提灯花原产南非，其生长季节夏天潮湿多雨，而冬季休眠期干燥无雨。最适合的生长发育温度为18～24℃，最好栽培在有避雨、遮阴设施的温室中。如温度高于30℃将抑制生长，使花茎扭曲。正常情况下，提灯花在定植后60天开花。高温会缩短生育期，而且花茎也缩短。由于茎秆不够坚挺，一般用竹竿固定支撑。在我国台湾北部或中海拔地区冬季种植，切花品质佳、种球产量高。

## 三、繁殖与栽培管理

### （一）繁殖

可用种子繁殖和分球繁殖。

经授粉后每1花茎可结出8～12个蒴果，每1蒴果有50～70粒种子，因种子具有深度休眠特性，发芽率极低，采用层积加赤霉素处理，可将其发芽率提高至20%，甚至提高至50%。种子萌芽后实生苗经1个生长季的栽培，可长成1～2g的小块茎，小块茎再经1～2年栽培才能形成可供切花栽培的商品球。

提灯花可用种球长出的籽球（小块茎）繁殖，但繁殖系数较低，因此目前以种子繁殖为主要繁殖方式。

### （二）栽培

#### 1. 设施切花栽培

（1）**土壤与施肥**：选择富含腐殖质的疏松肥沃、排水良好、能够保湿的土壤种植。整地时施足底肥，均匀混入表土 50cm。参考用量为复合肥 375 ～ 600kg/hm$^2$+ 有机肥 30000kg/hm$^2$。种过其他球根花卉的地块，还应添加 800 倍三氯杀螨醇，防止根螨危害。提灯花在栽培的前 3 周内一般不施肥，这期间保证根系发育良好是最重要的。对于偏小的种球可以在生长前期苗高 10 ～ 30cm 时，喷施含有腐殖酸的肥料及一些微量元素，以增加抗逆性和促进发根。在苗高 30cm 以前，茎生根长度未达到 5cm 以前不进行土壤追肥。茎生根长出后可施 1 次硝酸钙 75kg/hm$^2$，或施 1 次复合肥 150kg/hm$^2$。若在生长期间氮肥不足常使植株生长不够粗壮，则可追施速效氮肥，用量一般为 20 ～ 150kg/hm$^2$。土壤追肥以 2 ～ 3 次为宜，叶面追肥可以 1 周 1 次。追肥以后用清水喷洒植株，以防叶烧。

（2）**温度管理**：控制地温是前期管理的关键。提灯花生长期最适宜的生长温度是 18 ～ 24℃，前 3 周内或在茎生根长出之前，温度应低。当温度高于 20℃时会导致生根质量下降，尤其在夏季，保持较低的土温是不可缺少的。白天温度过高会降低植株的高度，减少每花茎上的花蕾数，并产生盲花。夜晚低于 15℃会导致落蕾，叶片黄化，降低观赏价值。夏季采用通风、喷雾、遮阴等方式降温，冬季则注意加温、保温。

（3）**通风**：春、夏、秋三季午间气温较高，可于上午揭开棚膜及顶窗通风，在温度稍低的环境下调节湿度，避免高温阶段发生湿度剧变；冬季气温低，应采取保温措施，换气须在中午外界气温高时进行，间断地进行通风换气。

（4）**光照管理**：光照不足，不利于花芽的形成；光照过强，也会影响切花的质量。生长前期遮阴有利于提高植株高度，特别是夏季，大棚内外及四周铺设遮阳网，以免棚内温度过高，造成对植株及花蕾的伤害。在花蕾分化期至花苞长出时是叶烧敏感期，应注意光照和湿度的变化不能过大。

#### 2. 切花采收和采后处理

当花茎最下部 3 朵花完全绽放呈金黄色时可采收切花，通常于植株基部留 2 ～ 3 枚叶片。采收的切花应及时放入清水中吸水 2 小时以上，再插入保鲜液，置于 6 ～ 8℃的低温冷藏室，4 ～ 6 小时后进行分级包装。瓶插寿命达 10 ～ 20 天（图 2）。

图 2　瓶插的提灯花切花（侯芳梅 摄）

### （三）病虫害防治

提灯花属植物常见病害有灰霉病、叶斑病、根腐病等，主要通过种球和土壤消毒来防治。生长期发病可每隔 7 ～ 10 天定期交替喷施代森铵、多菌灵等杀菌剂。常见虫害主要是根螨等地下害虫及蚜虫，用辛硫磷、三氯杀螨醇防治。

## 四、价值与应用

提灯花属花形奇特，花色艳丽，多盆栽，适合阳台、窗台或卧室等布置观赏，亦可切花作插花材料。新西兰是第一个把提灯花发展成为商业化外销花卉的国家。目前提灯花是新西兰第三大外销切花，每年切花与种球外销额约有 800 万新币，大都出口到日本。

（王文和）

# *Sauromatum* 斑龙芋

斑龙芋是天南星科（Araceae）斑龙芋属（*Sauromatum*）多年生块茎类球根花卉。其属名来源于希腊语 *sauros* 一词，意为蜥蜴（"lizard"），形容其佛焰苞上的斑点。该属植物有9个种，主要原产地在喜马拉雅山脉和非洲东部、南部以及西部地区，喜欢生活在湿度和温度较高的环境。

## 一、形态特征

斑龙芋属植物株高约50cm，叶柄长约20cm，叶片鸟足状深裂，中裂片长圆形，渐尖，侧裂片椭圆形，向外逐渐变小。通常佛焰苞硕大，长达25cm以上，具斑点。佛焰苞下部略偏肿，上部近圆柱形且反折。佛焰苞包裹内部的肉穗花序，花序不外露。花序下部为圆锥形雌花，上部是近圆柱形的雄花，顶生附属器圆柱形。果序长圆形，浆果倒圆锥状，通常紫色，具隆起的褶皱，柱头盘状下凹。果期7月。种子球形，种皮薄，先端尖，珠孔稍明显。胚乳丰富，胚具轴。斑龙芋地下部分膨大形成近球形或扁平的块茎。块茎中贮藏有大量营养物质，即使在无水无土的环境中，也能支持斑龙芋完成萌发和开花的生理过程（图1）。

## 二、生态习性

喜高温和高湿。人工栽植环境下，种球于4～5月定植，5月末即可开花。先花后叶，花枯萎后，新叶才萌发。随着秋冬季节温度降低，地上部分枯萎，块茎进入休眠。在斑龙芋生长发育过程中对水分的需求大，但进入休眠期后务必保持土壤干燥，否则易引起块茎腐烂。

## 三、种质资源

该属有9种，原产于非洲热带地区苏丹、马拉维和赞比亚，以及亚洲亚热带地区。我国云南

图1 斑龙芋形态特征

A. 花朵；B. 叶片；C. 块茎和滋生的小块茎；D. 肉穗花序的结构

西北部和中部（昆明）、西藏波密有 2 个种。

1. 短柄斑龙芋 *S. brevipes*

该种主要分布在尼泊尔、印度以及我国西藏等地，生长于海拔 2400m 的地区，见于山坡草地。叶柄长 15 ～ 30cm，纤细。佛焰苞外面黄色，管部卵圆形，下部肿胀，棕色具紫斑，花期 6 月。

2. 眼镜蛇斑龙芋（新拟）*S. nubicum*

伏都百合（Voodoo lily）。产自东非和西非。可能是斑龙芋（*S. venosum*）的一个地理变异，主要表型为具有较宽的叶片和较窄的佛焰苞。

3. 斑龙芋 *S. venosum*

为常见栽培种，原产喜马拉雅山和印度南部，生于海拔 1900 ～ 2030m，常绿阔叶林下或山坡草地。因其硕大奇特的佛焰苞而备受关注，商业上也称之为东方君主（Monarch of the East）。佛焰苞长达 60cm，佛焰苞具浅紫、绿色以及深紫色斑点，肉穗花序长约 20cm，藏于佛焰苞内。花具有肉腐烂的臭味。花期为晚春到初夏。变种 var. *pedatum*，具绿色的、无斑点的叶柄和较短的淡黄色和紫色佛焰苞。

## 四、繁殖与栽培

### （一）繁殖

斑龙芋的繁殖方式主要是分球繁殖。大块茎旁常滋生小的块茎，冬季地上部分枯萎后挖出块茎进行分球，小块茎需在 2 ～ 5℃干燥条件下贮藏，待翌年春天种植。

### （二）露地栽培

斑龙芋生长过程中对温度和湿度的要求比较高，对其他环境条件的要求并不严格。斑龙芋可以在室外生长，如在美国佛罗里达州的南部和我国西南地区。室外种植时应选择排水良好，不积水，富含腐殖质的中性至偏酸性土壤。从春季到秋季的生长期间都需要保持土壤湿润，但冬季休眠期需保持土壤干燥。喜阳但需避免强光直射，夏季可适当遮阴，园林中常种植于林荫、路边。在北方地区露地栽培时，冬季应在霜冻前挖出块茎贮藏或移至温室越冬，翌年 4 月再重新定植，种植深度以 8 ～ 10cm 为宜，种植密度为块茎的间距 20 ～ 25cm。

### （三）盆花栽培

斑龙芋盆栽种植可在冬末春初时进行。盆栽时底部施加基肥，块茎埋于土下深 7 ～ 10cm 处且避免直接接触肥料，置于阴凉处生长。植株生长期间保持土壤的湿润，忌积水，萌发后可在室外接受适当光照，但注意避免夏季全光照射。冬季地上部分枯萎后挖出块茎置于干燥通风处，于 2 ～ 5℃温度下贮藏。

## 五、价值与应用

斑龙芋属植物中只有斑龙芋（*S. venosum*）被广泛引种栽培，此种原产我国西南地区和印度南部，因其花形奇特和斑驳的佛焰苞，被当作盆栽花卉或庭院花卉种植。它还具有独特的生长习性，其块茎无须种植在土壤中就能抽生出花序，开花并结果，是非常奇特的球根花卉。

（吴健）

# *Scadoxus* 网球花

网球花是石蒜科（Amaryllidaceae）网球花属（*Scadoxus*）多年生鳞茎类球根花卉。其属名源自希腊语 *skiadion*（“parasol”阳伞）和 *doxa*（“glory”灿烂），意指其花形和花色。英文名称为 Torch lily（火炬百合），Blood flower（血花），Fireball lily（火球百合），Football lily（足球百合）等。中文别名为火球花、网球石蒜。此属植物曾被包含在虎耳兰属 *Haemanthus* 中，但因两者形态上的差异，现已另建网球花属 *Scadoxus*。虎耳兰属植物有 2 枚平铺于地面的大叶片，而网球花属植物具有多枚叠生在一起的叶片，形成假茎。网球花属有 9 种，3 种产于南非的大部分地区，6 种产于热带非洲。其中网球花 *S. multiflorus* 因花的观赏价值高，已种植到世界多个地方，如美国、澳大利亚、中国等。网球花适应性较强，花色艳丽。由数百朵小花组成一个大花球，是很好的夏季鲜切花，亦可作盆花或地栽布置花坛、花境。

1983—1987 年施洪等在我国云南德宏傣族景颇族自治州（简称德宏州）的路西、瑞丽、盈江调查时发现数量较多的野生网球花，这些网球花多生长在二台地和较平的坡地上，海拔在 1200m 以下，经过考证，这些地点多是废弃的村寨遗址，故猜测是前人种植遗留下来的，村寨搬迁后逸为野生。德宏州接壤于东南亚国家，是我国古代通往东南亚各国的“西南丝绸之路”的必经通道。施洪推断网球花是从邻近的缅甸引入的，而其引入时间大约在 1875 年英国统治缅甸前后，最初还是由英国人从非洲引入的。现在，傣族、景颇族村寨中仍有栽培的习惯。我国引入栽培的只有网球花 1 种。

## 一、形态特征

### （一）地上部形态

网球花具假茎，圆柱形，肉质，上有棕红色斑点。叶片阔卵形，全缘，纸质，互生于假茎顶端，叶柄短，鞘状（图 1A）。花茎直立，先于叶片抽出，高可达 90cm。球状伞形花序顶生，有 6 枚白色、粉红或红色的大苞片包被，内着生小花几十至数百朵（图 1B）。花被 6 枚，狭披针形，长 3～5cm，夹角呈 60° 水平展开，相互交织成网状。雄蕊 6 枚，花药黄色。子房下位，球形，3 室或在开花期退化为 1 室，胚珠少数，每室 1～2 个，花柱丝状，柱头不裂或微 3 裂。浆果球形，不开裂，深红色（图 1C）。种子球形，暗灰褐色。

### （二）地下部形态

网球花地下部为扁球形鳞茎，具有棕红色斑点（图 1D）。从鳞茎顶部抽生出叶片和花序，鳞茎底部长出肉质须根。根为浅根系。

## 二、生长发育与生态习性

### （一）生长发育规律

网球花的生长发育除与环境条件有密切关系外，与其自身的生长节律密切相关。一般 3～10 月为生长期，12 月至翌年 1 月为休眠期，生长期与休眠期的长短与温度有直接的关系，温度在 15℃以上休眠期就短，否则相反。

图 1　网球花的地上和地下部分形态
A. 植株；B. 花序；C. 浆果；D. 鳞茎

#### 1. 萌芽期

网球花一般 1 月下旬根开始萌动，从鳞茎顶部长出叶片，2 月根系开始生长。

#### 2. 花芽分化期

当长出 2 枚幼叶时即进入花芽分化期。此期温度不能过高，否则会造成叶片徒长，延迟花芽分化。网球花花序分化发生在功能性叶片面积与净光合作用速率之积超过一定临界值时。谷雨过后（4 月中下旬），气温会升至 25℃以上，昼夜温差基本平衡，且雨水增多。花芽萌动后不久可见带着总苞片的花枝。正常情况下，网球花子鳞茎生长 1 ～ 2 年即可结束童期转入生殖生长。

#### 3. 开花期

6 ～ 9 月是网球花的开花期。此时其总苞片裂开，花朵分离生长，由外向中心迅速开放。花序的大小一般与鳞茎大小呈正比，鳞茎越大，花序越大，小花数越多，否则相反。花期可达 25 ～ 35 天。生长正常的母鳞茎年年能开花。

#### 4. 鳞茎成熟期与休眠期

7 ～ 9 月为网球花光合营养大量积累期，此时果实开始成熟，但结果量很少，果实不开裂。10 月随着温度下降，叶片逐步枯萎，鳞茎进入休眠。网球花鳞茎形成籽球能力差，一般 2 ～ 3 年进行 1 次分球繁殖。

### （二）生态习性

#### 1. 光照

网球花喜阴，耐高温、干旱，夏季要置阴棚下，避免直射光，否则易灼伤叶片。

#### 2. 温度

网球花喜温暖，不耐寒。春季温度达到 10 ～ 20℃时，鳞茎开始发芽，生长最适温度 20 ～ 30℃。温度对于花莛的伸长有很大的影响，花莛伸长的最适温度在 20℃左右，温度过高或过低均会抑制其伸长。鳞茎越冬休眠期的最适温度为 8 ～ 10℃。

#### 3. 水分

网球花具肉质根，喜湿、怕涝。注意保持土壤湿润，浇水不能过多，否则积水导致根系腐烂。水分对花莛的伸长有一定的促进作用。

#### 4. 土壤和基质

网球花喜疏松、肥沃、富含腐殖质的沙壤土。常用的基质有塘泥、泥炭、珍珠岩、沙子等。

## 三、种质资源

从 1970 年前后开始，将茎上有叶片、以前属于虎耳兰属（*Haemanthus*）的植物另分网球花属（*Scadoxus*）。此属约有 10 种，主要原种：

1. 朱红网球花（新拟）*S. cinnabarinus* (*S. lindenii*)

原产非洲刚果（金），1890 年引种，苞片深红色，春季开花。

2. 网球花 *S. multiflorus*

又称血百合。原产南非（北部省、普马兰加省），斯威士兰和热带非洲南部。茎高 60cm 左右。叶一般长 17 ～ 25cm，最长能到 45cm。叶基部很宽，开花后逐渐伸长。花呈深红色，伞形花序直径 25cm。夏季开花，冬季休眠。花色艳丽，喜欢阴凉的地方。其亚种有 subsp. *katherinae*，原产南非（东开普省、夸祖鲁 - 纳塔尔省），通常被称为车轮花或血球花；是株高最高的亚种，有鲜红色的花和非常突出的雄蕊。subsp. *longitubus*，原产非洲西部，是最矮的亚种，花被管长 2.5cm。

3. 绣球花 *S. pole-evansii*

产津巴布韦，1962 年引种。植株高大，与 *S. multiflorus* subsp. *katherinae* 相似，但花呈肉粉色，花量少。

4. 火焰网球花 *S. puniceus*

英文名称 Royal paint brush（皇家画笔）。原产非洲东部和南部。茎高 40cm，叶片着生在伸长的茎上，花开时与花并存，叶长 60cm 左右。雄蕊橙红色，顶端花药呈金色；苞片红棕色。花期春末。

## 四、繁殖技术

### （一）种子繁殖

网球花自然结实率极低，只有 0.5% ～ 1%。为提高结实率，可采用人工辅助异花授粉，即在花开的第 2 ～ 4 天内进行授粉，果实于 7 月中下旬开始成熟。搓洗去假种皮，随采随播，于沙床中点播或条播，遮阴，保持湿润。播种之前，可浸种催发种子，即将种子放入温水当中浸泡 24 小时左右，等到开始吸水膨胀时取出进行种植即可，这样能够让种子更加快速地发芽。待第 1 枚叶片长成时，转入培养土中栽培。幼苗的生长缓慢，需要培育 4 ～ 5 年的时间才开花。

### （二）分生繁殖

网球花可用分球、切割鳞茎等方法繁殖，但以分球繁殖为主。

1. 分球繁殖

一般可以选择在秋季结合换盆时进行分球繁殖。将母鳞茎周围的子鳞茎掰离分栽即可，壮苗翌年即可开花，弱苗需培养 3 年方可开花。鳞茎因形成籽球能力差，一般 2 ～ 3 年进行 1 次分球繁殖。

2. 切割鳞茎繁殖

网球花的叶芽、花芽、根均着生于短缩的茎上，即茎盘上，故切割的鳞茎片必须带有茎盘，并且不可分切过多，以 4 ～ 6 片为宜。在休眠期内将鳞茎挖出，切除根系，洗净，纵向分切，置于室内晾 2 天，然后插入沙床催生不定芽，空气相对湿度控制在 50% ～ 60%，出芽后再逐渐增加浇水量。该方法可提高繁殖系数，但催芽时间长，所得的苗子较细弱，培养至开花所需的时间较长。

### （三）组织培养

1. 愈伤组织诱导

将消毒好的鳞茎在无菌条件下剥除外层老鳞片，留下由内向外数 4 ～ 5 层幼嫩鳞片，切成带有部分鳞茎盘的鳞片小块（长 0.8 ～ 1cm，宽 0.3 ～ 0.6cm）作外植体。诱导培养基为 MS + 2mg/L 6-BA +0.5mg/L 2, 4-D。接种约 1 周后，外植体切口处开始形成白色愈伤组织。

2. 试管鳞茎诱导及植株移植

将愈伤组织移至分化培养基 MS + 2mg/L 6-BA + 1mg/L NAA，一段时间后形成白色的小鳞茎。将小鳞茎转移到相同的培养基继续增大和诱导生根，即可形成具有根系的完整植株，生根率 80% ～ 90%。小苗经过适当的锻炼，在 22 ～ 26℃条件下移植土壤中，可以得到很高的成活率。

## 五、栽培技术

### (一)盆花栽培

#### 1. 种球选择与消毒处理

选择鳞茎规格较大，外层鳞片无失水皱缩，手感坚硬充实的健康、无病的种球。用0.5%福尔马林液浸泡鳞茎进行消毒，3小时后取出，晾干。

#### 2. 种植时间

南方3～4月、北方4～5月为网球花的栽植期，可结合换盆进行分球栽植。

#### 3. 土壤处理

选用疏松、肥沃、排水良好的培养土。一般以培养土加沙10∶1比例拌匀使用。种植之前，将培养土消毒，可将其平铺在太阳下暴晒或使用药剂消毒。

#### 4. 种植方法

用直径20～30cm的花盆栽植开花种球，以1盆1球为佳。在盆底铺上约3cm厚粗沙或碎石块以利排水。同时还需施足基肥。成株一般于每年春季换1次盆，换盆时注意剪去部分老枯根，添加新的培养土。

#### 5. 肥水管理

发芽展叶期每旬施肥1次，生长期每2周施肥1次，肥料以磷、钾肥为主，少施氮肥。花莛抽出前施1次骨粉或过磷酸钙，可使开花良好。夏季为生长盛期，须多浇水，但切忌雨淋和积水，否则易导致鳞茎腐烂。秋冬季叶子开始枯黄进入休眠期，此时应控制浇水，保持盆土微湿，连盆一起置于5℃以上的环境中越冬。

### (二)园林露地栽培

#### 1. 种球选择及消毒处理

将室内沙藏越冬的鳞茎取出，选择形状端正、表面光滑、无病虫害的鳞茎。大小鳞茎分开单独栽植，大球用以开花，小球继续培养。消毒方法同盆栽种球的处理。

#### 2. 种植时间

一般南方在2～3月，气温达15℃左右时，将贮藏的鳞茎下地定植。

#### 3. 土壤处理

栽培园地要求通风透光、排水良好、土壤肥沃。种植之前要将园土进行消毒。

#### 4. 整地做畦与种植

深翻土壤30cm，施足底肥，畦面整理成1～1.2m宽，长度不限，条栽或穴栽均可，株行距20cm×30cm。一般覆土时鳞茎顶部必须露出土面。若土壤黏重，鳞茎上部1/3必须露出土面。

#### 5. 肥水管理

解除休眠的鳞茎开始萌动时，要施1～2次以氮为主的稀薄液肥。当长出2枚幼叶时，施以磷、钾为主的复合肥，每半个月施1次肥。采收花枝或花谢之后，增施磷、钾肥，促使新球生长，老球增大。到冬季新球发育充实，叶片变黄枯萎时，在距鳞茎2cm处剪去茎叶，几天后挖出鳞茎，阴干，贮藏在冷凉而不受冻处越冬，如有条件可用5℃冷库贮藏。

浇水要见干见湿，以偏干为好。夏季气温高时，应向叶面喷水，以增加空气湿度。

## 六、病虫害防治

### (一)病害及其防治

网球花病害较少，管理较简单。生长期有叶斑病危害，可用50%甲基托布津可湿性粉剂700倍液喷雾防治。

若栽培环境通风透光不良，易出现白粉病，可每2周喷洒65%代森锌600倍液预防。如有发病，初期可喷洒50%多菌灵500～800倍液。如无药物喷洒，应及时把叶背或叶柄上刚出现的白粉病体除掉，不让其蔓延。叶子干枯后，要全部去除。

### (二)虫害及其防治

生长期忌土壤或盆土过湿，否则易发生线虫危害而导致鳞茎腐烂。种前可用0.5%福尔马林液浸泡鳞茎 3 小时消毒。地下蛞蝓可用 3% 石灰水喷杀。

## 七、价值与应用

### （一）观赏价值

网球花盛花期时，花朵四射如球，花色艳丽似火，观赏性极佳，盆栽可用于装饰室内客厅、书房、阳台等处。室外丛植成片，或作花坛、花境布置，花期景观别具一格。网球花切花还是插花的良好材料，插花作品中往往用作主花。因盛开的花朵不便包装，应现采现插。若需长途运输，应选小花散团而未开放者为宜（图 2）。

### （二）药用价值

早期文献记载，网球花的叶用于治疗溃疡，鳞茎提取物被用作利尿剂，还用于治疗哮喘。不过它们的生物碱含有一定的毒性，危害山羊、绵羊等。最开始非洲原始部落的人用网球花上的毒涂在箭头上进行狩猎、捕鱼等。因此，人们在使用网球花时，应格外留意它的毒性。

图 2　网球花观赏应用

A. 网球花盆栽；B. 网球花花境应用

（王凤兰）

# *Scilla* 蓝瑰花

蓝瑰花是天门冬科（Asparagaceae）蓝瑰花属（*Scilla*，绵枣儿属 *Barnardia* 已单列）多年生鳞茎类球根花卉。其属名为“伤害”之意，是希波克拉底（Hippocrates）赋予一种根含有剧毒物质的植物的名称。希腊人和罗马人也使用该植物名称，现在还被称为 Urgineamaritima（海葱，Sea onion）。英文名称 Squill（海葱）。中文别称蓝钟花、聚铃花。蓝瑰花属是约有 81 个种的大属。该属植物分布在整个旧大陆的热带和温带地区，原生在欧洲、亚洲和非洲的森林、沼泽和沿海滩涂地带，少数见于热带山地。中国产 1 种和 1 变种。多数种在春季开花，也有的种在夏、秋季开花。

## 一、形态特征

蓝瑰花（绵枣儿）鳞茎具膜质鳞茎皮。叶基生，条形或卵形。花莛不分枝，直立，总状花序；花小或中等，苞片小，花被片 6 枚，离生或基部稍合生，花为蓝色、紫色、白色或粉红色；雄蕊 6，着生于花被片基部或中部，花药卵形至矩圆形，背着，内向开裂；子房 3 室，通常每室具 1 ～ 2 枚胚珠，少有 8 ～ 10 枚胚珠，花柱丝状，柱头很小。蒴果室背开裂，近球形或倒卵形，通常具少数黑色种子。花期春季，或夏秋季，在花园中最常见的都是春天开花（图 1）。

## 二、生态习性

喜温暖、向阳、湿润环境，但也可耐半阴和干旱。要求富含腐殖质、排水良好的土壤。此属植物的耐寒性差异很大。一般而言，原产南非的种要求在无霜的条件下生长，原产欧洲和西亚的种大多数可耐 -12℃以上的低温，但是叶片不能忍受冻湿的环境。西伯利亚绵枣儿（*S. siberica*）

图 1　蓝瑰花属植物植株、鳞茎和花的形态

能耐受 –29℃的低温，尤其是有覆盖物或积雪覆盖时。与其抗寒性相当的还有蓝瑰花和绵枣儿。

## 三、种质资源

蓝瑰花属（*Scilla*）约有 81 个种，在全球分布甚广，我国有 1 个种和 1 变种。重要的种如下：

**1. 秋花绵枣儿（新拟）*S. autumalis***

原产欧洲、北非和西亚，1753 年引种。株高 8 ～ 15cm。叶片狭窄，长 8 ～ 12cm，先花后叶。花小，多数，蓝紫色，花期夏末至秋。选育的品种有 'Alba'，白色；'Praecox'，花较大，生长势更强；'Rosea'，粉红色。

**2. 蓝瑰花（二叶绵枣儿）*S. bifolia***

原产欧洲，1753 年引种。株高 5 ～ 10cm，叶通常 2 枚，有时 4 枚。每莛着花最多可达 8 朵，花径 2.5cm，花头朝外或朝上，花鲜蓝色，有时色淡，初春开花。具有鳞茎形成早的优点，在其原生地开花后不久鳞茎就成熟。此种相当耐寒，在炎热的夏季需将其种植在凉爽之处。

**3. 蓝海葱 *S. natalensis***

又称高海葱。原产南非（夸祖鲁 – 纳塔尔省、东开普省、自由邦）和莱索托，常见生长于岩石之间，1862 年引种。鳞茎非常大，带有紫褐色皮膜，鳞茎的 1/3 露出土面。春天开花（原产地 9 ～ 10 月）。株高通常超过 90cm，先花后叶，叶宽 10cm，长 45cm，叶表面呈绿色，叶背面呈紫色。在排列整齐、金字塔形的总状花序（锥状总状花序）上着花多达 100 朵，花粉蓝色至淡紫色。变种 var. *sordida*，叶片淡棕色，花序更修长。此种在无霜地区是用来装点巨石缝隙的理想植物。生长期间要求阳光充足，土壤排水良好和水分充足。

**4. 白花绵枣儿（新拟）*S. nervosa***

原产南非至坦桑尼亚，1870 年引种。鳞茎梨形，外被致密、纤维状皮膜，球径 5 ～ 8cm。株高 45 ～ 50cm，每球可抽生数个花莛。叶基生、直立，6 枚，鲜绿色，基部粉紫色，宽约 1cm，长约 25cm。每个总状花序着花 100 朵，花小，花径仅有 0.6cm，花白色，稍带绿晕。夏季开花（原产地 1 月）。此种虽然不是很吸引人，但分布甚广，可用其点缀野草丛生的山坡。

**5. 地中海蓝钟花 *S. peruviana***

又称古巴百合、秘鲁百合。原产葡萄牙、西班牙和意大利，1607 年引种。株高可达 30cm，在开花期间不断伸长。叶常绿，宽约 4cm，长 30cm。排列致密的总状花序着花可达 100 朵，花深紫色，花序直径 15cm。春末开花。原产于低海拔地区，并不十分耐寒，温度降到 –4℃以下时需要保护栽培。在较冷的地区此种植物最适用容器栽培，于温室越冬，翌年晚霜后移至室外。栽植鳞茎时，颈部与土壤表面持平即可。变种 var. *glabra*，花淡紫色，叶片光滑。筛选的品种有 'Alba'，花白色；'Elegans'，花红色。

**6. 绵枣儿 *S. scilloides*（已修订为 *Barnardia japonica*）**

原产中国和日本。株高 15 ～ 20cm，幼叶带红色。花粉红色至紫红色，初秋开花。此种广布我国各地，常见于野外荒坡草地中。其全株和鳞茎可入药。

**7. 西伯利亚蓝钟花 *S. siberica***

原产伊朗、土耳其（小亚细亚）和高加索，1796 年引种。株高达 20cm，通常每球可抽生多个花莛。叶 4 ～ 6 枚，狭窄，鲜绿色，长 20cm。每莛着花 6 朵，花鲜蓝色，花头常面向一方，有时下垂，花径约 2.5cm。仲春开花。变种 var. *taurica*，花深蓝色，花期稍早。该种在花园中非常受欢迎，是早春花海和花境中水仙花的最佳配花，特别是品种 'Spring Beauty'（春天之美）。非常适合种植在灌木丛边缘的凉爽处，因其耐寒而不耐夏季的炎热。

## 四、繁殖与栽培管理

### （一）繁殖

#### 1. 分球繁殖

在夏季休眠期间挖出鳞茎进行分球。鳞茎繁殖能力因种而异，有的种能产生较多后代，有的种则很少。一般每 2 ～ 4 年分 1 次球，头年秋季分栽翌年春季就可开花。

#### 2. 播种繁殖

秋播或春播，种子几乎不用沙土覆盖，但土壤必须保持湿润。幼苗继续培养 1 ～ 2 年。从播种到开花的时间因种而异，通常为 3 ～ 5 年。

### （二）栽培

栽植鳞茎时，地中海蓝钟花和蓝海葱覆土到鳞茎顶部即可，其他种的栽植深度为 8 ～ 10cm，在沙质土壤种植可栽得稍深一些。种植距离依株高而定，较矮小的种球间距为 8 ～ 10cm，较高的种球间距为 30cm。土壤应排水良好，肥沃。在炎热地区大多数种应适当遮阴，在冷凉地区则要求全光照。从春季至叶片枯萎之前，需要适量的水分。夏花种开花后仍需要浇水。绵枣儿一旦种植后，最好不移栽。此属中许多种非常适宜容器栽培，尤其是原产在南非无霜地区的种，盆栽是最佳的方式。

### （三）病虫害防治

鳞茎贮藏在通风条件差的地方，易染多种腐烂病。空气流通不良时植株叶片易染烟霉病。此植物不宜动物食用，但是蛞蝓能吃其花朵。

## 五、价值与应用

绵枣儿植株低矮，花色明快，适应性强，宜作草坡地和疏林下的地被植物，或作花境和岩石园装饰。有些种能自播繁衍，具有侵略性。

（义鸣放）

# *Sinningia* 大岩桐

大岩桐是苦苣苔科（Gesneriaceae）大岩桐属（*Sinningia* 或 *Gloxinia*）多年生块茎类球根花卉。其属名 *Sinningia* 是为了纪念波恩大学首席园丁威廉·辛宁（Wilhelm Sinning，1794—1874）而命名。英文名称 Gloxinia（大岩桐），Satin flowers（缎子花）。此属约有 60 种，原产于美洲的中部和南部，少数种分布在墨西哥，大多数种产在巴西和阿根廷。此属中仅有少数种具有很高的园艺价值，如大岩桐（*S. speciosa*），色彩丰富鲜艳，已被世界各地广泛栽培，用作室内盆栽花卉。

## 一、形态特征

大岩桐（*S. speciosa*）为多年生常绿草本，地下具有扁球形的块茎。株高 15 ～ 25cm，茎极短，全株密布茸毛。叶对生，长椭圆形或长椭圆状卵形，叶缘钝锯齿。花顶生或腋生，花梗长，每梗一花，花冠阔钟形，裂片 5，矩圆形，花径 6 ～ 7cm。花色丰富，包括红、粉、白、紫、堇和镶边的复色等，花期长，从春至秋（图 1）。

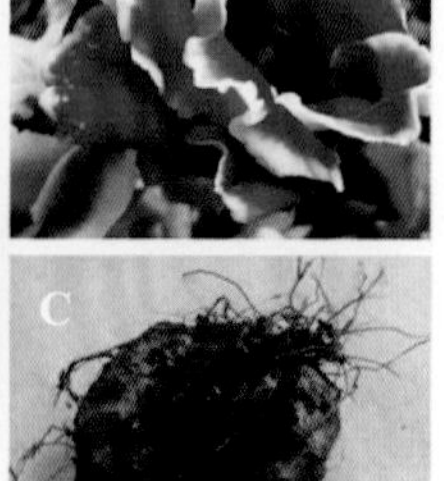


**图 1　大岩桐主要器官的形态**
（图片引自中国植物图像库）
A. 植株；B. 花形态；C. 块茎形态

## 二、生态习性

### 1. 温度

不耐寒，喜冬季温暖、夏季凉爽的环境。生长发育的昼夜适温为 24 ～ 26℃ /18 ～ 21℃。夏季最高可忍受 29℃高温，冬季最低温度 16℃。

### 2. 光照

喜半阴，忌高温和强光直射。生长期间适宜的光照强度为 22000 ～ 32000lx。光照过强可产生叶斑，或植株生长缓慢、花蕾不开放；光照过弱则植株细弱、花蕾减少。夏季应提供遮阴率为 50% ～ 60% 的遮阴设施。

### 3. 土壤

喜疏松肥沃、排水良好的腐殖质土壤。pH 5.5 ～ 6.0。

## 三、种质资源与园艺品种

### （一）原种

本属约 60 种，除了大岩桐外，常见栽培的种有：

#### 1. 巴西大岩桐（新拟）*S. canescens*

多年生块茎植物。植株直立，密被茸毛，叶

图 2 大岩桐属部分种质资源

A. 巴西大岩桐（新拟）（*S. canescens*）；B. 血红大岩桐（新拟）（*S. cardinalis*）；C. 红脉小岩桐（新拟）（*S. concinna*）

倒卵形，灰绿色，长达 15cm，被银白色茸毛覆盖。夏季花期短，花橙红色或玫粉色，花狭管状，长 2.5cm，3 ～ 5 朵簇生。株高 30cm，冠幅 35cm（图 2A）。

2. 血红大岩桐（新拟）*S. cardinalis*

原产美洲热带，1850 年引种。多年生块茎植物。株高 15 ～ 30cm，茎、叶上均附着短白毛，叶对生，卵形或扇形，叶长 7 ～ 15cm。花血红色，管状带钩，长 5cm，花期长，从夏末到秋天连续开放长达 3 个月（图 2B）。

3. 红脉小岩桐（新拟）*S. concinna*

原产巴西，1860 年引种。多年生块茎植物，茎秆矮小，茎脉红色。叶片狭小，有毛，全缘。花瓣上部紫色，下部淡黄色，在花管内有紫色斑点，夏季开花（图 2C）。

4. 断崖女王 *S. leucotricha*

原产巴西，1954 年引种。多年生块茎植物，茎直立，高 25cm。茎、叶上密被白色茸毛，花管状，珊瑚玫瑰色，被茸毛，春、夏开花。块茎的直径可达 30cm，裸球（不覆土）也能发芽、开花。

5. 细小大岩桐 *S. pusilla*

原产巴西。多年生极小型植物，块茎仅豌豆大小。株高 2.5cm，冠幅 5cm。叶卵形，有毛，深橄榄绿色，长 1cm，背面有红色脉。花单生，淡紫色，管状，长 2cm，花喉部白色。花期夏季，若栽植于玻璃容器中可不断开花。

### （二）园艺品种

以大岩桐、血红大岩桐、断崖女王等为亲本进行杂交，培育了不少品种：

1. ‘Doll Baby’

叶片橄榄绿色，叶脉青铜色。开花持久，花径约 8cm，薰衣草蓝色，带有紫眼和黄喉，主要在夏季开花，喜潮湿的热带环境。

2. ‘Longiflora’

叶大，肉质，多毛。圆锥花序，花管状，玫瑰色基部有裂片，喉部粉红色到白色。

3. ‘Switzerland’

叶卵形，质地柔软，绿色，长 20 ～ 24cm。花期夏季，花单生，喇叭形，亮猩红色，长 4cm，花瓣具有波浪状白色边缘。株高 30cm，冠幅 45cm。

4. ‘Waterloo’

叶卵形，有茸毛，绿色，长 20 ～ 24cm。花期夏季，花单生，喇叭形，鲜红色，长 4cm。株高 30cm，冠幅 45cm。

## 四、繁殖和栽培管理

### （一）繁殖

1. 种子繁殖

大岩桐最常用的繁殖方法就是播种繁殖。春、秋皆可进行，春播为主。大岩桐种子极细小，28000 粒 /g，播种后轻轻镇压，无须覆土。发芽适合温度 18 ～ 21℃，发芽室保持高空气湿度，10 ～ 12 天后种子萌发，5 ～ 6 周后即可移植。实生苗在光照强度 300 ～ 400μmol/（s・$m^2$）

的弱光环境下养护即可。

国外大岩桐的规模化、商业化繁殖都是用穴盘播种，培育和出售穴盘苗。

2. 营养繁殖

大岩桐叶片肉质肥厚，可采用叶插繁殖。一般在春季或夏季进行，将带叶柄的叶片插入沙子或者沙质壤土中，光照充足且忌阳光直射，保持25℃左右，约2周后生根。

### （二）栽培

1. 盆花栽培

大岩桐常作盆花栽培，自上盆到开花需4～5个月。大岩桐喜肥，应施足基肥，基质pH 5.5～6.0。早春大岩桐开始生长，当幼苗生长到5～7cm时，需单独栽种到直径10cm的容器中。设施栽培时，保持室内空气相对湿度在50%～60%。环境温度控制在白天24～26℃，夜间18～21℃。如果种植的是血红大岩桐和断崖女王，环境温度应保持在19℃以上。花蕾显现后可将昼夜温度适当降低为21～24℃/16～18℃。生长期适度浇水，每2周施加1次高钾肥。秋季则减少浇水，保持块茎干燥。冬季块茎休眠，不浇水。室外种植时，应选择潮湿、排水性好且富含腐殖质的酸性或中性土壤，且能适当遮阴的生长环境。

可以用植物生长调节剂控制大岩桐株高和株型，使用较多的是$B_9$。当叶片伸展到花盆边缘时，喷施1000～1500mg/L的$B_9$溶液；如果需要可在7～10天后再喷1次。

2. 盆花出圃和运输

大岩桐盆花出圃标准（时间）因运输距离而异，于当地市场出售的可在整株有3～5朵花开放时出圃；远距离运输的则在1～3朵花开放时出圃。若盆花需要套袋、装箱和运输，最好选择生长紧凑或矮生型品种。大岩桐极耐乙烯，但是贮藏运输的温度不可低于10℃，最适温度为16℃。到达花店或消费者家里，养护在18～24℃温度和1100lx的弱光环境。根部浇水，经常清理残花和枯叶，即可保持数周开花不断。

### （三）病虫害防治

常见的害虫有蚜虫、螨虫、红蜘蛛、蓟马。尤其是蓟马，它是大岩桐病毒病（INSV或TSWV）的主要传播者。对虫害进行防治的主要办法是喷洒溴氰菊酯、吡虫啉、啶虫脒或高效氯氰菊酯等药剂；其次，对感染病虫害的枝叶进行修剪及销毁，并对土壤进行消毒处理。

## 五、价值与应用

大岩桐花大色艳、雍容华贵，如温度合适，周年有花，尤其室内摆放花期长，适宜窗台、几案等室内美化布置（图3）。

图3　大岩桐盆花的观赏应用

（朱娇　张永春）

# *Sparaxis* 魔杖花

魔杖花是鸢尾科（Iridaceae）魔杖花属（*Sparaxis*）多年生球茎类球根花卉。其属名源自希腊语 *sparasso*（“撕裂”），意指花朵周围撕裂的苞片似魔杖。英文名称 Harlequin flower（丑角花），Wand flower（魔杖花）。这个属约有 14 个种，分为 2 个组：*Sparaxis* 组，包含 8 个种；*Synnotia* 组，包含 6 个种。*Sparaxis* 组的花规则，而 *Synnotia* 组的花被片左右对称。该属所有的种都原产于南非，包含了一些最艳丽的球根花卉。

## 一、形态特征

地下器官是包被有纤维质皮膜的球茎。株高可达 60cm。叶基生，两列，披针状剑形，浅绿色、平展、坚硬的叶片在花莛基部排列成扇形。穗状花序，着花 3 ～ 5 朵，花莛单生或三叉，圆柱形，花被管漏斗状，长约 2.5cm。花大，花色丰富，尤其是杂种。花的中心呈杯状，花被片展开，花径通常可超过 8cm。花被片 6 枚，大致相等。雄蕊短，着生于杯状的基部。所有种都在春季或初夏开花（图 1）。

图 1　魔杖花球茎、植株和花的形态特征

## 二、生态习性

喜温暖，要求阳光充足，适宜肥沃、疏松、排水良好的土壤。不耐积水，不耐霜冻。

## 三、种质资源

魔杖花属约有 14 个种。均原产南非。

**1. 耳形魔杖花（新拟）*S. auriculata***

原产南非的 Gifberg 山脉（西开普省 Klawer 附近）。株高约 30cm。花浅黄色，花瓣尖端紫色，花瓣的中心深黄色。花期早春（原产地 8 月）。

**2. 丑角花（新拟）*S. bulbifera***

原产南非（西开普省的西南部）冬季下雨时变成沼泽的地区。株高约 30cm，常有分枝，但很少超过 3 个。叶细长、剑形，长约 25cm。花白色或象牙色，有时淡黄色，花期早春至晚春（原产地 9 ～ 10 月）。球茎在叶基部形成，在冬季干旱地区需提供额外的水分。

**3. 石竹魔杖花（新拟）*S. caryophyllacea***

原产南非（西开普省 Clanwilliam 北部）的山中。株高 15 ～ 30cm。花香甜，大，浅黄色，花被片的上半部为紫色，喉部是黄色。早春开花（原产地 8 ～ 9 月中旬）。

**4. 雅致魔杖花 *S. elegans***

原产南非（北开普省），1825 年引种，被列为濒危植物。株高 25 ～ 30cm，无分枝，或一个球茎能产生 5 个分枝。叶细长，剑状，排列成扇形，长约 20cm。每莛着花 1 ～ 3 朵，花径约

4cm，花橙红色或白色，花瓣中心略带紫色，白色的有时呈深蓝色。花药卷曲和缠绕在花柱周围。选育的品种有‘Coccinea’，花亮橙红色，花心近黑色；‘Zwanenburg’，花栗红色，花心黄色。此种变异多，在杂交育种中常用。春末开花。

5. 香魔杖花 *S. fragrans*

原产南非。株高可达45cm。叶6～10枚，长约20cm，常弯曲。每莛可着花6朵；花管部黄色、紫色或黑色，花被片奶油色至黄色。雄蕊白色或浅黄色，花柱长。冬末或早春开花（原产地8～9月）。

6. 加莱阿塔魔杖花（新拟）*S. galeata*

原产南非（西开普省的Olifants河谷），1786年引种。株高15～20cm。叶基生呈扇形，短于花莛，花莛上有茎生叶。花香浓郁，紫色或黄色，或花瓣下段微黄，上段白色或泛红。春季开花（原产地8～9月）。

7. 大魔杖花 *S. grandiflora*

原产南非（开普地区），1758年引种。株高可达30cm。有很多品种。叶片通常2枚，狭窄，宽小于1.3cm，长约20cm，与花莛等高。花紫红色，花径7～8cm，是本属中花最大的种。花期仲春至晚春（原产地8～9月）。变种var. *acutiloba*，形成多个直立、明黄色花朵，花期较早；变种var. *fimbriata*，株高可达45cm，花淡黄色至奶油色，花瓣基部有黑色斑点，外花被片尖端为棕色；变种var. *violacea*，花紫色或白色。

8. 披肩魔杖花（新拟）*S. maculosa*

原产南非（分布于西开普省的Worcester到Villiersdorp地区），1988年被发现。株高10～20cm。花亮黄色，带有深栗色心形斑点。花期早春（原产地9月）。

9. 小魔杖花（新拟）*S. parviflora*

原产南非（西南开普）。株高25～30cm，常有分枝。叶7～9枚，短于花莛。花细小，黄色至淡奶油色，带浅紫色斑点。花期早春（原产地8月中旬）。

10. 扭药魔杖花（新拟）*S. pillansii*

南非（北开普省的Bokkeveld高原至Calvinia地区），通常生长在淹水的黏重土壤中。株高20～60cm，无分枝。叶8～10枚，狭窄，剑形，长约30cm。每莛着花4～9朵，花径约3cm。花被片玫粉色，在黄色花筒管上带有深紫色斑区。花药稍扭曲，在白色花丝上呈紫红色或棕色。花柱白色具有栗色分枝。春季开花（原产地10～11月）。

11. 三色魔杖花 *S. tricolor*

原产南非（北开普省），被列为濒危植物，1789年引种。株高20～30cm，一个球茎最多可产生5个分枝。叶通常4～5枚，硬，扇形，宽约0.8cm，长15～20cm。每莛着花2～5朵，花为艳丽的橙色，带有边缘为黑色的深黄色花心。花期晚春（原产地9～10月）。品种有‘火王’（‘Fire King’），花猩红色，带有黄色花心，开花较晚；还有‘Horning’‘Alba Maxima’‘Robert Schuman’等。园艺品种通常比野生种高，并且具有更多和更大的花朵。这些都可作切花。Mixed系列的品种就是以花色丰富、花期长、生长势强为目标被筛选出来的。三色魔杖花已被广泛用于杂交育种。

12. 有斑魔杖花（新拟）*S. variegata*

原产南非（西开普省），生长于沙石岩中，1825年引种。株高约50cm。叶7～8枚，剑形，长15～17cm，宽约2.5cm，基生呈扇形。每莛着花可达7朵，花朵长约5cm，花径约2.5cm。花被片最上段为深紫色，中段是白色且在基部带有紫晕，下段白色有时为黄色带有紫色条纹。苞片具齿。早春开花（原产地8～9月）。变种var. *metelerkampiaeis*，植株较矮，株高15～20cm，花较小，花色不够鲜亮，除了花被片下部的亮橙色斑点外。

13. 绒毛魔杖花 *S. villosa*

原产南非（开普敦半岛至Citrusdal）。花黄色至奶油色，早春开花（原产地8～9月）（图2）。

图 2　魔杖花属植物的部分种质资源

## 四、繁殖与栽培管理

### （一）繁殖

#### 1. 分球繁殖

叶片枯萎后，将完全成熟的植株挖出，然后将籽球分离。

#### 2. 种子繁殖

在夏末或春季播种，种子应播撒在排水良好、能保湿的沙质土壤中，几乎不用覆盖。有些实生苗在播种当年就能开花，但多数要在第二年才能开花。在室外，可以在种植床上进行播种，种子几乎不用覆盖。

### （二）栽培

魔杖花虽然可以适应各种各样的土壤类型，但更喜欢阳光充足、排水良好且肥沃的土壤。冬季温暖地区，可于 11 月中下旬露地栽植种球，深度 5 ～ 6cm，间距为 7 ～ 10cm，在花境中可以 25 粒或者更多种球为一组种植，适当覆盖越冬。在冬季温度低至 -4℃以下的地区，多用口径为 15cm 的花盆盆栽，每盆种植 5 ～ 6 粒种球，置于凉爽且无霜的地方养护，冬季至早春温度保持在 12℃，翌年春季开花；或者春季种球，夏季开花。

种球种植后浇透水，之后常规浇水直到叶片成熟。开花后，土壤控水以利球茎成熟。在夏末休眠期间，球茎必须保持温暖干燥。球茎可以在土壤中存留数年，直到拥挤不堪时再挖出分球。

### （三）病虫害防治

魔杖花很少受到病虫害的侵染。最常见的问题是因夏季雨水过多，或栽培土壤黏重且排水不畅造成的球茎腐烂。

## 五、价值与应用

魔杖花植株低矮，花色艳丽。在冬季温暖的地区，适作冬、春季花坛、花境的用花，是庭园中的极具观赏价值的花卉；在北方，作早春盆花栽培。因其花期持久，魔杖花还是优良的切花。

（义鸣放）

# *Sprekelia* 龙头花

龙头花是石蒜科（Amaryllidaceae）燕水仙属（龙头花属）（*Sprekelia*）多年生鳞茎类球根花卉。其属名 *Sprekelia* 是为纪念德国汉堡的植物学家 J. H. 冯·斯普雷克尔森（J. H. von Sprekelsen）而命名的，他在 1758 年将此植物送给了卡尔·林奈（Carl Linnaeus）。英文名称有 Mexican scarlet lily（墨西哥猩红色百合），Orchid lily（兰花百合）等。燕水仙属与朱顶红属（*Hippeastrum*）非常相似，但燕水仙属花单生，花被片不规则。该属仅 1 ～ 2 种，原产墨西哥和危地马拉。我国已有引种栽培。

## 一、形态特征

多年生草本。地下具有皮鳞茎，鳞茎球形，径约 5cm。株高 30cm，叶 3 ～ 6 枚，基生，狭线形，长 30 ～ 50cm，宽 1 ～ 2cm。花单生花莛的顶端，花莛高 45cm、中空，红色尾端着花 1 朵，苞片佛焰苞状，直立，有色，花梗长约 5.5cm，直立；花二唇形，花被筒很短或几无，花被片 6，长 8 ～ 10cm，鲜绯红色，大小不等，上方 1 枚最宽，两侧 2 枚披针形，下方 3 枚下部靠合呈槽状；花冠倾斜，花径 10cm。雄蕊着生于花被片基部，稍伸出花被，花丝丝状，花药丁字着生；子房陀螺状，具 6 棱，每室多数胚珠，花柱丝状，柱头 3 裂；蒴果室背 3 裂；种子多数，盘状，具窄翅。花期晚春或初夏（图 1 和图 2）。

**图 1　龙头花的形态特征**（照片由 Nhu Nguyen 摄）
A. 花蕾；B. 盛花期；C. 雄蕊和雌蕊；D. 多个鳞茎的整体植物和叶片形态

图 2 龙头花果实和种子形态特征
（照片由 Nhu Nguyen 摄）
A. 成熟蒴果；B、C. 果荚中的种子；D. 具翅的种子

## 二、生态习性

龙头花不耐寒，喜温暖向阳环境，生长适温冬季 15 ～ 18℃，夏季 18 ～ 22℃，一般作温室花卉栽培。要求疏松、排水良好的土壤。

## 三、种质资源

本属只有 1 种龙头花 *S. formosissima* 和 1 个变种 var. *howardii*。

**1. 龙头花 *S. formosissima***

又称火燕兰、燕水仙。最初认为其只原产于墨西哥，但后来有学者揭示其还起源于危地马拉。花色艳丽、花形奇特，观赏价值高、观赏应用潜力大，可用作切花、盆栽和暖地庭院花卉等。但在原产地墨西哥，它很少被应用在园林中，而是因其鳞茎富含皂苷，具有药用价值，常被人们用来控制脱发。

**2. 小龙头花（新拟）*S. formosissima* var. *howardii***

于 2000 年在墨西哥南部被 D. Lehmiller 所发现。它是一个比原种小得多的变种，花瓣和叶子也窄得多（图 3）。生长习性与原种相似，可采用与原种相同的栽培方式，但在移栽时需注意尽量勿伤根，如果根部受损严重，植物会间隔一年才能开花。

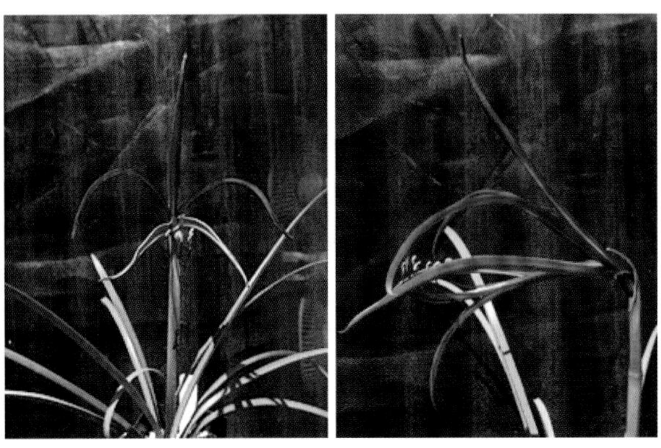

图 3 *S. formosissima* var.*howardii* 花部和叶部形态
（照片由 Nhu Nguyen 摄）

## 四、繁殖和栽培管理

### （一）繁殖

**1. 分球繁殖**

可选择在冬季休眠期进行。将鳞茎挖出后，去残叶、去根、去除表面褐色鳞片，洗净后晾干，在鳞茎底部切一个“十”字形切口，干燥后涂上木炭粉，放入沙中，在 20 ～ 22℃下，切口会长出许多新的小鳞茎，大的小鳞茎需要培养 2 ～ 3 年时间开花，而小的则需要培养 4 ～ 5 年。

**2. 播种繁殖**

须先进行人工授粉获得种子，种子成熟后即可播种。播种在用腐叶土、泥炭土和素沙等体积混合的基质上，覆盖薄土，在 25 ～ 28℃下，经 2 ～ 3 周即可发芽。随着实生苗的生长逐渐增加浇水量，叶片枯萎停止浇水。经过一个生长季形成小鳞茎，可在夏末盆栽；或贮藏越冬，待翌年早春鳞茎发芽前再行盆栽。利用播种繁殖的方式需要大约 7 年的时间才能开花。

**3. 组织培养**

龙头花的营养繁殖过程很慢，从小鳞茎形成到开花需要 4 ～ 5 年时间；同时其繁殖系数极低，每年只能产生 1 个子代，甚至没有。因此，在商业生产中可以利用组织培养技术来提高其鳞茎的繁殖效率，并防止自然资源被过度开采。龙头花组织培养过程中，将BA的最适浓度确定为20μM，有利于丛生芽的大量增殖，并通过在培养基中施加5%浓度的蔗糖来促进试管鳞茎的形成；在生根培养过程中，将IBA的最适浓度确定为0.98μM，有利于提高生根率。通过上述组织培养方案，能够在6个月内从1个母鳞茎获得至少96个小鳞茎，远超过每年仅有1～2个小鳞茎的自然繁殖率。

### （二）栽培

龙头花一般在温室中栽培，使用富含纤维质、疏松、肥沃的栽培基质，并施足基肥，栽后保持土壤湿润，并给予充足的光照。生长季节应注意肥水管理，平时需定期追肥，有机肥或复合肥均可。冬季叶片枯黄后，应立即停止浇水，翌年开始生长时再行浇水。若栽培得当，一年可开花4～5次。盆栽者3～4年应翻盆1次。

### （三）病虫害防治

常见病虫害有赤斑病与根腐线虫。赤斑病发生时，叶面上会出现红色斑点，并不断扩大，直至枯死，若发生在基部，则易造成花莛弯曲折断，可喷波尔多液防治。防治根腐线虫在定植前将鳞茎用40～44℃的温水浸泡1小时即可。

## 五、价值与应用

龙头花植株低矮，株型规整，花色艳丽，是非常美丽和出色的盆栽植物。非常适合用作温室盆花、暖地（无霜地区）地栽或作切花使用。

（许俊旭）

# *Tigridia* 虎皮花

虎皮花是鸢尾科（Iridaceae）虎皮花属（*Tigridia*）多年生球茎类球根花卉。其属名 *Tigridia* 源自拉丁语 tigris（“tiger”），意指其花斑似美洲虎（斑点的）。虎皮花具有多斑的中央斑点杯。此属约有 54 种，原产于中南美洲的墨西哥和危地马拉，许多种还未被引种栽培，但在 Elwood Molseed（1970）的专著中均有描述。虎皮花的英文名称很多，有 Mexican daylily（墨西哥萱草），Mexican shell flower（墨西哥贝壳花），Peacock flower（孔雀花），Tiger flower（虎斑花），Sacred tiger lily（神虎百合）等。

## 一、形态特征

球茎圆锥形，有粗糙的皮膜包被，球径约 3.5cm。叶剑形，稀少，1～5 枚。花葶的高度因种而异，通常刚被叶尖超过，但是花朵不被叶片掩盖。花序顶生，着花 6～7 朵，单花寿命短，仅开放 1 天，但花序上的花蕾陆续开放，群体花期可持续数周。花径大小各异，从 2.5cm 到大于 10cm 不等。花酒杯状，花被片 6 枚，外 3 枚大，呈三角形，颜色因品种而异，有白、黄、粉、深红等色，花瓣下部具斑点；内 3 枚小，也呈三角形，全部带斑点。外花被片纯色的部分外翻，使带斑的花心形成一个边缘清晰的酒杯状。雄蕊和柱头连接在细丝状的长花管上，直立于花朵中央。夏季开花（图 1）。

图 1　虎皮花植株和球茎形态

## 二、生态习性

喜温暖、湿润和强光照，要求微酸性、富含有机质的肥沃沙质壤土，不耐寒。

## 三、种质资源

虎皮花属有 54 个种。主要栽培观赏的种有：

1. 雅拉塔虎皮花（新拟）*T. atrata*

原产墨西哥，1843 年引种。株高达 60cm。花深紫色，带有浅绿色斑点。仲春开花。

2. 二色虎皮花 *T. bicolor*

原产墨西哥。株高约 45cm。叶片窄，剑形，稀疏（每球茎 2～3 枚叶），略高于花葶。花被紫褐色，外花被片黄色。夏季开花。

3. 恰帕斯虎皮花（新拟）*T. chiapensis*

原产墨西哥（Chiapas 州）。株高达 40cm。叶片稀疏，狭、尖，长 40～50cm。花径约 5cm；花被黄色带紫色斑点，外花被片白色；夏季开花。要求夏季湿润。

**4. 火焰兰（新拟）*T. flammea***

原产在墨西哥多岩石的地方，1839年引种。株高可达91cm。基生叶通常3枚，浓绿、褶皱、剑形，开花时较短，之后伸长到91cm；茎生叶短得多。每莛着花15朵，被膜状的苞片包裹。外花被片基部有黑色的斑点，并且强烈外翻；内花被片呈黄色，花瓣长度不超过外花被片的翻折点。花丝呈覆瓦状，从花基部到花柱顶端的长度超过5cm。单花仅开放几个小时，但整个花序可连续开放数日。夏季开花。

**5. 加兰索虎皮花（新拟）*T. galanthoides***

原产墨西哥。株高达61cm，常有分枝。外花被片不像其他种那样尖，浅粉红色或白色，带有红色或深粉红色的花纹。夏季开花，经常多朵花同时绽放。

**6. 鲜红虎皮花（新拟）*T. inusitata***

原产墨西哥海拔1800m以上潮湿、多岩石的山区，1971年被发现。株高达91cm。基生叶通常2枚，茎生叶1枚。花不规则，翻折的部分都在一侧。因此，雄蕊移位需要通过蜂鸟进行授粉。花鲜红色，朝上，内花被片坐落在由外花被片底部形成的“酒杯”中。夏季开花。

**7. 火鸡虎皮花（新拟）*T. meleagris***

原产墨西哥和危地马拉的山区。株高25～60cm，冠幅10cm左右。叶片1～2枚，剑形，长20～30cm。花粉红色，带有深色斑点，花瓣尖端黄色。夏季开花。

**8. 西部虎皮花 *T. orthantha***

原产墨西哥和危地马拉多云雾的森林中。叶基生，皱褶，开花时完全发育，长达91cm或更长。花规则，朝上；花心黄色的酒杯超出外花被片翻折的部分。比同属其他种更喜湿。夏季开花。

**9. 虎皮花（新拟）*T. pavonia***

原产墨西哥，1796年引种。株高通常45～50cm。叶剑形，长25～30cm，基生叶少，排列成扇形。花黄色、白色、红色或橙色，常在酒杯中具有紫色的斑点。这是花园中最常见的种，用于夏季花坛。筛选的品种包括：‘Alba Grandiflora’，花白色带有深红色斑点；‘Alba Immaculata’，花白色，无斑点；‘Aurea’，花深金黄色带红色斑点；‘Canariensis’，花奶油色，带有胭脂红色斑点；‘Liliacea’，花红紫色带白色斑点。仲夏至夏末开花，取决于种植时间。此种与西部虎皮花杂交，获得了不育的、花序直立的、外花被片（翻折部分）猩红色的植株。内花被片也大于其他的种，瓣顶端平展，位于外花被片之间，黄色，花心酒杯中带有猩红色和黄色的斑点。这个杂交种的杂种优势是能够产生许多小球茎，因此，营养繁殖是扩繁此杂种的有效途径。

**10. 凡侯特虎皮花（新拟）*T. vanhouttei***

原产墨西哥，1875年引种。株高达60cm。花深紫色，带淡黄色花心，初夏开花。

**11. 蓝紫虎皮花（新拟）*T. violacea***

原产墨西哥（Yucatan州），1838年引种。株高17～30cm。花紫色到亮紫红色，花心浅黄至白色，带有紫色斑点。仲夏开花（图2）。

## 四、繁殖与栽培

### （一）繁殖

**1. 播种繁殖**

春季播种，种子播在混合沙土中，置于见光处，夜间温度保持在13℃，约2周发芽。发芽后，幼苗必须保持湿润并有充足光照。播种繁殖2～3年内开花。

**2. 分球繁殖**

春季晚霜过后或在温暖地区的4月，籽球可以成排种植在露地苗圃中。也可将少量籽球种植在大容器中，深度1.3cm左右，要求肥沃的混合土壤。形成的子代（籽球）于休眠期分离并继续种植。较小的籽球可作为栽植材料，较大的可直接种植并开花。

图 2 虎皮花不同种和花的形态特征

### （二）栽培

春季种植种球，深 7 ～ 10cm，间距 15 ～ 25cm，6 ～ 7 月开花。春季种植适用于所有气候型。在寒冷地区，应在霜后种植，夏末或初秋叶片枯萎时起球，让其休眠越冬，或种植在温室中；在少霜或无霜的温暖地区，球茎可以留在地里越冬。若有厚重的覆盖和北墙的保护，温度保持在 -5℃以上，也可留存于室外。土壤必须排水良好，阳光充足。容器栽培时，球茎应种植在肥力中等、排水良好的土壤中。生长季节应提供充足的水分，隔周施 1 次由硫酸亚铁、麻籽饼、猪粪以 1 ∶ 2 ∶ 7 比例混合的薄肥。叶片开始变黄后，逐渐减少浇水量。球茎在贮藏前必须阴干。球茎应存放在无霜、温度 13℃左右、空气流通良好之处。

## 五、价值与应用

虎皮花花色艳丽，花姿别致，多在园林景观中作花境应用，尤其是夏季花境用花的理想选择。可将虎皮花种植在前面低矮、背景高大的其他植物丛中，低矮植物能覆盖虎皮花稀疏的叶片和下部茎秆，高大的背景植物能更加衬托出虎皮花的靓丽。虎皮花容易栽培，但至今还未被广泛种植。在有霜地区，温暖季节虎皮花可种植在室外，秋季挖球，贮藏；或者盆栽，冬季于温室（冷室）养护。

（义鸣放）

# *Trillium* 延龄草

延龄草是藜芦科（Melanthiaceae）延龄草属（*Trillium*）多年生根茎类球根花卉。其属名源自希腊语 *tris*（“thrice” 三次），因其叶片和花都是三基数的而得名。英文名称有 American wood lily（美国木百合），Weak Robin（唤醒罗宾）。该属约有 44 种，其中大多数种原产北美东部地区，少数种产自北美西部和远东地区。该属分为 2 个亚属：无花梗的 subgenus *Phyllantherum* 和有花梗的 subgenus *Trillium*，亚洲延龄草都属于后者。延龄草是极佳的林地观赏植物之一，对美国人来说是春天的象征。

延龄草，顾名思义是延长年龄的草。延龄草的花开在叶的正上方，又称“头顶一颗珠”，可与天麻媲美。是神农架三宝之一，不仅是我国著名中药材，也是在野外能见到的美丽而珍贵的药用植物之一。生长于海拔 1600 ～ 3200m 的林下、山谷阴湿处、山坡或路旁岩石下。

## 一、形态特征

### （一）地上部形态

株高 15 ～ 50cm。茎直立，不分枝，基部有褐色的膜质鞘。叶 3 枚，轮生于茎的顶端，较宽，叶菱状圆形或菱形，有 3 ～ 5 主脉和网状细脉，无柄或有短柄。花梗似为茎的延续，梗长 1 ～ 4cm。花被片 6，离生，排成 2 轮；外轮 3 片，绿色，长 1.5 ～ 2cm，宽 5 ～ 9mm，椭圆状披针形、卵状披针形或条状披针形，宿存；内轮 3 片，花瓣状，白色或紫红色，椭圆形至条状披针形，晚期凋落。雄蕊 6，短于花被片；花药基着，向两侧纵裂，药隔极短；花丝通常较短；子房圆锥形、圆锥状卵形或卵圆形，黑紫色，3 室，有多数胚珠；花柱有 3 分枝。浆果圆球形，直径 1.5 ～ 1.8cm，黑紫色，有多数种子。花期 4 ～ 6 月，果期 7 ～ 8 月（图 1）。

**图 1　延龄草地上部形态**

A. 植株；B. 花朵（两轮花被片）；C. 浆果和宿存的外轮花被片；D. 成熟的浆果和种子

### （二）地下部形态

地下具根茎，俗称“地珠”，除去须根后的根茎通常呈短圆柱形，径 0.7 ～ 2cm，长 1.5 ～ 4.5cm，黄棕色至棕褐色，具凹点状须根痕和不明显环纹，有数个略呈月牙形的小茎痕，偶见残断须根。上部除尽鳞片的鳞茎盘呈牙白色或黄白色，包绕数轮淡棕色叶鞘痕形成环节；顶端有茎痕，有时可见少数芽痕。底部钝，不平坦。带根药材须根多数，根粗 1 ～ 2mm，长 1 ～ 4cm，表面具细密皱缩环纹，松软弯曲；灰黄色根皮易破裂露出白色根心，根茎上部棕色鳞叶残片多层。

质较坚实，断面不平坦，黄白色，略显粉质。无臭，味略苦，口尝有辛麻不适感（图 2）。

图 2　延龄草地下器官形态

## 二、生长发育与生态习性

### （一）生长发育规律

3 月底至 4 月初越冬芽钻出土表迅速生长；4 月下旬茎秆生长减缓，叶片由螺旋式合抱而展开成平直，叶片光滑无皱纹，叶色由嫩绿色转变成暗绿色；5 月初在轮生的 3 枚叶片基部汇合处抽生花梗并开花；6 月上旬子房明显膨大呈淡紫色或紫红色；7 ～ 8 月果实膨大后，由淡紫色变为紫褐色，果肉也由硬变软；8 月下旬茎叶枯黄倒伏，9 月上旬越冬芽形成。延龄草的生长期 150 天左右。

### （二）生态习性

#### 1. 光照

自然生长于海拔 1600 ～ 3200m 的林下、山谷阴湿处、山坡或路旁岩石下，喜阴凉环境，属阴生植物，自然光照下植株矮小。因此，栽培上要考虑遮阴，必须在雾多湿重、高海拔的林下环境栽培。在光照强烈和土壤干燥、瘠薄的条件下，生长不良，甚至逐渐死亡。

#### 2. 温度

耐寒，根状茎越冬能忍耐 -15℃的低温，早春气温接近 10℃时，越冬芽开始生长，幼苗在 0℃不会受冻。最适宜生长温度在 12 ～ 25℃，气温高于 28℃生长受到抑制。因此，低于 0℃和高于 35℃都不适宜延龄草生长。延龄草种子有低温休眠（经历 2 个冬天后萌发）的特性。

#### 3. 水分和空气相对湿度

分布区年降水量 1000 ～ 2000mm，分布区的气候温凉、湿润、多雨、多云雾，年平均气温 8 ～ 12℃，空气相对湿度 75% ～ 90%。

#### 4. 土壤

分布区土壤为页岩、板岩、石灰岩、花岗岩等母岩发育形成的山地黄壤和山地黄棕壤，pH 5 ～ 6。具地下根茎，在地下通气性差、排水不良的黏质壤土和下浸地生长不良，容易烂根死苗，不宜种植。适宜深厚、肥沃疏松、富含有机质的沙质壤土。

## 三、种质资源

延龄草属植物约有 44 种，主产北美；亚洲东部有 5 种，其中我国有 3 种，包括延龄草（*T. tschonoskii*）、吉林延龄草（*T. kamtschaticum*）与西藏延龄草（*T. govanianum*），主要分布在西北、东北和西南地区。由于生长环境恶化和过度采挖，加之种子休眠期长、发芽率低等因素的影响，导致延龄草种群数量急剧下降，曾被列为国家三级珍稀濒危植物。

#### 1. 吉林延龄草 *T. camschatcense*

主产吉林。生于海拔 500 ～ 1400m 的林下、林边或潮湿之处。日本、朝鲜、俄罗斯、北美也有分布。茎丛生于粗短的根状茎上，株高 35 ～ 50cm。叶菱状扁圆形或卵圆形，长 10 ～ 17cm，宽 7 ～ 17cm，近无柄。花梗长 1.5 ～ 4cm；外轮花被片绿色，长 3 ～ 3.5cm，宽 0.7 ～ 1.2cm；内轮花被片白色，椭圆形或倒卵形，长 3 ～ 3.8cm，宽 1 ～ 1.6cm；雄蕊短于花被片，花丝长 3 ～ 4mm，花药长 7 ～ 8mm，顶端有稍突出的药隔；子房圆锥状。浆果卵圆形，直径1.8～2.8cm。花期6月，果期8月。

2. 褐花延龄草 *T. erectum*

原产美国东南部。性耐寒，喜部分遮阴或全阴环境，具深厚腐殖质层、潮湿、肥沃、酸性至中性土壤。多年生草本。具纤细根状茎，株高达40cm，叶片3裂，阔斜方卵形，长达18cm，无柄。花单生，长5cm，具10cm长梗，略下倾，花褐红色，外花被3片略带绿色，内花被3片略长，花药紫红色。有变种白花延龄草 var. *album*，花期春季。适宜野生花园、林下空地阴生环境栽植（图3A）。

3. 西藏延龄草 *T. govanianum*

产于西藏（卡马河下游），生于海拔3200m的林下，印度也有分布。根状茎稍长，圆柱形，直径0.8～1cm。茎单生，高12～20cm。叶卵形或卵状心形，长4～6cm，宽2.2～4cm，有短柄：花较小，直径2～2.5cm；花梗长2～3mm；花被片条形或条状披针形，外轮的绿色，长1～1.2cm，宽1.5～2mm，内轮的紫红色，长1.1～1.5cm，宽约1mm；雄蕊短于花被片，花丝长2mm，花药长约1.5mm；子房卵圆形，紫红色，长5～6mm，宽4～5mm。果期6月（图3B）。

4. 大花延龄草 *T. grandiflorum*

原产美洲北部。株高40～50cm。根状茎粗而短。叶3枚，无柄，轮生于茎顶端，菱状圆形或菱形。花单生于叶轮之上。浆果圆球形，黑紫色。喜凉爽和湿润环境。怕强光和干旱，较耐阴。土壤要求深厚、肥沃的腐叶土或酸性壤土。大花延龄草为小型球根花卉。绿叶白花或红花，十分醒目。常用于阴凉地区作地被植物或园景点缀。近年来欧美用于盆栽观赏，装饰小庭院和阳台（图3C）。

5. 卵叶延龄草 *T. ovatum*

原产加拿大不列颠哥伦比亚省至美国加利福尼亚州中部。茎高25～38cm，叶菱状卵圆形，长可达15cm，深绿色，花梗红色，花瓣白色，后变粉色，长5cm（图3D）。

6. 无柄延龄草 *T. sessile*

原产美国纽约至密苏里，南至佐治亚州与密西西比州。根状茎短而壮，茎高30～38cm，粗壮。叶、花均无柄，花直立，紫红棕色或黄绿色，长约4cm（图3E）。

7. 延龄草 *T. tschonoskii*

产西藏、云南、四川、陕西、甘肃、安徽。生林下、山谷阴湿处、山坡或路旁岩石下，海拔1600～3200m。如陕西太白山地区，浙江天目山自然保护区、清凉峰，湖北武陵山区及神农架自然保护区，四川汶川县卧龙自然保护区、天全县、洪雅县瓦屋山、峨眉县峨眉山太子坪、峨眉县眉山雷洞坪、石棉县麻麻地、凉山冕宁县冶勒自然保护区、长江三峡库区，湖北恩施等地均有分布和生产。不丹、印度、朝鲜和日本也有分布。

茎丛生于粗短的根状茎上，高15～50cm。叶菱状圆形或菱形，长6～15cm，宽5～15cm，近无柄。花梗长1～4cm；外轮花被片卵状披针形，绿色，长1.5～2cm，宽5～9mm，内轮花被片白色，少有淡紫色，卵状披针形，长1.5～2.2cm，宽4～6（10）mm；花柱长4～5mm；花药长3～4mm，短于花丝或与花丝近等长，顶端有稍突出的药隔；子房圆锥状卵形，长7～9mm，宽5～7mm。浆果圆球形，直径1.5～1.8cm，黑紫色，有多数种子。花期4～6月，果期7～8月（图3F）。

## 四、繁殖技术

### （一）种子繁殖

延龄草从种子到完成生命周期一般需6～7年。种子自然状态下发芽难，主要是存在胚后熟和上胚轴休眠两大难题。室温湿沙贮藏促进胚后熟后，利用2个冬季低温打破休眠，仍然是目前解决种子发芽难的主要措施。一般种子繁殖从

图 3 延龄草属部分种质资源

A. 褐花延龄草（*T. erectum*）；B. 西藏延龄草（*T. govanianum*）；C. 大花延龄草（*T. grandiflorum*）；D. 卵叶延龄草（*T. ovatum*）；E. 无柄延龄草（*T. sessile*）；F. 延龄草（*T. tschonoskii*）

8 月中下旬开始，浆果从淡紫色变为褐色，质地也由硬变软时采摘，将采摘来的浆果用水搓洗，去掉果皮、果肉，晾干即得纯净种子。然后按 1∶5 的比例取种子与河沙混拌均匀，室内贮藏待播。11 月上中旬或翌年 3 ～ 4 月解冻后，取出经室内层积处理的种子，过筛后播种。其方法有撒播和条播，相比之下条播更能节省种子，出苗整齐且便于苗期管理。播种前在畦面均匀撒上一层（10cm）腐熟并经整细的厩肥，划行条播，行距 10cm，每行用种 200 ～ 250 粒，播完后再在种子上面均匀撒布一层 2cm 厚草木灰或优质腐殖土。

### （二）分株繁殖

延龄草根茎切块后，其上的芽眼可萌发出能独立生活的小苗，繁殖系数达 10 以上，有生产利用价值。8 月下旬倒苗后，挖取地下根茎，按平行于根茎主轴方向，视根茎大小纵切 4 ～ 8 块，切刀要薄而利，避免切口处出现裂纹，减少感染。根茎切块后立即用 0.5% 甲霜灵浸泡 1 分钟。栽种地在“三伏天”进行深翻晒土，碎土作畦，畦高 15 ～ 20cm，畦面呈瓦背形。栽种前用 2% 甲霜灵喷雾畦面湿透作土壤消毒。畦土开沟深 3 ～ 4cm，施腐熟牛粪 45000kg/hm$^2$，盖土 1cm，将切块按间距 15cm × 10cm 播种，盖土 3cm，用树枝搭阴棚，透光率 70%。

### （三）组织培养

#### 1. 外植体与初代材料的获得

延龄草植株的子房、叶片、茎、根茎、根尖都可作外植体。取这些材料用自来水冲洗 30 分钟后，用洗洁精溶液浸泡 30 分钟，用细毛刷刷洗表面，再用清水冲洗所有材料，用滤纸吸干备用。在超净工作台，用 75% 酒精泡 30 秒后用无菌水冲洗 1 次，用 0.2% 次氯酸钠溶液（加 1 滴土温 -20）处理并不断摇晃，其中根茎处理 20 分钟，根尖处理 10 分钟，其他材料处理 6 分钟，再用无菌水冲洗 4 ～ 5 次，保存备用。

在超净工作台，将子房对半切割；叶片切除边缘部分，切成 1cm$^2$ 见方小块；茎切成 1.5 ～ 2cm 茎段；约 2cm 带有根尖的完整根段；切除根茎表面凹凸不平部分及下半部分，仅留带芽端的一半根茎，并切成 0.5cm 厚的片状。将各组织块接种至相应培养基中，培养 30 天，每 7 天观察 1 次。

#### 2. 增殖培养

愈伤组织增殖与继代培养的配方为 1/2MS+1mg/L 6-BA+1mg/L IAA+30g/L 蔗糖 +7g/L 琼脂。

根据分化不定芽的长势和健壮度，筛选出最佳分化培养基为 1/2MS+ 0.6mg/L IAA+0.5mg/L 6-BA +6.5g/L 琼脂 +30g/L 蔗糖。

3. 生根培养

以 1/2MS 为基础培养基，按不同的质量浓度组合添加 6-BA 和 IAA。定期观测材料的生长情况，30 天后观察生根率。筛选出的苗健壮和生根率高的培养基为 1/2MS+1mg/L IAA+1.2mg/L 6-BA+6.8g/L 琼脂 +30g/L 蔗糖。

4. 试管苗炼苗与移栽

（1）**闭瓶见光炼苗**：当生根后或根系得到基本发育后（生根培养 7 ～ 15 天），将培养瓶移到室外遮阴棚或温室中进行见光闭瓶炼苗 7 ～ 20 天，遮阴度为 50% ～ 70%。

（2）**开瓶见光炼苗**：将培养容器的盖子打开，在自然光下进行开瓶炼苗 3 ～ 7 天，正午强光或南方光照较强的地区应采取遮阴措施，如用遮阴棚或温室避免灼伤小苗。如果在培养容器中开盖培养不够 1 周，一般不会引起含蔗糖培养基的污染问题。开瓶炼苗可以分阶段进行，即首先松盖 1 ～ 2 天，然后部分开盖 1 ～ 2 天，然后完全揭去瓶盖。这种方法在相对湿度低的室内更适用。培养容器的开口大小也影响开盖的速度，开口大的除去瓶盖的速度慢一些。

## 五、栽培管理

延龄草主要作露地景观应用，其露地栽培技术要点如下：

延龄草属植物的耐寒性取决于不同种原产地的生态环境。产自亚洲东部和美国东南部的种不能耐受低于 -12℃的低温，但是产自美国东北部的种极耐低温，并且需要冷冬才能于翌年早春开花良好。

夏末或秋初，将根茎种植在富含有机质、疏松的壤土中。对土壤酸碱度的要求因种而异，原产美国西部和部分原产东部的种喜偏酸性土壤，而常见栽培的大花延龄草则在石灰质壤土中生长更佳。种植深度约为 10cm，种植间距为 20 ～ 30cm，较小的种可缩短种植距离。

多数种全年需要适度的水分，而原产美国西部的种若有良好的覆盖或遮阴条件，可以忍受干燥的夏天。所有的种都能在遮阴环境下生长良好，甚至在深度遮阴条件下开花；但是，在冷夏气候型，延龄草需要生长在充足的阳光下。

在含有大量腐殖质的土壤中，一般不需要额外施肥。若需补肥应该使用酸性肥料，如山茶花和杜鹃花（国外常将延龄草种植在山茶花和杜鹃花树下）的专用肥。延龄草根茎种植后最好用落叶进行地面覆盖，以保持原生境的状态。

一般不移栽或分株繁殖，生长多年后若有需要可在初夏叶片枯萎后立即进行。

延龄草露地景观栽培时少见病虫害。

## 六、价值与应用

### （一）观赏价值

延龄草绿叶，白花或红花，十分醒目。可用于阴凉地区作地被植物或园景点缀。近年来，欧美用于盆栽观赏流行，装饰小庭院和阳台。

### （二）药用价值

延龄草果实（俗称天珠）、根茎（俗称地珠）具有镇静安神、活血止血、解毒等功效。在治疗头晕目眩、高血压、脑震荡后遗症、头晕头痛、失眠等方面有独特的疗效。可用于超过研制专治失眠症的保健品或药物。延龄草富含多种甾体皂苷和氨基酸，可作为药物中间体提取的主要原料。

（樊金萍）

# *Tritonia* 观音兰

鸢尾科（Iridaceae）观音兰属（*Tritonia*）多年生球茎类球根花卉。其属名 *Tritonia* 源自希腊语 triton（风向标），意指某些种的雄蕊会改变方向。英文名称 Blazing star（闪耀的星星），Montbretia（蒙布雷西亚），Flame freesia（火焰小苍兰）。中文别名火星花。观音兰属有 28 种，原产热带非洲和南非，主要在南非的西开普敦省。世界各地均有引种栽培。

## 一、形态特征

球茎扁圆形，外包被有黄褐色、纤维质的皮膜，球径约 1cm，根柔软，黄白色。株高 15 ～ 60cm。叶基生，二列，灰绿色，剑形或条形，嵌迭状排列呈扇形。穗状花序从叶片中央抽出，通常超出叶片，直立，着花 6 朵以上，排列疏松，位于花序一侧。小花无梗，基部细管状，花被片 6 枚，呈喇叭形或碗形。花色主要是橙红色至红色，在杂种中有其他颜色。所有的种都在温暖的 4 ～ 5 月开花，且花期持久。果期 6 ～ 8 月（图 1）。

图 1　观音兰花和球茎形态

## 二、生态习性

喜温暖、较耐寒。要求阳光充足、排水良好的沙质土壤。

## 三、种质资源

观音兰属有 28 个种，最常见栽培的就是观音兰及其品种。

**1. 观音兰 *T. crocata***

原产南非（西开普敦），1758 年引种。株高 10 ～ 38cm，冠幅 8cm。叶基生，4 枚，剑形，坚硬，排列成扇形，低于花序。花序直立，着花 10 朵以上，小花碗状，直径约 4cm，花色橙红至亮红色。花期春末至初夏（原产地 9 ～ 11 月）。观音兰属中最常见的种。园艺品种有 '宝贝儿'（'Baby Doll'），鲑粉色；'新娘面纱'（'Bridal Veil'），白色；'粉色的感觉'（'Pink Sensation'），粉红色；'情缘'（'Serendipity'），浅红色；'蜜橘'（'Tangerine'），橙色（图 2）。

**2. 粉花蒙氏观音兰（新拟）*T. disticha* subsp. *rubrolucens***

原产南非（东开普敦）海拔 1200m 山中。株高 50cm，叶片稀少，基生，长 30 ～ 45cm，排列成扇形。花序着花 10 朵左右，花红色，花径约 4cm。花期夏季（原产地 12 月至翌年 2 月）。

**3. 疏叶观音兰（新拟）*T. laxifolia***

原产南非（东开普敦沿海地区）至马拉维和坦桑尼亚，1904 年引种。株高 20 ～ 45cm。叶

图 2　观音兰庭院栽培和切花

片 6 ～ 8 枚，长 10 ～ 12cm，二列，平展，狭窄。穗状花序直立，松散地着花 10 ～ 14 朵，上花被片橘红色基部亮粉色，下花被片基部发白。秋季开花（原产地 3 ～ 5 月）。

**4. 皱叶观音兰（新拟）*T. lineate***

原产南非（西开普省到纳塔尔省的夸祖鲁），1774 年引种。植株通常不分枝，株高 35 ～ 45cm。叶长 7 ～ 10cm，最长可达 20 ～ 30cm，具白色脉和边缘。花序着花 4 ～ 10 朵，花朵长约 2.5cm，直径约 4cm，花淡奶油色带浅褐色斑纹。春季开花（原产地 8 ～ 11 月）。

**5. 帕丽达观音兰（新拟）*T. pallid***

原产南非（西开普敦省，主要是小卡鲁地区）。球茎球形。株高 30cm。花奶油色至淡紫色，喉部黄绿色，花管长带紫色脉纹。春季开花（原产地 9 ～ 11 月）。

**6. 橙花观音兰（新拟）*T. securiger***

原产南非（西开普敦南部，东开普敦），1774 年引种。株高 30 ～ 45cm。花排列于穗状花序一侧。上花被片橙色，下花被片橙色带黄色斑。春季至初夏开花（原产地 9 ～ 11 月）。

**7. 美丽观音兰 *T. squalida***

原产南非（西开普敦省的南部），1774 年引种。株高 18cm。叶长 30cm，质厚，带淡黄色脉和边缘。花径约 2.5cm，花淡玫红色带有深玫红色的纹和中央斑点。春季开花（原产地 9 ～ 10 月）。

**8. 水迈氏观音兰（新拟）*T. watermeyeri***

原产南非（西开普敦省的西南部）。株高 15 ～ 20cm，叶边缘波皱。花橙色，春季开花（原产地 8 ～ 10 月）。喜排水良好的盆栽基质，每年换一次盆。

## 四、繁殖与栽培

### （一）分球繁殖

观音兰主要采用分球繁殖，也可采用播种和组织培养。

在观音兰的休眠期挖球，并进行分球。新球茎一般在春天种植，种植时应选择湿润、排水良好、肥沃的土壤，向阳或稍阴之处，种植的球茎间距为 20cm，深 8cm。之后每 2 ～ 3 年于休眠期分栽 1 次。

### （二）播种繁殖

种子成熟后可立即播种在沙土与泥炭混合的基质中，种子几乎不用覆盖，置于夜温13～18℃，白天温度较高的地方发芽。在寒冷气候型的地区，应在早春，光照充足、温度稳定时播种；在温暖气候型的地区，可以在室外苗床上撒播。经第1个生长季后，可将形成的小球茎挖起，并成排种植在苗圃地中。在寒冷气候型，将小球茎种植在容器中以免受霜冻。这些小球茎在2年内即可达到开花球的大小。

### （三）组织培养

#### 1. 外植体处理

以球茎为外植体时，先用手术刀刮去外层的皮膜，将底部削平。然后放于流水处冲洗0.5小时，70%酒精浸泡5～8秒，采用0.1%NaClO+1～2滴吐温-80灭菌6分钟，无菌水冲洗2次。用无菌刀将消毒后的球茎切成上、中、下3个部分，每个部分切成约1cm$^3$的小块，接种到MS+ 2mg/L BA+ 0.5mg/L NAA的培养基上。以根为外植体时，先切去老的部分，用含少量洗洁精的水洗净污垢后，放置在流水处冲洗15分钟，用70%酒精浸泡5秒，0.1%NaClO+1～2滴吐温-80消毒5分钟，用无菌水冲洗5～6次，再截成1～2cm，接种到MS+ 0.5mg/L BA + 0.1mg/L NAA +2mg/L 2, 4-D的培养基上。

#### 2. 芽的分化

球茎块接种7天后，上部的最早出现芽点；30天后，从上部分化出的芽长势良好，分化率为92%，中、下部芽的分化率分别为21%和8%。根接种10天后开始膨大，然后逐渐在切口部位长出白色、紧密的愈伤组织，平均诱导率为82%，将愈伤组织从根上分离后接种到MS+ 1mg/L BA+0.1mg/L NAA的培养基上，35天后愈伤组织上逐渐分化出绿色小芽点，分化率为87%。

#### 3. 芽的增殖

待以上2种途径诱导得到的不定芽长到2cm左右，即可接种到MS+ 2mg/L BA+ 0.1mg/L NAA的培养基上进行增殖培养，35天后诱导出大量丛生芽，增殖倍数为6.4，芽苗生长健壮。

#### 4. 生根

当丛生芽长到约3cm高时，分割转接到1/2MS+ 1mg/L NAA + 0.5mg/L IBA培养基上，10天开始生根，30天时每株苗长出4～6条白色粗壮的根，根尖为黄色，生根率为100%。

#### 5. 炼苗及移栽

移栽前，先将封口膜揭开一半，在人工气候箱中锻炼3天；然后将三角瓶移到光照较强的地方，封口膜全部揭去，炼苗3～4天。移栽时，用镊子小心地把苗从三角瓶中取出，洗净黏附在根部的琼脂，种植于已消毒的珍珠岩加蛭石（比例1:1）的基质中，慢慢地浇透水，移栽后第1周覆盖塑料膜保湿，成活率达95%以上。

### （四）栽培技术

观音兰必须种植在无霜或接近无霜的地区。在较寒冷的气候，其球茎可用厚物覆盖保护越冬，或者将球茎挖出置于无霜处越冬。在较冷的地区，所有的种都可在春季晚霜前2～3周种植，但是初夏开花的种应在秋季种植，夏末开花的种应在春季种植。观音兰可在贫瘠土壤中生长，但开花不良，需补充肥水以提高花的品质。土壤必须保持干燥，否则球茎易腐烂。球茎种植深度约5cm，球间距10～15cm。在生长季节提供充足的水分，当叶片开始变黄褐色时，控水让其进入休眠。

## 五、价值与应用

观音兰花色明亮鲜艳，花期长，常用作园林绿地、草坪、花境和花带的布置。尤其是装点花境的理想植物，较小的种更适宜岩石园的装饰，高生种可作切花（图2）。

（义鸣放）

# *Tulbaghia* 紫娇花

紫娇花是石蒜科（Amaryllidaceae）紫娇花属（*Tulbaghia*）多年生鳞茎类球根花卉。其属名是为了纪念Ryk Tulbagh（赖克·图尔巴格），时任南非好望角的荷兰总督。此属约有27种，原产非洲南部和热带地区。其花多为粉色，英文名有Pink agapanthus（粉花百子莲）之称；其叶片或茎秆具有轻微的大蒜味，故英文又称Wild garlic（野蒜），Sweet garlic（甜蒜）等。中文别名洋韭菜、野蒜、非洲小百合。紫娇花叶丛翠绿，花色俏丽，是夏、秋季节难得的冷色系观赏植物。

## 一、形态特征

地下鳞茎肥厚，球形，直径约2cm，被棕色纤维状纸质膜包裹。叶基生具鞘，狭长线形，中央稍空，外形犹如葱蒜类叶片，叶面光滑无毛，全缘，深绿色，无梗，长约30cm，宽3～5cm，温暖地区叶片可保持常绿。株高30～50cm，高者可达70cm，成株丛生状，全株具浓郁似韭菜的辛辣气味。花茎直立，自叶丛中抽出，高30～60cm，顶生聚伞花序，小花8～20朵，辐射对称，两性花，花蕾长2cm，花淡紫色至明艳紫色，具类似风信子的香味。花被片卵状长圆形，长4～5mm，基部稍结合，先端钝或锐尖，背脊紫红色；雄蕊6枚，较花被长，着生于花被基部，花丝交替着生，下部扁而阔，基部略连合；花柱外露，柱头小，不分裂，子房长圆形到卵球形，胚珠多枚。紫娇花的花期极长，在温暖地区全年均可开花，我国长江以南的华东和西南等地区，花期从春季持续到秋季。4月中旬进入始花期，5～8月进入盛花期，9月以后花量逐渐减少，11月中旬进入末花期。蒴果三角形，果实开裂，种子黑色，扁平细长、硬实（图1）。

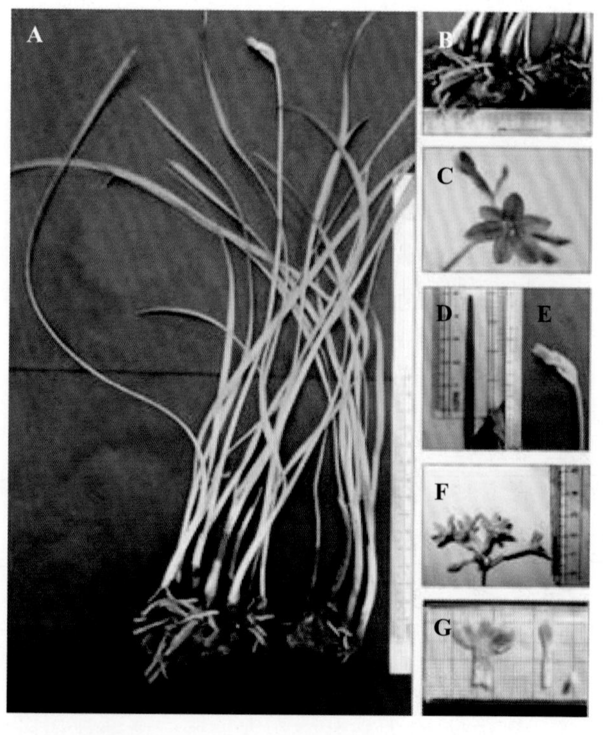


**图1　紫娇花（*T. violacea*）形态**（引自Sadhu等，2017）
A. 植株；B. 地下鳞茎；C. 单花；D. 花蕾；F. 聚伞花序；G. 花器官形态

## 二、生态习性

### 1. 温度

性喜高温，也耐低温。生育期适温为24～

30℃，夏季40℃高温下也能生长，冬季 -10℃也可安全越冬，但0℃以下导致地上部分枯黄，待温度上升至10℃方可萌芽长叶。

2. 光照

喜光，全光照和半光照条件下叶片均可健康生长，叶色保持较高观赏价值，但不宜庇荫生长，荫蔽处可造成叶片数和分株数减少，开花不良或不开花。

3. 水分

抗干旱能力较强，生长期需要保持土壤湿润，尤其在夏季的开花盛期，需水量大。水分要经常补充，不可放任干旱，否则容易导致植株枯死。营养生长时期，叶片对水分需求量较大；而进入生殖发育阶段，当花穗出现时，植株需水量降低。土壤也不宜过湿，否则易造成鳞茎腐烂。

4. 土壤

适应性极强，不择土壤，较耐粗放管理，耐贫瘠，但在富含腐殖质、肥沃而排水良好的沙质壤土中生长茂盛，花色艳丽。

## 三、种质资源

紫娇花属植物原产于非洲南部和热带地区，在我国上海、江苏丹阳、浙江、重庆、湖南、台湾等地已成功引种，栽种面积较大，部分城市还将紫娇花推荐列入新优植物名录。据统计，本属约有27种。

1. 锋叶紫娇花（新拟）*T. acutiloba*

英文名 Wild garlic wildeknoffel（威尔德克诺菲尔野蒜）。通常用作观赏，叶片可作药食，也可驱蛇用。

2. 蒜味紫娇花（新拟）*T. alliacea*

英文名 Wild garlic ishaladi（伊沙拉迪野蒜）。叶子可食用，南非东开普省取地下茎浸液用作灌肠剂，植株有大蒜的味道，祖鲁人使用它作驱蛇用。

3. 香野蒜 *T. ludwigiana*

英文名 Scented wild garlic。因有特殊香味，通常男士佩戴以吸引女士注意，或作为思念的象征。

4. 纳塔尔紫娇花 *T. natalensis*

亦称高原野蒜，产自南非及纳塔尔。花被片粉色，花被管连合，褐黄色。叶片可作药食，也可作护身符或观赏用（图2）。

图2　纳塔尔紫娇花（*T. natalensis*）
（引自徐晔春《欧洲园林花卉图鉴》，2016）

5. 芳香紫娇花 *T. simmleri*

亦称阔叶野蒜。具有观赏价值，可作为鲜切花和盆花。

6. 紫娇花 *T. violacea*

紫娇花属植物中最常见的种。该种生长迅速，开花时株高约30cm，叶片狭长，花粉管口处具3朵紫红色小花，花期从夏季到秋季，具有较高观赏价值，可作为鲜切花和盆花所用，家庭种植这种植物可驱蛇（图3）。其叶子可作药草，烹饪食用后可缓解耳痛、发烧、高血压、心脏病、胸闷、高胆固醇等，亦可用作便秘的灌肠剂。此外，在南非特兰斯凯（Transkei），占卜师开始舞蹈仪式前，常将鳞茎在身体上摩擦，寓意为保护身体免受恶魔的伤害。

其品种有‘银边紫娇花’（‘Silver Lace’），叶片狭长，边缘具白色条纹。花枝高挺。

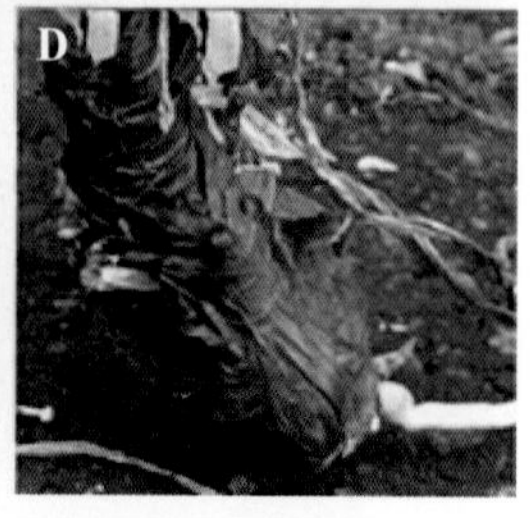


图 3 紫娇花（*T. violacea*）（引自 Aremu 和 Staden，2013）
A. 野生成株株丛；B. 单株；C. 花序；D. 地下鳞茎

## 四、繁殖与栽培管理

### （一）繁殖技术

可采用播种、分球、鳞片扦插和组织培养方式进行繁殖。

#### 1. 播种繁殖

种子需要在秋季采收，一般在春季播种，从播种到开花约 3 年。将种子撒播在疏松、透气、肥沃和排水良好的培养土里，播种盆的土壤浸湿后，放在温暖且较为通风的地方养护。在发芽期间，保持土壤湿润，温度在 20 ～ 25℃，一般 20 ～ 30 天，长出幼芽。出芽后，给予充足的光照，适量的浇水。紫娇花在幼苗生长期间，对水分的需求较高，要保证水分充足。苗期施加薄肥，肥料以氮肥为主，促进茎叶生长。幼苗不耐强光照，在夏季需要遮阴。紫娇花大苗适合在温暖且光照充足的环境下生长，养护期间需要保持土壤湿润，但不耐水涝。冬季紫娇花休眠后，需要控水停肥。播种繁殖的优点是种子容易萌发，幼苗开花快。

#### 2. 分球繁殖

因不易结种子，生产上常采用分球法繁殖。把籽球从母鳞茎（母球）上剥离，栽种籽球。具体做法：收获紫娇花母球后，立刻分离母球上分生的小鳞茎（籽球），埋于湿沙中保存。翌年春季取出种植，栽植深度以 10 ～ 15cm 为宜，栽种后 20 ～ 25 天即可发芽出土，较大的鳞茎当年就可开花；小的需培养 2 ～ 3 年开花。对于分球繁殖，全年均可进行，但大多数紫娇花属植物的理想季节是春季，而蒜味紫娇花则是夏末。虽然紫娇花植株较耐热，但幼苗定植于遮阴或林下等光照不强烈的环境下更有利于生长。

#### 3. 鳞片扦插

通常在秋季 9 ～ 10 月进行扦插繁殖。收获地下鳞茎后，于鳞茎基部掰下鳞片，要求掰下的鳞片带有鳞茎盘（鳞茎基底）。待鳞片切口处阴干后插入基质中，如干净河沙、锯末或草炭等，基质需提前喷水备用，鳞片的 2/3 埋入基质，初期忌阳光直射。20℃环境中一般 45 天可生根，翌年春季长出小鳞茎，将新长出的小鳞茎单独栽植，通常经 3 年栽植后可开花。

#### 4. 组织培养

分球繁殖方式增殖系数低，繁殖周期长，难以满足生产需求，组织培养是大量快速繁殖紫娇花的有效途径。下胚轴和花蕾均可作为外植体，添加 2, 4–D 和 BA 可诱导下胚轴产生愈伤组织，转至添加 BA 和 NAA 的培养基中可诱导愈伤组织分化产生不定芽，BA 和 NAA 不同配比可诱导花蕾经愈伤组织形成不定芽。生根培养基以 1/2MS 添加 NAA 为宜，移栽 1 个月后成活率可达 95% 以上。

### （二）露地栽培

#### 1. 定植

每年春季 3 ～ 4 月可进行播种或分球繁殖，20 ～ 30 天后可长出幼芽，5 月待实生幼芽长出真叶可进行定植。盆栽定植时可选用腐叶土、泥炭、粗沙或园土为复合基质，配合施用基肥，如腐熟后的饼肥、堆肥或骨粉等。栽植深度为鳞茎直径的 2 ～ 3 倍。

2. 肥水管理

通常在生长期施稀释液肥2～3次，以促株苗生长发育；孕蕾开花时，施1～2次磷、钾肥，以保证株苗在孕蕾和开花期有充足营养，不仅可使花朵硕大、色鲜，并可促进鳞茎的发育。施用氮肥可增加紫娇花叶片数量、叶面积和叶片干重。硝态氮肥比铵态氮肥更能促进生长，而抗真菌活性则随着硝态氮肥施用量的增加而急剧下降，几乎呈线性关系。尽管铵态氮对紫娇花生长的促进程度不同，但在生长季节的不同时期，铵态氮肥在不同程度上提高了紫娇花体外抗真菌活性。

生物炭覆盖土壤可促进生长后期紫娇花的分枝数，并可缓解紫娇花的黄叶、枯叶和不良长势。土壤中添加蚯蚓粪可提高紫娇花单宁和环烯醚萜的含量。

生长旺季和天气干旱时要适当勤浇水。

3. 越冬管理

冬季温度低于0℃，紫娇花植株地上部分枯黄，越冬时可剪掉枯叶。若温度低于-10℃，露地栽培需人工辅助越冬，如搭建防寒设施等，越冬之前需浇冻水。北方冬季温度低于0℃，应移入室内，温度宜高于8℃，每4～5天浇水一次。

### （三）病虫害防治

1. 花叶病

亦称潜隐花叶病，病发时叶片出现深浅不匀的褪绿斑或枯斑，被害植株矮小，叶缘卷缩，叶形变小，有时花瓣上出现淡褐色病斑，花畸形，且不易开放。防治方法：选择无病毒的鳞茎留种；加强对蚜虫的防治工作；发现病株及时拔除并销毁。

2. 斑点病

此病初发时，叶片上出现褪色小斑，扩大后呈褐色斑点，边缘深褐色。以后病斑中心产生许多小黑点，严重时整个叶部变黑而枯死。防治方法：摘除病叶，并用65%代森锌可湿性粉剂500倍稀释液喷洒2次，防止蔓延。

3. 鳞茎腐烂病

发病后，鳞茎产生褐色病斑，最后整个鳞茎呈褐色腐烂状。防治方法：发病初期，可浇灌50%代森铵300倍液或500倍多菌灵药剂。

4. 叶枯病

多发生在叶片上，从下部叶片的尖端发病，发病后叶片上产生大小不一的圆形或椭圆形不规则状病斑，因品种不同，病斑浅黄色至灰褐色。严重时，整叶枯死。防治方法：温室栽培注意通风透光，加强管理；发病初期摘除病叶，第7～10天喷洒1次1%等量式波尔多液，或50%退菌特可湿性粉剂800～1000倍液，喷3～4次即可。

5. 蜘蛛螨

可施用三氯杀螨醇1500倍稀释液防治，亦可“以螨治螨”，利用蜘蛛螨生物天敌“加州新小绥螨”进行生物防治，替代物理化学药剂防控。

## 五、价值与应用

### （一）观赏应用

1. 露地景观应用

（1）**色彩搭配**：紫娇花叶丛翠绿，紫色花艳丽、纯正、淡雅，花开时节花枝随风摇曳，在炎热夏季给人以清凉舒适的感觉，加上碧绿的叶丛衬托，景观尤为突出。作为夏季极具观赏价值的冷色系观赏植物，紫娇花可与红色和黄色等暖色系花卉搭配，配置模纹花坛、混色花境等，丰富色彩质感，提升观赏效果。

（2）**株型配置**：紫娇花枝条极具纤细质感，与高度不同的植被搭配可打造结构饱满、丰富的立体空间。而且紫娇花植株自身结实率和繁殖系数均较低，因此丛植紫娇花不会挤占其他植物的生长空间，作露地景观应用时能常年保持稳定的植物群落。如以高大乔木为背景，与灌木丛或草花块状混植，可突出层次感、立体感，呈现出自然群落野趣的美感。

（3）**配置方式**：紫娇花植株多丛生，叶丛致密，地面覆盖面积较大，花色淡雅且花朵繁密，

图 4 紫娇花露地景观应用

[分别引自任全进《地被植物应用图鉴》(2018)，高亚红、吴棣飞《花境植物选择指南》(2010)和吴棣飞、尤志勉《常见园林植物识别图鉴》(2010)]

是室外露地景观应用中理想的观花地被植物，适宜作花境，常见于花带、花坛、林缘下、山石边、水边及广场绿地、草坪、道路、园路两侧成片种植，营造出自然、生态、立体的现代园林景观（图 4）。此外，紫娇花植株本身无毒却可驱蛇，是庭院栽培的优良花材，花枝纤细，适宜栽植于庭院角隅，或与其他植物配植，不仅观赏价值较高，而且容易管理。

2. 盆栽观赏

紫红色小花，花色柔美秀丽，花枝高挺，株高合宜，叶色苍绿，开花时花瓣肉质，花期长，可花叶共赏，清幽淡雅，花落时可四季观叶。宜于阳台、窗台、厅堂或书房等有阳光的温暖之处作盆栽装饰。夏季需适当遮阳，为避免花茎倾斜生长，花盆需每周转动一次。

## （二）药用和抑菌作用

紫娇花在南非为当地重要的传统药用植物，被用于治疗呼吸道感染、支气管炎、咳嗽、哮喘、胃溃疡以及肺结核等疾病。紫娇花提取物可用于治疗高血压、心脏病、糖尿病，诱导癌细胞凋亡等。

紫娇花含有丰富的含硫化合物，包括硫代亚硫酸盐马拉斯霉素，有较强的抑菌活性，其挥发性成分对耐药性菌株如金黄色葡萄球菌（*Staphylococcus aureus*）和草绿色链球菌（*S. viridians*）有较好的抑菌效果。此外，紫娇花像大蒜（*Allium sativum*）一样，对细菌（米氏棒杆菌、青枯菌和野油菜黄单胞菌等）和真菌（如番茄灰霉病菌、番茄灰霉病菌、菌核菌、腐霉菌、立枯病丝核菌、皮诺德菌等）有较强抗性，如断水 21 天和弱光条件下的紫娇花植株对尖孢镰刀菌（*Fusarium oxysporum*）抗性最强。

（孙红梅　张静）

# *Tulipa* 郁金香

郁金香为百合科（Liliaceae）郁金香属（*Tulipa*）多年生鳞茎类球根花卉，是风靡世界的著名花卉。其属名 *Tulipa* 来自波斯语 Toliban，意为“头巾”，指郁金香属中某些种花朵的形状。该属植物分布在欧洲南部、非洲北部、中东地区、中亚以及中国。从天山西部到帕米尔高原阿赖山脉，再到喜马拉雅山西部的带状地区是野生郁金香资源的主要分布区域，约占世界总资源的 40%。

## 一、栽培简史

环黑海地区是郁金香人工栽培的发祥地，栽培历史可以追溯到 12 世纪的土耳其帝国时期。1550 年，以土耳其的港口城市君士坦丁堡（现称伊斯坦布尔）为中心出现了郁金香贸易市场。1554 年被引种到奥地利的维也纳，1593 年，被引种到荷兰，1594 年春天，郁金香第一次在荷兰莱登（Leiden）大学的植物园开放。经过荷兰园艺学家的不断选育和杂交，郁金香新品种不断丰富，受人们喜爱程度也不断提高，在 1634 年掀起了举世闻名的郁金香狂潮。1637 年初，郁金香价格达到顶峰，一个叫‘Semper Augustus’的郁金香品种的 1 个鳞茎，售价高达 13000 荷兰盾，当时这个价格能够在最繁华的阿姆斯特丹市区运河地段买 1 栋最为豪华的别墅。然而大量集中的投机行为最终导致了郁金香产业泡沫的破灭。1637 年冬天，荷兰郁金香贸易市场崩盘了。郁金香狂潮过后，郁金香的价格大幅下滑，并逐渐回归到合理的水平。18 世纪后期，荷兰郁金香的机械化、规模化和产业化程度不断提高，种球产量不断增加。与此同时，国外的消费者越来越喜欢郁金香这个可爱的花卉，最终荷兰的郁金香大量销售到全世界。

人们通常所说的郁金香是指郁金香属植物及其杂种的总称。其花大而艳丽、颜色丰富、类型多样，深受世界人民的喜爱，享有“世界花后”的美誉，是荷兰、土耳其、匈牙利、哈萨克斯坦等国家的国花。郁金香也被赋予博爱、体贴、高雅、富贵、聪颖、纯洁、善良和无尽的爱等含义。在商业上，郁金香是极其重要的观赏花卉，被广泛应用于切花、盆花、园林绿化和花海、花境。在世界范围内，各大洲均有郁金香生产栽培，其中，荷兰、日本、美国、加拿大等国家的郁金香科研和产业较为发达。荷兰是世界上在郁金香育种方面最有影响力、郁金香生产面积最大的国家，约占世界生产面积的 88%。在荷兰国内，郁金香产销量也居球根花卉之首，排在第 2 位和第 3 位的分别是百合和水仙。日本的郁金香产销量排在第 2 位，但总量不足荷兰的 1/3。

我国郁金香的引进和试种起始于 20 世纪 80 年代初期，到 80 年代中后期开始批量引种和栽培。1988 年郁金香在西安首次栽培成功，并在西安植物园举办了我国首次郁金香花展。郁金香在我国发展潜力巨大，从 2001 年开始，国内部分科研院所和高校陆续开展了郁金香科学研究工作。目前在新品种选育、生理生化、切花和盆花栽培技术及种球国产化技术研发方面取得了可喜的进展。国内郁金香种球年需求量也成指数增长，由 1998 年的 3000 万粒增长到 2005 年的 1.5

亿粒，再到2018年的3亿粒，目前年需求量超过4亿粒。2015年，我国选育出了具有自主知识产权的首个郁金香新品种，2016年中国花卉协会评选并建立了我国首个“国家郁金香种质资源库”。郁金香产业已经成为我国花卉供给侧改革的重要着力点，并将在乡村振兴和美丽乡村建设过程中发挥更大作用。

## 二、形态特征

### （一）地上部形态

不同郁金香种和品种株高差异较大，通常为20～75cm。‘世界真爱’（‘Word's Favorite’）等切花品种植株较高，‘纯金’（‘Strong Gold’）等露地栽培的庭园品种株高次之，‘阿里巴巴’（‘Ali Baba’）等格里类（Greigii）郁金香及由野生种通过人工驯化而选育的品种株高最矮。大多数种和品种的茎直立，无分枝，能产生1朵花（图1A）；少数品种或野生种的茎有分枝现象，具有多花性状。

栽培品种叶片3～5枚，有的野生种只有1枚或2枚叶片。大多数种和品种的叶片集中生长在茎的中下部，基部叶片宽大，上部叶片较小。叶形为条状披针形或卵状披针形，常为波状。叶片长度是宽度的4～5倍，叶片中部以下最宽，上部逐渐变狭。切花品种叶片较窄，通常直立（图1B）；庭园品种叶片宽大，通常下垂（图1C）；野生驯化种或野生种叶片细长（图1D）。

郁金香花朵硕大直立（图1E），极少野生种花蕾俯垂；通常单花顶生，少数种和品种多枝多头。花色丰富，除纯黑色和纯蓝色外，其他颜色几乎都有。大多数具有6枚花被片，通常抱合使花冠呈杯状，也有少数重瓣品种。花被片长5～7cm，宽2～4cm。6枚雄蕊等长，极少数野生种雄蕊3长3短。栽培品种无花柱或花柱极短，柱头3裂增大呈鸡冠状（图1F）。子房长椭圆形，3室；胚珠多数，呈两纵列生于胎座上。露地栽培自然花期3～5月，果熟期6～7月。蒴果长椭圆形（图1G），部分野生种为近球形，室背开裂。种子扁平，近三角形（图1G）。染色体数2n = 24，36，48。

### （二）地下部形态

郁金香鳞茎（也称母球）为扁圆锥形、近球形或水滴形，周长12cm左右。成熟鳞茎最外层具棕色或淡黄色革质或纸质外皮，内具有3～5层白色肉质鳞片。鳞片着生于基部的茎盘（根盘）上，茎盘上的鳞片间可形成小鳞茎（也称更新球或籽球），外侧通常具1～2个分生籽球。当地上部花朵凋谢时，母球内的小鳞茎迅速膨大；当地上部植株枯萎时，母球干枯消失，小鳞茎长大成为新的商品球。郁金香的根为肉质须根，无侧根，着生于半圆形或弧形的茎盘上。1级种球的根数为100条左右，根系长10～30cm。郁金香的根很脆，极易折断，折断后没有再生能力，因此，郁金香不宜移栽。

郁金香野生种鳞茎外有多层薄革质或纸质的鳞茎皮，外层颜色较深，黑色、褐色或暗褐色，内层色浅，褐色、淡褐色或黄色。多数野生种鳞茎外皮上延，内面有伏贴毛或柔毛。

## 三、生长发育与生态习性

### （一）生长发育规律

郁金香是秋植球根花卉，露地栽培时郁金香种球在秋季种植，地下越冬，春季开花。在北半球温带气候条件下，郁金香通常10～11月种植，12月至翌年3月中旬地下越冬，3月下旬至4月中旬营养生长，4月下旬至5月上旬开花，6月上旬至7月上旬更新鳞茎发育成熟。其自然生长发育可分为5个时期。

**1. 种植和发根期**

当秋季露地土壤表层温度下降到10℃左右时，开始栽种郁金香种球。种植后郁金香的根系

图 1 郁金香地上部形态特征

A. 植株整体形态；B. 切花品种叶片形态；C. 绿化品种叶片形态；D. 野生种（*Tulipa iliensis*）叶片形态；E. 郁金香鳞茎纵切图；F. 花朵形态；G. 小花结构；H. 蒴果和种子形态

快速生长，3 ～ 5 天即可看到根尖凸起，10 天左右根长可达 2cm 以上。土壤封冻前，顶芽萌发但生长缓慢，整个冬季顶芽不会露出地面。郁金香鳞茎在完成花芽分化后必须经过足够时间的低温处理，即春化作用，花莛才能正常地伸长和开花。土壤封冻后，郁金香在地下休眠越冬，并完成春化作用。郁金香耐寒性极强，部分种可耐 -35℃的低温。封冻前根系生长良好能够提高郁金香耐寒性，如栽种过晚导致根系生长不良或没有发根，则耐寒性明显下降。

### 2. 萌芽和茎叶生长期

早春冰雪开始融化，地表温度达到 3 ～ 5℃时，郁金香顶芽萌发并露出地面。辽宁地区郁金香的萌芽期为 3 月底至 4 月初。刚出土时顶芽为圆锥形，逐渐生长成铅笔形。当顶芽长到 10cm 左右时，顶端开始变松，叶片逐渐展开。此时，根系也迅速生长，达到第 2 次生长高峰，吸收营养和水分的能力逐渐增强。当气温达到 10 ～ 15℃，植株生长旺盛，叶片快速展开，植株生长速度可达每天 2.5cm。

### 3. 现蕾和开花期

随着最后 1 枚叶片展开，其包裹的花蕾开始显露出来，此时为现蕾期。辽宁地区郁金香现蕾期一般为 4 月上中旬，始花期为 4 月下旬，末花期为 5 月上旬，单花花期 8 ～ 16 天。随着气温的升高，达到 15 ～ 20℃，花莛生长迅速，很快进入始花期。进入始花期后，花瓣在白天温度较高、光照较强时完全展开，在夜晚温度较低时闭合。此时，根系吸收水分和营养能力达到峰值，母球营养消耗剧烈。

4. 更新鳞茎快速生长期

随着末花期的到来，地下更新鳞茎和籽球生长加速。母鳞茎茎盘上的每个鳞片腋内通常可着生 1 个小鳞茎，靠近花莛最近的 1 个或 2 个小鳞茎最终发育成更新鳞茎（能开花的较大鳞茎），其余小鳞茎发育成籽球。籽球需经过 1 ～ 2 年的栽培才能发育成能开花的大鳞茎。郁金香花谢后到植株枯萎的这一段时期，是更新鳞茎生长最旺盛时期，大量光合作用产物以淀粉形式贮存于更新鳞茎的鳞片中。

5. 鳞茎休眠与花芽分化期

进入 6 月，气温达到 25℃以上时，地上植株生长受到抑制，茎秆、叶片内的同化产物大量回流到地下更新鳞茎，6 月中旬左右植株快速枯萎。如植株进行了人工杂交并成功结实，则植株枯萎期会向后延迟。6 月下旬，蒴果由绿转黄，顶端开裂，种子成熟。此时，地下根系死亡，母球鳞片营养耗尽并消失。更新鳞茎内可溶性糖大量转化成淀粉，最外层白色肉质鳞片逐渐转为褐色并革质化，更新鳞茎准备进入休眠期。鳞茎休眠是长期应对夏季高温而进化出的一种适应机制，但鳞茎内部却进行着复杂的生理生化反应。通常 6 月底至 7 月初鳞茎内部开始花芽分化，在 8 月中旬完成花芽分化。花芽分化的适宜温度为 17 ～ 23℃，温度过高或过低都会抑制花芽分化。

## （二）生态习性

1. 温度

郁金香原产地中海气候型，是耐寒性强的早春花卉，喜冬季湿润、夏季干燥的气候环境。温度在郁金香生根、营养生长、花芽分化等各生长发育阶段都起着重要的作用，是影响生长发育的主要环境因子。郁金香秋季栽种的最重要参考指标是土壤温度，一般只有表层土壤温度下降到 13℃以下时，才能开始栽种。郁金香根系在 4 ～ 14℃范围内可正常生长，根系生长的最适温度为 9 ～ 11℃。发育良好的根系对提高郁金香的耐寒性具有重要作用，能够确保鳞茎安全越冬。多数郁金香品种在辽宁地区能够自然越冬。植株在 5 ～ 20℃条件下可正常生长，最适生长温度为 15 ～ 18℃。短时间的零下温度或 25℃以上温度，植株不受影响，但 25℃以上温度持续 1 周，明显对植株生长起抑制作用。郁金香的花芽分化阶段是在鳞茎内完成的，花芽分化最适温度为 17 ～ 23℃。通常需要 4 ～ 9 周的时间，温度过高或者过低都将抑制花芽分化，当温度长期高于 35℃时，花芽分化完全受到抑制。

郁金香在长期进化过程中形成了花朵白天开放、夜间闭合的特性。主要是因为野生郁金香的花期通常很早，此时的夜晚温度仍然很低。郁金香为了让花粉在柱头上正常萌发进而成功孕育下一代，就闭合花瓣，形成花蕾状，以提高花瓣包裹空间的温度。而白天温度上升时，花瓣重新开放，以吸引昆虫等进行授粉。郁金香花瓣的闭合和开放主要是受外界温度调控的，花瓣闭合能够提高内部温度 3℃左右，花粉萌发率提高 5% 左右。此外，花朵的开放和闭合运动能够改变雄蕊和雌蕊的空间位置，从而提高野生种自花授粉率。现代栽培的郁金香品种完全遗传了野生种的这个特性，让人们每天都能欣赏到含苞待放的最美状态。

2. 光照

郁金香属于喜光植物，光照不仅为植株光合作用提供能量，而且对郁金香的生长、开花和转色等具有重要影响。郁金香又属于日中性植物，光照时间的长短对花芽分化没有影响，但较长的日照有利于花莛伸长、花朵发育和正常着色。在郁金香夏季休眠期和花芽分化期、发根期和地下越冬期不需要光照。而在萌芽及茎叶生长、现蕾和开花、更新鳞茎快速生长等时期必须要有光照。但总体来说郁金香对光照强度要求不高，在半阴条件下即能生长良好。光照强度在 8000lx 以上就能满足郁金香光合作用的需求。但光照强度过低不利于郁金香的植株正常生长，往往导致植株和叶片瘦弱、颜色变浅、花莛细长、花苞变小、花色不正，严重时叶片黄化，盲花率增加。光照过强也会对植株造成不利影响。尤其在设施栽培时，光照过强会引起设施内温度的快速上升，叶片和花瓣很容易被灼伤，花期也会明显缩短。

3. 水分

郁金香属于较耐旱植物，但在发根、营养生长等关键时期需要充足的水分。在营养生长期，郁金香植株的含水量可达 80%。水分在郁金香的光合作用、营养吸收等生理生化反应过程中起到不可或缺的作用。

在种植和发根期必须保证土壤水分充足。秋季种球种植后可进行大水漫灌或喷灌，以保证土壤含水量，促进发根和生长。冬季郁金香在地下越冬过程中，不需要浇水。春季萌芽及茎叶生长期应增加供水量，尤其在现蕾和开花期也要保证土壤水分，土壤含水量一般在 60% ～ 70%。此时土壤含水量过低，极易引起消蕾，导致盲花。更新鳞茎快速生长期，充足的土壤水分有利于矿质营养的吸收和提高光合效率，从而促进更新鳞茎的膨大生长。鳞茎休眠与花芽分化期要保持土壤干燥，不需要浇水，并且要遮挡雨水。此时土壤含水量过高，容易导致更新鳞茎腐烂。在气调库人工贮藏郁金香鳞茎时，要严格调控空气相对湿度，一般控制在 65% 左右。如空气相对湿度过低，容易导致鳞茎脱水，降低开花质量；空气相对湿度过高，则容易导致根系提前生长，也容易引起青霉菌感染。

4. 空气

郁金香生长过程对空气没有严格的要求，但空气流通有利于植株的生长。尤其在冬季设施促成栽培时，通风有利于降低设施内空气相对湿度，从而降低病菌侵染和发病机会，并有利于增加 $CO_2$ 浓度，从而提高光合效率。郁金香鳞茎在进行花芽分化和贮藏过程中对乙烯气体比较敏感。低浓度的乙烯，如 0.05μL/L，就能表现出对花芽分化及对根、茎、叶生长的抑制作用。当乙烯浓度进一步升高，达到 0.3μL/L 时，可导致鳞茎中顶芽坏死、鳞茎栽植后发根不良，并导致盲花的产生。因此，为了确保种球质量，郁金香在人工气调库贮藏过程中要加强通风，降低乙烯气体的浓度。

5. 土壤

郁金香对土壤的适应性很强，在大多数土壤中均可生长和开花，但在富含有机质、排水性良好的沙壤土中表现更佳。郁金香不宜在黏重土壤中栽植，如必须栽植，则要适当浅栽，也可加入河沙改良。郁金香在 pH 5.5 ～ 7.5 的环境中均可生长，最适 pH 为 6.5 ～ 7.0。EC 值在 1.5mS/cm 以下可正常生长，当郁金香作水培栽植时 EC 值应适当降低。

## 四、种质资源与人工杂交

### （一）国外野生种质资源

在世界范围内，郁金香属植物有 75 ～ 150 个种，野生种数量存在较大的争议。在世界植物列表（The Plant List，2020.2.15，http://www.theplantlist.org/1.1/browse/A/Liliaceae/Tulipa/）中，记录了野生种 351 个，但只有 113 个种被接受。郁金香野生种绝大多数是二倍体（2n = 2x = 24），也有三倍体（2n = 3x = 36）、四倍体（2n = 4x = 48）和五倍体（2n = 5x = 60）的自然种群分布（Upcott et al.，1939；Zonneveld，2009）。Kroon 等（1986）检测到 1 个郁金香野生资源（*T. polychrome*）具有 72 条染色体（六倍体），这是目前为止发现的拥有最多染色体数目的郁金香属植物。

郁金香属各个种的鉴别主要依据形态特征，如鳞茎皮颜色、质地及内部伏毛情况；茎的长度及是否有毛；叶片数量及形状；是否有苞片；花朵数量及花被片颜色，雄蕊长短及花丝形状和有无毛，是否有花柱；果实形状及是否有喙等。野生种通常生于山地草原、灌丛、山地阳坡及砾石坡地。大多数种花期为4月中下旬，枯萎期为5月下旬或6月上旬，不同种、不同海拔高度差异较大。最早的郁金香品种来源于野生种的人工驯化、相互杂交以及野生种的突变。现代栽培品种主要来源于早期品种之间的相互杂交或品种与野生种相互杂交。野生种对郁金香的品种演变具有重要贡献。下面是世界上利用较多的郁金香重要原种：

**1. 尖瓣郁金香 *T. acuminata***

产于土耳其。茎秆直立，无毛，中部往下为绿色，靠近花朵的茎渐变为红棕色。株高约50cm。叶片2～7枚，灰绿色，线形至戟形，有些叶缘有皱边，无毛，叶片长约30cm。花单朵顶生，黄色或浅红色，常有红色条纹。花瓣细长，略卷曲，基部较宽，向上逐渐变尖，花瓣长约10cm。雄蕊花药前期略带棕红色，散粉后黄色，花丝黄色至白色。花期仲春至晚春。

**2. 巴塔林郁金香 *T. batalinii***

产于乌兹别克斯坦。鳞茎较小，株高30～45cm。叶片3～9枚，莲座状，灰绿色，镰刀形，有的叶片呈明显的波浪状，叶长约15cm。花单朵顶生，碗形，亮黄色，有时略带淡红色，花径8cm。花瓣长5cm，宽1.9cm，花瓣基部钝圆，内侧中脉清晰，黄色或黄棕色。雄蕊花药黄色，花丝黄色或深棕色。花期早春至仲春。

**3. 克鲁氏郁金香 *T. clusiana***

英文名为淑女郁金香（Lady tulip），产于葡萄牙、地中海地区以及波斯地区。鳞茎直径2～2.5cm，外皮革质，褐色，内有茸毛。株高约30cm。叶2～5枚，灰绿色，无毛，线形。花单朵顶生，花冠漏斗状，先端尖，有香味，花瓣长约5cm，宽2cm，白色带柠檬黄色，外层花瓣外侧红色，边缘为白色，花朵内侧基部有黑蓝色斑块，柱头小，花药紫色。花期仲春至晚春。为异源多倍体，不结实。克鲁氏郁金香有2个变种：黄花克鲁氏郁金香（var. *chrysantha*）和星状克氏郁金香（var. *stellata*），两者花瓣均为黄色，前者花药为紫色，后者花药为黄色。

**4. 福氏郁金香 *T. fosteriana***

产于乌兹别克斯坦。鳞茎较大，但鳞茎产籽球数少。株高15～45cm。叶3枚，少有4枚，宽广平滑，叶缘紫红色，叶长20cm以上，叶宽约10cm。花单朵顶生，鲜红色，花朵内侧基部具有黑色斑块，斑块外沿黄色。花瓣端部圆形，外层花瓣长约10cm，内层花瓣略短，花瓣宽度约为长度的一半。花期早春至仲春。本种抗病毒能力强，常作抗病毒育种的亲本材料。

**5. 郁金香 *T. gesneriana***

产于土耳其、小亚细亚，是现代郁金香杂种的主要始祖。1753年分类学家Linneus将庭园栽培的郁金香都归属于此种名下，也是现在所有栽培郁金香的总称。具有极强的抗逆性和适应自然条件能力。目前，尚无该种的野生种分布记载。通常鳞茎较大，鳞茎皮无毛或具较少的茸毛。株高20～50cm。叶片3～4枚，卵形或披针形，顶部逐渐变尖。花瓣长5～10cm。

**6. 格里郁金香 *T. greigii***

产于土耳其。株高20～45cm。叶3～4枚，叶片阔披针形，长约20cm，宽7～10cm，具有紫褐色长条状斑纹。花单朵顶生，杯形，鲜红色，花瓣内侧基部有黑斑，黑斑外沿亮黄色。花瓣倒卵圆形，先端尖锐。外层花瓣长7cm以上，宽约5cm，盛开时略向后弯曲，内层花瓣不弯曲。花药黄色，花丝黑色或黄色。花期仲春。该种是重要的杂交亲本之一，杂交后代性状与野生种相似，叶片都具有紫褐色长条状斑纹，有的后代花朵具有白色条纹。

**7. 矮花郁金香 *T. humilis***

产于土耳其、伊朗和高加索山脉。株高10～20cm。叶片2～5枚，灰绿色，较宽，长约15cm，叶缘常卷曲呈“U”形。花1～3朵，玫瑰粉或深紫色，花瓣内侧基部有黄、粉、黑、紫或蓝色斑块。花瓣长约2.5cm，外层花瓣的外侧常带灰绿色边缘，有黄色、橄榄绿或蓝绿色的条纹，内层花瓣比外层宽。花药黄色、蓝色或紫色，花丝黄色。花期早春。

**7a. 奥克郁金香 *T. humilis* var. *aucheriana***

产于伊朗、叙利亚、土耳其和阿富汗，为矮花郁金香的变种。鳞茎较小，株高 12 ～ 25cm。叶片 2 ～ 5 枚，中绿色，舌状，边缘波浪形，叶长 12 ～ 15cm。花 1 ～ 3 朵，粉色或红色，开花时花瓣平展呈星形，花径约 7cm。花瓣内侧底部具有黄棕色色斑，外层花瓣外侧中部具有黄绿色条纹，内层花瓣外侧具有 2 条绿色或棕色脉纹。雄蕊黄色。花期仲春。

**7b. 矮郁金香 *T. humilis* var. *pulchella***

产于土耳其和伊朗，矮花郁金香的变种。株高约 10cm。叶片 2 ～ 5 枚，两边上翘呈“V”形，常有波浪状，叶面带白粉，无毛，长约 15cm。花多为单生，少有 2 ～ 3 朵，花星形，红色或紫色，外侧带蓝黑色斑纹。花药紫色，花丝蓝色。花期早春至仲春。

**7c. 堇花郁金香 *T. humilis* var. *violacea***

产于外高加索地区，矮花郁金香的变种。株高约 25cm。叶片 2 ～ 5 枚，线形，无毛，灰绿色，长约 15cm。花通常单朵顶生，偶有 3 朵，花朵盛开时呈星形，紫红色，基部带黄色或蓝黑色斑块，花径 7cm。雄蕊紫色。花期早春至仲春。

**8. 考夫曼郁金香 *T. kaufmanniana***

产于土耳其、哈萨克斯坦、乌兹别克斯坦和吉尔吉斯斯坦。鳞茎卵形，中等大小，外皮褐色，内侧有茸毛。株高 15 ～ 20cm。叶片 3 ～ 5 枚，灰绿色，叶长约 25cm，宽约 7.5cm。花单朵顶生，近钟形，盛开时呈肥大的星形，有时具有香味。花朵深黄色，外层花瓣较窄，外侧除边缘外均为红色；内层花瓣宽大，红色部分较少，分布在中底部。花药橘黄色，花丝扁平，亮橙色。花期早春。

**9. 细叶郁金香 *T. linifolia***

产于乌兹别克斯坦、阿富汗和帕米尔山脉。株高 15 ～ 30cm。叶片 3 ～ 9 枚，离生，灰绿色，细长，波浪状，叶缘红色。花单朵顶生，碗形，红色，盛开时花径约 8cm。花瓣内侧基部有蓝黑色斑块，斑块外沿常为奶油黄色。花瓣长约 5cm，宽约 1.9cm，花药紫黑色或黄色。花期晚春。

**10. 山郁金香 *T. montana***

产于土耳其和伊朗。株高 10 ～ 25cm。叶片 3 ～ 6 枚，边缘向上弯曲呈“U”形，灰绿色，长约 15cm。花单朵顶生，碗形，花朵朱红色，有黄色变种（var. *chrysantha*）。花瓣内侧基部偶有黑绿色斑点。花药黄色，花丝红色。花期晚春。

**11. 奥氏郁金香 *T. orphanidea***

产于希腊、土耳其和保加利亚。株高 12 ～ 25cm。叶片浅绿色，2 ～ 7 枚，两边上翘呈“V”形，长约 20cm，叶边缘紫红色。花常 1 朵，最多可有 5 朵。花朵盛开时呈松散的星形，青铜橙色或砖红色，花瓣内侧基部有橄榄色斑块。外层花瓣边缘绿色或紫色，花瓣长约 5cm，宽约 2.5cm，内层花瓣略宽于外层，有时具有黄边。花药深绿色或棕色，花丝绿色或紫色。花期仲春。

**12. 尖被郁金香 *T. praestans***

产于塔吉克斯坦。株高约 24cm。叶片 2 ～ 6 枚，两边上翘呈“V”形，常有波浪状，灰绿色带茸毛，长约 15cm。花通常单生，有时也有多达 5 朵，花碗状，深橘红色。花药黄色或紫红色，花丝红色基部带黄色斑纹。花期仲春至晚春。

**13. 岩生郁金香 *T. saxatilis***

产于土耳其和克里特岛。更新鳞茎生于地下横向匍匐茎，外皮黄棕色或淡粉色。株高 15 ～ 20cm。叶片 2 ～ 4 枚，线形，无毛，亮绿色，叶长约 15cm。花 1 ～ 4 朵，杯形，有香味，粉紫色。花瓣内侧基部有黄色斑块，花瓣长约 5cm，宽约 2.5cm。花药黄色、紫色或棕色，花丝黄色。花期仲春至晚春。

14. 窄尖叶郁金香 *T. sprengeri*

产于土耳其。株高 30 ～ 50cm，茎秆无毛。叶片 5 ～ 6 枚，狭长，直立无毛，翠绿色，长约 25cm。花单朵顶生，杯形，亮红色或棕红色。外层花瓣顶部翻卷，瓣长约 6.3cm，宽 1.9cm，内层花瓣较宽，约 2.5cm。花药黄色，花丝红色。花期晚春或初夏。该种鳞茎增殖能力弱，但自花结实能力强，种群数量的提升主要通过种子繁殖。

15. 香花郁金香 *T. suaveolens*

产于克里米亚至伊朗及俄罗斯南部。株高 7 ～ 15cm。叶 3 ～ 4 枚，多生于茎的基部，最下部呈带状披针形。花单朵顶生，花冠钟状，花被片长椭圆形，鲜红色，有的植株边缘黄色，有芳香。雄蕊黄色或棕色。花期早春。

16. 欧洲郁金香 *T. sylvestris*

产于欧洲、北非、中东。株高约 45cm。叶 2 ～ 4 枚，两边上翘呈 V 形，有深沟，浅绿色，长约 20cm。花单朵顶生，蕾期花朵下垂，开放后直立呈星形，有香味，花径 6 ～ 8cm。花黄色，外层花瓣外侧有棕绿色或红棕色，花药黄色，柱头较小。花期仲春至晚春。该种较容易栽培。

17. 塔尔达郁金香 *T. tarda*

产于天山山脉、土耳其。更新鳞茎生于地下横向匍匐茎。株高 10 ～ 15cm。叶片 3 ～ 7 枚，窄长，莲座状，常折叠和带皱边，亮绿色，叶长约 15cm。着花 1 ～ 6 朵，星形，花径 6cm，花黄色带白色边，外层花瓣外侧有时带红绿色条纹，内层花瓣外侧中部有绿紫色条纹。花朵内侧基部向上至少一半为黄色。雄蕊黄色。花期早春至仲春。

18. 土耳其斯坦郁金香 *T. turkestanica*

产于中国西北地区和土耳其。鳞茎外皮亮红色或紫色。株高 20 ～ 30cm，茎秆有毛。叶片 2 ～ 3 枚，线形，灰绿色，长约 20cm，宽约 2.5cm。着花 1 ～ 12 朵，盛花时呈星形，花朵较小，花径约 5cm。花朵白色，外层花瓣外侧为灰绿色或绿粉色，花心具黄色斑块。花药棕色或紫色，花丝橘黄色。花期早春至仲春。

19. 威登斯基郁金香 *T. vvedenskyi*

产于中亚地区。株高 20 ～ 26cm。叶片 4 ～ 5 枚，无毛，灰绿色，波浪形。花单朵顶生，碗状，较大，鲜红色或橘红色，花心具黄色斑块。花药紫色或黄色，花丝棕色。花期早春至仲春。

### （二）中国野生种质资源

中国野生郁金香资源丰富，是郁金香属植物多样性分布中心之一。《中国植物志》详细记载了 13 个野生种，之后又有新的种陆续被发现和报道。目前，我国分布的郁金香野生种达到 18 个（包含 1 个变种），其中，有 2 个种和 1 个变种为中国特有种。这些资源分属于 4 个组，分别为有苞组（Sect. *Amana*）、无毛组（Sect. *Leiostomones*）、毛蕊组（Sect. *Eriostemones*）和长柱组（Sect. *Orithyia*），其中有苞组分布在东北和长江下游各地，其余 12 种均分布在新疆。*Flora of China*（Chen Xinqi et al.，2000）依据地理分布及形态学特征，建议将老鸦瓣及下面的 4 个有苞组植物归为单独的 1 个属。老鸦瓣属 *Amana*。

A.【组 1】有苞组（Sect. *Amana*）有 5 个种：

1. 老鸦瓣 *T. edulis*

老鸦瓣属 *Amana* 产于辽宁、山东、江苏、浙江、安徽、江西、湖北、湖南和陕西。朝鲜和日本也有分布。生于山坡、草地及海边，海拔 0 ～ 1700m 均有分布。鳞茎卵形，直径 1.5 ～ 4cm，鳞茎皮呈褐色，纸质，内有浓密的长茸毛。茎通常从叶片基部分 1 ～ 5 枝，细长，无毛，长 10 ～ 25cm。叶通常 2 枚，无毛，线形，长 10 ～ 25cm，宽 5 ～ 9mm，少数可窄到 2mm 或宽达 12mm。靠近花的基部具 2 ～ 3 枚对生苞片，对生或轮生，狭条形，长 1.5 ～ 3cm，宽 1 ～ 2mm。每枝茎顶生 1 朵花，单株产花

1～5朵，花被片狭椭圆形或披针形，白色，外侧有紫红色纵条纹，长2～3cm，宽4～7mm。内层3个雄蕊比外层3个雄蕊略长，花丝无毛，中部或基部稍膨大，花柱长约4mm。蒴果近球形，直径5～7mm，有长喙。花期3～4月，果期4～5月。2n＝24，48。

2. 阔叶老鸦瓣 *T. erythronioides*

产于浙江和安徽。鳞茎卵形，直径约2cm，鳞茎皮呈褐色，纸质，内有浓密的长茸毛。茎通常不分枝，无毛，长10～25cm。叶通常2枚，无毛，灰绿色，线形至长卵圆形，对生，长7～15cm，宽0.9～2.2cm；2枚叶片近等长，不等宽，宽者常1.5～2.2cm，窄者0.9～1.5cm。苞片3～4枚，轮生，少有2枚，对生，狭条形，长1.5～2cm，宽1～2mm。花单朵顶生，花被片阔披针形，白色，外侧有紫红色纵条纹，长1.5～1.8cm，宽2.5～3mm。内层3个雄蕊比外层3个雄蕊略长，内层雄蕊长约7.5mm，外层长5～6mm，花丝无毛，基部稍膨大，花柱长约4mm。蒴果近球形，有长喙。花期4月，果期5月。

3. 括苍山老鸦瓣 *T. kuocangshanica*

产于浙江省临海市括苍山，生长在海拔60～1100m的竹林下或灌丛中。鳞茎卵形，直径0.9～1.5cm，鳞茎皮呈棕黄色，薄纸质，内侧无毛，极少数有浓密的长茸毛。茎不分枝，无毛，长11.8～20cm。叶2枚，无毛，黑绿色或紫绿色，倒披针形，对生，下部较长，叶长11.4～25cm，宽0.8～2.3cm，叶自基部向上约2/3处最宽，上部较短，叶长10.4～24.5cm，宽0.45～1.1cm。苞片通常3枚，轮生，狭窄披针形，绿色或紫色，长2.7～4.2cm，宽0.2～0.3cm。花单朵顶生，漏斗形，白色，内部基部有深绿色或黄绿色斑块，外侧有紫红色纵条纹。外层花瓣披针形，长2.1～3.7cm，宽0.4～0.8cm，内层花瓣窄椭圆形，长1.5～3.4cm，宽0.6～1.1cm。内层3个雄蕊比外层3个雄蕊略长，花药边缘有一紫色条纹，长0.4～0.7cm，宽0.1～0.18cm；花丝无毛，基部稍膨大，黄色，长0.4～0.65cm，宽0.15～0.2cm；子房黄绿色，在花柱处收缩，长0.4～0.8cm，花柱长0.4～0.6cm。蒴果三棱形，长1～1.4cm，宽1.1～1.5cm，有长喙，长0.5～0.75cm。花期2～3月，果期4～5月。

4. 安徽老鸦瓣 *T. anhuiensis*

产于安徽省潜山县天柱山，生长在海拔850～1250m的落叶阔叶林下、溪沟边或灌木丛中。鳞茎椭球形，直径0.9～1.7cm，鳞茎皮黄褐色或紫褐色，薄纸质，内侧有浓密的茸毛，略上延。茎单生且不分枝，光滑无毛，长7.5～15cm。叶2枚，灰绿色，倒披针形，对生，下部较长，叶长9.6～22.4cm，宽1.6～2.5cm，自基部向上约3/4处最宽；上部较短，叶长8.8～20.7cm，宽0.6～1.2cm。苞片通常3枚，偶有2枚或4枚，轮生或对生，狭窄披针形，灰绿色，生于花下2.4～3.5cm处的茎上，苞片长1.8～4cm，宽0.2～0.5cm。花单朵顶生，直立，漏斗形，粉红色或淡粉色，内侧基部有黄绿色斑块。外层花瓣披针形，外侧有紫红色纵条纹，长3.1～3.7cm，宽0.6～0.9cm；内层花瓣狭椭圆形，长2.9～3.4cm，宽0.8～1cm，外侧中央有3条明显的紫红色或粉红色纵向条纹。内层3个雄蕊比外层3个雄蕊略长，花药淡紫色，长0.6～1.2cm，花粉黄色。花丝黄绿色，光滑无毛，基部至中部稍膨大，长0.7～0.9cm。子房黄绿色，雌蕊长0.6～1cm，中部扩大，两头渐窄，花柱长0.6～0.9cm。蒴果近球形，长约1.2cm，有长喙，果喙长约1.1cm。花期3～4月，果期4～5月。

5. 皖浙老鸦瓣 *T. wanzhensis*

产于安徽省宁国市仙霞镇，生长在海拔600～800m的湿润竹林或草地中。鳞茎椭圆形，直径1.5～2.5cm，鳞茎皮棕色，纸质，内侧有浓密的茸毛。茎单生且不分枝，光滑无毛，长

15 ～ 30cm。叶 2 枚，绿色，披针形，对生，叶脉清晰，叶长 15 ～ 30cm，宽 1 ～ 3cm。苞片通常 3 枚，非轮生，形成带状，长 0.1 ～ 0.5cm，后期脱落。花单朵顶生，直立，漏斗形，白色，内侧基部有绿色斑块。外层花瓣有棕色纵条纹，雄蕊 6 枚，两轮分布，花药黄色，长 0.4 ～ 0.6cm，花丝白色，长 0.5 ～ 0.7cm。子房椭圆形，黄绿色，长约 0.6cm，花丝长约 1cm。蒴果三角形，长 1 ～ 2cm，宽 0.5 ～ 1cm。花期 2 ～ 3 月，果期 3 ～ 4 月。

B.【组 2】无毛组（Sect. *Leiostomones*）有 8 个种（包含 1 个变种）：

**6. 阿尔泰郁金香 *T. altaica***

产于新疆西北部，包括塔城、裕民、额敏、托里等地。俄罗斯西西伯利亚和中亚地区也有分布。生于海拔 1300 ～ 2600m 的阳坡和灌丛下。鳞茎卵形，向顶部略延伸，较大，直径常 2 ～ 3.5cm。鳞茎皮棕色，纸质，内面全部有伏毛或中部无毛，上部通常上延。茎长 10 ～ 35cm，上部有柔毛，下部埋于地下的通常有 10cm 以上。叶通常 3 枚，灰绿色，卵形或披针形，各叶片极不等宽，上部的叶较窄，宽为 0.6 ～ 1cm，最下部的叶较宽，宽常为 1.5 ～ 3cm，偶有 5cm。生于灌丛和草地的植株叶片边缘平展，生于碎石较多的干旱山顶的植株叶片边缘呈皱波状。花单朵顶生，黄色，外层花瓣外侧为绿紫红色，内层花瓣外侧有时也带淡红色，凋萎时花色变深，花瓣长 2 ～ 3.5cm，宽 0.5 ～ 2cm。6 枚雄蕊等长，花丝无毛，从基部向上逐渐变窄，几无花柱。蒴果三棱体形，棱通常为紫黑色，长 2.5 ～ 4cm，宽 1.5 ～ 3cm。花期 5 月，果期 6 ～ 7 月。2n = 24。

**7. 伊犁郁金香 *T. iliensis***

产于新疆天山北坡，东从乌鲁木齐、玛纳斯、沙湾、精河，西到伊犁地区各县，分布较广，哈萨克斯坦、俄罗斯也有分布。生于海拔 400 ～ 1400m 的山前平原和低山坡地，往往成大面积生长。鳞茎卵圆形，直径 1 ～ 2cm。鳞茎皮黑褐色，薄革质，内面上部和基部有伏毛。茎长 10 ～ 20cm，偶有茎长 30cm，茎上部通常有密柔毛或疏毛，极少无毛。叶 3 ～ 4 枚，紧靠地面而似轮生或略彼此疏离，条形或条状披针形，伸展或反曲，边缘平展或呈波状，通常叶高不超过花朵，叶宽 0.5 ～ 1.5cm。花常单朵顶生，黄色，花瓣端部通常急变窄，呈尖嘴状。外层花瓣外侧有绿紫红色、紫绿色或黄绿色色彩或条纹，内花被片黄色，当花凋谢时，颜色通常变深，甚至外 3 枚变成暗红色，内 3 枚变成淡红或淡红黄色，花瓣长 2.5 ～ 3.5cm，宽 0.4 ～ 2cm。6 枚雄蕊等长，花丝无毛，中部稍扩大，向两端逐渐变窄，花柱非常短。蒴果椭圆形，长 1.8 ～ 2.2cm，宽 1.2 ～ 1.5cm。花期 3 ～ 5 月，果期 5 月。2n = 24。

该种分布地区的老百姓常称此为老鸹蒜，当做一种野菜采食。本种的植株高度、叶片是否呈波状和花朵大小等特征在不同生境下差异较大。

**8. 迟花郁金香 *T. kolpakowskiana***

产于新疆西北部、哈萨克斯坦和吉尔吉斯斯坦，生于半荒漠环境。鳞茎卵圆形，直径 1.5 ～ 2cm。鳞茎皮黑色，革质，内面上部有伏毛。茎长 10 ～ 25cm，通常无毛。叶 3 枚，彼此疏离，条状披针形，各叶片极不等宽，无毛，边缘呈波状，通常叶高不超过花朵，叶宽 0.5 ～ 1.5cm。花常顶生 1 ～ 2 朵，前期花蕾阶段下垂，黄色，极少有橘红色或淡紫色，花瓣椭圆形或长椭圆形，花瓣长 3 ～ 6cm，宽 0.5 ～ 2cm。6 枚雄蕊等长，长度 1 ～ 2cm，花丝无毛，基部稍扩大，向顶端逐渐变窄，花柱非常短。花期 5 月，果期 6 月。2n = 24。

**9. 准噶尔郁金香 *T. schrenkii***

产于新疆西北部，包括裕民、托里、伊犁和温泉一带，俄罗斯也有分布。生于新疆西北部塔城盆地的平原荒漠及沙土中，海拔 450 ～

1000m，常在成片的伊犁郁金香中零星出现。鳞茎卵圆形，鳞茎皮薄革质，内面上部有伏毛，少数基部也有毛。植株较高，茎长 25 ～ 35cm，常无毛。叶 3 枚，茎生，彼此疏离，较长，常伸展，披针形或条状披针形，下部一枚较宽，常宽 1.5 ～ 2.0cm，上部的较窄，常宽 0.5 ～ 1.0cm。单花顶生，亮黄色，内、外花瓣均无其他色彩，花大，钟形，花瓣上缘常有缺刻，外层花瓣椭圆形，内层花瓣长倒卵形，花瓣长 2.5 ～ 3.5cm，宽 0.7 ～ 1.5cm，花蕾前期下垂，开花后直立。6 枚雄蕊等长，花丝无毛，从基部向上逐渐变窄，几无花柱。花期 4 月，果期 5 月。2n = 24。

10. 新疆郁金香 *T. sinkiangensi*

我国特有种，分布于天山北麓乌鲁木齐至奎屯一带的平原荒漠及带石质低山，海拔 900 ～ 1300m。常与伊犁郁金香共同分布在一个山头，但新疆郁金分布在山的上部，而伊犁郁金香分布在下部，界限明显。鳞茎卵圆形，顶端上延，直径 1 ～ 1.5cm。鳞茎皮纸质，上端抱茎，上延长达 4 ～ 5cm，内面上部和基部有浓密的伏毛，但中部无毛或毛少。植株较矮小，茎通常分 1 ～ 6 枝，直立，无毛或上部偶尔有短柔毛，茎长 9 ～ 15cm。叶 3 枚，通常彼此紧靠，反曲，边缘多少呈皱波状，下面的 1 枚叶长披针形或长卵形，较大，宽 1 ～ 1.6cm，具抱茎的膜质鞘状长柄，中间的 1 枚较小，最上面的 1 枚最小，条形至窄长披针形，宽 0.2 ～ 1cm，先端往往卷曲或弯曲。每分枝具花 1 朵，单株有花 1 ～ 6 朵，黄色，碗状，外层花瓣矩圆状宽倒披针形，外侧紫绿色、暗紫色或黄绿色，内层花被片倒卵形，与外花被片等长或稍短，基部变窄成柄，有深色的条纹，花瓣长 1 ～ 2cm，宽 0.4 ～ 1cm。6 枚雄蕊等长，长 0.7 ～ 1cm，花药长矩圆形，花丝无毛，从基部向上逐渐扩大，到中上部多少突然变窄，而顶端几呈针形。雌蕊比雄蕊约短 1/3，子房狭倒卵状矩圆形，花柱长 1.5 ～ 2mm。花期 4 ～ 5 月，果期 5 月。2n = 24。该种抗旱性较强，具有多花性状，是培育多花品种的重要亲本材料。

11. 天山郁金香 *T. tianschanica*

沿新疆天山北坡，东从乌鲁木齐、玛纳斯、沙湾、精河，西到伊犁地区各县，分布较广。俄罗斯和中亚地区也有分布。生于海拔 400 ～ 2200m 的荒漠草原、森林草原、山前平原和低山坡地，往往成大面积生长。鳞茎卵圆形，直径 1.5 ～ 2cm。鳞茎皮黑褐色，薄革质，内面上部和基部有伏毛。茎通常无毛，长 10 ～ 15cm。叶通常 4 枚，偶有 3 枚或 5 枚，条形或条状披针形，紧靠而似轮生或彼此略疏离，伸展或反曲，叶片比花高，通常宽 0.5 ～ 1.5cm。单花顶生，黄色，碗状，花瓣长 2.5 ～ 3.5cm，宽 0.5 ～ 2cm，外层花瓣外侧中部有紫绿色或黄绿色色彩，外侧边缘为绿紫红色，内层花瓣外侧中部有黄绿色纵条纹。6 枚雄蕊等长，长 1.2 ～ 1.7cm，花丝无毛，中部稍扩大，向两端逐渐变窄，几无花柱。花期 4 月，果期 5 月。2n=24。该种不同居群的植株在株高、花色及花期上均存在一定的差异。

11a. 赛里木湖郁金香 *T. tianschanica* var. *sailimuensis*

天山郁金香的变种，为中国特有种，产于新疆赛里木湖边缘区域，海拔 2100m。本种形态特征与天山郁金香相似，但鳞茎大，直径 2 ～ 4cm。植株高大，高 15 ～ 25cm。叶片通常 4 枚，排列疏离，长不超过花梗。花朵大，黄色，直径 6 ～ 8cm。蒴果较小，长 1.5 ～ 2.5cm，宽 1.5 ～ 2.5cm。2n=24。

12. 塔城郁金香 *T. tarbagataica*

中国特有种，分布于新疆西北部的巴尔鲁克山北坡及塔尔巴哈台山南坡的草原带灌丛中，海拔 1200 ～ 1600m。鳞茎宽卵圆形，直径 2 ～ 3cm。鳞茎皮褐色，革质，上端不上延，内侧基部和顶部有伏毛。茎高 10 ～ 15cm，有毛。叶 3 枚，边缘皱波状，无毛，下面的叶最宽，宽度超过上面叶宽的 2 倍，披针形，长

10～13cm，宽达2～4cm，上面的叶线状披针形，长10～12cm，宽1～1.5cm。花单朵顶生，杯状，黄色，外层花瓣外侧青绿色或淡红色，椭圆状卵形，长3～5cm，宽1～2cm，略锐尖，内层花瓣椭圆形，长2～4cm，宽1～2cm。6枚雄蕊等长，花丝深黄色，无毛，从基部向上逐渐变窄，长约0.5cm，花药比花丝长2～3倍，深黄色，长约1cm，子房卵状圆筒形，花柱不明显。蒴果矩圆状，长4～6cm，宽2～3cm，顶端有粗壮的喙，长0.4～0.6cm。花期4月下旬，果期5月。2n=24。该种生长势强，是育种的良好亲本材料。

塔城郁金香与阿尔泰郁金香近缘，区别在于前者鳞茎皮革质，上端不上延，蒴果矩圆状，长4～6cm，宽2～3cm，顶端有喙，喙粗壮，长0.4～0.6cm。阿尔泰郁金香鳞茎皮纸质，上端上延，蒴果三棱体形，长2.5～4cm，宽1.5～3cm，顶端无喙。

C.【组3】毛蕊组（Sect. *Eriostemones*）有3个种：

### 13. 柔毛郁金香 *T. biflora*

产于中国新疆北部（富蕴）和西部（伊宁），俄罗斯、巴基斯坦、塔吉克斯坦、土耳其东部、伊朗、阿富汗和哈萨克斯坦也有分布。生于平原、蒿属荒漠或低山草坡。鳞茎卵圆形，顶端上延，直径1～1.5cm。鳞茎皮棕色，纸质，上端稍上延，内面中上部有柔毛。茎长10～15cm，茎通常无毛。叶片2枚，长条形，边缘皱波状，离生，不高于花朵，宽0.5～1cm。花通常1朵或2朵，少有多朵。花瓣奶白色，干后淡黄色，花朵内侧基部有黄色斑块，花瓣卵圆形至披针形，长2～2.5cm，宽0.6～1.2cm。外层花瓣较窄，花瓣外侧为紫绿色或黄绿色，内层花瓣较宽，花瓣外侧中部有紫绿色或黄绿色条纹。内层3个雄蕊比外层略高，花药黄色，顶部有黑紫色短尖头，花丝基部膨大，有毛。花柱长约0.1cm。果实为蒴果，近球形。直径约1.5cm。花期4～5月，果期4～6月。2n=24。

### 14. 毛蕊郁金香 *T. dasystemon*

分布于天山北坡察布查尔县、特克斯县及南坡乌恰县等地的草原带至森林草原带阴坡，海拔1350～2400m。哈萨克斯坦、乌兹别克斯坦、塔吉克斯坦和吉尔吉斯斯坦也有分布。鳞茎卵圆形，较小，直径1～1.2cm。鳞茎皮纸质，内面上部多少有伏毛，很少全部无毛。茎无毛，长10～15cm。叶2枚，基生，疏离，条形，伸展，宽0.5～1.5cm。花单朵顶生，碗状，鲜时乳白色或淡黄色，干后变黄色。花瓣长约2cm，宽0.5～1cm，外层花瓣背面紫绿色，内层花瓣背面中央有紫绿色纵条纹，基部有毛。内层3个雄蕊比外层略高，花丝全部有毛，少数植株仅基部有毛，花药黄色，具紫黑色或黄棕色的短尖头，雌蕊短于或等长于短的雄蕊，花柱长约0.2cm。蒴果矩圆形，有较长的喙。花期4月，果期5月。2n=24，48。

### 15. 垂蕾郁金香 *T. patens*

分布于新疆西北部的塔城、温泉、博乐、霍城等地，生于海拔1350～2400m的草原至森林草原带阴坡。西西伯利亚和中亚地区也有分布。鳞茎卵圆形，顶端略上延，直径1～1.5cm。鳞茎皮棕色，纸质，内面有伏毛，有的基部光滑，上端通常上延。植株矮小，茎无毛，长10～25cm。叶2～3枚，基生，彼此疏离，条状披针形或披针形，长度与株高相仿，下部叶宽1～2cm，上部叶宽0.2～1cm。多数植株花单朵顶生，有时茎有分枝，可产花2～6朵，花蕾期下垂。花朵白色，干后乳白色或淡黄色，花朵内侧基部有黄色斑块，花瓣椭圆形至披针形，长1.5～3cm，宽0.4～1cm。外层花瓣较窄，花瓣外侧为紫绿色或淡绿色，内层花瓣比外层花瓣宽2/5～1/2，花瓣外侧中部有紫绿色或黄绿色条纹。内层3个雄蕊比外层略高，花药黄色，花丝基部膨大，有毛。花柱长约0.1cm。果实为蒴果，近球形。直径约 1.5cm。花期 4 ～ 5 月，果期 4 ～ 6 月。2n=24。

D.【组 4】长柱组（Sect. *Orithyia*）有 2 个种：

16. 异瓣郁金香 *T. heteropetala*

分布于阿尔泰山南麓及北塔山北麓的草原带至森林草原带，海拔 1200 ～ 2400m。在俄罗斯西西伯利亚和中亚地区也有分布。鳞茎卵圆形，鳞茎皮纸质，内面上部有伏毛。植株矮小，茎无毛，长 1 ～ 2cm。叶通常有 2 枚，偶有 3 枚，条形，基生，宽 0.5 ～ 1.5cm。花单朵顶生，黄色，碟状。花瓣长 2 ～ 2.5cm，宽 0.4 ～ 0.8cm，先端渐尖或钝，外层花瓣背面绿紫色，内层花瓣基部渐窄成近柄状，背面有紫绿色纵条纹。雄蕊 3 长 3 短，花丝无毛，中下部扩大，向两端逐渐变窄，花药先端有紫黑色短尖头，花柱长约 0.4cm。花期 4 ～ 5 月，果期 6 月。

17. 异叶郁金香 *T. heterophylla*

广泛分布于天山北坡的草原带至亚高山草甸带，包括巴里坤、昭苏、察布查尔和天山南坡的和靖地区，海拔 2100 ～ 3100m。鳞茎卵圆形，直径 1 ～ 1.4cm。鳞茎皮棕色或黑棕色，纸质，内面无毛，上端稍上延。植株矮小，茎无毛，长 9 ～ 15cm。叶 2 枚对生，无毛，长 4.5 ～ 5.5cm，两叶近等宽，宽约 1.2cm，条形或条状披针形，叶无花高。花单朵顶生，黄色，小，碟状，花瓣长 2 ～ 3cm，宽 0.4 ～ 0.8cm，外层花瓣背面紫绿色，内层花瓣背面中央有紫绿色的宽纵条纹，6 枚雄蕊等长，花丝无毛，比花药长 5 ～ 7 倍；通常雌蕊比雄蕊长，具有与子房约等长的花柱。蒴果窄椭圆形，长 2.5 ～ 3cm，宽 0.6 ～ 0.8cm，两端逐渐变窄，基部具短柄，顶端有约 0.5cm 的长喙。花期 4 月中下旬至 6 月，果期 5 ～ 7 月，不同地区差异较大。

## （三）人工杂交育种

郁金香属于高度杂合体，种子繁殖后代会产生广泛分离，主要用于杂交育种。人工杂交育种的过程主要分为亲本栽植与人工杂交授粉和杂交种子播种及播后管理两部分。

### 1. 母本栽植

郁金香属于早春花卉，花期较短，只有 7 ～ 12 天，而父本花粉的采集和萌芽率检测至少需要 2 天。因此在郁金香育种过程中最好将父母本种球分开进行种植，母本种球可以直接种植于露地或者设施内。

在冬季到来之前，母本种球的根系需充分生长，这样有利于越过寒冷的冬天，有利于春天植株快速生长时吸收更多的营养。根系生长的最适温度为 9 ～ 11℃；栽植前要先测量地温，当地温下降到 10 ～ 11℃时，开始栽种郁金香种球。最好栽种在土壤疏松透气、富含有机质、排水良好的沙壤土中。一般采用沟栽（图 2A），株行距为 10cm × 15cm，覆土厚度为 15 ～ 20cm。种球栽植后立即浇水，以利于发根。

### 2. 父本栽植

父本种球则栽种于栽培箱中或花盆中，经冷库变温处理后，于早春移至温室内进行培养。可栽植于直径大于 18cm，高大于 15cm 的花盆中，或栽植于长宽高分别为 60cm × 40cm × 20cm 的栽培箱内。种植基质可用 Jiffy 公司生产的郁金香种球专用基质，也可用体积比为 1 : 1 : 1 的经过杀菌的泥炭、腐熟土和清洁河沙混合基质。

先把栽培基质装入花盆，装到花盆的 2/3 处，然后将种球均匀的摆放在花盆内，再装入一些基质，基质上表面与郁金香顶端在一个平面上或略低，最后在最上面覆盖 2cm 的清洁河沙。种球栽植完成后，立即充分浇水，以利于郁金香根系生长。浇完水后，将花盆容器移入气调库中，控制库内的温度为 2℃，低温贮藏 12 周后，在早春提前取出移入温室内，进行正常管理。

### 3. 花粉采集

当父本郁金香花朵充分显色、花药充分发育但尚未散粉时是花粉采集最佳的时期。采集过早，花粉尚未完全成熟，影响授粉效果；采集过晚，花粉活力已经大大下降或有可能散失。花粉采集应在晴天的早晨花朵闭合时或微开时进行。授粉前 1 天检测花粉萌发率，不萌发的花粉或萌发率低于 5% 的花粉应舍弃掉。

采集郁金香花粉时，首先用左手拿稳花粉采集容器，并用左手轻轻扶稳花梗，右手控制镊子，夹取花药（图 2B），并将花药放入盛装花粉的容器中。1 个花朵可以采集 6 枚花药，同一品种不同植株的花药可以放入同一个花粉盛装容器内。采集花粉时要注意，如果遇到花朵打开后里面有大量的水珠或花药已经被水浸湿，则应放弃该朵花的花药。

只采集 1 个品种的花粉，镊子可反复使用，不用消毒。如 1 次采集多个郁金香品种的花粉，则在采集完成 1 个品种后必须对镊子进行清洗消毒，可使用 75% 酒精消毒，使残留在镊子上的花粉失活，以防止前 1 个郁金香品种的花粉混入到后 1 个品种的花粉中。每个品种花粉收集完成后，应标记好品种名等信息，以避免不同品种的花粉混淆。

花药采集后，带回实验室，放入花粉贮藏箱，干燥保存，使花药充分散粉。散粉后进行花粉的萌发率检测。郁金香花粉萌发率检测用培养基配方为 1/2MS 基本培养基 +10% 蔗糖 +0.5% 琼脂 +0.002% 硼酸 +0.02% 硝酸钙。用棉球蘸取少量花粉，轻轻涂抹在培养基表面，盖上培养皿上盖，常温下培养 24 小时。一个培养皿同时可以测定 8 个郁金香品种的花粉。方法是将培养皿下盖表面 8 等分（图 2C），并依次标记 8 个父本花粉的编号，按照标记将对应的花粉接种于相应的三角区域。经过 24 小时培养后在显微镜下观察花粉萌发情况，花粉萌发率大于 5% 的品种可以作为父本使用，小于 5% 或不萌发的花粉应舍去。

### 4. 人工杂交授粉

郁金香属于自花不亲和性植物，自交不能结实，但也必须去除花药，防止不同品种花粉相互干扰。因为，在露地生长情况下，郁金香艳丽的花朵能够吸引众多的昆虫，完成异花授粉过程。尤其郁金香的盛花期是在早春，此时开花的植物较少，昆虫没有更多的选择，大大增加了郁金香授粉的机会。因此，在郁金香花药散粉前要及时除去所有花朵的花药，否则会造成杂交父本混杂。摘除花药的工作要在花朵开放之前进行，当花药尚未完全成熟散粉前，用手指扒开花瓣，摘除花药。被摘除的花药统一放入垃圾袋中，带出杂交田。

郁金香人工授粉后，也可以采取套袋的方法防止其他花粉的干扰，但摘除花药的方法更简单易行，无须购买额外物资，可节省部分成本。此外，支撑郁金香花朵的花莛较长，不能承受太大的重量，套袋后如遇下雨和刮风的天气，很容易造成花莛折断或倒伏，从而影响后期果实成熟。

由于郁金香雌蕊柱头较大，人工授粉相对较简单。郁金香人工授粉可使用毛笔或棉签两种工具。当在温室等无风条件下授粉时，可使用毛笔进行授粉工作（图 2D）。多个父本按顺序一起放到授粉台上，每一个父本花粉配一支毛笔。在授粉过程中毛笔与花粉一一对应，避免不同品种的花粉互相混淆。全部授粉工作完成后，统一对全部毛笔进行清洗消毒，杀死残留在毛笔上的花粉，以备下次使用。

在室外等有风条件下授粉时，不方便使用毛笔，最好使用棉签（图 2E）。所有父本花粉统一放置于防风的箱内，一次只拿出需要授粉的花粉。授粉时左手持盛有花粉的容器同时固定住郁金香花朵，右手用棉签蘸取花粉并在柱头上授粉。授粉完成后，悬挂注有父、母本及杂交日期等信息的标牌。

郁金香受精完成后，子房开始迅速膨大，需要吸收大量的养分。同时，花后是郁金香地下更新球茎膨大的关键时期，也需要消耗大量的养分，因此，这一时期要保证肥水的供应。此时水分供应不足，容易引起叶片尖端焦枯，花瓣枯干，开花不正常，种子数量明显减少。在肥料的使用上，可以在营养生长期施用缓释肥，也可在授粉后追施速溶性肥料，主要以磷、钾肥为主，忌施用过多的尿素。

## 5. 杂交果实收获与处理

郁金香的果实属于蒴果，具有3室，室背开裂。必须等到果实成熟到采收标准时，才能采收，即整个果实的颜色已经变黄，顶端略微裂开（图2F）。在收获果实时，使用剪刀或解剖刀在果实向下8cm左右割断（有利于后期取种子

图2　郁金香人工杂交授粉及种子采收

A. 母本种球的沟栽；B. 花药采集；C. 花粉萌发率检测；D. 温室内授粉；E. 室外田间授粉；F. 果实采收标准；G. 种子自然散落丢失；H. 灯箱上清晰的种子和种皮

工作），再用解剖刀顺着开口缝隙向下划开，目的是促进果实内部的水分快速蒸发，保证杂交种子迅速干燥，降低种子霉变的风险。如果采收过早，种子的成熟度不够，导致种子发芽率降低；果实的含水量较高，种子干燥过程需要更长的时间，大大增加种子发霉的风险。如果果实采收太晚，随着果实的干燥程度不断升高，顶端的开口逐渐增大，大量的杂交种子会自然散落丢失（图 2G），导致收获的种子量会大大减少。

果实收获后，把同一个杂交编号的果实放到同一个网兜内，迅速放到热风干燥床上，使果实快速干燥。如果没有干燥床，也可将收获的果实悬挂于高温、低湿、避雨的通风处，或使用电风扇，加速干燥。

郁金香的果实完全干燥后，便可以进行杂交种子筛选工作。首先，把同一个杂交编号的所有种子剥出，统一放到一个敞口的牛皮纸袋中。1 个纸袋装 1 个杂交组合的种子，并按照杂交编号由小到大排好，放到特制的箱内或郁金香种球运输箱内。然后，把所有的种子放到无风的室内，进行筛选。杂交种子筛选的目的是去除没有种胚、胚乳的未成熟种子、种皮和杂质。

灯箱是筛选杂交种子的高效工具，通过从下向上的灯光照射，能够清晰地分辨出哪些种子含有种胚，那些是不具有活性的种皮或杂质（图 2H）。依次将不同杂交组合的种子倾倒在灯箱的表面，用小头的毛笔筛选隔离出饱满的种子，然后再放回各自的敞口牛皮纸袋中，保存在通风干燥的环境中，等待播种。

### 6. 杂交种子播种及播后管理

杂交种子播种用土，最好使用国外进口的郁金香专用草炭。如 Jiffy 公司生产的郁金香种子播种专用土，这种草炭与郁金香种球栽培用土完全不同，购买时要加以区分。如果使用国产普通草炭，则必须先进行无菌化处理，并控制 pH 在 5.6 ～ 5.8 之间。

播种箱可选择四壁为实心、不透基质和水、箱底为筛网状的黑箱，箱子长宽不限，高度要大于 18cm，以保证箱内栽培基质的深度达到 15cm。如选用郁金香种球运输箱，必须对箱子四周进行处理，防止浇水时种子和基质从侧面流失。

预先制作“刮土板”和“压沟板”（屈连伟，2013）。郁金香播种专用基质装入播种箱后，用“刮土板”刮平，刮平后的基质深度应为 15cm。然后用“压沟板”压实并开播种沟，压实后土壤深度为 13 ～ 14cm，两个播种沟之间的距离为 6cm，沟深为 1.5cm。

首先取出一袋装有郁金香杂交种子的纸袋，将杂交组合编号抄写于小标签上，将标签插立于播种沟前端，然后将处理好的种子均匀地播于不同的播种沟内（图 3A）。播种时可轻轻震动纸袋，使种子落入沟中，也可用右手的大拇指和食指捏取少量种子，播于播种沟内。播后立即调整种子的均匀度，并把散落在沟外的种子捡回沟内。播种应在室内或无风处进行，防止种子被风吹走。每 1 个杂交组合播种完成后，立刻将相邻的播种沟封上（图 3B），以防止混入下一个要播种的杂交组合的种子。封沟时左右手均可操作，大拇指和食指轻轻将播种沟两侧的基质推入播种沟内，使之成一个平面。播种完一个播种箱后，轻轻覆盖一层草炭（图 3C），再用“刮土板”将基质表面压平（图 3D）。

基质压平后，在其表面均匀地覆盖一层厚约 0.3cm 的细河沙（图 3E），应选择清洁无杂土，且筛除石子的河沙。覆盖河沙可以保证郁金香种子萌发需要的压力，提高出苗率；由于基质表面覆盖了一层沙子，大大降低了水分的蒸发，使基质保持良好的物理性状，并有利于浇水工作，可以防止较轻的草炭和种子被水冲走；覆盖沙子也隔绝了外界的病菌，减少病菌侵入基质的机会，从而降低郁金香幼苗染病概率。

覆好河沙后，立即浇水，水流不可过大，水

压要适中（图 3F）。浇水时要分 3 遍进行，第 1 遍浇完后，关闭水阀，等待所浇的水分完全渗入基质后，再浇第 2 遍，第 3 遍也如此操作。既要保证浇透水，又不能形成径流，以防止种子被冲走。

浇完水后，将播种箱移入 1℃的冷藏室，进行低温处理，处理时间为 12 周。早春时将处理好的播种箱移入育苗温室，大部分杂交组合 7 天左右即可出苗（图 3G）。

郁金香实生苗较弱，只有 1 枚圆筒状小叶，形状似刚出苗的小葱。经过约 2 个月的生长，随着气温的升高，实生苗开始枯黄，地下部形成 1 个下垂的籽球，又称垂下球（图 3H）。7 ～ 8 月，将 1 年生的籽球挖出，放于牛皮纸袋中，干

图 3　郁金香杂交种子播种及出苗

A. 播种完成的郁金香种子；B. 将相邻的播种沟封上；C. 轻轻覆盖一层草炭；D. 用刮土板压平；E. 覆盖清洁的细河沙；F. 覆沙后浇透水；G. 移入育苗室后 7 天出苗；H. 实生苗形成的下垂籽球

燥通风保存。于秋季再次进行种植，处理方法同前。郁金香的童期较长，一般经过连续栽培4～5年后，才可以开花。

## 五、园艺分类与主栽品种

### （一）园艺分类

郁金香拥有超过400年的栽培历史，经过育种家的不断培育，品种多达8000多个。这些品种有的来源于原种的人工驯化，有的来源于种间杂交，也有的来源于芽变。郁金香是高度杂合体，不同品种之间的亲缘关系非常复杂。17世纪初，荷兰植物学家Carolus Clusius依据开花时间的早晚首创了郁金香分类系统，他把郁金香品种分为3类，分别为早花类、中花类和晚花类。根据花朵颜色，又可将郁金香分为白色系、黄色系、红色系、粉色系、紫色系、绿色系和复色系。根据花朵形状又可分为杯形、碗形、卵形、百合花形、鹦鹉形及重瓣形等。荷兰作为世界上开展郁金香育种最早和产业最发达的国家，在郁金香分类研究方面较为成熟。作为国际郁金香品种登录权威，荷兰皇家球根种植者协会（KAVB）根据郁金香花期、花型、来源等的特性将郁金香分成4大类15个类型（品种群）。这种分类方法基本能够将常用的郁金香品种区分开来，被绝大多数国家所接受。

#### 1. 早花类（Early Tulips）

**（1）单瓣早花型（Single Early，SE）**：又称孟德尔早花型，是促成栽培的主要类型。株高主要集中在15～40cm，花朵高5～7cm，花径8～14cm。花单瓣（6枚），杯型或高脚杯型，花色丰富，有白、粉、红、橙、紫等色。花期在辽宁地区为4月下旬。

**（2）重瓣早花型（Double Early，DE）**：花朵似重瓣芍药，植株比单瓣早花型矮小，株高主要集中在15～35cm，花径8～10cm。花重瓣（12枚或更多），杯状，花色以暖色居多，有白、洋红、玫红、鲜红等色。花期在辽宁地区为4月下旬。该类型种球繁殖能力强，适合作盆栽和花坛展示，适合促成栽培，最早出现在17世纪，目前已有100多个品种。

#### 2. 中花类（Mid-season Tulips）

**（3）达尔文杂交型（Darwin Hybrid，DH）**：长势强健，为原种福氏郁金香（*T. fosteriana*）与郁金香（*T. gesneriana*）、考夫曼郁金香（*T. kaufmanniana*）等杂交后代的总称。植株较高，花莛较长，株高集中在60～70cm，花朵高10cm以上。花单瓣（6枚），豪华高脚杯型，花色以鲜红色为主，也有黄、粉、白、紫及复色。花期在辽宁地区为5月上旬。该类型生长势强、适应性强、繁殖力强，大部分的三倍体品种均属于该类型，适合作切花，也适于花坛布置。

**（4）凯旋型（Triumph，TR）**：又称胜利型或喇叭型，最早可追溯到1923年，由单瓣早花型与达尔文杂交型杂交而成。生长势比达尔文杂种型稍弱，株高也略低，集中在45～50cm。花单瓣（6枚），高脚杯型，大而艳丽。花色丰富，从白色、黄色、粉色、红色至深紫色的品种都有。花期在辽宁地区为5月上旬。凯旋型郁金香种球繁殖能力较强，产籽球数量较多，在我国应用面积较大，多数品种适合作切花，可促成栽培，也可作花海展示。

#### 3. 晚花类（Late Tulips）

**（5）单瓣晚花型（Single Late，SL）**：群体庞大，包括达尔文型和乡趣型。植株高度跨度较大，30～70cm。花单瓣（6枚），花型多，多以大花矩形为主。花色极其丰富，以红、黄色为基调，粉色、白色、紫黑色及双色品种均有。该类型生长期长，一般自然花期较晚，在辽宁地区为5月上中旬。有些品种具有分枝性，即具有多花性状。该类型适合露地栽培，也是优良的切花品种。

（6）**百合花型（Lily-Flowered，LF）**：由荷兰植物爱好者科尔勒于1923年选育而成，其亲本为达尔文郁金香和垂花郁金香。茎秆较弱，株高45～60cm。花单瓣（6枚），花瓣细长，常扭曲，尖端反卷，类似百合花的花瓣。花色丰富，从白色至深蓝紫色品种都有。花期在辽宁地区为5月上中旬。该类型品种繁殖力强，籽球产量高，花期长，是良好的切花品种之一。

（7）**边饰型（Fringed，FR）**：边饰型又称褶边型、皱边型、流苏型等。早期的边饰型起源于品种芽变。到20世纪60～70年代，才通过人工杂交的方法选育边饰型郁金香。荷兰人撒革（Segers）兄弟在此时期通过种子实生苗，筛选出边饰型郁金香品种30多个。茎秆较壮，株高主要集中在40～60cm。花单瓣（6枚）或重瓣（12枚或更多），花瓣边缘具有不规则的流苏状的褶皱装饰，呈毛刺状、针状或水晶状。花色以红、黄暖色为主，花期在辽宁地区为5月上中旬。该类型品种繁殖力强，适宜作切花和促成栽培。

（8）**绿花型（Viridiflora，VI）**：栽培历史悠久，早在1700年就有栽培，但此类型品种不多，仅有20多个。株高主要集中在30～50cm。花单瓣（6枚）或重瓣（12枚或更多），花瓣上带有部分绿色，通常瓣脊中线部为绿色或带绿色条纹，也有个别品种全花都是绿色。叶片较短，花期较长，花期在辽宁地区为5月上中旬。多数品种适合盆栽，少数品种可作切花栽培。

（9）**伦布朗型（Rembrandt，RE）**：在17世纪荷兰郁金香狂热时期非常盛行，当时带各种不同色彩条纹的花瓣，是由郁金香碎色病毒（TBV）导致。而现代栽培的伦布朗型郁金香品种的花瓣特性稳定，并非由病毒引起。株高集中在40～70cm。花单瓣（6枚），花瓣的底色通常为白色、黄色或红色，并带有粉红色、红色、褐色、青铜色、黑色或紫色的条纹、斑块。花期在辽宁地区为5月上中旬。该类型的茎秆较弱，花朵较大，因此不适合在露地栽培。通常在设施条件下栽培，可作切花生产。

**（10）鹦鹉型（Parrot，PA）**：具有较长的栽培历史，最早出现在1620年，来源于各个类型品种大花被片芽变。株高集中在30～60cm。花单瓣（6枚）或重瓣（12枚或更多），花被裂片较宽，排列有序，花瓣带流苏、卷曲扭转、向外伸展，形状似鹦鹉的羽毛，花蕾期形状似鹦鹉的嘴，因此而得名。颜色较为丰富，从白色、黄色、红色到紫色的品种都有，常双色。花期在辽宁地区为5月中旬。目前应用的品种多由达尔文杂交型和胜利型品种芽变而来，适应性较强，繁殖力也较强。

**（11）重瓣晚花型（Double Late，DL）**：又称牡丹花型。早期品种茎秆柔弱，常导致花蕾下垂。株高集中在45～60cm。花重瓣（12枚或更多），呈芍药、牡丹花花型。花期在辽宁地区为5月中旬。目前应用的品种花茎竖立坚实，适宜作切花。该类型种球繁殖能力较强，产生籽球数量较多。

#### 4. 原种类（Species）

**（12）考夫曼型（Kaufmanniana，KA）**：又称土耳其斯坦型，包括土耳其斯坦郁金香与其他类型郁金香的杂交种。株高集中在15～25cm，叶片平展，常有暗绿紫色斑驳或条纹。花单瓣（6枚），花型丰富，花期较长，常见多头花。花色丰富，有白、黄、红、紫红、橙红等，花瓣外侧常带有明亮的深红色。该类型开花极早，花期在辽宁地区为4月中旬。繁殖能力弱，但抗病能力强，适合作盆花栽培。

**（13）福斯特型（Fosteriana，FO）**：又称福氏郁金香，包括福斯特型及与其他原种和其他类型杂交的后代品种。花莛长度中等偏矮，株高集中在40～65cm，叶片宽大，颜色多为灰绿色或暗绿色，有时带紫色条纹或斑点。花朵大，花瓣较长，花色较丰富，白色经黄色至粉色或暗红色的品种都有，有时具彩缘或火焰纹花心。花期早，在辽宁地区花期为4月下旬。

**（14）格里型（Greigii，GR）**：又称格里克型，包括所有与格里郁金香的杂交种、亚种、变种，性状都与格里型郁金香相似。株高集中在30～50cm，多数叶片宽大，并弯向地面，通常带有紫色条纹或斑纹。花型不一，花瓣背面通常具有红色斑块。花期在辽宁地区为4月下旬。

**（15）其他种（Other Species，OS）**：上述分类方法中没有包括的原种、变种及由它们演变而来的品种。这些品种植株高度差异很大，高低均有。花型不一、花色丰富。花期较早或偏中，多数品种花期在辽宁地区为4月下旬。该类型品种可作切花、盆花、园林布置应用。种植数量较少，但具有独一无二的特征。如辽宁省农业科学院从新疆郁金香选育的'丰收季节'（'Harvest Time'）具有多花性状；从阿尔泰郁金香选育的'和平时代''（Peacetime'）具有很强的综合抗性；从天山郁金香选育的'天山之星'（'Star of Tianshan Mountain'）具有非常好的适应性。

## （二）主栽品种

郁金香栽培历史悠久，品种多达8000多个，每年还有100多个新品种陆续被育种家选育出来。中国自主选育的品种有13个，正处于推广应用的初期（表1）。目前，中国郁金香产业应用的主要是国外品种，近300个（表2）。

**表1 中国自主选育的郁金香品种**

| 序号 | 品种群代码 | 品种群中文 | 中文名 | 英文名 | 颜色 | 选育单位 | 选育方法 |
|---|---|---|---|---|---|---|---|
| 1 | TR | 凯旋型 | 紫玉 | Purple Jade | 紫色 | 辽宁省农业科学院花卉研究所 | 人工杂交 |
| 2 | DE | 达尔文杂交型 | 黄玉 | Yellow Jade | 黄色 | 辽宁省农业科学院花卉研究所 | 芽变 |
| 3 | VF | 绿花型 | 金丹玉露 | Jindanyulu | 黄色，外侧有绿斑 | 辽宁省农业科学院花卉研究所 | 人工杂交 |
| 4 | LF/FR | 百合花型/边饰型 | 月亮女神 | Moon Angel | 白色 | 辽宁省农业科学院花卉研究所 | 人工杂交 |
| 5 | SP | 新疆郁金香 *T. sinkiangensis* | 丰收季节 | Harvest Time | 黄色 | 辽宁省农业科学院花卉研究所 | 野生种人工驯化 |
| 6 | SP | 阿尔泰郁金香 *T. altaica* | 和平时代 | Peacetime | 黄棕绿色条纹 | 辽宁省农业科学院花卉研究所 | 野生种人工驯化 |
| 7 | SP | 天山郁金香 *T. thianschanice* | 天山之星 | Star of Tianshan Mountain | 黄紫红色条纹 | 辽宁省农业科学院花卉研究所 | 野生种人工驯化 |
| 8 | SP | 伊犁郁金香 *T. iliensis* | 伊犁之春 | Spring of Ili | 黄粉红色条纹 | 辽宁省农业科学院花卉研究所 | 野生种人工驯化 |
| 9 | SP | 准噶尔郁金香 *T. schrenkii* | 金色童年 | Golden Childhood | 黄色 | 辽宁省农业科学院花卉研究所 | 野生种人工驯化 |

续表

| 序号 | 品种群代码 | 品种群中文 | 中文名 | 英文名 | 颜色 | 选育单位 | 选育方法 |
|---|---|---|---|---|---|---|---|
| 10 | SP | 柔毛郁金香 *T. buhseana* | 心之梦 | Hearts Dream | 白色黄心 | 辽宁省农业科学院花卉研究所 | 野生种人工驯化 |
| 11 | SP | 垂蕾郁金香 *T. patens* | 银星 | Silver Star | 白色黄心 | 辽宁省农业科学院花卉研究所 | 野生种人工驯化 |
| 12 | FO | 边饰型 | 上农早霞 | Shangnong Zaoxia | 红色 | 上海交通大学 | 芽变 |
| 13 | FO | 边饰型 | 上农粉霞 | Shangnong Fenxia | 粉红色 | 上海交通大学 | 芽变 |

**表 2　中国进口的主要郁金香品种**

| 类型 | 中文名（曾用名） | 英文名 | 颜色 | 类型 | 中文名（曾用名） | 英文名 | 颜色 |
|---|---|---|---|---|---|---|---|
| SE | 阿夫克（阿夫可） | Aafke | 紫 | TR | 新构思 | New Design | 粉 |
| SE | 糖果王子 | Candy Prince | 白 | TR | 忍者 | Ninja | 红 |
| SE | 开普敦 | Cape Town | 黄 | TR | 橙色卡西尼 | Orange Cassini | 红 |
| SE | 圣诞梦（圣诞之梦） | Christmas Dream | 紫 | TR | 橙汁 | Orange Juice | 橙 |
| SE | 圣诞珍珠 | Christmas Pearl | 粉 | TR | 橙色忍者 | Orange Ninja | 橙 |
| SE | 紫衣王子 | Purple Prince | 紫 | TR | 波尔卡（培奇波尔卡） | Page Polka | 白底粉边 |
| SE | 阳光王子（快乐公主） | Sunny Prince | 黄 | TR | 帕拉达 | Pallada | 紫 |
| SE | 白色王子 | White Prince | 白 | TR | 检阅设计 | Parade Design | 红 |
| SE | 黄色复兴 | Yellow Revival | 黄 | TR | 热情 | Passionale | 紫 |
| DE | 阿芭（阿巴） | Abba | 红 | TR | 佩斯巴斯 | Pays Bas | 白 |
| DE | 阿韦龙 | Aveyron | 粉紫 | TR | 北京 | Peking | 红 |
| DE | 哥伦布 | Columbus | 黄 | TR | 粉旗（粉色旗帜） | Pink Flag | 紫 |
| DE | 交火 | Crossfire | 红 | TR | 歌星 | Pop Star | 红黄 |
| DE | 迪奥 | Dior | 粉 | TR | 凯萨琳娜公主（凯萨琳娜阿马利亚公主） | Prinses Catharina Amalia | 橘黄 |
| DE | 重瓣普莱斯（双重价格） | Double Price | 紫 | TR | 紫色梦 | Purple Dream | 蓝 |
| DE | 闪点 | Flash Point | 紫 | TR | 紫旗 | Purple Flag | 紫 |
| DE | 狐步舞 | Foxy Foxtrot | 粉 | TR | 紫衣女士（紫色少女，紫衣女人） | Purple Lady | 紫 |
| DE | 拉尔戈 | Largo | 红 | TR | 红色乔其纱 | Red GeorgeTRe | 紫 |
| DE | 神奇的价格 | Magic Price | 红 | TR | 红色标签 | Red Label | 红 |
| DE | 玛格丽塔（马格瑞特） | Margarita | 紫 | TR | 红灯 | Red Light | 红 |

续表

| 类型 | 中文名（曾用名） | 英文名 | 颜色 | 类型 | 中文名（曾用名） | 英文名 | 颜色 |
|---|---|---|---|---|---|---|---|
| DE | 玛丽乔 | Marie Jo | 黄 | TR | 红马克 | Red Mark | 红 |
| DE | 蒙泰拉 | Monsella | 黄 | TR | 红力量 | Red Power | 红 |
| DE | 蒙特卡洛 | Monte Carlo | 黄 | TR | 救援 | Rescue | 橙 |
| DE | 橙色蒙特 | Monte Orange | 橙 | TR | 罗马帝国 | Roman Empire | 红白 |
| DE | 维罗纳 | Verona | 白 | TR | 罗纳尔多 | Ronaldo | 黑 |
| DH | 阿德瑞姆（大王子） | Ad Rem | 橙 | TR | 罗莎莉 | Rosalie | 粉 |
| DH | 美国梦 | American Dream | 橙 | TR | 皇家十号 | Royal Ten | 淡紫色 |
| DH | 阿波罗（阿普多美，阿帕尔顿） | Apeldoorn | 红 | TR | 皇家少女（贵族圣洁） | Royal Virgin | 白 |
| DH | 阿波罗精华 | Apeldoorn's Elite | 粉黄 | TR | 雪莉 | Shirley | 紫 |
| DH | 杏色印记 | Apricot Impression | 橙 | TR | 雪夫人 | Snow Lady | 白 |
| DH | 班雅（巴尼亚卢克） | Banja Luka | 黄色红边 | TR | 滑雪板（雪球） | Snowboard | 白 |
| DH | 美丽阿波罗 | Beauty of Apeldoorn | 黄 | TR | 弹簧 | Spryng | 红 |
| DH | 领袖（大首领） | Big Chief | 橙 | TR | 春潮 | spryng tide | 粉 |
| DH | 羞涩阿波罗（阿陪尔顿） | Blushing Apeldoorn | 黄 | TR | 条旗 | Striped Flag | |
| DH | 现金 | Cash | 橙 | TR | 烈火 | Strong Fire | 红 |
| DH | 征服者 | Conqueror | 黄 | TR | 纯金 | Strong Gold | 黄 |
| DH | 大都会 | Cosmopolitan | 粉 | TR | 纯爱（暖爱，强烈的爱） | Strong Love | 红 |
| DH | 达维橙（画橙色） | Darwiorange | 橙 | TR | 屈服 | Surrender | 红 |
| DH | 达维雪（达维斯） | Darwisnow | 白 | TR | 施华洛世奇 | Swarovski | 粉 |
| DH | 达维设计 | Darwidesign | 红 | TR | 甜玫瑰 | Sweet Rosy | 紫 |
| DH | 白日梦 | Daydream | 橙 | TR | 斯纳达之爱（辛纳达的爱，西内德阿莫） | Synaeda Amor | 粉 |
| DH | 构思的印记 | Design Impression | 粉 | TR | 蓝色斯纳达（丝芙兰，蓝色西内德） | Synaeda Blue | 紫 |
| DH | 重瓣公主（复瓣公主） | Double Princess | 粉 | TR | 高筒靴 | Thijs Boots | 粉 |
| DH | 埃斯米 | Esmee | 橙 | TR | 永恒 | Timeless | 红 |
| DH | 培育之王 | Fotery King | 红 | TR | 多巴哥岛 | Tobego | 红 |
| DH | 保证人 | Garant | 黄 | TR | 汤姆（唐布什） | Tom Pouce | 黄粉 |
| DH | 金阿波罗（阿帕尔顿） | Golden Apeldoorn | 黄 | TR | 三 A（郁金香 A） | Triple A | 红 |

续表

| 类型 | 中文名（曾用名） | 英文名 | 颜色 | 类型 | 中文名（曾用名） | 英文名 | 颜色 |
|---|---|---|---|---|---|---|---|
| DH | 金牛津 | Golden Oxford | 黄 | TR | 独特法国 | Unique de France | 红 |
| DH | 金检阅 | Golden Parade | 黄 | TR | 富兰迪（维兰迪，瓦伦迪） | Verandi | 红 |
| DH | 哈库 | Hakuun | 白 | TR | 维肯 | Viking | 红 |
| DH | 格鲁特 | Jaap Groot | 黄 | TR | 华盛顿 | Washington | 黄 |
| DH | 拉利贝拉（红灯笼） | Lalibela | 红 | TR | 白梦 | White Dream | 白 |
| DH | 神秘范伊克（神秘的范埃克） | Mystic van Eijk | 粉 | TR | 白色王朝 | White Dynasty | 白 |
| DH | 新泻 | Niigata | 粉 | TR | 白旗（白色旗帜） | White Flag | 白 |
| DH | 奥利奥斯（奥莉斯） | Ollioules | 粉白 | TR | 白色飞行 | White Flight | 白 |
| DH | 奥运火焰 | Olympic Flame | 黄 | TR | 白色奇迹 | White Marvel | 白 |
| DH | 橙色范依克 | Orange Van Eijk | 橙 | TR | 金色飞翔 | Yellow Flight | 黄 |
| DH | 奥纳 | Orania | 橙 | TR | 横滨 | Yokohama | 黄 |
| DH | 牛津 | Oxford | 红 | SL | 安娜康达 | Annaconda | 红 |
| DH | 牛津精华 | Oxford's Elite | 橙 | SL | 安托内特 | AntoineTRe | 黄 |
| DH | 牛津奇迹 | Oxford Wonder | 黄 | SL | 阿维尼翁 | Avignon | 红 |
| DH | 检阅 | Parade | 红 | SL | 大笑（微笑） | Big Smile | 黄 |
| DH | 粉色印记 | Pink Impression | 粉 | SL | 羞涩美人 | Blushing Beauty | 黄紫 |
| DH | 红色印记（红色印象） | Red Impression | 红 | SL | 羞涩淑女（脸红夫人） | Blushing Lady | 黄紫 |
| DH | 肉色印记 | Salmon Impression | 粉 | SL | 酒红花边 | Burgundy Lace | 紫 |
| DH | 克劳斯王子（普林斯老人） | Prins Claus | 橙黄 | SL | 糖果俱乐部 | Candy Club | 白 |
| DH | 杏色范伊克（肉色范依克） | Salmon Van Eijk | 粉 | SL | 圣诞颂歌 | Christmas Carol | 红 |
| DH | 奥古斯汀（奥古斯汀乌斯） | Ton Augustinus | 红 | SL | 温哥华 | Cityof Vancouver | 白 |
| DH | 技巧 | Trick | 粉 | SL | 净水 | Clearwater | 白 |
| DH | 范伊克 | Van Eijk | 红 | SL | 色彩奇观 | Colour Spectacle | 红黄 |
| DH | 世界和平 | World Peace | 黄粉 | SL | 多多尼 | Dordogne | 橙 |
| DH | 世界真爱（人见人爱，王子） | World's Favourite | 红 | SL | 多多哥 | Dordogne | 粉 |
| DH | 世界之火 | World's Fire | 红 | SL | 帝王血（国王血） | Kingsblood | 红 |
| TR | 阿尔加维 | Algarve | 粉白 | SL | 莫林 | Maureen | 白 |

续表

| 类型 | 中文名（曾用名） | 英文名 | 颜色 | 类型 | 中文名（曾用名） | 英文名 | 颜色 |
|---|---|---|---|---|---|---|---|
| TR | 雪铁龙 | Andre Citroen | 红色黄边 | SL | 曼顿（门童） | Menton | 粉 |
| TR | 南极洲 | Antarctica | 白 | SL | 慕斯卡黛（米斯卡代） | MuscaDE | 黄 |
| TR | 阿玛尼 | Armani | 黑色白边 | SL | 粉钻石 | Pink Diamond | 粉 |
| TR | 旭日 | Asahi | 橙 | SL | 夜皇后 | Queen of Night | 黑 |
| TR | 浅蓝 | Baby Blue | 紫 | SL | 罗杜梅迪 | Roi Du Midi | 黄 |
| TR | 梭鱼 | Baracuda | 紫 | SL | 美丽神殿 | Templeof Beauty | 红 |
| TR | 巴塞罗娜 | Barcelona | 粉 | SL | 丰田 | Toyota | 红白 |
| TR | 巴雷阿尔塔 | Barre Alta | 粉 | SL | 世界表达 | World Expression | 红黄 |
| TR | 美丽潮流 | Beautytrend | 白 | DL | 安琪莉可 | Angelique | 白 |
| TR | 示爱 | Ben Van Zanten | 粉 | DL | 天使希望 | Angels Wish | 白 |
| TR | 波瑞亚之梦（波尔朵斯梦） | Bolroyal Dream | 红 | DL | 黑英雄 | Black Hero | 黑 |
| TR | 蜂蜜（皇家蜂蜜） | Bolroyal Honey | 黄 | DL | 蓝宝石 | Blue Diamond | 紫 |
| TR | 波旁街 | Bourbon Street | 红 | DL | 蓝色眼镜 | Blue Spectacle | 紫 |
| TR | 伯斯特 | Buster | 红黄 | DL | 布雷斯特 | Brest | 粉白 |
| TR | 卡拉克（卡拉克里尔，人物） | Caractere | 黄 | DL | 新星 | Creme Upstar | 奶白 |
| TR | 里约嘉年华（里约狂欢节） | Carnival de Rio | 红白 | DL | 重瓣旗帜 | Double Flag | 紫 |
| TR | 卡罗拉 | Carola | 粉红 | DL | 重瓣优（双面你） | Double You | 紫 |
| TR | 云霄 | Cartago | 红 | DL | 鼓乐队 | Drumline | 紫红 |
| TR | 谢拉德（夏利） | Charade | 橙 | DL | 奶奶奖励（祖母奖励） | Granny Award | 橘黄 |
| TR | 干杯 | Cheers | 黄 | DL | 亚拉巴马 | Huntsville | 红 |
| TR | 巡回 | Circuit | 粉 | DL | 冰激凌 | Ice Cream | 粉白 |
| TR | 展会 | Copex | 紫 | DL | 恺撒大帝 | Julius Caesar | 红 |
| TR | 奶色旗帜 | Creme Flag | 白 | DL | 米兰达 | Miranda | 红 |
| TR | 德耳塔女王 | Deltaqueen | 红白 | DL | 塔科马山 | Mount Tacoma | 白 |
| TR | 白色水流 | Denise | 白 | DL | 重瓣小黑人 | Negrita Double | 黑紫 |
| TR | 丹麦 | Denmark | 红黄 | DL | 粉红迷情 | Pink Magic | 粉 |
| TR | 终点 | Destination | 紫 | DL | 昆士兰 | Queensland | 粉白穗 |

续表

| 类型 | 中文名（曾用名） | 英文名 | 颜色 | 类型 | 中文名（曾用名） | 英文名 | 颜色 |
|---|---|---|---|---|---|---|---|
| TR | 多米尼克 | Dominiek | 红 | DL | 阳光爱人（太阳的情人） | Sun Lover | 黄 |
| TR | 唐吉诃德 | Don Quichotre | 紫 | DL | 俏唇（上唇） | Toplips | 红白 |
| TR | 道琼斯 | Dow Jones | 红黄 | DL | 超粉（粉红女郎，至粉） | Up Pink | 粉 |
| TR | 王朝 | Dynasty | 粉白 | DL | 超越星空 | Upstar | 粉 |
| TR | 逃离（逃逸，逃脱） | Escape | 红 | DL | 维克 | Voque | 粉 |
| TR | 爱斯基摩首领（爱斯基摩领袖） | Eskimo Chief | 白 | DL | 黄绣球（黄色小蛋糕） | Yellow PompeneTRe | 黄 |
| TR | 火焰旗帜（燃烧的旗帜） | Flaming Flag | 白 | FO | 杏色帝王 | Apricot Emperor | 橙绿 |
| TR | 友谊 | Friendship | 黄 | FO | 烛光 | Candela | 黄 |
| TR | 加布里埃 | Gabriella | 紫白 | FO | 金色普瑞斯玛 | Golden Purissima | 黄 |
| TR | 雄鹅狂想曲 | Gander's Rhapsody | 粉白 | FO | 胡安 | Juan | 红 |
| TR | 格丽特 | Gerrit van der Valk | 红黄 | FO | 莱弗伯夫人 | Madame Lefeber | 红 |
| TR | 布里吉塔 | Golden Brigitra | 黄 | FO | 橙色皇帝（橙色帝王） | Orange Emperor | 橙 |
| TR | 完美（盛大完美） | Grand Perfection | 黄红条纹 | FO | 普瑞斯玛 | Purissima | 白 |
| TR | 幸福一代 | Happy Generation | 红白 | FO | 黄普瑞斯玛 | Yellow Purissima | 黄 |
| TR | 汉尼 | Hennie van der Most | 红黄 | FO | 甜心 | Sweetheart | 黄 |
| TR | 隐士生活 | Hermitage | 红 | FR | 水晶美人 | Crystal Beauty | 红 |
| TR | 荷兰美人 | Holland Beauty | 紫白 | FR | 水晶星（水晶之星） | Crystal Star | 黄 |
| TR | 荷兰女王 | Holland Queen | 红黄 | FR | 法比奥 | Fabio | 红黄穗 |
| TR | 法国之光 | Ile de France | 红 | FR | 花式褶边（花式） | Fancy Frills | 粉 |
| TR | 橙色之光 | Ile de Orange | 红 | FR | 兰巴达（舞蹈） | Lambada | 红 |
| TR | 杰克斑点 | Jackpot | 紫色白边 | FR | 劳尔 | Louvre | 粉 |
| TR | 赛格内特（塞涅特，简・赛格内特） | Jan Seignetre | 红黄 | FR | 马甲 | Maja | 粉 |
| TR | 杨范内斯 | Jan van nes | 黄 | LF | 阿拉丁 | Aladdin | 红 |
| TR | 吉米 | Jimmy | 橘红 | LF | 叙事曲 | Ballade | 紫 |
| TR | 朱迪思（柔道） | Judith Leyster | 粉 | LF | 克里斯蒂娜 | Christina van Kooten | 粉 |
| TR | 粉巨人（巨粉） | Jumbo Pink | 紫 | LF | 克劳迪娅 | Claudia | 紫 |
| TR | 克斯奈利斯 | Kees Nelis | 红黄 | LF | 端庄小姐 | Elegant Lady | 黄 |

续表

| 类型 | 中文名（曾用名） | 英文名 | 颜色 | 类型 | 中文名（曾用名） | 英文名 | 颜色 |
|---|---|---|---|---|---|---|---|
| TR | 凯利 | Kelly | 红白 | LF | 火红的俱乐部 | Flaming Club | 红白 |
| TR | 黄小町 | Kikomachi | 黄 | LF | 玛里琳 | Marilyn | 红白 |
| TR | 橙色帝王 | King's Orange | 橙 | LF | 麻将 | Marjan | 粉 |
| TR | 功夫 | Kung Fu | 红白 | LF | 美丽爱情（爱日照耀） | Pretry Love | 红 |
| TR | 拉曼查 | La Mancha | 红白 | LF | 漂亮女人（靓丽女士） | Pretry Woman | 红 |
| TR | 玛格特小姐 | Lady Margot | 黄 | LF | 札幌 | Sapporo | 白 |
| TR | 范依克夫人 | Lady van Eijk | 粉 | LF | 三雅（三个孩子） | Tres Chic | 白 |
| TR | 劳拉 | Laura Fygi | 红 | PA | 虚张声势 | Blumex Favourite | 橙红 |
| TR | 瓦文萨 | Lech Walesa | 粉白 | PA | 火焰鹦鹉 | Flaming Parrot | 红黄白 |
| TR | 琳玛克 | Leen van der mark | 红白 | PA | 美丽鹦鹉 | Libretro Parrot | 紫白 |
| TR | 浅粉王子 | Light Pink Prince | 粉 | PA | 鹦鹉小黑人 | Negrita Parrot | 黑紫 |
| TR | 丁香杯 | Lilac Cup | 淡紫色 | PA | 国泰民安 | Parrot Prince | 紫 |
| TR | 粉丁香杯 | Lilac Cup Pink | 粉紫 | PA | 翠亚公主 | Prinses Irene Parkiet | 红绿 |
| TR | 芒果魅力 | Mango Charm | 粉 | PA | 洛可可 | Rococo | 红 |
| TR | 马斯卡拉 | Mascara | 紫 | PA | 坦卡凯勒 | Tancu Çiller | 红 |
| TR | 比赛 | Match | 红黄 | PA | 横滨鹦鹉（洋子鹦鹉） | Yoko Parrot | 黄 |
| TR | 别致米奇 | Mickey Chic | 粉 | VF | 红春绿 | Red Springgreen | 红 |
| TR | 米尔德里德 | Mildred (Hotshot) | 红 | VF | 春绿（春之绿） | Spring Green | 绿 |
| TR | 优雅小姐 | Miss Elegance | 粉 | VF | 破春 | Spryng Break | 红白 |
| TR | 情人（女能人） | Mistress | 紫 | VF | 黄春之绿 | Yellow Springgreen | 黄 |
| TR | 小黑人 | Negrita | 黑紫 | | | | |

## 六、繁殖技术

郁金香的营养繁殖主要有分球和组织培养两种方法。

### （一）分球法

在世界范围内郁金香种球的规模化、商品化生产，都是采用分球法进行繁殖。郁金香母球秋季栽植后，在春季旺盛生长，初夏花期过后母球逐渐枯萎消失，更新球迅速膨大。郁金香的繁殖系数一般为 2 ～ 4，通常种植 1 个母球，可以获得 1 个达到开花标准的更新球和 2 ～ 3 个籽球。但是，繁殖系数因品种和栽培管理技术而异。

#### 1. 种球选择

选择饱满、光滑、无机械损伤、根盘完好、

无病斑和虫体危害痕迹、未经过低温处理的种球，周长应大于 8cm。

2. 种球处理

郁金香种皮自然开裂的不需要去皮，种皮完好的栽植前先剥去根盘部位的革质外皮。去皮后用 70% 甲基托布津 100 倍液 + 50% 克菌丹 200 倍液 + 5% 阿维菌素 200 倍液，浸泡种球 2 小时，消毒后的种球应沥干水分后种植，当天消毒的种球当天或翌日种植。

3. 土壤选择与准备

要选择富含有机质、疏松透气、排水良好的沙壤土，如果土壤黏重、有机质含量较低，可使用完全腐熟的牛粪、腐叶土、泥炭和河沙进行改良。土壤的 pH 应控制在 6.5 ～ 7.0，EC 值应在 1.5mS/cm 以下，忌连作。

栽植前每亩施用腐熟的牛粪 8m$^3$ 和骨粉 45kg，均匀铺于土壤表面，较瘠薄的地块每亩可再施用 N ∶ P ∶ K=1 ∶ 1 ∶ 1 的复合肥 15 ～ 20kg，然后用大型旋耕机深翻土壤 20 ～ 30cm，反复旋耕 2 ～ 3 次。栽植床采用南北走向，床面宽 70 ～ 100cm，作业道宽 40 ～ 50cm，床的长度依地块而定。

4. 种球栽植

种球栽植时间根据地温而定，当地表温度下降到 9 ～ 12℃时开始栽植，辽宁省 10 月上中旬是最佳栽植时间。栽植密度随着种球周长的减小而加大，株行距变化范围一般为（5 ～ 10）cm×（15 ～ 20）cm。覆土厚度随着种球周长的减小而变薄，覆土厚度变化范围一般为 10 ～ 15cm。

5. 栽植方法

荷兰的种球栽植和收获均采用机械化作业，如没有机械条件的情况下，可采用人工栽球。人工栽球时将栽植床的土壤挖出，深 10 ～ 15cm，用开沟耙开出 4 ～ 6 行栽植沟，施用少量驱虫药后将郁金香种球摆放于栽植沟内，并轻轻向下按。挖第 2 床土壤时，将挖出的土壤回填到第 1 床内，以此类推。

6. 栽植后管理

种球栽植完成后立即浇 1 次透水，萌芽期及营养生长初期每 7 天浇水 1 次，叶片展开后浇水量逐渐增加，一般 3 ～ 4 天浇水 1 次，生长期间保持土壤湿度 55% ～ 70% 为宜。种球定植后保持土壤温度在 9 ～ 12℃两周以上，春季萌芽期及展叶期温度控制在 13 ～ 15℃，当叶片完全伸展后温度应保持在 15℃左右为宜，最高不宜超过 18℃。郁金香喜阳光又较耐阴，应尽量增加日照时间，日照长度不宜少于 8 小时，光照强度 20000 ～ 30000lx 即可满足生长需要。

7. 除杂株、病毒株及去花蕾

当花盛开时，将病毒株及花朵颜色不一致的杂株连球根一起挖除，然后将全部郁金香花朵摘除。整个生长季如再发现病毒植株，应立即拔除并销毁。

8. 种球采收

植株地上部完全枯萎，基部仍有绿色时即可采收，在辽宁地区一般在 6 月下旬至 7 月上旬前完成采收。规模化生产时使用郁金香专用种球采收机，小面积生产可以人工挖出种球。采收后的种球要马上用强水流清洗，去除泥土。然后用大功率风扇将种球快速吹干。

9. 种球分级

根据种球周长，将种球分为 5 个级别。周长＞ 12cm（直径＞ 3.8cm）的种球为 I 级商品种球，开花率在 95% 以上，可供切花和盆花促成栽培。周长 11 ～ 12cm（直径 3.5 ～ 3.8cm）的种球为 II 级商品种球，开花率在 90% 以上，可供切花和盆花促成栽培。周长 8 ～ 11cm（直径 2.5 ～ 3.5cm）的种球为Ⅲ级种球，开花率可达 60% ～ 80%，主要作为繁殖材料，种植 1 年后达到商品种球的规格。周长 5 ～ 8cm（直径 1.5 ～ 2.5cm）的种球为Ⅳ级种球，又称籽球，当年不能开花，作为多年繁殖材料。周长小于

5cm（直径＜1.5cm）的籽球为V级，通常舍弃。

### 10. 种球采后处理

郁金香鳞茎必须经过足够时间的低温处理（春化作用），花莛才能正常伸长和开花。根据郁金香种球采后处理的方法和温度不同，在生产上将郁金香Ⅰ级和Ⅱ级商品种球分为自然球、5℃球、9℃球和冰冻球。

（1）**自然球**：是指郁金香种球从收获到消费者手中没有经过任何低温处理的种球。这样的种球花芽分化已经完成（达到了G阶段），但还必须经过一定时间的低温处理，才能够正常开花。如我国北方和东北地区大多购买这种自然球。秋季栽植后，在露地接受自然低温处理，经过寒冷的冬季，早春出土，4～5月达到盛花期。如果在冬季低温不能满足郁金香低温量需求的地区，就不能选择种植自然球，否则会因为低温量不够，导致开花困难，盲花率高。

（2）**5℃球**：是指郁金香种球收获后，经过花芽分化适温处理，种球已经完成花芽分化（达到了G阶段）后；又经过足够时长的5℃处理，满足了该品种的需冷量。消费者购买此类种球后，可以直接种植。5℃球一般用于促成栽培，如圣诞节、春节上市的郁金香切花和盆花。

（3）**9℃球**：是指郁金香种球收获后，经过花芽分化适温处理，种球已经完成花芽分化（达到了G阶段）后；又经过9℃的低温处理，但冷量还未达到该品种要求的最佳需冷量。消费者购买后还必须再经过一定时间的9℃左右的低温处理，才能表现出该品种的最佳性状。如进行郁金香水培切花生产时，一般选择购买9℃球。

（4）**冰冻球**：是指郁金香种球收获后，经过花芽分化适温处理，种球已经完成花芽分化（达到了G阶段）后，马上栽植于黑色的郁金香种球周转箱内，在5～9℃低温库中促进根系生长。当根系充分生长后，移至0℃以下（通常为-1.5℃）的冷库中冰冻贮存。满足该品种的需冷量后，可根据市场需要，随时移入温室进行切花生产，也可继续在冰冻条件下贮存。使用冰冻种球，可以实现郁金香切花和盆花一年四季的均衡供应。但在温度较高的季节，生长质量较差，花期也较短。

## （二）组织培养法

众多研究表明，郁金香的再生能力和再生率都不高，离体快繁体系不稳定。这也是世界范围内均采用分球法进行郁金香种球商品化繁殖的主要原因。郁金香的组织培养主要用于育种过程的胚挽救、外植体筛选等方面。

郁金香的胚挽救技术包括种胚培养、胚珠培养和子房培养3个方面。通常采用的培养基为MS + 4%蔗糖 + 500mg/L蛋白胨 + 0.4mg/L NAA + 0.75%琼脂。接种时间一般为授粉后的7～9周，接种后在5℃黑暗条件下培养12周，然后在15℃光照条件下培养12～18周形成籽球。胚抢救是否能够成功，取决于多种因素，如亲本的基因型、外植体采集时间、使用的外植体类型及培养条件等。

郁金香的组织快繁研究方面，多数学者采用鳞片、花莛、叶片和种子等作为外植体进行愈伤组织的诱导。鳞片作为外植体诱导愈伤的效果最好，内层鳞片诱导率可达53%，中层次之，外层鳞片诱导效果最差，诱导率仅约11.1%。通常先将鳞茎在2～5℃条件处理12周后，剥取鳞片经充分消毒后接种于MS + 0.3mg/L NAA + 2mg/L 6-BA的培养基进行诱导。在培养基中加入浓度为0.2%活性炭能够防止组织褐变，对愈伤组织的诱导具有一定的促进作用。

叶片、花莛、花托、子房等也可以诱导出愈伤组织，但难度更大。在试管鳞茎的分化、生根和移栽等方面的研究较为缺乏。BA与NAA浓度对试管鳞茎的分化有很大的影响。较高的BA/NAA的比值，可分化出更多数量的试管鳞茎。适宜郁金香试管鳞茎诱导的培养基配方为MS + 0.2mg/L BA + 0.2～0.5mg/L NAA。GA对试管鳞茎的生长和叶片生长具有很大的影响，较高的 GA 浓度，有利于试管鳞茎的增大和叶片的生长，适宜的 GA 浓度为 0.2 ～ 2mg/L。当试管鳞茎的直径为 5 ～ 10mm 时，即可进行出瓶移栽，移栽成活率达 98% ～ 100%。移栽时控制环境温度在 10 ～ 25℃，空气相对湿度为 80%，并进行遮阴。移栽基质可采用珍珠岩或进口草炭。

## 七、栽培技术

### （一）园林露地栽培

郁金香花期早、开花整齐、花色丰富、花型多样，是早春花园及城市绿地景观展览的首选花卉。郁金香适合多种艺术栽培模式，可在林下栽培、可与草坪搭配、可在池边湖畔、可做几何图形，也可做人物、动物图案。郁金香不仅美丽、应用艺术多样，而且较容易管理，普通人也能栽培出漂亮的郁金香花。

#### 1. 种植规划设计

郁金香在花园栽培或景观展览应用时，需要提前做好图案、布局、品种搭配等规划和设计。根据不同设计，购买不同株高、颜色和花型的品种。如在林下栽植，可选择耐阴、株型较高的品种，如与草坪搭配种植，可选择花期一致、株型整齐的品种。最后形成设计图纸，并按照图纸进行栽植。

#### 2. 品种选择

在品种上要选择观赏性好、适应性强、花莛坚实粗壮、整齐度高的品种，如‘世界真爱’（‘World's Favorite’）、‘法国之光’（‘Ile de France’）、‘班雅’（‘Banja Luka’）、‘爱斯基摩首领’（‘Eskimo Chief’）、‘阿普顿’（‘Apeldoorn’）、‘检阅’（‘Parade’）、‘金阿普顿’（‘Golden Apeldoorn’）、‘琳玛克’（‘Leen van der Mark’）等。而有些品种植株过高或茎秆较弱，则不适合作庭院花园或景观展览，如百合花型的多数品种和重瓣型的部分品种。庭院花园和景观展览栽培的郁金香要选择未经过低温处理的自然球，种球要饱满、光滑、无机械损伤、无病虫害、周长 12cm 以上。

#### 3. 种球处理与消毒

正常情况下，从荷兰进口的种球已经过多次检疫，可以不用消毒，去掉根盘外部的褐色革质外皮后，可直接栽植。在冷库放置较长时间的进口种球，极易被青霉菌感染，或者国内繁殖的种球如果有明显的染病现象，在栽植前需要进行消毒。

染病较轻的可用 0.5% 高锰酸钾 500 倍液浸泡 20 分钟，如果染病较重可用 70% 甲基托布津 100 倍液或 50% 克菌丹 200 倍液浸泡 2 小时。浸种消毒处理完成后平铺，晾干后即可栽植。

#### 4. 土壤选择与处理

选择土壤疏松、有机质含量高的中性和微酸性沙质壤土，黏重土壤可混入清洁的河沙和草炭进行改良，pH 调控为 6.5 ～ 7.0。施入 850kg/ 亩的腐熟牛粪作为底肥。

土壤一般不用消毒，也可种植前对土壤进行深翻，利用太阳进行暴晒杀菌。如土壤病害严重，可用 25kg/ 亩垄鑫进行土壤消毒，耕翻拌匀使土壤与药剂充分混合，密闭消毒时间为 4 周左右。消毒完成后翻耕土壤 1 ～ 2 次，通风换气 15 天左右。

#### 5. 种球栽植

在辽宁，栽植时间在 10 月中下旬，在江浙一带，栽植时间可推迟到 12 月初。栽植前地温下降到 10 ～ 12℃，至少在上冻前 2 周完成栽植，以利于根系充分生长。

大面积栽植可采用沟植，一般株行距为 15cm × 20cm。小面积栽植时可采用穴植，或者将表层土壤全部挖出，种球按设计图案摆放完成后再回填挖出去的土壤。栽植深度要求达到 15 ～ 20cm，覆土厚度达到 15cm。

#### 6. 水肥管理

栽植地块若较干燥，种球栽植后需要浇 1 次透水；若土壤较为湿润，也可少浇水或者不浇水。萌芽期及营养生长初期每7天左右浇1次水，叶生长旺期，要根据天气情况适当增加浇水量，花谢后要适当控制水量。

庭院花园及景观展览栽培郁金香主要以基肥为主，一般不用追肥。如生长过程中表现出叶色淡黄等缺肥症状时，可叶面喷施1～2次磷酸二氢钾500倍液或者尿素500倍液。

7. 温度和光照管理

庭院花园及景观展览栽培郁金香的温度和光照管理与营养繁殖的要求一致。栽植后土壤温度保持9～12℃为宜，春季营养生长期15～18℃为宜。光照强度20000～30000lx即可满足生长需要。当温度较高时，可采用叶片喷雾和适当遮阴等方式进行降温，能够显著延长花期。

## （二）设施切花生产

### 1. 荷兰水培切花生产

荷兰的郁金香设施切花生产有三大体系：地栽、基质箱栽和水培箱栽，从1988年开始向水培方向发展。当时，荷兰政府为了保护生态环境，提倡绿色生产理念，颁布了植保法案，严格限制农药使用，有力促进了郁金香水培切花生产方式的发展。水培切花比例由1988年的0.8%猛增到2002年的40%，目前这一比例接近100%，因此本部分仅介绍荷兰水培箱栽切花生产技术。

荷兰郁金香水培切花生产方式分为2种：一种为活水系统，主要应用的容器类型有De Vries铝合金苗床、X型水培盘和潮汐式水培系统；另一种为静水系统，主要应用的容器类型有三角槽型盘、Flexi盘、Epire盘和针式盘。其中，荷兰大多数的郁金香水培生产是采用针式盘系统，约占生产总规模的95%。

适合水培的郁金香品种，如‘道琼斯’‘世界真爱’‘法国之光’‘纯金’等，而‘阿夫克’‘白色奇迹’等品种在水培过程中易感染青霉病、长势差、花莛容易倒伏，不适宜进行水培。种球要选择健康、紧实、无病虫害和机械损伤，尤其要避免使用被青霉菌感染的种球。否则易导致根系生长不良、根系发黄且短小，植株生长势减弱、矮小，花期变短。荷兰郁金香水培切花生产使用的是9℃球，种球购买后可马上栽植。栽植时轻轻按压种球，使起固定作用的种植盘针扎入种球外部鳞片。此步骤注意防止针扎入种球的正中部位或根盘，否则会导致花芽受到损伤和影响发根。种植盘与郁金香运输黑箱（长、宽和高分别为60cm、40cm和22cm）配合使用，种植盘大小恰好可放入黑箱。每箱栽植的种球数量根据种球周长的不同而变化，周长大于14cm可栽植78个种球，周长11～12cm可栽植114个种球。栽植完成后，将黑箱多层叠起，移入生根室，并马上浇水。浇水方式采用顶端喷淋系统，当顶层水培箱的水深度适宜后，会通过溢水口流入下面的水培箱，以此类推将全部水培箱注满。水的pH在6.5左右，EC值小于1.5mS/cm。生根期间生根室的温度控制在3～9℃，通常为5℃恒温。当顶芽生长到4cm时，即可将水培箱移入温室进行催花。生根室的处理时间根据不同需求、不同处理温度和不同品种差异很大。如需求较快生长，可调控生根室温度为9℃，如需要较慢生长，可调控生根室温度为3℃。生根过程最快1周时间就可完成，最慢的可达到4周。

水培种植盘移入温室后，空气相对湿度调控在60%～80%，白天的温度调控在15℃，夜晚的温度调控在16～17℃，约经过6周的栽培，进入切花采收期。花蕾部分显色的植株即可采收，采收时5指轻提花蕾，将植株拔出。采收后将植株放在传送带上，由传送带送进加工车间。整套的切球、捆扎等加工处理均由机器完成。工人只需将捆好扎的切花分级包装后，放入吸水花桶，再由冷藏车送往拍卖市场进行销售。

2. 设施地栽切花生产

我国在20世纪末便开始从国外进口郁金香种球进行切花生产，且引进数量呈逐年上升趋势，1992年进口种球约300万粒，2000年近4000万粒，近几年增幅更是直线上升，种球进口量超过4亿粒。其中，约有1/3的种球用于切花生产，但由于种球选择和栽培技术等问题，使郁金香鲜切花质量受到了很大影响，给广大花农造成较大的经济损失。本部分结合国内生产实际和辽宁省地方标准《郁金香盆花、切花生产技术规程》，介绍郁金香切花生产关键技术。

（1）**品种的选择：**切花用郁金香品种要求植株高度较高、抗逆性较强、观赏性好、生长势较强等，一般达尔文杂交型和凯旋型较适合作切花生产。如品种‘世界真爱’‘法国之光’‘道琼斯’（‘Dow Jones’）‘班雅’‘阿夫克’‘功夫’（‘Kung Fu’）、‘爱斯基摩首领’‘阿普顿’‘王朝’（‘Dynasty’）、‘检阅’‘金阿普顿’‘琳玛克’‘克斯奈丽斯’（‘Kees Nelis’）等。

（2）**种球选择与处理：**切花用郁金香种球应选择5℃球，Ⅰ级球（直径3.8cm以上）和Ⅱ级球（直径3.5～3.8cm）均可。种球要新鲜饱满、表皮光滑有光泽、鳞片完整、质地坚硬、无损伤、无病虫害。栽植前要去除鳞茎根盘上的种皮，但不能损伤鳞茎盘，以保证根的正常萌发和生长。正常情况下种球不需要消毒处理，如发现种球有较重的霉菌，则种植前进行种球消毒，用70%甲基托布津100倍液+50%氟啶胺60倍液+45%咪鲜胺80倍液+50%克菌丹200倍液+吡虫啉500倍液，浸泡120分钟，种球须完全浸泡在消毒液中。消毒后沥干水分晾干，当天消毒的种球尽快种植。

（3）**栽植场地准备：**选择土壤疏松、有机质含量高的中性和微酸性沙质壤土。栽植前1个月进行土地整理，清除杂草及杂物。黏重土壤可混入清洁的河沙，微碱性土则用乙酸进行改良，土壤pH 6.5～7.0，EC值小于1.5mS/cm。施入800～850kg/亩腐熟牛粪作为底肥，再用20～25kg/亩垄鑫（棉隆）进行土壤消毒。消毒时要求耕翻拌匀，使土壤与药剂充分混合，密闭消毒时间为2～4周。消毒完成后翻耕土壤1～2次，通风换气10～15天后开始做畦。采用南北向低畦栽培，畦面宽90cm，畦埂宽30cm，畦埂比畦面高5cm。

（4）**种球的栽植：**一般郁金香品种的生育期为60天，根据需求和品种特性安排栽植时间。按照上市时间提前2个月栽植，种植时尽量降低设施内温度，种植前地温应保持在10℃左右。

为了提高单位面积的产量，郁金香切花生产应选择适当密植。根据种球的大小株行距略有不同，直径3.8cm以上的Ⅰ级球，株行距为7cm×15cm，42286粒/亩；直径为3.5～3.8cm的Ⅱ级球，株行距为5cm×15cm，59200粒/亩。栽植沟深度10cm，覆土厚4～5cm，栽植后应立即浇透水。郁金香每个种球的根数为100～300根，纤细且容易折断，无再生能力，所以栽植前要充分深耕，栽植后充分浇水以利于新根的萌发和伸长。

（5）**水肥管理：**种球栽植后浇1次透水，整个生长期的水分应严格控制，掌握少量多次的原则，以防止土壤湿度过大造成种球腐烂。萌芽期及营养生长初期每7天浇水1次，叶片展开后浇水量逐渐增加，一般3～4天浇水1次，形成花蕾后适当控制水量，要避免湿度过大而引起徒长或植株根部腐烂。

鳞茎萌芽后施入N∶P∶K=1∶2∶2的水溶性复合肥，施用量10kg/亩，连施2～3次。蕾期每隔1周叶面喷施1次500倍磷酸二氢钾溶液，连喷3次。蕾期肥水缺乏对郁金香的开花影响较大，严重时可引起盲花或花蕾提前枯萎。

（6）**光照管理：**光强对郁金香的生长影响不大，但光照不足对叶片和花瓣的色泽影响较大。光照不足时红色、白色和黄色等色系花瓣着色差、鲜艳度降低，粉色和紫色系也会出现花色淡化和花色不均的现象。郁金香生长期要求的温度较低，而强光照会使设施内温度升高，所以通常在郁金香生长过程中要进行适当遮阴，通过遮阴降温等措施可以延长花期。郁金香的自然花期只有2周左右，尤其要注意防止阳光直射，否则将显著缩短花期。设施内保持日照长度8小时以上，光强在20000～30000lx。

（7）**温度管理：**郁金香生长初期温度在5～8℃就可以正常生长，而根系生长适宜温度为9～11℃。因此在郁金香栽植初期至少2周时间要保持设施内温度为9～11℃，尤其是地温保持在9～11℃，以利于根系萌发和生长。之后温度逐渐上升，芽的萌发及展叶期温度为13～15℃，当叶片完全伸展后温度应保持在15～18℃为宜，最高不要超过25℃，温度过高则会出现徒长和畸形花，严重降低鲜切花的质量和缩短瓶插期。

（8）**切花采收：**郁金香在花蕾着色时进行采收，一般于早晨7:00～8:00时或傍晚17:00左右进行采收，如果产花量较多，也可在遮阴条件下，全天进行采收。选择花朵良好、花蕾无畸形、茎秆健壮的植株进行采收。采收时将植株连球根一同拔起，带球采收有利于切花的保鲜，并可以减少由留地鳞茎引起的土壤病害传播。

（9）**采后包装：**从花莛基部切除鳞茎，按花莛长短进行分选。花头对齐，10支1束进行捆扎包装，捆扎位置应在花莛下部向上3～5cm处。捆束后放入2℃冷库中充分吸水30～60分钟后装箱。装箱时水平放置，花蕾前部要与箱壁保持5cm距离，以防止花蕾与箱壁摩擦，装箱后放入温度2℃、空气相对湿度90%的冷库中贮存待售。

目前，在辽宁凌源花卉市场，花农采收后先不去除鳞茎，而是花头对齐，10支1束进行捆扎包装后，放入大塑料袋中。每个塑料袋放50扎，花头向上，运到花卉市场进行销售。花卉经销商收购花农的产品后，再切除下部鳞茎，然后装箱，发往全国各地。

### （三）设施盆花生产

随着人们生活品质的提高，在家中欣赏盆栽郁金香成为一种新的时尚，郁金香盆花正孕育着巨大的商机。同时，随着郁金香栽培技术的发展，郁金香盆花反季节栽培及周年供应已经成为可能，但我国大部分郁金香生产企业和广大花农并没有完全掌握郁金香盆花栽培技术，郁金香盆花产业尚未形成规模。本部分将辽宁省农业科学院花卉研究所10多年的郁金香盆花生产经验与技术介绍如下：

#### 1. 品种选择

用于郁金香盆花栽培的品种，应具有生长势旺盛、盲花率低、植株高度适中的特点。植株生长瘦弱严重影响盆花的观赏性；当盆栽中有1支盲花就会影响整个盆花的销售；植株太高，容易倒伏，影响观赏效果。适合作盆花栽培的郁金香品种有'世界真爱''琳玛克''爱斯基摩首领''阿夫克'等。

#### 2. 种球选择与处理

只有高质量的种球才能生产出高品质的郁金香商品盆花。在盆栽条件下，每个种球分配到的土壤和营养相对有限，植株生长过程中需要的养分主要由种球本身提供。在选购郁金香种球时，种球的质量的好坏直接决定盆花生产的成败。在购买时应选择种球饱满，表面光滑，外皮具有一定的光泽，无机械损伤、无病斑、霉菌或虫害现象，种球周长大于12cm的Ⅰ级种球（图4A）。

盆花生产应该选择5℃球。购买种球后，应贮存于5℃的冷库中，并及时栽植。种球种植前先剥去根盘部位的革质外皮（图4B），以利于根系生长。有的品种革质外皮上延，完全包裹住了生长点，这类种球的外皮应全部剥除，以防止根系和顶芽的生长受到抑制（图4C）。

正常情况下，国外进口的健康种球，种植前

不需要消毒。但如发现明显的霉菌、虫害或腐烂现象，栽种前必须进行消毒处理。可使用70%甲基托布津100倍液+50%克菌丹200倍液+5%阿维菌素200倍液，浸泡种球2小时，风干后种植。

3. 花盆选择

为方便规模化生产和运输，郁金香栽植盆不宜过大，以上口直径18～20cm为宜。为降低生产成本，可使用价格较低的再生塑料盆进行生产。

4. 栽培基质选择

适宜郁金香种球生长的基质为富含有机质，排水良好的壤土或沙壤土，忌黏重、透水性差的基质。郁金香盆花栽培基质最好使用Jiffy公司生产的郁金香栽培专用基质，不需要做消毒和灭虫处理，直接装盆使用，成本约为0.8元/盆。在买不到郁金香栽培专用基质时，也可直接调配。配方为泥炭、腐熟土和清洁河沙，体积比为1：1：1，或腐殖土和腐熟牛粪，体积比为10：1，或东北草炭和珍珠岩，体积比为3：1。

如果采用自己配制栽培基质，使用之前需要进行消毒处理。可使用50%多菌灵可湿性粉剂600倍液，或70%甲基托布津500倍液，或50%克菌丹800液。边搅拌边喷洒药剂，使药液与基质均匀结合，然后用塑料膜密封基质24小时以上后使用。

5. 栽植方法及栽植密度

先把经过杀菌的混合基质装入花盆，深度到花盆的2/3，距花盆边缘5cm处。然后将郁金香种球均匀摆放并向下按压，使种球稳稳地坐在基质中，种球顶端距花盆边缘2cm，最后装填剩余的基质。基质上表面距离花盆上沿不小于2cm，以利于下一步的浇水。如果采用重量较轻的基质，如Jiffy公司的郁金香栽培专用基质或草炭和珍珠岩混配的基质，基质最上层需要覆盖2cm厚的清洁河沙。因为在郁金香的根系快速向下生长时，会将种球顶出基质（图4D），严重影响郁金香的生长和整体观赏性。

根据郁金香不同栽植密度（1～8株/盆，花盆上口直径为18cm）的试验，密度为3株/盆和4株/盆的郁金香生长势强，观赏效果最佳。考虑到经济效益，在郁金香盆花规模化生产中宜采用3株/盆的密度栽培，如在郁金香销售价格较高的地区，可以考虑采用4株/盆的密度进行生产。

6. 水肥管理

栽培基质装盆时，含水量应在55%左右，郁金香种球栽种完成后，立即浇1次透水。如栽培基质含水量较低，种球栽种后应反复多次浇水，确保栽培基质湿润并与种球充分接触，以利于郁金香的发根。以后可每7天浇1次水，保持盆内见干见湿即可。当植株叶片开始展开，植株开始拔节时需水量逐渐增加，一般3～4天浇1次水。此时期水分不足，植株生长缓慢，叶片小，严重时可导致花朵干枯（图4E）。花蕾转色前或刚转色时，即可上市销售。

郁金香对肥的需求量不高，施足底肥后，生长期间可以不进行追肥，或在现蕾前喷施1次磷酸二氢钾500倍液，或花多多均衡肥1000倍液。底肥可用N：P：K比例为1：1：1的复合肥150～200g/m$^3$，也可在生长期施用长效肥，每盆施用20粒左右。

7. 温度管理

郁金香定植后要调控室内温度为9～11℃，且至少维持2周，以利于根系生长。郁金香的根系生长迅速，1周内根长即可达到7cm（图4F）。2周后可将温度调控在13～15℃，以利于芽出土和展叶。当叶片完全伸展后，可调控温度在15～20℃，最高温度不要超过25℃，过高的温度会加快郁金香的老化进程，使植株瘦弱，花朵偏小，并且花朵无光泽，花期缩短。

8. 光照管理

郁金香对光照强度不敏感，全光或半遮阴条件下均可正常生长。遮阴的主要目的是降低温度，但过度的遮阴（遮光率80%以上）对郁金香的生长不利，易造成徒长、倒伏等现象。

**图4 郁金香栽培技术**

A. 健康的Ⅰ级种球；B. 剥除根盘部位的革质外皮；C. 未剥除外皮导致的嫩芽弯曲生长；D. 覆盖基质较少导致种球被顶出基质；E. 缺水引起的郁金香花蕾干枯；F. 种球栽植7天后根系生长情况；G. 水培盆栽植的水培郁金香；H. 郁金香园林景观栽植

## （四）盆花水培技术

随着人们生活水平提高，特别是对美好生活环境的向往和家居美化的日趋重视，更加希望在家中或室内欣赏郁金香、感受自然之美，以此愉悦精神、增进健康和增加生活情趣。传统郁金香的栽培主要是用基质栽培，易于滋生病虫、浪费资源、污染环境，且难于管理。水培郁金香清洁卫生、健康环保、观赏性高，具有美化空间、净化空气、提高生活品质等作用，深受现代都市人的青睐。为了实现让郁金香走进千家万户，融入百姓生活，辽宁省农业科学院花卉研究所郁金香科研团队，在荷兰郁金香盆花水培技术的基础上，进行了一系列的专利产品和技术研发，在国内首次将水培郁金香专利产品推入市场，走入普通百姓家庭。

### 1. 水培花盆栽培

辽宁省农业科学院花卉研究所郁金香科研团队发明的“郁金香水培花盆”（ZL 201620424982.1），包括水分盛装器、种球栽植器和茎秆固定器3部分。碗状的水分盛装器为水培花盆的主体部分，碗形，主要作用是盛装水，供郁金香生长使用。种球栽植器用于栽植郁金香种球，圆形，有5个漏斗形栽植穴，漏斗底部有孔洞，便于根系吸收水分。茎秆固定器作用是稳定郁金香茎秆，防止倾倒，倒漏斗形，使用时与种球栽植器固定成一体，中间为郁金香鳞茎。

同上，需要选择适合水培的郁金香品种。水培的郁金香要使用5℃球，周长11～12cm（直径3.5cm左右）。周长过小，影响开花质量，周长过大，不能够完全栽入种球栽植器，影响美观。像切花生产一样，栽植前需要去除种球外部的革质鳞茎皮，尤其是根部的外皮。同时，去除外侧的小鳞茎，这些小鳞茎不能开花，生长时还会与主球争夺营养。

将处理好种球尖端生长点向上，栽植在种球栽植器内，保持种球直立，扣上茎秆固定器，并按紧。检查郁金香种球是否倾斜，将倾斜的种球扶正，防止根部接触不到水，而导致不能正常生长。向水分盛装器内注水，可用自来水，也可加入适量的营养液。添加水分的高度为盛装器内壁凸起处，水位恰好到达种球的根盘部位。最后将栽植好种球的栽植器稳固平放于水分盛装器上，即完成种球栽植。水培郁金香栽植好后，前2周要置于10℃左右的环境下，如家里的北窗台，有利于种球的根系生长。根系充分生长后，将水培郁金香移至办公桌或茶几上，白天温度为15～20℃，夜晚温度为10～15℃，温度过高会使植株徒长，使花期缩短。控制光照强度为20000～30000lx，光照过强会导致温度快速升高，进而使花期缩短。一般水培郁金香组装后25天左右就能欣赏到美丽的花朵了（图4G）。水培郁金香的花期为10天左右，若适度遮光和保持较低温度，可延长花期5～7天。

2. 水培瓶栽培

辽宁省农业科学院花卉研究所郁金香科研团队发明的“一种郁金香水培瓶”（ZL 201721104172.9），包括瓶体和支架2部分。瓶体为近圆柱形，为主体部分，主要作用是盛水和防止植株倒伏。支架置于瓶体内，支架双面设置有尖针。支架一侧表面外圆均匀设置5个长针，另一侧表面外圆10个，内圆5个短针，外圆2个短针和内圆1个短针围成一个三角形区域，外圆10个，内圆5个短针共围成5个三角形区域，三角形区域内为镂空。使用水培瓶进行郁金香栽培时，不受种球大小的限制。如种球较大时，选择使用尖针较长的一面，如种球较小时，选择使用尖针较短的一面。每瓶可栽植郁金香种球5～8个，周长12cm以上的种球可栽植5个，较小的种球可栽植10个。

在品种选择上同样要选择适合水培的郁金香品种，并去除种球外部的革质鳞茎皮和外侧的小鳞茎。将支架平放在瓶体内，将处理后的郁金香种球根部朝下稍插入定植器的尖针上，然后向瓶体注入营养液或清水，高度到达郁金香种球根盘处，与根盘接触但不能浸到鳞茎。在郁金香生长过程中，随着营养液或清水的蒸腾和消耗变少，需及时加水，高度与第1次添加高度一致。在室内使用水培瓶进行郁金香栽培，操作简便、清洁、美观。

## 八、病虫害防治

### （一）病害

郁金香属于早春耐寒花卉，在整个生育周期内外界温度较低，因此病虫害的发生情况较轻；但如果不注意防治，也会导致毁灭性影响。郁金香生长及贮藏期主要病害有基腐病、疫病、青霉病和病毒病。

1. 基腐病

基腐病主要危害郁金香的鳞茎，感染基腐病的植株茎、叶片发黄，根系少，严重时整个鳞茎腐烂（图5A），并具有难闻的臭味。在植株生长后期，如果田间水分较大，或遇到雨天，极易感染此病。染病时鳞茎会出现流胶现象，常形成无色的球状突起，阳光暴晒后病部呈青灰色水渍状，干燥后呈白色石灰状。此病为真菌性病害，主要是通过土壤感染鳞茎，病原菌为郁金香尖孢镰刀菌（*Fusarium axysporum* var.*tulipae*）。该菌可在土壤或染病的鳞茎中越冬，在贮藏期和生长期均可发病。

主要防治措施：栽植前进行种球消毒，可用70%甲基托布津100倍液+45%咪酰胺80倍液或50%多菌灵可湿性粉剂100倍液，浸泡消毒2小时。生长期发病后用30%噁霉灵水剂600～700倍液直接灌根。同时，加强田间或贮藏室的通风，降低土壤或贮藏室的湿度。

2. 疫病

郁金香疫病又称灰霉病、火疫病或褐色斑点病，主要危害郁金香的叶片，严重时花和鳞茎也可染病。叶片染病后，初期表现为淡黄色、椭圆形、水渍状凹陷（图5B），后期为灰褐色，叶片逐渐弯曲，严重时整个植株枯死。在潮湿条件下，叶片染病部位有灰色霉层，鳞茎染病部位有许多深褐色菌核，花瓣染病部位有褐色斑点，花期明显缩短。茎上病斑较长，凹陷也较深，当扩展到茎的一周时，其上部倒伏腐烂。此病为真菌性病害，病原菌为郁金香葡萄孢菌（*Botrytis tulipae*）。病菌以菌核在病株残体或土壤中越冬，可通过雨水和气流传播。在多雨、大雾的高湿天气和植株栽植密度过大、通风不良的条件下容易发生。

主要防治措施：栽植前进行种球消毒，可用50%氟啶胺60倍液+50%克菌丹200倍液浸泡消毒2小时。营养生长期要加大通风力度，并且避免过量施用氮肥，培养壮苗，提高植株抗病能力。如生长期发病可叶面喷施 40% 施加乐悬浮剂 1200 倍液、50% 灭霉灵可湿性粉剂 800 倍液、25% 阿米西达 1500 倍液等药剂进行消毒。

3. 青霉病

郁金香青霉病主要危害贮藏过程中的郁金香鳞茎。染病鳞茎表面会形成一层青绿色的霉层，根盘和新根也容易染病，使根尖变黑，活力下降（图 5C）。此病为真菌性病害，病原菌为青霉菌（*Penicillium tulipae*），该菌以腐生为主，郁金香鳞茎在贮藏过程中湿度过大、鳞茎有机械伤口、太阳灼伤、螨类等危害造成伤口等条件下容易发生。

主要防治措施：严格控制郁金香种球贮藏室（库）的空气相对湿度为 65% 左右。湿度过大是病害发生的重要条件，在贮藏过程中也可配合使用臭氧等杀菌措施。染病的种球在栽植前可用 70% 百菌清可湿性粉剂 150 倍液或 50% 速克灵可湿性粉剂 100 倍液或 70% 甲基托布津可湿性粉剂 100 倍液进行浸泡消毒。

图 5 郁金香病虫害症状

A. 郁金香基腐病；B. 郁金香疫病；C. 郁金香青霉病；D. 郁金香病毒病；E. 蚜虫危害

4. 病毒病

侵染郁金香的病毒主要有郁金香碎色病毒（TBV）、郁金香条纹杂色病毒（TBBV）和郁金香端部杂色病毒（TTBV）。这些病毒的感染可导致郁金香的花瓣出现杂色症状（图 5D），但轻度的感染对叶片形态没有明显的影响。病毒积累严重时郁金香花瓣变小、畸形甚至无法开放，叶片变薄并有花叶状斑纹或褪绿条斑，更新鳞茎变小，产生退化现象。

郁金香病毒病主要通过蚜虫传播，在生产过程中应加强蚜虫的防治，并减少人为机械损伤，防止病毒通过汁液传播。在郁金香整个生育期内遇到感染病毒病的植株应立即拔除，并进行销毁或远距离深埋处理。

### （二）虫害

郁金香虫害较少，最主要的是蚜虫。

危害郁金香的蚜虫主要有郁金香圆尾蚜、百合新瘤额蚜、桃蚜、郁金香叶囊管蚜和百合西圆尾蚜。蚜虫在鳞茎、幼叶、花莛、花朵等部位聚集（图 5E），吸吮植株汁液，并产生黑色的蜜液，使花瓣、茎秆、叶片等部位产生伤疤，严重影响商品价值。另外，蚜虫是郁金香病毒病的主要传播介体，在生长期和贮藏期均可传播。

蚜虫对各种杀虫剂都较为敏感，如在生长季可喷施 10% 吡虫啉可湿性粉剂 1000 倍液、1.8% 阿维菌素乳油 1500 倍液等，可得到很好的杀虫效果。但蚜虫繁殖很快，一旦有成虫存活，很快就能形成群体再次危害。因此，在进行蚜虫防治时，应每周喷施药剂，且每天进行巡查，如发现蚜虫聚集痕迹，无论是否已经被药物杀死，都要用小喷壶再次补喷，可达到根治蚜虫的目的。

## 九、价值与应用

### （一）观赏价值

郁金香颜色丰富、类型多样，是极具观赏价值的高档花卉。法国著名作家大仲马的名著《黑色郁金香》中，就曾经描述郁金香的美为“靓丽得叫人睁不开眼睛，完美得叫人喘不过气来”。郁金香的美“让人无法抗拒”，深受世界人民的喜爱，享有“世界花后”的美誉。

郁金香经过400多年的人工选育和栽培，品种达8000多个，形成了早花、中花、晚花和原种等15大类群，已经成为早春花坛、花境、花海不可或缺的主题。单支郁金香尽显优雅，成片的郁金香花海壮观震撼。目前，国内以郁金香为主题的文旅集团迅速崛起，如江苏盐城荷兰花海、国家植物园（北园）和国际鲜花港、上海鲜花港、大连英歌石植物园等都把郁金香的美展现得淋漓尽致（图6）。

郁金香作为切花，是礼仪活动中最主要的高档花艺材料。可利用不同颜色的郁金香品种制作花束、花篮，也可与其他切花、切叶搭配，制作不同意境的插花作品。无论基质栽培的盆花郁金香，还是水培盆花郁金香都是我国冬季室内栽培观赏的最重要的花卉。盆花郁金香的花期比切花的花期长3～5天，为寒冷的冬日增添了色彩。

## （二）文化价值

郁金香高贵典雅的气质，铸就了其丰富的文化内涵和传说。中国是郁金香原产地之一，分布约10%的郁金香野生资源。郁金香也成为文化交流的一部分。16世纪，中国及中亚的野生郁金香资源被带到欧洲，17世纪世界首次郁金香花展在奥斯曼帝国皇家花园举行，并很快在欧洲得到普及。尤其是荷兰的库肯霍夫郁金香花园，被誉为“世界最美的花园”。1977年，受当时的荷兰公主贝娅特丽克丝委托，荷兰驻华大使赠送给中国39个品种约1000粒的郁金香种球。

《圣经》旧约雅歌中描写的Rose of Sharon即是一种野生郁金香，新约马太传里描述的野百合也是一种郁金香。在古罗马神话中，郁金香是布

图6　郁金香花海景观

A. 江苏盐城荷兰花海；B. 北京国际鲜花港；C. 上海鲜花港；D. 大连英歌石植物园

拉特神的女儿，她为了逃离秋神贝尔兹努一厢情愿的爱，而请求贞操之神迪亚那，把自己变成了郁金香花。中国的诗人墨客也创作出很多郁金香的佳句，老舍在英国留学期间创作了长篇小说《二马》，其中描写到“花池里的晚郁金香开得像一片金红的晚霞”，表现了作者对郁金香的喜爱。目前，荷兰、土耳其、匈牙利、哈萨克斯坦等国家都将郁金香定为国花。郁金香也被赋予博爱、体贴、高雅、富贵、聪颖、纯洁、善良等含义。不同颜色的郁金香寓意也不同，紫色郁金香代表无尽的爱，粉色郁金香代表永远的爱和幸福，红色郁金香代表热烈的爱，白色郁金香代表纯洁，黄色郁金香代表富贵、友谊和高雅，黑色郁金香代表神秘和高贵，双色郁金香代表美丽的你和喜相逢。

### （三）药用和食用价值

郁金香是我国传统的中药，《本草纲目拾遗》和《中华本草》记载，郁金香主要作用是化湿辟秽、除臭和治疗脾胃湿浊、呕逆腹痛等。

郁金香的花瓣中含矢车菊双苷、水杨酸和精氨酸等药物成分；雌蕊、茎和叶含有郁金香苷A、郁金香苷B和少量的郁金香苷C，并含多种氨基酸。郁金香苷A、B、C对枯草杆菌有抑制作用，茎和叶的酒精提取液对金黄色葡萄球菌、芽孢杆菌等具有抗菌作用。郁金香的鳞茎和根也可供药用，《新疆中草药手册》中记述，郁金香鳞茎可药用，春季采挖，洗净，煮至透心，晒干，用时打碎。能清热解毒，清热散结。

郁金香不仅可以作为药材，也是老百姓餐桌上的传统野菜。在我国野生郁金香分布地区，老百姓把野生郁金香称为老鸹蒜，是伴随着童年记忆的一种野菜。

（屈连伟　王雷）

# *Zantedeschia* 马蹄莲

马蹄莲为天南星科（Araceae）马蹄莲属（*Zantedeschia*）多年生块茎类球根花卉。原产非洲中南部，从海拔约2000m的山脉至好望角海岸平原均有分布。属名是1826年为表彰意大利植物学家Giobanni Zantedeschi教授（1773—1846）的贡献而命名。最早有关白花马蹄莲的文献发表于1687年，后来由Zantedeschi将白花马蹄莲绘成图谱带到欧洲。1753年，瑞典植物分类学家林奈看到此图后将植物种加词命名为aethiopica。在南非的好望角常把马蹄莲称为猪百合（pig lily），可能与当地野猪喜欢吃马蹄莲的块茎有关。当地的土著用新鲜或煮过的马蹄莲叶子来消除肿痛及昆虫咬伤。商业上俗称的彩色马蹄莲为马蹄莲属杂交品种的总称，最大的特征是花序具有大型的佛焰苞，状如马蹄。佛焰苞有纯白、金黄、浅黄、粉红、紫红、橙红、绿等亮丽色彩。马蹄莲的英文名称有Calla lily，Arum lily，Spotted calla等。

## 一、形态特征

马蹄莲地下具有肉质块茎，粗厚。叶和花序同年抽出。叶柄通常长，海绵质，有时下部被刚毛。叶片披针形、箭形、戟形、稀心状箭形（图1）；Ⅰ、Ⅱ级侧脉多数，伸至边缘。花序柄长，与叶等长或超过叶。佛焰苞长10～25cm，管部短，黄色；檐部略后仰，锐尖或渐尖，具锥状尖头，绿白色、白色、黄绿色或硫黄色、稀玫瑰红色，有时内面基部紫红色；部分宿存，短或长，喉部张开；檐部广展，先端后仰，骤尖（图2）。花单性，无花被。肉穗花序圆柱形，长6～9cm，粗4～7mm，黄色，雌花序长1～2.5cm，雄花序长5～6.5cm。子房3～5室，渐狭为花柱，大部分周围有3枚假雄蕊。浆果短卵圆形，淡黄色，直径1～1.2cm，有宿存花柱；种子倒卵状球形，直径3mm。花期2～3月，果8～9月成熟（图3）。

图1　马蹄莲主要叶形

A. 披针形；B. 卵形；C. 三角形；D. 戟形

## 二、生长发育与生态习性

### （一）生长发育规律

马蹄莲属植物生长周期为18～24周，然后有一段8～12周的休眠（贮藏）时期。通常分为3个生长发育阶段：第一阶段为营养生长期，种植后根系首先生长，随后叶芽萌发、伸长到完全展开，完成营养生长。第二阶段为生殖生长期，花芽自叶腋中萌发，叶片生长完全结束，佛焰苞展开，颜色显现，花粉散出，雌蕊着色，到苞片颜色逐步转绿则标志着一个花序的衰老，花序凋萎或果实成熟后，完成生殖生长。第三阶段为营养蓄积期，在生殖生长结束后，叶片还会继

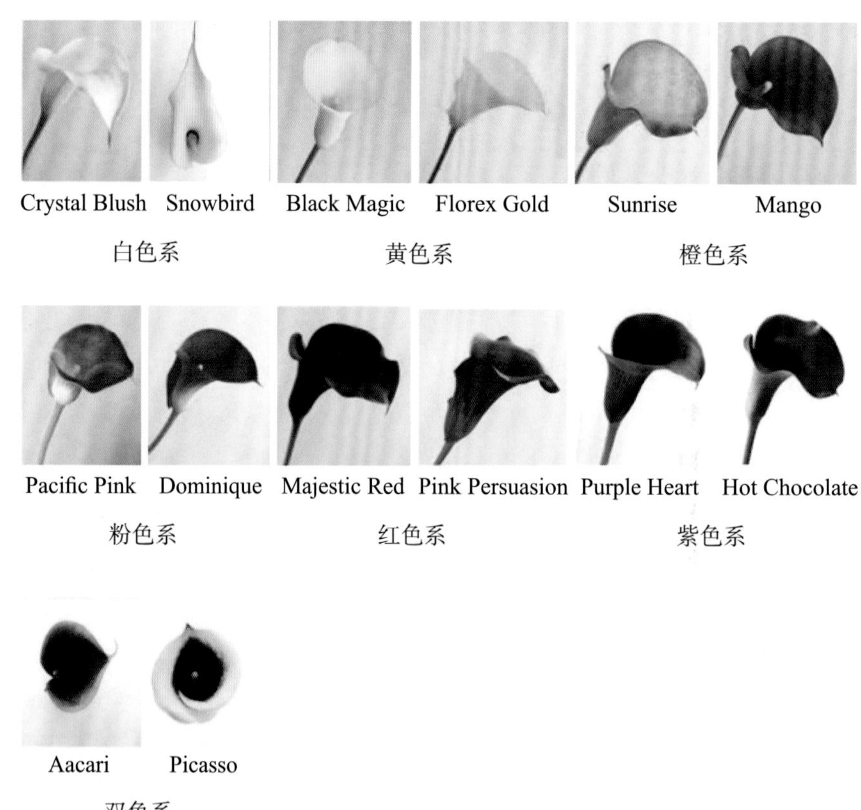


图 2　马蹄莲主要花色（佛焰苞颜色）

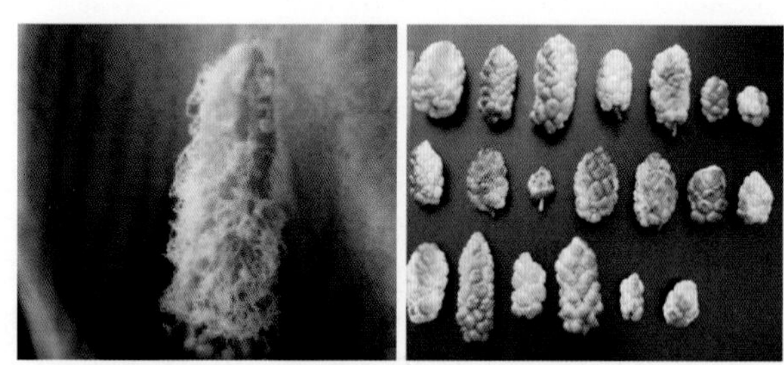

图 3　马蹄莲的肉穗花序及不同形态的浆果

续吸收养分，并向地下块茎输送，生长到一定时间后，植株生长停止并开始枯萎，地下部块茎开始充实或在母球周围形成若干新籽球。

## （二）生态习性

### 1. 光照

马蹄莲（*Z. aethiopica*）为日中性植物，性喜温暖湿润、略阴的环境，忌夏季阳光暴晒。彩色马蹄莲（*Z. hybrida*）喜欢较强的阳光，但超过 30000lx 左右的光照可能导致产量下降，并且对花的着色也不利，因此夏天种植时宜适度遮阴，有助于降低表土的温度。

### 2. 温度

马蹄莲最适生长温度为白天 15 ～ 25℃，夜间不低于 15℃开花良好，冬季能耐 4℃低温。在冬季不寒冷、夏季不炎热的温暖、湿润环境中可周年开花。彩色马蹄莲生长最适的温度为白天 18 ～ 25℃，夜间 12 ～ 18℃，喜通风，温暖环境，忌高温。适宜的基质温度为 18 ～ 19℃。夜间温度过高会降低植株的抗性，使植株更易感病。夏季栽培时，当温度超过 32℃时应考虑降温，同时加大遮阴度。

### 3. 湿度

白天温室中的空气相对湿度不能低于 60%，最适湿度为 60% ～ 75%；夜间空气相对湿度应在 65% ～ 75%。

### 4. 水质

pH 6.5 ～ 7.0 的水质较适合马蹄莲属植物的生长。

5. 基质

喜土壤湿润、疏松肥沃、排水良好的土壤。彩色马蹄莲多为陆生种，更喜欢排水良好的基质，常用的栽培基质包括泥炭、椰糠、珍珠岩等。基质要经过严格的消毒，减少根部病害的发生。

## 三、种质资源与园艺品种

### （一）种质资源

Letty（1973）认为马蹄莲属有6个种（species）及3个亚种（subspecies）。之后Perry（1989）描述了于南非西南部发现一个具有香气的新种，命名为香水海芋（*Z. odorata*）。根据Funnell（1993）资料将各种（亚种）归纳如表1。

依据植物学特征和生态习性，可将上述7个种分为两类。一类为叶片常绿型，喜潮湿多水，耐寒性强，可忍受近0℃的低温，对软腐病及病毒病的抗性强，浆果成熟时由绿转黄且熟软有黏性，常见的有马蹄莲。另外一类为落叶型，因花色丰富，常被通称为彩色马蹄莲。这类喜排水良好的沙质壤土，植株较不耐低温，对软腐病及病毒病的抗性弱，浆果成熟时保持绿色也不软化，如黄花马蹄莲、红花马蹄莲等。

### （二）园艺品种

园艺杂交种（*Z. hybrida*）均由各种杂交而成。因佛焰苞颜色各异，有纯白、金黄、浅黄、粉红、紫红、橙红等颜色，又通称为彩色马蹄莲。目前国际花卉市场上商业品种有100多个，又可分为切花品种、盆花品种和盆切兼用型品种，见表2。

表1 马蹄莲分种简表

| 种类 | 学名 | 叶部主要特征 | 花部主要特征 | 自然花期 |
|---|---|---|---|---|
| 白花马蹄莲 | *Z. aethiopica* | 四季常绿，心形或戟形，斑点稀少 | 白色或淡粉色，无花喉 | 冬春 |
| 白马蹄莲 | *Z. albomaculata* | 春至晚秋生长，长戟形，斑点稀少 | 白色或淡黄，有花喉 | 夏 |
| 大花马蹄莲 | subsp. *marcrocarpa* | 春至晚秋生长，三角戟形，斑点明显 | 黄褐色，有花喉 | 夏 |
| 天南星马蹄莲（新拟） | *Z. valida* | 春至晚秋生长，卵形或心形，无斑点 | 乳白色，有花喉 | 夏 |
| 黄花马蹄莲 | *Z. elliottiana* | 春至晚秋生长，卵圆心形，斑点明显 | 金黄色，无花喉 | 夏 |
| 星点叶黄花马蹄莲 | *Z. jucunda* | 春至晚秋生长，三角戟形，斑点明显 | 金黄色，有花喉 | 夏 |
| 黄金马蹄莲 | *Z. pentlandii* | 春至晚秋生长，长椭圆形，斑点少 | 黄色，有花喉 | 夏 |
| 红花马蹄莲 | *Z. rehmannii* | 春至晚秋生长，尖形，无斑点 | 红或粉红色，无花喉 | 夏 |
| 香水马蹄莲 | *Z. odorata* | 晚冬至晚春生长，卵至心形，无斑点 | 乳白色，无花喉 | 冬 |

表 2　彩色马蹄莲主要栽培品种

| 序号 | 品种名 | 花色 | 叶形 | 株高（cm） | 抗病性 | 开花所需时间 *（天） | 花莛数 **（枝 / 球） |
|---|---|---|---|---|---|---|---|
| 1 | Albo maculata | 白色 | 戟形 | 50 ～ 60 | 强 | 55 ～ 60 | 4 ～ 5 |
| 2 | Antique | 橙色 | 戟形 | 50 ～ 60 | 强 | 50 ～ 55 | 3 ～ 4 |
| 3 | Aurora | 粉红 | 戟形 | 60 ～ 70 | 强 | 55 ～ 60 | 4 ～ 5 |
| 4 | Best gold | 黄色 | 戟形 | 50 ～ 60 | 强 | 45 ～ 50 | 4 ～ 5 |
| 5 | Black Eyed Beauty | 乳白 | 戟形 | 70 ～ 80 | 一般 | 45 ～ 50 | 3 ～ 4 |
| 6 | Black Forest | 深紫色 | 戟形 | 60 ～ 70 | 一般 | 50 ～ 55 | 3 ～ 4 |
| 7 | Black Magic | 柠檬黄 | 戟形 | 70 ～ 80 | 强 | 55 ～ 60 | 3 ～ 4 |
| 8 | Black Star | 黑色 | 箭形 | 40 ～ 60 | 强 | 55 ～ 60 | 6 ～ 8 |
| 9 | Brilliance | 粉红 | 戟形 | 60 ～ 70 | 弱 | 50 ～ 55 | 4 ～ 5 |
| 10 | Buttergold | 深黄 | 戟形 | 50 ～ 60 | 一般 | 50 ～ 55 | 3 ～ 4 |
| 11 | Cameo | 橙红色 | 戟形 | 70 ～ 80 | 一般 | 55 ～ 60 | 3 ～ 4 |
| 12 | Chianti | 深紫 | 戟形 | 50 ～ 60 | 强 | 55 ～ 60 | 3 ～ 4 |
| 13 | Crystal Blush | 黄色 | 戟形 | 60 ～ 70 | 强 | 45 ～ 50 | 4 ～ 5 |
| 14 | Dominique | 红色 | 戟形 | 60 ～ 70 | 弱 | 50 ～ 55 | 3 ～ 4 |
| 15 | Elegant Swan | 白色 | 戟形 | 60 ～ 70 | 强 | 50 ～ 55 | 3 ～ 4 |
| 16 | Elliottiana | 金色 | 戟形 | 50 ～ 60 | 强 | 55 ～ 60 | 4 ～ 5 |
| 17 | Elmoro | 橙色 | 戟形 | 60 ～ 70 | 强 | 55 ～ 60 | 3 ～ 4 |
| 18 | Eveline | 深紫 | 戟形 | 70 ～ 80 | 强 | 45 ～ 50 | 3 ～ 4 |
| 19 | Firebird | 橙色 | 戟形 | 60 ～ 70 | 一般 | 50 ～ 55 | 4 ～ 5 |
| 20 | Firelight | 橙红色 | 戟形 | 70 ～ 80 | 强 | 50 ～ 55 | 3 ～ 4 |
| 21 | Flame | 砖红色 | 戟形 | 60 ～ 70 | 弱 | 50 ～ 55 | 4 ～ 5 |
| 22 | Flamingo | 橙色 | 戟形 | 70 ～ 80 | 一般 | 50 ～ 55 | 3 ～ 4 |
| 23 | Florex Gold | 金黄色 | 戟形 | 60 ～ 70 | 强 | 55 ～ 60 | 4 ～ 5 |
| 24 | Garnet Glow | 粉红色 | 戟形 | 50 ～ 60 | 一般 | 50 ～ 55 | 3 ～ 4 |
| 25 | Golden Affair | 金色 | 戟形 | 50 ～ 60 | 强 | 45 ～ 50 | 3 ～ 4 |
| 26 | Golden Nugget | 金黄色 | 箭形 | 40 ～ 50 | 一般 | 50 ～ 55 | 4 ～ 5 |
| 27 | Green Godess | 绿白色 | 戟形 | 70 ～ 80 | 强 | 45 ～ 50 | 3 ～ 4 |
| 28 | Hawaii | 浅桃红 | 戟形 | 70 ～ 80 | 强 | 55 ～ 60 | 4 ～ 5 |
| 29 | Hot Cherry | 粉红色 | 戟形 | 60 ～ 70 | 强 | 50 ～ 55 | 3 ～ 4 |
| 30 | Hot Chocolate | 巧克力色 | 卵形 | 40 ～ 50 | 强 | 55 ～ 60 | 3 ～ 4 |
| 31 | Hot Salmon | 杏黄色 | 戟形 | 50 ～ 60 | 强 | 50 ～ 55 | 4 ～ 5 |

续表

| 序号 | 品种名 | 花色 | 叶形 | 株高（cm） | 抗病性 | 开花所需时间 *（天） | 花莛数 **（枝 / 球） |
|---|---|---|---|---|---|---|---|
| 32 | Hot Shot | 橙红色 | 戟形 | 60 ～ 70 | 强 | 55 ～ 60 | 4 ～ 5 |
| 33 | Inca Gold | 金色 | 戟形 | 50 ～ 60 | 强 | 50 ～ 55 | 3 ～ 4 |
| 34 | Jack Frost | 白色 | 箭形 | 40 ～ 50 | 强 | 50 ～ 55 | 3 ～ 4 |
| 35 | Jack of Hearts | 粉红 | 箭形 | 30 ～ 40 | 一般 | 55 ～ 60 | 3 ～ 4 |
| 36 | Majestic Pink | 粉红 | 戟形 | 50 ～ 60 | 强 | 50 ～ 55 | 3 ～ 4 |
| 37 | Majestic Red | 红色 | 戟形 | 50 ～ 60 | 强 | 50 ～ 55 | 2 ～ 3 |
| 38 | Mango | 橙色 | 戟形 | 60 ～ 70 | 一般 | 50 ～ 55 | 3 ～ 4 |
| 39 | Merlot | 酒红色 | 戟形 | 50 ～ 60 | 强 | 50 ～ 55 | 3 ～ 4 |
| 40 | Mozart | 杏黄色 | 戟形 | 70 ～ 80 | 强 | 55 ～ 60 | 4 ～ 5 |
| 41 | Naomi | 深紫色 | 戟形 | 60 ～ 70 | 强 | 45 ～ 50 | 3 ～ 4 |
| 42 | Neroli | 杏橙色 | 戟形 | 50 ～ 60 | 强 | 50 ～ 55 | 4 ～ 5 |
| 43 | Ochre | 金红色 | 戟形 | 60 ～ 70 | 一般 | 50 ～ 55 | 3 ～ 4 |
| 44 | Odessa | 紫色 | 箭形 | 40 ～ 50 | 强 | 55 ～ 60 | 3 ～ 4 |
| 45 | Pacific Pink | 玫红色 | 戟形 | 60 ～ 70 | 强 | 50 ～ 55 | 3 ～ 4 |
| 46 | Parfait | 玫红色 | 戟形 | 60 ～ 70 | 一般 | 50 ～ 55 | 3 ～ 4 |
| 47 | Passion Fruit | 金黄色 | 戟形 | 60 ～ 70 | 强 | 55 ～ 60 | 4 ～ 5 |
| 48 | Picante | 橙色 | 戟形 | 50 ～ 60 | 强 | 50 ～ 55 | 3 ～ 4 |
| 49 | Picasso | 白边紫色 | 戟形 | 50 ～ 60 | 强 | 50 ～ 55 | 3 ～ 4 |
| 50 | Pink persuasion | 深玫红色 | 戟形 | 60 ～ 70 | 强 | 50 ～ 55 | 3 ～ 4 |
| 51 | Pink rehmanii | 樱桃粉色 | 箭形 | 30 ～ 40 | 强 | 50 ～ 55 | 4 ～ 5 |
| 52 | Pisa | 黄色 | 戟形 | 60 ～ 70 | 强 | 55 ～ 60 | 4 ～ 5 |
| 53 | Pot of Gold | 深黄色 | 戟形 | 70 ～ 80 | 强 | 45 ～ 50 | 5 ～ 6 |
| 54 | Purple Heart | 紫色 | 箭形 | 40 ～ 50 | 一般 | 45 ～ 50 | 6 ～ 7 |
| 55 | Red Sox | 暗红色 | 戟形 | 60 ～ 70 | 强 | 50 ～ 55 | 3 ～ 4 |
| 56 | Rehamanii | 淡粉色 | 箭形 | 40 ～ 50 | 强 | 50 ～ 55 | 3 ～ 4 |
| 57 | Rembrant | 橙色 | 戟形 | 50 ～ 60 | 强 | 50 ～ 55 | 4 ～ 5 |
| 58 | Renoir | 紫色 | 戟形 | 60 ～ 70 | 一般 | 55 ～ 60 | 5 ～ 6 |
| 59 | Rosa | 深玫红色 | 戟形 | 50 ～ 60 | 强 | 55 ～ 60 | 4 ～ 5 |
| 60 | Rose Queen | 粉红色 | 戟形 | 50 ～ 60 | 强 | 55 ～ 60 | 3 ～ 4 |
| 61 | Scarlet Pimpernal | 鲜红色 | 箭形 | 30 ～ 40 | 强 | 55 ～ 60 | 3 ～ 4 |
| 62 | Schwarzwalder | 墨紫色 | 戟形 | 60 ～ 70 | 强 | 55 ～ 60 | 4 ～ 5 |
| 63 | Sensation | 桃红色 | 戟形 | 60 ～ 70 | 强 | 50 ～ 55 | 3 ～ 4 |

续表

| 序号 | 品种名 | 花色 | 叶形 | 株高（cm） | 抗病性 | 开花所需时间 *（天） | 花莛数 **（枝 / 球） |
|---|---|---|---|---|---|---|---|
| 64 | Serrada | 黄色 | 戟形 | 60 ～ 70 | 强 | 45 ～ 50 | 4 ～ 5 |
| 65 | Snowbird | 白色 | 箭形 | 40 ～ 50 | 强 | 45 ～ 50 | 6 ～ 8 |
| 66 | Sunrise | 金红色 | 戟形 | 60 ～ 70 | 一般 | 50 ～ 55 | 3 ～ 4 |
| 67 | Swan Lake | 白色 | 戟形 | 50 ～ 60 | 强 | 50 ～ 55 | 6 ～ 8 |
| 68 | Tasman Gold | 金色 | 戟形 | 50 ～ 60 | 一般 | 55 ～ 60 | 3 ～ 4 |
| 69 | Treasure | 橙色 | 戟形 | 60 ～ 70 | 强 | 45 ～ 50 | 3 ～ 4 |
| 70 | Tresor | 粉红色 | 戟形 | 50 ～ 60 | 强 | 45 ～ 50 | 4 ～ 5 |
| 71 | White Godess | 白色 | 戟形 | 50 ～ 60 | 强 | 50 ～ 55 | 3 ～ 4 |
| 72 | Yellow Queen | 黄色 | 戟形 | 60 ～ 70 | 强 | 45 ～ 50 | 3 ～ 4 |

*：开花所需时间根据气候、栽培措施等会有变化，仅供参考。

**：以块茎围径（周长）18 ～ 20cm 规格的为例，每球所生成的花莛数根据栽培状况会有所变化，仅供参考。

## 四、繁殖技术

### （一）种子繁殖

马蹄莲在自然环境或人工辅助授粉后形成聚合果，果实为浆果。当授粉成功后，聚合果开始膨胀，待种皮由绿色开始转色后可以采收，置阴凉通风处保存。去除种皮后可立即播种或在通风干燥处保存。

播种时可选用穴播或撒播。基质要求疏松透气，播种后进行覆盖，保持湿润。在 20 ～ 25℃条件下 3 ～ 4 周出芽。待根系生长好后可移栽，株行距约 10cm × 10cm 或种植于 12cm × 10cm 容器内，经 3 ～ 4 个月的生长，可形成小籽球，待籽球叶片自然枯黄后进行采收，按照种球贮藏技术进行贮藏。

种子繁殖后代由于性状不太稳定，主要用于新品种培育，较少应用于商业化繁殖种球。

### （二）分球法与分割法

营养繁殖主要有分球、分割和组织培养等方法。

开花种球（块茎）生长过程中，周边形成一定数量的小籽球。在营养生长完成后，部分小籽球会自然与母球分开。将分离后的籽球重新进行栽培后成为商品球。

一个成熟的块茎上有许多生长点，在休眠期将块茎分割成带生长点的小块，伤口用杀菌剂涂抹，在干燥条件保存。种植前用 0.05 ～ 1mg/L 的 $GA_3$ 溶液浸泡 10 ～ 15 分钟，可促进萌芽。白花马蹄莲由于块茎大，抗病性强，分割繁殖法应用较多。

### （三）组培快繁

上述两种方法由于繁殖系数有限，多代繁殖常引起品种退化。而组织培养快速繁殖可提高繁殖系数，减少病害发生，幼苗经过 2 ～ 3 个生长周期即可成为开花商品球，是目前国际商业化生产中的主要繁殖手段。目前，通过组培快繁途径进行种球培育主要流程如下（图 4）。

#### 1. 初代材料的获得

萌生芽诱导法：将彩色马蹄莲块茎清洗干净，挖取约 0.5cm 大小的芽眼，放入洗衣粉中漂洗，然后再在 2% ～ 5% 次氯酸钠溶液中消毒 15 ～ 30 分钟，无菌水反复冲洗几次，除去残留液，接种于 MS + 1 ～ 1.5mg/L 6-BA + 0.1 ～ 0.3mg/L NAA + 30g/L 蔗糖 + 3g/L 琼脂，pH 5.8 的诱导培养基。

茎尖诱导法：取萌芽后的叶芽，将外层剥去，只留心叶，用解剖针挑取0.4～0.8mm大小茎尖接种于MS＋1～1.5mg/L 6-BA＋0.05～0.1mg/L NAA＋30g/L蔗糖＋3g/L琼脂，pH 5.8的培养基。

2. 增殖培养

以初培养诱导分化产生的丛芽为材料，在无菌条件下将丛芽块纵切成2～3份，接种于MS＋1～1.5mg/L 6-BA＋0.1～0.3mg/L NAA＋30g/L蔗糖＋4g/L琼脂，pH 5.8的培养基中培养。

3. 生根培养

为了培养发达的根系和保证出苗的整齐度，提高炼苗的成活率，通常经过生根培养阶段，将小苗转移到附加0.05～0.1mg/L NAA的生根培养基上，当根系长到0.5～1cm时即可出瓶炼苗。

4. 试管苗炼苗

从培养瓶中取出试管苗后，清洗干净根部，在多菌灵800倍液与0.1mg/L NAA混合液中浸蘸1～2分钟，然后栽于72孔穴盘中，环境温度保持在20～25℃，空气相对湿度80%～100%，适当降低光照。待新根系形成后逐渐加强光照，通风降湿。

炼苗时将苗分成不同规格进行分类管理，可以控制种球生长均匀。正常生长后即可追施液体配方肥。根据生产安排可移栽入营养钵或栽培床中进入种球生产阶段。

## （四）商品球培育

1. 种植

通过组织培养的商品球（开花种球）培育需要2～3个生长期完成。为减少种球生产过程中的病害，种植前对种球进行杀菌处理，可用链霉素500～800倍液与百菌清600～1000倍液浸泡种球15分钟，静置晾干后再行种植，杀菌处理也可与$GA_3$浸种同时进行，可促进种球的生殖生长。

2. 采前处理

露地栽培时，在栽培后期逐渐减少供水，待整株叶片有一半以上枯黄后即可开始采收。避免在梅雨季等降水集中天气采收。

图4　马蹄莲组培快繁

在设施基质栽培中，于栽培后期减少供水至停水，待叶片完全枯黄凋萎后，即可开始种球采收。

3. 种球采收

采收时尽量避免损伤块茎，可连同叶片与地下器官整体掘出，待叶片和根系自然干枯后再去除。

采收时发现腐烂的种球，须避免与健康种球接触。带病种球应集中处理，避免再进入栽培场地，造成下次栽培时病原菌的滋生。采收后的种球避免阳光直射，宜置于阴凉处。

4. 采后处理

种球采收后，应立即置于 20 ～ 25℃阴凉处及空气相对湿度 75% ～ 80% 环境下处理 3 ～ 5 天，或置于凉风下，除去田间热并促进伤口的愈合。待种球晾干后即可去叶除根，然后进行药剂处理。用链霉素与杀菌剂混合液将种球浸泡 20 ～ 30 分钟，种球晾干后即可进入冷库贮藏。

5. 种球贮藏和预处理

种球贮藏方式为干藏，即将种球分级后放入浅筐内，筐的高度以不超过 25cm 且具有通气孔为佳。每一筐内所放置的种球不超过 2 层，较小的籽球可放入湿木屑或蛭石中保持水分，避免籽球失水过多。马蹄莲花后或夏季为休眠期，休眠期间种球贮藏注意通风，保持空气新鲜。种球在 6 ～ 8℃和空气相对湿度 65% ～ 70% 条件下可保存 3 ～ 6 个月。

种球预处理时，一般将种球在 12 ～ 15℃，空气相对湿度在 50% ～ 60% 环境下预处理 2 ～ 3 周；然后转到温度 10 ～ 12℃，空气相对湿度 65% ～ 70% 的环境下贮藏 10 ～ 12 周。

## 五、栽培技术

### （一）园林露地栽培

1. 品种、种球选择及种植前处理

选择抗病性强、着花多的品种。种球要求健壮无病、色泽光亮、芽眼饱满，围径（周长）以 16 ～ 20cm 为宜。将选好的种球放入杀菌剂和赤霉素溶液中浸泡处理，取出后晾干。

2. 土壤消毒

应选择肥沃、疏松和排水良好的沙壤土。种植前应对土壤进行消毒。可选用蒸汽或土壤消毒剂。

3. 整地做畦与种植

深翻土壤，平整后做高畦。畦宽 1 ～ 1.2m、畦高 20 ～ 25cm。根据品种生长量合理确定株行距，确保芽眼朝上，覆土厚度约为种球厚度的 2 倍。种植后浇透水。

4. 肥水管理

马蹄莲对肥水要求较高，生长初期宜保持土壤湿润，在夏季应适当遮阳降温，开花后期适当控制水量。在施足基肥的情况下，彩色马蹄莲对磷、钾的需求量较大，可按氮:磷:钾为 1：1：2 比例追施。

5. 植物生长调节剂施用

在开花前喷施 100 ～ 125mg/L 赤霉素液，能显著增加抽花数量和质量。GA 使用不当时可能增加畸形花的发生率，使用前应先做小规模试验确定适宜的浓度。

### （二）切花生产

1. 栽植前处理

为提高出花率，种球种植前需要进行 GA 处理，常用处理浓度为 100 ～ 125mg/L。

2. 种植时间

依据种球规格、品种和开花上市时间以及气候情况来安排种植时间。

3. 种植要求

可采用基质槽或容器栽培，也可采用高畦栽植。种植前基质须经消毒处理，EC 值要低于 1mS/cm，pH 6.5 ～ 7.0。种植深度取决于块茎的大小，以块茎厚度的 2 ～ 3 倍为宜。种植前可提前催芽，使绿色芽眼显现。种植时，块茎的生长点朝上放置。种植密度根据品种确定，最好使用生长支撑网。

4. 水肥管理

定植后须浇透水。种植初期保持基质一定的湿润度。当第一枚叶片展开后，植株需水量增加；为防止叶片出现畸形，浇水量也不宜太多，以保证基质湿润为宜，做到有规律的浇灌。结合浇水，施入全元素营养液。及时清除杂草和带病虫植株。

彩色马蹄莲生长不同阶段要求不同的肥料组分，一般选用全元素可溶性配方肥料浇灌。营养生长期可用氮、钾比为 2 ∶ 1 的可溶性肥，可防止植株徒长，有助于提高植株对病害的抵抗力。到开花前期适当降低氮肥比例，增加磷钾肥。待开花结束后再进行营养生长时，可恢复到前面的水肥管理方式。

5. 切花采收与分级

当佛焰苞着色良好而且开始产生花粉后即可以采收切花，采收宜在温度较低时进行，以清晨或傍晚为宜。切花采收方式可用抽拔式或切割式。抽拔式能有更长花梗，基部不易反卷，但易使花茎受拉伤或导致块茎受伤感染；切割式会减少花梗长度，花茎基部易产生反卷现象，须配合保鲜液处理。将花茎直接从基部拔出或切割后立即放入盛有保鲜液的容器中，保持竖直放置，以防止花茎弯曲。

包装为每束5支，通常将马蹄莲切花质量等级分为6级，分别为特级（花枝长90cm以上）、AAA级（花枝长 70 ～ 89cm）、AA 级（花枝长 55 ～ 69cm）、A 级（花枝长 40 ～ 54cm）以及花枝长 30 ～ 39cm、20 ～ 29cm 两个小级。

6. 切花保鲜处理

切花花枝经分级包装后浸入保鲜剂，保鲜剂以杀菌剂及蔗糖为主，可参考相关配方。室温下可用保鲜剂处理 3 ～ 4 小时后，再移入 8 ～ 10℃的环境贮藏，如果冷藏时间超过 1 天时，应将花束移到清水或只含杀菌剂的水中继续冷藏。

为避免花茎弯曲变形，可在切花采收后立即吸水，并将花枝固定在支架上或较高的容器中。

7. 切花采收后的栽培管理

块茎的快速生长发育是在采花后开始的，因此，切花采收后应给植株提供适宜的水分和必要的肥料，促使块茎长大。当植株叶片完全枯萎时，新老块茎完成了交替。

### （三）盆花生产

1. 生产计划的制定

从种植到开花的时间因品种和环境温度而异，一般需要 55 ～ 80 天开第一朵花，可结合生产量与销售目标确定种植时间。

2. 种植

确保种植环境和栽培容器干净卫生，基质可选用草炭和大颗粒珍珠岩按一定配比混合，进行消毒处理，并调节好 pH 和 EC 值；花盆等容器的规格根据市场需求以及种球生长量来选择。

选用健康种球，用 80 ～ 125mg/L 的 GA 浸泡 10 ～ 15 分钟，取出晾干。不同的环境温度、品种及种植环境要求处理的浓度和时间有所不同。对部分经贮藏后表面有霉菌斑出现的种球，还可增加 0.5mg/L 百菌清或 0.5mg/L 瑞毒霉等杀菌剂浸泡处理，预防茎腐病和软腐病的发生。种植时生长点向上，覆土厚度约为种球厚度的 2 倍左右，种后浇透水。

定植后，温湿度管理参照切花生产进行。光照充足，有助于增加花的数量，提高盆花质量及植株的整体紧凑性，因此尽量保证充足光照。开花期间，温度和湿度也可适当降低，有助于延长花期。随着植株叶片伸展，及时调整盆距，确保良好的通风条件。

3. 水肥管理

由于马蹄莲的叶面积较大，需要较多的水分。在生长期要有规律的浇水，但不要让基质过湿。叶片全部抽出后植株进入旺盛生长阶段，避免过干过湿，提高植株对软腐病的抗性。有条件的温室可使用滴灌等精确灌溉方式。

肥料管理可参照切花生产中的施肥方法。

4. 植物生长调节剂处理

为使盆花开花整齐，获得理想株型，除了光照、温度等调控措施外，还可采用植物生长调节剂处理。如矮壮素处理：根据生长状况，处理的过程需要 10 ～ 14 天。为防止生长调节剂的流失，最好在浇水 2 ～ 3 天后，表层基质还比较湿润时施入。施用时间以芽长到 3 ～ 5cm 时比较适宜（图 5）。

图 5　马蹄莲设施盆花生产（上海市农业科学院）

## 六、病虫害防治

### （一）病害及其防治

马蹄莲的主要病害有细菌性软腐病、马蹄莲叶斑病、根腐病、病毒病、丝核病、腐霉病、青霉病等。其中危害最严重的是细菌性软腐病。除白色马蹄莲以外，其他种及栽培品种都较易感病。发病后病势发展迅速，容易造成植株大面积腐烂，最终植株枯倒，块茎也发生腐烂并有恶臭，极大影响产品品质和效益。彩色马蹄莲主要病害及防治措施见表 3。

### （二）虫害及其防治

马蹄莲的主要虫害有蓟马、蚜虫、叶螨等。蓟马主要危害花朵，在佛焰苞上留下病斑，降低花朵商品价值；蚜虫、叶螨等会传播病毒。因此，在整个生长季节必须有详细的虫害防治计划，防治药剂主要用内吸杀虫剂。

## 七、价值与应用

马蹄莲花形独特，花叶兼赏，可广泛用于切

表 3　彩色马蹄莲主要病虫害危害及预防措施

| 病（虫）害种类 | 病原 | 危害症状 | 预防措施 |
| --- | --- | --- | --- |
| 细菌性病害 | 欧文氏杆菌 | 被感染的叶片和叶柄变为深绿色，呈现出腐烂的斑点，黏糊状，最终倒伏。块茎开始腐烂，有臭味 | 使用新的栽培基质并进行杀菌处理，选择没有受伤的块茎，在种植过程中注意水肥管理，避免高温高湿环境，加强通风。氮钾肥比例适当，减少徒长，防止块茎受伤，确保植株生长健康。生长期可用农用链霉素浇灌，并定期叶面喷洒可杀得进行预防 |
| 土壤真菌 | 丝核菌 | 该病菌在土壤中损伤刚萌发的芽，表现为斑点状 | 使用新的基质并进行杀菌处理，对感染后的基质选用杀土壤真菌的药剂进行浇灌。在栽植后每 2 ～ 4 周使用百菌清和瑞毒霉，浓度为 1L 水用 0.5g 根菌清和 0.5g 瑞毒霉，灌根一次 |
| 土壤真菌 | 腐霉菌 | 引起根系的腐烂，使植株无法正常吸收水分 | 使用新的基质并进行杀菌处理，通过适度控水进行预防，危害明显时选用杀菌剂呋霜灵等进行浇灌 |
| 种球真菌 | 青霉菌 | 主要发生在贮藏期间，特别是受损伤的块茎容易感染，块茎组织呈现灰色或棕色 | 防止种球的机械损伤，并保持贮藏环境相对湿度不要变化太大，加强空气流动和新鲜空气的交换 |
| 虫害 | 蓟马和蚜虫 | 蓟马会在叶片或佛焰苞上留下条状痕迹，蚜虫危害会产生绿色的斑点。同时还会传播病毒 | 防止栽培环境杂草的生长和虫害传播，温室用一定密度的防虫网防护。一旦发生虫害，立即喷施杀虫剂 |

花、盆花生产和庭院、花境等各个领域，在温室环境下可周年进行生产。叶片与花气质高雅，在热带亚热带地区是花坛的好材料，还可用作盆花、切花，还可扎成花束、花篮和花圈等，具有很高的园艺和经济价值。马蹄莲的花被赋予博爱、圣洁、虔诚、永恒、优雅、高贵、尊贵、希望、高洁、纯洁等含义。叶片形状多样，上面分布的特有斑点也具有很高的观赏价值。20 世纪 80 年代国外选育出很多花色丰富的杂交园艺品种，更赋予了马蹄莲植物不俗的魅力，成为切花、盆栽观赏和庭院布景的重要花卉，更是馈赠亲友的高贵礼品，已成为国际花卉市场上重要的花卉种类之一（图 6）。

目前，世界上主要的马蹄莲种球生产国是美

图 6　马蹄莲切花、盆花及园林应用场景（图片 C-F 由 MART 提供）

A、B. 荷兰拍卖市场的彩色马蹄莲切花；C、D. 彩色马蹄莲室内、室外布置；E、F、G. 马蹄莲切花花艺与盆栽

国、新西兰、荷兰。以进口种球进行切花促成栽培的是日本、意大利、南非、肯尼亚、哥伦比亚、哥斯达黎加、中国台湾等。马蹄莲在美国的种植可追溯到140多年前，20世纪30年代就有杂交品种的生产，60年代马蹄莲切花产值曾达到百万美元。加利福尼亚州是彩色马蹄莲的重要产区之一。

我国彩色马蹄莲的引进和试种始于20世纪90年代，市场需求量逐年增加。国内的部分科研院校相继开展了彩色马蹄莲种球国产化技术的研发，目前在育种和种球国产化技术方面已取得可喜的进展。一方面，我国地域广阔，气候条件多样，许多地区具备彩色马蹄莲种球生长的自然环境，彩色马蹄莲产业发展具有很大的潜力。另一方面，我国劳动力资源丰富，劳动力成本低的优势将会在要求管理相对精细的彩色马蹄莲生产中得以发挥。

（张永春）

# *Zephyranthes* 葱莲

葱莲是石蒜科（Amaryllidaceae）葱莲属（*Zephyranthes*）多年生鳞茎类球根花卉。属名 *Zephyranthes*，由希腊语 *zephyros*（west wind 西风）和 *anthos*（flower 花）两个词组合而来，意为西风之神带来的花。因本属中的许多种具有在风雨后突然开花以及花似百合的特性，故英文名称多为 Raindrops（雨滴花），Rain lily（雨百合），Zephyr lily（西风百合），Fairy lily（仙女百合），Crocus lily（番红花百合），Flower of the westwind（西风之花），Peruvian swamp lily（秘鲁沼泽百合）等。在中国，因其形态像葱、韭，故而得名葱莲、葱兰、韭兰。在日本，则因其花洁白如玉、叶墨如帘而称之为玉帘。葱莲会在暴风雨过后立即开花，是因为在气温高、气压低、水分蒸发量较大的环境条件下，鳞茎内促使开花的激素浓度较高，进而刺激了花芽发育，在雨后会开出大量的花朵。

## 一、形态特征

多年生矮小草本植物。地下具黑色或棕色有皮鳞茎，卵球形或球形，有时具长颈。叶数枚，线形，簇生，常与花同时开放。花茎纤细，中空；花单生于花茎顶端，佛焰苞状总苞片下部管状，顶端2裂；花漏斗状，直立或略下垂，花被管长或极短；花被裂片6枚，近等长，花色多为白色、黄色、粉红色或红色；雄蕊6，着生于花被管喉部或管内，3长3短，花药背着；子房下位，每室有胚珠多颗。花期7～9月（图1）。蒴果近球形，室裂为3果瓣；种子黑色，多少扁平。细胞染色体基数 $x = 6$，7。

图1　葱莲的植株、花和鳞茎（刘钢　摄）

## 二、生态习性

葱莲属植物喜温暖、湿润、阳光充足，亦耐半阴，光照越充足越有利于鳞茎生长和开花。宜排水良好、富含腐殖质的沙质壤土，积水可能会导致球根腐烂。

## 三、种质资源与园艺品种

### （一）原种

葱莲属大约有87种，原产于美国东南部和中南部、墨西哥、西印度群岛、中美洲、南美洲。许多种自然生长于湿地。葱莲属（*Zephyranthes*）与美花莲属（*Habranthus*）相似，但后者的花不直立，雄蕊聚在一起着生于花管的一侧。我国引入栽培的主要有3种：葱莲、韭莲、黄花葱莲。

1. 葱莲 *Z. candida*

植株高 15 ～ 25cm。基生叶圆线形似葱故名葱莲。鳞茎卵形，颈部细长，外皮棕褐色。基生叶线形，长 20 ～ 30cm，宽 2 ～ 4mm，叶厚且向内卷曲。花茎中空，花单生于花茎顶部。下有带褐红色的佛焰苞状总苞片，总苞片顶端 2 裂。花纯白色，外面常带粉红色，中心绿色，雄蕊是明亮的黄橙色；花径 3 ～ 5cm，花瓣相对窄而尖，形似星状。夏秋大雨过后，花朵通常会集中开放。原产于南美洲南部（阿根廷、乌拉圭、巴拉圭和巴西南部），已从美国东南部、西印度群岛、南部非洲，包括中国、韩国、日本在内的东南亚地区归化到世界大部分地区，以及澳大利亚（昆士兰）和一些南太平洋岛屿。具有一定耐寒性，在我国华东地区可露地越冬，在华北及东北地区可作春植球根花卉栽培（图 2）。

图 2 葱莲及其在园林中的应用

2. 韭莲 *Z. carinata*

别名红玉帘、红菖蒲莲、假番红花。基生叶线形，长达 30cm，有光泽。花朵大，直径可达 10cm。花深粉红色，中心白色和绿色，雄蕊深黄橙色。花瓣非常宽阔且重叠，使花朵看起来更厚重。花期从初夏到秋季，朝开傍晚凋谢（图 3）。原产于中美洲，从墨西哥到哥伦比亚，现在已被引入其他地区并广泛归化。不耐寒，我国南方地区可露地越冬，北方地区温室栽培。

3. 黄花葱莲 *Z. citrina*

叶片暗绿色，宽至 4mm。花直立，花被片金黄色，漏斗状，花瓣相对较小，不超过 5cm；花被筒绿色，0.7 ～ 1cm。蒴果三球“品”字形排列，内有数 10 粒黑色扁平如薄膜状的种子。花期 7 ～ 9 月，比葱莲开花晚（图 4）。

### （二）园艺品种

葱莲属拥有众多的园艺杂交种，花色有白色、黄色、红色、粉色、桃红、条纹黄、橙色等。我国引种栽培的主要品种：

1. ‘胖丽丽’‘Lily Pies’

从天然杂交种‘Labuffarosea’中选育的品种，花白色，每个花瓣先端带粉红色，花瓣宽而重叠，花径 5 ～ 6cm。能生侧球，不结种子（图 5A）。

2. ‘国王的赎金’‘Kings Ramsom’

花黄色边缘橙色，花径 4 ～ 6cm，能生侧球能结种子（图 5B）。

3. ‘悸动的心’‘Heart Throb’

花瓣深玫瑰红色，中心白色，花径 5cm（图 5C）。

4. ‘多色小几何’‘Small Geometric Multicolor’

花瓣白色带粉边，花径 4cm，能生侧球能结种子（图 5D）。

## 四、繁殖和栽培管理

### （一）繁殖

1. 分球繁殖

葱莲属植物常用的营养繁殖方式为分球法，也叫分株法，春、秋季均可进行。葱莲属植物的鳞茎分生能力强，一般在春季新叶萌发前掘起老株，将小鳞茎连同须根分开栽种，每穴栽植 3 ～ 5 个球，栽植深度以鳞茎顶端稍露出土面为度，2 ～ 3 年分球 1 次。

2. 播种繁殖

葱莲属植物也可播种繁殖，春、秋季均可进

图 3　韭莲花形态及其在园林中的应用（刘军 摄）

图 4　黄花葱莲花形态及其在园林中的应用（刘钢 摄）

**图 5　葱莲属部分栽培品种**（供货商提供的网图）

A.'胖丽丽'；B.'国王的赎金'；C.'悸动的心'；D.'多色小几何'

行。首先需要采种，注意观察在果皮由绿色变为黄色时，选择饱满充实的种子及时采收，否则果实开裂，一经脱落不易收集。果实采集后，及时晾晒脱粒，将处理好的种子装入牛皮纸袋内置于通风处贮藏，以防霉烂。夏季成熟的种子随采随播，秋季成熟的种子采收后待翌年春季播种。由于种子的发芽和幼苗的生长对水分和通气要求高，一般采用混沙撒播法。

### （二）栽培

#### 1. 园林露地栽培

地栽时要施足基肥，种植不宜过深，选3～4个鳞茎一起丛植，一般每3～4年应分栽1次。栽植地点应选避风向阳、土质肥沃湿润之处。生长期间应保持土壤湿润，每年追施2～3次稀薄饼肥水，即可生长良好、开花繁茂。盛花期间如发现黄叶及残花，应及时剪掉清除，以保持美观及避免消耗更多的养分。

长江流域可在室外安全越冬。在北方地栽，秋冬季将鳞茎挖起稍晾干后用湿沙贮藏，保持0～10℃低温，翌春种植。

#### 2. 盆栽

盆栽要有充分阳光和肥水。可将素沙、泥炭和壤土等量混合作栽培基质。生长期间浇水要充足，宜经常保持盆土湿润，但不能积水。天气干旱还要经常向叶面上喷水，以增加空气湿度，否则叶尖易黄枯。生长旺盛季节，每隔半个月需追施1次稀薄液肥。北方盛夏光照强度大，应放在树荫下养护，否则会生长不良，影响开花。一批花谢后，应控水50～60天，然后恢复正常供水。如此干湿交替，可促使多次开花，一年可开花2～3次。到了叶片枯萎的季节需控制浇水量，让盆栽保持略干燥的状态。冬季白天温度在15℃以上，夜间温度不低于10℃，阳光充足，可继续开花。

#### 3. 种球采收与采后处理

花后进行种球的采收。将鳞茎挖起，剪去种球的须根，去除黄叶、枯叶，适当修剪之后浸泡在多菌灵中消毒，种球晾干之后直接栽植或短期保存。葱莲属的种球可以保存半年之久，但是保存的时间越长，发芽的概率越低，因此不建议长时间保存。一般放在0～10℃室内保存即可，翌年春天栽种。

### （三）病虫害防治

葱莲属植物的病害主要有叶枯病、炭疽病、黄化病、红斑病、叶斑病等。虫害主要有夜蛾、蓟马和蚜虫等。应从立地条件、栽培管理、喷洒杀菌剂等方面综合考虑，合理防治。

病害防治可在发病初期喷洒70%～75%甲基托布津可湿性粉剂800～1000倍液、75%百菌清可湿性粉剂500～800倍液或25%炭特灵可湿性粉剂500倍液、25%苯菌灵乳油900倍液，或50%退菌特800～1000倍液，或50%炭福美可湿性粉剂500倍液。每隔7～10天1次，连续2～4次。发生虫害可喷施米满800～1000倍液、2.5%溴氰菊酯乳油3000倍液或5%高氯·啶虫脒（蓟马专杀）乳油1500～2000倍液。药物交替使用，以防植物产生抗药性。

## 五、价值与应用

葱莲属植物植株矮小，叶绿花繁，花期长，抗性强，适用于园林中花境、花坛或林下、林缘或开阔地作为地被花卉，可大面积种植单一种类，形成地毯式的壮观群体景观。也可以种植于乔灌木之下或疏林草地中，草坪中丛植或散植，组成缀花草坪；也适用于岩石园、旱溪中作为点缀，也可用于庭院小径旁栽植或盆栽供室内观赏。

（周翔宇）

# 球根花卉重要性状一览表

| 序 | 属（种）学名 | 属（种）中名 | 科名 | 类别 | 植期 | 株高 | 观赏期 | | | | 花色 | | | | | | | | | 备注 |
|---|---|---|---|---|---|---|---|---|---|---|---|---|---|---|---|---|---|---|---|---|
| | | | | | | | 春 | 夏 | 秋 | 冬 | 白 | 粉 | 红 | 紫 | 蓝 | 绿 | 黄 | 橙 | 其他 | |
| 1 | ***Achimenes*** | 圆盘花属（长筒花属） | 苦苣苔科 | 根茎 | 春植 | 中、小 | | 夏 | 秋 | | 白 | 粉 | 红 | 紫 | 蓝 | | 黄 | | | |
| 2 | *Acidanthera* | 菖蒲鸢尾属 | 鸢尾科 | | 春植 | | | | | | 白 | | | | | | | | | 朝日 |
| 3 | ***Agapanthus*** | 百子莲属 | 石蒜科/百子莲科 | 根茎 | 春植、秋植 | 大 | | 夏 | | | 白 | | | 紫 | 蓝 | | | | | |
| 4 | *Albuca* | 哨兵花属 | 天门冬科 | 鳞茎 | 秋植 | 小 | 春 | 夏 | | | 白 | | | | | | 黄 | | | 朝日，RHS |
| 5 | ***Allium*** | 葱属 | 石蒜科 | 鳞茎 | 秋植 | 大、中、小 | 春 | 夏 | | | 白 | 粉 | 红 | 紫 | 蓝 | 绿 | 黄 | | | |
| 6 | *Alophia* | 旋桨鸢尾属 | 鸢尾科 | | 秋植 | | | | | | | | | | 蓝 | | | | | 朝日 |
| 7 | *Alstroemeria* | 六出花属 | 六出花科 | 根茎、块茎 | 秋植、春植 | 大、中、小 | | 夏 | | | | 粉 | 红 | | | | 黄 | 橙 | | 朝日，RHS |
| 8 | ***Amaryllis*** | 孤挺花属 | 石蒜科 | 鳞茎 | 秋植 | 大 | 春 | | 秋 | 冬 | 白 | | 红 | | | | | | | |
| 9 | *Amarcrinum* (*Amaryllis* and *Crium*) | 孤君兰属 | 石蒜科 | 鳞茎 | 春植 | 大 | | 夏 | 秋 | | | 粉 | | | | | | | | RHS |
| 10 | *Amarigia* (*Amaryllis* and *Brunsvigia*) | 孤挺灯台花属 | 石蒜科 | 鳞茎 | 春植 | 大 | | 夏 | 秋 | | | 粉 | | | | | | | | RHS |
| 11 | ***Amorphophallus*** | 魔芋属 | 天南星科 | 块茎 | 春植 | 中 | 春 | 夏 | | | | | 红 | | | 绿 | | | | |
| 12 | ***Anemone*** | 银莲花属 | 毛茛科 | 块茎 | 秋植 | 中、小 | 春 | | | | 白 | 粉 | 红 | 紫 | 蓝 | | | | | |
| 13 | *Arisaema* | 天南星属 | 天南星科 | 块茎 | 春植、秋植 | 大、中 | 春 | 夏 | | | 白 | | | | | 绿 | | | | 朝日，RHS |
| 14 | *Aristea* | 蓝星鸢尾属 | 鸢尾科 | 根茎 | 春植、秋植 | 大、中 | | 夏 | | | | | | 紫 | 蓝 | | | | | 朝日 |
| 15 | ***Arum*** | 疆南星属 | 天南星科 | 块茎 | 秋植 | 中、小 | 春 | | 秋 | | | | | 紫 | | 绿 | 黄 | | | |
| 16 | ***Babiana*** | 狒狒花属（狒狒草属） | 鸢尾科 | 球茎 | 秋植 | 小 | 春 | 夏 | | | | | | 紫 | 蓝 | | | | | |
| 17 | ***Begonia ×tuberhybrida*** | 球根秋海棠 | 秋海棠科 | 块茎、根茎 | 春植 | 中、小 | | 夏 | | | 白 | | 红 | | | | 黄 | | | |
| 18 | *Bellevalia* | 罗马风信属 | 天门冬科 | 鳞茎 | 秋植 | 小 | 春 | | | | | | | | 蓝 | | | | | RHS |
| 19 | *Biarum* | 破土芋属 | 天南星科 | 块茎 | 秋植 | 小 | | | 秋 | | | | | 紫 | | | | | 黑 | RHS |
| 20 | *Bletilla* | 白及属 | 兰科 | 根茎 | 秋植 | 中 | 春 | | | | 白 | | | 紫 | | | | | | 花卉学 |

续表

| 序 | 属（种）学名 | 属（种）中名 | 科名 | 类别 | 植期 | 株高 | 观赏期 | | | | 花色 | | | | | | | | | 备注 |
|---|---|---|---|---|---|---|---|---|---|---|---|---|---|---|---|---|---|---|---|---|
| | | | | | | | 春 | 夏 | 秋 | 冬 | 白 | 粉 | 红 | 紫 | 蓝 | 绿 | 黄 | 橙 | 其他 | |
| 21 | *Brimeura* | 紫晶风信属 | 天门冬科 | 鳞茎 | 秋植、夏植 | 小 | 春 | | | | | | | | 蓝 | | | | | RHS |
| 22 | *Brodiaea* | 紫灯韭属 | 天门冬科 | 鳞茎 | 秋植 | 小 | 春 | | | | | | | | 蓝 | | | | | 朝日 |
| 23 | *Bulbocodium* | 春水仙属 | 秋水仙科 | 球茎 | 秋植 | 小 | 春 | | | | | | | 紫 | | | | | | RHS |
| 24 | ***Caladium*** | 花叶芋属（五彩芋属） | 天南星科 | 块茎 | 春植 | 中 | | 夏 | | | 白 | | 红 | | | | | | | |
| 25 | *Calochortus* | 仙灯属 | 百合科 | 鳞茎 | 秋植 | 中、小 | 春 | 夏 | | | 白 | | | 紫 | 蓝 | | 黄 | 橙 | | 朝日，RHS |
| 26 | ***Camassia*** | 克美莲属（糠米百合属） | 天门冬科 | 鳞茎 | 秋植 | 大 | 春 | 夏 | | | 白 | | | 紫 | 蓝 | | 黄 | 橙 | | |
| 27 | ***Canna*** | 美人蕉属 | 美人蕉科 | 根茎 | 春植 | 大 | | 夏 | | | | | 红 | | | | | 橙 | | |
| 28 | ***Cardiocrinum*** | 大百合属 | 百合科 | 鳞茎 | 秋植 | 大 | | 夏 | | | 白 | 粉 | | | | | | | | |
| 29 | ***Chionodoxa*** | 雪光花属 | 百合科 | 鳞茎 | 秋植 | 小 | 春 | | | | | 粉 | | | 蓝 | | | | | |
| 30 | *Chlidanthus* | 黛玉花属 | 石蒜科 | 鳞茎 | 春植 | 小 | | 夏 | | | | | | | | | 黄 | | | RHS |
| 31 | *Chionoscilla* (*Scilla* and *Chionodoxa*) | 雪光绵枣儿属 | 百合科 | 鳞茎 | 夏植、秋植 | 小 | 春 | | | | | | | | 蓝 | | | | | RHS |
| 32 | *Clivia* | 君子兰属 | 石蒜科 | 根茎 | 冬植、春植 | 中 | 春 | 夏 | | | | | | | | | | 橙 | | RHS |
| 33 | ***Colchicum*** | 秋水仙属 | 秋水仙科 | 球茎 | 秋植 | 小 | 春 | | 秋 | | 白 | 粉 | | | | | 黄 | 橙 | | |
| 34 | ***Colocasia*** | 芋属 | 天南星科 | 块茎 | 春植 | 大 | | 夏 | | | | | | | | | | | 叶色紫黑 | |
| 35 | ***Convallaria*** | 铃兰属 | 天门冬科 | 根茎 | 秋植 | 中 | 春 | | | | 白 | | 红 | | | | | | | |
| 36 | ***Crinum*** | 文殊兰属 | 石蒜科 | 鳞茎 | 春植 | 大、中 | 春 | 夏 | | | 白 | 粉 | | | | | | | | |
| 37 | ***Crocosmia*** | 雄黄兰属 | 鸢尾科 | 球茎 | 春植 | 大、中 | | 夏 | | | | | 红 | | | | 黄 | 橙 | | |
| 38 | ***Crocus*（V）** | 番红花属 | 鸢尾科 | 球茎 | 秋植 | 小 | 春 | | | | 白 | | | | 蓝 | 紫 | 黄 | 橙 | | |
| 39 | ***Curcuma*** | 姜黄属（姜荷属） | 姜科 | 块根 | 春植 | 大 | | 夏 | | | | 粉 | | | | | | | | |
| 40 | ***Cyclamen*** | 仙客来属 | 报春花科 | 块茎 | 秋植 | 小 | 春 | 夏 | 秋 | 冬 | 白 | 粉 | | | | | | | | |
| 41 | *Cypella* | 杯鸢花属 | 鸢尾科 | 鳞茎 | 春植 | 中 | | 夏 | | | | | | | | | 黄 | | | 朝日，RHS |
| 42 | *Cyrtanthus* | 曲管花属 | 石蒜科 | 鳞茎 | 春植 | 中、小 | | 夏 | | | 白 | | 红 | | | | 黄 | 橙 | | 朝日，RHS |
| 43 | ***Dahlia*（V）** | 大丽花属 | 菊科 | 块根 | 春植 | 大 | | 夏 | 秋 | | 白 | | 红 | | | | 黄 | | 多色 | |
| 44 | *Dichelostemma* | 蓝壶韭属 | 天门冬科 | 鳞茎 | 秋植、春植 | 大 | | 夏 | | | | | | 紫 | | | | | | |
| 45 | ***Dierama*** | 漏斗花属（漏斗鸢尾属） | 鸢尾科 | 球茎 | 春植、秋植 | 大 | | 夏 | | | | 粉 | 红 | 紫 | | 绿 | | | | |
| 46 | *Dietes* | 离被鸢尾属 | 鸢尾科 | 根茎 | 春植、秋植 | 大、中 | 春 | 夏 | | | 白 | | | | | | 黄 | | | |

续表

| 序 | 属（种）学名 | 属（种）中名 | 科名 | 类别 | 植期 | 株高 | 观赏期 | | | | 花色 | | | | | | | | | 备注 |
|---|---|---|---|---|---|---|---|---|---|---|---|---|---|---|---|---|---|---|---|---|
| | | | | | | | 春 | 夏 | 秋 | 冬 | 白 | 粉 | 红 | 紫 | 蓝 | 绿 | 黄 | 橙 | 其他 | |
| 47 | *Dipcadi* | 尾风信子属 | 天门冬科 | 鳞茎 | 秋植 | 小 | 春 | | | | | | | | | | | 橙 | | RHS |
| 48 | *Dracunculus* | 龙芋属 | 天南星科 | 块茎 | 夏植、秋植 | 大 | | 夏 | | | | | 红 | | | | | | | RHS |
| 49 | *Drimiopsis maculata* | 油点百合 | 百合科 | 鳞茎 | 秋植 | 小 | 春 | | | | | | | | | | | | | |
| 50 | ***Drosera*** | 茅膏菜属（食虫植物） | 茅膏菜科 | 球茎 | 春植 | 小 | 春 | 夏 | | | 白 | | 红 | | | | | | | |
| 51 | ***Eranthis*** | 菟葵属 | 毛茛科 | 块茎 | 秋植 | 小 | 春 | | | 冬 | | | | | | | 黄 | | | |
| 52 | ***Eremurus*** | 独尾草属 | 阿福花科 | 块根 | 春植、秋植 | 大 | | 夏 | | | 白 | | 红 | | | | 黄 | | | |
| 53 | ***Erythronium*** | 猪牙花属 | 百合科 | 块茎 | 秋植 | 大、中、小 | 春 | | | | 白 | 粉 | | | | 绿 | 黄 | 橙 | | |
| 54 | ***Eucharis*** | 南美水仙属（油加律属） | 石蒜科 | 鳞茎 | 春植 | 中 | | | | 冬 | 白 | | | | | | | | | |
| 55 | ***Eucomis*** | 凤梨百合属 | 天门冬科 | 鳞茎 | 春植 | 大、中 | 春 | 夏 | | | 白 | 粉 | | | | 绿 | 黄 | | | |
| 56 | *Eucrosia bicolor* | 龙须石蒜 | 石蒜科 | 鳞茎 | 秋植 | 大 | 春 | | | | | | 红 | | | | | | | |
| 57 | *Ferraria* | 魔星兰属 | 鸢尾科 | 球茎 | 夏植、秋植 | 中 | 春 | | | | | | | | | 绿 | | | 棕 | |
| 58 | ***Freesia*** | 香雪兰属（小苍兰属） | 鸢尾科 | 球茎 | 秋植、春植 | 中 | | | | 冬 | | | 红 | | | | 黄 | | | |
| 59 | ***Fritillaria*** | 贝母属 | 百合科 | 鳞茎 | 秋植 | 大、中、小 | 春 | 夏 | | | 白 | | 红 | 紫 | | 绿 | 黄 | 橙 | | |
| 60 | ***Gagea*** | 顶冰花属 | 百合科 | 鳞茎 | 春植 | 小 | | 夏 | | | 白 | | | | | | | | | |
| 61 | ***Galanthus*** | 雪滴花属（雪花莲属） | 石蒜科 | 鳞茎 | 秋植 | 小 | | | | 冬 | 白 | | | | | | | | | |
| 62 | ***Galtonia*** | 夏风信子属 | 天门冬科 | 鳞茎 | 春植、秋植 | 大 | 春 | 夏 | | | 白 | | | | | 绿 | | | | |
| 63 | *Geissorhiza* | 酒杯花属 | 鸢尾科 | 球茎 | 秋植 | | | | | | | | 红 | 紫 | | | 黄 | | | 朝日，Blubs |
| 64 | ***Gladiolus*（V）** | 唐菖蒲属 | 鸢尾科 | 球茎 | 春植 | 大、中 | 春 | 夏 | | | 白 | 粉 | 红 | | | | 黄 | | 多色 | |
| 65 | ***Gloriosa*** | 嘉兰属 | 秋水仙科 | 块茎 | 春植 | 大 | | 夏 | | | | | 红 | | | | | | | |
| 66 | *Gloxinia* | 小岩桐属 | 苦苣苔科 | 根茎 | 春植、夏植 | 中 | | 夏 | 秋 | | | | | 紫 | | | | | | RHS |
| 67 | *Gynandriris* | 阴阳兰属 | 鸢尾科 | 球茎 | 秋植 | 小 | 春 | 夏 | | | | | | 紫 | | | | | | RHS |
| 68 | *Habranthus* | 美花莲属 | 石蒜科 | 鳞茎 | 春植 | 小 | | | 秋 | | | 粉 | | | | | 黄 | | | 朝日，RHS |
| 69 | *Haemanthus* | 虎耳兰属 | 石蒜科 | 鳞茎 | 夏植 | 小 | | 夏 | | | 白 | | 红 | | | | | | | |
| 70 | ***Hedychium*** | 姜花属 | 姜科 | 根茎 | 春植 | 大 | | 夏 | | | 白 | | | | | | 黄 | 橙 | | |
| 71 | *Hermodactylus* | 黑花鸢尾属 | 鸢尾科 | 块茎 | 夏植 | 中 | 春 | | | | | | | | | 绿 | | | | RHS |
| 72 | *Hesperantha* | 夜鸢尾属 | 鸢尾科 | 球茎 | 秋植、春植 | 小 | 春 | | | | 白 | 粉 | | | | | 黄 | | | |
| 73 | ***Hippeastrum*** | 朱顶红属 | 石蒜科 | 鳞茎 | 春植、秋植 | 大、中、小 | | 夏 | 秋 | 冬 | 白 | 粉 | 红 | 紫 | | | 黄 | | | |
| 74 | *Homeria* | 假郁金属 | 鸢尾科 | 球茎 | 秋植 | 中 | | | | | | | | | 蓝 | | 黄 | 橙 | | 朝日 |
| 75 | *Hyacinthella* | 小风信子属 | 天门冬科 | 鳞茎 | 秋植 | 小 | 春 | | | | | | | 紫 | 蓝 | | | | | RHS |

续表

| 序 | 属（种）学名 | 属（种）中名 | 科名 | 类别 | 植期 | 株高 | 观赏期 | | | | 花色 | | | | | | | | | 备注 |
|---|---|---|---|---|---|---|---|---|---|---|---|---|---|---|---|---|---|---|---|---|
| | | | | | | | 春 | 夏 | 秋 | 冬 | 白 | 粉 | 红 | 紫 | 蓝 | 绿 | 黄 | 橙 | 其他 | |
| 76 | *Hyacinthoides* | 蓝铃花属 | 天门冬科 | 球茎、鳞茎 | 秋植 | 中 | 春 | | | | | | | | 蓝 | | | | | |
| 77 | ***Hyacinthus*（V）** | 风信子属 | 天门冬科 | 鳞茎 | 秋植 | 小 | 春 | | | | 白 | 粉 | 红 | 紫 | 蓝 | | 黄 | | | |
| 78 | ***Hymenocallis*** | 水鬼蕉属（蜘蛛百合） | 石蒜科 | 鳞茎 | 夏植、春植 | 大中 | 春 | 夏 | | 冬 | 白 | | | | | 绿 | | | | |
| 79 | *Hypoxis* | 小金梅草属 | 仙茅科 | 球茎 | 春植、秋植 | 小 | 春 | 夏 | | | 白 | | | | | | 黄 | | | RHS |
| 80 | *Ipheion* | 春星韭属 | 石蒜科 | 鳞茎 | 夏植、秋植 | 小 | 春 | | | | | | | 紫 | 蓝 | | | | | RHS |
| 81 | ***Iris* × *hollandica*** | 荷兰鸢尾 | 鸢尾科 | 鳞茎、根茎 | 秋植、夏植 | 大、中、小 | 春 | 夏 | | | 白 | | 红 | | 蓝 | | 黄 | | 双色 | |
| 82 | *Ixia* | 谷鸢尾属 | 鸢尾科 | 球茎 | 秋植 | 中 | 春 | 夏 | | | 白 | 粉 | 红 | | | 绿 | 黄 | | | 朝日 |
| 83 | *Ixioliron* | 鸢尾蒜属 | 鸢尾蒜科 | 鳞茎 | 秋植 | 中 | 春 | | | | | | | | 蓝 | | | | | 朝日，RHS |
| 84 | *Lachenalia* | 纳金花属 | 天门冬科 | 鳞茎 | 秋植 | 中、小 | 春 | | | 冬 | 白 | | 红 | 紫 | 蓝 | | 黄 | 橙 | | 朝日，RHS |
| 85 | *Lapeirousia* | 长管鸢尾属 | 鸢尾科 | 球茎 | 秋植、春植 | 小 | | 夏 | | | | | 红 | 紫 | | | | | | 朝日 |
| 86 | *Ledebouria* | 红点草属 | 天门冬科 | 鳞茎 | 春植 | 小 | 春 | 夏 | | | | | | | | 绿 | | | | RHS |
| 87 | *Leucocoryne* | 白棒莲属 | 石蒜科 | 鳞茎 | 秋植 | 中 | 春 | | | | | | | | 蓝 | | | | | 朝日，RHS |
| 88 | ***Leucojum*** | 雪片莲属（雪花水仙属） | 石蒜科 | 鳞茎 | 秋植 | 大、小 | 春 | | 秋 | | 白 | 粉 | | | | | | | | |
| 89 | ***Liatris*** | 蛇鞭菊属 | 菊科 | 块茎、球茎 | 春植 | 大、中 | | 夏 | 秋 | | 白 | | 红 | | 蓝 | | | | | RHS |
| 90 | ***Lilium*（V）** | 百合属 | 百合科 | 鳞茎 | 秋植 | 大 | | 夏 | | | 白 | | 红 | | | | 黄 | | 多色 | |
| 91 | *Littonia* | 黄嘉兰属 | 秋水仙科 | 块茎 | 春植 | 大 | | 夏 | | | | | | | | | 黄 | | | RHS |
| 92 | ***Lycoris*** | 石蒜属 | 石蒜科 | 鳞茎 | 秋植、春植 | 中 | | 夏 | 秋 | | | | 红 | | | | | | | |
| 93 | *Merendera* | 长瓣秋水仙属 | 秋水仙科 | 球茎 | 秋植 | 小 | 春 | | | | 白 | 粉 | | | | | | | | RHS |
| 94 | *Milla* | 高杯葱属 | 天门冬科 | 鳞茎 | 春植 | 中 | | 夏 | | | 白 | | | | | | | | | 朝日 |
| 95 | ***Moraea*** | 肖鸢尾属 | 鸢尾科 | 球茎 | 秋植、夏植 | 大、中 | | 夏 | | | | | | | 蓝 | 绿 | 黄 | 橙 | | |
| 96 | ***Muscari*** | 葡萄风信子属（蓝壶花属） | 天门冬科 | 鳞茎 | 秋植、夏植 | 中、小 | 春 | | | | | | | 紫 | 蓝 | | 黄 | | | |
| 97 | ***Narcissus*（V）** | 水仙属 | 石蒜科 | 鳞茎 | 秋植 | 中 | 春 | | | | 白 | | | | | | 黄 | 橙 | | |
| 98 | *Nectaroscordum* | 蜜腺韭属 | 石蒜科 | 鳞茎 | 秋植 | 大 | 春 | 夏 | | | 白 | 粉 | | 紫 | | 绿 | | | | RHS |

续表

| 序 | 属（种）学名 | 属（种）中名 | 科名 | 类别 | 植期 | 株高 | 观赏期 | | | | 花色 | | | | | | | | | 备注 |
|---|---|---|---|---|---|---|---|---|---|---|---|---|---|---|---|---|---|---|---|---|
| | | | | | | | 春 | 夏 | 秋 | 冬 | 白 | 粉 | 红 | 紫 | 蓝 | 绿 | 黄 | 橙 | 其他 | |
| 99 | *Neomarica* | 马蝶花属 | 鸢尾科 | 根茎 | 春植、夏植 | 大 | | 夏 | | | | | | | 蓝 | | | | | |
| 100 | ***Nerine*** | 纳丽花属（尼润花属） | 石蒜科 | 鳞茎 | 秋植 | 中 | | | 秋 | | 白 | 粉 | 红 | | | | | 橙 | | |
| 101 | ***Nomocharis*** | 豹子花属 | 百合科 | 鳞茎 | 冬植、春植 | 大 | | 夏 | | | 白 | 粉 | | | | | | | | |
| 102 | ***Notholirion*** | 假百合属 | 百合科 | 鳞茎 | 冬植、春植 | 大 | | 夏 | | | | 粉 | 红 | 紫 | | | | | | |
| 103 | *Onixotis* (*Dipidax*) | 缀星花属 | 秋水仙科 | 球茎 | 秋植 | 中 | 春 | | | | 白 | | | | | | | | | 朝日，Bulbs |
| 104 | ***Ornithogalum*** | 虎眼万年青属（春慵花属） | 天门冬科 | 鳞茎 | 秋植、春植 | 中、小 | 春 | 夏 | | | 白 | 粉 | | | | | | | | |
| 105 | ***Oxalis*** | 酢浆草属 | 酢浆草科 | 鳞茎、块茎、块根、根茎 | 秋植、春植 | 中、小 | 春 | 夏 | | | 白 | | 红 | | | | 黄 | | | |
| 106 | *Pamianthe* | 白杯水仙属 | 石蒜科 | 鳞茎 | 春植 | 中 | 春 | | | | 白 | | | | | | | | | RHS |
| 107 | *Pancratium* | 全能花属 | 石蒜科 | 鳞茎 | 秋植 | 中 | | 夏 | | | 白 | | | | | | | | | RHS |
| 108 | *Patersonia* | 延龄鸢尾属 | 鸢尾科 | 根茎 | 秋植 | 中 | | 夏 | | | | | | | | | 紫 | | | RHS |
| 109 | *Phaedranassa* | 绿尖石蒜属 | 石蒜科 | 鳞茎 | 春植 | 大、中 | 春 | 夏 | | | | 粉 | | | | | | | | RHS |
| 110 | ***Polianthes*** | 晚香玉属 | 天门冬科/龙舌兰科 | 块茎 | 春植 | 大、中 | | 夏 | | | 白 | | | | | | 黄 | 橙 | | |
| 111 | *Puschkinia scilloides* | 蚁播花 | 天门冬科 | 鳞茎 | 秋植、夏植 | 小 | 春 | | | | 白 | | | 紫 | 蓝 | | | | | 朝日，RHS |
| 112 | ***Ranunculus asiaticus*** | 花毛茛 | 毛茛科 | 块根、根茎 | 秋植、春植 | 中 | | 夏 | 秋 | | | | 红 | 紫 | 蓝 | | 黄 | 橙 | | |
| 113 | *Rhodohypoxis baurii* | 红金梅草（樱茅属） | 仙茅科 | 鳞茎、块茎 | 春植 | 小 | 春 | 夏 | | | 白 | 粉 | 红 | | | | | | | 朝日 |
| 114 | *Rhodophiala* | 小顶红属 | 石蒜科 | 鳞茎 | 秋植、春植 | 中 | 春 | 夏 | | | | | 红 | | | | | | | 朝日，RHS |
| 115 | *Romulea* | 沙红花属 | 鸢尾科 | 球茎 | 秋植、春植 | 小 | 春 | 夏 | | | | 粉 | | 紫 | | | 黄 | | | 朝日，RHS |
| 116 | *Roscoea* | 象牙参属 | 姜科 | 块茎 | 春植 | 小 | | 夏 | 秋 | | | | | 紫 | | | 黄 | | | RHS |
| 117 | ***Sandersonia*** | 提灯花属 | 秋水仙科 | 块茎 | 春植 | 中 | | 夏 | | | | | | | | | 黄 | 橙 | | |
| 118 | ***Sauromatum*** | 斑龙芋属 | 天南星科 | 块茎 | 春植 | 中 | 春 | | | | | | 红 | 紫 | | | | | | |
| 119 | ***Scadoxus*** | 网球花属 | 石蒜科 | 鳞茎 | 春植 | 大 | 春 | 夏 | | | | | 红 | | | | | | | RHS |
| 120 | ***Scilla*** | 蓝瑰花属（绵枣儿属） | 天门冬科 | 鳞茎 | 秋植、夏植 | 中、小 | 春 | 夏 | 秋 | | 白 | 粉 | | 紫 | 蓝 | | | | | |

续表

| 序 | 属（种）学名 | 属（种）中名 | 科名 | 类别 | 植期 | 株高 | 观赏期 春 | 夏 | 秋 | 冬 | 花色 白 | 粉 | 红 | 紫 | 蓝 | 绿 | 黄 | 橙 | 其他 | 备注 |
|---|---|---|---|---|---|---|---|---|---|---|---|---|---|---|---|---|---|---|---|---|
| 121 | ***Sinningia*** | 大岩桐属 | 苦苣苔科 | 块茎 | 秋植、春植、夏植 | 中、小 | 春 | 夏 | | | 白 | | 红 | 紫 | 蓝 | | 黄 | | | |
| 122 | ***Sparaxis*** (*Streptanthera*) | 魔杖花属 | 鸢尾科 | 球茎 | 秋植 | 小 | 春 | 夏 | | | 白 | | 红 | 紫 | | | 黄 | 橙 | | 朝日 |
| 123 | *Spiloxene* | 小星梅草属 | 仙茅科 | 鳞茎 | 秋植 | | | | | | | | | | | | 黄 | | | Bulbs |
| 124 | ***Sprekelia*** | 燕水仙属（龙头花属） | 石蒜科 | 鳞茎 | 秋植 | 中 | 春 | | | | | | 红 | 紫 | | | | | | |
| 125 | *Stenomesson* | 狭管蒜属 | 石蒜科 | 鳞茎 | 秋植 | 中、小 | 春 | | | 冬 | 白 | | 红 | | | | | 橙 | | RHS |
| 126 | *Sternbergia* | 黄韭兰属 | 石蒜科 | 鳞茎 | 秋植、春植 | 小 | 春 | | 秋 | | 白 | | | | | 绿 | 黄 | | | 朝日，RHS |
| 127 | *Tecophilaea* | 智利蓝番红花（蓝星花） | 蓝嵩莲科 | 球茎 | 秋植 | 小 | 春 | | | | | | | | 蓝 | | | | | RHS |
| 128 | ***Tigridia*** | 虎皮花属（虎皮兰属） | 鸢尾科 | 球茎、鳞茎 | 春植 | 中 | | 夏 | | | | | | | | | 黄 | 橙 | | |
| 129 | ***Trillium*** | 延龄草属 | 藜芦科 | 根茎 | 夏植、秋植 | 中、小 | 春 | | | | 白 | | 红 | | | | 黄 | | | |
| 130 | *Triteleia* | 无味韭属 | 天门冬科 | 球茎 | 秋植 | 中、小 | 春 | 夏 | | | 白 | | | | 蓝 | | | | | RHS |
| 131 | ***Tritonia*** | 观音兰属 | 鸢尾科 | 球茎 | 秋植 | 中、小 | | 夏 | | | 白 | 粉 | 红 | | | | 黄 | | | |
| 132 | ***Tulbaghia*** | 紫娇花属 | 石蒜科 | 鳞茎 | 春植 | 小 | 春 | 夏 | | | 白 | | 红 | | | | | | | |
| 133 | ***Tulipa*（V）** | 郁金香属 | 百合科 | 鳞茎 | 秋植 | 中 | 春 | | | | 白 | | 红 | | | | 黄 | | 多色 | |
| 134 | *Veltheimia* | 仙火花属 | 天门冬科 | 鳞茎 | 秋植 | 中 | | | | 冬 | | | 红 | | | | | | | RHS |
| 135 | *Watsonia* | 弯管鸢尾属 | 鸢尾科 | 球茎 | 秋植 | 大 | | 夏 | | | | | 红 | | | | | | | 朝日，RHS |
| 136 | ***Zantedeschia*** | 马蹄莲属 | 天南星科 | 块茎 | 春植 | 大、中 | 春 | 夏 | | | 白 | | | | | | 黄 | | | |
| 137 | ***Zephyranthes*** | 葱莲属 | 石蒜科 | 鳞茎 | 春植、秋植 | 中、小 | | | 秋 | | 白 | 粉 | | | | | | 橙 | | |
| 138 | *Zigadenus* | 沙盘花属 | 藜芦科 | 鳞茎 | 春植、秋植 | 中 | | 夏 | | | 白 | | | | | | 黄 | | | RHS |

备注：（1）学名加粗的为本书收录的。

（2）种类：北京林业大学园林系花卉教研组《花卉学》（花卉学），朝日园艺百科 11–13（朝日），RHS New Encyclopedia of Plants and Flowers（RHS）。Bulbs

（3）分类：中国维管植物科属词典，植物智 iPlant，Plant Systematics（4th）。

（4）性状：RHS New Encyclopedia of Plants and Flowers, Bulbs。

（5）类别：鳞茎 bulbs，球茎 Corms，块茎 Tubers，Rhizomes 根茎，块根 Tuberous roots。

（6）株高：大＞60cm，中 23～60cm，小＜23cm。

（7）花色：白、粉、红、紫、蓝、灰、绿、黄、橙。

（8）V：指重要属。

（刘青林　代羽涵）

# 球根花卉主要科简介

## 【单子叶植物分支】

### 1. 天南星科 Araceae（APG Ⅳ No. 028，下同）

陆生或水生草本。具块茎或伸长的根茎。叶通常基生，如茎生则为互生，螺旋状排列或二列，基部具鞘。肉穗花序，具佛焰苞。花两性或单性，辐射对称；花被缺或为4～8个鳞片状；雄蕊1至多数，分离或合生成雄蕊柱；子房由1至数心皮合成。浆果。30属（中国）/117属（世界），190种（中国）/4095种（世界）。世界广布，主产热带和亚热带；中国南北均产，主产西南和华南。

***Amorphophallu*** 魔芋属（加粗和黑体字为本书收录）

*Arisaema* 天南星属（出自朝日园艺，RHS）

***Arum*** 疆南星属

*Biarum*△破土芋属（带△为外来属，RHS）

***Caladium***△花叶芋属（五彩芋属）

***Colocasia*** 芋属

*Dracunculus*△龙芋属（RHS）

***Sauromatum*** 斑龙芋属

***Zantedeschia***△马蹄莲属

### 2. 藜芦科（黑药花科）Melanthiaceae（053）

草本，具根状茎或球茎。单叶互生或轮生。单花、总状或圆锥花序；花被片6（或多），两轮，辐射对称。蒴果，稀浆果。7属/11～16属，49种/154～201种。主产北温带和寒温带；中国产华中、华南和西南。

***Trillium*** 延龄草属

*Zigadenus* 棋盘花属（RHS）

### 3. 六出花科（扭柄叶科）Alstroemeriaceae△（055）

直立或缠绕多年生草本，具根茎。单叶，全缘，通常在基部扭曲。伞形花序顶生，具苞片；花被片3+3，花色美丽。子房下位。干果常开裂，或肉质蒴果室背开裂。4属约254种。主产中、南美洲；我国引进1属。

*Alstromeria*△六出花属（朝日园艺，RHS）

### 4. 秋水仙科 Colchicaceae（056）

草本，具球茎。叶互生，螺旋状排列。无限或有限花序，顶生或腋生；花被片6，“U”形，覆瓦状排列。蒴果。3属/15属，17种/246种。广布种；中国南北均产。

*Bulbocodium* 春水仙属（RHS）

***Colchicum***△秋水仙属

***Gloriosa*** 嘉兰属

*Littonia*△黄嘉兰属（RHS）

*Merendera*△长瓣秋水仙属（RHS）

*Onixotis* (*Dipidax*)△缀星花属（朝日园艺，Bulbs）

***Sandersonia***△提灯花属

### 5. 百合科 Liliaceae（060）

多年生草本，具鳞茎或根状茎。叶基生或茎生，后者多互生，少对生或轮生，全缘，平行脉。花单生或成总状、伞形花序；花被片6，基部具蜜腺。蒴果。13属/15～17属，148种/635种。世界广布，主产北温带；中国南北均产，西南尤盛。

*Calochortus*△仙灯属（朝日园艺，RHS）

***Cardiocrinum*** 大百合属

***Chionodoxa***△雪光花属

*Chionoscilla*△ (*Scilla* and *Chionodoxa*) 雪光绵枣儿属（RHS）

***Drimiopsis***△豹叶百合属

***Erythronium*** 猪牙花属

***Fritillaria*** 贝母属

***Gagea*** 顶冰花属

***Lilium*（Ⅴ，指重要属，下同）百合属**

***Nomocharis*** 豹子花属

***Notholirion*** 假百合属

***Tulipa***（Ⅴ）郁金香属

### 6. 兰科 Orchidaceae（061）

多年生草本，有共生菌根，陆生常具块茎，附生常具假鳞茎。叶互生。总状或圆锥花序，花两性，两侧对称；花被片 6，2 轮，特化唇瓣，雄雌蕊合生成蕊柱。蒴果，种子小且极多，无胚乳。171 属 /750 属，约 1350 种 / 28500 种。世界广布，主产热带和亚热带；中国南北均产，主产西南和华南。

*Bletilla* 白及属

### 7. 仙茅科 Hypoxidaceae（066）

草本，具块茎或球茎。叶根生或基生，常具显著的平行脉或折扇状叶脉。花茎生，3 基数，辐射对称。蒴果或浆果。2 属 /7 ~ 9 属，8 种 /100 ~ 200 种。主产南半球；中国产西南、华南至东南。

*Hypoxis* 小金梅草属（RHS）

*Rhodohypoxis*△樱茅属（红金梅草，朝日）

*Spiloxene*△小星梅草属

### 8. 鸢尾蒜科 Ixioliriaceae（068）

多年生草本，具鳞茎。茎直立、中空、叶状；叶扁平、互生，具鞘。聚伞圆锥或假伞形花序，花梗常具侧生先出叶；花被片 6，三基数，离生至基部。蒴果。1 属 /1 属，2 种 /2 ~ 4 种。分布埃及至中亚；中国分布于新疆北部。

*Ixioliron* 鸢尾蒜（朝日园艺，RHS）

### 9. 蓝嵩莲科 Tecophilaeaceae△（069）

多年生陆生直立草本，地下茎球状至椭球状。叶基生，全缘。花顶生或腋生，单生或圆锥花序；花被裂片 6，覆瓦状排列在 2 轮内。蒴果。8 属，25 种。主产南半球。

*Tecophilaea*△蓝嵩莲属（蓝星花，RHS）

### 10. 鸢尾科 Iridaceae（070）

多年生草本，具根状茎、球茎或鳞茎。叶多基生，扁平，着生在同一平面，基部鞘状，平行脉。花被片 6，两轮，同形等大或否。蒴果。2 属 /66 属，61 种 / 2035 ~ 2085 种。广布热带、亚热带和温带；中国产西南、西北和东北。我国引进多属，包括常见的唐菖蒲属、香雪兰属。

*Acidanthera* 彩眼花属（菖蒲鸢尾，朝日园艺）

*Alophia*△旋浆鸢尾属（朝日园艺）

*Aristea*△蓝星鸢尾属（朝日园艺）

***Babiana***△狒狒花属（狒狒草属）

***Crocosmia***△雄黄兰属

***Crocus***（Ⅴ）番红花属

*Cypella*△杯鸢花属（朝日园艺，RHS）

***Dierama***△漏斗花属（漏斗鸢尾属）

*Dietes*△离被鸢尾属

*Ferraria*△魔星兰属

***Freesia***△香雪兰属（小苍兰属）

*Geissorhiza*△酒杯花属（朝日园艺）

***Gladiolus***（Ⅴ）唐菖蒲属

*Gynandriris*△阴阳兰属（RHS）

*Hermodactylus*△黑花鸢尾属（RHS）

*Hesperantha*△夜鸢尾属

*Homeria*△金香鸢尾属（朝日园艺，并入 *Moraea*）

***Iris*** 鸢尾属

*Ixia*△谷鸢尾属（朝日园艺）

*Lapeirousia* 长管鸢尾属（朝日园艺）

***Moraea***△肖鸢尾属

*Neomarica*△马蝶花属（巴西鸢尾属）

*Patersonia*△延龄鸢尾属（RHS）

*Romulea*△沙红花属（朝日园艺，RHS）

***Sparaxis***△ (*Streptanthera*) 魔杖花属（朝日园艺）

***Tigridia***△虎皮花属（虎皮兰属）

***Tritonia***△观音兰属

*Watsonia*△弯管鸢尾属（朝日园艺，RHS）

### 11. 阿福花科 Asphodelaceae（072）

多年生草本或木本。叶长线条状，丛生茎顶或两列基生，叶鞘闭合。具花莛，圆锥、总状或穗状花序顶生。花被片 6，离生。蒴果或浆果。4 属 /41 属，17 种 /900 种。世界广布。

***Eremurus*** 独尾草属

### 12. 石蒜科 Amaryllidaceae（073）

草本，具收缩根或鳞茎。叶互生，常二列，近基生，具鞘。螺旋聚伞花序或单生，常具佛焰状总苞。花被片 6，鲜艳，无斑点。蒴果。6 属 /68 属；161 种 /161 种。分布于温带；中国南北均产。以下 33 属球根花卉中，我国原产 5 属。

***Agapanthus***△百子莲属

***Allium*** 葱属

***Amaryllis***△孤挺花属

*Amarcrinum*△ (*Amaryllis and Crium*)（孤君兰属，RHS）

*Amarigia*△ (*Amaryllis and Brunsvigia*)（孤挺灯台花属，RHS）

*Chlidanthus*△黛玉花属（RHS）

*Clivia*△君子兰（RHS）

***Crinum*** 文殊兰属

*Cyrtanthus*△曲管花属（朝日园艺，RHS）

***Eucharis***△南美水仙属（油加律属）

***Eucrosia***△龙须石蒜属

***Galanthus***△雪滴花属（雪花莲属）

*Habranthus*△美花莲属（朝日园艺，RHS）

*Haemanthus*△虎耳兰属

***Hippeastrum***△（V）朱顶红属

***Hymenocallis***△水鬼蕉属

*Ipheion*△春星韭属（RHS）

*Leucocoryne*△白棒莲属（朝日园艺，RHS）

***Leucojum***△雪片莲属（雪花水仙属）

***Lycoris***（V）石蒜属

***Narcissus***（V）水仙属

*Nectaroscordum*△蜜腺韭属（RHS）

***Nerine***△纳丽花属（尼润花属）

*Pamianthe*△白杯水仙属（RHS）

*Pancratium* 全能花属（RHS）

*Phaedranassa*△绿尖石蒜属（RHS）

*Rhodophiala*△小顶红属（朝日园艺，RHS）

***Scadoxus***△网球花属（RHS）

***Sprekelia***△燕水仙属（龙头花属）

*Stenomesson*△狭管蒜属（RHS）

*Sternbergia*△黄韭兰属（朝日园艺，RHS）

***Tulbaghia***△紫娇花属

***Zephyranthes*** 葱莲属

### 13. 天门冬科 Asparagaceae（074）

草本、灌木至藤本。落叶或常绿。单叶，互生或螺旋状排列，全缘，有的常退化至鳞片状，基部有刺。有限花序或单花，腋生；花被片 6，分离，覆瓦状排列。浆果。25 属 /153 属，约 258 种 /2500 种。世界广布；中国南北均产。但以下 23 属球根花卉中，我国只有铃兰 1 属原产。

*Albuca*△哨兵花（朝日园艺、RHS）

*Bellevalia*△罗马风信属（RHS）

*Brimeura*△紫晶风信属（RHS）

*Brodiaea*△紫灯韭属（朝日）

***Camassia***△克美莲属（糠米百合属）

***Convallaria*** 铃兰属

*Dichelostemma*△蓝壶韭属

*Dipcadi*△尾风信子属（RHS）

***Eucomis***△凤梨百合

***Galtonia***△夏风信子属

*Hyacinthella*△小风信子属（RHS）

*Hyacinthoides*△蓝铃花属

***Hyacinthus***△（V）风信子属

*Lachenalia*△纳金花属（朝日园艺、RHS）

*Ledbouria*△红点草属（RHS）

*Milla*△高杯葱属（朝日园艺）

***Muscari***△葡萄风信子属（蓝壶花属）

***Ornithogalum***△虎眼万年青属（春慵花属）

***Polianthes***△晚香玉属

*Puschkinia*△蚁播花（朝日园艺、RHS）

***Scilla***△蓝瑰花属（绵枣儿属）

*Triteleia*△无味韭属（RHS）

*Veltheimia*△仙火花属（RHS）

### 14. 美人蕉科 Cannaceae（086）

多年生草本，具根状茎。叶大，斜向横出平行脉，互生，基部具鞘。总状或圆锥花序顶生，有苞片；花不对称；萼片 3，离生，花瓣 3，基部合生成管状；有 3 ~ 4 枚退化的雄蕊，能育雄蕊常 1 枚；3 心皮，子房下位，蒴果。1 属 /1 属，1 种 /10 种。产美洲热带和亚热带；中国引进，各地均有栽培。

***Canna*** 美人蕉属

### 15. 姜科 Zingiberaceae（089）

多年生草本，有芳香，有根状茎或块根，常有叶鞘形成的假茎。单叶二列，叶鞘开放，常有叶舌。花两侧对称；花单生或穗状、总状、圆锥花序；花萼细管状，花冠基部管状，上部 3 裂片；能育雄蕊 1；心皮 3，合生，子房下位。蒴果，肉质或干燥。20 属 /51 属，216 种 /1300 种。泛热带分布；中国产东南至西南。

***Curcuma*** 姜黄属

***Hedychium*** 姜花属

*Roscoea* 象牙参属（RHS）

## 【真双子叶植物演化支】

### 16. 毛茛科 Ranunculaceae（111）

属于真双子叶植物基部群。多年生至一年生草本，少灌木或藤木。单叶或复叶，互生或基生，少对生。花单生，或呈聚伞或总状花序；花两性，整齐；花萼和花瓣均离生；雄蕊和雌蕊多数，离生。聚合蓇葖果或聚合瘦果。35 属 /55 属，约 921 种 /2525 种。世界广布，分布北温带和寒温带；中国南北均产，主产西南。

***Anemone*** 银莲花属

***Eranthis*** 菟葵属

***Ranunculus*** 毛茛属

## 17. 秋海棠科 Begoniaceae（166）

属于蔷薇类。肉质草本，茎节明显。单叶互生，二列。花序聚伞状，单性同株，雄花被片 2～4，雄蕊多数；雌花被片 2～5，子房下位。蒴果。1 属 /2（～3）属，180 种 / 约 1400 种。广布热带和亚热带；中国产西南及华南。

***Begonia*** 秋海棠属（球根类）

## 18. 酢浆草科 Oxalidaceae（171）

属蔷薇类。一年生或多年生草本，根茎或鳞茎状块茎。复叶或单叶，基生或茎生，常全缘。花常单生，或近伞形或伞房花序；花瓣 5。蒴果或浆果。3 属 /5 属，约 13 种 /780 种。分布于热带、亚热带至温带，主产南美洲；中国南北均产。

***Oxalis*** 酢浆草属

## 19. 茅膏菜科 Droseraceae（284）

属于超菊类基部群。食虫植物，一年生至多年生草本。叶互生，常莲座状，被头状黏腺毛。有限花序；萼 5 裂，花瓣 5。蒴果。2 属 /3 属，7 种 /115 种。主产热带、亚热带至温带；中国主产长江以南。

***Drosera*** 茅膏菜属（食虫植物）

## 20. 报春花科 Primulaceae（335）

属于菊类。草本或木本。单叶互生，螺旋状排列，对生或轮生，基部常莲座状。花常辐射对称，花萼、花瓣 4 或 5，雄蕊 4 或 5，与花瓣裂片对生。蒴果、浆果或核果。17 属 /58 属，652 种 /2590 种。分布温带至热带；中国南北均产，主产云南。

***Cyclamen***△仙客来属

## 21. 苦苣苔科 Gesneriaceae（369）

属于菊类。草本或木本。单叶对生或互生，或簇状基生。聚伞花序腋生或顶生于花莛；苞片 2，萼管状，裂片 5，花冠钟状或管状，常二唇形，5 裂。蒴果或浆果。60 属 /140 属，421 种 /2000 种。世界广布；中国产华中以南。以下球根花卉 3 属均为外来属。

***Achimenes***△圆盘花属（长筒花属）

*Gloxinia*△小岩桐属（RHS）

***Sinningia***△大岩桐属

## 22. 菊科 Asteraceae（403）

属于菊类。草本或木本。叶常互生，无托叶。头状花序，具总苞片；管状花冠常辐射对称，二唇形或舌状花冠两侧对称。连萼瘦果。253 属 /1600～1700 属，2350 种 /24000～30000 种。世界广布；中国南北均产。以下两属球根花卉均为外来属。

***Dahlia***△（**V**）大丽花属

***Liatris***△蛇鞭菊属

（刘青林　王文和）

# 参考文献


## 通用

［清］陈淏子（辑），伊钦恒（注），1985. 花镜［M］. 农业出版社：354（石蒜）.

包满珠，2003. 花卉学［M］. 2 版 . 北京：中国农业出版社：290-293（番红花）.

包满珠，2011. 花卉学［M］. 3 版 . 北京：中国农业出版社：265-266（贝母），282-283（朱顶红），303-304（大岩桐）.

北京林业大学园林系花卉教研组，1990. 花卉学［M］. 北京：中国林业出版社 .

布里克尔·克里斯托弗，2005. 世界园林植物与花卉百科全书［M］. 杨秋生，李振宇主译 . 郑州：河南科学技术出版社：416-418（水仙），439（雪花莲），428-429（番红花）.

陈俊愉，程绪珂，1990. 中国花经［M］. 上海：上海文化出版社 .

程金水，2010. 园林植物遗传育种学［M］. 2 版 . 北京：中国林业出版社 .

董长根，原雅玲，2013. 多年生草本花卉［M］. 西安：陕西科学技术出版社：275-276（蛇鞭菊）.

费砚良，刘青林，葛红，2008. 中国作物及其野生近缘植物（花卉卷）［M］. 北京：中国农业出版社：306-325（百合）.

高亚红，吴棣飞，2010. 花境植物选择指南［M］. 武汉：华中科技大学出版社 .

桂敏，王继华，张颢，等，2010. 观赏花卉良种繁育技术［M］. 北京：化学工业出版社 .

郭志刚，张伟，1999. 球根类（切花生产技术丛书）［M］. 北京：清华大学出版社 .

金波，东惠茹，1999. 球根花卉［M］. 北京：中国农业出版社：74-75（观赏葱）.

柯周荣，2019. 华南常见景观植物［M］. 南京：江苏凤凰科学技术出版社 .

李德铢，2020. 中国微管植物科属志（上中下）［M］. 北京：科学出版社 .

李德铢，2018. 中国微管植物科属词典［M］. 北京：科学出版社 . 195（菟葵）.

李祖清，等，2003. 花卉园艺手册［M］. 成都：四川科学技术出版社：1132-1133（秋水仙）

林角郎，1995. 切花栽培技术（二）球根［M］. 李叡明，译 . 台北：淑馨出版社：87-91（花毛茛）.

刘青林，马炜，郑玉梅，2003. 花卉组织培养［M］. 北京：中国农业出版社 .

龙雅宜，2003. 园林植物栽培手册［M］. 北京：中国林业出版社：452（延龄草），449（假百合），442（猪牙花），406（雪花莲），436（观音兰），436（虎皮花），436（魔杖花），440（雪光花），441（铃兰），442-443（夏风信子），451（绵枣儿），405-406（文殊兰），440-441（秋水仙），240（大岩桐），237（圆盘花），480-481（姜荷花）.

鲁涤非，孙自然，熊济华，等 . 2000. 花卉学［M］. 北京：中国农业出版社 .

潘静娴，杜红玲，杜红梅，2014. 图解家庭观花植物栽培与养护［M］. 合肥：安徽科学技术出版社 .

任全进，2018. 地被植物应用图鉴［M］. 南京：江苏凤凰科学技术出版社 .

王莲英，2003. 花卉实用手册 . 草本花卉［M］. 合肥：安徽科学技术出版社：288-289（圆盘花）.

王文和，关雪莲，2015. 植物学［M］. 北京：中国林业出版社：337（观赏葱）.

吴棣飞，尤志勉，2010. 常见园林植物识别图鉴［M］. 重庆：重庆大学出版社 .

夏宜平，2008. 园林地被植物［M］. 杭州：浙江科学技术出版社 .

谢依庭，2019. 球根花卉超好种［M］. 北京：北京科学技术出版社：248-250（观赏葱）.

徐晔春，2016. 欧洲园林花卉图鉴［M］. 郑州：河南科学技术出版社 .

义鸣放，2000. 球根花卉［M］. 北京：中国农业大学出版社：111-115（番红花）.

英国皇家园艺学会，2000. 球根花卉［M］. 韦三立，李丽虹，译 . 北京：中国农业出版社：143，150-151，154（秋水仙），520-523，960-961（大岩桐）

张宪省，2014. 植物学［M］. 2 版 . 北京：中国农业出版社：294（观赏葱）.

赵梁军，2002. 观赏植物生物学［M］. 北京：中国农业大学出版社 .

中国科学院植物研究所 . http://www.cfh.ac.cn/album/ShowSpAlbum.aspx?spid=965481

中国科学院植物研究所 . http://www.iplant.cn/info/Allium%20giganteum (Allium)

中国科学院中国植物志编委，1979. 中国植物志（第 13（2）卷）［M］. 北京：科学出版社：194（斑龙芋），100（疆南星）.

中国科学院中国植物志编委会（汪发瓒，唐进）. 1980. 中国植物志（第 14 卷）［M］. 北京：科学出版社：164（假百合）.

中国科学院中国植物志编委会，1979. 中国植物志（第 27 卷）［M］. 北京：科学出版社：108（菟葵）.

中国科学院中国植物志编委会，1985. 中国植物志（第 15（1）卷）［M］. 北京：科学出版社：4.

中国科学院中国植物志编委会，1998. 中国植物志（第 43（1）卷）［M］. 北京：科学出版社：6（酢浆草）.

中国科学院中国植物志编委会，1978. 中国植物志（第 15 卷）［M］. 北京：科学出版社：98（西藏延龄草 *Trillium govanianum*）.

中国科学院中国植物志编委会，1984. 中国植物志（第 34 卷）［M］. 北京：科学出版社：25（茅膏菜）.

中国科学院中国植物志编委会，1985. 中国植物志（第 16 卷）［M］. 北京：科学出版社：13-14（水鬼蕉），153-158（美人蕉）.

中国科学院中国植物志编委会，1985. 中国植物志（第 16（1）卷）［M］. 北京：科学出版社：16（龙头花），121（番红花）.

ARMITGAE A M, 2008. Herbaceous Perennial Plants［M］. 3rd ed. Stipes Publishing Co..：617-618（*Leucojum*），621-624（*Liatris*）.

BAILEY L H, 1920. Manual of Gardening, a Practical Guide to the Making of Home Grounds (2nd ed. Including Agapanthus)［M］. New York: Macmillan.

BRICKELL C, 2008. RHS A-Z Encyclopedia of Garden Plants［M］. Dorling Kindersley, United Kingdom: 95-98 (*Allium*), 258-259 (*Chionodoxa*), 292-293 (*Convallaria*), 446-448 (*Fritillaria*), 456 (*Galtonia*), 681-682 (*Moraea*), 945-946 (*Scilla*), 972-973 (*Sparaxis*), 1012 (*Tigridia*), 1024 (*Tritonia*), 114-117 (*Anemone*), 142 (*Arum*), 1136 (*Babiana*), 1136 (*Crocosmia*), 936（Sauromatum）, 423-424 (*Scadoxus*), 366 (*Dierame*).

BRICKELL C, 2019. RHS Encyclopedia of Plants & Flowers［M］. DK Publishing：386-592 (Scadoxus).

BRYAN J E, 2002. Bulbs［M］. Timber Press, Inc.: 220-221 (Eranthis)，144-146 (Caladium)，226-228 (*Erythronium*)，381-382 (*Notholirion*)，108-112 (*Arum*)，158-159 (*Chionadoxa*)，169-170 (*Convallaria*)，388-391 (*Oxalis*)，422-423 (*Sauromatum*)，96-98 (*Anemone*)，119-120 (*Babiana*), 362-364 (*Muscari*), 241-244 (*Gladiolus*), 288-290 (*Hymenocallis*), 331-332 (*Leucojuum*), 65-66 (*Achimenes*), 121-126 (*Begonia*), 365-375 (*Narcissus*), 216-217 (*Drosera*), 411-412 (*Ranunculus*), 444-447 (*Trillium*), 235-240 (*Fritillaria*), 89-90 (*Amaryllis*), 477-479 (*Zephyranthes*), 163-167 (*Colchicum*), 228-229 (*Eucharis*), 241-244 (*Galanthus*), 241-244 (*Moraea*), 245-246 (*Galtonia*), 424-426 (*Scilla*), 429-431 (*Sparaxis*), 431-432 (*Sprekelia*), 442-444 (*Tigridia*), 449-450 (*Tritonia*), 151-152 (*Camassia*), 174-177 (*Crinium*), 229-230 (*Eucomis*), 421-422 (*Sandersonia*), 349-350 (*Lloydia*), 208-210 (*Dierame*).

CHRISTENHUSZ J M M, FAY F M, CHASE W M, 2017. Plants of the World, an Illustrated Encyclopedia of Vascular Plants. Kew Publishing, Royal Botanic Gardens, Kew, UK.

DE HERTOGH A B, LE NARD M, 1993. The Physiology of Flower Bulbs［M］. Elsevier Science Publishers B.V., Armsterdam, the Netherlands：285-296 (*Fressia*), 239-247 (*Caladium*). 321-334 (*Hippeastrum*), 559-588 (*Nerine*), 455-462 (*Muscari*), 211-218 (*Anemone*), 227-238 (*Begonia*), 249-255 (*Convallaria*), 297-320 (*Gladiolus*).

DOLE J M, HAROLD F, WILKINS H F, 2005. Floriculture: Principles and Species［M］. 2nd ed. New Jersey: Prentice Hall：173-175(Achimenes), 239-242 (*Caladium*), 373-375 (*Hippeastrum*).

DU PLESSIS N M, DUNCAN G D, 1989. Bulbous Plants of Southern Africa, a guide to their cultivation and propagation［M］. Tafelberg Publishers, Cape Town.

DUNCAN G D, 1996. Growing South African Bulbous Plants［M］. National Botanical Institute, Cape Town.

Encyclopedia Britannica. https://www.britannica.com/plant/Gladiolus.

FLORA OF CHINA PROJECT , LI H, PETER C B, 2010. Flora of China (Vol.23)［M］.Beijing: Science Press.

FLORA OF CHINA PROJECT, CHEN X Q , HELEN V M, 2000. Flora of China［M］. Beijing Science Press: 123-126.

FLORA OF CHINA PROJECT, LI H, HETTERSCHEID W L A. 2010. *Amorphophallus*［M］. Beijing: Science Press, Missouri Botanical Garden Press: 23 - 33.

HAMRICK D, 2003. Ball Redbook: Crop Production 17th，Vol. 2［M］. Ball Publishing: 643-645 (*Siningia*). 221-223 (*Anemone*), 212-213 (*Allium*).

HARRISON L, 2012. RHS Latin for gardeners［M］. United Kingdom: Over 3000 Plant Names Explained and Explored. Mitchell Beazley: 224 (*Babiana*).

HARTMANN T H, KESTER E D, DAVIES Jr F T, 1990. Plant Propagation, Principles and Practices［M］. 5th ed. Prentice-Hall. New Jersey: 647.

HEYWOOD V H, BRUMMITT R K, CULHAM A, et al., 2007. Flowering Plant Families of the World［M］. Firefly Books Ltd: 341 (*Scadoxus*).

JUDD W S, CAMPBELL C S, KELLOGG E A, et al., 2016. Plant Systematics, a Phylogenetic Approach［M］. Sunderland, Massachusetts, USA: Sinauer Associates Inc.

KAMENETSKY R, OKUBO H, 2012. Ornamental Geophytes: from Basic Science to Sustainable Production［M］. CRC Press. Florida, USA: 103-108 (*Narcissus*), 261-264 (*Lycoris*).

KUBITZKI K, 1998. Flowering Plants · Monocotyledons［M］. Verlag Berlin Heidelberg: Springer

Microsoft. https://cn.bing.com/images

NAU J, 2011. Ball Redbook, Vol.2［M］. 18th ed. West Chicago: Ball Publishing：570-572（*Oxalis*）.

Pacific Bulb Society. https://www.pacificbulbsociety.org/pbswiki/index.php/, Arum, Anemone, Crocosmia, Sprekelia

ROYAL BOTANIC GARDENS, KEW, 2021. World Checklist of Selected Plant Families［DB/OL］. http://wcsp.science.kew.org

ROYAL BOTANIC GARDENS, KEW, MISSOURI BOTANICAL GARDEN, 2010. The Plant List. Version 1. http://www.theplantlist.org/ (accessed 1st January).

Royal Horticultural Sciety. https://www.rhs.org.uk/Plants/92445/ Crocosmia-x-crocosmiiflora

VAN HUYLENBROECK J, 2018. Ornamental Crops, Handbook of Plant Breeding 11［M］. Springer International Publishing AG, part of Springer Nature: 481-512 (*Lilium*), 769-802.

Wikimedia. https://commons.wikimedia.org/wiki/File:Crocosmia_corm_8649.jpg

World Flora Online. 2022. http://www.worldfloraonline.org/taxon/wfo Siningia. *Hymenocallis*

朝日新闻社，1985 朝日园艺百科［M］. 东京：朝日新闻社：11-13.


### *Achimenes* 圆盘花


陆文佳，2019. 苦苣苔长筒花种植经验［J］. 花卉（3）：37-38.


### *Agapanthus* 百子莲


陈香波，陆亮，钱又宇，等，2016. 百子莲属种质资源及园林开发应用［J］. 中国园林，32（8）：99-105.

孙颖，2009. 百子莲繁殖生物学研究［D］. 哈尔滨：东北林业大学.

孙颖，王阿香，刘颖竹，等，2013. 大花百子莲的开花物候与生殖特性［J］. 西北植物学报，33（12）：2423-2431.

王磊，2012. 百子莲无土栽培基质及营养液研究［D］. 哈尔滨：东北林业大学.

卓丽环，孙颖，2009. 百子莲的花部特征与繁育系统观察［J］. 园艺学报，36（11）：1697-1700.

HANNEKE VAN D, 2004. Agapanthus for Gardeners［M］. Timber Press: Porland. Cambridge.

LEIGHTON F M, 1965. The genus *Agapanthus* L'He'ritier［J］. Journal of South African Botany, supplementary vol. 4: 1-50.

WIM S, 2004. *Agapanthus* - A Revision of the Genus［M］. Timber Press: Portland. Cambridge.

ZONNEVELD B J M, DUNCAN G D, 2003. Taxonomic implications of genome size and pollen colour and vitality for species of *Agapanthus* L'He'ritier (Agapanthaceae)［J］. Plant Systematics and Evolution，241: 115-123.

### *Allium* 观赏葱

https://www.sohu.com/a/369946077_120006509 (*Allium*)

http://blog.sciencenet.cn/blog-3319332-1063467.html (*Allium*)

### *Amaryllis* 孤挺花

蔡曾煜，2013. 朱顶红、孤挺花、百子莲［J］. 中国花木盆景（6）：4-5.

VERONICA M R, 2004. *Hippeastrum*: the gardener's amaryllis［M］. Timber Press, Inc: 21-24.

### *Amorphophallus* 魔芋

李琳，吴学尉，叶辉，等，2017. 珠芽魔芋换头生长和多叶连续生长［J］. 黑龙江农业科学（3）：87-90.

刘佩瑛 . 2004. 魔芋学［M］. 北京：中国农业出版社 .

牛义，张盛林，王志敏，等，2005. 中国的魔芋资源［J］. 西南园艺，33（2）：22-24.

王玉兰，1997. 魔芋的休眠生理［J］. 西南农业学报，10（4）：97-101.

解松峰，宣慢，张百忍，等，2012. 魔芋属种质资源研究现状及应用前景［J］. 长江蔬菜（2）：7-12.

张盛林，刘佩瑛，张兴国，等，1999. 中国魔芋资源和开发利用方案［J］. 西南农业大学学报，21（3）：215-219.

赵庆云，彭凤梅，张发春，等，2002. 魔芋种芋的无性繁殖技术［J］. 中国种业（5）：36-36.

BERNARDELLO L M, ANDERSON G J, 1990. Karyotypic studies in *Solanum* section *Basarthrum* (Solanaceae)［J］. Am. J. Bot. 77: 420 - 431.

HETTERSCHEID W, LAENBACH S, 1996. *Amorphophallus*［J］. Aroideana, 19: 13 - 16.

### *Anemone* 银莲花

http://www.yeehua.net/picview.asp?tpid=12972 (*Anemone*)

https://pixabay.com/photos/anemone-vitifolia-anemone-elegans-876147/ (Anemone)

https://jacquesamandintl.com/product/x-fulgens/ (*Anemone*)

https://www.plantarium.ru/page/image/id/422071.html (*Anemone*)

### *Arum* 疆南星

BOYCE P, 1993. The Genus *Arum* (A Kew Magazine Monograph)［M］. Royal Botanic Gardens.

### *Babiana* 狒狒花

GOLDBLATT, P, MANNING J C, 2007. A revision of the southern African genus *Babiana* (Iridaceae: Crocoideae)［M］. Pretoria: South African National Biodiversity Institute.

### *Begonia* × *tuberhybrida* 球根秋海棠

陈媛，王远惠，2015. 球根海棠种球繁育［J］. 中国花卉园艺，354（18）：32-33.

范文娟，高昂，巩江，等，2011. 全球秋海棠属药学研究概况［J］. 辽宁中医药大学学报，13（2）：59-61.

管开云，李景秀，李宏哲，2005. 云南秋海棠属植物资源调查研究［J］. 园艺学报，32（1）：74-80.

华文，2010. 球根海棠的分类［J］. 花卉，2：17.

李振坚，2004. 球根秋海棠种苗培育和成品养护［J］. 中国花卉园艺（20）：37-39.

渠立明，2005. 球根秋海棠组织培养技术研究［J］. 广西园艺，16（1）：9-11.

王意成，刘树珍，等，2004. 秋海棠（百花盆栽图说丛书）［M］. 北京：中国林业出版社 .

赵玉芬，及华，刘满光，2001. 球根秋海棠的栽培繁殖技术［J］. 河北林业科技（1）：26-27.

NAGORI R, PUROHIT S D, 2004. Direct Shoot Bud Differentiation and Plantlet Regeneration from Leaf and Petiole Explants of *Begonia tuberhybrida*［J］. Scientia Horticulturae (Amsterdam), 99(1): 0-98.

### *Caladium* 花叶芋

陈容茂，陈文光，1988. 光照强度和施肥水平对花叶芋的效应［J］. 福建热作科技（1）：20-22.

陈瑞珍，林新莲，2020. 关于花叶芋育种研究的进展［J］. 农业技术与装备（5）：117-118.

陈文光，李招文，1988. 彩叶芋属植物的引种栽培［J］. 福建热作科技（4）：34-36.

顾俊杰，张宏伟，2020. 五彩芋主要品种介绍［J］. 中国花卉园艺（18）：54-57.

韩清华，2007. 彩叶芋的品种及栽培管理［J］. 中国花卉园艺（12）：34-35.

李艳，王青，方宏筠，2000. 花叶芋组织培养试管苗移栽条件的初步研究［J］. 辽宁师范大学学报（自然科学版）（1）：81-82.

刘金梅，Cao Zhe，尤毅，等，2018. 花叶芋育种研究进展［J］. 园艺学报，45（09）：1791-1801.

刘晓荣，李冬梅，刘小飞，2016. 芋的栽培技术［C］. 第二届全国农用塑料设施大棚、温室栽培技术交流会资料汇编：13-15.

### *Camassia* 克美莲

https://www.fs.fed.us/wildflowers/plant-of-the-week/camassia_quamash.shtml

https://rngr.net/npn/propagation/protocols/liliaceae-camassia

https://web.archive.org/web/20140201225700/http://francais.mcgill.ca/files/cine/EcoFoodNutr1983_13_199-219.pdf (*Camassia*)

https://plants.usda.gov/core/profile?symbol=CAQU2 (*Camassia*)

### *Canna* 美人蕉

欧阳底梅，黄国涛，2004. 美人蕉研究［M］. 广州：广东科技出版社 .

谭广文，潘建明，陈亦红，1987. 杂种美人蕉品种分类研究初报［J］. 广东园林（2）：26-30.

KHOSHOO T N，MUKHERJEE I V A, 1970. Genetic-Evolutionary Studies on Cultivated Cannas Ⅵ Origin and Evolution of Ornamental Taxa［J］. Theoretical and Applied Genetics，40：204-217

MAAS-VAN DE KAMER H，MAAS P J M, 2008. The Cannaceae of the World［J］. Blumea，53：247-318.

PURSHOTTAM D K，SRIVASTAVA R K，MISRA P, 2019. Low-cost Shoot Multiplication and Improved Growth in Different Cultivars of *Canna indica*［J］. 3 Biotech，9：67.

SINGH R，DUBEY A K，SANYAL I, 2019. Optimisation of Adventitious Shoot Regeneration and Agrobacterium-mediated Transformation in *Canna* ×*generalis* (Canna Lily)［J］. Horticultural Plant Journal，5 (1)：39-46.

### *Cardiocrinum* 大百合

关文灵，李枝林，黄建新，2003. 野生花卉大百合的引种栽培［J］. 北方园艺（4）：33-33.

李彦坤，高亦珂，2015. 大百合属植物开发价值研究［J］. 现代园艺（10）：106-107.

孙国峰，张金政，庄平，2001. 大百合的引种栽培［C］. 中国植物学会植物园分会第十六次学术讨论会论文集 .

万珠珠，龙春林，程治英，等，2007. 重要野生花卉大百合属植物研究进展［J］. 云南农业大学学报，22（1）：30-34.

袁媛，2007. 栽植期与遮荫对野生大百合成花过程生理变化及开花期性状的影响［D］. 雅安：四川农业大学 .

张金政，龙雅宜，孙国峰，2002. 大百合的生物多样性及其引种观察［J］. 园艺学报，29（5）：462-466.

MASASHI O, TADASHI N, TOMOKO Y, et al., 2006. Life-history monographs of Japanese plants. 7: *Cardiocrinumcordatum* (Thunb.) Makino (Liliaceae)［J］. Plant Species Biology, 21(3):201-207.

KONDO T, SATO C, 2007. Effects of temperature, light, storage conditions, sowing time, and burial depth on the seed germination of *Cardiocrinum cordatum* var. *glehnii* (Liliaceae)［J］. Landscape & Ecological Engineering. 3(1):89-97.

### *Colchicum* 秋水仙

翁乾基，2015. 秋水仙的栽培与管理［J］. 花卉（12）：27-28.

武谦虎，2014. 常用治疗肝病中药［M］. 2 版 . 北京：中国医药科技出版社：448（秋水仙）

### *Colocasia* 芋

蔡秀珍，2005. 芋属的分子系统学研究［D］. 长沙：湖南师范大学 .

曹利民，2003. 中国芋属植物的初步研究［D］. 昆明：中国科学院昆明植物研究所 .

刘宇婧，薛珂，邢德科，等，2017. 中国南部和西南部地区大野芋应用的民族植物学调查［J］. 植物资源与环境学报，26（2）：118-120.

龙春林，程治英，蔡秀珍，2005. 大野芋种子形成丛生芽的微繁殖［J］. 云南植物研究，27（3）：327-330.

宋喜贵，佘小平，2004. 大野芋的组织培养和植株再生［J］. 植物生理学通讯，40（5）：583.

BLUME C L, 1823.Catalogus van eenige der merkwaardigste zoo in-als uit-heemsche gewassen, te vinden in's lands plantentuin te Buitenzorg［M］. Arnold Arboretum.

HOOKER J D, 1893. Flora of British India［M］. Kent: L. Reeve & Co. Ltd (Colocasia)

SCHOTT H W, 1857. Leucocasia, eine Gattung der Colocasinae［J］. Oesterreichisches Botanisches Wochenblatt, 7(5): 33-35.

TILLICH H J, 2003. Seedling diversity in Araceae and its systematic implications［J］. Feddes Repertorium: Zeitschrift für botanische Taxonomie und Geobotanik, 114(7-8): 454-487.

### *Convallaria* 铃兰

冯强，冯永刚，2014. 园林及药用植物铃兰人工栽培丰产技术［J］. 中国林副特产（1）：69-69.

焦晓霖，缪天琳，张秀梅，等，2019. 铃兰组织培养中褐变的防治研究［J］. 中国林副特产（6）：21-23.

刘影，赵禹宁，2014. 野生花卉铃兰、楼斗菜的栽培管理及在园林中的应用［J］. 中国林副特产（5）：34-35.

宋学术，陈光启，包颖，等，2004. 铃兰的栽培与应用［J］. 特种经济动植物（9）：22.

王晓岚，2005. 铃兰（*Convallaria keiskei*）的组织培养［J］. 牡丹江师范学院学报（自然科学版）（1）：8-9.

王有芳，孙继文，李桂莲，等，2004. 铃兰的开发与展望［J］. 特种经济动植物（6）：16.

***Crinum* 文殊兰**

陈少萍，2019. 文殊兰繁殖与病虫害防治［J］. 中国花卉园艺（6）：34-35.

贺终荣，2008. 美丽的红花文殊兰［J］. 中国花卉盆景（12）：29-30.

黄碧兰，李志英，徐立，2019. 红花文殊兰的离体培养及快速繁殖［J］. 分子植物育种，17（3）：928-933.

李仁杰，2013. 文殊兰生物学特征繁殖及栽培管理［J］. 安徽农业科学，41（26）：10596-10597.

李仁杰，2013. 北方盆栽文殊兰的栽培管理［J］. 现代园艺（12）：33.

温倩，2010. 西南文殊兰（*Crinum latifalium* L.）化学成分研究［J］. 药学实践杂志，28（3）：225-227.

张洁，2014. 文殊兰属植物化学成分提取分离及其生物活性［J］. 哈尔滨商业大学学报（自然科学版），30（1）：25-28.

***Crocosmia* 雄黄兰**

樊璐，原雅玲，2008. 火星花的引种栽培与繁殖［C］. 中国园艺学会球根花卉分会 2008 年会暨球根花卉产业发展研讨会论文集 .

叶剑秋，1996. 海外新颖切花——火星花［J］. 园林（4）：8.

MCKENZIE R J, LOVELL P H, 1992. Perianth Abscission in *Montbretia* (*Crocosmia* × *crocosmiiflora*)［J］. Annals of Botany, 69(3): 199-207.

ZURAWIK P, KUKLA P, ZURAWIK A, 2019. Post-harvest longevity and ornamental value of cut inflorescences of *Crocosmia* x *crocosmiiflora* 'Lucifer' depending on flower food and storage conditions［J］. Acta Scientiarum Polonorum. Hortorum Cultus, 18(4): 137-148

ŻURAWIK P, SALACHNA P, ŻURAWIK A et al., 2015. Morphological traits, flowering and corm yield of *Crocosmia* × *crocosmiiflora* (Lemoine) NE cultivars are determined by planting time［J］. Acta Scientiarum Polonorum-Hortorum Cultus, 14(2): 97-108.

***Crocus* 番红花**

窦剑，熊豫宁，黄巍，2016. 略说藏红花、番红花与红花［J］. 花卉（8）：9-11.

李玲蔚，2013. 西红花资源生物学与利用技术的研究［D］. 苏州：苏州大学 .

沈洪坤，匡开源，黄德崇，等，1996. 西红花球茎腐烂的病原菌及药剂测定［J］. 上海农业科技（6）：36.

王康才，2003. 菊花、红花、西红花高效种植［M］. 郑州：中原农民出版社：125.

张国辉，张西平，张年富，等，2009. 藏红花球茎腐烂病的病原鉴定及药剂预防［J］. 凯里学院学报，3（27）：47-49.

赵丽娟，2014. 西红花致病菌的分离鉴定及其防治药物的筛选［D］. 上海：上海师范大学 .

***Curcuma* 姜荷花**

丁华侨，刘建新，邹清成等，2014. 姜荷属花卉资源及园林应用分析［J］. 现代园林（8）：85-88.

丁华侨，王炜勇，邹清成，等，2013. 不同植物生长延缓剂对姜荷花的矮化效果［J］. 浙江农业科学（5）：559-562.

杜立娟，逄冰，王凡，等，2020. 临床常见姜黄属不同药用植物的对比性研究［J］. 中华中医药杂志（原中国医药学报），35（4）：2074-2077.

林金水，余奕斌，陆銮眉，等，2017. 遮光对姜荷花生长发育及品质的影响［J］. 福建热作科技，42（2）：1-6.

刘建新，徐笑寒，丁华侨，2017. 姜荷花种球抗寒生理生化特征及促抗寒药剂效果研究［J］，浙江农业学报，29（4）：575-582.

刘建新，徐笑寒，丁华侨，2017. 姜荷花'玉如意'种球的抗寒性研究［J］. 分子植物育种，15（7）：2796-2803.

赵健，赵志国，李秀娟，等，2011. 姜荷花炭疽病病原菌分离与鉴定［J］. 广西植物，31（4）：531-535.

朱毅，2005. 姜荷花的生长习性与规模化栽培技术［J］. 农业科技通讯（11）：52-53.

MAO L H, LIU J X, DING H Q, et al, 2020. Development of SSR markers and their application to genetic diversity analysis of *Curcuma alismatifolia* varieties［J］. Botanical Sciences 99(1)：124-131.

***Cyclamen* 仙客来**

康黎芳，王云山，2002. 仙客来［M］. 北京：中国农业出版社．

赵梁军，高俊平，义鸣放，等，2008. 仙客来盆花产品质量等级（LY/T 1737—2008）［M］. 北京：中国标准出版社．

CHRISTOPHER G W, 1997. Cyclamen［M］. London: B.T.Batsford Ltd.

浜田豊．1995. シクラメン［M］．东京．永岡書店

### *Dahlia* 大丽花

潘瑞，2010. 临洮大丽花名品的培育［J］. 临洮文史资料（14）：1-4.

师向东，2005. 球根花卉的瑰宝——临洮大丽花［C］. 中国球根花卉年报：47-49.

韦三立，陈琰，韩碧文，1995. 大丽花的花芽分化研究［J］. 园艺学报，22（3）：272-276.

文艺，何进荣，姜浩，2004. 大丽花［M］. 北京：中国林业出版社．

杨群力，2001. 小云鳃金龟对大丽花的危害及防治［J］. 陕西师范大学学报（自然科学版），29（专辑）：96-97.

杨群力，2004. 灾害性天气对大丽花的影响及预防措施［J］. 陕西师范大学学报（自然科学版）（6）：145-146.

杨群力，2009. 大丽花名优品种的引种及露地栽培技术研究［J］. 中国农学通报，25（11）：108-116.

杨群力，李思锋，2009. 大丽花三种园艺性状之间相关性的研究［J］. 中国农学通报，25（23）：295-302.

杨群力，王峰伟，2009. 大丽花快速扦插繁殖技术的改进措施研究［J］. 中国农学通报，25（24）：338-340.

杨群力，等，2017. 国内大丽花品种资源保存现状及发展对策研究——以临洮大丽花为例［J］. 中国农学通报，33（7）：98-103.

### *Dierama* 漏斗花

DUNCAN G D, 2000. Grow bulbs . Kirstenbosch Gardening Series［M］. National Botanical Institute, Cape Town.

HILLIARD O M, BURTT B L, 1991. Dierama, the hairbells of Africa［M］. Acorn Books, Johannesburg & London.

KOETLE M J, FINNIE J F, VAN STADEN J, 2010. In vitro regeneration in *Dierama erectum* Hilliard［J］. Plant Cell Tiss Organ Cult, 103:23-31.

### *Drosera* 茅膏菜

靖晶，李青，李博伦，等，2010. 匙叶茅膏菜的组织培养与快速繁殖［J］. 植物生理学通讯，46（1）：55-56.

沐建华，2013. 文山州民间草药“地高粱”分类地位研究［J］. 中华中医药杂志，28（3）：841-843.

杨爽，钟国辉，田发益，等，2013. 不同化学处理对茅膏菜种子萌发的影响［J］. 种子，32（2）：76-81.

张国庆，2009. 勺叶茅膏菜无菌播种繁殖技术［J］. 河北林业（4）：25.

周生军，秦临喜，郭柳，等，2014. 濒危藏药光萼茅膏菜研究现状与分析［J］. 中国现代中药，16（3）：262-264.

周生军，郭柳，秦临喜，等，2014. 藏药茅膏菜人工栽培技术研究［J］. 中国现代中药，16（6）：473-474.

### *Eranthis* 菟葵

隋洁，2011，紫花升麻和菟葵（毛茛科）的传粉生物学研究［D］. 西安：陕西师范大学．

耶格 EC，1965. 生物名称和生物学术语的词源［M］. 滕砥平，蒋芝英译．北京：科学出版社：192（菟葵）.

### *Eremurus* 独尾草

田丽丽，马淼，2013. 类短命植物阿尔泰独尾草的解剖学研究［J］. 植物研究，33（2）：134-138.

王勇，杨培君，2007. 陕西省百合科—新纪录属—独尾草属［J］. 西北植物学报，27（10）：2116-2117.

吴玲，张霞，马淼，等，2005. 新疆独尾草属植物的核型分析［J］. 武汉植物学研究（6）：541-544.

ERTAN T, 1985. The genus *Eremurus* (Liliaceae) in Turkey［J］. Marmara Pharmaceutical Journal, 1（1-2）: 91-100.

HANIEH H, BOCHRA A B, PENG Q, et al., 2020. Intra and interspecific diversity analyses in the genus *Eremurus* in Iran using genotyping-by-sequencing reveal geographic population structure［J］. Horticulture Research. 7(30). DOI: 10.1038/s41438-020-0265-9.

MAMUT J, TAN D Y, BASKIN C C, et al., 2014. Intermediate complex morphophysiological dormancy in seeds of the cold desert sand dune geophyte *Eremurus anisopterus* (Xanthorrhoeaceae; Liliaceae s.l.)［J］. Annals of Botany. 114（5）: 991-999. DOI: 10.1093/aob/mcu164.

### *Erythronium* 猪牙花

周树军，2014. 现代百合品种培育的技术途径及其杂交特殊现象的机制［J］. 农业与生物技术学报，22（10）：1189-1194.

ALLEN G A, SOLTIS D E, SOLTIS P S, 2003. Phylogeny and biogeography of *Erythronium* (Liliaceae) inferred from chloroplast matK and nuclear rDNA ITS

Sequences［J］. Systematic Botany, 28(3): 512-523.

ROBERTSON K R, 1966. The genus *Erythronium* (Liliaceae) in Kansas［J］. Annals of Missouri Botanical Garden, 53 (2): 197-204.

### *Eucharis* 南美水仙

黄祖传，李玉梅，彭平妹，1990. 南美水仙的快速繁殖［J］. 植物生理学通讯（4）：54.

林金清，1998. 亭亭玉立的南美水仙花［J］. 中国花卉盆景（8）：17.

瞿素萍，屈云慧，王继华，等，2004. 南美水仙组培外植体再生体系建立中的关键技术研究［J］. 种子，23（10）：16-17.

吴旻，段玉云，桂敏，等，2009. 遮光对南美水仙生长发育的影响［J］. 北方园艺（1）：185-186.

曾黎琼，段玉云，瞿素萍，等，2008. 采用鳞茎诱导南美水仙植株再生［J］. 云南农业科技（增刊）：56-58.

周琼，王凤兰，黄子锋，2005. 亚马逊百合栽培技术［J］. 农业与技术，25（3）：130.

FABIO C, ARNOLDO R, FRANCESC V, et al., 2003. Alkaloids from *Eucharis amazonica* (Amaryllidaceae)［J］. Chemical & Pharmaceutical Bulletin, 51(3): 315-317.

MOTOAKI D, NOBUYUKI K, TOMOMI S, et al., 2000. Controlling the fowering of *Eucharis grandifora* Planchon with ambient and regulated soil temperature［J］. Scientia Horticulturae, 86: 151-160.

### *Eucomis* 凤梨百合

https://www.seedman.com/eucomis.htm (Eucomis)

https://plantcaretoday.com/pineapple-lily.html (Eucomis)

https://www.sa-venues.com/plant-life/eucomis-autumnalis.php

### *Fressia* 香雪兰

钱虹妹，张华林，高强，等，2006. 小苍兰‘上农金黄后’球茎组织培养的初步研究［J]，上海交通大学学报（农业科学版），24（5）：485-488.

秦文英，林源祥，1995. 小苍兰研究［M］. 上海：上海科学技术出版社 .

唐东芹，2019. 香雪兰资源评价、种质创新与生长调控研究［M］. 上海：上海交通大学出版社 .

中华人民共和国农业行业标准，2003. 切花小苍兰 NY/T 592-2002［M］. 北京：中国标准出版社 .

LI X, YAN Z, KHALID M, et al., 2019. Controlled-release compound fertilizers improve the growth and flowering of potted *Freesia hybrid*［J］, Biocatalysis and Agricultural Biotechnology, 17: 480-485.

MANNING J C, GOLDBLATT P, 2010. Botany and horticulture of the genus *Freesia* (Iridaceae). Strelitzia 27［M］. South African National Biodiversity Institute: Pretoria, South Africa.

WANG L, 2007. Freesia［M］// Anderson, N.O. (Ed.), Flower Breeding and Genetics. Springer.

### *Fritillaria* 贝母

冯成汉，王相琪，李曙轩，1966. 浙贝母的生长发育及在鳞茎形成过程中的生化变化［J］. 植物生理学通讯（3）：37-41.

国家药典委员会，2005. 中国药典：一部［M］.（贝母）北京：化学工业出版社 .

娄晓鸣，成海钟，朱旭东，2007. 观赏贝母花粉生活力及贮藏性研究［J］. 江苏农业科学（1）：101-102.

汤甜，2008. 三种贝母的快繁及离体保存技术研究［D］. 南京：南京林业大学 .

袁燕波，郝丽红，于晓南，2013. 贝母属观赏植物种质资源及其园林应用价值［J］. 中国野生植物资源，（5）32：32-37.

HUA R，SUN S Q，2003.Discrimination of Fritillary according to geographical origin with Fourier transforms infrared spectroscopy［J］.Pharm Biomed Anal，33: 199.

TURRILL W B，SEALY J R，1980. Studies in the genus *Fritillaria*(Liliaceae)［J］. Hooker's Icones Plantarum, 39(1-2): 1-280.

RIX E M，2001. *Fritillaria*: A Revised Classification. Edinburgh: The *Fritillaria* Group of the Alpine［M］. Garden Society, United Kingdom.

### *Galanthus* 雪滴花

王意成，2005. 素雅可爱的雪花莲属植物［J］. 花木盆景（10）：2.

### *Gladiolus* 唐菖蒲

胡小燕，义鸣放，2009. 唐菖蒲的茎尖组织培养与植株再生［J］. 园艺学报，36（增刊）：2060.

义鸣放，王玉国，缪珊，2000. 唐菖蒲［M］. 北京：中国农业出版社 .

### *Gloriosa* 嘉兰

郭志刚，五井正宪，1998. 嘉兰茎尖培养与块茎形成的研究［J］. 园艺学报，25（2）：179-183.

王凤兰，黄子锋，2004. 嘉兰百合［J］. 园林与花卉（6）：33.

王祥宁，2015. 嘉兰百合标准化栽培［J］. 农村实用技术（1）：16-17.

ANANDHI S, RAJAMANI K, 2012. Reproductive biology of *Gloriosa rothschildiana*［J］. Medicinal and Aromatic Plant Science and Biotechnology, 7(1): 45-49.

ANANDHI S, RAJAMANI K, JAWAHARLAL M, 2015. Propagation studies in *Gloriosa superba*［J］. African Journal of Agricultural Research, 11(4): 217-22.

KULDEEP Y, RAMESHWAR G, ASHOK A, et al, 2015. A reliable protocol for micropropagation of *Gloriosa superba* L. (Colchicaceae)［J］. Asia-Pacific Journal of Molecular Biology and Biotechnology, 23(1): 243-252.

PADMAPRIYA S, RAJAMANI K, SATHIYAMURTHY V A, 2015. Glory Lily (*Gloriosa superba* L.): A Review［J］. International Journal of Current Pharmaceutical Review and Research, 7(1): 43-49.

RAINDRA A, MAHENDRA K R, 2009. Current advances in *Gloriosa superba* L.［J］. Journal of Biological Diversity, (10): 210-214.

RITU M, NISHA K, PALLAVI B, 2016. Callus proliferation and in vitro organogenesis of *Gloriosa superba*: An endangered medicinal plant［J］. Annals of Plant Sciences, 12: 1466-1471.

### *Hedychium* 姜花

高江云，夏永梅，黄加云，等，2006. 中国姜科花卉［M］. 北京：科学出版社.

胡秀，吴志，刘念，等，2010. 基于切花育种的中国姜花属野生植物观赏价值评价［J］. 北方园艺（9）：56-62.

胡秀，闫建勋，刘念，等，2009. 中国姜花属野生花卉资源的调查与引种研究［J］. 园艺学报，37（4）：643-648.

彭声高，欧壮喆，熊友华，等，2005. 姜科等野生花卉引种利用研究［J］. 广东农业科学（2）：49-51.

吴云鹞，欧壮喆，孙怀志，2005. 金姜花的食用价值及开发利用［J］. 上海蔬菜（4）：94-95.

谢建光，方坚平，刘念，2000. 姜科植物的引种［J］. 热带亚热带植物学报，8（4）：282-290.

熊友华，马国华，刘念，2007. 金姜花的组织培养和快速繁殖［J］. 植物生理学通讯，43（1）：135.

熊友华，寇亚平，2011. 姜花属杂交种栽培技术［J］. 北方园艺（10）：80-81.

BRANNEY T M E, 2005. Hardy gingers: including Hedychium.Roscoea and Zingiber［M］. London: Timber Press.

GAN T, LI Q J, 2010. The crossability and hybrid seed vigor among several sympatric Hedychium (Zingiberaceae) species［J］. Acta Botanica Yunnanica, 32(3): 230-238.

### *Hippeastrum* 朱顶红

褚云霞，邓姗，黄志城，等，2016. 朱顶红新品种 DUS 测试数量性状筛选与分级［J］. 植物遗传资源学报，17（3）：466-474.

李心，杨柳燕，王桢，等，2022. ‘圣诞快乐’朱顶红花芽分化研究［J］. 植物研究，42（1）：12-20.

吕英民，王有江，2004. 朱顶红［M］. 北京：中国林业出版社.

马慧，王琪，袁燕波，等，2012. 朱顶红属植物种质资源及园林应用［J］. 世界林业研究，25（4）：28-33.

CHAIARTID I, PRAE P, SORAYA R, 2019. Storage and growth temperatures affect growth, flower quality, and bulb quality of *Hippeastrum*［J］. Horticulture, Environment, and Biotechnology, 60(3): 357-362.

VERONICA M R, 2004. *Hippeastrum*: the gardener's amaryllis［M］. London: Royal Horticultural Society.

### *Hyacinthus* 风信子

蔡曾煜，2001. 风信子鳞茎发育与种球扩繁［J］. 中国花卉盆景（11）：2-8.

娄晓鸣，林芙蓉，吴士政，等，2015. 风信子在苏州地区的引种栽培［J］. 北方园艺（19）：84-86.

王春彦，李玉萍，罗凤霞，等，2009. 不同风信子品种在南京地区的物候期及生长特性分析［J］. 植物资源与环境学报，18（4）：66-71.

熊瑜，史益敏，2007. 风信子生物学特性与种球繁殖研究［J］. 上海交通大学学报（农业科学版），25（3）：293-297.

GOVAERTS R H A, ZONNEVELD B J M, ZONA S A, 2020. World Checklist of Asparagaceae［M］. Facilitated by the Royal Botanic Gardens, Kew. Published on the Internet; http://wcsp.science.kew.org/ Retrieved 24 December 2020.

PFOSSER M, SPETA F, 1999. Phylogenetics of Hyacinthaceae based on plastid DNA sequences［J］. Annals of the Missouri Botanical Garden, 86(4): 852-875.

PFOSSER M, WETSCHNIG W, UNGAR S, et al., 2003. Phylogenetic relationships among genera of Massonieae (Hyacinthaceae) inferred from plastid DNA and seed morphology［J］. Journal of Plant Research, 116: 115-132.

### *Hymenocallis* 水鬼蕉

沈金，何迪明，2013. 水鬼蕉的栽培技术与应用功效［J］. 北京农业（9）：39.

### *Iris* × *hollandica* 荷兰鸢尾

胡永红，肖月娥，2012. 湿生鸢尾：品种资源、栽培与赏析［M］. 北京：科学出版社 .

黄苏珍，居丽，1999. 荷兰鸢尾的组织培养［J］. 植物资源与环境，8（3）：48-52.

林兵，钟淮钦，罗远华，等，2016. 荷兰鸢尾切花设施栽培技术［J］. 福建农业科学（6）：14-17.

袁梅芳，1998. 球根鸢尾的病毒鉴定及试管脱毒成球技术［J］. 园艺学报（2）：175-178.

HUSSY G, 1976. Propagation of Dutch iris by tissue culture［J］. Scientia Horticulturae, 4: 163-165.

https://wiki.irises.org/Main/Spx/SpxHollandica

https://onings.com/wp-content/uploads/Producting-Dutch-Irises-for-cut-flowers.pdf

### *Leucojum* 雪片莲

樊璐，张莹，李淑娟，等，2011. 夏雪片莲种子萌发特性的研究［J］. 西北林学院学报，26（3）：59-61.

樊璐，张莹，李淑娟，2011. 夏雪片莲的引种栽培和繁殖［C］. 中国球根花卉研究进展：159-161.

BAREKA P, KAMARI G, PHITOS D, 2006. *Acisionica* (Amaryllidaceae), a new species from the Ionian area (W Greece, S Albania)［J］. Willdenowia, 36(1)：357-366.

GILBERTO P, THOMAS A, GRAZIANO R, et al., 2011. Biological flora of Central Europe: *Leucojum aestivum* L.［J］. Perspectives in Plant Ecology, Evolution and Systematics, 13(4): 319-330.

MARINA I S, VALENTINA P I, NEDJALKA A Z, 1994. Morphogenetic potential and in vitro micropropagation of endangered plant species *Leucojum aestivuml* And *Lilium rhodopaeum* Delip［J］. Plant Cell Reports, 13(8)：451-453.

SANDLERZIV D, FINTEA C, PORAT T N, et al., 2011. Snowflake (*Leucojum aestivum* L.): Intrabulb florogenesis and forcing for early flowering. Acta Horticulturae , 886(1): 225-231.

STANILOVA M I, MOLLE E D, YANEV S G, 2010. Galanthamine production by *Leucojum aestivum* cultures in vitro.［J］. The Alkaloids. Chemistry and biology, 68: 167-270.

ZIV M, 2009. Enhanced bud regeneration and bulb formation of Spring Snowflakes *Leucojum vernum* in liquid cultures［C］. International Symposium on New Floricultural Crops.：195-200.

### *Liatris* 蛇鞭菊

杜丽雁，2006. 蛇鞭菊播种与栽培技术［J］. 林业实用技术（12）：37.

李晓辉，吕庭春，2015. 蛇鞭菊栽培技术及应用［J］. 现代化农业（8）：31-32.

梁芳，衣采洁，2014. 不同浸种处理对小冠花及蛇鞭菊种子萌发的影响［J］. 北方园艺（11）：62-64.

屈云慧，杨春梅，2001. 蛇鞭菊的组培快繁［J］. 云南农业科技（6）：44

ARMITAGE A M, LAUSHMAN J M, 1990. Planting Date and In-ground Time Affect Cut Flowers of *Liatris*, *Polianthes*, and *Iris*［J］. HortScience, 25(10): 1239-1241.

BAÑÓN S, GONZÁLEZ A, ORTUÑO A, et al., 1996. Influence of basal and cauline leaves on corm production in *Liatris spicata* cv. Callilepis［J］. Journal of Pomology & Horticultural Science, 71(2)：327-334.

GILAD Z, BOROCHOV A, 1993. Hot-water treatment of Liatris tubers［J］. Scientia Horticulturae, 56(1)：61-69.

PARK I H, CHOI S T, 1989. Effect of planting date on the flowering of *Liatris spicata* cultivar floristan violet in outdoor cut flower cultivation［J］. Journal of the Korean Society for Horticultural Science，30(4)：331-335.

ZIESLIN N, GELLER Z, 1983. Studies with *Liatris spicata* Willd. 1. Effect of Temperature on Sprouting, Flowering and Gibberellin Content［J］. Annals of Botany, 52(6): 849-853.

### *Lilium* 百合

龙雅宜，张金政，张兰年，1999. 百合——球根花卉之王［M］. 北京：金盾出版社：1-35.

杨利平，符勇耀，2018. 中国百合资源利用研究［M］. 哈尔滨：东北林业大学出版社 .

赵祥云，王树栋，王文和，等，2016. 庭院百合实用技术［M］. 北京：中国农业出版社 .

ROH S, JONG S L, 1994. Proceedings of the International Symposium on the Genns Lilium［J］. Acta Hort, 414 : 59-68.

MCRAE E A, 1998. Lilies: A Guide for Growers and Collectors［M］.Timber Press Portlamd: 392.

YAN R, WANG Z P, REN Y M, et al., 2019. Establishment of efficient genetic transformation systems and application of CRISPR/Cas 9 genome editing technology in *Lilium pumilum* DC. Fisch. and *Lilium longiflorum* 'White Heaven'［J］. International Journal of Molecular Sciences，20（12）: 2920.

### *Lycoris* 石蒜

姚青菊，夏冰，彭峰，2004. 石蒜鳞茎切片扦插繁殖技术［J］. 江苏农业科学（6）：108-110.

张露，王光萍，曹福亮，2002. 石蒜类植物无性繁殖技术［J］. 南京林业大学学报（自然科学版），26（4）：1-5.

HSU P S, SIRO K, YU Z Z et al., 1994. Synopsis of the genus *Lycoris* (Amaryllidaceae)［J］. SIDA, Contributions to Botany, 16 (2): 301-331.

REN Z M, XIA Y P, ZHANG D, et al., 2017. Cytological analysis of the bulblet initiation and development in *Lycoris* species［J］. Scientia Horticulturae, 218: 72-79.

REN Z M, LIN Y F, LV X S, et al., 2021. Clonal bulblet regeneration and endophytic communities profiling of *Lycoris* sprengeri, an economically valuable bulbous plant of pharmaceutical and ornamental value［J］. Scientia Horticulturae, doi: 10.1016/j.scienta.2020.109856.

SHI S D, QIU Y X, WU L, et al., 2006. Interspecific relationships of *Lycoris* (Amaryllidaceae) inferred from inter-simple sequence repeat data［J］. Scientia Horticulturae, 110: 285-291.

### *Muscari* 葡萄风信子

蔡曾煜，2007. 葡萄风信子［J］. 中国花卉盆景（6）：7-9.

胡松华，2005. 新潮球根花卉——葡萄风信子［J］. 花木盆景：花卉园艺版（1）：6-7.

凌勇坚，朱鹏英，2018. 葡萄风信子栽培技巧［J］. 中国花卉园艺（12）：29.

于忠美，金为民，史益敏，2006. 葡萄风信子种球繁殖与花期调控［J］. 上海交通大学学报（农业科学版），24（1）：34-38.

### *Narcissus* 水仙

陈榕生，梁育勤，2003. 水仙花［M］. 北京：中国建筑工业出版社.

陈晓静，等，2006. 福建多花水仙资源［J］. 福建林学院学报，26（1）：14-17.

陈心启，等，1982. 中国水仙考［J］. 植物分类学报，20（3）：371-377.

程杰，程宇静，2015. 论中国水仙文化［J］. 盐城师范学院学报（人文社会科学版），35（1）：19-29.

刘顺兴，1991. 漳州水仙的切花生产［J］. 福建农业科技（5）：33.

张乔松，等，1987. 中国水仙花芽分化及贮藏期外界因子对花序数的影响［J］. 园艺学报，14（2）：139-143.

### *Nerine* 纳丽花

任梓铭，夏宜平，张栋，等，2016. 尼润花属品种在杭州地区的引种栽培研究［J］. 北方园艺（8）：61-64.

TRAUB H P, 1967. Review of the genus *Nerine* Herb［J］. Plant Life, 23:3-32.

ZONNEVELD B J M, DUNCAN G D, 2006. Genome size for the species of *Nerine* Herb. (Amaryllidaceae) and its evident correlation with growth cycle, leaf width and other morphological characters［J］. Plant Systematics and Evolution 257: 251-260.

DUNCAN G D, 2002a. *Nerine gaberonensis*［J］. Curtis's Botanical Magazine 19 (3): 173-177.

DUNCAN G D, 2002b. The genus *Nerine*［J］. Bulbs 4 (1): 9-15.

NORRIS C A, 1974.The genus of *Nerine*, part II［J］. Norris CA ed. The Nerine Society Bulletin, No.6.

OHRI D, 1998. Genome size variation and plant systematics［J］. Ann. Bot. (London) 82, Suppl. A: 75-83 (Nerine).

### *Nomocharis* 豹子花

梁松筠，1984. 豹子花属的研究［J］. 植物研究，4（2）：163-178.

梁松筠，1995. 百合科（狭义植物的分布区）对中国植物区系研究的意义［J］. 植物分类学报，33（1）：27-51.

刘维暐，王泽清，陈小灵，等，2014. 豹子花属植物鳞片扦插繁殖的研究［J］. 北方园艺（2）：63-65.

鲁元学，连守忱，武全安，等，1998. 豹子花属植物的组织培养［J］. 云南植物研究，20（2）：251- 252.

吴丽芳，张艺萍，崔光芬，等，2009. 美丽豹子花的离体快繁和瓶内结球［J］. 植物生理学通讯，45（1）：43-44.

吴征镒，1979. 论中国植物区系的分区问题［J］. 云南植物研究，1（1）：1-22.

GAO Y D, HARRIS A J, HE X J, 2015. Morphological and ecological divergence of *Lilium* and *Nomocharis* within the Hengduan Mountains and Qinghai-Tibetan Plateau may result from habitat specialization and hybridization［J］. BMC Evolutionary Biology, 15: 147.

GAO Y D, HOHENEGGER M, HARRIS A J, et al., 2012. A new species in the genus *Nomocharis* Franchet (Liliaceae): evident that brings the genus *Nomocharis* into *Lilium*［J］. Plant Syst Evol, 298: 69-85.

SEALY J R, 1983. A revision of the genus *Nomocharis*

Franchet［J］. Botanical Journal of the Linnean Society, 87: 285-323.

SEALY J R, 1950. *Nomocharis* and *Lilium*［J］. Kew Bulletin, 5(2): 273-297.

***Notholirion* 假百合**

郝玉蓉，李明世，1982. 太白米组织培养初报［J］，中草药，13（8）：34-36.

胡本祥，2004. 太白米栽培技术研究［J］，中草药，35（1）：96-98.

胡本样，王西芳，李秋云，等，1997. 太白米的生药学研究之一须根、叶的组织构造［J］，陕西中医学院学报，20（4）：32-33.

胡本祥，张琳，周莉英，2005. 太白米的组织培养研究［J］，陕西中医，26（12）：1368-1369.

徐炳声，刘淡，陈铁山，1986. 假百合核型的研究［J］，广西植物，6（1-2）：95-98.

虞泓，黄瑞复，臧玉洁，1996. 云南假百合核型研究［J］，云南植物研究，3：59-77.

赵银萍，王拮之，曹晓燕，等，2003. 太白米组织培养的研究［J］，西北植物学报，23（2）：339-344.

中国科学院西北高原生物研究所，1999. 青海植物志［M］. 西宁：青海人民出版社，第四卷：281（假百合）.

***Ornithogalum* 虎眼万年青**

陈俊愉，刘素华，杨乃琴，2001. 白花虎眼万年青［J］. 中国花卉盆景（9）：4.

陈璋，2004. 云中飞雀——虎眼万年青［J］. 花木盆景（花卉园艺版）（4）：4-5.

刘明宗，李年，2006. 圣星百合属（*Ornithogalum*）简介［J］. 种苗科技专讯，55（7）：9-15.

屈云慧，熊丽，张素芳，等，2003. 虎眼万年青离体快繁体系及无糖生根培养［J］. 中南林学院学报，23（5）：56-58.

DASTAGIRI D, SHARMA B P, DILTA B S, 2014.Effect of wrapping material and cold storase durations on keeping quality of cut flowers of *Ornithogalum thyrsoides*［J］.Indian Journal of Applied Research, 4(2): 73-75.

JOUNG Y H, WU X W, ROH M S, 2020. Production of high-quality *Ornithogalum thyrsoides* cut flower in one year from in vitro propagated plantets influenced by plant growth regulators［J］. Scientia Horticulturae, 269(27): 1-7.

LURIA G, WATAD A A, COHEN-ZHEDEK Y A, 2002.Growth and flowering of *Ornithogalum dubium*［J］, Acta Hort, 570: 113-119.

LÓPEZ-MARÍN J, GONZÁLEZ A, COS J, 2009. In vitro multiplication of four species of the genus *Ornithogalum*［J］. Acta horticulturae, 812: 161-164.

MALABADI R B, VAN STADEN J, 2004.Regeneration of *Ornithogalum* in vitro［J］. South African Journal of Botany, 70(4): 618-621.

OZEL C A, KHAWAR K M, KARAMAN S, et al., 2008. Efficient in vitro multiplication in *Ornithogalum* ulophyllum Hand.-Mazz.from twin scale explants［J］. Scientia Horticulturae, 116(1): 109-112.

TANG Y P, LI N G, DUAN J A, et al., 2013.Structure, bioactivity, and chemical synthesis of OSW-1 and other steroidal glycosides in the genus *Ornithogalum*［J］. Chemical Reviews, 113(7): 5480-5514.

***Oxalis* 酢浆草**

李春芳，罗吉凤，程治英，等，2011. 红花酢浆草试管根茎诱导和快速繁殖研究［J］. 云南农业科技（4）：16-18.

罗天琼，莫本田，1997. 红花酢浆草生物学特性研究［J］. 贵州农业科学，25（4）：49-53.

沈娟，2010. 红花酢浆草的耐阴性研究［J］. 安徽农业科学，38（24）：12950-12951.

***Polianthus* 晚香玉**

封军华，曹江飞，2003. 晚香玉露地栽培技术［J］. 云南农业科技（1）：32.

郭淑英，马金贵，2000. 晚香玉切花栽培技术要点［J］. 设施园艺（5）：12.

林萍，李宗艳，吴荣，等，2012. 保鲜剂对晚香玉切花的保鲜效应［J］. 植物生理学报，48（5）：472-476.

刘慧芹，王俊学，刘峄，等，2009. 晚香玉栽培管理技术研究［J］. 北方园艺（2）：204-205.

刘峄，刘慧芹，陈德芬，2009. 晚香玉常见病虫害及其综合防治［J］. 林业实用技术，11（13）：38-39.

翁国盛，赵利群，周勇，2017. 晚香玉露地栽植花期调控和套种技术［J］. 防护林科技，10（48）：124，126.

ELOY S, RAMIRO R, 2011. *Polianthes zapopanensis* (Agavaceae)，una especie nueva de Jalisco，México［J］. Brittonia，63(1): 70-74.

ELOY S, ABISAÍ G M, 2019. *olianthes venustuliflora* (Asparagaceae, Agavoideae), a new endemic species of Michoacán, Mexico［J］. Acta Botanica Mexicana, s/v(126): 1-9.

***Ranunculus × asiaticus* 花毛茛**

冯莉，田兴山，1997. 花毛茛植株再生途径的离体调控［J］. 河南科学（2）：177-180.

王其刚，陈敏，王继华，等，2012. 一种花毛茛种子的快速育苗方法：中国，ZL201210083146.8［P］.

王其刚，陈贤，赵培飞，等，2008. 花毛茛块根规模化生产关键技术研究［J］. 江苏农业科学（5）：46-48.

王其刚，熊丽，王祥宁，2006. 花毛茛切花优质高产栽培技术［J］. 农业科技通讯（9）：52-53.

王其刚，张素芳，陈敏，2006. 花毛茛组培苗移栽试验初探［J］. 天津农业科学，12（1）：18-19.

吴丽芳，熊丽，张素芳，等，2003. 花毛茛组培繁殖方法研究［J］. 云南农业科技（增刊）：120-123.

***Sandersonia* 提灯花**

柯昉，2005. 百合家族的新宠——宫灯百合［J］. 中国花卉园艺（4）：32-33.

徐晔春，2016. 宫灯百合 *Sandersonia aurantiaca*［J］. 花木盆景（花卉园艺）（2）：2.

***Scadoxus* 网球花**

傅莲芳，1986. 网球花鳞茎的培养［J］. 植物生理学通讯（2）：33.

黄少甫，赵治芬，1998. 网球花的核型［J］. 广西植物（1）：33-35.

李协和，1990. 网球花四季开花栽培技术研究［J］. 广东园林（2）：27-28.

施洪，1994. 网球花的生理生态和栽培［C］// 中国园艺学会首届青年学术讨论会论文集，199-200.

舒远，梁权，2006. 花叶共赏网球花［J］. 中国花卉盆景（1）：10.

谢定笙，2002. 家庭盆栽网球花［J］. 中国花卉盆景（10）：5.

周琼，王凤兰，黄子锋，2004. 网球花的栽培［J］. 特种经济动植物（10）：34.

GRAHAM W, 2017. *Scadoxus multiflorus* the Blood or Common Fire Ball Lily at the Victoria Falls with Notes on Plant Associates［J］. Cactus and Succulent Journal, 89(1): 18-23.

***Sprekelia* 龙头花**

PRADO M C, RODRIGUEZ, M A, Monter A V, et al., 2010. *In vitro* propagation of *Sprekelia formosissima* Herbert., a wild plant with ornamental potential［J］. Revista Fitotecnia Mexicana, 33 (3): 197-203.

***Trillium* 延龄草**

傅志军，等，1999. 陕南化龙山珍稀濒危植物的保护与利用［J］. 长江流域资源与环境，8（1）：44-49.

廖朝林，郭汉玖，刘海华，等，2008. 延龄草研究综述［J］. 安徽农业科学，36（6）：2478-2479，2543

路敏，雷宁，吕亚利，等，2013. 续断皂苷类成分的体外抗氧化活性研究［J］. 北京师范大学学报（自然科学版），49（1）：42-44.

彭成，1991. 中药化学实验［M］. 上海：上海科学技术出版社.

吴飞，李承阳，梁泽平，等，2017. 白花延龄草栽培技术［J］. 吉林林业科技，46（2）：47-48.

肖本见，等，2005. 头顶一棵珠抗炎和免疫作用的实验研究［J］. 安徽医药，9（4）：246-247.

***Tulbaghia* 紫娇花**

AREMU A O, STADEN J V, 2013. The genus *Tulbaghia* (Alliaceae)-a review of its ethnobotany, pharmacology, phytochemistry and conservation needs［J］. Journal of Ethnopharmacology, 149(2): 387-400.

SADHU A, BHADRA S, BANDYOPADHYAY M, 2017. Characterization of *Tulbaghia violacea* (Tulbaghieae, Allioideae, Amaryllidaceae) from India: a cytogenetic and molecular approach［J］. Nucleus, 61(1): 1-6.

***Tulipa* 郁金香**

葛红，刘云峰，刘青林，2011. 郁金香［M］. 北京：中国农业出版社.

屈连伟，2013. 绣球花新品种选育——种子收获和播种［J］. 中国花卉园艺（8）：30-32.

屈连伟，2018. 郁金香属植物细胞学观察及多倍体种质创新研究［D］. 沈阳：沈阳农业大学.

谭敦炎，2005. 中国郁金香属（广义）的系统学研究［D］. 北京：中国科学院研究生院（植物研究所）.

邢桂梅，2017. 我国野生郁金香繁殖生物学及种间杂交亲和性研究［D］. 沈阳：沈阳农业大学.

张金政，龙雅宜，2003. 世界名花郁金香及其栽培技术［M］. 北京：金盾出版社.

DIANA E, 2013. The genus *Tulipa*. Royal Botanic Gardens［M］. Kew, UK.

***Zantedeschia* 马蹄莲**

陈发棣，赵莺莺，2003. 彩色马蹄莲引种栽培技术初探［J］. 江苏林业科技，30（1）：17-19，36.

李秀娟，赵健，张翠萍，等，2011. 彩色马蹄莲种球培育和储藏技术研究进展［J］. 南方农业学报，42（8）：979-983.

吴丽芳，熊丽，1999. 彩色马蹄莲组培研究［J］. 西南农业大学学报，21（5）：423-426.

杨柳燕，张永春，汤庚国，等，2012. 彩色马蹄莲花芽分化过程的光学显微观察［J］. 上海交通大学学报（农业科学版），30（6）：14-17.

张璐萍，苏艳，王祥宁，等，2006. 彩色马蹄莲促成栽培技术研究［J］. 西南农业学报，19（1）：139-142.

周涤，吴丽芳，2006. 彩色马蹄莲研究进展［J］. 中国农学通报，22（9）：284-290.

COHEN D, JIA L, YAO J L, 1996. *In vitro* chromosome doubling of nine *Zantedeschia* cultivars［J］.Plant Cell, Tissue and Organ culture, 47(1): 43-49.

CORR B E, WIDMER R E, 1988.Rhizome storage increase growth of *Zantedeschia rehmannii* and *Z.elliottiana*［J］.HortScience, 23(6): 1001-l002.

FUNNELL K A, 1994. The genus *Zantedeschia*［J］. New Zealand Calla Growers' Handbook［M］. Tauranga(NZ): New Zealand Calla Council：111-114.

LETTY C, 1973. The gunus *Zantedeschia*［J］. Bothalia, 11: 5-26.

RONALD C S, HAE R C, MARGRIET M W B, et al., 2004. Genetic variation in *Zantedeschia* spp. (Araceae) for resistance to soft rot caused by Erwinia carotovora subsp. Carotovora［J］. Euphytica, (1): 119-128.

M D' ARTH S, SIMPSON S I , Seelye J F , et al., 2002. Bushiness and cytokinin sensitivity in micropropagated *Zantedeschia*［J］. Plant Cell, Tissue and Organ Culture, 70: 113-118.

VERED N, JAIME K, MEIRA Z, 2004. Hormonal control of inflorescence development in plantlets of calla lily (*Zantedeschia* spp.) grown *in vitro*［J］. Plant Growth Regulation, 42(1): 7-14.

### *Zephyranthes* 葱莲

蔡云鹏，周翔宇，2015. 风雨兰新秀——黄花葱兰［J］. 园林（7）：74-75.

陈少萍，2018. 葱兰栽培管理［J］. 中国花卉园艺（18）：34-35.

韩梅珍，卢钰，2004. 葱兰的繁殖与园林应用［J］. 山东林业科技（4）：39.

李腾，2006. 葱兰炭疽病发生及其防治初报［J］. 广东园林，28（4）：49-50.

李万方，2006. 姐妹花葱兰与韭兰［J］. 中国花卉盆景，1：10.

林建新，俞文君，1997. 葱兰叶枯病研究初报［J］. 江苏林业科技，24（1）：56-59.

王宝清，杜春艳，2012. 观赏植物葱兰人工栽培技术［J］. 中国林副特产，116（1）：65-66.

周肇基，2011. 风雨花四姐妹［J］. 花木盆景（花卉园艺）（6）：20-21.

朱佳虹，沈华金，费伟英，等，2014. 七种农药防治葱兰夜蛾室内药效比较试验［J］. 南方农业，8（19）：12-13.

（刘青林　汇编）

# 中文索引

## E



## F



## G



## H



## J

# 学名索引

## A



## B



## C

## D



## E